U0184319

21世纪经典工程结构设计解析丛书

经典回眸

中国建筑设计研究院有限公司篇

中国建筑设计研究院有限公司　编

中国建筑工业出版社

图书在版编目（CIP）数据

经典回眸. 中国建筑设计研究院有限公司篇 / 中国建筑设计研究院有限公司编. — 北京：中国建筑工业出版社，2023.9

（21 世纪经典工程结构设计解析丛书）

ISBN 978-7-112-29011-6

Ⅰ. ①经… Ⅱ. ①中… Ⅲ. ①建筑结构—结构设计—作品集—中国—现代 Ⅳ. ①TU318

中国国家版本馆 CIP 数据核字（2023）第 143993 号

责任编辑：刘瑞霞 梁瀛元
责任校对：姜小莲
校对整理：李辰馨

21 世纪经典工程结构设计解析丛书
经典回眸 中国建筑设计研究院有限公司篇
中国建筑设计研究院有限公司 编

*

中国建筑工业出版社出版、发行（北京海淀三里河路 9 号）
各地新华书店、建筑书店经销
国排高科（北京）信息技术有限公司制版
天津图文方嘉印刷有限公司印刷

*

开本：880 毫米×1230 毫米 1/16 印张：31 字数：911 千字
2023 年 9 月第一版 2023 年 9 月第一次印刷
定价：**298.00** 元
ISBN 978-7-112-29011-6
（41705）

丛书编委会

主编单位： 北京市建筑设计研究院有限公司

参编单位： 中国建筑设计研究院有限公司

华东建筑设计研究院有限公司

上海建筑设计研究院有限公司

同济大学建筑设计研究院（集团）有限公司

中国建筑西南设计研究院有限公司

中国建筑西北设计研究院有限公司

中南建筑设计院股份有限公司

广东省建筑设计研究院有限公司

启迪设计集团股份有限公司

丛书总序

伴随着中国的城市化进程，我国土木与建筑工程领域经历了高速发展时期，行业技术水平在大量工程实践中得到了长足发展。工程结构设计作为土木与建筑工程领域的重要组成部分，不仅关乎建筑物的安全与稳定，更直接影响着建筑的功能和可持续性。21世纪以来，随着社会经济发展和人们生活需求的逐步提升，一大批超高层办公楼、体育场馆、会展中心、剧院、机场、火车站相继建成。在这些大型复杂项目的设计建造过程中，研发的先进技术得以推广应用，显著提升了项目品质。如今，我国建筑业发展总体上仍处于重要战略机遇期，但也面临着市场风险增多、发展速度受限的挑战，总结既往成功经验，继续保持创新意识，加强新技术推广，才能适应市场需求，促进建筑业的高质量发展。

为了更好地实现专业知识与经验的集成和共享，推动行业发展，国内十家处于领军地位的建筑设计研究院汇聚了21世纪以来经典工程项目的设计研究成果，编撰成系列丛书，以记录、总结团队在长期实践过程中积累的宝贵经验和取得的卓越成绩。丛书编委会由十家大院的勘察设计大师和总工程师组成，经过悉心筛选，从数千个项目中选拔出200余项代表性大型复杂项目，全面展现了我国工程结构设计在各个方向的创新与突破。丛书所涉及的项目难度高、规模大、技术精，具有普通工程无法比拟的复杂性。这些案例均由在一线工作的项目负责人主笔撰写，因此描述细致深入，从最初的结构方案选型，到设计过程中的结构布置思考与优化，再到结构专项技术分析、构造设计和试验研究等，进行了系统性的梳理归纳，力求呈现大型复杂工程在设计全过程中的思维方式和处理策略。

理论研究与工程实践相结合，数值分析与结构试验相结合，是丛书中经典工程的设计特点。土木工程是实践性很强的学科，只有经得起工程检验的研究成果才是有生命力、有潜力的。在大型复杂工程的设计建造过程中，对新技术、新工艺的需求更高，对设计人员也是很大的考验，要求在充分理解规范的基础上，大胆创新，严谨验证，才能保证研发成果圆满落地，进而推动行业的发展进步。理论与实践的结合，在本套丛书中得到了很好的体现，研究团队的技术成果在其中多项工程得到应用，比如大兴国际机场、雄安站、上海中心大厦、中央电视台新台址CCTV主楼等项目，加快了建造速度，提升了建筑品质，取到了良好的效果。

本套丛书开创了国内大型建筑设计院合作著书的先河，每个大院以一册的形式总结自己的杰出工程案例，不仅是对各大院在工程结构设计领域成就的展示，也是对我国工程结构设计整体实力的展示。随着结构材料性能提高、组合结构发展、分析手段完善、设计方法进步，新型高性能材料、构件和结构体系不断涌现，这些新材料、新技术和新工艺对推动建筑行业科技进步起到了重要作用，在向工程技术人员提出了更高挑战的同时也提供了创新空间。未来的土木工程学科将是追求高性能、高质量发展的学科，工程结构设计领域的发展需要不断的学习、积累和创新。希望这套丛书能够为广大结构工程师和相关从业人员提供有价值的参考，激发他们的灵感和创造力。同时，也希望通过这套丛书的分享和传播，进一步推动我国工程结构设计领域的创新和进步，为我国城镇建设和高质量发展贡献更多的智慧和力量。

聂建国

中国工程院院士

清华大学土木工程系教授

2023 年 8 月

本书编委会

顾　问：任庆英　范　重

主　编：霍文营

副主编：孙海林　王　载

编　委：（按姓氏拼音排序）

曹伟良　曹永超　丁伟伦　董　越　谷　昊
郝家树　胡纯炀　李　森　李勇鑫　李　正
梁　伟　刘浩男　刘　帅　刘　涛　刘文珽
刘　翔　刘学林　刘子傲　娄　霓　彭永宏
施　泓　史　杰　王春光　王大庆　王佳琦
王　磊　王文宇　王义华　王勇鑫　杨　开
杨松霖　杨　苏　杨　潇　叶　垚　尤天直
张付奎　张淮湧　张良平　张守峰　张晓萌
张雄迪　张亚东　张　宇　赵长军　赵庆宇
赵艳丹　周轶伦　朱　丹

序　一

中国建筑设计研究院有限公司（简称中国院）创建于1952年，前身为中央直属设计公司。成立71年来，中国院始终秉承优良传统，服务国家重大战略，勇于担当社会责任，致力于推进我国勘察设计行业的创新发展，先后在国内和全球近60个国家和地区完成各类建筑设计项目万余项，创作了一系列经典设计作品，取得了突出的成绩。进入21世纪以来，中国院贡献了国家体育场“鸟巢”、国家雪车雪橇中心、雄安站、首都博物馆新馆、中铁青岛世界博览城、京基金融中心等经典设计，获得了行业及社会各界的高度认可。

《经典回眸　中国建筑设计研究院有限公司篇》分册，从2000年以来中国院完成的大量优秀工程设计中，选取了21个经典工程项目，包含体育建筑、交通建筑、超高层建筑、文化建筑、会展建筑及复杂综合建筑等类型，呈现了结构设计的创新特色、技术细节和设计重难点，诸如：国家体育场“鸟巢”交叉编织桁架体系设计研究、国家雪车雪橇中心“雪游龙”雪车雪橇赛道体系及遮阳棚选型和设计研究、鄂尔多斯东胜体育中心及国家网球中心开合屋盖设计研究、天府农业博览园主展馆项目钢-木组合异形拱桁架结构及钢-木连接特殊节点设计研究等。这些经典工程的建筑风格新颖独特、造型及功能复杂、社会影响力大，给结构设计带来了巨大挑战。中国院的结构工程师进行了大量的技术创新，运用高水平技艺和巧妙的设计手段，实现了结构力学与建筑美学、建造技艺与使用功能的完美融合，展现了中国院结构设计团队的集体智慧和专业水准。

本书由入选经典工程的结构设计团队集体编著，内容侧重于结构设计原理的灵活运用和大型复杂工程的经验总结。编著者在繁忙的设计工作之余倾注了许多心血，经多次精练，力争在有限的篇幅中原汁原味地呈现一项项大型复杂工程的结构设计特色、关键技术和重点、难点，提炼相关的科技创新成果。以期为从事本行业的建设者、学生以及对本行业感兴趣的广大技术人员，提供技术性、趣味性和可读性俱佳的科技类读本。衷心希望本书的出版能促进同业技术交流，推动行业高质量发展。

全国工程勘察设计大师
中国建筑设计研究院有限公司总工程师
2023年7月于北京

序　二

我 1988 年博士毕业后进入中国建筑设计研究院有限公司（原建设部建筑设计院）从事建筑结构设计工作，已经 35 年了。作为改革开放后我国城市建设高速发展时期的亲历者，我有幸参与完成了国家体育场“鸟巢”等多项重大工程的结构设计工作。

中国建筑设计研究院主要从事民用建筑设计，今年是建院 71 周年，我院已经在国内外完成了万余项建筑工程设计。随着我国综合国力的增强与人们生活水平的提高，公共建筑逐渐向规模大型化、功能综合化、造型多样化方向发展，结构跨度与高度不断被突破，工程复杂性与设计难度逐步提高，很多已经超出现行技术标准与已有工程经验。结构工程师与建筑师紧密合作，勇于技术创新，通过运用新结构、新材料和新技术，高水平圆满完成了结构设计工作。可以说，每项优秀工程的背后都包含着结构工程师的智慧与辛勤付出。

本书遴选的 21 项工程，是我院 2000 年后完成设计的代表性作品，涉及办公、酒店、体育、文化、交通、展览和综合体等大型复杂建筑结构，都曾获得过多个奖项。此次中国建筑工业出版社通过出版各大设计院重大工程结构设计专辑，对已经建成的项目成果进行系统总结提炼，供国内同行参考，是一件很有意义的工作。在此，我想感谢各个项目的执笔人，特别是本书主编霍文营总工程师和孙海林总工程师、王载总工程师，他们在百忙之中为本书的出版付出了大量心血。由于撰写时间、水平以及篇幅所限，本书可能还存在很多不足，敬请各位读者批评指正。

我还要感谢上述项目的建设单位与合作单位，感谢院内外方案评审专家、抗震超限审查专家以及施工图审查专家的严格把关，为高质量完成施工图设计奠定了坚实的基础。最后，感谢上述项目施工企业为实现结构设计意图所做出的巨大努力。

目前，我国已经进入新的发展时期，绿色、低碳和精细化设计成为建筑设计主要发展方向。我相信，建筑结构技术未来还将有更多新的发展机遇。

全国工程勘察设计大师

中国建筑设计研究院有限公司总工程师

2023 年 7 月于北京

前言

中国建筑设计研究院有限公司（中国院）作为一家中央企业，始终与国家的发展同步共生，始终致力于推进国内勘察设计产业的创新发展，以“建筑美好世界”为己任，为中国建筑的现代化、标准化、产业化、国际化提供最为专业的综合技术咨询服务。在70余年的发展历程中，中国院先后在国内及全球近60个国家和地区完成各类建筑设计项目万余项，很多设计作品成为经典。

《经典回眸　中国建筑设计研究院有限公司篇》收录了21世纪以来中国院的21项经典工程，涵盖体育建筑、火车站建筑、超高层建筑、文化建筑、综合类建筑、会展建筑六大类型，涉及大跨度空间结构、超高层结构、复杂结构等多个方面，是中国院21世纪以来最具有代表性的结构设计实践与技术创新成果的梳理和总结。

本书重点介绍21项经典工程结构设计中的突出特点、设计理念和关键技术创新。本书共分21章，内容安排如下：1～6章为体育建筑，包括国家体育场“鸟巢”、北京2022年冬奥会及冬残奥会延庆赛区场馆设施建设项目、鄂尔多斯东胜体育中心、天津大学新校区综合体育馆、国家网球中心（钻石球场）、霞田文体园-体育场；7～8章为火车站建筑，包括雄安站、苏州站；9～11章为超高层建筑，包括京基金融中心、南京青奥中心、银川绿地中心；12～13章为文化建筑，包括首都博物馆新馆、北京奥林匹克塔；14～17章为综合类建筑，包括华润太原万象城、天津于家堡洲际酒店、金融街B7大厦、江苏园博园未来花园；18～21章为会展建筑，包括海南国际会展中心、中铁青岛世界博览城、世界园艺博览会中国馆、天府农业博览园主展馆。

本书的参编人员为入选经典工程的结构设计人员，具有丰富的工程实践经验，对所设计的经典工程有着全面、深入的理解。因此他们对这些工程的技术成果作出的“解析”，不是工程概况、计算结果的简单介绍，也不是规范要求、设计措施的简单罗列，而是透彻阐述入选工程的结构设计特色、关键技术和重点、难点，全面介绍最新的科研及技术创新成果。书中的大量工程实例指导性、实用性强，可供相关同业人员借鉴参考，也可作为高等院校土建类专业辅助教材。

由于国内建筑行业迅速发展，新技术、新方法不断涌现，本书内容难免有不妥及片面之处，敬请广大读者批评指正。

中国建筑设计研究院有限公司总工程师

2023年7月

目 录

全书延伸阅读扫码观看

第 1 章

国家体育场

1.1 工程概况

1.1.1 建筑概况

国家体育场位于奥林匹克公园中心区内，是 2008 年北京第 29 届奥运会的主体育场，承担奥运会开、闭幕式与田径比赛。国家体育场建筑顶面呈鞍形，长轴 332.3m，短轴 296.4m，最高点高度为 68.5m，最低点高度为 40.1m，固定座席可容纳 8 万人，活动座席可容纳 1.1 万人，总建筑面积约为 25.8 万 m^2。

国家体育场钢结构如图 1.1-1 所示。

(a) 结构夜景

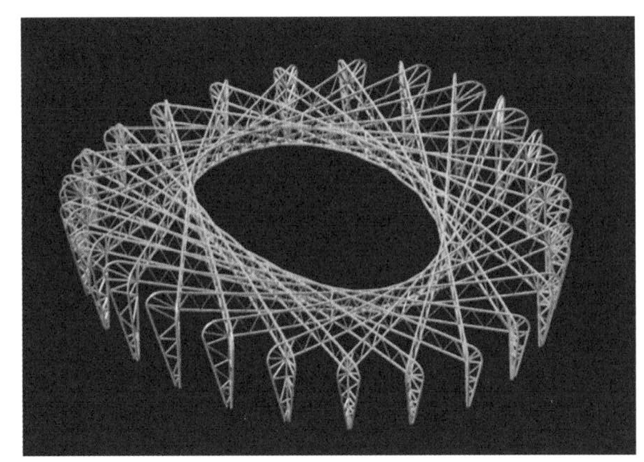

(b) 主结构布置

图 1.1-1 国家体育场钢结构

1.1.2 设计条件

1. 主要设计参数（表 1.1-1）

主要设计参数 表 1.1-1

项目	参数
建筑结构的安全等级	一级
结构重要性系数	1.1
地基基础设计等级	甲级
设计使用年限	100 年（耐久性）
设计基准期	50 年
建筑抗震设防类别	乙类
建筑物的耐火等级	一级
抗震设防烈度	8 度

场地类别为Ⅱ类与Ⅲ类之间，设计地震分组为第一组。在结构设计中，除屋盖恒荷载（包括天沟、屋面膜结构、灯具）和活荷载外，还考虑了风荷载、雪荷载、屋面积水以及温度和地震作用等荷载与作用的影响。

2. 恒荷载与活荷载

屋盖恒荷载和活荷载标准值如表 1.1-2 所示。在计算模型中，通过调整不同类型构件折算密度的方式，考虑构件加劲肋、节点构造以及焊缝重量对钢结构自重的影响。

屋盖恒荷载和活荷载标准值　　表 1.1-2

荷载情况		取值
恒荷载	天沟（含虹吸排水系统、水槽及支架）	$0.60kN/m^2$
	屋面膜结构［ETFE（乙烯-四氟乙烯共聚物）膜材］	$0.15kN/m^2$
	声学吊顶	$0.45kN/m^2$
	马道、照明和音响	$0.30kN/m^2$
	灯具（作用在屋盖内环）	15.0kN/m
	永久大屏幕（两个）	1000kN/个
活荷载	屋顶维修活荷载/屋面积水	$0.30kN/m^2$
	赛后商业利用吊挂荷载	$0.20kN/m^2$
	立面楼梯活荷载	$3.5kN/m^2$

3．风荷载

（1）风洞试验与风压分布

北京地区 100 年重现期的基本风压为 $0.50kN/m^2$，场地地面粗糙度类别为 B 类。国家体育场的风洞试验在英国伦敦的 BMT Fluid Mechanics 公司进行，模型比例为 1∶300，采用刚性模型，考虑距离场地中心 450m 半径范围内建筑物的影响。

（2）风振系数

由于大跨度结构自振周期长、结构刚度小，在风荷载作用下可能引起很大的风振效应。对于风荷载起控制作用的结构，结构自重对于控制上吸风是有利的。但是对于自重效应较大的大跨度结构，当风振系数大于 2 时，在脉动风作用下将会产生反向风振效应，对屋盖形成下压力。

在进行国家体育场大跨度钢结构设计时，由于结构自重较大，下压风荷载效应对结构更为不利，因此需要考虑下压风荷载效应与结构自重、温度效应的不利组合。由于在风荷载很大的情况下，空气的流动性好，屋盖结构的正温差不可能很大，因此，此时可仅考虑最大负温差时的情况。

4．温度作用

在进行国家体育场大跨度钢结构设计时，将主体结构合龙时的温度作为结构的初始温度（也称为安装校准温度），使结构受力比较合理，用钢量较小。

国家体育场大跨度钢结构设计时采用的初始温度与最大正、负温差如下：

合龙温度：　14.0℃ ± 4℃；

最大正温差：50.6℃（主桁架与顶面次结构）；

40.6℃（桁架柱与立面次结构）；

最大负温差：−45.4℃。

5．雪荷载与积水荷载

北京地区重现期为 100 年的基本雪压为 $0.50kN/m^2$。屋面主桁架上弦与顶面次结构形成许多面积较小的板块，屋面 ETFE 膜比主体钢结构顶面低 0.95m，且整个屋盖坡度不大，在风荷载作用下不会形成板块之间积雪的迁移，可以认为屋盖区域雪荷载均匀分布。

考虑到暴雨时屋面个别板块可能出现排水不畅，假定屋面局部板块排水不畅可能引起的积水荷载为 $0.30kN/m^2$，但不与雪荷载同时出现。

6．地震作用

国家体育场抗震设防烈度为 8 度，设计基本地震加速度值为 0.2g，设计地震分组为第一组。场地类别介于Ⅱ类与Ⅲ类之间，计算得到场地的特征周期为 0.41s。

1.2 建筑特点

1.2.1 建筑造型

建筑模型坐标原点位于体育场中心，采用右手坐标系，X轴正方向为正东方向，±0.000 相当于绝对标高 43.500m。首先在−9.000m 标高的平面上建立一个长轴与短轴分别为 313m 和 266m 的椭圆，然后将椭圆周长 24 等分，如图 1.2-1 所示。该椭圆为体育场屋盖立面的内表面在水平面的投影，24 个等分点分别为 24 根桁架柱内柱的形心位置。

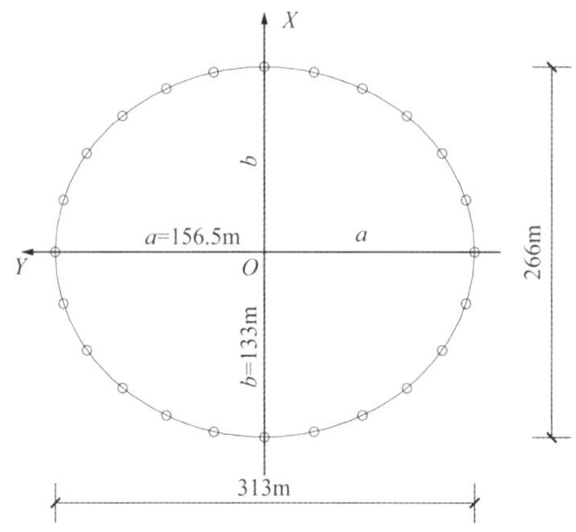

图 1.2-1 国家体育场屋盖立面的内表面定位轴线

将椭圆沿z轴方向拉伸，形成内柱轴线所在的椭圆柱面。

屋盖外立面呈倒置的椭圆台形，椭圆台母线与椭圆柱面母线的夹角根据位置的不同而逐渐变化，在长轴端点与z轴的夹角为 13.786°，在短轴端点与z轴的夹角为 13°。屋盖立面的内表面与外表面的构型方法如图 1.2-2 所示。

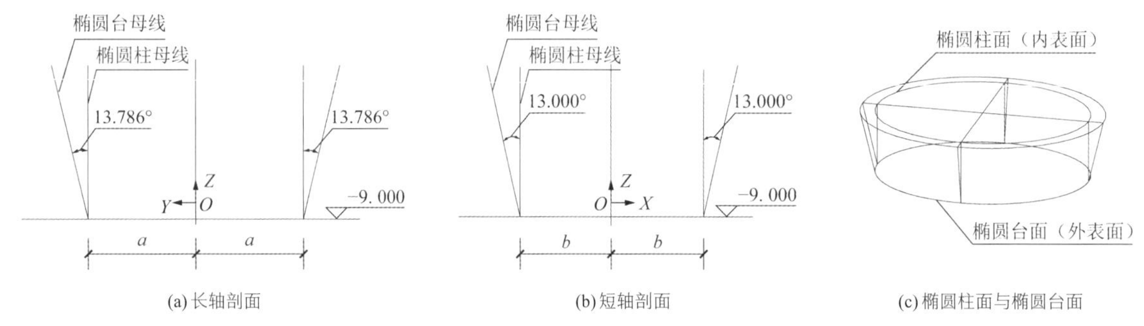

(a) 长轴剖面　(b) 短轴剖面　(c) 椭圆柱面与椭圆台面

图 1.2-2 屋盖立面的内表面与外表面

在标高 60.000m 的参考点处，沿XOZ平面放置半径为 719.900m 的圆弧R_1，沿YOZ平面放置半径为 882.706m 的圆弧R_2，将R_2以R_1为母线平行滑动，即可得到屋顶外表面的双曲面，如图 1.2-3（a）所示。将屋盖上表面的双曲面向下平行拷贝（offset）形成屋盖下表面，屋盖上、下表面之间的距离为 12m，如图 1.2-3（b）所示。

将椭圆台与屋盖曲面相交，形成体育场屋盖立面的外表面轮廓线，如图 1.2-4（a）所示。对屋盖立面与屋盖顶面面交线的位置进行圆化处理，倒角半径为 8m，如图 1.2-4（b）所示。

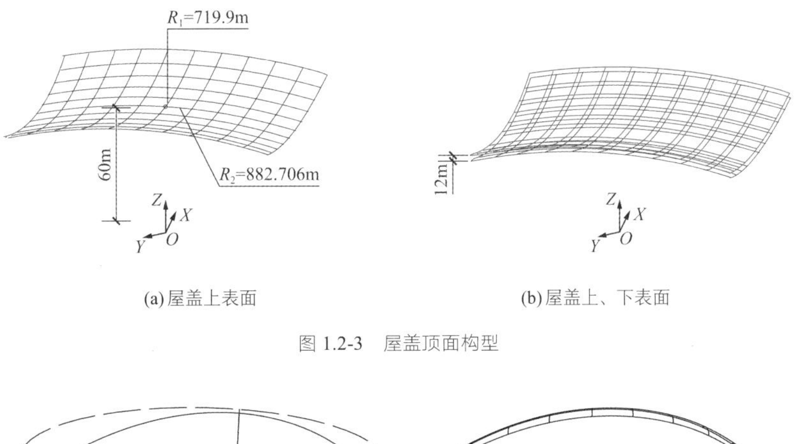

(a) 屋盖上表面　　(b) 屋盖上、下表面

图 1.2-3　屋盖顶面构型

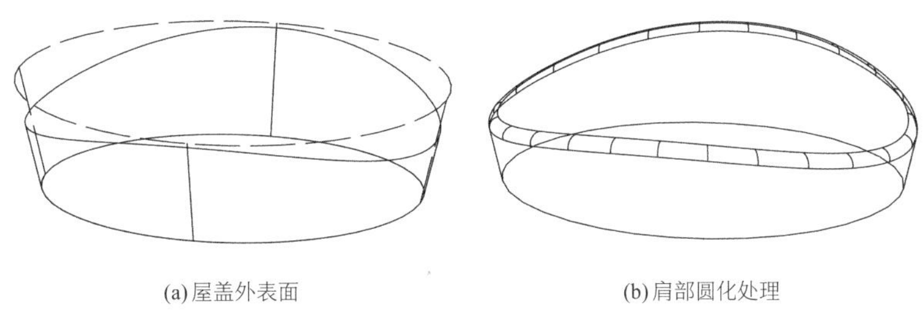

(a) 屋盖外表面　　(b) 肩部圆化处理

图 1.2-4　屋盖结构的外表面

1.2.2　交叉编织主桁架与桁架柱

通过 24 根内柱的形心做直线与屋盖内环相切，可以得到 48 榀交叉布置主结构的平面定位轴线，如图 1.2-5、图 1.2-6 所示。

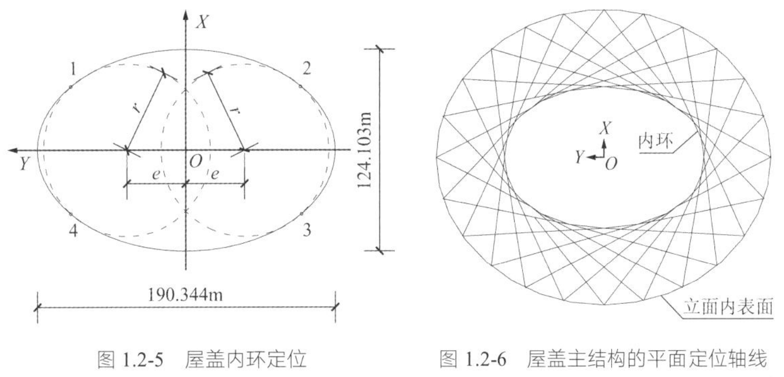

图 1.2-5　屋盖内环定位　　图 1.2-6　屋盖主结构的平面定位轴线

沿主结构定位轴线做垂直于地面的平面，该平面与屋盖表面的交线即为主桁架与桁架柱的轴线，如图 1.2-7 所示。使尽可能多的主桁架直通或接近直通，增加整体结构的冗余度，并在中部形成由分段直线构成的内环。为了避免出现过于复杂的节点，4 榀主桁架在内环附近截断，如图 1.2-8 所示。

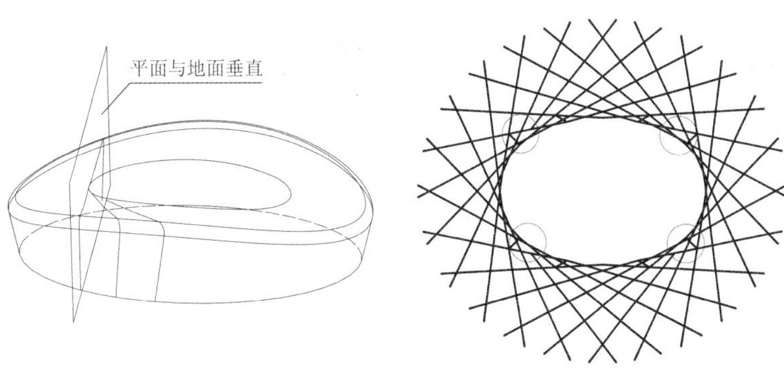

图 1.2-7　主结构的定位方法　　图 1.2-8　主结构的平面布置

1.2.3 顶面与立面次结构

顶面次结构与立面次结构均位于屋盖结构的外表面。次结构轴线定位的基本原则如下：由体育场中心点（标高为±0.000）、屋盖肩部圆弧起点与立面底部的点构成一个平面，该平面与屋盖外表面的交线即为次结构的定位轴线，如图 1.2-9 所示。

次结构的主要作用是减小主结构构件面外的无支撑长度，增强其侧向稳定；顶面次结构将屋盖顶面划分为较小的板块，便于安装屋面膜结构；桁架柱之间的立面次结构形成交叉支撑，用于提高屋盖结构的侧向刚度。

屋盖次结构的布置尽量做到疏密均匀，最终形成了“鸟巢”艺术效果，如图 1.2-10 所示。

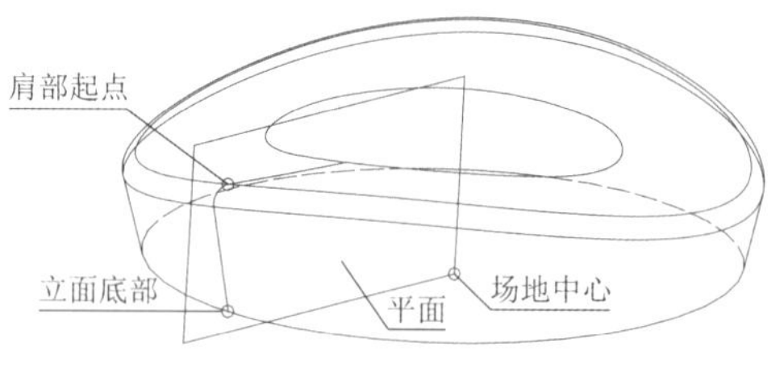

图 1.2-9　屋盖次结构的定位轴线

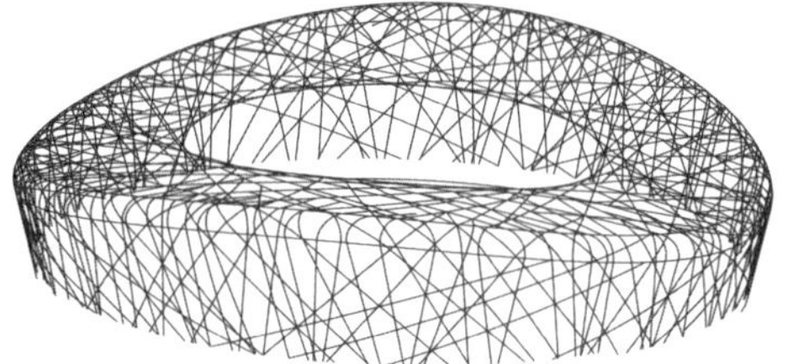

图 1.2-10　屋盖外表面主、次结构的定位轴线

1.2.4 屋顶双层膜结构

国家体育场的屋面由钢结构和双层膜结构共同组成，能为体育场的场内看台区域和场外的各层观众集散大厅遮挡风雨。白天，膜结构的透光性使比赛场内有足够的亮度又避免产生强烈的阴影，下层膜面在看台上空形成了一个平滑的、略有弧度的膜结构吊顶，遮挡了钢结构内繁杂的结构构件和设备管线，使观众的注意力能更集中于场内的比赛之中。膜结构吊顶材料的吸声特性也有助于改善场内的声环境。

国家体育场屋盖总面积为 59440m^2，屋盖膜结构可分为屋面围护结构和声学吊顶，如图 1.2-11、图 1.2-12 所示。

图 1.2-11　屋盖上弦 ETFE 膜结构

图 1.2-12　屋盖下弦 PTFE（聚四氟乙烯）膜结构

1.2.5 钢筋混凝土看台

国家体育场的钢筋混凝土看台结构呈椭圆形，南北长 322m，东西宽 276m。看台东西向高，南北向低，看台面积逐层向上缩小。为实现建筑理念，沿外延分布着不规则的凹凸缺口，在与钢结构相邻部位形成多处混凝土结构环绕钢结构的结构形式。从竖向看，为体现“由外部不规则布置逐步过渡到内部规

则布置，从无序到有序”的设计理念，混凝土看台外围柱都是不规则倾斜的，与钢结构无序的结构布置相呼应，并形成大量的与楼层不相连的脱开柱，有些脱开柱高达四层，在视觉上形成很强的冲击力。而在看台内侧，结构布置则形式相同，整齐划一。看台座席形成的水平线条平滑流畅，极富韵律，与外部无序的布局形成鲜明的对比，如图 1.2-13 所示。

图 1.2-13　钢筋混凝土看台

1.3　结构体系与分析

“鸟巢”的建筑造型与结构体系高度一致，主体钢结构由主结构与次结构两部分构成，主结构包括主桁架与桁架柱，次结构包括顶面次结构、立面次结构以及立面大楼梯。屋盖上弦采用膜结构作为屋面围护结构，选用透明的 ETFE 膜材料，屋盖下弦的声学吊顶采用白色 PTFE 膜材料。主场看台部分采用钢筋混凝土框架-剪力墙结构体系，与大跨度钢结构完全脱开。

1.3.1　结构布置

1. 交叉编织主桁架和桁架柱

国家体育场钢结构支撑在 24 根桁架柱之上，柱距为 37.958m。屋盖中间开洞长度为 186.7m，宽度为 127.5m，“鸟巢”钢结构的主桁架围绕屋盖中部的洞口呈放射形布置，与顶面和立面的次结构共同形成了“鸟巢”的特殊建筑造型，如图 1.3-1、图 1.3-2 所示。

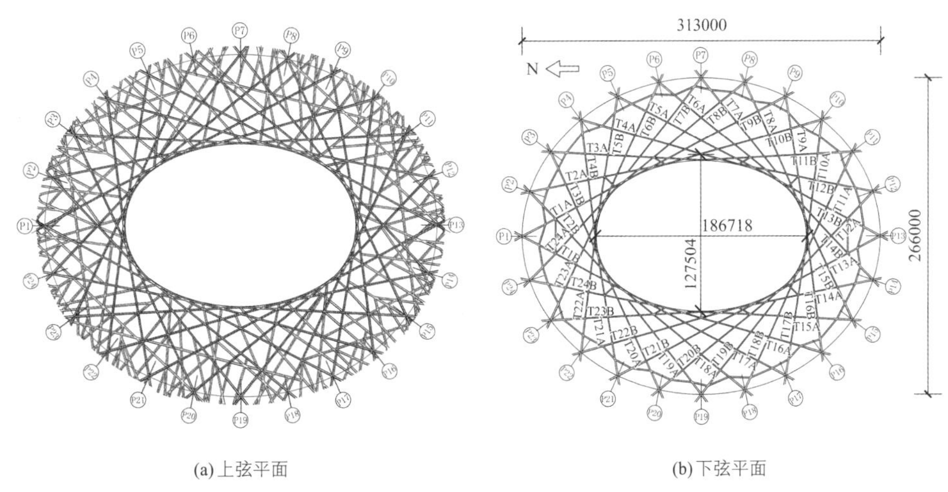

(a) 上弦平面　　(b) 下弦平面

图 1.3-1　国家体育场屋盖结构平面布置图

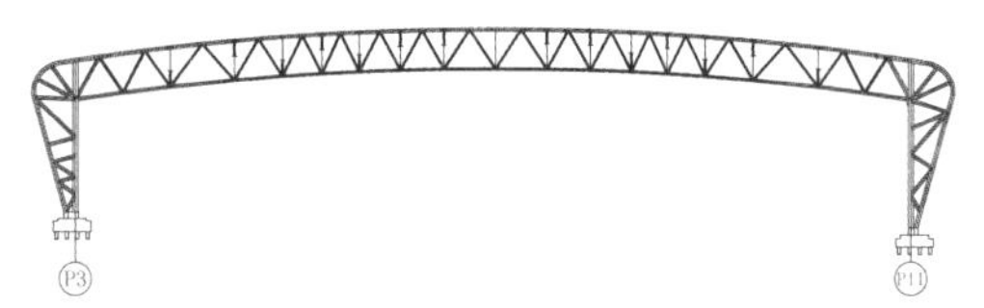

(a) T3A-T11B

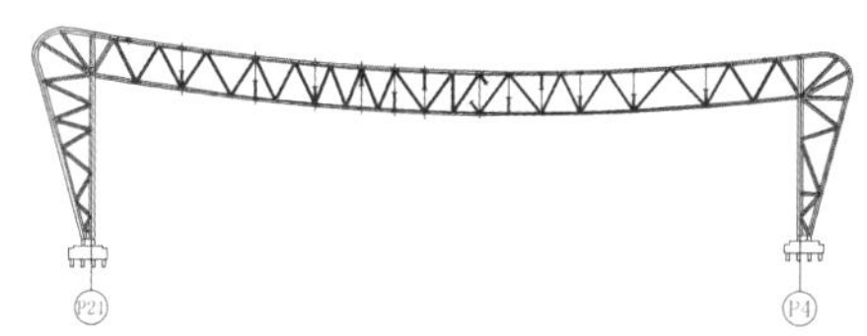

(b) T4B-T21A

图 1.3-2　主桁架立面展开图

如图 1.3-3 所示，桁架柱均由一根垂直的菱形内柱和两根向外倾斜的外柱以及内柱与外柱之间的腹杆组成，如同垂直放置的变高度三角形管桁架，桁架柱的顶部外柱连续弯扭逐渐成为主桁架的上弦；外柱之间的次结构对两侧桁架形成侧向约束；各桁架柱通过与主桁架、立面次结构、顶面次结构、立面大楼梯连接形成整体大跨度空间结构体系。在设计过程中，将桁架柱由空腹桁架柱修改为各腹杆在内外柱分别汇交的非空腹桁架柱，桁架柱腹杆与外柱轴线偏心布置修改为居中布置，极大改善了桁架柱传力合理性。

由于桁架柱底部内柱与外柱之间的距离已经很近，故此，在柱底部标高 1.5m 处将三根柱合并为一个 T 形构件，采用固定式柱脚。

2. 顶面与立面次结构

如图 1.3-4 所示，顶面与立面次结构的主要作用是增强主结构侧向刚度、减小主结构构件的面外计算长度，为屋面膜结构、排水天沟、下弦声学吊顶、屋面排水系统等提供支承条件，并形成结构的抗侧力体系。

屋面次结构布置主要考虑控制屋面膜结构板块面积的大小，立面次结构则通过调整疏密程度，达到有效减小外柱计算长度的目的。

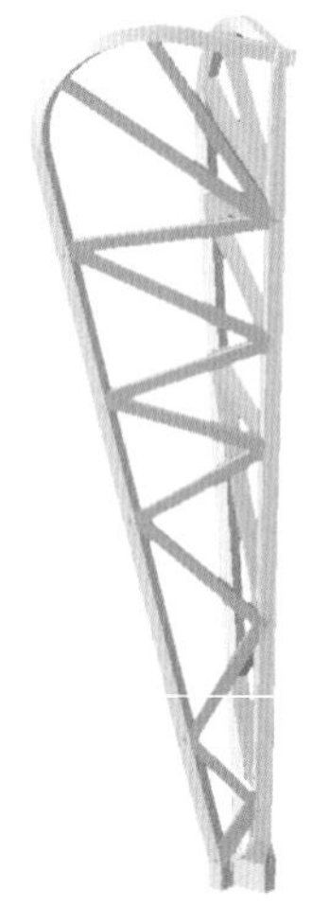

图 1.3-3　桁架柱立面布置

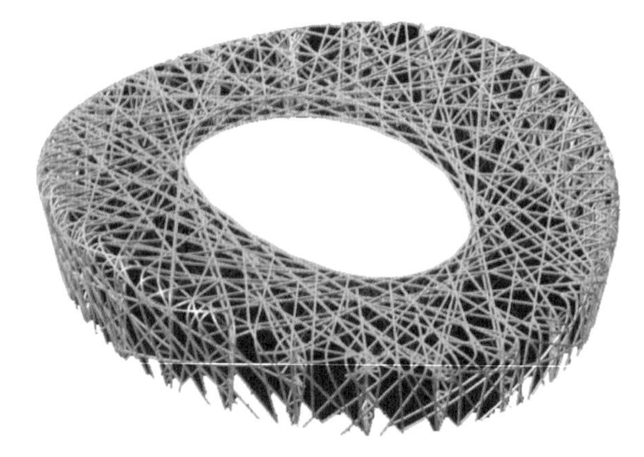

图 1.3-4　国家体育场“鸟巢”主结构与次结构

3. 立面大楼梯

建筑立面次结构的内侧设有 12 组大楼梯，每组楼梯均由内楼梯和外楼梯构成。

每组楼梯位于相邻的 3 个桁架柱之间。外楼梯的外侧楼梯梁由立面构件支承，内侧楼梯梁支承于内柱、楼梯柱、桁架柱腹杆之上。为了与立面次结构协调一致，大部分楼梯柱继续延伸至主桁架上弦或顶面次结构。设计过程中，联动调整腹杆与次结构在桁架柱内柱、外柱位置，满足立面大楼梯净高不低于 2.5m 的需求。

4. 屋顶双层膜结构

国家体育场屋盖总面积为 59440m^2，屋盖膜结构可分为屋面围护结构和声学吊顶，两层膜之间的间隔大约为 13m，由主体结构的桁架杆件支承。屋面采用 ETFE 膜材，布置在较平坦的屋面及屋盖立面转角的局部区域。

上层 ETFE 膜展开面积约为 40000m^2。屋面膜结构以主桁架上弦和次结构为边界构件，形成相对独立的结构体系。屋盖表面被分割为许多形状不同的多边形板块，大约 1000 个不同形状的 ETFE 膜，最大的板块面积可达 250m^2，最小的不足 5m^2。ETFE 膜以加强索连接在钢管梁上，屋盖上分格大小不同的膜结构以天沟作为边框（天沟还用作维护和检修马道）。

声学吊顶采用 PTFE 膜材，布置在屋盖下弦，并从上层看台的后部向下延伸，起到屏风作用，声学吊顶板块划分方式与屋面膜结构相同。由于下弦没有次结构，因此需要从上弦次结构节点的位置设置吊杆，形成吊挂结构。在每个 PTFE 膜结构板块的边界处设置边缘构件，形成完全独立的结构体系。

5．钢筋混凝土看台

钢筋混凝土看台内部功能上分为上、中、下三层，形同碗状，整个看台结构外部由巨型空间钢桁架“鸟巢”包裹覆盖。看台共有 80000 个固定观众席和 11000 个临时观众席。混凝土看台结构平面布置呈椭圆形，柱网由一系列径向和环向轴线交织而成。

看台采用钢筋混凝土框架-剪力墙结构体系，在楼梯间、电梯间等交通核心筒部位设置了 12 组剪力墙，底层框架柱按轴网交点布置。

看台结构分成六块，沿南北中轴线分开，每边三块，利用结构的对称性，形成基本对称的两种结构单元布置形式，即南北结构单元和东西结构单元。每种结构单元拥有两组剪力墙，与若干榀框架共同形成各自独立的框架-剪力墙结构体系。东西单元结构为 7 层，高度 51m；南北单元结构 6 层，高度为 45m。看台观众席采用预制纤维混凝土看台板。钢筋混凝土看台典型剖面如图 1.3-5 所示。

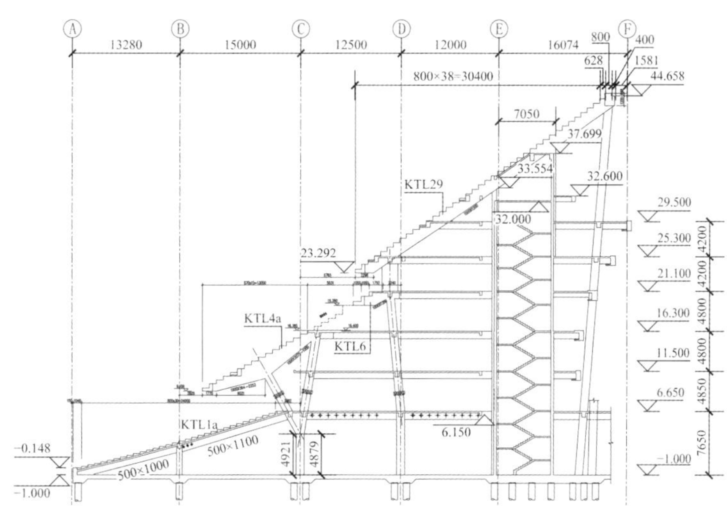

图 1.3-5 钢筋混凝土看台典型剖面

6．基础

国家体育场主体结构采用后注浆钻孔灌注桩基础，在设计时考虑了桩、土、承台共同作用。

1.3.2 抗震性能目标

罕遇地震作用下，国家体育场钢结构的抗震设防目标为允许少量主、次结构构件屈服，最大位移角不大于 1/50。

看台结构在罕遇地震下应满足大震不倒的设计目标。罕遇地震下框架-剪力墙结构的最大层间位移角应小于1/100，为了验算罕遇地震下结构的弹塑性变形，对混凝土看台结构进行了非线性静力分析。

1.3.3 混凝土结构分析

1. 混凝土结构整体计算

设计采用中国建筑科学研究院最新推出的SpaSCAD（复杂空间结构建模软件）和PMSAP（特殊多、高层建筑结构分析与设计软件）等国产软件分别作为建模软件及主要的结构分析软件，看台模型如图1.3-6所示；采用国际通用的成熟软件ETABS进行内力复核；利用SAP2000进行温度应力计算，结果如表1.3-1～表1.3-4所示。

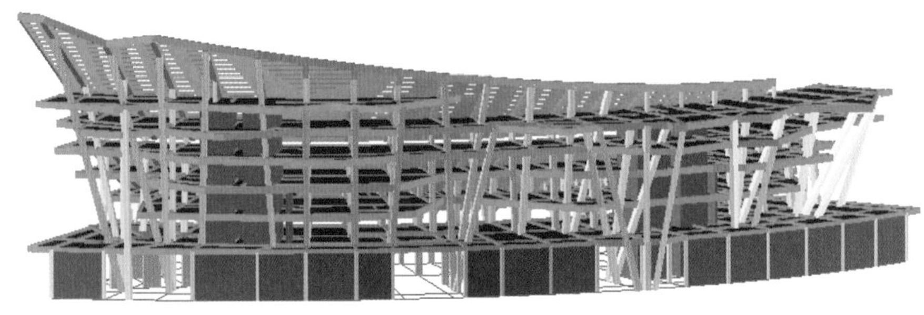

图1.3-6 看台结构模型图

（1）振型

东/西段振型 表1.3-1

振型	PMSAP（ETABS）		
	周期/s	振型	周期比
第一振型	0.77（0.78）	X方向平动	
第二振型	0.62（0.61）	扭转	0.81（0.78）<0.9
第三振型	0.60（0.60）	Y方向平动	

北/南段振型 表1.3-2

振型	PMSAP（ETABS）		
	周期/s	振型	周期比
第一振型	0.57（0.61）	X方向平动	
第二振型	0.43（0.44）	扭转	0.75（0.72）<0.9
第三振型	0.40（0.41）	Y方向平动	

（2）层间位移

东/西段层间位移 表1.3-3

层数	PMSAP（ETABS）		
	X方向	Y方向	是否满足限值要求（≤1/800）
1	1/7643（1/6840）	1/6325（1/5108）	是
2	1/1622（1/1614）	1/1935（1/1834）	是
3	1/1090（1/1259）	1/1498（1/1544）	是
4	1/1241（1/1167）	1/1504（1/1574）	是
5	1/1264（1/1142）	1/1745（1/1617）	是

续表

层数	PMSAP（ETABS）		
	*X*方向	*Y*方向	是否满足限值要求（≤1/800）
6	1/1802（1/1238）	1/1941（1/1978）	是
7	1/1942（1/1270）	1/5129（1/2408）	是
8	1/2407（1/1807）	1/6300（1/3721）	是

北/南段层间位移　　表 1.3-4

层数	PMSAP（ETABS）		
	*X*方向	*Y*方向	是否满足限值要求（≤1/800）
1	1/6983（1/2052）	1/4047（1/5410）	是
2	1/1706（1/1291）	1/1957（1/2460）	是
3	1/1174（1/1006）	1/1860（1/2291）	是
4	1/1173（1/1059）	1/2220（1/2606）	是
5	1/1486（1/1144）	1/2324（1/1378）	是
6	1/1784（1/1705）	1/4041（1/3478）	是
7	1/2577（1/2524）	1/7460（1/8700）	是

按规范要求，对地震作用采用时程分析法与反应谱法两者的较大值进行截面设计。

2．罕遇地震下的弹塑性静力分析（Pushover）

罕遇地震下的弹塑性分析采用 Pushover 方法，按安评报告给出的 50 年基准期的罕遇地震的地震动参数进行静力弹塑性分析。结构的非线性静力分析采用了中国建筑科学研究院的三维静力弹塑性分析程序 EPSA。弹塑性层间位移如表 1.3-5、表 1.3-6 所示。

南北段看台弹塑性层间位移　　表 1.3-5

层数	45°方向	135°方向	是否≤1/100
6	1/243	1/852	是
5	1/182	1/525	是
4	1/160	1/533	是
3	1/198	1/631	是
2	1/153	1/502	是
1	1/291	1/1637	是

东西段看台弹塑性层间位移　　表 1.3-6

层数	*X*方向	*Y*方向	是否≤1/100
7	1/169	1/245	是
6	1/154	1/173	是
5	1/140	1/134	是
4	1/134	1/120	是
3	1/132	1/109	是
2	1/125	1/116	是
1	1/2815	1/1414	是

1.3.4 钢结构分析

1．钢结构整体计算

1）计算模型

在国家体育场钢结构设计中，利用 CATIA 空间造型软件建立了精确的三维空间计算模型，模型包括了主结构、次结构和楼梯构件等全部结构构件，主要采用 ANSYS 和 SAP2000 进行结构的静、动力分析、截面验算与优化设计。

国家体育场屋盖结构的整体计算模型和整体计算模型中的主结构、次结构、楼梯与楼梯柱如图 1.3-7 所示。

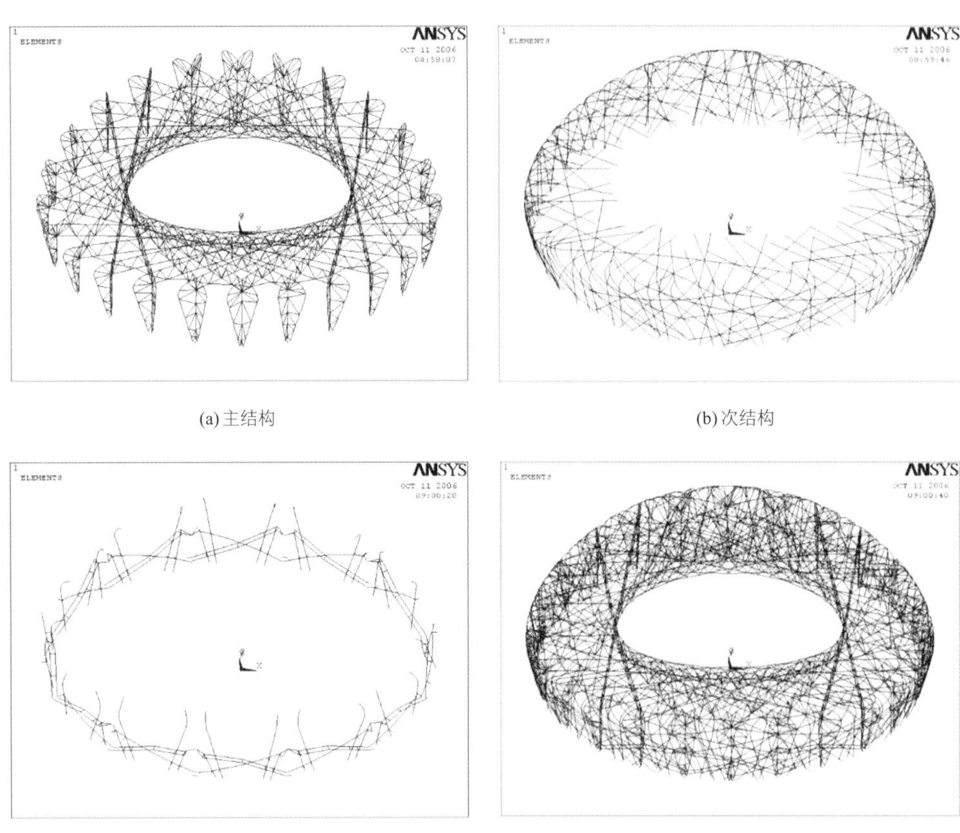

(a) 主结构　(b) 次结构　(c) 楼梯与楼梯柱　(d) 整体模型

图 1.3-7　国家体育场屋盖结构的整体计算模型

2）静荷载作用下的主要计算结果

对结构整体计算模型进行恒荷载、活荷载、风荷载和温度作用下的内力与变形分析。主桁架在各种工况下的最大竖向位移如表 1.3-7 所示，桁架柱在各种工况下的最大侧向位移如表 1.3-8 所示。

主桁架在各种工况下的最大竖向位移　表 1.3-7

荷载与作用	最大竖向位移w_{max}/mm	w_{max}/L	备注
恒荷载＋活荷载	−471.8	1/564	含钢结构自重
活荷载	−44.2	1/6018	雪荷载＋商业吊挂
最大上吸风	30.5	1/8721	250°风向
最大下压风	−14.9	1/17850	350°风向
最大正温差	149.7	1/1777	＋50.6℃（顶面）/+40.6℃（立面）
最大负温差	−136.3	1/1952	−42.4℃
竖向地震作用	−26.1	1/10190	15%重力荷载代表值

注：L为屋盖短跨方向的直径。

桁架柱在各种工况下的最大侧向位移　　表 1.3-8

荷载与作用	最大侧向位移u_{max}/mm	u_{max}/H	备注
恒荷载＋活荷载	35.3	1/809	含钢结构自重
活荷载	3.9	1/7321	雪荷载+商业吊挂
风荷载	2.3	1/12413	90°风向（正西方向）
最大正温差	92.7	1/592	+50.6℃（顶面）/+40.6℃（立面）
最大负温差	85.5	1/642	−42.4℃

注：H为桁架柱下柱顶节点的高度。

3）动力特性与地震作用下的主要计算结果

利用 ANSYS 和 SAP2000 等多个软件对整体结构进行动力分析，得到整体屋盖结构的动力特性，ANSYS 与 SAP2000 前 5 阶振型的周期对比如表 1.3-9 所示，从计算结果可以看出，ANSYS 与 SAP2000 计算的结构动力特性非常接近。

结构的周期与振型　　表 1.3-9

振型	周期/s		振型描述	第 1 扭转周期/第 1 平动周期
	ANSYS	SAP2000		
1 阶振型	1.063	1.074	竖向振动	—
2 阶振型	0.982	0.993	X方向平动	—
3 阶振型	0.914	0.923	Y方向平动	—
4 阶振型	0.858	0.862	竖向弯曲振动	—
5 阶振型	0.731	0.733	扭转振动	0.69< 0.85

2. 钢结构罕遇地震下的弹塑性时程分析

除进行多遇地震和设防烈度地震作用的抗震设计外，还采用动力弹塑性分析法以及在静力弹塑性分析的基础上采用能力谱法计算了国家体育场钢结构的罕遇地震反应，检验其在罕遇地震作用下抗震性能是否达到抗震设防目标。

1）动力弹塑性计算结果

计算模型中，钢结构X向最大位移角在 1/457～1/308 之间，平均值为 1/358；Y向最大位移角在 1/207～1/172 之间，平均值为 1/187；竖向最大位移（不包括重力荷载代表值产生的位移）在 0.1609～0.2841m 之间，平均值为 0.2192m。各地震波作用下，X向和Y向最大位移角都小于其限值 1/50。

X向剪重比峰值在 0.315～0.478 之间，平均值为 0.385；Y向剪重比峰值在 0.318～0.462 之间，平均值为 0.382；竖向地震作用系数（不包括重力荷载）在 0.095～0.211 之间，平均值为 0.160。

弹塑性时程分析结果表明，国家体育场钢结构在罕遇地震作用下，结构的最大位移远小于其抗震设防性能目标的位移限值。

罕遇地震影响下构件的塑性铰分布为：主结构有极少数构件进入塑性，塑性铰主要出现在桁架柱上，数量很少，不大于全部主结构构件数量的 0.1%，均处于不需修复就可继续使用的阶段；次结构有少量构件进入塑性，但塑性铰的数量不大于全部次结构构件数量的 0.52%，极少数杆件的承载力下降至残余承载力。计算结果表明，国家体育场钢屋盖结构设计达到了罕遇地震作用下的设防性能目标。

2）静力弹塑性分析（Pushover）

静力弹塑性分析结果表明，国家体育场钢屋盖结构具有很强的抗震能力，罕遇地震作用下，仅少量构件进入塑性，结构的整体刚度和整体承载能力没有明显降低。国家体育场钢屋盖结构设计达到了预定的抗震设防性能目标。

3. 钢结构非线性分析

1）钢屋盖几何非线性分析

通过对结构进行几何非线性分析可知，结构的非线性效应并不明显。

2）结构整体稳定性分析

为了分析结构的整体稳定性，对整体计算模型进行了荷载-位移全过程几何非线性分析。

（1）满跨荷载作用

在竖向荷载作用下，屋盖结构在内环桁架中部变形量最大，竖向变形向外逐渐减小，在靠近周边柱顶的位置竖向位移较小。主桁架内环首先出现内陷，逐步向周边扩展。结构的荷载-位移曲线呈极值型，在达到极限承载力时，荷载倍数为 44.98。需要指出的是，上述结果是在材料始终保持弹性假定的条件下得到的，实际上，当荷载倍数为 1.895 时，部分构件开始达到屈服强度，故整体结构为承载力极限状态控制。考虑初始缺陷影响后的荷载-位移曲线仍为极值型，在达到极限承载力时，荷载倍数为 44.732，说明结构对初始缺陷不敏感。

（2）半跨荷载作用

在半跨荷载作用下，屋盖结构在加载一侧的内环桁架中部变形量最大，竖向变形随着向周边推移逐渐减小。在未施加荷载的另外一侧，变形量相对较小。结构的荷载-位移曲线均呈极值型，在达到稳定极限承载力时，长轴下部半跨荷载时的荷载因子为 26.60，短轴左侧半跨荷载时的荷载因子为 32.68。

1.4 专项设计

屋盖钢结构采用 SAP2000 进行计算，分别采用屋盖结构模型、屋盖结构 + 下部混凝土结构模型。

屋盖的构件应力比控制指标：小震时弦杆为 0.85，腹杆为 0.90，支座撑杆为 0.7；中震时弦杆与腹杆不屈服。

1.4.1 交叉编织主桁架

1. 主桁架布置

主桁架截面高度为 12m，用分段直线代替主桁架空间弯扭曲线弦杆，减小构件的加工难度。主桁架上、下弦的节点尽量对齐，腹杆夹角一般控制在 60°左右，网格大小比较均匀，使其具有较好的规律性。施工临时支撑塔架设置在主桁架交点的位置，将下弦腹杆设置为双 K 形式，减小钢结构安装过程中的局部弯曲应力。当主桁架上弦节点与顶面次结构距离很近时，将腹杆的位置调整至次结构的位置。

2. 主桁架杆件

为了有效降低钢结构加工的难度，采取了“简单构件、复杂节点”的设计理念，将曲线桁架简化为分段折线型桁架，在节点加强区端部设置过渡区，通过对板件进行几何调整，实现弦杆与节点的对接。

主桁架全部采用焊接薄壁箱形构件，上弦杆截面尺寸为□1000 × 1000～□1200 × 1200，下弦杆截面尺寸为□800 × 800～□1200 × 1200，腹杆截面尺寸主要为□600 × 600～□750 × 750。钢板厚度为 18～90mm。主桁架立面展开图如图 1.4-1 所示。

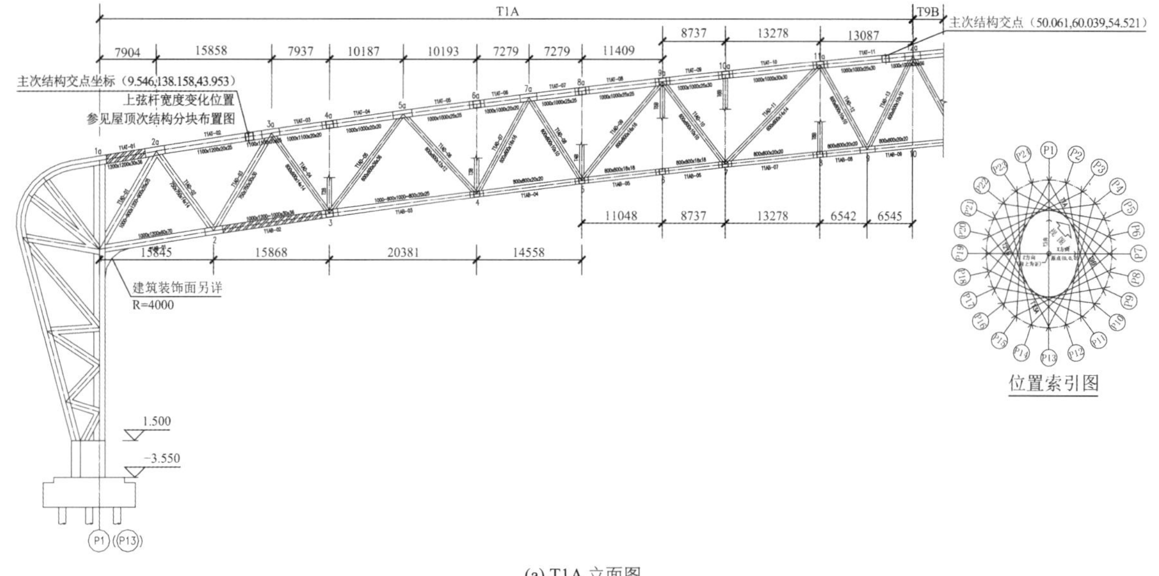

(a) T1A 立面图
（T13A 为 180°旋转对称）

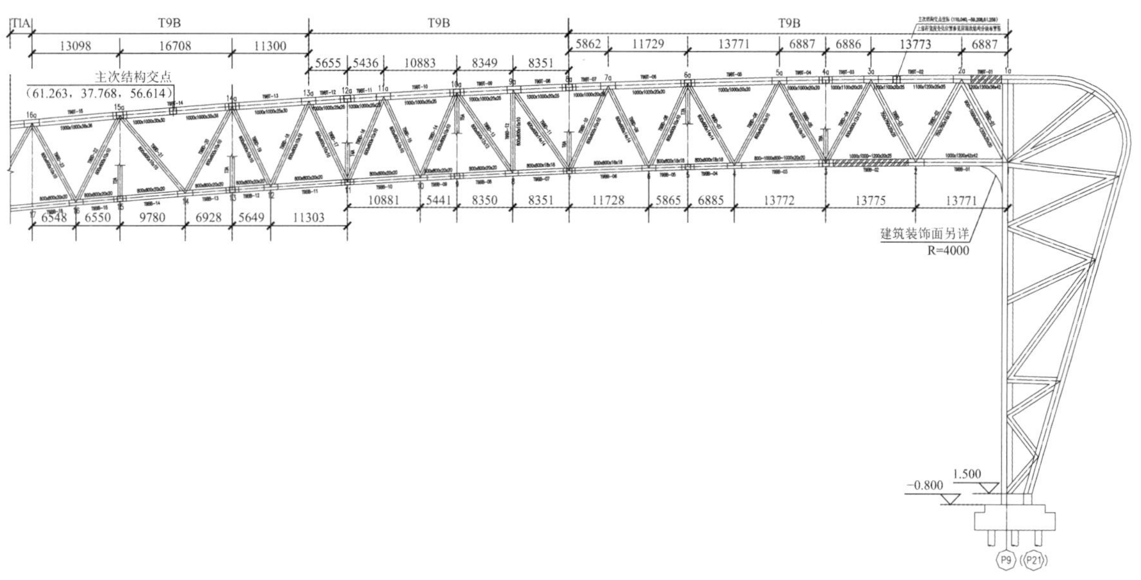

(b) T9B 立面图
（T21B 为 180°旋转对称）

图 1.4-1　主桁架立面展开图

1.4.2　桁架柱

1．桁架柱布置

在进行桁架柱设计时，腹杆布置保证立面楼梯通行最小高度净空不小于 2.5m，如图 1.4-2 所示。在满足建筑立面效果的基础上，腹杆连接于外柱与立面次结构的交点，保证菱形内柱的一个节点至少有 3 根杆件相交，尽量形成完整的封闭式桁架柱。内、外柱节间长度尽量等分、均匀，避免腹杆之间的夹角过大或过小。腹杆轴线与内、外柱轴线在同一平面内，消除偏心连接。在菱形柱上用于支承楼梯的悬挑梁内侧，设置腹杆与之平衡。

P1～P7 轴桁架柱立面展开图如图 1.4-3 所示。

2．桁架柱构件设计

对于国家体育场桁架柱，交汇于菱形内柱的腹杆数量多，角度复杂，对称性差，在设计中提出腹杆与菱形内柱同宽的方法，使腹杆侧壁与菱形内柱壁板共面，传力直接有效。在菱形内柱内设置水平加劲肋，增强节点域的刚度，使得腹杆翼缘的内力能够有效传递给菱形内柱。P1、P3、P5 与 P7 轴桁架柱柱底标高处内柱与外柱的平面布置如图 1.4-4 所示。

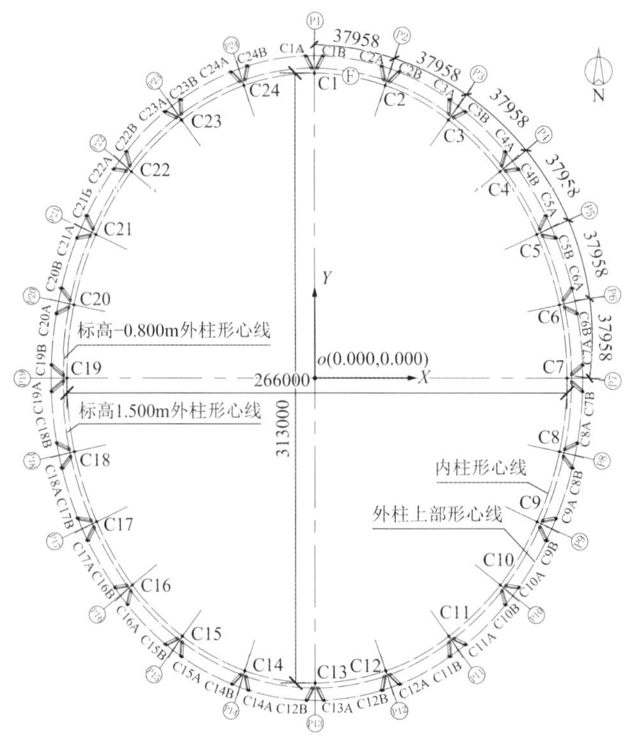

图 1.4-2　桁架柱平面布置图

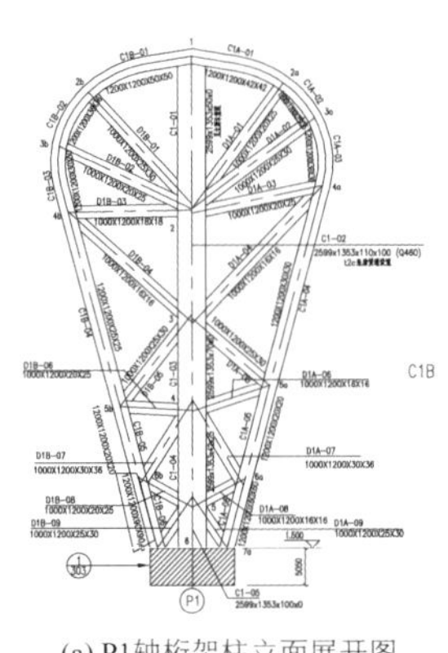

(a) P1轴桁架柱立面展开图
（P13轴桁架柱180°旋转对称）

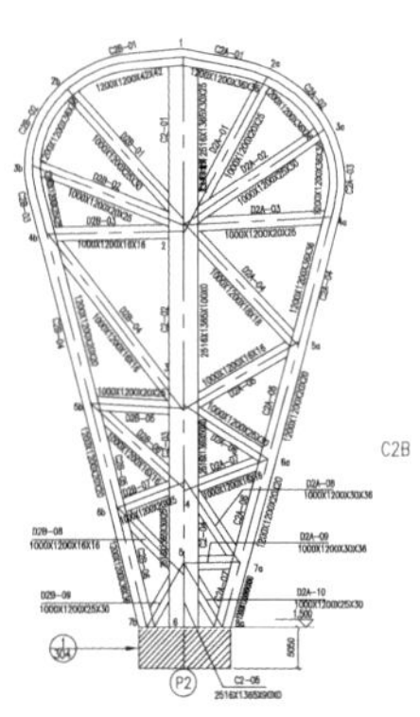

(b) P2轴桁架柱立面展开图
（P14轴桁架柱180°旋转对称）

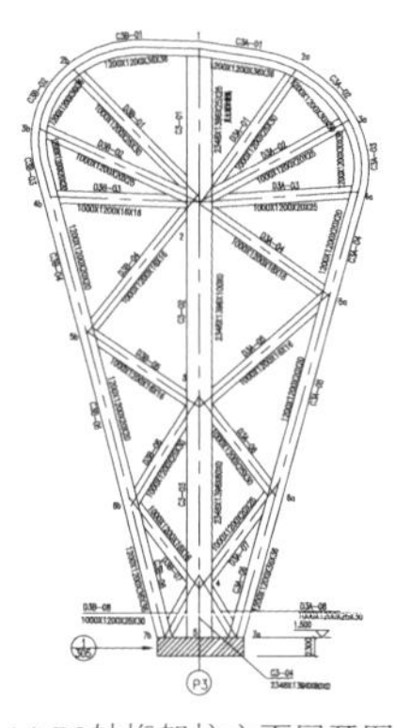

(c) P3轴桁架柱立面展开图
（P15轴桁架柱180°旋转对称）

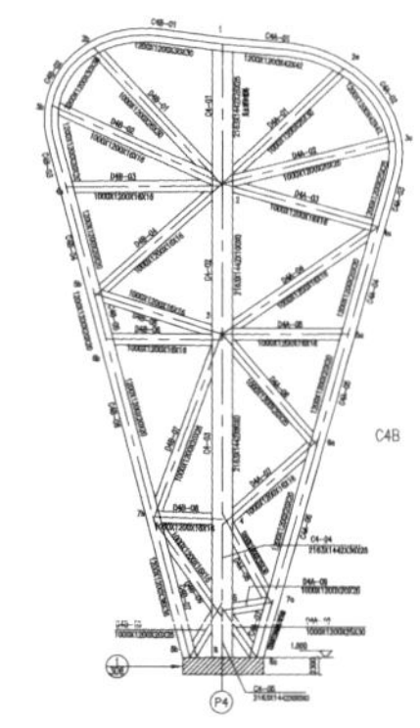

(d) P4轴桁架柱立面展开图
（P16轴桁架柱180°旋转对称）

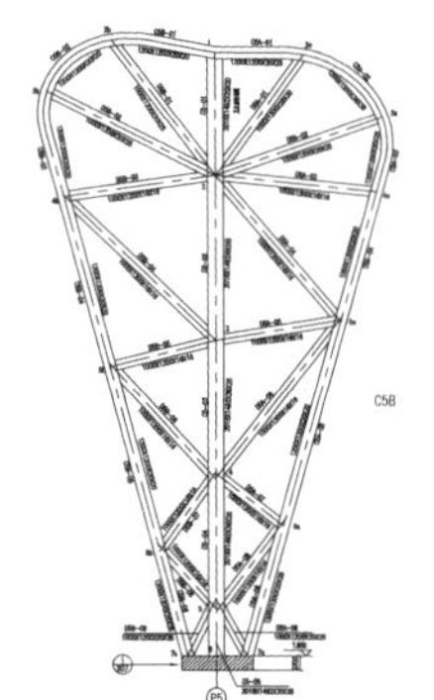

(e) P5轴桁架柱立面展开图
（P17轴桁架柱180°旋转对称）

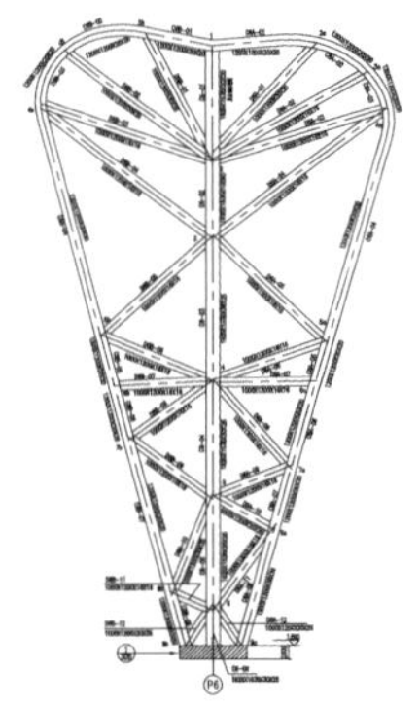

(f) P6轴桁架柱立面展开图
（P18轴桁架柱180°旋转对称）

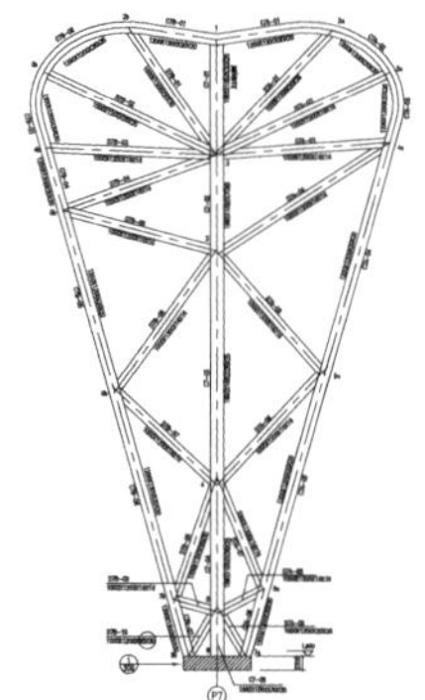

(g) P7轴桁架柱立面展开图

图 1.4-3　桁架柱立面展开图

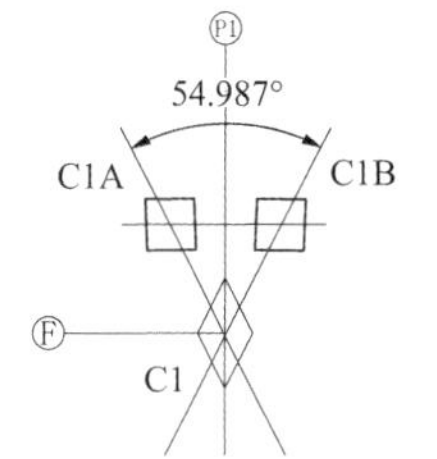

(a) P1 轴桁架柱平面布置简图

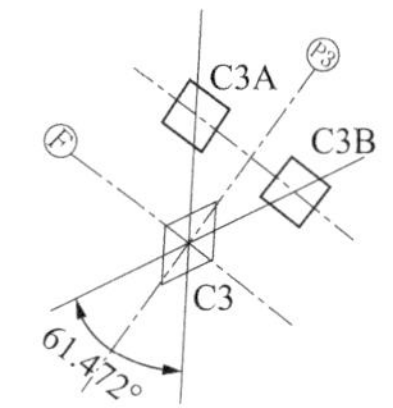

(b) P3 轴桁架柱平面布置简图

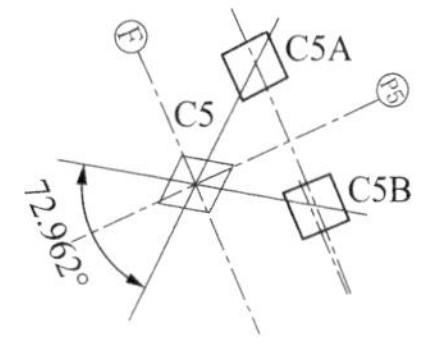

(c) P5 轴桁架柱平面布置简图

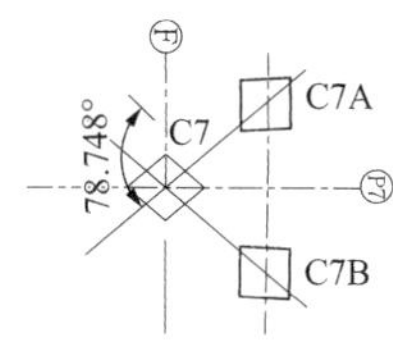

(d) P7 轴桁架柱平面布置简图

图 1.4-4　桁架柱柱底平面布置图

通过在菱形内柱内设置水平加劲肋与局部纵向加劲肋，使内柱节点的刚度大大增强，腹杆翼缘的内力能够有效传递给菱形内柱，腹杆尺寸均为 1200mm × 1000mm 的箱形截面。腹杆侧壁通高，构件组合焊缝位于上下翼缘，满足建筑师尽量减少可见焊缝数量的要求，如图 1.4-5 所示。

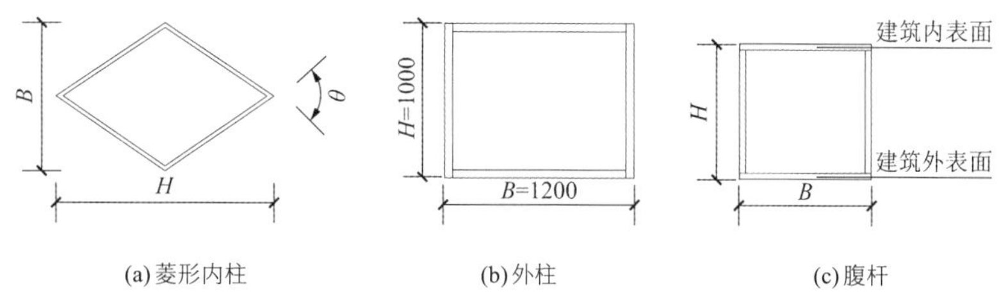

(a) 菱形内柱　(b) 外柱　(c) 腹杆

图 1.4-5　桁架柱构件的截面形式

3．桁架柱节点

桁架柱节点设计遵循“强节点、弱构件”的原则。根据构件尺寸较大的特点，可以直接在构件内部实施焊接操作。因此，在内、外柱内设置横向加劲肋以及与腹杆侧壁对应的局部纵肋，增强外柱节点域的刚度，使腹杆的内力能够有效传递。

（1）内柱节点

在考虑桁架柱内柱节点构型时，尽量使节点设计满足构造简单、形式统一、受力合理的要求。根据菱形内柱侧壁与腹杆侧壁均与地面保持垂直的特点，调整菱形内柱尺寸至与腹杆同宽，使腹杆侧壁与内柱侧壁共面，传力直接。在菱形内柱布置有规律的横向加劲肋和局部竖向加劲肋，形成刚度较大的节点域。

桁架柱内柱节点如图 1.4-6 所示。

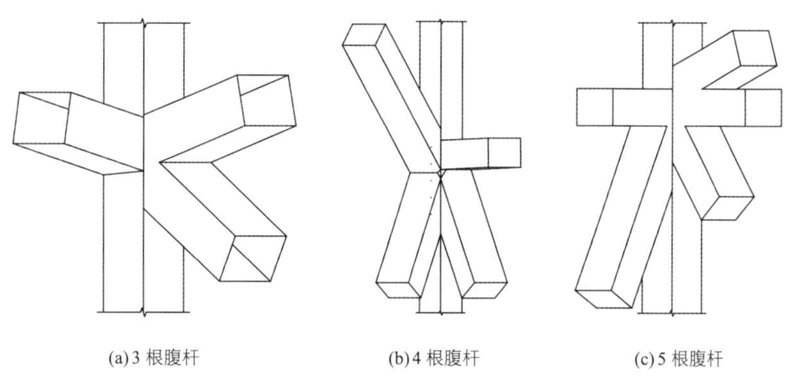
(a) 3 根腹杆　(b) 4 根腹杆　(c) 5 根腹杆

图 1.4-6　桁架柱内柱节点

在腹杆与内柱相交的最低与最高点设置横向加劲板，并在其间按间距 600mm 均匀布置横向加劲肋。由于内柱壁厚较薄，为了增强菱形内柱板件的刚度，在内柱节点域范围内设置局部竖向加劲肋，如图 1.4-7 所示。

（2）柱顶节点

对于菱形内柱柱顶节点，杆件最多达 14 根。菱形内柱与腹杆及主桁架下弦同宽。在进行菱形内柱组焊设计时，尽量将与腹杆侧壁连接的板件向外延伸，避免焊缝重叠。桁架柱柱顶节点如图 1.4-8 所示。

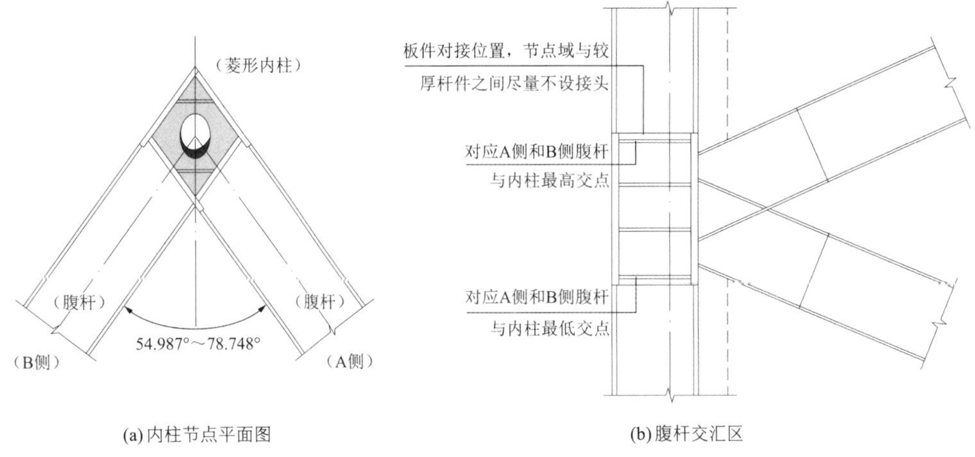

(a) 内柱节点平面图　　(b) 腹杆交汇区

图 1.4-7　内柱节点构造

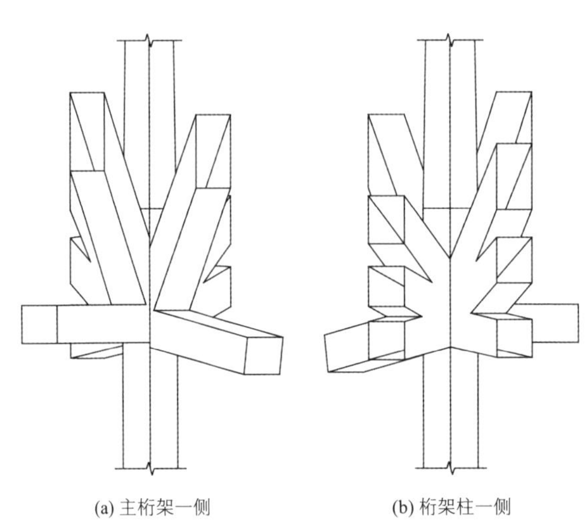

(a) 主桁架一侧　　(b) 桁架柱一侧

图 1.4-8　桁架柱柱顶节点

（3）无次结构外柱节点

无次结构外柱节点如图 1.4-9 所示。

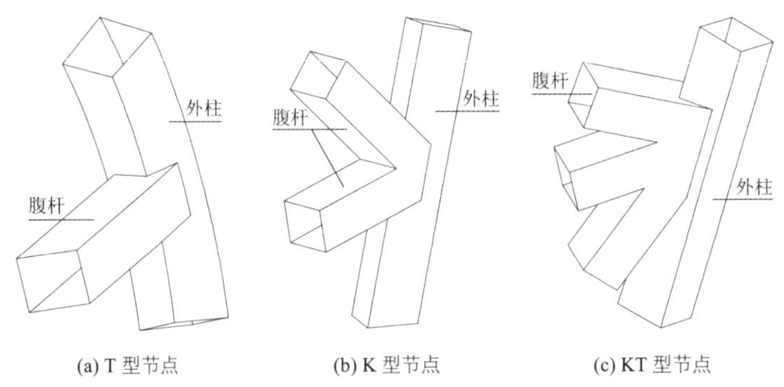

(a) T 型节点　　(b) K 型节点　　(c) KT 型节点

图 1.4-9　无次结构外柱节点

由于腹杆角度的规律性较差，无法直接按腹杆壁板延伸的方向在节点内部设置加劲肋。因此，在外柱与腹杆相交的最高点与最低点设置横向加劲肋，并在其间按 600mm 间距均匀布置横向加劲肋。为了增强外柱节点刚度，在节点域内设置与腹杆侧壁相应的局部纵肋。无次结构外柱节点构造如图 1.4-10 所示。

（4）有次结构外柱节点

与无次结构外柱节点相比，有次结构外柱节点增加了 1～3 根次结构构件。由于受到腹杆节点构造的影响，次结构构件上、下壁板不能完全贯通，故在无次结构外柱节点基础上，采取扩大外柱节点域的办法，通过设置腹杆与外柱之间的三角区，在保证腹杆与外柱传力可靠的前提下，将次结构的内力经三角区传至节点。有次结构外柱节点如图 1.4-11 所示。

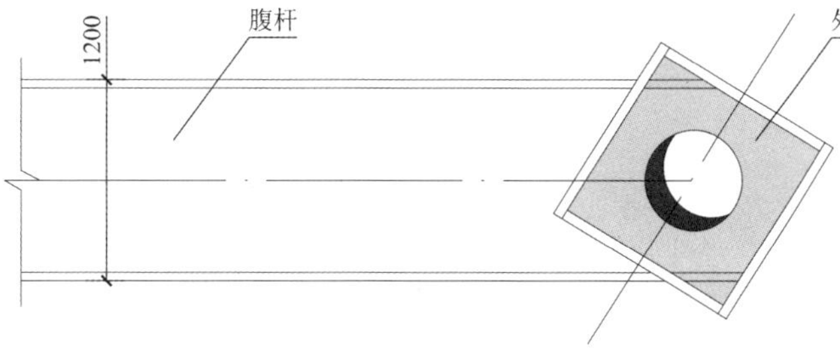

(a) 节点平面示意 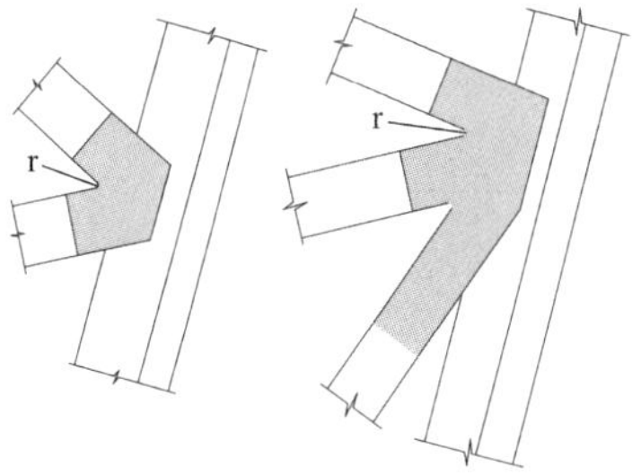　(b) 腹杆钢板切割立面示意

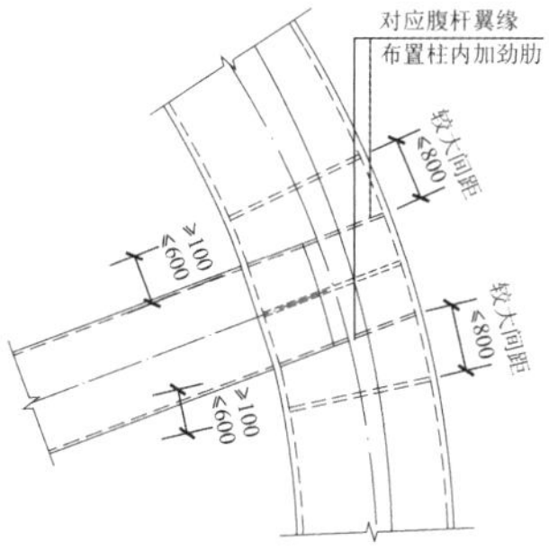

(c) T 型节点 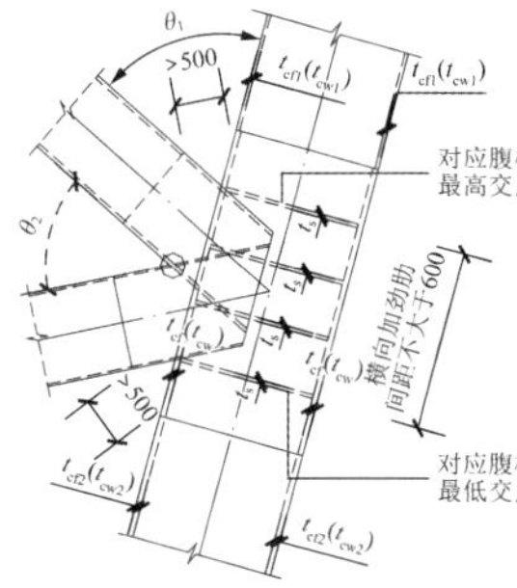　(d) K 型节点 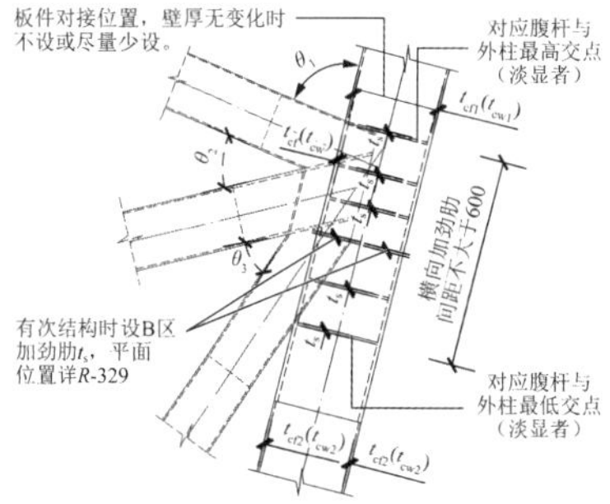　(e) KT 型节点

图 1.4-10　无次结构外柱节点构造

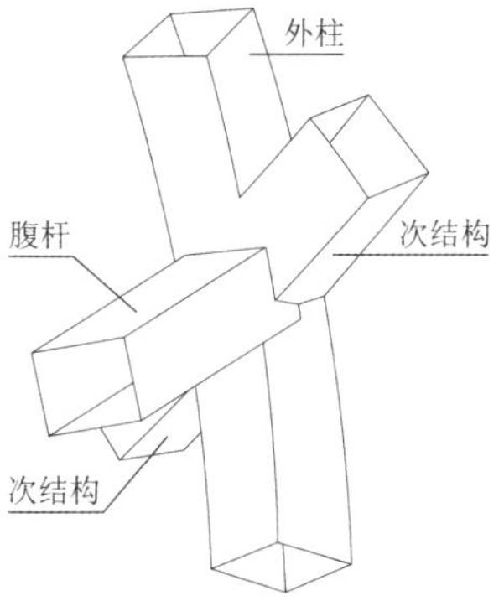

(a) 单根次结构 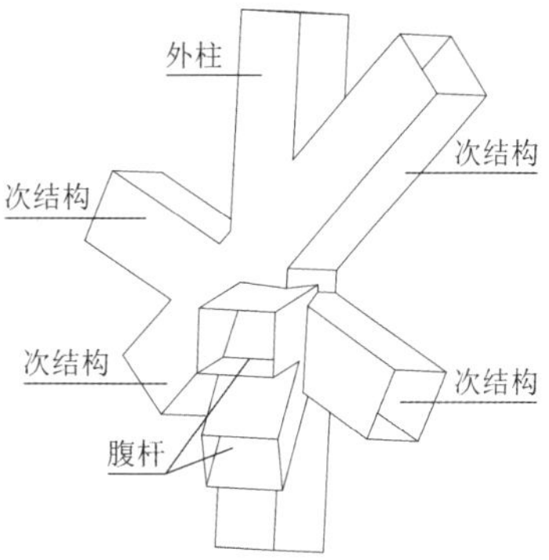　(b) 两根次结构 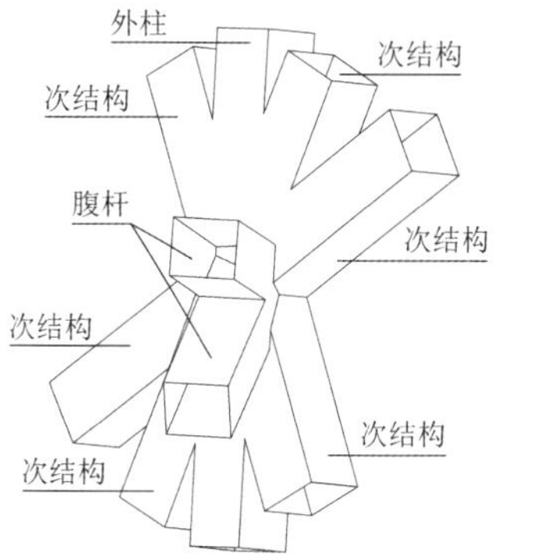　(c) 三根次结构

图 1.4-11　有次结构外柱节点

外柱节点域三角区由腹杆的翼缘与侧壁、外柱壁板以及内部加劲肋构成，其中加劲肋位置尽量与外柱的横向加劲肋对应，如图 1.4-12 所示。

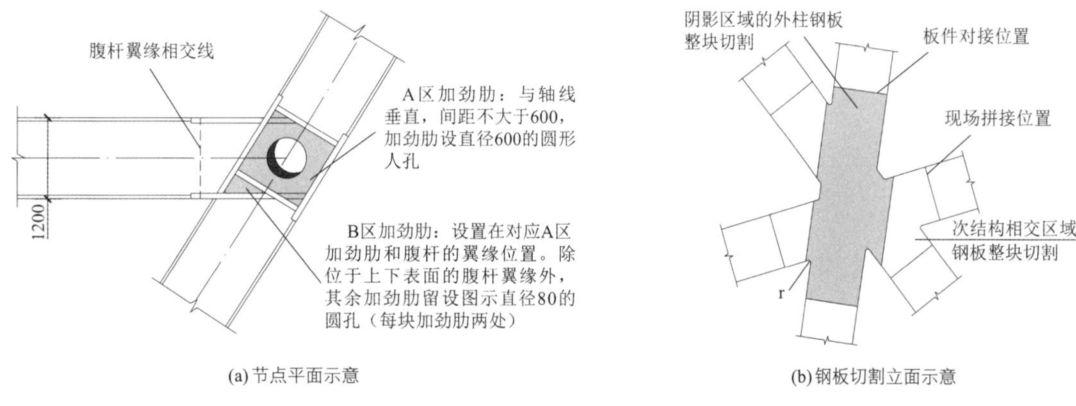

(a) 节点平面示意　(b) 钢板切割立面示意

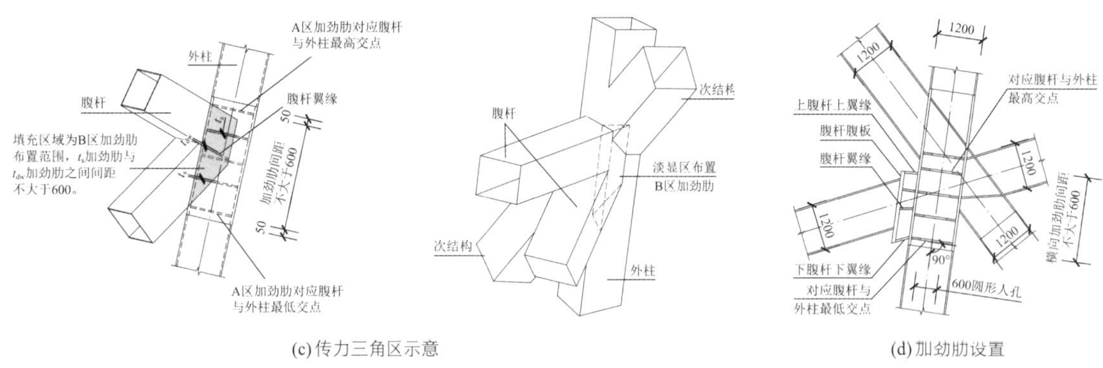

(c) 传力三角区示意　　(d) 加劲肋设置

图 1.4-12　有次结构外柱节点构造

1.4.3　顶面与立面次结构

1．顶面次结构

1）顶面次结构布置

屋顶次结构的主要作用是增强主结构的侧向稳定性、减小主结构构件的面外计算长度，为屋面膜结构、排水天沟、下弦声学吊顶、屋面排水系统等提供支承条件。

在主结构形成的菱形板块之间，次结构构件标高的定位原则如下：

（1）在主桁架形成的菱形板块周边，次结构轴线标高根据折线形上弦杆确定；

（2）与其他次结构无交点的次结构为直线；

（3）长度较小的主要次结构为直线；

（4）长度较大的主要次结构在与较短主要次结构在跨中的交点处弯折，一般仅设置一个弯折点。

国家体育场钢结构顶面次结构布置如图 1.4-13 所示 。

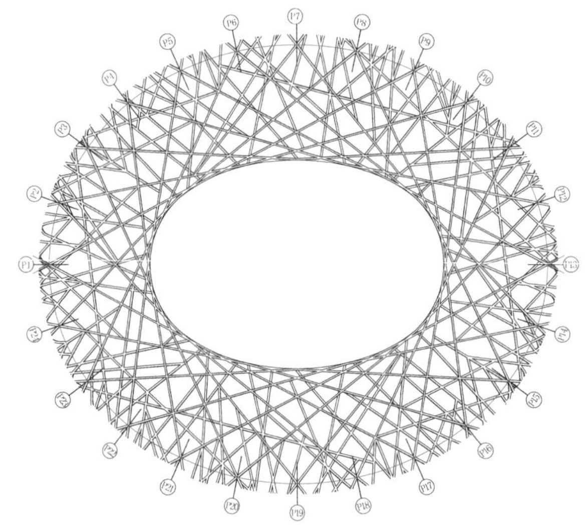

图 1.4-13　钢结构顶面次结构布置

2）顶面次结构构件设计

为了有效地减小用钢量，焊接箱形截面构件设计时应尽量采用较小的壁厚，许多次结构采用了 10mm 厚的钢板，板件的理论宽厚比达到 143。在进行设计时，可以利用板件的屈曲后强度，先确定板件的有效宽度，再根据有效截面计算构件的承载力。

3）次结构节点设计

对于次结构之间的节点，一级次结构在工厂加工制作，仅在节点处进行弯折与扭转过渡，二级次结构在节点处进行现场拼接。对于次结构与主结构之间的节点，事先在主结构上设置扭转过渡接头，次结构箱形构件通过扭转过渡区与主结构连接。

次结构之间的典型节点如图 1.4-14 所示，次结构与主结构之间的典型节点如图 1.4-15 所示。

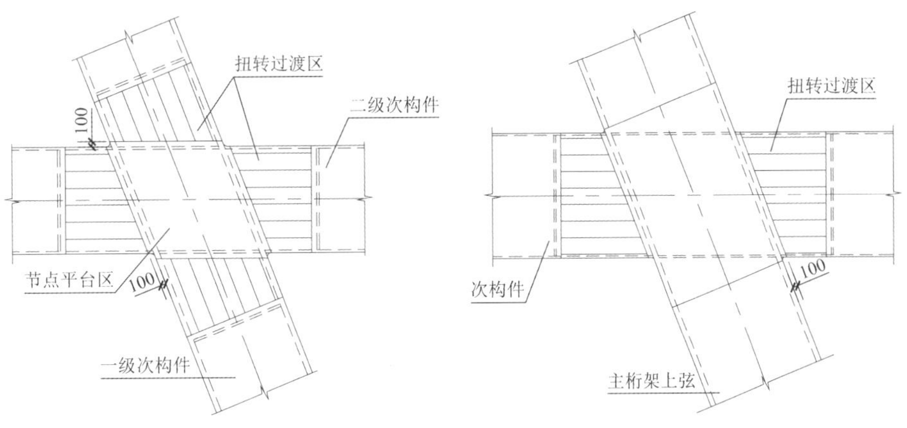

图 1.4-14　次结构之间的典型节点　　图 1.4-15　次结构与主结构之间的典型节点

2．立面次结构

1）立面次结构布置

钢结构立面次结构以桁架柱为边界，共分为 24 个区域，除个别柱底标高变化外，整个结构呈 1/2 旋转对称。

立面次结构的主要作用是增强桁架柱的侧向稳定性，减小桁架柱外柱的面外计算长度，与桁架柱共同构成抗侧力体系。

在设计中，通过调整桁架柱腹杆与立面次结构的位置，使立面次结构尽量连接到柱腹杆的位置。立面次结构的布置原则如下：

（1）调整次结构的疏密程度，使次结构能够有效地减小柱的计算长度；

（2）避免次结构在屋檐处出现过于剧烈的弯转；

（3）在地下室通道的上方，将立面次结构在标高 6.800m 处截断。

立面次结构杆件截面外形尺寸均为 1200mm × 1200mm，国家体育场整体模型如图 1.4-16 所示。

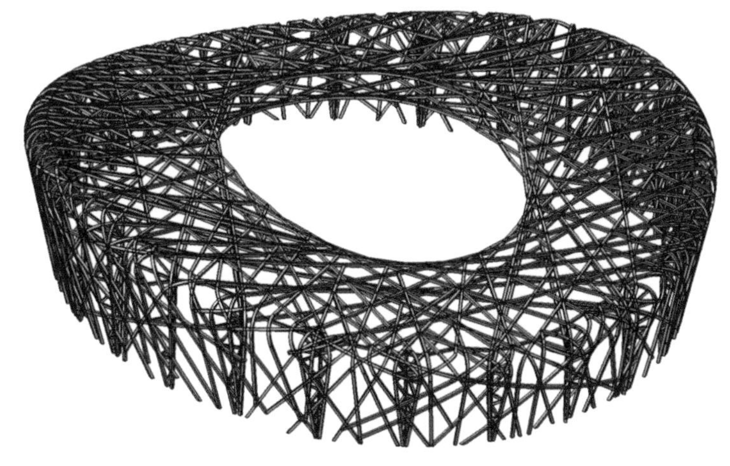

图 1.4-16　国家体育场整体模型

2）立面次结构构件设计

国家体育场立面和肩部构件均为扭曲箱形构件，使得立面箱形构件光滑平顺。立面构件均为截面尺寸□1200 × 1200 的扭曲薄壁箱形构件。

为了避免在构件相交处出现不平整，在扭曲箱形构件相交处设置了过渡区，如图 1.4-17 所示。

立面次结构扭曲箱形构件的定位棱线如图 1.4-18 所示。P13～P14 轴立面次结构与两杆相交节点照片如图 1.4-19 所示。

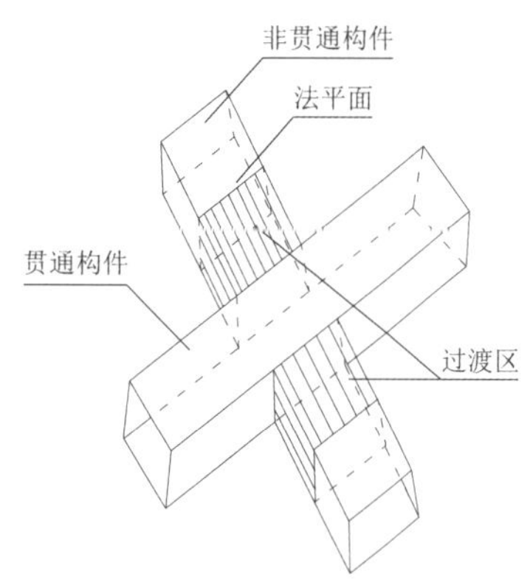

图 1.4-17　扭曲箱形构件相交处的过渡区

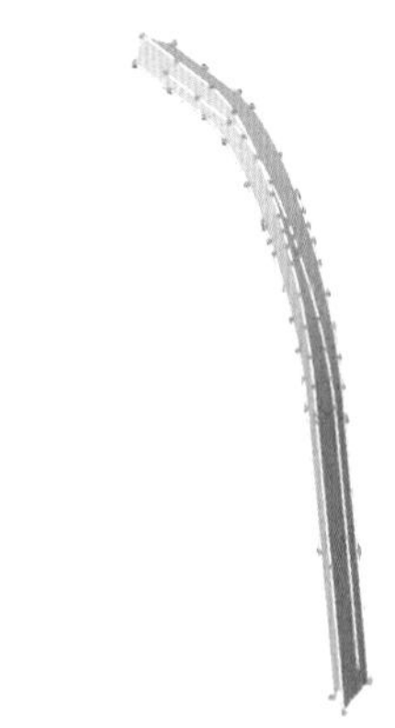

图 1.4-18　扭曲箱形构件的定位棱线

(a) P13～P14 轴立面次结构

(b) P13～P14 轴两杆相交节点

图 1.4-19　立面次结构与两杆相交节点照片

1.5 试验研究和钢结构施工模拟

1.5.1 试验研究

为了解决国家体育场结构设计中的关键技术难题，围绕设计中的难点，先后开展了《复杂节点研究与应用》《扭曲薄壁箱形构件研究与应用》等课题研究与试验，各试验名称如表 1.5-1 所示。

试验名称　　表 1.5-1

序号	试验名称
1	主桁架单 K 节点 T10A-5a 有限元分析与试验
2	主桁架单 K 节点 T9A-6 有限元分析与试验
3	双弦杆 KK 节点 T10A-5 有限元分析与试验
4	双弦杆 KK 节点 T9A-3 有限元分析与试验

续表

序号	试验名称
5	桁架柱内柱 KK 节点 C8-05 有限元分析与试验
6	桁架柱下柱柱顶节点 C4-02 有限元分析与试验
7	无次结构外柱 K 节点 P1A-4a 有限元分析与试验
8	带次结构外柱 KX 节点 P4A-3a 有限元分析与试验
9	扭曲箱形构件拉伸受力性能试验
10	扭曲箱形构件纯弯受力性能试验
11	柱顶局部扭曲箱形构件受力性能试验
12	柱脚锚固性能试验

各试验采用缩尺比例为 1∶2.5、1∶3、1∶4 或 1∶5 的模型。通过国家体育场关键节点与杆件的缩尺模型试验和有限元分析，验证了设计的安全性。

1.5.2 钢结构施工模拟

国家体育场屋盖钢结构自重产生的内力所占比例较大，屋盖钢结构施工顺序对构件在重力荷载作用下的内力和用钢量具有明显影响。

为了正确反映结构在施工过程中及施工完成后的受力状态，在结构总体分析模型中将主要安装步骤分为 4 个控制性施工阶段。

第 1 阶段：24 根桁架柱、立面次结构、主桁架、立面楼梯吊装完毕，主桁架上弦在临时支撑塔架上方的施工分段处断开，形成分段简支的十字交叉桁架。

第 2 阶段：主结构形成，临时支撑塔架卸载。

第 3 阶段：顶面次结构与转角区立面次结构、楼梯柱的上半部分安装完毕。

第 4 阶段：膜结构、马道、音响设备、灯具、排水管及各种管线全部安装完毕。

计算结果表明，内圈临时支撑塔架的间距较小，支承反力较小；外圈临时支撑塔架的间距较大，支承反力较大，最大反力为 2093kN。钢结构卸载后，主桁架的挠度内大外小，在靠近内环中部的最大竖向变形为 286mm。

卸载后实测的屋盖内环中部平均最大挠度为 271mm，与理论值 286mm 非常接近，说明设计采用的计算模型非常精确，各种假定与实际情况吻合。

1.6 结语

国家体育场造型独特，在国内外建筑工程中没有先例，在很多方面都超越了设计时的技术标准，其设计与施工的复杂性及难度之大前所未有。面对严峻的挑战，在设计和施工中进行了大量的创新。为了控制其用钢量，选择了性能优异的新材料，并创造性地采用了许多新工艺，采用了新的设计方法，从而将主体钢结构设计图纸从预计的 2000 张减少到了 150 张 A0 图纸，大大提高了工作效率。“鸟巢”的设计中有 18 项重大技术创新，填补了多项国内外空白，全部研究成果达到国际领先或国际先进水平。

参考资料

[1] 范重, 刘先明, 范学伟, 等. 国家体育场大跨度钢结构设计与研究[J]. 建筑结构学报, 2007, 28(2):1-16.

[2] 范重, 王喆, 唐杰. 国家体育场大跨度钢结构温度场分析与合拢温度研究[J]. 建筑结构学报, 2007,28(2):32-40.

[3] 范重, 彭翼, 李鸣, 等. 国家体育场焊接方管桁架双弦杆 KK 节点设计研究[J]. 建筑结构学报, 2007,28(2):41-48.

[4] 范重, 胡纯炀, 彭翼, 等. 国家体育场桁架柱内柱节点设计研究[J]. 建筑结构学报, 2007, 28(2):59-65.

[5] 范重, 胡纯炀, 彭翼, 等. 国家体育场桁架柱外柱节点设计研究[J]. 建筑结构学报, 2007, 28(2):73-80.

[6] 范重, 彭翼, 王喆, 等. 扭曲箱形构件的空间坐标表示法[J]. 建筑结构学报, 2007, 28(2):87-96.

[7] 范重, 彭翼, 王喆, 等. 国家体育场主结构扭曲箱形构件设计研究[J]. 建筑结构学报, 2007, 28(2):97-103.

[8] 范重, 刘先明, 胡天兵, 等. 国家体育场钢结构施工过程模拟分析[J]. 建筑结构学报, 2007, 28(2):134-143.

[9] 范重. 国家体育场大跨度结构设计中的新技术[J]. 工程力学, 2006, 23(S1):78-84.

[10] 尤天直, 唐杰. 国家体育场混凝土耐久性设计[J]. 建筑结构, 2009, 40(5).

[11] 范重等. 国家体育场"鸟巢"结构设计[M]. 北京: 中国建筑工业出版社, 2011.

设计团队

结构设计团队：范　重、尤天直、任庆英、胡纯炀、唐　杰、胡天兵、王大庆、吴学敏、郁银泉、范学伟、许　庆、刘先明、王春光、王　喆、毕　磊、赵莉华、董　京、彭　翼、刘建涛、刘　岩、张海波、董庆园、郝　清、鲁　昂等

奥雅纳（ARUP）结构顾问：郭家耀、蔡志强、何伟明等

执　笔　人：胡纯炀、范　重

获奖信息

2008 年全国优秀工程勘察设计金奖；

2009 年全国优秀工程勘察设计行业奖建筑结构一等奖；

2009 年中国建筑学会全国优秀建筑结构设计一等奖；

2009 年北京市优秀工程设计结构专业一等奖；

2008 年中国土木工程詹天佑大奖；

2009 年英国结构工程师学会中国金奖；

2008 年华夏建设科学技术一等奖；

2012 年国家科学技术进步二等奖。

第 2 章

冬奥会及冬残奥会延庆赛区

延庆赛区作为北京2022年冬奥会和冬残奥会三大赛区之一，其核心区位于北京市延庆区燕山山脉军都山以南的海坨山区域——小海坨南麓山谷地带，南临延庆盆地，邻近松山国家森林公园自然保护区。赛区所在位置山高林密、风景秀丽、谷地幽深、地形复杂，建设用地狭促。延庆赛区主要举办高山滑雪和雪车雪橇2个大项、21个小项的比赛，将产生21块冬奥会金牌，约占冬奥会金牌总数的1/5；产生30块冬残奥会金牌，约占冬残奥会金牌总数的3/8。延庆赛区用地面积799.13hm^2，其中建设用地面积76.55hm^2，总建筑面积26.9万m^2。延庆赛区核心区将集中建设两个竞赛场馆——国家高山滑雪中心、国家雪车雪橇中心和两个非竞赛场馆——延庆冬奥村、山地新闻中心，以及大量配套基础设施，是最具挑战性的冬奥赛区，如图2.0-1所示。作为北京2022年冬奥会和冬残奥会的重要场馆，延庆赛区功能定位围绕打造国际一流的高山滑雪中心、雪车雪橇中心和国家级雪上训练基地，树立体现绿色、生态、可持续发展理念的工程典范，以及建设北京区域性集山地冰雪运动、休闲旅游及冬奥主题公园为一体的服务空间展开。延庆赛区有着冬奥历史上最难设计的赛道和最为复杂的场馆，因此成为最具有挑战性的冬奥赛区，面临两个顶级雪上竞赛场馆高难度、高复杂度的技术挑战。

延庆赛区分为北、南两区：以小海坨山顶为起点（高程2198m），向下经中间平台（1554m）、竞技结束区（1478.50m）、竞速结束区（1278m）以及高山集散广场（1254m），再沿山谷至塘坝（1050m）及A索道中站为北区（1041m），主要建设国家高山滑雪中心；沿山谷向下经雪车雪橇出发区（1017m）、冬奥村（913～962m）、塘坝及隧道、西大庄科村（900m）、山地新闻中心（907m），再沿山谷至延崇高速入口（816m）为南区，主要建设国家雪车雪橇中心、延庆冬奥村、山地新闻中心和西大庄科冰雪文化村等。

图2.0-1　延庆赛区场馆总览

2.1　国家高山滑雪中心

2.1.1　建筑概况

“冬奥会皇冠上的明珠”高山滑雪是一项将速度与技巧完美结合的雪上运动，也是世界上复杂程度最高、组织难度最大的雪上竞赛项目之一。国家高山滑雪中心遵循可持续理念，采用单一场馆模式、分散式布局，场馆内同时规划竞速、竞技两类场地，设有竞赛雪道及配套的训练雪道、联系雪道和技术雪道，是国内第一座按冬奥赛事标准建设的高山滑雪场馆，承担北京2022年冬奥会和冬残奥会高山滑雪所有项目的比赛。

国家高山滑雪中心位于延庆赛区核心区北部小海坨山南麓区域，整个用地近似菱形，如图2.1-1所示。

顶端最高点为小海坨峰（2198.38m），以此峰向西南与东南沿山脊线方向延伸，底端汇聚于佛峪口沟上口（1238m）。整个地势为各条沟谷从东北小海坨峰向下汇聚至西南角沟口，海拔高差约为960m，山体坡度大多在40%以上，满足冬奥会高山滑雪竞赛场地的需求。

第24届冬奥会工作领导小组第四次全体会议审议通过《北京2022年冬奥会延庆赛区核心区场馆及设施规划设计方案》，国家高山滑雪中心基地面积432.4hm^2，其中建设用地约6hm^2，永久建筑面积约4.3万m^2，室外建筑面积（挑廊、平台、楼梯等）约1.1万m^2。场地所在的山体有着800m以上的落差，坡面长度达到3000m。赛事雪道系统较为复杂，配套服务设施较为分散。赛时主要建设内容包括：3条竞赛赛道以及3条热身赛道、集散广场、出发区（图2.1-1）、结束区及看台附属设施等。主要的集散广场和结束区又包括运动员区、赛事管理区、奥林匹克大家庭区、新闻媒体区、观众区、场馆运营区、安保区等。其建设内容分为永久建筑、临时设施和使用场地三种类型，永久性建筑和设施包括以下7个分子项：敞廊、集散广场及竞速结束区、中间平台、竞技结束区、索道A1A2中站、造雪及生活泵房和造雪机库等，建筑面积约3.57万m^2，其中地上建筑面积30745m^2，地下建筑面积4991m^2。结构信息见表2.1-1。

图2.1-1　山顶出发区透视图

结构信息　　表2.1-1

项目	建筑层数（地上/地下）	建筑高度/m	项目±0.000标高相当于绝对高程/m	结构形式	基础形式
敞廊	1/0	7.00	1825.080	钢框架	独立基础
集散广场及竞速结束区1号楼	4/3	22.40	1238.000	钢框架	独立基础、墩/桩基
集散广场及竞速结束区2号楼	2/0	13.00	1254.000	钢框架	独立基础、墩/桩基
集散广场及竞速结束区3号楼	5/1	24.00	1254.000	钢框架	墩/桩基
2号生活泵房及PS100造雪泵房	1/1	5.00	1254.000	钢框架	筏板基础
中间平台	2/1	15.00	1554.000	钢框架/混凝土框架	独立基础＋局部筏基
竞技结束区	3/1	15.00	1273.500	钢框架	独立基础、墩/桩基
山顶出发区	3/0	16.80	2180.600	钢框架	独立基础
G索道下站	2/0	11.30	1426.400	钢框架	墩/桩基
CT400冷却塔	1/1	3.600	1260.300	混凝土框架	筏形基础
A1A2索道中站（配电室）	0/1	−4.80	1041.000	钢框架	墩/桩基
PS200造雪泵房、3号泵房	1/0	6.00	1560.000	钢框架	独立基础
PS300造雪泵房、4号泵房	1/0	6.00	1560.000	钢框架	独立基础

主要场馆的建筑结构安全等级为一级，建筑抗震设防类别为乙类。附属设施的建筑结构安全等级为二级，建筑抗震设防类别为丙类，设计基准期均为50年。

2.1.2 设计条件

1. 自然条件

场地 50 年一遇基本风压为 0.45kN/m^2，承载力设计时，按基本风压取值和《北京 2022 年冬奥会及残奥会延庆赛区高山滑雪中心、雪车雪橇中心及配套基础设施项目风洞试验》结果进行包络复核；风荷载作用下层间位移角计算时，基本风压取值为 0.45kN/m^2（$n = 50$）；结构舒适度验算时，风压取为 0.30kN/m^2（$n = 10$）。基本气温（最低）−36.8℃，基本气温（最高）36.0℃。

抗震设防烈度 8 度，设计地震分组为第二组，设计基本地震加速度值 0.2g，场地类别为Ⅱ类，场地特征周期为 0.4s，主要场馆抗震措施和抗震构造措施满足 9 度的要求，附属设施满足 8 度的要求。

2. 工程地质条件

本工程根据北京市勘察设计研究院有限公司 2018 年 6 月编制并审查通过的《北京 2022 年冬奥会及冬残奥会延庆赛区场馆设施建设项目国家高山滑雪中心——山顶出发区岩土工程勘察报告》及《北京 2022 年冬奥会及冬残奥会延庆赛区场馆设施建设项目国家高山滑雪中心——竞技结束区与竞速结束区岩土工程勘察报告》（工程编号：2017 技 136-3）进行设计。

国家高山滑雪中心位于北京市与河北省分界的小海陀峰南麓区域，东侧为松山自然保护区。赛区用地近似扇形，东西宽约 2400m、南北长约 3100m，占地面积约为 432.4hm^2。场地所在山体落差 800m 以上，坡面长度达到 3.0km 左右。

拟建山顶出发区工程场地位于小海陀山峰，小海陀山峰顶海拔为 2198.39m，属于中山地貌。由于构造作用和长期风化侵蚀，山形陡峻。场地主要位于小海陀山主峰南侧坡体，场地原状上缓下陡，原状坡体坡度在 35°左右。场地内及周边无基岩出露，局部因修施工便道，有少量基岩出露。

竞技结束区和竞速结束区均位于山间沟谷沟口附近冲洪积扇堆积区。竞技结束区位于大石板沟与大石板东沟交汇处形成的堆积平台，地面高程 1450～1490m，沟谷主要为第四系冲洪积堆积物。

竞速结束区位于石峡峪沟沟谷处，石峡峪沟沟谷整体形态呈“V”形，拟建建筑沿沟谷方向分布，高程 1215～1270m，地形起伏大，沟谷两侧多陡崖分布。

2.1.3 结构特点

1. 上部结构选型

高山滑雪中心现场地形复杂，山势陡峭，树高林密，交通困难，水电资源紧张，还需要考虑森林防火。在这种困难的情况下，若采用混凝土结构，混凝土结构的质量和工期都很难保证，选用钢框架结构，可以避免向深山运输商业混凝土的困难。

采用钢框架结构，必然面临梁柱节点、梁梁节点连接的问题。由于场地处于原始森林，要考虑森林防火，而且用电紧张，节点采用全螺栓连接，尽量避免现场焊接造成的火灾隐患，且能节约用电，安装质量也更容易保证。

楼盖结构选用钢筋桁架楼承板，避免更多支模造成的运输困难和施工困难。在楼承板的选择上，根据建筑效果和耐久性的需求进行了细分，在室外外露的楼承板采用可拆模的钢筋桁架楼承板，室内部分采用镀锌钢板为底模的钢筋桁架楼承板。

2. 山地建筑基础结构选型

在保证建筑边坡支护稳定的前提下，进行地基基础设计。高山气温较低，设计时需注意基础埋深。在场地相对平缓的山地，首选天然地基浅基础。持力层为块石-碎石土，独立基础之间保持边界小于 1∶2

的坡度关系。在山地条件下，天然地基较桩基施工方便。

在场地相对陡峭的山地，如果采用边坡支护等方式无法得到较为平缓的场地（即设计独立基础之间间距满足边界小于 1：2 坡度关系），或形成的较为平缓的场地不能满足建筑对场地效果的要求，或边坡支护施工困难，或边坡支护相比桩基础造价过高时，宜采用桩基础。高山滑雪中心通常采用直径 1m 的灌注桩，有效桩长最小 6m，单桩承载力特征值 3000kN。

在山地条件下，桩基机械施工困难，只能采用人工挖孔桩。

3．山地建筑结构设计

掉层结构、吊脚结构设计解决方案：大多数子项都采用掉层、吊脚结构，用永久边坡支护固定上部土体，保证土体稳定，嵌固端有效，竖向构件不先于上部结构破坏。

结构自挡土结构设计解决方案：山顶出发区采用结构自挡土方案，须考虑不平衡土压力和刚度的影响，严格控制结构整体和地基基础的整体稳定。

在柱脚的处理上，由于采用钢结构，接地范围必须有足够的混凝土保护层高度，杜绝钢柱直接入土的情况发生。避免因覆土覆雪和积水对钢结构柱脚的耐久性产生不利影响。因而本项目采用埋入式柱脚外包混凝土短柱的柱脚方案。

4．计算模型汇总

各主要子项结构计算模型如图 2.1-2、图 2.1-3 所示。

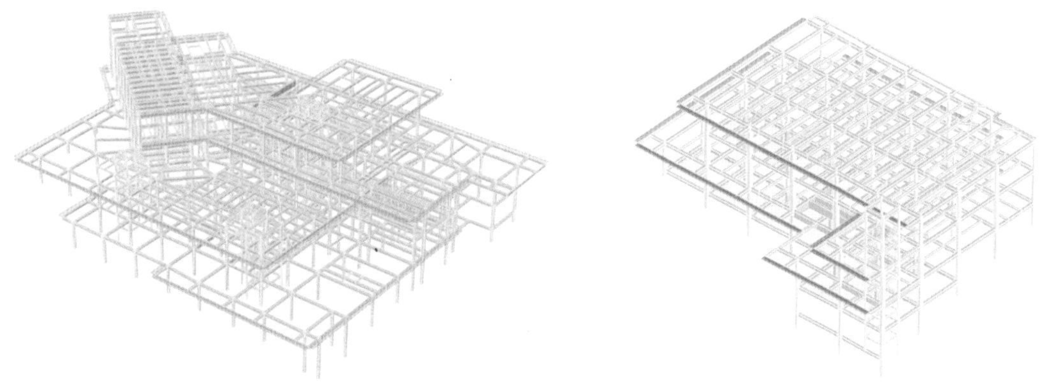

图 2.1-2　国家高山滑雪中心集散广场及竞速结束区 1 号楼计算模型　　图 2.1-3　国家高山滑雪中心竞技结束区第一部分计算模型

5．各钢结构子项主要计算结果对比

为了进一步研究山地装配式钢结构建筑的基本特性，对主要钢结构子项采用了 YJK、MIDAS Gen 和 PKPM 三种分析设计软件进行了对比，如图 2.1-4 所示。

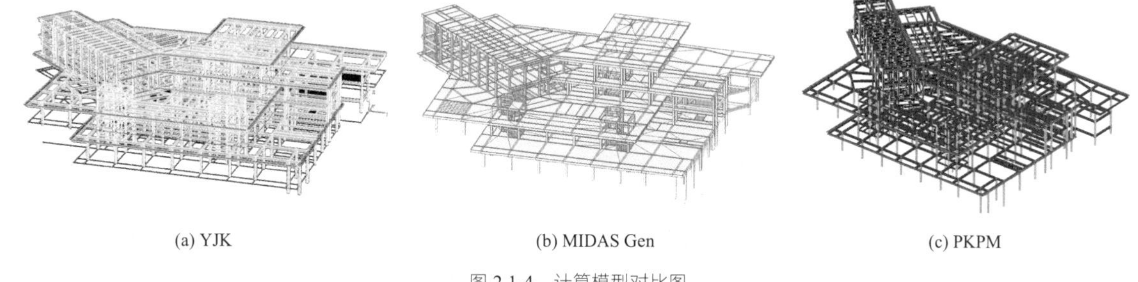

(a) YJK　　(b) MIDAS Gen　　(c) PKPM

图 2.1-4　计算模型对比图

（1）03-02 集散广场及竞速结束区 1 号（1-1 轴～1-11 轴）YJK 模型与 MIDAS Gen 模型、PKPM 模型的主要计算结果对比，刚性楼板模型的质量与周期结果如表 2.1-2 所示。计算结果表明，YJK 模型与 MIDAS GEN 模型、PKPM 模型的周期计算结果基本相符。

刚性楼板模型主要计算结果对比 表 2.1-2

软件		YJK	MIDAS GEN	PKPM
周期/s	第一平动	0.6023（*Y*）	0.5950（*Y*）	0.5449（*Y*）
	第二平动	0.5391（*X*）	0.5348（*X*）	0.4644（*X*）
	第一扭转	0.4905	0.4873	0.2686
	扭转周期/平动周期	0.81	0.82	0.49
总质量/t		254367	277841	250680

（2）03-02 集散广场及竞速结束区 3 号楼 YJK 模型与 MIDAS Gen 模型、PKPM 模型的主要计算结果对比，刚性楼板模型的质量与周期结果如表 2.1-3 所示。计算结果表明，YJK 模型与 MIDAS Gen 模型、PKPM 模型的周期计算结果基本相符。

刚性楼板模型主要计算结果对比 表 2.1-3

软件		YJK	MIDAS Gen	PKPM
周期/s	第一平动	0.6641（*Y*）	0.6452（*Y*）	0.6508（*Y*）
	第二平动	0.5996（*X*）	0.5821（*X*）	0.5891（*X*）
	第一扭转	0.5067	0.4961	0.5075
	扭转周期/平动周期	0.76	0.77	0.78
总质量/t		31734	35303	31750

根据上述分析，不同计算软件对山地钢结构计算结果是基本一致的。

2.1.4 关键技术

1. 构件材质标准化

国家高山滑雪中心所处位置气候环境复杂，依据《北京 2022 冬奥会及冬残奥会延庆赛区多站气象要素统计分析报告》及实地考察，现场冬季最低温−36.8℃，平均−20℃，根据《钢结构设计标准》GB 50017-2017 第 4.3.4 条，质量等级不宜低于 D 级，结构大部分采用 Q345D 级钢材。

所在场地冬季寒冷，并存在长期覆雪工况，钢梁钢柱大量外露。针对这种情况，提出“以锈治锈”的理念，室外部分钢结构采用耐腐蚀的耐候钢材 Q355NHD，同时符合建筑师“工业风”和“模块化”的视觉效果要求，并采用“耐候钢专用涂料互穿网络稳定锈化涂层”。

为防止山地火灾隐患发生，同时解决用电问题，节点连接采用全螺栓连接，安装质量容易保证，如图 2.1-5 所示。为避免支模材料运输和施工困难，楼盖结构选用钢筋桁架楼承板，在室外外露的楼承板，采用可拆模的钢筋桁架楼承板（图 2.1-6），室内部分采用镀锌钢板为底模的钢筋桁架楼承板。

图 2.1-5 采用全螺栓连接的耐候钢梁柱节点

图 2.1-6 施工期间的可拆模楼承板

2. 构件材质标准化——进一步实现装配式的手段

考虑到装配式结构的标准化，从方案设计阶段结构专业就积极介入，使得各子项的柱跨跨度尽量统一。这样做的好处是在荷载接近的情况下，结构的钢结构构件的主梁、次梁、柱和梁柱节点、隅撑等尺寸和材料会基本保持一致，方便工厂加工和运输到现场。因楼板采用钢筋桁架楼承板，楼板的跨度、厚度和配筋也会相似或者相同，进一步简化加工和降低运输成本。

以 03-02 子项集散广场及竞速结束区、03-04 子项竞技结束区为例，采用 8～9m 柱网，常用框架梁尺寸 H600 × 500 × 20 × 35，楼承板区域板厚 120mm，次梁间距 2700mm 或 2600mm。常用框架柱尺寸□500 × 500 × 40 × 40、□600 × 600 × 40 × 40、□700 × 700 × 40 × 40。基本能够在常用构件内将焊接构件用钢板厚度统一到 20mm、30mm、35mm、40mm。

现场主要采用 9.6m 运输车、六驱运输车和索道运输建材。要求深化厂家根据现场实际运输情况及吊装机械的性能，在深化阶段制定构件最大宽度及最大重量。根据设计经验，主体结构的柱距和层高必然将影响运输和吊装的梁长和柱高。因而运输和吊装的限制尺寸与结构设计构件之间是存在相互制约关系的。本项目采用装配式钢结构，充分考虑了运输和吊装尺寸限值，提高了运输和安装效率。

为方便施工，国家高山滑雪中心统一了各种型号钢梁上翼缘抗剪栓钉的尺寸和间距，如图 2.1-7、图 2.1-8 所示。

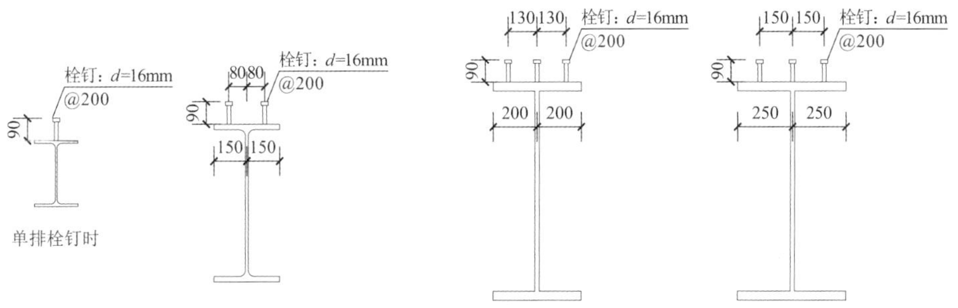

(a) 双排栓钉，上翼缘 300mm 宽时　(b) 三排栓钉，上翼缘 400mm 宽时　(c) 三排栓钉，上翼缘 500mm 宽时

图 2.1-7　梁上栓钉的统一做法

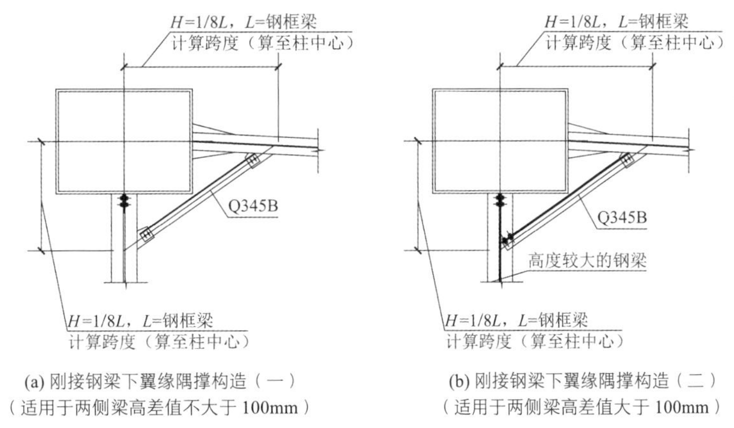

(a) 刚接钢梁下翼缘隅撑构造（一）
（适用于两侧梁高差值不大于 100mm）

(b) 刚接钢梁下翼缘隅撑构造（二）
（适用于两侧梁高差值大于 100mm）

图 2.1-8　框架梁下翼缘隅撑采用 L100 × 10

2.2 国家雪车雪橇中心

2.2.1 工程概况

雪车雪橇运动具有悠久的历史，包含雪车（Bobsleigh）、钢架雪车（Skeleton）和雪橇（Luge）三项

运动。1924 年法国夏穆尼举行的首届冬奥会，雪车雪橇就被列入比赛项目。最初的雪车雪橇比赛是在天然冰砌筑的赛道上进行的，20 世纪 60 年代开始建设人工赛道，建立了赛道设计标准。同时，国际体育单项组织也一直在修正赛道标准，追求更加快速、更加安全、更加公平的比赛。与常规的竞赛场馆不同，雪车雪橇运动是一个追求极限速度的体育项目，雪车雪橇竞赛是在长度 2km 左右的覆冰赛道上进行的，除了在出发时运动员起跑外，其余全程仅靠身体控制，利用重力加速度加速，被称为“雪上的 F1 方程式”。出于对运动员安全考虑，国际雪车联合会和国际雪橇协会对比赛规则进行了详细的规定，限定雪车雪橇赛道的设计最大速度为 135km/h，最大加速度为 5g。虽然国际单项组织对竞赛规则有详细的规定，但由于赛道与场地现状地形需要尽可能贴合以减少对场地的扰动，而各条赛道所处的场地条件不同，世界各地建设的雪车雪橇赛道也各不相同。同时每一条赛道都在总结已建成赛道的基础上进一步完善发展，以期达到“更快、更高、更强”的奥运精神。

国家雪车雪橇中心坐落在延庆赛区核心区南部，是我国建设的第一条雪车雪橇赛道，其自北向南蜿蜒在赛区入口西侧的山脊之上，如图 2.2-1 所示。建筑场地的地形变化复杂，从北侧高点至南侧低点区域的高差约有 150m，平均自然坡度超过 16%。场馆经由国际奥委会及国际体育单项组织审核认证，达到了国际同类型场馆的领先水平，在北京 2022 年冬奥会上成功地举办了雪车、钢架雪车和雪橇等各项赛事，被国际车橇协会评价为目前为止世界上最好的滑行中心，获得了世界高水平运动员、教练员和国际单项组织官员的高度评价。

图 2.2-1 国家雪车雪橇中心

2.2.2 结构特点

国家雪车雪橇中心以赛道为核心，其他功能用房沿赛道布置，场馆主要包含赛道区、出发区、结束区（含场馆媒体中心）、训练道冰屋、制冷机房等功能分区。其中出发区 1、出发区 2、出发区 3、运营区和结束区采用钢框架结构，冰屋地下部分为剪力墙结构，地上部分为钢框架结构。

附属设施沿赛道全长设置 5 个出发区、运营区、结束区、中部最低点连接训练道以及制冷机房等。各个单体主要作为雪车雪橇赛道的出发区域、结束区域、训练区域的功能性配套用房，赛道从各个单体中间穿过，各个配套用房与赛道结构形成一个整体。因赛道高差达 100 余米，同时各个单体建筑本身高差亦较大且均为山地建筑，具有典型山地建筑吊脚、掉层结构的特点。出发区、运营区、结束区与整体赛道融于一体，各个单体建筑主要采用钢框架结构，局部大悬挑及大跨屋面采用钢桁架，其中结束区屋盖部分区域为大跨度钢结构屋面，跨度为 40m。以运营区为例，运营区采用钢框架支撑结构体系，建筑两端具有较大高差和错层，中部设置了多榀斜撑，赛道交接处设置与遮阳棚一样的人字形钢柱，采用与钢-木组合遮阳棚结构类似的造型，通过计算，发现结构受力均满足要求。

训练道冰屋为比赛训练场所，为单独的建筑，内部设有3条不同形态和高度的训练赛道，赛道高差6～7m，且均在±0.000以下。冰屋长度方向达140余米，因山地高差较大，故地下室埋深−5～−20m，因地下室埋置深度高差较大，且埋深较深，通过设置剪力墙及扶壁柱，同时部分区域挡土墙两侧施工期间同时回填，降低地下室区域结构设计难度。冰屋地上部分为钢结构，为了实现屋盖与遮阳棚结构统一，采用V形柱及钢结构屋盖，与其他建筑协调一致。

该场馆整体结构可分为遮阳棚部分、赛道部分、U形槽及基础，比赛附属用房四大部分。赛道及遮阳棚线形结构，结合赛道工艺要求，通过防震缝分为50段，具有不同于常规建筑的多种特点。

（1）双曲面空间壳体：雪车雪橇赛道结构标高变化大，线型为空间曲线，形状极不规则，体育设施具有结构、建筑构造的特殊性，雪车雪橇赛道全程曲面复杂多变，两千米的赛道曲面变化独特，赛道全程双曲面根据不同形态的抛物线拟合而成，全程曲线持续变化。作为中国首次使用的结构形式，针对赛道外形空间曲线特殊性及不规则性，研究了雪车雪橇赛道的结构体系和适用于赛道的喷射混凝土方法和材料。赛道混凝土壳体通过喷射混凝土成型，内部布置双层斜45°钢筋网面，下层后置钢丝网作为喷射混凝土的底模，以解决赛道精度高、变形要求高等问题。典型赛道剖面图如图2.2-2所示。

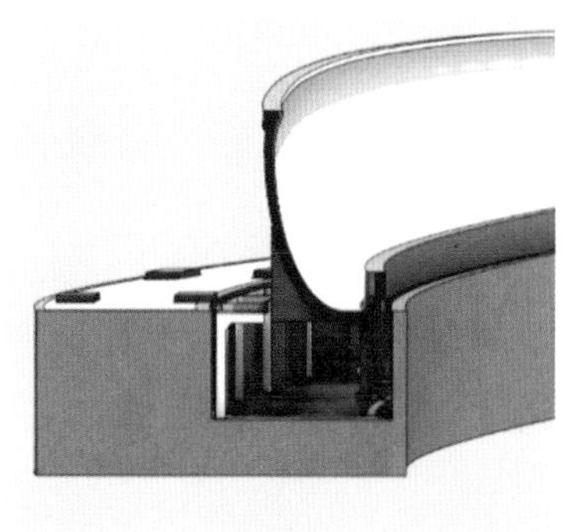

(a) 赛道示意

(b) 赛道

(c) 赛道

图2.2-2　典型赛道剖面图

（2）混凝土摇摆柱结构体系：赛道全长2000m，每隔40～50m设置一道结构缝，分为50个结构段，作为专用体育设施，赛道受到雪车、雪橇比赛时的冲击荷载，且其长度过长、温度应力较大，本工程针对性地提出了摇摆柱结构体系，以最大程度释放应力和变形。典型摇摆柱详图见图2.2-3。

图2.2-3　典型的摇摆柱详图

（3）钢-木组合遮阳棚：赛道上部为了具有更好的遮阳效果，主要采用了长悬挑遮阳棚体系，遮阳棚采用新型钢-木组合结构体系，悬挑长度最长13m。屋面大悬挑部分采用与建筑造型匹配的胶合木实体异形梁，内设钢构件增强，底部设人字形钢柱，设计过程中通过有限元分析及试验研究了胶合木结构的受力性能，并提出了多种钢-木连接节点形式。

（4）附属设施：赛道全长高差 100 余米，出发区、运营区等附属设施均与赛道相连。附属建筑均为山地建筑，基础形式为桩基 + 筏板。运营区框架模型图见图 2.2-4。

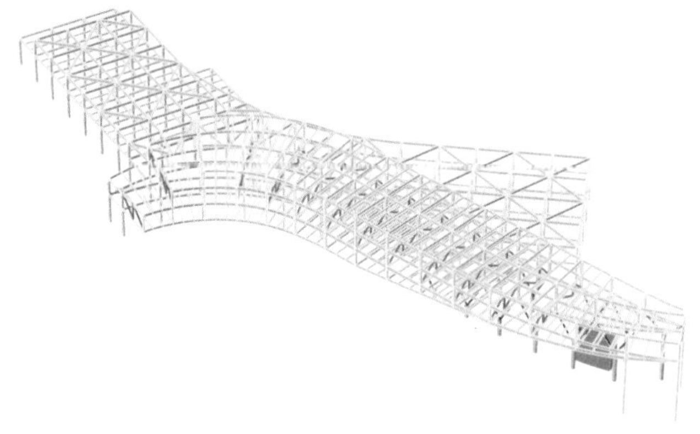

图 2.2-4　运营区框架模型图

2.2.3　雪车雪橇赛道体系研究

1. 赛道找型及曲线建立

赛道全长 2000 余米，一共 16 个弯道，高差 121 余米，雪车雪橇的运行主要依靠高差引起的重力加速度，最大速度可达 135km/h，最大加速度为 5g。雪车雪橇的运动速度和轨迹与重力加速度、雪车雪橇的赛道轨道形态、雪车雪橇自身的结构、雪车雪橇与冰之间的摩擦力和雪车雪橇的出发推力等多种因素均有关。根据运动员和雪车的运动速度、在不同速度和弯道时作用点、赛道轨道曲线和运动轨迹等种种条件，每 2 米找型得出一个曲线，共 1000 个不同形态的曲面，形成赛道的基本轮廓和曲线定位，全程曲线持续变化，典型抛物线如图 2.2-5、图 2.2-6 所示。

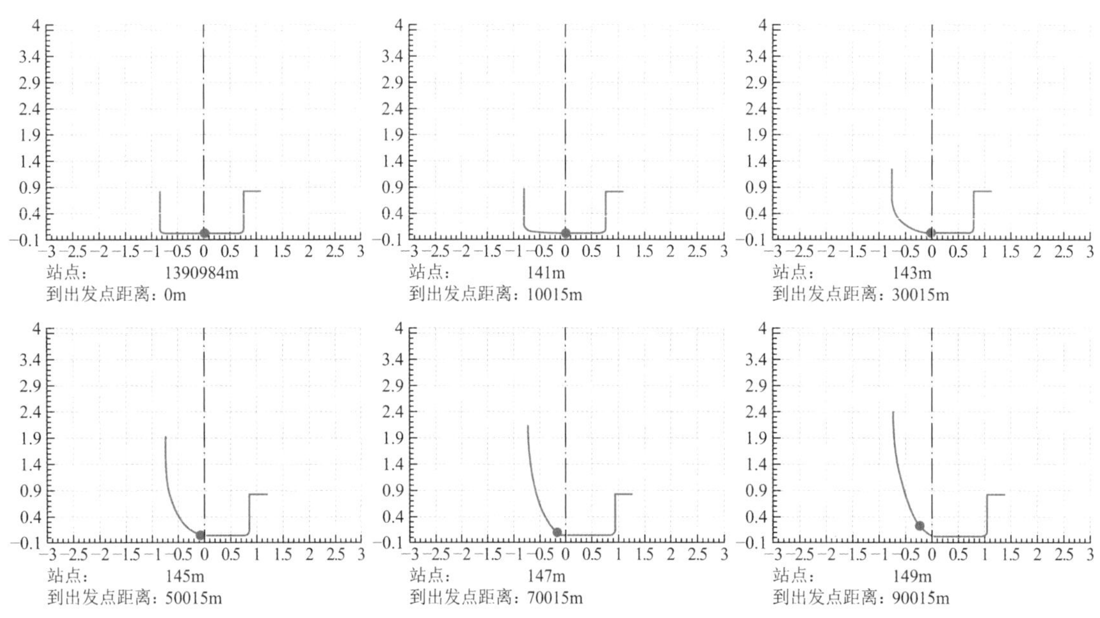

图 2.2-5　赛道抛物线（Track parabolic）图

在轨道线准确完成后，根据结构构造形式、受力要求及内部制冷管需求，设计不同厚度的赛道，每隔 2 米设置锚具，锚具上铺设制冷管，制冷管之上铺设双层斜 45°钢筋，钢筋上设置定位圆管，最后精准定位曲面形状，每 2 米通过线性连接，以定型赛道之间的弧度。

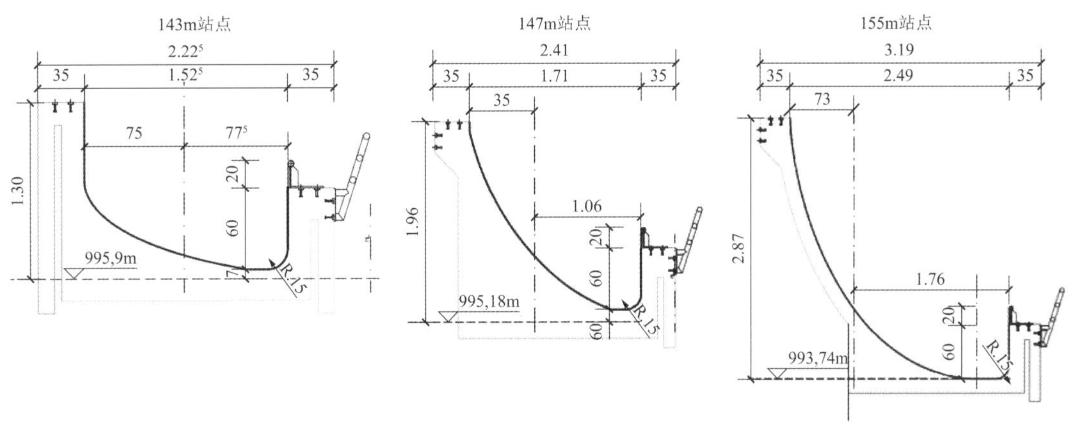

图 2.2-6 赛道剖面示意图

2. 赛道双曲面配筋图及构造设计方式

赛道表面由复杂的喷射混凝土喷射成型，内部布置双层斜 45°钢筋网面，下层后置钢丝网，作为喷射混凝土的底模，通过双层斜 45°曲面钢筋布置，采用喷射混凝土浇筑，可以满足赛道精度高和变形要求高等要求。根据赛道设计及构造要求，赛道曲面运行过程中，主受力方向以曲面斜向为主，设置双曲面布置钢筋，典型钢筋布置如图 2.2-7 所示。首先在支座柱端上间隔两米布置锚具，锚具上方布置制冷管，制冷管上方两个方向斜 45°方向设置弧线双排钢筋，钢筋上方布置 33mm 厚的找平管，保证赛道表面曲线连贯光滑，锚具下部正常布置其余钢筋，之后用喷射混凝土整体浇筑。

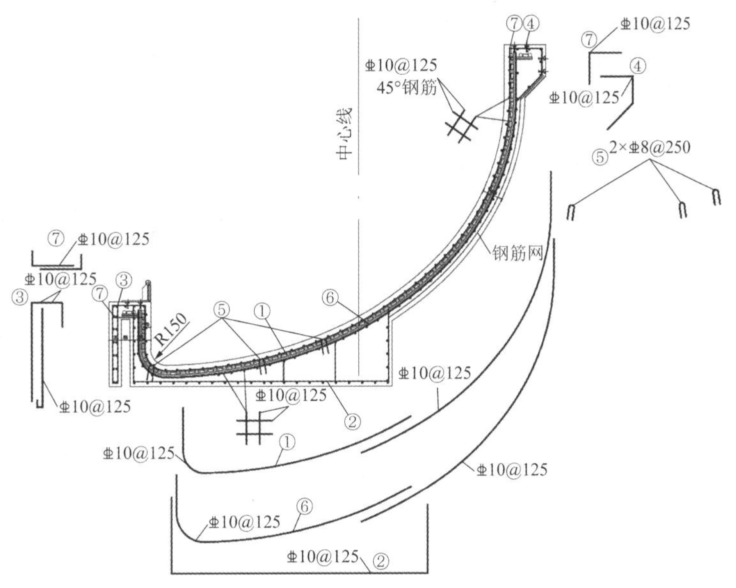

(a) 支座处赛道剖面配筋

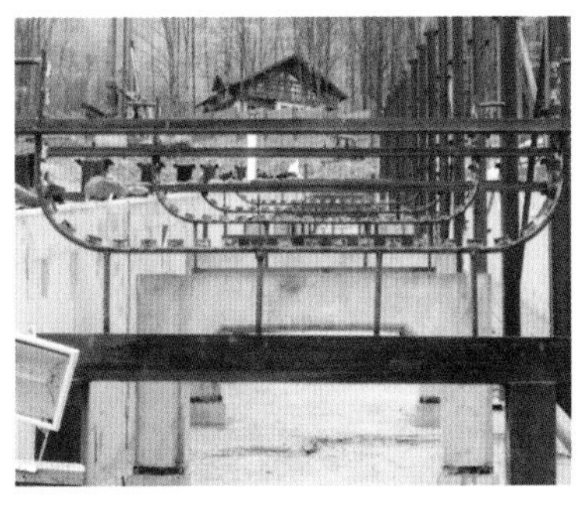

(b) 锚具

(c) 双曲面钢筋

图 2.2-7 赛道施工

3. 赛道混凝土强度等级及赛道喷射混凝土技术

赛道混凝土强度确定：

根据德国相关类似赛道的经验，混凝土采用 C30/37，按照德国《混凝土设计规范》DIN 1045，棱柱体抗压强度（$f_{ck,cyl}$）为 C30，立方体抗压强度（$f_{ck,cube}$）为 C37。设计强度计算值为：

$$F_{cd} = a \times f_{ck}/r_c = 0.85 \times 30/1.5 = 17\text{N/mm}^2 \tag{2.2-1}$$

强度等级介于 C35（16.7）～C40（19.1）之间，故喷射混凝设计强度可参照 C40，同时根据场地要求，赛道一直处于冻融状态，且处于 0℃以下低温状态，需要提高混凝土抗冻性，混凝土构件应采用引气（Air Entrainment）混凝土，故采用 Ca40 混凝土，引气混凝土的含气量参照《混凝土结构耐久性设计标准》GB/T 50476-2019。

因赛道全长均为双曲面赛道，无法像一般混凝土结构一样进行支模浇筑混凝土，整个赛道全程需采用喷射混凝土（Shotcrete）技术进行喷射。普通喷射混凝土主要用于支护结构，混凝土强度低，一般需在混凝土中掺加速凝剂，使其凝结时间缩短，从而依靠强度快速增长来提高抗流挂性能，表面不光滑。而雪车雪橇赛道处于低温冻融条件下，使用 Ca40 引气混凝土进行喷射，凝结时间长，但具有抗流挂性能和优异的抗冻性能和抗裂性能等，经过多个赛道测试段的测试喷射及喷射材料调整，喷射技术培训，最终经奥委会专家多次鉴定，形成一整套喷射技术，喷射照片如图 2.2-8 所示。

图 2.2-8　赛道喷射混凝土照片

4. 赛道计算及受力分析

采用 YJK 及 SAP2000 两种有限元分析软件对结构进行整体计算分析，对赛道进行小震和风荷载作用下的结构受力分析，分析其受力机理，主要对赛道主体的变形受力和摇摆柱结构体系的受力进行分析。赛道大概每 50～70m 设置一个结构缝，共分为 50 段，每段赛道形体均不相同，对每一段赛道分别建模并进行受力分析。结构分析的基本参数：场地抗震设防烈度 8 度，设计地震分组为第二组，设计基本地震加速度 0.2g，场地类别Ⅱ类，特征周期为 0.4s，阻尼比为 0.05（连接体处为 0.02）。结构整体考虑双向地震作用，考虑偶然偏心，风荷载按照《建筑结构荷载规范》GB 50009-2012 计算得到的数值和风洞试验报告提供的数值双控的原则进行包络设计，恒荷载 5kN/m^2，活荷载 5kN/m^2，考虑雪车雪橇带来的冲击荷载 40kN。基于 YJK 对第一段弯道模型进行分析，以验证结构的有效性。

计算软件中，对曲面进行蒙皮处理，楼板主要采用壳体单元，板厚 200mm，支座处板厚为 400mm，支座处通过梁单元，及杆单元实现，通过计算分析，楼板在荷载基本组合下，楼板底板应力及位移如图 2.2-9 所示，可以看到楼板受力最大的部分在板底，整体应力均较小，位移最大处为−0.7mm，满足赛道结构变形小于 1/1000 的要求。

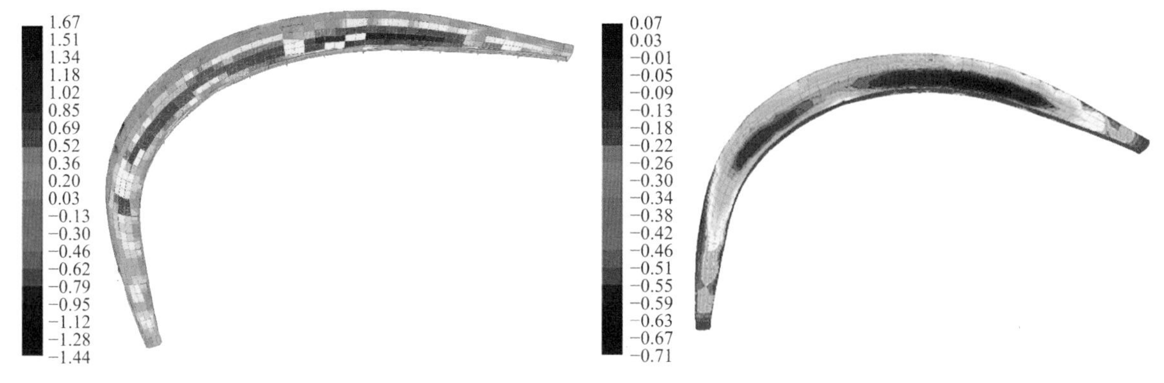

图 2.2-9　结构应力分析图

根据设计及分析和施工方法研究，赛道截面最低不应低于 170mm，方可确保制冷管和中间夹具的距离及混凝土保护层厚度。

2.2.4　遮阳棚选型和设计

1．遮阳棚方案比选

根据遮阳棚功能特点和大悬挑需求，进行了钢结构与钢-木组合结构的对比：（1）相对于钢-木组合结构体系，钢结构无法满足建筑师要求的建筑外观体现自然、木纹的特征。（2）遮阳棚随赛道蜿蜒变化，每 5～7m 设置一榀主结构，共 251 榀桁架，悬挑长度在 7～13m 之间变化，每一榀悬挑长度都不同，所以无法实现钢结构构件标准化生产、加工、制作、安装。（3）延庆赛区为山区，风荷载较大，需考虑风掀荷载。因此，要额外增加屋面做法及钢结构重量以满足抗风设计需求，无法实现钢结构轻质高强的效果。

基于此，国家雪车雪橇中心遮阳棚采用了钢-木组合结构体系，其主结构由 V 形钢柱和与建筑造型完全匹配的胶合木实体异形梁构成，木梁厚度考虑防火碳化深度总计 390mm，由三层同等组合胶合木板构成，外层两侧为 120mm 厚，中间层 150mm，为方便与钢柱相连，在 150mm 厚度板内设置钢构件，以增强胶合木梁的整体工作性能及抗拉性能。为弥补木材抗拉性能不足，在组合木梁的上部受拉区域设置钢拉索并与其内部钢构件共同构成了大悬挑钢-木组合结构，保证了遮阳棚体系的整体受力性能和快速加工安装的需要。同时，这些钢构件和钢拉索均为标准构件，可以批量加工制作，每榀木梁的尺寸变化根据建筑外形需求通过切割胶合木层板加工件予以实现，大大提高了木梁的加工和安装效率，而且实现了建筑与结构的统一，251 榀木梁从加工到安装完成不足 7 个月，保证了赛区场馆施工工期进度。

相对于一般结构体系，本项目首次在组合木梁顶部设置了钢拉索，弥补了悬挑木梁顶部木材受拉承载力不足的问题，并有效地解决了木梁悬挑端变形过大的问题。通过设置钢索及分阶段张拉，降低了因木梁安装预起拱带来的构件加工和施工难度增大，同时保证了建筑完成后檐口的外观要求。遮阳棚安装过程和完成后监测结果表明，从木梁拉索最后一步张拉完成到遮阳棚屋面全部完工，木梁檐口的最大变形不超过 20mm。

综上，本工程选用的新型钢-木组合结构遮阳棚体系有如下优点：

（1）木结构体系刚度大，结构稳定性高，无需在木梁底部设置稳定杆件，保证了建筑效果；

（2）木结构构造节点多为标准件，加工制作深化难度小；木结构梁体可在工厂快速、精确一次切割成形；木结构体系屋面做法简单、连接构件均为标准件，可有效提高施工效率；

（3）木结构屋面系统抵抗风荷载不需要额外的配重措施，实现了建筑材料的合理利用；

（4）木材为绿色环保材料，实现了冬奥场馆低碳、环保、可持续的建设目标，实现了建筑与结构的有机统一。

图 2.2-10、图 2.2-11 分别为遮阳棚与赛道的构造示意图和施工顺序。

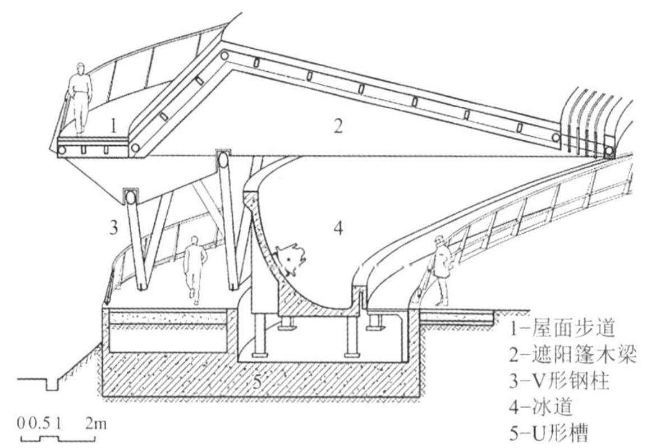

图 2.2-10 遮阳棚与赛道构造示意图

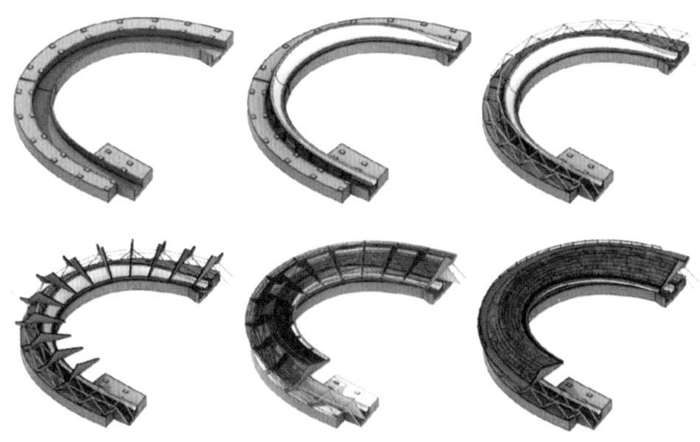

图 2.2-11 遮阳棚与赛道施工顺序

2. 遮阳棚体系的构造及受力机理

图 2.2-12 为遮阳棚结构的构造示意图，由图可见，遮阳棚悬挑木梁由内芯钢构件与三片胶合木梁组合而成，其中胶合木结构由两片完整三角梁之间夹连中间梁组合而成，如图 2.2-12（a）所示。钢构件及钢拉索系统设置于中间梁上，隐藏于两片三角梁之间，如图 2.2-12（b）所示。主体结构完成后上部布置木檩条，檩条系统采用成熟工艺、标准件现场组装，檩条通过现场打钢钉与主体相连，施工快捷简易，如图 2.2-12（c）所示，然后在上面铺设木瓦层，如图 2.2-12（d）所示，最后形成完整的遮阳棚体系。

如前所述，国家雪车雪橇中心遮阳棚因功能及建筑外形要求，必须选用单边悬挑结构，而且支撑段只有 2.5m，悬挑跨度最大近 13m，同时要求外观为木质结构，并结合遮阳棚功能特点，在其平衡段设观景步道，其受力机理如下：每榀木梁由两组 V 形钢柱支撑组成，前侧钢柱为支撑端，是受压端，用于支撑上部结构荷载；后侧钢柱为平衡受力端，作为受拉端，承受前端悬挑部分带来的拉力，具体受力机理如图 2.2-13 所示。

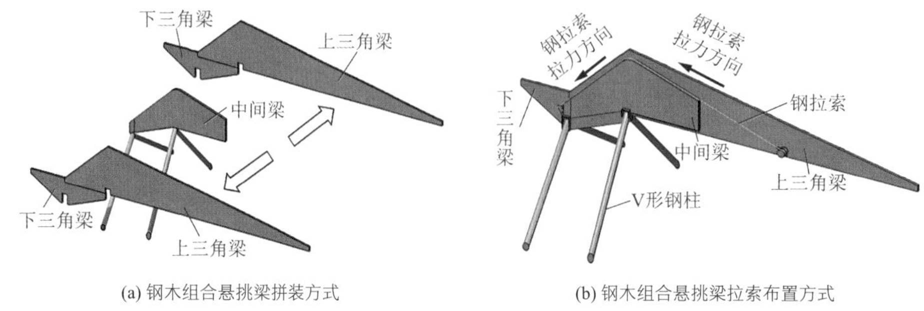

(a) 钢木组合悬挑梁拼装方式

(b) 钢木组合悬挑梁拉索布置方式

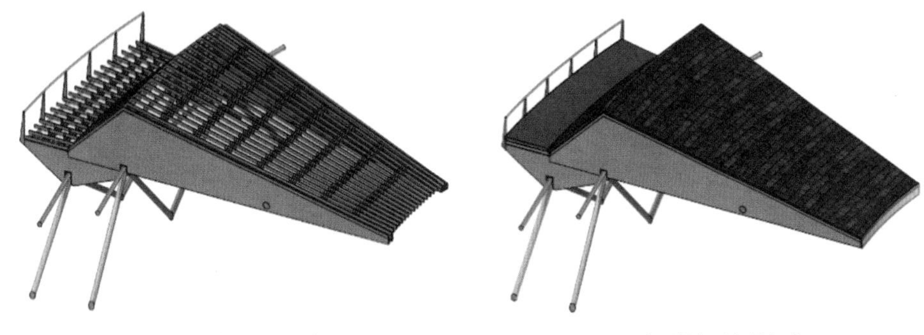

(c) 遮阳棚檩条布置方式　　(d) 遮阳棚木瓦布置方式

图 2.2-12　遮阳棚构造示意图

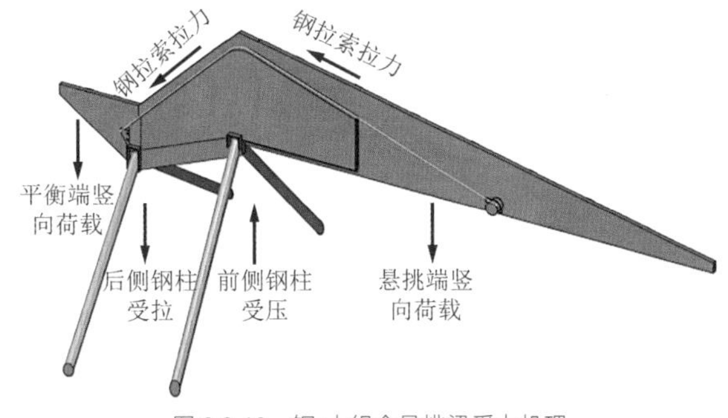

图 2.2-13　钢-木组合悬挑梁受力机理

3．遮阳棚结构体系的计算分析

1）设计基本参数

雪车雪橇中心遮阳棚结构体系所有 V 形钢柱的钢材均选用 Q355D，根据悬挑段长度和荷载情况，采用$\phi245\times20$～$\phi450\times30$ 五种不同截面。屋盖结构主梁采用钢-木组合梁，主梁之间的连系梁采用 Q355D 级□$100\times200\times6\times6$ 钢梁以减轻屋面自重，屋面板为 OSB 板。胶合木主梁使用树种级别 SZ3、强度等级 TCt28 的欧洲赤松，强度设计值依据《木结构设计标准》GB 50005-2017 取值，其中木材抗弯强度f_m取 19.5N/mm^2，顺纹抗压强度f_c取 16.9N/mm^2，顺纹抗拉强度f_t取 12.4N/mm^2，弹性模量E取 8000N/mm^2。钢拉索采用直径 40mm 的高钒索，极限承载力为 1440kN。

抗震设防烈度为 8 度（0.20g），第二组，水平地震影响系数最大值α_{max}和加速度时程最大值采用《建筑抗震设计规范》GB 50011-2010（2016 年版）与安评报告较大值，其中水平地震影响系数α_{max}取 0.1825，竖向地震影响系数取水平影响系数最大值的 65%，即$\alpha_{vmax}=0.1825\times0.65=0.1186$。

风荷载作用下位移验算时，基本风压取 0.45kN/m^2；承载力设计时，基本风压取值按 0.50kN/m^2 和《冬奥会延庆赛区国家雪车雪橇中心赛道遮阳棚风洞试验报告》中计算风压的较大值进行计算。由于建设场地为北京周边高海拔山区，基本气温和市区存在较大差异，根据《北京 2022 年冬奥会及冬残奥会延庆赛区多站气象要素统计分析报告》（2014 年 10 月—2017 年 12 月气象资料）给出的国家雪车雪橇中心场地最高气温达到 35.4℃，最低气温达到−25.3℃。设计时参考相邻台站资料，最低基本气温取−30℃。

屋面均布恒荷载取 2.1kN/m^2，屋面恒荷载通过搁栅传递到次梁上，次梁间距 2.8m，即可得屋面恒荷载为$2.1\times2.8=5.88$kN/m，取 6kN/m。屋面均布活荷载取 0.5kN/m^2，屋面活荷载通过搁栅传递到次梁上，次梁间距 2.8m，即可得屋面活荷载为$0.5\times2.8=1.4$kN/m，考虑其他不利因素，取 2.0kN/m。结构构件自重通过软件自动统计。

2）结构计算与结果

抗震计算

为保证工期和降低施工难度，V 形钢柱底采用销轴连接的铰接柱脚，V 形钢柱上端与钢-木组合梁、连系梁为刚接。根据建筑功能和赛道分段情况遮阳棚体系每隔 50～70m 设置一个结构段，每个结构段均采用有限元分析软件 Oasys GSA，分析多工况（重力荷载、活荷载、风荷载、地震、温度）作用下结构的整体性能。

图 2.2-14 为典型结构段分析模型在多遇地震组合工况下的最不利侧向变形图，由图可知，典型结构段在多遇地震作用下侧向变形最大位移位于悬挑端部位置，*X*向变形为 13.55mm，*Y*向变形为 11.91mm，*Z*向变形为 53.56mm，上述变形均满足《胶合木结构技术规范》GB/T 50708-2012 要求。

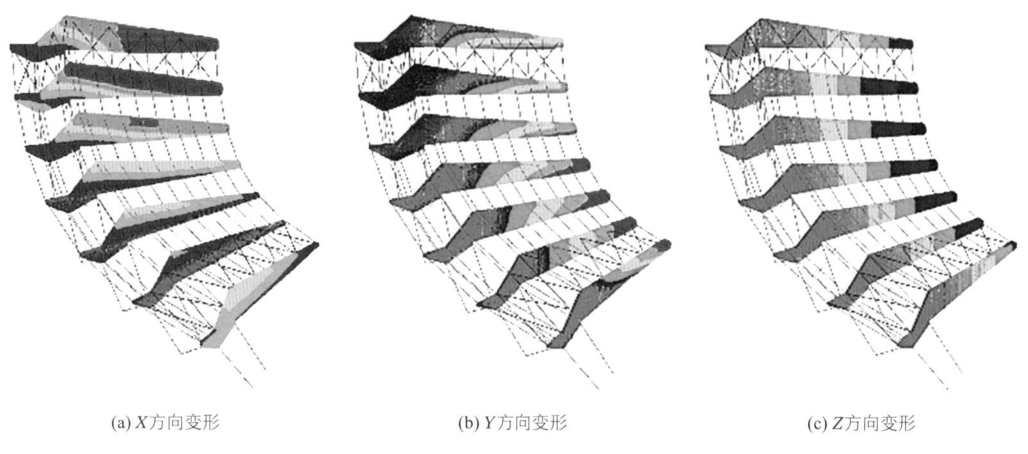

(a) *X*方向变形　(b) *Y*方向变形　(c) *Z*方向变形

图 2.2-14　遮阳棚侧向变形图

图 2.2-15 为典型结构段动力特性振型分析图，由图可知，遮阳棚典型结构段第一、二阶振型均为平动振型，第三阶为扭转振型，且第三周期与第一周期的比值为 0.56（＜0.85），满足规范要求，其他结构段情况均与该典型结构段类似，不再赘述。

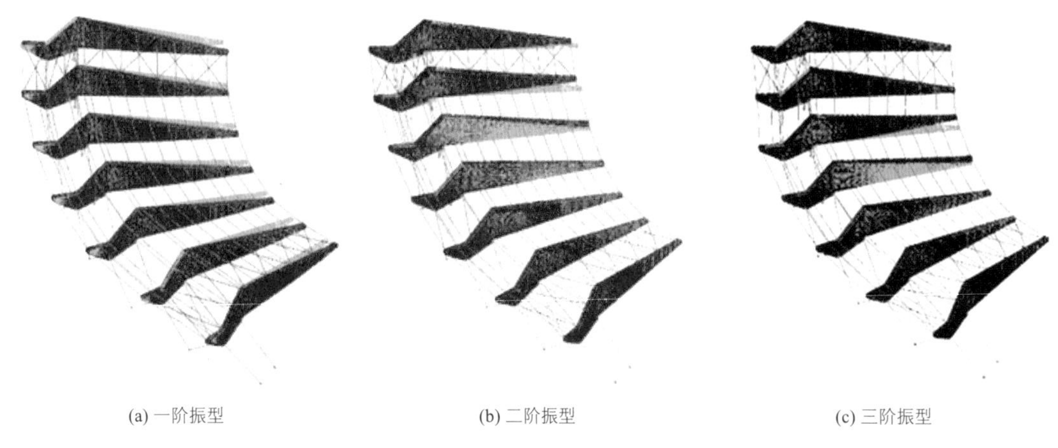

(a) 一阶振型　(b) 二阶振型　(c) 三阶振型

图 2.2-15　遮阳棚振型图

不同工况下的分析结果表明，典型结构段在 1.35DL（恒荷载）+ 0.98LL（活荷载）工况下 V 形钢柱轴力最大，达 2114kN，此时钢拉索的最大拉力为 213kN。在1.2(DL + 0.5LL) + 1.3S_{eY}（*Y*向地震作用）+0.5S_{eZ}（*Z*向地震作用）工况下 V 形钢柱上端弯矩最大，达 319kN · m，位于柱间中部木梁下方位置，次梁弯矩为 110kN · m。通过上述最不利外力即可进行构件设计。最不利内力如图 2.2-16 所示。

对不同组合工况下的单榀木梁进行了精细化有限元分析，分析结果表明胶合木梁在 1.35DL + 0.98LL 工况下的拉应力最大，由此可知，胶合木梁的承载力由重力工况控制。图 2.2-17（a）为该工况下胶合木梁的应力分布云图，由图可见，胶合木梁最大拉应力为 9.14MPa（＜19.5MPa），满足规范要求。图 2.2-17（b）为该设计工况下钢-木组合梁内部钢构件的应力云图，由图可知，钢构件最大应力为 264.7MPa（＜295MPa），亦满足规范设计要求。

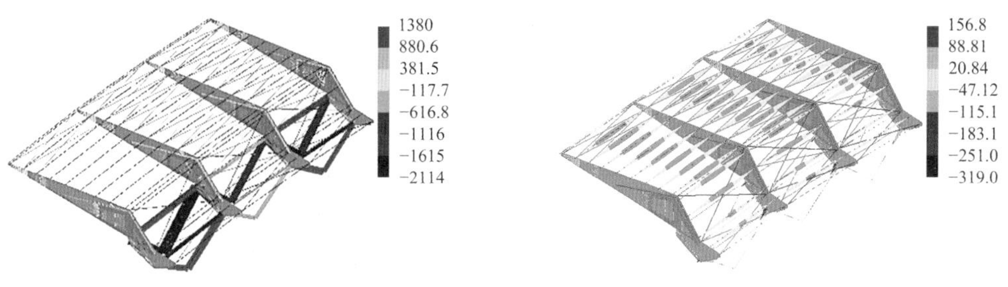

(a) 1.35DL + 0.98LL 工况下轴力图（单位：kN）　　(b) 1.2(DL + 0.5LL) + 1.3Sey + 0.5Sez工况下弯矩图（单位：kN · m）

图 2.2-16　遮阳棚最不利内力图

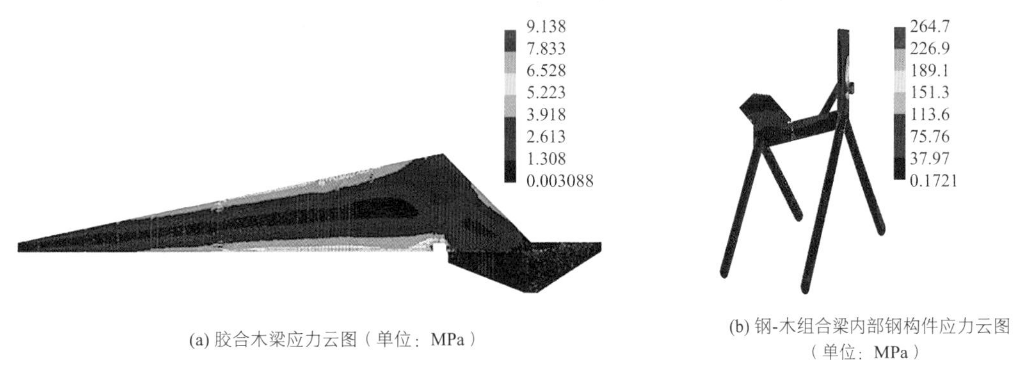

(a) 胶合木梁应力云图（单位：MPa）　　(b) 钢-木组合梁内部钢构件应力云图（单位：MPa）

图 2.2-17　钢-木组合梁在最不利工况下的应力云图

2.2.5　遮阳棚钢-木组合悬挑梁承载力试验研究

1. 试件设计

试验设计了 1 榀足尺的钢-木组合悬挑梁试件，试件总长度为 16.427m，其中悬挑部分长度为 11.986m，悬挑梁最高点截面高度为 2.5m。胶合木梁使用树种级别 SZ3、强度等级 TCt28 的欧洲赤松，单片宽度 120mm；钢梁柱均选用 Q355D 钢，其中 GZ5 截面尺寸 150mm × 350mm × 20mm × 20mm，GL6 截面尺寸 150mm × 500mm × 20mm × 20mm，圆钢管支柱截面尺寸 273mm × 20mm，GL7 截面尺寸 150mm × 300mm × 12mm × 12mm，GL7 一端与 GZ5 连接，另一端与钢拉索通过销轴相连，钢拉索采用直径 40mm 高钒锁，钢拉索的极限承载力为 1440kN，试件具体尺寸如图 2.2-18 所示。

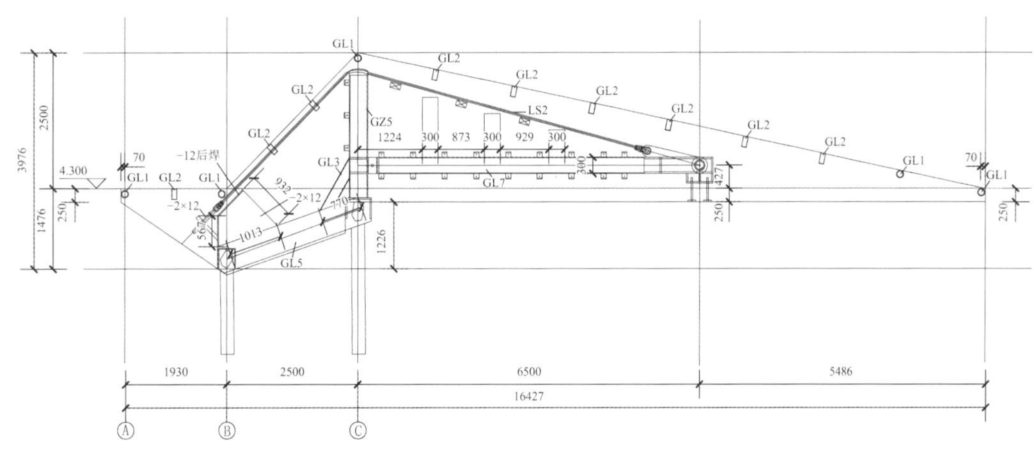

图 2.2-18　钢-木组合悬挑梁试件具体尺寸

2. 试验加载及测量装置

将钢-木组合悬挑梁固定在两榀龙门架之间，并在试件两侧设置侧向支撑。在试件梁顶部设置与作动器连接的预埋连接件，并通过作动器将试件梁和垂直于地面的预埋连接件相连，试验装置如图 2.2-19 所示。

图 2.2-19　试验装置

3．试验结果

1）荷载-位移曲线

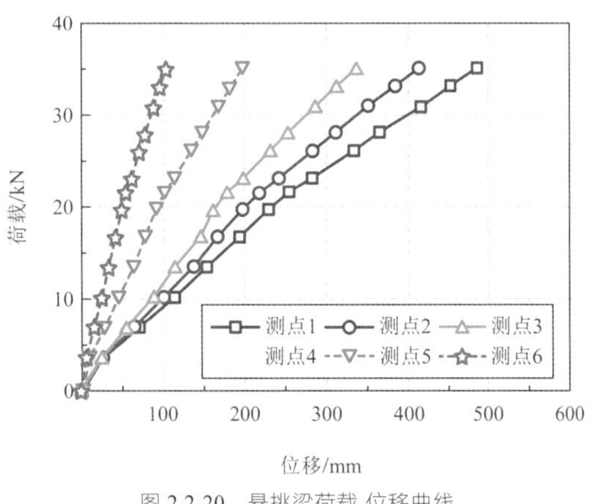

图 2.2-20　悬挑梁荷载-位移曲线

图 2.2-20 为不同测点的钢-木组合悬挑梁荷载-位移曲线。由图可知，当荷载增大至正常使用极限状态设计值时，组合梁悬挑端挠度为 255mm；当荷载增加至承载能力极限状态设计值时，各监测点的荷载和位移基本呈线性正相关，这表明加载过程中钢-木组合悬挑梁基本处于弹性状态；当荷载增加至 1.1 倍承载能力极限状态设计值时，能够听见木材开裂的脆响，但并未观测到悬挑梁表面出现明显开裂；当荷载增加至 1.25 倍承载能力极限状态设计值时，悬挑梁受压区域局部出现肉眼可见的细微横纹开裂，但整个试验过程中荷载-位移曲线并未出现明显的下降或转折点。

2）荷载-应变曲线

图 2.2-21（a）为不同荷载级别下屋脊处悬挑梁截面应变沿截面高度的分布情况。由图可知，随着荷载等级的增大，截面两端的应变数值显著增大，但应变沿截面高度呈现出了明显的非线性趋势。值得注意的是，悬挑梁截面顶部的拉应变随荷载等级的增大速率远小于截面底部的压应变增大速率，这是由于悬挑梁截面顶部绝大部分的拉应力均由钢拉索承担。

图 2.2-21（b）给出了不同荷载级别下销轴处悬挑梁截面应变沿截面高度的分布情况，由图可知，应变随截面高度基本呈线性趋势，这是由于该截面区域没有钢拉索承担拉力，悬挑梁截面基本满足平截面假定。

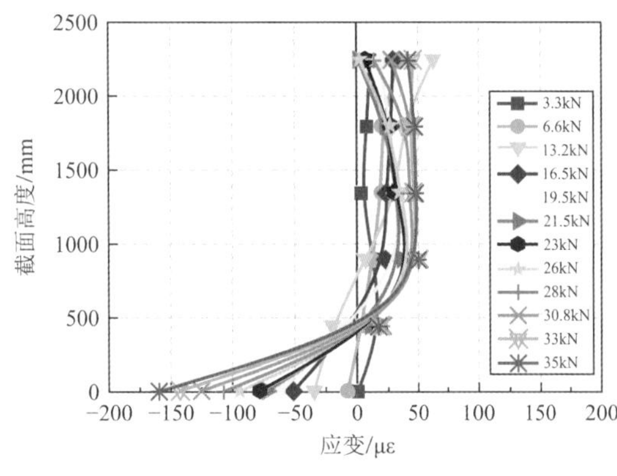

(a) 屋脊处悬挑梁截面高度-应变分布曲线

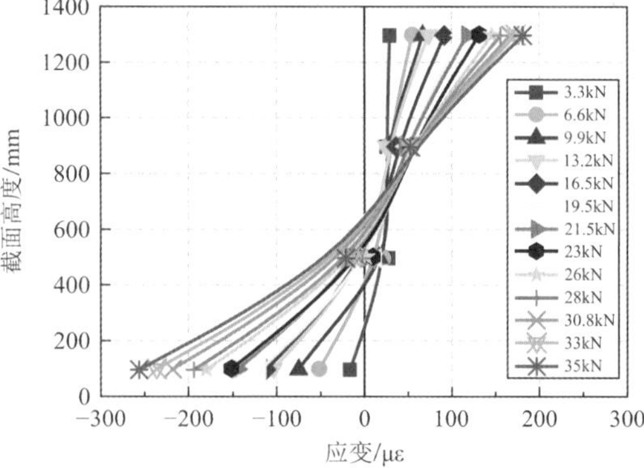

(b) 销轴处悬挑梁截面高度-应变曲线

图 2.2-21　截面高度-应变曲线

2.3 延庆冬奥村

2.3.1 建筑概况

如图 2.3-1 所示，延庆冬奥村存在 30～42m 的高差，山林遍布，中间还有一处小庄科村遗迹，具有独特的地质遗迹、历史人文和生态环境资源。

作为北京 2022 冬奥会三个冬奥村之一，延庆冬奥村包括居住区、国际区和运营区三大部分，分为南北两区的公共组团和 6 个独立的居住组团，总建筑面积 11.8 万 m^2（地上 9.1 万 m^2）。

由于场地存在高差，建筑结合地形层层错落，需要对场地进行平整和处理。施工的首要难点是土方工程和各类挡墙。建筑基础与岩土挡墙的实施是先期工作的重点与难点。

由于采用建筑群的组织方式，地形高差大，并设有若干围合、半围合式院落，因此，场地外部的防灾、场地内部雨水组织是现场实施的难点。建筑物与周边场地的交接关系复杂，散水、边沟、台阶等处形态复杂，并涉及建筑、总图、景观多专业协调，也是山地条件带来的难点。

图 2.3-1　从西南侧广场望山脚下的冬奥村

2.3.2 设计条件

自然条件及相关条件同国家雪车雪橇中心。

2.3.3 结构特点

基于台地化的场地特征，综合考虑地形、水文及平面布局，设计选择了合理的挡土支护策略。当挡土高度超过一层时，挡土墙体系与建筑物结构分别自成体系，采用独立支护体系。挡土高度较低时，主体结构与岩土体共同作用嵌入地形，兼作支护结构。设计综合考虑场地的稳定性、结构可实施性以及造价的合理性，平衡了挖方和填方地基的处理，避免了大开挖和高填方。

1. 山地挡土支护体系

冬奥村整体布局北高南低，东高西低，各建筑单体内部充分利用现状地形地貌，平面和竖向依山就势，避免了大开挖和高填方。各组团分散在不同台地标高上，为典型的山地掉层结构，掉层处上、下接地端间水平距离一般为一个柱跨，形成建筑内部挡土墙。

山地建筑结构掉层处的边坡宜采用独立的支挡结构，当主体结构兼作支挡结构时，考虑了主体结构与土体的共同作用及其地震作用效应。结合场地特点、工程造价以及施工难度，冬奥村挡土墙设计根据建筑地下室范围、结构嵌固端位置以及掉层高度的不同，分别按独立的永久支护方式、地下室外墙以及悬臂式挡土墙 3 种形式进行设计。当土质边坡高度小于 5m 或岩质边坡高度小于 8m 且主体结构能适应岩土侧压力时，采用地下室外墙或主体结构的悬臂挡土墙作为支挡结构；边坡高于上述高度时采用独立的永久支护结构。

冬奥村公共组团典型层高为 5.4m，运动员组团典型层高为 3.6m 或 4.5m。参照上述分界原则，设计过程中综合场地的稳定性、结构可实施性以及工程造价的合理性，对于非全埋式地下室以首层层高为界划分主体结构挡土和永久支护的设计范围。

2. 山地建筑结构体系

山地建筑结构指建于坡地上，底部抗侧力构件的约束部位不在同一水平面上且不能简化为同一水平面时的结构。结合山地地形、工程水文地质、建筑布局等条件，采用合理的结构接地类型。主要有如图 2.3-2 所示的掉层、吊脚、附崖和连崖等几种形式，其中最为常见的为掉层结构和吊脚结构。

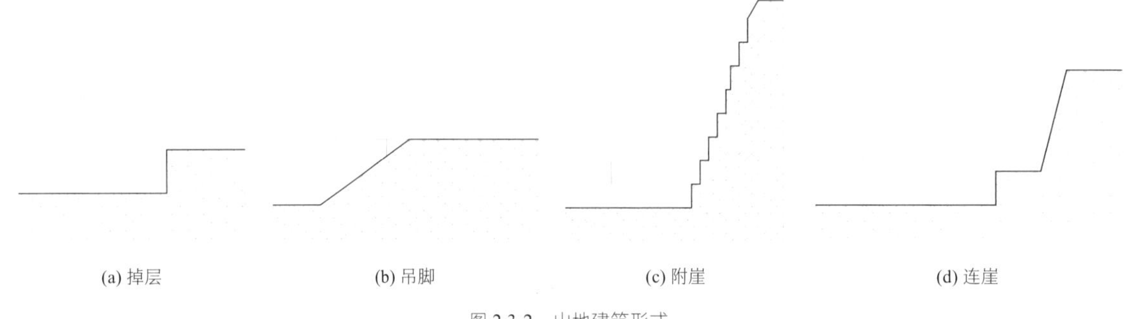

图 2.3-2 山地建筑形式

2022 年冬奥会及冬残奥会延庆赛区场馆设施建设项目中出现了多种不同接地类型的山地结构，延庆冬奥村结构选型时考虑了山地地形和建筑平台叠落的设计理念，采用掉层结构比较合理。有些特殊情况，如国家高山滑雪中心的造雪泵房等子项，由于山势较陡，无明显的平台概念，采用吊脚结构相对合理。

掉层结构指同一结构单元内竖向构件在两个或两个以上的不同标高平面接地，形成两个或两个以上结构嵌固端，且上、下接地端之间利用坡地高差按层高设置建筑楼层的结构体系。

掉层结构接地类型主要分为两类，即脱开式和连接式，如图 2.3-3 所示。脱开式即边坡与结构脱开，边坡单独设置支护结构，上、下接地端嵌固；按照上接地端与掉层部分是否设置拉梁又分为无拉梁和有拉梁脱开式；其中无拉梁脱开式，当上接地部分较小时（如小于 15%左右）上接地可采用滑动支座或隔震支座即形成上接地滑动脱开式；连接式即边坡与结构不脱开，结构挡墙兼作挡土墙，上、下接地端嵌固，按挡墙是否设置锚杆又分为无锚杆连接式和有锚杆连接式，边坡支护采用锚杆挡墙时，使主体结构与边坡紧紧相连，结构可受到边坡带来的拉、压力。实际工程中，应根据工程实际情况和现场地形、地质情况等综合确定合适的接地类型。

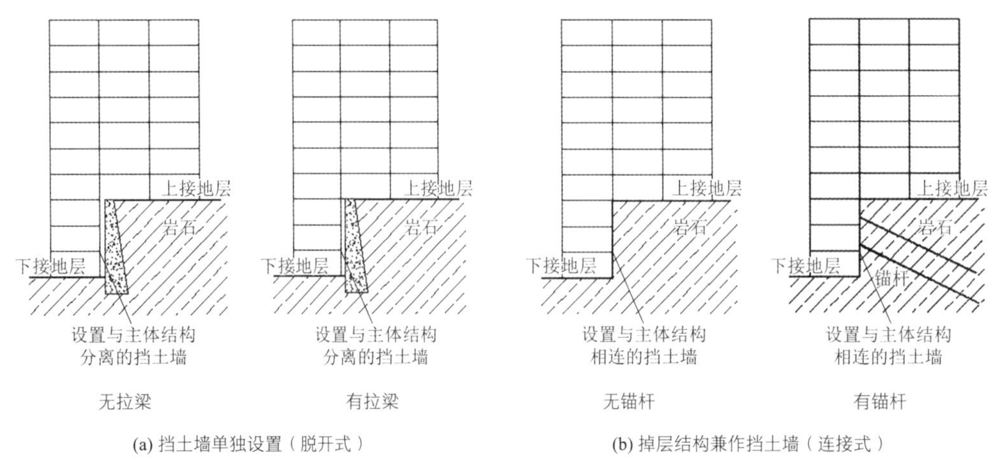

图 2.3-3 接地类型

如前所述，延庆冬奥村接地类型分别采用了脱开式和连接式，其中脱开式采用无拉梁形式，连接式采用无锚杆形式。地勘资料显示，冬奥村所处区域地下水位较低，不同台地标高的建筑组团均不存在抗浮问题，因此建筑地面均未设置防水板，选择在压实房心回填土上做建筑刚性地坪。当掉层处采用独立支护体系时，上接地面与掉层部分采用无拉梁脱开式。当采用地下室外墙兼作支挡结构时，土压力主要由掉层主体结构承担，挡土墙采用无锚杆形式，边坡支护可选择放坡开挖或临时支护等方式。

2.3.4 关键技术

1. 山地挡土支护体系

（1）永久支护

当掉层形成的边坡高度或者非全埋式地下室外墙挡土高度高于首层层高时，采取独立的永久支护方案。

通常永久支护方式有重力式挡土墙（图 2.3-4）、衡重式挡土墙、悬臂式挡土墙（图 2.3-5）、扶壁式挡土墙、桩板式挡土墙（图 2.3-6）等多种形式。综合考虑建造、成本等因素，各建筑组团外周挡墙高度小于 10m 时，优先选用衡重式挡土墙。但为了节省空间，减小支护结构对主体结构的干扰，组团与组团之间、组团与道路之间、建筑内部等场地狭小区域以及道路流线复杂的区域选用桩板式挡土墙，并根据挡土墙的高度及土层特性确定锚索数量和长度。

图 2.3-4　重力式挡土墙

图 2.3-5　“树院”悬臂式挡土墙

图 2.3-6　桩板式挡土墙

由于场地内的支护结构先行施工，主体结构设计时需考虑挡墙及其锚索对主体结构基础的影响，比较突出的问题包括支护结构施工对土体的扰动，上接地端基础与锚桩、锚索碰撞等，需通过多专业协同设计解决，针对上述问题，协同支护设计单位考虑修改基础布置或支护构件避让等。冬奥村设计之初确定了“桩板墙与结构基础净距不小于 1m”的原则，有效避免了支护结构与主体结构相互冲突的问题，并为主体结构外墙施工预留了必要的工作空间。地下室外墙与支护结构施工完成后根据需要保留空腔或在侧壁之间回填松散材料，主体结构与支护结构在地面的缝隙盖板采用滑动连接或其他非刚性连接的方式。

山地建筑的结构设计内容不仅限于主体结构设计，还包含着大量与主体结构相关的挡墙设计以及关联的基础设计问题，永久支护由具备专业资质的岩土设计单位设计，并在设计早期充分介入配合，梳理空间关系。

（2）地下室外墙

当建筑内部存在全埋式地下室时，主体结构承受的各个方向的土压力自平衡，利用地下室外墙挡土。地下室外墙和顶板的设计需考虑土压力作用，并符合相关构造要求，与土接触的结构构件采用抗渗混凝土。

当地下室部分开敞形成不平衡土压力时，根据结构在该不平衡土压力方向的抗侧刚度选择挡土方式。若该方向结构跨数较多，或沿该方向有墙体及支撑时，主体结构抗侧力构件能够承担不平衡土压力，采用地下室外墙挡土。冬奥村地上部分钢框架柱在掉层部分为保证结构耐久性转换为钢骨混凝土柱，相比纯钢结构体系，其抗侧刚度有较大提高，可以承担单侧挡土墙传递的侧向土压力。对于掉层部分的单侧挡墙，根据上接地端基础形式考虑其基底压力扩散问题。当上接地端临近掉层挡墙处采用扩展基础时，挡土墙计算考虑上层结构基底压力的影响。当采用桩基础时，桩底标高低于下接地端基础底，则不考虑上接地端基底压力扩散问题。

（3）悬臂式挡土墙

冬奥村建设场地内保留了原有树木，建筑内部的树木通过混凝土挡墙围合成“树院”进行保护。由于树木位置的随机性，如果建筑内部的树院挡墙与主体结构连为整体，会导致主体结构出现平面严重不规则，综合各方面因素，最终通过采取节点特殊构造做法，选择树院结构与主体结构脱开的设计方法，避免了主体结构不规则性和复杂程度的增大，降低了主体结构的非必要投资。采取脱开方案带来的问题是“树院”挡墙顶部缺少楼板约束，成为自由端，需按悬臂式挡土墙进行设计。与此类似的情况也出现在主体结构地下室靠近外墙处有楼、电梯间或窗井等大范围楼板开洞部位，该部位外墙墙顶无侧向约束，通常按照悬臂式挡土墙设计。当挡土墙高度过高造成构件设计配筋困难时，需要增加扶壁柱或扶壁墙。墙下基础采用筏板或条形基础，对条形基础应设置垂直方向的连系梁。此外，基础设计时还考虑了土压力作用下的根部弯矩，同时进行抗倾覆和抗滑移验算。

2．山地建筑结构体系

层层错落的山地掉层空间采用了装配式钢框架结构体系，充分考虑了山地建筑结构的特点及施工条件，具有装配率高、施工效率高、现场湿作业少的特点，较好地应对了复杂山地条件，将对山林环境的影响做到最小。

（1）设计目标

以往历届冬奥村赛时的公共服务多以临时设施的方式进行设计，永久设施为多层或高层公寓楼，赛后直接作为公寓出售，因此历届冬奥村赛时功能的综合性和复杂性并不突出。延庆冬奥村赛时功能为运动员村，赛后为酒店，因此结构设计按满足赛时功能为主，并为赛后改造预留条件，尽量避免赛后二次结构加固。

（2）结构选型

山地建筑的结构选型应统筹赛时、赛后使用功能，根据建筑抗震设防类别、抗震设防烈度、建筑高度、结构材料、接地类型、地基条件和施工工艺等因素，综合技术经济条件比选确定。

通常山地建筑的结构材料宜采用钢筋混凝土结构、钢结构，也可采用多层砌体结构。其中钢筋混凝土结构可采用框架、剪力墙、框架-剪力墙、筒体和板柱-剪力墙结构体系；钢结构可采用框架、框架-中心支撑、框架偏心支撑（延性墙板）、框架-屈曲约束支撑结构体系。

延庆冬奥村项目处于复杂山地环境中，交通不便，结合赛时、赛后的使用功能，考虑复杂山地条件的影响兼顾后续改造的灵活性，选择钢结构体系，相比于混凝土结构，具有装配率高、施工效率高、现场湿作业少、对山林环境扰动小等优势。

冬奥村各组团均为建筑高度小于 24m 的多层钢框架结构，由于山地建筑具有天然不规则性，部分组团采用钢框架-中心支撑结构体系解决抗侧刚度不足以及平面扭转问题。

（3）基础选型

山地建筑适用的基础形式：独立基础、条形基础、筏形基础、桩基础。对于山地建筑，基础的选型大多会和地基处理以及基础标高选取等问题交织在一起，基础结构方案选型需和地基处理、场地稳定等问题综合考虑。

同一结构单元的基础不宜设置在性质截然不同的地基上。一般情况下，同一结构单元不宜部分采用天然地基，部分采用桩基。由于岩石地基刚度大，基本上可不考虑不均匀沉降，故同一建筑物中可允许使用多种基础形式，如桩基与独立基础并用，条形基础、独立基础与桩基础并用等。当为岩石地基时可部分采用天然地基部分采用桩基，但应考虑水平荷载对桩基的不利影响，采用增强桩基水平变形能力、桩顶设刚度较大拉梁、增大楼板刚度等处理措施。

因地质和地形、地势等条件所限，山地建筑中桩基较为常用的桩型为人工挖孔桩。人工挖孔桩施工方便、速度较快、不需要大型机械设备，但挖孔桩井下作业条件较差、环境恶劣、劳动强度大，需在保证安全和质量的前提下采用。

延庆冬奥村基础设计采用扩展基础、筏形基础以及人工挖孔桩等多种形式，主要难点及需要解决的问题包括以下几个方面：

①采用独立的支挡结构时，建筑边跨距离挡墙净距 1m，采用柱下条形基础或桩基时应控制地基梁或承台尺寸，以满足与岩土专业约定的界面原则。

②掉层采用独立的支挡结构时，上接地端若采用桩基础，应注意桩板墙锚索的位置，避免碰撞断索。

③掉层采用结构外墙挡土时，下层施工开挖会扰动上接地端处的原状土，上接地端的基础设计若采用天然地基，应增加基础埋深使其落在未经扰动的原状土上，同时需考虑基底压力扩散对掉层挡墙的影响。若开挖范围过大或基础埋深增加过多，上接地端临近掉层的第一跨可采用桩基，其余跨根据具体分析选择合理的基础形式。

（4）结构布置及设计原则

由于山地结构天然的不规则性，扭转效应明显，因此设计时尽可能合理地布置结构构件，减小扭转的不利影响。对于掉层结构，当多数抗侧力构件位于上接地端时，对掉层部分与上接地端的上接地楼盖采取加强连接措施，如图 2.3-7 所示；当多数抗侧力构件位于下接地端时，不设置掉层与上接地端的连接楼盖，上接地竖向构件底部可采用滑动支座，如图 2.3-8 所示；其他情况时，采用调整构件截面、优化剪力墙布置或增加钢支撑等措施。

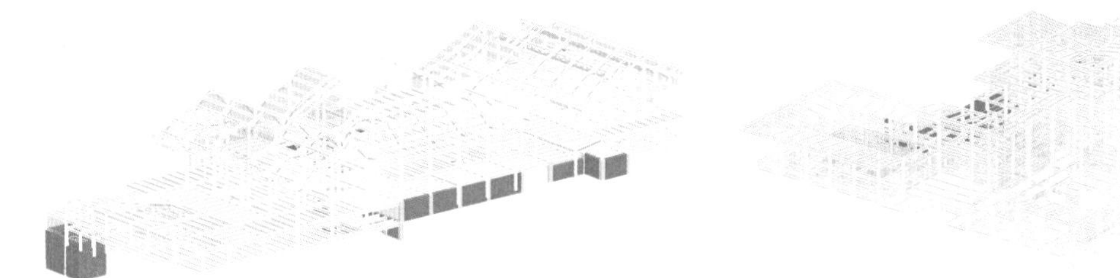

图 2.3-7　公共组团钢结构模型　　　图 2.3-8　居住组团钢结构模型

山地建筑同一结构单元应避免采用两种及以上的结构形式；当平面复杂或者同一结构单元坐落在多个不同台地标高时，宜合理设置防震缝，减小复杂和不规则程度。

设置地下室时，为使层间刚度均匀变化，钢框架-支撑结构中竖向连续布置的支撑应延伸至基础，钢框架柱应至少延伸至地下一层，使竖向荷载直接传至基础。

掉层结构的抗侧刚度应满足：上接地端以上楼层按现行国家规范的规定验算层抗侧刚度比，掉层及上接地层掉层范围内结构抗侧刚度不小于上层相应结构部分的抗侧刚度。对掉层结构，以上接地面为界，分别控制上、下两部分结构的抗侧刚度比，为便于计算，相对应部分的侧向刚度比采用等效剪切刚度比。

掉层结构的掉层层间受剪承载力不小于其上层相应部位竖向构件的受剪承载力之和的 1.1 倍。

当主体结构兼作支挡结构时，应考虑主体结构与岩土体的共同作用及其地震效应。

（5）计算及构造措施

掉层结构楼盖采用考虑楼板面内弹性变形的计算模型进行补充内力分析，上接地端楼盖和上接地层楼盖框架梁补充按偏拉（压）构件设计，取包络值。

掉层部分的抗侧力构件以及上接地层抗侧力构件的地震剪力适当放大。

掉层结构接地端楼盖及未设置接地端楼盖时的上接地层楼盖不采用楼层错层，避免楼板开大洞的构造。

掉层结构上、下接地层柱，均为抗震性能控制的关键部位，为保证其抗震性能，加强其抗震构造措施。上接地层楼盖与竖向构件相连的钢框架梁的抗震构造措施适当加强。

掉层结构上接地端接地楼盖采用梁板体系，楼承板厚度不小于 120mm，未设置接地端楼盖时，上接地层楼盖的楼板厚度不小于 150mm，楼板配筋均采用双层双向通长布置，各向配筋率不小于 0.25%。

2.4 结语

延庆赛区是北京冬奥会和冬残奥会三大赛区之一，位于北京西北部小海陀山地区，赛区共有 6 个场馆，包括两个竞赛场馆：国家高山滑雪中心、国家雪车雪橇中心；4 个非竞赛场馆：延庆冬奥村、延庆制服和注册分中心、冬残奥会延庆颁奖广场以及山地服务中心（山地新闻中心）。延庆赛区是北京冬奥会 3 个赛区中新建场馆最多的赛区，也是冬奥历史建设周期最短、难度最大、标准最高的赛区。赛区特点主要有“高、快、难”：一是冬奥会海拔最高的场馆在延庆赛区，国家高山滑雪中心所在的小海陀山，海拔 2198m，高山滑雪项目对场地设计、建设要求标准高。二是冬奥会最快的项目在延庆赛区，高山滑雪项目将速度与技术完美地结合在一起，赛时平均速度在 100km/h 以上。雪车雪橇项目是冬奥会中速度最快的项目之一，被称作“冰上 F1”，比赛惊险、刺激，极具观赏性。国家高山滑雪中心、国家雪车雪橇中心场馆对安全性、竞技性要求极高，国内的相关场馆设计、建设、运行几乎零经验。三是国家雪车雪橇中心具有双曲面空间壳体、混凝土摇摆柱结构体系、钢木组合遮阳棚等多个技术难点；国家高山滑雪中心，冬奥村具有山地建筑等难点，在设计中进行了大量科研工作，并将研究成果应用于结构设计，取得了较好的安全性和经济性。

参考资料

[1] 李兴钢，武显锋. 山林场馆·生态冬奥——北京冬奥会延庆赛区规划，场馆及基础设施设计综述[J]. 建筑学报，2021.

设计团队

设　计　单　位：中国建筑设计研究院有限公司

国家雪车雪橇中心：任庆英、刘文斑、张晓萌、李　正、高　博、刘　翔、杨　杰、李路彬、任海波、刘子傲、李勇鑫、王大庆、朱炳寅、张雄迪

国家高山滑雪中心：任庆英、刘文斑、李　森、杨松霖、丁伟伦、周轶伦、李路彬、杨　潇、王大庆、朱炳寅、张雄迪

延　庆　冬　奥　村：任庆英、刘文斑、王　磊、刘　帅、刘增良、罗　肖、王大庆、朱炳寅

执　　笔　　人：张晓萌、王佳琦、刘子傲

获奖信息

第二十届中国土木工程詹天佑奖。

第 3 章

鄂尔多斯东胜体育中心

3.1 工程概述

3.1.1 建筑概况

鄂尔多斯东胜体育中心位于内蒙古自治区鄂尔多斯市，地上3层，总建筑面积为100451m²，共有观众席40500个，其中固定座席35100个，活动座席5400个。体育中心固定屋盖投影为椭圆形，长轴268m，短轴220m，巨拱高度为129m，跨度为330m，与地面垂线倾斜6.1°，屋盖顶标高为54.742m。可开合屋盖的最大可开启面积（水平投影）为10076.2m²，开启或闭合时间为18min。工程很好地满足了全天候使用需求，是目前国内规模最大的开合屋盖体育建筑之一。

鄂尔多斯东胜体育中心由看台结构、固定屋盖、活动屋盖、巨拱+钢拉索以及裙房组成。体育中心碗状看台采用现浇钢筋混凝土结构，由斜柱、楼层梁与看台梁构成的刚架作为径向抗侧力体系；由环向楼面梁连接各榀径向刚架形成环向框架，并在周边柱顶处设置刚性环梁，形成环向抗侧力体系。鄂尔多斯东胜体育中心实景钢结构三维透视图如图3.1-1所示。

(a) 鄂尔多斯东胜体育中心实景图

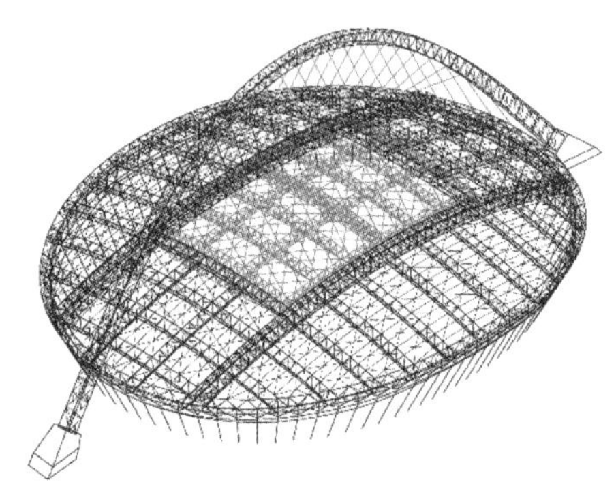

(b) 鄂尔多斯东胜体育中心钢结构三维透视图

图3.1-1 鄂尔多斯东胜体育中心实景图和钢结构三维透视图

3.1.2 设计条件

1. 结构设计参数

鄂尔多斯东胜体育中心结构的设计参数如表3.1-1所示。

结构设计参数　　表3.1-1

结构的设计基准期	50年
建筑结构的安全等级	一级
抗震设防烈度	7度
建筑抗震设防类别	乙类
地基基础设计等级	甲级
建筑耐火等级	一级

2. 荷载与作用

（1）混凝土看台结构的恒荷载和活荷载

主要楼面和看台观众席混凝土主体结构的活荷载如表3.1-2所示。

混凝土主体结构的活荷载　　表 3.1-2

部位	主要楼面	看台观众席
活荷载	3.5kN/m²	3.5kN/m²

（2）固定屋盖的恒荷载和活荷载

固定屋盖结构的恒荷载和活荷载如表 3.1-3 所示。

固定屋盖的恒荷载和活荷载　　表 3.1-3

项目	取值	备注
钢结构自重	软件自动计算，密度放大 1.1 倍	考虑节点、加劲肋等对自重的增量
恒荷载	0.90kN/m²	轻质屋面、檩条、屋面天沟与雨水管道、照明、音响、标识、电缆桥架、台车、轨道及其他牵引装置的折算荷载
活荷载	0.5kN/m²	①与雨、雪及风荷载不同时发生。 ②采取可靠措施防止屋面排水不畅、堵塞等引起的积水荷载，必要时按可能的积水深度确定屋面活荷载

（3）活动屋盖的恒荷载和活荷载

活动屋盖结构的恒荷载和活荷载如表 3.1-4 所示。

活动屋盖的恒荷载和活荷载　　表 3.1-4

项目	取值	备注
钢结构自重	软件自动计算，密度放大 1.1 倍	考虑节点、加劲肋等对自重的增量
恒荷载	0.60kN/m²	膜结构屋面、檩条、照明、电缆桥架折算荷载
检修荷载	0.3kN/m²	—
活荷载	0.5kN/m²	①与固定屋盖相同。 ②应尽量避免吊挂设备。临时荷载的最大值不应大于活荷载值

3.2 建筑特点

3.2.1 巨拱结构与建筑造型完美结合

体育中心结合内蒙古草原弓箭的造型，巧妙地采用了钢管拱桥的设计理念，通过钢索将屋盖大部分重力荷载传给巨拱，巨拱平面与地面垂线倾斜 6.1°，水平荷载则由下部看台混凝土结构承担，使大跨度屋盖桁架的高度大大降低，钢材用量明显减少，结构体系新颖、合理。鄂尔多斯东胜体育中心单向倾斜巨拱结构与建筑造型完美结合，如图 3.2-1 所示。

图 3.2-1　单向倾斜巨拱结构与建筑造型完美结合

3.2.2 开合屋盖

鄂尔多斯东胜体育中心活动屋盖由两片活动屋盖单元组成，闭合时可与固定屋盖完全吻合。活动屋盖采用管桁架结构，屋面围护材料采用 PTFE（聚四氟乙烯）膜。体育中心单片活动屋盖重量约 500t，由位于两侧轨道的 14 部台车支承，屋盖的开合由钢丝绳牵引驱动。开合屋盖全开、全闭状态如图 3.2-2、图 3.2-3 所示。

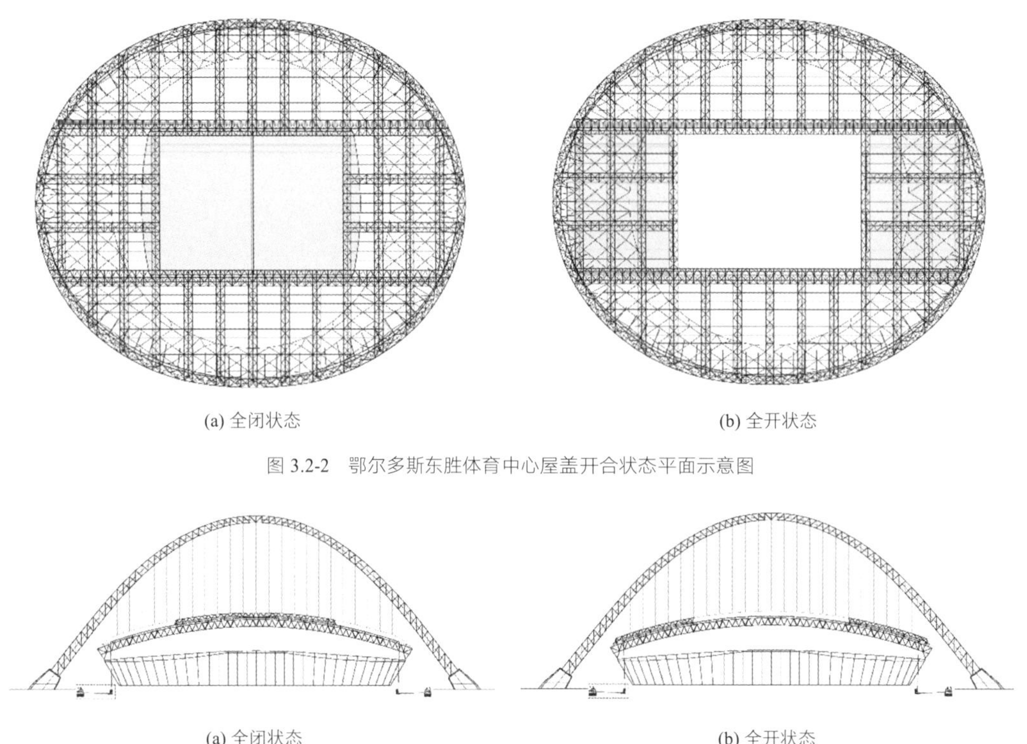

(a) 全闭状态　　(b) 全开状态

图 3.2-2　鄂尔多斯东胜体育中心屋盖开合状态平面示意图

(a) 全闭状态　　(b) 全开状态

图 3.2-3　鄂尔多斯东胜体育中心屋盖开合状态剖面示意图

3.3 结构体系与分析

3.3.1 结构体系

钢筋混凝土主体结构由体育中心内看台、周边平台以及西侧飘带状商业区组成，为避免看台设缝对固定屋盖、活动屋盖以及巨拱产生的不利影响，环形看台不设缝。鉴于标高 6.700m 平台四周堆土后的受力特点与周边嵌固区域接近，故飘带部分在标高 6.700m 以下与看台结构连成一体，标高 6.700m 以上设缝分开。

1．径向刚架/框架体系

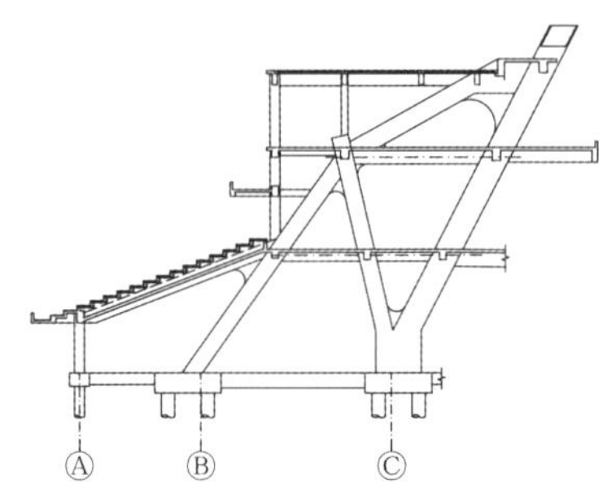

图 3.3-1　看台混凝土结构剖面图

由于体育中心混凝土构件主要位于外露部位，看台混凝土结构体系应与建筑方案紧密结合，充分体现建筑创作的意图，尽量体现结构构件自身的力度与美感，避免过多的建筑装饰。根据低区看台距离场地近、高区看台距离场地远的特点，看台结构呈碗状，立面混凝土结构向外倾斜，外斜柱与地面夹角 62°。由于屋盖支承在看台结构的后部，在重力荷载的作用下将产生向后的倾覆力矩。故此，看台现浇钢筋混凝土框架结构由径向框架与环向框架组成空间受力框架体系，如图 3.3-1 所示，框架抗震等级为二级。

2．楼盖体系

楼盖采用现浇钢筋混凝土梁板结构，一层和二层看台主要采用预制清水钢筋混凝土看台板。为减小环向梁的温度应力，一层看台局部设置现浇钢筋混凝土板，板厚为 140～220mm。为了加快施工进度，楼盖采用现浇混凝土主梁 + 平板结构，不再布置楼面次梁。在现浇混凝土楼板中设置无粘结预应力钢筋，抵抗混凝土温度作用和收缩应力的影响，如图 3.3-2 所示。

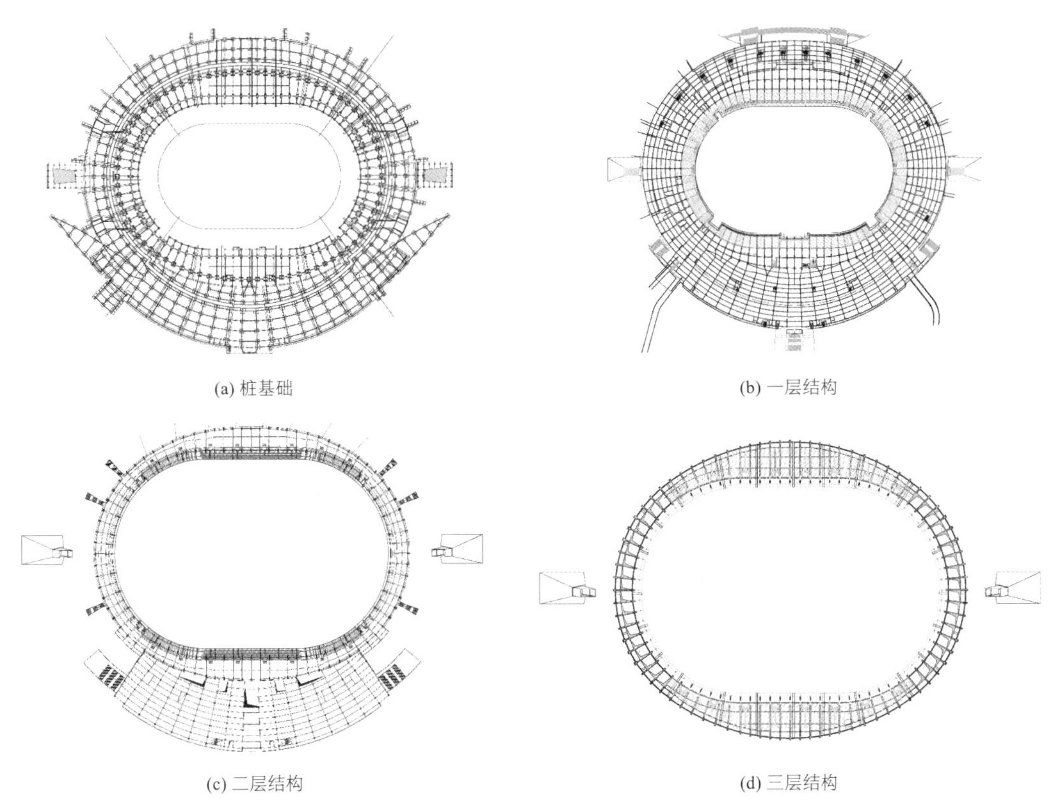

(a) 桩基础　(b) 一层结构

(c) 二层结构　(d) 三层结构

图 3.3-2　鄂尔多斯东胜体育中心看台混凝土结构平面布置图

3.3.2　固定屋盖结构体系

鄂尔多斯东胜体育中心固定屋盖为球形曲面，外径 359.5m，采用空间桁架体系。巨拱采用钢管桁架，呈悬链线形，巨拱所在平面与地面垂线夹角 6.1°。巨拱与固定屋盖通过钢索连接，固定屋盖、巨拱与钢索形成受力体系，共同承担各种荷载与作用。固定屋盖的大部分重力荷载由钢索传给巨拱，水平荷载由下部刚度较大的混凝土看台结构承担。鄂尔多斯东胜体育中心的结构体系如图 3.3-3 所示，固定屋盖结构布置的原则如下：

（1）沿活动屋盖轨道方向布置主桁架，与主桁架的垂直方向布置次桁架，在屋盖周边设置环向桁架以增加屋盖结构的整体刚度；（2）在固定屋盖上表面内布置檩条与交叉支撑体系，以增大屋盖结构的面内刚度；（3）巨拱与固定屋盖之间布置 23 组钢索，连接于主桁架上弦节点，使主桁架竖向刚度显著增大，满足活动屋盖对轨道变形控制的要求，同时使固定屋盖结构高度大大降低；（4）屋面围护结构周边采用金属板，中部采用透光性好的聚碳酸酯板；（5）固定屋盖曲面为球面，以满足活动屋盖轨道以及屋面排水的需求；（6）固定屋盖的开口尺寸按照开口率确定；（7）活动屋盖牵引钢索转为垂直状态进入地下室机房，在固定屋盖设置转向滑轮，以牵引钢索的作用力。

主桁架采用空间管桁架，截面总高度为 10.0m，平面尺寸满足设置活动屋盖轨道及台车行走的空间需求。主桁架轨道外侧设置突出屋面的三角桁架与巨拱的钢索相连，三角桁架跨中部位高度为 5m，靠近固定屋盖端部高度逐渐减小为零。本工程典型的主桁架截面如图 3.3-4 所示。主桁架采用圆钢管相贯节点，在主次桁架连接处等关键部位采用铸钢节点。台车轨道梁通过过渡构件支承于主桁架中弦层。

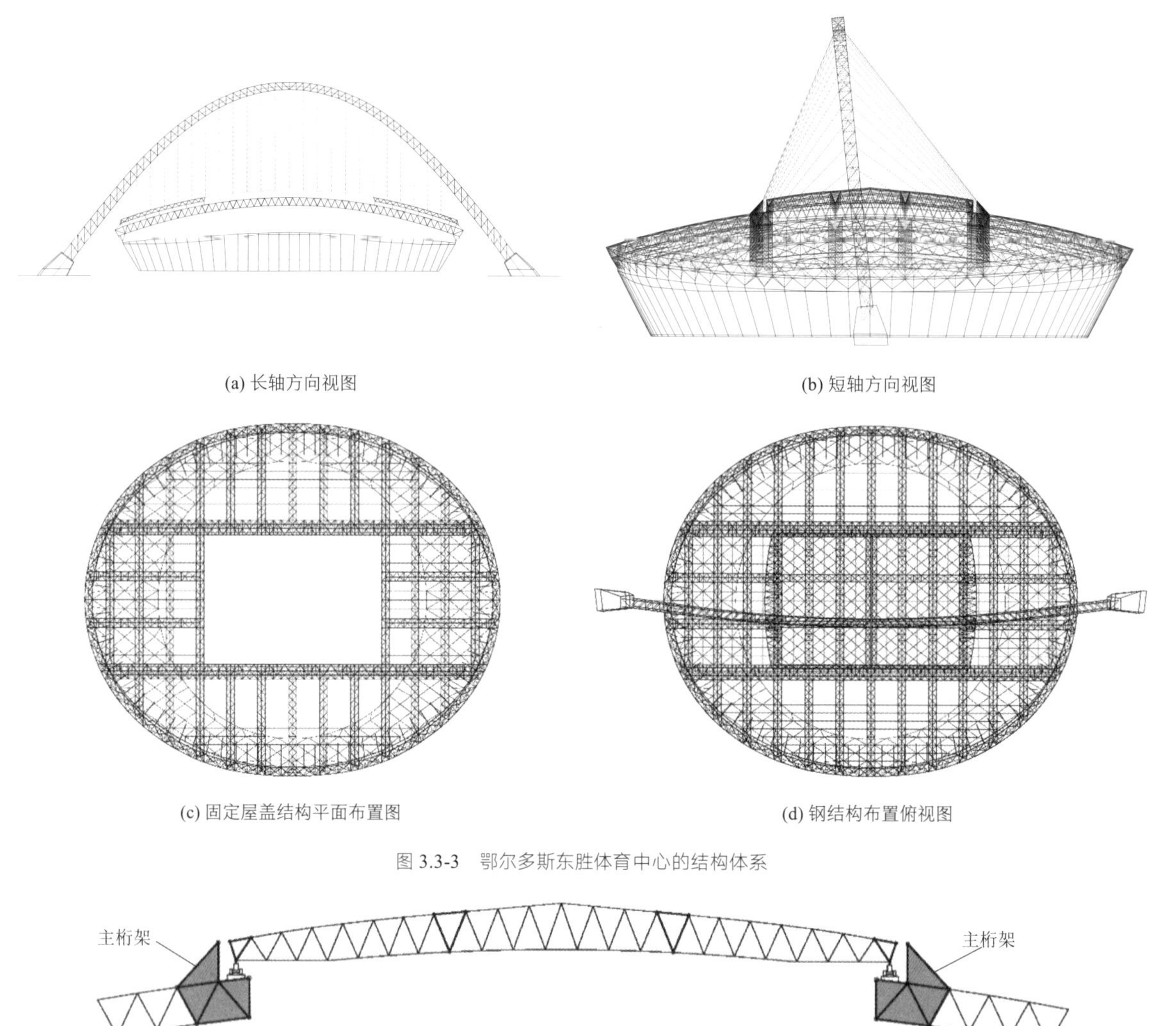

(a) 长轴方向视图

(b) 短轴方向视图

(c) 固定屋盖结构平面布置图

(d) 钢结构布置俯视图

图 3.3-3　鄂尔多斯东胜体育中心的结构体系

图 3.3-4　典型主桁架截面

屋盖外环桁架是屋盖钢结构与下部混凝土结构之间重要的过渡构件，采用四边形截面空间管桁架，可以有效增强屋盖的整体性。环向桁架通过 84 组斜撑杆与看台混凝土框架柱顶相连，将主、次桁架端部的集中力均匀地传给下部混凝土结构。环向桁架截面高度为 5m，最大宽度约 5m，弦杆截面采用 D402 × 14 与 D402 × 16 两种规格。

次桁架采用三角形立体桁架，与主桁架同高，高度均为 5m，宽度为 4.5m。次桁架布置与结构受力相结合，并与活动屋盖结构布置相协调，视觉效果匀称美观。次桁架腹杆与弦杆之间采用圆钢管相贯焊接。

固定屋盖支座设置于下部混凝土框架外斜柱柱顶，采用抗震球形铰支座。多数支座与 1 根内侧竖杆和 2 根外侧斜杆组成的 V 形柱相连。在承托轨道主桁架的端部，支座上部的 V 形柱由两根内侧竖杆与两根外侧斜杆构成，竖杆与斜柱的规格为 D500 × 20 和 D500 × 25。

3.3.3　活动屋盖结构体系

鄂尔多斯东胜体育中心活动屋盖由两片结构单元组成，单片活动屋盖自重（含膜结构）约为 500t。

活动屋盖结构的几何参数如表 3.3-1 所示。

活动屋盖的几何控制参数　　表 3.3-1

项目	控制指标
固定屋盖开口尺寸（水平投影）	113.524m（长）× 83.758m（宽）
活动屋盖平面尺寸	(61～72)m（长）× 85.758m（宽）× (2.5～5.0)m（高）
结构净跨度（台车间距）	83.758m
活动屋盖上表面面积（展开面积）	11758.38m^2
活动屋盖全闭状态重心的圆弧角（轨道处）	5.88°
活动屋盖全开状态重心的圆弧角（轨道处）	15.11°
活动屋盖最大爬坡角度	9.23°

活动屋盖由主桁架、纵向桁架、边桁架、水平支撑和围护结构组成，结构布置如图 3.3-5 所示。

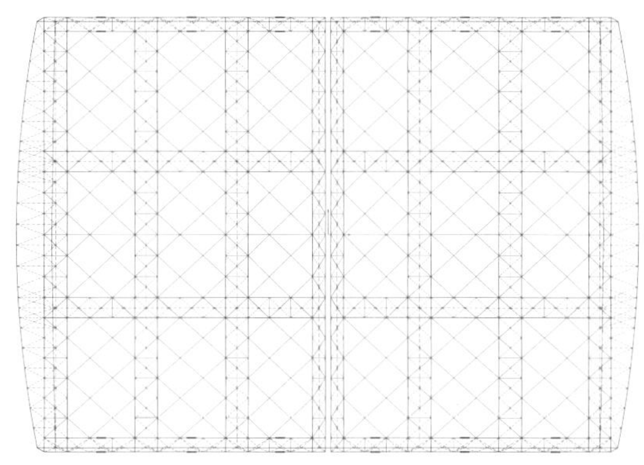

图 3.3-5　鄂尔多斯东胜体育中心活动屋盖结构布置

每片活动屋盖单元沿跨度方向设置 4 榀主桁架，采用三角形截面空间管桁架，跨度 83.758m，跨中最大高度为 6.0m，支座部位最小高度为 2.5m，中间榀顶面宽度为 4.5m，边榀为 3m，平面位置与固定屋盖的次桁架一一对应。沿活动屋盖纵向布置两道桁架，增强主桁架的侧向稳定性，并为尾部的弧形造型提供支撑条件。

鄂尔多斯东胜体育中心建筑平面呈椭圆形，东、西两侧为主看台，根据观众视线与遮挡风雨等要求，活动屋盖采用沿平行轨道空间移动的方式，沿固定屋盖顶面上的圆弧形轨道从两侧同步向屋盖中心移动，实现屋盖闭合或反向移动实现屋盖开启。

随着活动屋盖的移动，结构受力和变形也会变化。为研究活动屋盖处于不同位置时结构受力与变形的规律，设计时考虑了活动屋盖全闭、1/4 开启、1/2 开启、3/4 开启以及全开 5 种状态，如图 3.3-6 所示。

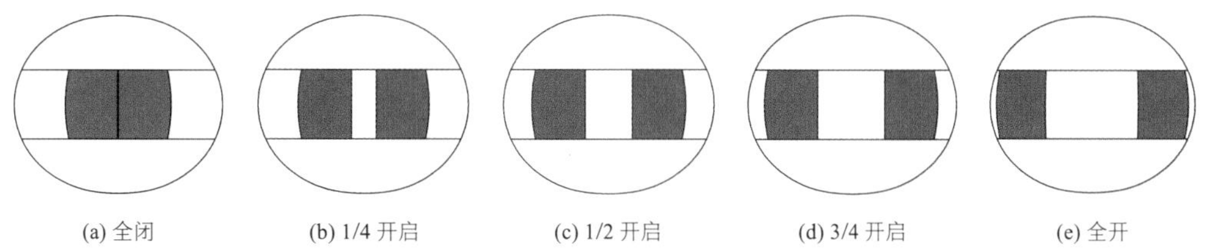

(a) 全闭　(b) 1/4 开启　(c) 1/2 开启　(d) 3/4 开启　(e) 全开

图 3.3-6　活动屋盖的五种开启状态

3.3.4　地基与基础设计

体育中心看台沿径向采用刚架结构，内外斜柱和看台斜梁分别为压弯与拉弯构件，呈现出悬臂构件的受力特征，基础除受压外，还承受较大的弯矩与水平力。工程地质勘察报告提供的钻孔灌注桩各土层的桩侧阻力及桩端阻力特征值如表 3.3-2 所示。

各土层的桩侧阻力及桩端阻力特征值　　表 3.3-2

层序	地层岩性	钻孔灌注桩	
		桩侧阻力特征值/kPa	桩端阻力特征值/kPa
①	杂填土	—	—
②	砂岩（全风化）	70	—
③	砂岩（强风化）	100	—
④	砂岩（中风化）	500	5000
⑤	砂岩（微风化）	—	—

1. 体育中心看台基础

体育中心看台采用灌注桩基础，受压桩桩端持力层为第④层中风化砂岩，桩长约 40m，桩径为 600mm、800mm 和 1000mm 三种。

利用基础拉梁将外斜柱与内斜柱的桩承台相连接，使斜柱水平分力相互抵消，减小桩基础承受的水平力。当桩身受拉时，在桩身内配置预应力钢筋，桩身按照一级裂缝控制施加预应力，桩身钢筋锚入承台内长度取抗震锚固长度l_{aE}。

体育中心看台周边的平台、商业与飘带采用柱下独立基础，框架柱距离较近时采用联合基础；活动屋盖驱动系统地下动力机房采用平板式筏形基础，持力层均为第②层全风化砂岩。地下室挡土墙采用墙下条形基础，挡土墙的底部弯矩由墙下条形基础和与之垂直的基础梁承担，并考虑墙外填土对平衡底部弯矩的有利作用。体育中心看台桩基础和商业飘带的天然地基之间设后浇带，能够减小沉降差异与收缩变形的影响。

2. 巨拱基础

（1）巨拱拱脚承担巨拱传来的竖向荷载、水平推力以及弯矩，采用混凝土灌注桩基础。

（2）承台顶面以上设置钢筋混凝土台座，对巨拱进行保护并满足建筑美观的要求。巨拱桁架各弦杆埋入台座深度不小于弦杆直径的 3 倍。

（3）为了抵抗巨拱对基础的水平推力和弯矩，有效控制拱脚水平位移，将承台的埋入深度加大至 4m。此外，将桩距增大至 5 倍桩径，并尽量避免扰动承台周边的土体，增大承台外端的承压面积，利用被动土压力共同抵抗水平推力。

（4）本工程结构柱底受力差异很大，为减小基础差异沉降的影响，混凝土钻孔灌注桩通过桩端和桩侧后注浆的方式，提高单桩承载力，减小沉降量，并运用变刚度调平的设计概念，调整桩径和承台刚度，在主体结构受力较大部位设置联合承台。

3.3.5 抗震性能目标

根据《建筑工程抗震性态设计通则》CECS 160: 2004 的要求以及结构与构件的重要性，采用了相应的抗震性能目标，如表 3.3-3 所示。

主要构件的抗震性能目标　　表 3.3-3

设防水准		多遇地震	设防烈度	罕遇地震
层间位移限值		$h/550$	—	$h/50$
混凝土结构	倾斜外柱	弹性	不屈服	不屈服
	倾斜外柱顶环梁	弹性	不屈服	不屈服

设防水准		多遇地震	设防烈度	罕遇地震
混凝土结构	框架柱与看台梁	弹性	不屈服	允许进入塑性，控制塑性变形
	框架梁	弹性	允许进入塑性，控制塑性变形	允许进入塑性，控制塑性变形
	其他构件	弹性	允许进入塑性，控制塑性变形	允许进入塑性，控制塑性变形
钢结构	固定屋盖主桁架	弹性	不屈服	不屈服
	巨型钢拱	弹性	弹性	不屈服或个别杆件进入轻微塑性
	钢索	弹性	弹性	弹性
	固定屋盖次桁架	弹性	不屈服	允许进入塑性，控制塑性变形
	活动屋盖桁架	弹性	不屈服	允许进入塑性，控制塑性变形
	檩条与支撑	弹性	允许进入塑性，控制塑性变形	允许进入塑性，控制塑性变形

3.3.6 结构动力计算分析

鄂尔多斯东胜体育中心计算分析分别采用了整体模型与屋盖模型：

（1）整体模型：包括下部混凝土结构、固定屋盖与活动屋盖，用于结构整体分析与设计指标控制，重点为下部混凝土结构设计、整体稳定性分析与弹塑性抗震分析。

（2）屋盖模型：仅包括固定屋盖与活动屋盖，主要用于屋盖钢结构的精细计算与杆件优化设计。

鄂尔多斯东胜体育中心的整体计算模型如图 3.3-7 所示。

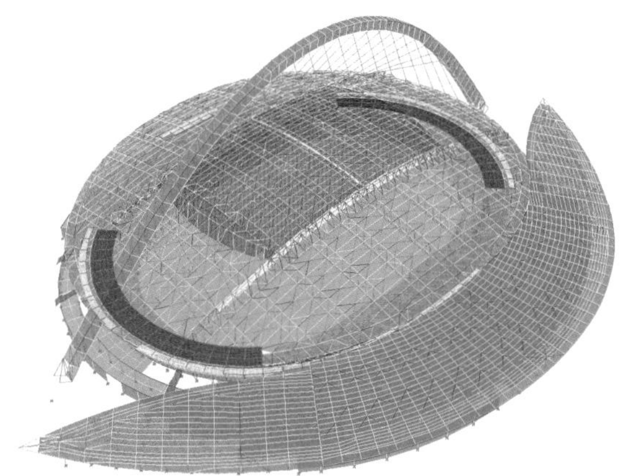

(a) 活动屋盖全闭状态

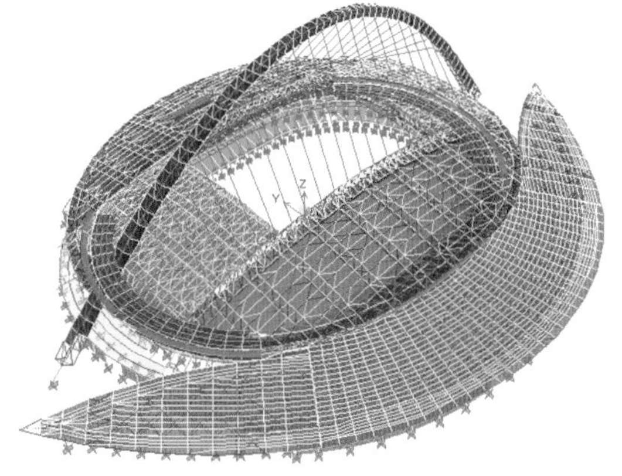

(b) 活动屋盖全开状态

图 3.3-7 鄂尔多斯东胜体育中心整体计算模型

采用 SAP2000 软件基于总装模型计算得到结构的自振周期与振型，为保证计算精度，特别是竖向地震作用时的有效质量，振型数取 200 阶左右。整体结构前 10 阶自振周期如表 3.3-4 所示。由表可见，活动屋盖的开合状态对结构自振周期有一定影响，在全闭状态下第 1 周期最长，在全开状态下第 1 周期最短。对于高阶振型，活动屋盖开启率的影响相对较小。

鄂尔多斯东胜体育中心结构的前 10 阶自振周期（单位：s） 表 3.3-4

振型	全闭	1/4 开启	1/2 开启	3/4 开启	全开
第 1 阶振型	1.726	1.659	1.663	1.643	1.600
第 2 阶振型	1.614	1.655	1.601	1.561	1.540
第 3 阶振型	1.343	1.378	1.392	1.383	1.357

续表

振型	全闭	1/4 开启	1/2 开启	3/4 开启	全开
第 4 阶振型	1.329	1.244	1.183	1.154	1.154
第 5 阶振型	1.154	1.154	1.154	1.153	1.131
第 6 阶振型	1.095	1.113	1.115	1.093	1.068
第 7 阶振型	1.084	1.069	1.046	1.037	1.055
第 8 阶振型	1.016	1.015	1.025	1.027	1.016
第 9 阶振型	0.981	0.998	1.016	1.026	1.013
第 10 阶振型	0.965	0.965	0.965	0.975	1.002

振型描述如表 3.3-5 所示，全闭与全开状态时的第 1 阶振型与第 3 阶振型如图 3.3-8 所示。由图、表可知，整体模型全开与全闭状态时的前 4 阶振型形态均很接近，全闭状态的自振周期略长于全开状态。

结构的自振周期与振型描述 表 3.3-5

振型	全闭状态		全开状态	
	周期/s	振型描述	周期/s	振型描述
第 1 阶振型	1.726	拱带动屋盖在平面外振动	1.600	拱带动屋盖在平面外振动
第 2 阶振型	1.614	沿拱方向平动	1.540	沿大拱方向平动
第 3 阶振型	1.343	平面内扭转	1.357	平面内扭转
第 4 阶振型	1.329	竖向振动	1.154	竖向振动

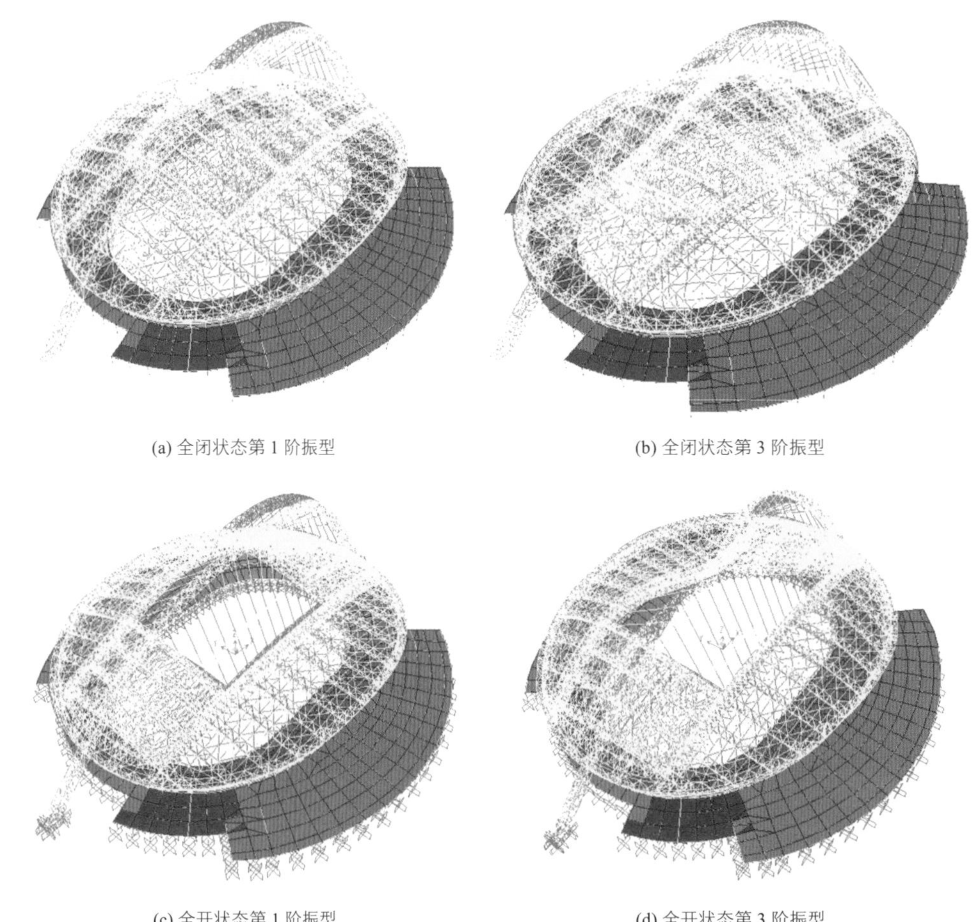

(a) 全闭状态第 1 阶振型　(b) 全闭状态第 3 阶振型

(c) 全开状态第 1 阶振型　(d) 全开状态第 3 阶振型

图 3.3-8　鄂尔多斯东胜体育中心的振型

3.3.7 结构稳定验算

鄂尔多斯东胜体育中心整体结构稳定分析的主要目的是考察几何非线性对大跨度结构，特别是巨拱稳定性的影响。对活动屋盖处于全闭状态和全开状态下的整体结构进行了几何非线性稳定分析与双非线性稳定分析。通过屈曲分析得到结构的屈曲模态，将拱顶结构高度的 1/300 作为结构初始缺陷的最大值，根据屈曲模态与结构初始缺陷值改变结构节点的坐标，形成带有初始缺陷的结构几何构型。

1. 结构弹性稳定分析

当采用弹性本构关系并考虑几何非线性影响时，结构特征点的位移-基底反力曲线如图 3.3-9（a）所示。由图可知，活动屋盖处于全闭状态时，结构最大承载力相应的荷载因子为 9.1；活动屋盖处于全开状态时，结构最大承载力相应的荷载因子为 10.3，均满足行业标准《网壳结构技术规程》JGJ 61-2003 中结构整体弹性稳定系数不小于 4.2 的要求。

2. 结构弹塑性稳定分析

当采用理想弹塑性本构关系并考虑几何非线性影响时，结构特征点的位移-基底反力曲线如图 3.3-9（b）所示。活动屋盖处于全开状态时，结构最大承载力相应的荷载因子为 2.5；活动屋盖处于全闭状态时，结构最大承载力相应的荷载因子为 2.41，均满足行业标准《网壳结构技术规程》JGJ 61-2003 中结构整体弹塑性稳定系数不小于 2.0 的要求。

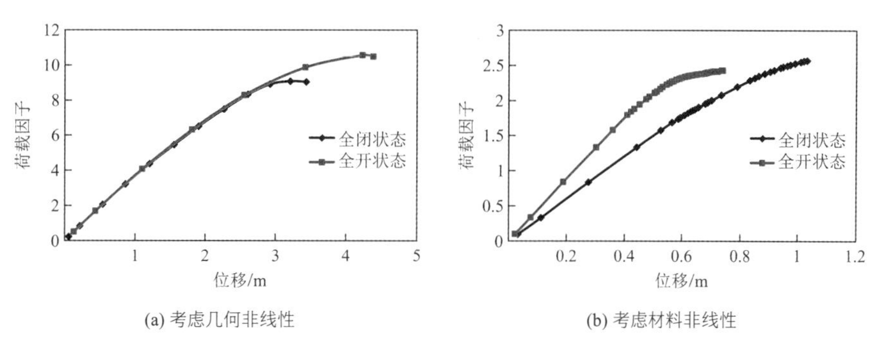

图 3.3-9 鄂尔多斯东胜体育中心的巨型拱索结构跨中位移-基底反力曲线

3.3.8 罕遇地震分析

本工程在罕遇地震作用分析时考虑了几何非线性与材料非线性的影响，时程分析采用的最大地震峰值加速度为 220cm/s^2，地震记录的频谱特性与场地特性相一致。罕遇地震分析时结构的阻尼比取 3.5%，采用与质量和刚度相关的瑞利阻尼，即$[C]=\alpha[M]+\beta[K]$，其中α、β为比例系数，可由固有频率与模态阻尼比求得，$\alpha=0.1555$，$\beta=0.0103$。

1）地震波选用

根据国家标准《建筑抗震设计规范》GB 50011-2001 的要求，选用了 El Centro 波、M2 波和人工波 3 组地震波。每组地震地面加速度时程由两个水平分量和一个竖向分量组成，在进行计算分析时，每一组地震记录分别进行两种工况的三向输入分析，其三个方向峰值加速度的比值分别为$X:Y:Z=1:0.85:0.65$ 和$X:Y:Z=0.85:1:0.65$，最大加速度峰值均为 220Gal，相应工况分别为 El Centro-1、El Centro-2，M2-1、M2-2 和人工波-1、人工波-2。

2）位移与反力计算结果

罕遇地震各工况作用下，主体结构X方向和Y方向基底反力的最大值如表 3.3-6 所示。从表中可以看出，El Centro-1 工况的基底剪力最大，人工波次之，M2 波最小，最大剪重比为 0.272。El Centro-1 工况的基底剪力时程曲线如图 3.3-10 所示。

动力弹塑性分析各工况的基底最大反力及剪重比　　表 3.3-6

分析工况	X向		Y向	
	基底剪力/×10^5kN	剪重比	基底剪力/×10^5kN	剪重比
El Centro-1	2.91	0.231	2.73	0.217
El Centro-2	3.43	0.272	2.33	0.185
M2-1	1.36	0.108	2.15	0.171
M2-2	1.60	0.127	1.83	0.145
人工波-1	1.72	0.137	2.55	0.202
人工波-2	2.02	0.160	2.17	0.172

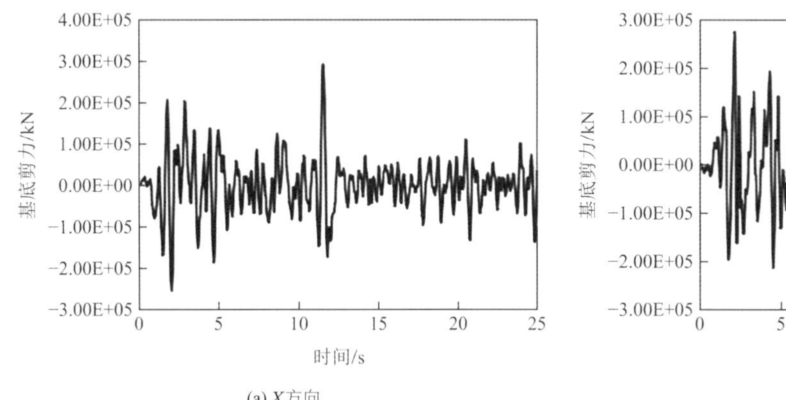

(a) X方向

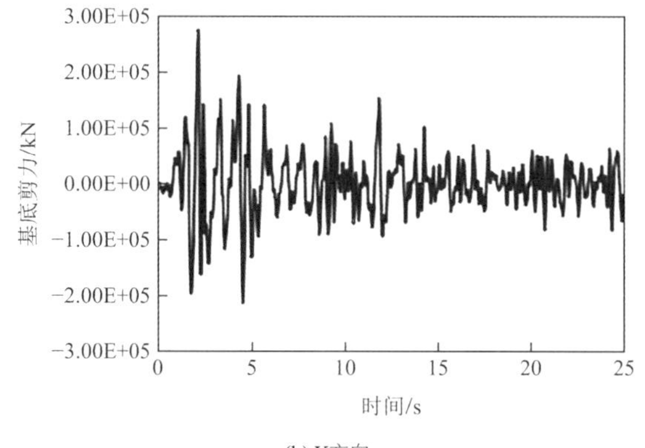

(b) Y方向

图 3.3-10　EL Centro-1 工况的基底剪力时程曲线

在罕遇地震作用下，固定屋盖X、Y、Z方向的最大位移响应如表 3.3-7 所示。X方向最大位移为 172mm，Y方向最大位移为 230mm，Z方向最大位移为 191mm。其中 El Centro-1 在Y方向引起的位移最大，El Centro-2 在Z方向引起的位移最大，人工波-2 在X方向引起的位移最大。总体而言，固定屋盖在罕遇地震作用下各方向的响应较为均衡。El Centro-1 工况时，固定屋盖轨道桁架中点的位移时程曲线如图 3.3-11 所示，图中$t = 0$对应的值为重力荷载代表值作用下的名义初始变形值。

罕遇地震作用下固定屋盖的最大位移与位移角　　表 3.3-7

分析工况	X方向		Y方向		Z方向
	u_{max}/mm	u_{max}/H	v_{max}/mm	v_{max}/H	w_{max}/mm
El Centro-1	147	1/367	230	1/208	167
El Centro-2	154	1/271	214	1/224	191
M2-1	127	1/328	187	1/256	103
M2-2	130	1/321	177	1/271	108
人工波-1	158	1/264	202	1/237	159
人工波-2	172	1/242	194	1/247	185

注：H为各工况结构最大位移节点相应的高度，Z向位移值不包括重力荷载代表值及索预应力产生的位移。

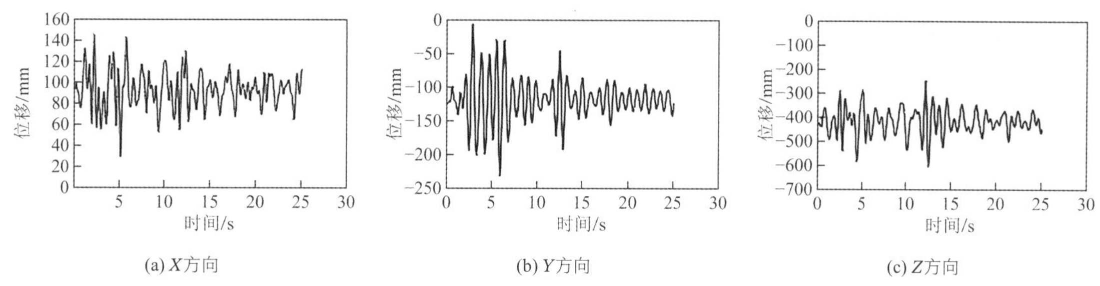

图 3.3-11　El Centro-1 工况时固定屋盖轨道桁架中点的位移时程曲线

3）塑性铰分布

在 6 种罕遇地震弹塑性时程分析工况中结构均出现塑性铰，塑性铰均集中在结构的拱脚位置，数量很少，均处于 B～IO 阶段，El Centro-1 工况相应的塑性铰分布如图 3.3-12 所示。

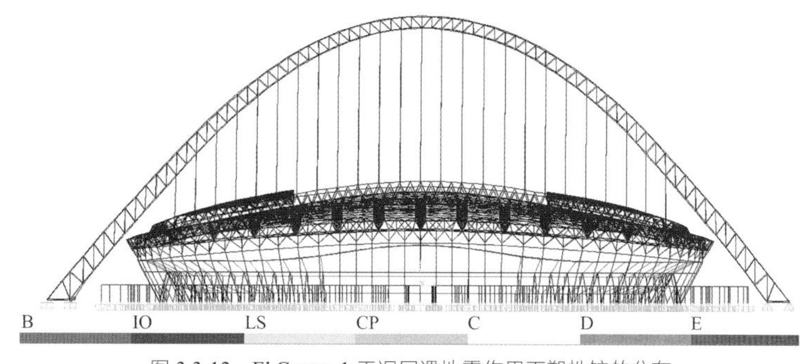

图 3.3-12　El Centro-1 工况罕遇地震作用下塑性铰的分布

4）抗震性能评价

在罕遇地震作用下：（1）主体结构的层间位移角不大于限值 1/100；（2）在环桁架下弦与主桁架相交处、主桁架与 V 形斜柱相连的腹杆出现个别塑性铰，且塑性铰均处于不需修复就可继续使用的阶段，塑性铰约 20 个，占总体杆件数量的 0.23%；（3）屋盖个别次要构件出现塑性铰，但仍然可以使用，塑性铰约 10 个，占全部杆件数量的 0.29%；（4）对于结构中出现塑性铰的部位，在设计中根据情况予以适当加强，确保结构的安全性。

3.4 设计专项分析

3.4.1 超长混凝土结构设计

1. 基本措施

体育中心基座平面南北长 258m，东西宽 209m，为超长混凝土结构。为确保活动屋盖运行顺畅，下部混凝土看台结构不设防震缝与伸缩缝。由于结构平面尺度大，且当地气候干燥、季节温差大，为减小混凝土温度作用、收缩应力的影响，设计时主要采取以下措施：

（1）采用周平均温度的气象统计资料作为控制依据，进行详细的温度应力分析；（2）根据计算分析布置温度钢筋与无粘结预应力钢筋；（3）后浇带低温浇筑，超长延迟封闭时间（利用冬季半年左右），消除大部分混凝土收缩变形的影响；（4）在混凝土中掺加聚丙烯纤维，采取有效的保温隔热措施；（5）在次要部位布置诱导缝，有效控制裂缝出现位置。

2. 温度应力计算参数

根据内蒙古东胜气象台（台站号 53543，基准站，北纬 39°50′，东经 109°59′，海拔 1461.9m）1971—

2003 年气象资料数据统计，东胜区标准气象年的资料如表 3.4-1 所示。

鄂尔多斯东胜区标准气象年资料　　表 3.4-1

项目	温度	项目	温度
年极端最高温度	31.5℃	年极端最低温度	−19.8℃
日平均最高温度	26.4℃	日平均最低温度	−15.5℃
周平均最高温度	24.9℃	周平均最低温度	−13.8℃
月平均最高温度	21.7℃	月平均最低温度	−8.0℃
年平均温度	6.2℃		

在下部混凝土结构设计时，根据东胜区历年气象资料统计得到周平均最高温度和周平均最低温度，作为混凝土结构的最高温度与最低温度。计算混凝土结构时，取后浇带浇筑后 24h 的平均环境温度作为结构的初始温度，即后浇带的入模温度。混凝土入模温度越低，负温差越小。

混凝土结构合龙温度：2～12℃，混凝土结构负温差：−13.8 − 12.0 = −25.8℃，混凝土结构正温差：24.9 − 2.0 = 22.9℃，混凝土收缩徐变、温度应力计算采用的等效最大温差如下：等效最大负温差 = 混凝土收缩当量温差 + 使用阶段负温差 = −34.2℃ × 0.3 − 25.8℃ × 0.4 = −20.58℃，最大正温差 = 使用阶段正温差 = 22.9℃ × 0.4 = 9.16℃，在有覆土、保温等建筑做法的混凝土结构区域，需要考虑混凝土收缩徐变等长期效应的影响，即混凝土收缩当量温差为 −34.2℃ × 0.3 = −10.26℃。

3．温度应力计算分析

计算采用弹性楼板模型，利用有限元软件 SAP2000 进行混凝土收缩徐变及温度应力定量计算，首层楼板在最大负温差作用下的应力分布如图 3.4-1 所示。

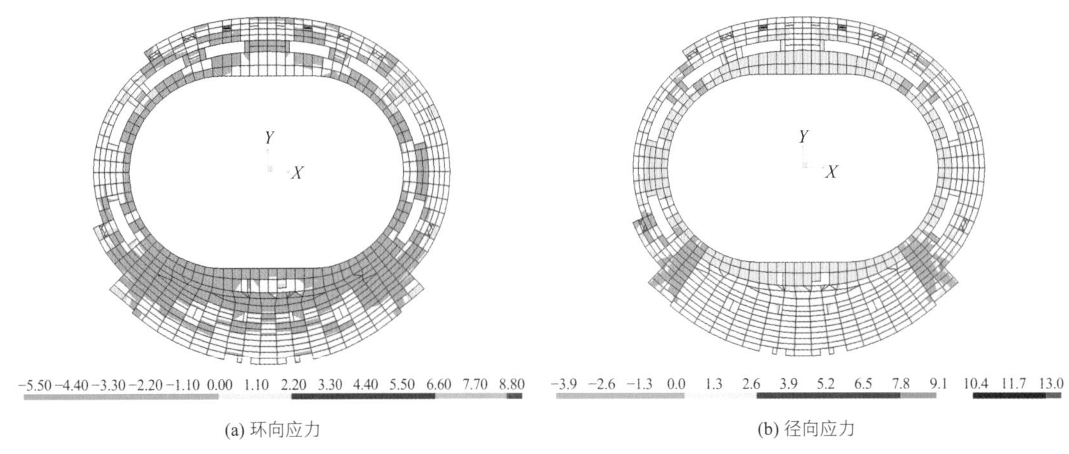

(a) 环向应力　　(b) 径向应力

图 3.4-1　首层楼板在最大负温差作用下的温度应力分布（单位：MPa）

从图中可以看出，除个别点应力集中造成应力峰值外，楼板环向拉应力大部分为 2～4MPa，径向拉应力较大值为 3～5MPa。该工程已投入使用多年，迄今未发生混凝土楼板开裂等质量问题。

3.4.2　拱索设计

拱形结构的主要优点是跨越能力强，抗风与抗震性能好，造型简洁美观，因此在桥梁工程中得到广泛应用。鄂尔多斯东胜体育中心结合弓箭造型，巧妙运用了钢管拱桥的设计理念。由于活动屋盖覆盖面积超过 1 万 m^2，轨道、台车、活动屋盖等总重量约 1500t，巨拱需承受活动屋盖运行所产生的巨大移动荷载，结构设计具有特殊的复杂性。

拱形结构受压性能优越，竖向荷载作用下，拱的压力曲线与其轴线完全重合时，各截面中弯矩和剪力为零，处于均匀受压状态，综合技术经济性能最佳，故将该状态下拱的形心线称为合理拱轴线。确定合理拱轴线是巨拱设计的重要内容。拱索结构的设计要点如下：

（1）研究不同线形对巨拱轴线的适用性，通过对比各类线形在荷载作用下的内力分布，确定适用于本工程巨拱轴线的最佳线形。（2）研究开合状态对于巨拱轴线的影响，选择对荷载工况适应性强、弯矩增幅小的索力工况作为巨拱轴线优化的基础。（3）研究巨拱合理轴线的优化计算方法。（4）分析巨拱与钢索在恒荷载、活荷载、风荷载及地震作用下的内力情况。（5）对钢索的自振频率与风振响应进行分析，研究其空气动力特性。（6）钢索失效及换索对主体结构的影响分析，确保结构的安全性。

1. 巨拱结构布置

鄂尔多斯东胜体育中心巨拱截面形心的最大高度 127.0m，跨度 330.0m。巨拱采用矩形截面管桁架，宽度均为 5m，拱脚处截面高度最大为 8m，跨中截面高度最小为 5m。巨拱弦杆直径均为 1200mm，根据受力情况分别采用 25mm 与 30mm 两种壁厚。邻近拱脚四个节间的弦杆内填充 C60 混凝土，钢管壁厚仅 25mm，有效节约了钢材；巨拱较高部位则采用空心钢管，有利于减小地震作用。巨拱竖腹杆规格为 Φ402 × 12、Φ402 × 16，斜腹杆规格为Φ299 × 12、Φ299 × 16，钢材材质均为 Q345C。

鄂尔多斯东胜体育中心巨型拱索结构剖面如图 3.4-2 所示，巨拱平面与地面垂线倾斜角度为 6.1°。

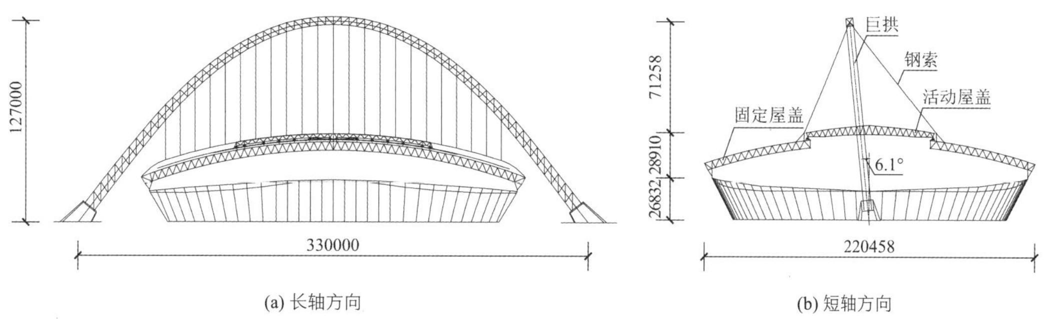

图 3.4-2 鄂尔多斯东胜体育中心巨型拱索结构剖面图

巨拱与屋盖之间布置 23 组钢索，钢索上端与巨拱相连，下端与主桁架相连，具体如图 3.4-3 所示。长度较短一侧的钢索为 A 索面，较长一侧的钢索为 B 索面；中间为 0 号索，向两边依次为 1，2，…，11 号索。0 号索与 1 号索水平投影间距为 9.997m，其后钢索间距逐渐减小，10 号索与 11 号索的间距减小至 9.546m。由于钢索间距较小，主桁架变形得到有效约束，活动屋盖运行时的变形量显著减小。

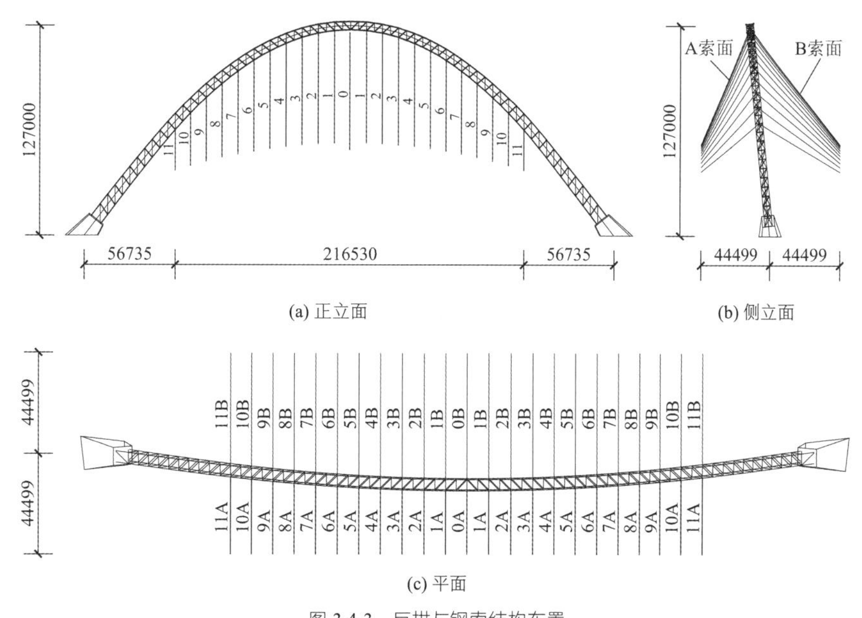

图 3.4-3 巨拱与钢索结构布置

2. 巨拱轴线初始线形

通过解析或数值方法求出各荷载作用下的合理拱轴线，减小拱承受的弯矩。集中荷载作用下的拱压力线不再保持光滑。桥梁设计中一般采用悬链线或抛物线作为拱桥的轴线，采用“5点重合法”确定拱轴线，使拱轴线在拱顶、四分点和拱脚与其压力线重合。

在设计鄂尔多斯东胜体育中心时，分别选取了圆弧、二次抛物线、八次抛物线和三铰拱轴线作为初始拱轴线方程，通过对比其弯矩分布情况，确定适用于本工程巨拱轴线的线形。

根据初步计算，巨拱重力荷载约为 20000kN，总索力为 38000kN，当巨拱初始轴线分别采用上述四种线形时，其弯矩分布如图 3.4-4 所示。从图中可以看出，圆弧拱轴线弯矩出现两次变号，拱脚与拱顶均为负弯矩，拱脚与四分点处弯矩均很大。二次抛物线拱轴线与圆弧形轴线类似，但其弯矩显著减小。八次抛物线拱轴线弯矩虽然出现 3 次变号，但弯矩值均较小。三铰拱轴线弯矩分布最均匀，仅有一次变号，而且弯矩值最小。由此可见，三铰拱轴线的弯矩显著小于其他 3 种线形，故选择三铰拱轴线作为本工程巨拱的初始拱轴线。

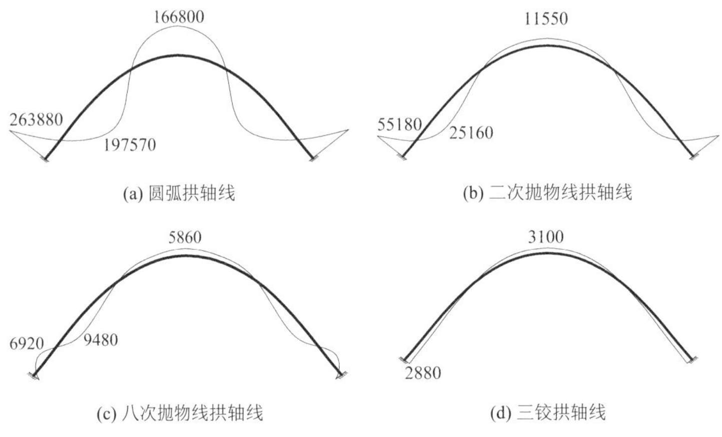

(a) 圆弧拱轴线　(b) 二次抛物线拱轴线

(c) 八次抛物线拱轴线　(d) 三铰拱轴线

图 3.4-4　巨拱轴线采用不同曲线时的弯矩分布（单位：kN · m）

3. 巨拱轴线优化算法

将巨拱的初始轴线沿跨度方向的杆件节间离散为一系列直线段，在竖向荷载作用下，令直线段端点沿竖向逐渐移动逼近其压力线，从而得到拱各截面形心的新坐标。

假定初始巨拱拱轴线节点j的初始坐标为$x_{j,0}$和$y_{j,0}$，相应的初始弯矩和轴力分别为$M_{j,0}$和$N_{j,0}$，保持横向坐标$x_{j,0}$不变，通过下式迭代计算可以得到节点j新的竖向坐标。

$$y_{j,i} = y_{j,i-1} - \gamma \times \frac{M_{j,i-1}}{N_{j,i-1}} \times \cos\alpha$$

式中：$y_{j,i-1}$、$y_{j,i}$——第$i-1$次迭代与第i次迭代得到的j节点的竖向坐标；

$M_{j,i-1}$、$N_{j,i-1}$——第$i-1$次迭代时得到巨拱j节点的弯矩和轴力；

γ——调整系数，介于 0.3～0.6 之间；

α——直线段与地面的夹角。

调整系数γ取值范围宜为 0.3～0.6，γ值过大，弯矩收敛较快，但精度较差；γ值过小，弯矩收敛较慢，但精度较高。当满足$\max\left|\frac{M_{j,i}-M_{j,i-1}}{M_{j,i-1}}\right| \leqslant 5\%$条件时，拱的力学形态基本稳定，迭代计算终止。采用样条函数对新坐标$x_{j,i}$、$y_{j,i}$（$j = 1,2,\cdots,N$）进行拟合，可以得到巨拱的轴线。

3.4.3　索力分析

1. 索力控制原则

根据索结构相关的规范标准，在结构正常工作期间，钢索不得出现松弛现象或过载，因此在设计过程中需要对钢索内力进行专项分析。巨型拱索结构设计时，采用如下控制原则：①正常使用阶段，钢索的最大拉力不得超过其破断力的40%；②钢索在任意荷载工况下不得出现松弛，且钢索最小拉应力不小于10MPa；③巨拱每对钢索的合力尽量位于巨拱轴线所在的平面内，减小巨拱的面外弯矩。

2．索参数

钢索的索体选用破断强度为1670MPa的半平行钢丝束，钢索公称直径$d = 85.0$mm，规格为$\phi 5 \times 241$，截面面积4732mm^2，破断力$N_b = 7902$kN。索长最大近90m，外包双层彩色PE护套。张拉端锚具为冷铸锚，固定端锚具为热铸锚，采用叉耳式连接。钢索的主要参数见表3.4-2。

钢索主要参数　　表3.4-2

规格	钢索直径/mm	护层直径/mm	截面面积/mm^2	单位重量/(kg/m)	标称破断荷载/kN	等效惯性矩/m^4
5 × 241	85.0	110	4732	37.1	7902	1.783×10^{-6}

由于巨拱面外刚度较小，分批张拉索力会相互影响，为此，施工张拉时采用索力与位形双控的原则，以控制索力为主，同时兼顾索端节点的竖向位移及巨拱的面外变形。为避免钢索松弛与锚具引起的应力损失的影响，超张拉3%。在钢索张拉过程中，对索力、关键构件应力、巨拱空间形态等进行监测。第一阶段张拉时，施加初始预拉力的50%，分为0→40%、40%→50%两次张拉；进行第二阶段张拉时，分为50%→75%、75%→90%以及90%→100%三次张拉。

3．索内力

在东胜体育中心巨拱设计过程中，通过温差调节法将每对钢索合力方向控制在巨拱轴线所在的平面内，减小巨拱的面外弯矩，增强其整体稳定性。

（1）恒荷载工况

在活动屋盖全闭状态、合龙温度条件下进行最终的索力调整，索力分布如表3.4-3所示。索力结果表明，虽然各索力总体上差异不大，但分布并不均匀。由于巨拱倾斜6.1°，A面索力与B面索力不对称，B面索力略大。恒荷载、活荷载、风荷载及地震作用下的钢索仍然处于受拉状态。

恒荷载工况时的索力　　表3.4-3

钢索位置	索力/kN											
	0	1	2	3	4	5	6	7	8	9	10	11
A面	1429.5	1466.0	1338.2	1436.5	1144.9	1515.4	1197.0	1547.5	1489.3	1388.3	1378.2	1291.5
B面	1637.5	1566.6	1371.1	1433.9	1355.1	1343.0	1205.1	1526.0	1453.2	1534.0	1398.4	1408.5

（2）风荷载与恒荷载组合工况

风荷载与恒荷载组合工况下的索力见表3.4-4。从表中可以看出，屋盖全开状态时，索力受风吸力影响较小，索力较大；屋盖全闭状态时，索力受风吸力影响较大，索力显著降低，但仍然可以保证钢索不松弛。

风荷载与恒荷载工况组合时的索力　　表3.4-4

钢索编号	索力/kN				钢索编号	索力/kN			
	全开状态		全闭状态			全开状态		全闭状态	
	A面	B面	A面	B面		A面	B面	A面	B面
0	1178	516	74	447	6	1287	1057	164	473
1	1206	553	110	406	7	1209	1141	159	462
2	1232	651	140	501	8	1156	1190	162	485
3	1224	732	159	503	9	1029	1072	153	468
4	1249	842	168	514	10	919	887	153	501
5	1258	919	168	417	11	844	627	167	528

3.4.4 复杂节点分析

1. 主桁架中弦节点

主桁架弦杆分为上、中、下三层，上弦与钢索相连，中弦与下弦与次桁架位于同一平面。由于主桁架中弦层有多个杆件交汇，节点构造非常复杂。主桁架中弦杆件规格为 D600 × 16，下腹杆规格为 D219 × 8 与 D245 × 10，上弦受拉杆规格均为 D219 × 6，次桁架支座上弦规格为 D500 × 14，由于主桁架中弦横杆兼作轨道梁的轨枕，轨道梁集中力将产生很大的弯矩，其规格为 D600 × 30。固定屋盖上弦曲面内的支撑杆件规格为 D219 × 8 与 D273 × 14。

管桁架采用相贯焊接节点，节点形式为 X + 双 KK 节点，节点构型原则如下：①变径处采用锥形管进行过渡；②节点区弦杆厚度为 1.2 倍较大弦杆厚度；③非主通杆件侧壁对应环肋厚度同相应弦杆壁厚；④端部构造肋的厚度与较厚腹杆壁厚相同。

采用 CATIA 软件进行三维空间建模，实体模型如图 3.4-5（a）所示。采用 ANSYS 软件进行节点有限元分析，利用 Hypermesh 进行单元划分，单元边长近似按壁厚控制。

在 1.35 恒荷载 + 0.98 雪荷载 + 1.0 低温荷载工况下，主桁架中弦节点的 Mises 应力如图 3.4-5（b）所示。节点应力云图显示，节点域应力水平不高，环肋最大应力值为 213.6MPa，水平支撑最大应力为 236.5MPa，应力分布比较均匀，无明显应力集中情况，说明节点域加厚与加劲肋设置比较合理，节点的设计安全可靠，均满足设计要求。

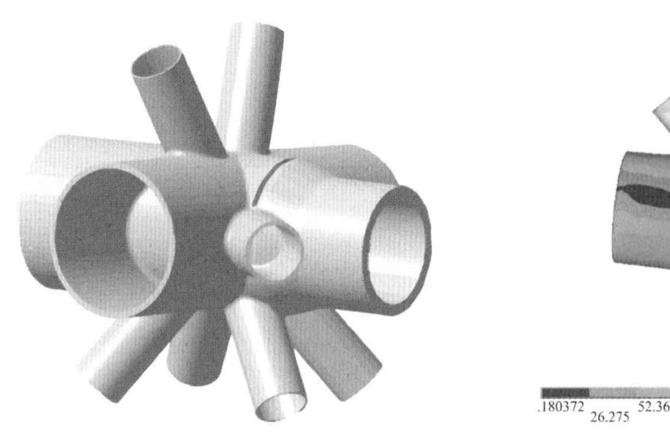

(a) 三维实体模型　　(b) 节点 Mises 应力分布（单位：MPa）

图 3.4-5　主桁架中弦节点

2. 主桁架上弦节点

钢索与主桁架上弦的连接节点如图 3.4-6（a）所示，主桁架上弦杆规格均为 D600 × 30，受拉腹杆规格均为 D219 × 8 与 D219 × 10。主桁架采用 K 型相贯焊接节点，在钢索所在平面设置厚度为 50mm 的连接板，并在销轴耳板两侧设置 25mm 厚环形补强板，如图 3.4-6（b）所示。连接板与补强板材质均为 Q345C。

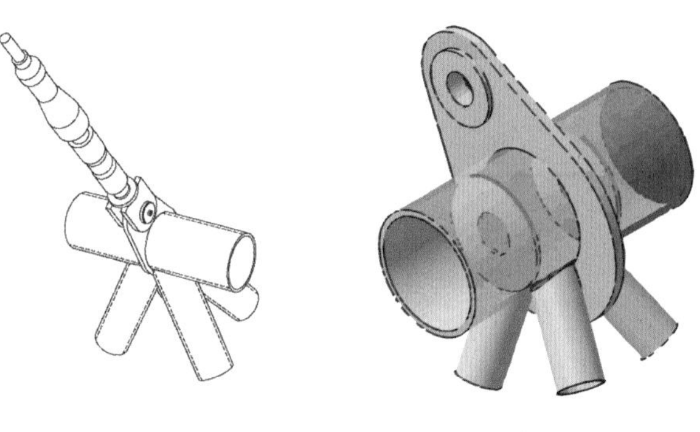

(a) 钢索与主桁架上弦的连接节点　　(b) 连接板补强构造

图 3.4-6　拉索与主桁架上弦连接节点

在 1.35 恒荷载 + 0.98 活荷载 + 0.84 风荷载工况下节点的应力如图 3.4-7 所示。节点应力云图显示，节点区整体应力水平不高，且应力分布比较均匀，无明显应力集中情况，节点加劲肋设置合理。

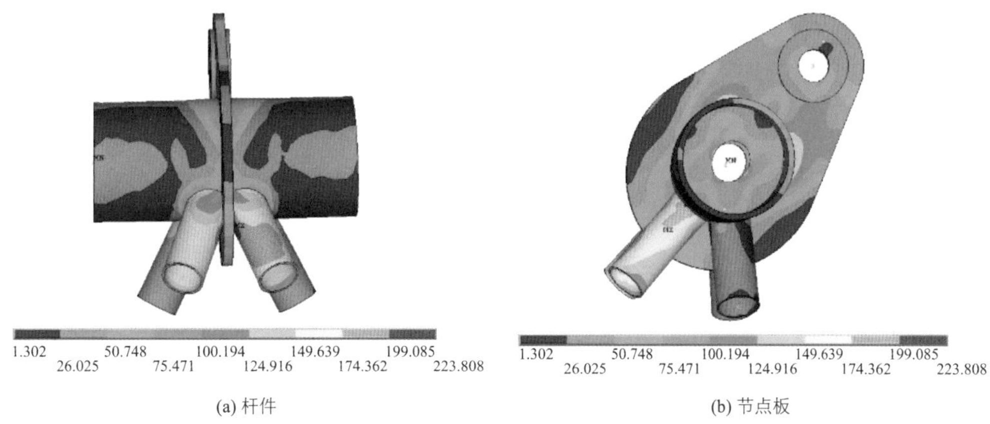

(a) 杆件

(b) 节点板

图 3.4-7 拉索节点 Mises 应力分布（单位：MPa）

3.4.5 台车反力与轨道变形分析

活动屋盖的台车在不同开启状态时的竖向与横向反力如表 3.4-5 所示，台车竖向反力的分布如图 3.4-8 所示。由图表可知，N 与 S 两片活动屋盖台车的反力具有较好的对称性，但由于巨拱倾斜 6.1°，a 轨道与 b 轨道相同编号台车的反力存在一定差异。各台车的竖向反力随着位置而变化。由于活动屋盖的安装调试以全闭状态作为初始状态，所以，全闭状态时各台车的横向反力为零。其他开启状态时台车均存在横向反力，屋盖 3/4 开启时，台车的横向反力最大。因此，台车设计不仅针对屋盖全开与全闭状态，还应对整个开启过程进行详细分析，找出影响结构安全的各种不利情况。

活动屋盖台车在不同开启状态时的竖向与横向反力（单位：kN） 表 3.4-5

台车编号	全闭		1/4 开启		1/2 开启		3/4 开启		全开	
	竖向反力	横向反力	竖向反力	横向反力	竖向反力	横向反力	竖向反力	横向反力	竖向反力	横向反力
N-1a	599.8	0	586.4	−88.65	623.6	−197.5	621.5	−343.6	586.4	−88.65
N-2a	359.1	0	405.4	−22.21	367.1	−57.93	362.4	−86.89	405.4	−22.21
N-3a	391.0	0	383.2	−33.56	346.7	−68.77	324.2	−71.49	383.2	−33.56
N-4a	387.9	0	305.2	−42.88	305.1	−62.29	310.9	−62.46	305.2	−42.88
N-5a	349.2	0	368.3	−32.22	363.1	−31.11	371.2	−27.83	368.3	−32.22
N-6a	392.8	0	346.7	3.942	327.5	6.602	324.1	−3.640	346.7	3.942
N-7a	572.8	0	661.6	5.255	727.1	15.51	748.3	0.969	661.6	5.255
N-1b	671.5	0	649.6	58.51	623.5	154.0	641.2	306.1	649.6	58.51
N-2b	314.2	0	362.9	21.56	371.2	61.04	371.1	93.14	362.9	21.56
N-3b	372.4	0	364.4	36.93	342.3	82.66	308.1	77.37	364.4	36.93
N-4b	369.3	0	295.0	54.92	304.4	68.63	316.1	74.46	295.0	54.92
N-5b	341.8	0	395.5	36.91	362.9	39.76	366.1	33.71	395.5	36.91
N-6b	388.6	0	323.0	−7.933	328.4	−9.972	344.7	3.530	323.0	−7.933
N-7b	585.2	0	648.8	9.439	727.5	−0.630	686.6	6.636	648.8	9.439
S-1a	599.4	0	585.4	−90.06	668.7	−197.4	623.8	−343.9	585.4	−90.06

台车编号	全闭		1/4 开启		1/2 开启		3/4 开启		全开	
	竖向反力	横向反力	竖向反力	横向反力	竖向反力	横向反力	竖向反力	横向反力	竖向反力	横向反力
S-2a	358.2	0	405.8	−21.95	332.6	−57.78	359.2	−87.22	405.8	−21.95
S-3a	391.3	0	387.0	−33.36	346.1	−69.48	323.7	−71.80	387.0	−33.36
S-4a	389.8	0	303.5	−43.71	316.3	−63.19	311.7	−62.71	303.5	−43.71
S-5a	350.5	0	365.7	−32.78	355.3	31.28	371.8	−27.77	365.7	−32.78
S-6a	389.3	0	346.0	4.323	326.6	7.386	322.5	−2.934	346.0	4.323
S-7a	574.0	0	663.4	6.068	690.1	16.27	750.0	2.023	663.4	6.068
S-1b	671.8	0	649.5	60.08	668.6	155.3	641.4	306.8	649.5	60.08
S-2b	313.2	0	363.0	21.60	332.6	60.96	372.2	93.07	363.0	21.60
S-3b	373.0	0	364.7	37.06	347.5	82.65	306.7	77.52	364.7	37.06
S-4b	369.4	0	294.7	54.94	314.2	68.63	316.3	74.22	294.7	54.94
S-5b	340.6	0	396.3	36.95	355.7	39.59	365.2	33.61	396.3	36.95
S-6b	395.2	0	321.8	−7.740	326.4	−10.09	344.7	3.551	321.8	−7.740
S-7b	579.9	0	649.4	8.605	690.8	−1.594	687.4	5.562	570.4	26.39

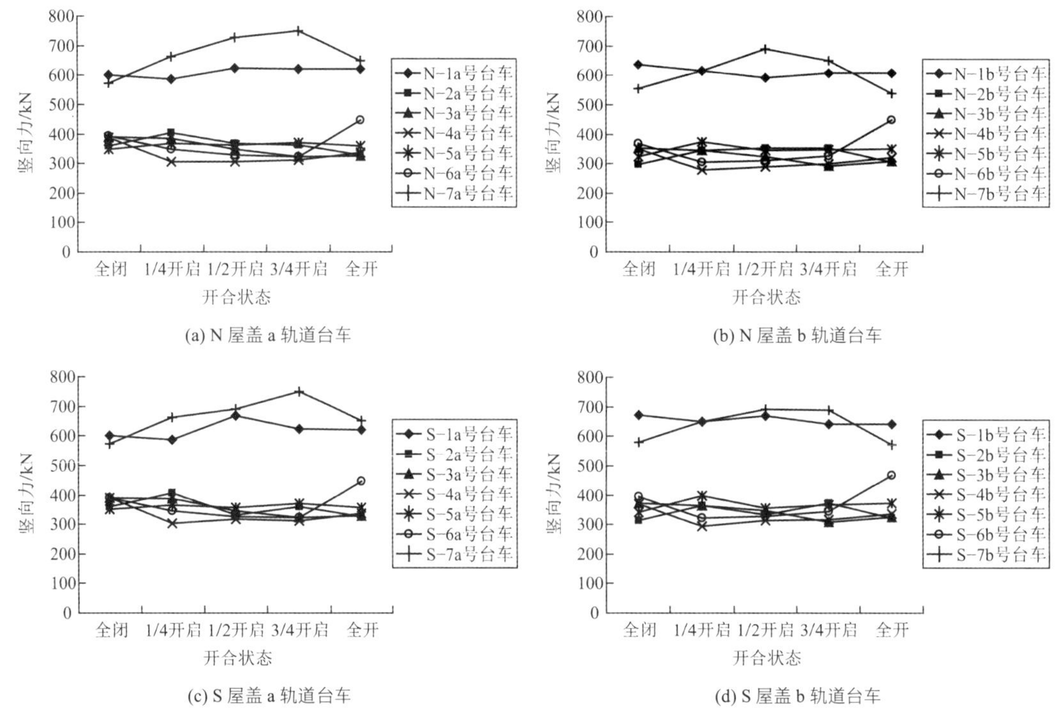

图 3.4-8　活动屋盖台车在不同开启状态时的竖向反力分布

固定屋盖主桁架的位置标志点如图 3.4-9 所示。活动屋盖运行过程中，固定屋盖主桁架的变形如表 3.4-6 与图 3.4-10 所示。由表和图可知，在全闭状态时，b 轨道桁架的最大竖向变形为−229.1mm，横向位移为−106mm，此时 a 轨道桁架的竖向变形为−22.81mm，横向变形为 10.81mm，b 轨道的最大变形远大于 a 轨道。从全闭状态至全开状态，b 轨道桁架中点的竖向变形差为 385.1mm，而 a 轨道桁架中点的竖向变形差为 120.3mm，相差 3 倍多。其主要原因是巨拱倾斜 6.1°，A 侧、B 侧索与固定屋盖的夹角不同，B 侧索的夹角较小，竖向分力也相应较小，加之索长度较大，故 B 侧竖向刚度较小。与竖向变形相比，水平方向变形量较小，其中横轨方向的变形大于顺轨方向的变形。

固定屋盖的变形随着活动屋盖开启率的不同而逐渐变化，全闭状态时固定屋盖的竖向变形最大，全开状态时反拱显著。除全闭状态外，其余开启率时，竖向与横向变形的规律均为中间大、两端小。

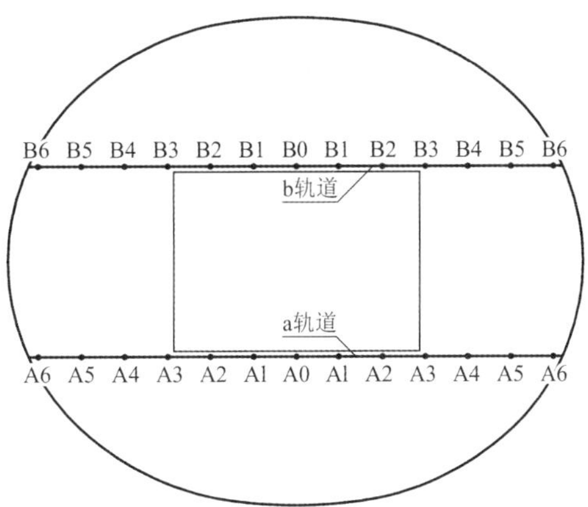

图 3.4-9 固定屋盖主桁架位置标志点示意图

活动屋盖运行过程中固定屋盖主桁架的变形（单位：mm） 表 3.4-6

桁架位置	全闭			1/4 开启			1/2 开启			3/4 开启			全开		
	U_x	V_x	U_z	U_x	V_x	U_z	U_x	V_x	U_z	U_x	V_x	U_z	U_x	V_x	U_z
A0	−0.06	10.81	−23.81	−0.02	0.16	40.21	−0.05	−2.85	70.03	−0.08	−5.24	88.49	−0.08	−6.41	96.53
A1	0.59	12.34	−26.82	0.11	−5.58	27.42	0.03	−7.87	55.09	−0.18	−9.27	73.62	−0.46	−10.2	82.94
A2	2.79	0.49	−41.9	1.55	−2.96	10.43	2.28	−5.86	25.89	2.36	−6.60	39.75	1.453	−6.65	52.25
A3	6.81	−15.4	−59.34	3.43	0.36	−2.594	5.89	0.92	−0.32	7.28	1.37	2.872	7.043	1.04	9.332
A4	6.94	−6.1	−50.91	6.03	0.93	−15.58	10.3	1.75	−22.7	12.6	2.40	−24.44	12.6	2.73	−20.3
A5	3.58	1.59	−33.12	4.20	0.40	−7.68	8.91	1.06	−16.7	12.79	1.41	−24.51	12.59	1.84	−20.8
A6	−4.37	−1.62	−7.305	1.84	0.33	−0.242	3.83	0.73	−0.53	5.45	1.07	−1.021	8.071	1.54	−7.04
B0	−0.01	−106	−229.1	−0.01	6.85	58.45	0.00	16.2	106	0.01	23.88	139	0.004	28.3	156
B1	2.59	−101	−216.0	0.07	11.9	42.18	−0.13	19.8	85.56	−0.45	25.9	117.6	−0.82	29.8	135.5
B2	3.63	−70.3	−189.6	1.81	7.25	20.4	2.75	14.5	46.09	2.91	18.95	69.7	1.903	21.3	89.43
B3	1.63	−28.4	−150.3	4.42	1.72	1.355	7.73	3.64	8.65	9.74	5.63	17.02	9.722	8.12	28.04
B4	−5.63	−15.5	−94.92	7.53	−0.81	−14.83	13.2	−0.90	−20.6	16.81	−0.47	−20.54	17.47	0.20	−14.3
B5	−16	−2.49	−42.24	5.93	−1.06	−8.37	12.4	−2.29	−17.9	18.01	−3.10	−25.93	18.93	−3.46	−22.2
B6	−24.9	5.265	−9.535	3.22	−0.88	−0.09	6.74	−1.82	−0.22	9.82	−2.64	−0.55	13.32	−3.4	−5.65

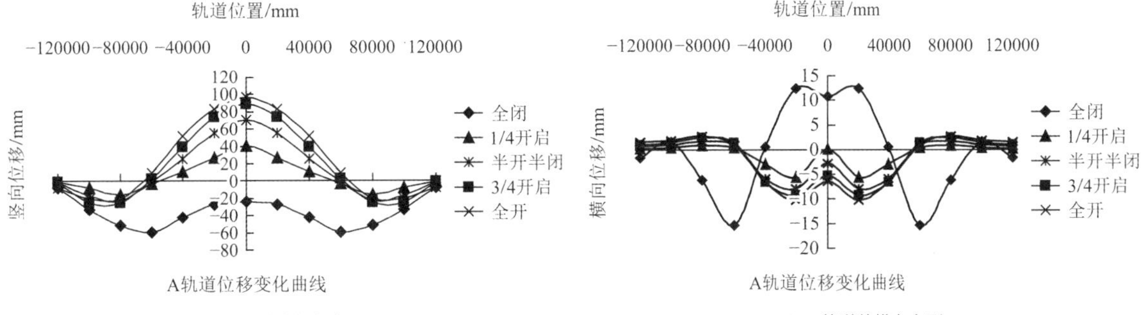

(a) a 轨道的竖向变形 (b) a 轨道的横向变形

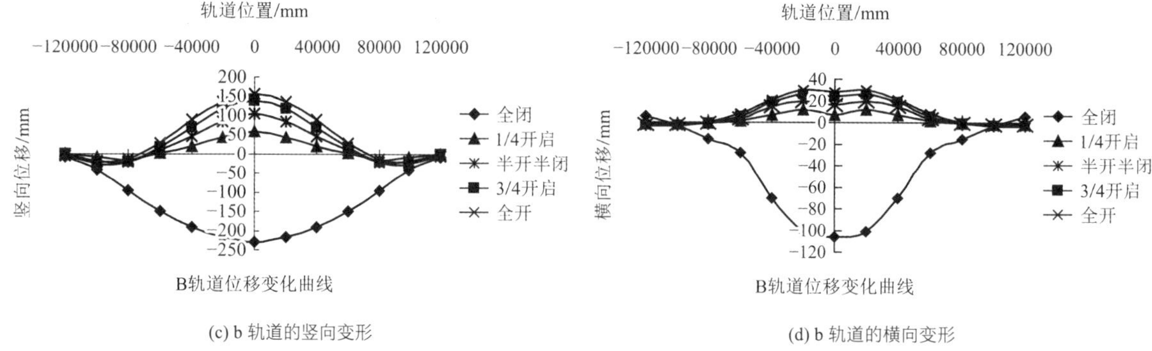

(c) b 轨道的竖向变形

(d) b 轨道的横向变形

图 3.4-10 固定屋盖主桁架的变形曲线

3.5 结语

鄂尔多斯东胜体育中心的建造面临很多技术难题，如碗状看台结构倾覆力较大、超长混凝土收缩、巨拱合理拱线确定、巨拱结构稳定性、活动屋盖运行时两侧轨道非对称变形等。尤其是活动屋盖驱动控制系统，作为多学科协作的系统工程，涉及结构工程、机械设备、自动控制、加工制作、安装与调试、施工验收等诸多方面，每个环节都需要精心设计，以确保开合屋盖工程的顺利实施。

整个工程的设计施工大量采用了新技术、新工艺、新材料，最大限度地体现了节能、节材、环保的设计理念，取得的主要创新成果如下：

（1）体育中心碗状看台外斜柱与地面夹角为 62°，由外斜柱、内斜柱、楼层梁与看台斜梁构成了沿体育中心径向布置的混凝土刚架，用于支承大跨度屋盖。在拉弯构件中设置粘结预应力钢筋，增强构件的抗拉和抗剪能力。环向梁将各榀混凝土刚架沿环向连接为框架体系。

（2）体育中心基座平面南北长 258m，东西宽 209m，为避免多个下部混凝土结构单元对开合屋盖及巨拱的不利影响，体育中心看台混凝土结构不设缝，采用后浇带超长延迟封闭等综合措施，减小混凝土温度收缩应力的影响。

（3）采用多种结构优化方案，确定巨拱的最优拱轴线。在邻近桁架拱拱脚 4 个节段间的弦管中浇筑混凝土，以提高巨拱在罕遇地震作用下的承载力。在活动屋盖运行时，23 组钢索可以有效减小大跨度屋盖的变形，使固定屋盖的结构高度显著降低。

（4）巨拱 + 钢索在平面外的稳定性能优越。为考虑个别钢索突然断裂的不利影响，同时为更换钢索提供可能，设计时分别对一根断索与两根断索的情况进行了分析，确保结构的安全性。

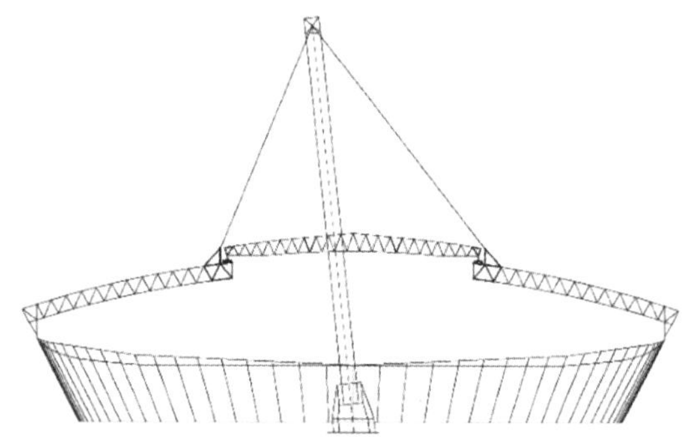

图 3.5-1 鄂尔多斯东胜体育中心短轴方向的结构剖面

（5）固定屋盖主桁架采用空间管桁架，截面总高度为 10m，平面尺寸满足设置活动屋盖轨道和台车行走的空间，在主桁架轨道的外侧设置突出屋面的三角形桁架以便与巨拱的钢索相连接，如图 3.5-1 所示。次桁架、周边环向桁架以及屋面支撑体系布置美观、合理。

（6）活动屋盖由两片活动单元组成，每片活动屋盖沿跨度方向设置 4 道主桁架，其平面位置与固定屋盖的次桁架一一对应。沿活动屋盖纵向布置两道桁架，除可增强主桁架的侧向稳定性外，还为尾部的弧形造型提供支撑。屋面采用 PTFE（聚四氟乙烯）膜，可有效适应活动屋盖的变形，防水性能优越。

（7）活动屋盖驱动系统创新地采用钢丝绳牵引远端活动屋盖的驱动方式，显著减小了钢索转向轮对固定屋盖的反作用力。每片活动屋盖两边各有 7 部台车，钢索通过边桁架下弦端部的均衡梁驱动活动屋盖，动力传动可靠性高，技术成熟，受轨道变形以及台车行走姿态的影响小，驱动系统故障容易排除。

（8）采用开合基本状态的设计理念，当活动屋盖处于基本开合状态时，屋盖结构能够承受各种最不利的荷载与作用，其他状态时荷载值可适当折减。除考虑活动屋盖行走引起的移动荷载外，还分别对活动屋盖全开状态、全闭状态以及运行状态时轨道桁架的变形进行了详细分析。

（9）本工程单斜巨拱结构形式特殊，受力机理复杂，为保证结构的整体稳定性，分别进行了屈曲模态、弹性稳定以及弹塑性稳定分析。

（10）根据结构部位与构件的重要性采用不同的抗震性能目标。设计中采用反应谱法、弹性时程分析与弹塑性时程分析分别进行多个模型的多遇地震、设防地震与罕遇地震作用分析，并进行多点激励地震响应分析，确保结构的承载力、刚度与变形能够满足相应的抗震设防性能目标。

（11）提出管桁架 X＋双 KK 节点、钢索节点、支座铸钢节点等多种新型复杂节点的构造，采用大型三维建模软件 CATIA 进行复杂节点几何建模、Hypermesh 软件划分单元网格，采用通用有限元软件 ANSYS 进行精细的受力分析。通过有限元计算结果判断节点构造的合理性，避免应力集中，确保节点设计安全可靠。

（12）本工程复杂结构受力状态与钢结构安装成型过程密切相关。在设计中采用施工安装仿真模拟技术，对固定屋盖与活动屋盖安装、临时支撑塔架卸载、膜结构与设备安装、钢索张拉与调试等全过程进行仿真分析，准确描述结构的成型态，有效控制结构施工精度。

（13）在活动屋盖每榀主桁架端部设置两部台车，利用扁担效应增加结构的稳定性，减小台车的荷载，有效减小轨道桁架杆件与轨道梁的局部压力。

（14）台车设置竖向与横向变形调节装置，确保活动屋盖运行平稳，避免单个台车超载。

（15）开合控制系统设计信号采集、监控以及诊断功能，通过均载与纠偏控制，实现高精度同步控制，具有完备的安全应急保障系统，保证开合操作在各种紧急情况下的安全性。

参考资料

[1] 范重，胡纯炀，刘先明，等. 鄂尔多斯东胜体育场看台结构设计[J]. 建筑结构, 2013.43(9):10-18.

[2] 范重，胡纯炀，李丽，等. 鄂尔多斯东胜体育场开合屋盖结构设计[J]. 建筑结构, 2013.43(9):19-28.

[3] 范重，胡纯炀，程书华，等. 鄂尔多斯东胜体育场活动屋盖驱动与控制系统设计[J]. 建筑科学与工程学报, 2013, 30(01):92-103.

[4] 范重，胡纯炀，刘先明，等. 鄂尔多斯东胜体育场巨型拱索结构设计优化[J]. 建筑结构学报, 2016, 37(6).

[5] 范重，赵长军，李丽，等. 国内外开合屋盖的应用现状与实践[J]. 施工技术, 2010, 39(8):1-7.

[6] 范重，王义华，栾海强，等. 开合屋盖结构设计荷载取值研究[J]. 建筑结构, 2011, 41(12):39-51.

[7] 范重，孟小虎，彭翼. 开合屋盖结构动力特性研究[J]. 建筑钢结构进展, 2015, 17(4):27-36.

设计团队

结构设计单位：中国建筑设计研究院有限公司

结构设计团队：范　重、胡纯炀、刘先明、李　丽、王义华、杨　苏、赵长军、刘学林

执　笔　人：刘学林、范　重

获奖信息

2011 年中国建筑学会全国优秀建筑结构设计一等奖；

2013 年全国优秀工程勘察设计行业建筑结构专业一等奖；

2013 年北京市优秀工程设计建筑结构专项一等奖；

2017 年中国土木工程詹天佑大奖。

第 4 章

天津大学新校区综合体育馆

4.1 工程概况

4.1.1 整体介绍

天津大学新校区综合体育馆总建筑面积 1.75 万 m^2，包括室内体育活动中心（二层含风雨操场）、游泳馆及廊桥。室内体育活动中心地上 2 层，屋面最大高度为 23.350m，游泳馆地上 2 层，结构高度为 18.350m。体育中心、游泳馆及廊桥在地上通过防震缝分成 3 个独立的结构单元。建筑效果如图 4.1-1～图 4.1-5 所示。

图 4.1-1 天津大学新校区综合体育馆建筑鸟瞰效果图

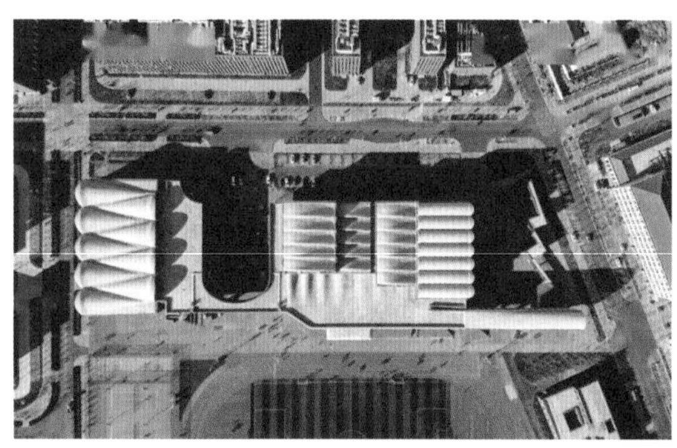

图 4.1-2 屋顶航拍（© 张虔希）

图 4.1-3 屋顶鸟瞰（© 孙海霆）

图 4.1-4 内筒拱顶（© 张虔希）

图 4.1-5 室内游泳池（© 孙海霆）

建筑师希望天大体育馆为整个校区提供完善的体育教学体验与运动服务，并能以经典的建筑语言、强有力的存在形式与环境产生互动与对话，并通过设计引导使用者参与更丰富的体育运动和交往活动。

综合体育馆并没有采用常规的集中团状布局模式，而是沿校区主干道南北长向延伸展开，最大程度地限定了道路界面并成为校区对外东界面的一部分。南北设一大一小两个广场，与东侧室外运动场相连。沿西立面首层设计宽敞的檐廊空间，使室内运动场地向西面校园空间敞开，成为良好的交往互动空间；沿东立面上层延展的 140m 室内跑道则将室内空间的视线导向东面操场和校外田野。

结构设计使用年限为 50 年，建筑安全等级为二级，抗震设防烈度 7 度，设计地震加速度 0.15g，抗震设防类别为丙类。根据《天津市防震减灾条例》，设计地震加速度提高至 0.2g，并按 8 度采取抗震措施，设计地震分组为第二组。建筑场地类别为Ⅳ类，特征周期值为 0.75s。基本风压为 0.5kN/m^2（重现期为 50 年），地面粗糙度为 B 类。

建筑典型平面图见图 4.1-6，建筑剖面透视图如图 4.1-7 所示。

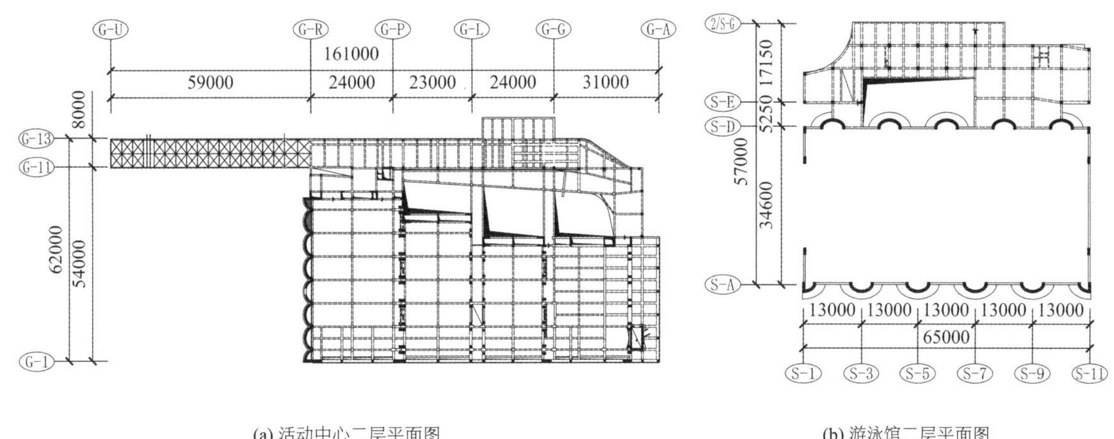

(a) 活动中心二层平面图　　(b) 游泳馆二层平面图

图 4.1-6　建筑典型平面图

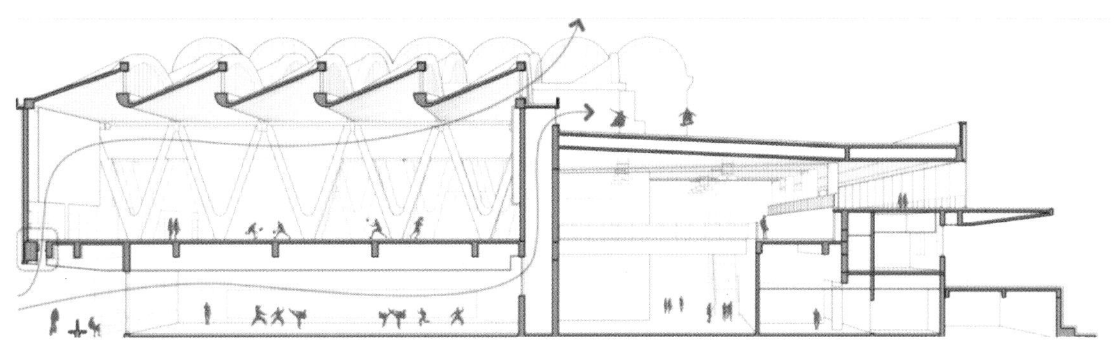

图 4.1-7　建筑剖面透视图

4.1.2　设计条件

主体控制参数（表 4.1-1）

控制参数　　表 4.1-1

项目	标准
结构设计基准期	50 年

续表

建筑结构安全等级		二级
结构重要性系数		1.0
建筑抗震设防类别		标准设防类（丙类）
地基基础设计等级		一级
设计地震动参数	抗震设防烈度	8 度
	设计地震分组	第二组
	场地类别	Ⅳ类
	小震特征周期	0.75s
	大震特征周期	0.80s
	基本地震加速度	0.20g
建筑结构阻尼比	多遇地震	0.05
	罕遇地震	0.06
水平地震影响系数最大值	多遇地震	0.16
	设防烈度地震	0.45
	罕遇地震	0.90
地震峰值加速度	多遇地震	$70cm/s^2$

4.2 建筑特点

本工程结合建筑功能布置，通过两道防震缝分成三个结构单元，每个独立结构单元根据其外形及功能特点采用三种不同的结构体系。体育馆主体部分采用框架-剪力墙（局部竖向构件为锥筒柱），其中风雨操场二层采用钢桁架结构，同时，因建筑功能的要求，风雨操场钢桁架部分和体育活动中心主体部分之间不能设缝，按整体考虑；游泳馆采用框架（局部锥筒柱）结构；廊桥采用钢筋混凝土框架结构。

4.2.1 竖向结构

为满足建筑师对竖向构件的充满雕塑感需求，体育活动中心和游泳馆的外立面均采用了锥筒柱作为竖向构件，而在体育活动中心不同运动功能分区之间，则采用了 Y 形柱和 V 形柱这样的竖向构件。

锥筒柱并非完整锥形，而是空心的半圆锥。这种结构形式可以和屋面锥壳形状呼应，上小下大的形式便于扩散应力。拱壳片体构件具有良好整体性和抗震承载能力。

Y 形柱、V 形柱能够有效地加大结构抗侧刚度，活跃建筑空间。

4.2.2 屋面结构

建筑设计强调在控制几何逻辑的前提下探寻建筑基本单元形式和结构，重复运用和组合这些单元结构，以生成特定功能、光线及氛围的建筑空间。屋盖采用了 5 种不常见的钢筋混凝土壳及钢筋混凝土曲面屋盖。分别是：（1）钢结构曲梁 + 混凝土曲面屋盖；（2）混凝土多连拱壳；（3）混凝土渐变矢高锯齿形壳；（4）波浪形混凝土空心楼盖；（5）交叉锥筒形混凝土多连壳。其中类型 1、3、4 和 5 均属于直纹曲面，详见图 4.2-1。所谓直纹曲面是指由一条直线按一定规律运动所织成的曲面，这些直线就称为此直纹曲面的母线，直纹曲面便于混凝土的浇筑成形。

(a) 屋盖 1 钢结构曲梁 + 混凝土曲面屋盖

(b) 屋盖 2 混凝土多连拱壳

(c) 屋盖 3 混凝土渐变矢高锯齿形壳

(d) 屋盖 4 波浪形混凝土空心楼盖

(e) 屋盖 5 交叉锥筒形混凝土多连拱壳

图 4.2-1　屋盖类型示意图

4.3 结构弹性分析

本工程结构整体采用 PMSAP 进行计算，使用 MIDAS Gen 软件进行校核，结构计算模型如图 4.3-1 所示。抗震分析时考虑了扭转耦联效应、偶然偏心以及双向地震效应。

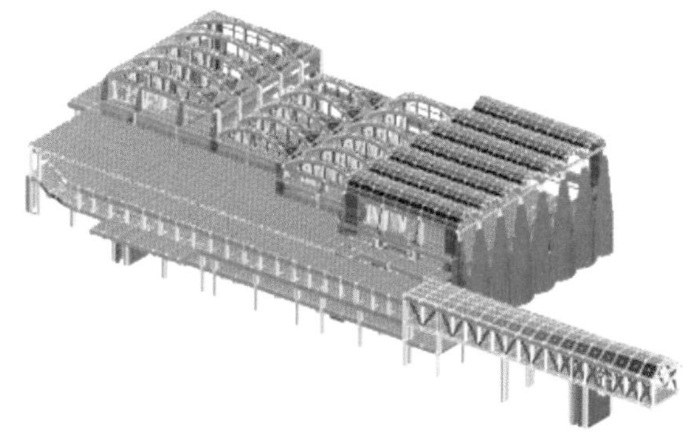

(a) 体育中心 PMSAP

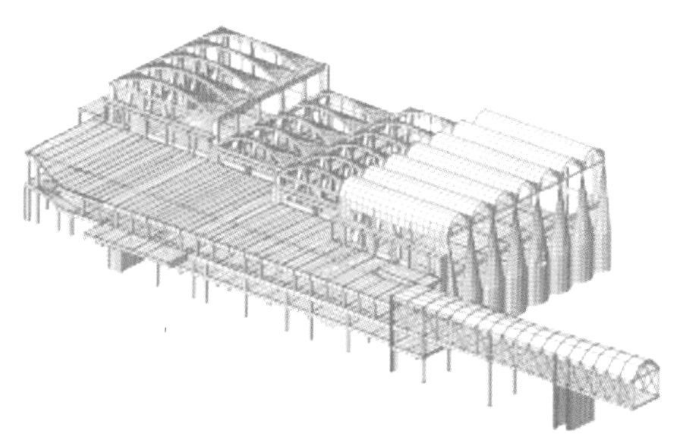

(b) 体育中心 MIDAS Gen

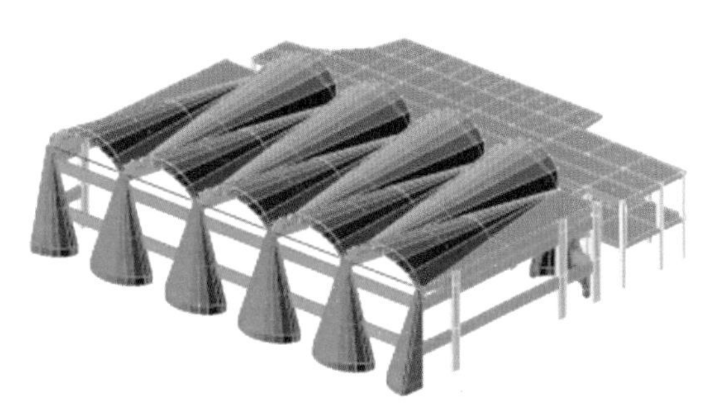

(c) 游泳馆 PMSAP

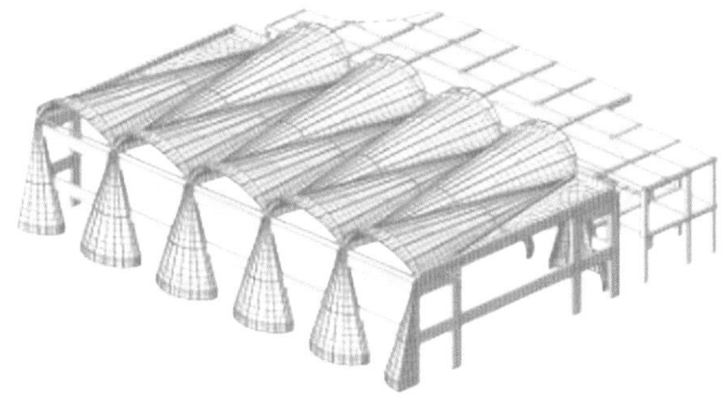

(d) 游泳馆 MIDAS Gen

图 4.3-1　结构计算模型

体育馆的结构体系，下部为框架-剪力墙体系，上部为框排架体系。针对这样的特殊结构体系，采用分段控制弹性位移指标进行分析，下部弹性层间位移角小于 1/800，上部弹性层间位移角小于 1/550 的要求。因为本工程采用的混凝土壳屋盖刚度很大，锥筒柱头截面为锥筒柱的尖点，刚度相对较小，无法通过柱端传递弯矩，所以在连接屋盖的柱头处设置了球形铰接支座。表 4.3-1 和表 4.3-2 分别是体育活动中心和游泳馆的主要计算指标。

体育活动中心水平荷载下结构主要指标　　　**表 4.3-1**

	水平荷载作用	PMSAP	MIDAS
振型/s	第一周期	0.437（*Y*）	0.431（*Y*）
	第二周期	0.309（*T*）	0.284（*T*）
	第三周期	0.295（*X*）	0.281（*X*）
顶点最大位移/mm	*X*向风	0.47	0.37
	*Y*向风	0.47	0.70
	*X*向地震	6.90	8.14
	*Y*向地震	15.29	20.94
最大层间位移角	*X*向地震	1/1575	1/1896
	*Y*向地震	1/711	1/737
基底剪力/kN	*X*向地震	22393	21863
	*Y*向地震	27910	30572
总地震质量/t		27445	26010

游泳馆水平荷载下结构主要指标　　　**表 4.3-2**

	水平荷载作用	PMSAP	MIDAS
振型/s	第一周期	0.34（*Y*）	0.35（*Y*）
	第二周期	0.27（*T*）	0.28（*T*）
	第三周期	0.23（*X*）	0.24（*X*）
基底剪力/kN	*X*向地震	7962.5	7697.1
	*Y*向地震	10963.5	10570.0
总地震质量/t		94809	94087

充分结合建筑造型和结构受力特性，本工程的主要竖向构件和主要屋盖尺寸如表 4.3-3 所示。

体育活动中心及游泳馆主要构件尺寸　　表 4.3-3

	构件名称	尺寸/mm	
竖向构件	框架柱	600 × 600	
	锥筒壳	600	
	剪力墙	300～400	
	Y 形柱	600 × 1200	
屋面构件厚度	构件名称	尺寸/mm	跨度/m
	屋盖 1	150	8
	屋盖 2	100～150	27
	屋盖 3	150	18～26
	屋盖 4	80 + 80	13～19
	屋盖 5	150～300	34.6

4.4 混凝土锥筒柱分析

4.4.1 混凝土锥筒柱稳定性分析

体育活动中心和游泳馆中，均有部分竖向构件采用了混凝土锥筒壳作为结构竖向构件。其中体育活动中心锥筒柱高为 19.29m，宽为 6.5m，游泳馆锥筒柱高为 13.5m，宽为 9.75m。锥筒柱形态特殊，上小下大，立面看类似笔尖，而剖面则是由摆线构成。设计时采用 SAP2000 软件进行了单构件特征值屈曲分析，第一阶模态特征值大于 1 即能满足稳定性要求，体育活动中心锥筒壳第一阶模态特征值（屈曲荷载系数）为 73，满足稳定的要求，前 3 阶模态如图 4.4-1 所示。游泳馆锥筒壳第一阶模态特征值为 15.3，满足稳定的要求。前 3 阶模态如图 4.4-2 所示。

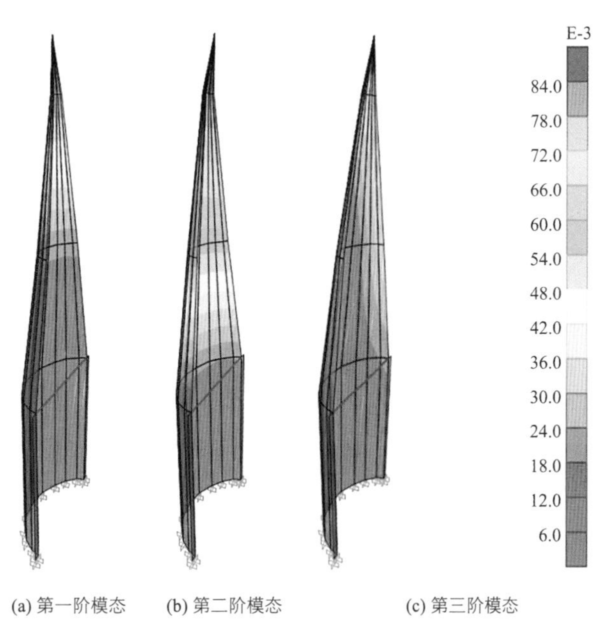

(a) 第一阶模态　(b) 第二阶模态　(c) 第三阶模态

图 4.4-1　体育活动中心混凝土锥筒柱屈曲模态

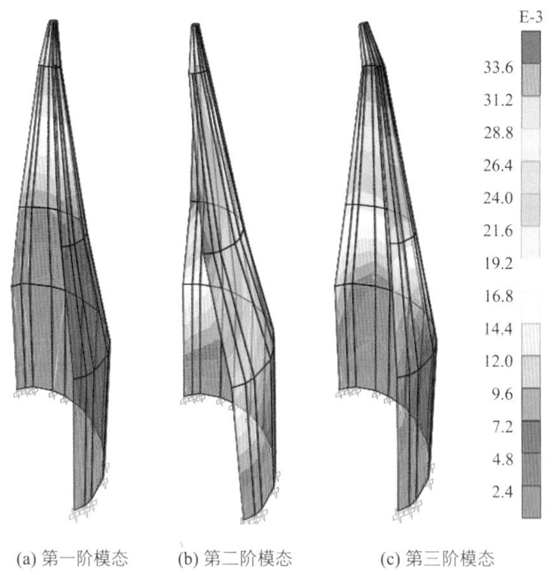

(a) 第一阶模态　(b) 第二阶模态　(c) 第三阶模态

图 4.4-2　游泳馆混凝土锥筒柱屈曲模态

4.4.2　锥筒柱承载力分析

锥筒柱的力学传递路径与普通的框架柱、剪力墙有所不同。图 4.4-3 是 1.0 恒荷载 + 1.0 活荷载作用于游泳馆锥筒顶端时墙体受压内力的分布情况。可见在重力荷载作用下，压力通过整个壳体传递，但更多的内力通过锥筒边界传递到锥筒柱底，并集中在锥筒端部。根据图 4.4-4 虚功分析结果也可以体现出，在竖向荷载的作用下，整个锥筒壳在下端边界处的竖向荷载敏感性是最高的。

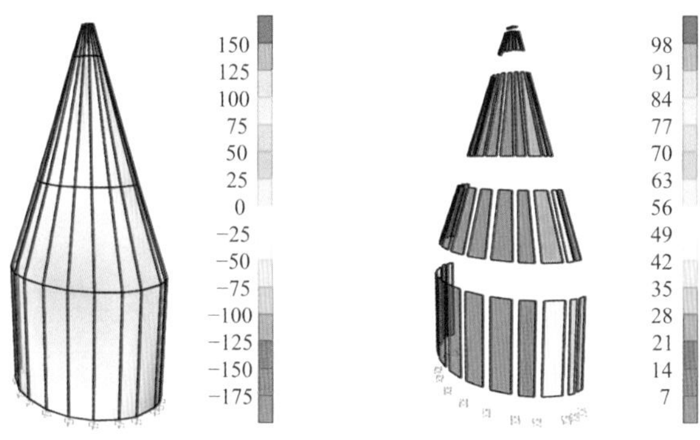

图 4.4-3　轴力作用下墙体内力（单位：kN）　图 4.4-4　竖向荷载下的虚功图

游泳馆泳池范围的竖向构件由 9 个完整锥筒柱和两个 1/2 锥筒柱构成。恒荷载、X方向地震和Y方向地震作用下，首层锥筒柱的主应力受力情况分别如图 4.4-5 所示。结合首层锥筒壳体剖面可以看出首层锥筒柱的受力状态，介于完整的一字剪力墙和槽型剪力墙之间，应力集中部位应力达 3.36MPa。

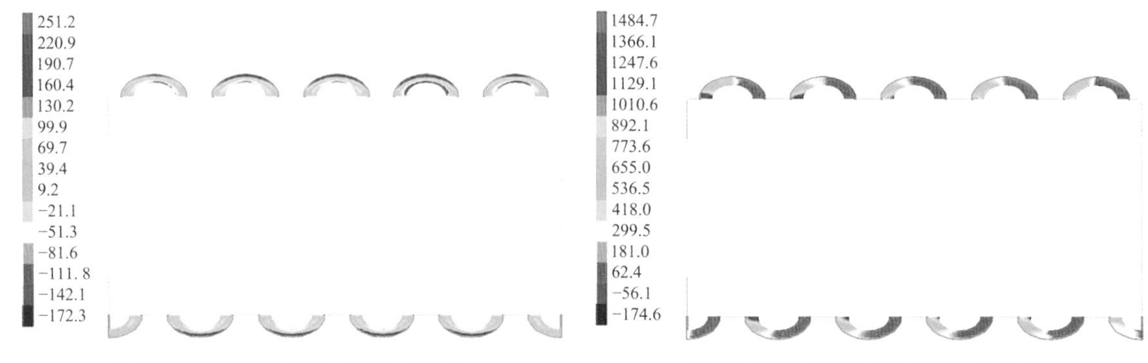

(a) 恒荷载下首层墙体主应力（单位：kN/m²）　(b) X地震下首层墙体主应力（单位：kN/m²）

(c) Y地震下首层墙体主应力（单位：kN/m²）

图 4.4-5　游泳馆锥筒壳主应力云图

4.4.3　考虑损伤累积效应的强震下竖向承载力分析

（1）锥筒柱模型

锥筒柱剖面形态采用摆线，其摆线跨度为 6.5m，上部承受的竖向荷载以质量块形式施加，质量块重 2550kN。利用有限元软件 ANSYS 建立有限元分析模型。

模型中锥筒柱采用实体单元，混凝土采用修正的 Faria-Oliver 模型，钢筋采用修正的 K&K 模型，其材料参数如表 4.4-1 和表 4.4-2 所示。

混凝土材料参数　　表 4.4-1

材料参数	f_{t0}/MPa	f_{c0}/MPa	A	B	k	s
取值	3.01	31.66	4.594	0.692	1.16	0.5

注：f_{t0}为无约束混凝土抗拉强度，f_{c0}为无约束混凝土抗压强度，A和B为模型参数，k为考虑箍筋约束效应的强度提高系数，s为刚度影响因子。

修正 K&K 模型参数取值　　表 4.4-2

σ_0/MPa	υ	E/MPa	ε_f	ε_{th}	ε_{cr}	D_{cr}	D_0	α	β
360	0.3	2.00×10^5	0.75	0.2	1.0	0.1	0.0	0.19	0.20

注：σ_0为钢材的初始屈服应力，υ为泊松比，E为钢材的弹性模量，ε_f为材料失效时的应变，ε_{th}为开始发生损伤的阈值应变，ε_{cr}为临界损伤值对应的临界应变，D_{cr}为临界损伤值，D_0为初始损伤值，α为损伤参数，β为考虑不同强化准则的参数。

（2）强震下锥筒柱承载力分析

锥筒柱有限元分析模型如图 4.4-6 所示，图 4.4-7 和图 4.4-8 分别给出了考虑和未考虑材料损伤累积效应对锥筒柱竖向极限承载力和强震作用下的竖向剩余承载力的比较。考虑和未考虑损伤累积效应锥筒柱的极限承载力分别为 2451kN 和 3077kN。强震作用后的竖向剩余承载力分别为 1328kN 和 1766kN。可见考虑材料损伤累积效应的锥筒柱竖向极限承载力和强震作用后的竖向剩余承载力均有降低，分别降低了 20.35%和 24.82%。

图 4.4-6　锥筒柱有限元分析模型

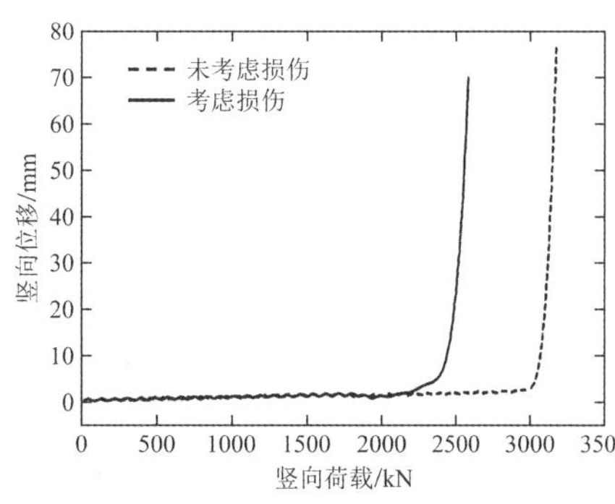

图 4.4-7　地震作用前竖向荷载-竖向位移曲线

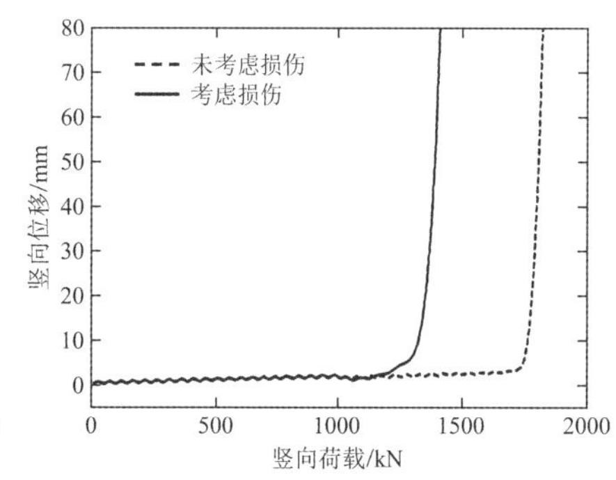

图 4.4-8　地震作用后竖向荷载-竖向位移曲线

分析结果说明，采用修正的 Faria-Oliver 模型和修正 K&K 模型，能较精确地描述混凝土和钢材在地震作用下的材料性能退化规律；考虑材料的损伤累积效应锥筒柱竖向极限承载力和强震作用后的竖向剩余承载力明显降低。针对分析结果，将对其采取一些构造措施，使其能在强震下更好地承受竖向荷载。

4.4.4 锥筒柱配筋设计

结合对锥筒柱的承载力分析、虚功分析、稳定分析及强震下考虑损伤的承载力分析，对锥筒柱的厚度和配筋进行了有针对性的布置，并满足了普通框架剪力墙暗梁和结构边缘构件的配筋，见图 4.4-9、图 4.4-10。

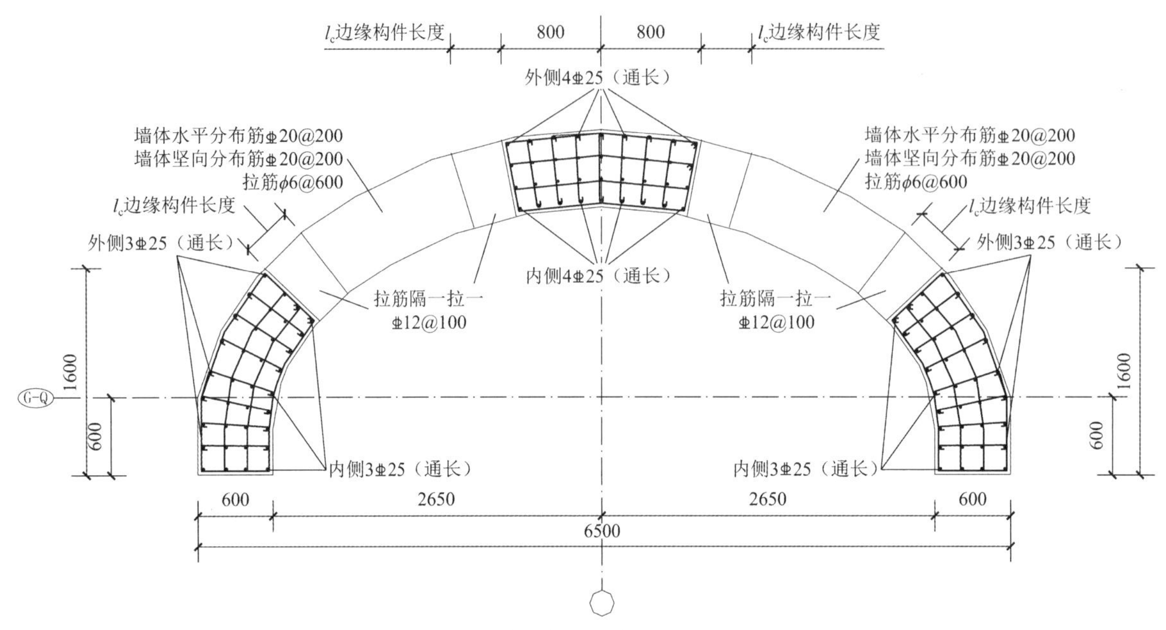

图 4.4-9 体育中心锥筒柱平面配筋示意

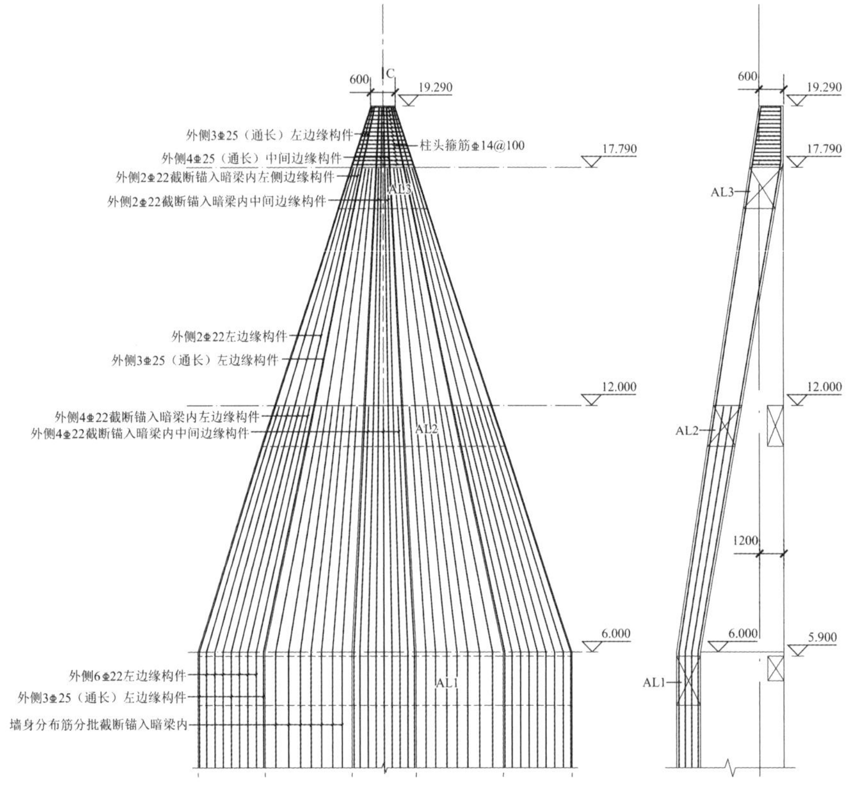

图 4.4-10 体育中心锥筒柱立面配筋示意

在暗柱配筋方面，将暗柱布置在锥桶的两端和中间，共三个集中位置。布置在两端，起到两个作用，一是可以很好地符合锥筒柱内力分析和虚功分析中体现的内力分配；二是保证了锥筒之间梁的连接与锚固。

锥筒壳中部暗柱配筋也有两个作用，一是起到了压曲失稳的平面外抗弯作用，增强了相对容易失稳方向的安全储备；二是结合墙内层间暗梁，在墙身内形成了三纵三横的网状布置，提高了锥筒壳钢筋骨架的整体性。

4.5 混凝土壳屋盖稳定性分析及设计

4.5.1 屋盖 2 稳定性分析

项目设计时对体育中心各种形式的混凝土屋盖使用 SAP2000 进行了特征值屈曲分析。

体育馆屋盖 2 采用多连筒壳屋盖结构，平面布置见图 4.5-1，屋盖 2 配筋剖面示意图见图 4.5-2。混凝土屋盖采用双层双向配筋，厚度从两侧根部的 300mm 开始向上渐变到顶部为 100mm，几何形状为一个内径 3.25m 的半圆。两个 300mm 厚的半圆弧壳的最下端通过汇聚锚入 600mm 宽的梁内，形成一根 600mm 宽、1000mm 高的梁。壳体和梁形成一个形似 Y 形的梁，壳体相当于翼缘，梁体相当于腹板。为增强多连筒壳屋盖结构的整体稳定性，防止连续性倒塌，设计时在屋盖 2 的边跨筒壳内两侧每隔 9m 增设了两道隔板，计算模型中展示的边跨附加隔板如图 4.5-3 所示，附加隔板采用 150mm 厚的混凝土板。

屋盖第一阶屈曲荷载系数在有隔板时为 156，无隔板时为 149，都远大于 1，认为此屋盖结构为整体稳定结构体系，如图 4.5-4 所示。屋盖 2 在竖向荷载准永久组合工况下，边跨中心点的X向位移无隔板时为 3.43mm，有隔板时为 2.80mm，如图 4.5-5 所示。与无隔板相比增设隔板后位移减小了 23%，可见隔板在限制结构水平位移方面效果明显。另外从位移云图也可以看出，在竖向荷载作用下，有构造措施的屋盖整体挠度为 12.6mm，小于无构造措施的屋盖整体挠度 14.0mm。

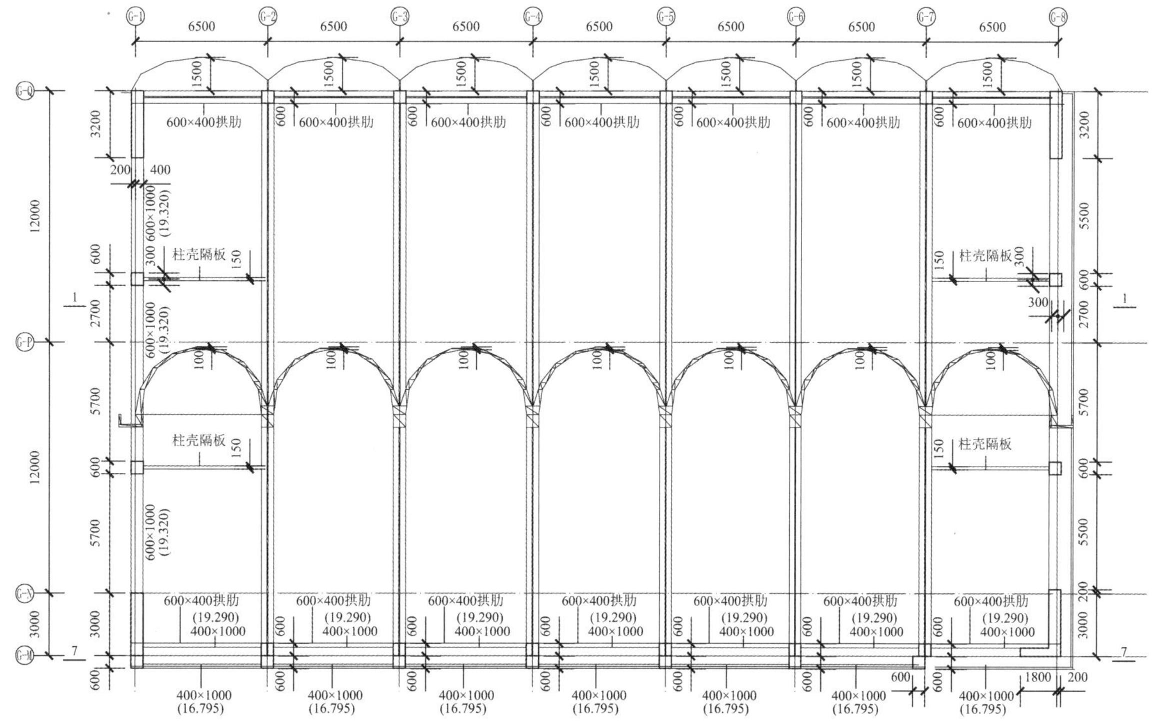

图 4.5-1　屋盖 2 混凝土多连拱壳结构布置

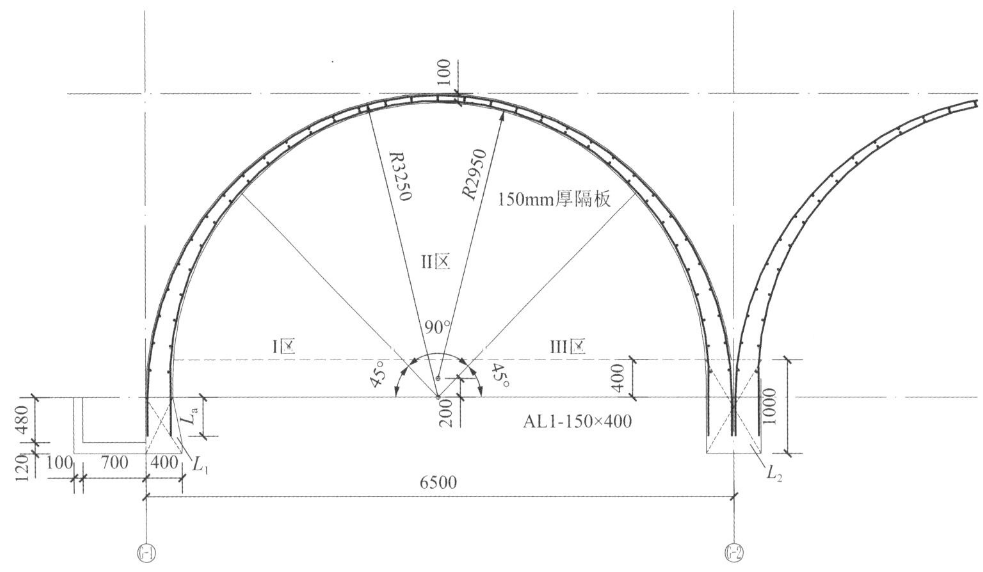

图 4.5-2　屋盖 2 配筋剖面示意图

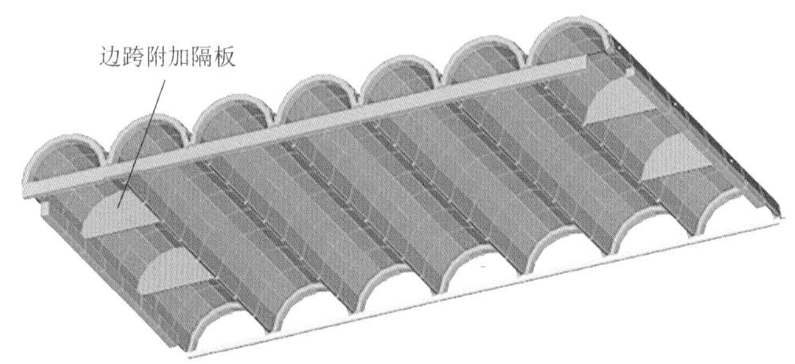

图 4.5-3　屋盖 2 的 PMSAP 结构计算模型

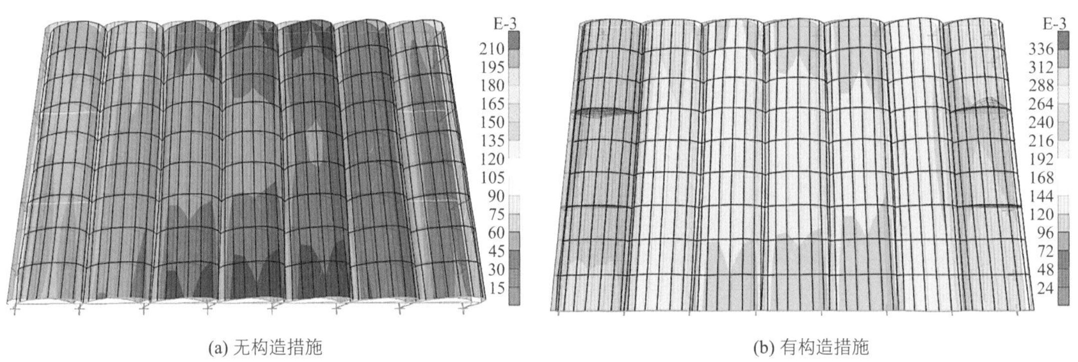

(a) 无构造措施　　(b) 有构造措施

图 4.5-4　屋盖 2 第一阶模态

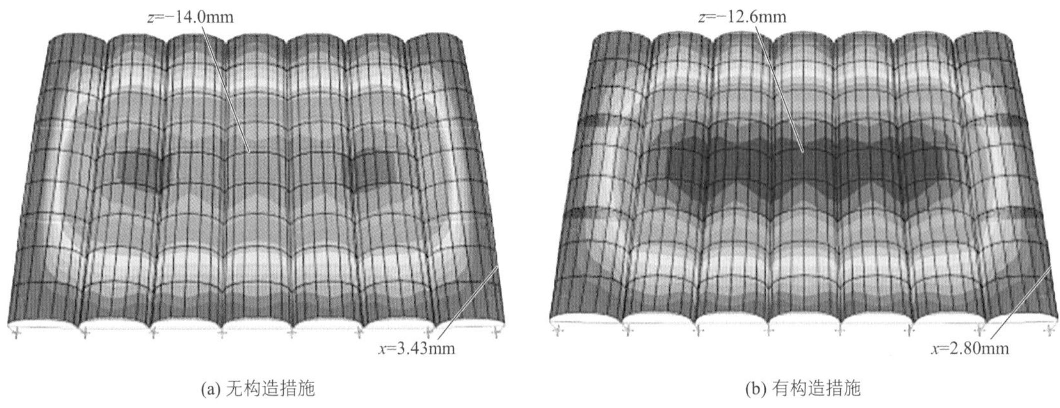

(a) 无构造措施　　(b) 有构造措施

图 4.5-5　屋盖 2 准永久荷载下位移云图

4.5.2 屋盖 3 稳定性分析

体育馆屋盖 3 由多跨直纹曲面屋盖组成，侧面呈锯齿形，建筑模型如图 4.5-6 所示。利用这个形状，每个直纹曲面单跨的起点弧梁和终点梁之间可以组成两铰拱，形成稳定的连续抗侧支撑，在拱的上下弦之间用竖杆连接。

图 4.5-6　屋盖 3 建筑模型

在此基础上，为了从构造上加强整体稳定性，控制结构局部侧移，设计中在结构最东侧增加了扶壁柱。在整体稳定的特征值屈曲分析中，有扶壁柱作为构造措施的模型第一阶屈曲荷载系数为 80.1，无构造措施时为 80.0，几乎相等并都远大于 1，稳定性很好，如图 4.5-7、图 4.5-8 所示。在图 4.5-7、图 4.5-8 的对比中可以发现，没有扶壁柱的边跨拱下弦跨中水平侧移为 0.61mm，有扶壁柱的侧移为 0.05mm，约为无扶壁柱侧移量的1/12。可见扶壁柱对屋盖的整体位移控制贡献很大。

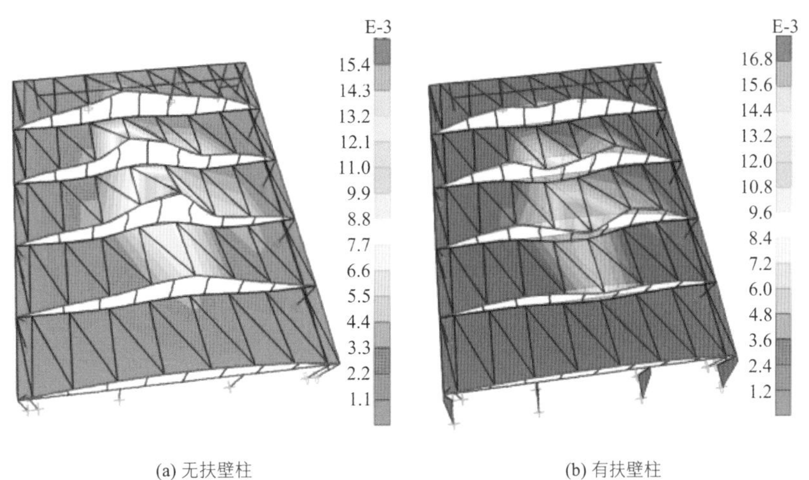

(a) 无扶壁柱　　(b) 有扶壁柱

图 4.5-7　屋盖 3 第一阶模态

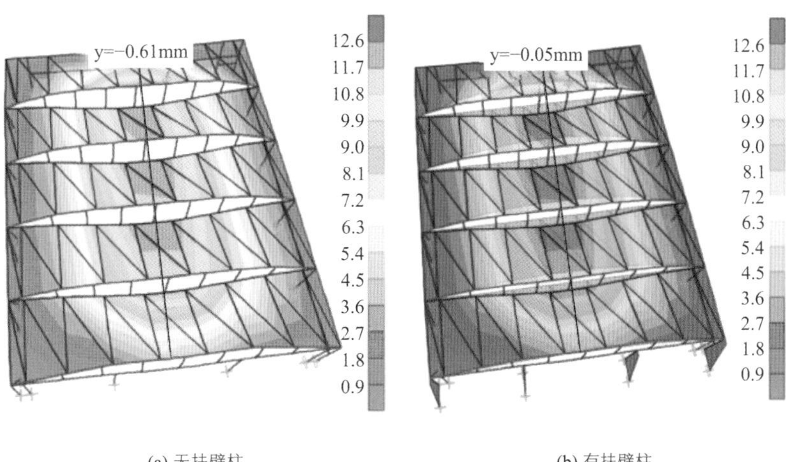

(a) 无扶壁柱　　(b) 有扶壁柱

图 4.5-8　屋盖 3 准永久荷载下位移云图（单位：mm）

4.5.3 屋盖 5 稳定性分析

游泳馆的屋盖为结构屋盖分类中的屋盖 5，使用了半锥筒对接的形式，针对每个剖面，形成多连拱壳。游泳馆屋盖两侧的 200mm 厚三角形楼板起到了传递拱壳水平力并增强整体稳定的作用。两侧三角形楼板为 200mm 厚时，边梁跨中水平位移为 0.71mm，三角形楼板为 150mm 厚时，该处位移为 0.74mm 如图 4.5-9 所示。可见一定厚度的三角形楼板对控制屋盖水平侧移有帮助。针对游泳馆屋盖，还进行了静力屈曲分析。其中第一阶屈曲荷载系数为 170，因此屋盖结构为整体稳定结构体系。

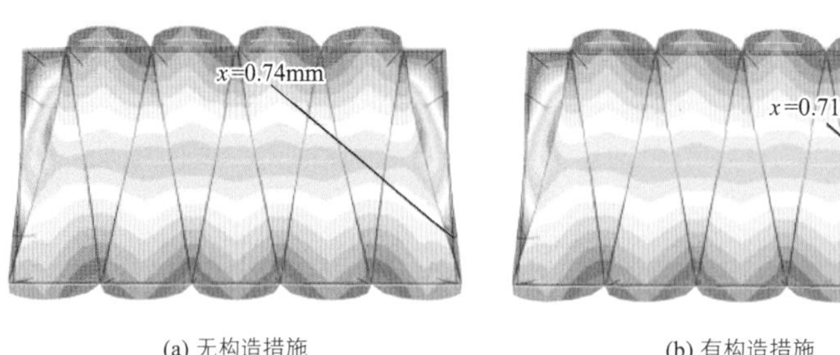

(a) 无构造措施　　(b) 有构造措施

图 4.5-9　屋盖 5 准永久荷载下位移云图

可见，在准永久荷载下，屋盖 5 竖向位移较小，只有 10mm，挠跨比为 1/3460，而使用常规梁板结构屋盖（框架梁截面 600mm × 2200mm，板厚为 300mm）时，屋盖挠跨比为 1/450，最大竖向位移为 77mm，如图 4.5-10 所示。对比可知，屋盖 5 的交叉锥筒型混凝土多连拱壳结构形式用于大跨屋盖结构时，位移和挠度较小，刚度较常规梁板结构有明显优势。

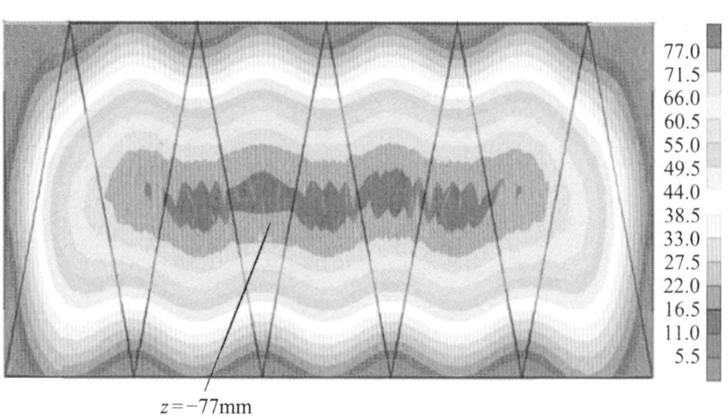

图 4.5-10　梁板屋盖准永久荷载下位移云图（单位：mm）

在游泳馆屋盖每个壳体两端开口处，设计拉杆来平衡壳体压力。具体布置及壳体配筋方式见图 4.5-11。锥形壳体屋盖的配筋也较为复杂的，纵向上下受力纵筋配筋的布置原则是间距控制在 200mm 左右。

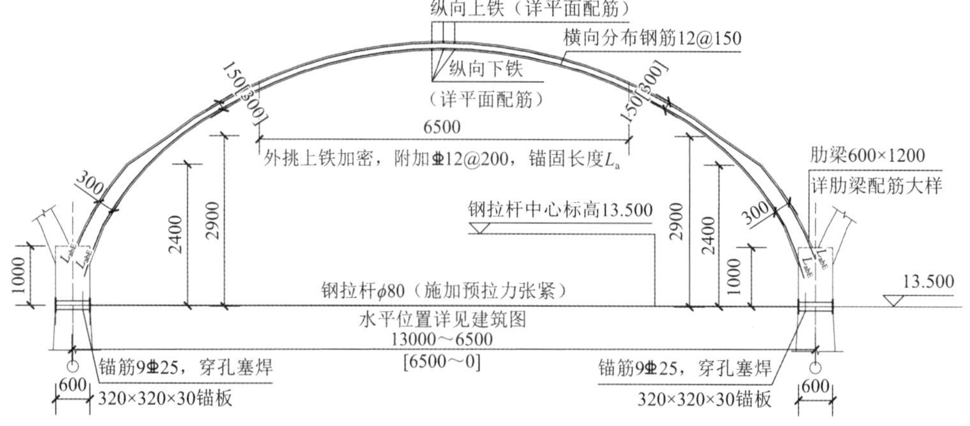

图 4.5-11　游泳馆屋面混凝土中间壳体横剖面配筋

4.6 特殊结构设计

4.6.1 风雨操场设计

风雨操场位于建筑北侧，结构体系为钢结构，采用钢桁架的形式，是大跨结构和悬挑结构的结合，内设 4 条跑道，为了满足 100m 跑道的使用需求，钢结构桁架部分和主体混凝土部分不设缝，通过型钢柱连接。钢桁架典型高度 5.13m，最大跨度 19.2m，最大悬挑 16m，大跨部分采用了比较典型的三角桁架。悬挑部分考虑了竖向地震，设置了 X 形交叉桁架。屋面为满足建筑需求采用渐变弧形钢梁作为屋面支撑框架。典型剖面及立面如图 4.6-1 所示，室内跑道如图 4.6-2 所示。

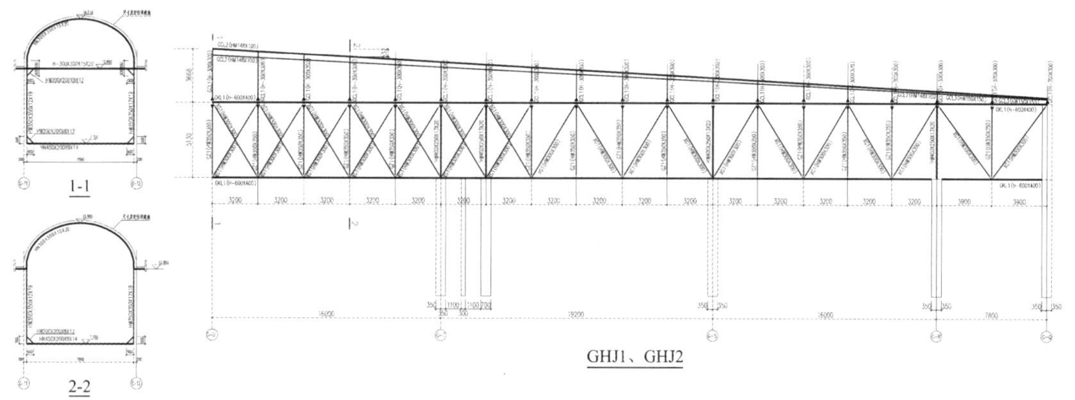

图 4.6-1　风雨操场典型立面及剖面

作为大跨度和长悬臂结构，风雨操场需进行舒适度验算。经频域稳态分析确定最不利振动点的竖向自振频率分别为 6.4Hz、9.1Hz、9.2Hz，均大于 4Hz，最不利点 JOINT49 峰值加速度为 0.105m/s^2，远小于限值 0.5m/s^2。舒适度评价标准见表 4.6-1，操场模型如图 4.6-3 所示，稳态分析结果如图 4.6-4 所示。

舒适度评价标准　　表 4.6-1

楼盖使用类别	阻尼比	峰值加速度限值/（m/s^2）	楼盖自振频率/Hz
室内运动场地	0.06	0.5	≥4

图 4.6-2　室内跑道（©孙海霆）

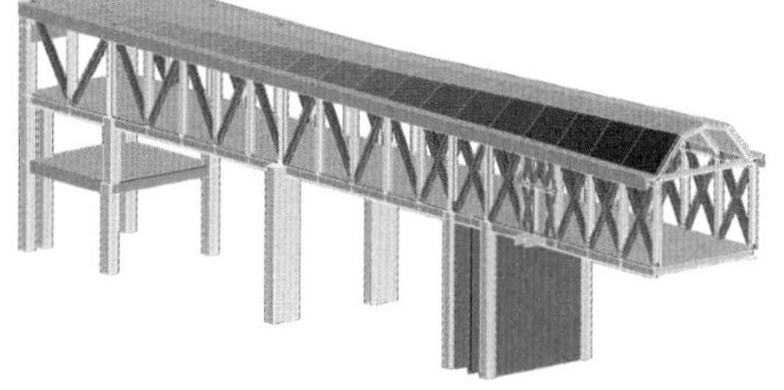

图 4.6-3　风雨操场计算模型

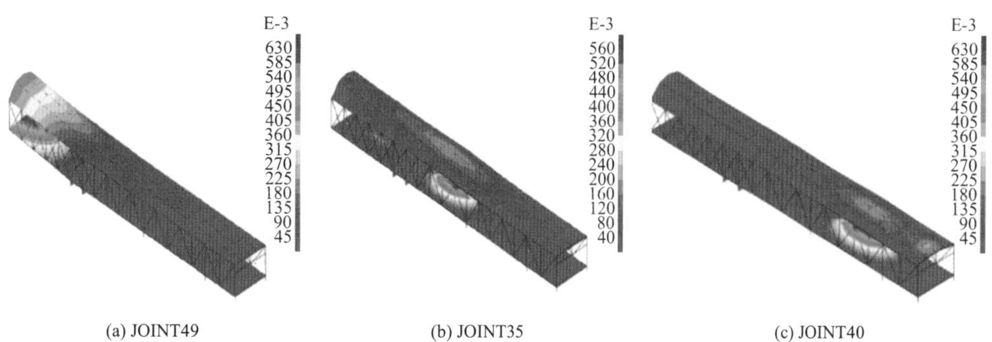

(a) JOINT49　(b) JOINT35　(c) JOINT40

图 4.6-4　风雨操场稳态分析变形形状（单位：mm）

4.6.2 屋盖与竖向锥筒的铰接连接

本工程采用的混凝土壳屋盖刚度很大，而与之相接的锥筒柱头截面为锥筒柱的尖点，刚度相对较小，无法通过柱端传递弯矩，因此，在确保竖向及水平荷载安全传递的前提下，节点按照铰接进行计算，连接屋盖的柱头处设置了球形铰接支座，见图 4.6-5。同时对垂直于屋面跨度方向结合建筑功能设置的纵向钢筋混凝土框架梁进行适当加强，以保证结构的整体抗震性能。

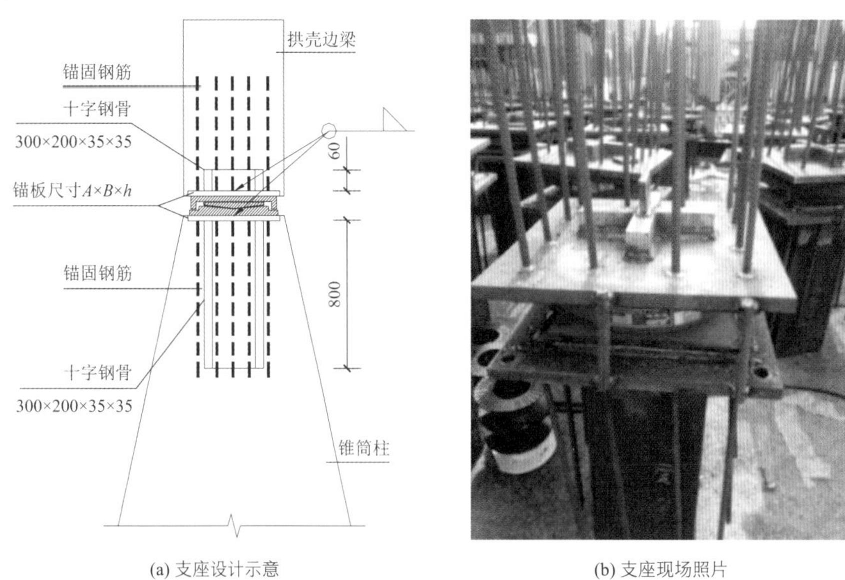

图 4.6-5　固定球形支座

4.6.3 体育馆联体 Y 形框架柱设计

为实现建筑功能，体育中心支撑拱壳屋面的框架柱上、下楼层设置了 Y 形的转换，由此带来了建筑空间的特殊效果。该 Y 形框架柱转换处的配筋需做特别处理，详见图 4.6-6、图 4.6-7。斜柱之间倒角的设计，有四个方面的好处：第一，能够简化两个斜柱汇聚到一点后复杂的箍筋布置，给施工带来便利；第二，增大交界处的混凝土体积，提高交界处的节点刚度，符合强节点弱构件的抗震设计原则；第三，弧形倒角可以在一定程度上避免应力集中；第四，弧形倒角的造型与建筑雕塑感的整体造型协调统一，且上下节点的倒角做法的几何尺寸完全一致，配合完全相等的斜柱尺寸，达到视觉上的规律感和对称感。

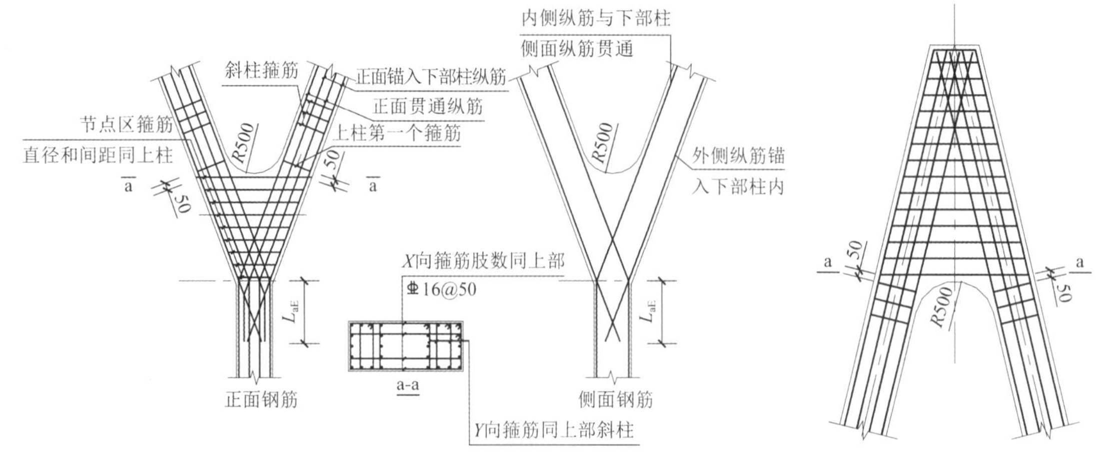

图 4.6-6　Y 形柱下部节点大样

图 4.6-7　Y 形柱现场照片

4.6.4　波浪形混凝土空心楼盖设计

体育中心二层连接综合办公的共享大厅为跨度 10～17m 的大空间，其上部屋面功能为学生户外极限拓展运动空间，屋顶上下表面均为渐变波峰状，见图 4.2-1。采用单向密梁（断面为 400mm × 1000mm、间距为 1.5～2.0m）1000mm 厚现浇混凝土空心板结构，空心填充体采用轻质工厂制成品，详见图 4.6-8。这种做法可以实现屋顶和室内顶棚均为清水混凝土结构的震撼视觉效果，一方面，用清水混凝土结构代替了吊顶，一定程度上节约了吊顶的造价，抬高了室内净空；另一方面，屋顶作为极限运动场地所需要的结构刚度，也得到了很好的保证。

空心填充体在施工时提前埋入两层板中，不再取出。施工过程中的波浪形空心楼盖如图 4.6-9 所示，拆模后的清水混凝土屋盖底板如图 4.6-10 所示，公共大厅屋顶如图 4.6-11 所示。

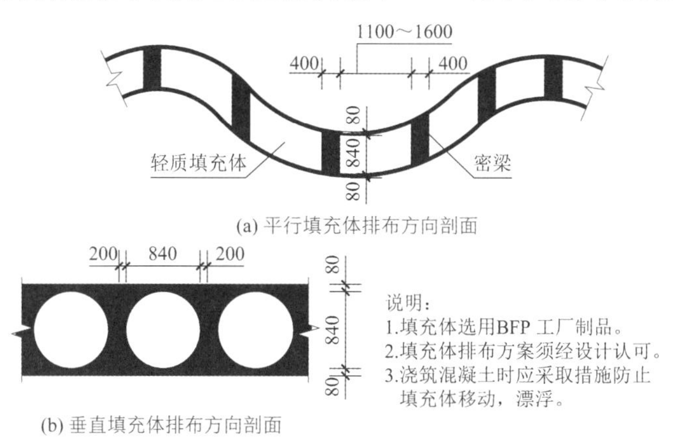

图 4.6-8　空心楼板设计大样图

图 4.6-9　施工过程中的波浪形空心楼盖

图 4.6-10　拆模后的清水混凝土屋盖底板

图 4.6-11　公共大厅屋顶（© 孙海霆）

4.7 结语

天津大学新校区综合体育馆是一座建筑形式与结构设计完美结合的现代体育建筑，不同建筑功能区以不同的壳体屋面形式展现体育的活泼与动感。结构设计巧妙地结合建筑形体和空间要求，灵活运用壳体结构的受力特点和技法，很好地实现了建筑创作理念，同时做到了结构合理，性能可靠，经济美观。在结构设计过程中，主要完成了以下几方面的创新性工作：

1）采用无装饰钢筋混凝土壳体结构，省去建筑内外装饰材料，节材省工。

2）竖向构件采用了锥筒柱和 Y 形柱、V 形柱相结合的方式：锥筒柱可以和屋面锥壳形状呼应，上小下大的形式便于扩散应力；Y 形柱、V 形柱能够有效地加大结构抗侧刚度，活跃建筑空间。柱顶设置球形铰接支座，可有效释放拱脚处由温度及荷载产生的内力和变形。

3）屋盖主要采用四种特殊的结构形式，分别是半圆形筒壳屋盖、拱形桁架扁壳屋盖、交叉锥筒形混凝土多连拱壳和波浪形空心楼盖。

（1）半圆形筒壳用于体育比赛馆，由七个半圆形筒壳并排而成，跨度 27m，每个半圆筒壳厚度由下至上逐渐减薄，既减轻自重又受力合理，其中边壳位置分别增加了两个隔板以增加外侧约束刚度，从而提升筒壳屋盖的稳定性。

（2）拱形桁架扁壳屋盖用于训练馆，扁壳屋盖单元上边缘是拱形，底边缘是直线。利用这个特点，将桁架拱形上弦作为壳的上边缘支点，桁架直线型下弦作为前面一个壳的下边缘支点。为减小对天窗采光的影响，拱形桁架采用较细的竖向腹杆，起到拉索的作用。这一组合型屋盖结构形式，很好地满足了建筑空间和形式要求，同时节约材料，为建筑增加亮点。

（3）交叉锥筒型混凝土多连拱壳用于游泳馆屋盖，锥筒彼此交叉，其交线为水平直线，有利于屋面排水，自然形成了交叉锥壳的边缘构件，将竖向力传递至竖向构件，同时相互传递水平力，两端通过厚板形成壳体的水平约束。屋盖两侧用钢拉杆拉结以约束水平位移，提升壳体屋盖的稳定性。

（4）波浪形空心楼盖用于共享大厅上方，最大跨度达 17m，屋面功能为户外极限拓展运动空间，屋顶上下表面均为渐变波峰状。采用单项密梁 1m 厚现浇混凝土空心板，空心板采用工厂预制，以轻质填充体形成模板与分隔断。现场装配形成整体波浪形楼盖，既满足了楼盖内外表面的波浪形式，又大大提高楼盖在运动荷载作用下的抗振动性能。

该项目将清水混凝土结构应用在体育场馆上，并将大尺度多形态的曲面几何结构作为建筑屋面和立面的表达，具有一定的创新性和示范性。

参考资料

[1] 张付奎，任庆英，李森，等. 天津大学新校区综合体育馆结构设计[J]. 建筑结构, 2017, 47(11).

[2] 李兴钢. 作为“介质”的结构——天津大学新校区综合体育馆设计[J]. 建筑学报, 2016(12).

[3] 伍敏，任庆英，刘文珽. 锥形柱考虑损伤累积效应的强震下竖向承载力分析[J]. 建筑结构, 2013.

[4] KRIEG R D, KEY SW. Implementation of a time dependent plasticity theory into structural computer programs [C]//the winter annual meeting of the American Society of Mechanical Engineers. New York: ASME, 1976, 125-137.

[5] BONORA N, RUGGIERO A, GENTILE D, et al. Practical applicability and limitations of the elastic modulus degradation technique for damage measurements in ductile metals[J]. An International Journal For Experimental Mechanics, 2010, 10(1): 1-14.

[6] 李正. 复杂应力条件下混凝土损伤本构模型及钢筋混凝土桥梁地震损伤分析[D]. 天津: 天津大学, 2010.

设计团队

结构设计单位：中国建筑设计研究院有限公司

结构设计团队：任庆英、张付奎、李　森、张雄迪、刘一莹、齐　涛、杨小强、刘文斑、朱炳寅、谢定南

执　笔　人：李　森、周铁伦、丁伟伦、伍　敏

获奖信息

2017—2018 中国建筑学会建筑设计奖建筑创作金奖；

2017—2018 中国建筑学会建筑设计奖结构专业一等奖；

2017 年全国优秀工程勘察设计行业奖建筑工程公建类一等奖；

2017 年北京市优秀工程勘察设计奖综合奖（公共建筑）一等奖。

第 5 章

国家网球中心（钻石球场）

5.1 工程概况

5.1.1 建筑概况

国家网球中心新馆位于北京市朝阳区奥林匹克公园北区场馆群网球中心 2 号场地南侧，是中国网球公开赛的专用比赛场馆。赛时看台区总坐席数为 13598 个，平时作为网球比赛、训练为主的多功能体育和文化活动场所，场内设施达到国际先进水平。

本工程主体建筑平面呈圆形，局部地下 1 层，地上共 8 层，最大建筑高度约为 46m，总建筑面积约 51199m^2。为满足中网的赛事要求及多功能使用需要，采用了可开启屋盖。大跨度屋盖平面呈圆形，固定屋盖最大直径为 140m，中间带有可开启的活动屋盖，开启面积约为 70m × 60m。活动屋盖采用平行移动的开启方式，通过滑移轨道放置于固定屋盖之上。国家网球中心建成效果见图 5.1-1。

图 5.1-1 国家网球中心建成照片

5.1.2 设计条件

1. 设计参数（表 5.1-1）

设计参数　　表 5.1-1

项目		参数
设计使用年限（包含活动屋盖结构组件）		50 年
活动屋盖驱动装置（车轮，支座，电动机等）的设计使用年限		25 年
活动屋盖控制系统设计使用年限		10 年（考虑可能需要修理的所有部件的安全移除和重新安装）
设计基准期		50 年
建筑结构安全等级		一级
结构重要性系数		1.1
建筑抗震设防类别		重点设防类（乙类）
地基基础设计等级		甲级
设计地震动参数	抗震设防烈度	8 度
	基本地震加速度	0.20g
	设计地震分组	第一组
	场地类别	Ⅲ类
	特征周期	多遇地震：0.45s
		罕遇地震：0.50s

续表

水平地震影响系数最大值	多遇地震	0.16
	设防地震	0.45
	罕遇地震	0.90

2．风荷载

风荷载根据《建筑结构荷载规范》GB 50009-2001（2006 年版）取值，北京市 50 年重现期的基本风压为 0.45kN/m²，100 年重现期的基本风压为 0.50kN/m²，场地地面粗糙度为 B 类。

大跨度开合屋盖属于风敏感结构，风荷载是结构设计的主要控制因素。在国家网球馆开合屋盖结构设计时，采用重现期为 100 年的基本风压，通过风洞试验确定建筑表面的风压分布，分别测试了全开、全闭、半开状态时的情况。风荷载计算分析选取 0°、45°、90°、180°、270°风向角。

由于活动屋盖的开启状态对风荷载体型系数与风振系数均有显著的影响，通过风洞试验对全开状态与全闭状态进行了重点研究。考虑风振系数影响后的风压设计值如图 5.1-2 所示。

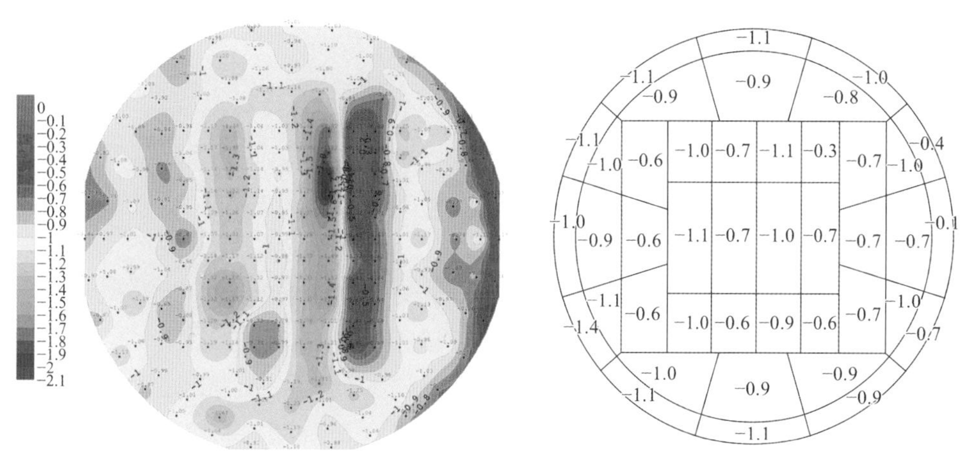

(a) 平均风压系数

(b) 加载板块的设计风压最大值（单位：kN/m²）

图 5.1-2　活动屋盖全闭状态 90°风向角时风压结果

3．温度作用

（1）钢结构合龙温度：15℃ ± 5℃；

钢结构最大正温差：36.6℃（考虑太阳辐射温度升高 5℃）；

钢结构最大负温差：−41.2℃。

（2）后浇带混凝土入模温度：5℃～15℃；

混凝土结构最大正温差：11.8℃；

混凝土结构最大负温差：−19.2℃。

5.2 建筑特点

5.2.1 结构体系与建筑形象的完美契合

主体结构平面呈圆形，采用钢筋混凝土框架结构体系。沿径向布置 48 榀框架，外立面布置 16 组 V 形柱，各榀环向框架、径向框架与立面 V 形柱共同构成抗侧力体系。

建筑外立面和结构“V”形柱体系完美结合，摈弃繁琐的附加装饰，表达“V”形柱体系结构力量的同时，有力地突出了建筑自身体量感，风格简约明快。远远望去，犹如一朵含苞待放的花朵，又似一颗光芒万丈的钻石，与场地东侧的莲花球场交相呼应。V 形柱造型如图 5.2-1 所示。

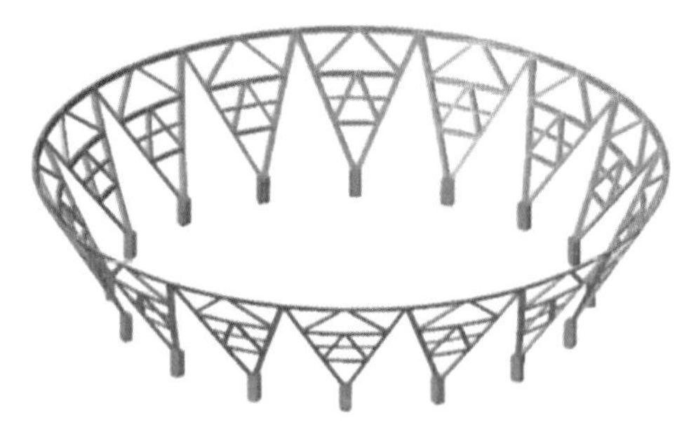

(a) 结构外 V 柱三维示意图

(b) 建筑 V 形柱

图 5.2-1　V 形柱造型

5.2.2　开合屋盖

带有开合屋盖的建筑是一种较为新颖的建筑形式，它打破了传统室内空间与室外空间的界限，使用者既能够尽情享受阳光与新鲜空气，又可以避免风雨等恶劣天气的影响，很好地满足了全天候的使用需求。与传统的大跨度结构相比，开合屋盖对结构设计技术、施工安装精度提出了很高的要求，涉及建筑、结构、机械、自动化控制等多个学科领域。

根据中网比赛在室外环境下进行的使用要求，本工程采用了平开推拉式开启屋盖。整体屋盖平面呈圆形，固定屋盖最大直径为 140m，中间带有可开启的活动屋盖，开启范围 70m × 60m，约为屋盖面积的 50%，活动屋盖由两组 4 个独立的开启单元组成，东西方向开启，开启时间 8min，既满足了使用功能的需要，也为观众厅的消防安全提供了充足的保证。东西两侧固定屋盖的范围内设置活动屋盖储存仓。

建筑屋顶可开启屋面采用阳光板，减少人工照明的使用。活动屋盖关闭状态下柔和光线环境可以最大程度地保证使用效果。屋盖开启状态下直射光环境可以满足比赛要求。

5.3　结构体系与分析

5.3.1　基础设计

本工程结构体系复杂，结构的柱底竖向荷载差异很大。外立面的 16 组 V 形柱受力很大，尤其是与支承屋盖网架的 4 根直柱相连时，荷载非常集中。而活动屋盖对不均匀沉降又非常敏感，因此必须对结构的差异沉降量进行严格控制。

本工程主体结构采用混凝土灌注桩基础，桩径为 600～1000mm，以卵石层④作为持力层，桩端和桩侧后注浆增加桩承载力、减小沉降量，并运用变刚度调平的设计概念，通过调整桩径、桩距和承台刚度等措施减小基础沉降差异。主体结构立面的 16 组 V 形柱受力非常集中，竖向力超过 40000kN，而 V 形柱之间的混凝土柱受力较小。在 V 形柱之间采用环形大承台，增强结构的整体性，分散柱底力，降低附加压力，达到提高基础承载力、减小沉降差异的目的。裙房范围采用柱下独立基础、柱下联合基础与墙下条形基础，在地下室中部局部设置抗拔桩抵抗水浮力，并采取设置后浇带的方式，减小沉降差异以及混凝土温度作用和收缩变形的影响。

5.3.2 下部混凝土结构

本工程主体结构由看台结构与裙房组成，裙房地上一层，局部带有地下室，采用钢筋混凝土框架结构体系。沿看台布置 48 榀径向框架，外立面布置 16 组 V 形柱，各榀环向框架、径向框架与立面 V 形柱共同构成抗侧力体系。混凝土看台组成如图 5.3-1 所示。

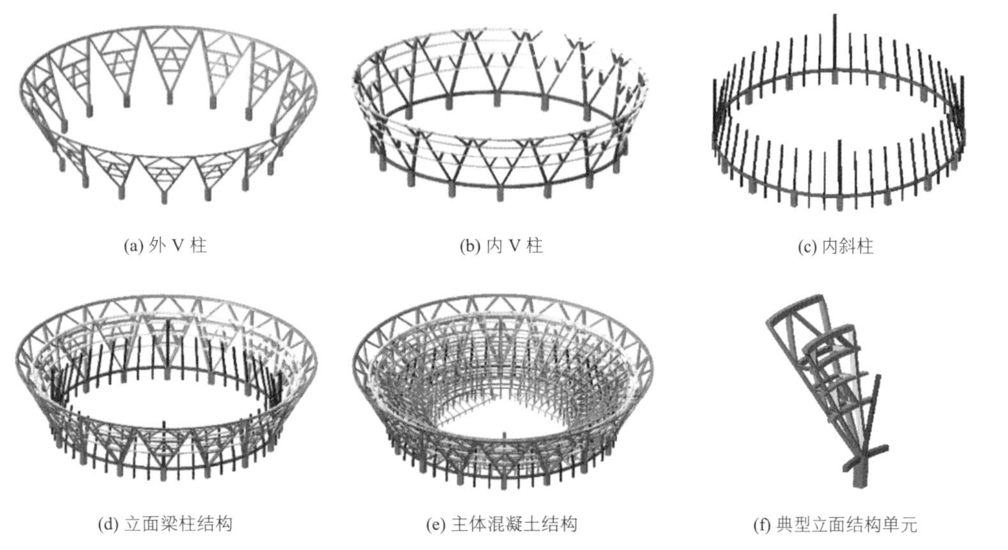

(a) 外 V 柱　(b) 内 V 柱　(c) 内斜柱

(d) 立面梁柱结构　(e) 主体混凝土结构　(f) 典型立面结构单元

图 5.3-1　混凝土看台结构三维模型示意图

（1）径向框架——立面 V 形柱体系

网球馆下部看台由斜柱与看台梁组成径向平面框架，由环向梁和外立面的 V 形柱将各榀径向框架连系起来协同工作。其中立面 16 组 V 形柱均为内外两层，侧向刚度很大，承担了绝大部分水平地震力。V 形柱内设置钢骨，形成型钢混凝土构件，以保证构件具有足够的抗拉与抗剪强度，同时满足建筑对构件截面尺寸的限值要求。

屋盖结构支承在 16 组 V 形内柱顶部的环梁之上。在看台结构 45°、135°、225°及 315°方向将径向框架内斜柱改为混凝土直柱，作为固定屋盖的中间支点，有效增强了屋盖刚度，减小结构变形量与用钢量，有利于活动屋盖平稳运行。为了避免看台结构设置结构缝对开合屋盖的不利影响，主体结构不设防震缝与温度缝。

国家网球馆混凝土看台结构平面布置与剖面图分别如图 5.3-2、图 5.3-3 所示。

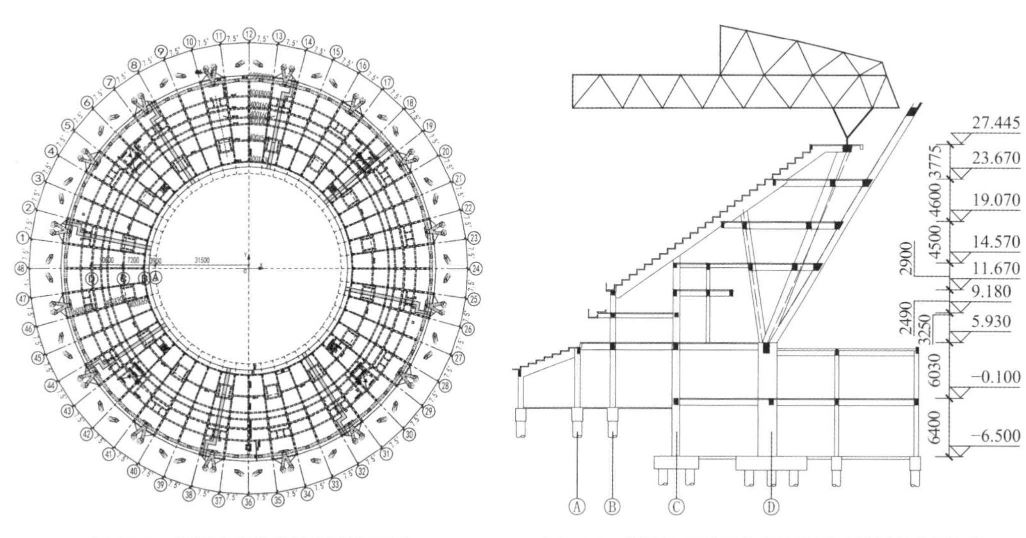

图 5.3-2　混凝土看台结构平面布置图　　图 5.3-3　混凝土看台结构剖面图（内斜柱径向框架）

框架抗震等级为一级，V 形柱抗震等级为特一级。

（2）楼盖体系

楼盖采用现浇钢筋混凝土梁板体系，观众席采用清水混凝土预制看台板。二层板厚为 180mm，三层及以上各层板厚均为 160mm。本工程由于位于基础以上的立面 V 形柱向外倾斜 32°，楼盖结构受力复杂，下部楼层环向受压，上部楼层环向受拉。与 V 形柱相连的径向梁在上部楼层受到很大拉力。因此，在设计中采用较大的楼板厚度，有利于增强结构整体性。在现浇混凝土楼板中设置环向预应力钢筋，用于抵抗楼盖在重力荷载下的环向拉力与温度收缩应力。

5.3.3 固定屋盖

大跨度固定屋盖平面呈圆形，最大直径为 130m。在场地中央设置边长为 70m × 60m 的长方形洞口。屋盖采用三层网壳结构，下弦层与中弦层为平面，上弦层为曲面。中、下弦层的网壳间距为 3.6m，中、上弦层的网壳高度范围为 1.4～6.6m。在洞口边沿处局部改为双层网壳，可视作支承活动屋盖运行轨道的主桁架，便于支承活动屋盖。大跨度结构支承在下部钢筋混凝土内侧 V 柱柱顶之上，为理想双向铰支座。固定屋盖的杆件均为圆钢管，采用双层金属保温屋面体系。

固定屋盖节点采用圆钢管相贯焊接节点与焊接球节点相结合的方式，重要受力部位考虑采用铸钢节点，固定屋盖主要构件截面尺寸详见表 5.3-1。

固定屋盖主要构件截面尺寸　　表 5.3-1

构件类型	轨道桁架	次桁架	外环弦杆	其他
弦杆	D351 × 16；D402 × 18；	D245 × 12	D219 × 10	D180 × 8
腹杆	D180 × 8	159 × 6	D159 × 6	D159 × 6
支撑构件	D508 × 20			

5.3.4 活动屋盖

从 20 世纪 80 年代开始，在加拿大、美国、日本以及欧洲一些国家和地区相继建成了一批具有影响的开合屋盖建筑。近年来，开合屋盖技术在国内工程中也开始得到应用，开合屋盖结构的设计与研究受到关注。开合屋盖通常由活动屋盖、固定屋盖与驱动控制系统构成，与普通的大度跨度空间结构相比，其技术复杂性大得多。

国家网球中心采用平行移动式活动屋盖，可开启面积约为 70m × 60m，采用对称双层拱形结构，通过滑移轨道放置于固定屋盖中弦层之上，屋盖布置图见图 5.3-4 及图 5.3-5。

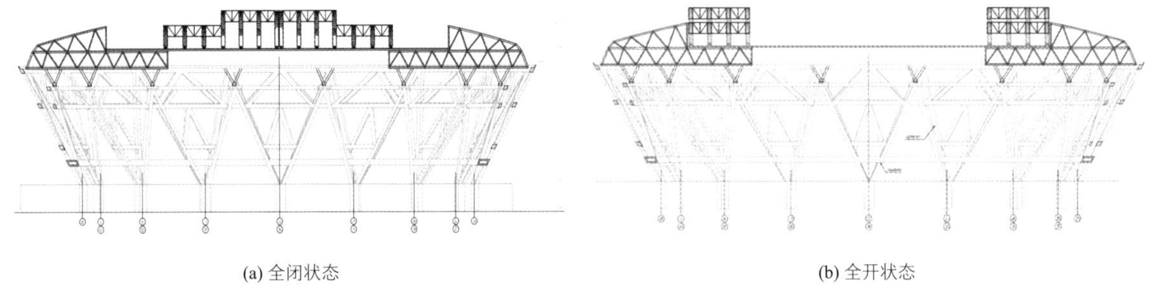

(a) 全闭状态　　(b) 全开状态

图 5.3-4　国家网球馆活动屋盖轨道方向结构布置图

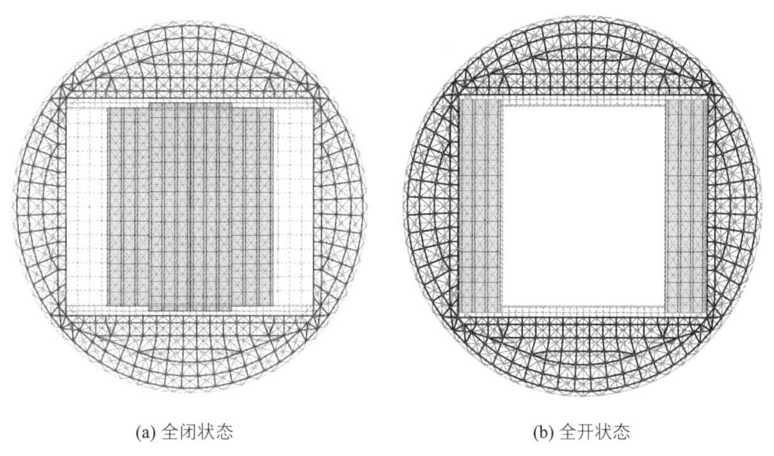

图 5.3-5　国家网球馆开合屋盖平面布置图

活动屋盖结构采用预应力拱形桁架结构，由四个结构单元构成，上下层各两个单元，上层每单元尺寸为 75.9m × 15.5m，下层每单元尺寸为 71.9m × 15.5m。上层屋盖结构总高为 10.47m，桁架矢高为 9.187m，下层屋盖结构总高为 6.67m，桁架矢高为 5.387m，桁架高度均为 2.4m，轨道桁架宽度为 4.5m。活动屋盖结构图见图 5.3-6。

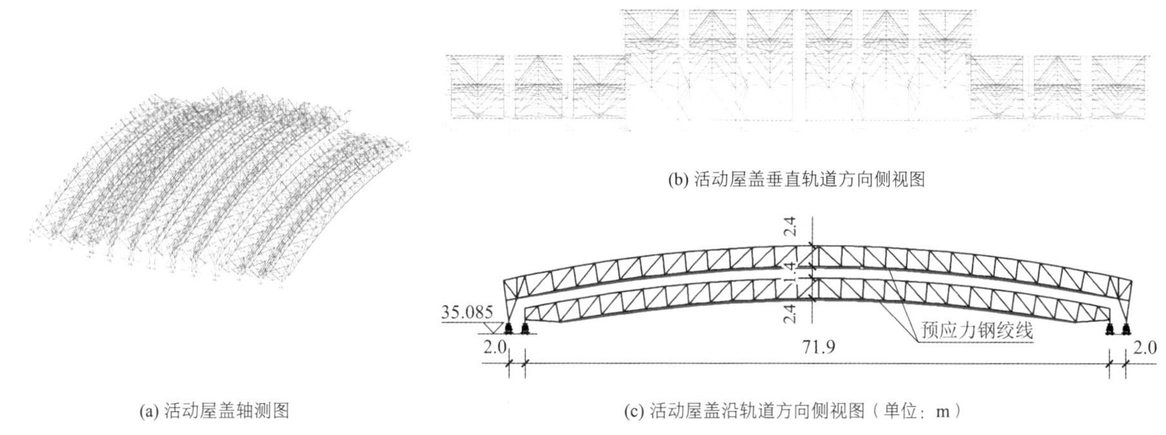

图 5.3-6　活动屋盖平面、侧面、轴测图（完全闭合状态）

活动屋盖从完全闭合到完全开启过程中，首先上层屋盖向两侧移动，直到上层屋盖与下层屋盖的尾端桁架位置重叠之前，下层屋盖保持不动。当上层屋盖与下层屋盖的尾端桁架位置重叠后，下层屋盖开始和上层屋盖同步移动直到完全开启。活动屋盖从完全开启到完全闭合的过程与逐渐开启的过程相反，东西两侧活动屋盖保持对称同步运行。当发生火灾时，自动开启下层屋盖。活动屋盖各开启状态见图 5.3-7。

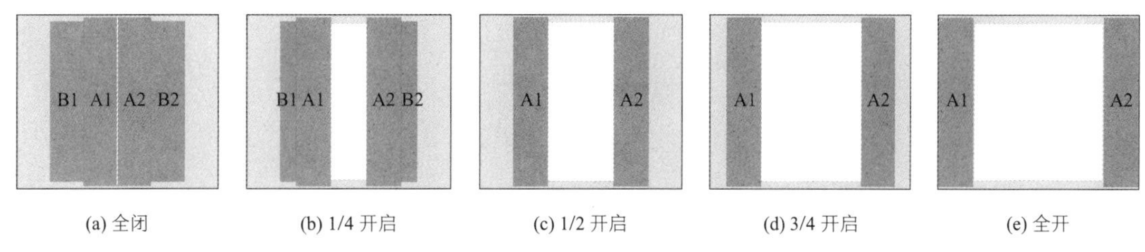

(a) 全闭　(b) 1/4 开启　(c) 1/2 开启　(d) 3/4 开启　(e) 全开

图 5.3-7　活动屋盖的各种开启状态

预应力拱形桁架结构是由具有一定曲率的拱片，通过带有方管榫头的节点插接成拱架。在同一拱架上，每隔一定相同数量节点布置一根预应力拉索，如此形成交叉连续的预应力桁架。在十字接头的另一方向插接纵向钢系杆，它将相邻的两个拱架连接在一起，并在两纵向钢系杆形成的方框内设置交叉支撑，以增强相邻拱桁架的整体性。

5.3.5 性能目标

根据抗震性能化设计方法，确定了主要结构构件的抗震性能指标，如表 5.3-2 所示。

国家网球馆结构抗震性能指标　　表 5.3-2

地震烈度		多遇地震	设防地震	罕遇地震
整体结构抗震性能		没有破坏	有破坏，可修复	不倒塌
允许层间位移		1/550	—	1/100（一层）、1/50（二层及以上）
构件性能	混凝土框架梁柱	弹性	允许进入塑性，控制塑性变形	允许进入塑性，控制塑性变形
	支承上部大跨度屋盖的 V 形 SRC（型钢混凝土）柱	弹性	不屈服	不屈服
	固定屋盖支撑斜杆	弹性	不屈服	不屈服
	固定屋盖	弹性	不屈服	允许个别腹杆进入塑性
	活动屋盖	弹性	不屈服	允许个别腹杆进入塑性

5.3.6 整体结构分析

本工程结构形式复杂，采用 PMSAP 和 SAP2000 分别计算。整体计算及混凝土看台构件设计时采用带闭合活动屋盖的模型和不带活动屋盖的模型包络设计。

带活动屋盖的整体模型（活动屋盖全闭合）PMSAP 前四阶整体振型如图 5.3-8 所示。

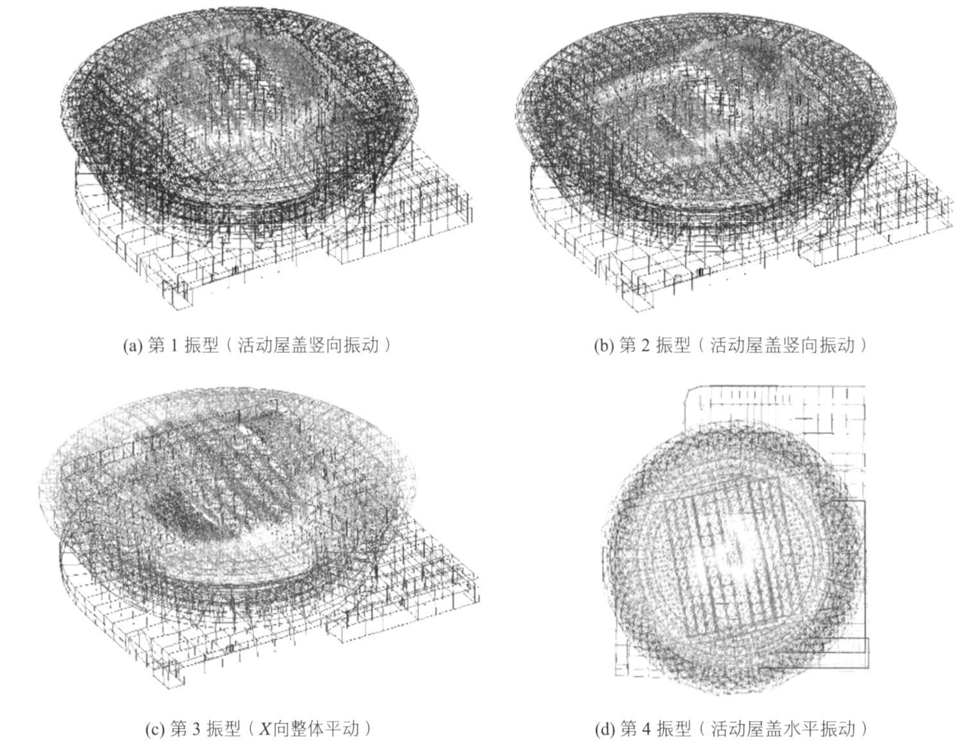

(a) 第 1 振型（活动屋盖竖向振动）　(b) 第 2 振型（活动屋盖竖向振动）

(c) 第 3 振型（X向整体平动）　(d) 第 4 振型（活动屋盖水平振动）

图 5.3-8　带活动屋盖的整体模型的振型

5.3.7 混凝土看台分析

对于带有开合屋盖的建筑，活动屋盖的开合状态与开启形式对下部混凝土结构的体系选择及受力性能影响很大。在进行开合屋盖建筑下部混凝土结构设计时，还应分别考虑活动屋盖在全闭和全开状态下的各种效应。

（1）小震作用下混凝土看台主要计算结果

混凝土看台在小震作用下X、Y方向基底剪力分别为 81909kN 和 93229kN。X方向最大层间位移角为 1/695，Y方向最大层间位移角为 1/568，小于规范限值 1/550。

（2）罕遇地震分析

本工程采用 SAP2000 软件进行大震作用下混凝土结构的非线性时程分析，计算考虑结构材料非线性。罕遇地震时程分析采用三条地震时程：Hollister 波、M2 波及人工波。

计算结果表明，各工况的弹塑性时程分析中结构均出现塑性铰。如图 5.3-9 所示，塑性铰位置主要集中在部分环向梁及径向梁梁端，三层内圈部分柱子柱端。结构关键部位内外层斜向柱子均未出现塑性铰。大部分塑性铰处于 B～IO 阶段，塑性发展程度不高。与看台斜梁最底部相接的柱子端部塑性铰塑性发展程度较高，设计时适当加强。

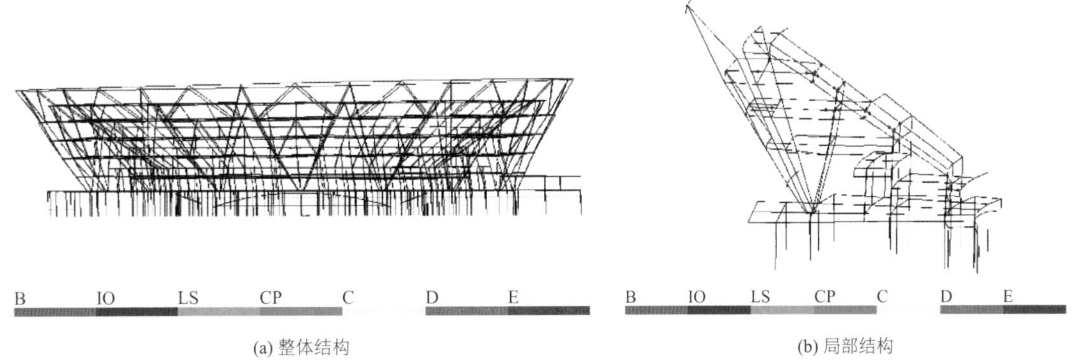

(a) 整体结构　　(b) 局部结构

图 5.3-9 Hollister 波（x : y : z = 1.0 : 0.85 : 0.65）作用下的塑性铰分布

5.4 固定屋盖计算

屋盖钢结构采用 SAP2000 进行计算。分别采用屋盖结构模型、屋盖结构 + 下部混凝土结构模型，屋盖结构模型有带有活动屋盖的模型与将活动屋盖等效为荷载与质量的模型。

固定屋盖的构件应力比控制指标：小震时弦杆为 0.85，腹杆为 0.90，支座撑杆为 0.7；中震时弦杆与腹杆不屈服。

5.4.1 固定屋盖计算结果

为了考察下部混凝土结构对上部钢屋盖的影响，分两种情况进行钢屋盖的分析，第一种情况是整体计算，钢结构屋盖与混凝土结构的连接为铰接；第二种情况是不考虑下部钢筋混凝土结构影响的计算，其支座边界处理为铰接。两种情况屋盖振型如图 5.4-1 所示。

考虑下部混凝土结构后，结构自振周期增大，振型也有所变化。在设计分析时，以带下部混凝土结构的整体模型为主。

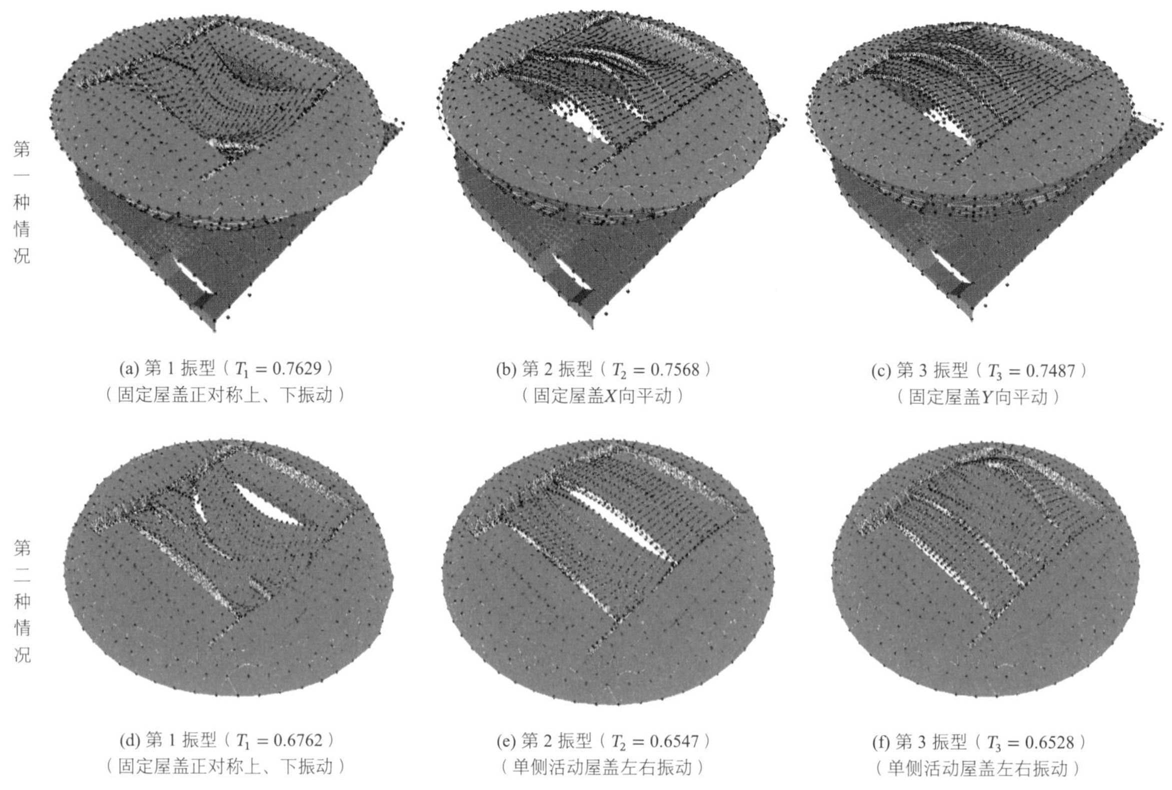

(a) 第 1 振型（$T_1 = 0.7629$）（固定屋盖正对称上、下振动）
(b) 第 2 振型（$T_2 = 0.7568$）（固定屋盖X向平动）
(c) 第 3 振型（$T_3 = 0.7487$）（固定屋盖Y向平动）
(d) 第 1 振型（$T_1 = 0.6762$）（固定屋盖正对称上、下振动）
(e) 第 2 振型（$T_2 = 0.6547$）（单侧活动屋盖左右振动）
(f) 第 3 振型（$T_3 = 0.6528$）（单侧活动屋盖左右振动）

图 5.4-1　固定屋盖在活动屋盖全闭状态时的振型

5.4.2　固定屋盖的稳定性分析

结构稳定分析是空间结构设计中的重要方面之一，在进行固定屋盖的屈曲模态分析时，考虑了结构初始缺陷的影响，取跨度的 1/300 为该网壳结构的最大缺陷值。分析工况分别为：工况 1，恒荷载；工况 2，恒荷载 + 风荷载；工况 3，恒荷载 + 全跨雪荷载；工况 4，恒荷载 + 半跨雪荷载；工况 5，恒荷载 + 风荷载 + 水平地震作用。

（1）特征值屈曲

在进行固定屋盖的屈曲模态分析时，分别计算带活动屋盖模型和将活动屋盖等效为荷载与质量模型两种情况，固定屋盖的屈曲承载力特征值，如表 5.4-1 所示。

屋盖在各工况作用下的屈曲承载力特征值　　表 5.4-1

活动屋盖状态	荷载工况	工况 1	工况 2	工况 3	工况 4	工况 5
活动屋盖全闭	模型 1	10.28	17.03	8.57	4.64	7.59
	模型 2	32.69	33.85	25.09	4.87	20.07
活动屋盖全开	模型 1	13.55	17.03	11.9	6.12	9.26
	模型 2	21.3	33.67	26.66	27.97	18.47

注：模型 1 为带活动屋盖进行分析的结果，模型 2 为只考虑活动屋盖荷载分析的结果。

与固定屋盖相比，活动屋盖将较早出现屈曲，故对于固定屋盖而言，模型 2 的数值比较准确。从上表可以看出，在对称荷载工况下，结构的屈曲特征值较高，在非对称荷载作用下结构的屈曲特征值较低；仅考虑活动屋盖荷载的固定屋盖的模型，特征值较高。各种工况下均能满足《空间网格结构技术规程》

JGJ 7-2010 中安全系数不小于 4.2 的规定。

各工况下的固定屋盖的屈曲模态如图 5.4-2 所示，可以看出固定屋盖在角部削弱严重，容易发生局部屈曲。

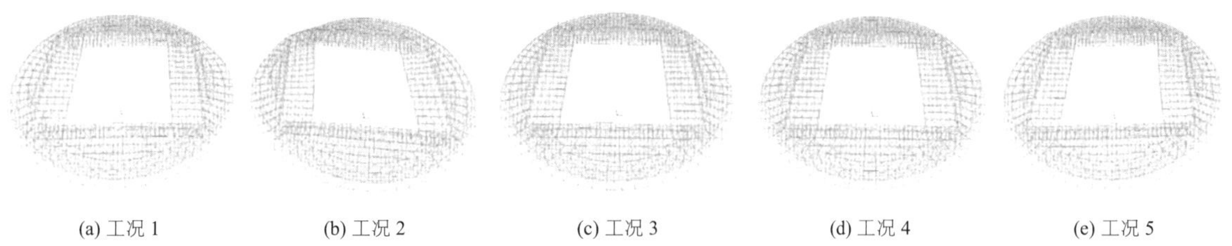

图 5.4-2　活动屋盖全闭状态时各工况下的屈曲模态

（2）几何非线性稳定分析

考虑初始缺陷的影响，对带有活动屋盖的整体模型进行几何非线性分析，分别得到固定屋盖在活动屋盖全闭与全开情况下各工况的屈曲承载力特征值，如表 5.4-2 所示。

屋盖在各工况作用下的屈曲承载力特征值　　表 5.4-2

活动屋盖状态	工况 1	工况 2	工况 3	工况 4	工况 5
活动屋盖全闭	9.6	10.4	8.12	4.51	7.55
活动屋盖全开	10.3	16.2	9.12	5.11	8.35

（3）弹塑性稳定分析（同时考虑几何非线性与材料非线性）

考虑固定屋盖大位移的影响以及弹塑性发展过程和结构初始缺陷对结构极限承载力的影响，对固定屋盖补充了考虑了结构双非线性以及结构初始缺陷的弹塑性稳定分析，其中材料非线性为理想弹塑性，取跨度的 1/300 为结构的初始缺陷的最大缺陷值。用有限元软件 ANSYS 进行分析，其结果如表 5.4-3 所示，安全系数大于 2，满足规范。

活动屋盖全闭状态时固定屋盖的弹塑性极限承载力分析结果　　表 5.4-3

荷载工况	工况 1	工况 2	工况 3	工况 4
极限荷载系数	2.66	3.39	3.19	2.68

工况 1 时中弦层跨中位移-反力曲线如图 5.4-3（a）所示，在恒荷载作用下支座反力为 29826.94kN，极限承载力为 79513.9kN，其极限荷载系数为 2.66。

工况 4 时的中弦层跨中位移-支座反力曲线如图 5.4-3（b）所示，在恒荷载 + 半跨雪荷载标准值作用下支座反力为 37088.2kN，极限承载力为 99499.4kN，极限荷载系数为 2.68。

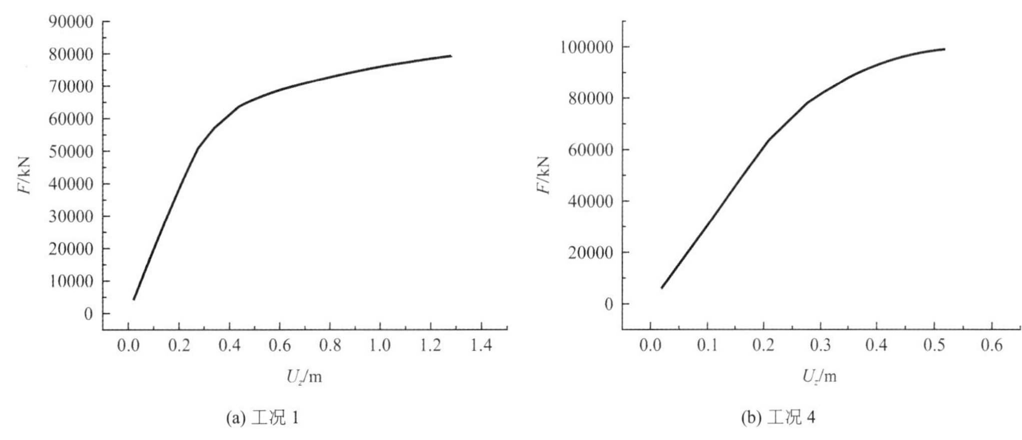

图 5.4-3　跨中位移-支座反力曲线

5.4.3 屋盖结构罕遇地震分析

屋盖结构采用 SAP2000 进行罕遇地震作用下的弹塑性抗震分析，腹杆的塑性铰采用 P 铰，弦杆的塑性铰采用 P-M-M 铰。罕遇地震分析采用与混凝土结构罕遇地震分析相同的地震波。分析结果表明：在罕遇地震作用下，结构位移小于其抗震性能目标规定的位移限值，塑性铰主要分布在腹杆上，且均处于 LS 阶段，弦杆未出现塑性铰，结构具有良好的抗震性能。固定屋盖在 M2 波作用下塑性铰出现的情况如图 5.4-4 所示。

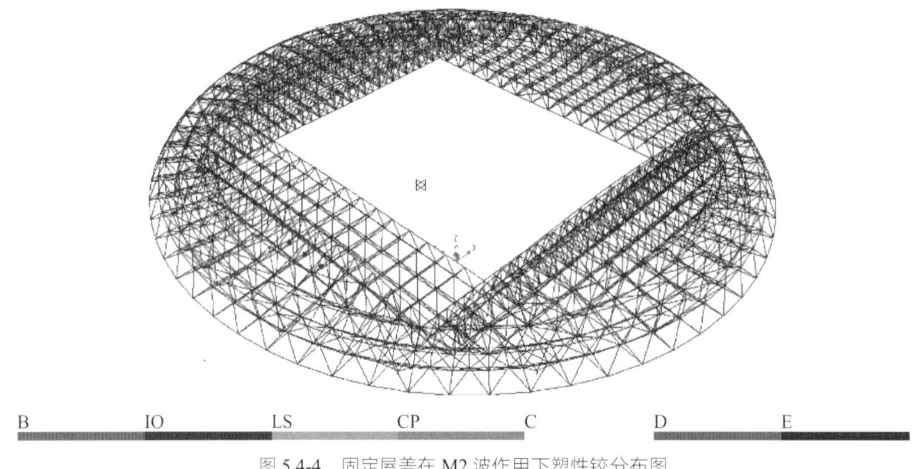

图 5.4-4 固定屋盖在 M2 波作用下塑性铰分布图

5.4.4 固定屋盖在竖向地震作用下的响应

（1）多遇地震及设防烈度地震作用下的响应

采用 SAP2000 进行固定屋盖在多遇及设防烈度竖向地震作用下的弹性时程分析。地震波采用 Hollistr 波、M2 波和一条人工波，固定屋盖的基底反力与反重比详见表 5.4-4。

竖向地震作用下弹性时程分析的基底反重比　　表 5.4-4

地震作用	Hollistr 波		M2 波		人工波		反应谱法	
	基底反力/kN	反重比	基底反力/kN	反重比	基底反力/kN	反重比	基底反力/kN	反重比
小震	2587.65	6.11%	2351.41	5.55%	3729.96	8.8%	3352.35	7.9%
中震	4695.12	11%	5084.74	12.01%	8329.2	19.6%	8446.5	19.95%

注：基底反力是钢屋盖支座处的反力，其中不包括重力荷载代表值产生的反力。反重比是基底反力与固定屋盖和活动屋盖的重力荷载代表值的比值。

（2）罕遇地震作用下的响应

采用 SAP2000 进行固定屋盖在罕遇地震作用下的动力时程分析。固定屋盖的基底反力与反重比如表 5.4-5 所示。

罕遇地震作用下时程分析的基底反力与反重比　　表 5.4-5

地震作用	Hollistr 波		M2 波		人工波	
	基底反力/kN	反重比	基底反力/kN	反重比	基底反力/kN	反重比
Z方向	7098.42	16.76%	7904.78	18.67%	9896.12	23.37%

在罕遇地震作用下固定屋盖跨中节点的位移时程如图 5.4-5 所示。

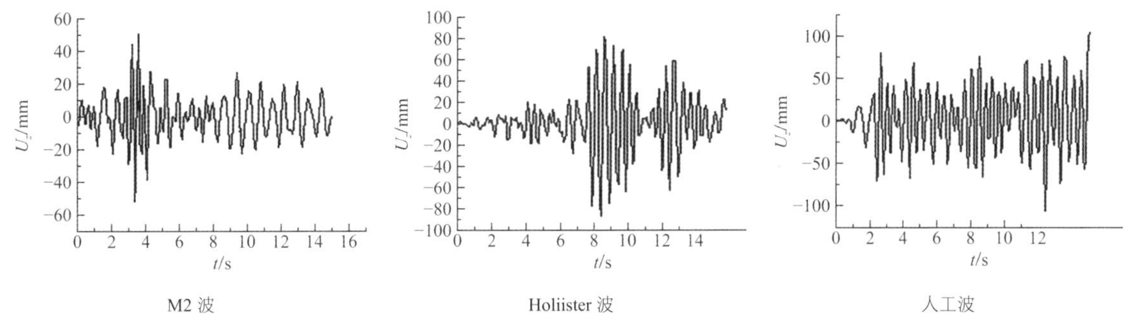

图 5.4-5 各时程波作用下的固定屋盖跨中节点位移时程曲线

屋盖结构在竖向地震作用下的塑性铰的分布如图 5.4-6 所示。

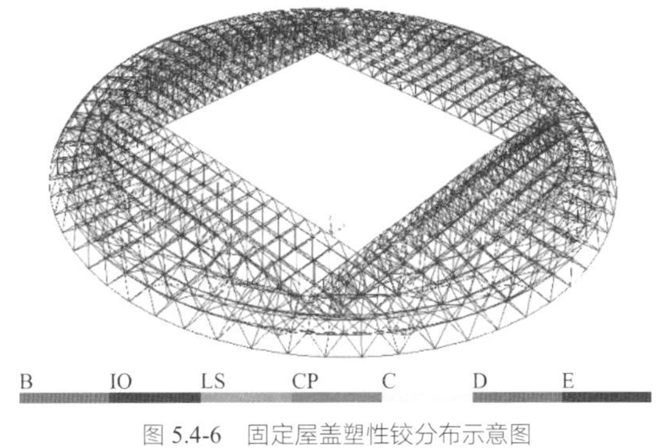

图 5.4-6 固定屋盖塑性铰分布示意图

在竖向罕遇地震作用下，结构位移小于其抗震设防性能目标的位移限值，结构出现较少的塑性铰，主要分布在腹杆上，网架的弦杆未出现塑性铰，表明结构在大震作用下具有良好的抗震性能。

5.4.5 活动屋盖开启过程对固定屋盖的影响

在活动屋盖从全闭合到全开启过程中，考虑活动屋盖对固定屋盖的影响，分别取不同位置，分析弦杆、腹杆和支座支撑杆的最大应力比随着活动屋盖逐渐开启时的变化情况。活动屋盖开启过程的各状态详见图 5.4-7。

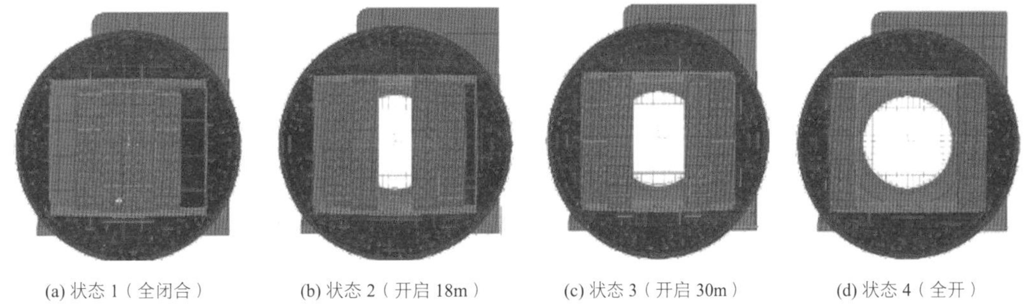

(a) 状态 1（全闭合）　(b) 状态 2（开启 18m）　(c) 状态 3（开启 30m）　(d) 状态 4（全开）

图 5.4-7 活动屋盖开启过程的各状态

弦杆、腹杆和支座撑杆的最大应力比随着活动屋盖逐渐开启时的变化情况详见表 5.4-6。

弦杆、腹杆和支座撑杆的最大应力比　表 5.4-6

项目	状态 1	状态 2	状态 3	状态 4
弦杆	0.71	0.78	0.76	0.79
腹杆	0.69	0.768	0.74	0.81
支座支撑杆	0.61	0.69	0.65	0.69

45°方向支座反力随着活动屋盖开启时的变化情况如表 5.4-7 所示。

45°方向支座反力（1.0 恒荷载 + 0.5 活荷载） 表 5.4-7

项目	状态 1	状态 2	状态 3	状态 4
支座反力/kN	9674.2	9655.1	9506.13	9573.24

计算结果说明，在活动屋盖从闭合到开启过程中，固定屋盖的强度能满足设计要求，支座反力变化也不太显著。

5.5 活动屋盖计算

活动屋盖计算分析时，分别进行了整体模型和活动屋盖单独模型的计算。整体模型计算了活动屋盖全闭、1/2 开启、全开三种情况。整体分析时，将活动屋盖与支承结构在锁定点耦合 3 个线位移进行受力变形分析。实际上耦合点由于存在台车支座的相对变形，计算所得的节点力偏大。

活动屋盖单独计算模型计算时，桁架支座约束考虑了台车的弹簧刚度。台车与活动屋盖的连接节点均按刚性连接，且台车约束绕刚性杆轴的扭转自由度。

5.5.1 计算模型

活动屋盖采用 SAP2000 进行计算。预应力拉索采用索单元模拟，预应力效应通过单元的初内力实现。计算时考虑竖向地震作用及施工模拟。

（1）施工模拟

预应力桁架采取了减小水平推力的特殊施工方法。其施工步骤分为 3 步：

第 1 步：平面桁架拼装完成，荷载工况为结构自重，桁架一端支座为滑动支座；

第 2 步：桁架下弦钢拉索施加预应力，荷载工况为结构自重，桁架一端为滑动支座；

第 3 步：拼装桁架之间的支撑杆件，形成整体结构，此时将滑动端支座固定形成固定铰支座，荷载工况为屋面恒荷载、活荷载、吊挂荷载、温度作用、地震作用等。

计算模型为固定屋盖 + 活动屋盖的整体模型，按施工顺序将结构构件、荷载工况、边界条件划分为若干组，分别进行施工阶段定义。计算时采用时间依从效果的方式进行分析，得到每一个阶段完成状态下的结构内力和变形，在下一阶段程序会根据新的变形对模型进行调整，从而可以模拟施工的动态过程。

（2）支座边界条件的定义

实际支座为平面桁架拱脚固定在具有一定高度的台车上，台车沿运行轨道运动，计算模型中的边界条件应与实际情况吻合，计算模型中采用 Link 单元模拟边界条件。Link 单元的弹性刚度定义：垂直轨道方向，台车提供 3000kN/m 的水平刚度；顺轨道方向约束；竖直方向刚度为无穷大。

5.5.2 计算结果

1）活动屋盖动力特性分析

开合屋盖的开启率将引起结构动力特性的变化。为了掌握开合结构的自振特性，分别对国家网球馆在 5 种不同开启率的自振周期与振型进行了计算分析，其前 8 阶振型的自振周期如表 5.5-1 所示。

从计算结果可以得出，结构的振型与自振周期随活动屋盖开合状态的不同而变化，但由于活动屋盖的总质量相对于固定屋盖以及下部混凝土结构较小，自振周期变化不大，各阶振型的特征比较接近。

国家网球中心结构的前 8 阶自振周期（单位：s）　　表 5.5-1

振型	开启状态				
	全闭	1/4 开启	1/2 开启	3/4 开启	全开
第 1 振型	0.7639	0.7660	0.7692	0.7738	0.7805
第 2 振型	0.7625	0.7555	0.7550	0.7532	0.7519
第 3 振型	0.7550	0.7486	0.7391	0.6848	0.6763
第 4 振型	0.6600	0.6584	0.6627	0.6570	0.6592
第 5 振型	0.6579	0.6541	0.6536	0.6415	0.6465
第 6 振型	0.6530	0.6520	0.6346	0.6195	0.6179
第 7 振型	0.5959	0.6253	0.6184	0.6128	0.6011
第 8 振型	0.5880	0.5982	0.6024	0.6018	0.5766

2）活动屋盖计算分析结果

（1）构件的强度及整体稳定验算

中震作用下构件应力比限值：桁架弦杆不大于 0.85、支座斜杆不大于 0.7、腹杆不大于 0.9，杆件应力比如图 5.5-1 所示。

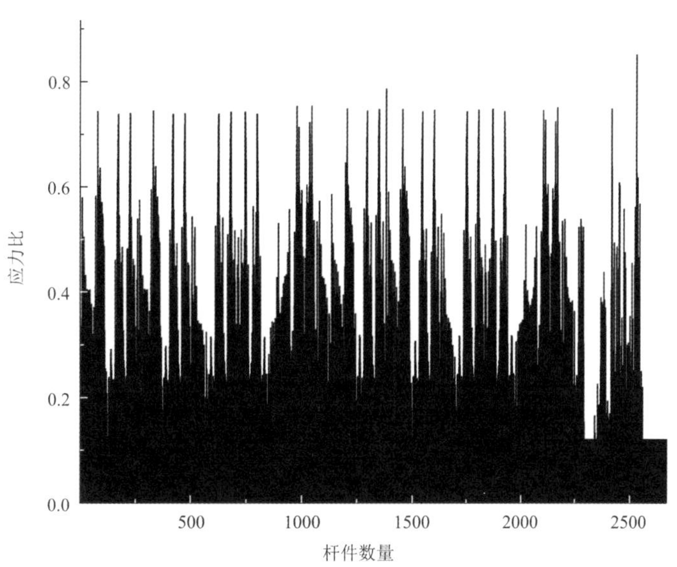

图 5.5-1　活动屋盖结构杆件应力比统计图

（2）各工况下的活动屋盖跨中挠度详见表 5.5-2。

活动屋盖上弦跨中挠度（单位：mm）　　表 5.5-2

屋盖编号	恒荷载	预应力	活荷载	降温 56℃	升温 65℃	X向小震	Y向小震	Z向小震	风吸
A1、A2	−136	48	− 55	−59	82	24.7	3.6	32.4	126.8
B1、B2	−111	33	− 58	−64	92	18.7	5.3	13.5	133.9

预应力产生的反拱与结构自重产生挠度部分抵消，上层屋盖（A1、A2）在恒荷载 + 活荷载作用下挠

度为 143mm，挠跨比为 1/517；下层屋盖（B1、B2）在恒荷载 + 活荷载作用下挠度为 136mm，挠跨比为 1/515，满足屋盖结构容许挠度值 1/250 的要求。

5.6 专项设计

5.6.1 复杂节点设计关键技术

国家网球中心新馆立面 V 形柱由两根内 V 柱、两根外 V 柱以及一根内柱组成，5 根柱子在二层汇交，节点构造非常复杂，是结构受力最关键的部位。在设计时采取以下措施：①按照“强节点”的原则进行设计，节点部位钢板局部加厚，节点承载力具有较大的冗余度；②节点构造尽量简单，便于钢结构加工制作、混凝土浇筑以及钢筋的连接。

节点区的设计在确保可靠传递 5 根柱子内力的同时，又要做到构造尽可能简单，满足施工操作的可行性，综合上述因素，节点区采用了钢管混凝土为主的构造形式，在节点区端部设置过渡段实现钢骨混凝土构件与钢管混凝土构件的转换。

V 形柱汇交节点分为两种类型，D 轴线 V 形柱与内斜柱相交形成的节点称为 A 型节点，支承屋盖 4 根直柱与 V 形柱相交形成的节点称为 B 型节点。A、B 型节点如图 5.6-1 所示。

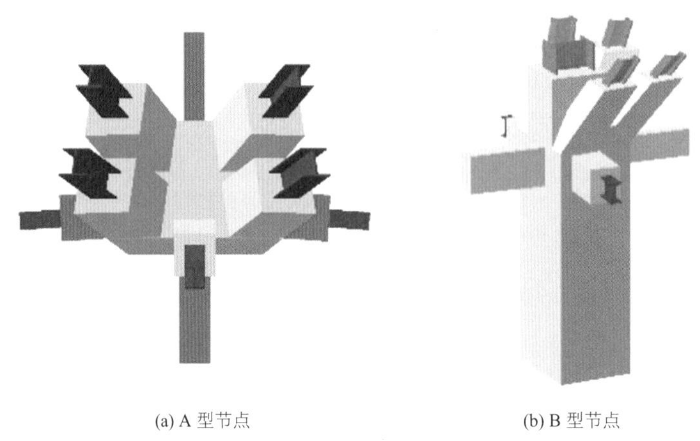

(a) A 型节点　　(b) B 型节点

图 5.6-1　A、B 型节点几何构造

A 型由两根内 V 柱、两根外 V 柱以及一根内斜柱组成，5 根柱子在 6.030m 标高处相交，节点形式如图 5.6-2（a）～（c）所示。内、外 V 柱均为钢骨混凝土柱（图 5.6-2d、f），内斜柱为钢筋混凝土柱（图 5.6-2e），在节点域采用带竖向隔板与加劲肋的钢套筒，便于与 V 形柱的钢骨连接，型钢混凝土柱的钢筋则通过与钢套筒侧壁焊接，从而避免了大量交叉钢筋的连接、锚固问题，有效增强了节点的强度，大大降低了施工难度，施工实施情况良好。

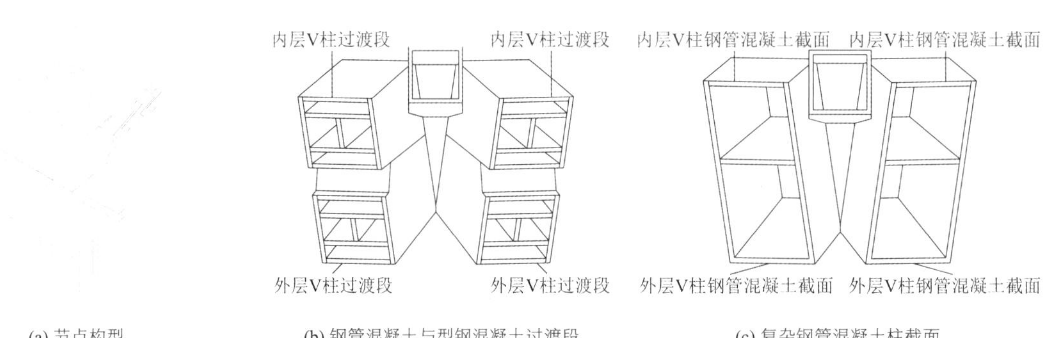

(a) 节点构型　　(b) 钢管混凝土与型钢混凝土过渡段　　(c) 复杂钢管混凝土柱截面

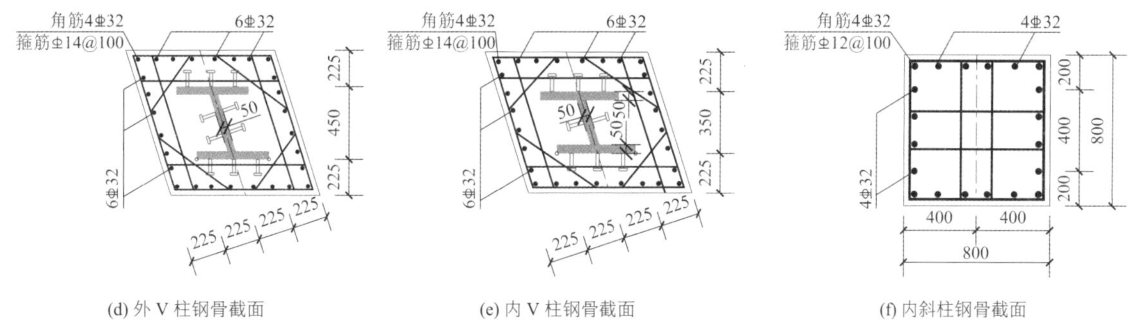

(d) 外 V 柱钢骨截面　　(e) 内 V 柱钢骨截面　　(f) 内斜柱钢骨截面

图 5.6-2　A 型 V 柱汇交节点

为确保 V 柱汇交节点的安全，满足“强节点弱构件”的设计原则，设计中采取保证钢管混凝土过渡区截面承载力不小于与之相连的型钢混凝土柱截面。同时将节点区的钢管混凝土截面承载力适当提高。钢管混凝土中钢管壁厚均为 50mm，加劲肋厚度为 40mm、30mm。

（1）型钢混凝土柱与钢管混凝土过渡区承载能力的比较

针对型钢混凝土柱与钢管混凝土过渡区，分别采用有限元软件 XTRACT 进行了截面承载力计算，计算结果如图 5.6-3、图 5.6-4 所示。通过计算结果可知，内、外 V 柱的钢管混凝土过渡区截面抗拉压承载力与受弯承载力均大于相邻的型钢混凝土柱的截面承载力。

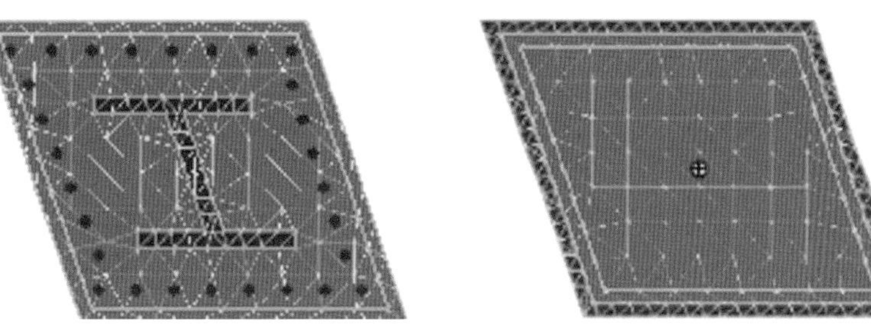

(a) 钢骨混凝土截面有限元网格划分　　(b) 钢管混凝土截面有限元网格划分

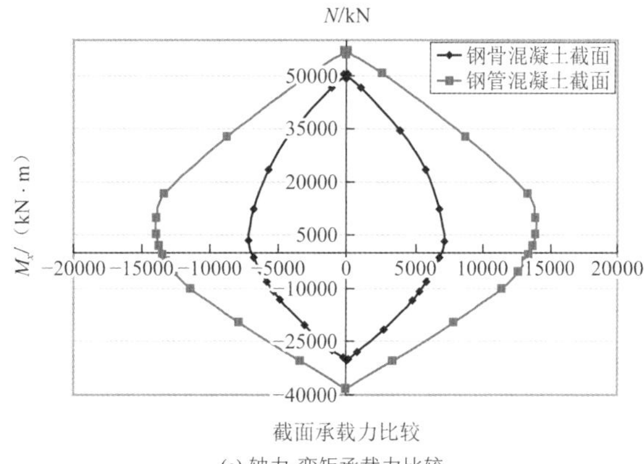

截面承载力比较

(c) 轴力-弯矩承载力比较

图 5.6-3　内 V 柱钢骨混凝土梁截面与钢管混凝土截面承载能力比较

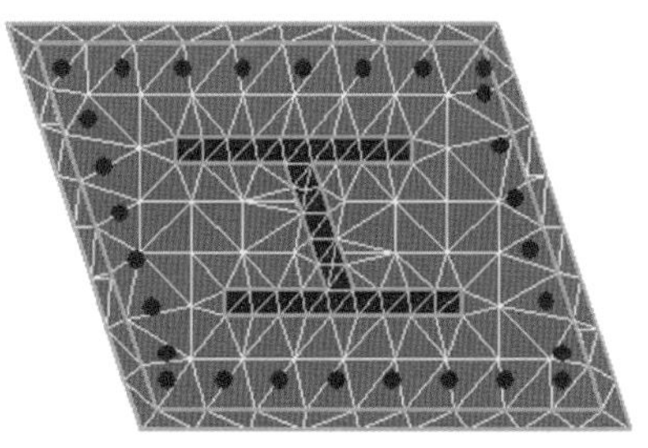

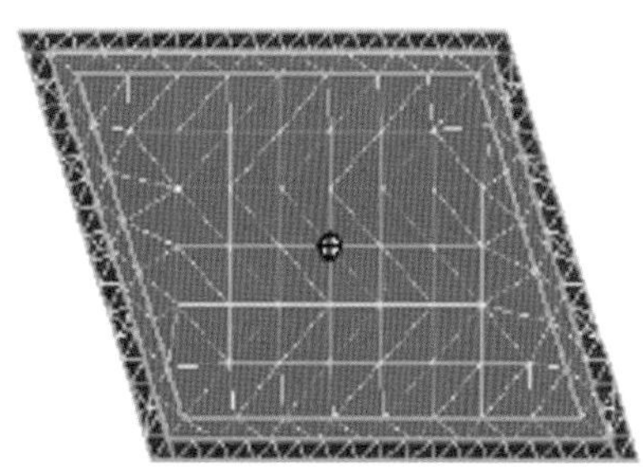

(a) 钢骨混凝土截面有限元网格划分　　(b) 钢管混凝土截面有限元网格划分

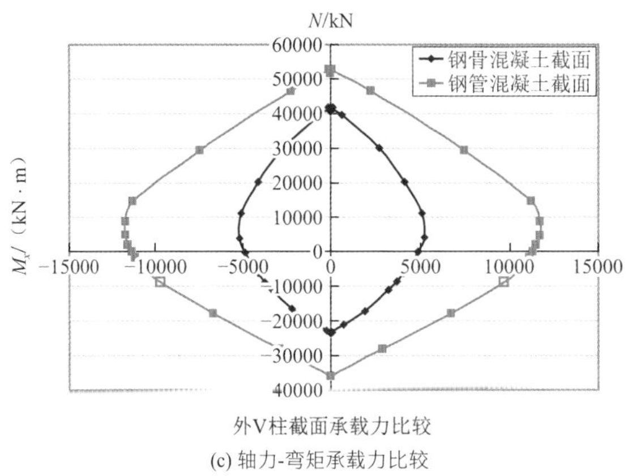

外V柱截面承载力比较

(c) 轴力-弯矩承载力比较

图 5.6-4　外 V 柱钢骨混凝土梁截面与钢管混凝土截面承载能力比较

（2）合并段钢管混凝土截面与下部型钢混凝土柱承载能力的比较

A 型 V 柱节点截面承载力计算结果分别如图 5.6-5 所示，由图可知，钢管混凝土节点域的受拉、受压承载力及受弯承载力均大于下部钢骨混凝土柱截面承载力。

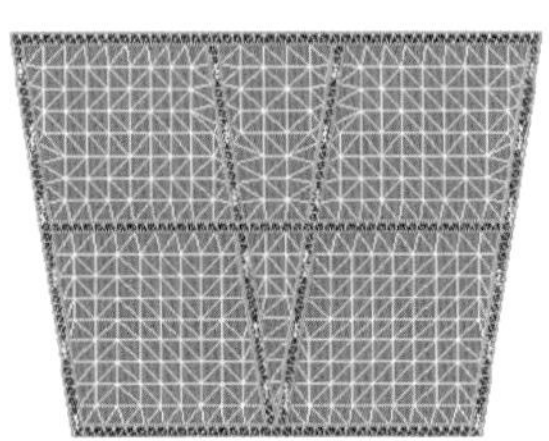

(a) 节点域钢管混凝土截面单元网格划分

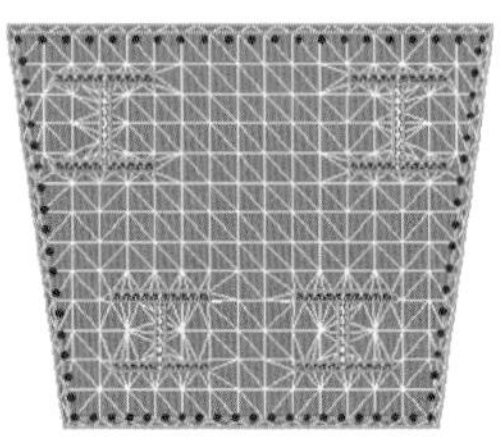

(b) 型钢混凝土柱单元网格划分

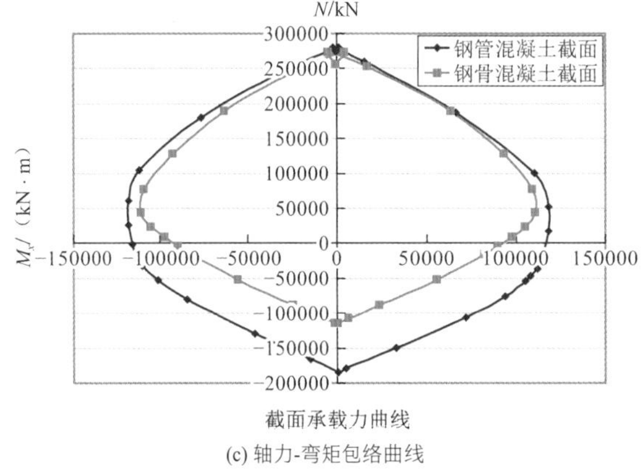

截面承载力曲线

(c) 轴力-弯矩包络曲线

图 5.6-5　A 型 V 柱型钢混凝土柱与钢管混凝土节点域承载能力比较

通过上述计算可知，V 柱节点区采用的钢管混凝土构件与型钢混凝土柱转换的节点形式，可以实现多个型钢混凝土构件通过过渡段转变为钢管混凝土构件，其截面承载力均有增强，充分满足“强节点、弱构件”的设计原则。

（3）V 柱节点有限元分析

应用 CATIA 软件建立节点的几何模型，有限元分析软件 ANSYS 进行计算分析。计算模型采用 solid45、shell63 单元分别模拟混凝土与钢材两种材料。

在中震工况下［1.0DL（恒荷载）+ 0.5LL（活荷载）+ 0.4E_z（z向地震作用）+ 1.0E_x（x向地震作用）］，V 柱节点的 Mises 应力如图 5.6-6 所示。通过有限元分析结果可以看出，节点域钢板在中震组合作用下的应力分布比较均匀，仅在外 V 柱根部弯折处有少许应力集中，且应力水平在设计允许范围内，节点区混凝土应力分布也比较均匀，但同样在外 V 柱根部弯折处存在应力集中，且拉、压应力水平在混凝土设计强度范围内。计算分析说明采用的节点几何构型合理，节点安全可靠。

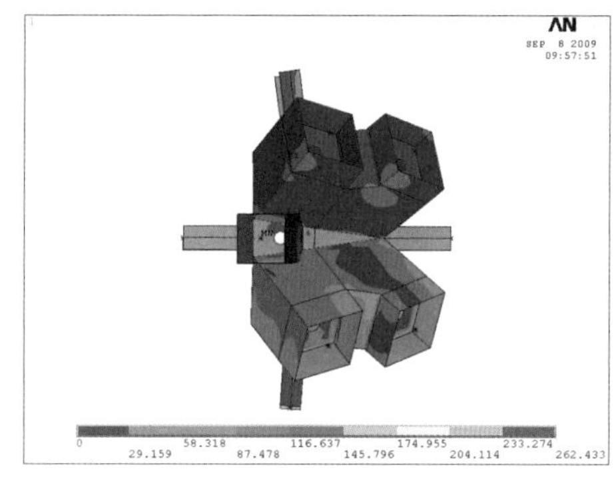

(a) 节点域钢管

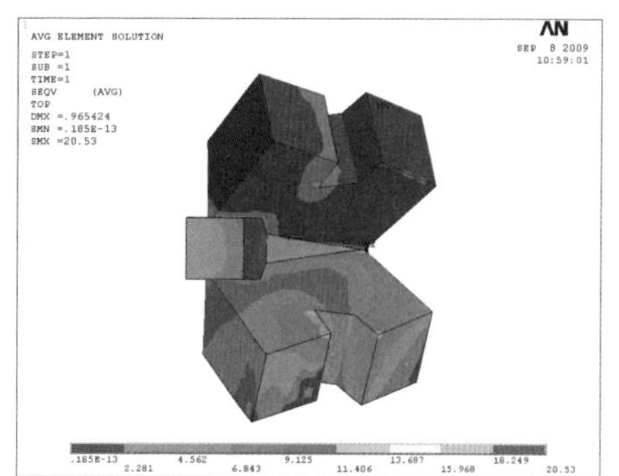

(b) 节点域混凝土

图 5.6-6　V 柱节点在[1.0DL + 0.5LL + 0.4E_z + 1.0E_x]工况下的 Mises 应力云图

5.6.2　立面 V 形柱屈曲稳定验算

由于立面 16 组 V 形柱形式特殊，与内部混凝土结构联系较弱，外立面 V 形柱在顶部由环梁连接在一起，与楼层结构完全脱开且距离很大，故此对其稳定性进行了专项分析。

立面 V 形柱受到风、地震、正负温差等水平方向的荷载作用以及竖向重力荷载作用，而外环 V 形斜柱体系的面外稳定主要受水平荷载控制。由于外立面 V 形桁架为杆系结构，迎风面很小，风荷载不是控制因素，因此仅考察地震作用下 V 形桁架的稳定性。

在X向多遇地震作用下，当荷载因子达到 83.4 时，下部混凝土结构顶部的外环 V 形桁架发生屈曲失稳；在Y向多遇地震作用下，当荷载因子达到 82.7 时，外环 V 形桁架发生屈曲。看台结构在地震作用下的屈曲模态如图 5.6-7 所示。

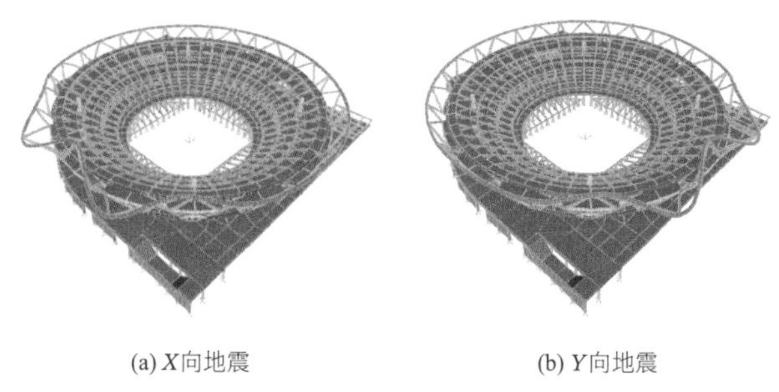

(a) X向地震　　(b) Y向地震

图 5.6-7　看台结构在水平地震作用下的屈曲模态

在重力荷载作用下，外立面 V 形桁架受力均匀，V 形柱有向外倾倒的趋势，但由于顶部环梁的约束作用，结构的稳定性得到加强，当荷载因子达到重力荷载代表值的 37.2 倍时，外环 V 形桁架发生屈曲失稳，如图 5.6-8（a）所示。在计算时考虑升温与降温作用，当温度升高达到设计正温差的 58.9 倍时，整体发生面外屈曲变形，正温差作用下的屈曲模态如图 5.6-8（b）所示。

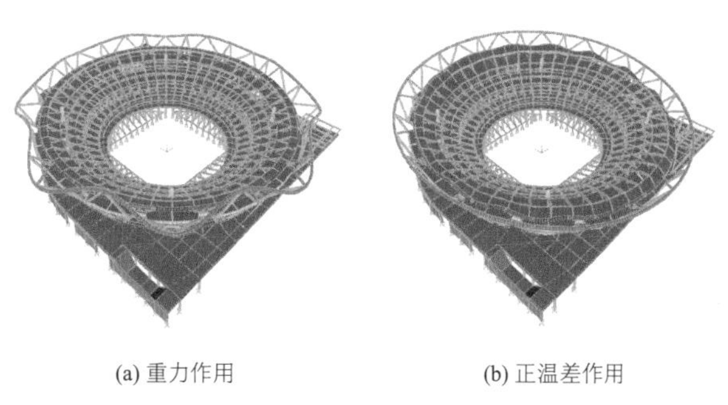

(a) 重力作用　　(b) 正温差作用

图 5.6-8　看台结构在重力与温度作用下的屈曲模态

综上所述，立面V形柱体系受力明确，在水平与竖向荷载作用下的屈曲因子很大，参照《空间网格构技术规程》JGJ 7-2010中结构弹性稳定系数不小于4.2的要求，可知外环V形柱与梁在其面外的稳定性很好。

5.6.3 固定屋盖变形与起拱分析

活动屋盖通过台车支承在固定屋盖的轨道桁架之上，活动屋盖从全闭状态到全开状态的移动过程中，对轨道的平整度要求很高。为了确保活动屋盖的顺畅运行，除确保轨道桁架具有足够的刚度外，还应考虑对固定屋盖进行预起拱。

（1）活动屋盖轨道变形分析

活动屋盖在自重作用下“行走”时所引起的固定屋盖竖向位移计算时，轨道位置记录点如图5.6-9所示。

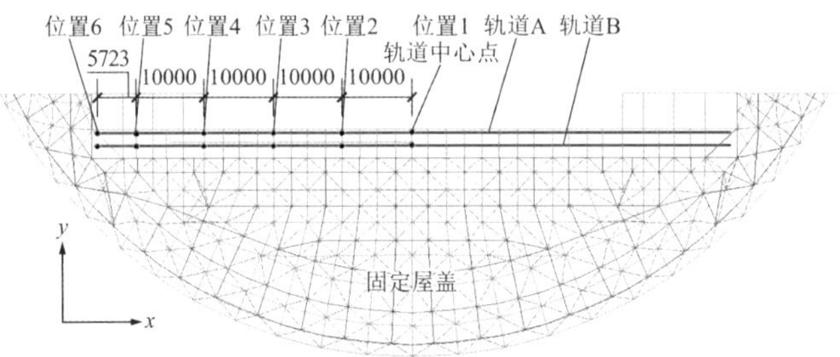

图5.6-9 活动屋盖轨道位置记录点示意图

在活动屋盖荷载作用下，固定屋盖轨道梁的最大位移计算结果如表5.6-1、表5.6-2所示。

固定屋盖轨道桁架（A轨）在不同开启状态时的竖向位移（单位：mm） 表5.6-1

位置/开启状态	全闭	1/4开启	1/2开启	3/4开启	全开
位置1	−90.94	−82.10	−75.74	−57.69	−49.08
位置2	−82.92	−77.46	−71.82	−53.97	−45.44
位置3	−62.49	−60.79	−58.59	−43.65	−35.36
位置4	−33.35	−33.63	−34.32	−25.91	−22.40
位置5	−9.810	−9.960	−11.00	−11.30	−14.90
位置6	−11.20	−11.42	−12.19	−12.89	−15.92

固定屋盖轨道桁架（A轨）在不同开启状态时的横向位移（单位：mm） 表5.6-2

位置/开启状态	全闭	1/4开启	1/2开启	3/4开启	全开
位置1	−18.47	−12.87	−10.21	−6.822	−4.838
位置2	−16.46	-14.76	−11.51	−7.295	−5.061
位置3	−15.96	−17.16	−16.63	−10.69	−6.072
位置4	−15.07	−16.10	−16.42	−13.44	−13.00
位置5	−2.620	−2.710	−2.890	−6.110	−4.480
位置6	−2.199	−2.248	−2.354	−3.420	−5.704

注：Z方向负位移值表示位移方向向下。

（2）固定屋盖起拱设计

预起拱值可参考固定屋盖的变形值确定。国家网球馆开合屋盖为常闭状态，在活动屋盖全闭状态时固定屋盖的轨道桁架变形值最大，故采用全闭状态时的结构挠度作为预起拱的反变形值。由于固定屋盖节点数量多，直接按照计算值预起拱比较繁琐，因此，需要在活动屋盖轨道变形分析的基础上，寻找一种简洁、实用、高效的起拱方式，建立一个通用的起拱方程。

固定屋盖的外形为圆形，参考圆板在恒荷载作用下的变形方程，最初采用的固定屋盖预起拱变形值为极坐标半径的四次方程，其控制方程如下：

$$f = a(r-30)^4 + b(r-30)^2 + c，30 \leqslant r \leqslant 70 \tag{5.6-1}$$

式中：r——网架所在节点与固定屋盖中心点的距离，单位为 m；

f——屋盖预起拱变形值，单位为 mm。

根据活动屋盖轨道 1/2 处、1/4 处的位移和固定屋盖外边缘处的位移，求得控制方程中的参数，得到初步的预起拱方程如下：

$$f = 6.426 \times 10^{-6}(r-30)^4 - 5.99 \times 10^{-2}(r-30)^2 + 71.37 \tag{5.6-2}$$

该起拱方程的曲线如图 5.6-10（a）所示。从初步起拱方程的变形曲线来看，该反变形趋势与 SAP2000 计算结果大体一致，但起拱值整体偏大，并且由于圆形固定屋盖中间布置有活动屋盖，实际位移在轨道端部附近存在“拐点”。因此，固定屋盖的预起拱需要进行修正。

从初步起拱方程的曲线可以看出，固定屋盖的变形在$r = 47$m时，位移变形存在“拐点”，因此对预起拱方程修正如下：

$$f = a_1(r-30)^4 + b_1(r-30)^2 + c_1 + a_2(r-47)^3 + b_2(r-47)^2 + c_2 r，30 \leqslant r \leqslant 70 \tag{5.6-3}$$

根据活动屋盖轨道 1/2 处的位移、1/4 处的位移、轨道端部位移、支座位移和固定屋盖外边缘处的位移，求得控制方程中的参数，最终得到本工程采用的修正起拱方程如下：

$$\begin{aligned} f = 6.426 \times 10^{-6}(r-30)^4 - 5.99 \times 10^{-2}(r-30)^2 + 71.37 - \\ 5.68 \times 10^{-3}(r-30)^3 + 0.192(r-30)^2 + 0.317r \end{aligned} \tag{5.6-4}$$

修正后的起拱方程曲线如图 5.6-10（b）所示，从修正后的起拱方程曲线可以看出，固定屋盖的预起拱趋势不仅与 SAP2000 解保持一致，而且在活动屋盖轨道区域起拱值与计算值拟合精度非常高，在固定屋盖的其他区域亦能满足工程起拱需要。

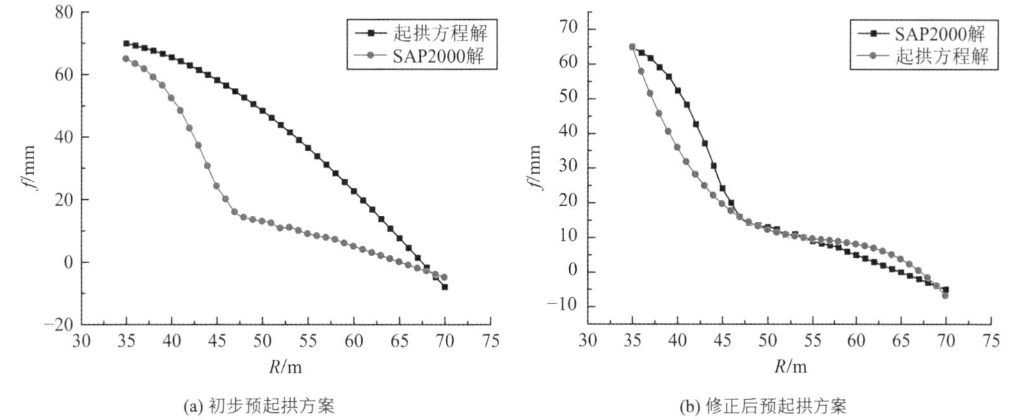

(a) 初步预起拱方案

(b) 修正后预起拱方案

图 5.6-10　预起拱方程与 SAP2000 计算结果的对比

5.6.4　驱动控制系统设计

活动屋盖驱动系统的基本方式是活动屋盖沿着水平轨道从两侧向屋盖中心移动闭合或反向移动开启。采用电动机带动齿轮齿条啮合的驱动方式，通过电动机驱动齿轮牵引活动屋盖，通过台车、轨道等部件将活动屋盖的荷载传至固定屋盖。

驱动装置包括电机减速机、水平反力轮、驱动浮动平台等，通过同步控制实现动力的接力传递。驱动装置要保证在屋盖运动过程中，可以适应结构变形引起的传动偏差，随结构变形做调整，保证齿轮齿条的啮合状态稳定。

活动屋盖的驱动控制系统应具有对主体结构安装偏差、极端气象温度、风荷载、雪荷载等作用下结构变形的充分适应能力。在活动屋盖运行过程中，驱动控制系统可适应轨道桁架的水平变形量不小于±100mm、垂直变形量不小于±150mm，以及两侧轨道存在的不对称变形，并容许活动屋盖支点与固定屋盖出现相对转动变形。

1）台车顶部与活动屋盖下弦支座的连接

通过台车、轨道等部件将活动屋盖的荷载传至固定屋盖。活动屋盖下弦支座杆件通过法兰盘和高强螺栓与台车顶部的构件相连接，在台车设计时应考虑风荷载和地震作用下产生的拉力，并严格控制台车及附属设施的自重。

2）台车装置

台车装置用于支撑活动屋盖，采用平衡梁双轮结构，根据轮压和支撑点反力确定。台车应运转灵活，尽量减小滚动阻力，避免噪声，考虑附加载荷及极限载荷作用。

台车应能提供 3000kN/m 的水平刚度，应在台车上设置防倾覆机构，使台车在风荷载、地震作用及活动屋盖运行时起抗拉与抗侧力作用，防止屋盖漂移、车轮脱轨，适应两侧轨道的非对称变形与轨道自身轴线的转动。台车的所有电器元件与装置选择应满足使用温度环境的可靠性要求。在断电或故障维修状态下，设有可靠的锁紧装置，将台车锁定在屋盖轨道任意位置上。

3）轨道梁结构

轨道梁采用箱形截面，应在主体结构卸载完成后安装就位。其连接构造应能够充分适应主体结构的安装变形，保证轨道平整光滑，在连接处将焊缝打磨平整，满足台车平稳运行要求。台车轨道应采用高强钢材，具有足够的强度与刚度，以控制轨道在台车运行中的变形量，在满足活动屋盖运行时轨道刚度要求下，尽量减轻自重。

轨道梁是保证水平约束和防倾覆装置起作用的受力支撑结构。活动屋盖在水平、垂直方向的荷载最终都传递到轨道梁上。轨道梁还承担活动屋盖结构和固定结构之间荷载的传递，承担机械驱动系统的动力传递，在活动屋盖系统中起过渡和连接的作用。

通常结构的变形协调，以及驱动系统的传动调整，都是通过与轨道梁的几何关系实现的。轨道梁要有足够的刚度、合理的几何精度、适当的安装连接形式来实现上述功能。

4）活动屋盖车档

轨道端部设置行走端止设备、缓冲器，端止设备和连接点应具有足够强度能够刹住以正常速度运转的开启屋盖。应有效控制各个车档受力的同步性，当个别车档节点出现超载时，可以自动将作用力转移至其他车档，确保主体结构的安全性。

5）轨道桁架计算分析

采用 SAP20000 计算，分别计算在活动屋盖全开、半开、全闭三种状态下，轨道桁架在恒荷载和活荷载作用下的竖向变形曲线。在三种状态下，竖向变形均为中间大，两端小，全闭状态变形最大，如图 5.6-11 所示。在全闭状态下，恒荷载作用下最大变形为−95mm，活荷载作用下最大变形为−19mm，恒荷载 + 活荷载作用下为−114mm。轨道桁架跨度为 90m，挠跨比为 1/790，说明轨道桁架均有足够的刚度。

活动屋盖运行过程中，对轨道的平整度要求较高，因此，在施工中要求对桁架起拱。起拱值参考固定桁架在恒荷载下的变形值确定，以恒荷载作用下桁架的挠度作为起拱的反变形值。起拱后，满足轨道平整度要求。

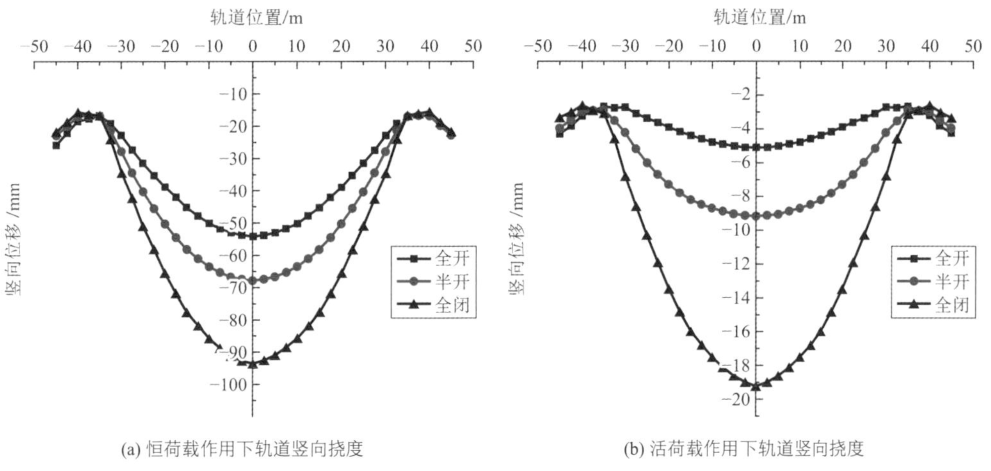

(a) 恒荷载作用下轨道竖向挠度　　(b) 活荷载作用下轨道竖向挠度

图 5.6-11　轨道竖向挠度

6）支座及轨道设计

为了保证活动屋盖的安全平稳运行及力的可靠传递，需进行合理的支座及轨道设计。

轨道及行走机械布置在轨道桁架上弦表面。轨道桁架宽 4.5m，行走机械采用单轮双轨设计，活动屋盖荷载通过台车传到下部结构。轨道采用两根箱形梁作为轨道梁，轨道梁通过支撑钢板固定于轨道桁架的上弦横杆。图 5.6-12 为轨道梁与桁架连接图。

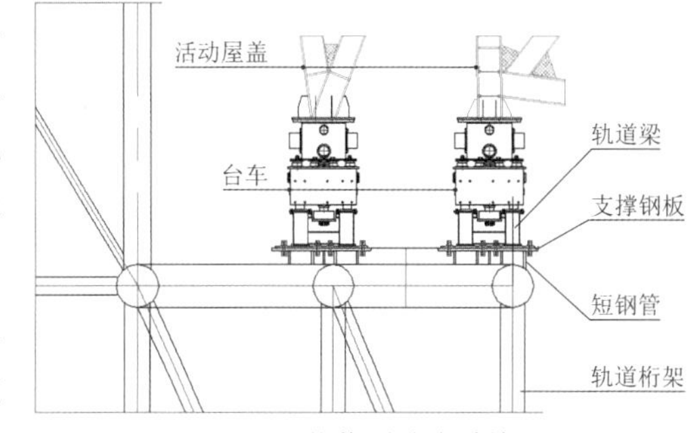

图 5.6-12　轨道梁与桁架连接图

采用通用有限元软件 ANSYS 对活动屋盖台车和轨道梁进行分析，结合部采用绑定形式来处理零件之间的接触非线性问题。以第四强度理论对其强度进行评估和校核。

根据活动屋盖荷载作用，台车及轨道梁设计时考虑 A、B、C 三种荷载组合（表 5.6-3）。台车及轨道梁在荷载组合 A 作用下整体等效 Mises 等效应力详见图 5.6-13。

直接作用在台车顶部的荷载组合　　表 5.6-3

	荷载组合 A	荷载组合 B	荷载组合 C
竖向力R_Z/kN	−364	−364	−403
水平力R_Y/kN	−378 (向拱跨外侧的推力)	223 (向拱跨内侧的推力)	−164 (向拱跨外侧的推力)

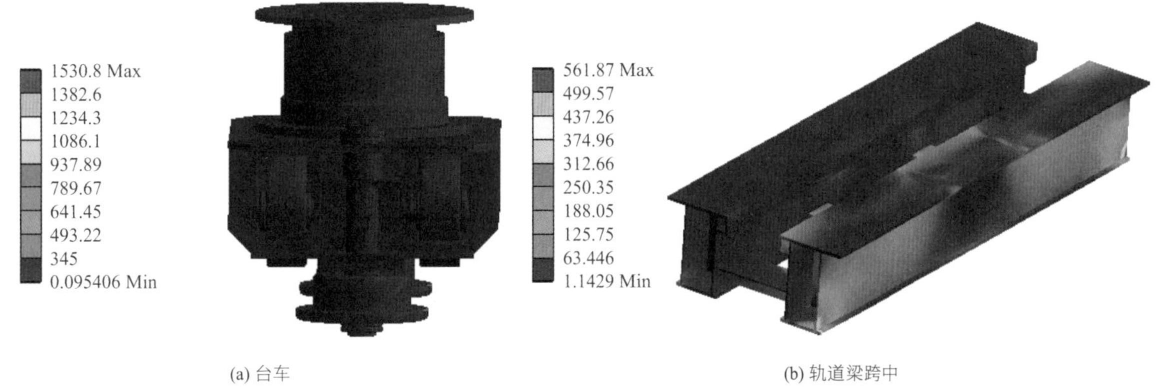

(a) 台车　　(b) 轨道梁跨中

图 5.6-13　上部荷载组合 A 作用下台车及轨道整体 Mises 等效应力（单位：MPa）

根据有限元分析，台车在荷载组合 C 作用下最大等效应力为 293.8MPa，导轨梁跨中在荷载组合 C 作用最大等效应力为 280MPa，均小于材料的屈服极限 345MPa，符合强度要求。

5.7 结语

国家网球中心“钻石球场”位于北京市奥林匹克公园北区，是全球观众容量最大、设施最先进的网球场之一。在结构设计中的主要创新技术如下：

（1）根据结构体系复杂、柱底力差异大以及桩端持力层埋深浅、层厚小的特点，在立面受力较大的主体结构底部设置环形承台，提高基础的安全性与抗震性能。

（2）结合建筑立面布置 16 组 V 形柱，与 48 榀径向框架及环向框架共同构成抗侧力体系。

（3）在 V 形柱内设置钢骨形成的型钢混凝土构件，可有效增强构件的抗拉与抗剪强度，满足建筑对构件截面尺寸的限制。

（4）屋盖周边支承在 16 组 V 形柱顶。此外，在看台结构的 4 个角部各有一根混凝土框架柱向上延伸，作为屋盖结构的中间支承点，有效增大了屋盖刚度，有利于活动屋盖平稳运行。

（5）结合建筑造型与活动屋盖的开启方式，固定屋盖采用网壳结构，在活动屋盖行走轨道范围内采用双层网架与桁架相结合的方式，在其他部位采用三层网壳结构，结构刚度较大，用钢量减小。

（6）针对屋盖支座布置与活动屋盖运行时的变形特点，建立固定屋盖相应的起拱曲面方程，便于钢屋盖加工制作与现场安装控制。

（7）活动屋盖由 4 个单元构成，采用双层拱形结构，上层单元跨度为 74.6m，下层单元跨度为 71m，使其能够达到较大的开启率。

（8）采用“等效使用年限”的概念，提出活动屋盖处于非基本开合状态与运行状态的抗震设计方法，有效改善了结构的经济性。

（9）开启状态对台车的竖向反力影响显著，通过对活动屋盖与固定屋盖相互作用机理分析，得到活动屋盖运行过程中台车反力变化规律及轨道桁架的变形规律，确定其最不利位置。

（10）为了避免屋盖支座受力不均匀而出现的上拔力，在进行施工模拟分析的基础上，在结构卸载以及所有重力荷载施加完毕后再焊接相应的支座。

（11）将结构合龙温度的理念进一步延伸，在焊接安装支座时，严格控制在设计要求的温度范围内进行，避免出现过大的正、负温差。

（12）当杆件之间的夹角很小时，为了减小网架空心球直径，采用部分杆件之间搭接的方式，并进行了相应的有限元分析。

（13）提出钢筋混凝土构件与型钢混凝土构件复杂节点的构造形式，节点受力主要由箱形钢管承担，混凝土主要起到增强承压能力、锚固钢筋及防火保护等作用。节点构造简单，综合运用钢筋连接板、连接器等方式，确保连接可靠与节点混凝土浇筑质量达标，施工方便。

参考资料

[1] 范重，范学伟，赵长军，等. 国家网球馆“钻石球场”结构设计[J]. 建筑结构, 2013, 43(4): 1-9.

[2] 彭翼，范重，栾海强. 国家网球馆“钻石球场”开合屋盖结构设计[J]. 建筑结构, 2013, 43(4): 10-18.

[3] 范学伟，胡纯炀，范重，等. 国家网球馆“钻石球场”混凝土结构设计[J]. 建筑结构, 2013, 43(4): 19-25.

[4] 范重，王义华，栾海强，等. 开合屋盖结构设计荷载取值研究[J]. 建筑结构, 2011, 41(12): 39-51.

[5] 范重，杨苏，栾海强. 空间结构节点设计研究进展与实践[J]. 建筑结构学报, 2011, 32(12): 1-15.

[6] 范重，赵长军，李丽，等. 国内外开合屋盖的应用现状与实践[J]. 施工技术, 2010, 39(8): 1-7.

[7] 范重，孟小虎，彭翼. 开合屋盖结构动力特性研究[J]. 建筑钢结构进展, 2015, 17(4): 27-36.

[8] 刘锡良. 现代空间结构[M]. 天津: 天津大学出版社, 2003.

设计团队

结构设计单位：中国建筑设计研究院有限公司（方案设计 + 初步设计 + 施工图设计）

结构设计团队：范　重、胡纯炀、范学伟、彭　翼、赵长军、杨　苏、王义华、吴学敏、刘学林、肖　坚

执　笔　人：杨　苏、范　重

获奖信息

2012 年中国建筑学会“第七届全国优秀建筑结构设计”一等奖；

2013 年第十七届北京市优秀工程设计一等奖。

第 6 章

霞田文体园-体育场

6.1 工程概况

6.1.1 建筑概况

霞田文体园位于福建省泉州市德化县，包括一场两馆，即体育场、游泳馆、篮球馆。游泳馆、篮球馆屋面结构体系采用单层 H 型钢劲性索，体育场屋面结构体系采用单层索网，建筑屋面做法均为膜结构屋面。

体育场建筑功能为丙级体育场，总建筑面积 14690m^2，包括混凝土框架结构看台、单层索网屋盖及配套辅助用房，其中看台最大标高 21.000m，屋盖最大标高 50.000m。体育场屋盖结构采用一边刚性边界 + 三边柔性线边界单层索网屋盖，跨度 210m × 54m，屋盖整体由月牙形钢环梁、钢斜柱作为边界条件，下凹的承重索和上凸的稳定索正交布设形成单层索网屋盖，通过环索和封边索连接到桅杆上，并设置斜索平衡，如图 6.1-1 所示。

图 6.1-1　霞田文体园效果图

6.1.2 设计条件

1. 主控参数（表 6.1-1）

控制参数表　　表 6.1-1

项目		标准
结构设计基准期		50 年
建筑结构安全等级		二级
结构重要性系数		1.0
建筑抗震设防类别		标准设防类（丙类）
地基基础设计等级		乙级
设计地震动参数	抗震设防烈度	6 度
	设计地震分组	第三组
	场地类别	Ⅱ类
	特征周期	0.45s
	基本地震加速度	0.05g

续表

水平地震影响系数最大值	多遇地震	0.04
	设防烈度	0.12
	罕遇地震	0.28
地震峰值加速度	多遇地震	$18cm/s^2$

2. 恒荷载

（1）结构受力构件（钢拱、钢斜柱、钢桅杆、索等）自重由计算软件自动考虑。

（2）屋面附加恒荷载：$0.2kN/m^2$，包括膜、膜连接件、膜中次索等，不包括主体结构索夹节点自重。

（3）索夹及节点自重：承重索与抗风索节点集中荷载 1.5kN，环索与承重索集中荷载 50kN，边索与抗风索集中荷载 30kN，吊索与下拉索集中荷载 1kN，钢桅杆柱顶集中荷载 300kN。

（4）附属设备，本项目索网屋面不设置马道、音响、灯光等附属设备，故无需考虑此部分荷载。

3. 活荷载

屋面活荷载：$0.3kN/m^2$。

4. 风荷载

（1）基本风压：$w_0 = 0.4kN/m^2$（$n = 50$）、$w_0 = 0.5kN/m^2$（$n = 100$）。

（2）体型系数μ_s、风压高度变化系数μ_z、风振系数β_z，根据风洞试验结果取值。风洞试验中每 10°一个方向角，共计 36 个风向角，图 6.1-2 是风向角示意图。

对于体育场单体，0°风向角下对应最大风吸工况，180°风向角下对应最大风压工况。由于篇幅所限，本节仅摘录 0°和 180°两个风向角下的风洞试验结果。图 6.1-3 分别是 0°风向角下、180°风向角下的$\mu_s\mu_z$。

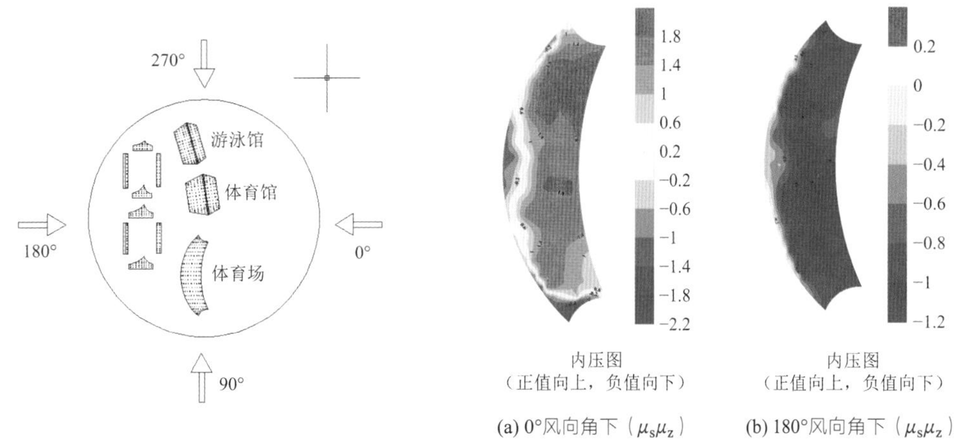

图 6.1-2 风向角示意图

图 6.1-3 不同风向角下的风荷载参数

5. 雪荷载

项目建设场地位于福建省泉州市德化县，且不属于九仙山范围，无雪荷载，因此设计中不考虑雪荷载作用。

6. 温度作用

根据德化县气象局提供的德化县近十年（2008—2018 年）温度记录数据可知：极端最高气温 36.1℃、低端最低气温−4.8℃；月平均最高气温 31.6℃，月平均最低气温 3.6℃，考虑 15℃的辐射温差，取钢结构合龙温度为 15℃ ± 5℃可知，最大升温36.1℃ + 15℃ − 10℃ = 41.1℃，最大降温20℃ − (−4.8℃) = 24.8℃。

6.2 建筑特点

体育场屋盖结构采用一边刚性边界 + 三边柔性线边界单层索网屋盖，跨度分别为 210m、54m，屋盖整体由月牙形钢环梁、钢斜柱作为边界条件，下凹的承重索和上凸的稳定索正交布设形成单层索网屋盖，通过环索和封边索连接到桅杆上，并设置斜索平衡。建筑方案与结构简图如图 6.2-1 所示。

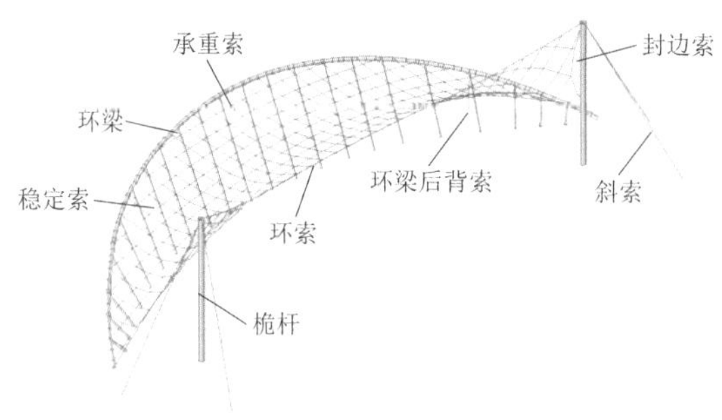

图 6.2-1　建筑方案与结构简图

6.3 结构体系与分析

6.3.1 方案对比

屋盖建筑方案为双向马鞍形曲面，与结构的单层索网体系具有一致性，建筑师和结构工程师从原始方案（方案 A）经过多轮优化形成最终方案（方案 D），如图 6.3-1 所示。各方案的演进过程介绍如下：

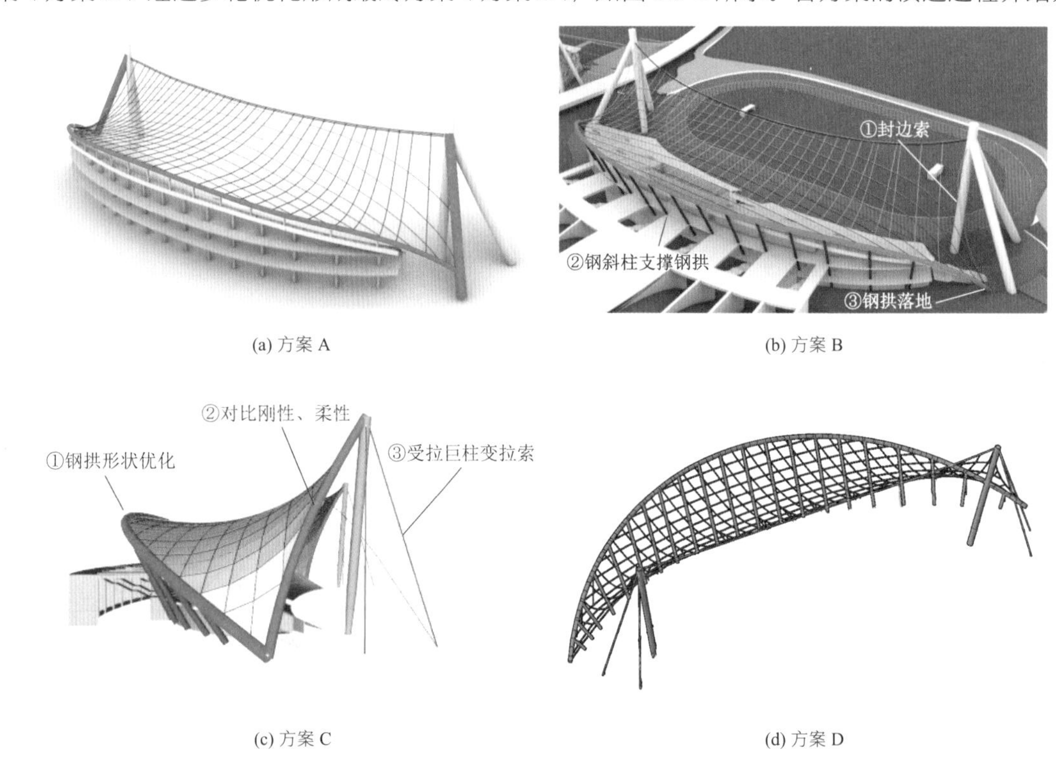

(a) 方案 A　(b) 方案 B　(c) 方案 C　(d) 方案 D

图 6.3-1　方案 A～方案 D 示意图

（1）方案 A 至方案 B：纵向抗风索锚固点由巨柱调整为封边索；钢拱由支撑于看台调整为支撑于外侧斜柱，即主看台的竖直柱调整为斜柱；钢拱由支撑于巨柱调整为钢拱直接落地。

（2）方案 B 至方案 C：优化钢拱弧线，确保钢拱为平面弧线，进一步提高钢拱的稳定性；柔性封边索修改为刚性封边构件；两根受拉的巨柱由刚性构件调整为柔性拉索。

（3）方案 C 至方案 D：侧面的刚性封边构件还原为柔性索；受压的刚性巨柱调整为柱底铰接的受压杆；优化屋面环索、承重索、稳定索的形态分布。

索网整体方案确定后，对屋面承重索和稳定索的排布对比了两种方案，如图 6.3-2、图 6.3-3 所示。

方案 1 中，承重索沿短向布置，抗风索沿纵向布置，同时增设了部分对角斜索。对角斜索的存在使得索网面内刚度大大增大，在同等变形要求下可以降低索网内力。但是对角斜索的存在使得索夹节点受力复杂，索夹存在较大的不平衡力。通过对承重索和抗风索形态的进一步优化，取消了对角斜索，最终方案中承重索和稳定索在水平投影面内保持正交状态，大大简化了后期索网节点的设计。

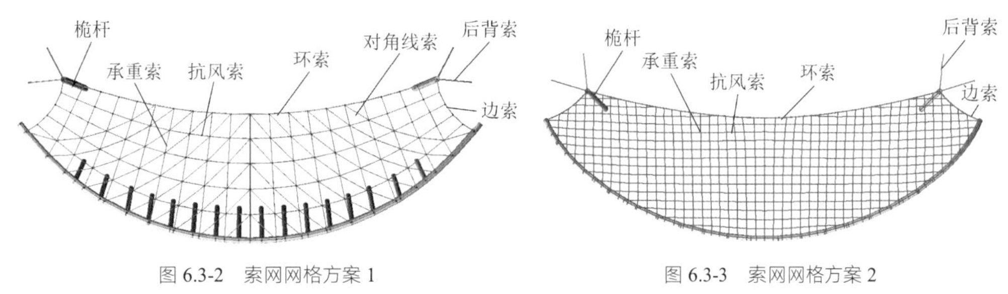

图 6.3-2　索网网格方案 1

图 6.3-3　索网网格方案 2

6.3.2　结构布置

体育场下部主体结构（看台）为混凝土框架体系，地上四层。屋面采用单层索网，看台的后方设置落地钢拱作为单层索网的一个刚性边界，看台的前方和两侧设置柔性的环索和封边索作为单层索网的三个柔性边界。

看台两侧的封边索，一端连接于落地的钢拱拱脚、另一端连接在看台两侧的钢桅杆顶。看台前方的环索则支撑于看台两侧的钢桅杆顶部。通过钢拱、封边索、环索组成了屋面索网的四个支撑边界，其中看台后侧的钢拱为刚性边界，其余三边为柔性边界。

屋盖罩棚短向长（屋盖横向尺度）54m，纵向跨度 210～170m，其中索网环索直线跨度 170m，抗风索和钢拱的跨度均为 210m。

屋盖索网采用正交正方网格形单层索网，横向设置承重索，纵向设置抗风索，横向和纵向抗风索交叉形成 7m × 7m 网格。承重索和抗风索均采用高钒密封索，其特点是截面小、强度高、耐久性好，索夹抗滑移性能良好。承重索和抗风索直径在 40～90mm 之间。

1. 结构形式新颖，为开敞式柔性边界的单层索网

在常规的单层索网结构形式上，结合建筑功能和造型，采用一边刚性边界 + 三边柔性边界的创新设计。开敞式的柔性边界采用桅杆 + 后背索的形式，实现大跨度、大空间的特点。结构整体造型新颖，屋面轻盈飘逸，且富有力量感，属于新型结构体系，为国内外首创。

2. 结构受力传递路径复杂

索网、环梁（包括钢环梁、环索、封边索）形成整体受力体系，结构内侧为受拉环索，环索的拉力由正交式单层索网传递到环梁，使外环梁形成受压梁。同时，环索两侧与桅杆连接，在桅杆后方设置后斜索以保证桅杆受力平衡。

3. 结构非线性强，桅杆平衡施工控制难度高

本工程为柔性索网结构，非线性强，桅杆按二力杆设计，下端为固定球形铰支座，上部连接环索、

封边索和两道后背索，在索网施工过程中形状不断发生改变，体系内力不断发生重新分配，造成桅杆的位形和承受的内力在整个施工过程中不断发生变化，故该结构体系在施工过程中保持桅杆的受力平衡尤为关键。

6.3.3 性能设计

1. 概述

本工程为复杂大跨空间结构，通过动力弹塑性分析验证结构在设防地震和罕遇地震下的反应及构件损伤破坏状况，确定结构的抗震性能。

（1）对结构在设防地震和罕遇地震作用下的非线性性能给出定量解答，研究本结构在地震作用下的变形形态、构件的塑性及其损伤情况以及整体结构的弹塑性行为，具体的研究指标包括、结构变形、塑性应变、混凝土受压损伤等。

（2）研究结构关键部位、关键构件的变形形态和破坏情况，重点考察的部位主要包括：钢桅杆、钢拱、钢斜柱、环索、背索等。

（3）论证整体结构在设防地震和罕遇地震作用下的抗震性能，对结构的抗震性能给出评价，并对结构设计提出改进意见和建议。

2. 计算模型

本工程下部看台为混凝土结构，上部罩棚为单层索网钢结构，两者通过钢拱下方的钢斜撑相连。分别建立了三个不同的结构计算模型，即单独上部屋盖索网结构模型（M1），单独下部混凝土看台模型（M2），下部混凝土看台和上部索网屋盖整体模型（M3），对应的 ABAQUS 计算模型见图 6.3-4～图 6.3-6。

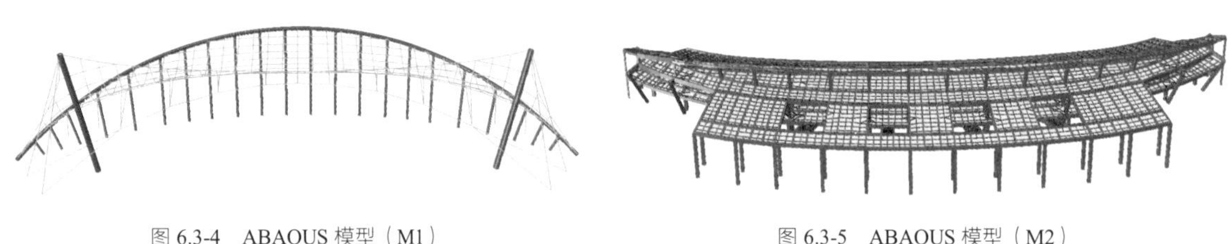

图 6.3-4 ABAQUS 模型（M1）

图 6.3-5 ABAQUS 模型（M2）

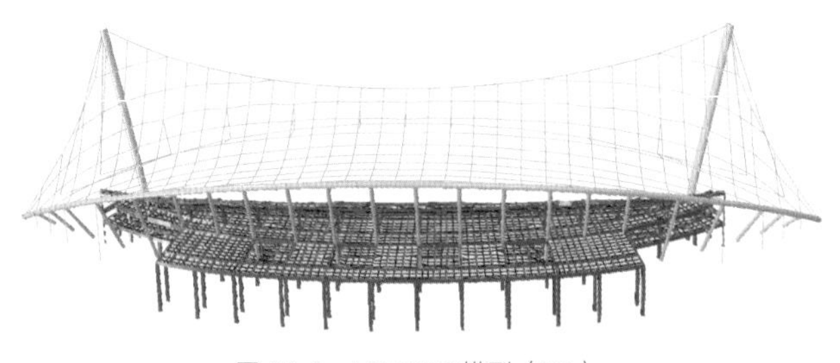

图 6.3-6 ABAQUS 模型（M3）

动力弹塑性分析采用如下步骤进行：首先由弹性设计的 YJK 模型和 MIDAS Gen 模型生成 ABAQUS 模型。然后对 ABAQUS 模型进行结构重力加载分析，形成结构初始内力和变形状态。最后输入满足规范要求的地震波，计算结构在中震和大震下的动力响应。在重力加载分析之前，先进行结构模态分析，用以判断 ABAQUS 模型的正确性。

3. 模态与初始态计算

（1）模态计算

ABAQUS 计算所得的前 6 阶模态与 MIDAS Gen 弹性分析时的前 6 阶模态基本一致，ABAQUS 计算的前 6 阶模态全部是索网屋面的竖向振动，与“索网的面外刚度比面内刚度小”的基本力学概念一致，前 6 阶模态如图 6.3-7 所示。索网面外的竖向振动也呈现出反向/正向交替状态，与基本振动理论符合，以上结果均表明 ABAQUS 有限元模型是准确可行的，其后续的分析结果是可信的。

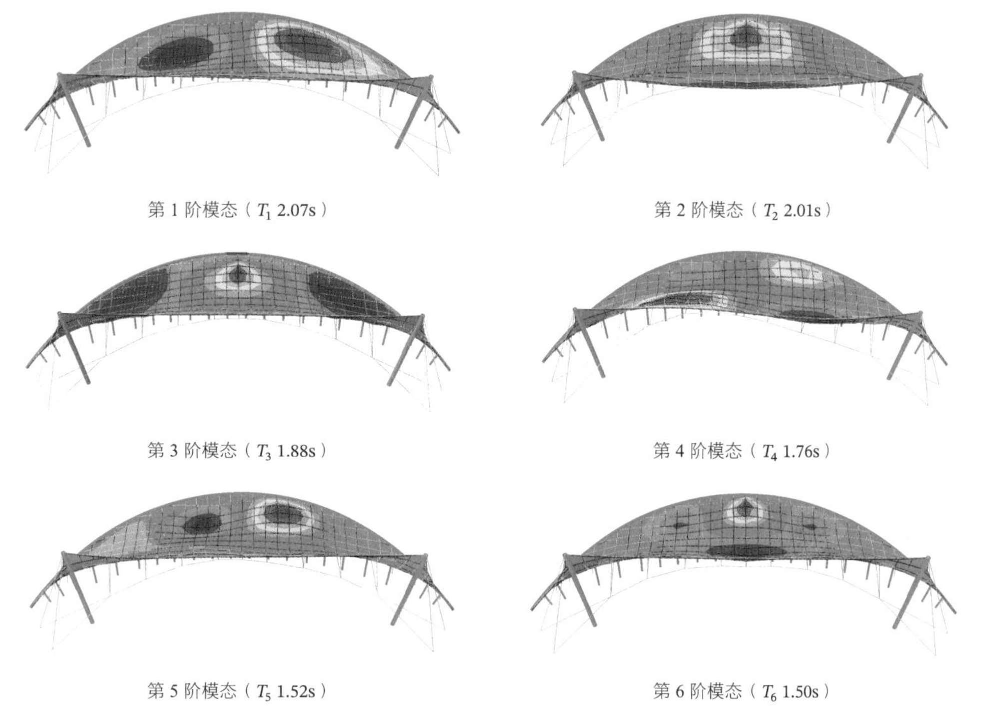

第 1 阶模态（T_1 2.07s）　第 2 阶模态（T_2 2.01s）

第 3 阶模态（T_3 1.88s）　第 4 阶模态（T_4 1.76s）

第 5 阶模态（T_5 1.52s）　第 6 阶模态（T_6 1.50s）

图 6.3-7　前 6 阶模态

（2）初始态

本工程为单层索网体系，单层索网属于完全柔性结构体系，初始态应力刚度为零的状态下，结构的刚度亦为零，属于几何可变体系。结构承受外荷载之前，必须先施加预应力，通过预应力产生的应力刚度使结构具有能够承担荷载的刚度。因此在所有计算分析之前，必须先引入预应力。按照抗震规范要求，罕遇地震弹塑性分析时结构所受重力应取为重力荷载代表值。在施加重力荷载代表值后的平衡状态下，输入地震波，进行时程计算。由于单层索网是完全柔性的结构体系，其变形与刚性结构的变形从概念上是有区别的，柔性体系的结构变形（即规范中要求的变形限值）的计算是从预应力态到荷载态的变形差值。即初始态是计算结构在荷载作用下变形值的基准状态。

4．钢桅杆轴力

屋盖左右两侧的两根钢桅杆是整个索网的核心支承构件，钢桅杆的结构安全对屋盖安全起到决定性的作用。如图 6.3-8、图 6.3-9 所示，钢桅杆在单独屋盖模型（M1）和看台 + 屋盖的整体模型（M3）两个模型的计算中，轴力均在 45000kN 以内。罕遇地震下的轴力均小于静力工况下的轴力，桅杆柱可以满足大震弹性的要求，且罕遇地震对桅杆柱的设计不起控制作用。

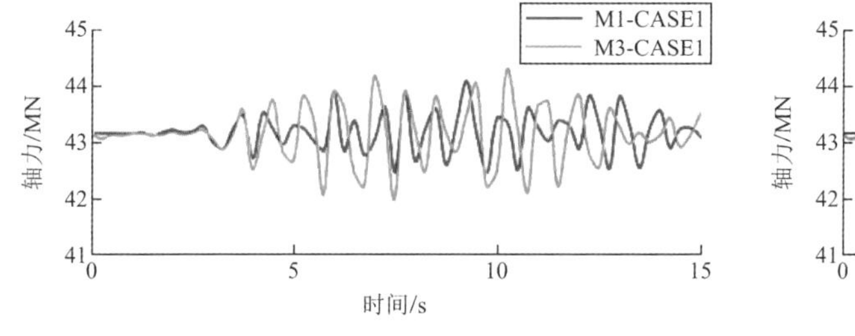

图 6.3-8　x主方向地震作用下梭形柱轴力时程

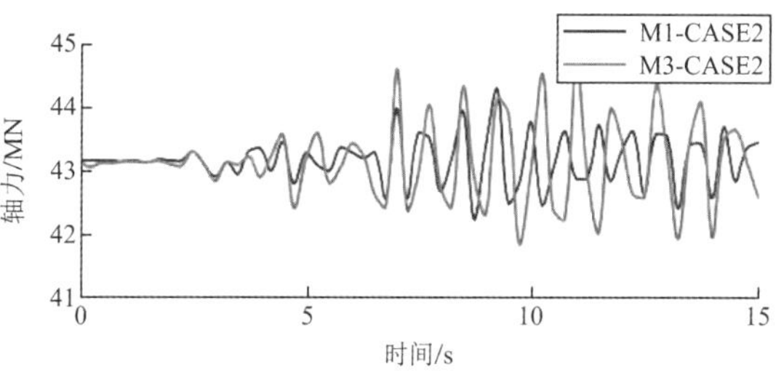

图 6.3-9　y主方向地震作用下梭形柱轴力时程

5. 环索应力

环索是本工程中最大的一组柔性边界，环索两端分别支承在钢桅杆上，所有的承重索均连接于环索之上，环索的形状受建筑造型限制呈倾斜抛物线状态，其竖向位移分量不能过大，否则会影响下方的净高，水平位移分量不宜过大，否则会无法覆盖下方看台。环索内力的数值大小又直接影响两侧钢桅杆和钢桅杆后斜拉索的设计。因此环索的内力值应大小适中，图 6.3-10、图 6.3-11 为环索在罕遇地震下的应力时程曲线，在地震波作用的前几秒钟，两个模型下的环索应力变化有所不同，随着地震作用时间的继续增加，两个模型下的环索应力出现一定差别，但最大峰值应力基本相同。这表明混凝土看台对上部屋盖的动力特性和受力有一定的影响，但影响效果较小。从环索最大应力数值上看，环索在罕遇地震作用下始终处于弹性状态。

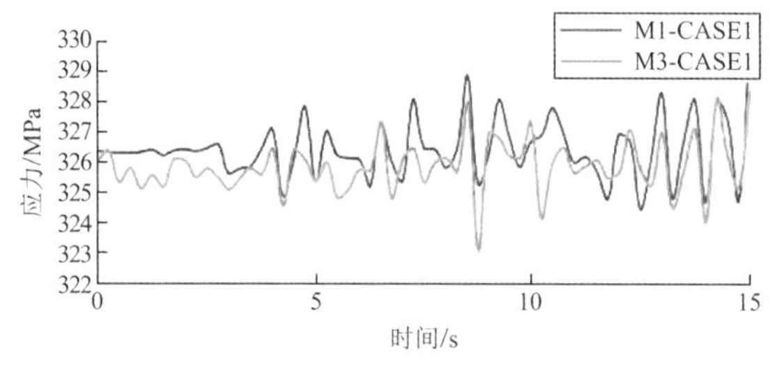

图 6.3-10　*x*主方向地震作用下环索应力时程

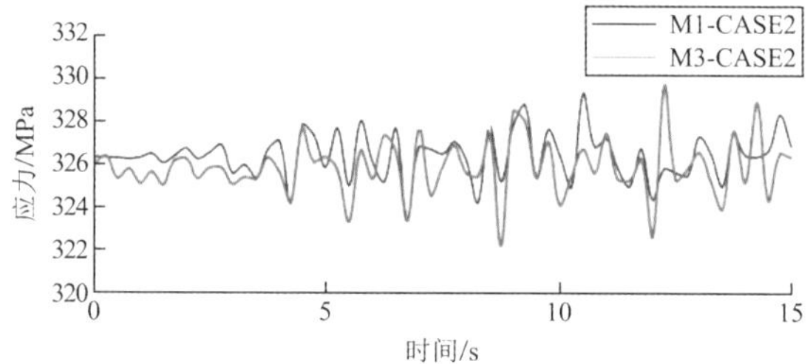

图 6.3-11　*y*主方向地震作用下环索应力时程

6. 斜拉索应力

斜拉索一端连接于钢桅杆顶部，另一端锚固于基础内，通过钢桅杆平衡环索、封边索的内力。如图 6.3-12、图 6.3-13 所示，在罕遇地震作用下斜拉索的应力状态与环索应力状态相似，均处于较低应力状态，全部小于小震弹性分析下的应力，即斜拉索在罕遇地震作用下处于弹性状态。整体模型下斜拉索的峰值应力均大于屋盖单独模型下斜拉索的峰值应力，最大差值小于 20MPa。由此可以看出下部看台对屋盖结构的动力特性有一定的影响，但是影响不大。

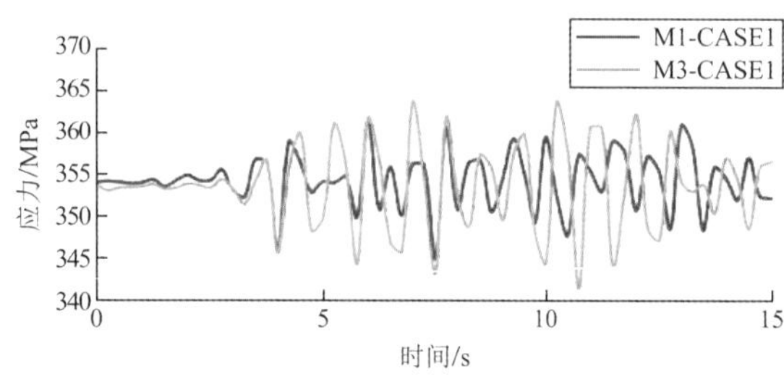

图 6.3-12　*x*主方向地震作用下斜拉索应力时程

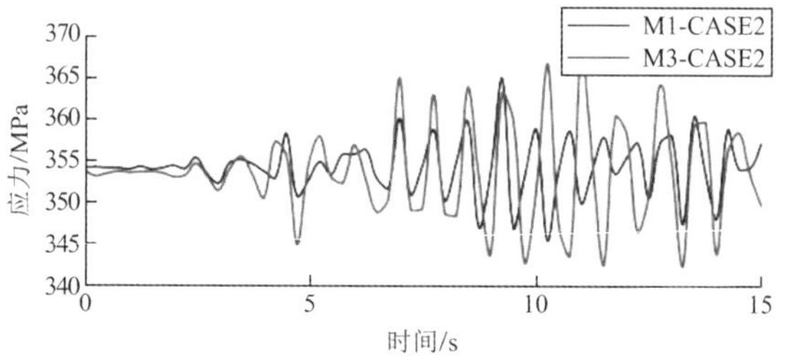

图 6.3-13　*y*主方向地震作用下斜拉索应力时程

7. 混凝土受压损伤

如图 6.3-14～图 6.3-19 所示，对比模型 M2 和模型 M3 下各层混凝土受压损伤，可以看出两个不同模型下的混凝土受压损伤分布具有一致性，两者计算结果差别较小，说明整体模型中的屋盖对下部看台的影响较小。两个模型计算所得混凝土受压损伤具有如果共同特点：

（1）2 层斜板区域楼板受力有类似斜撑的效应，局部区域受压损伤在 0.75 左右。

（2）一层斜板区域，倾斜楼梯区域和三层存在局部受压损伤，受压损伤值均小于 0.2。

（3）其余大部分区域均出现混凝土受压损伤（损伤值小于 0.05）。

在施工图设计阶段，针对楼板受压损伤较大区域的楼板进行配筋加强，提高其在罕遇地震下的面内刚度和强度，减小受压损伤。

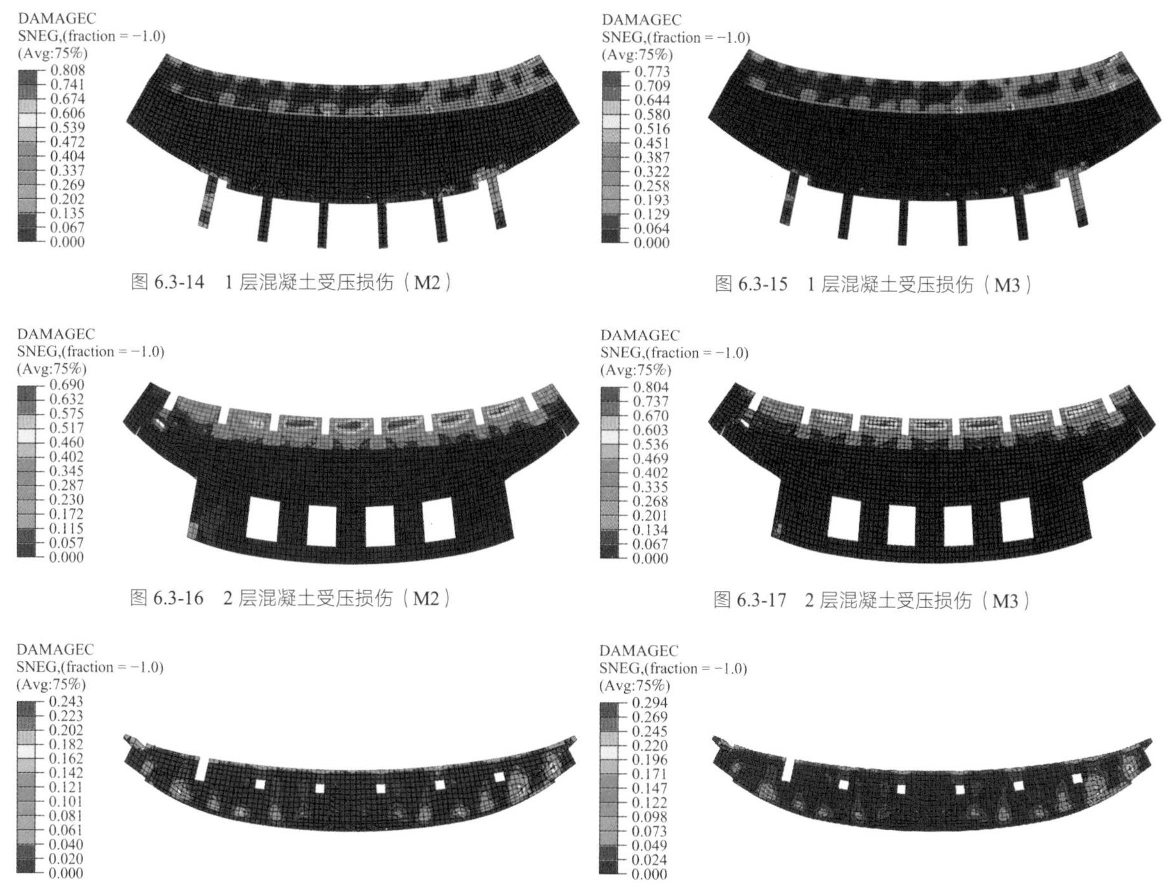

图 6.3-14　1 层混凝土受压损伤（M2）

图 6.3-15　1 层混凝土受压损伤（M3）

图 6.3-16　2 层混凝土受压损伤（M2）

图 6.3-17　2 层混凝土受压损伤（M3）

图 6.3-18　3 层混凝土受压损伤（M2）

图 6.3-19　3 层混凝土受压损伤（M3）

8．钢结构、混凝土钢筋塑性应变

图 6.3-20、图 6.3-21 分别是钢构件、混凝土纵筋的等效塑性应变，由图可以看出，钢构件在罕遇地震作用下等效塑性应变为 0，即钢构件完全处于弹性状态。混凝土纵筋除个别位置塑性应变达到 0.01 外，绝大部分的等效塑性应变均为 0。钢构件、混凝土构件在罕遇地震作用下基本处于弹性状态。

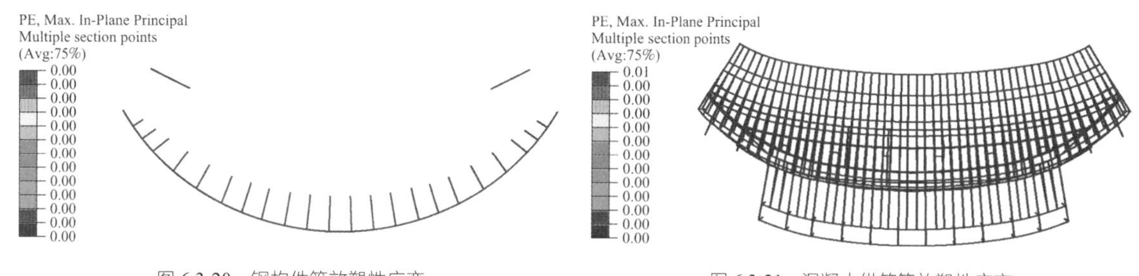

图 6.3-20　钢构件等效塑性应变

图 6.3-21　混凝土纵筋等效塑性应变

9．小结

分别建立了单独钢结构屋盖（M1）、单独混凝土看台（M2）和混凝土看台 + 钢结构屋盖整体模型（M3），按照抗震规范选取地震波，分别施加X主方向和Y主方向地震作用。大震弹塑性计算时考虑三向地震输入，并在地震时程分析前考虑结构初始预应力状态。由分析结果可以得出：在罕遇地震作用下，主要结构构件的内力、应力均较小，结构的变形均小于静力工况下的变形，绝大部分混凝土楼板处于零损伤状态，所有钢构件等效塑性应变均为零，处于弹性状态。钢筋混凝土纵筋除个别构件外，其余构件等效塑性应变均为零，处于弹性状态。由此可以看出本工程中罕遇地震作用对结构受力安全不起控制作用。现有结构设计可以满足罕遇地震下的抗震性能要求。

6.4 专项设计

6.4.1 找形分析

马鞍形单层双向索网为柔性预应力结构，在结构施加预应力之前结构刚度为零，不能承担任何外荷载。因此单层索网必须先进行找形分析，确定索网受力形态，然后再进行荷载态的承载力计算和变形计算。单层索网的“形”和“态”是相互依存并相互影响的，一种“态”必然有唯一的“形”与之对应，反之一种“形”则存在多种“态”与之对应。索网找形的根本目的是通过找形分析获得符合建筑外形、满足结构力学平衡、具有足够合理刚度的一种状态。

单层索网边界支承条件可以分为全刚性边界、全柔性边界、刚性和柔性混合边界。大跨度体育场馆建筑因跨度较大通常采用全刚性边界，小型的雨棚等构筑物多采用全柔性边界。本工程中索网屋面采用刚性和柔性混合边界。单层索网找形主要采用力密度法、非线性力密度法、非线性有限元法、动力松弛法。其中力密度法只需求解一次平衡方程，具有较高的计算效率，但是力密度找形过程中需要人为输入力密度值，且不同的力密度值对应不同的索网形态，对经验要求高，且不能处理有附加约束条件的索网找形。在力密度法中引入一定的附加约束条件，通过非线性迭代获得索网形态，通常称为非线性力密度法。非线性有限元方法是采用有限元思想，通过力学求解获取平衡态的索网形态，一般采用支座提升法和近似曲面逼近法。通常采用 ANSYS、ABAQUS 等通用有限元软件实现。

1. 索网找形

根据力密度法找形原理编写基于 Grasshopper 的力密度找形插件 KunPeng，通过该插件可以实现线性力密度法和非线性力密度法找形，找形过程中可以考虑索网自重，索网节点附加恒荷载，索网附加面荷载。索网找形关键步骤如下：

第 1 步，通过线性力密度自由找形获取索网初始形态（即为 S1），S1 满足形状符合建筑要求，边索平面弧度满足限制要求，不满足承重索与稳定索平面投影垂直的要求。

第 2 步，保持控制点不变，采用非线性力密度法进行二次找形。为保证环索形状维持在 S1 中的形状，将环索设定为定长索，在找形过程中保证环索索长不变，其余索全部设定为定力索。通过迭代修正节点坐标，确保找形过程中索网始终保持正交状态，此时索网形态记为 S2。S2 满足建筑形状要求（含边界弧线），索网投影正交，但是仍然不满足附加荷载下的平衡条件。

第 3 步，在 S2 基础上，通过引入结构附加荷载、支座变形影响等因素对索力进行迭代，迭代后的索网已经满足建筑边界条件、结构自重（含附加荷载）、结构平衡条件，此时的状态即为 S3。S3 的状态下的“形”是一定的，但是“态”是可以多样的，即索网的内力状态可以不同，不同的索网内力状态代表索网的刚度不同。

第 4 步，在 S3 基础上进行荷载态的计算，根据内力、变形计算结果调整 S3 中内力状态，使得结构在荷载态下满足规范要求且内力尽可能小，以方便结构设计。

2. MIDAS Gen 计算模型

在完成索网找形后，采用 MIDAS Gen 建立上部结构钢拱、钢斜撑、梭形柱模型，采用梁单元，梭形柱根部为铰接，通过释放梭形柱根部节点的转动自由度实现。索采用只受拉的索单元，在计算中只能承受轴向拉力，不能承受弯矩和轴向压力。膜采用平面应变单元，主要用于面荷载导算。MIDAS 计算模型如图 6.4-1、图 6.4-2 所示。

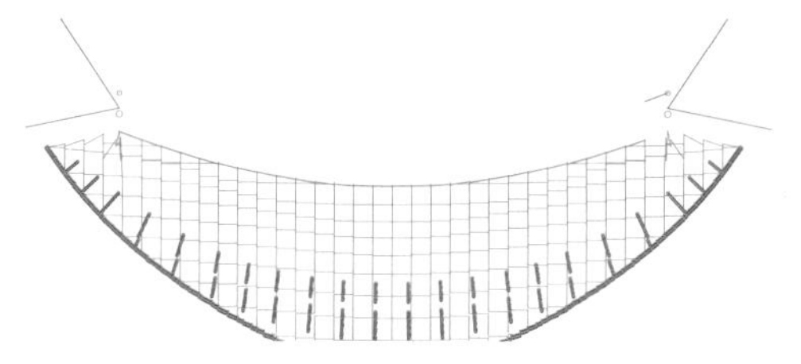
图 6.4-1　MIDAS Gen 计算模型（俯视图）

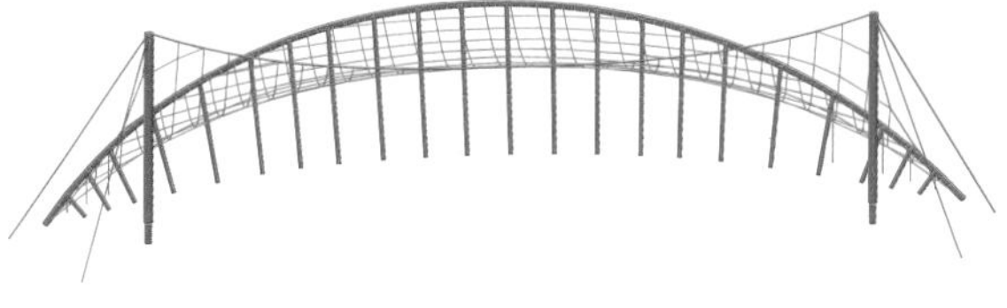
图 6.4-2　MIDAS Gen 计算模型（三维视图）

6.4.2　节点设计

对于大型公共建筑而言，节点绝不仅仅是结构构件，也是重要的建筑元素。本工程为单层索网结构体系，重要节点均与索相关，典型节点有：钢桅杆与环索、钢桅杆与边索、钢桅杆与斜拉索、抗风索与吊索、吊索与下拉索、承重索与抗风索、承重索与钢拱、抗风索与钢拱等连接节点。按照规范“强节点弱构件”的基本设计理念，按照节点所处位置及重要程度确定不同的节点性能目标。

（1）关键索节点承载力设计值不小于拉索内力设计值的 1.5 倍。关键索节点包括：环索与钢桅杆相连节点、斜拉索与钢桅杆相连节点、斜拉索与基础相连节点、下拉索与基础相连节点等。

（2）普通索节点承载力设计值不小于拉索内力设置的 1.25 倍。除第（1）条外的索节点均为普通索节点。

本工程中节点分析采用通用有限元软件 ANSYS，索和索头均采用 Solid45 实体单元，节点分析的内力全部提取自整体计算的最不利内力组合。

1．桅杆顶拉索节点（JD-1）

JD-1 是本项目中最复杂的节点，1 组环索（8 根索）、2 组斜拉索（每组 4 根索）、1 组封边索（2 根索）相交于桅杆顶部，如图 6.4-3 所示。

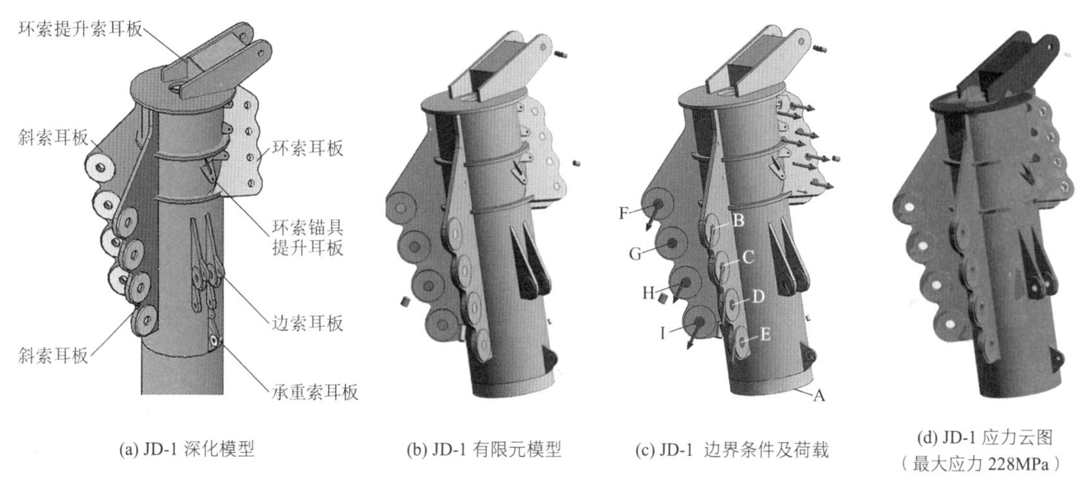

(a) JD-1 深化模型　(b) JD-1 有限元模型　(c) JD-1 边界条件及荷载　(d) JD-1 应力云图（最大应力 228MPa）

图 6.4-3　桅杆顶拉索节点

2．环索与承重索节点（JD-2）

JD-2 为环索与承重索连接节点，环索分成上下两排后直接贯穿 JD-2，承重索通过侧面耳板与 JD-2 相连，环索分两排上下两排。因与该节点相连的承重索和环索在空间上角度不断变化，导致节点形状较为复杂。为提高有限元的建模精度，此节点有限元分析时采用四面体单元。

根据 JD-1 受力特点，有限元分析时在耳板位置施加承重索对应的索力，中间部分由 8 根并列排布的环索穿过孔位，比耳板约束更强，不易变形，故对索孔的半圆面受力部分进行平动及转动自由度约束，同时对耳板销孔处施加承重索（拉索）破断力值 0.5 倍的荷载。

JD-2 在不同的位置有三种典型的形式，分别如图 6.4-4 所示。

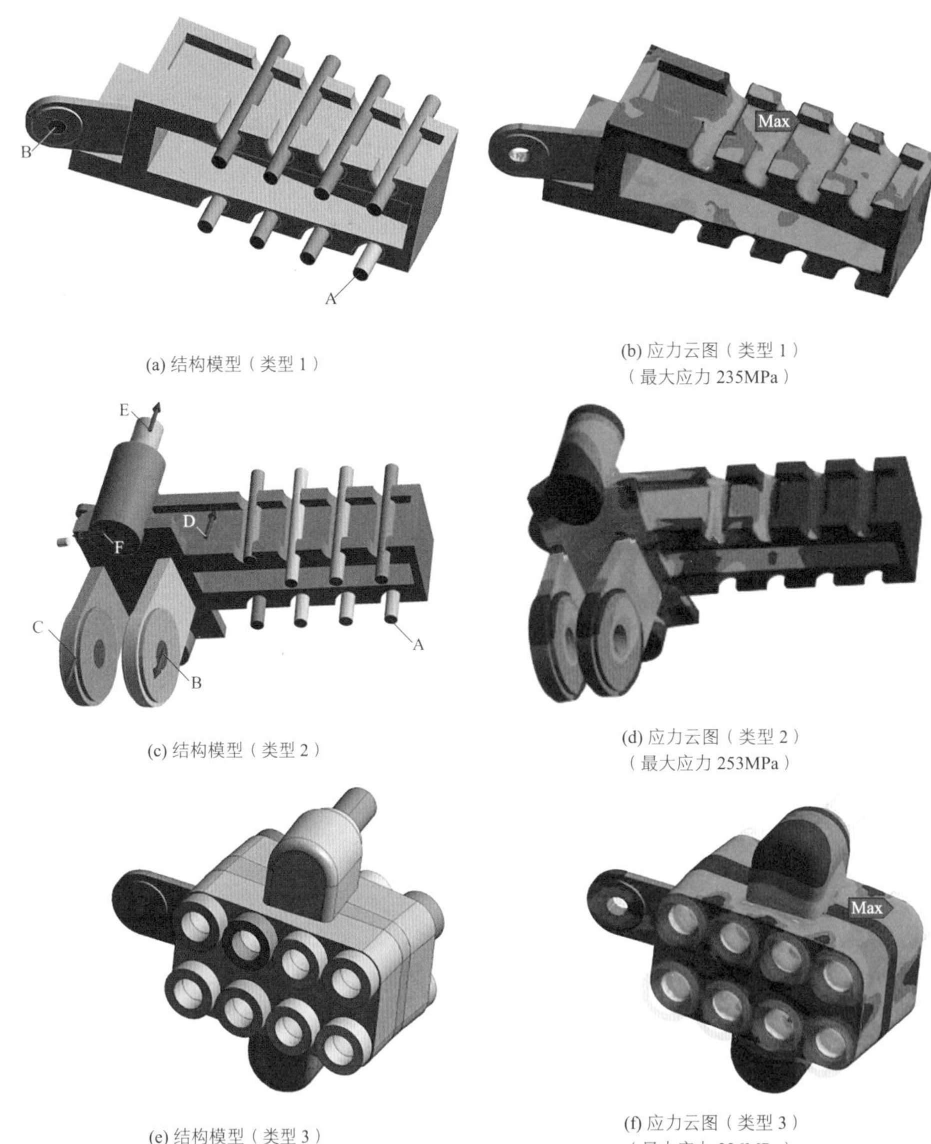

(a) 结构模型（类型 1）

(b) 应力云图（类型 1）
（最大应力 235MPa）

(c) 结构模型（类型 2）

(d) 应力云图（类型 2）
（最大应力 253MPa）

(e) 结构模型（类型 3）

(f) 应力云图（类型 3）
（最大应力 226MPa）

图 6.4-4 环索与承重索节点（类型 1～类型 3）

有限元计算结果表明：节点的最大应力出现在承重索耳板位置，除局部应力集中区域外，绝大部分区域的应力均小于 200MPa，节点处于弹性受力状态。

3．环梁拉索节点（JD-3）

承重索和稳定索均与钢拱直接连接，部分区域承重索和稳定索在钢拱上的连接节点几乎处于交叉重叠复状态，节点构造和受力较为复杂，选取典型节点建立有限元模型，如图 6.4-5 所示。

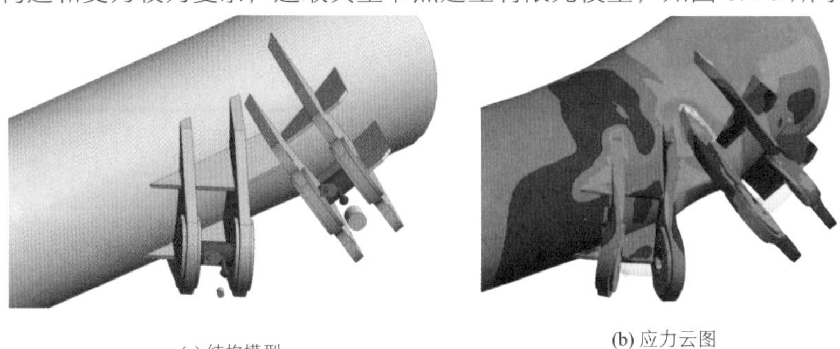

(a) 结构模型

(b) 应力云图
（最大应力 237MPa）

图 6.4-5 环梁拉索节点

根据有限元分析结果，除销轴孔处应力集中外，大部分区域的 Mises 应力在 225MPa 范围内，强度满足设计承载力要求。

4．斜拉索锚固节点

如图 6.4-6 所示，斜索底部节点连接 4 根 D125 的斜索和临时钢斜撑。桅杆顶部节点验算时考虑按 0.6 倍拉索破断力进行设计。

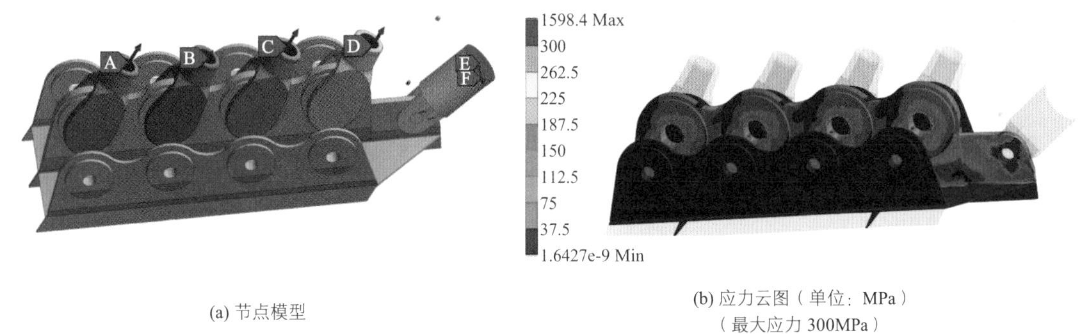

(a) 节点模型　　(b) 应力云图（单位：MPa）（最大应力 300MPa）

图 6.4-6　斜拉索锚固节点结构模型及应力云图

根据有限元分析结果，除销轴孔处应力集中外，大部分区域的 Mises 应力在 225MPa 范围内，强度满足设计承载力要求。

6.4.3　施工模拟

1．概述

本工程为双向正交索网结构（短向为承重索，长向为抗风索），索网一边支承在刚性钢拱上，两侧边为柔性边索，另一边为柔性环索，两端支承在高度 50m 的钢桅杆结构顶部。钢桅杆柱脚铰接，每根桅杆设置两组斜拉索。索网安装总体流程框架如图 6.4-7 所示。

图 6.4-7　索网施工流程图

本次施工模拟计算采用 MIDAS Gen 有限元计算软件，施工模拟计算图 6.4-8 所示。

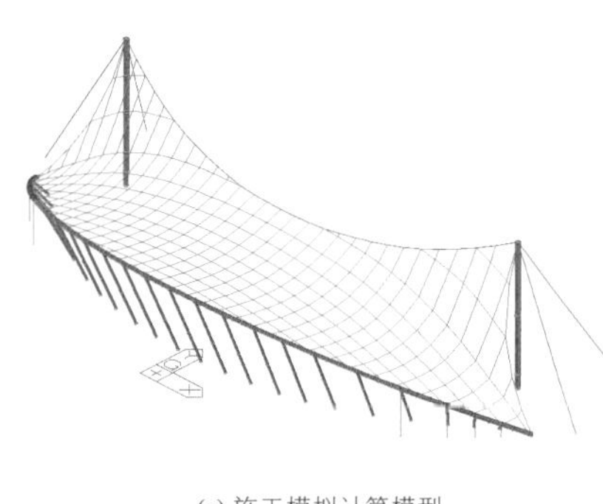

(a) 施工模拟计算模型

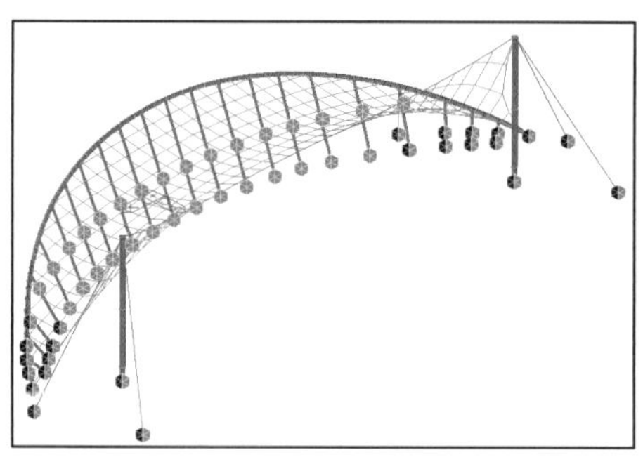

(b) 索网边界条件

图 6.4-8　施工模拟计算模型及索网边界条件

2. 施工阶段

根据本工程特点，索结构施工分为 8 个主要步骤（图 6.4-9），分别如下：

第 1 步，钢斜柱和钢拱施工。

第 2 步，安装钢桅杆、安装钢桅杆临时支撑、斜拉索施工。

第 3 步，地面组装承重索和稳定索。

第 4 步，安装环索和承重索对应的工装索。

第 5 步，提升并安装环索。

第 6 步，同步张拉承重索、抗风索至设计值 50%。

第 7 步，同步张拉承重索、抗风索至设计值。

第 8 步，根据实测结果进行索力微调。

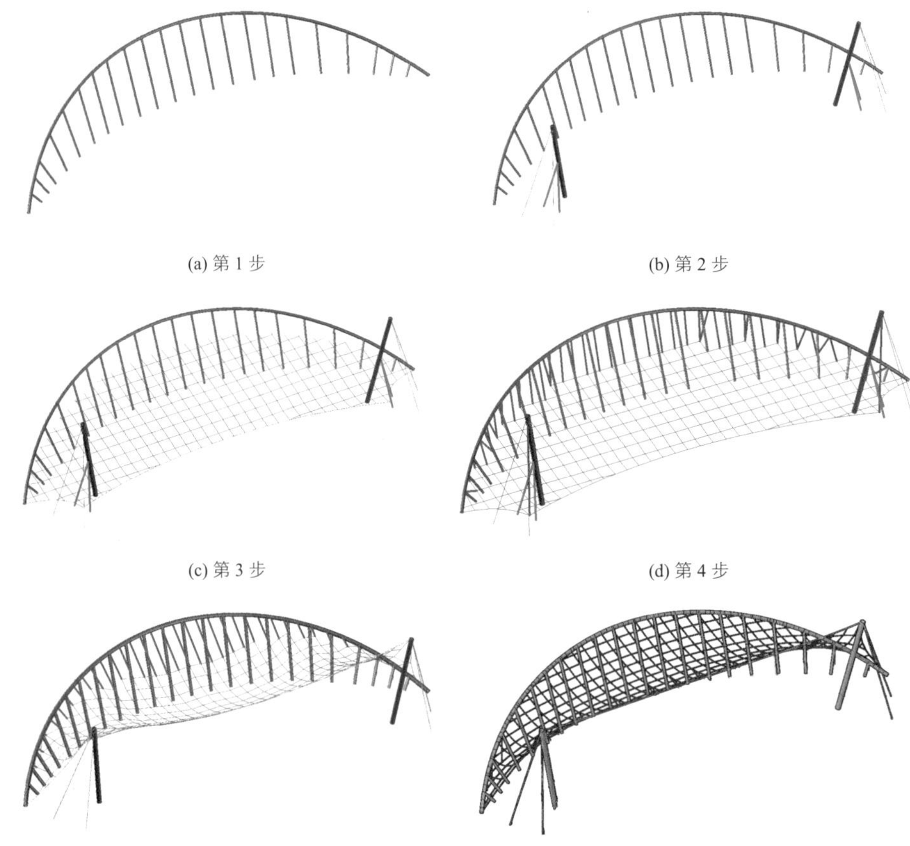

(a) 第 1 步　(b) 第 2 步

(c) 第 3 步　(d) 第 4 步

(e) 第 5 步　(f) 第 6 步

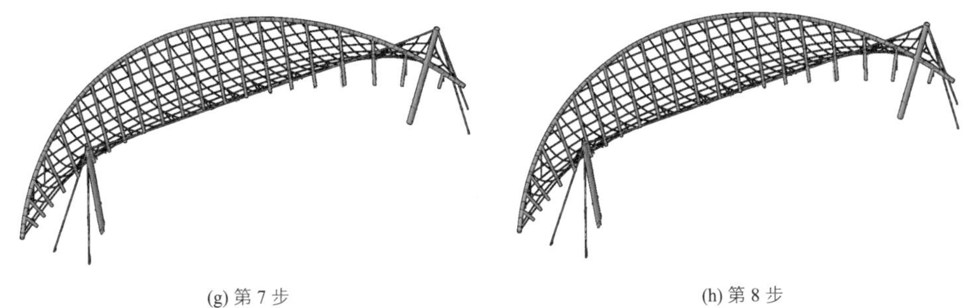

(g) 第 7 步　　　　(h) 第 8 步

图 6.4-9　索网施工的 8 个控制步

6.5 结语

本项目主要结构特点如下：

（1）结构体系采用双向正交单层索网体系＋膜屋面，屋面纵向受力跨度 210m，属于大跨超限屋盖结构。

（2）索网背面为刚性边界条件（落地钢拱）、索网正面和两个侧面均为柔性边界条件，柔性边界条件的存在对索网找形控制提出了较高的要求。

（3）背面钢拱和正面柔性环索从两端到中部的标高递变呈反向变化，使得屋面不能形成标准的马鞍面，导致屋面抗风效率较低。通过设置下拉索形成抗风索＋下拉索的双重抗风体系，抗风效率明显提高。

（4）索网正面环索，侧面边索均铰接于 47m 高的钢桅杆，钢桅杆后方设置两组斜拉索与之平衡，钢桅杆的安全是整个屋盖安全的关键所在，需严格控制钢桅杆应力比。

（5）为抵抗风荷载作用下的变形，索网需施加较大的初始预应力，使得钢桅杆、斜拉索等对基础要求很高，基础设计难度较大。

针对以上问题，制定了相应的抗震性能目标，在结构布置和截面选择上采取多项加强措施。进行了多方面的计算分析，包括索网找形、索网静力计算、索网屋盖抗连续性倒塌计算、整体模型和单独模型的中震和大震的弹塑性时程分析、节点有限元分析、施工模拟等。分析结果表明：结构传力路径清晰明确，结构体系合理可行；结构计算模型、计算参数选取合理，计算结果可信；承载力和变形均由风荷载工况控制，地震作用不起控制作用；结构的承载力、变形等计算结果均满足规范要求。

设计团队

结构设计单位：中国建筑设计研究院有限公司（方案＋初步设计＋施工图）

设 计 团 队：曹永超、施　泓、霍文营、童建坤、麻　硕、何相宇、谈　敏

执　笔　人：曹永超

第 7 章

雄安站

7.1 工程概况

7.1.1 建筑概况

雄安站交通枢纽位于河北省保定市雄县城区东北部，京港台高铁、京雄城际、津雄城际三条线路汇聚于此。车站总规模为 11 台 19 线，近期车场新建京港台车场规模为 7 台 12 线（含 6 条正线），远期车场预留津雄车场规模为 4 台 7 线（含 2 条正线）。站房总建筑面积 47.52 万 m^2，其中京雄站房 9.92 万 m^2，预留津雄站房 5.08 万 m^2，市政配套规模约 17.66 万 m^2，城市轨道交通规模约 6.05 万 m^2，地下空间 8.81 万 m^2，站台雨棚总面积约 9.76 万 m^2。站房下部主体结构平面布置呈矩形，南北长为 606m，东西宽为 307.5m。站房屋盖平面呈椭圆形，长轴长度为 450m，短轴长度为 360m，建筑最高点标高 47.200m。建成后现场照片如图 7.1-1 所示。

(a) 实景俯瞰图

(b) 西进站厅

(c) 基本站台及雨棚屋盖

图 7.1-1 雄安站建成照片

雄安站以地面层进站为主、高架层进站为辅，其中地上 3 层，地下 2 层，且地面候车厅两侧利用地面层和站台层之间的空间设置出站夹层。地下两层分别为地铁换乘层（标高−14.000m）和地铁站厅及商业层（标高−8.000m），地上三层分别为地面候车层（标高 0.000m）、地面承轨层（结构顶标高 13.850m）和高架候车层（楼面标高 25.400m），局部在标高 6.500m 设置有商业办公夹层，总建筑高度为 47.2m，顶部为椭圆形屋盖和雨棚，站台雨棚檐口高 30.2m。高架候车层为铁路高架候车大厅；地面承轨层为铁路及轨道交通 R1 和 R1 机场支线站台层；地面层中央为地面候车大厅，两侧为配套公共场站，如图 7.1-2 所示。

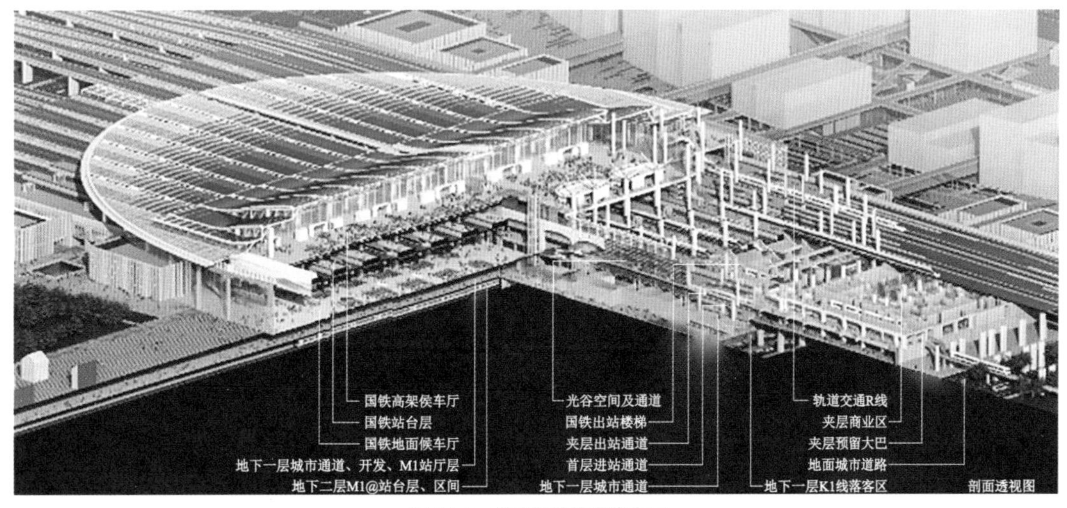

图 7.1-2　雄安站建筑竖向布局

承轨层及以下采用混凝土框架结构，高架候车层及高架候车厅大跨屋盖、雨棚采用钢结构。承轨层标高以下结构由中国铁路设计集团有限公司负责设计，承轨层标高以上结构由中国建筑设计研究院有限公司负责设计。

7.1.2　设计条件

雄安站结构设计基准期 50 年，承轨层以下混凝土结构耐久性年限为 100 年，承轨层以上混凝土结构耐久性年限为 50 年。结构设计安全等级为一级，建筑抗震设防类别为重点设防类。雨棚屋面采用聚碳酸酯板和太阳能光伏板；高架候车厅屋面采用中空玻璃 + 太阳能光伏板，穿孔铝板吊顶。根据《建筑结构荷载规范》GB 50009-2012，雄安 50 年重现期的基本雪压为 $0.35kN/m^2$，50 年重现期的基本风压为 $0.40kN/m^2$，地面粗糙度为 B 类。项目开展了风洞试验，模型缩尺比为 1∶200。设计中采用了规范风荷载和风洞试验结果进行位移和承载力包络验算，并进行了大跨度屋盖风致振动分析与列车风影响研究。

依据 2018 年 4 月通过批复的《河北雄安新区规划纲要》，雄安新区抗震基本设防烈度 8 度，学校、医院、生命线系统等关键设施按基本烈度 8.5 度设防，设计基本地震加速度为 0.30g。设计地震分组第二组，建筑场地类别为Ⅲ类，场地特征周期$T_g = 0.55$。承轨层及以下混凝土结构抗震等级为一级，承轨层以上钢结构抗震等级为三级。

7.2　建筑特点

7.2.1　建筑功能复杂、造型新颖

雄安站秉承着“站城一体化”的设计理念，建筑结构的柱网、层高、荷载、设备等条件需充分考虑高铁线、城市轨道交通线和地铁线等多方面因素；同时还需兼顾站房配套设施、公交枢纽、商业等不同功能的需求。作为站桥一体的高铁站，将承轨层设置在标高 13.850m 处，实现了桥梁结构和车站建筑结构组合在一起的桥式站房综合体。站桥一体的设计可有效利用空间、显著减小建筑占用面积，实现轨道交通和地面公交功能多元化；因此承轨层结构不仅仅需要承受列车相关荷载，还需按照适用的建筑结构

设计规范与桥梁结构设计规范进行包络设计。

雄安站屋盖外观呈水滴状椭圆造型，屋顶在中部高架候车厅处向上抬起，通过曲线的设计手法自然地由高架厅屋面过渡到两侧雨棚，在东西侧边缘又逐层向内收进形成错层退台的建筑效果（图 7.2-1）。由于车站柱网稀疏，跨度大且考虑铁路线距要求，屋盖周边悬挑长度 10～20m 不等，风致动力响应显著，属于对风荷载敏感的结构。雄安站共有 8 条正线，列车将以 120km/h 的速度通过，列车启动、停车和高速通过对候车室振动和舒适度将产生较大的影响。

图 7.2-1 雄安站屋盖效果图

7.2.2 建构一体化外露结构设计

“建构一体”的设计理念，是将建筑“外在艺术形式”与结构“本质真实构件”二者关系进行充分结合的表达原则，是建筑师与结构师进行协同工作组织的逻辑方式。雄安站作为大型交通枢纽建筑具有大空间、大尺度的特点，可以完美适应“建构一体”的设计理念。

雄安站中外露的“高级灰”清水混凝土构件和闪银色钢结构构件，一次成型不做多余装饰，展现出自然有力的结构美。为此，在承轨层以下空间大规模采用清水混凝土梁、柱构件，并结合建筑造型做弧度处理，同时在构件表面设置一定宽度的凹槽处理；在满足结构受力需求的基础上，兼顾了观感自然、挺拔俊美的建筑效果，如图 7.2-2 所示。

图 7.2-2 清水混凝土梁柱实景图

站台雨棚区域除采用外露实腹式钢结构外，次构件设置双向正交形式与纵横交错铁路网相呼应，且不设置平面斜向构件。雨棚结构支承柱需考虑屋面排水功能，构件截面在满足受力前提下同时满足内凹隐藏雨水管的建筑造型需要，如图 7.2-3 所示。

(a) 雨棚效果图

(b) 雨棚异形柱实景图

图 7.2-3　站台雨棚区域建构一体化

7.2.3　上、下部结构缝位置不一致

对于高架铁路客运站站房，由于列车从建筑楼面高速通过，因此对结构的安全性要求很高。承轨层以下的主体结构通常采用混凝土框架结构，上部大跨度屋盖一般采用钢结构。为了避免温度作用引起的内力过大、超长结构混凝土容易开裂等问题，结合防震缝设置，可以将下部主体结构划分为若干个平面尺寸较小的结构单元。为了满足建筑造型和防水构造等方面的需求，在实际工程中尽量减少大跨度屋盖结构分缝。本工程受到建筑功能、屋面曲线造型的影响，大跨度屋盖的结构缝与下部混凝土结构防震缝无法设在同一部位，结构受力与连接构造的复杂性显著增加；此外，为了保证室内建筑效果，避免出现防震缝两侧设置支承屋盖双柱的形式。针对本工程需研发了一种可发生双向大位移的新型滑动支座，以实现大跨度屋面之间的搭接连接（具体描述见 7.4.4 小节内容），在实现不设置双柱的前提下保证结构安全，雄安站结构长轴向剖面如图 7.2-4 所示。

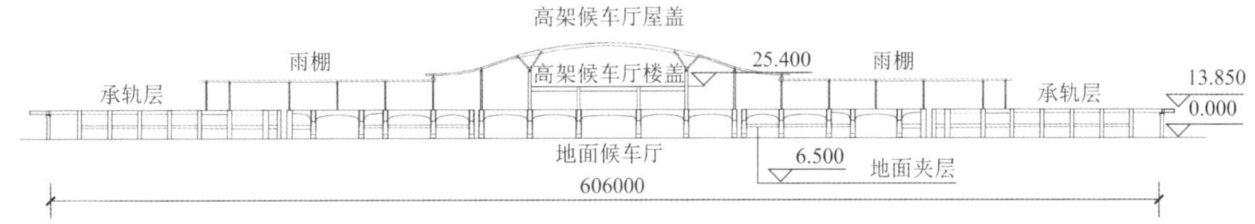

图 7.2-4　雄安站结构长轴向剖面

7.2.4　无砟轨道设计

雄安站正线列车高速通过，高架车场采用无砟轨道，是无砟轨道在“站桥合一”站房综合交通枢纽中的首次运用。在站房承轨层与咽喉区桥梁相邻的部位，将站房的承轨梁放置在桥墩之上。为满足在温度作用下无砟轨道桥梁相邻梁端两侧的钢轨横向相对位移不大于 1mm 的要求，站房承轨梁与桥梁箱梁的支座在垂轨向均采用固定铰支座，严格控制站房的承轨梁与桥梁箱梁的相对变形量，满足轨道扣件要求。

7.3 结构体系

7.3.1 结构布置

（1）基础

地下空间采用柱下桩基承台 + 防水板；地铁车站采用桩筏基础；非地下室部位采用柱下桩基承台 + 基础拉梁。基桩采用钢筋混凝土钻孔灌注桩，并采用桩端、桩侧后注浆工艺。桩径为 1.25m 和 1.0m，桩长为 60m 和 50m。框架柱采用一种新型半埋入式柱脚，通过靴梁解决柱脚弯矩传递，减小承台厚度。

（2）结构体系与防震缝设置

站房主体结构南北长 606m，东西宽 307.5m，属于超长结构。为了充分利用日光照明，在顺轨向设置 15m 宽的光谷，将结构分为东、西两大部分。顺轨道方向设置 4 条防震缝，垂直轨道方向在 R～Q 轴及 K～L 轴之间通过悬挑或弱连接形式设置 2 道防震缝。最大温度区段 A1 平面尺寸为 126m × 149m。标高 13.850m 结构防震缝如图 7.3-1 所示。

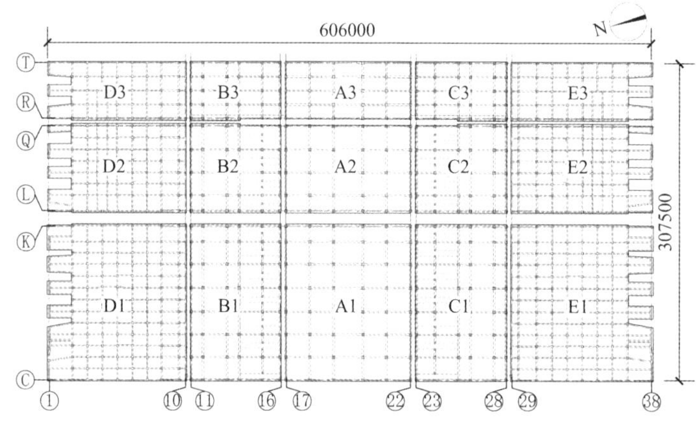

图 7.3-1 承轨层结构防震缝示意图

承轨层以下主体结构采用钢筋混凝土框架体系，站房部分标准柱网为(20～23)m × 24m，顺轨向最大柱距 30m。为了提高承轨层结构的抗震性能，承轨层框架柱采用型钢混凝土柱，截面尺寸为 2.7m × 2.7m；框架梁和轨行区承轨梁为型钢混凝土梁，承轨梁截面尺寸为 1200mm × 2400mm，垂轨向梁截面尺寸为 1400mm × 3000mm；其余各层均采用钢筋混凝土构件。站房两侧枢纽配套区（图 7.3-1 中的 D1～D3 和 E1～E3 区域）标准柱网为(10～11.5)m × 15m，采用钢筋混凝土框架结构，框架柱截面尺寸为 1800mm × 1800mm；顺轨向框架梁截面尺寸为 800mm × 1900mm，垂轨向框架梁截面尺寸为 900mm × 2000mm。轨行区楼板厚度 400mm，非轨行区楼板厚度 150mm。

在地面候车厅夹层设置了一个回字形交通连廊，长度 60.6m。该连廊由于下部支撑条件有限，采用拉杆吊桥的形式，用 88 根钢拉杆吊在上部承轨梁下方埋件上，桥面采用平面钢桁架结构，铺设 130mm 厚钢筋桁架楼承板。

雄安站房屋盖平面呈椭圆形，长、短轴分别为 450m、360m。为了减小结构的温度效应，结合近、远期车场顺轨向 15m 宽的光谷，将屋盖沿顺轨向分为两大部分（Ⅰ区和Ⅱ区）。考虑到屋盖建筑效果与防水性能，在垂轨向设置 2 道结构缝，将屋盖共划分为 6 个结构单元，如图 7.3-2 所示，其中最大Ⅰ2 的长、短轴分别为 174m、190m。

（3）高架候车厅

高架候车层楼盖最大跨度达 30m，候车厅内布置用于商业的房中房，楼面荷载较大。大跨度框架梁采用实腹 H 型钢，在支座部位设置双翼缘，提高其承载能力。井字形次梁间距为 6m，采用平面桁架，将桁架上、下弦之间的空间作为夹层，便于敷设机电设备管线，同时作为 H 型钢框架梁的侧向稳定支撑。在相邻桁架弦杆之间布置次钢梁，桁架上弦杆及次梁与 120mm 厚钢筋桁架楼承板共同形成组合楼板，混凝土强度等级 C40。部分区域利用桁架下弦杆局部布置 100mm 厚混凝土板，既作为管道检修平台，又可以作为建筑吊顶。框架柱采用矩形钢管混凝土柱，其位置与下部混凝土柱位置对应。

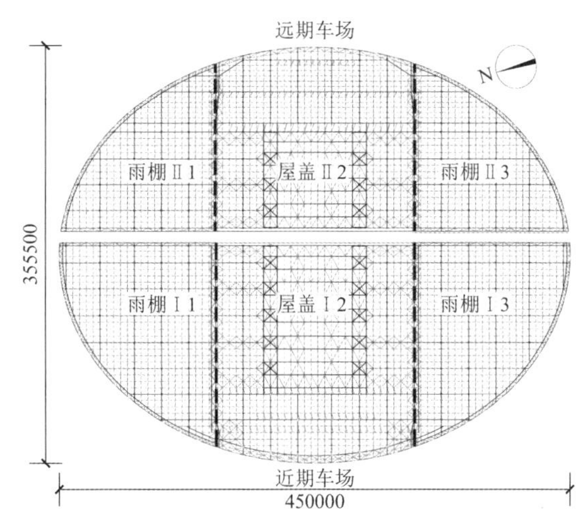

图 7.3-2 屋盖结构单元分区

高架候车层结构如图 7.3-3 所示，楼面钢结构主要构件截面及材质见表 7.3-1。

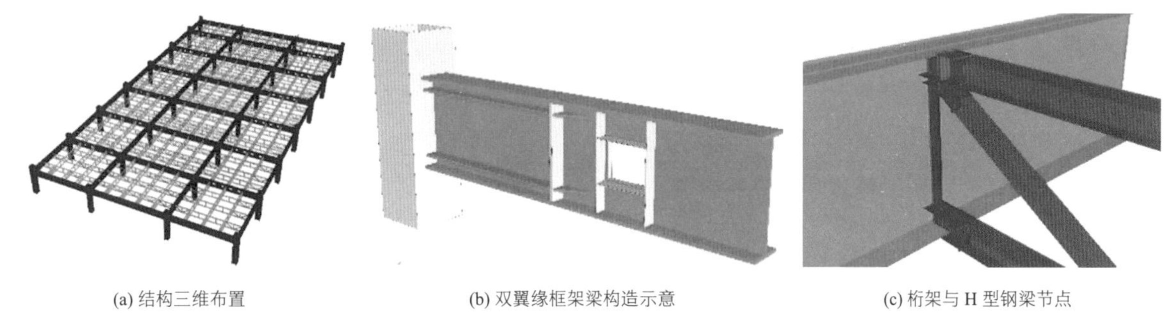

(a) 结构三维布置　(b) 双翼缘框架梁构造示意　(c) 桁架与 H 型钢梁节点

图 7.3-3 高架候车层结构

高架候车层主要构件截面及材质　表 7.3-1

构件	截面/mm	材质	备注
框架柱	1700 × 1700 × 50 × 50、1700 × 1500 × 60 × 60	Q460GJD/C50	钢管混凝土柱
主梁	H2300 × 800 × 50 × 70、H2300 × 500 × 40 × 40	Q420C	焊接 H 型钢
次梁	H300 × 300 × 8 × 14、H500 × 200 × 10 × 16、H800 × 300 × 16 × 25、H1000 × 350 × 18 × 30	Q345GJC	焊接 H 型钢
桁架	H200 × 200 × 8 × 12、H250 × 250 × 8 × 12、H300 × 300 × 8 × 14、H300 × 300 × 25 × 25	Q355C	焊接 H 型钢

（4）高架候车层屋盖结构

高架候车层屋盖跨度为 78m，为了达到建筑效果简洁、室内净空高大的效果，采用变截面箱形拱梁，梁端支承在 V 形柱顶部，可有效减小结构跨度。均匀布置的纵向次梁也采用箱形构件，并设置屋面支撑体系保证结构的整体性。高架候车层屋盖主要构件截面及材质如表 7.3-2 所示，Ⅱ2 区高架候车厅屋盖如图 7.3-4 所示。

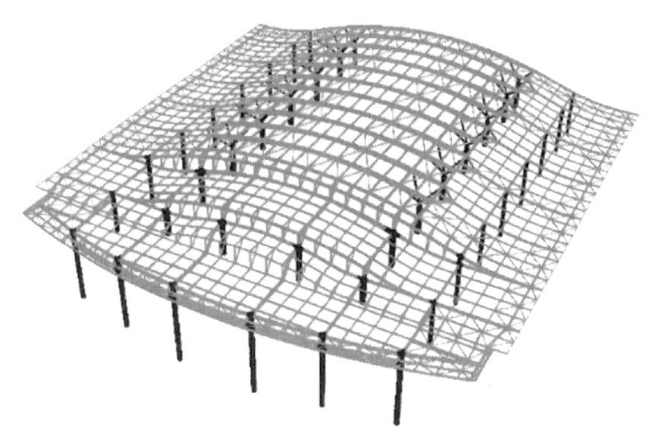

图 7.3-4　Ⅱ2 区高架候车厅屋盖示意图

高架候车层屋盖主要构件截面及材质　　表 7.3-2

构件	截面/mm	材质	备注
框架柱	1700 × 1700 × 50 × 50、1700 × 1500 × 60 × 60	Q460GJD/C50	钢管混凝土柱
	D750 × 35/D800 × 40	Q460GJD	圆管斜柱
主梁	1450 × 800 × 16 × 35～2000 × 800 × 40 × 50	Q460GJD	变截面带肋焊接箱形钢梁
次梁	650 × 300 × 12 × 18、800 × 400 × 14 × 20 1000 × 500 × 18 × 20	Q390C	焊接箱形钢
支撑	400 × 400 × 12 × 12	Q390C	焊接箱形钢

（5）站台雨棚结构

雨棚柱网尺寸为(15～23)m × 24m，屋面采用聚碳酸酯板，上敷太阳能光伏板。为了满足屋面排水的需要，雨棚屋面在垂轨向各跨按 5%双向起坡。典型雨棚结构的剖面如图 7.3-5 所示。

雨棚柱网尺寸与承轨层以下主体结构相同，采用异形钢管柱；屋面主梁采用焊接箱形梁，双向交叉次梁间距均为 6m，采用焊接 H 型钢，规格为 H600 × 300 × t_w（腹板厚度）× t_f（翼缘厚度），与建筑空间相契合；仅在雨棚周边局部设置斜撑，在保证井字梁外露效果的同时，增强雨棚屋盖结构的面内刚度；钢管柱、主梁、次梁、斜撑截面及材质见表 7.3-3。框架梁支承在钢管混凝土柱顶的抗震球形座之上，极大减小了地震作用对雨棚屋盖的影响，有效降低了超长结构的温度作用，能够适应下部各混凝土结构单元之间的变形差异。典型雨棚结构的剖面如图 7.3-5 所示。

选取具有代表性的区域建立空间交叉 H 型钢梁精细有限元模型，对不同板件宽厚比的空间交叉 H 型钢梁进行了非线性屈曲承载力分析，研究翼缘宽厚比及腹板高厚比对空间交叉 H 型钢梁局部稳定性和屈曲性能的影响。研究结果表明：对钢梁整体稳定性计算结果与规范公式吻合度较高，设计中采用杆件单元模型进行结构整体稳定性分析是安全合理的。考虑翼缘约束作用的 H 型钢梁腹板屈曲计算模型与交叉钢梁有限元弹性屈曲分析结果吻合良好，结构起坡所引起的不均匀正应力是导致钢梁腹板失稳的主要因素。翼缘厚度确定后，根据上翼缘失稳与腹板局部屈曲临界值确定腹板厚度，依据 S3 级截面要求确定的次梁腹板厚度是经济合理的。

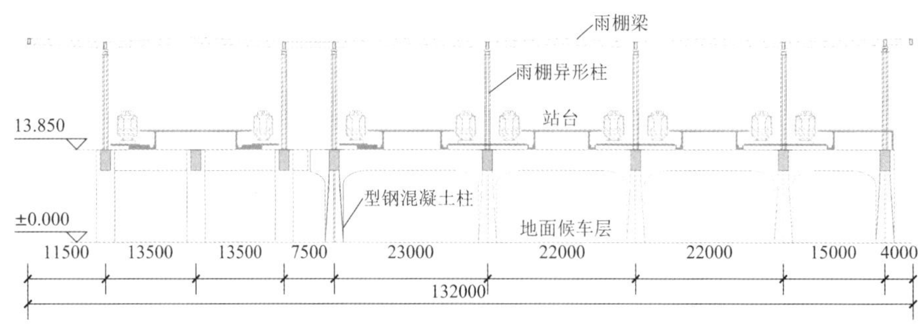

图 7.3-5　典型雨棚结构的剖面

Ⅱ1 区域雨棚钢屋盖结构布置如图 7.3-6 所示。在钢管柱顶设置抗震球形支座，除能够有效减小超长结构的温度应力外，还可以较好地适应下部各混凝土结构单元之间的变形差异。

为了隐蔽雨棚屋面排水管线，方便检修，保证建筑效果美观，站台雨棚钢管柱采用了异形截面（图 7.3-7）。异形钢管柱为闭口薄壁杆件，截面形式复杂，构件在两个主轴方向的力学性能差异较大。采用有限元软件 ABAQUS 对异形钢管柱的受力性能进行了较为深入的分析，考虑初始缺陷，分析凹槽深度和宽度、板件厚度对构件性能的影响，为异形钢管柱的工程应用提供了可靠的依据。

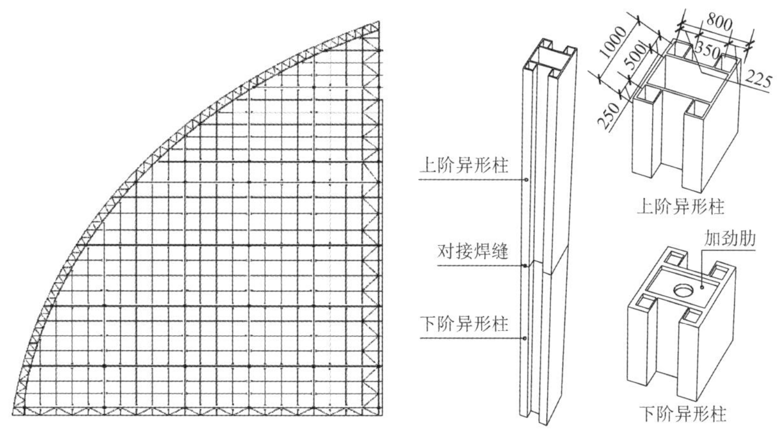

图 7.3-6　Ⅱ1 区域雨棚结构布置示意图　　图 7.3-7　变截面雨棚异形钢管柱构造

雨棚结构主要构件截面及材质　　表 7.3-3

构件	截面/mm	材质	备注
柱	800 × 1000 × 25 × 20 × 20（上阶柱） 800 × 1000 × 30 × 30 × 30（下阶柱）	Q460GJC	复杂焊接异形箱形截面
	800 × 1050 × 30 × 40 × 25（上阶柱） 800 × 1050 × 65 × 65 × 35（下阶柱）		
主梁	900 × 500 × 18 × 25（端部） 900 × 500 × 16 × 20（跨中）	Q390C	焊接箱形钢
	1100 × 500 × 25 × 30（端部） 1100 × 500 × 20 × 20（跨中）		
次梁	H600 × 300 × 10 × 20 H600 × 300 × 8 × 16	Q390C	焊接 H 型钢
平面支撑	250 × 250 × 12 × 12	Q390C	焊接箱形钢

注：异形箱形截面示意，宽度h × 高度b × 翼缘厚度t_f × 腹板厚度t_w × 耳板厚度t。

7.3.2　性能目标

本工程虽然有不规则项，但不属于超限结构；考虑项目重要性及雄安新区抗震设防要求，根据抗震性能化设计方法，确定了承轨层及以上钢结构主要结构构件的抗震性能目标，如表 7.3-4 所示。

抗震性能化目标　　表 7.3-4

地震水准		多遇地震	设防烈度地震	罕遇地震
性能水平定性描述		不损坏	可修复损坏	不倒塌
结构工作特性		弹性	允许部分构件屈服	允许进入塑性，控制薄弱层位移
承轨层	层间位移角	1/550	—	1/50
	框架柱	弹性	受剪承载力弹性	受剪承载力不屈服
	框架梁	弹性	受剪承载力不屈服	受剪满足截面限值条件
	承担雨棚柱混凝土梁	弹性	受剪承载力不屈服 受弯承载力不屈服	受剪满足截面限值条件

续表

高架候车厅	层间位移角	1/300（8 度 0.30g）	—	1/50（8 度 0.30g）
	框架柱	弹性	—	轻度损伤，个别构件中度损伤
	框架梁	弹性	—	中度损伤、部分比较严重损伤
钢屋盖、雨棚	层间位移角	1/250（8 度 0.20g）	—	无隔墙、幕墙区域柱：1/30（8.5 度）
				其他区域：1/50（8.5 度）
	框架柱	弹性	—	轻度损伤，个别构件中度损伤
	框架梁	弹性	—	轻度损伤，个别构件中度损伤
节点		不先于构件破坏		

注：根据《雄安站钢结构设计专项审查会》结论：支承雨棚钢柱在 8 度（0.2g）多遇地震作用下，层间位移角可按 1/250 控制，钢管混凝土柱在 8 度（0.3g）多遇地震作用下，可按 1/300 控制层间位移角；在 8 度（0.3g）罕遇地震作用下，支承屋盖的钢柱层间位移角可按 1/30 控制。

7.3.3 结构分析

1）典型雨棚Ⅰ1 小震分析结果

雨棚钢屋盖分为四个区Ⅰ1、Ⅰ3、Ⅱ1、Ⅱ3，仅选取Ⅰ1 为代表进行典型区块分析（图 7.3-8）。采用 SAP2000 软件计算，抗震计算时，考虑扭转耦联以计算结构的扭转效应。选取 150 个振型，振型参与质量系数不小于 90%。主要计算结果如表 7.3-5 及图 7.3-9 所示。

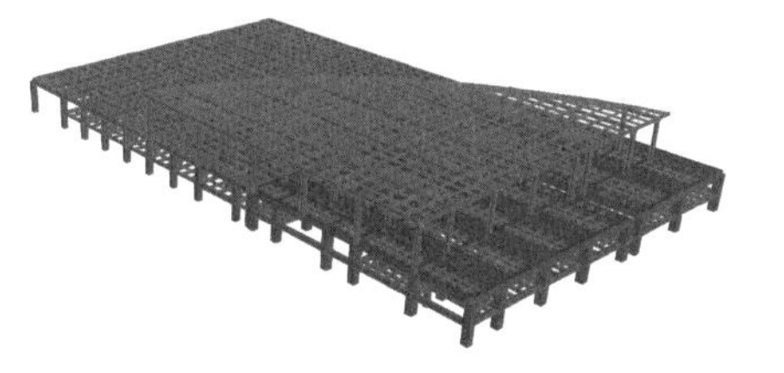

(a) 整体计算模型

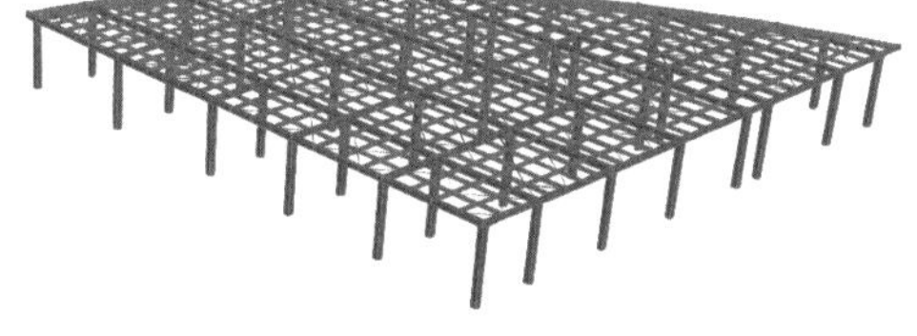

(b) 钢结构屋盖部分计算模型

图 7.3-8 Ⅰ1 区域雨棚结构模型

Ⅰ1 雨棚总质量与周期等计算结果　　表 7.3-5

前三阶自振周期/s	第一平动周期（T_1）	1.579	Y向平动
	第二平动周期（T_2）	1.552	X向平动
	第一扭转动周期（T_t）	1.403	扭转
T_t/T_1		0.889	
结构自重/t		4529.39	
地震作用下基底剪力/kN	X向	5759.32	
	Y向	5055.59	
最小剪重比	X向	12.72%	
	Y向	11.16%	
多遇地震层间位移角 8 度（0.20g）	X向	1/314	
	Y向	1/305	
扭转位移比	X向	1.28	
	Y向	1.30	
屋盖挠度	主梁挠跨比	1/415	
	次梁挠跨比	1/225	
框架柱最大应力比	非地震工况	0.508	
	地震工况	0.755	

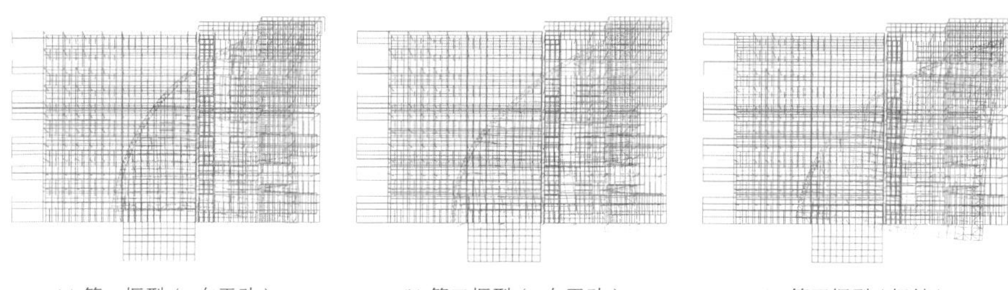

图 7.3-9 Ⅰ1 区域前三阶振型

2）典型高架屋盖区域Ⅰ2 小震结果

高架候车钢屋盖分为四个区Ⅰ2、Ⅱ2，仅选取Ⅰ2 为代表进行典型区块分析（图 7.3-8）。采用 SAP2000 软件计算，抗震计算时，考虑扭转耦联以计算结构的扭转效应，Ⅰ2 区雨棚结构模型如图 7.3-10 所示。选取 150 个振型，振型参与质量系数不小于 90%。主要计算结果如表 7.3-6 及图 7.3-11 所示。

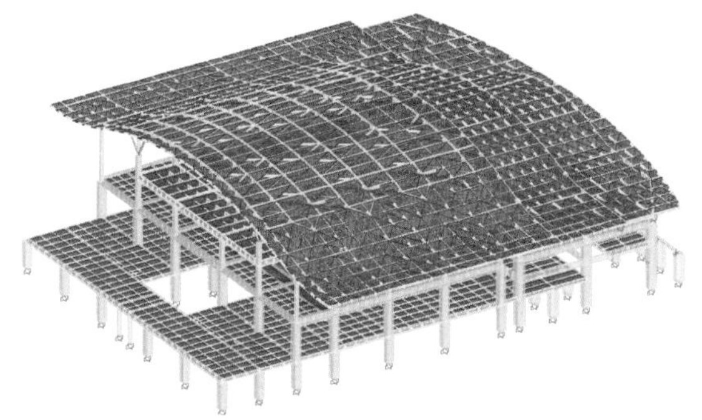

图 7.3-10 Ⅰ2 区域雨棚结构模型

Ⅰ2 总质量与周期等计算结果　　表 7.3-6

前三阶自振周期/s	第一平动周期（T_1）	1.120	X向平动
	第二平动周期（T_2）	0.965	Y向平动
	第一平动周期（T_t）	0.950	扭转
T_t/T_1		0.85	
结构自重/t		22035	
地震作用下基底剪力/kN	X向	41580	
	Y向	60651	
最小剪重比	X向	18.8%	
	Y向	27.5%	
多遇地震层间位移角 8 度（0.20g）（高架楼盖）	X向	1/702	
	Y向	1/388	
多遇地震层间位移角 8 度（0.20g）（高架屋盖）	X向	1/474	
	Y向	1/258	
扭转位移比（高架楼盖）	X向	1.15	
	Y向	1.02	
扭转位移比（高架屋盖）	X向	1.09	
	Y向	1.17	
屋盖挠度	主梁挠跨比	1/431	
	次梁挠跨比	1/338	
框架柱最大应力比	非地震工况	0.68	
	地震工况	0.88	

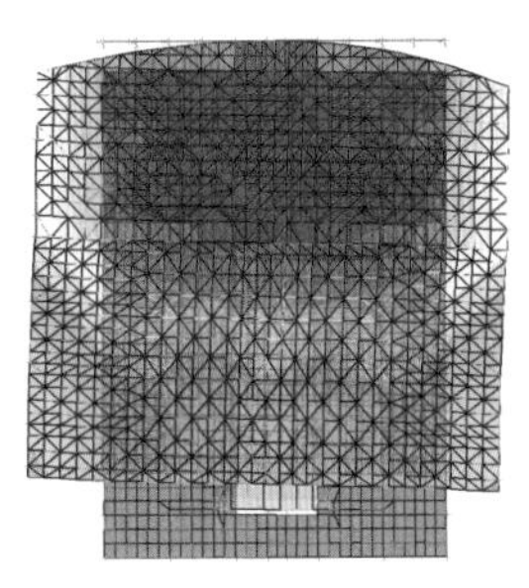

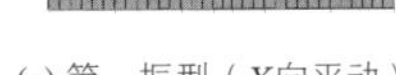
(a) 第一振型（X向平动）

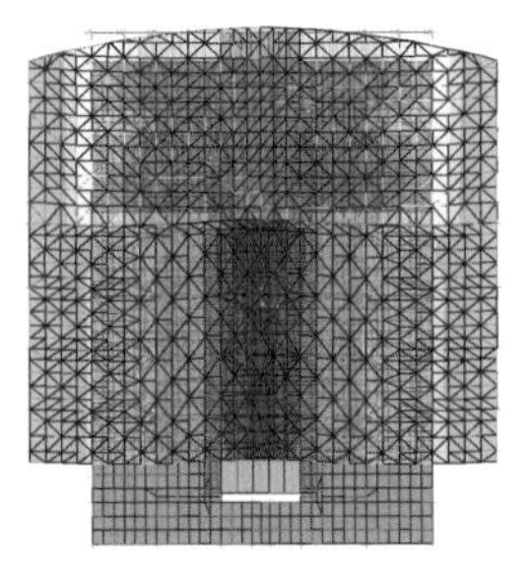
(b) 第二振型（Y向平动）

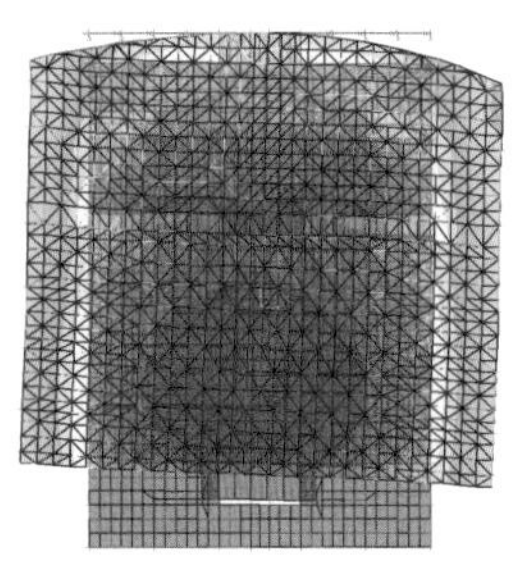
(c) 第三振型（扭转）

图 7.3-11　Ⅰ2 区域前四阶振型

3）典型区域Ⅰ2 结构动力弹塑性分析

采用 ABAQUS 软件进行罕遇地震作用下的弹塑性时程分析，选取两组天然波和一组人工波，按照X向、Y向、Z向峰值加速度比为 1∶0.8∶0.65 进行三向地震激励。限于篇幅，仅对近期车场高架候车厅及相连雨棚Ⅰ2 区计算结果进行说明。

（1）层间位移角

由于高架候车厅结构复杂，屋面高差大，层间位移角按照各柱柱顶与柱底的位移确定。高架候车厅首层为型钢混凝土柱，承轨层以上为方钢管混凝土柱，在罕遇地震作用下，型钢混凝土柱和钢管混凝土柱的最大层间位移角为 1/91，不大于《高层建筑混凝土结构技术规程》JGJ 3-2010（简称《高规》）限值 1/50。西侧进站厅钢管柱高达 25.6m，最大层间位移角 1/72，不大于《高规》限值 1/50。

与高架候车厅相连的雨棚，承轨层型钢混凝土柱最大层间位移角为 1/121；承轨层以上的钢管柱，X向地震作用下最大层间位移角 1/42，Y向地震作用下最大层间位移角为 1/53。支承雨棚的钢管柱轴压比小，变形能力强，故钢管柱塑性损伤程度轻，虽然其层间位移角略大于规范限值 1/50，但是仍然能够保证结构安全。

（2）屋盖竖向变形

高架候车厅大跨屋盖跨度为 78m，竖向地震效应显著。选取大跨屋盖典型跨的跨中位置，提取节点最大竖向位移。大跨屋盖跨中在不同地震作用下的最大竖向位移见表 7.3-7。可见大跨屋盖跨中最大竖向位移为−1.17m，为跨度的 1/67。

Ⅰ2 竖向地震作用下大跨屋盖跨中竖向位移　　表 7.3-7

工况	CASE-1	CASE-2	CASE-3	CASE-4	CASE-5	CASE-6
竖向位移/m	−1.00	−0.86	−1.17	−0.85	−1.00	−1.15

注：CASE-1～CASE-6 为不同地震作用。

（3）柱的损伤

在罕遇地震作用下，Ⅰ2 区高架候车厅柱柱塑性应变见图 7.3-12（a）。由图可知，雨棚柱在罕遇地震作用下塑性应变较小，钢材塑性应变最大为 0.0028，为轻度损伤；高架候车厅大部分柱为轻度损伤，个别悬臂柱底部的最大应变为塑性 0.0126，为中度损坏，在设计中对以上部位进行了相应加强。综上结构可以满足“大震不倒”的抗震性能目标。

7.3.4　高架候车层框架梁与次桁架

高架候车厅大部分楼面钢梁塑性应变较小，为轻微或轻度损伤；顺轨向主梁应变较大，最大塑性应变为 0.0186，但未超过钢材极限应变，位置在高架候车厅两侧，属于比较严重损伤。框架梁为耗能构件，在地震作用下框架梁端进入塑性，但仍能满足“大震不倒”的抗震性能目标，见图 7.3-12（b）、图 7.3-12（c）。

7.3.5 高架候车层钢屋盖

在罕遇地震作用下，屋盖大部分构件处于弹性状态，个别大跨箱形梁端部进入塑性，最大塑性应变为 0.0116，为中度损伤。屋盖次梁塑性应变最大的位置出现在两侧雨棚斜向箱形构件的跨中，为比较严重损伤，见图 7.3-12（d）。在设计中对以上损伤较严重的部位采取了加强措施。

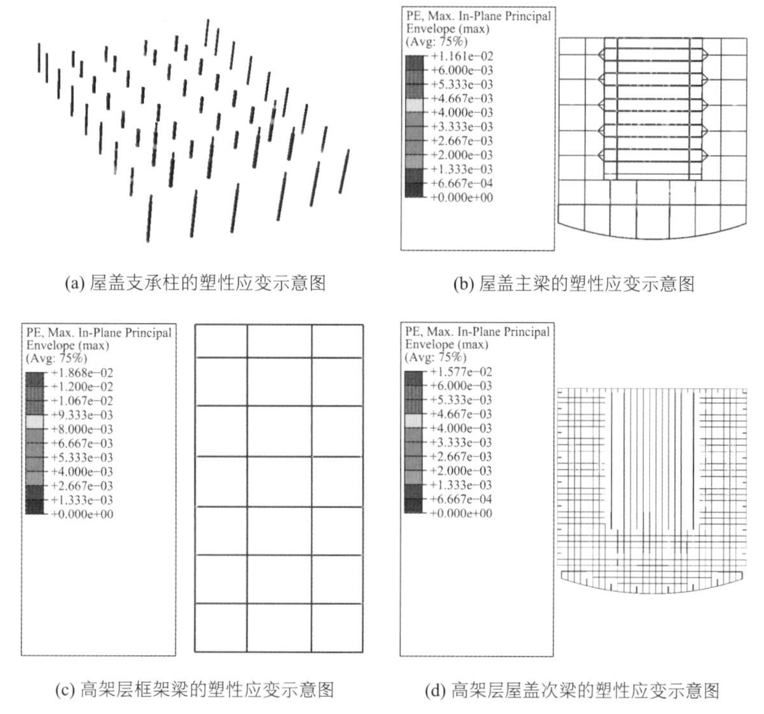

(a) 屋盖支承柱的塑性应变示意图　(b) 屋盖主梁的塑性应变示意图

(c) 高架层框架梁的塑性应变示意图　(d) 高架层屋盖次梁的塑性应变示意图

图 7.3-12　Ⅰ2 区高架候车厅构件塑性应变

综上所述，在罕遇地震作用下，整体结构能够满足“大震不倒”的要求，保证结构安全。

7.4 专项设计

7.4.1 高烈度区结构优化

本工程抗震设防烈度高，钢结构采用实腹构件的范围大，如果对层间位移角等指标控制过严，将导致结构刚度与用钢量增大，而结构刚度与质量增大又会引起地震作用进一步增大，进而导致用钢量显著增大。故需要结合本工程结构的特点，对设计标准的相关规定进行深入研究，尽力做到安全合理。

（1）钢管柱变形能力与层间位移角限值

根据现行《建筑抗震设计规范》GB 50011-2010（简称《抗规》），多遇地震作用下，钢框架层间位移角限值为 1/250；罕遇地震作用下，钢框架层间位移角限值为 1/50。当抗震设防烈度很高时，满足上述要求将导致钢材用量显著增大。

为了考察轴压比n、径厚比D/t与长细比λ对钢管柱变形性能的影响，在北京工业大学工程抗震与结构诊治北京市重点实验室进行了 3 个缩尺模型试验，钢材材质均为 Q355，在恒定轴力下进行往复推覆拟静力加载，并将试验结果与有限元模拟分析进行对比，验证了有限元模拟结果的准确性。

有限元参数分析结果表明，轴压比对钢管柱变形能力影响显著，随着轴压比增大，屈服变形角略有减小，极限变形能力显著下降。径厚比对钢管柱屈服变形角影响很小，但对极限变形角影响最大，随着径厚比增大，极限变形能力迅速下降。长细比对钢管柱弹性刚度影响显著，钢管柱变形能力随着长细比增大而加大。当长细比不小于 40 时，钢管柱的屈服变形角均可达 1/150；当轴压比不大于 0.2、径厚比不大于 30 时，钢管柱的极限变形角可达 1/30，如图 7.4-1 所示。

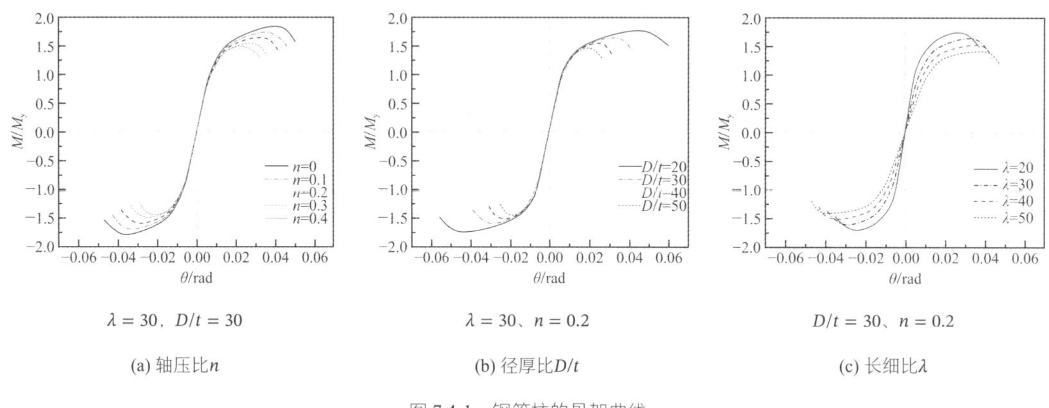

$\lambda = 30$，$D/t = 30$　　$\lambda = 30$、$n = 0.2$　　$D/t = 30$、$n = 0.2$

(a) 轴压比n　　(b) 径厚比D/t　　(c) 长细比λ

图 7.4-1　钢管柱的骨架曲线

支承站房大跨度雨棚竖向构件的轴压比在 0.2 左右，故此，结合大跨度屋盖的特点对竖向构件的水平位移限值进行如下放松：（1）在 8 度（0.2g）多遇地震作用下，支承雨棚钢管柱的层间位移角按 1/250 控制；（2）在 8 度（0.3g）罕遇地震作用下，周边无玻璃幕墙、建筑隔墙等围护结构的钢柱层间位移角按 1/30 控制。

（2）阶形柱

本工程下部为混凝土框架，上部为大跨度钢屋盖，钢柱底部与混凝土框架相连，钢柱顶部通过抗震球形支座支承屋盖。大跨度结构室内净高大，柱顶侧向变形与底部弯矩起主要控制作用，而柱承受的竖向荷载较小，其受力状态近似于竖向悬臂梁，上部的利用率较低。

为了有效节约钢材，根据支承大跨度屋盖钢柱的受力特点，提出一种变壁厚箱形柱，其具有以下主要特点：（1）壁厚上小下大，与弯矩分布规律相符，受力较为合理；（2）在罕遇地震作用下，塑性铰集中于构件底部，受力较小、始终处于弹性状态的上柱，其宽厚比限值可以适当放松；（3）钢材用量较小，结构自重减轻，承受的地震力相应减小；（4）变壁厚箱形柱的抗侧刚度与等壁厚箱形柱的抗侧刚度相同，在弹性分析时也可将其视为等壁厚度箱形柱，计算简单方便；（5）变壁厚箱形柱截面的外形尺寸与等壁厚箱形柱相同，不影响建筑室内效果。

假定等壁厚箱形柱的高度为h，截面惯性矩为I_0；变壁厚箱形柱上柱高度与截面惯性矩分别为h_1和I_1，下柱高度与截面惯性矩分别为h_2和I_2，如图 7.4-2 所示。

为了验证设计方法的可靠性，考察变壁厚箱形柱的受力性能，进行了在往复荷载作用下变壁厚箱形柱缩尺模型的拟静力试验，如图 7.4-3 所示。

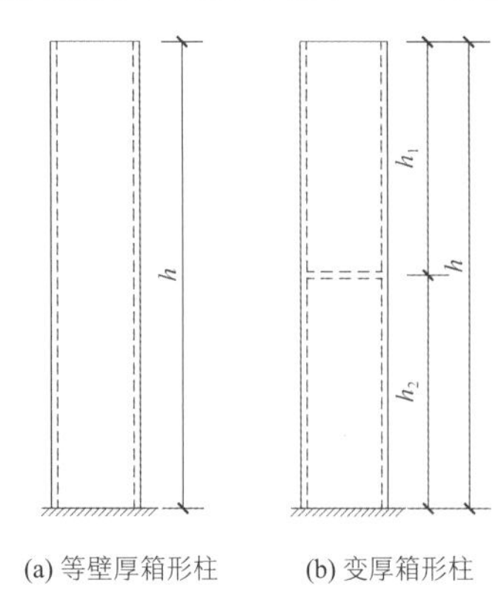

(a) 等壁厚箱形柱　　(b) 变厚箱形柱

图 7.4-2　等壁厚和变壁厚箱形柱示意图

图 7.4-3　变壁厚箱形柱试验现场照片

为了保证变壁厚箱形柱在壁厚变化处的安全性，使上柱始终处于弹性状态，在柱顶轴向压力N与侧向荷载作用下的最大压应力σ_1应满足下式要求：

$$\sigma_1 = \frac{N}{A_1} + \frac{h_1}{h} \cdot \frac{M_{p2}}{W_1} \leqslant f_y \tag{7.4-1}$$

式中：A_1和W_1——上柱的截面面积与截面抵抗矩；

M_{p2}——下柱最大塑性受弯承载力；

f_y——钢材屈服强度。

对于不同上柱高度比α（变壁厚箱形柱上柱高度与柱总高度之比）及轴压比，变壁厚箱形柱与等壁厚箱形柱用钢量比例ρ见表 7.4-1。从表中可知，在变壁厚箱形柱与等壁厚箱形柱抗侧刚度相等的条件下，变壁厚箱形柱的用钢量明显低于等壁厚箱形柱，当上柱高度比α为 0.4 时，可节约钢材 11.67%～16.24%；对于壁厚较大、轴压比较小的构件，节约钢材的效果较好。综合构件的承载力与用钢量情况，变壁厚箱形柱具有较好经济效益。

变壁厚与等壁厚箱形柱用钢量比例　　表 7.4-1

t_0/mm	α	ρ/%			
		n =0	n =0.1	n =0.2	n =0.3
50	0.3	−10.26	−10.01	−9.88	−9.74
	0.4	−12.57	−12.29	−11.86	−11.67
	0.5	−13.47	−12.88	−12.40	−11.86
	0.6	−11.35	−10.91	−10.43	−9.91
	0.7	−7.86	−7.50	−7.12	−6.71
60	0.3	−12.56	−12.49	−12.29	−11.80
	0.4	−14.73	−14.29	−13.79	−13.23
	0.5	−14.22	−13.72	−13.15	−11.94
	0.6	−11.33	−10.77	−10.37	−9.38
	0.7	−7.82	−7.45	−7.06	−6.38
70	0.3	−13.92	−13.54	−13.10	−12.58
	0.4	−15.58	−14.91	−14.17	−13.10
	0.5	−14.34	−13.48	−12.67	−11.82
	0.6	−11.97	−11.04	−10.21	−9.56
	0.7	−8.47	−7.90	−7.13	−6.49
80	0.3	−14.90	−14.68	−14.32	−13.82
	0.4	−16.24	−15.71	−14.82	−13.95
	0.5	−15.17	−14.25	−13.28	−12.45
	0.6	−12.08	−11.33	−10.74	−9.99
	0.7	−8.51	−8.09	−7.33	−6.81

（3）带肋薄壁箱形构件

高架候车厅屋盖大跨度箱形梁以承受弯矩为主，根据受力分析得到的箱形梁腹板的厚度通常较小。

由于薄钢板易发生面外变形，初始缺陷明显，屈曲承载力较低，难以满足对框架梁塑性变形能力的要求。为了保证箱形梁在地震作用下的塑性变形能力，我国现行规范均对箱形梁板件的宽厚比做出了明确规定。故此，在应用薄壁箱形梁时，为满足构造要求，需要额外加大板厚度，导致用钢量与结构自重显著增大。

在对各国规范与我国规范有关宽厚比的研究做比较后，为减轻结构自重，提出一种腹板带加劲肋的薄壁箱形梁，即采用减薄腹板厚度，通过在腹板设置纵向槽形加劲肋、横向加劲肋以及缀板的方式保证构件具有较高的稳定承载力，便于加工制作与现场安装，减小用钢量。带肋薄壁箱形梁的构造如图 7.4-4 所示，钢构件照片如图 7.4-5 所示。

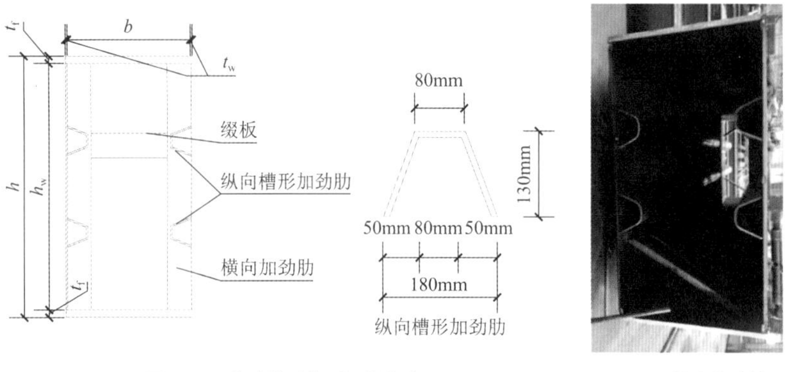

图 7.4-4　带肋薄壁箱形梁的构造

图 7.4-5　带肋薄壁箱梁

采用 ABAQUS 软件对带肋箱形梁进行分析，结果表明，薄壁箱形梁设置加劲肋后，其腹板的面外变形能够得到有效抑制，带肋薄壁箱形梁的一阶屈曲模态如图 7.4-6 所示。带肋薄壁箱形梁的等效黏滞阻尼系数较大，其耗能能力较强。当达到相同变形角时，带肋薄壁箱形梁腹板的最大面外变形与塑性应变均小于普通薄壁箱形梁，说明其损伤程度较轻。同时，与腹板宽厚比满足规范限值的普通薄壁箱形梁相比，具有相同变形能力的带肋薄壁箱形梁，可节省钢材 20%～30%。

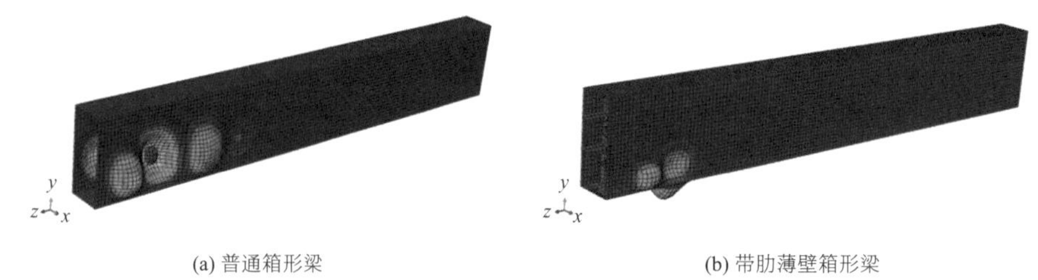

(a) 普通箱形梁

(b) 带肋薄壁箱形梁

图 7.4-6　薄壁箱形梁的一阶屈曲模态

考虑大跨梁根部为塑性耗能区，抗震构造要求严格，梁端需要与开花柱连接等因素，仅对大跨梁跨中截面部分采用带肋薄壁箱形梁。

7.4.2　防连续倒塌及行波效应分析

1）防连续倒塌分析

考虑到本工程高架候车厅屋盖支承构件的数量较少，故通过连续倒塌分析，确定结构的薄弱部位，避免关键构件失效引起结构整体发生连续倒塌。根据罕遇地震弹塑性时程分析的结果，在Ⅰ2 区假定受力较大的开花柱 C4（图 7.4-7）突然失效，进行连续倒塌分析。

拆除柱 C4 后，在恒荷载+0.5 活荷载工况下，结构的竖向变形有所增大，但结构仍能保持稳定。结构跨中最大竖向位移增至 200mm 以上。

拆除柱 C4 后控制点 1、2 的竖向位移时程曲线如图 7.4-8 所示。可见，在拆除构件的瞬间，屋盖的竖向位移突然增大，经过一段时间的震荡后逐渐趋于稳定。控制点 1 的竖向位移由 102mm 增大至 205mm，控制点 2 的竖向位移由 5mm 增大至 51mm。

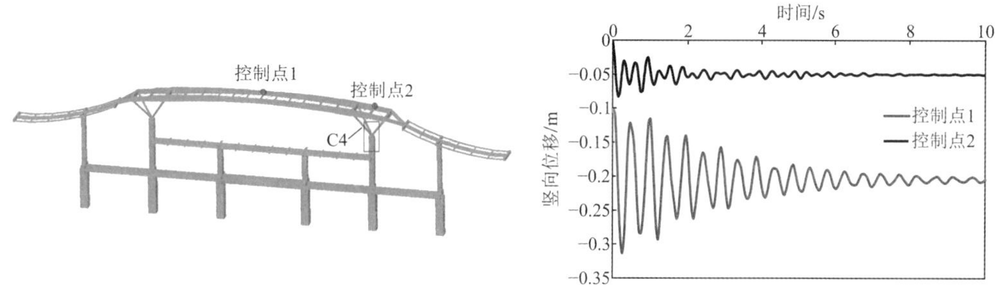

图 7.4-7　拆除构件位置示意　　图 7.4-8　拆除钢柱后控制点位移时程曲线

与拆除构件相邻构件以及高架候车厅屋盖跨中部位的应力有所增大，最大应力为 230MPa，但未超过钢材的屈服应力，构件均处于弹性状态。

综上所述，拆除构件后，站房大跨屋盖的竖向位移增大，局部杆件应力值增大，但所有杆件均处于弹性状态。结构冗余度较高，具有良好的防连续倒塌能力。

2）行波效应分析

根据我国现行《抗规》的规定，对于结构长度大于 300m 的结构，需要考虑多维多点地震激励的影响。本工程结构平面尺寸较大，几何形态特殊，承轨层上、下部结构防震缝位置不对应，且质量、刚度大小差异较大，出现上部钢结构单元支承于下部多个混凝土单元之上的情况，受力机理复杂。

雨棚结构Ⅰ1 区与Ⅰ3 区镜像对称，Ⅱ1 区与Ⅱ3 区镜像对称。Ⅰ1 区雨棚支承于下部 D1 区和 B1 区两个主体结构单元之上，Ⅱ1 区雨棚支承于下部 D2 区、B2 区和 B3 区三个主体结构单元之上，如图 7.3-1、图 7.3-2 所示。限于篇幅仅以Ⅱ1 区雨棚为例进行计算分析。Ⅱ1 区雨棚及其下部主体结构的总长度均为 237.4m，雨棚与其下部混凝土结构单元相对关系复杂。在Ⅱ1 区结构计算模型中，上部雨棚钢结构重力荷载代表值仅分别占结构总重力荷载代表值的 2.3%，上部雨棚钢结构与下部主体结构质量悬殊，各区上部雨棚钢结构的侧向刚度仅为下部主体结构侧向刚度的 0.22%～0.26%。为了确保在地震作用下结构安全可靠，需要通过多点激励地震时程分析，考察行波效应的影响。

雨棚下部各混凝土结构单元的尺寸均较小，与雨棚结构相比，其侧向刚度很大，受多点激励的影响远小于上部雨棚结构，因此计算分析时采用无地下室计算模型。为了避免在首层每个柱底施加强制位移时程导致下部混凝土结构行波效应过大，在多点激励分析时，假定下部各结构单元自身在嵌固部位（标高±0.000m）符合一致激励条件，即在每个结构单元框架柱底部均采用相同的位移时程函数，根据相邻结构单元形心之间的距离s与视波速v_{app}确定地震位移时程曲线的时间差Δt。

针对Ⅱ1 区，各选取两组天然波和一组人工波共 3 条地震波，通过对加速度时程记录进行两次积分，可以得到位移时程曲线；对其进行基线调整，以消除地震波基线漂移的影响。影响视波速的因素很多，如震源深度、震中距离、岩性特征、覆盖层厚度等，在进行超长结构行波效应分析时，视波速的上限可以根据震源深度、入射角度和建筑物的尺度计算确定，考虑剪切波（S 波）时的视波速通常与基岩的剪切波速较为接近。为了结构安全起见，视波速的上限取 1200m/s，视波速的下限偏于安全地取建设场地的等效剪切波速 240m/s。采用多点一致比γ反映结构构件多点激励地震响应与一致激励地震效应之间的差异，定义如下：

$$\gamma = \frac{S_{\mathrm{multi}}}{S_{\mathrm{simpl}}} \tag{7.4-2}$$

式中：S_{multi}——多点激励时内力分量的峰值；

S_{simpl}——一致激励时内力分量的峰值。

支承Ⅱ1 区雨棚下部主体结构框架柱剪力多点一致比γ见表 7.4-2。从表中可知，当视波速为 1200m/s 时，剪力多点一致比的最大值为 1.09，平均值为 1.00。当视波速为 240m/s 时，虽然首层与二层剪力多点一致比的平均值仍为 1.00，但最大值分别为 1.13 和 1.19，说明视波速较小时行波效应略有增大。

Ⅱ1 区雨棚下部结构框架柱剪力多点一致比γ　　表 7.4-2

视波速/（m/s）	剪力方向	γ值域范围		γ平均值	
		首层	二层	首层	二层
1200	行波方向	0.98～1.05	0.71～1.08	1.00	1.00
	垂直行波方向	0.97～1.09	0.94～1.09	1.00	1.00
240	行波方向	0.93～1.06	0.82～1.19	1.00	1.00
	垂直行波方向	0.97～1.13	0.94～1.15	1.01	1.00

Ⅱ1 区雨棚钢柱剪力多点一致比γ见表 7.4-3。从表中可知，当视波速为 1200m/s 时，雨棚钢柱剪力多点一致比的最大值为 1.16，平均值为 0.98，说明钢柱受行波效应的影响大于下部混凝土框架柱。当视波速为 240m/s 时，虽然多点一致比的平均值明显减小，但在地震传播方向的最大值为 1.21，说明行波效应对部分雨棚钢柱内力起控制作用。

Ⅱ1 区雨棚钢柱剪力多点一致比γ　　表 7.4-3

视波速/（m/s）	剪力方向	值域范围	平均值
1200	行波方向	0.86～1.16	0.98
	垂直行波方向	0.78～1.10	0.98
240	行波方向	0.55～1.21	0.79
	垂直行波方向	0.60～0.94	0.73

在 1200m/s 视波速作用时，行波方向多点一致比大于 1.15 的钢柱集中在雨棚的角部，垂直行波方向多点一致比大于 1.15 的钢柱均位于雨棚右侧直边。240m/s 视波速作用时，行波方向多点一致比大于 1.15 钢柱的数量增多；垂直行波方向多点一致比大于 1.15 钢柱的位置与 1200m/s 视波速时相同。

在 3 条地震波作用下，Ⅱ1 区雨棚箱形钢梁剪力多点一致比γ见表 7.4-4。从表中可知，当 1200m/s 视波速作用时，雨棚钢梁剪力多点一致比的平均值大于 1.0，说明雨棚钢梁在行波效应下的总体地震响应增大。当 240m/s 视波速作用时，雨棚钢梁剪力多点一致比的平均值进一步增大。

Ⅱ1 区雨棚钢梁剪力多点一致比γ　　表 7.4-4

视波速/（m/s）	剪力方向	γ值域范围	γ平均值
1200	竖向	0.61～2.47	1.04
	横向	0.71～3.53	1.16
240	竖向	0.60～9.85	1.18
	横向	0.57～5.07	1.26

当 1200m/s 视波速作用时，雨棚钢梁剪力多点一致比大于 1.15 的构件数量较多，且分布较为均匀。当 240m/s 视波速作用时，钢梁剪力的多点一致比大于 1.15 构件的数量略有增加。

综合以上对典型雨棚区块的研究，可以得出以下结论：

（1）考虑多点激励作用时，支承雨棚主体结构框架柱剪力多点一致比的平均值为 1.0，变化幅度很小，说明行波效应对下部混凝土结构的影响较小。

（2）在 1200m/s 视波速作用时，雨棚钢柱剪力多点一致比的平均值接近 1.0，最大值为 1.16。在 240m/s 视波速作用时，虽然雨棚钢柱剪力多点一致比的平均值小于 1.0，但最大值达到 1.21。多点一致比大于 1.15 的钢柱主要集中在雨棚的边角部位。

（3）当 1200m/s 视波速作用时，雨棚钢梁剪力多点一致比的平均值大于 1.0，说明考虑行波效应作用时雨棚钢梁的总体地震响应增大。当 240m/s 视波速作用时，雨棚钢梁剪力多点一致比的平均值与最大值进一步增大。多点一致比大的雨棚钢梁分布比较均匀。

（4）对于上部钢结构质量与刚度远小于下部多个混凝土单元的结构形式，行波效应对下部混凝土结构的影响较小，对支承屋盖的钢柱的影响较大，对大跨度钢梁的影响最大。

在本工程设计中，通过对超长结构的多维多点分析，得到结构构件的地震力放大系数，对相应角部位置进行加强，保证结构安全。

7.4.3 复杂混凝土构件节点研究

（1）清水混凝土构件

在承轨层以下空间大规模采用清水混凝土梁、柱构件。型钢混凝土柱的弧形切角自上而下逐渐变化，并在柱表面设置宽 200mm、深 50mm 的凹槽。在承轨型钢混凝土梁的端部设置水平和竖向弧形加腋，水平加腋每侧宽度 350mm，竖向加腋最大 3050mm，梁底的凹槽与型钢混凝土柱的凹槽顺滑相接，柱外观下大上小，梁、柱浑然一体，大幅度提升了旅客候车时的体验感。

承轨层型钢柱角部纵筋沿竖向分段插接，当纵筋保护层厚度大于 50mm 时，在保护层内部配置防裂、防剥落的钢筋网片。型钢混凝土柱表面凹槽处的箍筋构造如图 7.4-9（a）所示，柱最外侧箍筋分段，在凹槽处通过搭接形成封闭箍筋。柱中部的箍筋均采用单肢箍，与焊接于型钢的竖向附加纵筋相拉结，避免在型钢腹板设置钢筋贯穿孔。

承轨层型钢混凝土梁纵筋的排布随着加腋而变化，闭合箍筋采用上下 U 形搭接的形式，加腋部位箍筋的构造如图 7.4-9（b）所示。

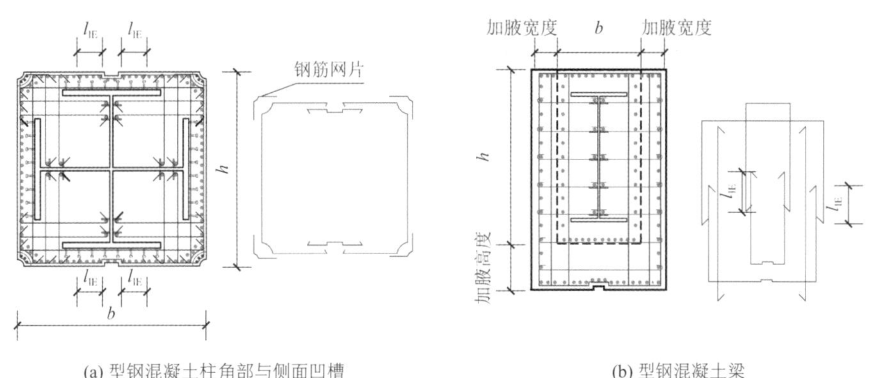

(a) 型钢混凝土柱角部与侧面凹槽　　(b) 型钢混凝土梁

图 7.4-9　承轨层清水型钢柱、梁钢筋构造

结构设计中，采用有限元等多种分析方法，对清水混凝土梁柱进行内力分析，截面设计；并对型钢梁柱节点及钢筋排布构造等进行专项设计，从而实现建筑效果。建成后地面候车厅清水混凝土结构的实景如图 7.2-2 所示。

（2）型钢混凝土柱脚

雄安站站房线下主体结构采用型钢混凝土框架结构。由于站房柱距大，地震烈度高，柱截面尺寸为 2.7m × 2.7m，柱底最大轴力 87060kN，剪力 32740kN，弯矩 154249kN · m，内力巨大。如果采用传统的埋入式型钢柱脚，可能导致型钢较大的埋入深度，承台厚度加大，基坑土方量增加。在工程中采用了新型的半埋入式柱脚，通过设置双向靴梁的方式解决柱脚弯矩传递的问题，型钢埋入深度约为 1.35 倍截面高度。

该半埋入式柱脚具有如下特点：（1）通过设置加劲肋，增强靴梁的整体性；（2）在靴梁底部增设锚栓，保证柱脚有足够的刚度与抗拔承载力；（3）在混凝土承台中配置三层钢筋网，在靴梁长度范围配置 U 形钢筋和预应力钢筋，提高混凝土承台的抗冲切能力与整体性。型钢柱脚节点如图 7.4-10 所示，施工现场情况如图 7.4-11 所示。

为分析该半埋入式柱脚的受力情况，按照构件的实际尺寸与材料建立了弹塑性有限元分析模型，型钢和钢筋的本构关系均采用双折线模型，混凝土采用弹塑性损伤模型，可以考虑混凝土材料拉、压强度差异、刚度及强度退化等特性。在设计荷载作用下型钢的 Mises 应力分布见图 7.4-12。分析结果表明，钢骨和钢筋构件均处于弹性阶段，型钢受压翼缘最大应力为 152MPa。为验证该半埋入式柱脚的可靠性，进行了 1∶6 缩尺模型静力试验。试验结果表明，加载至 2 倍设计荷载时，钢筋、型钢仍未屈服，混凝土无明显破坏，有足够的安全储备。

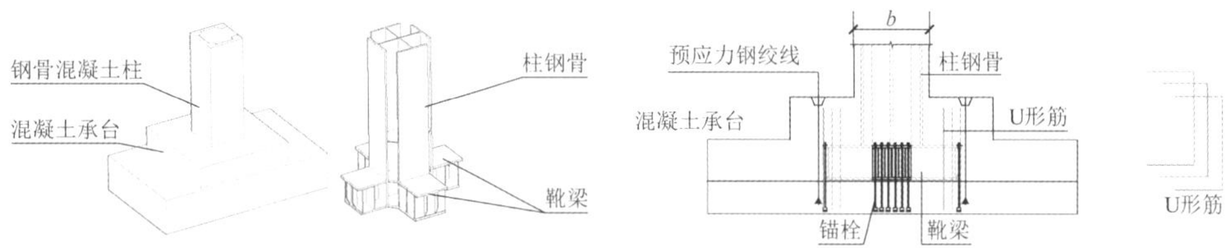

图 7.4-10　型钢柱脚节点示意图

图 7.4-11　型钢柱脚现场照片

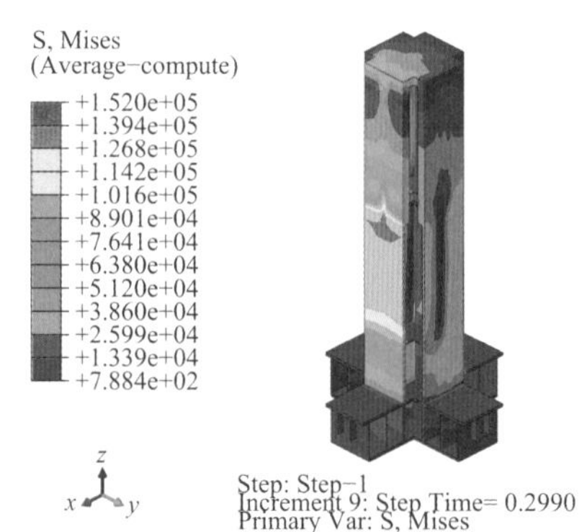

图 7.4-12　柱脚型钢有限元计算应力（单位：kPa）

7.4.4　复杂节点

1）大跨度屋面搭接节点

根据建筑的使用功能，无法将钢屋盖防震缝设置在与下部混凝土防震缝相同的位置，且双柱支承屋盖的外观效果不理想。此外，由于屋盖支承于下部多个混凝土结构单元上，故屋盖结构对下部各混凝土结构单元之间的变形差异应具有良好的适应性。承轨层上、下结构的防震缝如图 7.4-13 所示。

根据本工程的特点，研发了一种可发生双向大位移的新型滑动支座，以实现大跨度屋面之间的搭接连接。该支座包括上滑动轨道、下滑动轨道及中间转动支座，如图 7.4-14、图 7.4-15 所示。

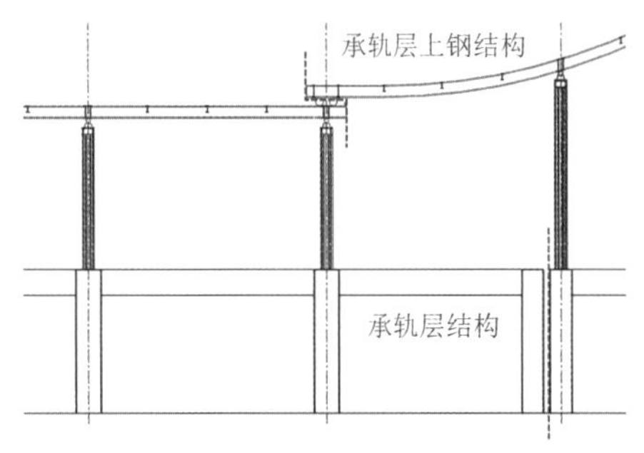

图 7.4-13　承轨层上、下结构防震缝示意

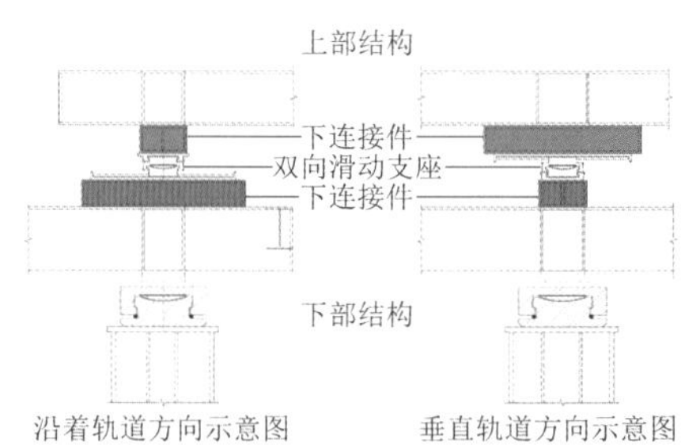

图 7.4-14　屋盖搭接节点示意

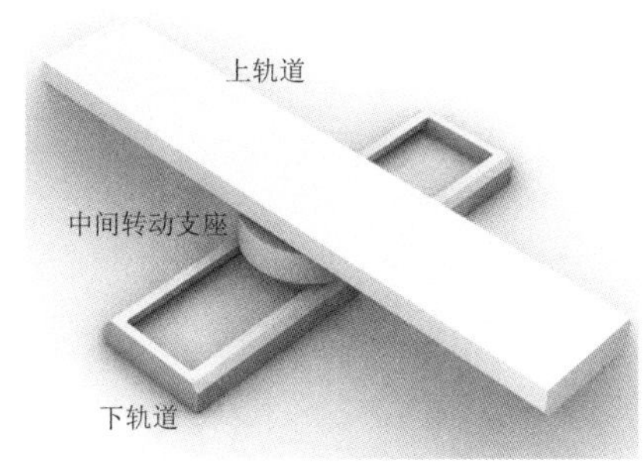

(a) 双向滑动支座构造示意

(b) 双向滑动支座实景照片

图 7.4-15　双向滑动支座构造示意

上滑动轨道与下滑动轨道分别处于中间转动支座上部及下部，平面正交布置，两端设有限位板，中间转动支座可在上、下两个滑动轨道形成的矩形范围内滑动，最大滑移量可达±650mm。中间转动支座可实现有限转动。该支座在保证结构竖向传力的同时，可以避免相邻屋盖在水平方向的相互影响，具有防撞、防跌落措施。

为验证双向滑动支座在受力状态下实现大位移及其工作性能的可靠性，采用 1∶2 缩尺模型进行了摩擦系数、竖向抗压、竖向抗拉试验。其中摩擦系数试验，加载装置如图 7.4-16 所示。

为了考察滑动支座复杂受力状态下的双向滑动性能，采用 1∶2 缩尺模型进行了滑动支座有无转动条件下的双向滑移试验。在 0°、15°、30°及 45°情况下，双向支座会将不同角度情况的位移分解为上下两个支座的垂直滑移量，限于篇幅考虑将 30°时的试验情况做如下说明：试验时，将双向滑动支座置于试验机的下承载板上旋转 30°，中心位置偏差不大于滑轨长度的 1%。以 20kN/min 的速度将支座施加竖向荷载至 200kN，通过水平加载装置将双向滑动支座顺轨向推移 325mm，垂轨向移动 188mm。然后，施加反向位移，连续进行 3 次循环加载。

试验结果表明，双向滑动支座可以达到预期的位移量，在滑动过程中无卡壳现象，极限位移值满足设计要求。双向滑动支座（30°）的实测水平力-位移曲线如图 7.4-17 所示。双向滑动支座的竖向受压承载力、竖向受拉承载力、水平受剪承载力均满足设计要求；其竖向变形与双向滑动支座总高度之比不超过 1%；径向变形与外径之比小于 0.05%；摩擦系数不大于 0.03。

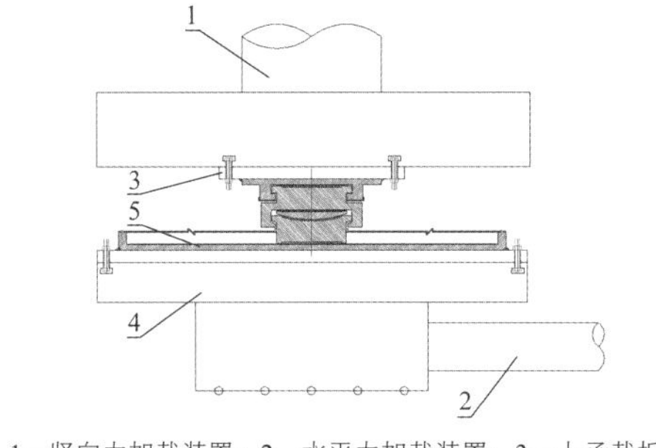

1—竖向力加载装置；2—水平力加载装置；3—上承载板；4—下承载板；5—试件。

图 7.4-16　加载装置

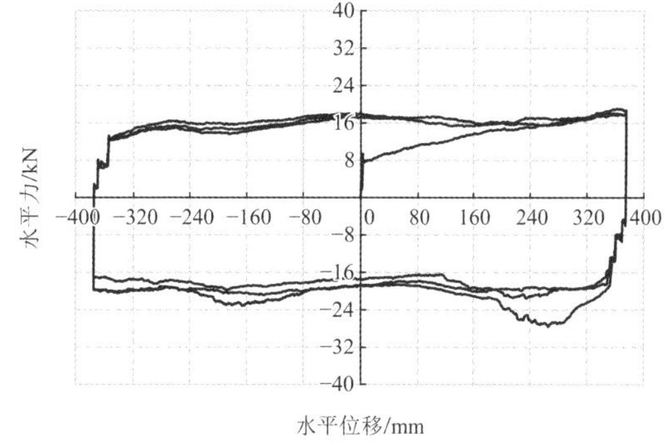

图 7.4-17　双向滑动支座（30°）实测水平力-位移曲线

2）可复位连桥支座

本工程在高架候车层近期车场和远期车场之间设有多个连桥单元，连桥单元的支座设置在两侧主体结构单元之上，结构设计需满足两点要求：（1）在地震、风荷载等不利工况组合下，两侧主体结构单元发生相对变形时，要求连桥单元在支座发生位移时不产生附加内力，既不影响结构单元分块计算的边界条件，又使得连桥单元本身不会因为过大的附加内力遭到破坏；（2）在两侧主体结构单元无相对变形的情况下，连桥单元不会因人行荷载、较小的风荷载的作用而发生刚体位移，影响建筑使用。

故此研发一套可复位连桥支座，该支座由三种形式组成：（1）固定抗震球形支座 LZ-1；（2）小位移量双向滑动支座 LZ-2；（3）大位移量双向滑动支座 LZ-3，如图 7.4-18 所示。在连桥的一端设置固定抗震球形支座 LZ-1 和小位移量双向滑动支座 LZ-2；连桥另一端设置双向大位移量滑动支座 LZ-3；连桥大位移双向滑动支座构造与屋面的大位移双向滑动支座基本相同，其区别为仅在轨道内增设板簧，可实现变形后自动复位。通过对连桥 4 个支座进行合理配置，能够使其适应两侧主体结构的各种相对变形，避免因附加内力过大造成连桥自身破坏。

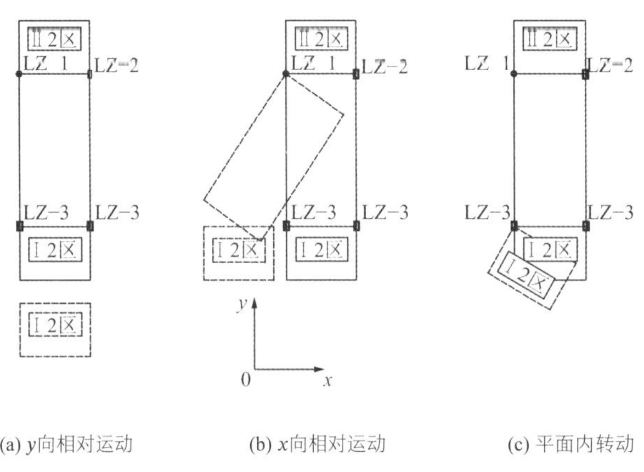

(a) y向相对运动　(b) x向相对运动　(c) 平面内转动

图 7.4-18　可复位连桥支座工作原理

3）复杂钢结构节点

雄安站高架候车厅与雨棚建筑造型复杂，大跨屋盖主要采用由实腹构件组成的单层结构，存在大量箱形构件、圆钢管、H 型钢之间相连的复杂节点，现行规范尚无此类复杂节点的相关设计方法。在结构设计中采用 CATIA，Rihno 等三维建模软件建立各类复杂节点的实体几何模型，通过节点区局部加厚、设置加肋等措施保证节点不先于构件破坏，节点构造兼顾美观与施工可操作性。在此基础上，采用有限元软件 ABAQUS 对节点进行计算分析，保证其在设计荷载作用下安全可靠。

高架候车厅开花柱底部铸钢节点的材质为 ZG550-340H，控制工况下节点的 Mises 应力如图 7.4-19（a）所示。节点应力峰值小于屈服应力。开花柱顶圆钢管与大跨箱形梁节点、屋盖错层部位节点的 Mises 应力分别如图 7.4-19（b）和图 7.4-19（c）所示。

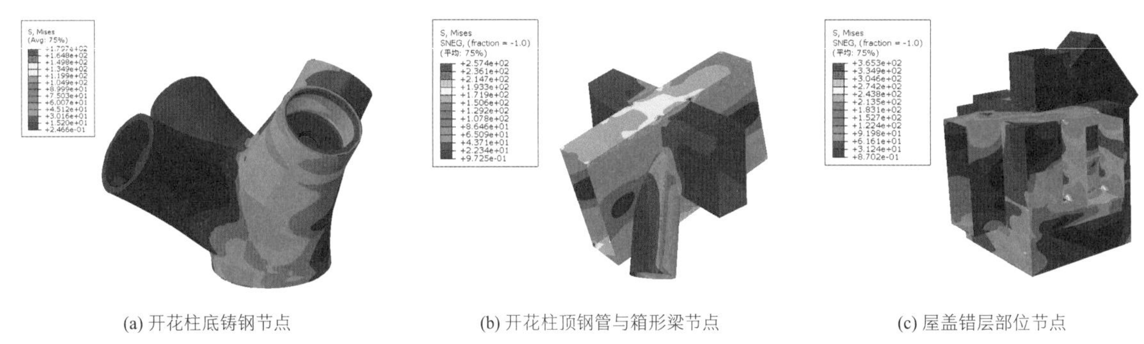

(a) 开花柱底铸钢节点　(b) 开花柱顶钢管与箱形梁节点　(c) 屋盖错层部位节点

图 7.4-19　高架候车厅节点 Mises 应力云图/MPa

由于建筑外露效果要求，雨棚钢结构均采用焊接节点。对于 H 型钢次梁与箱形主梁节点（图 7.4-20），上翼缘（图 7.4-20 中阴影范围）连接部位容易形成焊缝重叠，钢材重复受热，不利于钢材内部金相组织，容易造成应力集中。为避免焊缝重叠，在设计中将主梁节点域上翼缘适当加宽 100mm，上翼缘外伸板在工厂加工整体制作。现场拼装时，次梁上翼缘的对接焊缝与次梁腹板焊缝不在同一个位置，以提高现场焊接质量。

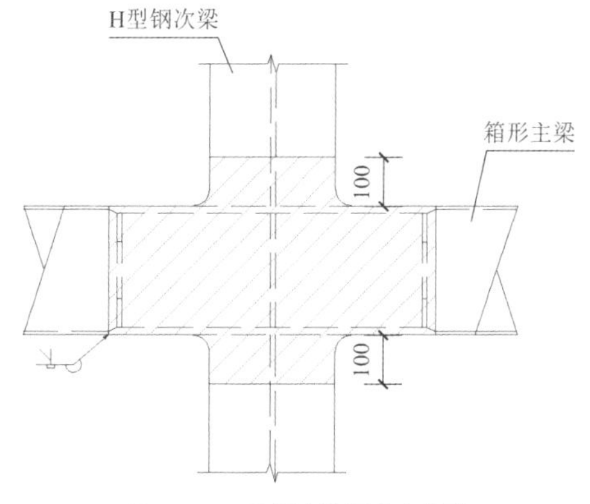

图 7.4-20　雨棚主次梁节点构造

7.4.5 风洞试验与列车风风致影响

鉴于雄安站屋盖造型、体型独特、结构复杂，同时考虑到车站站房建筑柱网稀疏，跨度大，结构刚度偏柔，风致动力响应显著。为明确风荷载取值，委托中国建筑科学研究院有限公司对雄安站进行了刚性模型风洞试验，试验模型如图 7.4-21 所示。

图 7.4-21　雄安站风洞试验模型

试验结果表明:（1）对于四周敞口的雨棚结构而言，平均压力系数一般在−0.8～0.3 之间（图 7.4-22）;（2）屋盖悬挑区域风荷载体型系数约−2.3，在迎风向屋盖前檐悬挑区域压力系数绝对值很大（图 7.4-23），这不但会因为“上吸下顶”的分布风压造成合力幅值明显增大，而且由于上、下表面压力的负相关会造成合压力脉动强度增大，导致出现较大的极值压力。因此，屋盖悬挑部位的抗风设计尤其需引起重视;（3）高架候车大厅屋盖悬挑部分的上吸风荷载要明显高于其他屋盖悬挑区域;（4）15m 宽光谷两侧的屋面风荷载变化较小，屋面的风荷载体型系数及风荷载并未受到屋盖分开的影响；雨棚柱上的镂空区域对于整体屋面相对较小，局部镂空区域对风荷载的影响也较小。

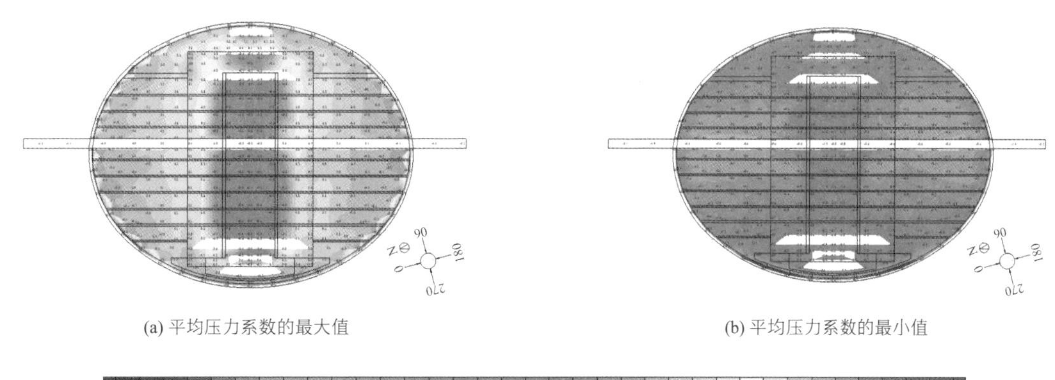

(a) 平均压力系数的最大值　　(b) 平均压力系数的最小值

图 7.4-22　屋盖上表面平均压力系数的最大值、最小值

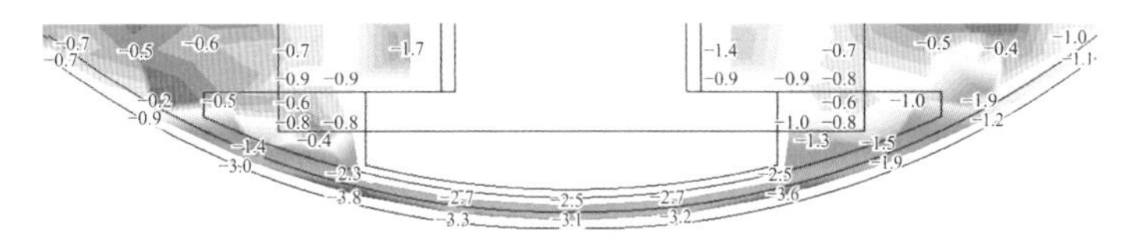

图 7.4-23 屋盖悬挑端局部的上、下平均风压系数之和

雄安站共有 6 条正线，列车高速过站时列车风的影响不可忽略。采用 Fluent 对过站列车风进行数值模拟，在雨棚及屋盖范围顺轨向每隔 24m 布置 1 个监测点，在高架范围每个隔 12m 布置 1 个监测点；在轨道正线范围顺轨向结构面上共布置 26 个监测点，测点布置如图 7.4-24 所示。

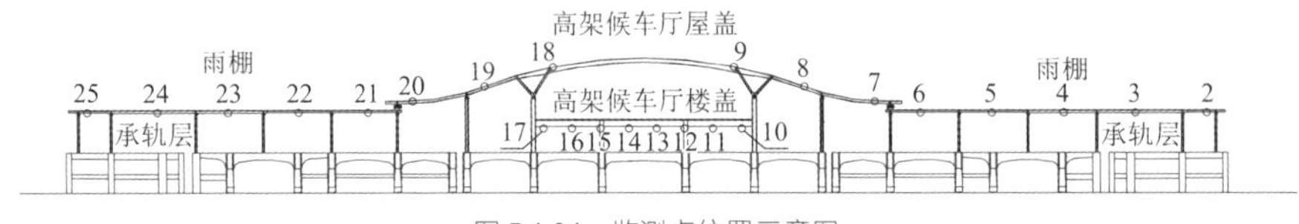

图 7.4-24 监测点位置示意图

数值模拟的结果表明，当列车以 120km/h 速度运行通过时，最大竖向振动加速度为 0.008m/s^2，对屋盖及高架候车层舒适度影响较小；当以 350km/h 速度高速运行通过时，最大竖向振动加速度为 0.15m/s^2，对高架候车层楼面跨中影响较大，但未超过规范限值 0.15m/s^2，尚能满足舒适性要求。列车风压沿列车两侧的典型分布曲线如图 7.4-25 所示。可见随高架候车层主体结构距离列车车身表面距离增加，列车风风压迅速衰减。典型测点正风压峰值随距车身表面距离变化趋势如图 7.4-26 所示。可见，正风压峰值随距车身表面距离的增大迅速衰减，至 16m 左右后趋于稳定，总体呈二次曲线关系。车速 120km/h 时，正风压峰值随距车身表面距离变化有类似变化规律，但幅值明显小于车速 350km/h 时，风压值与车速呈现非线性变化。

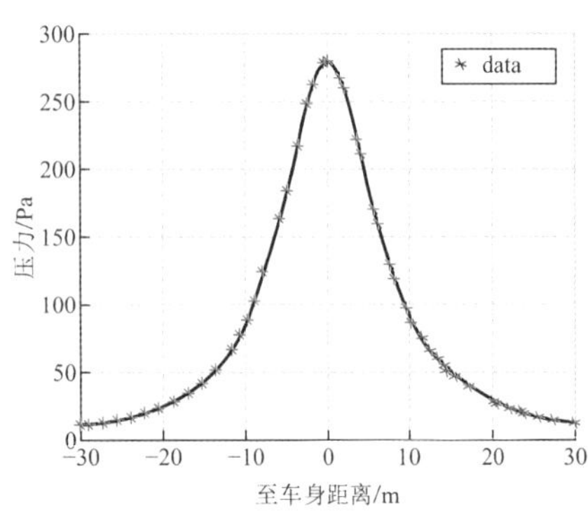

图 7.4-25 列车风压沿列车两侧的典型分布曲线（车速 350km/h 工况）

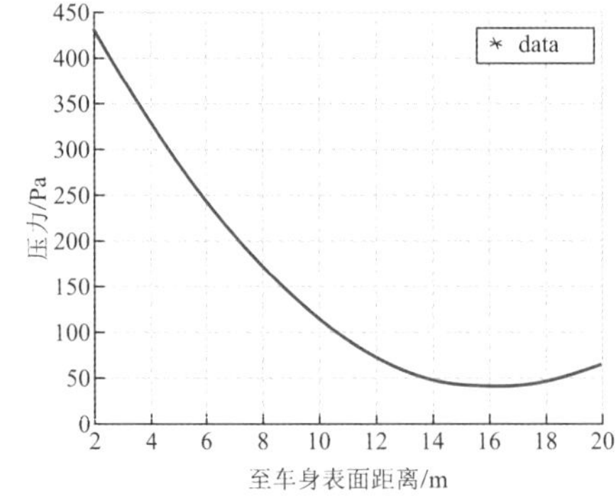

图 7.4-26 列车风压随距车身表面距离变化曲线

7.5 健康监测

7.5.1 监测目的

雄安站屋盖钢结构分区单元跨越多个混凝土结构单元，受力复杂。钢结构体量巨大，温度改变引起结构的内力和变形相对明显，可能对结构的安全性产生显著的影响；并且环境荷载的多源输入，如火车通行荷载、风荷载、地震荷载及行波效应等，使得很难通过数值分析方法来评价结构的实际内力与变形状态。为此，健康监测团队建立了以温度、应变、位移、振动和视频图像等多类型参数为基础的全方位

结构健康监测智能感知系统。由于重点监测部位分散，如果采用有线监测方案，存在线路布设复杂及后期维护困难的问题，因而针对雄安站结构特点设计研发了一套完整的无线健康监测系统。

7.5.2 测点布置及监测系统

基于结构的复杂性，结合环境荷载的多源性，将针对以下内容进行重点监测：（1）结构温度场；（2）大跨度变截面框架箱形曲梁应变；（3）框架柱应变；（4）柱顶 V 形支撑应变；（5）斜撑应变；（6）滑动支座位移；（7）框架梁挠度。通过实时获得结构的变形和内力的数据，感知结构在外部荷载作用下的空间位置变化，掌握结构的整体健康状态。鉴于Ⅰ2、Ⅱ2 分区屋盖采用双向滑动支座，因此支座位移是结构温致效应最直接的体现，对掌握结构的实时状态具有非常重要的意义。典型监测点布置如图 7.5-1、图 7.5-2 所示。

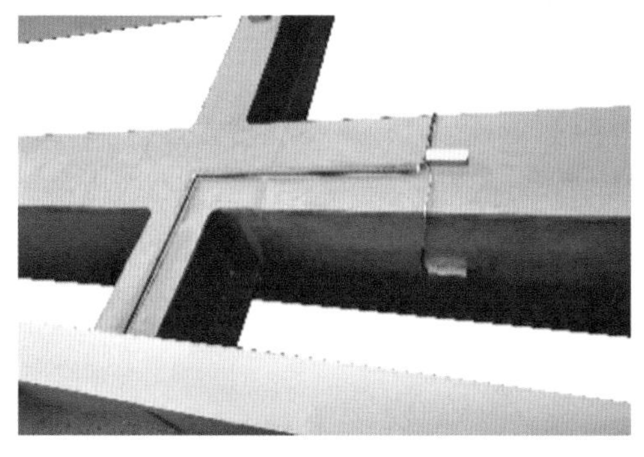

(a) 雨棚梁

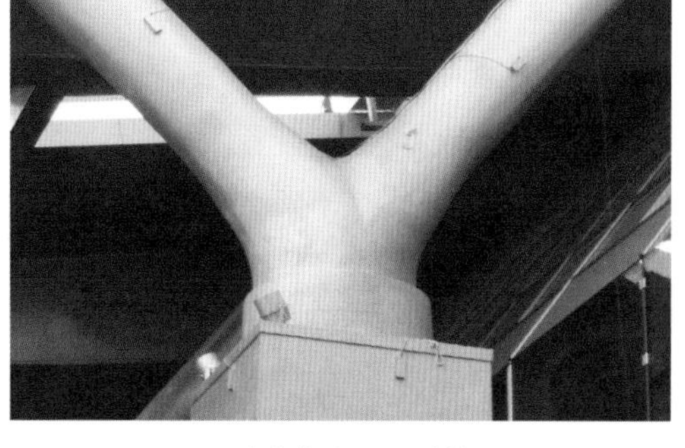

(b) 框架柱以及 V 形支撑

图 7.5-1 无线应变（温度）传感器

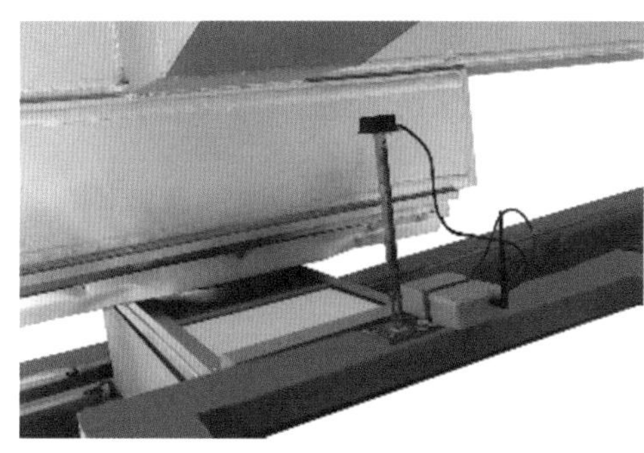

(a) 滑动支座纵向位移

(b) 滑动支座横向位移

图 7.5-2 无线激光位移传感器

监控中心则以智慧平台等形式实现本地数据库的可视化展示以及系统与用户的交互。图 7.5-3 显示了整个监测系统的数据传输过程。图 7.5-4 是雄安站智慧平台，实现了实测数据查询、监测设备管理、报警信息管理、报告和维护日志管理等功能。

7.5.3 监测结果

通过监测 2021 年第一季度结构在环境温度作用下的构件应变、支座位移，得到了结构应力状态、支座位移变形与环境温度的关系，验证了雄安站屋盖结构无线健康监测系统的有效性。健康监测的数据表明，钢结构大跨度箱形梁、开花斜柱相对于支承屋盖钢柱，对环境温度更加敏感，应变变化与环境温度变化呈现线性相关。通过对滑动支座位移的监测数据，支座随温度变化产生的位移值基本呈现线性，实测值与理论值较为接近。

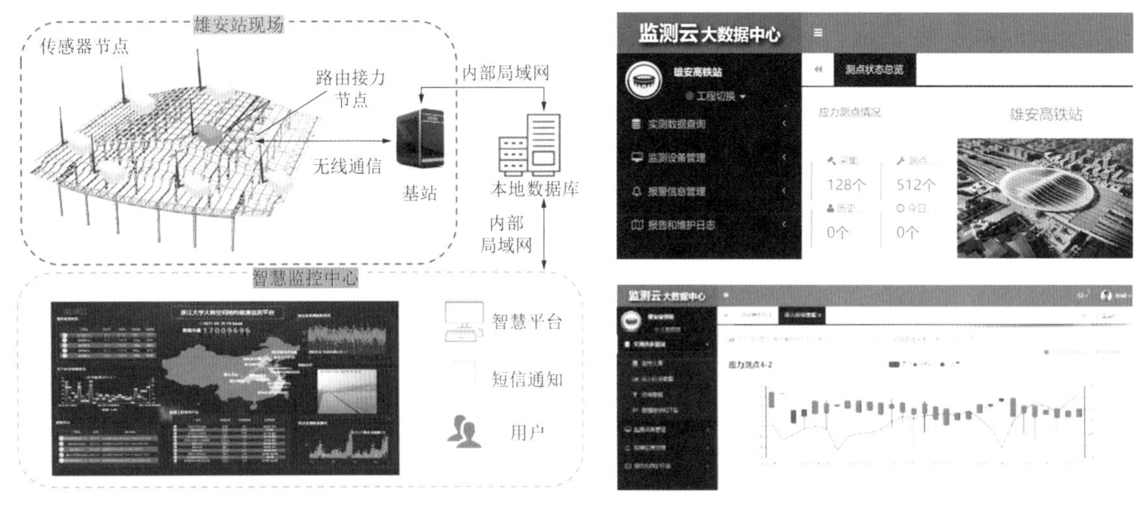

图 7.5-3　监测系统数据传输框架

图 7.5-4　雄安站智慧平台

7.6 结语

雄安站工程规模大、抗震设防烈度高，根据雄安站站房结构体系特点，结合建筑功能需要及结构受力特点，从结构概念设计、抗震性能目标、构造措施等方面，通过有限元分析、试验研究、新技术研发等多种方法，提出系列设计技术，在保证结构安全性的同时，做到经济合理。

（1）结合建筑造型及下部混凝土结构分缝情况，将屋盖划分成六个结构单元，可以有效缓解结构超长带来的温度应力、地震行波效应等问题。

（2）在工程中采用新型半埋入式柱脚，通过设置双向靴梁、配置钢筋网和预应力筋等方式，提高混凝土承台的抗冲切能力，避免传统埋入式柱脚型钢埋入深度过大的问题。

（3）通过对承轨层型钢混凝土柱角部、表面凹槽以及型钢混凝土梁底部凹槽等的配筋构造设计，实现了清水混凝土结构浑然一体的优美建筑效果。

（4）本工程抗震设防烈度高，钢结构采用实腹构件的范围大，如果对层间位移角等指标控制过严，将导致结构刚度与用钢量增大，而结构刚度与质量增大又会引起地震作用进一步加大，导致用钢量显著增大。为此，设计人员从钢管柱变形能力与层间位移角限值入手，通过分析轴压比、径厚比与长细比对钢管柱变形性能的影响，当长细比、轴压比和径厚比满足一定条件时，钢管柱的屈服变形角与极限变形角均可适当放松。

（5）站房雨棚钢柱的受力特点近似于竖向悬臂梁，轴压比很小。将等壁厚箱形柱改为上部壁厚小下部壁厚大的变阶形式、外形尺寸保持不变的变壁厚箱形柱。在保证变壁厚箱形柱和等壁厚箱形柱抗侧刚度相等的条件下，变壁厚箱形柱的用钢量明显低于等壁厚箱形柱，节约钢材的效果较好。

（6）根据站台雨棚柱顶铰接、箱形主梁地震响应很小的特点，基于精细有限元分析确定双向交叉 H 型钢梁腹板的分级，适当放松板件宽厚比限值，可以有效减小结构用钢量。

（7）为了解决高架候车厅屋盖大跨箱形梁腹板较薄容易发生面外屈曲的难题，提出一种腹板带加劲肋的薄壁箱形梁，通过在此梁腹板设置纵向槽形加劲肋、横向加劲肋以及缀板的方式保证构件具有较高的稳定承载力，便于加工制作与现场安装，减小用钢量效果显著。

（8）研发的屋面双向可滑动支座屋面与可复位连桥支座的连接方式，在保证结构竖向承载能力的同时，可以有效适应相邻结构之间的大位移，具有防撞、防跌落功能，解决了高烈度区屋盖防震缝宽度过大的难题。

（9）罕遇地震动力弹塑性时程分析结果表明，大部分结构构件为轻微或轻度损伤，满足“大震不倒”的性能目标。防连续倒塌分析结果表明，个别构件失效虽然造成大跨屋盖局部变形增大，但不会引发结构连续倒塌。通过对超长结构的多维多点分析，得到结构构件的地震作用放大系数，对行波效应影响较大的构件在设计阶段进行加强考虑。

雄安站是雄安新区开工建设的第一个国家级大型交通基础设施，其建筑方案是我国建筑师自主设计的，优秀的建筑方案是由合理的结构成就的。设计师在设计过程中，也不断践行着雄安新区所坚持的“世界眼光、国际标准、中国特色、高点定位”理念，以高标准、高质量的要求完成设计作品。雄安站已于2020年12月27日正式投入使用，承担起了连接首都北京与雄安这座“未来之城”的重任，随着雄安新区的不断建设与发展，相信雄安站未来会发挥更大的作用，成为新时代的又一精品力作。

参考资料

[1] 范重, 张宇, 朱丹, 等 雄安站大跨度钢结构设计与研究[J]. 建筑结构, 2021, 51(24): 1-12.

[2] 张宇, 何连华, 符龙彪, 等. 雄安站大跨度屋盖风致振动分析与列车风影响研究[J]. 建筑结构, 2021, 51(24): 13-20.

[3] 宋志文, 尉文婷, 郝玮, 等. 雄安站半埋入式型钢混凝土柱脚设计及其受力性能研究[J]. 建筑结构, 2021, 51(24): 36-38.

[4] 罗尧治, 赵靖宇, 范重, 等. 雄安站屋盖钢结构无线健康监测系统设计与开发[J]. 建筑结构, 2021, 51(24): 21-25.

[5] 范重, 陈宇辰, 柴会娟, 等. 雄安站工形钢管柱受力性能研究[J]. 建筑结构, 2021, 51(24): 26-34.

[6] 朱丹, 范重, 柴会娟, 等. 板件宽厚比对交叉钢梁稳定性影响研究[J]. 建筑钢结构进展, 2021, 32(8): 67-75.

[7] 范重, 柴会娟, 陈宇辰, 等. 圆钢管柱变形性能研究[J]. 天津大学学报(自然科学与工程技术版), 2021, 54(1): 1-11.

[8] 范重, 李玮, 李媛媛, 等. 带肋薄壁箱形梁抗震性能研究[J]. 天津大学学报(自然科学与工程技术版), 2019(S2): 90-97.

[9] 范重, 谢鹏, 崔俊伟, 等. 一种滑轨支座及含有其的大跨度建筑体系: ZL 2019 2 0282150. 4[P]. 2019-11-29.

设计团队

结构设计单位：中国建筑设计研究院有限公司（承轨层以上结构设计）、中国铁路设计集团有限公司（承轨层及以下结构设计）

承轨层以上结构设计团队（中国建筑设计研究院有限公司）：
范　重、张　宇、朱　丹、刘　涛、胡纯炀、尤天直、刘学林、樊泽源、谢　鹏、李劲龙、杨　苏、柴会娟、韩文凯、王金金、陈　巍、高　嵩、杨　开

执　笔　人：张　宇、范　重

获奖信息

2021年第十四届第二批中国钢结构金奖杰出工程大奖；

2021年中国建设科技集团优秀工程设计特等奖。

第 8 章

苏州站

8.1 工程概况

8.1.1 建筑概况

苏州火车站改造工程属原址改扩建项目，车站工艺包含160km/h普速列车、250km/h城际快线、350km/h高铁及城市地铁线，涵盖目前所有轨道交通方式，该工程是一座集铁路、城市轨道、城市道路交通换乘多功能于一体的大型铁路交通枢纽工程。改造后的苏州火车站为7站台、12条到发线、4条正线运营。地下二、三层有两条地铁交叉设站。建筑方案吸收了苏州园林的元素，整体连续的菱形屋顶与结构浑然一体，建筑创意具有浓郁的地方特色，车站实景照片如图8.1-1所示。

站房建筑地下3层，地上2层，屋脊结构高度为31.250m，总建筑面积8.7万m^2，屋盖长352m，宽198m，屋盖单体面积60835m^2。地面以上由北站房、南站房与候车大厅组成，呈“工”字形平面。北站房广厅的室内空间高达3层，南站房结合广场，为开放式的半室外空间。地上二层为高架层，楼面标高8.700m，高架候车大厅将南、北站房连为整体。首层为站台层，楼面标高±0.000m，设7座站台，站台标高−0.150m。地下一层为地下出站通道层，楼面标高−11.550m。地下二层是地铁2号线站台层和4号线的站厅层，地下三层是地铁4号线的站台层和设备及管理用房。

(a) 鸟瞰实景照片

(b) 北广场

图8.1-1 车站实景照片

8.1.2 设计条件

1. 主体控制参数（表8.1-1）

控制参数表 表8.1-1

项目		标准
结构设计基准期		50年
建筑结构安全等级		一级
结构重要性系数		1.1
建筑抗震设防类别		重点设防类（乙类）
地基基础设计等级		甲级
设计地震动参数	抗震设防烈度	6度
	设计地震分组	第一组
	场地类别	Ⅲ类
	小震特征周期	0.45s
	大震特征周期	0.50s
	基本地震加速度	0.05g

建筑结构阻尼比	多遇地震	0.045
	罕遇地震	0.065
水平地震影响系数最大值	多遇地震	0.067
	设防烈度	0.12
	罕遇地震	0.28
地震峰值加速度	多遇地震	$30cm/s^2$

2．风荷载

（1）基本风压：50 年重现期取 $0.45kN/m^2$，100 年重现期取 $0.50kN/m^2$。

（2）地面粗糙度：C 类。

苏州火车站屋盖跨度较大，屋盖上、下表面均呈齿形，且室外悬挑部分较多，由于涡旋气流的相互干扰，某些部位的局部风压可能会显著增大，站房及屋盖的风压分布情况非常复杂，《建筑结构荷载规范》GB 50009-2001 中没有给出相应的风荷载体型系数，因此需要通过风洞试验确定建筑表面的实际风压分布情况与结构风振响应，为确定主体钢结构与幕墙结构的风荷载提供设计依据。试验模型缩尺比为 1∶240，如图 8.1-2 所示。

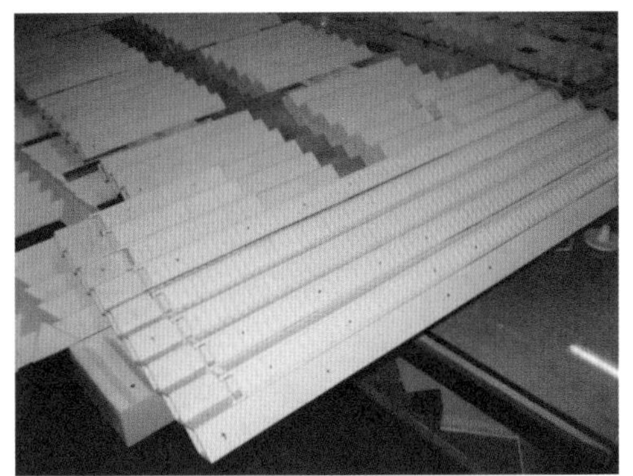
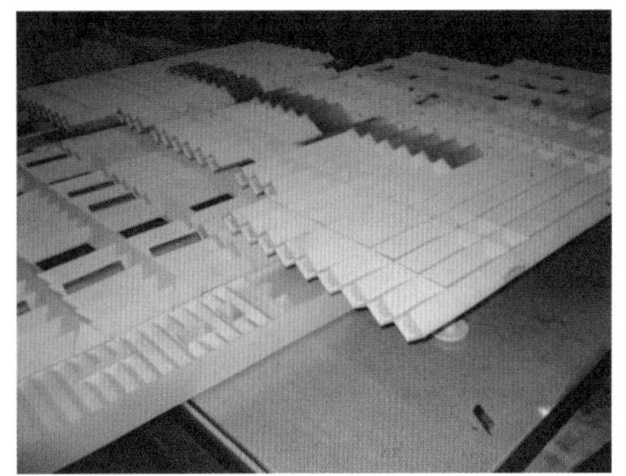

图 8.1-2　风洞试验模型

3．温度作用

（1）温度取值：

最高极端气温 40.1℃，最低极端气温−12.7℃；7 月平均气温 28.9℃，一月平均气温−3.1℃，多年平均气温 15.7℃。

（2）钢结构屋盖温度作用

详见屋盖合龙温度分析及施工模拟。

（3）混凝土部分温度作用

混凝土收缩应力的松弛系数：0.3；混凝土温度应力松弛系数：0.4；后浇带封闭温度：15℃ ± 5℃；混凝土结构最大正温差：28.9℃ − (15℃ − 5℃) = 18.9℃；混凝土结构最大负温差：−3.1℃ − (15℃ + 5℃) = −23.1℃；混凝土收缩当量温度：−16.0℃；混凝土收缩有效当量温度：−16℃ × 0.3 = −4.8℃；混凝土计算正温差：18.9℃ × 0.4 = 7.56℃；混凝土计算负温差：− 23.1℃ × 0.4 + (−4.8℃) = −14.04℃。

8.1.3　建筑主要平、立面图

主要建筑平面、立面图如图 8.1-3 所示。

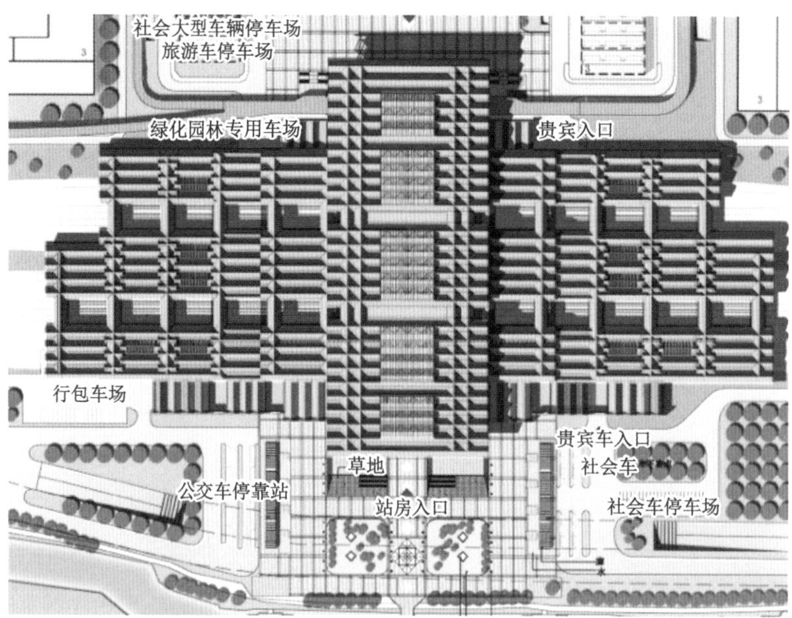

(a) 屋顶平面图

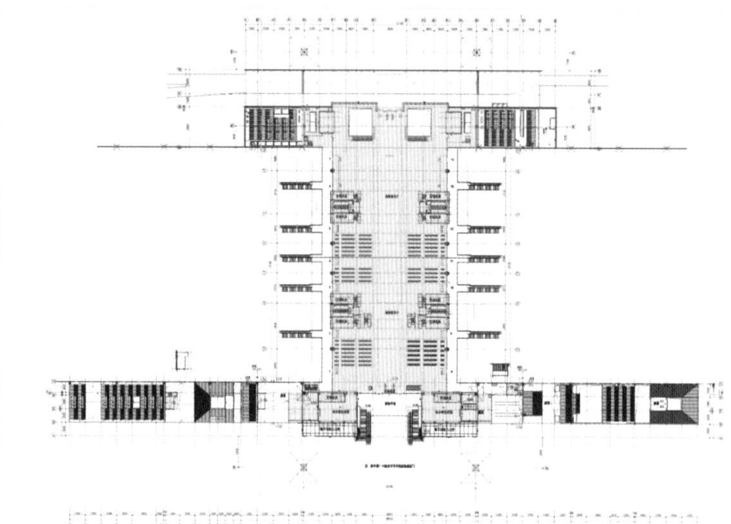

(b) 候车层平面图

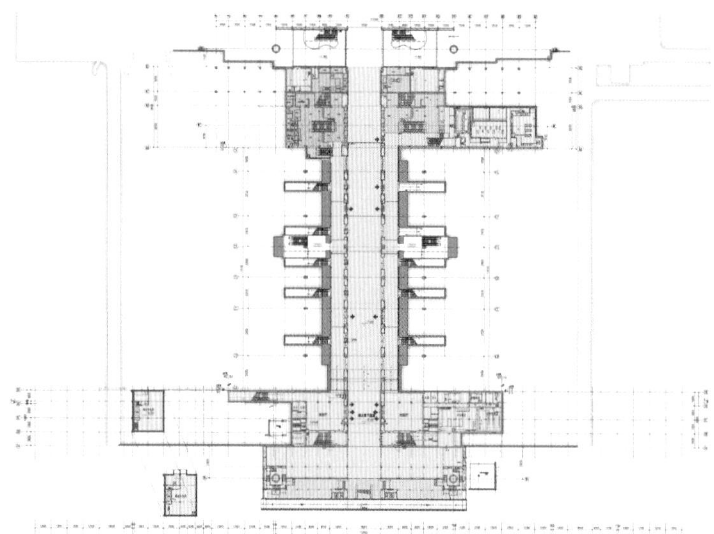

(c) 出站层平面图

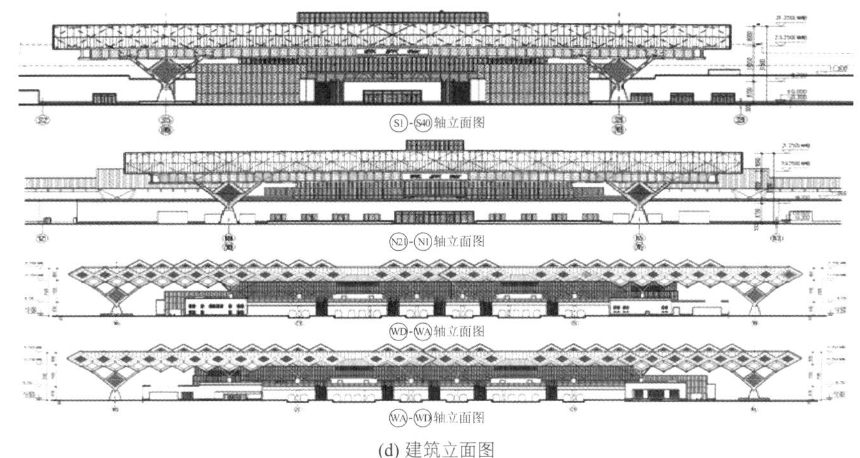

(d) 建筑立面图

图 8.1-3 建筑平面、立面图

8.2 建筑特点

8.2.1 苏州园林特色

建筑方案吸收了苏州园林的元素，整体连续的菱形屋顶与结构浑然一体，建筑创意具有浓郁的地方特色。

8.2.2 超大面积、超大跨度

苏州站大跨度屋盖平面呈工字形，平面尺度与跨度均很大，南北方向最大长度为 352.2m，东西方向最大长度为 198m，单体面积达 60000m^2，整个大跨度屋盖结构支承在 16 组 V 形斜柱之上，斜柱通过抗震球形支座与下部混凝土柱顶相连，东西向柱距 88～132m，南北向柱距 22～56.2m。

8.2.3 节点复杂

屋盖空间桁架采用圆钢管，由于桁架截面为菱形，导致中弦节点出现最多 12 根杆件汇交的情况，节点形式和构造都比较复杂。为了缩短订货周期、降低工程造价，在钢管交汇处主要采用相贯焊接节点，并在节点部位采用设置加劲肋等方式进行节点域补强，确保满足“等强连接”。对于内力巨大，几何构型特别复杂的部位采用铸钢节点。由于此类节点设计方法在国内外钢结构设计规范中均无相应的规定，采用有限元分析与试验研究相结合的方式进行设计。

8.2.4 分期施工

根据铁路运行的工艺要求，站房建筑分为北区、过渡区与南区分阶段建设。本工程屋盖结构现场施工总工期超过 3 年，时间跨度大，施工期间温度变化对钢结构内力影响很大。钢结构分期施工包括现场预拼装、滑移、合龙、卸载等工序。由于苏州火车站屋盖结构为超大型空间结构，构件内力很大，分期施工对屋盖钢结构构件在重力荷载作用下的内力将产生明显影响。设计中需根据不同阶段分别进行结构的设计与计算，确保各阶段的使用功能与安全性。根据施工进度安排及跨度方向合龙时间，将屋盖结构沿纵向分成 5 个温度分区，分区序号表明施工的先后顺序，从而确定不同分区的基准温度，作为施加温度荷载的依据。

8.2.5 大跨后张预应力结构

主体混凝土结构采用大跨度预应力钢骨混凝土框架结构体系，框架梁跨度 22～35m，桥式箱形预应力梁跨度 56m。将桥梁结构中的抗震隔振支座应用于站台结构中，彻底解决铁路工程要求“桥-建分离”的问题。首次采用预应力钢骨混凝土框架梁，经施工及使用阶段全程检测，实际受力状态与设计计算值高度吻合。由于屋盖跨度较大，支座反力巨大，支承结构采用巨型钢骨混凝土柱，钢骨混凝土柱尺寸 1.8m × 2.8m，圆柱直径 6m，以满足大跨度结构受力要求。

8.3 体系与分析

8.3.1 结构布置

1. **基础**

基础采用钢筋混凝土钻孔灌注桩，桩径 1250mm，桩端持力层为⑨层粉土，⑩层粉质黏土、黏土。桩端进入持力层不小于 2m，桩长约为 45～66m。单桩竖向受压承载力特征值 7500kN（后压浆），单桩竖向抗拔承载力特征值取 3500kN。

抗浮措施：采用抗拔桩。

2. **主体结构**

主体结构采用钢筋混凝土框架结构体系。柱网尺寸为 22～34.05m，以满足建筑对大空间的使用要求。楼盖为大跨度梁板体系，框架梁跨度 22～35m，桥式箱形预应力梁跨度 56m，采用大跨度预应力钢骨混凝土框架结构。将桥梁结构中的抗震隔振支座应用于站台结构中，彻底解决铁路工程要求“桥-建分离”的问题，二层结构平面布置如图 8.3-1 所示，结构三维模型如图 8.3-2 所示，站台梁剖面如图 8.3-3 所示。

二层结构（候车室层）梁高度 1800～2500mm；采用有粘接后张预应力体系控制梁板裂缝宽度；一般楼板厚度为 120mm，高架车道部位楼板厚度为 200～300mm。

根据建筑功能及站房分期建设的要求，采用伸缩缝（防震缝）将±0.000 以上的候车室层结构平面分为南北两块，以减小由于超长结构产生的过大的收缩和温度应力。

屋盖跨度较大，支座反力巨大，支承结构采用巨型钢骨混凝土柱，钢骨混凝土柱尺寸 1.8m × 2.8m，圆柱直径 6m，以满足大跨度结构受力要求。

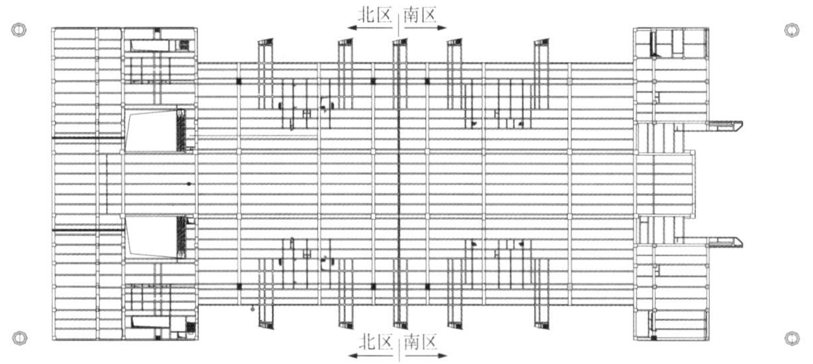

图 8.3-1 二层结构平面布置

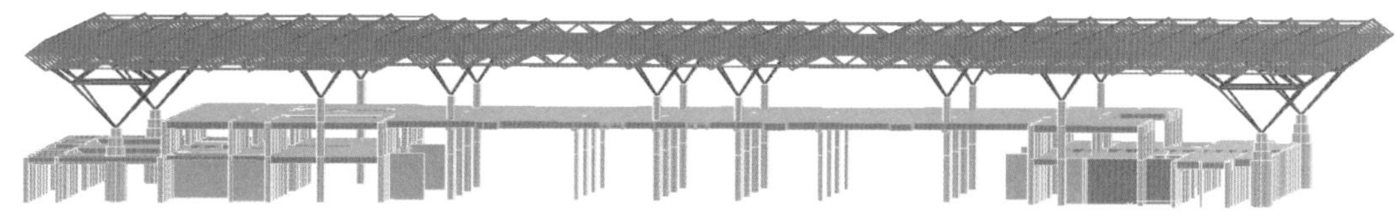

图 8.3-2 结构三维模型

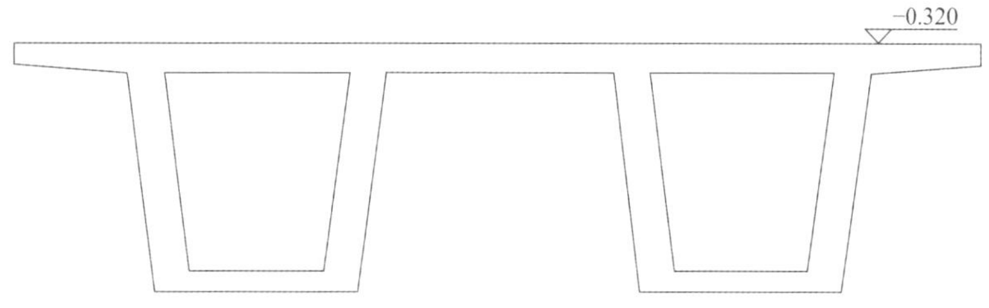

图 8.3-3 大跨预应力站台梁横剖面

3．大跨度屋盖结构

屋盖结构采用双向布置的空间菱形桁架结构，桁架单元宽度 11m，高度 8m。为了满足建筑造型与采光要求，菱形桁架在屋盖短向整体密排，南北区各 12 榀，在屋盖长轴方向柱顶位置布置纵向连系桁架。中弦层除纵向弦杆外，还设置了纵向系杆以增加密排桁架的纵向连接，增强屋盖结构的整体性与抗侧刚度。结构布置如图 8.3-4 所示，屋盖三维模型如图 8.3-5 所示。

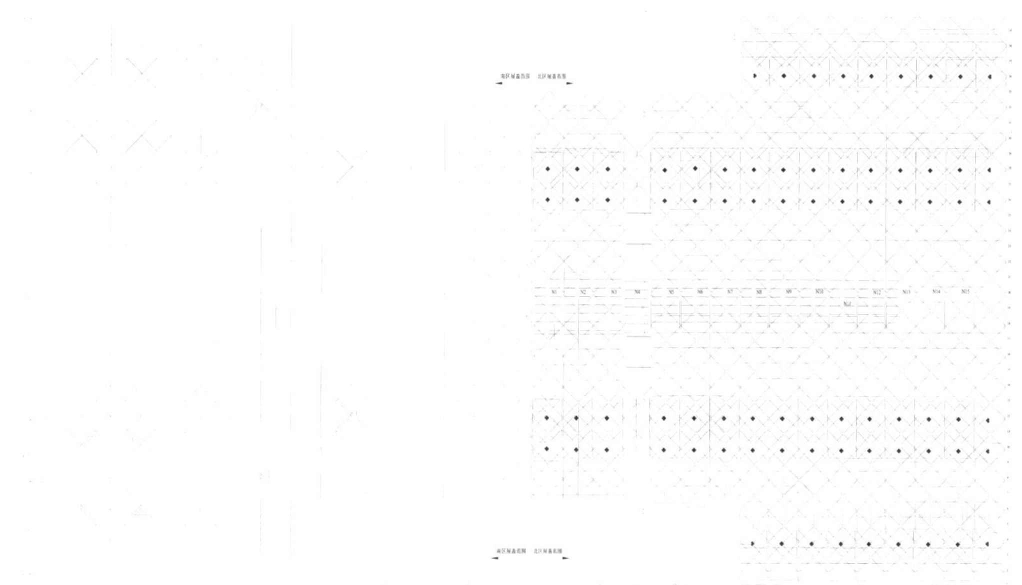

(a) 屋盖结构平面布置图

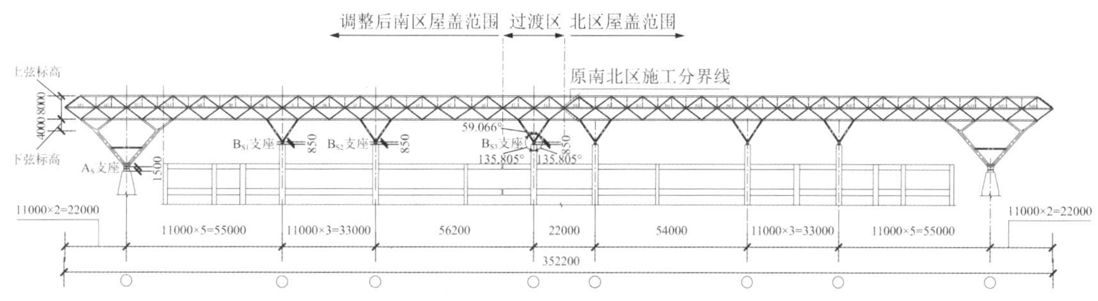

(b) 屋盖结构纵向剖面图

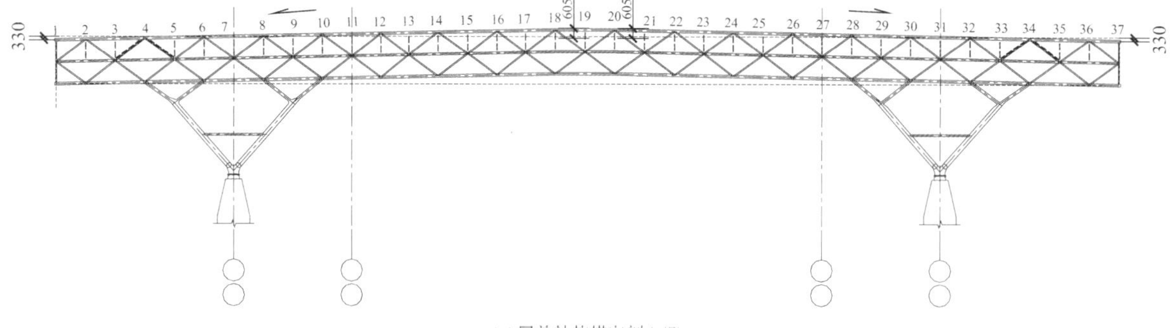

(c) 屋盖结构横向剖面图

图 8.3-4　苏州火车站站房屋盖结构布置图

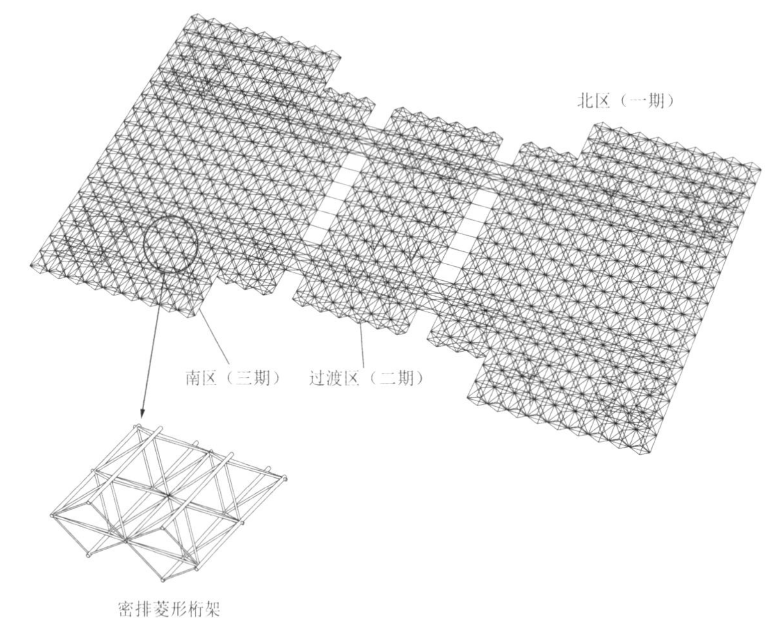

(a) 屋盖结构三维视图

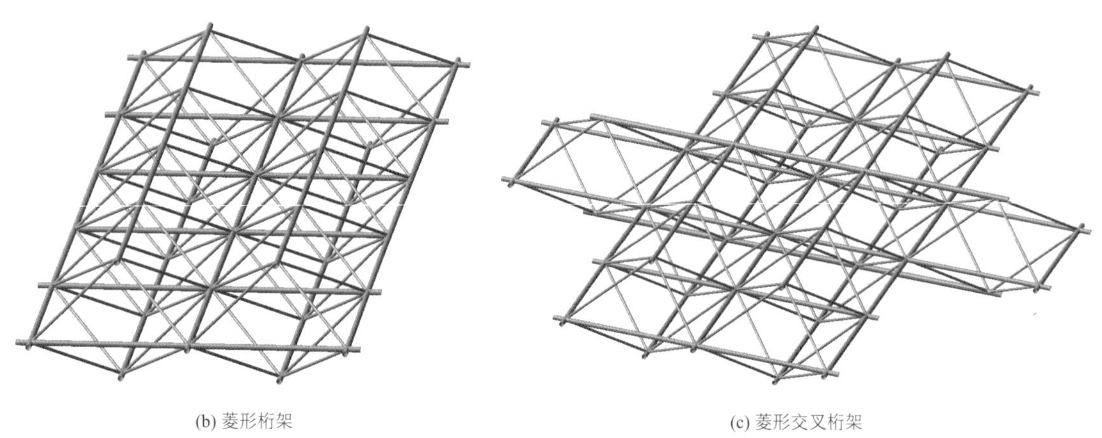

(b) 菱形桁架　　(c) 菱形交叉桁架

图 8.3-5　苏州火车站站房屋盖结构三维示意图

8.3.2　性能目标

1. 抗震超限分析和采取的措施

结构在如下方面存在超限：（1）结构考虑偶然偏心的扭转位移比大于 1.2；（2）一、二层楼板分成南北两块，楼板不连续；（3）二层楼板分为南北两块，其上屋盖连成整体，为复杂连接；（4）屋盖尺寸 353.4m × 198m，属超限大跨度空间结构。

针对超限问题，设计中采取了如下应对措施：

（1）对重要构件进行中震弹性及大震弹性验算，以保证结构重要部位构件的抗震承载力满足抗震性能目标要求。

（2）关键构件失效分析。屋盖支座小斜柱与大斜柱是屋盖结构的关键支承构件，关键支承构件失效可能会导致其他构件连续失效，引起结构倒塌。本工程采用施工模拟方法，模拟去掉一根小斜柱或去掉一根大斜柱，分析结构在自重及自重 + 活荷载下的构件反应，寻找屋盖在该工况下的薄弱部位，予以加强。

（3）考虑行波效应进行多点地震输入的分析比较。在进行多点输入时程地震反应分析时，将结果同地震动单点输入的结果进行对比。

（4）支承钢屋盖的 16 根柱为型钢混凝土构件，以提高柱的承载力和延性，确保屋盖系统大震不倒。

（5）钢屋盖与柱连接处采用抗震球形支座，释放柱顶端部的弯矩。

（6）楼板连接薄弱部位采取加强措施。

（7）考虑结构施工和使用阶段可能出现的最不利因素进行设计，确保结构安全。

（8）保证结构的薄弱部位和受力关键部位的构件在地震作用下有足够的安全储备，达到预期的抗震性能设计目标。

2. 抗震性能目标

针对不同结构部位的重要程度，设计采用了不同的抗震性能目标，如表 8.3-1 所示。

抗震性能目标　　表 8.3-1

地震烈度	整体结构抗震性能	允许层间位移	支承屋盖的柱子（共 16 根）	混凝土框架梁	钢屋盖小斜柱、大斜柱	其他层构件性能
多遇烈度	完好	1/550	弹性	弹性	弹性	弹性
设防烈度	可修复	—	弹性	弹性	弹性	—
罕遇烈度	不倒塌	1/50	弹性	—	弹性	—

8.3.3 结构分析

1. 小震弹性计算分析

1）地震相关参数

（1）《建筑抗震设计规范》GB 50011-2010 地震动参数

抗震设防烈度：6 度；基本地震加速度：0.05g；建筑场地类别：Ⅲ类；设计地震分组：第一组。

（2）安评报告地震动参数（表 8.3-2）

安评报告地震动参数　　表 8.3-2

阻尼比	超越概率	水平向		
		T_g/s	α_{max}	γ
0.05	50 年 63%	0.44	0.067	0.90
	50 年 10%	0.48	0.205	0.90
	50 年 2%	0.50	0.360	0.90
	100 年 10%	0.48	0.290	0.90
	100 年 3%	0.52	0.400	0.90

小震的地震动参数按安评报告取值，中震、大震的地震动参数按规范取值。

2）动力特性

计算结果表明结构特征周期非常密集。结构周期如表 8.3-3 所示。X向质量参与系数为 1，Y向质量参与系数为 0.99，Z向质量参与系数为 0.97，R_Z向质量参与系数为 0.99。结构的前四阶模态变形如图 8.3-6 所示。

结构周期　　表 8.3-3

振型	周期/s	振型	周期/s
1	1.0410	6	0.6988
2	1.0100	7	0.6796
3	0.8429	8	0.6690
4	0.8260	9	0.6170
5	0.7836	10	0.6010

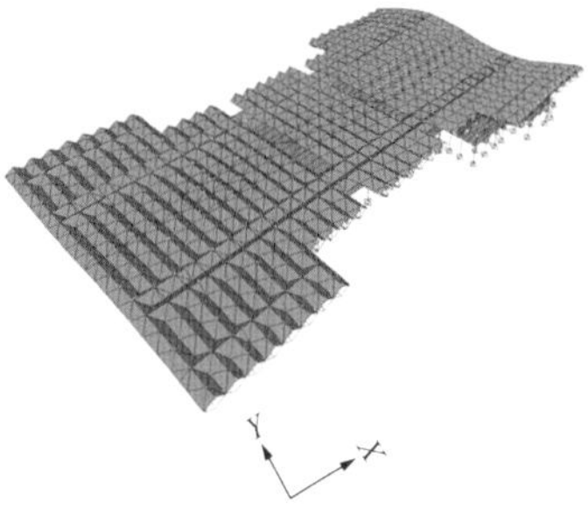

一阶振型（转动） 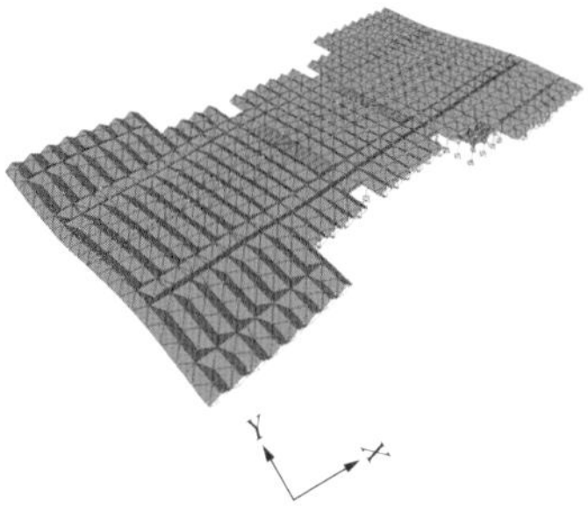　二阶振型（Y向平动）

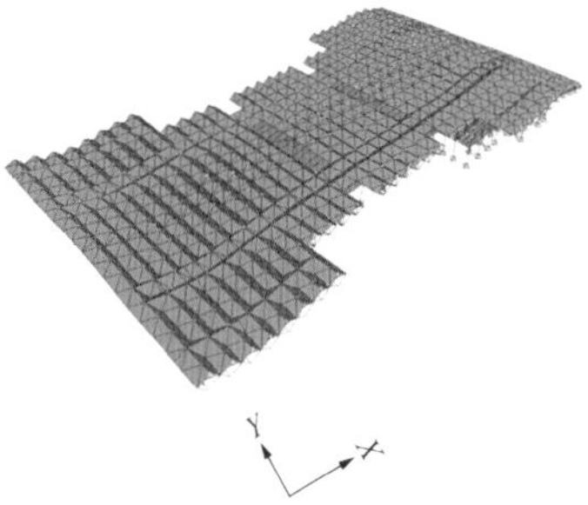

三阶振型（X向平动） 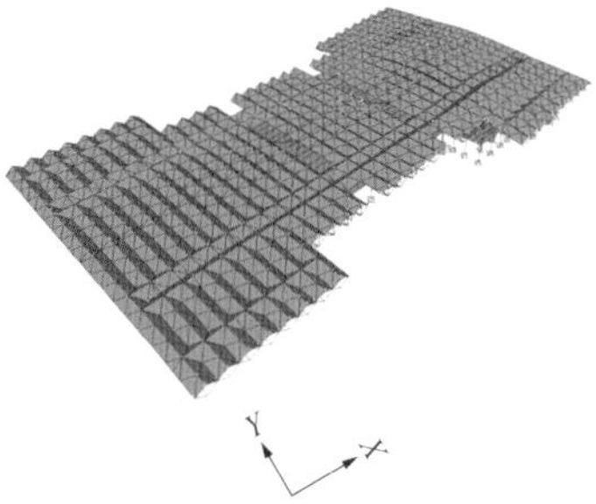　四阶振型（Z向）

图 8.3-6　前四阶模态

3）小震反应谱分析

（1）地震作用下的最大位移见表 8.3-4

层间位移与扭转位移比　　表 8.3-4

工况	部位	层间位移 PMSAP（SAP2000）	扭转位移比 PMSAP（SAP2000）
反应谱（X向）	二层	1/4534	1.56
	KZ1 的柱顶	1/3469（1/4680）	—
	KZ2 的柱顶	1/5570（1/4967）	—
	KZ3 的柱顶	1/3825（1/5232）	—
反应谱（Y向）	二层	1/3155	1.25
	KZ1 的柱顶	1/1895（1/2633）	—
	KZ2 的柱顶	1/2772（1/2696）	—
	KZ3 的柱顶	1/2634（1/2562）	—

（2）地震下基底剪力

地震下基底剪力见表 8.3-5。

基底剪力对比　　表 8.3-5

方向	底部剪力/kN PMSAP（SAP2000）	重力荷载代表值/kN PMSAP（SAP2000）	楼层最小剪重比 PMSAP（SAP2000）	允许值
X	27253（27614）	877490（873175）	3.178%（3.16%）	＞1.34%
Y	28610（28830）		3.336%（3.303%）	

4）小震弹性时程分析

在进行弹性时程分析时，采用的地震记录的频谱特性、有效峰值、持续时间均符合规定。本工程在进行多遇地震作用下的弹性时程分析时，地震波采用 2 条天然波和 1 条人工波。地震波主、分量峰值加速度分别按 26Gal（由安评报告提供）调整。采用的地震加速度时程曲线及相应反应谱的对比如图 8.3-7 所示。

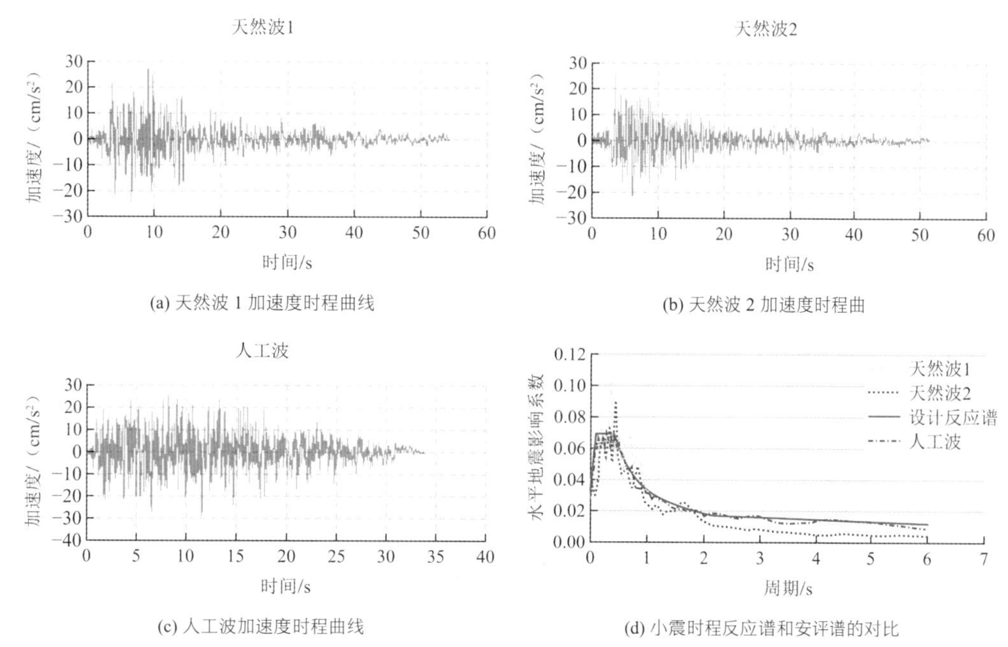

图 8.3-7　加速度时程曲线与反应谱对比

采用 SAP2000 对结构进行了多遇地震下的弹性时程分析，主要结果如表 8.3-6 所示。

弹性时程分析结果　　表 8.3-6

地震波名称	X向		Y向		时程基底剪力/反应谱基底剪力规范限值
	底剪力/kN	时程基底剪力/反应谱基底剪力	底剪力/kN	时程基底剪力/反应谱基底剪力	
天然波 1	27369	0.991	31133	1.07	≥0.65；≤1.35
天然波 2	27511	0.996	23326	0.81	≥0.65；≤1.35
人工波	24648	0.892	28150	0.97	≥0.65；≤1.35
平均值	26150	0.960	27536	0.955	≥0.80；≤1.2
反应谱值	27614	—	28830	—	—

上述计算结果表明，PMSAP 和 SAP2000 计算结果基本相符，均满足规范要求，分析如下：

（1）各振型均空间振动，没有纯粹的扭转振型，第一振型的扭转系数最大，为 0.48。

（2）计算地震作用的有效质量参与系数均大于 90%，得到的剪重比最小值为 3.16%，均满足规范要求。

（3）结构层间位移角均小于 1/550，满足规范要求。考虑偶然偏心影响的地震作用下，最大扭转位移比为 1.56，略大于规范要求，但是结构的层间位移角较小。

2．大震分析

1）混凝土构件校核

根据《建筑抗震设计规范》GB 50011-2010，在罕遇地震作用下，结构有较大的变形，但应控制在规定的范围内，以免倒塌。本工程实现“大震不倒”抗震设计目标的关键在于支承钢屋盖的 16 根柱子，这 16 根柱子的抗震性能目标是大震弹性。层间位移角的统计见表 8.3-7。

大震弹性 16 根柱层间位移角统计　　表 8.3-7

工况	部位	层间位移角	
x向	KZ1（共 4 根）	1/4779	
	KZ2（共 4 根）	二层	1/650
		一层	1/1059
	KZ3（共 4 根）	二层	1/1086
		一层	1/1086
	KZ4（共 4 根）	二层	1/740
		一层	1/822
y向	KZ1（共 4 根）	1/3092	
	KZ2（共 4 根）	二层	1/403
		一层	1/576
	KZ3（共 4 根）	二层	1/684
		一层	1/1137
	KZ4（共 4 根）	二层	1/668

由表 8.3-7 的统计结果可以看出：在大震工况下，层间位移角均较小，柱子均处于弹性状态。

2）大跨度屋盖计算分析

钢屋盖采用反应谱法校核构件在大震弹性工况下的承载力，同时采用时程法作为补充。本工程在进行大震作用下的弹性时程分析时，地震波采用 2 条天然波和 1 条人工波。地震波主、分量峰值加速度分别按 125Gal（按抗震规范取值）调整。大震时程分析底部剪力比较见表 8.3-8。

*x*方向时程计算结果　　表 8.3-8

地震波名称	x向		y向		时程基底剪力/反应谱基底剪力规范限值
	基底剪力/kN	时程基底剪力/反应谱基底剪力	底剪力/kN	时程基底剪力/反应谱基底剪力	
天然波 1	116513	1.08	98602	0.83	≥ 0.65；≤ 1.35
天然波 2	132645	1.23	169288	1.43	≥ 0.65；≤ 1.35
人工波	63007	0.67	72362	0.7	≥ 0.65；≤ 1.35
平均值	104055	0.99	113417	0.988	≥ 0.80；≤ 1.2
反应谱值	107589	—	118471	—	—

计算结果表明，选取的人工波、天然波基本满足规范要求，天然波 2 在Y向的基底剪力略大于规范限值。对于结构的关键构件，地震工况不起控制作用，大震下绝大部分构件处于弹性阶段。

3．多维多点分析

1）地震波

《建筑抗震设计规范》GB 50011-2010 规定：采用时程分析法时，应按建筑场地类别和设计地震分组选用不少于 2 组实际强震记录和一组人工模拟的加速度时程曲线，本工程选用地震波为：CALIFORNIA 地震波、HOLLISTER 地震波（长崎波）、人工波。在进行水平双向输入时，将水平双向地震波的峰值加速度按 1：0.85 进行调整。

2）波速与地震输入方向

（1）视波速确定原则

在进行考虑行波效应的水平地震反应分析时，通过假定地震波沿地表面以一定的速度传播，各点波形不变，只是存在时间的滞后，简称行波法。波速较难确定，根据最新的 UBC 规范和美国国家地震灾害减轻计划（NEHRP）建议，用 1500m/s 或更高的剪切波速定义硬土基岩场地，180m/s 或更低的剪切波速定义软土场地。根据地震安评报告，本工程的等效剪切波速约为 163m/s。因此保守确定本工程波速最小为 163m/s。考虑到地震波的各种入射角度，根据工程的基础形式和规模，综合考虑地震波传播，并结合地震传播可能给结构带来的破坏性，波速上限取为 1500m/s。

（2）地震输入方向

在进行多点输入时程地震反应分析时，为了判断结构各点位的起振时间，必须确定地震波的传播方向。为了将结果同地震动单点输入的结果进行对比，还需进行同样方式的多维单点输入计算。本工程选用两种地震波传播方向，分别是沿X轴方向（纵向）和与X轴成 45°角方向。

多维多点计算结果表明，与一致输入比较，支承屋盖的部分大斜柱和小斜柱地震作用内力增大较多，设计中对这些构件考虑地震作用放大，加强构件，保证安全。

4．防连续倒塌分析

小斜柱与大斜柱是屋盖结构的重要支承构件，关键支承构件失效可能会导致其他构件连续失效。对结构进行了失效模拟分析，分析中考虑构件的非线性行为，采用集中塑性铰模型模拟构件的弹塑性性能，采用施工模拟方法，模拟突然去掉一根小斜柱，分析结构在自重及自重 + 活荷载下构件反应。分析中只考虑材料非线性。只在与小斜柱相连的下层腹杆出现塑性铰，但塑性发展程度不高，塑性铰刚刚达到屈服点 B。

图 8.3-8 为撤掉小斜柱后，恒荷载作用下的结构变形，跨中（横向）最大竖向位移为 233mm，去掉小斜柱前跨中（横向）最大竖向位移为 180mm。

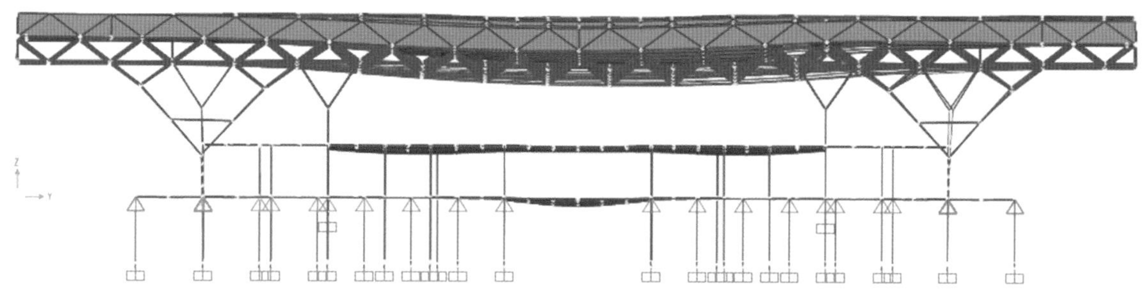

图 8.3-8　小斜柱失效后的结构变形

5．抗震性能总结

（1）计算模型考虑上部钢结构与下部混凝土结构的相互影响，计算结果表明，结构的静、动力特性符合现行规范要求。

（2）结构的非同步性输入将会引起结构的拟静力反应有所增加，而另一方面，多点输入的非一致性将导致结构的地震反应减小。在这两方面结构反应的综合作用下，结构的反应既可能增大，又可能减小。反应增加和减少根据不同的结构反应变化将有所不同。

（3）多点输入对构件的内力有一定影响，这种影响随着高度升高而减小，对屋盖大斜柱及小斜柱影响较大，而对屋盖水平构件影响较小。

（4）多点输入对个别大斜柱和小斜柱的X向（纵向）剪力和该向剪力对应弯矩影响较大，个别杆件内力增大可达 2 倍以上，但大、小斜柱的设计控制工况为恒荷载和温度作用组合工况，包含地震作用的组合工况下构件的应力普遍比较低，地震作用不起控制作用，因此可以满足结构设计要求。

（5）结构及构件在中震及大震作用下能满足刚度及承载力设计要求。

8.4 专项分析

8.4.1 屋盖合龙温度分析和温度作用施工模拟

1）屋盖结构合龙温度控制

（1）相邻桁架合龙

相邻桁架合龙是指相邻菱形桁架间通过拼装或散装方式连接，相邻桁架间合龙温度控制较为宽松，在支座未安装前（跨度方向未合龙前），桁架没有约束，此时温差所产生的内应力可以忽略。

（2）跨度方向合龙

跨度方向合龙是指横向合龙，即下部混凝土结构柱顶部支座上的大、小斜柱安装固定。跨度方向合龙后屋盖结构获得支承与约束，此后温差作用会在杆件内部产生内应力。

（3）区域合龙

结构分期建设，包括北区、南区、过渡区，南区又分两阶段施工，可将结构分为 5 个区域，各区域已进行跨度方向合龙，不同区域间连接称为区域合龙。

2）合龙温度分区与温差值

根据施工进度安排及跨度方向合龙时间，将屋盖结构沿纵向分成 5 个温度分区，根据支座合龙时的季节及当时的气候条件，确定不同分区的基准温度，作为施加温度荷载的依据。根据已有的气象资料，苏州地区 7、8 月份平均气温约为 28.4℃，9 月平均气温约为 24.6℃，将平均气温作为合龙时的参考温度，各区跨度方向合龙时间及合龙时的基准温度如表 8.4-1 所示。

结构各区合龙时间及基准温度值　　表 8.4-1

分区	①区	②区	③区	④区	⑤区
合龙时间	2009-10-29—2009-11-04	2009-11-17—2009-11-18	2010-10-29—2010-10-31	2012-07-11—2012-08-14	2012-09-15—2012-09-18
结构温度	15℃	0℃	15℃	28℃	24℃

根据施工顺序，按顺序施加温度作用，分区温度作用施加顺序如图 8.4-1 所示。分区序号反映了屋盖的施工先后顺序。①区为北区首次合龙区域，②区为北区第二次合龙区域，③区为过渡区，④区为南区首次合龙区域，⑤区为南区第二次合龙区域。

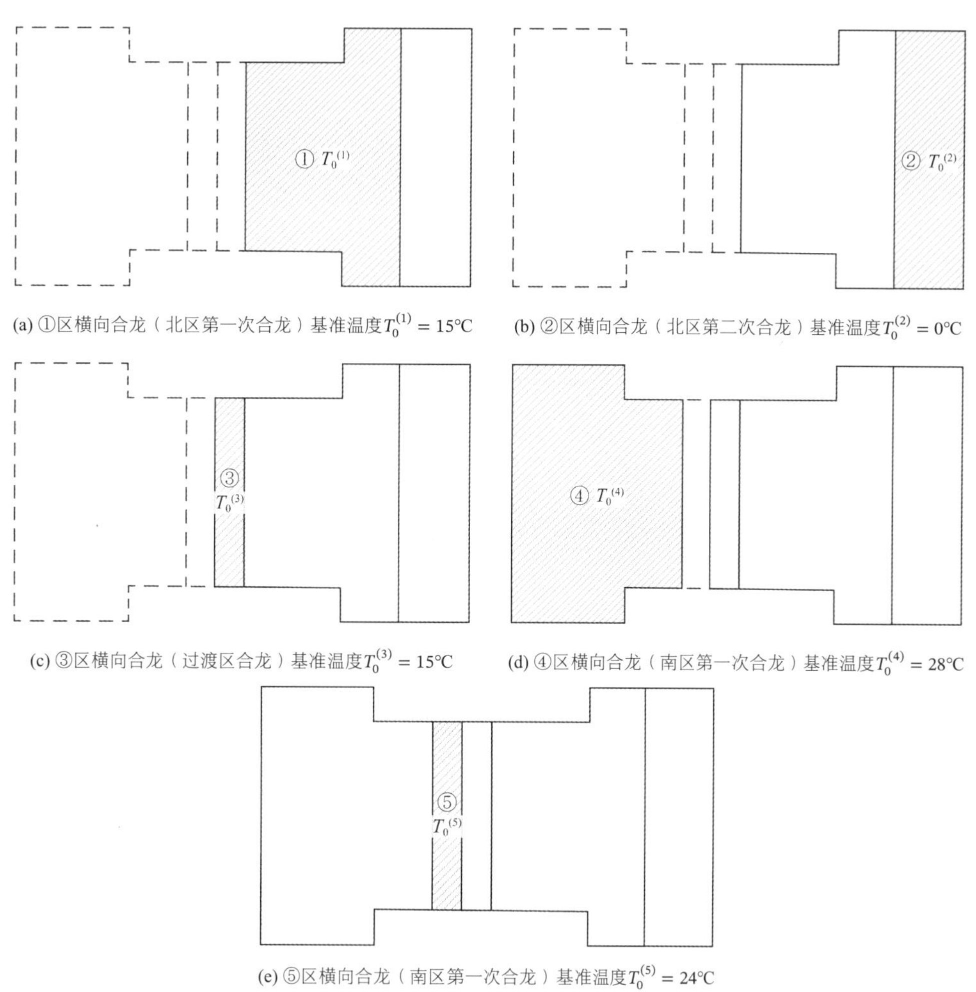

(a) ①区横向合龙（北区第一次合龙）基准温度$T_0^{(1)}=15°C$　(b) ②区横向合龙（北区第二次合龙）基准温度$T_0^{(2)}=0°C$

(c) ③区横向合龙（过渡区合龙）基准温度$T_0^{(3)}=15°C$　(d) ④区横向合龙（南区第一次合龙）基准温度$T_0^{(4)}=28°C$

(e) ⑤区横向合龙（南区第一次合龙）基准温度$T_0^{(5)}=24°C$

图 8.4-1　合龙顺序及基准温度分区

3）温度作用施工模拟

各步骤不同分区施加温度作用如表 8.4-2 所示。

各区合龙后初始温度与最大温差值　　表 8.4-2

<table>
<tr><th colspan="2">分区</th><th>①区</th><th>②区</th><th>③区</th><th>④区</th><th>⑤区</th></tr>
<tr><td rowspan="5">初始温度与温差值</td><td>①</td><td>15°C</td><td rowspan="2">0°C</td><td rowspan="3">15°C</td><td rowspan="4">28°C</td><td rowspan="5">24°C</td></tr>
<tr><td>②</td><td>−15°C</td></tr>
<tr><td>③</td><td>+15°C</td><td>+15°C</td></tr>
<tr><td>④</td><td>+13°C</td><td>+13°C</td><td>+13°C</td></tr>
<tr><td>⑤</td><td>−4°C</td><td>−4°C</td><td>−4°C</td><td>−4°C</td></tr>
<tr><td colspan="2">最大正温差</td><td>24.7°C</td><td>39.7°C</td><td>24.7°C</td><td>11.7°C</td><td>15.7°C</td></tr>
<tr><td colspan="2">最大负温差</td><td>−24.5°C</td><td>−9.5°C</td><td>−24.5°C</td><td>−37.5°C</td><td>−33.5°C</td></tr>
</table>

各区最大正负温差值如图 8.4-2 所示。根据屋盖结构的实际施工过程，结构最大正温差发生在北区，结构最大负温差发生在南区，温度作用不对称。与简单地对结构整体统一施加温度作用比较，考虑施工过程影响的温度作用能真实反映结构内部的温度效应，使结构设计更加安全可靠。

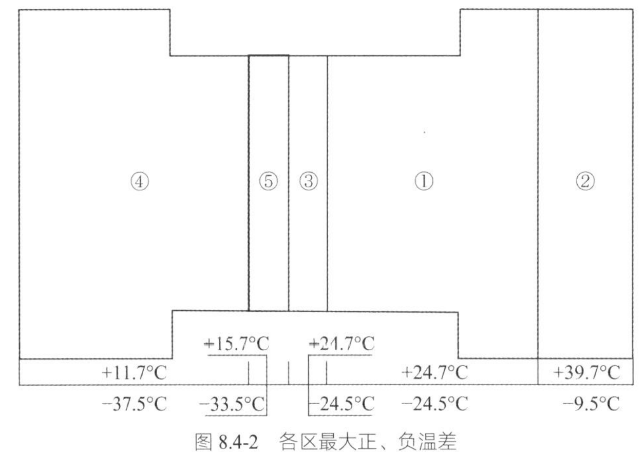

图 8.4-2　各区最大正、负温差

4）合龙技术要求

结构合龙应满足一定的前提条件和技术要求，与季节温差变化及计算假定相符，使温度内力可控，保证结构使用过程中安全可靠。合龙技术要求如下：

（1）跨度方向长度较短，合龙温度控制可适当放松，取 15℃ ± 13℃，且支座拼装合龙应同时进行，或同等条件多次合龙（在不同日期的同一时段进行），以满足支座同温合龙的要求；

（2）南区与北区合龙后长度很大，合龙温度控制较为严格，取 15℃ ± 9℃，且散装合龙位置的杆件时，南区已建成部分应与北区已建成部分同温；

（3）跨度方向合龙及南区与已建成部分合龙，应选在夜间，凌晨为最佳合龙时间，以使桁架温度最低，最大限度降低温差效应。

8.4.2　分期合龙施工模拟

1．分期合龙的顺序

苏州火车站屋盖构件编号如图 8.4-3 所示，S1～S14 代表南区的构件，T1、T2 代表过渡区的构件，N1～N16 代表北区的构件。根据本工程的施工组织计划，屋盖采用高空拼装与散装的方式施工，为了满足拼装及滑移要求，设置 A～H 共 8 条滑轨，临时支撑塔架及滑移轨道布置如图 8.4-3 所示，根据施工的先后顺序及跨度方向合龙时间，将屋盖沿纵向分为①～⑤五个区域，①区表明最早施工，⑤区表明最晚施工。

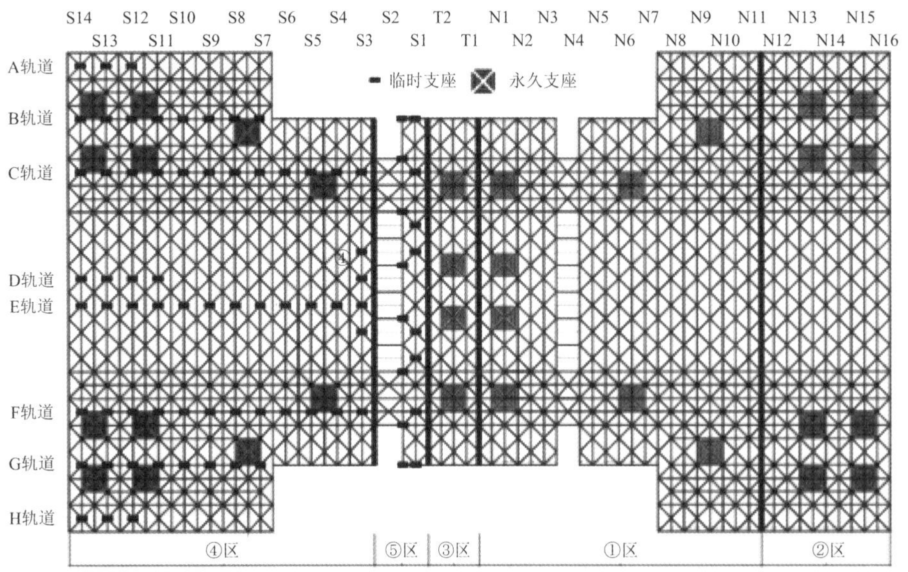

图 8.4-3　临时支撑及滑移轨道布置

苏州火车站大跨度钢结构主要施工过程如图 8.4-4 所示。

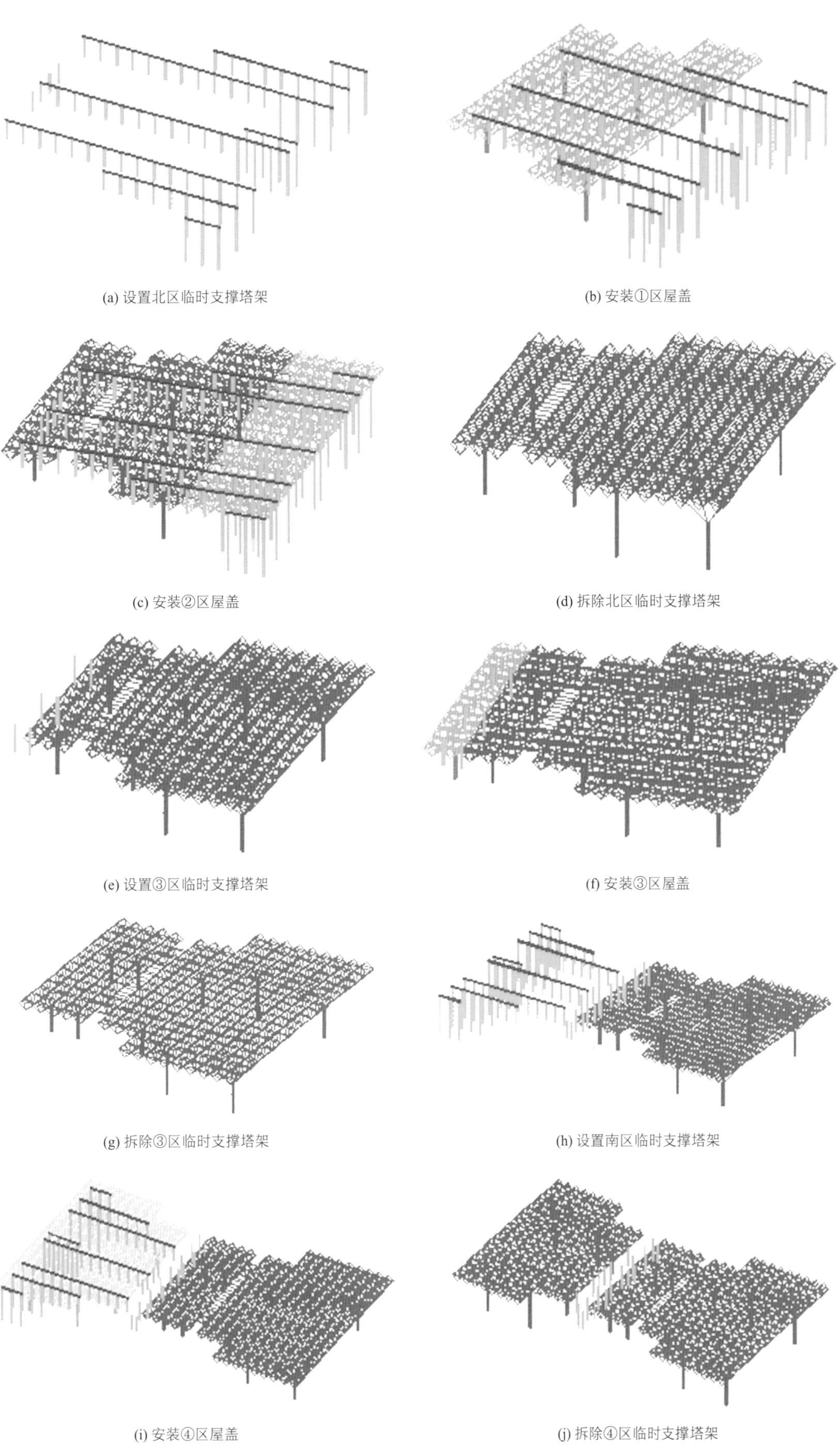
(a) 设置北区临时支撑塔架

(b) 安装①区屋盖

(c) 安装②区屋盖

(d) 拆除北区临时支撑塔架

(e) 设置③区临时支撑塔架

(f) 安装③区屋盖

(g) 拆除③区临时支撑塔架

(h) 设置南区临时支撑塔架

(i) 安装④区屋盖

(j) 拆除④区临时支撑塔架

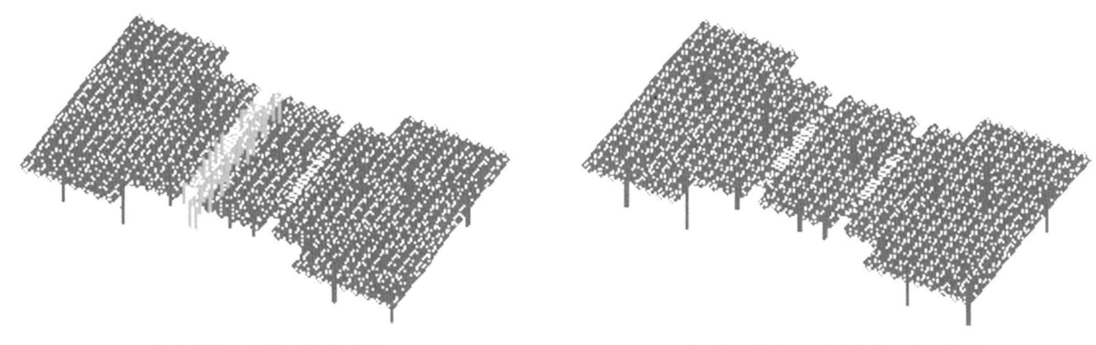

(k) 安装⑤区屋盖、南北区合龙　　(l) 拆除⑤区临时支撑塔架，施工完毕

图 8.4-4　苏州火车站站房屋盖结构施工步骤

2．施工过程计算模拟

施工模拟分析是一个状态非线性的分析过程，分析过程中将各段结构单元逐步激活，使结构的刚度、质量、荷载等不断变化，每一阶段分析都是在上一阶段分析结果的基础上进行的。通过阶段施工模拟分析，可以真实地反应实际结构阶段施工状态。

计算分析时临时支撑采用非线性 gap 单元进行模拟，该单元只能受压，不能受拉，可以较为理想地模拟临时支座的受力特性。通过对下节点施加竖向强制位移，来模拟临时支座的下降，上节点会随下节点向下移动，直到该 gap 单元内压力为 0，表明临时支座与结构脱离，卸载结束。该模拟方式较为真实地反映了结构实际的卸载过程。

3．施工模拟计算结果分析

（1）荷载工况、内力与变形

将施工模拟和施工过程的温度作用作为两个独立的荷载工况，与恒荷载、活荷载、风荷载以及中震作用等工况进行组合，进行施工全过程与使用阶段的计算分析。

由于该工程在建造过程中出现了北区先期使用、南区与北区分别使用以及南区与北区最终合龙后整体使用等多种情况，所以采用的计算模型可以准确模拟分期建造各阶段中大跨度结构和各种荷载及作用的变化情况。

（2）结构变形分析

北区及过渡区施工完毕后，此时在过渡区跨中附近设有四个临时支座（支座 C），北区及过渡区屋盖在跨中位置的挠度如表 8.4-3 所示，最大达 187.8mm，发生在北区 N11 桁架位置，在靠近临时支座的位置，最大变形量可以控制在 20mm 以内，这为与南区的最终合龙提供了良好的条件。

苏州火车站屋盖施工全部完成后，北区及过渡区在恒荷载作用下屋盖跨中的挠度如表 8.4-4 所示。从表中可以看出，南区钢结构、屋面、吊顶施工及设备安装对临时支座附近的 N3、N2、N1、T1、T2 桁架挠度影响较大，尤其是北区 N1 桁架与过渡区 T1、T2 两榀桁架，该位置附近挠度的变化可能对北区已完成的屋面与幕墙等围护结构产生一定影响。苏州火车站整体屋盖结构最终挠度分布如图 8.4-5 所示。

北区及过渡区施工完成屋盖跨中挠度　　表 8.4-3

位置	N16	N15	N14	N13	N12	N11	N10	N9	N8
挠度/mm	−133.5	−148.9	−159.0	−167.2	−179.3	−187.8	−180.6	−155.0	−114.7
位置	N7	N6	N5	N3	N2	N1	T1	T2	
挠度/mm	−83.4	−76.4	−92.0	−58.8	−27.2	−3.5	−12.7	−15.5	

屋盖全部施工完成后北区及过渡区屋盖跨中的挠度　　表 8.4-4

位置	N16	N15	N14	N13	N12	N11	N10	N9	N8
挠度/mm	−133.6	−148.4	−157.8	−165.8	−178.0	−186.3	−179.2	−154.6	−114.5
位置	N7	N6	N5	N3	N2	N1	T1	T2	
挠度/mm	−81.6	−75.8	−94.0	−93.9	−69.7	−55.8	−68.9	−82.9	

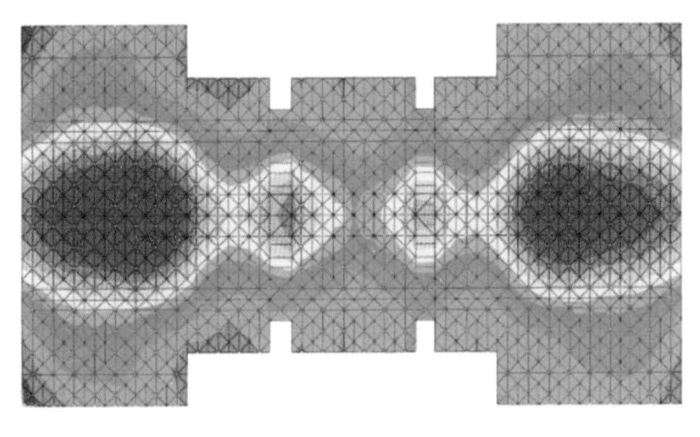

图 8.4-5　最终挠度分布（单位：mm）

8.4.3　复杂节点设计

1. 节点设计原则

苏州火车站站房钢结构屋盖的平面尺度大，密排的菱形桁架结构体系的构件布置较为复杂，汇交杆件多且均为较大规格的钢管截面，节点构造非常复杂。节点设计时遵循的主要原则为“节点与构件等强”，充分发挥构件材料的强度，确保节点不先于构件破坏。同时，为节约工程造价，节点构造应尽可能简单，并且传力直接，保证其在各种荷载作用下的安全性。密排菱形桁架体系中主要采用相贯焊接节点，并对节点部位采用加劲肋等方式进行加强。在横向桁架与纵向桁架相交处以及支座部位，节点杆件数量多，几何关系复杂，受力很大，故采用铸钢节点。

2. 复杂节点有限元分析

1）相贯焊接节点

在控制内力作用下，典型 X + KK 形节点的节点域构造如图 8.4-6 所示，应力分布如图 8.4-7 所示。该类型节点的节点域应力分布比较均匀，无明显的应力集中情况，两向弦杆汇交处的应力最大，峰值应力为 217.501MPa，腹杆最大应力为 197.655MPa，环肋最大应力值为 123.086MPa，根据有限元分析结果判断该类型节点的构型及加强原则能确保节点的安全性。

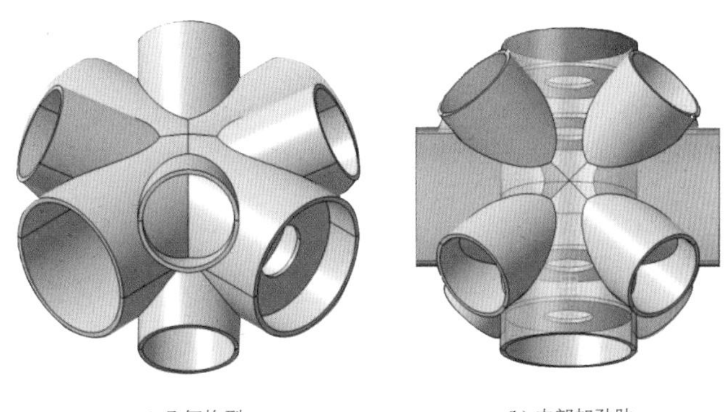

(a) 几何构型　　(b) 内部加劲肋

图 8.4-6　X + 双 KK 节点

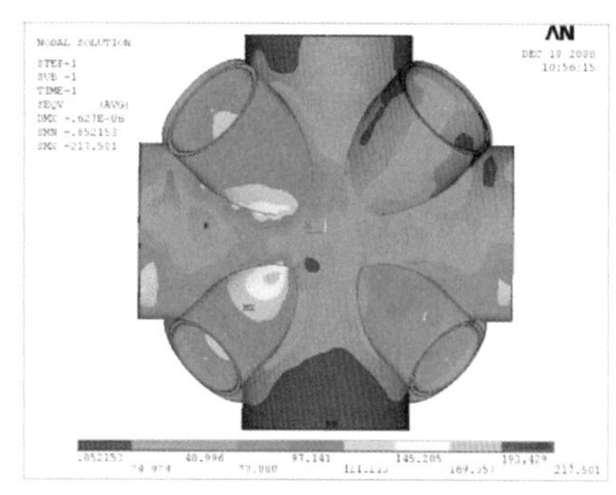

(a) 弦杆加强区与腹杆加强区

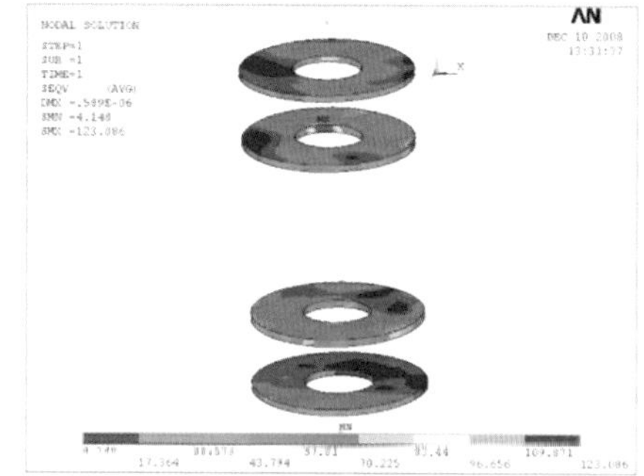

(b) 内部加劲肋

图 8.4-7　典型 X + 双 KK 形节点的节点区 Mises 应力云图

2）铸钢节点

（1）T + X + KK 形节点

T + X + KK 形节点位于下弦节点与斜柱连接处，选择最不利位置的节点为研究对象，节点几何形状如图 8.4-8 所示。由于节点区相交杆件较多，相交角度复杂，焊接难以实现，因此采用铸钢节点。

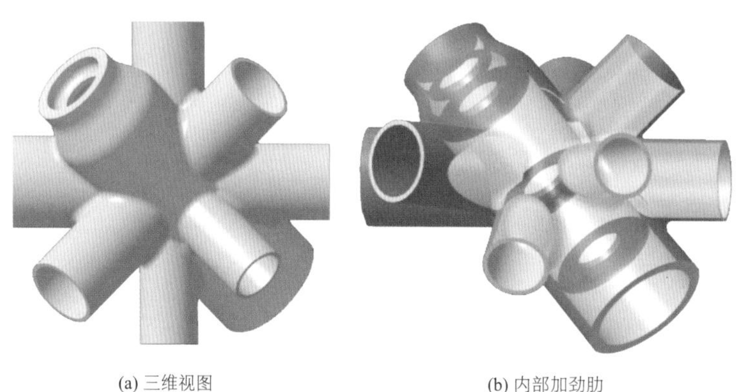

(a) 三维视图　　(b) 内部加劲肋

图 8.4-8　节点几何构型

铸钢节点材质选用 G20Mn5QT。铸钢节点壁厚为相邻杆件厚度的 1.5 倍，在本工程所采用的节点壁厚范围内，GS-20Mn5V（调质）的材料强度可以满足等强的设计要求，并且与钢材焊接的可靠性也能得到保证。

节点区应力分布如图 8.4-9 所示。通过有限元分析结果可以看出，节点区应力水平不高，满足设计要求，且应力分布比较均匀，无明显应力集中情况。节点加劲肋设置也比较合理。因此，通过计算分析可以认为此节点的设计安全可靠。

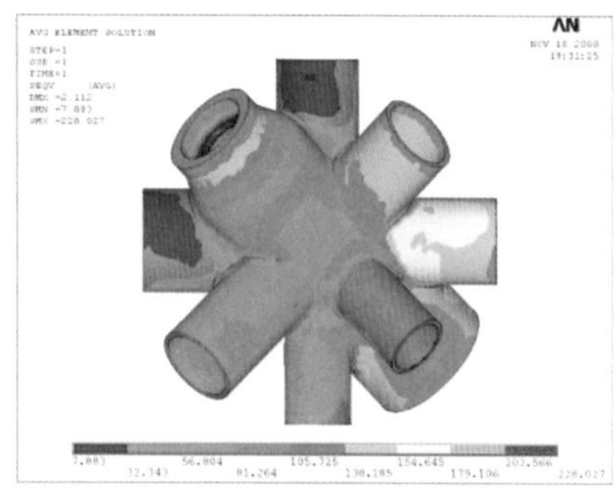

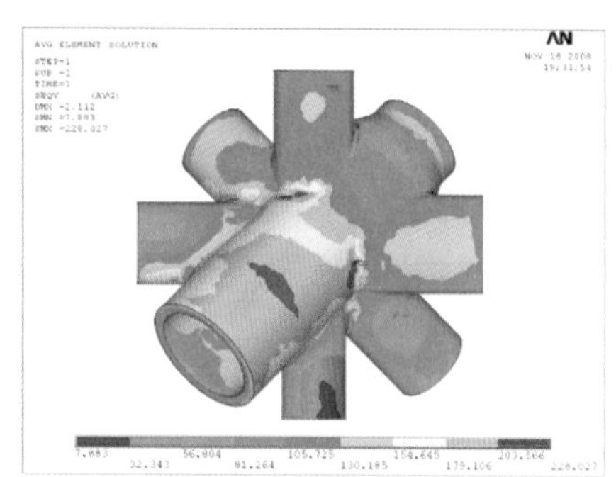

图 8.4-9　节点 Mises 应力分布图

（2）V 形斜杆底部铸钢节点

在支承大跨度屋盖 V 形斜杆的底部，提出了一种支座铸钢节点，该类节点内部肋板数量较少，侧壁过渡平滑，传力路径流畅，正好满足了建筑美观的要求，如图 8.4-10 所示。V 形斜杆底部铸钢节点的 Mises 应力分布如图 8.4-11 所示。

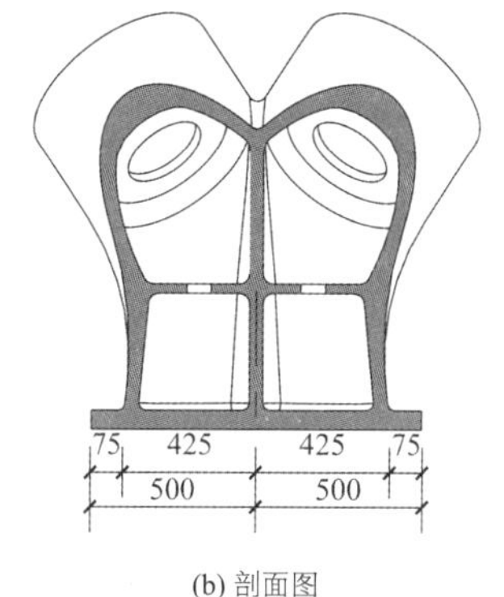

(a) 俯视图　　(b) 剖面图

图 8.4-10　V 形斜杆底部铸钢节点

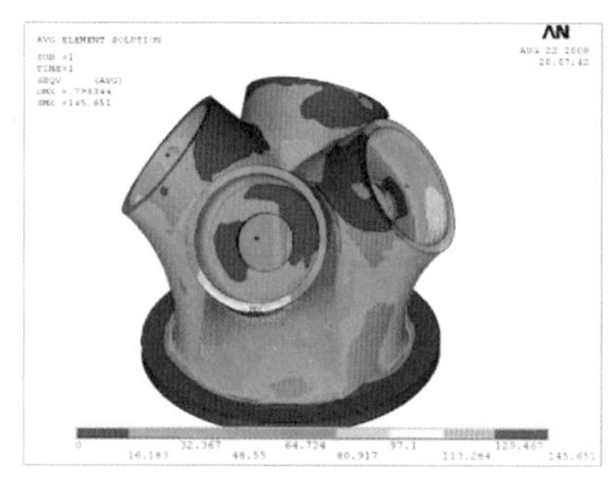
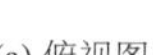

(a) 俯视图

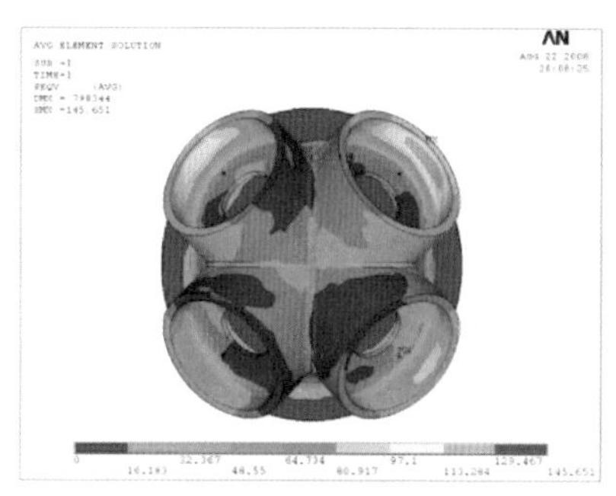

(b) 顶视图

图 8.4-11　V 形斜杆底部铸钢节点的 Mises 应力分布

8.5 试验研究

8.5.1 试验目的

苏州火车站站房钢结构屋盖构件布置较为复杂，汇交杆件多且均为较大规格的钢管截面，节点构造非常复杂。在横向桁架与纵向桁架相交处以及支座部位，节点杆件数量多，几何关系复杂，受力很大，采用铸钢节点。鉴于本工程节点形式多样且构造复杂，为了验证节点构造合理性，了解节点实际受力的工作性状、破坏机理、承载能力，开展节点试验，主要试验目的如下：

（1）考察节点区域的受力模式和破坏形态；

（2）通过试验验证节点能否满足设计要求；

（3）采用节点有限元分析结果，与试验结果进行对比，调整有限元分析的参数。

8.5.2 试验设计

对结构典型复杂节点有必要进行试验研究，综合考虑试验场地和加载设备吨位等条件，本次试验为缩尺模型试验，缩尺比为 1∶2，材料为 Q345B 钢材。试件设计时考虑了几何相似、材料相似和受力状态相似等相似条件，尽可能反映原型结构的性能。由于节点管件众多，在各杆端采用千斤顶直接加载的方式十分困难，且难以模拟实际工程中节点的边界条件，因此，本试验采用间接加载的方式，将试验部位组合进一个便于控制加载的试验桁架结构中，通过对该系统的加载实现对节点部位的间接加载。

8.5.3 试验现象与结果

（1）双 KK + 系杆试件在设计荷载水平下，各杆件均处于弹性阶段，节点区各测点保持在弹性范围内，节点工作性能良好。加载至设计荷载 2.5 倍时，节点区受拉腹杆处测点首先进入屈服，加载至 3.15 倍设计荷载时，控制腹杆全截面屈服，节点区弦杆测点的应力水平小于各腹杆。随后，其他杆件陆续屈服，并发生内力重分布，节点区测点大部分进入塑性，节点变形性能良好。节点试验现象如图 8.5-1 所示。

(a) 试件整体位移明显

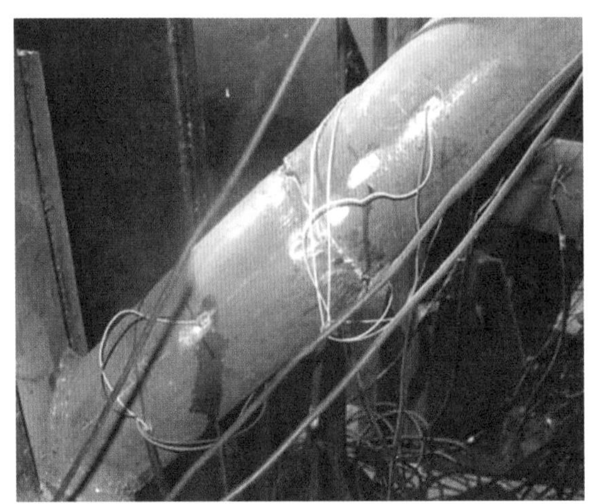

(b) 受拉杆件对接焊缝处断裂图

图 8.5-1 双 KK + 系杆焊接节点试验现象

（2）X + KK 焊接节点试件加载至 0.76 倍控制腹杆屈服荷载时，节点区受拉腹杆与弦杆交汇处测点首先进入屈服。加载至 1.0 倍控制腹杆屈服荷载时，受拉腹杆全截面进入屈服，杆件在节点区域内力得以重新分配，各杆件均可达到塑性阶段，节点区大部分测点进入塑性且变形发展到弹性变形 3 倍以上时仍未发生断裂。节点试验现象如图 8.5-2 所示。

(a) 柱脚转动变形过大

(b) 平面外弦杆非节点区杆件局部压屈图

图 8.5-2 X + KK 焊接节点试验现象

（3）X + KK 铸钢节点与焊接节点应力分布较为一致，但铸钢节点在弦杆与腹杆交汇处应力水平明显低于焊接节点，铸钢节点整体性能优于焊接节点，且有较高的强度储备。节点试验现象如图 8.5-3 所示。

(a) 柱脚转动变形过大

(b) 铸钢节点与管件对接处局部断裂图

图 8.5-3　X + KK 模型铸钢节点试验现象

8.6 结语

苏州火车站平面尺度与跨度均很大，南北方向最大长度为 352.2m，东西方向最大长度为 198m。屋盖结构采用双向布置的空间菱形桁架结构，桁架单元宽度 11m、高度 8m，节点形式和构造都比较复杂。通过计算分析与试验研究，得出以下主要结论：

（1）通过对苏州站站房屋盖钢结构分阶段施工模拟及卸载模拟，可以真实反映构件在恒荷载作用下的实际受力状态，避免了一次性加载带来的杆件内力偏差。通过卸载模拟分析，不仅可以得出屋盖结构的最终挠度值，而且可以得出每步卸载的挠度值，为屋盖结构卸载提供科学依据，同时可以在此基础上分析屋盖变形对北区已安装屋面、吊顶及幕墙带来的影响。

（2）温度作用对结构具有重要影响，对于大跨度钢结构，结构温差直接影响到结构安全以及结构用钢量，确定合理的结构合龙温度对工期以及温差的确定有直接影响。对苏州市气象资料，特别是建设场地附件的气象温度条件进行了全面深入的调研工作，在对建设场地历年极端温度、月温度变化趋势、日温度变化规律分析的基础上，更为精细地确定了屋盖各区域的合龙温度。根据南区施工计划方案，对屋盖结构进行了详细的卸载模拟分析，为屋面的施工卸载提供了科学依据。根据本工程建设的具体情况，对不同的区域采用实际的合龙温度，大大提高了结构计算分析模拟的精度。将跨度方向的合龙温度放宽至 15℃ ± 13℃，将南区与已建成部分的合龙温度放宽至 15℃ ± 9℃，很好地满足了南区施工计划安排。

（3）结合苏州站站房钢结构的特点，提出多种复杂类型的节点构造，通过建立节点加强区，设置内部加劲肋等措施以满足“节点与构件等强”的设计原则。通过大量有限元分析对节点构造的可靠性与安全性进行了深入的分析，从整体上全面把握节点力学性能。针对典型复杂节点进行了试验研究，并采用有效校准的有限元分析方法对节点的承载性能进行对比分析，结果表明有限元数值分析结果与实测结果吻合较好，各类节点均具有较高的安全性。通过试验研究和有限元分析均证明 X + KK 焊接节点构造合理可靠，虽然相应的铸钢节点具有更大的安全裕度，但焊接节点的受力性能均可满足本工程设计安全性的需求，因此，为降低工程造价，加快施工进度，将部分 X + KK 铸钢节点改为焊接节点，取得了良好的经济效益。

参考资料

[1] 范重, 彭翼, 赵长军. 苏州火车站大跨度屋盖结构设计[J]. 建筑结构, 2012, 42(1): 30-36.

[2] 赵长军, 范重, 彭翼, 等. 苏州火车站大跨钢屋盖施工过程仿真分析[J]. 建筑结构, 2012, 41(1): 37-40.

[3] 彭翼, 范重, 赵长军, 等. 苏州火车站站房钢结构复杂节点设计研究[J]. 建筑结构, 2012, 42(1): 41-48.

[4] 范重, 赵长军, 张宇, 等. 大型钢结构工程分期建造施工模拟技术[J]. 空间结构, 2013, 19(1): 28-40.

[5] 张亚东, 鲁昂. 苏州火车站混凝土结构设计[J]. 建筑结构, 2009, S1: 309-311.

设计团队

结构设计单位：中国建筑设计研究院有限公司

结构设计团队：范　重、张亚东、赵长军、高文军、彭　翼、鲁　昂、胡纯炀、陈文渊、尤天直、刘先明、潘敏华、李　丽、张　宇

执　笔　人：赵长军、范　重

获奖信息

2016 年中国建筑学会中国建筑设计奖（建筑结构）；

2016 年中国建筑学会全国优秀结构设计一等奖；

2018 年中国建筑学会建筑设计奖·建筑创作金奖。

第 9 章

京基金融中心

9.1 工程概况

9.1.1 建筑概况

京基金融中心位于深圳市罗湖区，地处荔枝公园附近的金融文化区，西邻深圳大剧院，总建筑面积约 60.2 万 m^2，由 A、B、C、D、E 五栋塔楼组成，是集甲级写字楼、铂金五星级酒店、大型商业、高端公寓、住宅等为一体的大型综合建筑群，为深圳市的地标建筑。该综合体不仅有效地改善了蔡屋围人居环境，实现了土地高度集约利用，更对提高城市综合竞争力、提升城市形象、打造和谐城市起到了良好的推动作用，为深圳城市更新提供了一个可资借鉴的发展模式。

京基金融中心 A 座（简称京基 100）地上建筑面积约 23.3 万 m^2，楼高 441.8m，塔楼地上 100 层，地下 4 层。建筑方案由英国泰瑞•法瑞建筑设计有限公司设计，大厦外形创意来源于喷泉和瀑布。大厦共有 4 个功能分区，其中 1～3 层为通高大堂空间；4 层设置酒店宴会厅、相关功能区和餐厅，可从 A 座大堂或同楼层的裙房商场通道进入；5～74 层是大厦主体，为甲级写字楼，包含 7 个层高为 5m 的专业证券交易楼层；顶部 75～100 层设铂金五星级酒店，约有 250 套房间以及与酒店相关的餐厅和健身等服务用房，在大厦最顶部拱顶内设置飞艇形特色餐厅。整个项目从开工到投入使用大约花了四年多的时间，相比其他类似项目，本项目的建设周期较短。项目 2011 年底投入使用以后迅速成为深圳市摄影及网红打卡地。京基 100 建成时为华南第一高楼、中国内地第三高楼、全球第八高楼。2012 年该项目荣获“安玻利斯摩天大楼奖”——2011 年度全球十佳摩天大楼；还荣获了中国建筑设计奖（建筑结构）金奖、第十三届中国土木工程詹天佑奖、2013 年度广东省优秀工程勘察设计一等奖，图 9.1-1～图 9.1-3 分别为设计效果图、建设过程及建成后实景。

图 9.1-1 设计效果图

图 9.1-2 建设过程

图 9.1-3 建成后实景

9.1.2 设计条件

1. 设计依据的规范、规程如下（均为项目设计时施行的有效版本）：

（1）《建筑结构可靠度设计统一标准》GB 50068-2001；

（2）《建筑抗震设防分类标准》GB 50223-2004；

（3）《建筑结构荷载规范》GB 50009-2001（2006 年版）；

（4）《建筑抗震设计规范》GB 50011-2001；

（5）《混凝土结构设计规范》GB 50010-2002；

（6）《钢结构设计规范》GB 50017-2003；

（7）《高层建筑混凝土结构技术规程》JGJ 3-2002；

（8）《高层民用建筑钢结构技术规程》JGJ 99-98；

（9）《型钢混凝土组合结构技术规程》JGJ 138-2001；

（10）《建筑地基基础设计规范》GB 50007-2002；

（11）《建筑桩基技术规范》JGJ 94-94；

（12）《高层建筑箱形与筏形基础技术规范》JGJ 6-99；

（13）《人民防空地下室设计规范》GB 50038-2005；

（14）《地下工程防水技术规范》GB 50108-2001；

（15）广东省标准《建筑地基基础设计规范》DBJ 15-31-2003；

（16）《高层民用建筑设计防火规范》GB 50045-95（2005 年版）；

（17）《建筑钢结构防火技术规范》CECS 200: 2006；

（18）广东省实施《高层建筑混凝土结构技术规程》补充规定 DBJ/T 15-46-2005；

（19）广东省标准《建筑地基基础设计规范》DBJ 15-31-2003；

（20）《高层建筑结构用钢板》YB 4104-2000；

（21）《矩形钢管混凝土结构技术规程》CECS 159: 2004。

2. 设计标准和设计参数

京基 100 结构设计使用年限为 50 年，结构设计耐久性年限为 100 年，建筑结构的安全等级为一级，建筑抗震设防类别为乙类，地基基础设计等级为甲级。抗震设防烈度为 7 度，设计基本地震加速度值 0.10g，设计地震分组为第一组，场地类别Ⅱ类，水平地震影响系数最大值α_{max}为 0.0904（安评报告），弹性分析阻尼比为 0.035，弹塑性分析阻尼比为 0.05。

塔楼钢筋混凝土部分抗震等级：核心筒剪力墙、地下室部分与外框柱相连的剪力墙、外框柱及首层以下钢筋混凝土框架梁为特一级，钢框架梁抗震等级为二级，结构计算分析嵌固层取地下室底板。结构变形验算时，按 50 年一遇取基本风压 0.75kN/m^2，承载力验算时按 100 年一遇取基本风压 0.90kN/m^2，地面粗糙度类别为 C 类。

项目设计时开展了风洞试验，试验在接近于 C 类地貌的边界层风洞中进行，模型缩尺比为 1∶450。根据风洞试验报告，试验结果显示横风向作用起主要控制作用，风洞试验得出的风力数据比规范计算出来的风力数据高出近 35%。另外，附近的地王大厦对本项目有较大影响，对比初步风洞试验及详细风洞试验，高频底座力天平结果和高频压力积分结果基本一致，风洞试验结果可作为结构设计依据。

9.2 建筑及结构特点

9.2.1 建筑造型

京基 100 塔楼建筑平面呈中间大两头小的纺锤形，底部平面东西两端约 40m 宽，中间处约 46m 宽，立面沿高度方向也呈弧形逐步外鼓，50 层起又逐步内收，南北立面分别外鼓最大约 1.5m，所以建筑每层平面轮廓都不一样，没有标准层，建筑典型平面如图 9.2-1 所示，图中不同颜色电梯分别表示高、中、低、区及消防电梯。结构设计时为了减小外框柱对建筑平面使用功能影响，采用紧贴玻璃幕墙的随形柱，所以南北立面外侧钢管混凝土柱从下往上均是曲线形，结构设计时对每层柱都进行了坐标定位。

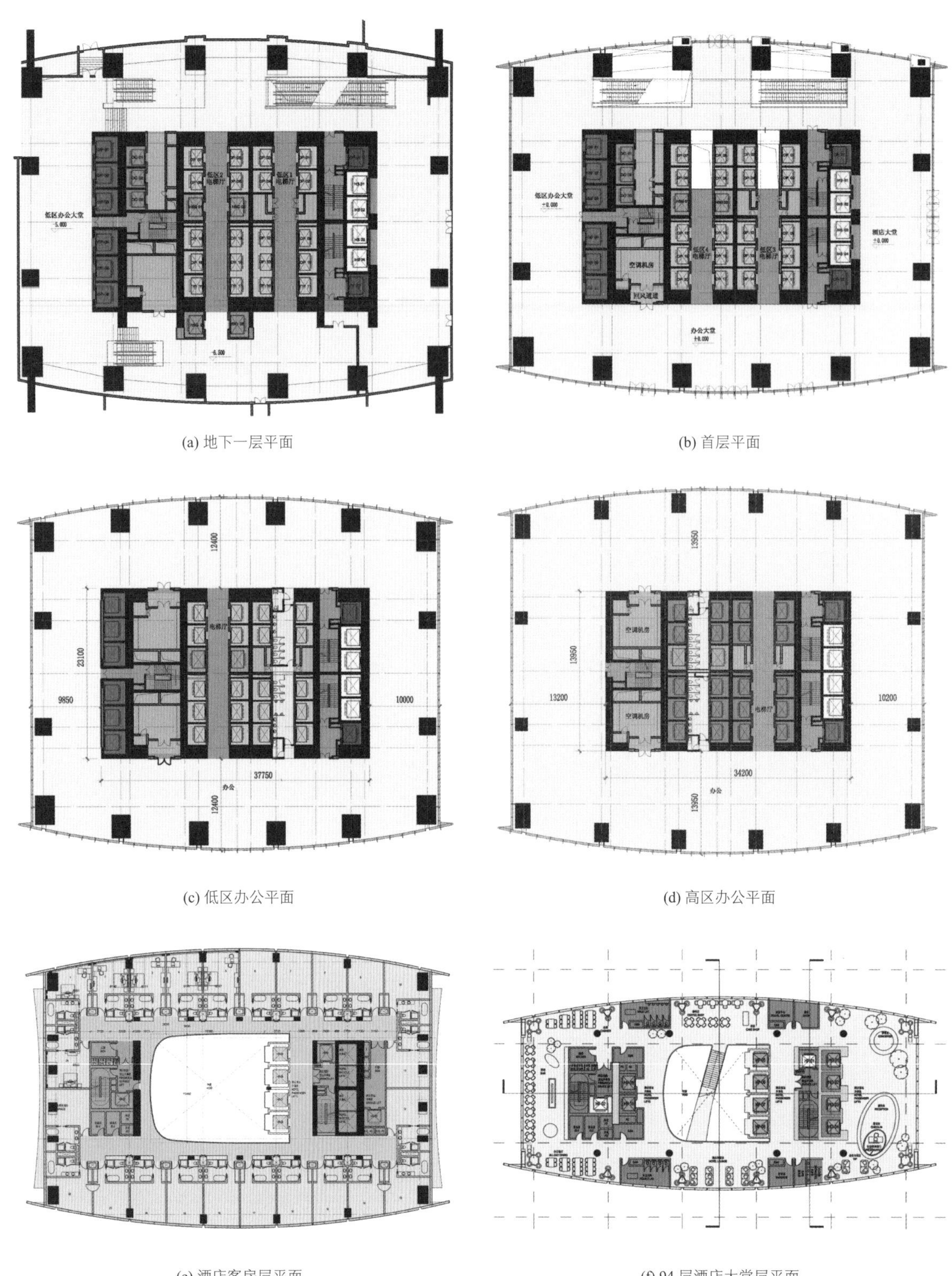

(a) 地下一层平面

(b) 首层平面

(c) 低区办公平面

(d) 高区办公平面

(e) 酒店客房层平面

(f) 94 层酒店大堂层平面

图 9.2-1 建筑典型平面图

9.2.2 建筑上部设置中庭

为提高铂金五星级酒店品质，设计时在塔楼上部酒店区域设置了通高的开放式中庭，并增设酒店专用的观光电梯，这使得上下部结构布置变化较大。酒店区域设置开放式中庭后，部分核心筒剪力墙从承台面伸延至酒店层便终止了，内部核心筒只保留东西两侧的部分剪力墙，结构体系也由下部框架-核心筒转变为上部框架-剪力墙。收掉的核心筒外墙上增设和外框柱对应的内框架斜柱，避免了转换带来的不利影响。对酒店区域结构，在每层楼板内设置水平支撑，对楼板的整体性进行加强，从而提供斜柱的横向约束。建筑办公层与酒店层过渡情况如图 9.2-2 所示。

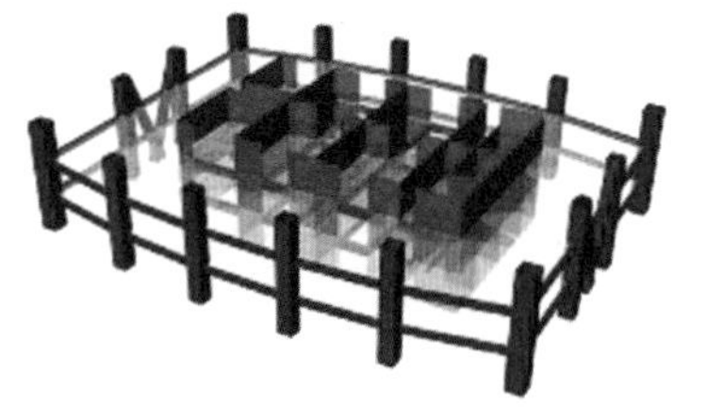

(a) 下部办公层平面

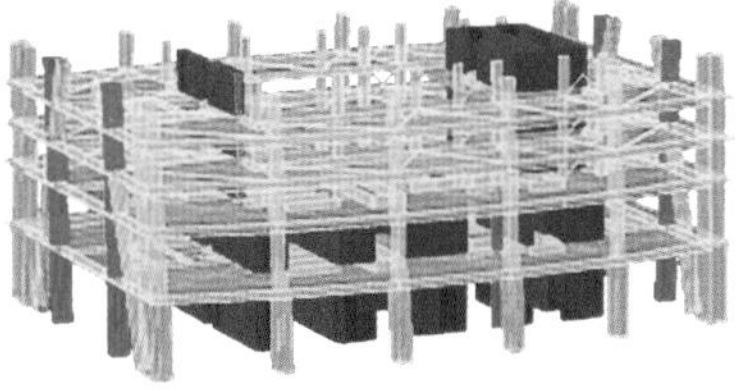

(b) 办公与酒店过渡层

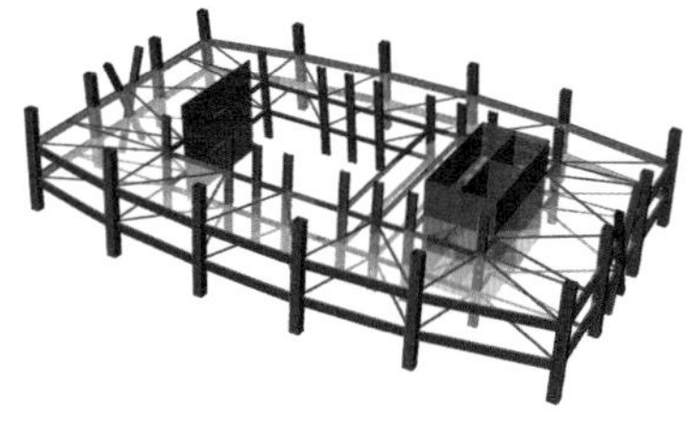

(c) 酒店层平面

图 9.2-2 建筑办公层与酒店层过渡示意图

9.2.3 建筑顶部设计

建筑顶部设置约 39m 通高空间，在其内部设置飞艇造型的特色餐厅，详见图 9.2-3。结构采用 39m 高的外部拱形钢桁架，既作为外幕墙的支承结构又作为塔楼的屋顶，外部拱形钢桁架与内部飞艇造型的特色餐厅完全脱开，顶拱采用全钢结构，有效地减轻构件自重并提高结构延性，顶拱支承于塔楼下部钢管混凝土柱上，中间四榀桁架采用三管桁架拱，两端加强后采用四管桁架拱，详见图 9.2-4。项目建成后的效果详见图 9.2-5。由于顶拱位于建筑物顶部，且自重较轻、投影面大，因此主要为风荷载控制。结构设计考虑鞭梢效应的影响，顶拱与大楼整体建模。在满足其承载力需求的前提下，还要满足稳定性要求，同时在风洞实验室进行局部测压试验，保证风荷载设计参数的准确性，确保顶拱结构的安全性。

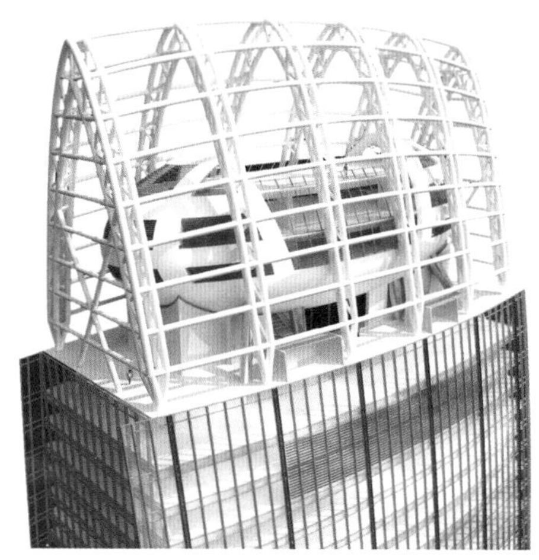

图 9.2-3 塔楼顶部

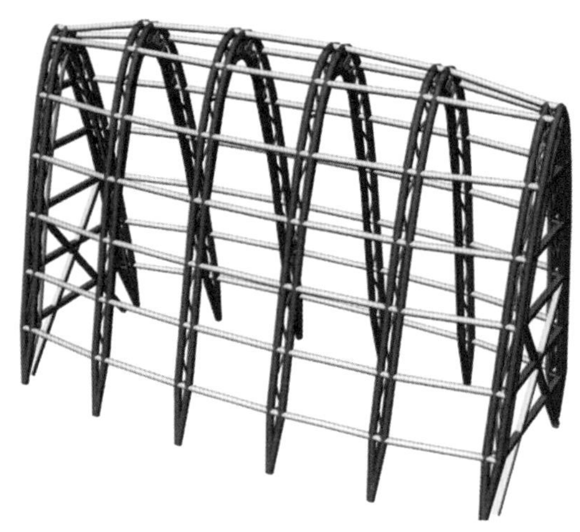

图 9.2-4 塔楼上部钢结构拱架

图 9.2-5 塔楼顶部实景

9.2.4 建筑入口大雨篷

在建筑南立面主入口设置了一个造型优美、体型庞大的雨篷，雨篷和建筑立面幕墙融为一体，雨篷高度49.2m，跨度约为57m，最大处外挑约16m，详见图9.2-6。在初步设计阶段，入口大雨篷采用单层网壳结构，8层以下采用三角形网格，8～11层采用四边形网格，主网格单元结构构件为200mm × 400mm × 16mm × 16mm矩形钢管，斜撑单元构件为200mm × 200mm × 10mm × 10mm矩形钢管，详见图9.2-7。施工图阶段经过详细计算分析，结构形式仍为单层网壳，但对网格划分做了调整，取消了斜撑杆件，均采用四边形网格，主要单元结构构件为200mm × 400mm × 14mm × 14mm矩形管，两侧结构构件根据受力情况加强为200mm × 400mm × 20mm × 20mm矩形管，檐口处结构构件300mm × 800mm × 25mm × 25mm矩形管，详见图9.2-8。通过分析比较可知，施工图阶段结构受力更合理，用钢量较低，值得一提的是节点从六杆相交简化为四杆相交，大大降低节点加工及施工的复杂程度。

图9.2-6　入口大雨篷实景

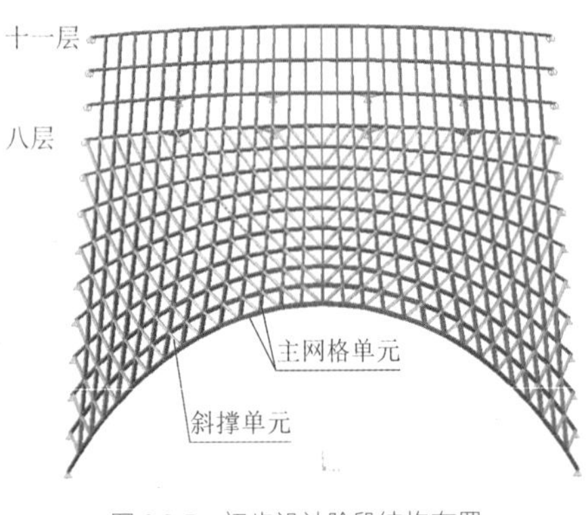

图9.2-7　初步设计阶段结构布置

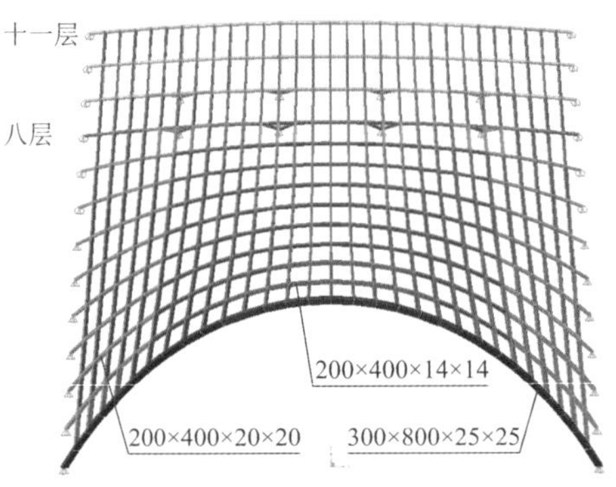

图9.2-8　施工图阶段结构布置

9.3 结构体系与分析

9.3.1 结构体系

考虑到建筑与结构的需求，大楼采用了三重抗侧力结构体系以抵抗水平荷载，它们分别由钢筋混凝土核心筒（下部设置型钢）、东西立面巨型斜支撑框架及构成核心筒和巨型钢管混凝土柱之间相互作用的伸臂桁架及腰桁架组成。综合结构构件布置、构件材料特性及抗侧力构件受力机理等因素，可总结得到该结构下部为带加强层和巨型斜撑的框架-核心筒混合结构；上部为带加强层和巨型斜撑的框架-剪力墙混合结构；顶部为拱架钢结构，具体结构构件布置及特性情况描述如下：

（1）钢筋混凝土核心筒

核心筒南北侧最大墙体厚度为 1900mm，东西侧最大墙体厚度为 1200mm，地下室采用 C80 混凝土，地上采用 C60～C70 混凝土，核心筒下部混凝土墙内设置了型钢，主要目的是减小剪力墙的厚度，增加核心筒的延性和刚度，同时增加整体结构的抗侧刚度。核心筒从承台面伸延至酒店层，只保留了东西两侧的部分剪力墙，核心筒中间部位剪力墙转换为框架柱，使得酒店区可以设置开放式中庭。

（2）巨型钢斜支撑框架

X 形巨型斜支撑设置于大楼东西两侧垂直立面上，斜撑采用箱形钢管，与角部巨型钢管混凝土柱相连，支撑水平倾角在 50°～68°之间，材料为 Q345GJC，节点区钢材采用 Q420GJC，斜撑底部最大尺寸为 1600mm × 1400mm-80mm。周边框架由巨型钢管混凝土柱及腰桁架组成。

（3）腰桁架及钢伸臂桁架

五道两层高的腰桁架沿塔楼高度基本上均匀分布，结合建筑避难及设备层，分别设于 18、37、55、73 及 91 层，主要增加了塔楼的抗侧刚度，同时提高外框架的抗扭性能，从而降低地震作用下扭转效应的影响；三区伸臂桁架则分别设置于 37、55 及 73 层，沿南北弱轴方向布置，伸臂桁架在核心筒内贯通，伸臂桁架加强了核心筒与周边框架的联系，并和腰桁架一起有效地提高了结构整体抗侧刚度，优化了结构效能。

（4）巨型钢管混凝土柱

外框架柱采用巨型钢管混凝土柱，与斜撑相连的 4 个角柱最大截面为 2700mm × 3900mm，钢管最大厚度为 70mm，钢板材料为 Q345GJC；南北方向中间 8 根框架柱最大截面为 2600mm × 3200mm，钢管最大厚度为 54mm，钢板材料为 Q345GJC。南北面的钢管混凝土柱从承台面至 50 层微微向外倾斜（角度在 1°以下），50 层以上配合建筑布置又微微向内倾斜，直至顶部转换为钢拱架合龙。巨型钢管混凝土柱可增加框架的延性、增加柱轴向刚度并缩小柱截面积，从而提高建筑使用率，更重要的是便于与其他伸臂桁架、腰桁架及巨型斜撑等钢构件连接和施工。

9.3.2 结构方案对比

方案和初步设计阶段进行了三个结构方案的比较，方案一：核心筒 + 周边斜支撑框架 + 腰桁架；方案二：核心筒 + 周边框架 + 伸臂桁架 + 腰桁架；方案三：核心筒 + 东西立面斜支撑框架 + 伸臂桁架 + 腰桁架。分别从建筑感观、施工进度与难度、构件抗侧效能、侧向及扭转刚度控制、用钢量和经济性等多方面进行了考量，最终选择了方案三，详见图 9.3-1。

初步设计阶段建立了 30 多个结构整体分析模型，对伸臂、腰桁架布置位置及数量的各种组合效率进行对比分析，同时结合东西立面斜撑的设置，研究加强层及关键构件对结构抗侧刚度的敏感性和贡献效率，从中选取较为合适结构布置，详见图 9.3-2。

在方案三的基础上又进行了加密外框柱、加密东西立面斜撑、在酒店层增设剪力墙、东西立面中间设置 3 个柱还是 2 个柱等方面的比较和研究，进一步优化结构抗侧力体系，详见表 9.3-1。施工图设计阶段最大的改变就是把型钢混凝土外框柱改为巨型钢管混凝土柱，同时进一步优化东西立面的斜撑布置，施工图设计结合外框架柱改为巨型钢管混凝土柱的机会，将 X 形斜撑移至与柱外皮平，这样可减小斜撑对建筑使用的影响，建筑净使用面积约增加了 300m^2，同时将与 X 形斜撑平面所处同一轴线处的框架梁在 X 形斜撑范围段与 X 形斜撑处于不同平面内，即框架梁与斜撑不相交，这样就大大减少了节点量，同时方便施工，传力更简洁，从而确保 X 形斜撑以承受水平荷载为主。

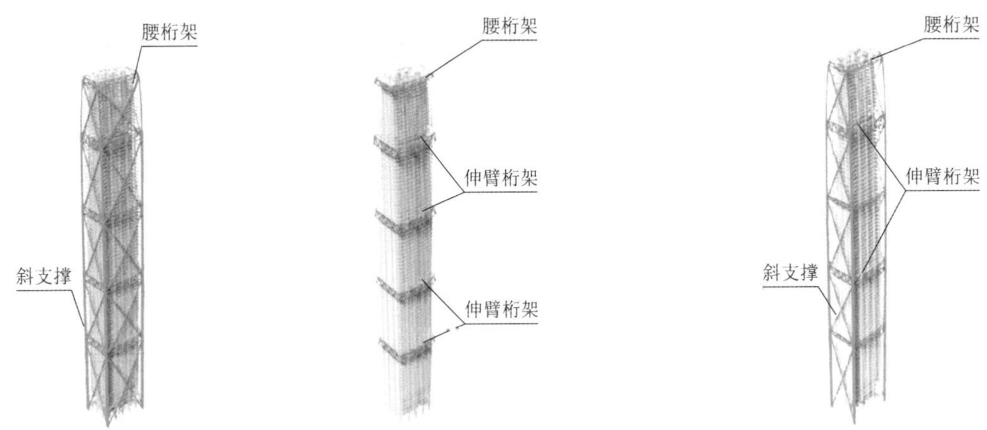

(a) 核心筒 + 周边斜支撑框架 + 腰桁架　(b) 核心筒 + 周边框架 + 伸臂桁架 + 腰桁架　(c) 核心筒 + 东西立面斜支撑框架 + 伸臂桁架 + 腰桁架

图 9.3-1 三个初步结构方案

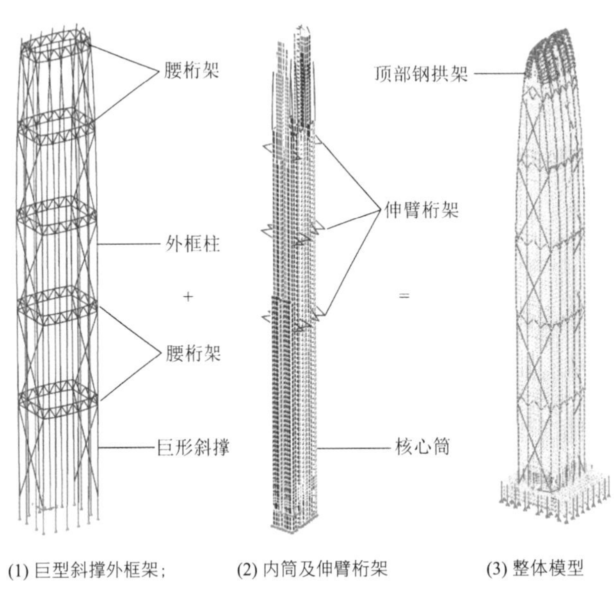

(1) 巨型斜撑外框架；　(2) 内筒及伸臂桁架　(3) 整体模型

图 9.3-2　京基主塔楼结构

超高层结构设计中对于结构一些宏观指标（如层间位移角、扭转位移比或周期比等），有时需要反复调整构件截面尺寸才能满足规范要求。对于上面情况，在传统的结构设计中，设计人员往往是凭自身的经验对构件进行反复调整，这种“手工调整”的方法不仅带有很大的随意性，还取决于设计人员的经验，每次调整都要通过修改模型并重新计算来进行复核，不仅耗时多而且还不一定取得理想结果，尤其是对一些构件数量极其庞大的超高层和复杂结构，对哪类构件进行调整及如何调整效率较高很难准确判断。京基金融中心尝试采用有限元软件对结构进行优化，找出敏感构件，从而较为精准地为构件设计和优化指明方向，特别是对腰桁架、伸臂桁架及巨型斜撑的敏感性及对抗侧效率的分析和优化做了大量工作，部分优化方案对比见表 9.3-1，另外还对重要节点进行拓扑优化。

各改进方案优缺点对比　　表 9.3-1

方案及编号	优点	缺点	可行性
1. 加密支撑	①可将Y向周期减小 0.25s。 ②可将Y向层间位移角减小约 1/15，但对酒店部分影响不大	①在 39 层以下角柱内都将产生拉力，最大拉力达到 20000kN，必须将柱改为钢柱。 ②支撑加密后对外立面景观影响较大，节点施工困难	★
2. 角柱 X1.25	①可将Y向周期减小 0.24s。 ②可将Y向层间位移角减小约 1/40，尤其对酒店部分位移贡献很大。 ③由于自重增大使得角柱压力增大，改善了角柱受力状况	①使角柱重量增大，对基础设计不利。 ②角柱增大后减小了使用面积。 ③对X向刚度无帮助	★★★

续表

方案及编号	优点	缺点	可行性
3. 道伸臂	①可将X向周期减小 0.65s，Y向周期减小 0.28s。 ②可将Y向层间位移角减小约 1/30，但对酒店部分影响不大。 ③可将角柱拉力减小约 1000kN，略微分担了角柱受力	①使加强层刚度突变更为严重，对抗震不利。 ②增加伸臂对加强层空间布置有一定影响	★★★
4. 加强腰桁架	可将X向周期减小 0.07s，Y向周期减小 0.05s	对结构贡献不大，但节点连接更为复杂	★
5. 加角部伸臂	可将X向周期减小 0.69s，但对Y向周期基本无影响，表明角柱刚度已用尽	角部伸臂对空间布置影响较大，且无法解决Y向刚度不足的问题	★
6. 东西立面 5 柱改为 4 柱	①X、Y向周期和层间位移角基本不变。 ②有利于角柱在风作用下保持受压状态。 ③斜撑中间相交节点撇开钢管柱，大大简化了此连接节点的设计与施工	适当增加了框架梁的跨度，但在钢框架梁适合的范围	★★★★

9.3.3 结构性能目标

京基 100 塔楼在水平荷载作用下属于弯曲型结构，结构因总体弯曲变形而产生的侧移较为明显，而由剪切变形引起的层间有害位移值大大小于其楼层的整体层间位移值。超高层建筑弯曲型结构在水平荷载作用下引起的倾覆力矩，使竖构件的一侧拉伸、一侧压缩，导致各层楼盖整体倾斜而产生侧移，此种弯曲变形引起的某一楼层层间侧移包含两种成分：本楼层竖向构件的剪切位移和结构的总体弯曲变形产生的侧移。根据《建筑抗震设计规范》GB 50011-2001 第 5.5.1 条条文说明：框架结构试验，对开裂层间位移角，开洞填充墙框架为 1/926，有限元分析结果表明，不带填充墙时为 1/800，对于框架-抗震墙结构的抗震墙，其开裂层间位移角：试验结果为 1/3300～1/1100，有限元分析结果为 1/4000～1/2500，取二者的平均值约为 1/3000～1/1600。出于安全考虑，本项目框架柱的有害层间位移角控制值取 1/1500，剪力墙的有害层间位移角控制值取 1/3000，总体性能目标详见表 9.3-2。

性能目标 表 9.3-2

类别	性能指标	荷载/作用	控制目标
结构构件正常使用极限状态	有害层间位移角	50 年重现期风荷载/小震	柱：1/1500
			墙：1/3000
	结构风振加速度	10 年重现期风荷载	酒店层：$0.25m/s^2$
	竖向构件裂缝控制	50 年重现期风荷载/小震	柱、墙：不开裂
结构构件承载能力极限状态	截面承载能力	100 年重现期风荷载	所有构件保持弹性
		小震作用	所有构件保持弹性
		中震作用	重要构件保持弹性，次要构件允许塑性
		大震作用	不倒并控制塑性变形（详抗震性能目标）
非结构构件	幕墙、隔墙、装修	50 年重现期风荷载	保证正常使用
	电梯运行	50 年重现期风荷载	保证正常使用

9.3.4 结构分析与设计

京基 100 除了进行常规的小震、中震及大震弹塑性分析以外，还进行了施工模拟分析、楼板应力分析、楼盖舒适度分析、重要节点有限元分析、顶部拱架非线性稳定性分析、舒适度及减振控制分析和抗连续倒塌能力分析等，同时在后续施工图设计时对构件进行了大量优化设计，比如伸臂桁架的优化：针对初步设计的两片高 1200mm、厚 170mm 钢板组合的伸臂桁架，通过调研国内钢结构厂家和咨询相关专家，发现当时国内超过 150mm 厚的钢板质量难以保证，工程中如果确实需要这种钢材，就必须进口。最后通过优化和分析，调整为两片高 1500mm、厚 130mm 钢板组合的伸臂桁架，详见图 9.3-3，这样既能保证产品质量、缩短加工周期，又节约了大量成本。

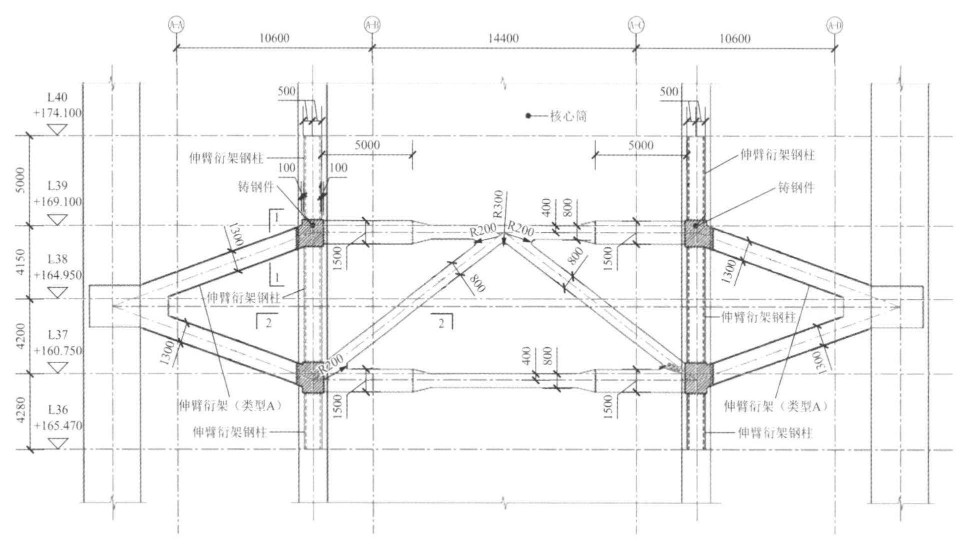

图 9.3-3 伸臂桁架及设计立面图

本建筑自重高达 50 万 t 左右，传到地基上的力非常大，不过项目所在地的工程地质条件较好，微风化粗粒花岗岩层顶埋深在地面以下 30m 左右，所以有条件采用人工挖孔桩，基础设计时采取了以下对策：首先对勘察报告提供的微风化粗粒花岗岩承载力特征值进行分析研究，提出微风化粗粒花岗岩承载力特征值可从 800kPa 提高到 1200kPa，得到原勘察单位及当地岩土专家的认可；其次人工挖孔桩的混凝土强度等级由初步设计时的 C40 提高到 C50，混凝土强度和基岩承载力相匹配，这样不仅可以减少人工挖孔桩土方开挖，同时可减少混凝土和钢筋用量近 17%；桩基布置方式也充分考虑人工挖孔桩施工直径灵活、传力直接的特点，通过调整桩基直径匹配上部荷载大小，最大人工挖孔桩直径为 5.6m；通过调整布桩减小基础底板的协调作用，超大直径桩采用多点建模，使底板设计得更经济，核心筒区域的底板厚度从初步设计 5m 调整到 4.5m，底板配筋每个方向 3 排 40@100 改为每个方向 2 排 32@100，减少了将近一半用量。

1. 小震弹性计算分析

在初步设计阶段，弹性模型软件使用 ETABS 软件，并用 GSA 软件进行复核。两个软件的稳定性和可靠性已在全球众多建筑项目中得到了检验，施工图阶段主要采用 ETABS 软件。由于地下室结构的刚度相对塔楼较小，因此模型中忽略地下室结构的约束，嵌固端取地下室底板，对塔楼结构是偏安全的，结构分析模型由承台面建起，且地下室部分周边外延两跨进行分析，主要计算结果如表 9.3-3～表 9.3-6 所示。

前几阶振型周期 表 9.3-3

周期	ETABS 计算结果（考虑P-Δ效应）	ETABS 计算结果（不考虑P-Δ效应）	GSA 计算结果（不考虑P-Δ效应）	备注
T_1/s	7.604	7.428	6.979	平动第一周期
T_2/s	7.367	7.207	6.847	平动第二周期
T_3/s	3.947	3.920	3.849	扭转第一周期
T_4/s	2.374	2.367	2.182	
T_5/s	1.997	1.993	1.906	
T_6/s	1.487	1.485	1.428	

风及地震作用下的基底剪力和倾覆力矩 表 9.3-4

项目		ETABS 计算结果（考虑P-Δ效应）		ETABS 计算结果（不考虑P-Δ效应）		GSA 计算结果（不考虑P-Δ效应）	
作用方向		X	Y	X	Y	X	Y
地震作用（小震）	基底总剪力/kN	53968	50572	53137	49746	61670	59700
	基底剪重比规范限值	0.95%	0.89%	0.94%	0.88%	1.08%	1.04%
		（已按规范放大地震作用）					
	规范限值	1.20%					
	基底总倾覆力矩/（kN·m）	9908000	10234500	9696500	10017000	11216000	12013000
风荷载（100 年重现期）	基底总剪力/kN	$V_X=29016$；$V_Y=126125$（横向风）	$V_X=96710$（横向风）；$V_Y=9594$	$V_X=7321$；$V_Y=119239$（横向风）	$V_X=91085$（横向风）；$V_Y=5592$	$V_X=27320$；$V_Y=19240$（横向风）	$V_X=91090$（横向风）；$V_Y=5590$
	基底总倾覆力矩/（kN·m）	绕Y轴 = 8260500；绕X轴 = 35849500（横向风）	绕Y轴 = 26863500（横向风）；绕X轴 = 20973500	绕Y轴 = 7868000；绕X轴 = 34224500（横向风）	绕Y轴 = 25570000（横向风）；绕X轴 = 20037000	绕Y轴 = 7869000；绕X轴 = 34225500（横向风）	绕Y轴 = 25580000（横向风）；绕X轴 = 20039000

风及地震作用下最大层间位移角（规范限值 1/500） 表 9.3-5

项目		ETABS 计算结果（考虑P-Δ效应）		GSA 计算结果（不考虑P-Δ效应）	
方向		X	Y	X	Y
风荷载（50 年重现期）	最大层间位移角	1472	1/482	1/515	1/536
	所在楼层	80	80	95	95
	规范限值	在满足有害层间位移角 1/1500（框架柱）、1/3000（剪力墙）的性能目标前提下，规范风荷载控制下的层间位移角限值（1/500）可适当放宽。			
地震作用（小震）	最大层间位移角	1/869	1/1175	1/1296	1/1294
	所在楼层	98	98	82	81

风及地震作用下构件最大有害层间位移角 表 9.3-6

项目		ETABS 计算结果（考虑P-Δ效应）			
方向		X		Y	
构件		框架柱	剪力墙	框架柱	剪力墙
风荷载（50 年重现期）	最大有害层间位移角	1/3344	1/6101	1/1650	1/3179
	所在楼层	58	3	76	94
	建议限值	1/1500	1/3000	/1500	1/3000
地震作用（小震）	最大有害层间位移角	1/10753	1/3584	1/11765	1/15385
	所在楼层	76	94	76	3
	建议限值	1/1500	1/3000	1/1500	1/3000

根据结构布置情况和抵抗水平荷载能力分析，可知在X向地震及风荷载作用下核心筒几乎承担100%的基底剪力；在Y向地震及风荷载作用下核心筒和巨型斜撑分别承担70%和30%的基底剪力，外框架柱承担的基底剪力非常小。在X向地震及风荷载作用下核心筒承担63.5%的倾覆力矩、外框架柱承担26.5%的倾覆力矩；在Y向地震及风荷载作用下核心筒承担38.5%的倾覆力矩、巨型斜撑＋角柱承担29.4%的倾覆力矩、外框架柱＋伸臂桁架承担32.1%的倾覆力矩，各抗侧体系分担的作用力比值基本合理，符合超高层建筑的受力特性。

采用安评报告提供的三条波对塔楼进行小震时程分析，计算结果表明（表9.3-7）三条波平均基底剪力值均大于振型分解反应谱法的80%，各条波分别作用下的底部剪力值大于振型分解反应谱法的65%，满足相关规范规定。施工图设计时对上部楼层剪力放大，进行包络设计。

时程分析结果与反应谱分析结果比较　　表9.3-7

	X方向			Y方向		
	基底剪力/kN	时程基底剪力/反应谱基底剪力	平均值	基底剪力/kN	时程基底剪力/反应谱基底剪力	平均值
安评反应谱（小震）	53968	—	—	50572	—	—
人工波2	52748	97.7%	87.8%	46457	91.9%	86.0%
天然波1	44169	81.8%		43089	85.2%	
天然波3	45262	83.9%		40865	80.8%	

2. 中震作用下计算分析

由于本项目高达441.8m，高宽比达到10.27，所以弹性阶段（小震）的设计由风荷载控制，外框柱、核心筒、伸臂桁架、腰桁架及巨型斜撑等抗侧力构件在中震作用下基本上都能达到“中震弹性”的性能目标，以下为初步设计阶段的数据，施工图阶段对构件进行进一步优化。

（1）外框柱小震组合工况下轴压比（最大 0.60）和剪压比（最大 0.14）、风组合工况剪压比（最大0.09）以及中震（弹性）组合工况下剪压比（最大0.07）。

（2）核心筒小震组合工况下轴压比（最大0.40）和剪压比（下部最大0.02，上部最大0.022）、风组合工况剪压比（下部最大0.04，上部最大0.027）以及中震（弹性）组合工况下剪压比（下部最大0.03，上部最大0.027）。钢筋混凝土核心筒墙肢在地震作用下局部区域存在拉应力，但均小于混凝土抗拉强度标准值。

（3）巨型斜撑截面利用率（应力比）：风包络工况最大应力比为0.57～0.91；小震包络工况最大应力比为0.30～0.51；中震弹性包络工况最大应力比0.47～0.58。

（4）腰桁架截面利用率（应力比）：风包络工况最大应力比为0.55～0.93；小震包络工况最大应力比为0.37～0.77；中震弹性包络工况最大应力比0.4～0.79。

（5）伸臂桁架截面利用率（应力比）：风包络工况最大应力比为0.59～0.97；小震包络工况最大应力比为0.30～0.49；中震弹性包络工况最大应力比0.44～0.72。

（6）外框架梁风包络工况最大应力比为0.93；小震包络工况最大应力比为0.53；中震弹性包络工况最大应力比0.73。

（7）连梁第一阶段设计计算结果表明，作为地震作用下主要的耗能杆件，B2至L54层部分钢筋混凝土连梁截面利用率大于1.0，主要由剪力控制，采用梁内加钢板变成型钢组合梁的措施来提高其截面受剪承载力，抗震设计：$V_b \leqslant 1/\gamma R_E(0.36 f_c b_b h b_0)$，部分连梁采用型钢混凝土组合梁后，计算结果表明连梁风荷载包络工况下最大利用率为0.92；小震包络工况下最大截面利用率为0.86；中震弹性包络工况下为1.0。

3．动力弹塑性时程分析

结构的非线性地震反应采用大型通用非线性动力有限元分析软件 LS-DYNA 进行计算，用 PERFORM-3D 软件进行复核，LS-DYNA 非线性有限元软件采用大位移有限元格式，同时考虑几何非线性与材料非线性。结构的动力平衡方程建立在结构变形后的几何状态上，因此P-Δ效应会自动考虑，并能直接模拟结构可能发生的倒塌反应情况。

为确保 LS-DYNA 非线性结构模型在构件进入弹塑性阶段工作之前，该模型动力特性与弹性的 ETABS 模型一致，采用了 LS-DYNA 求解特征值的功能得到了 LS-DYNA 模型小变形、小应变的周期和振型。在求解特征值的分析中，构件的刚度值取其初始的弹性刚度。从计算结果可知 LS-DYNA 模型和 ETABS 模型前 6 阶振型的周期和振型方向基本吻合，很显然，LS-DYNA 模型与 ETABS 模型的动力特性是一致的。

非线性动力时程分析是进行结构非线性地震反应分析较完善的方法，可以准确体现高振型对整体结构的影响，也能够正确、自动地对多向地震输入的效应进行迭加组合。在分析中，重力荷载的施加与地震波的输入分两步进行：第一步施加重力荷载的代表值，在施加重力荷载时，可考虑伸臂桁架施工模拟情况，首先对除伸臂桁架之外的结构构件施加重力荷载，然后再施加伸臂桁架的刚度以及重力荷载；第二步施加地震作用，地震加速度时程作用在地面节点上，沿总体坐标系的X或Y向输入，考虑双向地震作用。在时程分析中，主方向与次方向的峰值加速度的比值取 1.0：0.85。

结构的安全评估将通过结构整体性能和杆件变形性能两个方面来考察。整体性能的评估将从弹塑性层间位移角、剪重比、结构顶部位移和底部剪力时程曲线、塑性发展过程及塑性发展的区域几方面来评估。杆件变形性能将从构件塑性变形与塑性变形限制值的大小关系、关键构件塑性变形情况两方面进行评估，以保证结构构件在地震过程中仍有能力进一步承受地震作用和重力，地震结束后结构仍有能力承受重力荷载，从而保证结构不因局部构件损伤或耗能而产生严重的破坏或倒塌。

输入沿X方向为主的地震波后，结构最大层间位移角分别为 1/112、1/118 和 1/103（人工波、天然波 A、天然波 B），均小于限值 1/100。输入沿Y方向为主的地震波后，结构最大层间位移角分别为 1/188、1/158 和 1/131（人工波、天然波 A、天然波 B），也小于限值 1/100。结构顶点最大水平、相对位移值以及最大基底剪力值、剪重比小结于表 9.3-8 中，从分析结果中可以看出在相同的水平地震力作用下，X向抗侧刚度较小，构件耗能较为充分，Y向抗侧刚度较大。

结构最大水平相对位移值以及最大基底剪力值　　表 9.3-8

地震记录	结构顶点X向最大相对位移/m	结构顶点Y向最大相对位移/m	X向最大基底剪力/MN	X向剪重比/%	Y向最大基底剪力/MN	Y向剪重比/%
人工波	1.55	1.43	341	4.70	432	5.95
天然波	1.60	1.56	329	4.53	362	4.98
天然波	1.72	1.73	324	4.46	390	5.37
平均值	1.62	1.57	331	4.56	395	5.44

结构输入X方向为主的人工波作用后，从结构各构件塑性区域分布结果可以看到：混凝土剪力墙大部分构件处于弹性，少部分产生塑性变形，包括底部加强区和加强层范围内的剪力墙最大塑性变形值，仍在正常运行限值范围内，除了顶层的个别墙肢外，剪力墙的塑性转角值均较小，没有达到 ATC40 中的构件生命安全限值（LS）；外框筒组合柱在罕遇地震作用下基本处于不屈服状态，在构件生命安全限值

（LS）范围内；由伸臂桁架轴向压应变、拉应变的分布情况可知，伸臂桁架受压时轴向压应变没有超过构件生命安全限值（LS），而受拉时也在构件生命安全限值（LS）之内；由巨型斜撑轴向压应变、拉应变的分布情况可知，巨型斜撑在罕遇地震下处于不屈服或不屈曲状态；由腰桁架轴向压应变、拉应变的分布情况可知，腰桁架受压时，个别杆件进入塑性，但在构件变形最大可接受限值（SS）之内，腰桁架个别杆件受压应变超过了构件变形生命安全限值（LS 值），但在构件变形最大可接受限值（SS 值）之内。从酒店 A 形钢框架塑性铰的分布情况看，其中一榀框架中的个别构件进入塑性，但在构件生命安全限值（LS）之内。从顶拱塑性铰的分布情况看，顶拱在罕遇地震下未屈服。

综上，结构整体进入塑性变形的构件数目较少，塑性变形水平也不高，对于核心筒顶部横截面突变处及以上的墙肢，由于刚度的不均匀变化，产生了较为集中的塑性区域，施工图阶段已通过在墙肢内加配型钢来提高墙肢的承载力及延性，从而提高该区域的抗震性能。作为主要抗侧力构件的剪力墙和伸臂桁架的塑性变形相对较小，巨型斜撑和外框筒组合柱基本未进入屈服或屈曲状态。因此，结构构件在罕遇地震作用下的表现表明结构能够满足大震不倒的抗震性能目标。

4. 施工模拟分析

在施工过程中，由于结构内筒和外框架材料不同，会产生不同的轴向压缩量。对于超高层结构来说，核心筒和外框架柱之间的不平衡压缩，不论是弹性或者是非弹性的（包括混凝土的收缩及徐变）变形，在设计和施工中均应专门考虑其影响。在设计阶段为了考虑补偿施工期间和将来使用过程中的轴向压缩影响，将根据欧洲规范 EC2: 1991 进行轴向压缩分析，然后引入预设值来补偿预测压缩量，从而保持楼盖水平并保证电梯等设备后期能正常使用，所以在设计阶段按照施工假定进行施工模拟分析，后来施工单位还根据实际的施工过程，进行了模拟施工补充分析。

竖向构件之间的相对位移差对高层建筑设计，特别是对超高层建筑起重要的影响，框架-核心筒的结构体系更为明显，原因是核心筒应力相对周边框架柱低，而现今建筑核心筒大多采用爬模形式提前建造，因此设计时必须要考虑相对位移差对结构构件所产生的内力影响。众所周知，设置伸臂桁架、巨型斜撑都是为了提高结构的抗侧刚度，主要用来抵抗水平作用力，所以结构设计时要采取措施尽量减小由于竖向荷载作用及竖向构件变形差导致的伸臂桁架和巨型斜撑的初始应力，理论上主体结构施工完成后再对此类构件进行连接是最理想的，但主体结构在施工阶段也需要一定的抗侧刚度，所以对此类构件的设计应结合施工进程，通过施工模拟来解决。京基 100 的巨型斜撑是随主体结构分段合龙，和框架柱共同承担竖向荷载，斜撑合龙后因柱相继轴向变形产生的内力不大于斜撑受压承载力的 5%，因此对斜撑承载力影响甚微；伸臂桁架则采用后连接施工，即等上一个加强层伸臂桁架就位后，再对下面加强层的伸臂桁架进行焊接连接。另外本项目还采取以下措施：（1）混凝土制作工艺上严格减少容易引起混凝土徐变的不利因素，通过试验确定合适的混凝土配合比，并据此精确计算在施工期间及使用期间的收缩徐变量；（2）控制混凝土内筒的压应力水平，在核心筒内设置构造型钢，增加核心筒配筋量；（3）楼面梁与核心筒采用铰接，以消除混凝土施工期间较大的收缩徐变影响；（4）针对不可避免的混凝土收缩变形引起的变形影响，采取在建筑施工期间结构不同高度处的层高预留不同的后期缩短变形余量的方法，确保楼盖平整，同时保证电梯等设备后期正常使用。

现代高层建筑设计必须考虑变形及徐变的影响，但由于混凝土徐变特性十分复杂，涉及的材料、施工因素很多，要全面准确地模拟混凝土徐变这一塑性特性是不容易的，还有待深入研究。因此于施工期间，执行周期性的现场轴向变形监测是必须的，通过监测能取得实际测量数据以便与理论估算值相互检查、调整。如施工期间发现差距较大，便需要对剩余的竖向预调量做修订。通过设计时的徐变分析和施工期间实测数据作为竖向预调量的复核，可以使大楼完工时楼层高度与理论位置尽可能一致。

9.4 专项设计及研究

9.4.1 超高宽比结构设计

1. 层间位移角限值

京基 100 塔楼高 441.8m，首层建筑平面见 9.2.1 小节，塔楼最大处高宽比（平面中间）441.8/46 = 9.604，最小处高宽比（平面两端）441.8/40 = 11.045，平均高宽比 441.8/43 = 10.27，*Y*向核心筒的高宽比为 17.3，该项目高宽比是目前国内 400m 以上超高层建筑最大的高宽比，也是国内强风地区最为细柔的建筑，另外该塔楼属于对风荷载特别敏感的结构，特别是南北立面幕墙均往东西两侧各伸出 1.5m（原方案伸出 3m，通过风洞试验后减小到 1.5m）的建筑造型，对风荷载作用效应影响极大，相当于南北弱轴方向（*Y*向）约增加 10%的迎风面，*Y*向是横风效应起控制作用，详见表 9.4-1。另外该项目还处于风荷载较大的深圳地区（深圳地区基本风压 50 年一遇为 0.75kN/m^2，100 年一遇为 0.9kN/m^2），所以结构抗风设计难度较大。针对该超高层建筑可提高南北弱轴方向侧向刚度的加强措施基本上都采用了（设置巨型斜撑、环桁架、伸臂桁架等），即便这样，层间位移角要控制在 1/500 还是有相当大的难度。设计时对层间位移角限值采用 1/472（方案一）和 1/496（方案二）两个方案进行分析对比，主要构件尺寸见表 9.4-2，前 3 阶周期详见表 9.4-3，*Y*向主要抗侧力构件承受的倾覆力矩见表 9.4-4，最后从经济性分析可知方案二比方案一型钢用量增加了 2400 多吨、钢筋混凝土用量约增加 2.5%、建筑可使用面积损失约 700m^2，同时建造难度也会有所增加，同时方案二比方案一建造成本至少会增加 3000 多万元。综合考虑后，适当放松了风荷载作用下的层间位移角限值，严格控制竖向构件有害位移角限值。

规范和风洞试验对比　　表 9.4-1

100 年风荷载作用下	规范风荷载作用		风洞试验
	迎风向	迎风向	横风向
*Y*向基底最大弯矩	27GN · m	27 GN · m	38GN · m
与规范风荷载作用相比	1 : 1	1 : 1	1.4 : 1

主要构件尺寸　　表 9.4-2

	主要核心筒墙体厚度/mm		角部框架柱尺寸		巨型斜撑尺寸
	方案一	方案二	方案一	方案二	方案一/方案二
第五区	—	—	2500mm × 1500mm（8%型钢）	2500mm × 1500mm（13.5%型钢）	1100mm × 1100mm（板厚 80mm）
第四区	700	800	2950mm × 1800mm（10%型钢）	2950mm × 1800mm（13.%型钢）	1200mm × 1100mm（板厚 80mm）
第三区	1000	1000	3400mm × 2100mm（10%型钢）	3400mm × 2100mm（13.5%型钢）	1300mm × 1100mm（板厚 80mm）
第二区	1600	1950	3600mm × 2600mm（13.5%型钢）	3600mm × 2600mm（13.5%型钢）	1400mm × 1200mm（板厚 80mm）
第一区	1900	2200	3950mm × 2700mm（13.5%型钢）	3950mm × 2700mm（13.5%型钢）	1600mm × 1400mm（板厚 1000mm）

前 3 阶振型　　表 9.4-3

参数	方案一周期/s	方案二周期/s	振型
第一阶	7.544	7.473	*X*向平动
第二阶	7.195	7.145	*Y*向平动
第三阶	3.923	3.823	扭转

规范和风筒试验倾覆力矩对比　　表 9.4-4

结构设计方案	总倾覆力矩	核心筒占比	巨型斜撑占比	伸臂桁架及外框柱占比
方案一（1/472）	100%	44.3%	27.3%	28.4%
方案二（1/496）	100%	45.2%	26.3%	28.4%

2．舒适度分析

详细风洞试验采用高频压力积分风洞试验，推测塔楼 90 层（酒店总统套房），标高 382.4m 处在 10 年重现期横风向风荷载作用下峰值加速度为 0.244m/s²，接近规范限值 0.25m/s²。为了控制峰值加速度，提高舒适度，设计基本策略有两种：其一是增大整体结构的阻尼比，其二是增大主体结构的抗侧刚度，很显然后者效率低且经济性差。考虑到风洞试验结果的峰值加速度、按规范计算的加速度均与建筑物建成后实测的加速度会有较大的差别，提出先对建成后的塔楼进行健康监测（包括加速度实测），如果舒适度不满足要求，再采用后安装的减振措施。设计阶段通过以下三个不同减振方案对比：方案一，设置 TMD 减振系统；方案二，设置 AMD 减振系统；方案三，在建筑固定隔墙处增设阻尼墙。综合考虑减振效率、对建筑使用功能影响程度、经济性、后施工可行性等因素，并通过专家评审，最后确定采用预留 AMD 减振控制措施，即在结构 91 层（约 390m 高处）布置控制系统，具体布置如图 9.4-1 所示。考虑采用两套装置，分别布置在 91 层平面东西两侧，并直接和楼板连接，导轨沿弱轴 Y 向布置，主要降低 Y 向的峰值加速度，两侧布置还有利于减小不平衡风荷载作用下的扭转效应。质量块总重约 600t，单套装置则为 300t，AMD 行程 1.927m。每套控制系统的尺寸为 9.6m × 3.9m × 2.8m，控制效果如表 9.4-5 所示。施工阶段只需要把运行轨道安装完成，其余质量块及相关设备均可以后续进行安装（满足后施工要求）。

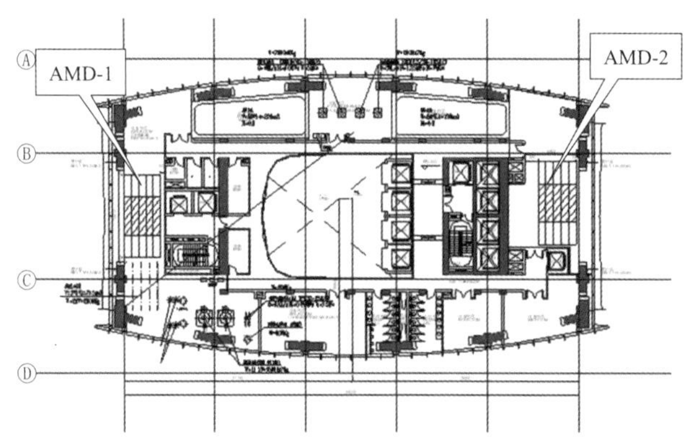

图 9.4-1　AMD 减振控制系统

质量 600t 时控制效果　　表 9.4-5

控制指标		Y向		
		无控	有控	控制效果/%
87 层（客房层）	位移峰值/m	0.245	0.184	24.90
	加速度峰值/（m/s²）	0.208	0.142	31.43
	位移均方差/m	0.077	0.052	32.79
	加速度均方差/（m/s²）	0.064	0.043	32.54
92 层（设备层）	位移峰值/m	0.259	0.195	24.72
	加速度峰值/（m/s²）	0.233	0.166	28.77
	位移均方差/m	0.082	0.055	32.81
	加速度均方差/（m/s²）	0.071	0.047	33.39
98 层（顶层）	位移峰值/m	0.282	0.213	24.49
	加速度峰值/（m/s²）	0.374	0.283	24.24
	位移均方差/m	0.090	0.060	32.82

9.4.2 外框架柱截面选择

框架-核心筒超高层建筑外框架柱截面可选用的形式主要有：型钢混凝土柱、钢管混凝土叠合柱、钢管混凝土柱（圆形或矩形）等，京基 100 外框架柱初步设计阶段，奥雅纳公司采用的是型钢混凝土柱（SRC 柱），深圳华森建筑与工程设计顾问有限公司在超限审查时补充了外框架柱改用巨型钢管混凝土柱（CFT 柱）的可行性汇报，施工图设计阶段针对三种不同的外框柱截面形式（图 9.4-2）进行了详细研究分析和比较，结合超高层建筑外框柱的受力特点，充分考虑施工可行性、节点加工和施工难易及经济性等要素，后续又经过超限专家及相关领域专家的专项评审，选择了巨型 CFT 柱的方案。4 个角柱最大截面为 2700mm × 3900mm，长向比初步设计减小 50mm；南北向 8 根边柱最大截面为 2600mm × 3200mm，不同柱截面形式的主要优缺点总结如下：

1．初步设计阶段采用的 CFT 柱截面（A 方案）

（1）钢筋用量大，现场钢筋绑扎量大，钢筋绑扎难度大，而且还需搭建施工平台，设置柱子模板。

（2）截面可以分拆吊装，然后进行现场拼接，对吊装要求不高。

（3）节点构造复杂，不利于施工，施工质量难以保证；特别是柱纵向钢筋和箍筋碰到楼面梁、巨型斜撑、伸臂桁架和腰桁架时无法穿越，处理困难。

（4）由于型钢集中在截面的中部，截面抗弯刚度较小；型钢承载力利用率低；钢板截面相对较厚，成本较高。

（5）型钢分片布置，高含钢率时能否保持平截面假定，需进行进一步的研究和试验。

（6）混凝土作为型钢的外保护层，可以有效解决构件防火问题。

2．中间过程采用的外框架柱的截面方案（B 方案）

（1）在原初步设计方案的基础上，探讨了多箱室巨型钢管混凝土 + 外包钢筋混凝土柱方案，综合发挥钢管混凝土与 SRC 构件的优点：SRC 柱钢骨与混凝土共同工作，防火性能好，CFT 柱构造比较简单，钢筋数量较少。

（2）钢筋混凝土柱内置钢管混凝土构件可以视为型钢混凝土柱的特殊形式，在央视总部大楼工程中采用了目字形钢骨混凝土柱。本项目采用封闭式钢管的 SRC 构件如图 9.4-2 所示。考虑封闭式钢管对内部混凝土具有约束作用，柱子纵向配筋率计算时可不考虑钢管内部混凝土，从而减少柱子钢筋用量，方便施工。对于方钢管混凝土柱，一般可以忽略钢管对混凝土约束引起的强度效应提高。

3．施工图阶段采用的 CFT 柱截面（C 方案）

（1）节点构造简单，方便施工。特别是与巨型斜撑、伸臂桁架、腰桁架连接和施工更加方便。

（2）型钢布置在柱截面外侧，截面抗弯刚度高、型钢承载力利用率高、构件延性好。

（3）现场钢筋用量少，纵向钢筋绑扎可利用钢管内的横隔板固定，施工方便。

（4）截面较大、较重须分段吊装，然后进行现场拼接，综合来说对吊装要求较高。

（5）钢管可作为浇筑柱内混凝土的模板，无需搭设脚手架；柱内混凝土浇筑可采用逆作法施工，也可采用高抛混凝土施工，施工速度快。

（6）巨型钢管混凝土柱的防火问题比纯钢结构容易解决。

（7）采用最优的内隔板宽度，可保证管内混凝土的连续性。增加楼层中间的横隔板，增强矩形钢管柱的围束作用，可减少竖向加劲肋之间钢筋拉结，方便施工。

（8）截面设计时预留施工空间，保证浇筑混凝土时可进行人工振捣。

（9）当外框柱截面尺寸（包括型钢含量）由轴向刚度控制时，可通过调节钢管内钢筋用量，并考虑钢筋的纵向刚度，或提高钢管柱内混凝土强度等级等措施，进一步减少柱的型钢含量。

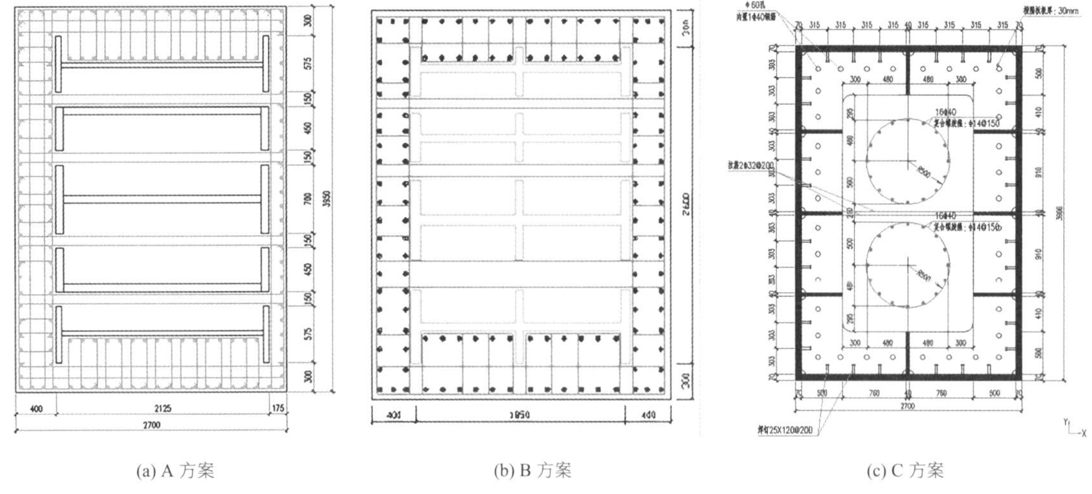

(a) A 方案　　(b) B 方案　　(c) C 方案

图 9.4-2　外框柱截面方案

针对巨型 CFT 柱施加转角荷载、直线荷载及侧向荷载等不同工况，不仅考虑外框柱在整体结构中压、剪、弯的受力情况，还考虑钢管内混凝土施工浇筑时产生的侧向压力，通过截面承载力及钢管应力分析，确定矩形柱中纵向、横向加劲板设置的厚度、宽度、位置及数量。结构设计时还对巨型 CFT 柱的抗火能力进行了详细分析和研究，首先考虑钢管内混凝土对抗火的有利影响和结构实际的荷载情况，使构件达到所要求的耐火极限，其次通过在钢管核心混凝土中配置专门考虑抗火的钢筋或通过降低作用在柱上的荷载以使构件达到所要求的耐火极限。通过对塔式起重机吊装能力的调研和分析，提出巨型钢管柱施工吊装的分段方案，并根据受力，对巨型 CFT 柱的柱脚情况进行详细设计。图 9.4-3 为巨型钢管混凝土柱施工时的照片。

(a) 角柱

(b) 南北侧柱

(c) 浇筑钢管内混凝土

(d) 钢管吊装过程

图 9.4-3　巨型钢管混凝土柱施工

9.4.3 节点设计和节点分析

超高层建筑由于竖向构件、支撑及伸臂桁架构件的截面一般都超大，同时由于构件受力不同会采用不同材料或材料组合，这样节点设计和分析就显得非常关键，不仅要保证强节点弱构件的抗震设计理念，还要考虑其经济性和施工方便性。本工程中主要节点有：矩形钢管斜支撑和超大矩形钢管混凝土柱的连接节点、伸臂桁架与超大矩形钢管混凝土柱和核心筒的连接节点、腰桁架与超大矩形钢管混凝土柱的连接节点、顶部钢拱架和 94 层钢管混凝土柱的连接节点、57m 跨入口大雨篷与矩形钢管混凝土柱的连接节点、超大矩形钢管混凝土的柱脚节点等，如图 9.4-4～图 9.4-7 所示。为了确保节点连接可靠，必须逐个进行有限元分析，了解节点及其连接构件的应力、应变状态，考察钢板与混凝土不同材料能否协同工作，提出构造优化或加强措施。以巨型斜撑与钢管混凝土柱连接节点为例，1600mm × 1400mm 巨型斜撑钢管在节点区转换为等强的两块 Q420 高强度腹板，其中外侧钢板直接与钢管柱外侧钢管壁焊接，内侧钢板垂直插入巨型钢管混凝土柱中，这样就可以避免设置横向隔板影响钢管内纵向钢筋及混凝土的连续性。施工图设计时，通过提高伸臂桁架钢板强度或加厚节点区域关键钢板，尽量减少在臂桁架中采用铸钢节点，既方便施工，又节省造价。

图 9.4-4 伸臂桁架及其连接节点

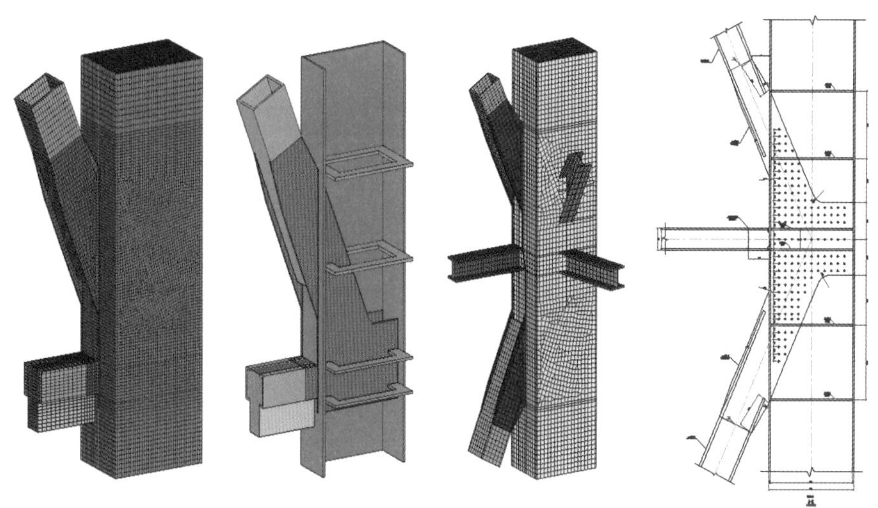

图 9.4-5 巨型斜撑与钢管混凝土柱连接节点的模型和施工图

图 9.4-6 巨型斜撑和巨型钢管混凝土柱连接节点

图 9.4-7　腰桁架及伸臂桁架和巨型钢管混凝土柱连接节点

9.5　试验研究

京基 100 高度为 441.8m，高宽比达 10.27，有多项结构设计内容超过当时国内设计规范的相关规定。结构体系复杂，在风荷载与地震作用下，钢管混凝土柱与巨型支撑受力巨大，构造非常复杂，已经超出目前结构设计规范涵盖的范畴，其受力性能，特别是抗震性能需要进行专门研究。尽管在结构设计过程中对整体结构的抗震、抗风性能进行了详细分析，对钢骨混凝土柱以及巨型支撑的节点构造进行了深入的分析与研究，但是由于问题的复杂性且无类似经验，仅对其进行理论分析和计算是不够的，还需要通过试验研究验证整体结构、结构构件及节点设计的安全性和构造的合理性。所以结合项目具体情况，进行了巨型钢管混凝土柱承载力试验、部分节点承载力试验及振动台试验。

9.5.1　巨型钢管混凝土柱承载力试验

京基 100 外框架柱采用了巨型钢管混凝土柱，也是当时内地最大的钢管混凝土柱，因此进行巨型钢管混凝土柱的承载力及破坏机理的试验研究非常必要。本试验选取原型结构中首层巨型钢管混凝土角柱，设计了缩尺模型 C1 和 C2 进行了柱的压弯试验；采用的主要研究方法：首先进行钢管混凝土柱受力全过程（即结构从受力开始一直到发生破坏）的非线性有限元分析，细致剖析钢管与核心混凝土之间的相互作用，分析加劲肋和钢筋在受力全过程中的应力变化。其次通过理论分析指导试验研究，对试验全过程中各个细节进行仔细推敲，制订详细可行的试验方案，完成结构试验。最后基于理论和试验研究结果，对钢管混凝土柱的安全性进行定量分析，为工程设计及实践提供参考依据。

考虑到本工程中框架柱截面尺寸达到了 2700mm × 3900mm，本次试验的两个试件的截面尺寸应在满足实验室试验加载设备、加载能力的前提下确定，尽可能反映较大尺寸钢管混凝土压弯构件的工作特性。最后试验柱确定采用 600mm × 420mm 矩形截面柱，采用 Q345 钢材，按 C60 混凝土，柱含钢率按 9%左右进行设计，构件的长度为 4.5m（取典型楼层高度）。具体试验过程中部分相关成果详见图 9.5-1～图 9.5-7，试验拟解决的关键问题和研究特色归纳如下：

（1）对大尺寸钢管混凝土柱在压、弯荷载共同作用下的受力全过程进行研究，对钢管混凝土柱的极限承载力、抗弯刚度、位移及延性进行定量分析，在此基础上对钢管混凝土柱的安全性进行合理评价。

（2）深入认识钢管混凝土柱的典型受力和破坏形态。

（3）剖析受力全过程中钢管与核心混凝土之间的相互作用、加劲肋和钢筋在受力全过程中的应力变化规律。

（4）观测钢管及其核心混凝土之间、内肋与核心混凝土之间的粘结滑移情况。

根据 C1 和 C2 试件的试验结果及计算分析可知：

（1）在竖向荷载作用下，柱子轴压比施加至 0.53 时，钢管柱截面轴向刚度的试验结果与理论计算值相差在 3%以内，这说明竖向加载时钢管壁与混凝土、钢筋能够协同工作，同时，在轴力较小时（弹性阶段），约束效应不明显，可以按照叠加法计算柱的截面轴向刚度。

（2）试件的滞回曲线呈梭形，形状圆滑饱满，表明构件在加载过程中不存在滑移或滑移很小，耗能能力较强。构件变形能力较好，达到极限承载力时柱顶侧向变形约为柱高的 1/100。当构件的承载力降低至 80%左右时，顶点侧向位移约为柱高的 1/70。

（3）在弹性阶段，试件截面满足平截面假定。当荷载较大时，试件柱根钢管壁屈服，混凝土达到极限压应变，柱根截面应变分布与平截面假定有一定偏差。

（4）截面中钢筋、竖向加劲肋与钢管及混凝土共同承担竖向荷载及弯矩。当混凝土受压屈服后，钢筋承载的荷载明显加大。水平加劲肋对钢管壁环向有明显的约束作用。

（5）试件最先屈服的位置均出现在柱根，破坏现象为钢管壁发生鼓曲，竖向加劲肋对钢管壁鼓曲有明显的约束作用。

（6）按照纤维模型计算得到的受弯承载力与试验结果基本符合，试验结果略大。说明可以采用纤维模型、按照平截面假定计算截面的受弯承载力，计算中可不考虑钢管对混凝土的约束效应，计算结果偏安全。

（7）采用有限元分析方法，计算得到试件的变形、承载力及应变分布与试验结果基本符合。计算得到的骨架曲线和弯矩曲率曲线在弹性段和塑性上升段与试验结果吻合，而下降段比试验曲线陡，说明试验中钢管及横隔板对核心混凝土有一定的约束作用，提高了试件延性。

（8）根据试验与计算结果可知，横向加劲肋对钢管壁环向有明显的约束作用，可以增加构件的延性。建议横向加劲肋按照钢管混凝土柱的实际受力情况设置。

图 9.5-1　钢管柱试件

图 9.5-2　钢管柱试件内部加劲肋

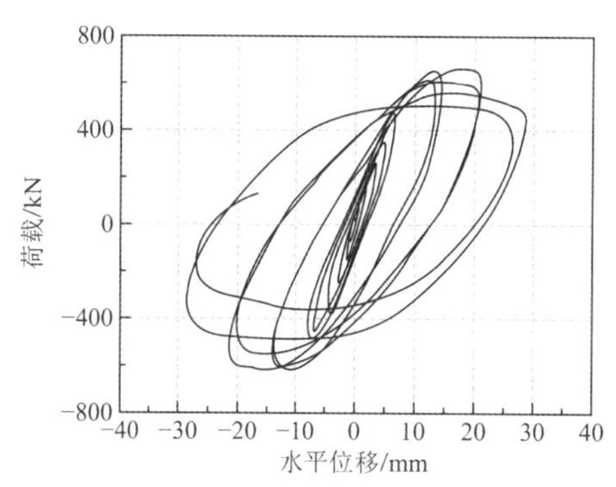

图 9.5-3　钢管柱的滞回曲线

图 9.5-4　钢管柱试件试验现场图

图 9.5-5　加载至破坏时，钢管柱试件变形图

图 9.5-6　加载至破坏时，钢管柱根钢板屈曲图

图 9.5-7　加载完成后试件，钢管柱焊缝撕裂图

9.5.2 部分节点试验

京基 100 巨型钢管混凝土柱与巨型支撑节点构造复杂，节点尺寸庞大，在保证巨型支撑力传递的同时，还要保证巨型钢管混凝土柱腔体内的混凝土容易浇筑，确保质量，因此对这种创新节点进行承载力及破坏机理的试验研究非常必要。本试验选取 18 层侧面钢管混凝土柱与巨型支撑节点，按照原型节点结构制作缩尺试件进行静载试验。以往的试验由于受到试验加载能力及设备空间的限制，构件尺寸均较小，考虑到本工程中框架柱及斜撑截面尺寸均较大，本次试验试件的截面尺寸在尽可能满足实验室试验加载设备和加载能力的前提下，尽可能反映较大尺寸下钢管混凝土柱与巨型支撑、钢梁节点的工作特性，根据加载设备能力及加工可行性，模型缩尺比取 1∶8.6。节点试件中杆件截面及节点板完全按照比例缩尺并取整，相关设计构件及模型试件尺寸详见表 9.5-1。

设计构件和试件构件的几何尺寸与板件厚度基本信息　　表 9.5-1

构件名称	项目	几何尺寸	几何尺寸
钢管混凝土柱	截面	□3900 × 2700 × 50 × 50	□453 × 314 × 6 × 6
	横向加劲肋厚度/mm	40	5
	纵向加劲肋厚度/mm	40	5
上斜撑杆	截面	□1200 × 1400 × 70 × 70	□163 × 140 × 8 × 8
	端部腹板厚度/mm	100（Q420GJ）	12
下斜撑杆	截面	□1600 × 1400 × 80 × 80	□186 × 163 × 10 × 10
	端部腹板厚度/mm	100（Q420GJ）	12
腰桁架杆件	截面	H750 × 750 × 40 × 50	H87 × 87 × 5 × 6
节点板	厚度/mm	120	14

节点静力试验采用主要的研究方法：（1）进行钢管混凝土柱-支撑-钢梁节点受力全过程（即结构从受力开始一直到发生破坏）的非线性有限元分析，细致剖析节点试件中钢管混凝土柱、梁和支撑之间的相互作用，分析各杆件之间的传力机制和结构构件的破坏形态。（2）通过理论分析指导试验研究，对试验全过程中各个细节进行仔细推敲，制订详细可行的试验方案，并完成节点结构试验。（3）基于理论和试验研究结果，对钢管混凝土柱-支撑-钢梁节点的安全性进行定量分析，为结构设计及工程实践提供参考依据。

试验解决的关键问题和研究特色归纳如下：（1）对大尺寸钢管混凝土柱-支撑-钢梁节点的受力全过程进行研究，对节点的极限承载能力、抗弯刚度、位移及延性进行定量分析，在此基础上对节点的安全性进行评价。（2）深入了解钢管混凝土柱-支撑-钢梁节点典型的破坏形态。（3）细致剖析和了解受力全过程中节点试件中各杆件之间的相互作用，分析各杆件之间的传力机制和结构的破坏形态。观测节点区域钢管及其核心混凝土之间的粘结滑移情况。

本试验中，对相关柱、斜撑施加主要轴力，根据原型结构杆件上弯矩和剪力的分布规律来决定模型中杆件长度。模型中下柱下端固结、下斜撑下端铰接、腰桁架水平杆 BT3 端部固结；上柱端部铰接，加竖向荷载 P1；上斜撑端部自由，加轴向荷载及侧向荷载（P2 与 P3 比例固定，采用合力加载）；节点区施加水平荷载，调整柱内剪力和弯矩。模型受力及杆件编号如图 9.5-8 所示。对应于重力荷载工况和风荷载工况，设计构件和模型中施加的荷载及相应的杆件内力如表 9.5-2 所示（模型上构件施加的荷载及杆件内力均按照相似比放大，便于与原型结构内力对应，杆件内力均为靠近节点一端的内力）。其中重力荷载 1 工况为重力荷载下最大设计内力，重力荷载 2 工况用于与风荷载工况组合。

设计构件和模型试件施加荷载情况　　表 9.5-2

工况	设计构件（模型构件施加）荷载/kN			
	P1	P2	P3	P4
重力荷载工况 1（1.35 恒荷载 + 0.98 活荷载）	183609（2482.5）	20668（279.4）	247（3.3）	4000（54.1）
重力荷载工况 2（1.2 恒荷载 + 0.98 活荷载）	166074（2245.5）	18792（388.8）	225（4.7）	3636（189.3）
风荷载	80295（1085.7）	28753（388.8）	344（4.7）	14000（189.3）

具体试验过程中部分相关成果详见图 9.5-9～图 9.5-17，根据两个试件试验结果以及节点模型计算分析可知：（1）在重力荷载工况 1、重力荷载工况 2 以及重力荷载工况 2 + 2.0 风荷载工况下，试件各部分变形不大，钢板应力水平普遍较低，均处于弹性状态，说明节点及相连构件满足设计荷载的要求。（2）当上斜撑端部荷载达到相当于 5 倍重力荷载设计值时，斜撑端部钢板开始屈曲，试件的破坏形式为上斜撑压屈破坏。此时，试件中节点区及其他构件上的钢板基本处于弹性阶段。试件可以满足强节点弱构件的要求。

应变测试结果表明，在整个加载过程中，该节点形式可以有效地将斜撑的轴力通过节点板传至节点区。试验及有限元分析表明，斜撑根部与巨柱连接位置的两块节点板不会发生加载平面外失稳。有限元分析的变形、应力分布、极限承载力和破坏模式与试验结果基本符合。验证了试验结果的准确性，也说明有限元方法用于该类节点的分析是可行的。

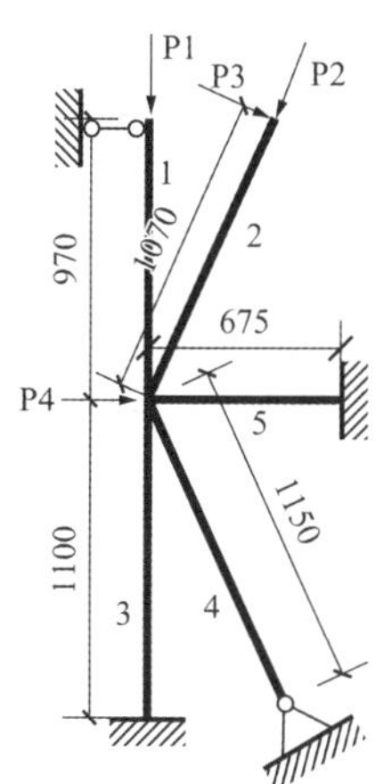

图 9.5-8　节点试件受力及杆件编号简图

图 9.5-9　加工好的节点试件

图 9.5-10　节点试件内部图

图 9.5-11　加载至工况 2 时，试验现场图

图 9.5-12　加载至工况 8 时，试验现场图

图 9.5-13　加载至工况 9 时，试验现场图

图 9.5-14　加载至工况 13 时，斜撑局部开始屈曲

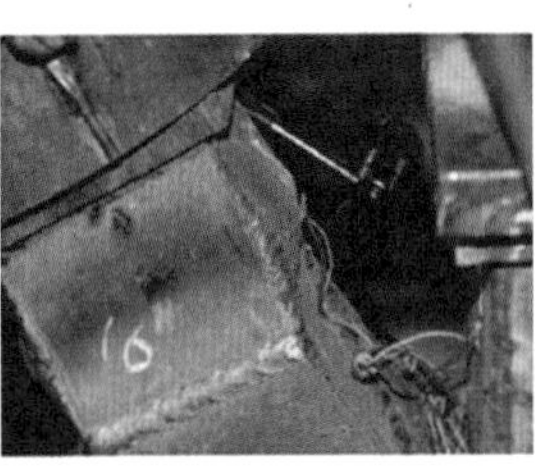
图 9.5-15　加载至工况 19 时，上斜撑变形

图 9.5-16　加载至破坏时，试验现场图

图 9.5-17　加载完成后试件，上斜撑变形

9.5.3　振动台试验

为了确保京基 100 结构设计在地震作用下满足规范要求，进行模拟地震振动台试验，如图 9.5-18 所示。通过试验，比较结构特性和地震效应是否如数值分析所预测，验证结构特性及抗震性能。考虑到振动台实验室高度限制，采用 1∶50 的模型，用微粒混凝土（砂浆）模拟混凝土、细铁丝（直径 0.2～2.5mm）模拟钢筋、黄铜板（直径 0.5～2.0mm）模拟型钢。模拟地震试验输入的地震波选择按安评报告提供的地震波，并模拟三向地震作用下的动力试验，试验时根据模型所要求的动力相似关系对修正原型地震记录，作为模拟地震振动台的激励输入。输入加速度幅值根据设防要求从多遇烈度、设防烈度到罕遇烈度，即由小到大依次施加，以模拟不同水准地震对结构的作用。所有试验按《建筑抗震试验方法规程》JGJ 101-96 之有关规定进行，根据项目特点以及试验设备，确定模型振动台的试验目的及试验内容如下：

（1）测定模型结构的动力特性（包括自振频率、振型、结构阻尼比等），以及它们在不同水准地震作用下的变化。

（2）实测分别经受多遇、设防、罕遇等不同水准地震作用时模型的动力响应（包括位移、加速度、应变等）及主要构件和节点应变反应。

（3）观察和分析结构抗侧力体系在地震作用下的受力特点、破坏形态及破坏过程（如构件开裂、塑性破坏的过程、位置关系等），找出可能存在的薄弱部位。

（4）对结构进行弹性以及弹塑性动力时程分析，比较分析计算与试验结果，判断结构特性和地震效应是否符合计算结果预测。

（5）检验结构是否满足规范三水准抗震设防要求，能否达到设计设定的抗震性能目标。

（6）在试验结果及分析研究的基础上，对结构设计提出可能的改进意见与措施，确保结构的抗震安全性。

图 9.5-18　模型制作过程及模型在振动台就位后

试验模型经历了相当于从小震到大震的地震波输入过程，峰值加速度从53Gal开始，逐渐增大，直到765Gal。各级地震加速度输入下的模型动力反应现象及结构频率变化情况如下：

（1）工况2～工况10（相当于7度小震）：本级输入共包括9次地震动输入。试验过程中，整体结构振动幅度小，模型结构其他反应亦不明显。输入结束后观察，底层模型结构构件未见裂缝及损坏，外框铜管混凝土柱未发现屈服，整体完好，达到了小震弹性（不坏）的要求。

（2）工况12～工况20（相当于7度中震）：本级输入共包括9次地震动输入。试验过程中，模型结构振动幅度有所增大，但整体结构动力响应不剧烈。输入结束后观察，模型频率略降（双向平均降低1.5%），底层模型结构核心筒剪力墙未见裂缝及损坏，外框铜管混凝土柱未发现屈服，整体结构基本保持弹性。结构整体完好，达到了主要构件中震弹性的设计目标。

（3）工况22（相当于7度大震）：本级输入共包括1次地震动输入。试验过程中，模型结构振动幅度显著增大，整体结构动力响应剧烈并伴随响声。输入结束后观察，底层模型结构核心筒剪力墙未见明显裂缝及损坏，外框铜管混凝土柱未发现屈服。结构自振特性扫描表明，模型结构自振频率未明显下降。以上现象表明整体结构稍有损伤，结构达到了大震的设防要求。

（4）输入加速度峰值为600Gal（相当于8度大震）：本级输入共包括1次地震动输入。试验过程中，模型结构振动幅度显著，整体结构动力响应剧烈，并伴随响声。输入结束后观察，模型结构核心筒剪力墙未见明显裂缝及损坏，外框铜管混凝土柱未发现屈服。结构自振特性扫描表明，模型结构频率进一步降低（双向平均降低5.2%），说明整体损伤加剧。

（5）输入加速度峰值为765Gal（相当于8.5度大震）：本级输入共包括1次地震动输入。试验过程中，模型结构振动幅度显著，整体结构动力响应剧烈，并伴随较大响声。输入结束后观察，底层模型结构核心筒剪力墙出现少量裂缝及损坏，外框铜管混凝土柱未发现屈服。试验全部结束并卸载后观察，模型结构底部及上部核心筒剪力墙存在少量裂缝及损坏，外框铜管混凝土柱未发现屈服。结构自振特性扫描表明，模型频率进一步降低（双向平均降低10.7%），说明模型结构损伤比较严重，但整体结构仍保持直立，关键构件基本完好，说明结构具有良好的延性和耗能能力。

经过模拟地震振动台试验，根据试验现象及实测数据，得出以下结论：

（1）在经历相当于7度小震地震作用后，模型层间位移角最大值小于1/500，符合规范要求。

（2）在经历相当于7度中震地震作用后，模型结构频率和刚度降低幅度不大，主要构件动应变保持在较小范围内，主要结构构件保持弹性，达到结构设计的预期目标。

（3）在经历相当于 7 度大震作用后，模型结构频率略有下降，X、Y向的频率分别下降到初始值的98.6%和98.5%，表明结构有构件进入塑性阶段，但塑性发展程度有限，试验结束卸掉模型荷载后经仔细观察，核心筒剪力墙未见明显裂缝，外围铜管混凝土柱未见屈服，说明模型结构稍有损伤。模型层间位移角最大值小于1/100，符合规范要求。

（4）单向地震波输入情况下，结构扭转现象不明显，双向地震波输入时，结构扭转位移角较小，说明结构平面分布比较规则，两个方向刚度较均匀。

（5）通过应变及位移反应综合分析，两个方向分别输入地震波作用下，结构Y方向刚度和承载力略低于X方向。

（6）腰桁架及伸臂桁架形成加强层带来的刚度变化并不显著，未形成刚度突变。结构采用巨型跨层斜支撑框架体系，使结构Y向侧向刚度、受力和变形沿竖向变化较为均匀，同时明显增大了结构的抗扭能力。

综上所述，深圳京基金融中心大厦塔楼结构设计满足规范中7度抗震设防要求，并且可以达到设计要求的性能目标，结构整体规则性较好。同时也提出如下结构设计改进建议：（1）由结构楼层峰值加速度响应及动力放大系数可以看到，结构顶部（94 层以上）响应显著，经对测试数据分析，该位置最大层间位移角亦较大，说明地震作用下，该位置的地震反应较大，其原因主要由于结构剪力墙在顶部削弱较多，同时结构外框架未延至顶层，造成结构顶部有一定的“鞭梢效应”。研究表明，这种“鞭梢效应”随着地震强度的增大而迅速增大，因此建议设计中适当增大顶部结构的侧向刚度和承载力，减少剪力墙错位开洞和转换。（2）由于本次试验模型比例较小，试验主要验证结构整体抗震性能，无法对巨型斜撑、伸臂桁架及腰桁架等重要节点进行比较真实的模拟。鉴于这些节点在结构抗侧力体系中发挥着重要的作用，建议在设计及施工过程中对其重点关注，必要时应进行相关节点试验，以保证整体结构的抗震安全性。

9.6 结语

在京基 100 结构设计中，结构设计团队积极应用新技术、新材料、新工艺，针对结构设计关键技术：外框柱选型、结构构件抗侧力敏感性、风振舒适度控制等方面开展大量的研究工作，大胆创新，研究成果通过专家论证，首次采用当时国内最大截面的巨型钢管混凝土（2700mm × 3900mm）；首次在建筑工程人工挖孔桩中采用 C50 高强混凝土，最大桩基直径达到 5.6m；采用 120mm 厚 Q420 高强钢材匹配伸臂桁架的承载力；采用后安装 TMD（质量调谐阻尼器）减振系统灵活解决超高层建筑的舒适度；充分考虑结构受力及施工等因素，合理设计超厚钢骨混凝土剪力墙构件配筋及型钢设置。在国际著名设计公司初步设计基础上，施工图设计团队通过创新和精心设计，不仅提高建筑的使用率，提升建筑使用品质，还为业主节约 1 亿多建设成本，结构设计多项技术在深圳市乃至全国创下第一，结合结构设计发表了 9 篇技术论文、产生多项科研成果。通过风洞、节点及振动台等试验，充分验证结构设计的合理性、可靠性和安全性。

通过近 2 年的设计和 5 年的施工建设，京基 100 以期独特的造型屹立于荔枝公园旁边。京基 100 作为现代城市文明的象征和现代建筑技术的结晶，以其强烈的标志性，极大地提升了深圳城市的形象，成为深圳的城市名片。

参考资料

[1] 奥雅纳工程咨询公司. 深圳京基金融中心结构抗震设计专项审查报告[R]. 2008.

[2] 中国建筑科学研究院. 京基金融中心巨型钢管混凝土柱构件与节点试验报告[R]. 2009.

[3] 中国建筑科学研究院. 深圳京基金融中心模拟地震振动台模型试验报告[R]. 2009.

[4] 马臣杰, 张良平, 范重. 优化技术在深圳京基金融中心中的应用[J]. 建筑结构, 2009(S1): 195-197.

[5] 马臣杰, 张良平, 范重. 某超高层结构连接节点的非线性有限元分析[J]. 建筑结构, 2009(9): 3.

[6] 马臣杰, 张良平, 曹伟良, 等. 深圳京基金融中心巨型节点设计研究[C]//2011: 5.

[7] 李焱, 张良平, 项兵. 京基金融中心风振控制的设计[J]. 建筑结构, 2011(S1): 4.

设计团队

结构设计单位：华森建筑与工程设计顾问有限公司（方案＋初步设计＋施工图设计）

中国建筑设计研究院有限公司（初步设计＋施工图设计）

ARUP（方案＋初步设计）

广州容柏生建筑结构设计事务所（结构设计顾问单位）

结构设计团队：张良平、曹伟良、范　重、任庆英、项　兵、李　炎、马臣杰、尚文红、郑　竹、沈杰攀、武　芳、胡纯炀、刘先明、郭永兴、王书彪等

执　笔　人：张良平

第10章

南京青奥中心

10.1 工程概况

10.1.1 建筑概况

南京青奥中心项目位于南京市建邺区，是南京青奥轴线的地标性建筑，建筑方案由英国“解构主义大师”扎哈•哈迪德（Zaha Hadid）创作，总建筑面积约 48 万 m^2，由会议中心和超高层塔楼组成，建成后先用于第二届世界青年奥林匹克运动会会议中心及接待酒店，会后作为江苏省重要的会议和酒店接待配套使用。该项目于 2014 年 6 月基本完工，其中会议中心已在 2014 年 8 月举办的第二届夏季青年奥运会期间投入了运营。

南京青奥中心沿袭了扎哈•哈迪德（Zaha Hadid）一贯独特大胆的创作风格，通过左右两种幕墙元素的对比、顶部折纸部分的错位以及塔楼的收缩设计，勾勒出塔楼异常秀美的比例。运用相贯、偏心、反转、回转等设计手法，将构造进行分解和拆除，赋予建筑丰富的意义。建筑外形优雅、柔和、线条流畅，内部功能设计通过运用空间和几何形体，塑造“随形”和“流动”的建筑特质，同时也给结构设计带来了挑战。因建设工期原因，南京青奥中心超高层塔楼是全球首例超 300m 塔楼上下同步全逆作施工案例，创造了 19 个月 300m 塔楼结构封顶的施工记录。

南京青奥中心工程由两栋塔楼及裙房构成，总建筑面积 28.7 万 m^2，地上 25.3 万 m^2，地下 3.4 万m^2。其中 1 号塔地下 3 层，地上 58 层，建筑总高度 255m，使用功能为会议及酒店，1～4 层层高为 5m，5 层层高为 7m，上部酒店层层高均为 3.9m。2 号塔地下 3 层，地上 68 层，建筑总高度 314.50m，使用功能自下而上依次为办公、餐饮、空中大堂、酒店、健身等，下部楼层层高与 1 号塔一致，6 层以上办公标准层层高 4.3m，酒店标准层层高 3.9m。裙房地上 5 层，地下 3 层，屋面高度 27.5m，裙房与塔楼地上部分通过结构缝分开，自成体系。两栋塔楼外形相似，造型优美，如相视而望的一对青年情侣。图 10.1-1 为竣工照片，图 10.1-2 为 2 号塔典型建筑平面图。

图 10.1-1 南京青奥中心双塔竣工照片

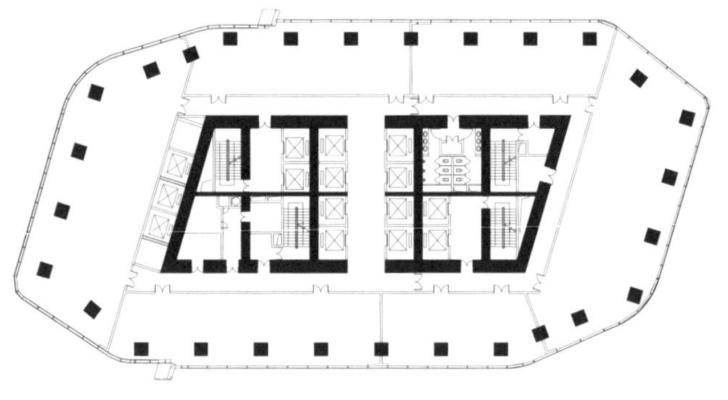

图 10.1-2 2 号塔建筑典型平面图

10.1.2 设计条件

1. 主体控制参数（表 10.1-1）

控制参数表 表 10.1-1

项目	标准
结构设计基准期	50 年
建筑结构安全等级	二级（1 号塔、裙房）；一级（2 号塔）

项目		标准
结构重要性系数		1.0（1号塔、裙房）；1.1（2号塔）
建筑抗震设防类别		丙类（1号塔、裙房）；乙类（2号塔）
地基基础设计等级		甲级
设计地震动参数	抗震设防烈度	7度
	设计地震分组	第一组
	场地类别	Ⅲ类
	小震特征周期	0.45s
	大震特征周期	0.50s
	基本地震加速度	0.10g
建筑结构阻尼比	多遇地震	地上：0.04；地下：0.05
	罕遇地震	0.05
水平地震影响系数最大值	多遇地震	0.101
	设防地震	$1.2625 \times 0.23 = 0.29$
	罕遇地震	$1.2625 \times 0.50 = 0.63$
地震峰值加速度	多遇地震	$45cm/s^2$

2．结构抗震设计条件

地上结构主塔楼核心筒剪力墙抗震等级为特一级，外框框架抗震等级为特一级，裙房剪力墙抗震等级为二级，框架抗震等级为三级。嵌固层上下刚度比计算表明，地下一层顶板可作为上部结构的嵌固端。

3．风荷载

南京青奥中心塔楼主体结构的风荷载按规范取值，南京市基本风压50年一遇w_0为$0.40kN/m^2$，对裙房取$0.40kN/m^2$，对塔楼取$1.1 \times 0.40kN/m^2 = 0.44kN/m^2$。风压高度变化系数根据B类地面粗糙度采用。由于本项目外形复杂特殊且塔楼高度超过200m，最终风荷载取值按风洞试验和规范取包络。

10.2 建筑特点

10.2.1 建筑方案的发展与结构选型

本工程从竞赛中标方案到确定实施的方案，经历了如下几个发展阶段，如图10.2-1所示。其中，图10.2-1（a）为2011年4月外方设计师竞赛获胜方案，该方案为一栋400m塔楼；图10.2-1（b）为2011年6月根据业主新要求建筑师修改后的方案，该方案为一栋300m塔楼和一栋240m塔楼；图10.2-1（c）为2011年12月建筑师根据结构配合之后呈现的方案。方案图10.2-1（b）和图10.2-1（c）的结构方案由英国一家著名的结构顾问公司完成，前者所采用的结构体系为框架-核心筒＋伸臂桁架，300m塔楼设置了4道加强层；后者的结构体系为框架-核心筒＋巨型斜撑结构。我方介入之后，根据建筑师对塔楼外观和功能要求以及对建筑师表达手法的理解，对框架柱间距4～8m的框架-核心筒结构进行了对比分析研究，研究表明当框架-核心筒外围框架柱间距6m左右时，虽然不能算作刚度显著的外框筒，但与大柱距（≥8m）外围框架相比，其抗侧刚度不容忽视，因此，建议建筑师将框架柱间距适当减小。鉴于本工程塔楼上部基本功能是酒店和办公，对外框柱间距不敏感，该建议得到了建筑师的认可。方案 10.2-1（d）系根据上述建议建筑师于 2012 年 1 提出的设计方案（300m 塔楼 + 240m 塔楼），也是最终实施方案的基础。该方案的特点是结构不需要设置加强层即可满足变形要求，获得了建筑师和业主的高度认可，同时也给建筑师带来了更为自由的竖向创作空间，为后期采用全逆作法施工提供了便利条件。

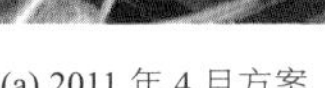
(a) 2011 年 4 月方案

(b) 2011 年 6 月方案

(c) 2011 年 12 月方案

(d) 2012 年 1 月方案

图 10.2-1　南京青奥中心双塔方案的几个发展阶段

从本工程上述不同阶段方案发展过程来看，超高层塔楼的建筑创作实际上与结构选型密切相关，不同的结构方案会带来差异巨大的建筑外形和特质。因此，结构设计师只有与建筑师紧密配合和深入沟通，才能得到各方面均比较满意的设计作品。

10.2.2　上下同步全逆作法施工超高层建筑

本项目由于方案确定时间较晚，同时建设完工时间已确定，故最终决策创新地采用了塔楼上下同步全逆作法施工技术。与传统的施工方法（即顺作法）不同，逆作法施工对施工顺序进行了较大的调整，以满足施工工艺的特殊要求。该工法通常在完成支护结构及工程桩之后，首先进行地下室顶板的施工（或开挖至地下室某层并进行该层顶板施工），使之成为逆作法施工的主作业面以及工程支护结构的水平支撑，然后再逐层向下开挖并施工，直至结构基础底板封闭。与此同时，可以根据具体的承载力情况以及施工工期要求，来判断是否可以或需要在地下室开挖与施工的同时，从主作业面向上同步施工，这也是半逆作法与全逆作法的本质区别。

逆作法出现以来，以其施工成本低、施工工期短、围护变形小等多项技术优势，在高层建筑、多层地下室中得到了广泛应用，却长期未能在超高层建筑塔楼逆作法施工方面有所建树，其关键原因在于，超高层建筑逆作法施工达到协同控制高度之前，先期核心筒剪力墙不能直接将其荷载传导至筏板基础，数十层结构所产生的荷载须由逆作法支承体系承担，而常规逆作法所采用的支承体系却难以满足如此大的荷载需求。采用大截面挖孔桩内插钢柱结合转换层或超大截面转换梁作为核心筒剪力墙支承体系，既缺乏在复杂地况下的适应性，又因转换层、超大截面转换梁的存在影响建筑布局，不具备普遍推广的价值。

本工程在核心筒墙体地下部分沿墙长方向布置密排桩基，内插圆钢管混凝土柱并升至首层以上，每个约束边缘构件均采用一至多根圆钢管混凝土柱支撑，并采用环梁将柱连为整体，形成密排桩柱结构体系，作为逆作法核心筒支承结构体系，从技术层面实现了全逆作法施工技术在超高层建筑中的应用。

10.3 体系与分析

10.3.1 结构布置

南京青奥中心双塔属于超高层建筑，两塔外形及平面基本一致，平面近似平行四边形，均采用了“钢管混凝土密柱框架-核心筒结构体系”，其中外框架柱为矩形钢管混凝土柱，核心筒为局部增设钢骨的钢筋混凝土剪力墙。短向外框柱竖向为折线形，倾斜角度控制在3°左右。典型结构平面和立面变化如图10.3-1、图10.3-2所示，柱间距6m，其中1号塔（250m塔楼）折线柱间距4.5m，短向结构高宽比8.6，长向高宽比4.2，核心筒短向高宽比为18.1，长向高宽比为7.5。2号塔（300m塔楼）短向结构高宽比9.48，长向高宽比4.75，核心筒短向高宽比为18.72，长向高宽比为7.92。两塔楼高度均超出《高层建筑混凝土结构技术规程》JGJ 3-2010（简称《高规》）中混合结构框架-核心筒体系建筑最大适用高度190m，属高度超限。其中1号塔高度超限18%，2号塔高度超限52%。

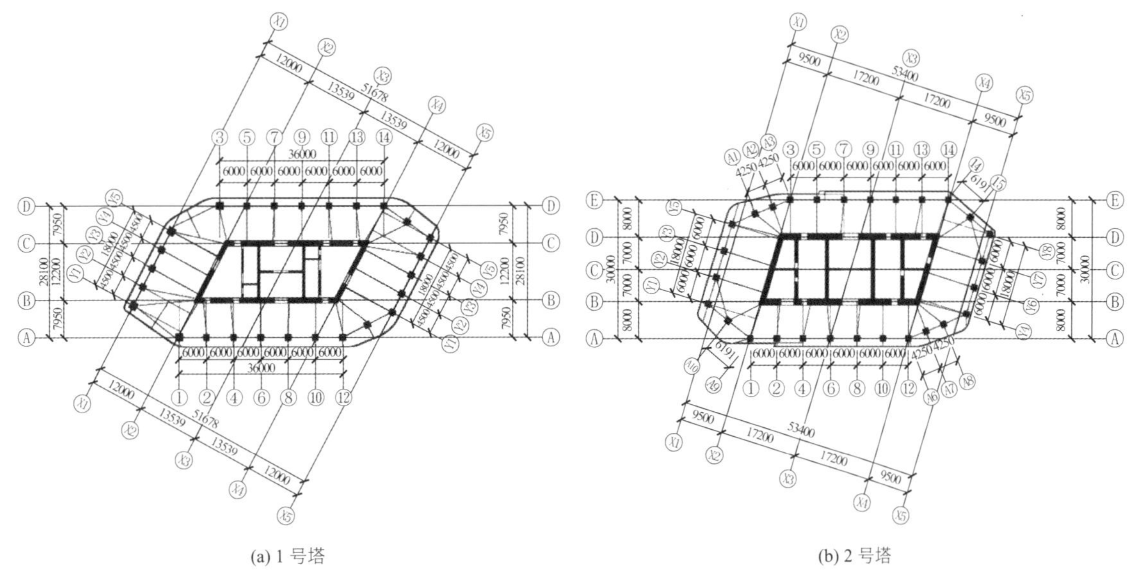

(a) 1号塔　　(b) 2号塔

图10.3-1　南京青奥中心塔楼标准层结构平面图

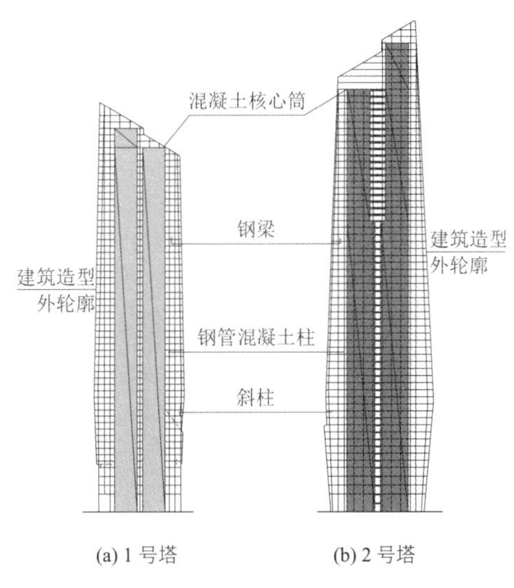

(a) 1号塔　　(b) 2号塔

图10.3-2　塔楼结构立面示意图

设计中建筑功能及平面布置在结构平面、竖向布局上尽量遵循简单、规则、对称的结构布置原则，以利于整体结构的抗震与抗风，采用上述相对柱距较小的外框柱布置，虽然未构成明显的外框筒结构，但是其侧向刚度明显增强，能够提供较好的抗侧和抗弯能力，取消了超高层结构设置加强层的惯用手法，极大地提高了结构的抗侧力性能，避免了加强层对结构带来的刚度、承载力突变等不利影响。

为了增强外围框架的抗侧力性能，提高其整体抗侧贡献，外围框架梁采用了满足建筑要求的截面高度较大的宽翼缘 H 型钢梁：1 号塔长向梁高 700mm，短向梁高 1000mm，2 号塔 6 层以下长短向梁高均为 1000mm，6 层以上与 1 号塔一致，避难层梁高均为 1000mm。采用上述结构体系及布置，两塔楼在风荷载及地震作用下均满足规范限值要求，由于未设置加强层，结构刚度和承载力沿竖向比较均匀。

由于塔楼沿平面短向高宽比较大，塔楼沿长向柱子均采用竖直柱，建筑沿高度折线外形以楼面外挑形成。塔楼长向两端因建筑造型需要各有 4 根柱子向该侧核心筒单向倾斜形成折线形外形，为了缓解外框柱因倾斜带来的附加内力，一方面在满足建筑外观要求的前提下，使得倾斜外框柱尽量减小倾斜角度（最大倾角约 4°），另一方面通过增强倾斜外框柱及与之相连的楼面梁强度及延性，并使楼面框架梁中的轴向内力能够顺核心筒墙体进行有效传递。此外，在可能的条件下，为降低因倾斜带来的楼面钢梁非标而造成的施工难度，在中上部一定楼层内使斜柱恢复垂直，其中 1 号塔下部在满足建筑造型要求的前提下采用了垂直柱，仅在上部建筑外形需求时采用了向内倾斜的形式。

外围框架柱采用了矩形钢管混凝土柱。虽然矩形钢管对其核心混凝土的约束效果不如圆钢管显著，但仍有良好的效果，尤其可以有效地提高构件的延性，充分利用钢材的抗拉性能，同时采用矩形钢管混凝柱一方面使得外围框架柱在有限的截面条件下承担较大的竖向荷载，另一方面也便于与框架钢梁连接，加快施工进度，并为基础采用一柱一桩方案创造条件。

针对两个方向抗侧力混凝土剪力墙长度的差异，在短方向设置较多的剪力墙，并在核心筒外周剪力墙中埋设钢骨，增强其延性，提高抗震性能。为了减轻结构自重，减小地震作用，加快施工进度且方便与矩形钢管柱的连接，楼面梁也采用了工字形钢梁（除设框架梁外每跨间设 1 道次梁）。为配合施工进度要求，楼板采用闭口型压型钢板组合楼板，对于两侧斜柱与核心筒连接部位，为保证水平传力的可靠，楼板采用具备双向受力模式的现浇板。

塔楼与裙房地面以上通过结构缝完全分开，地下连为整体，为了实现地下室顶板作为上部结构的嵌固部位的条件，在塔楼周边相关范围内地下室设置适量的混凝土剪力墙，同时为配合施工逆作法需要，塔楼核心筒及框架柱截面均比首层有适度加大，从而使相关范围嵌固条件计算模型的剪切刚度比满足要求。

裙房地下 3 层（含夹层）主要作为车库，餐饮厨房及设备用房；裙房地上 5 层，主要用于商务、会议、餐饮、娱乐等。根据建筑功能特点采用钢筋混凝土框架-剪力墙的结构形式，利用楼电梯间等竖向交通联系区域布置混凝土剪力墙，使整个结构侧向位移满足要求。

地下室外墙采用地下连续墙，塔楼、裙房全逆作施工：施工桩基完成后先挖土至–10m，然后施工–2 层结构梁板，紧接着顺作施工–1 层、首层结构梁板形成取土、堆料场地，开始向上顺作塔楼，同时向下挖土、取土逆作其余地下部分。为配合施工逆作要求，裙房地下室框架柱均采用圆形钢管混凝土柱，地上通过设置过渡截面使得需要保留钢管的部位实现向型钢混凝土柱的转换，不需要的部位直接转换为钢筋混凝土柱，除特殊部位外，地下室框架梁均采用钢筋混凝土梁，与钢管混凝土柱的连接采用环形牛腿的连接节点。地下室钢管在其外侧采用 50mm 厚金属网水泥外包层，保证了防火、防腐措施要求。

塔楼基础体系采用了桩筏基础，1 号塔筏板厚度为 3.3m，2 号塔筏板厚度为 3.7m。支承桩采用了常规钻孔灌注桩，为配合逆作法施工方案的实施，桩径采用了 1.2m 和 2.0m 两种桩型，有效桩长分别为 56m 和 61m，桩端持力层为中风化泥岩，其中大直径 2.0m 桩用于外框柱，采用一柱一桩的形式实现了施工逆作。此外，因施工逆作法要求工程桩采用了 C60 超高强混凝土及后注浆技术。工程桩试桩竖向承载力检测采用了自平衡技术，检测结果表明桩径 1.2m 和 2.0m 单桩承载力特征值分别可达到 20000kN 和 40000kN。

10.3.2 性能目标

1. 结构抗震超限分析及采取的措施

南京青奥中心两塔楼结构高度均超过《高规》关于 7 度设防混合结构最大适用高度 190m 的限值要求。在平面和竖向不规则类型方面的指标有：两塔楼均有个别楼层扭转位移比超过 1.2，其中 1 号塔最大达 1.27，2 号塔最大达 1.31；2 号塔第 2 层楼板左右侧开洞，开洞面积为该层楼面面积的 21%；两塔楼局部楼层最大外挑约 3m；1 号塔存在竖向抗侧力构件不连续情况，一侧首层车道位置因有 2 根柱不能落地进行了转换。

鉴于上述情况，设计时采取了针对性的抗震性能化措施。性能目标：框架柱满足中震弹性、大震抗剪不屈服；筒体底部加强区及上下各延 1 层和 2 号塔第 42 层核心筒收进部位剪力墙抗剪满足中震弹性、大震不屈服，一半部位剪力墙抗弯满足中震不屈服，大震局部屈服、不倒塌；对于 1 号塔转换桁架弦杆和竖腹杆及转换柱，满足中震、大震弹性性能目标，斜腹杆满足中震弹性、大震不屈服。

针对结构超限情况，采用了如下措施确保结构安全：

（1）分别采用 SATWE、MIDAS Building 及 ETABS 软件进行多模型对比分析，校核计算模型可靠性。在此基础上采用 SATWE、MIDAS Building 软件进行小震下的弹性时程分析，进行小震弹性时程包络设计。

（2）采用性能化的设计方法，对结构进行性能化评估，对各重点部位设定性能目标。

（3）楼板采用“弹性壳”单元，真实考虑楼板面内刚度及面内变形；补充分塔模型考虑楼板不连续对地震作用传递的影响。分别提取整体及分塔模型水平地震作用下首层典型边柱、角柱地震剪力进行对比分析，并根据分析结果，采用整体模型、分塔模型对相关构件进行包络设计。

（4）在风洞试验的基础上，对两个塔楼进行了风致响应分析，研究了风振系数和等效静力风荷载的取值，并结合小震作用效应进行包络设计。

（5）采用了 MIDAS Building 和 SAP2000，进行大震动力弹塑性分析，考察各类结构构件的塑性发展程度及损伤情况，并控制大震下层间位移角不超过 1/100，确保结构大震下不倒塌、竖向传力途径不失效。

（6）长周期反应谱的选取。本工程基本周期都较长，均超过了 6s，而规范反应谱下降段只到 6s，设计分析时偏于安全地采取了规范反应谱超过 6s 段按水平处理的原则。多遇地震反应谱取《建筑抗震设计规范》GB 50011-2010（简称《抗规》）反应谱和安评建议反应谱的包络谱，设防地震和罕遇地震反应谱均按《抗规》反应谱进行了适当放大。

（7）进行结构整体稳定验算、抗连续倒塌分析、大跨度楼盖舒适度分析和超长结构温度效应分析。

（8）进行整体结构施工模拟分析。

2. 抗震性能目标

根据抗震性能化设计方法，确定了主要结构构件的抗震性能目标，如表 10.3-1、表 10.3-2 所示。

1 号塔主要构件性能指标　　表 10.3-1

抗震设防水准		多遇地震	设防地震	罕遇地震
层间位移限值		1/554	—	1/100
计算方法		反应谱、时程分析法	反应谱	反应谱 动力时程分析法
转换桁架	弦杆	弹性	弹性	弹性
	竖腹杆	弹性	弹性	弹性
	斜腹杆	弹性	弹性	不屈服
	转换柱	弹性	弹性	弹性
框架柱	抗剪	弹性	弹性	不屈服
	抗弯	弹性	弹性	局部几根柱底层抗弯屈服，不倒塌

续表

抗震墙连梁		弹性	可屈服，但仍有一定竖向承载力	可屈服，但仍有一定竖向承载力
筒体底部加强区及上下各延 1 层	墙体抗剪	弹性	弹性	不屈服，剪压比 < 0.15
	墙体抗弯	弹性	不屈服	局部屈服，不倒塌
其他抗震墙		弹性	不屈服	局部屈服，不倒塌
结构阻尼比		0.04	0.04	0.05

2 号塔主要构件性能指标 表 10.3-2

抗震设防水准		多遇地震	设防烈度	罕遇地震
层间位移限值		1/500	—	1/100
计算方法		反应谱、时程分析法	反应谱	反应谱 动力时程分析法
框架柱	抗剪	弹性	弹性	不屈服
	抗弯	弹性	弹性	局部几根柱底层抗弯屈服，不倒塌
抗震墙连梁		弹性	可屈服，但仍有一定竖向承载力	可屈服，但仍有一定竖向承载力
筒体底部加强区及上下各延 1 层；42 层核心筒收进部位	墙体抗剪	弹性	弹性	不屈服，剪压比 < 0.15
	墙体抗弯	弹性	不屈服	局部屈服，不倒塌
其他抗震墙		弹性	不屈服	局部屈服，不倒塌
结构阻尼比		0.04	0.04	0.05

10.3.3 结构分析

1. 小震弹性计算分析

本工程结构计算分析采用了多种软件。主体结构弹性分析主要采用了 PKPM 系列软件 SATWE 2010，并采用 MIDAS Building 进行校核。抗震分析时考虑了扭转耦联效应、偶然偏心以及双向地震效应。由于两个塔楼各层楼面规则，开洞率很小，且采用钢筋混凝土楼板，验算结构最大水平位移和层间位移和与其相应楼层位移的平均值的比值时采用刚性楼板假定。计算时，外围框架框梁及楼面梁与框架柱采用刚接假定，楼面框梁和核心筒采用铰接假定，其余楼层次梁与核心筒及外框裙梁均采用铰接假定。采用 SATWE 和 MIDAS 两种软件分别进行计算，振型数取为 30 个，周期折减系数 0.9，两塔的主要弹性分析结果见表 10.3-3～表 10.3-6。两种软件计算的结构总质量、振动模态、周期、基底剪力、层间位移比等均基本一致，可以判断模型的分析结果准确、可信。两塔结构前三阶振型图如图 10.3-3、图 10.3-4 所示。同时进行了小震弹性时程补充分析，并按照规范要求根据小震时程分析结果对反应谱分析结果进行了相应调整。

1 号塔结构基本自振周期对比 表 10.3-3

主要计算参数	结构基本自振周期/s			
	SATWE		MIDAS	
	周期/s	振型	周期/s	振型
T_1	6.0515	Y向	5.6865	Y向
T_2	4.4421	X向	4.1669	X向
T_3	2.5690	扭转	2.8215	扭转
T_4	1.6005	Y向	1.5187	Y向
T_5	1.2548	X向	1.2254	X向
T_6	1.0520	扭转	1.1982	扭转
T_3/T_1	0.424 < 0.85		0.496 < 0.85	
计算振型数	30		30	
有效质量系数	94.45% > 90%		93.20% > 90%	

2 号塔结构基本自振周期对比　　表 10.3-4

主要计算参数	结构基本自振周期/s			
	SATWE		MIDAS	
	周期/s	振型	周期/s	振型
T_1	6.9377	Y向	6.7641	Y向
T_2	5.5607	X向	5.3086	X向
T_3	3.1377	扭转	3.5016	扭转
T_4	1.9290	Y向	1.8863	Y向
T_5	1.7065	X向	1.6717	X向
T_6	1.2812	扭转	1.2741	扭转
T_3/T_1	0.424 < 0.85		0.496 < 0.85	
计算振型数	30		30	
有效质量系数	94.45% > 90%		93.20% > 90%	

层间位移角对比　　表 10.3-5

工况	项目		层间位移角		
			SATWE	MIDAS	规范限值
地震作用	1 号塔	X向	1/1086	1/1145	1/554
		Y向	1/843	1/891	
	2 号塔	X向	1/823	1/861	1/500
		Y向	1/648	1/679	
风荷载作用	1 号塔	X向	1/1558	1/1807	1/554
		Y向	1/630	1/731	
	2 号塔	X向	1/1136	1/1182	1/500
		Y向	1/589	1/616	

地震作用下基底剪力及剪重比对比　　表 10.3-6

项目	计算参数	SATWE		MIDAS	
		X向	Y向	X向	Y向
1 号塔	基底剪力/kN	24194.2	22063.0	23423.7	20794.6
	剪重比 > 1.29%	1.45%	1.32%	1.44%	1.28%
2 号塔	基底剪力/kN	25718.0	24514.4	25740.1	24682%
	剪重比 > 1.29%	1.37%	1.31%	1.40%	1.34%

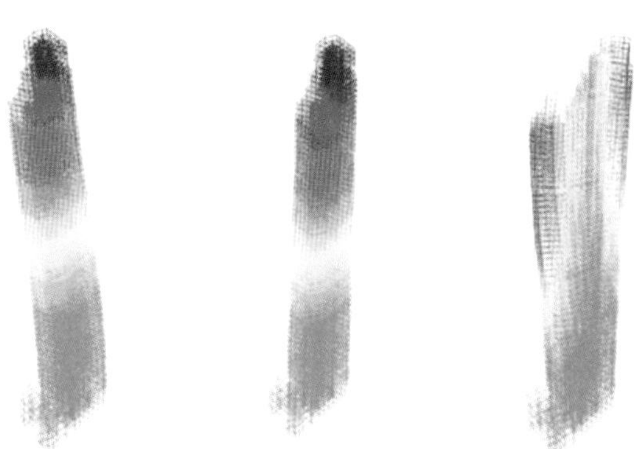

(a) 第一阶振型（Y向）　(b) 第二阶振型（X向）　(c) 第三阶振型（扭转）

图 10.3-3　1 号塔结构前三阶振型图

上述计算结果表明，SATWE 和 MIDAS 的计算结果基本相符：

（1）结构第一扭转周期/第一平动周期之比小于 0.85，满足规范要求。

（2）结构底部仅有三层（15m）在Y方向剪重比略小于 1.29%；X方向剪重比均大于 1.29%的限值。

（3）两个塔的结构最大层间位移角分别小于 1/554 和 1/500 的规范限值。考虑偶然偏心情况下，

SATWE 结果显示楼层最大位移/平均位移（楼层最大层间位移/平均层间位移）最大值为 1.31，满足规范规定的不大于 1.4 的要求。

(a) 第一阶振型（Y向） (b) 第二阶振型（X向） (c) 第三阶振型（扭转）

图 10.3-4 2 号塔结构前三阶振型图

2. 动力弹塑性时程分析

本工程弹塑性动力时程分析采用 MIDAS 系列的建筑结构通用有限元分析与设计软件 MIDAS Building 来完成。选取符合规范要求的该场地两条天然波（大震）和一条人工波，共 3 条地震记录，进行了大震弹塑性时程分析，考虑几何非线性、材料非线性、施工过程非线性等因素。

1）构件模型及材料本构关系

本工程混凝土本构关系采用《混凝土结构设计规范》GB 50010-2010 附录 C 中的单轴受压应力-应变本构模型，钢筋采用双折线本构模型；屈服前后的刚度不同，屈服后的刚度使用折减后的刚度。无论屈服与否，卸载和重新加载时使用弹性刚度，结构不同等级的混凝土采用对应强度等级的峰值应力、应变和屈服应力应变。计算分析中，设定钢材的强屈比为 1.2，极限应变为 0.025。混凝土采用弹塑性损伤模型，该模型能够考虑混凝土材料拉压强度差异、刚度及强度退化以及拉压循环裂缝闭合呈现的刚度恢复等特性。计算中混凝土均不考虑截面内横向箍筋的约束增强效应，仅采用规范中建议的素混凝土参数。

2）地震波输入

本项目抗震设防烈度为 7 度，弹塑性分析按 7 度罕遇考虑，时程分析所用地震加速度时程曲线有效峰值根据规范取为 220cm/s^2。将各组地震波的弹性时程计算结果与反应谱计算结果进行比较，3 组地震波均满足规范对弹塑性时程地震波要求。地震波的输入方向，依次选取结构X或Y方向作为主方向，另两方向为次方向，分别输入三组地震波的两个分量记录进行计算。结构初始阻尼比取 4%。每个工况地震波峰值按水平主方向：水平次方向：竖向 = 1：0.85：0.65 进行调整。

3）动力弹塑性分析结果

（1）基底剪力响应及屋顶加速度和层间位移角响应

图 10.3-5、图 10.3-6 给出了两塔楼模型在地震波激励下的顶层加速度时程曲线，表 10.3-7、表 10.3-8 给出了两塔楼基底剪力峰值及其剪重比和层间最大位移角统计结果，可以看出分析结果均满足规范要求。

1 号塔大震时程分析底部剪力和最大层间位移角对比 表 10.3-7

地震波	X主方向输入			Y主方向输入		
	V_x（kN）	剪重比	最大层间位移角	V_y（kN）	剪重比	最大层间位移角
人工波/L750-1、L750-2	100430	6.02%	1/305（41 层）	68909	4.12%	1/249（53 层）
天然波/L2623、L2625	71010	4.26%	1/501（28 层）	64428	3.85%	1/250（53 层）
天然波/L0031、L0032	107680	6.45%	1/365（40 层）	82730	4.95%	1/288（53 层）
三组波均值	93040	5.58%	—	72022	4.41%	—

2 号塔大震时程分析底部剪力和最大层间位移角对比　　表 10.3-8

地震波	X主方向输入			Y主方向输入		
	V_X（kN）	剪重比	最大层间位移角	V_Y（kN）	剪重比	最大层间位移角
人工波/L750-1、L750-2	97090	5.17%	1/226（60 层）	83100	4.44%	1/153（60 层）
天然波/L2623、L2625	98817	5.26%	1/272（60 层）	82347	4.40%	1/181（60 层）
天然波/L0031、L0032	95420	5.08%	1/263（63 层）	89640	4.79%	1/170（60 层）
三组波均值	97109	5.17%	—	85029	4.54%	—

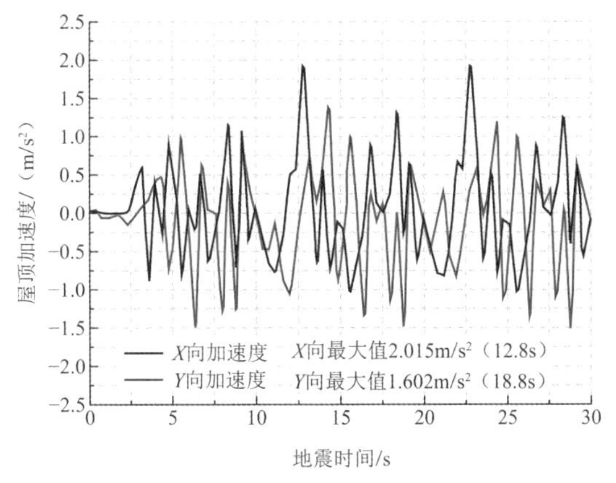

图 10.3-5　L750-1、L750-2 地震波激励下 1 号塔顶层 X、Y向加速度时程

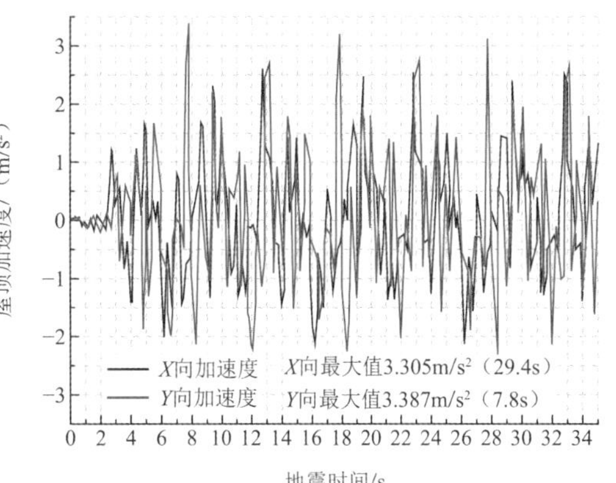

图 10.3-6　L750-1、L750-2 地震波激励下 2 号塔顶层 X、Y向加速度时程

（2）罕遇地震下竖向构件损伤情况分析

图 10.3-7、图 10.3-8 为 2 号塔在人工波 L750-1、L750-2 激励下的核心筒混凝土应变云图。分析可见混凝土核心筒在地震开始前 10s 内基本处于弹性状态；10～20s 之间混凝土核心筒在底部位置的角部以及在 42 层核心筒中间收进部位核心筒内侧混凝土屈服，在避难层混凝土核心筒角部的局部门洞周围混凝土局部屈服；在 20～35s 混凝土塑性变形没有进一步发展，混凝土核心筒在地震时程过程中未出现受拉的情况。核心筒钢筋层随地震时程应变有所提高，其应变与屈服应变的比值从 0.3 提高到 0.5 左右，在结构中上部墙体开洞位置有钢筋应变较大情况，但大部分钢筋未达到屈服状态。1 号塔、2 号塔在其他地震波的激励下也出现了类似的地震损伤响应。

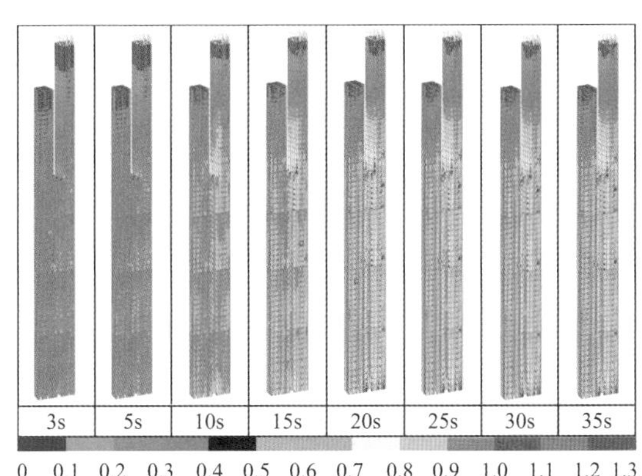

图 10.3-7　核心筒混凝土墙竖向应变

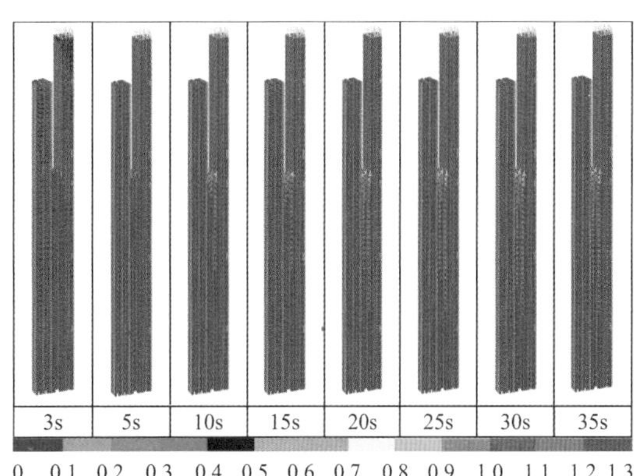

图 10.3-8　核心筒混凝土剪切应变

在所选定的人工地震波、天然地震波的激励下，1 号塔、2 号塔的X向梁、Y向梁、柱间梁、核心筒连梁和框架柱的塑性铰随地震时程的发展出现变化，基本特征类似。在地震开始 5s 内，建筑高度中间位置的混凝土核心筒的连梁首先进入屈服状态，随后塑性铰分布区域向建筑顶部和底部方向发展，到 20s 时塑性铰发展趋于稳定；X向、Y向框架梁在结构顶部 1/3 区域内较多梁在 15s 之后进入屈服状态，到 25s

左右塑性发展不再变化；在 15s 以后局部层高较大位置和结构顶部楼层位置出现楼面梁屈服，其他与倾斜柱相连的框架梁基本处于弹性状态。

（3）大震塑性楼板应力分析

2 号塔在 1～43 层核心筒左侧有穿梭电梯，导致该区域的楼板与核心筒连接较差，针对这种情况，需要进行塑性楼板受力分析，以确保开洞楼层楼板在多遇地震下楼板保持弹性工作状态，罕遇地震下不出现贯通性裂缝。采用软件 SAP2000 进行楼板受力分析，分析时采用壳单元（同时考虑楼板平面内和平面外刚度）来模拟弹性楼板，分析时混凝土的弹性模量采用短期模量。采用弹性反应谱方法和弹塑性时程分析法分别计算楼板应力。对于弹塑性时程分析法分别选择了 L750-1、L750-2 人工波以及 L0031、L0032，L2623、L2625 两条天然波，时程波采用双向施加，主方向：次方向 = 1：0.85。

从分析结果可以看出：2 号塔在多遇地震作用下，绝大部分区域楼板面内拉应力仅为楼板混凝土抗拉强度设计值的 30%左右；在罕遇地震作用下，绝大部分区域楼板面内拉应力可以达到混凝土抗拉强度标准值的 70%，在与核心筒拐角位置以及 42 层核心筒平面变化位置楼板应力较大，局部达到抗拉强度，设计时加强了这些区域楼板的钢筋在剪力墙暗柱中的锚固长度，从而形成可靠连接。此外楼层在倾斜柱转折的 17 层以及上下相邻的 15～16 层、18～19 层在穿梭电梯位置的楼面梁轴力呈现出了 17 层向上、下相邻楼层轴力逐渐减小的趋势，到了 15 层和 19 层，穿梭电梯间的钢梁出现一定的压应力，塔楼两侧的倾斜柱的水平分力可较直接地传递至混凝土核心筒。从整个大震轴力时程来看，梁最大轴向拉力出现在 17 层，最大拉力为 367kN（L750-1、L750-2 地震波）；梁最大轴向压力为 152kN（L750-1、L750-2 地震波），均与框架梁的正截面受拉、受压承载力相差较远，未达到框架梁轴向极限承载力。

（4）结论

由上述分析结果可知，本工程在罕遇地震作用下最大层间位移角均小于规范限值 1/100，满足规范要求；钢筋混凝土核心筒剪力墙、连梁受力状态：连梁最先出现塑性铰，建筑高度下部 2/3 区域塑性铰发展较为明显；核心筒钢筋在整个罕遇地震作用下受压应变较小，仍处于弹性状态；由于整体结构框架作用较强，因此核心筒混凝土和钢筋在整个罕遇地震作用下未出现受拉应变，均处于受压状态；剪力墙在罕遇地震作用时程过程中出现的最大剪切应变值较小，仅在平面变化位置悬臂墙段有局部剪应力较高区域，主要墙体受剪基本处于弹性状态。钢管混凝土柱在罕遇地震作用下，底部柱及绝大部分框架柱均处于弹性状态；顶层的钢管混凝土柱出现一定的局部塑形变形，但大部分仍处于弹性状态。

总之，本工程输入三组罕遇地震波进行时程分析后，结构竖立不倒，主要抗侧力构件没有发生严重破坏，多数连梁屈服耗能，部分框架梁参与塑性耗能，但不至于引起局部倒塌和危及结构整体安全，大震下结构性能满足“大震不倒”的要求，达到了预期的抗震性能目标。

10.4 专项设计与研究

10.4.1 密柱型框架-核心筒结构体系的研究

1. 体系特征

框架-核心筒结构和筒中筒结构是当前我国高层和超高层建筑结构广泛采用的结构形式。依据《高规》上述两种结构形式均属筒体结构体系，其最为直接的区别在于外围框架柱的间距，《高规》规定筒中筒结构中的外围框筒框架柱间距不宜大于 4m，而对框架-核心筒结构中框架柱间距虽未具体规定，但一般 8～10m 方能满足建筑需求。当外围框架柱间距 4～6m 时，结构体系受力特征的有关研究相对较少，同时这种体系的工程应用也较为少见，为方便讨论姑且把这种外框柱间距较小的框架-核心筒体系称为密柱框架-核心筒结构。

筒中筒结构系指由建筑四周密柱深梁构成的外围框筒和内部核心筒所组成的筒体结构，其中框筒结构自从 20 世纪 60 年代美国著名结构工程师坎恩（Fazler R. Khan）首次提出以来，得以迅速发展，同时将高层建筑推向了一个新的历史时期。在框筒结构基础上发展起来的筒中筒结构具有受力合理、造型美观、实用灵活等特点，得到了广泛应用，早期建成的超高层建筑中绝大多数采用该类体系。但是，框筒结构要保持空间整体性和较强的抗倾覆作用，其框架柱间距必须保持较小的距离。这样，由于框筒结构的密柱、深梁影响建筑对外视线，景观效果不佳，促使建筑师要求结构加大外框筒的柱距和减小裙梁的高度，从而形成周边稀柱框架与核心内筒共同工作的框架-核心筒结构，广泛用于写字楼和其他公用建筑中，并深受建筑师的青睐。然而，传统意义的框架-核心筒结构中外围稀柱框架与密柱框筒相比，空间作用很小，适用高度大大降低，用于高度较高的超高层结构中往往需设置伸臂桁架以满足位移需求，而伸臂桁架的设立一方面增加了结构成本，带来施工周期的延长，另一方面造成结构刚度的人为突变，对结构抗震极为不利。

如果在建筑设计中，建筑与结构密切配合，扬长避短，在必要时采用密柱框架-核心筒结构也会带来很好的效果，同时又能发挥这一体系抗震性能良好、施工建造方便快捷的优势。

2．研究结论

本工程通过对密柱框架-核心筒结构体系的结构特性进行深入研究，得到其包括适用柱距、适用最大高度与高宽比在内的完善的结构设计方法，可为与本项目类似的全逆作施工超高层建筑提供一个最为高效且普遍适用的成熟结构体系，其具体结论如下：

（1）密柱框架-核心筒结构体系具有其独特的结构性能，比传统的框架-核心筒结构体系与筒中筒结构体系更适用于超高层建筑全逆作法施工，是一种高效的广泛适用的全逆作超高层建筑结构体系。柱距在 4～6m 之间的密柱框架-核心筒结构体系拥有较好的变形与受力性能，对常规超高层建筑以及全逆作的超高层建筑都极为适用，其中，外框架柱柱距为 6m 的密柱框架-核心筒结构体系的综合结构性能最好；而柱距在 6～8m 之间的密柱框架-核心筒结构体系的变形与受力性能较差，并不特别适用于高度较高的超高层建筑的结构设计。图 10.4-1、图 10.4-2 为不同柱距的框架-核心筒结构模型立面和平面布置。

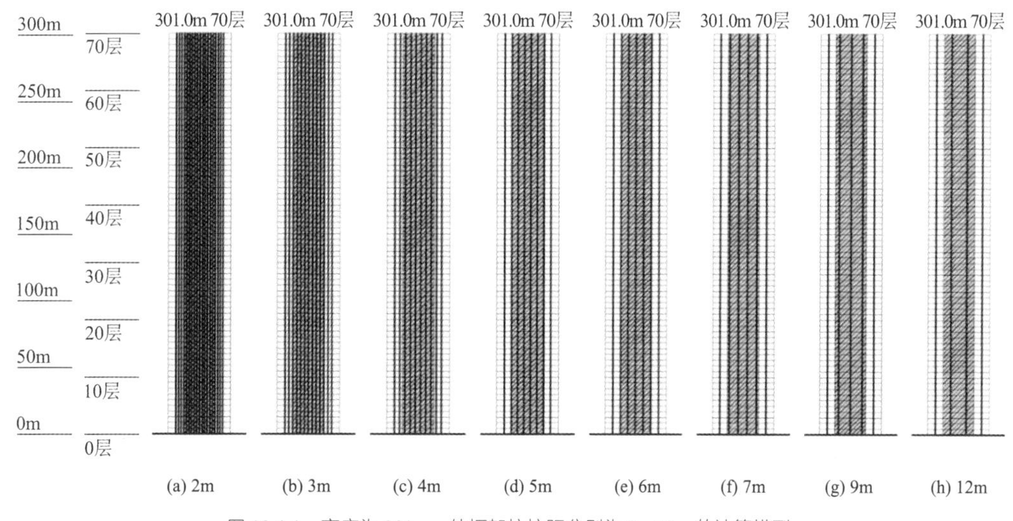

图 10.4-1　高度为 301m、外框架柱柱距分别为 2～12m 的计算模型

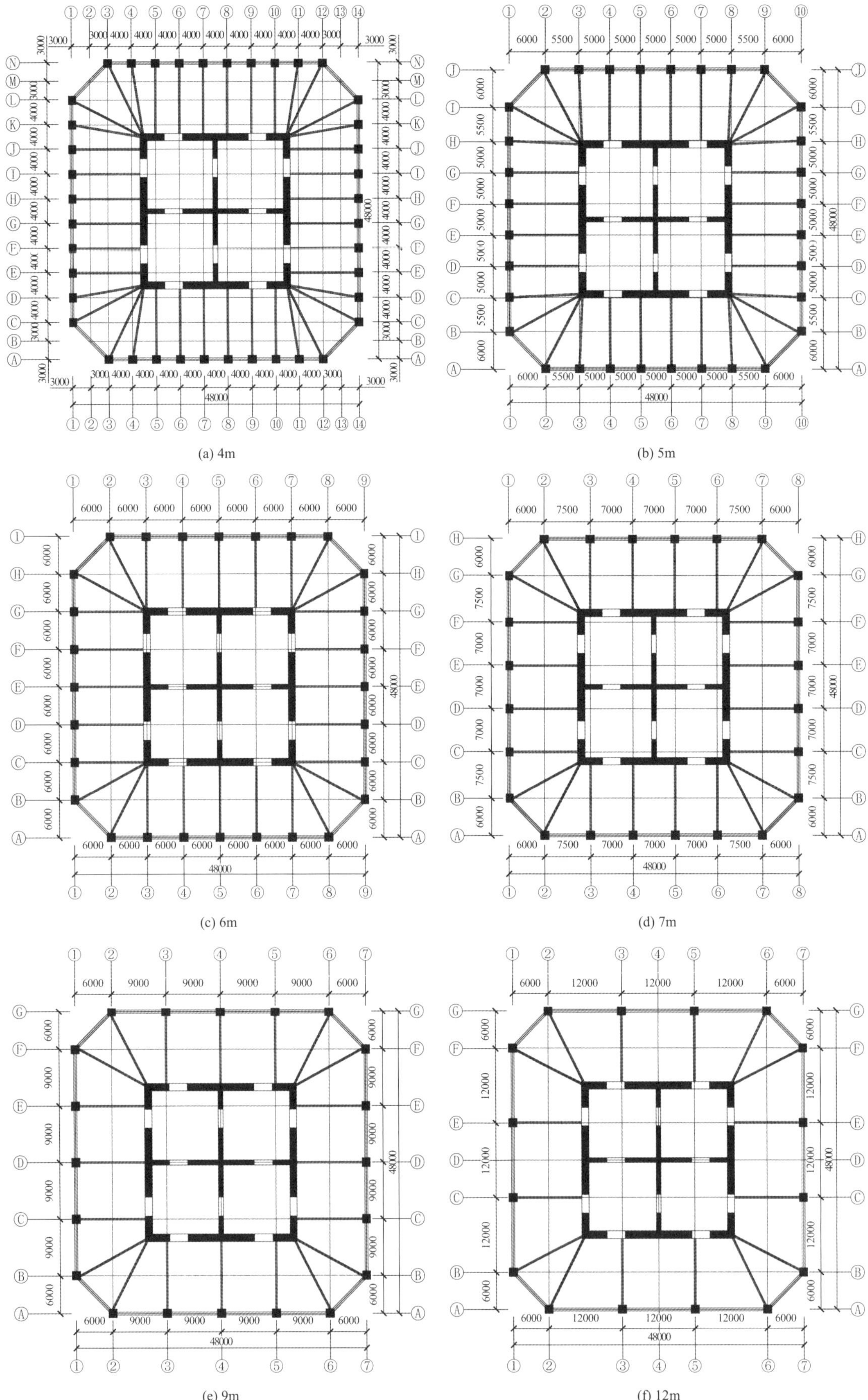

图 10.4-2　高度为 301m、外框架柱柱距分别为 2～12m 的计算模型平面布置

（2）密柱框架-核心筒结构体系在中、大震作用下均能够表现出比较出色的综合抗震性能，其框架能够承担足够的地震剪力与倾覆力矩，沿结构高度也不存在显著的抗侧刚度突变，是一种综合抗震性能较好的超高层建筑结构体系，对高度较高的超高层建筑甚至全逆作法施工的超高层建筑均极为适用，可作为一种独立的新型超高层建筑结构体系进行推广与应用。

3．体系优点

密柱框架-核心筒结构体系无刚性加强层的设置，能够最大程度地缩短施工总工期，与超高层建筑选择全逆作法施工技术的目标高度一致。

密柱框架-核心筒结构体系的柱距适中，框架柱数目不会过多，其“桩-柱体系”的施工工作量不会过大，不会影响超高层建筑全逆作施工的总体难度和总工期；密柱框架-核心筒结构体系的柱距适中，框架柱数目不会太少，单个支承柱与立柱桩所承担的结构竖向荷载也不会过于巨大，其桩与柱的截面积不会过于巨大，柱内填充混凝土的强度等级也不至于过高，将“桩-柱体系”的施工难度限定在一定程度之内，保证了超高层建筑全逆作法施工的可行性；密柱框架-核心筒结构体系本身具有独特的结构优势，较为均匀的抗侧刚度、较为灵活的布置空间与较小的筒体剪力滞后效应等，这对于全逆作施工的超高层建筑同样适用。

综上所述，采用密柱框架核心筒体系，减小了外框单桩单柱荷载，在深厚软土地区桩基承载力限制下，可取得更大的协同控制高度；采用无加强层体系，避免了塔楼刚度、位移突变（图 10.4-3），消除了加强层对协同控制高度的影响，增大了协同控制高度，同时消除了多道加强层对施工总工期的占用。

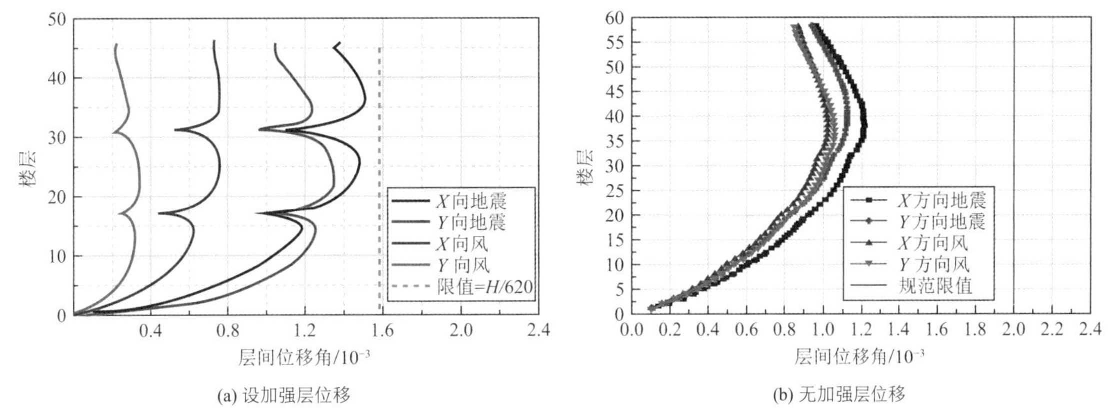

图 10.4-3　结构体系设置加强层和无加强层地震响应对比

10.4.2　超高层全逆作施工过程的设计

为了最大程度地节约建筑施工的总工期，塔楼采用了上下同步全逆作法进行施工。对于全逆作施工过程中地上结构施工主作业面的选择，结构设计团队会同施工团队进行了大量的计算模拟与分析，如在全逆作法施工过程中，地下室结构顶板作为地上结构的施工主作业面（地下室顶板施工完成后即开始地上结构的同步施工），则在地下结构的施工工期内，地上核心筒结构预计可以完成 40 层，这将导致竖向支承体系承载力的严重不足，因此，经过周密工期排布与精确的计算，结构设计团队会同施工团队将地下一层结构底板选为地上结构施工的主作业面，最终在塔楼的结构大底板完成施工后，地上结构核心筒计划施工至 18 层，使得在保证竖向支承体系承载力足够的同时，最大程度地缩短了施工总工期。塔楼的全逆作施工的具体过程如图 10.4-4 所示：首先进行地下连续墙与桩-柱体系的施工，然后进行地下结构首层土方明挖，完成地下一层结构底板，并以此为施工主作业面同时进行塔楼地上结构与地下结构的施工，至地下结构全部完成后，上下同步全逆作施工过程结束，地上结构施工继续，直至结构主体最终全部完工。

在全逆作施工过程中，结构底板与地下结构完成前后，结构的竖向承力体系发生了巨大的转变，这也是整个施工过程的最为重要的施工节点。在塔楼的结构底板封闭之前，地上核心筒结构施工至18层，所有上部荷载均由桩-柱体系承担，因此，结构设计需要保证在地下室竖向结构全部完成前，地上结构的荷载绝对不能超过地下桩-柱体系的极限承载力，这对于其全逆作法施工过程的安全与可靠至关重要。而在结构底板与地下结构完成之后，竖向承力体系随即发生本质的转变，框架柱、核心筒剪力墙以及桩筏基础等所有竖向承力构件共同承担其上部结构的竖向荷载，承载状态调整至正常使用状态，施工全逆作过程至此全部结束，之后的施工过程的难度与风险将极大地降低，这也标志着全逆作施工基本成功。

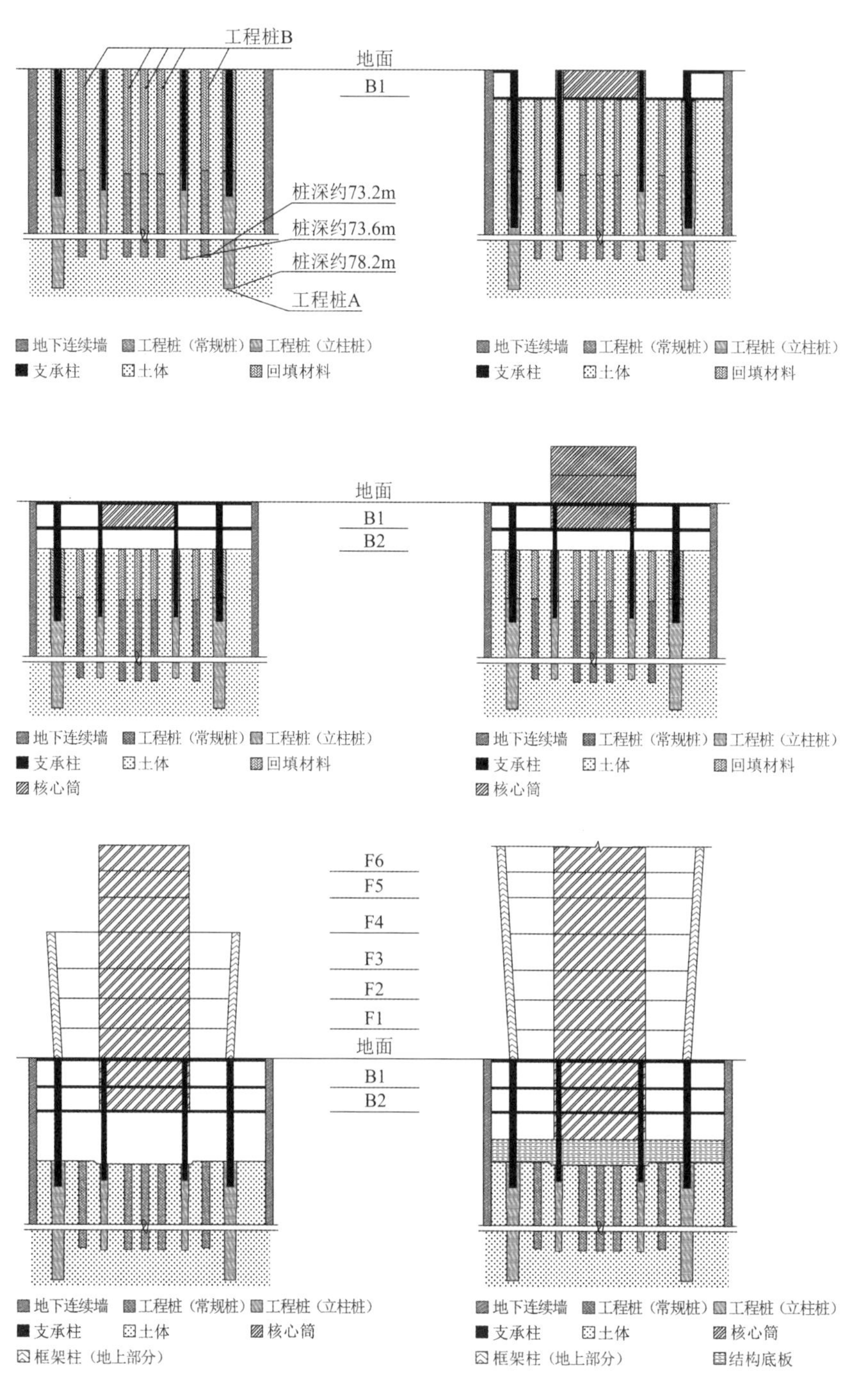

图 10.4-4 南京青奥中心塔楼全逆作施工过程示意

10.4.3 桩-柱体系的设计

超高层建筑全逆作施工过程中，在地下结构全部完成之前，结构主体的所有竖向荷载均由桩-柱体系独立承担，作为全逆作法过程中最关键的竖向承力构件，桩-柱体系的具体布置与设计计算必须合理、精确，才能使全逆作施工过程安全、可靠。在超高层全逆作法结构设计过程中，“一柱一桩”与“一柱多桩”是两种较为常用的桩-柱体系结构形式，其构造示意如图 10.4-5 所示。由于“一柱多桩”体系增大了逆作施工工作量，对施工风险、施工工期与施工成本均是较大的负担，因此其在逆作法结构设计过程中仅应用于局部区域。南京青奥中心塔楼中的桩-柱体系全部为“一柱一桩”竖向承力体系。

场地勘测结果表明，南京青奥中心塔楼的施工场地土体状况比较复杂，地下水位埋深很浅，而持力层为泥岩层（极软岩，基本质量等级为Ⅴ级），且埋置深度较深（桩端深度最深达到地面以下约 80m）。因此最终桩身采用了强度等级为 C60 的高强混凝土灌注桩，外框架柱下的立柱桩的桩径为 2.0m，其他立柱桩的桩径为 1.2m，这是现有的工程条件所能接受的综合性能最优的结构设计方案。对于塔楼支承柱的设计，由于其同样需要在全逆作施工过程中承担巨大的竖向荷载，同时又受到桩径的限制（支承柱端需要锚入立柱桩内，与其共同承担竖向荷载），截面尺寸不能过大，因此采用了钢管混凝土柱（外框架柱下的支承柱为方钢管混凝土柱，其截面尺寸与结构柱相同；核心筒下的支承柱为圆钢管混凝土柱，其截面尺寸为 900mm × 35mm 与 600mm × 30mm），考虑到桩-柱体系在全逆作施工过程中的重要程度，结构工程师对支承柱与立柱桩的垂直度做了极为严格的限制：支承柱垂直度为 1/600；立柱桩垂直度为 1/300，这对工程施工带来了巨大的挑战。

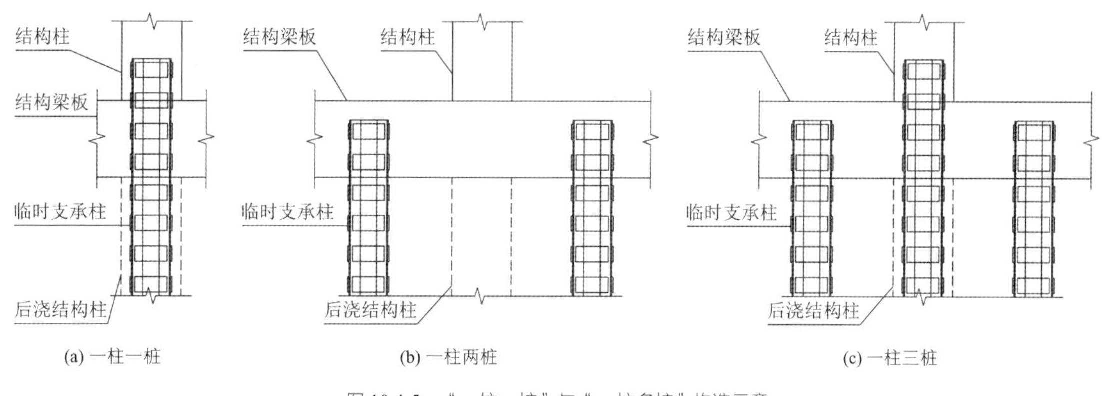

图 10.4-5 “一柱一桩”与“一柱多桩”构造示意

10.4.4 超高层建筑全逆作法关键节点结构设计

在塔楼的全逆作施工过程中，地下结构主体为逆序施工，结构设计需要保证超高层塔楼在施工的过程中竖向荷载传力路径的安全可靠，因此竖向荷载的各承力构件之间转换节点的构造设计极其重要。在塔楼结构底板封闭之前，地上核心筒结构施工至 18 层，所有上部荷载均由桩-柱体系承担，竖向荷载需要从框架柱与核心筒剪力墙向支承柱传递，再由支承柱向立柱桩传递；在结构底板与地下结构完成之后，竖向承力体系随即发生本质的转变，支承柱、核心筒剪力墙以及桩筏基础等所有竖向承力构件共同承担其上部结构的竖向荷载，竖向荷载从支承柱与核心筒剪力墙共同向结构底板传递。塔楼全逆作施工过程中竖向荷载的承力构件之间的关键节点的位置示意如图 10.4-6 所示。

在塔楼的结构底板封闭之前，上部结构的全部荷载均由桩-柱体系承担，为了保证结构竖向荷载在支承柱与立柱桩之间的可靠传递，对支承柱与立柱桩之间的传力节点做了针对性的构造设计：在支承柱底部插入立柱桩的同时，结构工程师在支承柱钢管的内外壁均设置了大量的界面抗剪栓钉，从而保证了各构件、各材料间紧密的竖向连接，此外，由于支承柱的截面尺寸较大但立柱桩的截面尺寸不宜过大，结构工程师对其内插区域做了桩顶扩径处理，其具体的构造如图 10.4-7 所示。

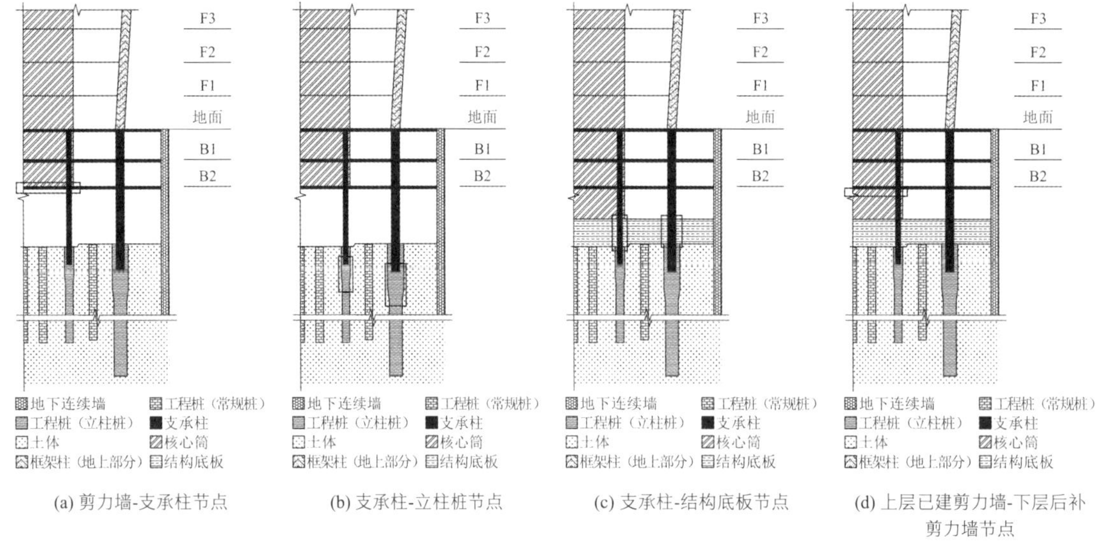

(a) 剪力墙-支承柱节点　(b) 支承柱-立柱桩节点　(c) 支承柱-结构底板节点　(d) 上层已建剪力墙-下层后补剪力墙节点

图 10.4-6　南京青奥中心塔楼各关键节点位置示意

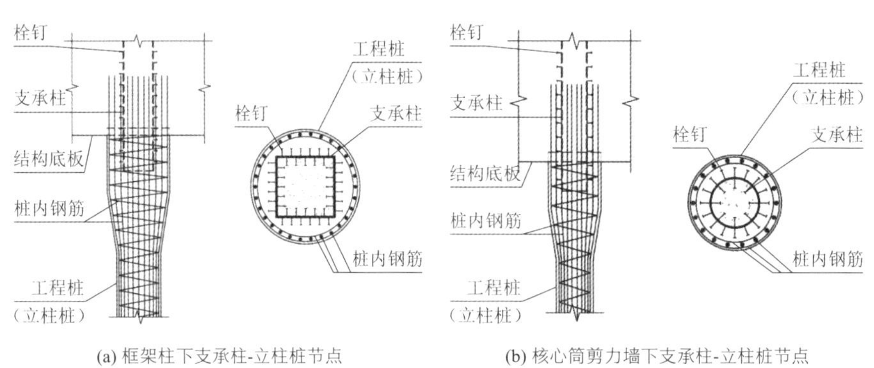

(a) 框架柱下支承柱-立柱桩节点　(b) 核心筒剪力墙下支承柱-立柱桩节点

图 10.4-7　南京青奥中心塔楼支承柱-立柱桩节点构造

10.5 试验研究

10.5.1 试验目的

在实际工程应用中，栓钉是应用在钢管混凝土柱内壁以保证其界面受剪承载力的最常用的剪力键形式。国内外针对钢管混凝土柱界面受剪承载力的研究很多，但这些研究成果多建立在截面尺寸不大于 200mm、钢管壁厚不大于 5mm 的钢管混凝土柱试件的试验结果的基础上，同时，其研究重点也多集中在钢管内部填充材料、钢管内抗剪键的形式、钢管混凝土柱截面形状、推出试验加载方式以及钢管内表面的粗糙程度等方面，而针对工程中实际应用的截面尺寸较大的钢管混凝土柱的界面粘结力与内壁设置的足尺栓钉的受剪承载力的研究，几乎没有直接的试验与相关的研究报告。虽然国内外针对钢-混凝土组合结构内设置的栓钉的受剪承载力的研究及成果也很多，但是，很显然在承载过程中钢管混凝土柱内的混凝土与钢-混凝土组合楼板或梁的混凝土的受力状态有着本质的区别，所以钢管混凝土柱内栓钉与钢-混凝土组合楼板或梁内的栓钉的受剪承载力与合理布置方法也很有可能不太相同，而针对工程中实际应用的截面尺寸较大的钢管混凝土柱内壁设置的栓钉的受剪承载力计算方法与合理布置方法的研究又非常少见，不成体系。

在全逆作施工的超高层建筑中，钢管混凝土柱的应用极其广泛（特别适用于支承柱的设计），其截面尺寸均比较大，钢管混凝土柱内部需要设置栓钉的部位也非常多，其对于结构的安全可靠极其关键，甚至直接影响结构的整体安全，决定施工逆作法的推广，但根据已有的研究成果对其进行设计计算不一定能够得到精确的计算结果与合理的布置方案。因此，在已有的相关研究成果的基础上，对大截面尺寸的钢管混凝土柱的界面粘结力与内壁设置栓钉的受剪承载力及合理布置方法的试验研究有很重要的工程实际意义。其具体的试验目的如下：

（1）确定截面尺寸较大的钢管混凝土柱的界面粘结力；

（2）确定截面尺寸较大的内壁设置栓钉的钢管混凝土柱的破坏机理；

（3）确定截面尺寸较大的钢管混凝土柱内栓钉的合理布置方法；

（4）确定截面尺寸较大的钢管混凝土柱内栓钉的受剪承载力计算方法。

10.5.2 试验设计

1. 试件设计与制作

本课题参考相关行业规范按照实际工程经验设计了 25 个钢管混凝土柱大尺寸试件，对其进行推出试验。试验中以钢管混凝土柱的截面形状（方钢管混凝土柱、圆钢管混凝土柱）、内填混凝土设计强度等级（C30、C50）、钢管壁厚（20mm、30mm）、钢管内壁粗糙程度（是否涂油）以及内壁焊接栓钉的横向间距（100mm、200mm、300mm）、纵向间距（100mm、200mm、300mm）、栓钉直径d（16mm、19mm、22mm）和栓钉长度（3d、4d、5d、6d，d为栓钉直径）等作为变化参数。部分试件的截面尺寸及构造见图 10.5-1，方钢管混凝土柱试件的截面尺寸均为 600mm × 600mm，圆钢管混凝土柱试件的直径均为 600mm，钢管壁厚分别为 20mm、30mm。典型试件主要参数见表 10.5-1。为保证混凝土浇筑质量并简化试件制作过程，所有试件底部均焊有 20mm 厚的钢底板，在浇筑混凝土前，将钢管内底部满铺 80mm 厚的挤塑板，为试件推出过程中预留足够的空隙。

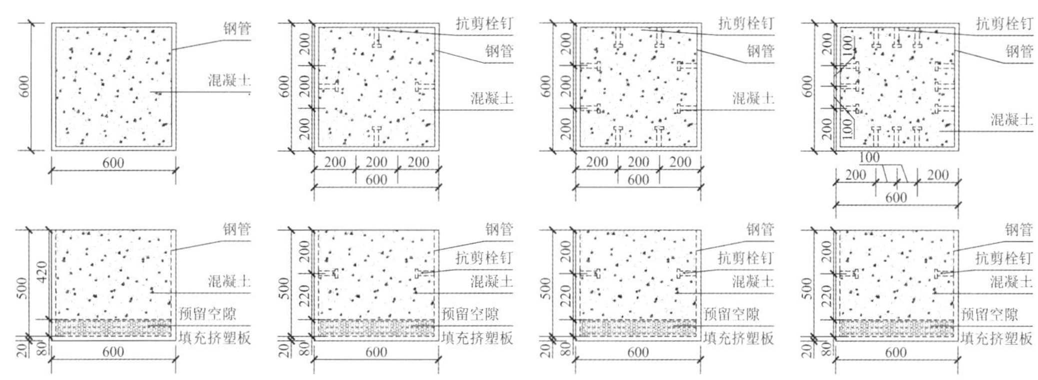

图 10.5-1 典型试件构造类型示意图

典型试件主要设计参数（mm） 表 10.5-1

试件编号	尺寸		混凝土强度等级	栓钉直径/栓钉长度	横向间距/纵向间距	备注
	外径 × 壁厚/（mm × mm）	试件长度/mm				
18#/A2S-19-4-11	600 × 20	500	C50	19/4d	—	单个栓钉
19#/A2S-19-4-21-100	600 × 20	500	C50	19/4d	100/100	不同栓钉横向间距
20#/A2S-19-4-21-300	600 × 20	500	C50	19/4d	300/300	
21#/A2S-19-4-31-100	600 × 20	500	C50	19/4d	100/100	
22#/A2L-19-4-22-100	600 × 20	900	C50	19/4d	200/100	不同栓钉纵向间距
23#/A2L-19-4-22-200	600 × 20	900	C50	19/4d	200/200	
24#/A2L-19-4-22-300	600 × 20	900	C50	19/4d	200/300	
25#/A2L-19-4-23-200	600 × 20	900	C50	19/4d	200/200	

2. 材性实测

试验过程中，同时制作了边长为150mm的混凝土标准试块，与钢管混凝土柱试件同条件养护，实测内填混凝土C30、C50的立方体抗压强度分别为38.6MPa、58.9MPa。典型φ19栓钉的材料屈服强度与抗拉强度实测值分别为370MPa、430MPa。另外，经过测试，钢管混凝土柱试件底部填充的挤塑板的弹性模量为4.41MPa，这表明其完全能够承担钢管内混凝土凝结前的重力荷载，从而保证试件推出试验的预留空隙。

3. 加载方案与测量

加载设备为10000kN压力机，压力机上端为主动加载端（球铰），通过50mm厚的钢垫块将压力均匀施加于试件内的混凝土顶面（钢垫块尺寸小于试件混凝土截面尺寸，加载时各边均有20mm宽的混凝土裸露），试验加载装置如图10.5-2所示。对试件进行逐级单调加载，每级荷载增量为100kN直至钢与混凝土界面黏结失效，试件破坏。

(a) 远观

(b) 近观

(c) 加载板与试件

图10.5-2 试验装置现场照片

在试件钢管外壁中心区域沿水平方向与竖直方向均布置了应变测点，主要用于测量试件钢管壁水平方向与竖直方向的应变变化。在试件底部固定传力板处设置了两个位移测点，用于测量试件竖向压缩变形。试验过程中，试件的轴向推力与竖向位移由压力机连续采集，而相应的应变与传力板位移则在每级加载完成后人工采集。

10.5.3 试验结果与分析

1. 破坏模式及现象

推出试验前与推出试验后的钢管混凝土柱试件如图10.5-3、图10.5-4所示。推出试验前，钢管混凝土柱试件顶面平整，钢管与混凝土界面结合紧密，而在推出试验后，钢管混凝土柱内混凝土部分被推出，与钢管发生了明显的竖向相对位移。总的来看，在推出试验后，所有试件的混凝土部分均比较完整，其顶面碎裂与破坏仅出现于边角区域，试件外部的钢管也未出现明显的屈服与变形。对于大部分方钢管混凝土柱试件，推出试验后其内部混凝土顶面的破坏主要发生在边缘区域，尤其在角部区域碎裂十分明显，所有的边缘破坏区域均为斜截面破坏，其中，四边区域破坏程度较轻，仅向下延伸1～2cm，且并非全部的边部区域均发生破坏，而对于角部区域，破坏则比较严重，其深度可向下延伸3～5cm，且四角均发生了破坏；对于内表面涂油的方钢管混凝土柱试件，推出试验后其内部混凝土顶面的四边及角部均未出现明显的破坏，混凝土部分相对较为完整；对于圆钢管混凝土柱试件，推出试验后其内部混凝土顶面的边缘区域破坏程度较轻，与大部分方钢管混凝土柱试件四边区域破坏程度类似，仅向下延伸1～2cm。

(a) 2#/A2S-19-4

(b) 16#/A3C-22-4

(c) 19#/A2S-19-4-21-100

图 10.5-3　推出试验前的部分钢管混凝土试件

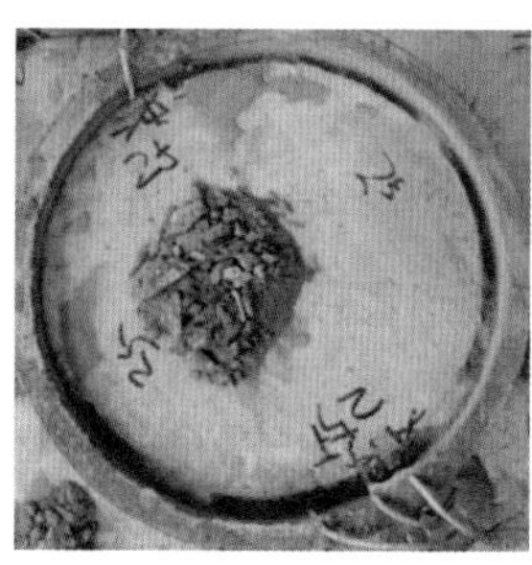

(a) 17#/B3C-19-4

(b) 22#/A2L-19-4-22-100

图 10.5-4　推出试验后的典型钢管混凝土试件（混凝土边缘已清理）

2. 主要结论

在已有的相关研究成果的基础上，对大截面尺寸的钢管混凝土柱的界面粘结力与钢管内壁设置栓钉的受剪承载力及合理布置方法进行了试验研究，试验方法为推出试验。试件设计主要考虑了钢管混凝土柱的截面形状、填充核心混凝土的强度等级、钢管壁厚、钢管内壁粗糙程度以及内壁焊接栓钉的横向间距、纵向间距、栓钉直径和栓钉长度等因素，试件共 25 个。主要结论如下：

（1）钢管混凝土柱试件推出试验后，钢管混凝土柱内混凝土部分被推出，与钢管发生了明显的竖向相对位移。所有试件的混凝土部分均比较完整，其顶面碎裂与破坏仅出现于边角区域，试件外部的钢管也未出现明显的屈服与变形。

（2）推出试验前各试件钢管与混凝土的界面连接均比较紧密，而经过推出试验后，对于方形试件，除了角部局部区域外的钢管与混凝土界面全部脱开；对于圆形试件，除了试件下部区域外的钢管与混凝土界面全部脱开，说明推出试验过程基本破坏了试件钢管与混凝土的界面连接，其设计界面受剪承载力基本失效，同时也说明了圆钢管混凝土柱的界面受剪承载力分布比较均匀，而方钢管混凝土柱的界面受剪承载力主要集中于角部区域。

（3）钢管混凝土柱的栓钉直径、填充核心混凝土的强度等级、钢管混凝土柱的截面形状、钢管内壁粗糙程度与栓钉的横向、纵向间距对钢管混凝土柱的界面受剪极限承载力影响较大，而栓钉长度、钢管厚度（当方钢管宽厚比增加大到一定程度后，钢管壁厚度的继续增加对界面受剪承载能力的影响极为有限）对钢管混凝土柱的界面受剪极限承载力影响较小。

（4）摘取了其他文献中相关试验的推出试验结果并将本实验得到的试验结果与之对比，结果表明本试验得到的钢管混凝土柱内壁焊接的栓钉的单钉受剪极限承载力较其他文献中试验得到的单钉受剪极限承载力大 50%～100%；本试验得到的内壁未焊接栓钉的钢管混凝土柱的界面粘结应力较其他文献中试验得到的界面粘结应力大 100%～200%。这说明以往工程的结构设计过程中所应用的相关界面受剪承载力计算方法严重低估了大截面尺寸的钢管混凝土柱的界面粘结力与内壁设置栓钉的受剪承载力。

（5）在钢管混凝土柱试件的推出试验过程中，方钢管混凝土柱试件的外钢管在水平方向中部向外鼓曲，角部变形很小，其角部能够提供更大的界面受剪承载力，而圆钢管混凝土柱试件的外钢管则沿环向均匀向外扩张，其界面受剪承载力分布比较均匀；所有试件的外钢管沿竖向均向外鼓曲，其中与栓钉同高度的区域钢管向外鼓曲的程度最大，向上下两侧逐渐减小；在推出试验过程中各试件的外钢管与混凝土之间均连接紧密，外钢管随核心混凝土的推出共同受力与变形，而在试件最下方的预留空隙处，钢管壁因缺少核心混凝土的侧向支撑，向外压曲变形。

（6）本试验确定了大截面尺寸的内壁未设置栓钉的钢管混凝土柱的界面粘结力与内壁设置栓钉的钢管混凝土柱的推出试验破坏机理，并结合有限元分析提出了方钢管柱内栓钉的受剪承载力的实用计算公式与合理布置方法，研究表明所建议的公式与试验结果吻合更好。

10.6 施工模拟与变形监测

10.6.1 超高层建筑全逆作法施工模拟分析的计算模型

根据南京青奥中心塔楼的实际施工过程，参考欧洲规范 EC2 中关于混凝土弹性模量变化、徐变和收缩的时变效应的相关规定，应用 SAP2000 有限元设计软件，采用时变结构离散分析方法，对南京青奥中心双塔楼分别进行了基于混凝土材料考虑时变效应的上下同步全逆作施工全过程模拟分析。结构计算模型包括地上结构部分与地下室部分，其结构布置、构件设计与实际工程一致。

为了使塔楼全逆作施工模拟分析与实际施工状态保持一致，利用分析软件对两塔楼分别进行了细致的分解：每 3～4 层为一个一级施工组，每一个一级施工组又包含若干二级施工组，再将所有二级施工组按照实际施工顺序进行排序与重组，以实现计算分析对实际施工过程的精确模拟。最终，两塔楼的全逆作施工过程分别由 28 个与 33 个施工步组成，与实际施工完成过程基本一致。

10.6.2 超高层建筑全逆作法施工模拟分析的沉降结果对比

在全逆作施工模拟分析的过程中，计算模型未考虑底板以下部分的结构变形，所以在主体结构全过程模拟分析之后，又根据南京青奥中心塔楼的实际场地条件与结构构造进行了相应的基础沉降模拟分析，用以对上文得到计算结果进行修正，以得到最真实的塔楼全逆作施工模拟分析的竖向沉降结果。另外，为了考察超高层塔楼全逆作施工与常规顺作施工对结构沉降具体影响的区别，本课题又补充进行了南京青奥中心塔楼顺作施工模拟分析。

为了便于模拟计算理论结果与现场实测结果的对比，本课题根据南京青奥中心塔楼施工过程中的实际沉降监测点的位置与编号，于结构地面标高处选取了 24 个模拟分析理论值的竖向位移结果采集点，如图 10.6-1 所示。各测点全逆作施工与顺作施工地上结构最终沉降结果理论值与逆作法基础最终沉降结果理论值见表 10.6-1。

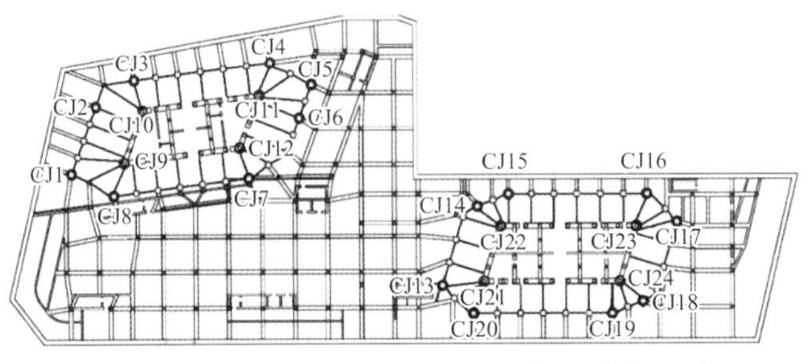

图 10.6-1 南京青奥中心塔楼全逆作施工沉降监测点布置示意图

南京青奥中心塔楼主体结构与基础结构各测点的最终沉降理论值 表 10.6-1

测点编号	1	2	3	4	5	6	7	8	9	10	11	12
主体结构沉降（顺作）/mm	5.09	5.36	4.87	4.93	4.41	4.53	2.23	4.22	2.58	2.55	2.40	2.20
主体结构沉降（逆作）/mm	4.50	4.71	4.34	4.39	3.85	3.95	2.41	3.86	5.81	5.44	6.31	5.35
基础沉降/mm	12.05	14.4	14.55	12.72	10.77	12.03	10.51	11.09	16.07	17.22	15.61	14.78
测点编号	13	14	15	16	17	18	19	20	21	22	23	24
主体结构沉降（顺作）/mm	4.68	4.06	4.25	4.72	4.98	4.79	4.83	5.09	2.25	2.31	2.73	2.79
主体结构沉降（逆作）/mm	4.35	3.74	3.92	4.31	4.51	4.36	4.40	4.61	7.34	7.53	6.97	6.92
基础沉降/mm	13.11	16.21	17.6	17.09	14.14	16.35	17.68	15.55	18.8	19.92	20.42	21.22

模拟分析结果表明，对于南京青奥中心塔楼的总沉降值，基础部分的沉降较其上部主体结构的沉降占有更大的比重，而且其上部主体结构全逆作施工与顺作施工的沉降计算理论值具有较大的差异：对于顺作施工过程，由于框架柱的轴压比大于核心筒结构的轴压比，因此框架柱的竖向变形大于核心筒结构的竖向变形；而对于全逆作施工过程，在施工逆作阶段结构上部的竖向荷载均由下部支承柱承担，由于核心筒结构所产生的竖向荷载很大但其下部支承柱的截面尺寸相对较小，所以在全逆作施工阶段核心筒结构下部支承柱的轴压比大于框架柱的轴压比，因此导致了核心筒结构的最终竖向变形大于框架柱的竖向变形，与顺作施工过程存在本质区别。此外，南京青奥中心塔楼各测点的全逆作施工沉降理论值几乎都在 30mm 以下，核心筒结构与框架柱的差异沉降值都在 10mm 以内，这说明南京青奥中心塔楼的全逆作施工过程比较合理与安全。各测点沉降理论值与实测值的对比结果表明，南京青奥中心塔楼全逆作施工的最终沉降理论值较顺作施工的最终沉降理论值更加接近其相应的沉降实测值，而且大部分测点的全逆作施工沉降理论值与实测值的差异百分比均在 20%以内，说明：（1）超高层塔楼全逆作施工的沉降过程较传统的顺作施工确实存在一定程度的差异，针对该工程所采取的全逆作施工过程的模拟分析方法能够真实地反映工程实际的沉降情况；（2）南京青奥中心塔楼全逆作施工过程中各测点的沉降理论值与工程实测值基本对应，施工过程合理、安全且经济，这里提出的模拟分析方法能够为类似工程提供可靠的设计依据。

10.7 结语

南京青奥中心双塔楼及裙房工程是南京青奥会的重要组成工程，位于南京市建邺区青奥轴线和滨江风光带交点，由两栋超高层塔楼及裙房构成，总建筑面积 28.7 万 m^2，塔楼建筑高度分别为 255m、314.5m，是世界首例超 300m 塔楼上下同步全逆作法施工案例。工程设计新颖、造型独特，将云锦金银编织的制线方法运用建筑设计中，采用全倾斜的结构框架、流动曲线的幕墙系统，形成一个连续流动的标志建筑。工程于 2012 年 4 月 21 日开工，830 天内完成桩基、围护、土方、主体、外幕墙等分部工程。在 300m 以上工程中，创新地采用塔楼上下同步全逆作法施工技术，实现了 19 个月内完成桩基至 314.5m 超高层塔楼结构封顶的最快施工记录，大大节约了整体工期。工程设计新颖、结构复杂、技术含量高，在结构设计过程中，主要完成了以下几方面的创新性工作：

（1）创新提出了密柱框架-核心筒无加强层结构体系，减小了外框单桩单柱荷载，克服了深厚软土地区单桩承载力和加强层结构对超高层建筑逆作法协同高度的不利影响，同时消除了加强层施工对总工期的约束，避免了人为造成结构刚度突变而对建筑抗震带来的不利影响。

（2）核心筒地下剪力墙创新地采用了密排桩柱体系，解决了核心筒剪力墙逆作支承问题。

（3）通过大比例试件的试验，深入研究了钢管混凝土柱合理构造及实用受力计算方法，重点研究了外框及芯柱采用的大截面钢管混凝土柱界面粘结力、内置栓钉抗剪机理及构件破坏机理，提出该构件合理构造及实用计算方法，确保钢管柱便于施工、性能可靠。

（4）创新提出通过逆作面下移，确保了超高层嵌固端设计要求，解决了超高层建筑逆作法施工期间的抗震问题。通过对筏板与钢管柱转换节点设计及优化、钢管柱与梁的多种转换节点设计及优化、水平构件无损转换技术的研究和应用，解决了超高层建筑逆作法地下室结构传力体系转换问题。创新地提出最优高度协同算法，解决了结构性能、工程成本、施工进度最优匹配下的高度推算难题。

（5）创新地采用了大直径杯口形扩顶灌注桩作为逆作法竖向构件与工程桩的连接方式，实践证明该技术传力可靠、施工便捷，一柱一桩逆作施工的工程可予参考。

（6）结合工程特点，采用有限元软件比较精确地模拟了全逆作施工过程，工程实际沉降差异值与设计预估值较为接近，并略小于设计预估值。可见，本工程施工模拟分析是可靠的，施工过程所采取的措施非常有效。

南京青奥中心塔楼项目获世界高层建筑与都市人居学会奖、中国钢结构金奖、LEED 金奖、中国建筑学会建筑设计奖、华夏科技进步奖等荣誉，场馆内成功举办了青奥会、江苏发展大会等多场大型活动，受到了广泛肯定与赞誉，被誉为南京城市新地标，是江苏建筑发展史上新的里程碑。

参考资料

[1] 汪大绥，陆道渊，黄良，等. 天津津塔结构设计[J]. 建筑结构学报, 2009(S1): 1-7.

[2] 高立人，方鄂华，钱稼茹. 高层建筑结构概念设计[M]. 北京：中国计划出版社, 2005.

[3] 包世华. 新编高层建筑结构[M]. 北京：中国水利水电出版社, 2001.

[4] 刘文珽，任庆英，赵庆宇. “密柱”型框-核心筒结构体系的应用[J]. 建筑结构, 2016(11): 9-14.

[5] 中国建筑设计研究院. 密柱框架-核心筒超高层塔楼设计关键技术的研究[R]. 2016.

[6] 刘文珽，任庆英，张良平，等. 南京青奥中心超高层塔楼结构设计研究综述[J]. 建筑结构, 2016(11): 1-8.

[7] 任庆英，赵庆宇，刘文珽,等. 内壁设置栓钉的大尺寸截面钢管混凝土柱界面黏结性能试验研究[J]. 建筑结构学报, 2016(12): 105-113.

[8] European committee for standardization. Design of steel and concrete structure: part1-1: general rules and rules for building (EN 1994-1-1: 2004 Eurocode 4) [S]. 2004.

设计团队

结构设计单位：中国建筑设计研究院有限公司（方案 + 初步设计 + 施工图审定）
深圳华森建筑与工程设计顾问有限公司（施工图设计）

结构设计团队：中国建筑设计研究院有限公司：任庆英、刘文珽、杨松霖、李　森、赵庆宇、张晓宇、张雄迪、谷　昊；
深圳华森建筑与工程设计顾问有限公司：张良平、张　磊、茅卫兵、董贺勋、赵苏北

执　笔　人：刘文珽、郝家树

获奖信息

2015 年获得“中国钢结构金奖”；

2016 年获得“LEED 金奖”；

2016 年获得“中国建筑学会科技进步奖”一等奖；

2018 年获得 2017 年度“华夏建设科学技术奖”一等奖；

2019 年获得世界高层建筑与都市人居学会“最佳高层建筑奖”、“最佳建造奖”、“最佳室内设计奖”；

2021 年获得中国建筑学会“2019-2020 建筑设计奖”结构专业一等奖。

第11章

银川绿地中心

11.1 工程概况

11.1.1 建筑概况

银川绿地中心超高层项目位于宁夏回族自治区银川市北部，阅海湾中央商务区的中心区。地上由南、北两座塔楼及南、北两座裙房组成。南、北塔楼建筑高度均为301.0m；南、北裙房建筑高度均为23.9m。两塔楼地下3层（地下1层带有局部夹层）。项目总建筑面积35.038万m^2，其中地下建筑面积82425m^2，地上建筑面积267594m^2。

南塔楼地上66层（含夹层），地上51层及以下主要用于办公，标准层层高4.2m。顶部部分楼层为行政公寓及餐厅，地上建筑面积122797m^2。

北塔楼地上66层（含夹层），地上51层及以下主要用于办公，标准层层高4.2m。52层及以上部分为酒店客房、健身、休闲会议、空中酒吧和设备机房，地上建筑面积122643m^2。

建筑效果及总平面布置如图11.1-1所示。

(a) 建筑效果图

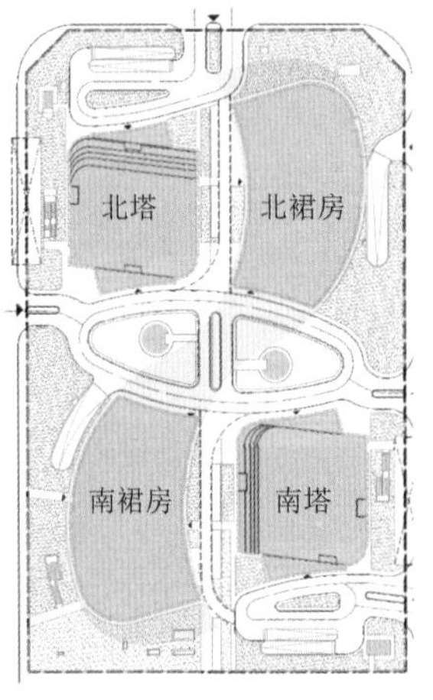

(b) 总平面布置图

图11.1-1 银川绿地中心建筑效果及总平面布置图

11.1.2 设计条件

1. 主体控制参数（表11.1-1）

控制参数表 表11.1-1

结构设计基准期	50年	建筑抗震设防类别	标准设防类（丙类）
建筑结构安全等级	二级（结构重要性系数1.0）	抗震设防烈度	8度（0.20g）
地基基础设计等级	甲级	设计地震分组	第二组
建筑结构阻尼比	0.04（小震）/0.07（大震）	场地类别	Ⅲ类

2. 结构抗震设计条件

塔楼主要结构构件的抗震等级：核心筒地上各楼层、地下1层和地下1M层均为特一级，地下2层为一级，地下3层为二级；外框架地下1层、地下1M层、底部加强区、加强层及其相邻层均为特一级，其余地上楼层为一级，地下2层为一级，地下3层为二级；框架梁地下1层、地下1M层、地上各楼层均为一级，地下2层及以下为二级。上部结构采用首层嵌固。

3．风荷载

结构变形验算时，按 50 年一遇取基本风压为 0.65kN/m²，承载力验算时按 100 年一遇取基本风压为 0.75kN/m²，地面粗糙度类别为 B 类。项目开展了风洞试验，设计中采用了规范风荷载和风洞试验结果进行位移和承载力包络验算。

11.2 建筑特点

11.2.1 核心筒与不平行外框架的衔接

塔楼建筑外轮廓平面为带圆角的平行四边形，核心筒为矩形平面，在加强层处，两方向伸臂桁架与核心筒角部外墙均为斜交，两方向伸臂桁架长度不等且为非对称布置，这使得伸臂桁架斜腹杆受力更为复杂，伸臂桁架既要提供层间位移角限值要求的有限侧向刚度，又要考虑单向、双向、三向地震作用下的伸臂桁架斜腹杆自身受力及相互影响，还要考虑在核心筒角部多个钢构件多向汇交时的加工和施工可行性。

11.2.2 核心筒与单侧弧形收进钢塔冠的衔接

由于建筑造型效果要求，塔楼标高 250m 以上为钢结构塔冠，塔冠顶中部需要开设平行四边形天窗以便布置擦窗机及其他机电功能。屋顶钢塔冠存在单侧弧形收进，需要外框平面直边单侧向上弧形收进，且平面角部的圆弧需同向同时收进，为了实现建筑效果，杆件过渡的韵律要一致、杆件尺度要一致。结构采取了核心筒外墙在屋顶处增设与外框平行的平面凸出墙体，平面凸出墙体顶部延伸至塔冠弧形屋顶，墙顶标高与外框弧形收进高度保持一致，既满足了建筑效果和功能需求，又使得收进的外框弧形柱可以与核心筒可靠连接，连贯的处理又使得幕墙玻璃拼接得以实现。

11.2.3 中震墙肢拉应力需求下的核心筒墙体设计

塔楼结构高宽比较大，在设防烈度地震作用下，核心筒下部墙肢出现较大的拉应力。增加低区墙体厚度或者设置低区伸臂桁架均可降低墙肢拉应力，但难以满足建筑及甲方的需求。结构结合核心筒内的连续长内墙设置多连梁，既避免了墙肢过长，又满足了剪力墙有限侧向刚度的需求，还可显著改善连梁的变形和耗能能力；对拉应力超过 $2f_{tk}$范围的楼层采用钢板组合剪力墙，既减小了墙体厚度，又实现了在中震下墙肢拉弯不屈服、抗剪弹性的性能目标，多种计算对比分析的结果及墙肢拉应力设计解决方案得到了超限专家的认可，并在 2014 年通过了第一次超限审查。

11.3 体系与分析

11.3.1 方案对比

银川绿地中心南、北塔楼平面均略呈平行四边形，其X向与Y向的边长均约为 43m，外框柱基本柱距为 9m，在平面角部的两个锐角进行圆化处理，最大高宽比为 301/43.75 = 6.88；核心筒平面长 24.5m，宽 20.95m，高宽比为 281.8/20.95 = 13.45。

基于建筑效果需求和甲方先期认定，塔楼结构体系采用了带加强层的型钢混凝土框架-混凝土核心筒混合结构体系。

结合建筑避难层和设备层的布置情况，南塔楼分别在 33 层、33M 层和 51 层、51M 层核心筒外墙角部设置伸臂桁架，与环桁架构成结构加强层；北塔楼分别在 27 层、27M 层和 51 层、51M 层核心筒外墙角部设置伸臂桁架，与环桁架构成结构加强层，提高结构的侧向刚度与抗扭能力，减小核心筒墙体在中震作用下的拉应力。塔楼结构体系如图 11.3-1 所示。

塔楼标高 250m 以上为塔冠，核心筒外墙上延至弧形屋顶，在提供侧向刚度的同时，便于布置擦窗机。塔冠周边采用钢结构，框架柱为箱形钢管柱，截面□700 × 700 × 25 × 25，H 型钢梁间距为 4m，角部圆弧采用圆钢管，材质均为 Q345C，通过欧拉公式确定构件的计算长度系数。顶部塔冠布置如图 11.3-2 所示。

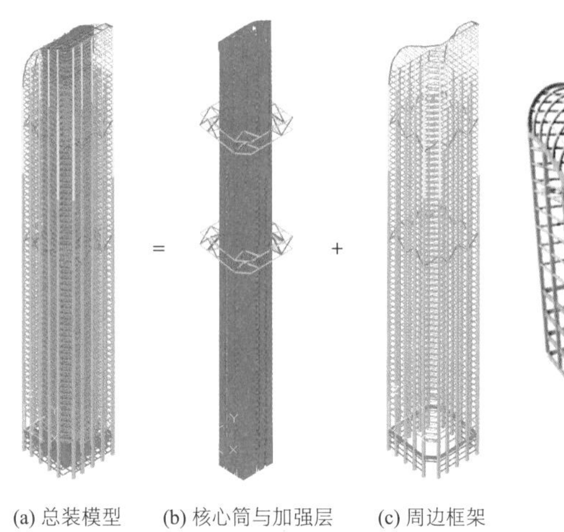

(a) 总装模型　(b) 核心筒与加强层　(c) 周边框架

图 11.3-1　结构体系示意图

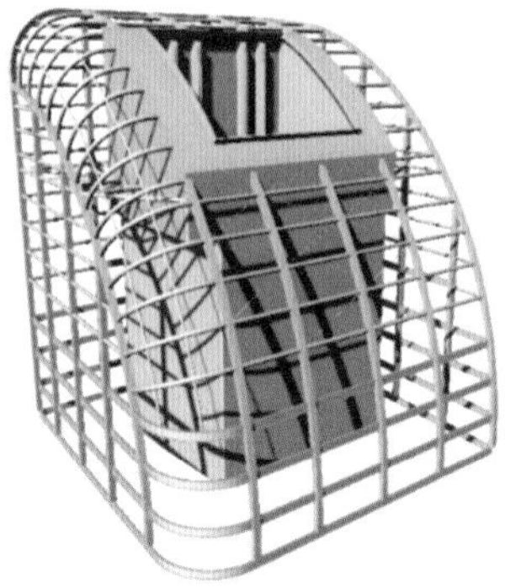

图 11.3-2　顶部塔冠

综合建筑效果、成本造价及当地实际情况等，分别对框架柱和楼板的形式进行了对比分析。外框柱形式对比结果如表 11.3-1 所示。

钢管混凝土柱与型钢混凝土柱对比　　表 11.3-1

	钢管混凝土柱（CFT）	型钢混凝土柱（SRC）
建筑效果	● 宜矩形或平行四边形	● 宜为矩形或平行四边形
结构设计	● 材料造价：仅考虑强度时有利，结合刚度需求时不利。 ● 占用空间：仅考虑强度时有利，结合刚度需求时不利	● 材料造价：仅考虑强度时不利，结合刚度需求时有利。 ● 占用空间：仅考虑强度时不利，结合刚度需求时有利
施工方面	● 熟悉程度：不利。 ● 施工复杂性：有利，且可缩短工期。 ● 施工质量：混凝土浇筑质量不易控制，后期检测不利	● 熟悉程度：有利。 ● 施工复杂性：不利，不能缩短工期。 ● 施工质量：混凝土浇筑质量难度宜控制，后期检测有利
其他成本	● 需额外防火措施	● 无需额外防火措施

结合银川地区的地质、气候、交通、场地等情况，综合以上优缺点的分析，最终选用型钢混凝土柱方案。

核心筒外楼板形式对比结果如表 11.3-2 所示。

压型钢板楼承板（闭口型）与钢筋桁架楼承板对比　　表 11.3-2

	压型钢板楼承板（闭口型）	钢筋桁架楼承板
建筑效果	● 可满足；楼板厚度一般不小于 130mm	● 可满足；楼板厚度可为 120mm，可提高建筑净空，在无需吊顶的情况下（如设备间等）优势更明显
结构设计	● 平行板肋方向和垂直板肋方向刚度差别非常明显，应作为单向板设计。 ● 施工阶段主要靠板肋提供刚度，肋高相对较低，施工阶段刚度比桁架板低。 ● 与混凝土共同工作界面大，与混凝土充分粘接，共同工作性能很好	● 可作为双向板设计，对板块分格适应性好。 ● 施工阶段主要靠钢筋桁架提供刚度，钢筋桁架高度较高，施工阶段刚度较好

续表

	压型钢板楼承板（闭口型）	钢筋桁架楼承板
防火性能	● 楼承板和混凝土接触面积较大，但作为组合楼板设计时也必须喷涂防火涂料，耐火性能一般	● 其受力钢筋完全被混凝土包裹，混凝土保护层厚度均匀一致，楼板过火后的修复等同于或更优于传统的现浇钢筋混凝土楼板，在任何情况下都无需喷涂防火涂料，耐火性能优良
防腐性能	● 双面镀锌压型钢板，按照英国标准，室内、干燥的条件下，首度需要防护的时间为22.5年，防腐性能较差	● 镀锌板仅作模板用，其防腐蚀性能不需满足建筑设计年限
材料成本	● 略高	● 略低
施工成本	● 需要在现场绑扎四排钢筋，有比较多的钢筋绑扎工作量	● 仅需要在现场绑扎两排钢筋，钢筋绑扎工作量少，施工成本低；且能够大大缩短楼板施工周期，具有显著的经济优势

结合银川地区的地质、气候、交通、场地等情况，综合以上优缺点的分析，最终选用钢筋桁架楼承板方案。

11.3.2 结构布置

南、北塔楼结构标准层平面布置如图11.3-3、图11.3-4所示。

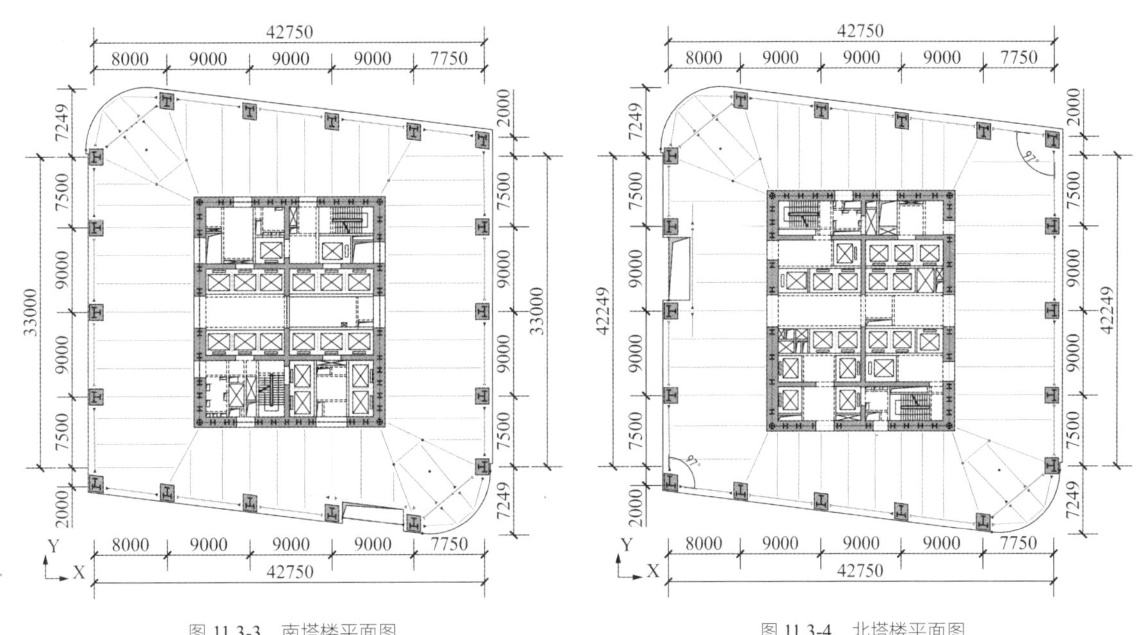

图11.3-3　南塔楼平面图

图11.3-4　北塔楼平面图

由于北塔楼的结构布置与南塔楼大体相同，结构抗震性能与计算结果非常接近。简明起见，以下仅给出南塔楼的相关内容。

1. 楼面梁和楼板

外框梁采用实腹H型钢，1～2层主要截面为H1100×400×28×40，以上楼层主要截面为H850×350×20×35。楼面梁主要采用HN500×200×10×16和HN496×199×9×14，满足承载力、挠度与舒适性要求。核心筒外采用钢筋桁架楼承板，普通楼层板厚120mm，伸臂桁架上、下弦楼层板厚180mm；核心筒内采用现浇混凝土梁板，楼板厚度130mm。首层楼板厚度200mm，覆土地下室顶板厚度为250mm。

2. 框架柱与核心筒剪力墙

采用型钢混凝土柱，下部型钢含钢率约为7%，上部含钢率约为4%。混凝土强度等级为C50～C60。外框柱截面规格见表11.3-3。

外框柱截面规格 表 11.3-3

楼层	柱截面	型钢截面	混凝土强度等级	钢材
52～56 层	1000mm × 1000mm	H500 × 400 × 30 × 35	C50	Q345B
43～51M 层	1100mm × 1100mm	H600 × 400 × 35 × 35	C50	Q345B
33～42 层	1200mm × 1200mm	H700 × 450 × 25 × 30 + T420 × 450 × 25 × 30	C60	Q345B
19～32 层	1300mm × 1500mm	H750 × 500 × 60 × 70 + T500 × 500 × 60 × 70	C60	Q345B
9～18 层	1500mm × 1500mm	H900 × 500 × 60 × 70 + T700 × 500 × 60 × 70	C60	Q345B
3～8 层	1500mm × 1700mm	H1100 × 500 × 60 × 70 + T700 × 500 × 60 × 70	C60	Q345B
地下 3 层～2 层	1500mm × 2100mm	H1500 × 500 × 60 × 70 + T700 × 500 × 60 × 70	C60	Q345B

核心筒外墙底部最大厚度 1300mm，逐渐减薄至顶层 400mm；内墙厚度从底部 600mm 逐渐减薄至 300mm；剪力墙连梁高度主要为 800mm。地下 1 层到地上 8 层的高度范围内，在核心筒外墙中设置型钢与钢板，提高墙肢受剪承载力。加强层及上、下一层，在剪力墙内布置型钢，改善构件抗震性能的同时，有利于与伸臂桁架钢构件连接。根据超限审查意见，控制剪力墙轴压比不超过 0.45。核心筒墙体截面规格见表 11.3-4。

核心筒墙体截面规格 表 11.3-4

楼层	纵向外墙厚/mm	横向外墙厚/mm	内墙厚/mm	混凝土强度等级
60～屋顶层	400	400	300	C40
52～59 层	500	500	350	C50
43～51M 层	700	600	400	C50
33～42 层	800	750	500	C60
19～32 层	1100	900	500	C60
3～18 层	1300	1100	500	C60
1～2 层	1300	1100	600	C60
地下 3 层～地下 1 层	1500	1400	600	C60

3. 伸臂桁架与环带桁架

结合避难层/设备层，在 33 层、33M 层和 51 层、51M 层设置伸臂桁架和环带桁架，与型钢混凝土柱、核心筒形成多重抗侧力体系，增强结构的整体性，发挥外框架柱抗倾覆的作用，从而显著提高结构的侧向刚度。加强层高度均为 8.4m。伸臂桁架弦杆与腹杆均采用箱形构件，环带桁架弦杆采用 H 型钢构件，腹杆采用箱形构件，构件截面规格见表 11.3-5，材质均为 Q420GJC。

伸臂桁架与环桁架截面 表 11.3-5

楼层	伸臂桁架		环桁架	
	弦杆	腹杆	弦杆	腹杆
33 层、33M 层	□900 × 800 × 100 × 80	□1450 × 800 × 100 × 60	H850 × 400 × 60 × 60	□600 × 600 × 65 × 65
51 层、51M 层	□900 × 500 × 80 × 50	□950 × 600 × 100 × 60	H850 × 350 × 50 × 50	□600 × 600 × 50 × 50

在水平力作用下，伸臂桁架端部受力集中。两个方向的伸臂桁架均需延伸至核心筒墙体内部，则多个钢构件交汇于外墙的角部。由于桁架板件厚度较大，而上部墙体厚度相对较薄，节点加工制作难度很大，通常需要采用铸钢件。

本工程进行节点设计时，伸臂桁架箱形构件在端部仅保留腹板，逐渐收窄构件宽度，适当增加腹板厚度、在双腹板之间设置连接板，方便桁架插入核心筒外墙和混凝土浇筑。此外通过采用钢板二次微弯工艺，将与墙体夹角较大的桁架杆件贯通，另一方向桁架杆件焊接在贯通构件之上。采用焊接工艺代替铸钢件后，可以显著节约造价、缩短工期。伸臂桁架与核心筒的连接构造如图 11.3-5 所示。

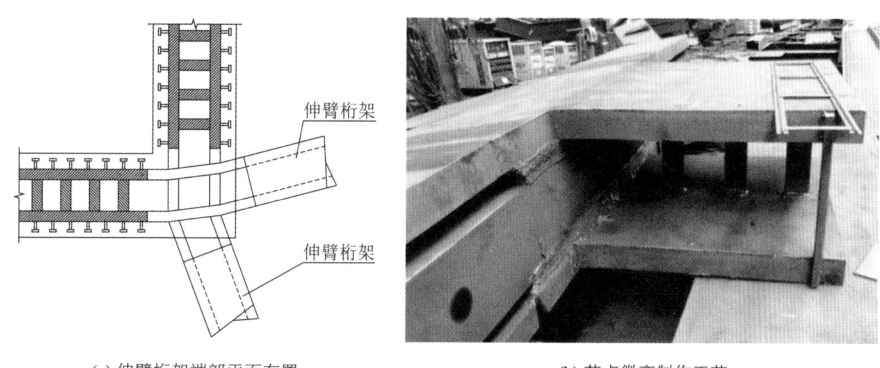

(a) 伸臂桁架端部平面布置　　(b) 节点微弯制作工艺

图 11.3-5　伸臂桁架与核心筒的连接构造

4. 基础设计

本工程地下室埋深约 15.7m，塔楼采用桩-筏基础，综合考虑核心筒剪切、冲切、受弯钢筋配筋率以及差异沉降控制等因素，塔楼底板厚 4.0m，混凝土强度等级 C40。钻孔灌注桩桩径为 1000mm，采用后注浆工艺，混凝土强度等级 C45。桩端持力层为⑪层细砂层或⑫层粉质黏土，桩长 45m，单桩竖向受压承载力特征值 12500kN。结构封顶时，核心筒实测最大沉降量为 65mm。塔楼基础平面布置如图 11.3-6 所示。

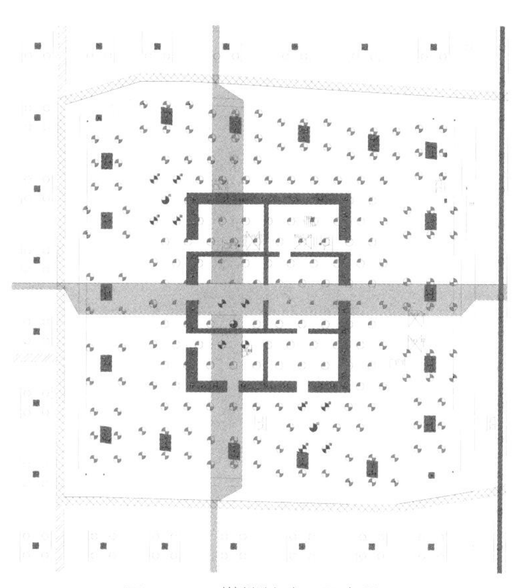

图 11.3-6　塔楼基础平面布置图

11.3.3　性能目标

1. 抗震超限分析和采取的措施

主塔楼在如下方面存在超限：（1）高度超过限值；（2）存在加强层；（3）塔冠有斜柱；（4）承载力有突变。

针对超限问题，设计采取了如下应对措施：

（1）采用两个不同软件的三维模型进行整体弹性静力与动力分析；

（2）塔楼设置两道带伸臂和环带桁架的结构加强层，提高侧向刚度，减小剪力滞后效应，减小框架柱竖向变形，提高结构抗扭刚度；

（3）结构加强层及相邻上、下层核心筒墙体角部设置型钢，与伸臂桁架连接，提高加强层筒体的承载力及延性；

（4）结构加强层伸臂桁架上下弦贯通墙体布置，以保证伸臂桁架内力在墙体内的传递；

（5）底部加强区核心筒角部设置型钢和钢板，以提高核心筒的拉弯、受剪承载力和延性；

（6）从 B1 层至顶层的筒体剪力墙、伸臂桁架的抗震等级为特一级；

（7）从 B1 至顶层剪力墙的轴压比不大于 0.45，以保证剪力墙的抗震性能；

（8）对核心筒剪力墙的底部加强区、伸臂桁架加强层及上、下各一层均设置约束边缘构件；约束边缘构件延伸到轴压比大于 0.30 的部位；

（9）计算加强层伸臂桁架时不考虑加强层上下楼板的作用；

（10）采用施工模拟，伸臂桁架在主体结构施工完成后再进行组装，保证伸臂桁架几乎不承受重力荷载，仅承受侧向荷载；

（11）对局部楼板开洞的地方，分析楼板的应力水平并采取加强措施，确保楼板有效传递内力；

（12）对整体结构进行了弹塑性动力时程分析，结构在罕遇地震作用下的层间位移角小于规范限值，同时对薄弱部位进行了加强。

2. 抗震性能目标

根据抗震性能化设计方法，确定了主要结构构件的抗震性能目标，如表 11.3-6 所示。

主要构件抗震性能目标　　表 11.3-6

地震水准			多遇地震	设防烈度地震	罕遇地震
性能水平定性描述			不损坏	可修复损坏	结构不倒塌
层间位移角限值			1/500	—	1/100
构件性能	核心筒墙肢	压弯	弹性	底部加强区、伸臂桁架层及其上下各一层：不屈服	底部加强区可形成塑性铰，破坏程度轻微，$\theta <$ IO；伸臂桁架层及其上下各一层可形成塑性铰，破坏程度可修复并保证生命安全：$\theta <$ LS
		拉弯	弹性	双向地震下钢板组合墙不屈服/其他墙肢拉应力不大于 $2f_{tk}$	
		抗剪	弹性	底部加强区、伸臂桁架层：弹性 一般楼层：不屈服	满足截面受剪承载力要求
	核心筒连梁		弹性（考虑刚度折减）	允许进入塑性	可形成塑性铰，最大塑性角小于 1/50，防止倒塌：$\theta <$ CP
	外框梁		弹性	允许进入塑性	可形成塑性铰，破坏程度可修复并保证生命安全：$\theta <$ LS
	伸臂桁架、环带桁架		弹性	伸臂桁架：不屈服； 环带桁架：弹性	允许进入塑性，破坏程度轻微：$\theta <$ IO
	外框柱	偏压偏拉	弹性	不屈服	可形成塑性铰，破坏程度可修复并保证生命安全：$\theta <$ LS
		抗剪	弹性	加强区和伸臂桁架层：弹性 一般楼层：不屈服	
	其他结构构件		弹性	允许进入塑性	可形成塑性铰，破坏较严重但防止倒塌：$\theta <$ CP
	节点		不先于构件破坏		

11.3.4 结构分析

1. 小震弹性计算分析

采用 YJK 和 ETABS 分别计算，计算结果见表 11.3-7～表 11.3-9。两种软件计算的结构总质量、振动模态、周期、基底剪力、层间位移角等均基本一致，可以判定模型的分析结果准确、可信。结构前三阶振型图如图 11.3-7 所示。同时进行了小震弹性时程补充分析，并按照规范要求根据小震时程分析结果对反应谱分析结果进行了相应调整。

总质量与周期计算结果　　表 11.3-7

项目		YJK	ETABS	ETABS/YJK	说明
总质量/t		1961363	1908406	97%	
周期/s	T_1	5.923	5.939	100%	Y向平动
	T_2	5.786	5.795	100%	X向平动
	T_3	3.439	3.249	94%	扭转振型
	T_4	1.716	1.688	98%	高阶振型
	T_5	1.593	1.561	98%	高阶振型
	T_6	1.285	1.218	95%	高阶振型

基底剪力计算结果　　表 11.3-8

荷载工况	YJK/kN	ETABS/kN	ETABS/YJK	说明
SX	51606.0	48353.7	94%	X向地震
SY	49296.7	47787.6	97%	Y向地震
Wind X	38103.6	34759.7	91%	X向风荷载
Wind Y	34244.9	31020.8	90%	Y向风荷载

层间位移角计算结果　　表 11.3-9

荷载工况	YJK	ETABS	ETABS/YJK	说明
SX	1/516	1/538	96%	X向地震
SY	1/508	1/513	99%	Y向地震
Wind X	1/553	1/640	86%	X向风荷载
Wind Y	1/503	1/527	95%	Y向风荷载

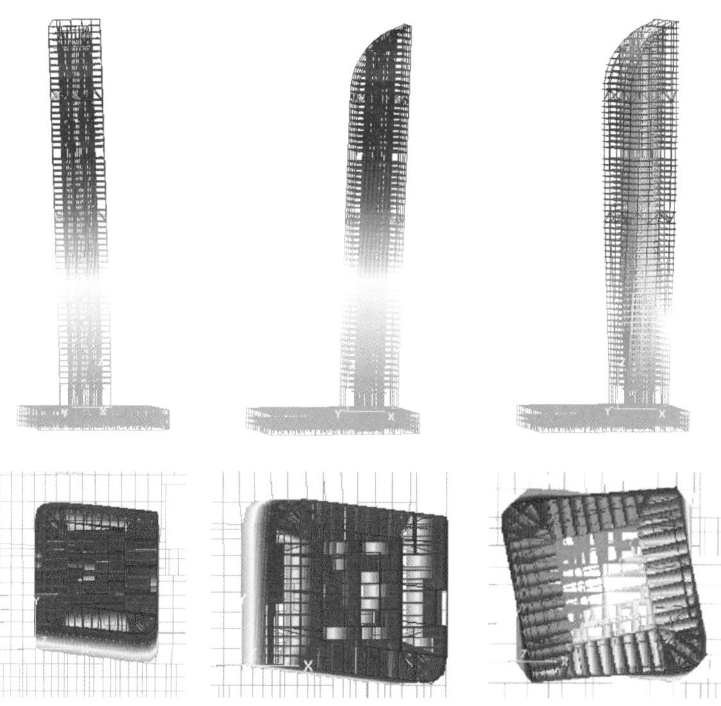

图 11.3-7　前三阶振型图

2．多遇地震弹性时程分析

根据《建筑抗震设计规范》GB 50011-2010 要求，应采用时程分析法对结构进行补充设计。采用 7 条地震波进行时程分析，包括 5 条天然波和 2 条人工波，与规范地震反应谱计算对比时，这些时程波的有效峰值加速度被调整到 70cm/s^2，如图 11.3-8 所示。

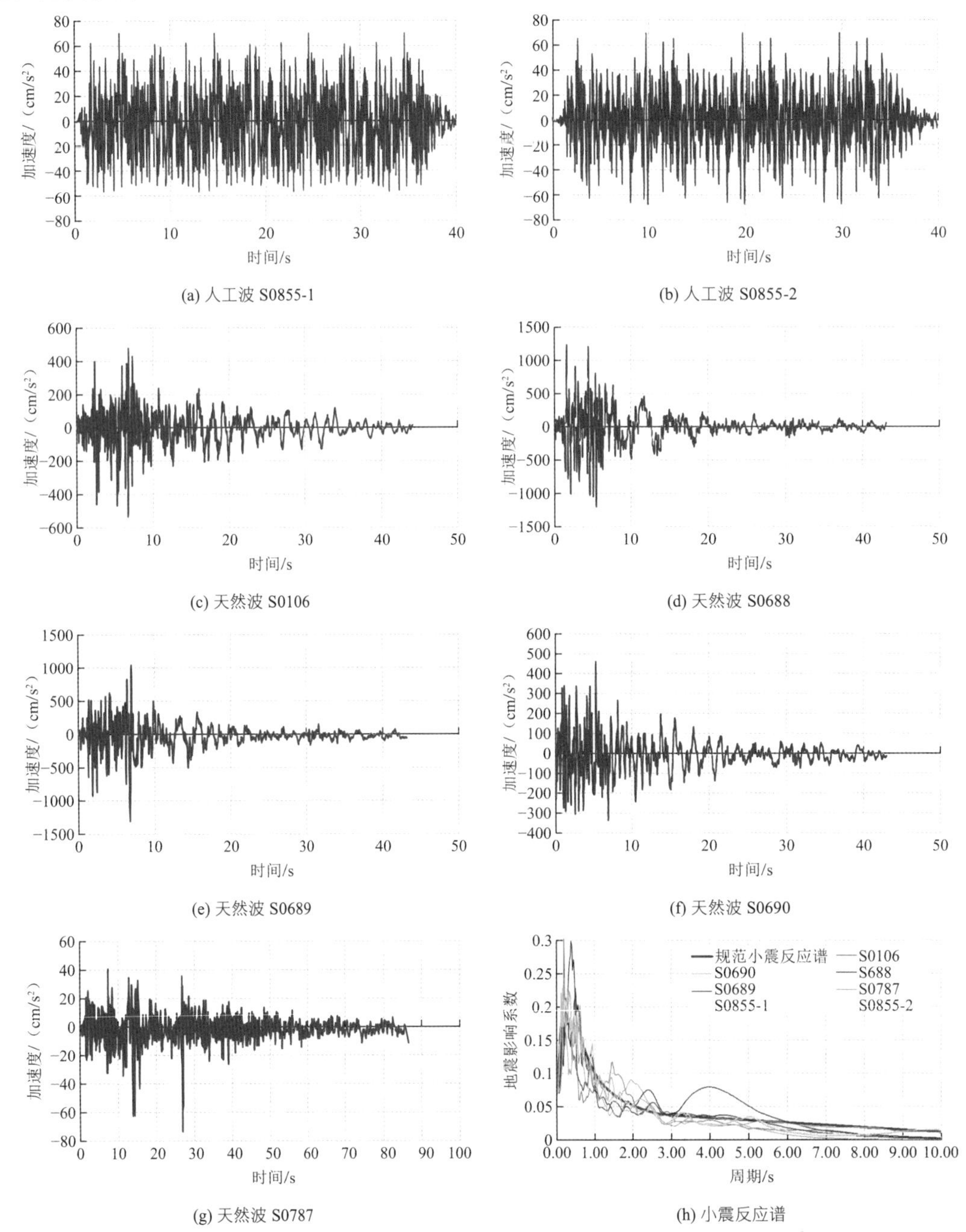

图 11.3-8　时程波、时程反应谱与设计反应谱比较

时程分析底部剪力比较见表 11.3-10～表 11.3-11。将这 7 组时程分析结果与多遇地震规范谱进行对比，在与规范谱对比的情况下，X方向时程底部剪力平均值约为规范谱底部剪力的 87.20%，Y方向时程底部剪力平均值约为规范谱底部剪力的 88.98%。

X方向时程计算结果　　表 11.3-10

地震作用		峰值加速度/（cm/s^2）	底部剪力绝对值/kN	时程/反应谱/%
规范小震反应谱	X方向	—	51606.05	—

续表

地震作用		峰值加速度/（cm/s²）	底部剪力绝对值/kN	时程/反应谱/%
人工波	S0855-1	70	47562.26	92.16
	S0855-2	70	45111.98	87.42
天然地震波	S0106	70	51420.52	99.64
	S0688	70	41950.80	81.29
	S0689	70	42077.83	81.54
	S0690	70	38319.23	74.25
	S0787	70	48576.93	94.13
平均值		—	45002.79	87.20

注：根据《高层建筑混凝土结构技术规程》JGJ 3-2010 第 4.3.5 条："弹性时程分析时，每条时程曲线计算所得结构底部剪力不应小于振型分解反应谱法计算结果的 65%，多条时程曲线计算所得结构底部剪力的平均值不应小于振型分解反应谱法计算结果的 80%。"

*Y*方向时程计算结果 表 11.3-11

地震作用		峰值加速度/（cm/s²）	底部剪力绝对值/kN	时程/反应谱/%
规范放大反应谱	*Y*方向	—	49296.76	—
人工波	S0855-1	70	45673.35	92.65
	S0855-2	70	39668.82	80.47
天然地震波	S0106	70	47309.68	95.97
	S0688	70	39477.12	80.08
	S0689	70	41490.15	84.16
	S0690	70	39221.45	79.56
	S0787	70	54197.64	109.94
平均值		—	43862.60	88.98

注：根据《高层建筑混凝土结构技术规程》JGJ 3-2010 第 4.3.5 条："弹性时程分析时，每条时程曲线计算所得结构底部剪力不应小于振型分解反应谱法计算结果的 65%，多条时程曲线计算所得结构底部剪力的平均值不应小于振型分解反应谱法计算结果的 80%。"

时程分析楼层位移角与反应谱楼层位移角比较见图 11.3-9。

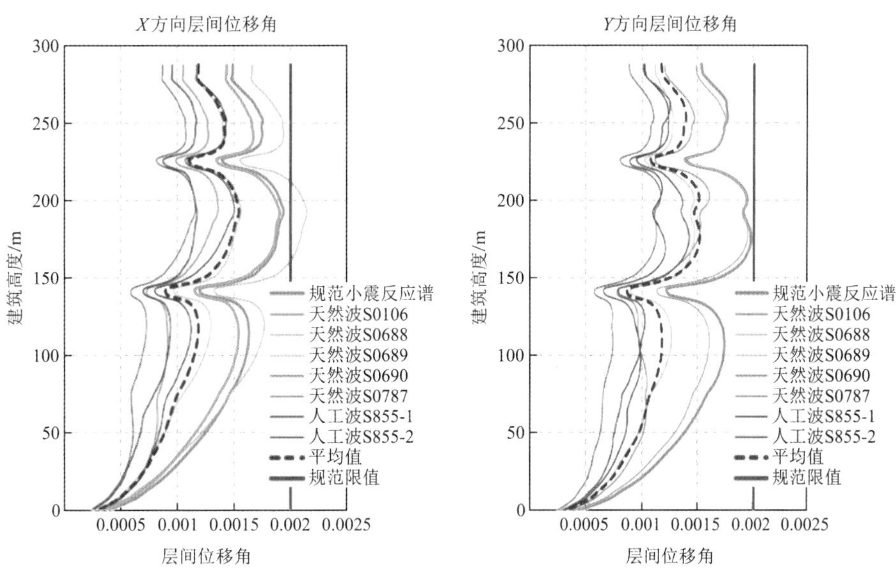

图 11.3-9 楼层层间位移角比较

时程分析楼层剪力与反应谱楼层剪力比较见图 11.3-10。

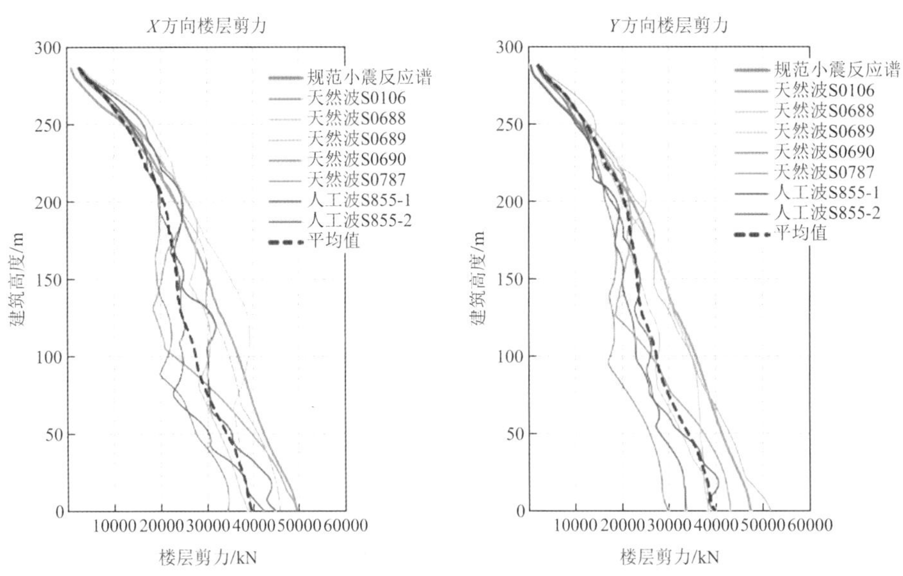

图 11.3-10　楼层剪力比较

3．动力弹塑性时程分析

采用 PERFORM-3D 进行结构的弹塑性时程分析，并考虑以下非线性因素：几何非线性、材料非线性、施工过程非线性。

1）非线性有限元模型

建立了 PERFORM-3D 三维非线性分析模型（不含地下室），有限元模型中的节点坐标、几何长度、构件截面尺寸、材料强度等级以及构件所配钢筋都与 YJK 弹性计算模型一致，弹塑性分析模型的荷载和结构质量，都是直接从弹性模型中读取，这些措施都保证了弹塑性模型和弹性模型的高度一致性。

2）地震波输入

根据《银川·绿地中心建筑方案调整抗震设防咨询意见》（2016 年 3 月 28 日），本报告采用三组强震地面运动加速度记录作为非线性动力时程分析的地震输入。在三组强震记录中，两组为与设计目标反应谱相符的真实强震地面加速度时程，另一组为与设计目标反应谱相符的人工模拟强震地面加速度时程，地震波持续时间均为 40s，时间间隔为 0.02s，如图 11.3-11 所示。

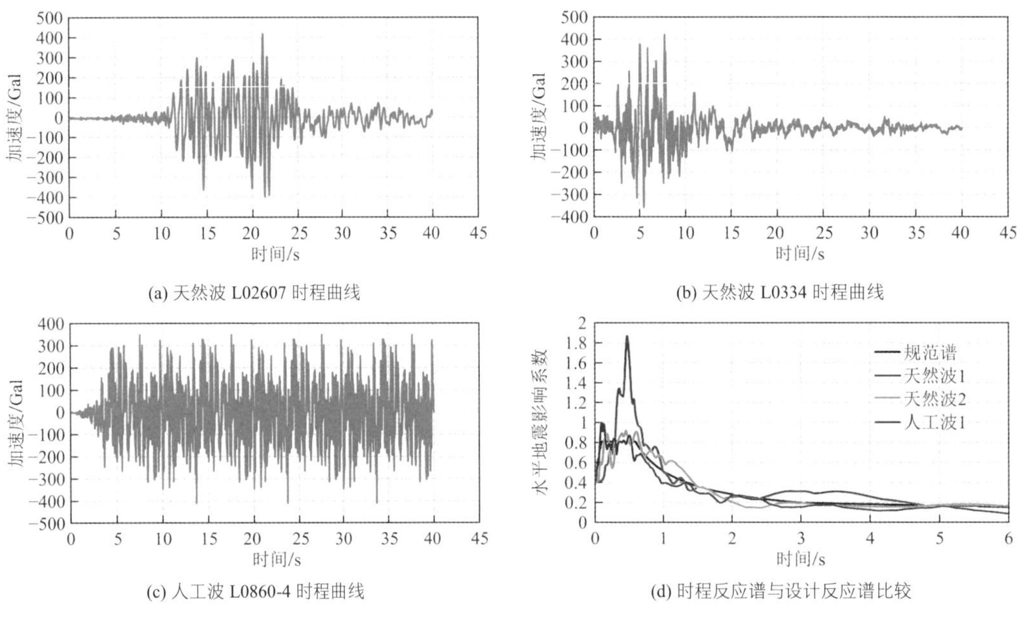

图 11.3-11　地震时程波示意图

3）动力弹塑性分析结果

（1）基底剪力

时程分析所得到的大震弹性、弹塑性基底剪力对比如表 11.3-12 所示。大震弹塑性底部总剪力与小震弹性底部总剪力之比在 2.90～3.50 之间，大震弹性基底总剪力与大震弹塑性基底总剪力之比在 1.35～1.67 之间，均在合理范围之内。

大震基底剪力及剪重比 表 11.3-12

地震波	大震弹塑性		大震弹性	
	基底剪力/kN	剪重比/%	基底剪力/kN	剪重比/%
天然波 1-*X*	181145	9.10	246949	12.68
天然波 1-*Y*	160098	8.04	237105	12.03
天然波 2-*X*	158359	7.95	249223	12.65
天然波 2-*Y*	143332	7.20	239336	12.15
人工波 1-*X*	173744	8.72	235013	11.93
人工波 1-*Y*	160635	8.07	217704	11.05
平均值-*X*	171083	8.59	243728	12.26
平均值-*Y*	154688	7.77	231381	11.64

罕遇地震下弹塑性基底剪力时程曲线（PERFORM-3D）与弹性时程曲线（SAP2000）对比如图 11.3-12 所示：

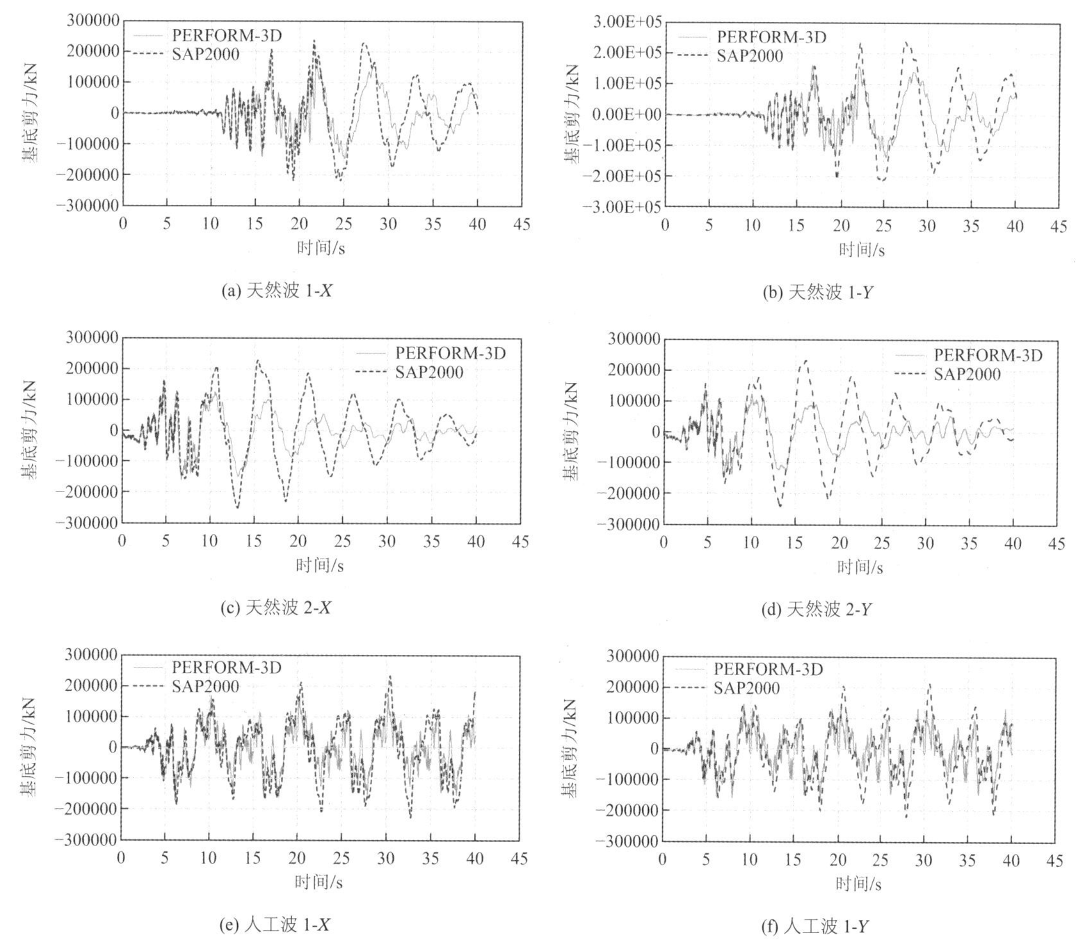

图 11.3-12 基底总剪力时程

（2）层间位移角

所选出的时程分析得到的层间位移角如图 11.3-13 所示，各楼层最大层间位移角均未超过规范限值，结构在大震作用下的弹塑性变形满足规范要求。

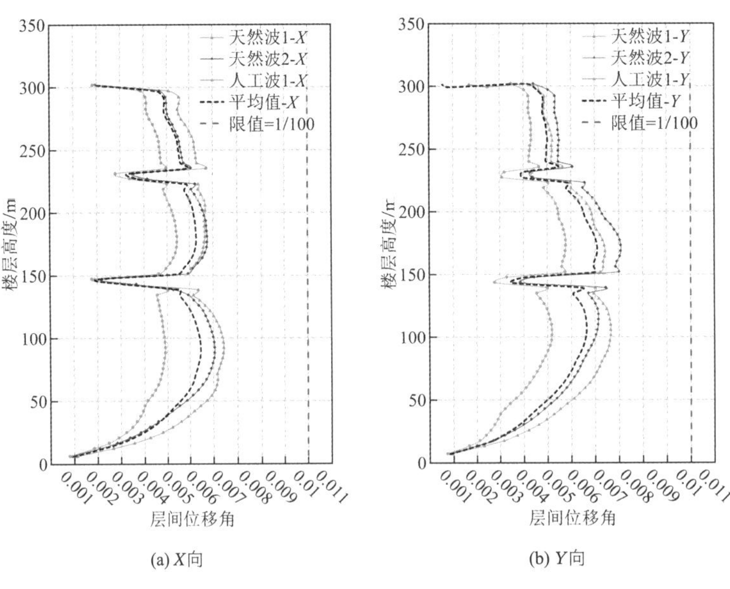

图 11.3-13　层间位移角

（3）罕遇地震下竖向构件损伤情况分析

图 11.3-14～图 11.3-17 给出了核心筒墙肢的混凝土损伤因子分布和外框柱、钢柱的钢材塑性应变分布情况，主要剪力墙墙肢基本完好，仅局部轻微损伤；型钢混凝土柱内型钢及钢柱均未进入塑性阶段；20 层以上大部分连梁混凝土受压损伤因子超过 0.5，发挥了屈服耗能的作用。

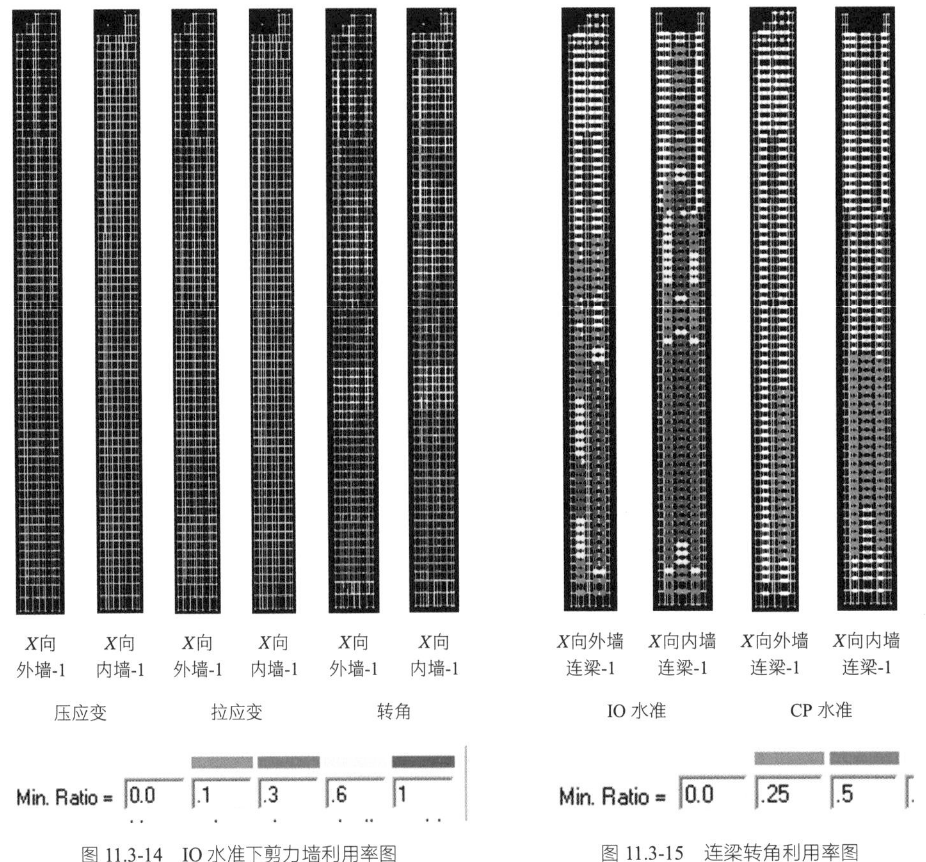

图 11.3-14　IO 水准下剪力墙利用率图

图 11.3-15　连梁转角利用率图

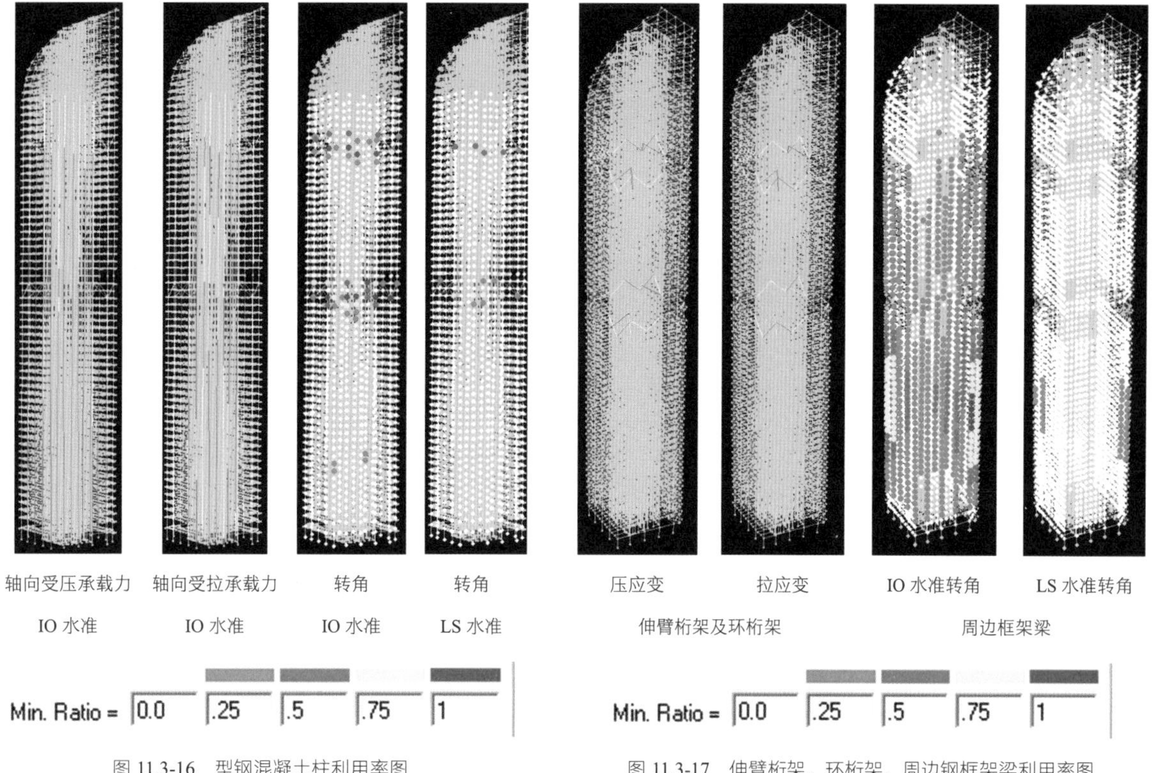

图 11.3-16　型钢混凝土柱利用率图

图 11.3-17　伸臂桁架、环桁架、周边钢框架梁利用率图

（4）结论

根据对本项目在大震作用下的非线性地震反应分析结果以及结构的抗震性能评价，可得出以下结论：

（1）罕遇地震作用下，结构X向最大层间位移角为 1/148（22 层），结构Y向最大层间位移角为 1/136（38 层），均小于抗震设防性能目标的位移限值（1/100），满足规范要求。

（2）剪力墙的压应变均满足 IO 水准要求，底部加强区个别角部墙体钢筋受拉达到屈服应变，但仍满足《现有建筑物的地震评估与改造》ASCE41-13 中规定的剪力墙拉应变 LS 水准要求。从剪力墙转角利用率可以看出，剪力墙转角均满足 IO 水准的性能目标。

（3）连梁耗能占结构总滞回耗能的 94.5%以上，其中人工波 1 连梁耗能均占结构总滞回耗能的 99%，核心筒外墙连梁和内墙连梁均不同程度地进入塑性耗能，部分已超过 IO 水准塑性转角，但均小于 CP 水准，满足性能目标。

（4）框架柱轴压比均满足要求，在桁架加强层及其上下各一层处部分框架柱转角超过 IO 水准，但仍满足性能目标要求，即转角小于 LS 水准，可考虑对此区域框架给予一定的加强。

（5）由伸臂桁架及环桁架压/拉应变利用率可知，桁架基本处于弹性状态。

以上分析结果表明，整体结构在大震下是安全的，达到了预期的抗震性能目标。

11.4 专项设计

11.4.1 中震下墙肢拉应力分析

计算墙肢拉应力时考虑型钢和钢板的作用，按弹性模量折算得到墙肢的名义拉应力：

$$\sigma = \frac{N}{b_{\mathrm{w}}h + (E_{\mathrm{s}}/E_{\mathrm{c}} - 1)A_{\mathrm{s}}} = \frac{N}{b_{\mathrm{w}}h[1 + (\alpha_{\mathrm{c}} - 1)\rho]} \leqslant 2f_{\mathrm{tk}}$$

式中：σ——墙体的拉应力；

N——中震（不屈服）作用下墙肢的拉力值；

A_s、ρ——构件钢板、型钢面积和含钢率；

b_w、h——墙肢的厚度与长度；

E_s、E_c——钢和混凝土的弹性模量。

塔楼核心筒外墙编号、设防烈度双向地震作用下核心筒外墙墙肢的名义拉应力如图 11.4-1 所示。首层核心筒角部墙肢名义拉应力的最大值为 9.67MPa，中部墙肢名义拉应力的最大值为 9.47MPa。随着楼层位置增高，名义拉应力迅速减小，8 层及以上楼层名义拉应力的最大值小于 $2f_{tk}$。

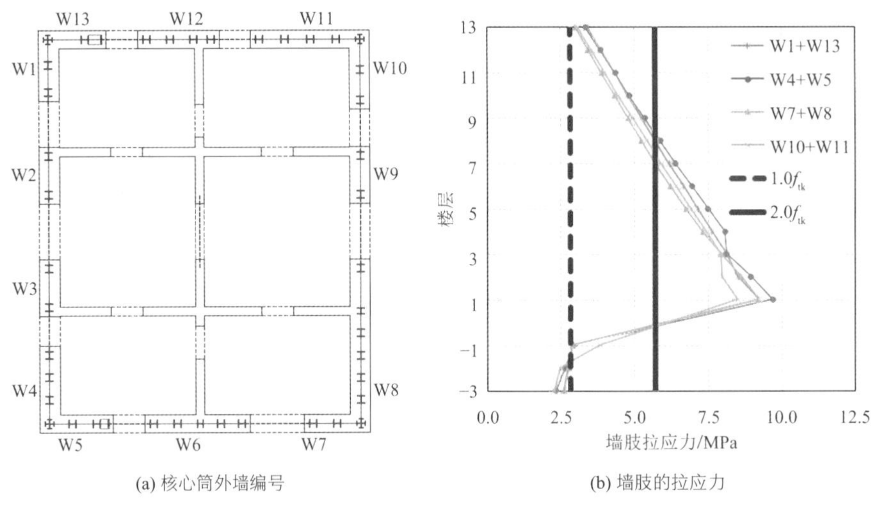

(a) 核心筒外墙编号 (b) 墙肢的拉应力

图 11.4-1 核心筒外墙在中震作用下墙肢的拉应力

在中震作用下，可按照小偏拉组合构件进行墙肢承载力计算。为了表征钢板混凝土剪力墙承受轴向拉力的特性，参照受压混凝土构件抗震设计方法，忽略混凝土对抵抗轴向拉力的贡献，将剪力墙在中震作用时承受的拉力与钢材受拉承载力之比作为构件的轴拉比n_t：

$$n_t = \frac{N}{f_p A_p}$$

式中：f_p——钢板强度设计值；

A_p——钢板的截面面积。

在清华大学教育部重点实验室进行 7 个钢板组合墙缩尺模型的拉弯试验。试验结果表明，当轴拉比不大于 0.6 时，钢板组合剪力墙具有良好的抗震性能。因此，在本工程进行中震作用下墙体小偏拉设计时，钢板组合墙按照轴拉比不大于 0.6 控制。

另在钢板组合剪力墙中配置长短栓钉以加强组合墙的整体性，现场施工情况如图 11.4-2 所示。

图 11.4-2 钢板组合剪力墙配置长短栓钉的施工

11.4.2 多连梁分析

1. 多连梁的构造形式

在超高层结构中，连梁的截面尺寸对结构侧向刚度影响很大。增大连梁的高度，连梁承受的剪力随之增大，无法满足剪压比要求，构件变形能力与耗能均变差，难以实现“强剪弱弯”的变形机制。减小连梁高度将导致结构侧向刚度不足。

在核心筒建筑门洞的位置，可以利用门洞上方的高度设置双连梁，连梁之间的空隙可供设备管线通过。此外，为了避免结构中的墙肢过长，通常在长剪力墙的中部设置结构洞口。沿楼层高度均匀布置多个连梁取代传统的单连梁，令多个连梁的抗弯刚度之和与单连梁的抗弯刚度相等，剪力墙结构的侧向刚度保持不变。多连梁中各连梁的截面高度小于单连梁，但其面积之和显著大于单连梁，使得连梁的抗剪能力大大提高。随着连梁截面高度减小，连梁的跨高比随之增大，可以显著改善连梁的变形能力与耗能能力，减小结构在罕遇地震作用下的层间位移角。多连梁的构造形式如图 11.4-3 所示。

2. 多连梁设计方法

在进行剪力墙多连梁设计时，令多个连梁的抗弯刚度与普通单连梁的抗弯刚度相等。

$$E_c I_1 = i \cdot E_c I_i$$

式中：I_1、I_i——普通连梁（单连梁）和多连梁的截面模量，$i = 2,3,\cdots$。

连梁的跨高比通常较小，在确定梁端部弯矩M与转角θ的关系时，需要考虑剪切变形的影响。根据连梁端部的弯矩，可以得到连梁的剪力。当多个连梁的抗弯刚度之和与普通连梁相等时，在水平荷载作用下塔楼墙肢的转角沿高度基本保持不变，通过假定多个连梁梁端弯矩之和与普通连梁梁端弯矩相等，可得多连梁中各连梁截面高度与普通梁高度的关系如下：

$$h_i = \left(\frac{1}{i} \cdot \frac{1+\beta_i}{1+\beta_1}\right)^{1/3} h_1$$

式中：β_i——剪切变形影响系数，$\beta_i = 3.0(h_i/l_n)^2 (i = 1,2,3,\cdots)$；

h_1、h_i——普通连梁（单连梁）和多连梁的高度，$i = 2,3,\cdots$；

l_n——连梁的跨度。

对于采用单连梁无法满足剪压比要求、损伤程度较大的部位，采用多连梁代替单连梁，多连梁施工现场的情况如图 11.4-4 所示。

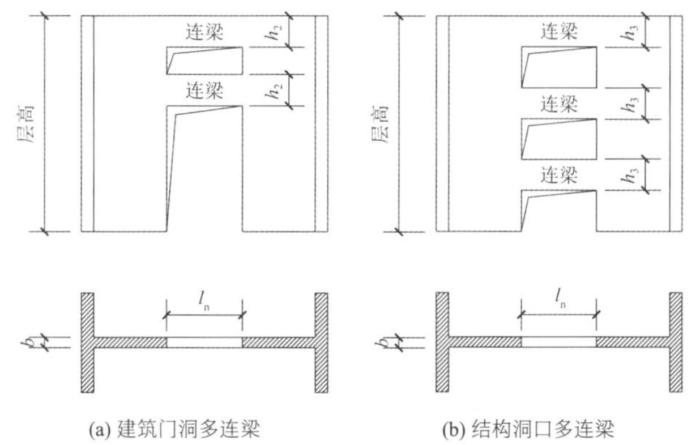

(a) 建筑门洞多连梁　(b) 结构洞口多连梁

图 11.4-3　多连梁的构造形式

(a) 建筑门洞的多连梁

(b) 结构洞口的多连梁

图 11.4-4　多连梁的应用

11.4.3 风洞试验与舒适度验算

为了确定结构设计风荷载与顶部楼层的风致加速度，在 RWDI 公司位于加拿大安大略省的 2.4m × 2.0m 边界层风洞中进行了风洞试验，模型缩尺比 1：500。测试范围包括塔楼周围 580m 半径范围内地貌与建筑物，风洞试验模型如图 11.4-5 所示。

图 11.4-5 风洞试验模型

根据《建筑结构荷载规范》GB 50009-2010 附录 J，计算得到塔楼顺风向顶点最大加速度为 0.073m/s^2，横风向顶点最大加速度为 0.176m/s^2，满足我国《高层建筑混凝土结构技术规程》JGJ 3-2010 中办公楼加速度不大于 0.25m/s^2 的舒适性要求。根据 RWDI 的分析结果，南塔楼 56 层 10 年重现期的加速度为 0.19m/s^2，满足《建筑物设计基础 建筑物和走道防振功能的适用性》ISO 10137-2007 对住宅和办公建筑风振加速度的要求。

11.4.4 长期荷载下结构竖向变形分析

在施工过程中及竣工初期，由于材料自身的物理特性，再加上整体结构的荷载不断增加，将导致结构会产生弹性的压缩变形和非弹性的变形（如混凝土的收缩和徐变），核心筒、框架柱的竖向绝对压缩变形主要对幕墙、隔墙、机电管道和电梯等非结构构件产生影响，需在施工阶段引入适当的变形容差以补偿预计的竖向构件变形，确保电梯等设备的后期正常使用。

同时，伸臂桁架端部采用后连接施工，以确保主体结构基本完成时，伸臂桁架基本处于内力很小的状态。因此有必要对核心筒、框架柱的变形进行估算，预估伸臂桁架两端的变形差异，并在设计和施工过程中预留变形量，采取措施保证伸臂桁架实现整体连接。

验算根据《公路钢筋混凝土及预应力混凝土桥涵设计规范》JTG D62-2004 和欧洲规范《混凝土结构设计 第 1-1 部分：一般规程与建筑设计规程》EC2: 1992-1-1: 1991，相关参数如弹性模量、材料强度标准值等均按照中国规范取值。选取的典型结构平面如图 11.4-6 所示，考虑三种变形：荷载作用下竖向压缩变形、混凝土收缩、徐变，计算结果如图 11.4-7 所示。

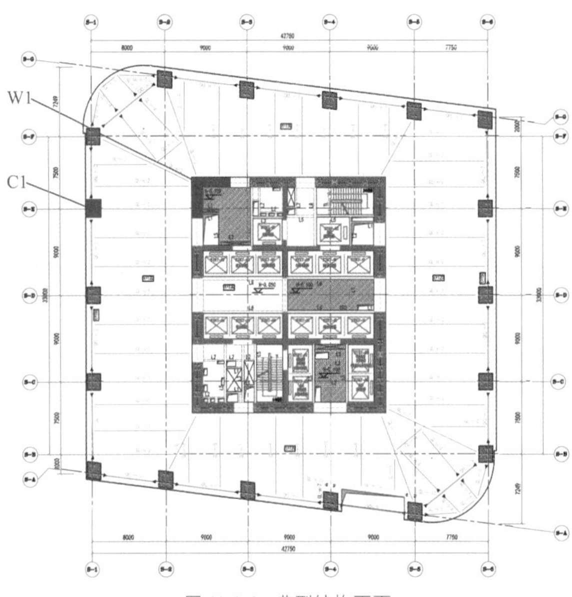

图 11.4-6 典型结构平面

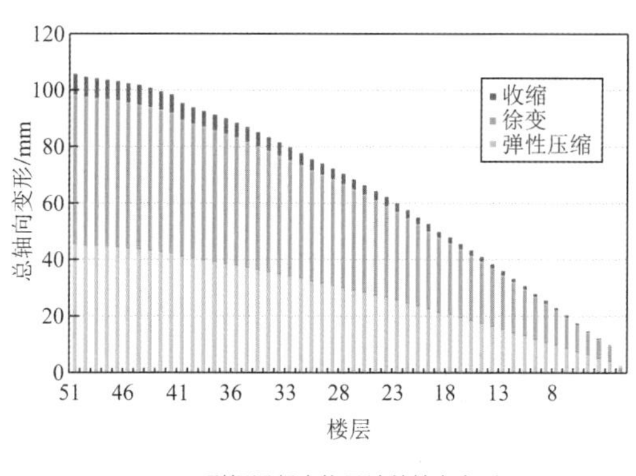

(a) C1 型钢混凝土柱累计总轴向变形

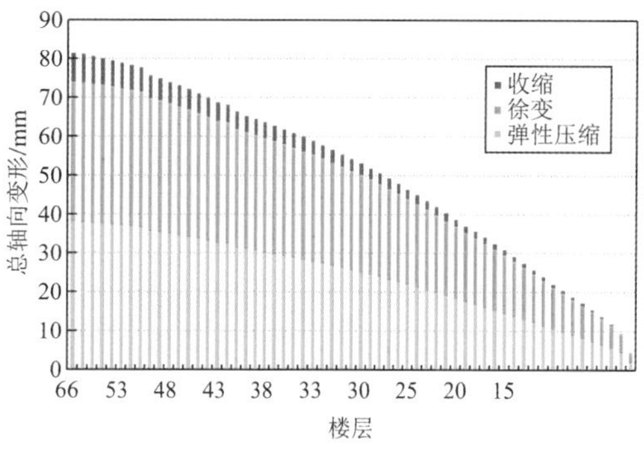

(b) W1 外墙累计总轴向变形

图 11.4-7　累计竖向变形图

根据前面的计算结果，采取以下措施保证结构的最终形态与设计中一致：

（1）核心筒和外框架之间的楼面梁均采用两端铰接，以避免两者在施工过程中的不均匀竖向变形导致的梁端受弯；

（2）对连接核心筒与外框柱的伸臂桁架采用后连接方法，以确保施工完成初期，伸臂桁架的内力几乎为零；

（3）由于内筒和外框架之间的收缩徐变差异，对于非结构的构件如填充墙、幕墙等应避免采用脆性材料刚性连接，应采用具有良好弹性和韧性的填充材料与结构构件进行连接；

（4）引入预设值补偿预测的压缩量，以使建筑层高与设想的一致；

（5）施工期间，建立完善的变形监测系统，根据变形观测结果，进一步调整找平量。

11.5 试验研究

当地震烈度高、建筑高宽比大时，倾覆力矩可能在核心筒剪力墙中引起较大的拉应力。迄今，国内外学者在钢板混凝土剪力墙在压弯受力状态下抗震性能研究方面已取得显著进展，但对其在拉弯受力状态下的研究几乎尚未展开。

11.5.1 试验目的

开展钢板混凝土剪力墙在低周往复荷载下的试验研究的主要的目的有四个方面：

（1）试验重点研究构件在拉弯受力状态时的承载能力、裂缝开展与变形能力；

（2）数值模拟轴拉力对钢板混凝土剪力墙初始弯曲刚度、滞回曲线、刚度退化规律、耗能能力、变形能力与延性系数、构件承载力以及破坏形态的影响；

（3）将试验结果与非线性有限元数值模拟、《组合结构设计规范》JGJ 138-2012 计算公式以及纤维模型计算软件 Xtract 三者得到的承载力进行比较；

（4）最后提出钢板混凝土剪力墙在拉弯受力状态下抗震设计建议，可为相关工程应用、理论分析和试验研究提供参考。

11.5.2 试验设计

在清华大学结构重点实验室进行了钢板混凝土剪力墙拉弯性能试验。根据实验室加载设备能力，对钢板混凝土剪力墙进行了缩尺模型试验，缩尺比为 1∶5。缩尺后试件截面长度为 1100mm，厚度为 220mm，高度为 2.5m，栓钉直径 8mm，长度 50mm，双向间距均为 200mm，钢板混凝土剪力墙试件几何尺寸及型钢/钢板与钢筋的配置情况见图 11.5-1 和表 11.5-1。钢材强度和混凝土强度采用实测值，钢材强度如表 11.5-2 所示，混凝土材性试验得到抗压强度平均值为 42MPa，根据《混凝土结构设计规范》GB 50010-2010 第 4.1.3 条计算得到抗拉强度平均值为 2.86MPa。试验时，水平加载点高度为 3.825m，剪跨比为 3.48。

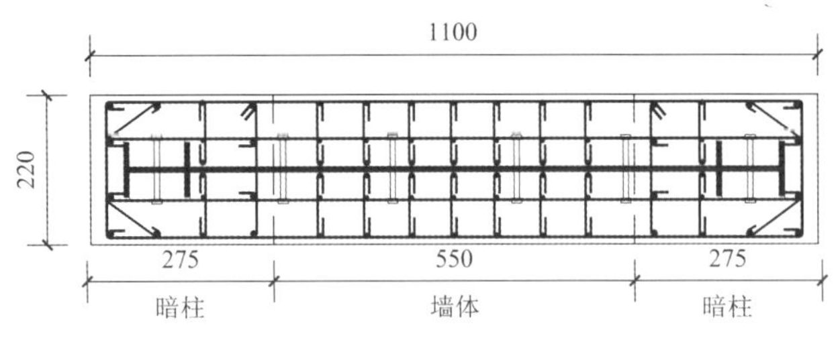

(a) 1∶5 缩尺钢板混凝土剪力墙模型构造

(b) 1∶5 缩尺钢板混凝土剪力墙模型

图 11.5-1　1∶5 缩尺钢板混凝土剪力墙试验

钢板组合剪力墙缩尺模型参数　　表 11.5-1

钢板	规格	钢筋	规格
强度等级	Q345B	强度等级	HRB335
型钢/mm	2H100 × 80 × 8 × 8	暗柱纵筋/暗柱箍筋	12⌀10/⌀6@50
钢板/mm	−800 × 6	竖向分布筋/水平分布筋/拉结钢筋	⌀6@70/⌀6@100/⌀6@150
含钢率ρ_a/%	3.6	配筋率ρ_s/%	1.27

钢材强度实测值　　表 11.5-2

钢材强度	钢板		钢筋	
	t = 6mm	t = 8mm	⌀6	⌀10
f_y/MPa	375.5	341.0	381.9	322.8
f_u/MPa	513.4	492.1	593.5	561.9

根据《建筑抗震试验方法规程》JGJ 101-96，采用拟静力方式对构件施加水平低周往复荷载。加载时，首先施加轴向拉力 2308kN，分四级等距施加；施加轴力完成后，开始进行水平加载。前期水平加载为力控制，分为 25kN、50kN 和 75kN 三级，每级荷载往复循环一次；当 2300mm 高度处位移计测得的位移角达到 1/400 后改为位移控制，每级位移增量为 5.75mm，相当于 1/400 位移角，每级加载循环 2 次，直至达到极限荷载。当构件不能维持施加的轴压力，或水平力下降到水平力峰值的 85%以下时，停止试验。

分别在钢板与钢筋底部距离地梁 100mm 处布置应变片，用以反映底部破坏部位应变状态，如图 11.5-2 所示。

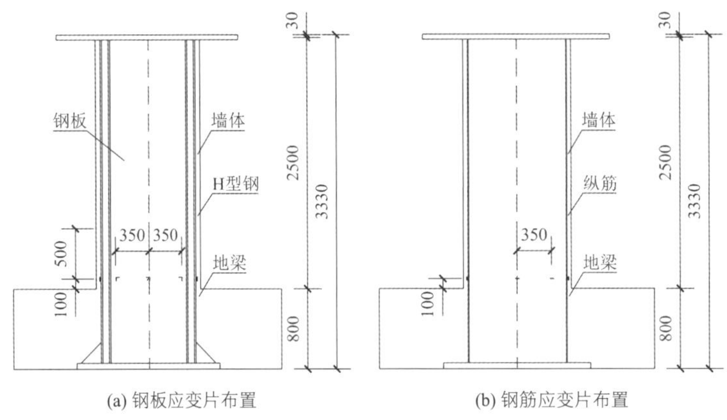

(a) 钢板应变片布置　　(b) 钢筋应变片布置

图 11.5-2　试件应变片布置

11.5.3 试验现象与结果

在施加轴向拉力的过程中，试件表面即出现均匀的水平裂缝，最大裂缝宽度为 0.13mm。加载至 1/400 位移角第二循环时，墙体裂缝出齐，均为水平裂缝，最大裂缝宽度为 0.16mm。加载至 3/400 位移角时，墙体根部出现通长裂缝，宽度为 0.3mm。加载至 1/100 位移角时，距墙体底部 200mm 高度处出现通长水平缝裂缝。水平位移加载到 7/400 位移角第一循环正方向时，试件承载力开始显著下降。试件破坏形态见图 11.5-3，试件的裂缝均为水平裂缝，无剪切斜裂缝，中下部通长裂缝较多且密，上部裂缝数量较少且未全部贯通。试验过程中未发生钢板与混凝土脱离的现象，说明二者协同受力性能良好。与压弯受力时的类似模型试验相比，由于拉弯受力时未发生混凝土压溃，故此构件的表观完整性较好。

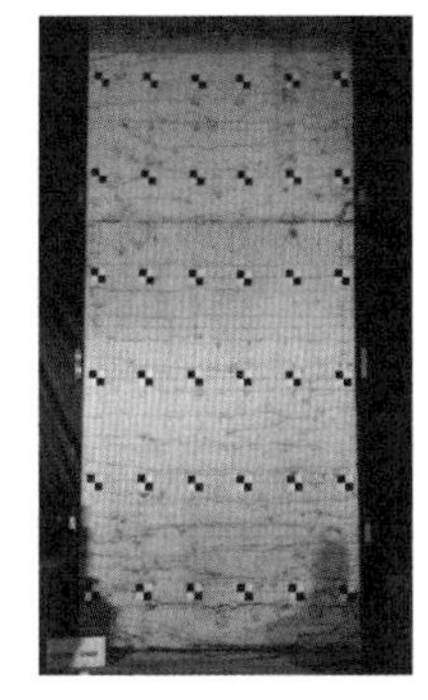

(a) 7/400 位移角时的裂缝分布

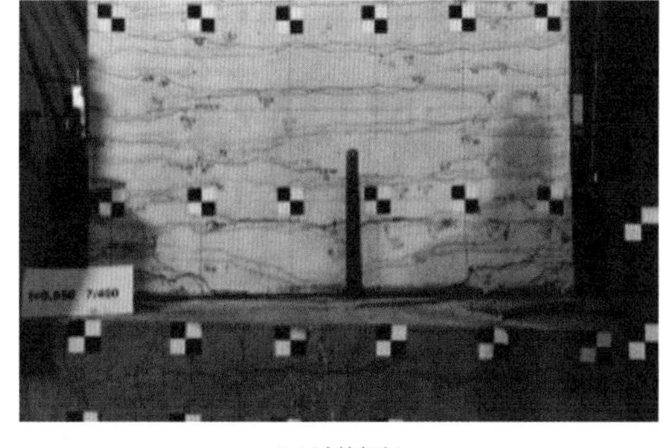

(b) 试件根部

(c) 破坏时的变形

图 11.5-3 钢板混凝土剪力墙拉弯缩尺模型试验情况

试件底部墙体钢板的纵向应变见图 11.5-4。从图中可以看出，随着水平往复荷载增大，端部暗柱与中部墙体的纵向应变随之加大，由于暗柱含钢率高于墙体，在相同水平荷载下暗柱钢板的应变小于墙体钢板。试件底部纵向钢筋的应变见图 11.5-5，钢筋应变随着水平往复加载逐渐增大，最大应变均超过钢筋的屈服应变。此外，在往复加载过程中，混凝土出现裂缝后应变的发展速度虽然滞后于纵向钢筋，但应变值仍然可以明显增大，二者能够实现较好的共同工作。

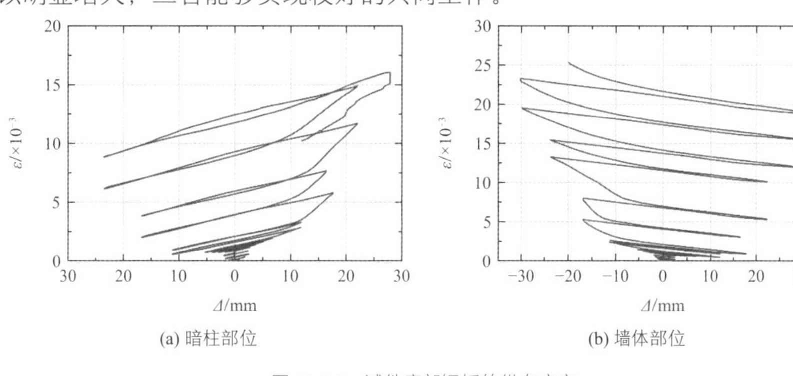

(a) 暗柱部位 (b) 墙体部位

图 11.5-4 试件底部钢板的纵向应变

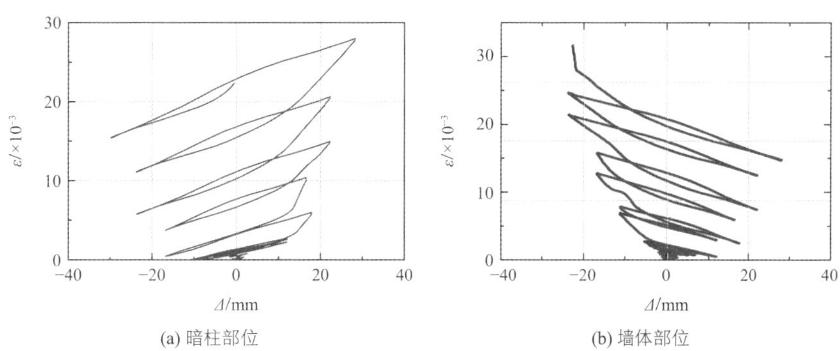

(a) 暗柱部位 (b) 墙体部位

图 11.5-5 试件底部纵向钢筋的应变

11.5.4 分析验证

钢板混凝土剪力墙缩尺模型试验得到的滞回曲线呈梭形，非常饱满，其滞回曲线、骨架曲线与非线性有限元分析结果吻合较好，试验得到的极限变形值和延性系数均大于有限元数值模拟，如图 11.5-6 所示。

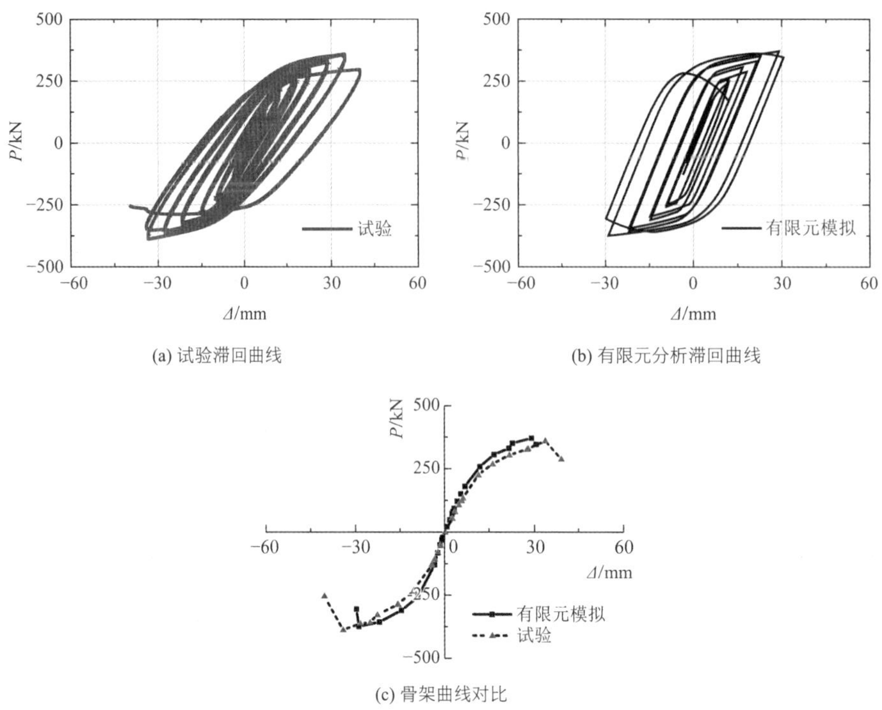

(a) 试验滞回曲线　(b) 有限元分析滞回曲线

(c) 骨架曲线对比

图 11.5-6　拉弯试验与有限元水平荷载-位移曲线比较

根据缩尺模型试验、非线性有限元分析、JGJ 138-2012 以及纤维模型 Xtract 软件得到的钢板混凝土剪力墙承载力见表 11.5-3。从表中可看出，非线性有限元数值模拟与试验结果最为接近。由于钢板混凝土剪力墙在拉弯作用下承载力无下降段，故其极限荷载即为荷载最大值。根据 JGJ 138-2012 得到的承载力最小，结果偏于安全。本文采用的纤维模型计算软件 Xtract 可以考虑钢板与钢筋屈服后的硬化效应，所以其承载力大于根据 JGJ 138-2012 确定的承载力。

钢板混凝土剪力墙缩尺模型拉弯试验的承载力与变形角　　表 11.5-3

方法		P_Y/kN	Δ_Y/mm	P_u/kN	Δ_u/mm	θ_u/rad	μ
模型试验	正向	282	18.2	361	38.6	1/60	2.12
	负向	287	16.2	387	36.4	1/63	2.25
非线性有限元	正向	286	19.8	371	30.5	1/75	1.54
	负向	290	16.0	374	29.7	1/77	1.86
JGJ 138-2012		—	—	222	—	—	—
Xtract 软件		—	—	253	—	—	—

通过上述钢板混凝土剪力墙缩尺模型试验，证实了采用非线性有限元法模拟构件拉弯承载力和变形能力等抗震性能的可靠性，并对构件拉弯受力时的破坏形态进行了有效补充。

11.5.5 试验结论

经过试验研究，并结合有限元分析，可以得到试验结论如下：

（1）提出的钢板混凝土剪力墙轴拉比定义，便于对拉弯受力时的抗震性能进行判断；

（2）在拉弯受力时，钢板混凝土剪力墙达到极限变形时承载力下降不明显，滞回曲线饱满，变形能力较强；

（3）轴拉比大小对钢板混凝土剪力墙的承载力与延性影响显著，轴拉比越大，承载能力越低，延性系数越小；

（4）轴拉比大小对钢板混凝土剪力墙的抗弯刚度影响很大，当轴拉比大于 0.2 时，其初始刚度下降超过 50%。随着水平荷载逐渐增大，其抗弯刚度不断降低；

（5）缩尺模型试验结果表明，当钢板混凝土剪力墙拉弯受力破坏时，试件表面出现多条水平贯通裂缝，最终根部钢筋拉断，承载力和变形能力等抗震性能与非线性有限元分析结果吻合良好；

（6）根据 JGJ 138-2012 以及纤维模型软件 Xtract 得到的拉弯承载力均小于试验值，结果偏于安全。

11.6 结语

本项目建设单位是绿地控股集团有限公司，建筑概念方案由约翰•波特曼建筑设计事务所完成。北塔结构初步设计由美国 H + P 结构事务所完成，南塔初步设计及南北塔，正式抗震超限审查报告和施工图设计均由中国建筑设计研究院有限公司完成，项目总承包单位为中铁城建，中冶建工和中建二局分别负责南、北塔的钢结构深化。

本项目于 2016 年 7 月完成终版超限审查，2017 年全面开工建设，2019 年 5 月结构封顶。塔楼现场施工照片见图 11.6-1。

图 11.6-1　塔楼施工现场场景

从银川绿地中心超高层双塔结构设计中可知：

（1）301m 双塔地处高烈度区，风荷载较大，采取了多种抗震加强措施，采用框架-核心筒 + 2 道伸臂桁架/环带桁架结构体系是可行的；

（2）在多遇地震与罕遇地震作用下，塔楼可以达到预期的抗震性能目标；

（3）通过厚板多次微弯工艺，并采用焊接工艺实现了伸臂桁架与核心筒角部复杂节点的加工制作，避免采用大型铸钢节点；

（4）塔楼底部楼层采用钢板组合剪力墙，通过配置长短栓钉，避免钢筋孔造成钢板削弱，提高了厚剪力墙的整体性；

（5）在中震作用下，钢板组合剪力墙按照小偏拉构件进行承载力计算，控制轴拉比不大于 0.6，可以有效减小钢材用量；

（6）建筑门洞与结构洞口受力集中的部位，通过采用多连梁技术，有效解决了连梁在地震作用下剪压比难以满足要求的问题。

参考资料

[1] 范重, 王金金, 王义华, 等. 钢板混凝土剪力墙拉弯性能研究[J]. 建筑结构学报, 2016, 37(7): 1-9.

[2] 范重, 王金金, 朱丹, 等. 钢板组合剪力墙轴心受拉性能研究[J]. 建筑钢结构进展, 2016, 18(5): 10-18.

[3] 刘畅, 范重, 朱丹. 宽连梁剪力墙及其抗震性能研究[J]. 建筑结构学报, 2015, 36(3): 36-45.

[4] 范重, 刘云博, 吴徽, 等. 剪力墙连梁滞回性能研究[J]. 工程力学, 2018, 35(6): 68-77, 87.

[5] 范重, 刘畅, 吴徽. 多连梁剪力墙及其抗震性能研究[J]. 建筑科学与工程学报, 2014, 31(4): 125-134.

[6] 范重, 刘学林, 黄彦军. 超高层建筑剪力墙设计与研究的最新进展[J]. 建筑结构, 2011, 41(4): 33-43.

[7] 吕西林, 干淳洁, 王威. 内置钢板钢筋混凝土剪力墙抗震性能研究[J]. 建筑结构学报, 2009, 30(5): 89-96.

[8] 孙建超, 徐培福, 肖从真, 等. 钢板-混凝土组合剪力墙受剪性能试验研究[J]. 建筑结构, 2008, 38(6): 1-5.

设计团队

结构设计单位：中国建筑设计研究院有限公司（南塔初步设计＋南、北塔正式超限审查＋施工图设计）
美国 H＋P 结构事务所（方案设计＋北塔初步设计）

结构设计团队：范　重、王义华、刘学林、王金金、张　宇、邢　超、胡纯炀、尤天直、刘　涛、刘家名、许　庆、朱　丹、刘先明、邓仲良、李　丽、高　嵩、刘新颖、杨　开

执　笔　人：王义华、范　重

获奖信息

2017 年中国建筑设计研究院优秀结构设计一等奖

2021 年第十三届中国钢结构金奖工程

第12章

首都博物馆新馆

12.1 工程概况

12.1.1 建筑概况

首都博物馆新馆工程位于北京市西城区复兴门外大街南侧，白云路西侧，是一个多功能大型公共建筑，占地面积 24800m^2，总建筑面积约 61700m^2，为北京市重点工程，是 21 世纪北京市标志性建筑之一。该建筑的设计使用年限为 100 年，建筑结构的安全等级为一级，建筑抗震设防类别为乙类。

首博新馆工程地下 2 层，地面以上平面呈长方形，长 144m，宽 65m，建筑总高度约 40m，分为北侧的主展览楼、椭圆形展览楼、南侧的管理办公楼及东侧钢平台等几个部分。其中主展览楼呈长方形，地上 5 层，基本柱网尺寸为 16m × 18.7m，楼面标高 28.7m；椭圆形展览楼地面以上 6 层，内筒长轴 29.2m，短轴 21.2m，外筒长轴 34.0m，短轴 26.0m，以 10∶3 的斜率向北倾斜，在距±0.000m 标高约 10m 处突出墙面，屋面结构标高 39.5m；南侧的管理办公楼地上 6 层，檐口高度为 23m；东侧钢平台地上 6 层，顶层标高 28.4m。建筑屋盖东西方向长度为 168m，南北方向长度为 89m，其中椭圆形展览楼从大跨度屋盖的顶部穿出，并在与屋盖相交处设置环形采光带。

首博新馆的北立面如图 12.1-1 所示，该项目 2002 年进行设计，结构工程于 2004 年 2 月封顶，2005 年 3 月工程竣工，2006 年 1 月开始对公众开放。

图 12.1-1 首都博物馆新馆建筑创意图

12.1.2 设计条件

1. 本工程结构设计使用年限与安全等级

使用年限与安全等级　　表 12.1-1

结构设计使用年限（耐久性）	100 年
地基基础设计等级	甲级
建筑结构安全等级	一级
建筑抗震设防类别	乙类
抗震设防烈度	8 度

本工程±0.000m 处绝对标高 48.800m，室内外高差约为 3.3m。

2. 气候条件

北京地区的气候类型属典型的温带大陆性气候。春、夏季主导风向为南风，平均风速为 3.4m/s，典型风速约为 5.5m/s（指出现频率较高的风速），秋、冬季主导风向为北风，平均风速为 3m/s，典型风速约为 5m/s。

北京气象局近 30 年统计数据，北京地区年平均最低气温为−9.4℃，极端最低气温为−27.4℃；年平均最高气温为 30.8℃，极端最高气温为 40.6℃。平均相对湿度 58%；年平均降水量 640mm，主要降水集中于七、八月份，且多雷雨到大暴雨。

3．工程地质条件

根据北京市勘察设计研究院 2001 年 1 月 1 日提供的《首都博物馆新馆岩土工程勘察报告》，本工程场地位于永定河冲洪积扇中部，地层土质以黏性土、粉土与砂、卵石交互层为主，第三纪基岩层埋深为 24.00～28.00m。场区地形较平坦，一般地面标高约为 45.50m。本工程基础持力层为黏质粉土、砂质粉土⑤层，粉质黏土、重粉质黏土$⑤_1$层，砂质粉土$⑤_3$层，综合考虑的地基承载力标准值f_{ka}为 250kPa。

根据试验分析结果，拟建场区地下水水质对混凝土结构无腐蚀性，但在干湿交替条件下，对钢筋混凝土结构中的钢筋有弱腐蚀性。

4．场地抗震设防要求

根据中国地震局分析预报中心提供的本工程《建设场地地震安全性评价报告》，本工程场区的地震基本烈度为 8 度，只考虑近震的地震影响。工程场址场地土类型为中硬场地土，建筑场地类别为Ⅱ类。在地震烈度为 8 度和地下水接近自然表面的不利条件下，拟建场区内地基土无地震液化可能。

5．风荷载

基本风压$w_0 = 0.50\text{kN/m}^2$（100 年一遇），地面粗糙度为 C 类。

6．雪荷载

基本雪压$s_0 = 0.45\text{kN/m}^2$（100 年一遇），准永久值系数分区为Ⅱ。

12.1.3 建筑主要立、剖面图

首都博物馆新馆的北立面、东西方向剖面分别如图 12.1-2、图 12.1-3 所示。

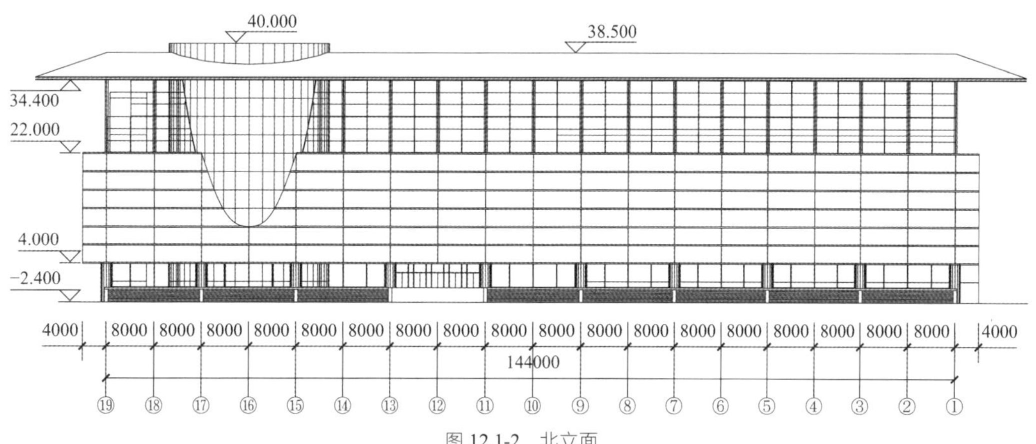

图 12.1-2　北立面

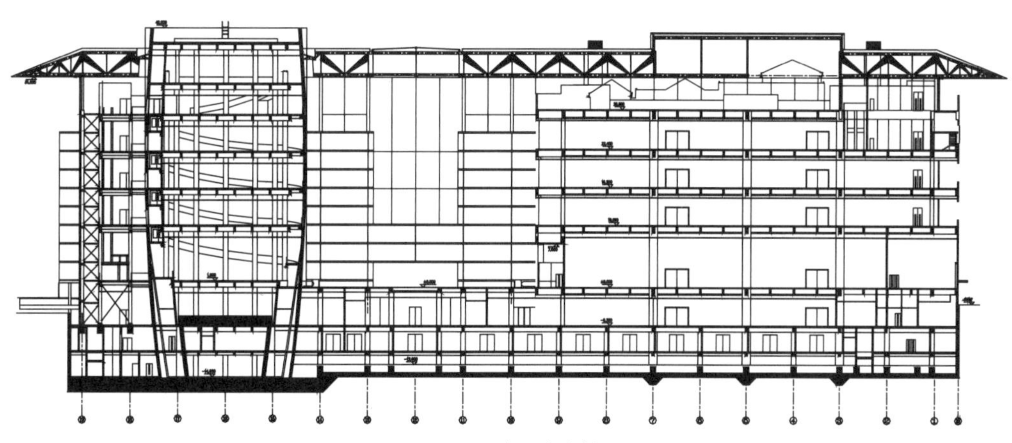

图 12.1-3　东西方向剖面

12.2 建筑特点

12.2.1 多个下部结构单元支承大跨度屋盖

本工程地面以上主要由主展览楼、椭圆形展览楼和管理办公楼三个相对独立的结构单元组成，各结构单元间仅在个别楼层以天桥相连。在建筑顶部，巨大的屋盖将三个相对独立的结构单元连接为一个有机的整体。除椭圆形斜筒斜穿屋面外，建筑要求其余墙体不能上升到屋面。首都博物馆新馆结构平面布置如图 12.2-1 所示。

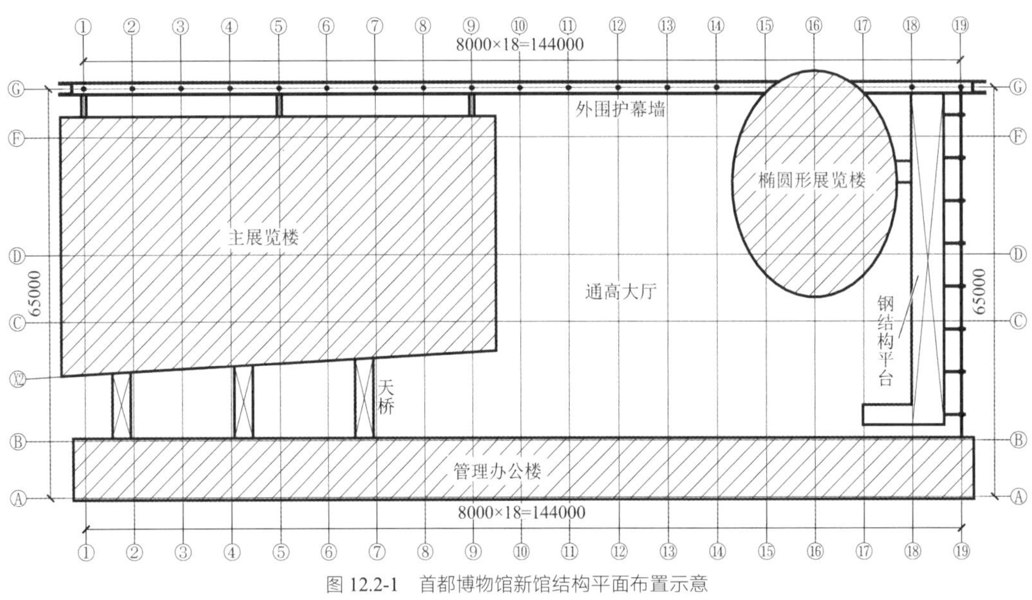

图 12.2-1　首都博物馆新馆结构平面布置示意

12.2.2 倾斜椭圆形展览楼

建筑设计为突出“青铜体”破墙而出的造型，椭圆形展览楼竖向按 10∶3 比例通高向北倾斜。椭圆形展览楼平面轮廓呈椭圆形，竖向由内、外筒组成，内筒长轴 29.2m、短轴 21.2m，外筒长轴 34.0m、短轴 26.0m；地上 6 层，地下一层至 6 层的层高依次为 7.2m、9.0m、6.0m、6.0m、6.0m、5.0m、6.5m，如图 12.2-2 所示。

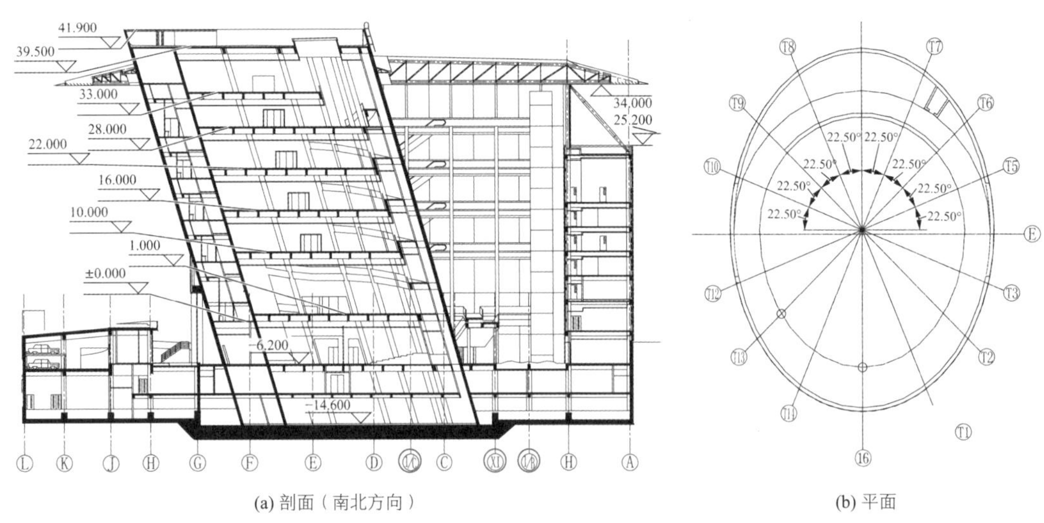

(a) 剖面（南北方向）　(b) 平面

图 12.2-2　椭圆形展览楼

12.2.3 大跨度悬挑屋盖

屋盖在建筑北侧的悬挑长度达 21m，在其他三面的悬挑长度为 12m。屋盖采用单坡排水，北侧高，南侧低，坡度为 2%，南、北挑檐上表面与下表面夹角均为 12°，东、西挑檐上表面与下表面的夹角由南到北从 12°连续变化到 16°，挑檐端部非常尖锐。为了采光和美观，有效减小风荷载，南、北挑檐离屋檐前端 1.6m 处设有宽度为 4.2m 的装饰百叶，如图 12.2-3 所示。

图 12.2-3 首博新馆东北立面

12.3 体系与分析

12.3.1 结构布置

该建筑物很难用普通意义上单一的结构体系来描述。全钢结构体系虽然也能够较好地满足受力和建筑功能要求，但造价较高，后期维护费用高，安全、防火性能相对较差，而且由于该建筑平面和立面布局都很不规则，节点设计、构件加工、施工安装难度很大。由于博物馆功能的特殊性，以及该建筑物的安全性和耐久性要求，经反复分析和研究，最终确定下部均采用现浇钢筋混凝土框架-剪力墙结构体系，上部采用大跨度钢结构体系，东侧钢平台采用钢框架 + 柱间支撑结构体系，较好地实现了建筑意图。

虽然三个结构单元各自均具有良好的抗侧刚度，但由于刚度相差悬殊，且椭圆形展览楼位置较偏，抗侧刚度分布不均匀，扭转效应较大，难以仅通过大跨度屋盖的刚度来协调下部结构的变形。因此主展览楼及椭圆形展览楼在标高 28.000m 以上，管理办公楼在标高 23.000m 以上采用钢结构。圆形截面钢柱通过 SRC 构件与下部的钢筋混凝土构件相连，并在钢柱柱顶直接支承大跨度钢屋盖。由于顶层层高较高，钢柱截面较小，协调变形能力强，可以有效地适应下部钢筋混凝土结构在地震作用下产生的相对扭转变形以及大跨度屋盖因温度变化产生的伸缩变形。首博新馆下部混凝土结构如图 12.3-1 所示。

1. 主展览楼

主展览楼呈长方形，地上 5 层，基本柱网尺寸为 16m × 18.7m。在标高 28.700m 以下，楼、电梯间分布均匀，经过合理布置剪力墙，尽可能使刚度中心与质量中心重合，形成钢筋混凝土框架-剪力墙结构体系，均具有良好的抗侧刚度。采用现浇钢筋混凝土井字梁楼盖，并在主梁中采用后张预应力技术以满足挠度、裂缝宽度要求。地下室均采用现浇钢筋混凝土梁板楼盖，并根据柱网尺寸双向或单向设置次梁。框架与剪力墙的抗震等级均为一级。

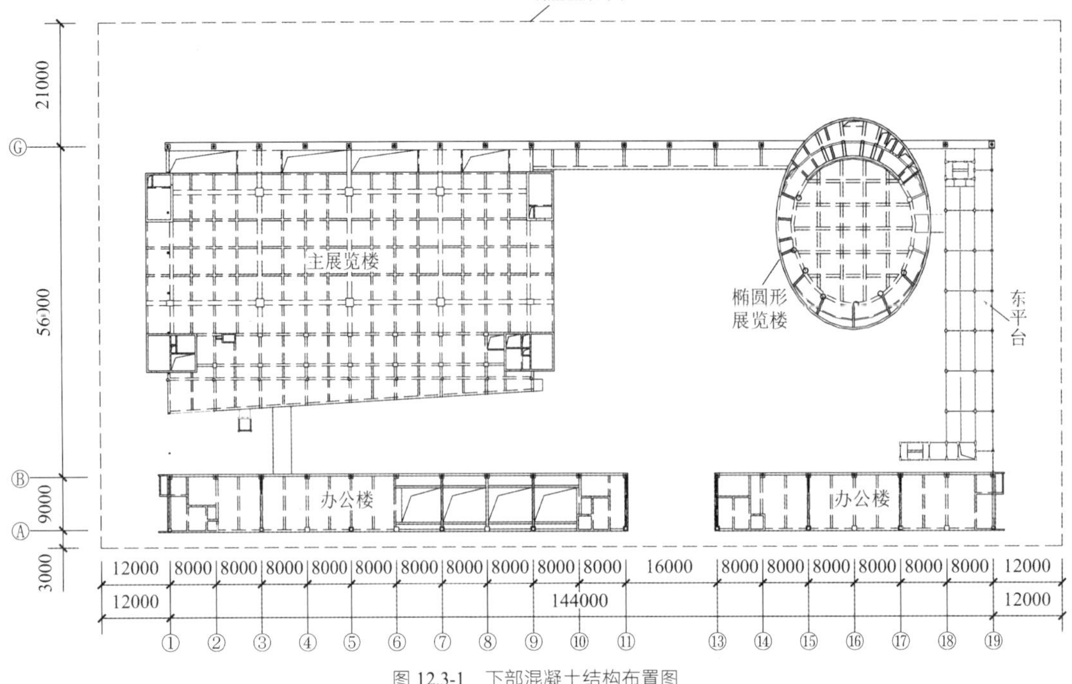

图 12.3-1 下部混凝土结构布置图

2. 椭圆形展览楼

由于结构沿竖向整体倾斜，产生很大的偏心荷载，结构设计需要解决整体稳定、抗倾覆、地基不均匀沉降、受拉区构件混凝土开裂、受压区构件应力集中等问题。椭圆形展览楼根据建筑功能的需要，外筒在标高 28.000m 以下均为 400mm 厚钢筋混凝土剪力墙，内筒在长轴北端沿圆周设置 400mm 厚钢筋混凝土剪力墙，其余部位沿圆周采用直径 900mm 的钢筋混凝土框架柱，并在每层楼面周圈设置截面尺寸为 600mm × 800mm 的框架梁，以加强内筒的整体性。内、外筒之间设置板厚为 150mm 的现浇钢筋混凝土坡道，加强内、外筒的有机联系及整体性。内筒楼面采用现浇钢筋混凝土单向梁板结构，楼面梁沿短轴方向均匀布置，在跨度较大的梁中适当配置预应力以减小挠度和裂缝宽度。虽然该筒体竖向按 10∶3 比例向北倾斜造成一定的扭转效应，但该扭转可通过结构自身刚度协调。通过在筒体上开洞等措施，可以有效地降低筒体侧向刚度，减小地震作用。

经上述结构布置，有效地保证了椭圆形展览楼的整体稳定性，不会因为局部构件的应力集中或开裂而影响其整体承载能力。设计中将椭圆形展览楼看作一个侧向刚度大、整体性强的刚体，对其进行整体受力分析。在偏心荷载作用下，基底局部压力远远高于平均值，底板局部加厚范围满足地基承载力要求。经计算，在竖向荷载作用下，该楼的荷载中心位于内筒范围内；在水平荷载（地震作用）与竖向荷载共同作用下，该楼的荷载中心位于外筒与内筒之间。因此，尽管该楼整体倾斜产生很大的偏心荷载，只要保证其整体性及地基不出现过大的不均匀沉降，就不致倾覆或倒塌。在偏心荷载作用下，最大压力出现在外筒北端底部，最大拉力出现在外筒南端地下一层楼面处。设计中，将该楼横截面简化为由内、外椭圆环组成，计算内、外筒长轴端部的最大压应力与最大拉应力，并采用 ANSYS 软件计算分析。计算结果表明：最大压应力远小于混凝土轴心抗压强度设计值；竖向荷载作用下的最大拉应力远小于混凝土轴心抗拉强度设计值，水平荷载（地震作用）与竖向荷载共同作用下的最大拉应力接近混凝土轴心抗拉强度设计值。

为了提高受拉区钢筋混凝土构件的抗裂与抗拉能力，采用提高墙体竖向钢筋配筋率、核心配筋柱、后张预应力技术等综合措施。在施工过程中，椭圆形展览楼斜筒的混凝土筒壁采用了特殊的滑模施工工艺，如图 12.3-2、图 12.3-3 所示。

图 12.3-2　椭圆形展览楼斜筒结构施工

图 12.3-3　椭圆形展览楼混凝土墙体

3．管理办公楼

管理办公楼柱网尺寸为 8m × 9m，采用钢筋混凝土框架-剪力墙结构体系，现浇钢筋混凝土梁板楼盖、次梁沿宽度方向布置。管理办公楼地上部分总长度为 148m，但宽度较小。由于管理办公楼使用功能复杂，楼面标高变化大。在设计时，结合建筑立面的要求将狭长的管理办公楼划分为东、西两部分，采用跨度 16m 的钢桥将东、西两部分连为一体。钢桥一端采用固定支座，另一端采用滑动支座。

4．地基基础

本工程地下 2 层（另有设备夹层），局部地下 1 层（纯地下车库），由于使用功能不同，基础埋深变化较大。由于椭圆形展览楼竖向按 10∶3 比例向北倾斜，产生很大的偏心荷载，尤其在北向水平力作用下，基底局部压力远远高于平均值。由于基础持力层的承载力较高，故本工程采用天然地基方案。采用现浇钢筋混凝土梁板式筏形基础，基础刚度较大。对巨型椭圆斜筒底板采取局部加厚等措施后，有效调节了偏心荷载引起的基底不均匀压力，使得天然地基满足承载力要求，实测沉降与差异沉降量均符合设计要求，经济指标较好。为满足建筑使用要求，本工程在地下部分不设防震缝、沉降缝、温度缝。考虑到该建筑平面尺度很大，采用在适当部位设置施工后浇带与膨胀加强带、选用适当的混凝土外加剂、提高结构配筋率等综合措施，并在施工时采取严格的温度控制与养护措施。

5．大跨钢屋盖

首博新馆的大跨度屋盖通过钢管柱支承在主展览楼、南侧的管理办公楼及东侧钢平台等几个相对独立结构之上，屋盖北侧钢柱高 12.5m，南侧钢柱高 10.5m，直径均为 500mm，柱顶与钢屋架铰接，柱脚与混凝土结构中的预埋钢板焊接。由于钢柱本身的抗弯刚度很小，相当于摇摆柱。为了满足建筑师对博物馆大厅美观和通透性的要求，在室外南侧办公楼顶部设置单斜支撑，钢管直径 299mm，间距为 16m，作为上部结构在南北方向的抗侧力构件；在建筑南、北两侧上部的钢柱之间，设置预应力拉杆作为纵向抗侧力体系。在建筑的东、西两侧，由于屋盖外挑 12m，为了有效地控制屋盖结构在东、西两侧及角部的变形量，为安装玻璃幕墙提供条件，在东、西两侧主桁架下弦与东侧钢平台、主展览楼混凝土结构之间设置了抗风柱。钢屋盖上弦平面如图 12.3-4 所示。

大跨度屋盖采用钢桁架结构体系，主桁架南北向布置，基本间距为 8m。为了展陈需要，在主展览楼的上部形成 32m × 20.4m 的局部圆弧屋面，并将 1 榀主桁架截断。在 11～13 轴礼仪大厅天窗的位置，主桁架间距改为 16m。为了使屋盖结构与椭圆形展览楼完全脱开，在钢屋架邻近椭圆形展览楼处开了一个长轴为 41m、短轴为 32m 的椭圆形大洞。在洞口附近，局部变为双向受力的网格结构，北侧角部局部柱距达 32m。

主桁架采用管桁架结构，弦杆和腹杆均为方钢管，腹杆与弦杆直接相贯焊接。主桁架在 B～G 轴之间跨度为 56m，南、北两侧悬挑长度分别为 12m 和 21m。主桁架在 B 轴处高度 2.4m，在 G 轴处高度

3.6m，主要节间长度为 3.4m。主桁架弦杆主要采用了□200 × 8、□200 × 10、□250 × 10、□250 × 12、□300 × 10、□300 × 12、□300 × 16，腹杆采用了□120 × 5、□300 × 12 等规格。

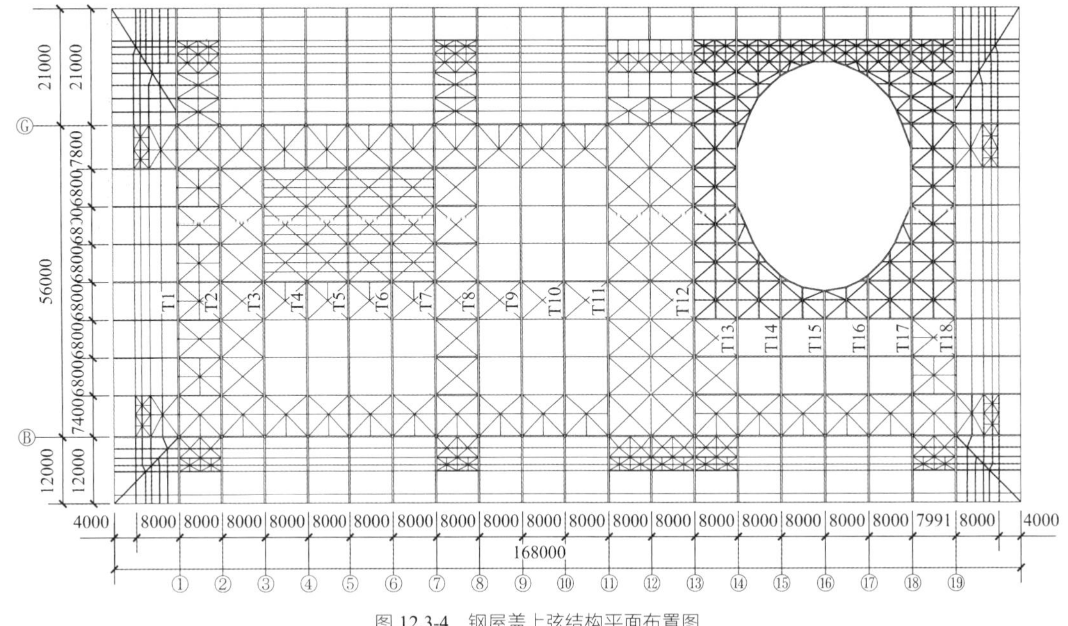

图 12.3-4　钢屋盖上弦结构平面布置图

在南、北两侧挑檐前端 1.6m 内侧设有宽度为 4.2m 的装饰百叶，为了增加桁架的侧向稳定性，将桁架的上、下弦杆件改为矩形钢管□100 × 200 × 8。在主桁架悬挑的端部，由于桁架的高度逐渐变为零，故采用实腹变截面 H 型钢，在屋盖边缘形成轻巧、飘逸的建筑造型。首博新馆屋盖结构的三维透视图如图 12.3-5 所示，主桁架 T5 和 T11 的构件布置如图 12.3-6 所示。

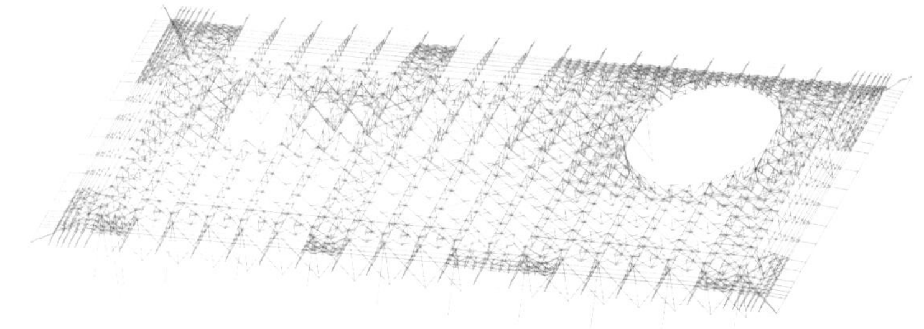

图 12.3-5　屋盖结构三维透视图

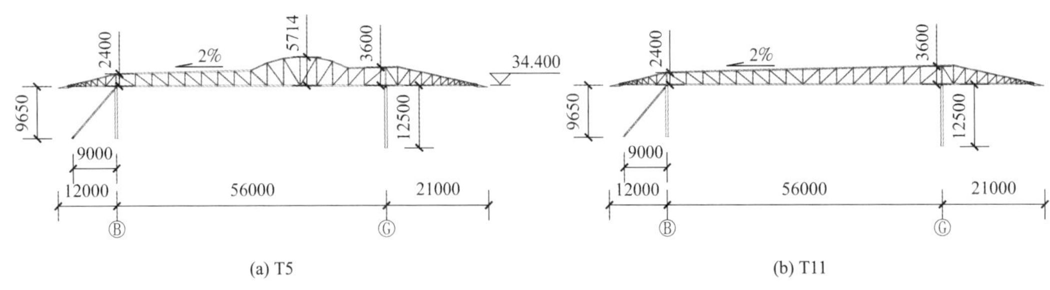

图 12.3-6　主桁架结构布置图

屋盖东、西两侧的悬挑桁架与主桁架类似，桁架的高度在 2.4～3.6m 范围内变化，在悬挑端部，桁架的高度逐渐变为零。悬挑桁架弦杆采用了□160 × 8，腹杆主要采用□80 × 4、□80 × 5、□100 × 4、□100 × 5、□120 × 5、□120 × 6、□140 × 5、□140 × 6。在悬挑桁架的端部，也采用了实腹变截面 H 型钢。屋盖的四角为双向悬挑结构，采用平面圆管桁架。在屋盖四角的斜向屋脊部位，采用了角部悬挑桁架，为了杆件连接方便，弦杆采用方钢管，腹杆采用圆钢管。为了方便施工、尽量减小现场高空焊接量，次结构与主桁架之间尽量采用高强螺栓连接。

局部网架的杆件采用正交平面桁架布置，在平行于主桁架的方向采用方管桁架，节点以相贯焊接为主；在垂直于主桁架的方向采用圆管桁架，节点以高强螺栓为主。在局部网架北侧的悬挑部位，跨度为32m，单向受力为主，采用了四榀焊接圆管桁架。局部网架椭圆形洞口边桁架的弦杆采用方管，腹杆采用圆管。上部钢结构和屋盖主桁架安装施工分别如图 12.3-7、图 12.3-8 所示。

图 12.3-7　上部钢结构安装施工

图 12.3-8　屋盖主桁架安装施工

屋盖的水平支撑体系采用圆钢管，为了增加屋盖结构平面内的整体刚度，下弦水平支撑在整个屋盖室内范围内满布，上弦支撑局部抽空。水平支撑构件的主要规格为 D95 × 4，刚性系杆的主要规格为 D159 × 5。在屋盖靠近悬挑端的周边，在交叉支撑的交点位置设置 H 型钢系杆，以增强水平支撑杆件的面外稳定性、减小主桁架弦杆面外的计算长度。在 11～13 轴天窗范围内，为了增强通透性，在主桁架弦杆之间支撑改为张紧圆钢。由于预张力将对其他构件产生附加作用，故将预张力度控制在 10MPa 以下。在计算模型中，此类低预应力杆件按只拉不压杆考虑，故预应力拉杆仅采用了普通热轧 Q345B 钢材。此外，钢屋架还在南、北两侧和中间等部位布置了完善的纵向支撑体系。

12.3.2　结构分析

1. 荷载组合与计算模型

由于结构本身的复杂性，在计算分析时分别建立了上部钢结构和上部钢结构 + 下部混凝土结构两种计算模型。上部钢结构模型采用浙江大学空间结构研究中心开发的空间网格结构分析设计软件 MSTCAD（2000 版）进行计算分析与构件优化，在荷载组合中考虑了恒荷载、活荷载、风荷载以及温度作用的影响。上部钢结构 + 下部混凝土结构模型分别采用了由中国建筑科学研究院编制的高层建筑结构空间有限元分析与设计软件 SATWE 与通用有限元分析软件 ANSYS 进行计算校核，在荷载组合中考虑了恒荷载、活荷载、风荷载和地震作用的影响。

（1）恒荷载标准值

在屋盖上弦平面，屋面板、檩条及其他附属设备自重总和为 0.40kN/m^2；在屋盖下弦平面，吊顶、暖通风道、消防喷洒水管、灯具及其他各种设备管线总重为 0.40kN/m^2；钢结构屋盖自重由程序自动生成。

（2）活荷载标准值

屋面活荷载标准值为 0.50kN/m^2，太阳能电池板 0.20kN/m^2，作用于屋架上弦平面指定范围内。

（3）温度差

结构在施工安装时的温度与使用过程中温度的最大差值为±30℃，建筑使用过程中室内外最大温差为 40℃（温度场）。

（4）荷载组合

在计算上部钢结构时，考虑了屋盖活荷载满布和 3 种不利布置。根据风洞试验的结果，屋盖的风压系数绝大部分为负值，故在考虑风荷载的组合中，对恒荷载的分项系数予以折减，表 12.3-1 考虑了 0°～360°之间每隔 45°一个风向角、共 8 个风向角，无地震作用与考虑地震作用时的工况组合如下。

工况组合 表 12.3-1

非地震工况组合		地震工况组合	
1	1.0 恒	1	1.2[恒 + 0.5 活]±1.3E_x
2	1.0 恒 + 1.0 活	2	1.2[恒 + 0.5 活]±1.3E_y
3	γ_0[1.2 恒 + 1.4 活]	3	1.2[恒 + 0.5 活]±1.3E_z
4	1.0 恒 + γ_0 × 1.4 风	4	1.0[恒 + 0.5 活]±1.3E_x
5	γ_0[1.2 恒 + 1.4 活 + 0.84 风]	5	1.0[恒 + 0.5 活]±1.3E_y
6	γ_0[1.2 恒 + 1.4 活]±30℃	6	1.0[恒 + 0.5 活]±1.3E_z
7	γ_0[1.2 恒 + 1.4 活 + 0.84 风]−30℃	7	1.2[恒 + 0.5 活]±1.3E_x ±0.5E_z
8	γ_0[1.2 恒 + 温度场]	8	1.2[恒 + 0.5 活]±1.3E_y ±0.5E_z
9	γ_0[1.2 恒 + 1.4 活 + 温度场]	9	1.2[恒 + 0.5 活]±1.3E_z ±0.5E_x
10	γ_0[1.2 恒 + 1.4 活 + 0.84 风 + 温度场]	10	1.2[恒 + 0.5 活]±1.3E_z ±0.5E_y
11	γ_0[1.35 恒 + 0.98 活]		
12	γ_0[1.35 恒 + 0.98 活 + 0.84 风]−30℃		
13	γ_0[1.35 恒]±30℃		

注：恒代表恒荷载，活代表活荷载，风代表风荷载，温度场代表相应温差的温度作用，E_x、E_y、E_z分别代表x、y、z向地震作用。

2．上部钢结构的内力与变形

在上部钢结构模型中，共有 10047 个杆单元，2808 个节点。根据 MSTCAD 软件的统计结果，包含钢柱、体外斜柱和柱间预应力支撑，总用钢量为 768.3t，单位面积用钢量为 55.2kg/m^2。

由于屋盖结构杆件布置多样，周边悬挑很大，存在局部圆弧屋面、主桁架间距变化、椭圆形洞口局部网架等情况，受力状态非常复杂。在满布活荷载的情况下，主桁架 T11 跨中最大挠度 164mm，北侧悬挑端部挠度 19.1mm，屋盖东北角部的挠度达 191mm。由于各榀桁架挠度曲线差异较大，在进行构件加工时，按恒荷载工况下的变形值进行预起拱。在竖向荷载作用下，主桁架 T11 跨中上弦杆的最大内力为−3330kN，下弦杆的最大内力为 3190kN。屋盖结构在 0°风向角（正北方向来风）时，主桁架 21m 悬挑的风荷载效应最大，T11 端部的最大向上位移 97mm，角部最大位移 109mm（向下），主桁架 T11 跨中上弦杆的最大内力为−404.5kN，下弦杆的最大内力为 299.7kN。

3．结构动力特性与抗震验算

下部混凝土结构的质量与刚度分布很不均匀，下部结构的刚度及其分布对上部钢结构的变形和内力有很大影响，因此在建立上部钢结构 + 下部混凝土结构整体计算模型时，将主展览楼、椭圆形展览楼、管理办公楼及东侧钢平台等下部结构直接输入计算模型，采用 SATWE 软件进行整体计算。为了研究地震作用对下部混凝土结构与屋盖结构的钢柱、柱间支撑、体外斜柱的影响，对屋盖结构进行了适当简化。计算结构表明，由于上部钢结构支承在几个比较独立的结构单元上，受下部结构动力特性的差异以及鞭梢效应的影响，上部钢结构的水平地震作用有明显增大。

为了详细考察首博新馆大跨度屋盖结构在地震作用下的响应，委托浙江大学空间结构研究中心重新建立了包括下部混凝土结构在内的屋盖结构整体分析模型。下部混凝土结构的梁、柱采用梁单元，剪力墙与楼板采用板壳单元。在计算模型中，构件按实际截面输入，仅对次梁进行了适当的简化，采用 ANSYS 软件进行计算。结构整体模型前 100 阶自振周期如表 12.3-2 所示。计算时分别考虑了水平方向与垂直方向的地震作用，采用振型分解反应谱法计算地震作用，考虑平动与扭转耦联的影响，共计算前 100 阶振型，采用完全平方和开方法（CQC 法）。通过结构整体模型对上部钢结构模型计算优化得到的构件截面进行验算，对于不满足要求的构件进行调整。

结构整体 ANSYS 模型自振周期　　表 12.3-2

阶数	周期/s	阶数	周期/s	阶数	周期/s	阶数	周期/s	阶数	周期/s
1	0.8369	21	0.4993	41	0.4072	61	0.3540	81	0.2997
2	0.7859	22	0.4986	42	0.4060	62	0.3491	82	0.2989
3	0.7303	23	0.4973	43	0.4054	63	0.3453	83	0.2969
4	0.6862	24	0.4959	44	0.3991	64	0.3435	84	0.2950
5	0.6512	25	0.4801	45	0.3973	65	0.3414	85	0.2921
6	0.6288	26	0.4666	46	0.3963	66	0.3316	86	0.2910
7	0.5991	27	0.4625	47	0.3939	67	0.3295	87	0.2881
8	0.5649	28	0.4590	48	0.3938	68	0.3268	88	0.2862
9	0.5633	29	0.4507	49	0.3917	69	0.3260	89	0.2847
10	0.5569	30	0.4458	50	0.3898	70	0.3224	90	0.2834
11	0.5475	31	0.4443	51	0.3865	71	0.3161	91	0.2816
12	0.5374	32	0.4408	52	0.3810	72	0.3157	92	0.2804
13	0.5238	33	0.4406	53	0.3758	73	0.3135	93	0.2774
14	0.5134	34	0.4347	54	0.3694	74	0.3096	94	0.2771
15	0.5029	35	0.4274	55	0.3678	75	0.3092	95	0.2760
16	0.5023	36	0.4258	56	0.3669	76	0.3056	96	0.2742
17	0.5007	37	0.4183	57	0.3639	77	0.3050	97	0.2726
18	0.5001	38	0.4132	58	0.3599	78	0.3029	98	0.2708
19	0.4997	39	0.4114	59	0.3593	79	0.3022	99	0.2701
20	0.4496	40	0.4080	60	0.3553	80	0.3002	100	0.2667

上部钢结构 + 下部混凝土结构整体计算模型的前 3 阶的振型如图 12.3-9 所示。从前 3 阶振型图中可以看出，前几阶振型均为屋盖钢结构的振动，其中第 1 阶振型为钢屋盖的竖向振动，说明钢结构屋盖的竖向刚度较弱。

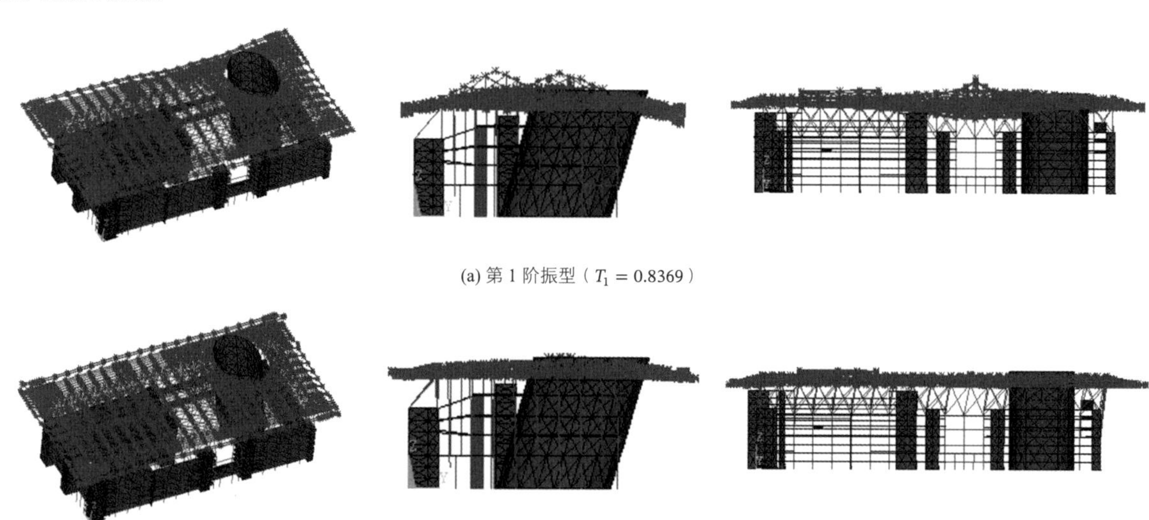

(a) 第 1 阶振型（$T_1 = 0.8369$）

(b) 第 2 阶振型（$T_2 = 0.7859$）

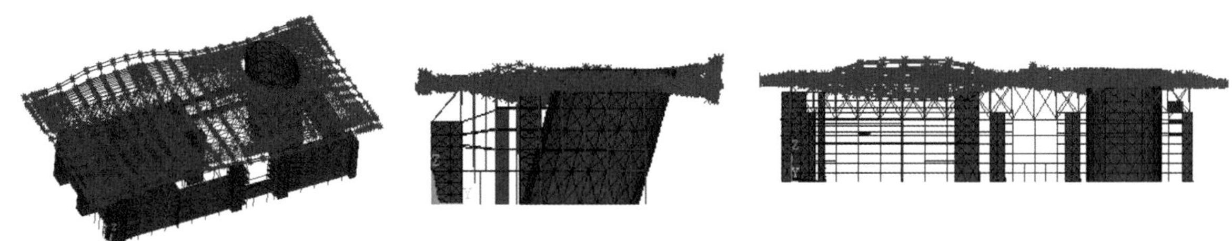

(c) 第 3 阶振型（$T_3 = 0.7303$）

图 12.3-9　结构前 3 阶振型

12.4 专项设计

12.4.1　方钢管桁架设计

1. 方钢管性能

屋盖结构使用的钢材种类较多，节点构造复杂，技术难度很大，屋架结构主要采用了热轧无缝圆钢管和热完成方钢管。圆钢管在我国的应用较多，目前国内热轧无缝钢管的规格尺寸比较齐全，供货能够保证，采用国产材料基本能够满足要求，而能够满足大跨度结构使用要求的方管还很少。热完成（Hot Finished）工艺首先使用轧辊将钢板辊弯成圆管，进行圆管整形后，采用高频焊工艺进行直缝焊接。焊缝修整、探伤完成后，用轧辊对圆管进行第二次尺寸调整。将圆管分段切割后，采用熔炉加热，并用轧辊将圆管挤压成方管。由于最后的成型过程是在正火条件下进行，可以有效地消除角部的残余应力，具有良好的焊接性能；通常只有一条对接焊缝，且焊缝在纵向与横向可与母材等强；角部的圆弧半径很小，可以控制在 0.5～2.0 倍钢管壁厚范围内，外观平直，当腹杆与弦杆同宽时，也可以实现相贯焊接；与此同时，截面的力学性能也比冷轧成型优越，根据欧洲规范，热完成钢管受压时的稳定系数高于冷轧管材。

从设计、定货和加工的实际情况出发，考虑到不同供应商之间的可代换性，应尽量采用方管截面，并有效地控制规格数量。

本工程大跨度钢屋盖建筑造型复杂，屋盖最大悬挑跨度达 21m，且局部开有 32m × 41m 的大洞，这在国内是罕见的；大跨度屋盖支承在几个相对独立的结构上，必须高度重视地震安全性；主桁架方钢管的节点设计在国内尚无相关的设计规范。因此，在设计上确保结构安全可靠、经济合理是非常必要的。由于冷加工的方管在角部将出现很大的残余应力，故不宜在大跨度屋盖这样重要的结构中使用。在本工程中使用了英国 Corus 集团生产的方钢管，材质为 S355J2H，采用热完成（hot finished）工艺。

2. 节点承载力

与圆管桁架相比，方管桁架相贯焊接节点的失效模式较多，需要同时用几个公式进行计算，通过比较确定最不利的情况。与此相应，方管桁架相贯焊接节点对弦杆与腹杆弦杆的壁厚、径厚比、截面高宽比、杆件之间相对管径关系都有更为严格的要求，节点设计的难度也大大增加。

为了节约用钢量、提高节点承载力，本工程中采取很多方法对主管进行补强。对于外观要求不高的部位，在壁厚较小的弦杆节点附近采用鞍形加强板、短套管等方式对弦杆进行局部补强。对于一些特殊节点，如主桁架北侧上弦的弯折点、屋盖角部斜向悬挑桁架与主桁架的连接节点，节点的空间关系非常复杂，局部采用厚钢板焊接的箱形截面。在首博新馆屋盖结构的方管桁架中，腹杆与弦管之间直接相贯焊接。方管桁架的相贯节点主要可以分为间隙节点与搭接节点两种情况，如图 12.4-1 所示。

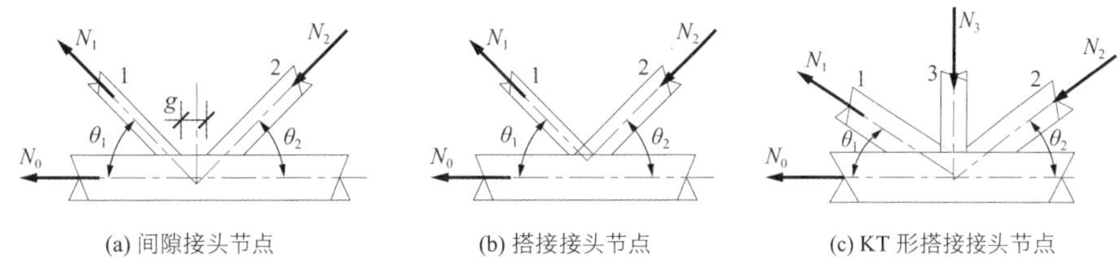

图 12.4-1　间隙节点与搭接节点

对于间隙节点或是搭接节点，满足一定的搭接率或适当的间隙宽度，K、Y 型节点两根腹杆的轴线一般不会交汇在弦杆的轴线上，会形成一定的偏心。目前各国管结构设计指南给出的偏心距范围如下：

$$-0.55 \leqslant \frac{e}{h} \leqslant 0.25 \tag{12.4-1}$$

偏心距e在无腹杆一侧为正，在有腹杆一侧为负。一般说来，偏心距的大小主要与主杆与支杆的管径比率及腹杆的角度有关。对于正常的管桁架来说，采用间隙节点时常会出现正偏心，采用搭接节点时一般会出现负偏心。

对于矩形管间隙节点，一般有弦杆表面塑性失效、剪切失效、有效宽度失效、弦杆冲剪失效等四种失效模式。经过计算比较，对于间隙节点，当$\beta < 0.85$ 时，节点承载力一般由弦杆表面塑性失效控制。当$\beta \geqslant 0.85$ 时，节点承载力一般由弦杆表面塑性失效和腹杆的有效宽度失效控制。对于搭接节点，腹杆有效宽度失效，即受压腹杆的局部屈服是控制节点承载力的关键，搭接节点承载力随搭接率的提高而增大。

例如 K 型节点，弦杆$b_0 = 300\text{mm}$，$t_0 = 12\text{mm}$；支杆$b_1 = 120\text{mm}$，$t_1 = 8\text{mm}$，$\theta_1 = 45°$；$b_2 = 140\text{mm}$，$t_2 = 10\text{mm}$，$\theta_2 = 45°$。弦杆轴力$N_0 = \pm1000\text{kN}$，K 型间隙节点与搭接节点的承载力分别如表 12.4-1 与表 12.4-2 所示。

K 型间隙节点承载力　　表 12.4-1

腹杆承载力	节点破坏模式			
	塑性失效	剪切失效	有效宽度	冲剪破坏
N_1^{pj}/kN	589.8/518.4	1770.9	679.7	1433.7
N_2^{pj}/kN	589.8/518.4	2936.2	949.9	1672.7

注："/"后的数字表示弦杆轴力$N_0 = -1000\text{kN}$ 时的承载力。

K 型搭接节点承载力计算公式　　表 12.4-2

腹杆承载力	搭接率		
	$O_V = 25\%$	$O_V = 50\%$	$O_V = 80\%$
搭接杆腹N_1^{pj}/kN	306.16	657.83	739.39
被搭接腹杆N_2^{pj}/kN	444.21	954.44	1072.78

综合加拿大、欧洲、日本及我国相关规范，间隙节点的破坏模式主要为弦杆表面塑性失效。从计算分析可以看出，在杆件截面和几何夹角不变的情况下，采用搭接型节点可以大大地提高节点承载力。搭接节点的承载力与弦杆受力状态无关，搭接率越高，节点承载力也越高。搭接节点的承载力明显高于间隙节点的承载力。在节点承载力不足的情况下，为节约钢材用量，应尽量采用加大腹杆截面高度并改用搭接型节点，避免使用加强板加强间隙型节点。

在方管桁架结构的节点设计时，主桁架的腹杆与弦杆直接相贯焊接，斜腹杆与竖腹杆则主要采用了搭接方式，搭接率一般为 50%。在加工支管端部时，采用数控三维自动钢管相贯线切割机进行精密切割，严格控制管口允许偏差值。由于方钢管表面平直，支管端部的切割与相贯焊接都比较容易。虽然搭接节点支管的切割麻烦一些，但节点的承载力高于间隙节点。

3．计算模型处理

（1）节点偏心的影响

偏心产生的次弯矩在受压弦杆时加以考虑，将节点的附加弯矩在节点两侧的弦杆上进行分配。受拉弦杆与腹杆则不需要考虑偏心的影响。如果将偏心控制在规定的范围以内，设计时偏心的影响可以忽略。应考虑檩条、马道等非节点荷载引起的局部弯矩的对拉杆的影响。

（2）杆件计算长度取值

我国钢结构规范对管结构的设计长度没有专门的规定，故可采用对一般平面桁架结构的计算长度规定。《钢结构设计规范》GB 50017-2003（征求意见稿）、《管结构设计指南》（加拿大）、《钢管结构设计施工指针》（日本）的计算长度规定如表 12.4-3 所示：

管桁架弦杆与腹杆的计算长度系数　　表 12.4-3

规范规程	弦杆		腹杆	
	面内	面外	面内	面外
《钢结构设计规范》	1.0	1.0	0.8	1.0
《管结构设计指南》	0.9	0.9	0.7	0.75
《钢管结构设计施工指针》	公式计算	公式计算	0.9	0.9

腹杆面外的计算长度与连接节点形式有很大关系，当采用管桁架时，腹杆四周焊缝与弦杆连为一体，这与节点板连接时平面外刚度很小有明显区别。腹杆考虑到杆端焊缝的约束作用，其计算长度系数可以折减。管桁架弦杆的平面外屈服长度，考虑到腹杆的增强效果，计算长度系数可适当折减。

（3）计算模型对挠度的影响

首博新馆的方管桁架采用搭接接头，将弦杆视为连续梁，腹杆与弦杆为铰接连接，相交杆件的中心线在节点处的偏心保持在允许偏心的范围内。与其他形式的桁架结构一样，在结构整体计算时一般可以不考虑节点偏心的影响。采用不同的节点方式对桁架的挠度计算有明显的影响。采用搭接节点时的挠度明显小于采用间隙节点时的挠度。当桁架采用间隙接头时，接头处的柔性较大，可将所有的节点均视为铰接，将变形的计算结果乘以放大系数 1.15 作为桁架的挠度值。大跨度屋盖施工过程与方钢管主桁架分别如图 12.4-2 和图 12.4-3 所示。

图 12.4-2　大跨屋盖钢结构施工

图 12.4-3　方钢管主桁架

12.4.2　大跨度悬挑屋盖

屋盖北侧挑檐长度达 21m，当来流方向为正北时，屋盖的风吸力很大，由前向后逐渐减小。为了减小屋盖悬挑部分的上吸力，在南、北挑檐离屋檐前端 1.6m 处设有宽度为 4.2m 的百叶结构。按投影面积计算，百叶结构的透气率约 50%。为了考察设置百叶对风压系数的影响，分别测试了透气率为 50%与百叶完全封堵两种情况。当风向角为 0°时，屋盖迎风面南北方向剖面的风压系数变化情况如表 12.4-4 所示。从表中可以看出，设置百叶对挑檐端部上、下表面的风压有很大影响，使来流方向压力系数的峰值明显减弱、后移，对屋盖内部压力系数的影响不大，但悬挑部分升力明显减小。由于悬挑结构前端的荷载效应最大，从减小风荷载效应的角度来看，在悬挑构件端部设置百叶是一种相当成功的举措，同时具有较好的采光和建筑装饰效果。安装效果如图表 12.4-4～图 12.4-7 所示。

百叶透气率对风压系数的影响　　表 12.4-4

透气率	测点编号	1	2	3	4	5	6	7	8
0%	上表面风压系数	−1.985	−1.304	−0.969	−1.175	−0.863	−1.047	−0.659	−0.589
	下表面风压系数	0.307	0.377	0.415	—	—	—	—	—
	上、下叠加风压系数	−2.292	−1.681	−1.384	−1.175	−0.863	−1.047	−0.659	−0.589
50%	上表面风压系数	−1.115	−1.583	−1.139	−1.101	−0.886	−0.994	−0.648	−0.549
	下表面风压系数	0.235	0.403	0.442	—	—	—	—	—
	上、下叠加风压系数	−1.350	−1.986	−1.3581	−1.101	−0.886	−0.994	−0.648	−0.549

图 12.4-4　北侧 21m 悬挑桁架

图 12.4-5　主桁架端部变截面 H 型钢梁

图 12.4-6　不锈钢金属屋面

图 12.4-7　屋盖悬挑端的机翼型百叶

12.4.3　高强螺栓节点设计

1. 主、次桁架连接节点

目前国内外尚未有关于多平面受力状态方管承载力计算公式的研究。在首都博物馆新馆设计时提出主桁架与次桁架通过水平节点板 + 高强螺栓的连接方式。当次桁架弦杆的轴力较小时，可以采用单剪或双剪连接，当轴力较大时，可以采用十字双剪连接形式。在弦杆上开槽，水平插板与主桁架弦杆焊接。水平插板对弦杆具有一定的补强作用。水平支撑可以通过水平连接板很方便地与主桁架的弦杆相连接，如图 12.4-8 所示。

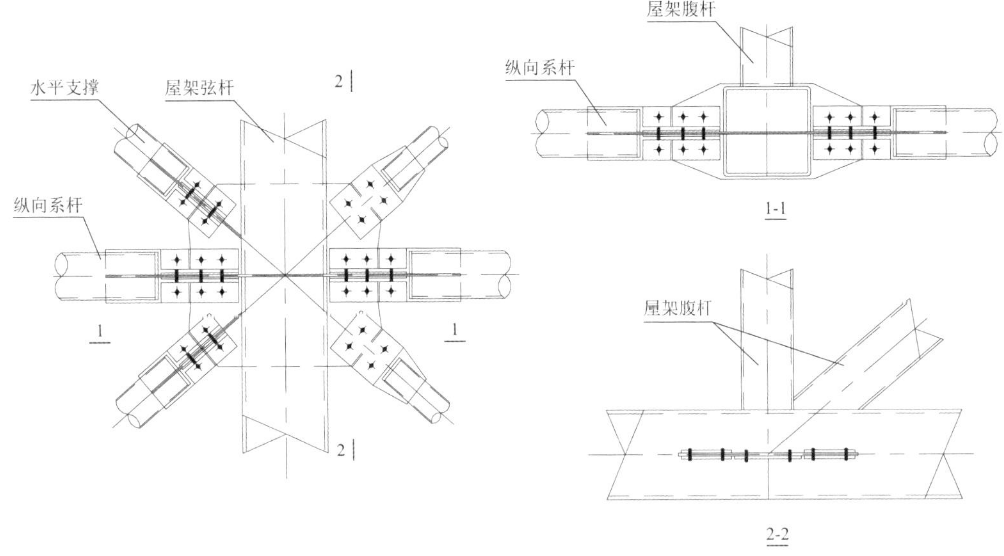

图 12.4-8 主、次桁架连接节点

2．T 型与 KT 型节点

T 型、KT 型节点是管桁架中的特殊节点形式。在 T 型节点的位置，腹杆的轴力一般较小，但此时弦杆的局部承载力也是最差的，因此采用了加强板进行补强。

对于 KT 型节点，仍然沿用搭接节点形式，内力较小的竖腹杆作为被搭接杆，斜腹杆作为搭接杆，两侧腹杆采用相同的搭接率，如图 12.4-9 所示。

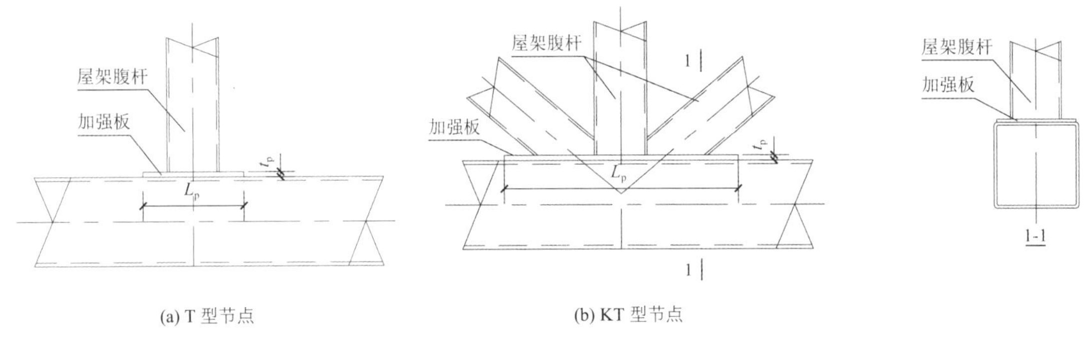

(a) T 型节点　　(b) KT 型节点

图 12.4-9 采用加强板的 T 型与 KT 型节点

3．弦杆变径节点

为了有效地节约钢材，在设计时根据受力大小调整管桁架弦杆的壁厚及外形尺寸。当方管弦杆的外径变化时，首先采用将两侧的弦杆与连接板全熔透坡口等强焊接，然后在较小管径一侧附加喇叭口形套管。套管壁厚及隔板与较小管径的壁厚相同，且圆角半径与被连接钢管适应。套管与连接板及较小的方管采用全熔透坡口等强焊接壁厚，如图 12.4-10 所示。为了防止焊接时加热空气在冷却收缩时造成钢管变形，在隔板的中间设置气孔。

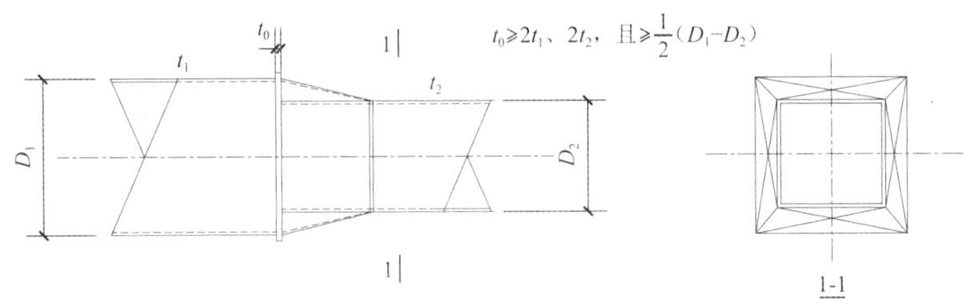

图 12.4-10 变径方钢管的焊接

4．钢柱顶节点

柱顶节点是首博屋盖结构设计中非常关键的部位。柱顶作为钢屋架的支座，同时又是柱间预应力张杆、体外斜撑的连接节点。为了安装方便起见，柱顶采用了高强螺栓连接。为了保证上、下两部分内力的传递，在柱顶及屋架下弦节点的位置均设置了十字形板和水平法兰盘，采用 4M36 大六角头螺栓连接。体外斜撑在接头处采用销轴连接，预应力张杆在顶头处采用 U 形（马蹄形）连接件。典型柱顶节点构造如图 12.4-11 所示，主桁架弦杆变截面构造、主桁架与次桁架、水平支撑以及钢柱顶之间连接构造的现场照片如图 12.4-12～图 12.4-15 所示。

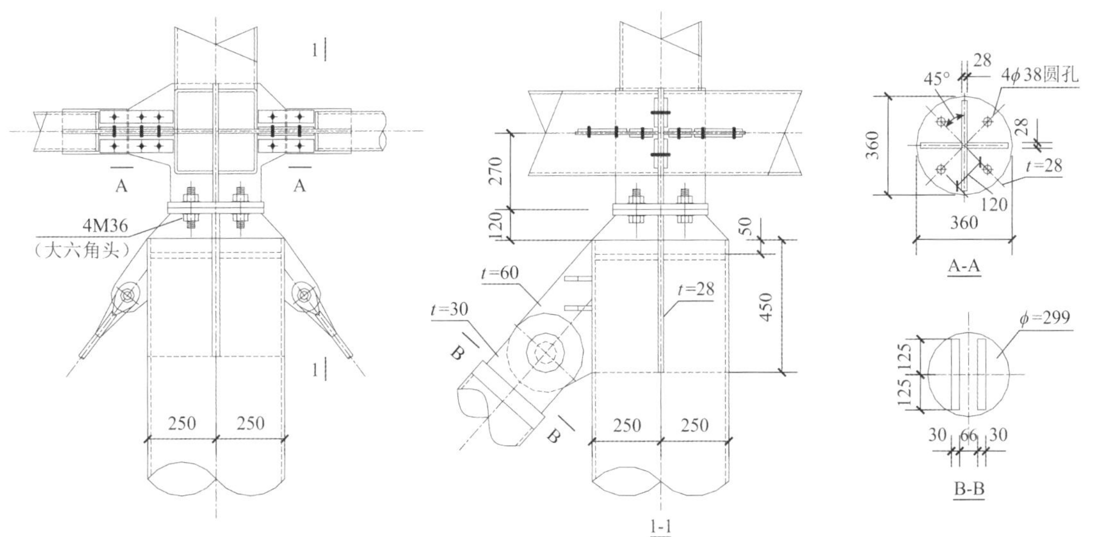

图 12.4-11　典型柱顶节点

图 12.4-12　主桁架与次桁架之间的连接节点

图 12.4-13　主桁架弦杆变截面处的连接节点

图 12.4-14　主桁架下弦与水平支撑之间的连接节点

图 12.4-15　主桁架下弦与钢柱顶之间的连接节点

12.5 试验研究

12.5.1 风洞试验

1. 风洞试验要点

由于首博新馆钢屋盖结构造型独特、四周向外悬挑跨度大、与周边建筑关系密切，对风荷载非常敏感，如何确定风荷载体型系数是屋盖结构抗风设计的关键，需要通过风洞试验确定建筑表面的实际风压分布情况。风洞试验在北京大学力学与工程科学系大型低速风洞中进行，分别量测了钢屋盖上、下表面及建筑围护墙表面的压力系数，并考虑了周边建筑对建筑表面风压系数的影响以及建筑附近的风环境等。

2. 试验设备、模型制作和试验方案

试验使用风洞为回流型大型低速风洞，实验段圆形开口，直径 2.25m，实验段长 3.65m，空风洞时试验风速可达 50m/s，本底湍流度约为 0.2%。在试验段后部靠近风洞扩散段入口处装有直径 2m 的转盘。试验模型安装在转盘中心，通过转动模型来实现风向角改变。

首博新馆按照 1∶180 缩尺比用有机玻璃材料制成刚性测压模型。屋盖上表面设置了 19 排测压孔，共 193 个测点，屋盖挑檐部分下表面测压孔的平面位置与上表面完全一致，共有 116 个测点。东、南、西、北外墙的测点数分别为 15、36、15 和 38。

根据《建筑结构荷载规范》GB 50009-2001 要求，在风洞的模型试验区模拟了地面粗糙度指数$\alpha=0.22$时的大气边界层气流（即近地面风）和相应湍流度分布。共进行了 24 个风向角的测压试验，每隔 15°进行一次测试。试验考虑了周边直径 500m 范围以内现存建筑的影响。

3. 主要试验结果

当风向角为 0°时，来流方向为正北，屋盖的上表面均为负压，其中北端风吸力最大，由前向后逐渐减小，南半部分负压分布比较均匀，在两个方向挑檐交接处出现较大的负压峰值。此时，北侧墙面均为正压分布，由于大跨屋檐的阻挡作用，会在迎风面形成一个反时针的旋涡，在北侧挑檐部分的下表面为风压力。由于挑檐在迎风面的上表面是较大的负压，下表面是较大的正压，叠加后将形成一个相当大的向上升力，局部压力系数峰值可达–2.2。顺风向（此时为东西两侧）挑檐的下表面为较大的负压，背风面（南侧）挑檐下表面的负压为–0.5 左右。由于顺风向及背风面挑檐的上、下表面均为负压，叠加后的将形成较小的负压或正压。风向角为 180°时，屋盖与挑檐部分的风压分布与 0°风向角基本相同，局部压力系数峰值可达–2.6。在多数风向角下，风压系数峰值出现在屋盖的前檐、两侧边缘部分及角部的屋脊处。除去挑檐部分外，由于屋面基本上是一个平面，因此其风压变化比较平缓。0°风向角时屋盖上、下表面风压分布情况如图 12.5-1 所示，0°和 180°风向角上、下表面叠加后屋盖的风压系数如图 12.5-2 所示。

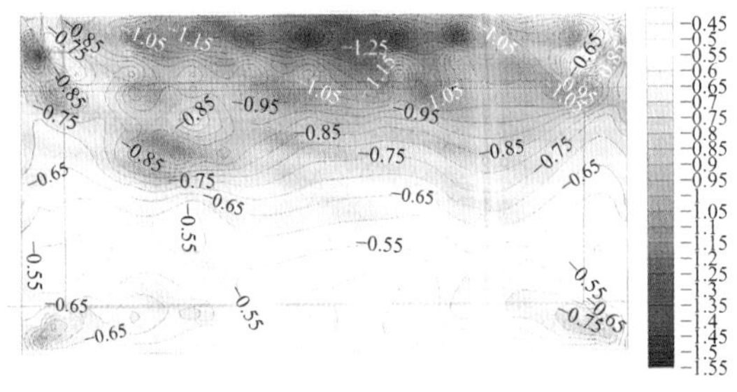

(a) 上表面风压系数

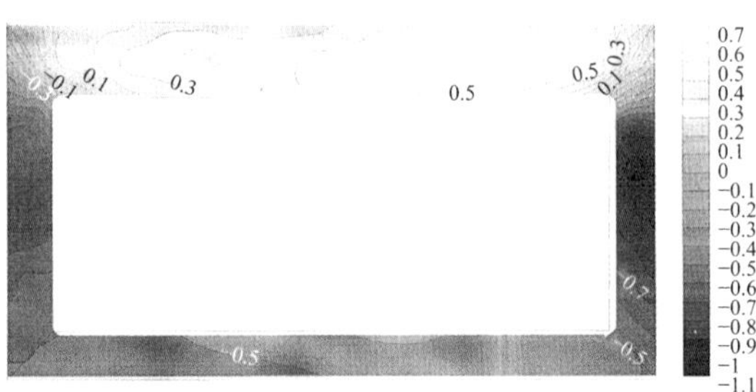

(b) 下表面风压系数

图 12.5-1 0°风向角时屋盖风压分布情况

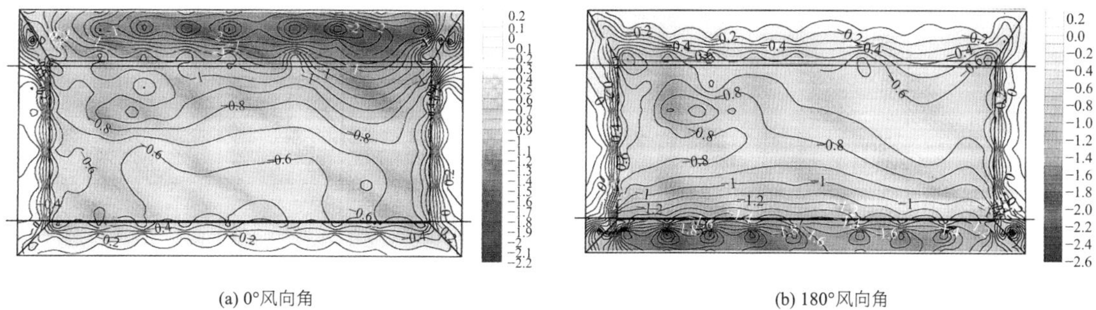

(a) 0°风向角　　(b) 180°风向角

图 12.5-2　上、下表面叠加后屋盖的风压系数

12.5.2　预应力张杆支撑研究

1．预应力张杆支撑体系的基本概念

预应力技术在大跨度钢结构中的应用是近年来引人注目的课题之一。由于预应力拉杆通常采用高强钢材，在施工阶段建立预应力后，杆件始终处于受拉状态，充分发挥了钢材抗拉强度高的特点，可以有效地改变结构的内力分布、减小杆件截面和用钢量，满足建筑师对玻璃幕墙通透性的要求。

常见的预应力支撑是在柱间布置交叉斜杆，对两个拉杆施加相同的预应力，如图 12.5-3（a）所示。这类预应力支撑布置方式存在的主要问题：一是建立预应力的过程非常复杂，柱顶的偏移也不易控制，需要进行复杂的张拉顺序分析；二是在柱间桁架的下弦杆引起较大的附加轴力，造成用钢量的增加。

为了避免预应力拉杆在柱间桁架的下弦杆引起较大的附加轴力，减小施加预应力的难度，我们将柱间支撑拉杆交叉布置的形式改为在中柱两侧对称布置单斜预应力拉杆，中柱两侧的斜杆采用人字形同步对称张拉。在边柱柱顶可以根据建筑的具体情况不设斜杆，或设置非预应力斜杆。采用这种方法可以有效地避免柱顶的偏移，大大简化了建立预应力的过程。中柱两侧人字形对称布置预应力拉杆的柱间支撑如图 12.5-3（b）所示，我们将其称之为预应力张杆支撑。

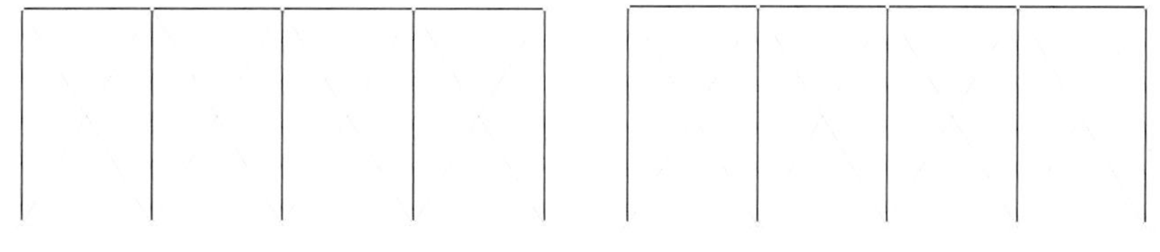

(a) 传统柱间交叉支撑　　(b) 中柱两侧对称斜拉杆

图 12.5-3　柱间预应力支撑体系

2．预应力张杆支撑的刚度与变形特点

（1）张杆支撑的基本假定

在张杆支撑体系中，假定斜拉杆为具有初张力的只拉不压单元。假定拉杆的预张力为N_0，预应力$\sigma_0 = N_0/A$。预应力控制在预应力拉杆的设计中非常重要。当应力小于零时，预应力拉杆退出工作；当应力大于钢材屈服强度f_y时，预应力拉杆发生破坏。故预应力拉杆的工作应力应满足下式要求：

$$\sigma = \frac{N}{A} + \sigma_0 \leqslant f_y \qquad (12.5\text{-}1)$$

$$\sigma = \frac{N}{A} + \sigma_0 \geqslant 0 \qquad (12.5\text{-}2)$$

由图 12.5-4 可知，单斜杆长度为L，截面面积A，其侧向刚度为：

$$K = \frac{F}{\Delta} = \frac{(EA\frac{\Delta L}{L})\cos\theta}{\Delta} = \frac{EA}{L}\cos^2\theta = \frac{EA}{h}\sin\theta\cos^2\theta \quad (12.5\text{-}3)$$

式中：E——斜杆材料的弹性模量。

从式(12.5-3)可以看出，单斜杆的抗推刚度主要与斜撑的倾角有关。当柱高度一定时，抗推刚度的最大值由下式确定：

$$K'(\theta) = 0 \quad (12.5\text{-}4)$$

根据式(12.5-3)可知，当倾角$\theta = 35.26°$时，单斜杆的侧向刚度最大。当 $0 < \sigma < f_y$时，一组张杆支撑的侧向刚度为：

$$K = 2(EA/h)\sin\theta\cos^2\theta \quad (12.5\text{-}5)$$

（2）张杆支撑的初始刚度

在张杆支撑体系中，由于柱两侧斜杆的长细比很大，其抗弯刚度很小。当杆端作用压力时，杆件将发生屈曲与弯曲变形，其轴向刚度变为零，故可以假定柱两侧的斜杆均为具有初张力的只拉不压单元。斜杆的预张力为N_0，当处于受拉状态时，斜杆保持弹性状态；当处于受压状态时，斜杆退出工作。此时单侧支撑斜杆的刚度由下式确定：

$$N + N_0 > 0, \quad K = \frac{EA}{L} \quad (12.5\text{-}6)$$

$$N + N_0 \leqslant 0, \quad K = 0 \quad (12.5\text{-}7)$$

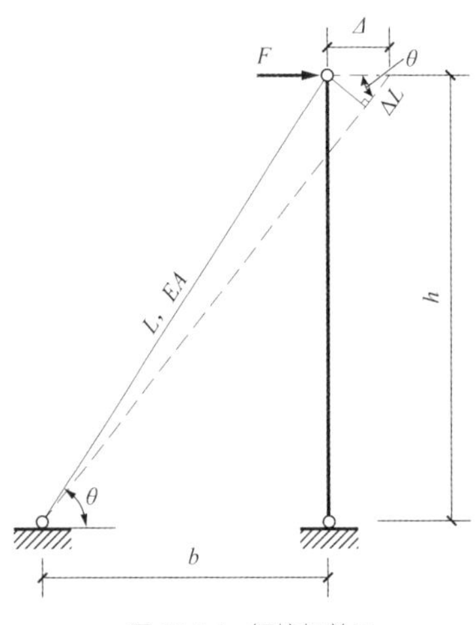

图 12.5-4　钢拉杆单元

（3）初张力对张杆支撑刚度与变形的影响

预应力张杆支撑左侧单斜杆、右侧单斜杆及人字支撑的荷载-位移骨架曲线如图 12.5-5 所示。

当无预应力时，在水平荷载作用下，一侧斜杆受拉，另外一侧斜杆受压退出工作，张杆支撑的侧向刚度为K_1，在单调荷载作用下达到承载能力时的变形量最大。

当预应力度较低（$N_0 < 0.5f_yA$）时，当水平荷载较小时，柱两侧的斜杆均处于受拉状态，张杆支撑的侧向刚度为 $2K_1$；随着水平荷载增大，受压侧的斜杆由受拉变为受压，张杆支撑的侧向刚度减小至K_1，在单调荷载作用下达到承载能力时的变形量较大。

当预应力度为材料屈服强度的一半（$N_0 = 0.5f_yA$）时，在达到设计承载能力前，柱两侧的斜杆均处于有效工作状态，张杆支撑的侧向刚度始终保持最大值。

当预应力度超过材料屈服强度的一半（$N_0 > 0.5f_yA$）时，在达到设计承载能力前，柱两侧的斜杆均处于有效工作状态，张杆支撑的侧向刚度始终保持最大值。虽然此时在单调荷载作用下达到承载能力时的变形量较小，但容易出现塑性变形，后期刚度很小。

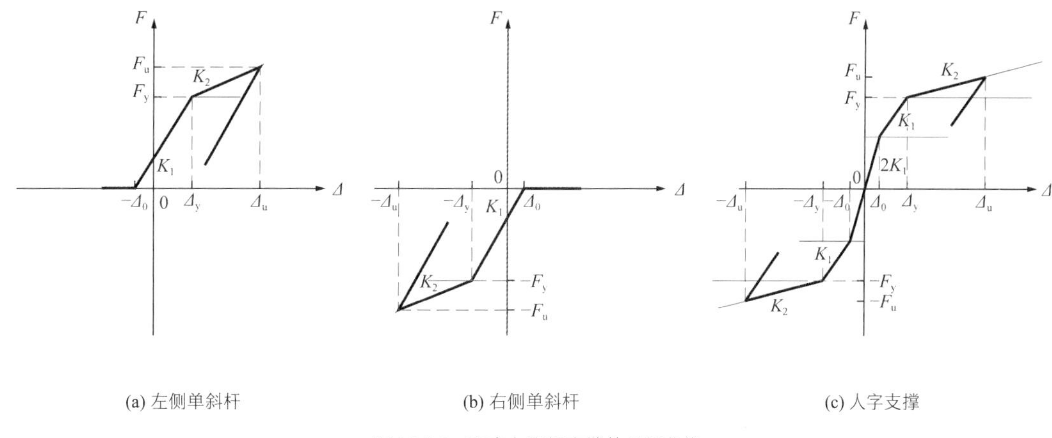

图 12.5-5　预应力张杆支撑的骨架曲线

预应力拉杆通常采用热处理高强钢材，具有明显的屈服点，极限抗拉强度比屈服强度明显提高，可以视为具有理想双线性的弹塑性材料。初张力对张杆支撑的承载力没有影响，但对其抗侧力刚度及在反复荷载下的变形性能影响很大。张杆支撑在往复荷载作用下具有良好的弹塑性变形性能，在压杆退出工作后，拉杆由于抗拉强度比屈服强度有较大提高，故还维持一定的侧向刚度。由于预应力拉杆的变形量δ_5很大，故在允许结构发生很大的变形量，可以满足抗震规范要求的“大震不倒”的设计原则，具有较大的安全储备。张杆支撑的滞回曲线如图 12.5-6 所示。

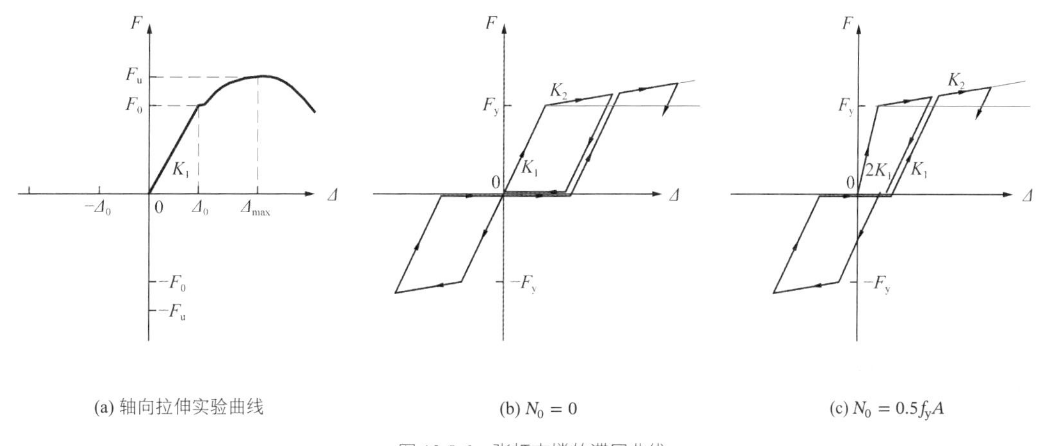

图 12.5-6　张杆支撑的滞回曲线

对于无预应力的拉杆，当水平荷载超过张杆支撑的设计承载力后，其卸载刚度为K_1，由于拉杆残余变形的影响，在荷载反向点处存在明显的零刚度区间。

对于预应力拉杆，虽然其卸载刚度也为K_1，但在荷载反向点处存在的零刚度区间明显减小，甚至可以消除。

3．预应力张杆支撑在首都博物馆新馆中的应用

大跨度屋盖通过钢管柱支承在主展览楼、南侧的管理办公楼及东侧钢平台等几个相对独立结构之上，屋盖北侧钢柱高 12.5m，南侧钢柱高 10.5m，直径均为 500mm，柱顶与钢屋架铰接，柱脚与混凝土结构中的预埋钢板焊接。由于钢柱本身的抗弯刚度很小，故相当于摇摆柱。由于建筑师对博物馆大厅的美观性和通透性的要求很高，为了减小结构构件玻璃幕墙通透性的影响，在建筑的北立面与南立面上部的钢柱之间设置了纤细的预应力张杆支撑作为上部钢结构的纵向抗侧力体系。建筑北立面（G 轴）与南立面（B 轴）钢柱与柱间支撑布置如图 12.5-7 所示，在北立面共布置了 12 个节间，在南立面共布置了 16 个节间。

（1）张杆支撑的材料与预应力度控制

预应力拉杆均采用$\phi30$ 圆钢，钢材为 35CrMo，经热处理后屈服强度$\sigma_s = 500\text{kPa}$，抗拉强度$\sigma_b = 650\text{kPa}$，伸长率$\delta_5 \geqslant 20\%$。在对钢棒进行调直后，再对两端加工螺纹。端部 U 形连接件螺纹部分需要进行磁粉探伤，符合《电度表铸造磁钢 技术条件》JB/T 8468-1996 规定的质量等级Ⅱ，其余部分超声波探伤符合《变形高强度钢超声波检验方法》GB 8652-88 规定的质量等级的 A 级标准。紧固旋扣的调节量为±50mm，保证螺纹组装后转动灵活、美观。马蹄形连接端节点、紧固旋扣的受拉承载力均高于高强钢棒，表面进行氟碳喷涂处理。高强钢棒及连接件均由中国巨力集团负责制作。

预应力度控制在预应力张杆支撑的设计中非常重要。在确定预应力拉杆数量和预应力度时，主要考虑以下因素：（1）在满足建筑的美观要求的前提下，支撑布置尽量均衡，使上部钢结构的刚度中心与质量中心尽量重合；（2）减小温度作用的影响；（3）减小预应力对相邻杆件的影响，简化施加预应力工艺。根据上述原则，确定了柱间支杆支撑斜杆的控制张拉力。同时，通过调节最外端斜杆的预拉力值，可以减小柱间桁架下弦的附加轴力。

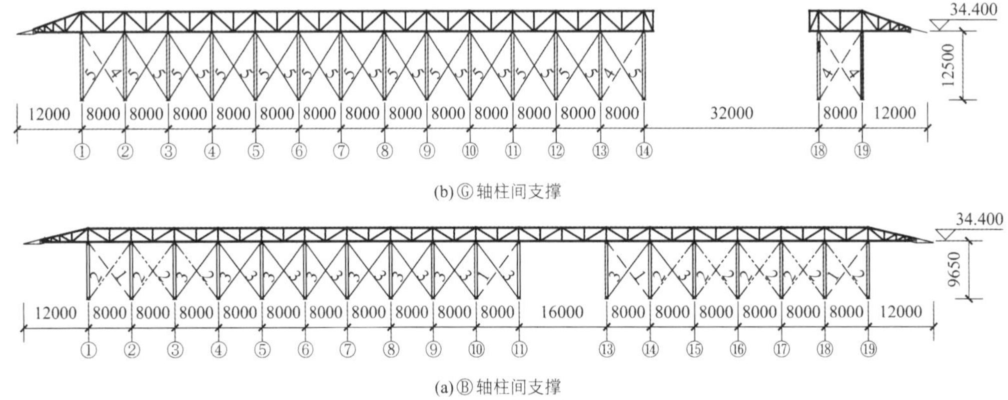

图 12.5-7 钢柱柱间支撑布置图

（2）柱间预应力张杆支撑张拉方案

在预应力张杆支撑施工张拉时主要需要考虑控制张拉力、张拉顺序及相应的环境条件。由于实际施工条件的限制，张拉工作很难一次到位，通常需要进行分次张拉。当采用分次张拉时，既可以全部杆件按同一比例张拉，也可以仅张拉其中的主要支撑，以满足施工期间抗侧力的需求，待条件具备后再行张拉。

图 12.5-8 预应力杆张拉设备

在制定张拉方案时，环境温度条件控制与围护结构与屋盖结构的恒荷载是否完全非常重要，张拉温度应尽量接近设计时采用的校准合龙温度。首都博物馆新馆张杆支撑，分为三次张拉，钢柱两侧的张杆支撑采用人字形同步对称张拉方式，从而避免了柱顶偏移等各种复杂的控制与分析。

第一次张拉的控制拉力为 $0.5N_0$，第二次张拉控制拉力为 $0.75N_0$，第三次张拉控制拉力为 $1.0N_0$。张拉施工时，按照从中间向两边推移的顺序，对柱两侧的人字形斜杆同步对称张拉。在进行预应力张拉时采用小型穿心千斤顶，专门加工了高强钢棒夹具，如图 12.5-8 所示。在张拉时需要合理控制加载速度，旋转套筒同步跟进，并采用高精度仪器对柱顶位移进行观测。

12.5.3 热完成方钢管性能研究

由于管桁架外形简洁、美观，近年来在国内外大跨度结构中得到越来越多的应用。与角钢、H 型钢等开口型材相比，管材截面的回转半径较大，使得杆件的长细比较小，用作压杆时经济效果明显，同时，其抗扭能力也明显提高。当采用管桁架时，单位面积的用钢量不一定是最省的，但由于管材的比表面积小，轮廓简单，钢材的除锈、防锈涂刷、防火包覆的费用均会降低。此外，管结构在使用过程中，构件表面清洁、维护都比较方便。方钢管表面平直，加工简单，桁架弦杆与檩条的连接容易，搬运、运输均比较方便，很适合用于平面桁架形式。由于方形截面具有较大的抗弯刚度，有利于承受非节点荷载。

对于大跨度结构来说，应该优先采用优质高强钢材。在本工程中使用了按欧共体标准生产的方钢管，材质为S355J2H，采用热完成生产工艺。

辊压成型和冷弯成型均属于冷轧工艺，方管角部的圆弧半径一般为3～5倍钢管壁厚。冷轧成型方管由于加工变形量很大，存在很大的残余应力，在角部尤为严重，变形能力变差。钢管焊接处的机械性能较差，达不到与母材等强。对于冷成型方管，在角部附近的一定范围内不宜进行焊接。对冷轧方管进行热处理后，残余应力相对较小，角部的延性有所改善，但当板厚较大（≥16mm）时，通过热处理的办法消除部分残余应力和加工硬化的效果并不理想，由于应力集中部位的约束作用，使局部屈服强度提高，存在诱发脆性破坏的危险。冷成型方管与热完成方管的外形特点如图12.5-9所示。

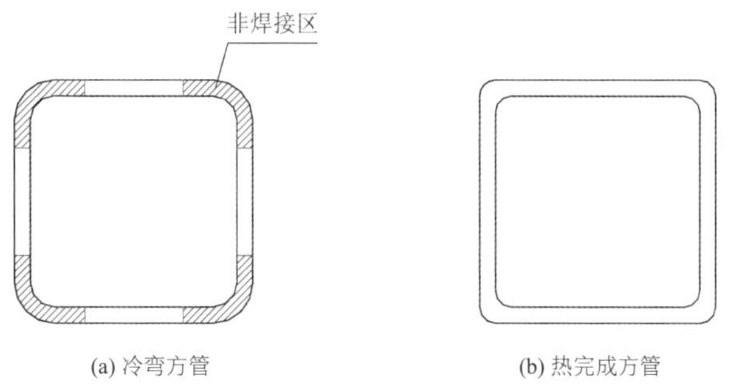

图12.5-9 冷成型方管与热完成方管

从目前的工艺水平来看，热完成方管的性能最好。由于最后的成型过程在正火温度下进行，截面的残余应力较小，可以有效地消除角部的残余应力，具有良好的焊接性能；通常只有一条对接焊缝，且焊缝在纵向与横向可与母材等强；角部的圆弧半径很小可以控制在0.5～2.0倍钢管壁厚范围内，外观非常平直，当腹杆与弦杆同宽时，也可以实现相贯焊接。热完成方管的截面的力学性能也较冷轧成型优越，根据欧洲规范规定，热完成钢管受压时的稳定系数高于冷轧管材。方钢管的稳定系数和应力应变曲线如图12.5-10所示。当热完成方管的壁厚超过22mm或为大规格管材（□600×600～□850×850）时，需要采用双面埋弧焊接和相应的设备，目前仅有个别企业能生产，其价格比普通规格的高得多。

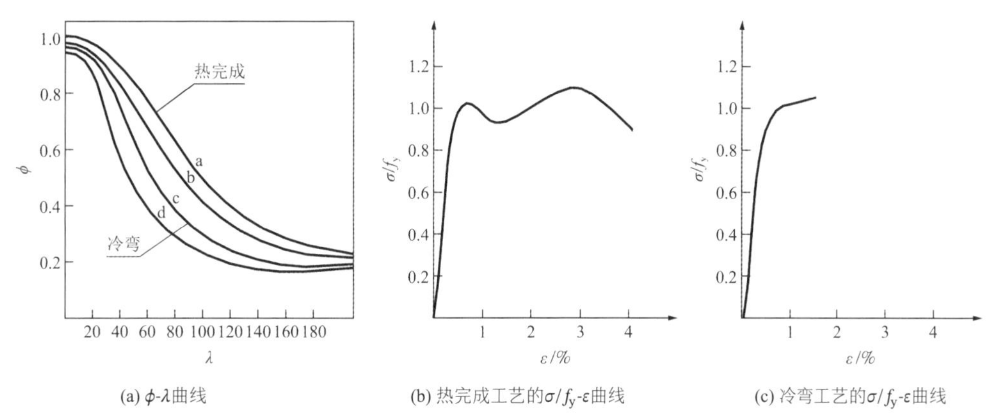

图12.5-10 方钢管稳定系数与应力-应变曲线

方钢管在我国的大跨度结构中的应用还比较少，热完成方钢管技术性能优越，非常适用于大跨度结构。热完成方钢管目前国内尚无生产，一般需要从国外进口。影响钢材价格的因素较多，方钢管到岸价格一般在600～700美元/t，国内外钢材的差价不大。定货周期是设计时必须考虑的问题。在国外订货一般需要3个月左右后才能到货。虽然国外供货周期较长，但通常结构加工图的绘制也需要一定的时间，对于复杂结构，钢材的交货期不一定会影响构件的加工周期。但对于方钢管来说，如果采用国外钢材的话，设计变更、材料代换会变得相当困难，因此在施工过程中应尽可能减少设计变更。

12.6 结语

首都博物馆新馆作为北京的标志性建筑物，在设计中采用了大量新技术、新工艺、新材料，进行了大量的技术创新。在结构设计中采用的主要关键技术如下：

（1）主展览楼、椭圆形展览楼、管理办公楼均采用钢筋混凝土结构，顶层楼面标高以上采用钢结构，大跨度钢屋盖支承在钢柱柱顶。由于顶层层高较高，钢柱截面尺寸较小，变形协调能力强，可以有效地适应下部钢筋混凝土结构在地震作用下产生的相对扭转变形以及大跨度屋盖因温度变化产生的伸缩变形，结构受力合理，施工简单方便，经济性能优越。

（2）椭圆形展览楼采用钢筋混凝土斜筒结构，采用后张预应力技术等综合措施，有效地解决了结构整体稳定、抗倾覆、地基不均匀沉降、受拉区构件混凝土开裂、受压区构件应力集中等问题。

（3）大跨度结构采用钢桁架结构体系，屋盖平面尺寸大，悬挑长度达 21m。在钢屋架邻近椭圆形展览楼处设置一个长轴为 41m、短轴为 32m 的椭圆形大洞，在洞口附近局部变为双向受力的网格结构，使屋盖结构与混凝土结构完全脱开。在悬挑屋盖的角部布置垂直于主桁架方向的次桁架，实现双向长悬挑结构。

（4）在管桁架设计中采用热完成工艺生产的方钢管，具有良好的力学性能与焊接性能，外观非常平直，加工制作简单。设计中采用腹杆搭接形式以提高节点的承载力，并提出在主方向设置插入式连接板、次方向高强度螺栓连接、十字板法兰连接支座等多种适用于方管桁架的节点形式。

（5）提出了柱间张杆支撑的概念，在上部钢柱两侧布置人字形拉杆，较好地解决了传统柱间预应力支撑体系存在张拉过程复杂、柱顶偏移不易控制、在柱间桁架下弦杆引起较大附加轴力的问题，从而大大简化预应力张拉过程，具有良好的抗侧力性能，充分发挥了高强钢材抗拉强度高、杆件截面小、用钢量省的特点，同时也满足了建筑师对玻璃幕墙的通透性要求。

（6）屋盖的最大悬挑长度达 21m，风荷载非常大，结合风洞试验研究与风振系数计算，通过在屋盖大悬挑的端部设置流线型金属百叶，使来流方向风压系数的峰值明显减弱、后移，屋盖前端升力明显减小，有效地减小风荷载效应，同时很好地满足了采光和美观的建筑功能。

（7）将主桁架在悬挑端部改为变截面实腹 H 型钢，在设计中充分考虑大跨度结构的预变形值，并根据施工过程中材料定货与设备安装的实际情况，在屋面金属板内采用不同密度、厚度的保温材料进行平衡调节，有效控制安装及焊接时的变形，实测屋盖结构的最大变形量偏差仅为 3mm。

（8）本工程结构上部钢结构（包含钢柱、体外斜柱和柱间预应力支撑在内）总用钢量为 768.3t，单位面积用钢量为 55.2kg/m^2。

参考资料

[1] 范重，李鸣，范玉辰，等. 首都博物馆新馆大跨度结构设计中的创新技术[J]. 建筑结构, 2006, 36(5): 12-25.

[2] 任庆英，张瑞龙，范重. 首都博物馆新馆主体结构设计[J]. 建筑结构, 2006, 36(5): 33-56.

项目团队

结构设计单位：中国建筑设计研究院有限公司

结构设计团队：范　重、任庆英、张瑞龙、邵　筠、李　鸣、范玉辰

结构顾问团队：浙江大学空间结构研究中心 董石麟、邓　华、肖　南

执　笔　人：范　重

获奖信息

2006 年第六届詹天佑土木工程大奖；

2007 年第五届全国优秀建筑结构设计二等奖；

2007 年北京市第十三届优秀工程设计一等奖；

2007 年度英国皇家结构工程师学会中国大奖银奖；

2008 年度全国优秀工程勘察设计银奖；

2008 年度全国优秀工程勘察设计行业奖 建筑工程 二等奖。

第13章

北京奥林匹克塔

13.1 工程概况

13.1.1 建筑概况

北京奥林匹克塔位于北京市奥林匹克公园中心区内，主体建筑紧邻中轴线的景观大道，建筑占地面积约 6500m^2，总建筑面积 179763.5m^2。北京奥林匹克塔由 5 个直径与高低各不相同的单塔组成，最大建筑高度为 261.65m。其中 1 号塔高度最大，结构高度为 244.85m，5 号塔高度最小，结构高度为 186m。每个单塔均由多边形塔身与顶部树冠形观景厅与观景平台组成，主要控制尺寸见表 13.1-1。1 号塔又称为主塔，2 号塔～4 号塔又称为副塔。奥运塔顶部的观景厅高低错落，副塔围绕主塔逐渐展开，5 个塔冠的圆形观景平台象征奥运五环。北京奥林匹克塔除拥有多个室内观景厅、屋顶观景平台外，还具有电视转播、综合指挥、餐饮、历史文物展览和旅游商业等综合功能。北京奥林匹克塔以其挺拔的造型，配以金属幕墙与玻璃幕墙的独特效果，诠释了“生命之树”的建筑创意，如图 13.1-1 所示。

北京奥林匹克塔底部设有基座大厅。在主塔与副塔塔身的范围内，基座大厅的最大高度为 18.00m，向外逐渐降低，屋面高差较大。在基座大厅内−3.300m、±0.000m 和 3.500m 标高处，设有局部夹层。基座大厅周边均为回填土，填土深度约 9.5m，回填土的侧向压力很大。此外，在基座大厅屋盖上设置了一条南北方向通长的采光天窗，并在主塔与副塔周边均设有环形采光带，使屋盖刚度大大削弱。

(a) 北京奥林匹克塔建成照片

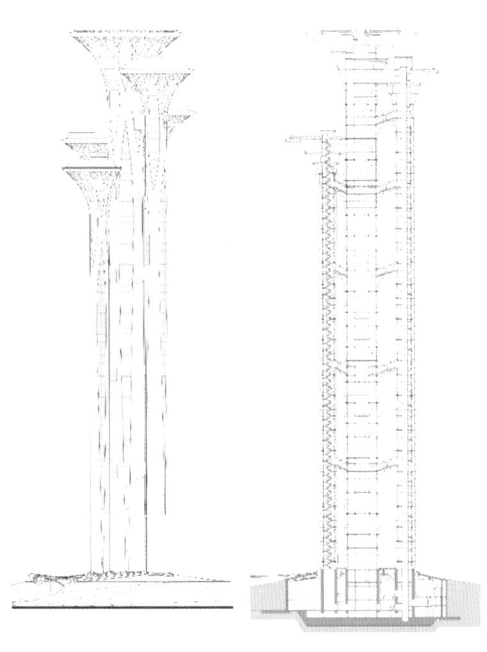

(b) 立面图　　(c) 剖面图

图 13.1-1　北京奥林匹克塔建成照片和立、剖面图

北京奥林匹克塔外形控制尺寸　　表 13.1-1

部位	塔身直径d/m	单塔高度h/m	高宽比h/d	塔冠高度h_1/m	塔冠直径D/m	与主塔距离/m
1 号塔	14.00	244.85	17.49	31.35	51.20	—
2 号塔	7.30	228.00	31.23	21.00	33.60	19.17
3 号塔	7.30	210.00	28.77	21.00	32.40	15.75
4 号塔	6.00	198.00	33.00	21.00	30.00	15.10
5 号塔	6.00	186.00	31.00	21.00	26.40	16.90

注：与主塔距离指副塔形心与主塔形心之间的距离。

13.1.2 设计条件

1. 主体控制参数（表 13.1-2）

控制参数表　　表 13.1-2

项目		标准
结构设计基准期		50 年
建筑结构安全等级		一级
结构重要性系数		1.1
建筑抗震设防类别		标准设防类（丙类）
地基基础设计等级		甲级
设计地震动参数	抗震设防烈度	8 度
	场地类别	Ⅱ类
	小震特征周期	0.40s
	大震特征周期	0.45s
	基本地震加速度	0.20g
建筑结构阻尼比	多遇地震	0.02
	罕遇地震	0.05
水平地震影响系数最大值	多遇地震	0.16
	设防地震	0.46
	罕遇地震	0.90
地震峰值加速度	多遇地震	$70cm/s^2$

注：根据结构破坏可能产生的后果，确定安全等级为一级；根据建筑遭遇地震破坏后，可能造成人员伤亡、直接和间接经济损失、社会影响的程度及其在抗震救灾中的作用等因素，确定设防类别为标准设防类。

2. 结构抗震设计条件

塔体钢结构抗震等级为二级。基座大厅框架抗震等级二级，剪力墙抗震等级二级。基座大厅周边均为回填土，填土高度约 9.5m，基座大厅顶部覆土厚度为 500～600mm。从实际情况来看，接近于半地下室。考虑分期施工等不确定因素，嵌固点设在−6.150m 处。

3. 风荷载

结构变形验算时，按 50 年一遇取基本风压为 $0.45kN/m^2$，承载力验算时取基本风压的 1.1 倍，场地地面粗糙度类别为 B 类。项目开展了风洞试验，设计中采用了规范风荷载和风洞试验结果进行位移和承载力包络验算。

13.2 建筑特点

13.2.1 建筑造型复杂

整座塔由 5 个塔体组合而成，每个塔体高度为 186～244.85m 不等，自下而上节节抬升。塔身主体部分按照幕墙的虚实变化，形成树干表面肌理，竖向构件在塔身顶部向外伸展、分叉，形成树冠，呈现出自由流畅、动态生长之美。五塔组合，打破了以往附属于电视接收塔之上单塔式观光的设计局限。所有的塔冠和塔顶平台都可上人，各塔之间亦可以横向连通，组合成可以互动的高空观景平台，旨在实现纯粹、无障碍、全方位、全角度的观景体验。

13.2.2　塔冠结构悬挑大

建筑方案中，五塔叠错坐落于缓缓升起的绿荫草坡之上，像一棵大树从地下破土而出，与周边的森林花木浑然一体，竖向构件在塔身顶部向外伸展、分叉，形成树冠，呈现出自由流畅、动态生长之美。为实现建筑效果，塔冠结构采用由外层枝状结构与内框筒形成的空间结构体系，向外悬挑的长度很大。主塔核心框筒直接延伸至屋面，可以有效减小屋面结构的跨度。枝状结构采用空间扭曲箱形构件，通过塔身顶部的转换环梁生根。圆形屋顶采用 H 型钢梁 + 轻混凝土组合楼盖体系，减轻结构自重。主塔外层筒壳的钢柱与柱间支撑向上延伸至顶层大厅，作为螺旋观景通道的支撑结构。螺旋观景通道采用钢平台结构，减轻结构自重，同时具有较大的平面内刚度，并作为外侧树枝状结构的水平拉结构件。

13.2.3　塔身纤细高宽比大

北京奥林匹克塔由 5 个直径与高低各不相同的单塔组成，单塔最大高宽比达 33，侧向刚度很小。主塔直径 14m，副塔直径分别为 7.3m 和 6.0m。

由于每个单塔的高宽比很大，为了增强结构的整体侧向刚度并突破各单塔的高宽比限值，在 5 个单塔之间设置连接桁架，将 5 个单塔连接为整体。连接桁架高度约 3.0m，宽度约 2.7m，并在主塔一侧设有加腋，增强其抗弯刚度。该连接桁架沿建筑高度方向共设置 4 道，有效提高结构的侧向刚度与抗倾覆能力，极大地改善了其抗震与抗风性能。连接桁架从主塔向副塔上方稍有倾斜，可以作为各塔之间的联络通道。连接桁架采用箱形构件，边长 350～400mm 时，采用热完成方管，材质为 Q345C；边长为 500mm 时，采用焊接方管，材质为 Q345GJC。该组合塔式结构是一种新型、高效结构体系，在超高层建筑中具有很好的应用前景。北京奥林匹克塔连接桁架平面布置和结构立面分别如图 13.2-1 和图 13.2-2 所示，其中 0°方向为正南方向。

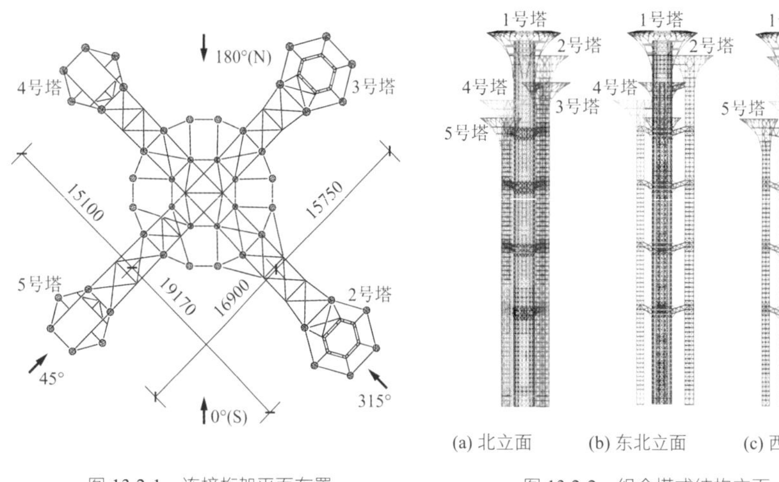

图 13.2-1　连接桁架平面布置

图 13.2-2　组合塔式结构立面

13.2.4　基座大厅主梁跨度大、负载重

结合基座大厅建筑造型与采光天窗的要求，大跨度屋盖采用围绕各塔放射形布置的交叉钢筋混凝土梁板结构，不规则的菱形网格疏密有致，即使在楼板缺失的采光天窗部位，也能够通过交叉梁系可靠地传递水平力，保证了结构的整体性。各单塔之间的连系梁，采用型钢混凝土构件。基座大厅屋盖结构的

平面布置如图 13.2-3 所示，蓝色的部位为采光天窗。

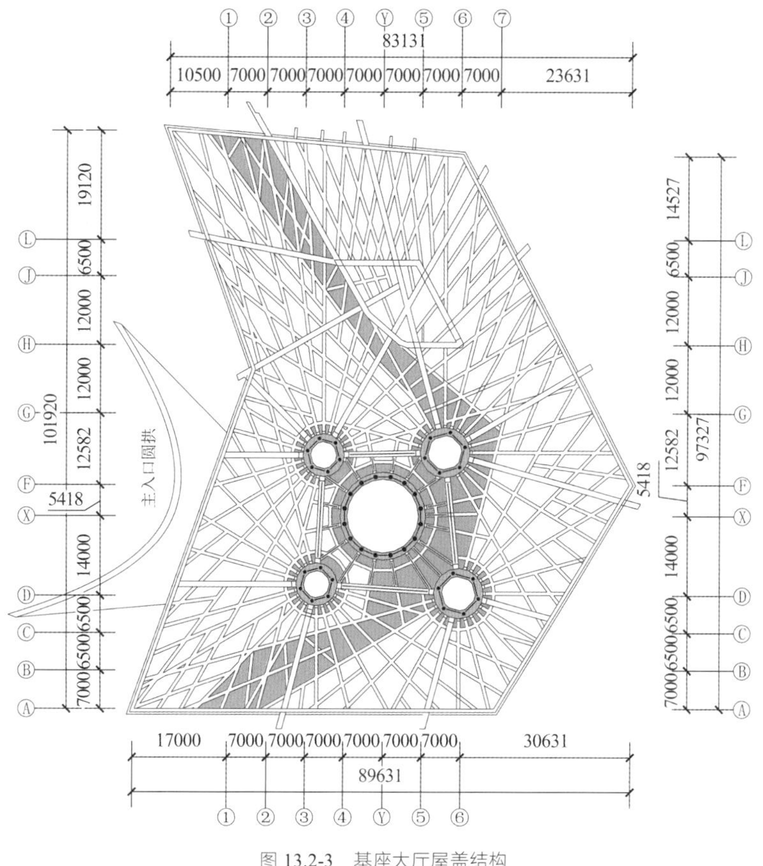

图 13.2-3 基座大厅屋盖结构

基座大厅屋盖结构的竖向支承构件数量很少，主梁最大跨度达 29m，屋面种植土的厚度为 500～600mm，竖向荷载很大，且室内建筑效果要求高。为了改善大跨度梁的受力性能，控制主梁截面尺寸，在大跨度梁根部设置腋梁，如图 13.2-4 所示，利用拱形结构的受力特点，有效减小了主梁跨中的净距。采用钢筋混凝土拱梁代替钢筋混凝土直梁后，有效减轻了大跨度主梁的结构自重，缩小了主梁与次梁在视觉上的差异，取得了良好的技术经济性效果。

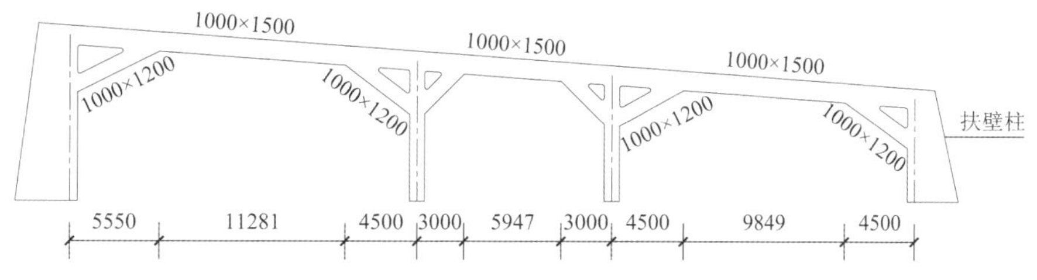

图 13.2-4 基座大厅屋盖大跨度混凝土拱梁

13.3 体系与分析

13.3.1 结构布置

1. 塔身

主塔塔身由外层筒壳与内筒组成。外层筒壳共有 16 根圆柱，采用 H 型钢梁 + 柱间支撑抗侧力体系，内筒为 8 根圆柱形成的框架。节间高度均为 3.0m，在节点标高设置水平支撑构件，提高筒体的面外刚度，便于布置楼梯和电梯井筒的竖龙骨。柱间支撑采用热完成方钢管，柱间梁与楼面梁均采用热轧 H 型钢。副塔塔身共有 6 根圆柱，由 H 型钢梁 + 柱间支撑形成筒壳结构体系，节间高度为 3.0m。

主塔 180m 标高以下、副塔 147m 标高以下，在钢管柱中浇筑高强混凝土，以提高构件的承载力；主塔 180m 标高以上、副塔 147m 标高以上，改为空钢管柱，减轻结构自重与地震作用响应。塔身结构构件规格见表 13.3-1，塔身结构平面布置见图 13.3-1。

塔身结构构件规格　　表 13.3-1

部位	主塔	副塔	材质
柱	外筒：ϕ750 × 20/25/30～ϕ600 × 16/18/20 内筒：ϕ500 × 16/18～ϕ450 × 16	ϕ800 × 20/25/30～ϕ600 × 16/18/20	Q345C，主塔 180m 标高以下浇筑 C70～C80、副塔 147m 标高以下浇筑 C70～C80
钢斜撑	□350 × 18/20～□200 × 10/12	□350 × 18/20～□200 × 10/12	热完成方钢管，Q345C
柱间梁	HM250 × 175 × 10 × 16	HM250 × 175 × 10 × 16	热轧 H 型钢，Q345C
楼面梁	HM250 × 150 × 6 × 9	HM250 × 150 × 6 × 9	热轧 H 型钢，Q345B

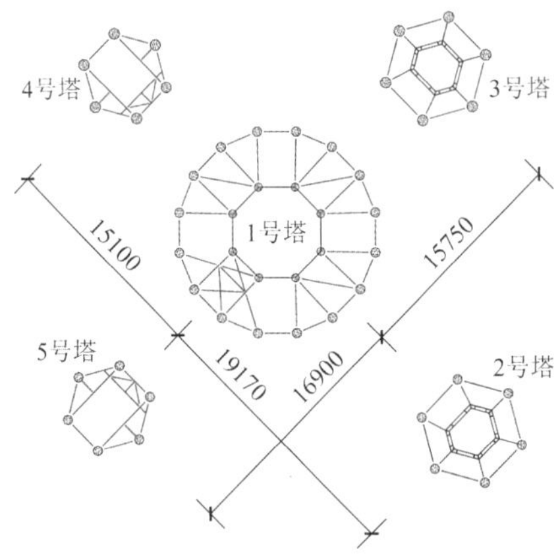

图 13.3-1　塔身结构平面布置

2. 塔冠

主塔塔冠平面投影呈圆形，最大直径为 51.20m，由立面枝状结构与内筒支承，与屋盖放射形、环形布置的 H 型钢梁形成空间结构体系。屋面采用轻质混凝土组合楼盖，可以减轻结构自重。外层筒壳的钢柱与柱间支撑向上延伸至观景厅楼面，作为螺旋观景平台的支承结构，螺旋观景平台同时也作为外侧枝状结构的水平拉结构件。立面枝状结构采用焊接扭曲箱形构件，支承于塔身柱顶的环形转换节点生根。塔冠楼层梁均采用焊接 H 型钢。

副塔的塔冠由塔身柱顶向外伸展，由立面枝状结构与塔身向上延伸的钢管柱支承，塔冠与塔身之间存在明显的偏心。5 号塔的塔冠与主塔完全脱开，其余副塔的塔冠与主塔相连。

塔冠结构构件截面规格见表 13.3-2，主塔塔冠屋盖的结构布置见图 13.3-2。

塔冠结构构件规格　　表 13.3-2

部位	主塔	副塔	材质
枝状柱/mm	上层：□700 × 300 × 12/14 中层：□700 × 600 × 14/16 下层：□700 × 1200 × 16/20	上层：□600 × 300 × 12/14 中层：□600 × 600 × 14/16 下层：□600 × 1200 × 16/20	Q345C，扭曲焊接箱形构件
楼面梁	H600 × 300 × 10 × 16～H700 × 350 × 12 × 25	H400 × 250 × 8 × 16～H600 × 300 × 10 × 20	Q345B，焊接 H 型钢

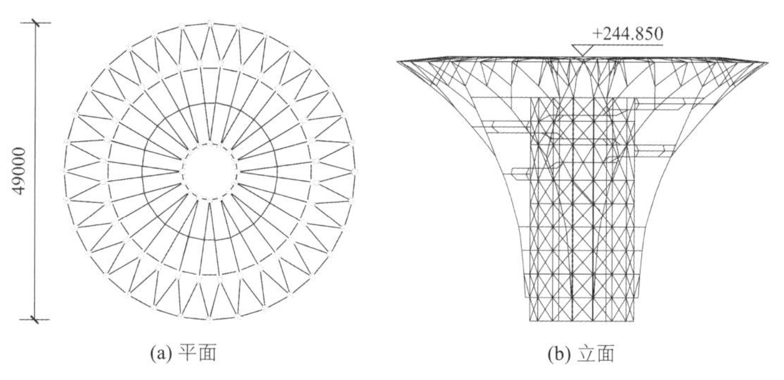

(a) 平面　　(b) 立面

图 13.3-2　主塔塔冠结构布置

3．基座大厅

北京奥林匹克塔的基座大厅采用少柱-剪力墙结构体系，除内部设置少量竖向支承构件外，剪力墙主要作为周边的挡土墙，墙体厚度为 600mm。为了保持塔身结构的连续性，方便设置电梯门洞，在基座大厅高度范围将塔身改为圆弧形钢板组合剪力墙（SRC 墙），主塔墙厚为 1050mm，副塔墙厚为 1100mm，混凝土强度等级均为 C60，可以显著增强结构的侧向刚度，便于与基座大厅钢筋混凝土构件相连。考虑到基座大厅屋盖梁截面尺寸较大，结合建筑室内造型，在 SRC 墙外表面设置齿形扶壁，便于梁与 SRC 墙连接。屋盖主梁截面尺寸为 1000mm × 1500mm，次梁为 400mm × 1200mm，屋盖楼板厚度为 300mm，混凝土强度等级均为 C40，梁、板的纵向钢筋采用 HRB400，箍筋与分布筋均采用 HRB335。

基座大厅大跨度钢筋混凝土主梁分别支承于塔身墙体、少量内部竖向构件以及周边带有扶壁的混凝土外墙之上，最大跨度达 29m，负载的面积也很大。结合建筑室内造型采用了大跨度拱梁，可以有效改善大跨度梁的受力形态，优化构件的截面尺寸，改善结构的经济性。屋面主梁截面尺寸为 1000mm × 1500mm，两端腋梁截面尺寸为 1000mm × 1200mm，清水混凝土效果端庄典雅。

腋梁长度一般取跨度的 1/4 左右，倾斜角度约为 30°。对于中间支座，两侧腋梁底的标高应保持一致。在相同竖向荷载作用下，大跨梁直梁与拱梁的内力如图 13.3-3 所示。从图中可以看出，与大跨度直梁相比，拱梁的弯矩与剪力均有显著减小，而轴向压力明显增加，与混凝土构件的受力特点一致。

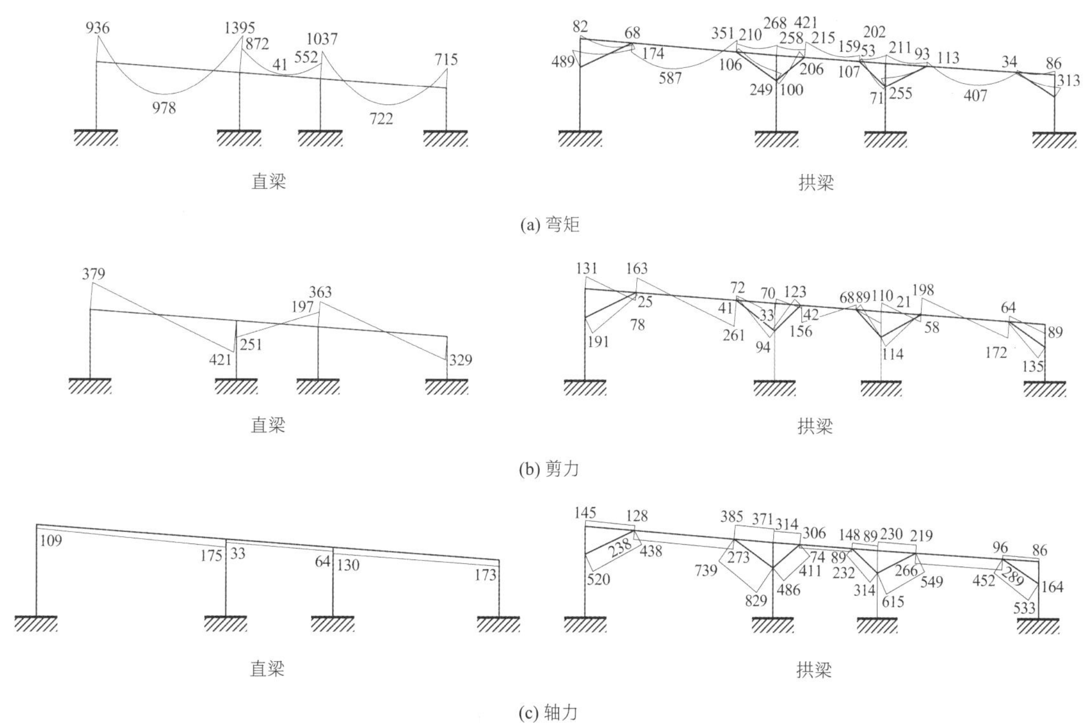

图 13.3-3　在竖向荷载作用下普通梁与拱梁内力的比较（单位：kN）

4．基础

根据本工程的特点，塔身采用桩筏基础，裙房采用“桩基＋防水板”的形式，采用变刚度调平的设计理念，通过调整桩数量、桩间距以及承台厚度，设置后浇带等措施，减小差异沉降对结构的影响，减小结构与底板的内力。在北京奥林匹克塔下采用方形桩筏基础，将五个塔的底板连接为一个整体，抵抗上部结构的竖向荷载与倾覆力矩。基座大厅屋盖结构的其他柱下基础采用“一柱多桩”或“一柱一桩”方案，支承楼板受力较大的剪力墙采用墙下条形承台。后注浆钻孔灌注桩直径为 1000mm，桩端持力层采用第⑨层第四纪沉积层卵石、圆砾层，桩长约 25～30m，单桩竖向极限承载力标准值为 7600～9500kN。对于竖向荷载较小的桩、承受水平荷载的桩与抗拔桩，桩端持力层采用第⑦层第四纪沉积层卵石、圆砾层，桩长约 16～19m，单桩竖向极限承载力标准值为 4400～5400kN。

基座大厅周边混凝土墙体总高度为 14.5～17.5m，堆土在自然地面以上的最大高度达 9.500m，因此墙体受到很大的水平推力。如果采用悬臂式挡土墙，经济性较差，墙体刚度和抗倾覆稳定性不易保证。为了降低造价，将基座大厅外墙设计为扶壁式挡土墙。采用扶壁式挡土墙可以明显提高墙体的平面外刚度，而且挡土墙可以兼作下部结构的剪力墙。挡土墙底板作为条形承台，在与扶壁相应的位置设置双排桩，增强其抗倾覆能力。

基座大厅基础底板顶标高为−10.500～−6.150m，采用混凝土构造底板将整个结构的桩承台连接为一个整体，最大水头高度达 9.0m，水浮力很大，仅通过增加底板厚度与压重措施难以满足抗浮要求，故采用抗拔桩与基础配重等抗浮措施。

13.3.2 性能目标

根据抗震性能化设计方法，确定了主要结构构件的抗震性能目标，如表 13.3-3 所示。

主要结构构件的抗震性能目标　　表 13.3-3

抗震设防水准	多遇地震	设防地震	罕遇地震
层间位移	1/300	—	1/50
顶点相对位移	1/400	—	1/70
计算方法	反应谱、时程分析法	反应谱、时程分析法	时程分析法
钢管混凝土柱	弹性	弹性	主塔不屈服、副塔可进入塑性
柱间支撑	弹性	不屈服	梁端可出现塑性铰
H 型钢梁	弹性	不屈服	受拉屈服/受压失稳
连接桁架	弹性	弹性	不屈服
结构阻尼比	0.02	0.02	0.05

13.3.3 结构分析

1．小震弹性计算分析

采用三维有限元分析软件 ETABS 和 ANSYS 进行北京奥林匹克塔模型（纯塔模型）与北京奥林匹克塔基座大厅模型（整体模型）的计算分析。在整体计算模型中采用框架单元来模拟塔体钢管混凝土柱、钢环梁、钢斜撑、基座大厅的钢筋混凝土柱和梁，采用壳体单元来模拟下部基座大厅的 SRC 剪力墙、基座大厅屋面面层、大厅内部剪力墙和顶部观光层的楼板。进行基座大厅设计时，考虑塔与结构的相互作用，因此将基座大厅模型和北京奥林匹克塔模型两部分拼成整体计算模型。计算模型的嵌固点取在−6.150m 标高处，模型不考虑基座大厅周围回填堆土对大厅的相互影响，只在挡土墙设计时考虑土压力的影响。

纯塔模型的前 10 阶振型相应的周期如表 13.3-4 所示，结构前 3 阶振型如图 13.3-4 所示，多遇地震作用下各塔顶点位移角如表 13.3-5 所示，多遇地震作用下基座大厅层间位移角如表 13.3-6 所示。同时进行了小震弹性时程补充分析，并按照规范要求根据小震时程分析结果对反应谱分析结果进行了相应调整，如表 13.3-7 所示。

结构周期与振型（ETABS 与 ANSYS 计算结果对比）　　表 13.3-4

振型数	ETABS 周期/s	ANSYS 周期/s	ETABS/ANSYS	方向
1	5.807	5.691	102%	45°方向
2	5.705	5.588	102%	135°方向
3	4.532	4.544	100%	扭转
4	1.846	1.748	106%	斜向
5	1.682	1.598	105%	斜向
6	1.517	1.479	103%	—
7	1.301	1.27	102%	—
8	1.27	1.246	102%	—
9	1.159	1.138	102%	—
10	0.956	0.913	105%	—

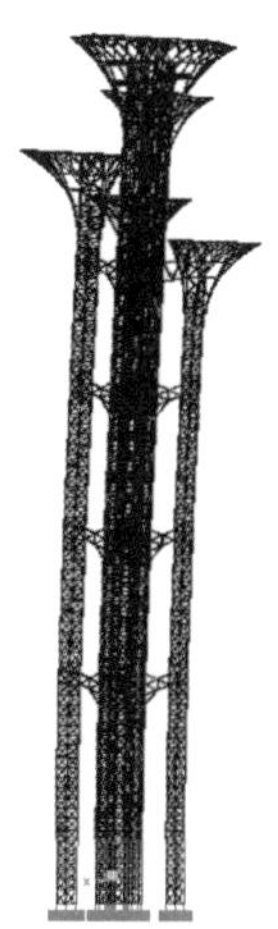

(a) 第 1 振型

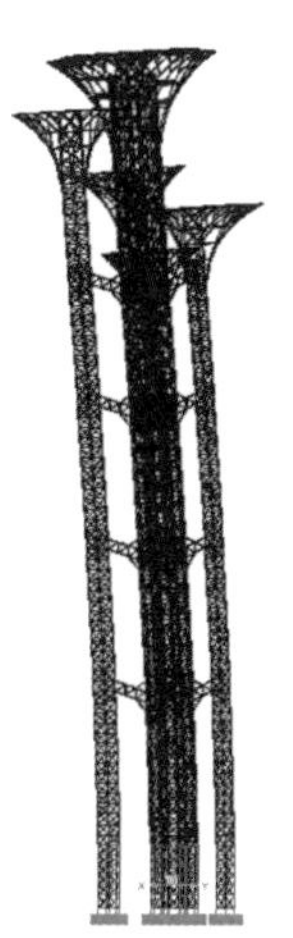

(b) 第 2 振型

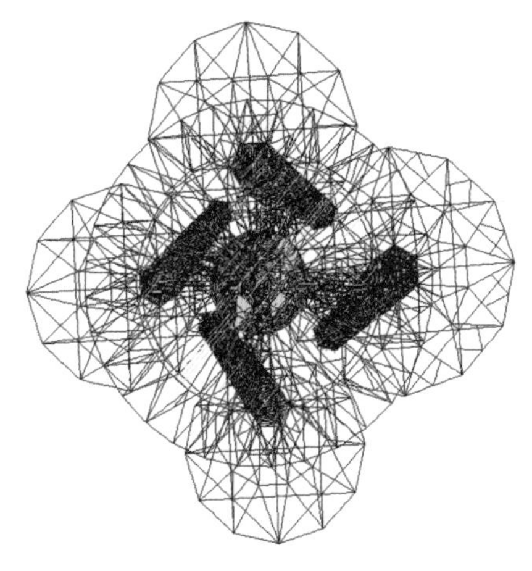

(c) 第 3 振型

图 13.3-4　结构前 3 阶振型

多遇地震作用下各塔顶点位移角　　表 13.3-5

塔号	高度/m	小震		中震	
		X向	Y向	X向	Y向
1	244.35	1/673	1/703	1/234	1/255
2	231.6	1/658	1/614	1/230	1/212
3	213	1/690	1/640	1/238	1/221
4	201	1/706	1/796	1/244	1/288
5	189	1/707	1/822	1/245	1/293

地震作用下的剪重比 表 13.3-6

地震作用方向	纯塔模型（自重372374kN）		整体模型（自重740258kN）	
	X向地震	Y向地震	X向地震	Y向地震
	剪力/kN	剪力/kN	剪力/kN	剪力/kN
多遇地震	12022	12305	44965	43398
剪重比	0.032	0.033	0.061	0.059
设防地震	35434	36235	126594	122191
剪重比	0.095	0.097	0.171	0.165
罕遇地震	65175	66672	215292	209955
剪重比	0.175	0.179	0.291	0.284

时程分析法计算结果 表 13.3-7

计算方法	X向地震剪力			X向地震剪力		
	地震剪力/kN	时程/反应谱		地震剪力/kN	时程/反应谱	
		比值①	比值平均值②		比值①	比值平均值②
反应谱法	44965			43398		
时程法 1	31184	0.69	0.95	−32686	0.75	1.09
时程法 2	−56193	1.25		−65574	1.51	
时程法 3	41375	0.92		−43242	1.00	

注：时程法 1 采用 CALIFORNIA 波，时程法 2 采用 Parkfield 波，时程法 3 采用人工波。
①根据《高层建筑混凝土结构技术规程》JGJ 3-2010，该值应大于 0.65。
②根据《高层建筑混凝土结构技术规程》JGJ 3-2010，该值应大于 0.8。

根据规范《建筑抗震设计规范》GB 50011-2010，8 度抗震烈度及基本周期大于 5.0s 的结构，楼层在水平地震作用下的剪力与该楼层自上而下累计重力代表值之比不应小于 0.024。因此，本结构可以满足设计要求。

2．动力弹塑性时程分析

本工程采用 ABAQUS 6.10 大型通用有限元程序进行大震作用下的非线性时程分析。该软件采用大位移有限元格式，同时考虑几何非线性和材料非线性，结构的动力平衡方程建立在结构变形后的几何状态上，因此$P\text{-}\Delta$效应被自动考虑，并能直接模拟结构可能发生的倒塌行为。

1）计算模型

根据 ETABS 计算模型，建立了 ABAQUS 三维非线性分析模型，与弹性分析模型一一对应。主体结构嵌固与 ETABS 一致，并通过动力特性、质量比较，确认达到与线弹性模型的一致。在计算模型中，不考虑入口大厅的有利影响。

ABAQUS 模型采用 B31 单元模拟框架梁、柱单元，当框架柱为钢管混凝土柱时，则定义一个钢管与混凝土截面叠合进行模拟；用 S4R 单元模拟楼板、剪力墙单元，计算过程中不考虑钢筋的滑移，钢筋与混凝土完好粘结，变形协调，根据 ETABS 的计算结果，剪力墙配筋率取为 0.6%，进行整体结构弹塑性分析。

2）地震波输入及工况

根据 GB 50011-2010，本报告采用三组强震地面运动加速度记录作为大震作用下北京奥林匹克塔主体结构非线性动力时程分析的地震输入。在三组强震记录中，一组为与设计目标反应谱相符的人工模拟地面加速度时程。其余两组为与设计目标反应谱相符的真实强震地面加速度记录。

本工程地震时程波数据由中国建筑科学研究院EQDB数据库中提供，进行计算分析时，每一组地震记录分别进行三向输入，三个方向峰值加速度的比值为，最大峰值调整到400Gal，表13.3-8中X、Y向最大峰值加速度已调整到400Gal，Z向最大峰值加速度调整到260Gal。

罕遇地震弹塑性分析共采用六个工况，各工况地震输入参数如表13.3-8所示。

各工况地震输入参数　　表13.3-8

工况	地震波输入参数	注释
工况一	$1.0X+0.85Y+0.65Z$	真实强震记录一
工况二	$0.85X+1.0Y+0.65Z$	
工况三	$1.0X+0.85Y+0.65Z$	真实强震记录二
工况四	$0.85X+1.0Y+0.65Z$	
工况五	$1.0X+0.85Y+0.65Z$	人工波
工况六	$0.85X+1.0Y+0.65Z$	

3. 动力弹塑性分析结果

（1）位移计算结果

主体结构在罕遇地震作用下X、Y方向顶点最大位移反应见表13.3-9所示，其中工况六的相对位移最大，顶点水平相对位移时程曲线如图13.3-5所示，最大相对位移为1/193，小于1/50，满足我国现行抗震规范的要求。

各工况下塔楼顶点的最大位移　　表13.3-9

工况	单方向位移/mm		绝对位移及相对位移	
	X方向	Y方向	绝对位移/mm	相对位移
工况一	−594.8	−696.0	832.1	1/294
工况二	−560.8	−814.1	907.9	1/269
工况三	1184.8	454.5	1234.1	1/198
工况四	1005.5	550.3	1096.0	1/223
工况五	1062.6	−977.9	1171.5	1/209
工况六	896.5	−1147.4	1264.4	1/193

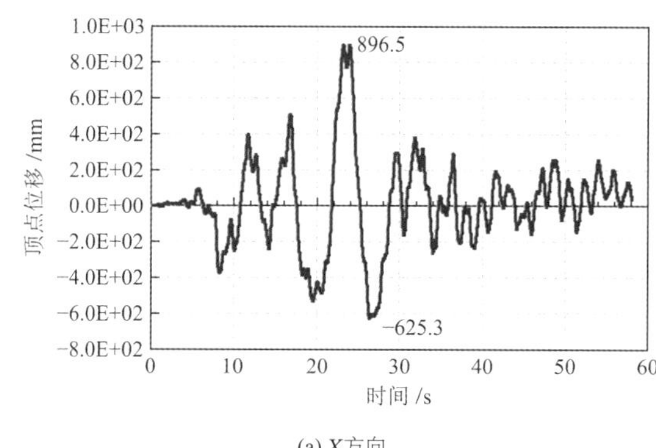

(a) X方向

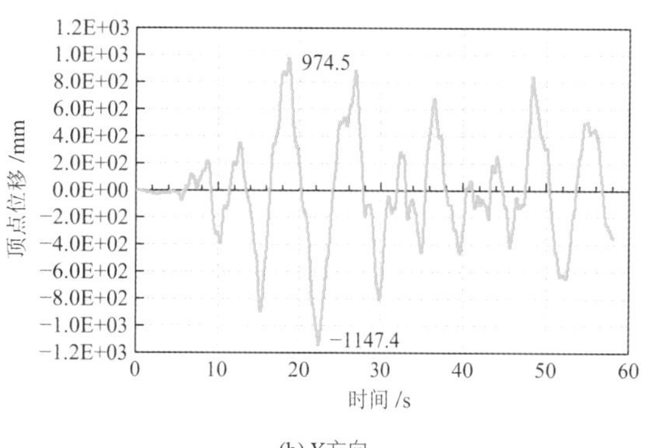

(b) Y方向

图13.3-5　工况六顶点水平相对位移时程曲线

（2）反力计算结果

主体结构在罕遇地震作用下X、Y方向顶点最大位移反应如表13.3-10所示，其中工况六的基底剪力最大，基底剪力时程曲线如图13.3-6所示。

动力弹塑性分析各工况的最大基底剪力及剪重比　　表 13.3-10

分析工况	X方向		Y方向	
	基底剪力/kN	剪重比	基底剪力/kN	剪重比
工况一	46290.5	0.124	50627.5	0.135
工况二	41811.1	0.112	55700.1	0.149
工况三	43577.6	0.116	43624.5	0.116
工况四	37579.9	0.100	47881.2	0.128
工况五	41723.9	0.111	51884.4	0.138
工况六	35833.7	0.096	58828.2	0.157

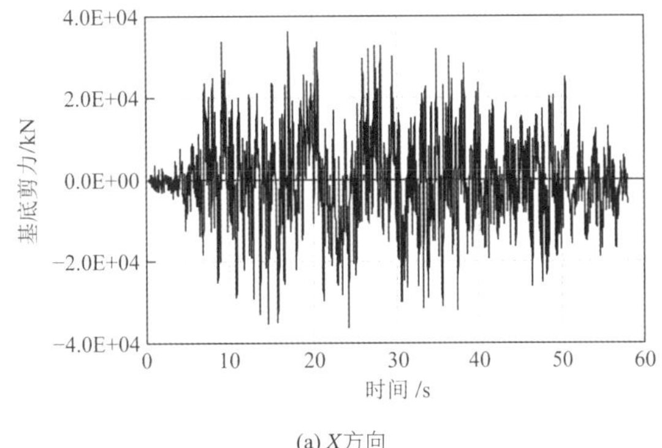

(a) X方向

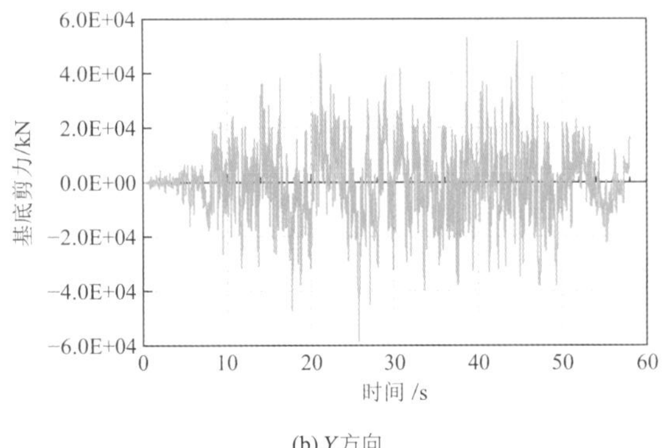

(b) Y方向

图 13.3-6　工况六基底剪力时程曲线

（3）罕遇地震下剪力墙损伤情况分析

图 13.3-7 给出了剪力墙的混凝土受压损伤及钢筋塑性应变，墙体下部的混凝土墙体受压损伤因子在 0.15 左右，墙体钢筋应变达到 0.0018 左右，接近屈服应变；墙体内极少数钢筋处于塑性状态。故剪力墙在罕遇地震作用下处于较安全的状态。

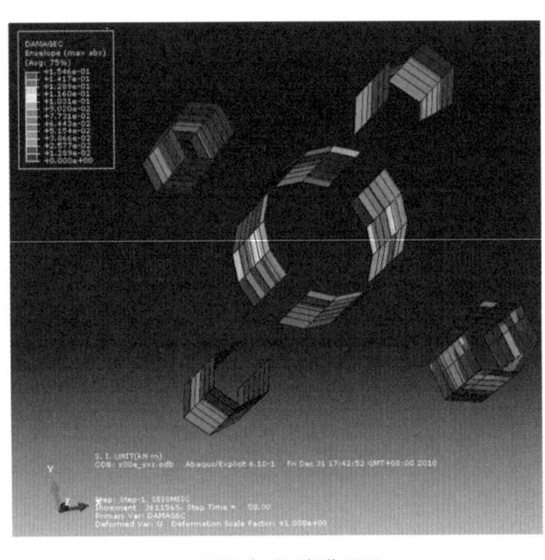

(a) 混凝土受压损伤因子

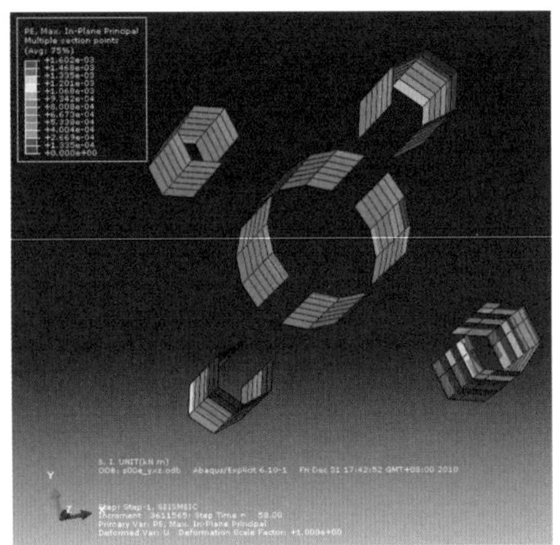

(b) 钢筋塑性应变

图 13.3-7　剪力墙损伤情况

（4）罕遇地震下钢管混凝土柱的损伤情况

图 13.3-8 给出了钢管混凝土柱的混凝土受压损伤及钢管 Mises 应力，钢管混凝土柱中混凝土大部分构件没有受压损伤，仅部分柱在个别层高位置有一定损伤，但损伤因子较低，在 0.0013 左右；钢管混凝土柱中钢管的 Mises 应力水平在 50～265MPa 之间，未出现塑性应变，处于很低的水平。故钢管混凝土柱在罕遇地震作用下保持完好的状态。

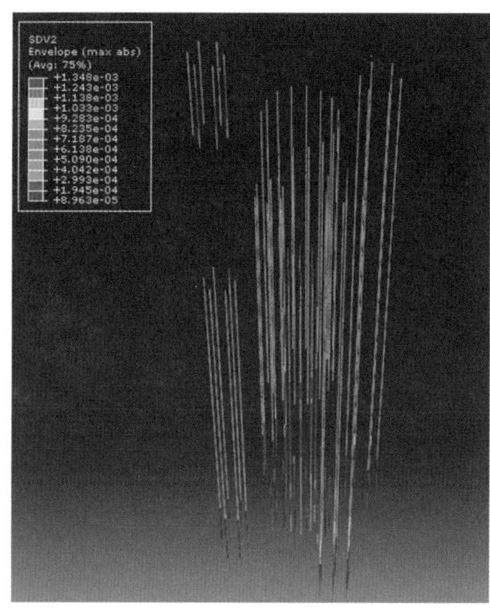

(a) 混凝土受压损伤因子

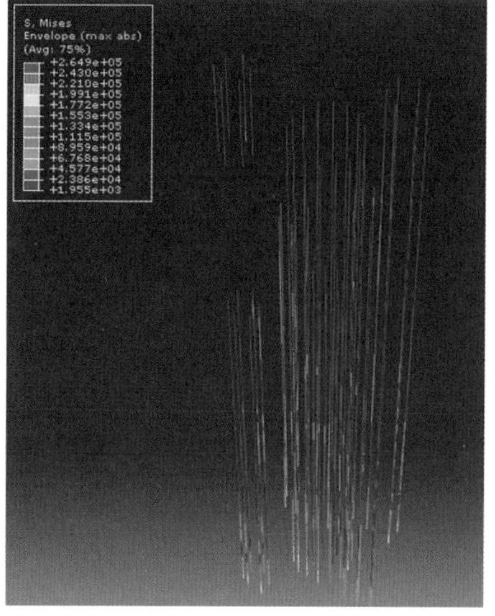

(b) 钢管 Mises 应力（单位：kPa）

图 13.3-8　钢管混凝土柱损伤情况

（5）罕遇地震下各塔钢构件损伤情况

中间主塔构件的应力水平在 50～351MPa 之间，应力分布较均匀，大多数构件的应力水平较低；周边四个塔体构件的应力水平在 50～360MPa 之间，应力分布较均匀，大多数构件的应力水平较低。故整体钢构件应力水平较低，在罕遇地震作用下，仅少数水平连系梁进入塑性，但应变很小，处于可以接受的范围内。

（6）罕遇地震下塔间连接桁架损伤情况

连接桁架的应力水平在 50～311MPa 之间，仅与中间塔体相连的根部斜撑应力水平较高；塔间连接桁架在罕遇地震作用下，基本保持完好的状态。

（7）结论

罕遇地震作用下，北京奥林匹克塔的最大位移角小于其抗震设防性能目标的位移限值，可以满足大震不倒的设计要求；主塔塔身混凝土墙体、钢管混凝土柱、塔间斜撑、各塔体斜撑、水平连系梁的损伤程度均比较轻，仅塔体顶部水平连系梁出现局部破坏，已经进行相应的加强，部分构件进入塑性后可以通过内力重分布保持结构整体稳定性与侧向刚度。因此该结构体系、构件尺寸可以满足大震作用下结构的抗震性能目标。

13.4 专项设计

13.4.1 结构效能研究

连接桁架是组合塔式结构的关键构件，通过改变连接桁架的刚度，可以考察连接桁架对结构变形与受力的影响。在进行结构计算分析时，采用了 45°方向多遇地震作用工况。

1. 整体弯矩系数

组合塔式结构在水平荷载作用下，单塔i（$i = 1,2,\cdots,m$）底部的轴力N_i可由下式确定

$$N_i = \sum_{j=1}^{n}\sum_{k=1}^{p} Q_{jk} = \sum_{j=1}^{n}\sum_{k=1}^{p} \frac{1}{B_j}\left(M_{jk}^{l} + M_{jk}^{\mathrm{r}}\right) \tag{13.4-1}$$

式中：Q_{jk}——单塔i平面第j个、沿高度第k道连接桁架的剪力；

n和p——与塔i相连桁架的个数与道数；

B_j——单塔i第j个连接桁架的长度；

M_{jk}^{l}、M_{jk}^{r}——连接桁架左端和右端的弯矩。

各单塔底部轴力形成的整体倾覆力矩M_N可由下式计算：

$$M_{\mathrm{N}} = \sum_{i=1}^{m} N_i \cdot L_i \tag{13.4-2}$$

式中：L_l——单塔i的形心与组合塔式结构刚度中心的距离。

组合塔式结构的总倾覆弯矩M_0为

$$M_0 = \sum_{i=1}^{m} M_{\mathrm{B}i} + M_{\mathrm{N}} \tag{13.4-3}$$

式中：M_{Bi}——单塔i在水平力作用下的底部弯矩。

采用整体弯矩系数k表征连接桁架对结构抗倾覆能力的贡献，即

$$k = \frac{M_{\mathrm{N}}}{M_0} \tag{13.4-4}$$

整体弯矩系数k反映了设置连接桁架后，各单塔轴力形成的抗倾覆弯矩在总抗倾覆力矩中所占比例，整体弯矩系数k越大，说明连接桁架的作用即组合塔式结构的效率越高。

2. 结构动力特性

采用 SAP2000 有限元软件进行计算分析，第 1 振型与第 2 振型分别为 45°方向和 135°方向的平动，第 3 振型为扭转振型，连接桁架刚度与结构自振周期的关系见图 13.4-1。为了方便，将本工程中实际采用的连接桁架刚度定义为K_0，通过调整材料的弹性模量改变连接桁架的刚度。从图 13.4-1 中可见，随着连接桁架刚度的增大，整体结构的前 3 阶自振周期均逐渐减小，说明结构的侧向刚度随连接桁架刚度的增大而增大。当连接桁架的刚度超过设计实际采用的刚度后，对结构前 2 阶平动周期的影响明显减小。

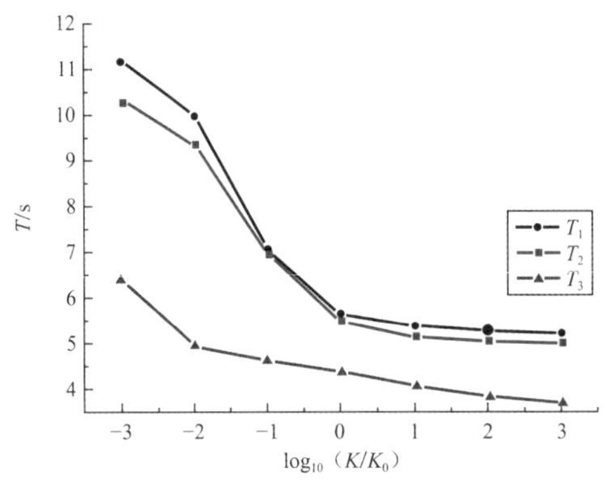

图 13.4-1　结构自振周期与连接桁架刚度的关系

3. 地震作用分析

在 45°方向地震作用下，各单塔顶部的最大水平位移随连接桁架刚度的变化情况见图 13.4-2。从图中可以看出，塔身越高，塔顶的位移越大。各单塔的塔顶水平位移随连接桁架刚度的增大而减小，说明连接桁架对各单塔的水平位移具有较强的约束作用。当连接桁架的刚度超过设计实际采用的刚度后，对各单塔水平位移的影响已经很小，此时水平位移主要由相邻连接桁架之间塔身的变形构成。

在 45°方向地震作用下，各单塔底部的轴力随连接桁架刚度变化的情况如图 13.4-3 所示。从图中可知，沿地震作用方向的 3 号塔和 5 号塔底部轴力较大，而位于中性轴附近的 1 号塔、2 号塔和 4 号塔底部的轴力很小。随着连接桁架刚度的减小，各单塔的轴力均随之减小，并逐渐趋近于零。

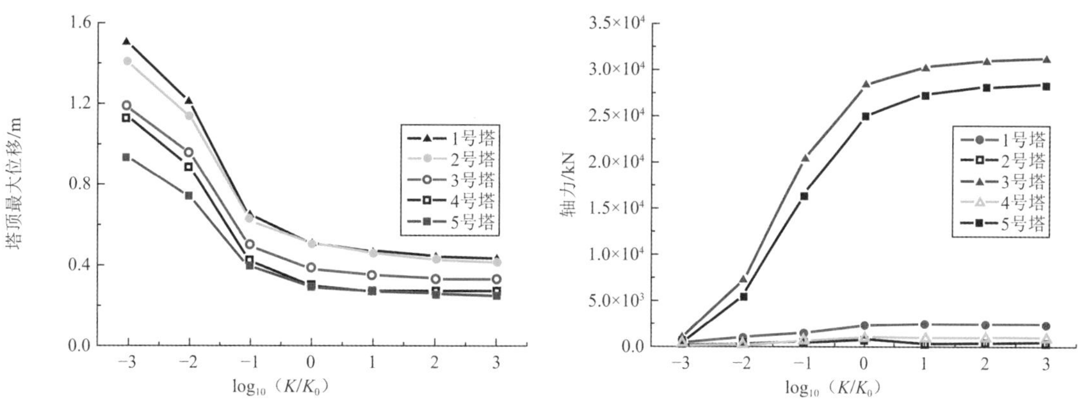

图 13.4-2　各单塔顶部最大水平位移与连接桁架刚度的关系

图 13.4-3　各单塔底部轴力随连接桁架刚度变化情况

在45°方向地震作用下，各单塔底部的弯矩随连接桁架刚度的变化情况如图13.4-4所示。由图可知，在水平地震作用下，主塔底部的弯矩显著大于各副塔。随着连接桁架刚度的增加，各单塔底部的弯矩随之减小。当连接桁架的刚度大于设计实际采用的刚度后，各单塔体底部弯矩的降低幅度很小。

在0°、45°、90°和135°方向地震作用下，组合塔式结构的整体弯矩系数k随连接桁架刚度的变化情况如图13.4-5所示。从图中可知，随着连接桁架刚度的增加，整体弯矩系数k随之增大，对于本工程实际采用的连接桁架刚度，k为0.666～0.685。在各方向地震作用下，组合塔式结构的k值非常接近，0°与90°方向的数值非常接近。当连接桁架的刚度大于设计实际采用的连接桁架刚度后，k值增大的速率明显变慢。

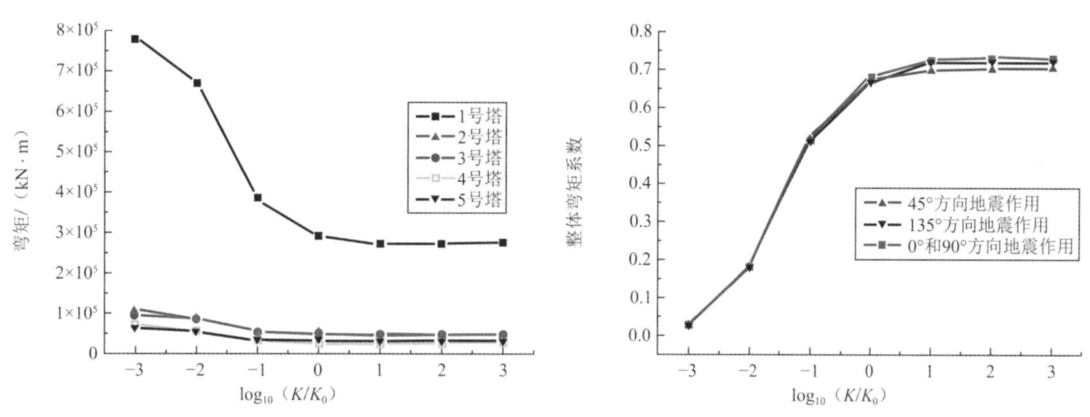

图 13.4-4　各单塔底部弯矩随连接桁架刚度变化情况

图 13.4-5　结构整体弯矩系数随连接桁架刚度的变化情况

4. 单塔稳定性分析

组合塔式结构的整体抗倾覆能力强，各单塔的高宽比大，在水平荷载作用下，各单塔将出现较大的轴向压力。为了保证其安全性，需要对其稳定性进行计算分析。通过几何非线性的有限元方法（荷载—位移全过程分析）计算高耸结构的整体稳定性。为了考虑施工误差的影响，首先对结构进行特征值屈曲分析，将一阶屈曲模态作为结构的初始缺陷。

根据结构的受力特点，选取恒荷载、活荷载与风荷载工况组合，对结构整体模型进行荷载-顶点水平位移几何非线性分析，将整体结构的承载力与设计工况荷载值之比定义为荷载因子。在1.2DL（恒荷载）+ 0.98LL（活荷载）+ 1.4W45°（45°风向角风荷载）工况几何非线性全过程作用时，塔顶水平位移-荷载因子的关系曲线见图13.4-6。从图中可以看出，当结构发生整体失稳时，塔顶水平位移已经超过16m，结构的荷载因子已大于12.0，参照《空间网格结构技术规程》JGJ 7-2010荷载因子不应小于4.2的规定，说明组合塔式结构具有很好的整体稳定性。

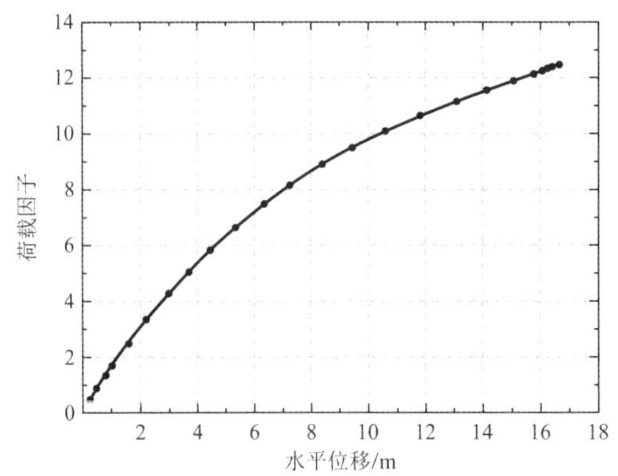

图 13.4-6　塔顶水平位移-荷载因子关系曲线

13.4.2　施工模拟技术

1. 临时支撑体系

本工程塔体采用桩筏基础，裙房采用桩基 + 防水板。塔楼后注浆钻孔灌注桩直径为 1000mm，桩端持力层为第⑨层卵石、圆砾层，桩长 25～30m。根据桩-土-基础协同作用分析方法，考虑荷载分布、基础刚度、桩间土荷载分担、桩端刺入变形以及群桩效应等因素的影响，塔身最终沉降量计算值为 50～60mm。

组合塔式结构各单塔之间连接桁架的刚度很大，对差异沉降与竖向变形非常敏感，因此要求在主要基础沉降与竖向变形完成后，连接桁架方可处于受力状态。

由于各单塔直径小，侧向刚度弱，塔冠偏置，保证施工阶段的安全性非常重要。在施工过程中，通过设置临时支撑体系，将 5 个单塔连接成为一个整体，满足施工期间结构对侧向刚度的要求。待结构施工完成后，再进行连接桁架焊接。

北京奥林匹克塔施工期间采用的临时支撑体系如图 13.4-7 所示，沿建筑高度 18m 左右，在各副塔与主塔之间设置临时水平管桁架与预应力交叉斜杆。水平桁架弦杆规格均为$\phi300 \times 16$，腹杆均为$\phi300 \times 12$，采用螺旋焊接管，材质为 Q345B，斜拉杆均为直径 32mm 的 HRB400 钢筋。水平桁架弦杆与塔身钢管柱焊接，敷设踏板并安装栏杆后，兼作施工操作平台。交叉斜杆的预应力控制在 100MPa 左右，在主塔两侧对称张拉。在施工过程中，斜拉杆的应力值随着结构竖向压缩变形、不均匀沉降等随时变化，可根据情况进行调整。拆除临时施工支撑时，应避免损伤主体结构，分阶段对称拆除，保证结构、人员与设备的安全。

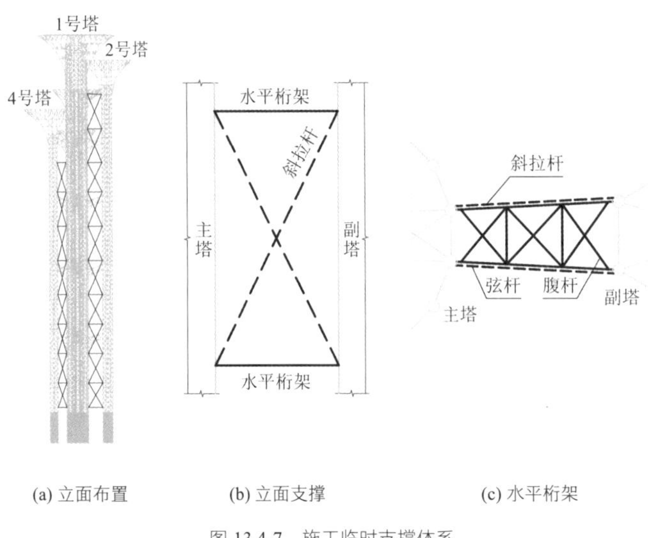

图 13.4-7　施工临时支撑体系

2. 施工阶段验算

施工验算采用 10 年重现期的基本风压，分别考虑 0°、45°、90°、135°风向角的风荷载作用。活荷载按照设计荷载的 0.5 倍取用，施工过程验算不考虑地震作用。塔身向阳面与背阳面的最大温度差为 30℃。

在风荷载作用下，结构的最大层间位移角不大于 1/400，斜拉杆保持不松弛。在温度作用下，结构侧向弯曲变形角约为 1/840。

临时支撑体系的最大应力如图 13.4-8 所示。水平桁架杆件的最大应力比小于 0.75，交叉支撑的最大应力比小于 0.87，主体结构构件受力均满足要求。

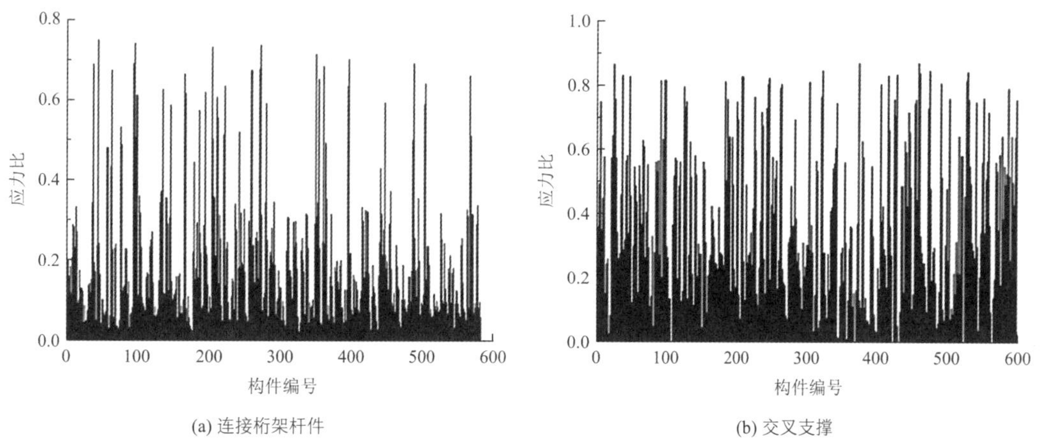

(a) 连接桁架杆件　(b) 交叉支撑

图 13.4-8　临时支撑体系杆件的最大应力比

13.4.3　塔顶五环结构分析

2016 年 1 月，国际奥委会正式批准将该塔命名为“北京奥林匹克塔”。2016 年 6 月，经国际奥委会批准，北京奥林匹克 1 号塔的最高点和塔西侧主门口处分别设置奥运五环标识巨型雕塑（塔顶上方的奥运五环标识每个单环直径为 5m，可 360°无级变速旋转），成为世界上永久设置奥运五环标志的最高建筑，国际奥委会主席巴赫亲自到现场参加落成仪式。

1. 结构计算模型

整体结构和五环底座结构分析采用三维有限元分析软件 SAP2000，并采用 ANSYS 对五环结构进行补充分析，计算模型如图 13.4-9 所示。计算荷载及作用包括结构自重、各风向角下的风荷载、地震作用、温度作用。

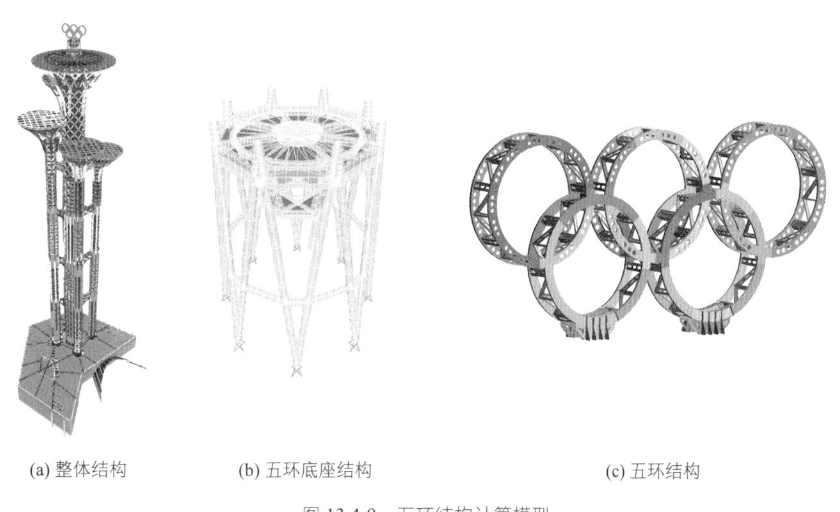

(a) 整体结构　(b) 五环底座结构　(c) 五环结构

图 13.4-9　五环结构计算模型

五环底座结构采用 Q345D，周边斜向钢柱截面为 Q351 × 12，内部吊柱截面为 H300 × 250 × 10 × 10，平台钢梁主要截面为 H700 × 300 × 14 × 25。五环结构采用奥氏体 316L 不锈钢，主要采用 5mm、10mm、12mm 三种厚度的不锈钢板焊接制作而成。

2．地震放大系数

为了对顶部五环的受力性能进行准确的研究，分别采用反应谱法、时程法加速度分析、时程法剪力分析、楼面谱法，对五环结构考虑高阶振型和鞭梢效应影响的地震放大系数进行了分析研究，计算结果如表 13.4-1 所示。通过比较可以发现，对于本工程来说，采用反应谱法和时程分析法计算所得的地震作用放大系数均在 1.3 左右，楼面谱法计算所得的地震放大作用系数则相对较大，达到 1.67 左右，实际计算中地震作用放大系数取 1.7。

五环结构地震放大系数　　表 13.4-1

作用方向	反应谱法底部剪力放大系数	时程法加速度放大系数	时程法底部剪力放大系数	楼面谱法底部剪力放大系数
1 阶方向	1.226	1.254	1.242	1.672
2 阶方向	1.287	1.304	1.308	1.591

3．强度和挠度验算

经各工况计算包络设计后，五环结构最大应力为 133.01MPa，如图 13.4-10 所示，强度满足要求；最大总位移为 20.451mm，如图 13.4-11 所示，挠度和位移角均满足要求。

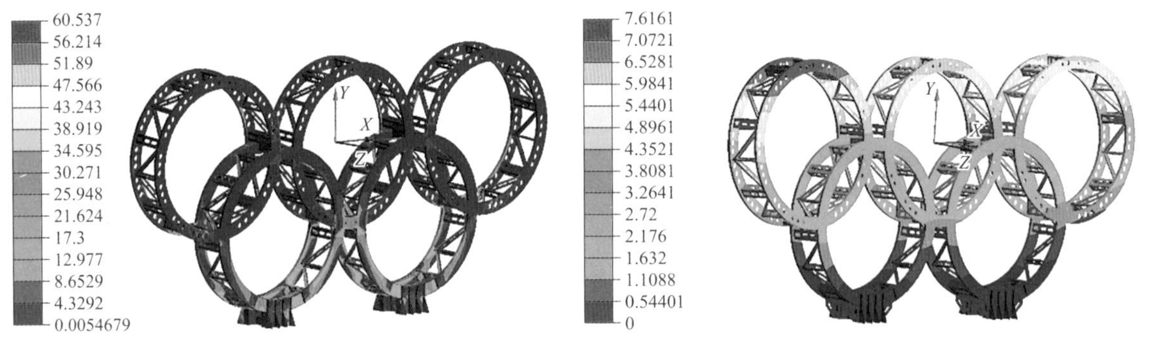

图 13.4-10　整理应力云图（单位：MPa）　　图 13.4-11　总位移云图（单位：mm）

13.4.4　振动控制技术

1．节段模型风洞试验

（1）风洞设备与试验模型

在同济大学土木工程防灾国家重点实验室进行了北京奥林匹克塔风洞试验，确定塔身表面风压与结构等效静风荷载。闭口回流式大气边界层风洞试验段尺寸为 3m（宽）× 2.5m（高）× 15m（长），转盘中心距试验段进口 10.5m，试验区流场的速度不均匀性小于 1%，湍流度小于 0.46%，平均气流偏角小于 0.5°。

风洞测试模型除能够对建筑外形进行精细模拟外，还应具有足够的空间布置测点与测压管。由于各单塔的塔身非常纤细，采用有机玻璃刚性节段模型试验方法，沿高度将建筑分成 4 个节段：第 1～3 段的高度分别为 49.2m、60m 和 60m，模型几何缩尺比例为 1∶70；第 4 段高度为 90m，模型 1∶100。风洞试验测点总数达 1928 个，有效解决了复杂体型建筑测试精度的问题，北京奥林匹克塔风洞试验情况见图 13.4-12。

(a) 第 1 段

(b) 第 2 段

(c) 第 3 段

(d) 第 4 段

图 13.4-12　北京奥林匹克塔风洞试验模型

由于模型尺度和试验风速的限制，测试模型的雷诺数远小于实际结构。为了降低由于雷诺数效应对试验结果的影响，分别在模型 5 个单塔表面沿环向均匀粘贴 0.5mm × 0.5mm～1mm × 1mm 的竖向细条，使近表面绕流在较低雷诺数时提前进入紊流状态，实现对原型结构高雷诺数效应的模拟。各节段模型试验均在由被动格栅紊流发生器生成的空间均匀紊流场中进行，平均风速沿高度不变。

定义正南方向来流的风向角为 0°，以顺时针方向为正，试验风向角间隔为 15°。建筑表面风压力作用时为正，风吸力作用时为负。

（2）体型系数与风压标准值

对各测点的风压系数进行平均后，可以得到平均风压系数。由于风压系数在均匀湍流风场中得到，即为该测点的风荷载体型系数μ_{si}。北京奥林匹克塔 83.2m 标高截面在 0°和 45°风向角时的体型系数如图 13.4-13 所示。从图中可见，对于该组合塔式结构，除少数迎风面为风压力外，其余均为风吸力。

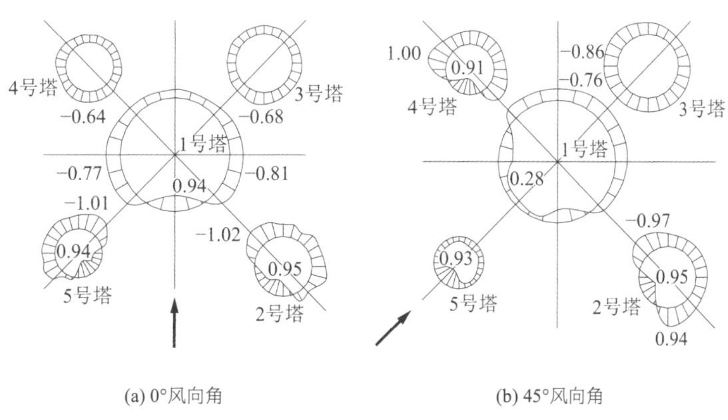

(a) 0°风向角　　　　(b) 45°风向角

图 13.4-13　北京奥林匹克塔 83.2m 标高截面的体型系数

2．水平风振控制系统

（1）折返式 TMD 振动控制系统

北京奥林匹克塔体形复杂，结构阻尼比小，属于风敏感结构。计算分析结果表明：在 10 年重现期风荷载作用下，顶部观景厅水平向最大加速度达到 0.20m/s^2，顶层观景平台水平最大加速度为 0.25m/s^2。如果采用增大结构刚度的方法减小风振加速度，用以改善舒适度，难以达到理想的技术经济效果。

故此，在本工程中，将高位消防水箱作为质量块，与黏滞阻尼器共同构成 TMD 减振系统。为了解决 231m 标高楼层上空高度不足、TMD 自振周期短的难题，研发了折返式吊挂机构，并在吊挂支架上设置高度调节装置，可以根据实测情况调节质量块的自振频率，确保 TMD 能够达到理想的减振效果。工程中采用的可调节折返式 TMD 水平减振系统如图 13.4-14 所示，单摆式与折返式 TMD 的工作原理如图 13.4-15 所示。

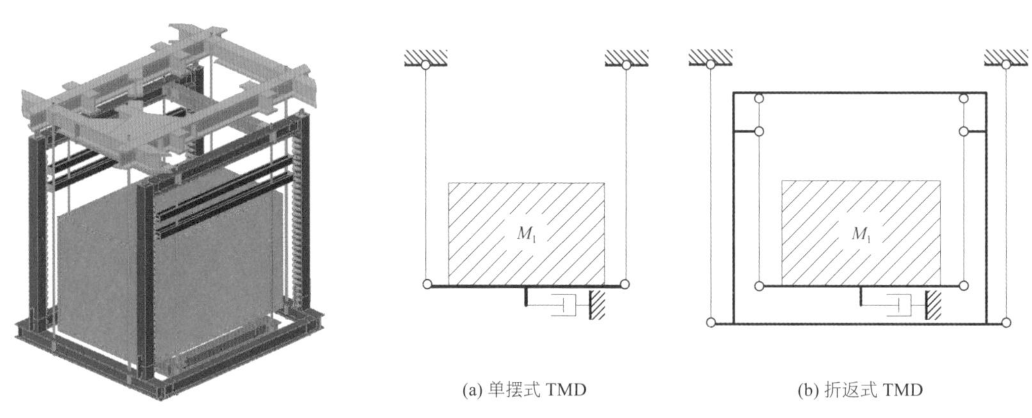

图 13.4-14 可调节折返式 TMD 水平减振系统

图 13.4-15 TMD 工作原理示意图

减震装置中采用的双出杆型黏滞阻尼器是一种无刚度的速度相关型阻尼器，阻尼力-位移滞回曲线为饱满的椭圆形，具有稳定的动力性能和很强的耗能能力，仅需要微小的振动即可耗能，不改变结构的刚度，仅提供附加阻尼，如图 13.4-16 所示。本工程 TMD 减振系统的技术参数见表 13.4-2。

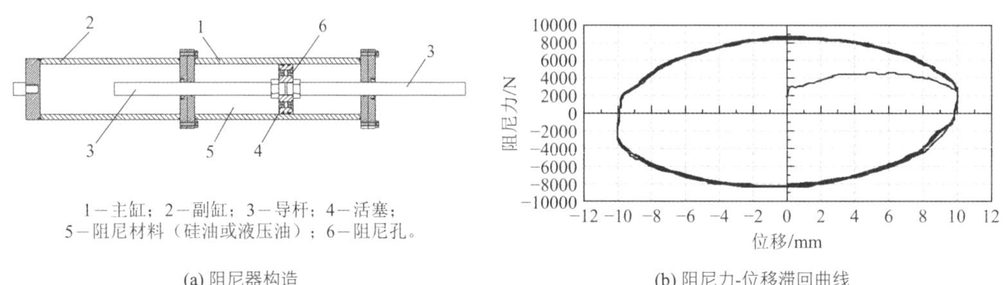

图 13.4-16 双出杆型黏滞流体阻尼器

TMD 减振系统的技术参数 表 13.4-2

减振系统编号	质量块质量/t	调频频率f_T/Hz	阻尼器参数			
			阻尼指数	阻尼系数/（kN·s/m）	最大行程/mm	最大输出力/kN
TMD	50	0.153	1.0	13.576	200	1.5

（2）现场测试

为了验证计算模型的准确性，对北京奥林匹克塔的动力特性进行了现场测试，并将实测值与理论计算值进行对比分析。结构的前 3 阶自振频率和相应的阻尼比见表 13.4-3。由表可知，两者的自振频率比较接近，平均阻尼比为 0.0115。

结构的自振频率与阻尼比 表 13.4-3

阶数	频率 f/Hz			振型描述	实测阻尼比
	计算值	实测值	误差/%		
1	0.176	0.200	12.0	45°方向平动	0.0115
2	0.179	0.205	12.7	135°方向平动	0.0088
3	0.220	0.280	21.4	扭转	0.0143

将北京奥林匹克塔中 1 号塔和 5 号塔的实测值与理论值进行对比，参考实测现场的风速大小与风向，实测时以北风为主。1 号塔测试时的平均风速值为 14.14m/s，5 号塔测试时的平均风速为 13.83m/s。1 号塔顶部南北方向的风速时程、加速度响应、TMD 质量块（水箱）的水平加速度时程以及 231m 标高楼面的水平加速度时程如图 13.4-17 所示。从图 13.4-17（c）可知，质量块的加速度响应远大于结构的加速度响应。

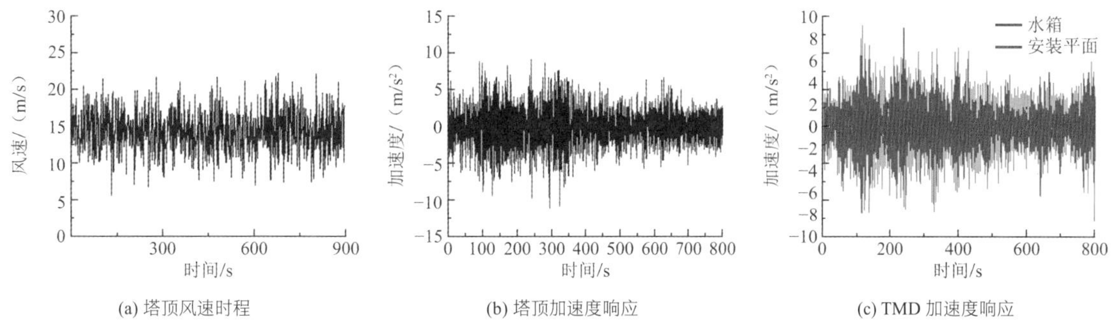

(a) 塔顶风速时程 (b) 塔顶加速度响应 (c) TMD 加速度响应

图 13.4-17 1 号塔实测风速与加速度响应

1 号塔与 5 号塔顶点水平风振加速度理论值与实测值对比见表 13.4-4。从表中可知，实测值均显著小于计算值。按照 10 年重现期基本风压$w_0 = 0.30\text{kPa}$以及风压高度系数对实测风速进行调整后（1 号塔放大 6.19 倍，5 号塔放大 6.46 倍），考虑南北方向与东西方向叠加效应，实测换算水平加速度不大于 150mm/s²，较好地满足了舒适性要求。

1 号塔与 5 号塔顶点水平风振加速度峰值 表 13.4-4

塔号	测点	测点方向	加速度			
			$a_{t,R}$/（mm/s²）	$a_{t,E}$/（mm/s²）	η/%	$a_{t,C}$/（mm/s²）
5 号塔	1	南北	28.99	8.6	70.33	55.6
		东西	20.66	7.27	64.81	47.0
	2	南北	28.99	7.0	75.85	45.2
		东西	20.66	4.6	77.73	29.7
1 号塔	3	南北	19.05	9.43	50.5	58.4
		东西	17.24	8.83	48.78	55.7
	4	南北	19.05	10.7	43.83	66.2
		东西	17.24	10.43	39.50	64.6

注：$a_{t,R}$为理论值；$a_{t,E}$为实测值；η为误差，$\eta = \frac{a_{t,R}-a_{t,E}}{a_{t,R}}$；$a_{t,C}$为换算实测值，按照实测值乘以放大倍数计算。

3. 观景平台竖向减振

（1）减振器布置

由于各塔顶部的观景厅向外悬挑长度很大，竖向振动频率较低，观景平台楼盖的竖向振动频率在

2.3～3.0Hz 之间，在人群行走频率范围内，当人群在观景平台上活动时容易引起共振。为了减小屋顶观景平台上有人员活动时的振动响应，采用了东南大学建筑工程抗震与减震研究中心研发的减振器。该减振器由 4 个弹簧减振器、1 个黏滞阻尼器以及连接件、万向铰等组成，如图 13.4-18 所示。

(a) 装置示意　　(b) 现场安装情况

图 13.4-18　观景平台采用的竖向减振器

减振器技术参数见表 13.4-5。考虑到计算模型与实际结构存在的误差，表中弹簧刚度在计算值的基础上±15%。经过反复优化，在 3 号塔顶部（210m 标高）布置了 6 套（2 个）减振器，在 4 号塔顶部（198m 标高）布置了 4 套减振器，在 5 号塔顶部（186m 标高）布置了 4 套减振器，如图 13.4-19 所示。

竖向减振器的技术参数　　表 13.4-5

弹簧刚度/（kN/m）	质量/kg	调频频率/Hz	阻尼器参数			
			阻尼指数	阻尼系数c/（N·s/m）	最大行程/mm	最大输出力/kN
113.58	500	2.3	1.0	630	±30	3.0

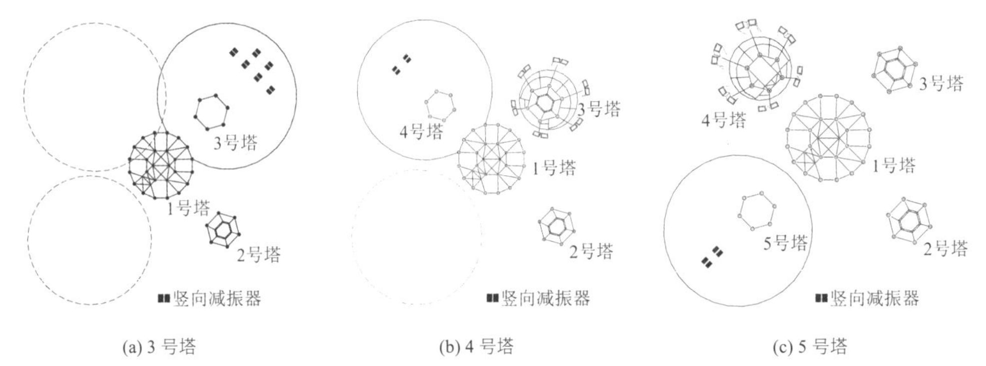

(a) 3 号塔　　(b) 4 号塔　　(c) 5 号塔

图 13.4-19　观景平台竖向减振器布置

（2）现场测试

为了验证安装竖向减振器的效果，对 3 号塔、4 号塔和 4 号塔的顶部观景平台悬挑部位进行了现场测试，共设定人群行走（2.0Hz、2.5Hz）和跳跃（2.0Hz）三种工况。参加实验人员的人均体重约为 70kg，经过多次现场模拟训练，确保按照设定的频率进行激励，测试持续时间为 160s。5 号塔观景平台在 35 人 2.5Hz 频率激励时的加速度时程曲线如图 13.4-20 所示。从图中可以看出，设置竖向减振器后，观景平台的竖向加速度比不设减振器（减振器临时锁闭）时显著减小。

3 号塔～5 号塔顶部观景平台在人群激励下竖向加速度最大实测值见表 13.4-6，其中减振率为无振前与有减振加速度峰值之差除以无减振的加速度峰值。从表中可以看出，设置竖向减振器后，观景平台悬挑部位在人群激励下的竖向加速度明显减小，减振率为 13.6%～40.9%。由于现场测试时屋面防水材料施工刚刚完成，铺装石材地面尚未进行，人群活动动力效应减弱，故减振率可进一步提高。

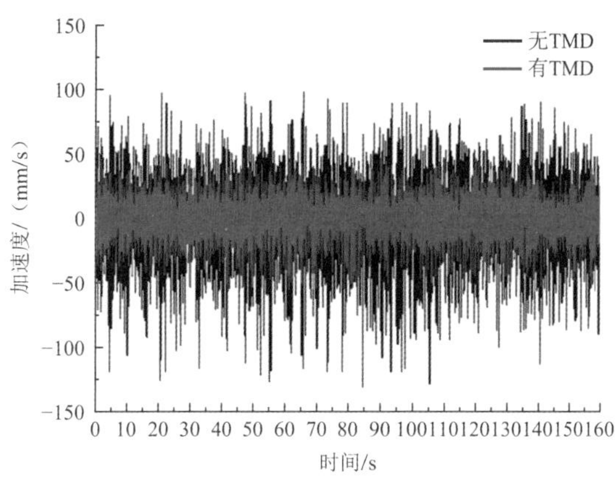

图 13.4-20　5 号塔观景平台安装减振器前后竖向加速度记录

安装减振器前后观景平台在人群激励下竖向振动加速度的实测值　　表 13.4-6

部位	激励方式	人数	频率/Hz	a_v/（mm/s²）		减震率/%
				安装前	安装后	
3 号塔	跳跃	40	2.0	143.87	107.8	25.07
	行走	50	2.0	80.195	67.849	15.39
	行走	45	2.5	130.72	112.87	13.65
4 号塔	跳跃	35	2.0	147.18	106.19	27.85
	行走	45	2.0	123.46	87.457	29.16
	行走	40	2.5	196.39	169.73	13.58
5 号塔	跳跃	30	2.0	188.32	111.24	40.93
	行走	40	2.0	159.87	122.52	23.36
	行走	35	2.5	213.61	153.13	28.30

13.5 结语

北京奥林匹克塔坐落于北京市中轴线北端，以生命之树为设计理念，寓意生命之树破土而出，是世界第一座五塔组合塔式结构体系，也是世界上永久设置奥运五环标志的最高建筑。由 5 个纤细的单塔组成，塔体高度 186～244.85m 不等，自下而上节节抬升，单塔最大高宽比达 33，塔顶的观景平台向外悬挑，建筑体型非常复杂。

在结构设计过程中，主要完成了以下几方面的创新性工作：

（1）沿高度方向设置多道连接桁架，将 5 个单塔连接为整体，形成组合塔式结构体系，连接桁架所起作用可达抗倾覆能力的 70%左右，使结构的侧向刚度得到很大提高。

（2）在各单塔之间设置水平桁架和预应力斜杆临时支撑体系，最后进行连接桁架焊接固定，即能满足施工期间结构稳定性的需求，又能避免结构不均匀竖向变形和差异沉降的不利影响。

（3）采用节段式风洞试验测试技术，圆满解决了复杂模型测试精度问题。

（4）结合高位消防水箱研发的折返式吊挂机构，克服了 TMD 安装空间不足的难题，并可根据实测情况调节质量块的自振频率，实测风振加速度满足使用舒适度要求。

（5）在塔冠大悬挑端部设置竖向 TMD 减振装置后，对密集人流激励引起的振动响应具有显著的抑制作用。

（6）基座大厅屋盖采用交叉编织清水混凝土梁板结构，在楼板缺失部位能够有效传递内力，保证了结构的整体性以及对塔身的嵌固作用。

（7）结合建筑室内造型采用了大跨度拱梁，可以有效改善大跨度梁的受力形态，优化构件的截面尺寸，改善结构的经济性。

参考资料

[1] 范重, 杨开, 柴会娟, 等. 北京奥林匹克塔结构设计研究[J]. 建筑结构学报, 2019, 40(3): 106-117.

[2] 范重, 孔相立. 组合塔式结构及其效能研究[J]. 建筑科学与工程学报, 2014, 31(2): 126-137.

[3] 陈鑫, 李爱群, 张志强, 等. 基于风振舒适度的北京奥林匹克塔黏滞阻尼减振性能研究[J]. 建筑结构学报, 2021, 42(09): 1-11.

[4] Chen X, Li A, Zhang Zhiqiang, Fan Zhong, Liu Xianming, et al. Improving the wind-induced human comfort of the Beijing Olympic Tower by a double-stage pendulum tuned mass damper[J]. The Structural Design of Tall and Special Buildings, 2020, 29(4).

[5] 康凯. 北京奥林匹克塔[J]. 建筑实践, 2019(4): 90-95.

[6] 康凯. 筑塔记 ——解读奥林匹克塔[J]. 建筑技艺, 2016(2):64-73.

[7] 北京奥林匹克公园瞭望塔振动控制研究报告[R]. 南京: 东南大学土木工程学院, 2012.

[8] 北京奥林匹克中心瞭望塔工程测试报告[R]. 南京: 东南大学土木工程学院, 2015.

设计团队

结构设计单位：中国建筑设计研究院有限公司

结构设计团队：范　重、刘先明、杨　苏、彭　翼、胡纯炀、任庆英、李　丽、杨　开

执　笔　人：杨　开、范　重

获奖信息

2016 年中国建筑学会建筑设计奖·建筑创作奖银奖；

2017 年北京市优秀工程勘察设计建筑工程一等奖；

2017 年全国优秀工程勘察设计行业优秀工程设计二等奖；

2017 年全国优秀工程勘察设计行业优秀建筑结构专业一等奖；

2018 年中国土木工程詹天佑奖。

第14章

华润太原万象城

14.1 工程概况

14.1.1 建筑概况

华润太原万象城由华润置地太原有限公司投资建设，位于山西省太原市长风文化商务区，北临长兴北街，西为新晋祠路，南面是长兴南街，东靠长兴路。华润太原万象城总建筑面积达 34 万 m^2，为超大型商业综合体项目，于 2015 年开工，2018 年 9 月正式开业。该建筑共有 7 个零售楼层，规划品牌数量 471 家，汇集了 6 大主力店、10 大次主力店、107 家餐饮品牌，开业首月零售额突破 2 亿元，100 天突破 5 亿元，还荣获了 2018 年度中国影响力商业项目大奖。图 14.1-1 为项目运营后实景照片。

华润太原万象城建筑方案由 RTKL 设计，灵感来源于汾河和太行山脉，采用在“城市边缘”“河流沿岸”以及“自然景观”中共生的设计理念。通过建筑和公共空间的设计诠释表达河流和山脉的自然属性，是对城市自然之美的致敬。项目中使用了办公广场和商业街的聚落式购物空间设计元素，将建筑分隔成一系列小的独立区域，再使用街景设施和迂回的人行步道串联起来。在多样的人行步道旁，融合了传统和现代建筑风格的店面，使人们在购物和进餐同时得到一种探索发现的体验。整个建筑包括多个商业旗舰店和独立的购物中心，采取了一种实际又不失创新的设计方法，在立面上运用了简单的体量形状和现代玻璃图案，东侧退台融合了刚劲整合的体量和曲线元素，此外还加入了独特的店面、广告牌和交互性 LED 屏幕。

图 14.1-1　太原万象城实景

太原万象城将一系列城市功能汇聚在一栋建筑内，包括奥林匹克标准真冰场冰纷万象、全新一代激光 IMAX 的万象影城、华润万家旗下高端精品生活超市 OLE、家庭教育先行者家盒子，原创本土文化街区太白小厂及原创潮流文化主体街区 N 次方，成为城市功能的有效延伸。可以说万象城将最潮流的品牌、最前卫的理念、最时尚的生活态度引入太原，为龙城人民带来全新的购物、休闲体验。它改变了太原人民的消费观念，带动了城市商业模式的进化，是太原乃至山西省商业升级的标志之一。

华润太原万象城体型巨大，地下平面尺寸达到 200m × 240m，地上平面尺寸达到 190m × 235m，地下 2 层，地上 6 层，建筑高度约为 40m。

整体结构为钢筋混凝土框架-剪力墙结构体系，基础采用了桩基础加防水板，楼盖为现浇钢筋混凝土梁板结构，屋面多个功能区采用了大跨异型钢结构采光顶。复杂的建筑形态及使用功能使得该结构存在扭转、大跨度梁、长悬挑梁、转换梁、楼板弱连接、穿层柱、结构平面超长等多重不规则特征。

14.1.2 设计条件

1. 设计参数（表 14.1-1）

设计参数表 表 14.1-1

项目		标准
结构设计基准期		50 年
建筑结构安全等级		二级
结构重要性系数		1.0
建筑抗震设防类别		重点设防类（乙类）
地基基础设计等级		甲级
设计地震动参数	抗震设防烈度	8 度
	设计地震分组	第一组
	场地类别	Ⅲ类
	小震特征周期	0.45s
	大震特征周期	0.50s
	基本地震加速度	0.20g
建筑结构阻尼比	多遇地震	0.05
	罕遇地震	0.07
水平地震影响系数最大值	多遇地震	0.164
	设防烈度	0.45
	罕遇地震	0.90

2. 设计荷载

（1）重力荷载

本工程体量庞大，功能众多，各功能区具体活荷载标准值如下：

商业、书城为 4.0kN/m^2，书库为 5.0kN/m^2，仓库为 10.0kN/m^2，超市为 7kN/m^2 或 10kN/m^2，冰场为 5.0kN/m^2，货运通道为 15kN/m^2，影院、KTV 为 4.0kN/m^2，电话网络机房为 7.0kN/m^2，空调、电梯机房为 7.0kN/m^2，冷冻、变配电机房为 10.0kN/m^2，一般室外地面为 10.0kN/m^2。

种植土屋面区域为平衡建筑需求和结构经济性，控制种植土厚度不超过 500mm，种植土湿密度不超过 800kg/m^3。

（2）风、雪荷载

基本风压：$w_0 = 0.40$kN/m^2（重现期 50 年）；地面粗糙类别为 B 类。东侧钢结构大雨篷根据风洞试验报告结果进行设计。

基本雪压为$s_0 = 0.35$kN/m^2（重现期 50 年）；雪荷载准永久值系数分区为Ⅱ区。

（3）温度作用

根据《建筑结构荷载规范》GB 50009-2012，太原市最低气温−16℃，最高气温 34℃。根据太原市 1951—2006 年共 56 年的气温统计资料，太原市年平均气温 9.8℃，一月份最冷，平均气温−6.8℃，7 月份最热，平均气温 23.6℃。

3. 其他设计条件

本工程结构设计条件还包括山西省建筑科学研究院提供的《太原华润中心万象城项目岩土工程勘察

报告》(详细勘察)，山西省地震灾害研究所提供的《华润中心项目工程场地地震安全性评价报告》，广东省建筑科学研究院风工程研究中心提供的《太原万象城屋面大跨度雨篷风洞动态测压试验报告》《太原万象城屋面大跨度雨篷风振分析报告》《太原万象城屋面大跨度雨篷风洞风环境试验报告》。

14.2 建筑特点

太原万象城建筑方案采用了聚落式购物空间的设计理念，将整个购物中心分割成一系列小的独立区域，再采用室内街景设施和迂回的人行步道将这些独立区域串联在一起，使人们在购物和用餐的同时获得一种活跃的探索、发现的体验。建筑上层是主题餐厅，尺度适宜又具备一定私密性，拥有可以俯瞰整个步行街和广场的良好视野。

为实现以上效果，结构专业做出了一定让步，通过多种手段实现建筑内部的超大中庭和各层不同的动线设计，再结合建筑整体 190m × 235m 的超大平面规模所带来的结构超长，影院、冰场等特殊娱乐空间的结构需求，整个项目的结构不规则性不可避免，为此结构设计时补充了一系列分析，并采取加强措施以保证建筑效果和结构安全性的平衡。

14.2.1 大尺度无缝

万象城地上平面尺寸达到 190m × 235m，地下平面尺寸达到 200m × 240m，远超规范建议的结构单元尺寸。结构超长问题一般采用设置防震缝的方式解决，但防震缝的位置和带来的影响需要与建筑专业进行充分讨论确定。

方案配合之初，结构专业对各楼层动线和开洞进行了详细梳理。如图 14.2-1 所示，经过统计蓝色框内的少量楼层的楼板有效宽度远小于规范最小限值 50%，所以这一区域不适合设防震缝。绿色框区域，各层的有效楼板宽度：2 层约为 27.8%，3 层约为 40.5%，4 层约为 49.0%，5 层约为 32.0%，6 层和屋面约为 26.7%。此区域超半数楼层有效宽度远小于规范最小限值 50%，也不适合设置防震缝。

唯一可行的分缝方案如图 14.2-2 所示，除西侧单体外，沿蓝线将建筑分成 4 个小单体，但是分缝后的每个小单体的结构布置都存在核心筒偏置，其整体扭转指标必然严重超限。同时分缝位置将采用双柱以避免走廊区域形成大悬挑或大跨度梁，但建筑师不认可该方案。

虽然设缝是解决超长问题的最直接的手段，但经过以上比选和详细分析对比，最终确定采用不设缝方案并通过若干加强措施和专项分析解决结构超长问题。

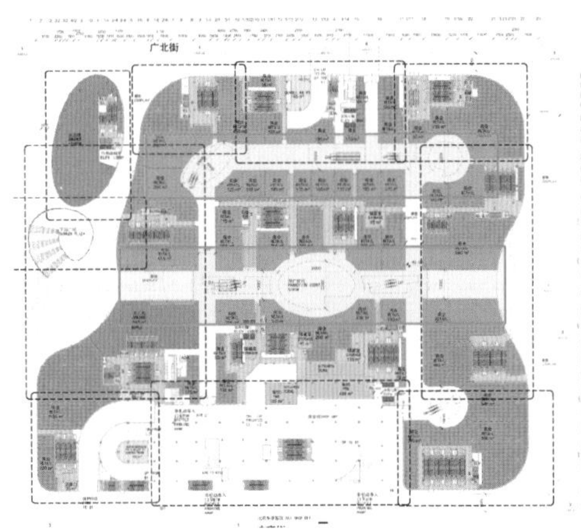

图 14.2-1 楼板有效宽度

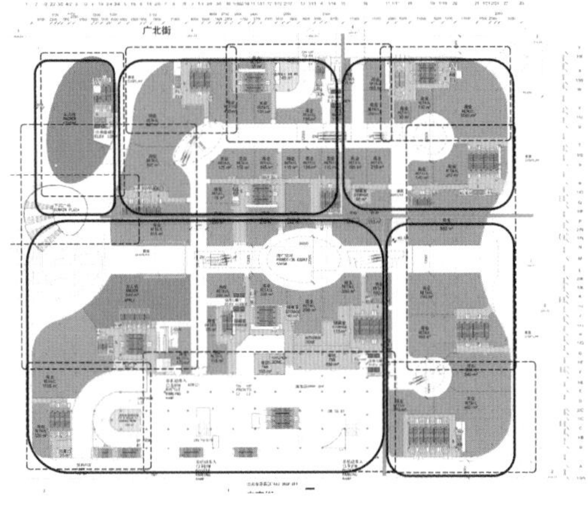

图 14.2-2 分缝方案

14.2.2 主中庭

建筑各层轮廓的变化及室内动线位置的变化如图 14.2-3 所示，造成较多的框架柱无法“落地生根”，而必须通过转换来实现荷载和作用力的有效传递。建筑的基本柱网为 9.0m × 11.0m，当有一框架柱无法落地时，其下转换梁的跨度往往达到 18.0m 甚至更大，为大跨度转换梁，属于“竖向不规则”。另外，扶梯沿动线的弧形方向布置，也会造成许多框架柱无法设置，扶梯需搭在较大悬挑梁的端部，给悬挑梁的设计和建筑空间的使用都带来较大的困难，也使得工程造价显著提高。

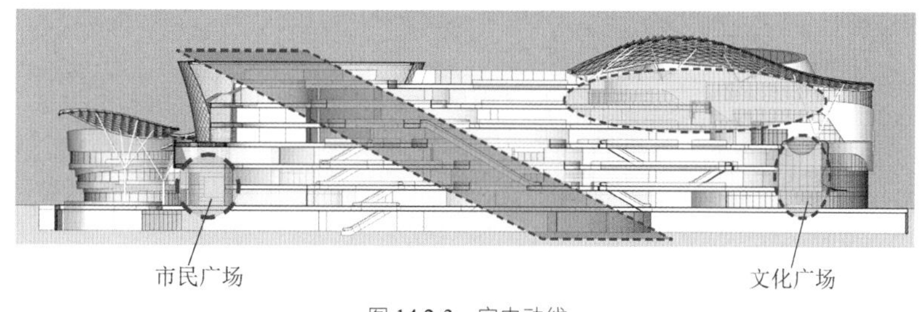

图 14.2-3　室内动线

图 14.2-3 中红色区域为建筑主中庭，自东向西斜向贯穿全部楼层是建筑方案的亮点，由此产生的大跨度和大悬挑问题也是结构设计的难点。由于商业使用要求不能设置斜撑，经比选最终采用了楼层之间增加吊柱形成空腹桁架体系，将五、六、七层梁协同并采用高强钢材 Q390GJ，剖面图如图 14.2-4 所示。

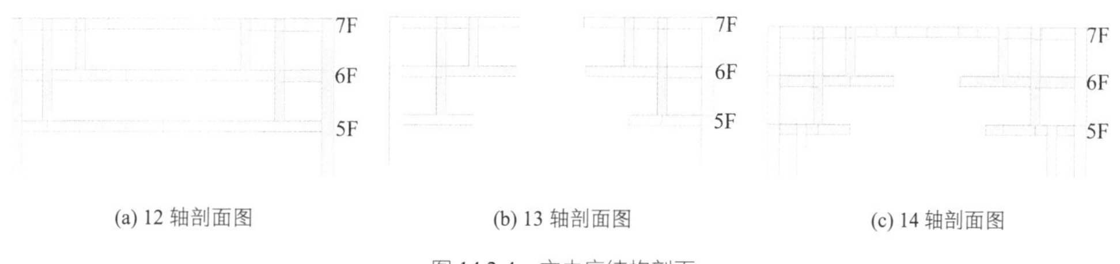

(a) 12 轴剖面图　(b) 13 轴剖面图　(c) 14 轴剖面图

图 14.2-4　主中庭结构剖面

14.2.3 冰场

五层冰场规模约 30m × 60m，属于大跨度结构，且冰面的恒、活荷载较大，恒荷载为 $7kN/m^2$，活荷载 $5kN/m^2$，另有 800mm 降板。设计过程中对冰面层五层楼面结构方案做了多轮方案比选，备选方案包括型钢混凝土梁方案和预应力混凝土梁方案，最终采用了预应力钢筋混凝土密肋梁方案，并进行舒适度专项分析。同时冰场两层通高，在六层形成楼板大凹进，在七层形成楼板大开洞。图 14.2-5 为冰场实景。

图 14.2-5　冰场实景

14.2.4 影院

影院区的楼板开大洞和外廊多级转换。根据运营方要求，影厅为限定平面尺寸的大空间结构且层高较高，此外影院下为室内游乐场区，其对柱位和空间要求同样苛刻。因此在影院区出现了楼板开大洞和较多的局部梁托柱转换，其中外侧走廊下部为室外平台区，形成悬挑结构，进而导致局部多级转换。如图 14.2-6 所示，多级转换进行了性能化设计，确保转换梁和悬挑构件满足性能目标要求，一、二级转换梁及转换柱均为型钢混凝土构件。

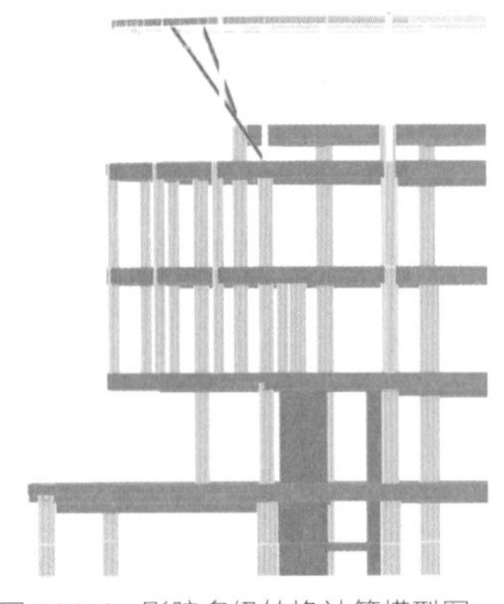

图 14.2-6 影院多级转换计算模型图

14.2.5 异形钢结构

屋顶层设置大跨度异形钢结构的顶棚。东侧顶棚覆盖于东侧室外局部退台区，为单层网壳结构，下部采用树形结构支承，柱脚不等高，分叉处采用铸钢节点，较好满足了建筑的造型要求，如图 14.2-7（a）所示。

冰场屋盖采用两侧带悬挑的折角式三角立体桁架结构，跨度 33m，立体桁架高 2.4m，如图 14.2-7（b）所示。

西侧顶棚覆盖西侧室外局部退台区，为支座不等高大跨度异形钢架体系，顶部为单层网壳和平面桁架混合体系与周圈幕墙结合形成整体，如图 14.2-7（c）所示。

钢结构设计均采用 3D3S 钢结构专用分析设计软件进行了抗震、抗风的分体计算和整体合模计算，并进行了包络设计。

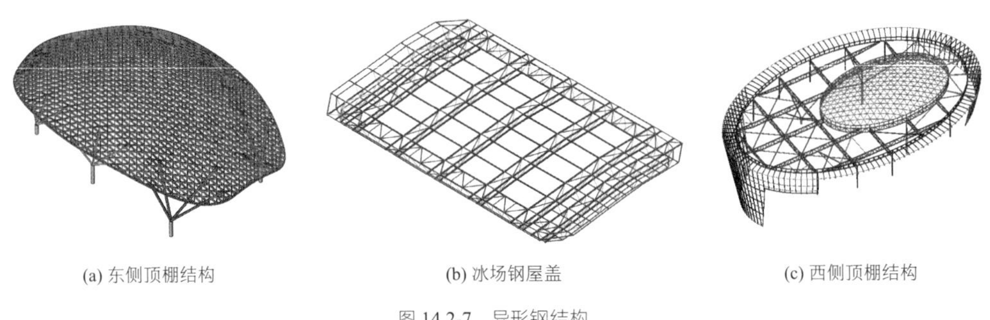

(a) 东侧顶棚结构　(b) 冰场钢屋盖　(c) 西侧顶棚结构

图 14.2-7 异形钢结构

14.3 体系与分析

14.3.1 结构布置

本工程建筑形体独特丰富、体量庞大、功能众多、流线复杂。根据建筑特点，结合建筑立面造型要求及经济性考虑，主体结构体系采用钢筋混凝土框架-剪力墙体系，部分大跨度梁及屋顶造型采用钢结构。

利用电梯井道、楼梯间的墙体以及可设置混凝土墙体处设置现浇钢筋混凝土剪力墙以增大整体刚度，减小结构侧移及层间位移比。针对该工程中的较多大悬挑、大跨度结构，采用预应力混凝土梁、钢骨混凝土梁、钢梁、箱形混凝土梁等解决悬挑、大跨度位置的挠度、舒适度等问题，在设计计算中考虑竖向地震的影响。

由于结构平面尺寸地上部分达到 190m × 235m，地下部分达到 200m × 240m，属于超长结构，因此楼盖结构可采取相关措施予以加强，以保证楼板有较好的刚度，能可靠地传递水平力；地下室底板采用对称布置后浇带等形式减小温度作用的影响，改善结构受力性能。

1. 主要构件截面

框架柱主要截面为 600mm × 600mm、900mm × 900mm、1100mm × 1100mm、1100mm × 1400mm、1200mm × 1200mm；

剪力墙厚度为 300mm～600mm；

框架梁主要截面尺寸为 400mm × 500mm～400mm × 800mm、600mm × 600mm～600mm × 1500mm、800mm × 800mm～800mm × 1850mm；

H 型钢梁主要截面为 H300 × 150 × 6.9 × 9～H600 × 250 × 16 × 35；

箱形钢梁主要截面为 200mm × 200mm × 10mm × 10mm～350mm × 350mm × 20mm × 20mm；

屋面钢结构弦杆主要截面为ϕ146 × 7～ϕ325 × 13，腹杆主要截面为ϕ89 × 5～ϕ273 × 13。

2. 基础结构设计

根据本工程场地岩土工程勘察报告，基础埋深约 12.5m，持力层为第③层粉细砂层和第④层粉土层、细砂层，为非均匀地基，且第③层粉细砂和第④层细砂为本场地主要液化层，属于中等液化地基，根据本工程建筑物安全等级和抗震设防要求需全部清除液化土层，考虑到场地持力层和下卧层特点及建筑设计特点，基础拟采用桩基。桩基设计参数见表 14.3-1。

桩基设计参数　　表 14.3-1

层号	岩土名称	土的状态	极限侧阻力标准值 q_{sik}/kPa	后注浆侧阻力增强系数β_{si}	极限端阻力标准值 q_{pk}/kPa	后注浆端阻力增强系数β_p
③	粉细砂	稍密	30	1.7		
④	粉土	稍密～中密	35	1.5		
⑤	粉土	中密	43	1.5		
⑥	粉土	中密～密实	48	1.6		
⑦	细砂	密实	60	1.7		
⑧	粉土	密实	55	1.6	900	2.2
⑨	粉土	密实	60	1.6	1100	2.3
⑩	细中砂	密实	70	1.8	1600	2.5

通过考察当地基础施工经验和桩基施工成熟度，经方案比选分析，本工程基础采用直径 800mm 的钻孔灌注桩，桩端持力层为第⑩层，有效桩长约 35m，根据施工图试桩结果，抗压桩单桩承载力特征值为 5000kN，抗拔桩单桩抗拔承载力特征值为 2260kN。施工图设计时以实际试桩结果进行桩基设计，并采用后压浆工艺。本工程±0.000m 标高相当于黄海高程 780.5m 标高。

工程桩混凝土强度等级选用 C35，钢筋强度等级选用 HRB400，混凝土保护层厚度为 55mm。桩基础的施工、截桩、工程桩试验及基槽开挖均应严格执行规范、规程、标准等有关要求，确保图纸中要求的桩端进入持力层的深度和有效桩长。灌注桩成孔垂直度偏差不大于1%，成孔孔径偏差不大于50mm；桩孔成型后必须清除孔底沉渣，灌注混凝土之前孔底沉渣厚度不得大于 50mm，检查成孔质量合格后应立即灌注混凝土。

14.3.2 方案对比

1. 冰场屋盖结构方案比选

对冰场屋面进行结构方案比选，此区域柱中到柱中最大跨度达 32.9m。

对该区域的结构布置的三种方案进行了分析比较。方案一：主次钢梁方案。方案二：正放四角锥网架对边支承。方案三：立体桁架方案。三种方案钢号均采用 Q345 钢。每种方案分别包括金属屋面和混凝土屋面两种情况。金属屋面对应的附加恒荷载为：1kN/m²，混凝土屋面附加恒荷载为 3.5kN/m²（不包括混凝土屋面自重），活荷载均为 0.5kN/m²。

（1）方案一：主次钢梁方案

结构的布置如图 14.3-1 所示，混凝土屋面（厚度为 120mm，配筋为⌀8@200 双层双向），主梁尺寸 H1400 × 800 × 25 × 45，最大应力比为 0.8，最大挠度为 106mm，用钢量为 382.71t。金属屋面，主梁尺寸 H1000 × 400 × 25 × 45，最大应力比为 0.69，最大挠度为 44mm，用钢量为 236.50t。

（2）方案二：正放四角锥网架对边支承

网架的厚度设定为 2.4m，平面布置如图 14.3-2 所示。金属屋面模型杆件最大应力比为 0.80，恒、活荷载作用下跨中最大挠度为 64mm。网架杆件用钢量 40.7t，螺栓球用钢量 4.56t。混凝土屋面模型（厚度为 120mm，配筋为⌀8@200 双层双向）杆件最大应力比为 0.84，恒、活荷载作用下跨中最大挠度 98mm。网架杆件用钢量 75.8t，螺栓球用钢量 23.6t。

（3）立体桁架方案

主立体桁架高度设定为 2.4m，平面布置如图 14.3-3 所示，金属屋面模型计算得到的杆件最大应力比为 0.93，跨中挠度为 68mm，用钢量为 99.91t。混凝土屋面模型（厚度为 120mm，配筋为 HRB400ϕ8@200 双层双向）杆件最大应力比 0.96，跨中挠度为 78.75mm，用钢量 280.28t。

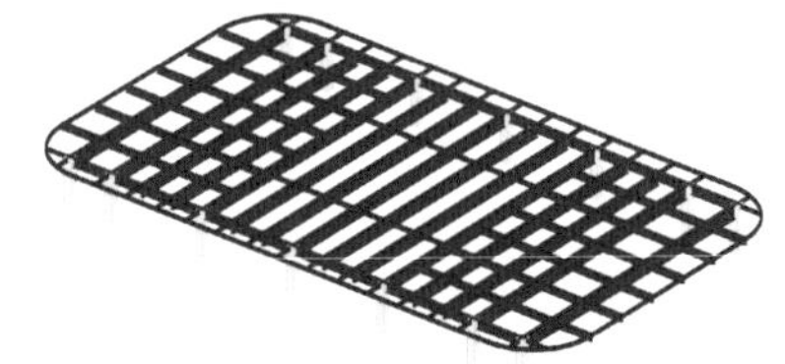

图 14.3-1 主次梁方案

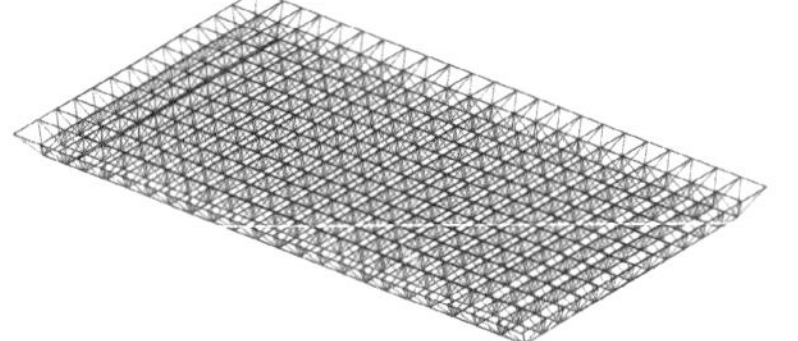

图 14.3-2 网架方案

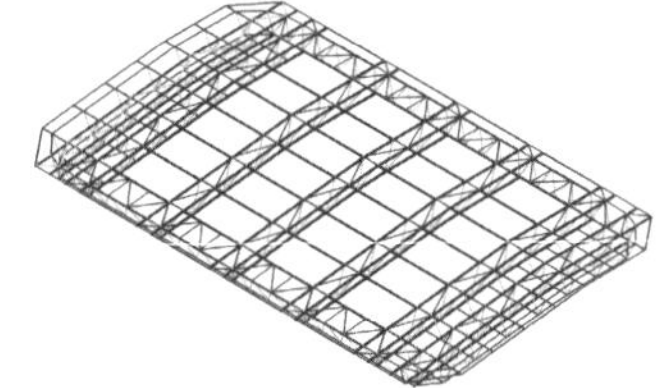

图 14.3-3 立体桁架方案

三种方案的用钢量指标如表 14.3-2 所示：

冰场屋盖方案用钢量比选 表 14.3-2

方案	方案 1（主次梁）	方案 2（空间网架）	方案 3（立体桁架）
金属屋面用钢量	99kg/m²	19kg/m²	41.9kg/m²
混凝土屋面用钢量	161kg/m²	41.7kg/m²	117.5kg/m²

综上三种方案，在受到相同外部荷载的情况下，金属轻屋面条件下，网架方案的用钢量最小，桁架方案次之，钢梁方案用钢量最大。混凝土重屋面条件下，网架方案用钢量最小，桁架次之，钢梁用钢量最大。网架和桁架的高度（2.4m）大于钢梁的高度（1.4m），屋面高度一定条件下会减小房间净空。综合以上经济性指标及建筑要求，本工程冰场屋盖最终选择立体桁架结构方案。

2. 中庭大跨度、长悬挑

中庭大跨度长悬挑部分（⑫～⑭轴）最大跨度达 36m，最大悬挑长度达 14m。对该区域的结构布置的三种方案进行了分析比较。方案一：大跨、长悬挑全部采用型钢混凝土梁，设钢吊柱。方案二：长悬挑全部采用钢梁、钢吊柱。方案三：采用钢梁、钢吊柱并在边跨设置斜撑。⑫～⑭轴线处的剖面图如图 14.3-4 所示。

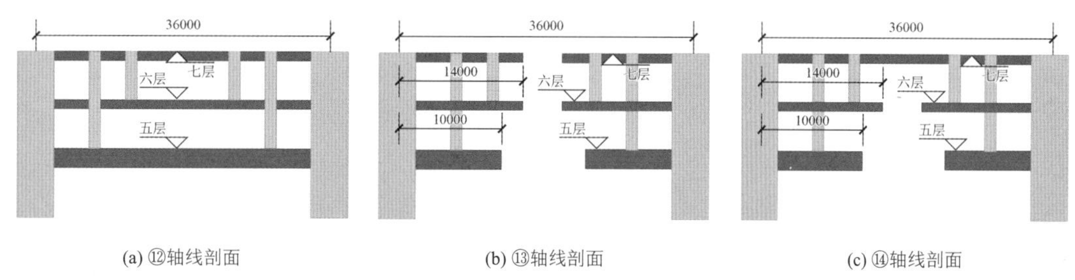

图 14.3-4　中庭剖面示意图

（1）方案一：型钢混凝土梁 + 钢柱

采用型钢混凝土方案主梁截面为 1000mm × 1400mm（H1000 × 600 × 40 × 50），吊柱为箱形截面 600mm × 600mm × 30mm × 30mm。

依据上述设计方案进行结构计算，计算结果见表 14.3-3，由表可知，采用型钢混凝土梁时五层挠度不满足规范限值要求，需要进一步增大截面尺寸。

中庭方案一计算指标　　表 14.3-3

楼层	配筋率	挠度/mm	
	大跨和长悬挑	大跨度梁	长悬挑梁
7F（屋面）	2.25%	22.7	5.7
6F	1.90%	69	30
5F	3.18%	129	86（不满足要求）

（2）方案二：钢梁 + 钢柱（钢梁吊柱需保证刚性连接）

主梁截面为 H1400 × 650 × 40 × 50，吊柱为箱形截面 650mm × 1000mm × 45mm × 50mm。依据上述设计方案进行结构计算，计算结果见表 14.3-4，由表可知，采用的纯钢梁与钢吊柱刚性连接，应力比控制在 0.85 以内，挠度均满足要求，但应力比较高，中大震下的性能指标难以满足要求。

中庭方案二计算指标　　表 14.3-4

楼层	应力比		挠度/mm	
	大跨和长悬挑	吊柱	大跨度梁	长悬挑梁
7F（屋面）	0.83	0.84	8.43	1.12
6F	0.83	0.85	16.93	1.85
5F	0.80	—	27.53	5.47

（3）方案三：钢梁 + 钢吊柱 + 斜撑

结构布置如图 14.3-5 所示，其中斜撑采用绿色杆件表示。主梁截面尺寸为 H1400 × 650 × 40 × 50，吊柱截面尺寸为箱形截面 600mm × 600mm × 40mm × 40mm，斜撑截面尺寸为箱形截面 600mm × 600mm × 30mm × 30mm。

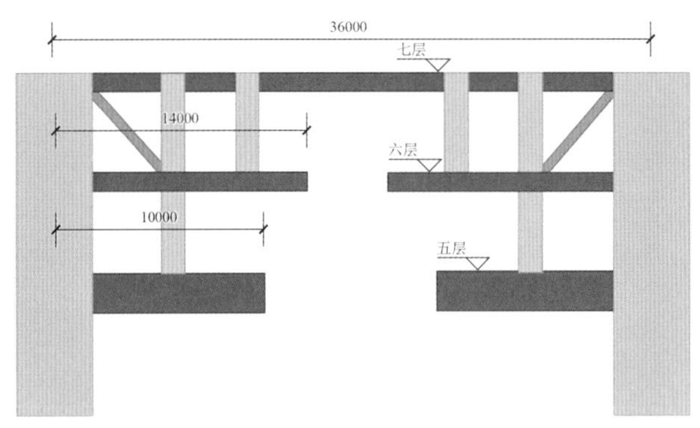

图 14.3-5　中庭方案三剖面示意图

依据上述设计方案进行结构计算，计算结果见表 14.3-5，由表可知，该方案挠度满足规范限值要求，应力比也处于较为适宜的范围，且有一定的优化空间，如果五层和六层都增加一跨的斜撑，该结构体系的优化空间将更大。

中庭方案三计算指标　　表 14.3-5

楼层	应力比		挠度/mm	
	大跨和长悬挑	吊柱	大跨度梁	长悬挑梁
7F（屋面）	0.61	0.76（斜撑）	19.14	16.25
6F	0.65	0.11	33.41	9.18
5F	0.70	—	30.20	5.93

综合上述三种优化方案，方案一不满足受力和使用要求，需要进一步增大截面尺寸，且型钢混凝土施工困难、构造措施复杂。方案二钢梁和吊柱刚接形成空间受力体系，但是小震下的应力水平较高，难以满足中大震性能设计的要求。方案三结构体系合理，应力水平合理，且仍存在优化空间。因此，该结构体系采用了方案三。

14.3.3　性能目标

1. 抗震性能目标

根据《高层建筑混凝土结构技术规程》JGJ 3-2010（简称《高规》）确定结构抗震性能目标参照 D 级执行。

针对不同结构部位的重要程度，设计采用了不同的抗震性能目标，如表 14.3-6 所示。

抗震性能目标　　表 14.3-6

地震烈度	整体抗震性能	层间位移角限值	转换柱、梁	连桥框架梁柱、穿层柱、底部加强区剪力墙	普通竖向构件	耗能构件
多遇地震	完好	1/800	无损坏	无损坏	无损坏	无损坏
设防地震	基本完好	—	基本完好	轻度损坏	中度损坏	部分比较严重损坏
罕遇地震	不倒塌	1/100	轻度损坏	中度损坏	部分比较严重损坏	比较严重损坏

2. 抗震超限分析和采取的措施

本工程所在地抗震设防烈度为 8 度（0.20g），建筑场地类别为Ⅲ类。鉴于本工程建筑形体的非常规性，对其主体结构进行性能化设计，针对不同的结构部位根据其重要程度，采用不同的抗震性能目标，并采取相应的抗震措施，以保证结构的安全可靠。表 14.3-7 为结构超限情况判别。

结构超限情况判别表　　表 14.3-7

序号	不规则类型	涵义	是否超限
1a	扭转不规则	考虑偶然偏心的扭转位移比大于 1.2	否
1b	偏心布置	偏心率大于 0.15 或相邻层质心相差大于相应边长 15%	否
2a	凹凸不规则	平面凹凸尺寸大于相应边长 30%等	是
2b	组合平面	细腰形或角部重叠形	否
3	楼板不连续	有效宽度小于 50%，开洞面积大于 30%，错层大于梁高	否
4a	刚度突变	相邻层刚度变化大于 70%或连续三层变化大于 80%	否
4b	尺寸突变	竖向构件位置缩进大于 25%，或外挑大于 10%和 4m，多塔	否
5	构件间断	上下墙、柱、支撑不连续，含加强层、连体类	是（局部转换柱）
6	承载力突变	相邻层受剪承载力变化大于 80%	否
7	其他不规则	如局部的穿层柱、斜柱、夹层、个别构件错层或转换	是（局部转换柱）

针对上述超限情况，提出以下设计措施：

（1）结构按照抗震设防烈度 8 度重点设防类采取抗震措施，剪力墙按一级、框架按一级采取抗震措施，个别重要转换框架按特一级采取抗震措施。

（2）对中庭、开大洞周边楼板，为增加楼层整体刚度，确保楼板水平力的可靠传递；楼板适当加厚，板厚不小于 150mm，并采用双向双层配筋，适当增大配筋率，单层单向配筋率不小于 0.3%。

（3）屋顶大屋面板适当加厚，对角部楼板适当加强配筋。对于钢梁连接的混凝土楼屋盖采用钢筋桁架楼承板，以达到经济、施工便捷的目的。

（4）采用轻质填充墙，尽量减轻结构的自重，减小地震作用。

（5）重要节点有限元分析，确保节点设计合理安全。

（6）钢屋盖构件应力比与变形控制。

屋盖钢结构杆件最大应力比限值为：0.90；重要杆件最大应力比限值为：悬挑部位梁 0.85。节点区 0.75～0.80。跨中最大位移按$L/250$ 控制；支座沉降按 3‰控制。

14.3.4　结构分析

1．小震弹性计算分析

主体结构采用由北京盈建科软件股份有限公司编制的 YJK 进行整体分析，采用 STAWE 进行校核。抗震分析时考虑了扭转耦联效应、偶然偏心以及双向地震效应。刚性楼板模型的主要计算结果如表 14.3-8 所示，结构前三阶振型如图 14.3-6 所示。

刚性楼板模型主要计算结果对比　　表 14.3-8

		YJK	SATWE	备注
振型	第一周期/s	0.9397（Y）	0.9421（Y）	
	第二周期/s	0.9249（X）	0.8998（X）	
	第三周期/s	0.8325（扭转）	0.8203（扭转）	
	扭转周期/平动周期	0.89	0.87	
顶点最大位移/mm	X向风	0.55	0.53	
	Y向风	0.71	0.70	
	X向单向地震	34.66	31.24	
	Y向单向地震	36.38	32.46	

续表

		YJK	SATWE	备注
最大层间位移角	X方向单向地震	1/898（$n=7$）	1/962（$n=7$）	< 1/800
	Y方向单向地震	1/838（$n=11$）	1/948（$n=11$）	
最大位移与平均位移比值（考虑5%偶然偏心）	X方向地震	1.12（$n=12$）	1.15（$n=12$）	规定水平力作用
	Y方向地震	1.18（$n=5$）	1.18（$n=12$）	
基底剪力/kN（剪重比）	X方向单向地震	333041.53（9.002%）	310854.88（8.38%）	X ≥ 3.60% Y ≥ 3.60%
	Y方向单向地震	325052.64（8.786%）	301894.50（8.14%）	
轴压比	框架柱	0.64	0.65	< 0.65
	剪力墙	0.20	0.21	< 0.4
总地震质量/t		564144	565441	

上述计算结果表明，YJK 和 SATWE 的计算结果基本相符，结构方案各项指标均满足规范要求，分析如下：

（1）结构第一扭转周期/第一平动周期之比小于 0.9，满足规范要求。

（2）结构底部两个方向的剪重比亦满足《建筑抗震设计规范》GB 50011-2010 不小于 3.6%的要求。

（3）结构最大层间位移角两个方向均小于 1/800 的规范限值。考虑偶然偏心情况下，YJK 结果显示楼层最大位移/平均位移（楼层最大层间位移/平均层间位移）最大值为 1.18，满足规范不应大于 1.4 的要求，满足规范对于结构整体抗震性能的要求。

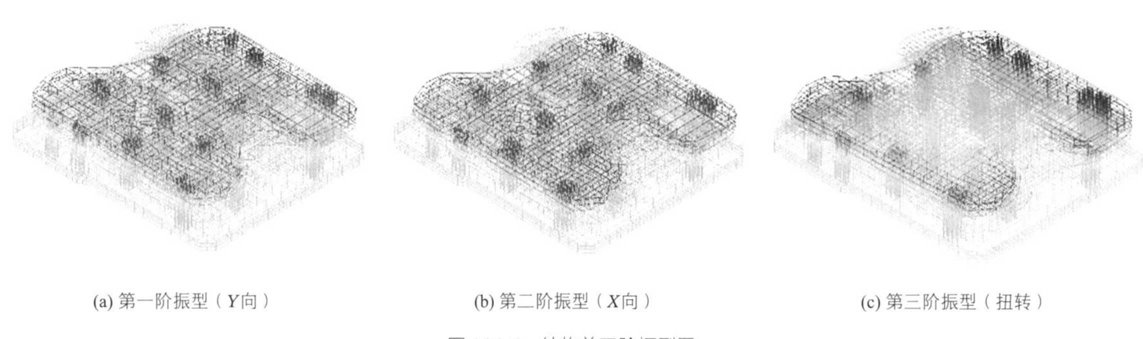

(a) 第一阶振型（Y向）　　(b) 第二阶振型（X向）　　(c) 第三阶振型（扭转）

图 14.3-6　结构前三阶振型图

2．大震弹塑性时程分析

在 TY020、021、022 人工波作用下结构X向的最大层间位移角为 1/209，出现在 4 层，Y方向最大层间位移角为 1/198，出现在 4 层。两个方向的层间位移角均满足规范规定的弹塑性层间位移角小于 1/100 的要求。根据本工程在X、Y方向基底剪力时程曲线，X向的最大剪力为 560800kN，约为小震结果的 5.95 倍，出现在 11.24s，Y方向的最大剪力为 454800kN，约为小震作用下的 5.10 倍，出现在 13.6s。

在 TAFT 天然波作用下结构X向的最大层间位移角为 1/305，出现在 4 层，Y方向最大层间位移角为 1/366，出现在 4 层。两个方向的层间位移角均满足规范规定的弹塑性层间位移角小于 1/100 的要求。根据本工程在X、Y方向基底剪力时程曲线，X向的最大剪力为 455000kN，约为小震结果的 4.83 倍，出现在 6.76s，Y方向的最大剪力为 415000kN，约为小震作用下的 4.65 倍，出现在 3.92s。

Elcentro 天然波作用下结构X向的最大层间位移角为 1/305，出现在 4 层，Y方向最大层间位移角为 1/249，出现在 4 层。两个方向的层间位移角均满足规范规定的弹塑性层间位移角小于 1/100 的要求。根据本工程在X、Y方向基底剪力时程曲线，X向的最大剪力为 431451kN，约为小震结果的 4.58 倍，出现在 3.2s，Y方向的最大剪力为 434445kN，约为小震作用下的 4.87 倍，出现在 5.3s。

由于不同材料屈服应变有所不同，采用了地震时程中最大应变与该材料强等级屈服应变的比值来表示混凝土和钢筋的屈服状态。图 14.3-7～图 14.3-9 为剪力墙的混凝土、钢筋应变云图。混凝土楼梯筒在大震中有 90%以上墙体应变未达到混凝土屈服压应变，仅 1%墙单元超过屈服应变，超过屈服应变的墙体为楼梯筒角部局部位置，属于局部屈服不影响混凝土筒体的整体安全性。楼梯筒钢筋层在混凝土筒体角部及连梁位置局部区域钢筋有部分屈服，屈服单元数量约占总体 1.1%，其他部位钢筋均处于弹性状态。楼梯筒墙体剪应变较大区域仅分布在连梁位置及与连梁相连附近局部区域，竖向墙体均未达到极限剪应变，墙体安全性较高。

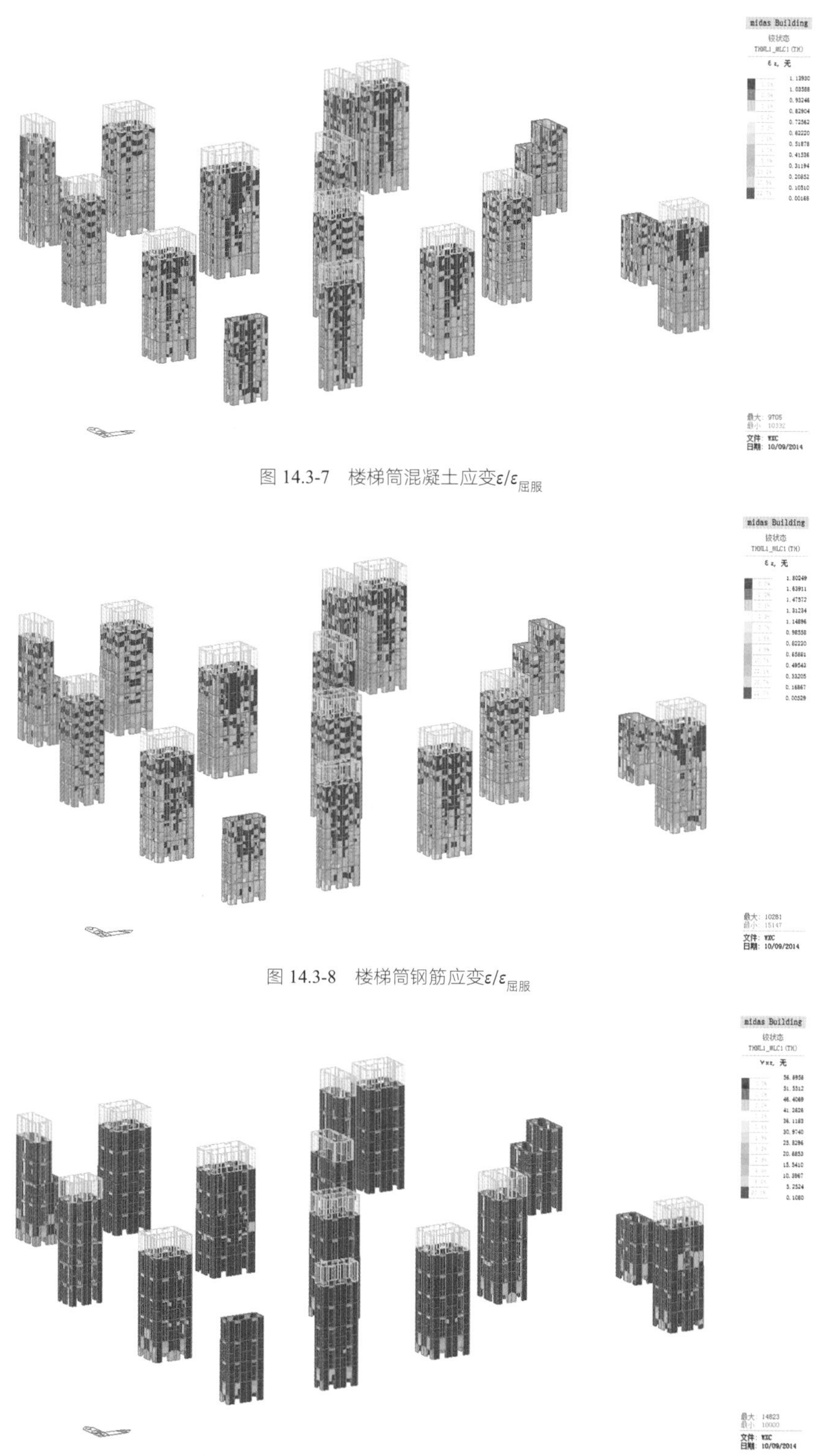

图 14.3-7　楼梯筒混凝土应变$\varepsilon/\varepsilon_{屈服}$

图 14.3-8　楼梯筒钢筋应变$\varepsilon/\varepsilon_{屈服}$

图 14.3-9　混凝土墙剪切应变$\varepsilon/\varepsilon_{屈服}$

框架梁、框架柱塑性较发展较严重的位置分布在与核心筒相连区域，起到一定的耗能作用，其他位置包括公共区域的大悬挑梁以及4层冰场大跨度梁的塑性发展较为有限，大部分处于弹性状态，安全度较高。在屋顶中间跨度较大区域框架柱的塑性发展较为明显，设计中重点加强该部位的延性设计。

3．结论

根据前面分析计算结果可以得出以下结论：

（1）结构在人工波作用下最大层间位移角为1/198，在Taft波作用下最大层间位移角为1/305，在El Centro波作用下最大层间位移角为1/249，均满足规范要求。

（2）钢筋混凝土核心筒剪力墙、连梁

核心筒在罕遇地震作用下，连梁最先出现塑性变形，核心筒应变较大的区域主要集中于底部边角部位及核心筒平面变化部位，但应变值较小，未达到破坏应变。核心筒钢筋在罕遇地震作用下受压应变较小，仍处于弹性状态。

剪力墙在罕遇地震作用过程中出现的最大剪切应变值较小，仅在平面变化位置悬臂墙段有局部剪应力较高区域，主要墙体受剪基本处于弹性状态。

（3）混凝土柱

混凝土柱在罕遇地震作用下，底部柱及绝大部分框架柱均处于弹性状态；顶层的钢管混凝土柱出现一定的局部塑形变形，但大部分仍处于弹性状态。

（4）框架梁、转换梁

塑性铰发展较严重的位置分布在与核心筒相连区域，起到一定的耗能作用，其他位置包括公共区域的大悬挑梁以及4层冰场大跨度梁的塑性铰发展较为有限，大部分处于弹性状态，安全度较高。框架柱仅在屋顶中间位置跨度较大位置梁塑性铰发展较为明显，将在后续设计中重点加强该部位的延性设计。转换梁在罕遇地震作用下大部分处于弹性状态，有少部分梁有塑性铰出现，但塑性发展不显著，未发生较大变形。

综上所述，主要抗侧力构件没有发生严重破坏，多数连梁屈服耗能，部分框架梁参与塑性耗能，但不至于引起局部倒塌和危及结构整体安全，大震下结构性能满足“大震不倒”的要求。

14.4 专项设计

14.4.1 超长结构温度应力分析与设计

本工程为多功能商业建筑，采用框架-剪力墙结构形式，为了满足建筑功能及立面要求，整个结构从B2到L6均按照不设缝处理，建筑平面尺度地下约249m × 200m，地上平面尺寸最大约235m × 191m，其平面尺度已经远超过《混凝土结构设计规范》GB 50010-2010对现浇剪力墙结构45m和框架结构55m需设伸缩缝的限制。其中温度作用和混凝土收缩因素是决定混凝土结构超长无缝设计的关键因素。

1．设计参数

（1）按《建筑结构荷载规范》GB 50009-2012的要求，温度作用的荷载分项系数1.4，组合值系数取0.6；

（2）合龙温度（后浇带封闭温度）：5～15℃；

（3）梁和楼板的混凝土强度等级：C35（部分C40）；

（4）混凝土徐变影响系数：0.4；

（5）混凝土热膨胀系数 1×10^{-5}/°C；

（6）室内楼板的最大裂缝控制值：0.3mm；室外楼板的最大裂缝控制值：0.2mm；

（7）楼板钢筋：HRB400；弹性模量：$2 \times 10^5 N/mm^2$；

（8）综合考虑徐变、收缩、塑性开展等因素，混凝土弹性刚度折减系数取 0.85。

超长结构整体有限元分析模型如图 14.4-1 所示。

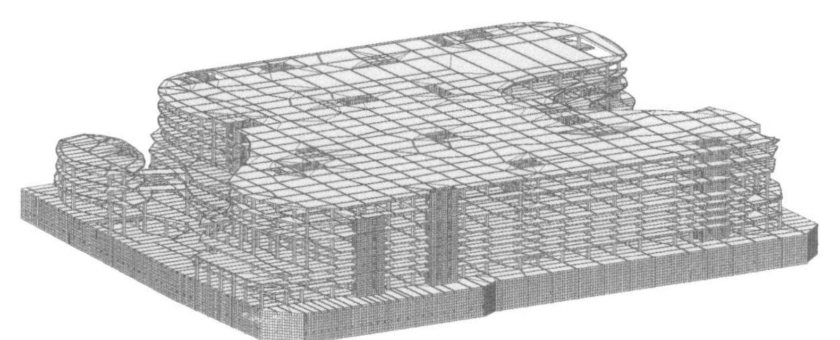

图 14.4-1　超长结构整体有限元分析模型（MIDAS Gen）

2. 超长混凝土结构应力分析结果

下面分别给出考虑混凝土松弛楼板应力结果如图 14.4-2 所示：

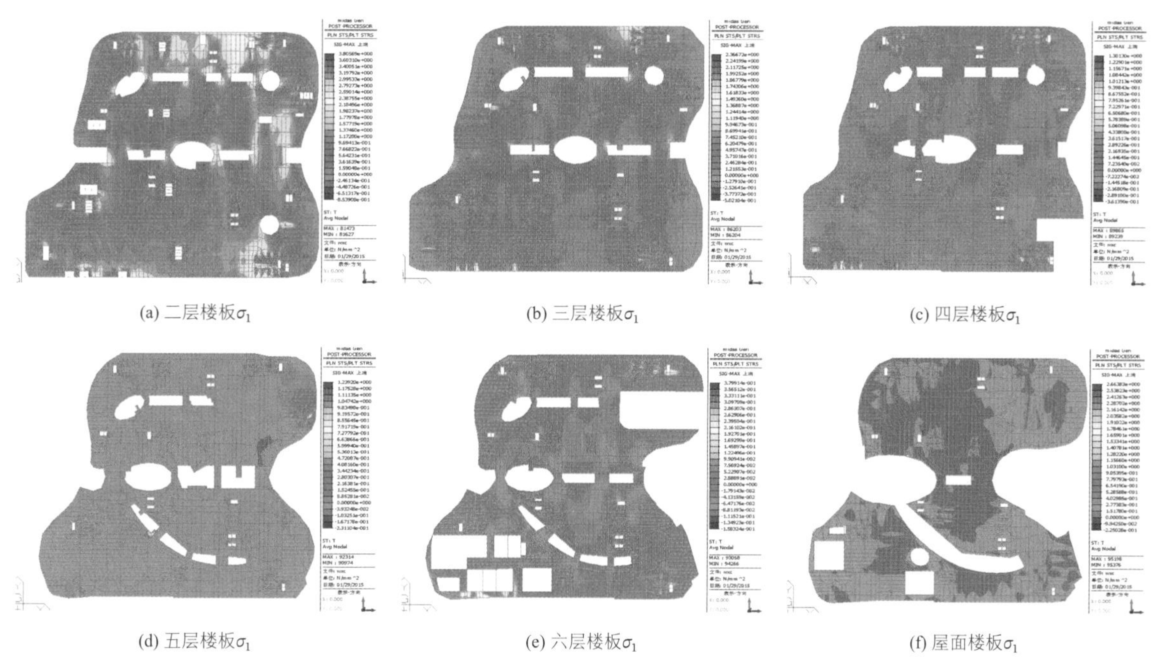

(a) 二层楼板σ_1　(b) 三层楼板σ_1　(c) 四层楼板σ_1

(d) 五层楼板σ_1　(e) 六层楼板σ_1　(f) 屋面楼板σ_1

图 14.4-2　楼板应力结果（单位：MPa）

由于地下室及地上平面区域较大，且有地下室外墙及楼电梯核心筒作为约束，出现楼板温度应力较大的情况，结构设计时需通过对楼板采用一定的加强配筋措施抵御这些楼板面内的非荷载效应影响，由于楼板超长加之墙体约束较大，板面温度应力超过混凝土抗拉强度较多，在考虑混凝土松弛楼板拉应力结果见表 14.4-1，尤其是混凝土筒体周围的板应力状态较为复杂，需额外采取混凝土裂缝控制措施。

楼板拉应力计算结果　　表 14.4-1

楼层	二层	三层	四层	五层	六层	七层
考虑混凝土松弛/MPa	3.8	2.4	1.3	1.2	0.37	2.6

总体来说，由于温度产生的结构内力效应在大跨度、中庭区域都较高，随着楼层增加，结构内力效应越来越小。

3. 超长混凝土结构裂缝控制措施

1）设计措施

（1）设置后浇带：本工程拟采取每隔30～40m设置贯通顶板、底板及墙板的施工后浇带，以释放施工过程中的收缩应力和混凝土硬化过程中干缩应力。后浇带设置在柱距三等分的中间范围以及剪力墙附近，其方向应尽量与梁正交，沿竖向在结构同跨内；底板及外墙的后浇带增设附加防水层；后浇带90d以上才可封闭，采用微膨胀混凝土，混凝土强度提高一级，低温入模。混凝土施工后浇带的合龙温度为5～10℃，尽可能低温合龙。

（2）采用补偿收缩混凝土技术和加强带：根据《补偿收缩混凝土应用技术导则》RISN-TG002-2006的研究成果，利用膨胀剂在硬化过程中的体积增大，使混凝土在体积膨胀受限（钢筋和周边结构约束）的条件下产生0.2～0.7N/mm^{2}的预压自应力，这一受压作用可抵消混凝土由于收缩产生的拉应变，从而控制裂缝，提高混凝土的抗裂性能。

大量工程实践表明，采用补偿收缩混凝土是解决混凝土结构裂、渗问题的有效方法。在普通混凝土中掺入混凝土膨胀剂，产生适度体积膨胀，可有效补偿混凝土在水化、硬化过程中产生的化学、温度收缩，大幅度提高其自身的抗渗能力（提高2～3倍）。同时利用设置膨胀加强带的方法，采用不同膨胀率的混凝土对整体结构不同收缩部位分别进行施工，达到补偿收缩的目的。

这一措施的效果如何与膨胀剂的类型和掺量有关，该措施的实施应由材料专业单位配合完成。

（3）采用纤维混凝土：在温度应力比较大的地方（弹性分析温度应力超过5MPa）采用纤维混凝土，每立方米混凝土聚丙烯纤维的建议掺入量为0.6～1.0kg。

（4）合理设置控制缝：在混凝土墙体及楼盖的模板上设置凸条或插片，造成截面凹陷（或预留缝）的薄弱部位用以引导混凝土裂缝有序出现，从而避免相邻区域的随意开裂。控制缝的间距不大于12m，设于柱或墙处。其中钢筋贯通，同时做好止水、防渗处理，并以建筑装饰手法加以遮盖。并在控制缝处钢筋的保护层内设ϕ6@150钢筋网片。

（5）按照裂缝控制的技术要求施加预应力：在长度较大的框架梁中设置预应力。对连续长度较大的框架梁整体施加预应力。预应力钢筋采用抗拉强度标准值$f_{ptk}=1860\text{N/mm}^2$的$\phi^s$15.2低松弛Ⅱ级钢绞线。预应力钢筋形状设置采用抛物线，平均预压应力控制在0.7MPa左右。柱网尺寸9m、11m区域的框架梁配7根有粘结钢绞线，更大跨度的框架梁根据需要增加钢绞线配筋量，次梁配2～4根无粘结钢绞线，预应力度不大于0.20，梁的裂缝控制目标为0.3mm以内。跨度大于20m的预应力梁的设计严格遵循《预应力混凝土结构抗震设计规程》中对预应力构件的规定要求，控制预应力度0.55左右，底筋与面筋的比值为$0.5/(1-\lambda)$（λ为预应力强度比），裂缝控制目标0.2mm。

（6）尽量避免结构断面突变产生的应力集中：在构造上避免结构断面产生突变。

（7）在孔洞和变截面的转角部位，采取有效的构造措施：在这些部位楼板中增加细而密的分布钢筋，如采用Φ10@150钢筋双层双向布置；对靠近剪力墙端部及角部等应力集中部位配置附加通长钢筋进行局部加强，加强梁上部纵筋及腰筋。

（8）其他结构设计措施

在建筑物端部及楼板局部开大洞周围设置双层通长钢筋，并适当加大配筋率，不小于0.35%。

控制框架梁全跨最小配筋率不小于1.55%，同时腰筋直径均采用14mm，腰筋全截面配筋率不小于0.35%。

加强屋面保温隔热措施，采用高效保温材料，减小日照温差对构件产生的温度梯度作用。

2）施工措施

（1）采用混凝土60d的后期强度作为混凝土强度评定、工程交工验收及混凝土配合比设计的依据。

（2）科学地选用材料配合比：合理选用混凝土膨胀剂和配合比（需要施工单位和膨胀剂研发单位配

合完成）。

（3）水泥及混凝土所用骨料的选择及其质量应有特殊要求：选用水化热较低的 42.5 普通硅酸盐水泥；在保证混凝土的设计强度的前提下，尽可能减小水泥用量，减小水灰比，可在混凝土配合比中掺加粉煤灰和矿粉以降低水泥用量，严格控制混凝土的坍落度，建议坍落度（140±20）mm；采用 5～40mm 连续级配的粗骨料，严格控制砂的含泥量在 1.5%以内，控制粗骨料石子的含泥量在 1.0%以内。

（4）混凝土中掺加的外加剂及混合料应有特殊要求：本工程中混凝土外加剂及混合料的选用以降低混凝土收缩为主要前提。

（5）超长混凝土浇筑特殊要求：在后浇带的同一区格内，采用分仓法施工（每块的长度控制在 30m 之内，浇筑间隔时间为 5～7d），在混凝土浇筑初期性能尚未稳定且没有彻底凝固前对内应力进行释放，进一步释放收缩应力。

（6）超长混凝土的养护特殊要求：加强混凝土浇筑后的养护工作，湿养护时间不低于 1 周；减小入模后结构的降温幅度，可采用低温入模的方法，结合当时的日夜温差情况，选择温度相对较低的时段进行混凝土浇筑，入模温度宜控制小于 15℃；冬期施工时，要适当延长混凝土保温覆盖时间，并涂刷养护剂养护，及时覆盖塑料薄膜或者潮湿的草垫、麻片等，保持混凝土终凝前表面湿润，或在混凝土表面喷洒养护剂等进行养护。

14.4.2 大跨度区域楼板舒适度分析

根据本项目特点，冰场等区域存在大跨度梁的情况，有可能靠近人行激励的作用频率，因此对楼板的舒适度进行计算分析。本报告中采用 MIDAS Gen 进行分析。以冰场大跨度梁为例，净跨为 26m。楼盖振动计算的行走激励方式采用全节点激励进行包络计算，计算结果取各节点加速度最大值。

根据《高规》第 3.7.7 条，楼盖结构的竖向振动频率不宜小于 3Hz，楼盖竖向振动加速度需满足《高规》表 3.7.7 的限值要求，人行走过程中产生的振动可以采用步行荷载进行时程分析模拟其过程，在有限元模型中考虑结构的质量、刚度与阻尼的影响，通过分析结构中控制点的振动加速度对楼板结构进行合理的舒适度评价。楼盖竖向振动加速度限值见表 14.4-2。

楼盖竖向振动加速度限值 表 14.4-2

人员活动环境	峰值加速度限值/（m/s^2）	
	竖向自振频率不大于 2Hz	竖向自振频率不小于 4Hz
住宅、办公	0.07	0.05
商场及室内连梁	0.22	0.15

1．舒适度模型的计算参数

（1）整体模型的梁、柱构件均采用线单元来模拟，该单元可考虑拉、压、剪、弯、扭的变形刚度。梁板混凝土等级 C35，墙柱混凝土等级 C50。

（2）楼板由四边形、三角形单元组成，单元最大尺寸小于 1.5m。

（3）恒荷载除结构自重外，按照现有建筑条件附加荷载，与整体计算时取用荷载相同。

（4）人行频率为 1～2.5Hz，人体重取 76kg，连续行走荷载可按下式计算：

$$F_p(t) = G\left[1 + \sum_{i=1}^{3} \alpha_i \sin(2i\pi f_s t - \phi_i)\right]$$

式中：G——单人体重；

α_i——第i阶荷载频率的动力因子，动力因子$\alpha_1 = 1.5$，$\alpha_2 = 0.6$，$\alpha_3 = 0.1$；

f_s——荷载频率，$2.0 \leqslant f_1 \leqslant 2.75$，$f_1$为将楼板网格划分好之后，分别进行不同荷载频率下的加速度响应分析；

ϕ_i——第i阶荷载频率对应的相位角。

连续行走荷载时程见图 14.4-3。

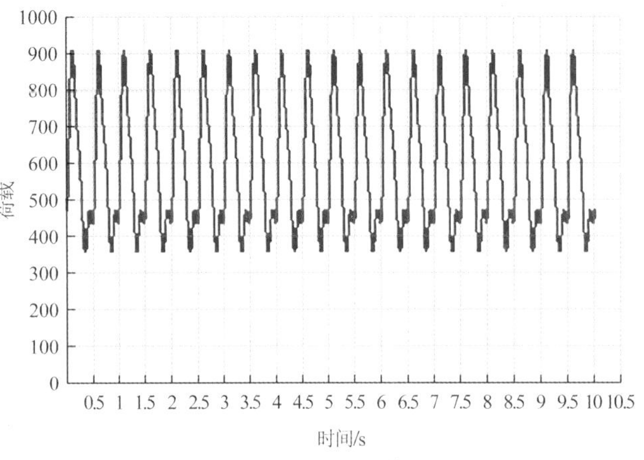

图 14.4-3　连续行走荷载时程

（5）结构阻尼比是结构动力响应分析的重要参数，其取值会影响结构最终的振动特性，按照《高规》附录 A 推荐值取 2%。

（6）计算前 50 阶模态最高频率不小于 10Hz。

（7）框架柱的边界条件均取为固定约束，考虑上下层柱子的约束。

2. 舒适度计算结果

舒适度计算模型如图 14.4-4 所示，结果如图 14.4-5～图 14.4-7 所示。由跨中挠度最大点的位移时程和加速度时程结果可以看出，由于本工程采用钢筋混凝土结构，楼面质量较大，在输入步行时程荷载初期有一定波动，随后结构竖向振动趋于平稳，楼面竖向加速度的最大值为 0.142m/s^2，小于规范限值，满足舒适度设计要求。

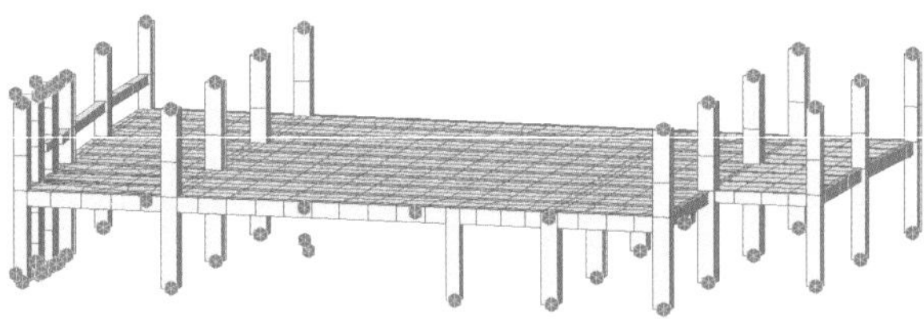

图 14.4-4　冰场舒适度计算模型

图 14.4-5　楼板加速度最大值云图示意

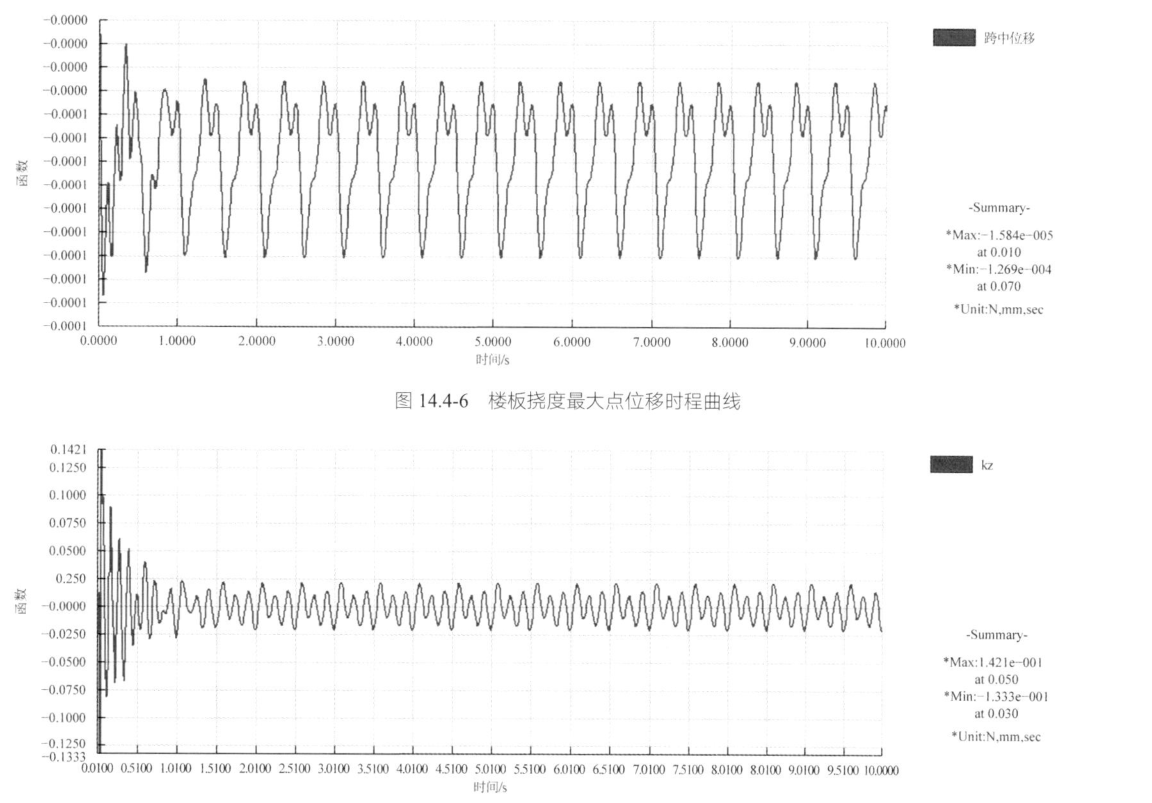

图 14.4-6　楼板挠度最大点位移时程曲线

图 14.4-7　楼板加速度

14.4.3　后期招商拆改加固

加固改造对于商业建筑很常见也不可避免，进行加固改造时不仅需要满足常规小震设计计算要求，对于超限工程，还应根据抗震性能化设计目标对加固构件及结构整体进行复核。本项目涉及加固改造面积达到 7 万 m^2。本章仅列举部分典型改造。

1．首层下沉广场调整

首层下沉广场入口面积由原来的 500m^2 扩大到 1200m^2。由于建筑功能改变较大，多数构件需要拆除、加固，考虑到原有下沉广场采用钢筋混凝土结构，且空间冗余度较大，加固方法选用增大截面的方法，确保加固改造后的结构构件与原构件能够最大程度地协同工作，典型梁柱节点加固方法见图 14.4-8～图 14.4-10，图中阴影部分为拆改区。

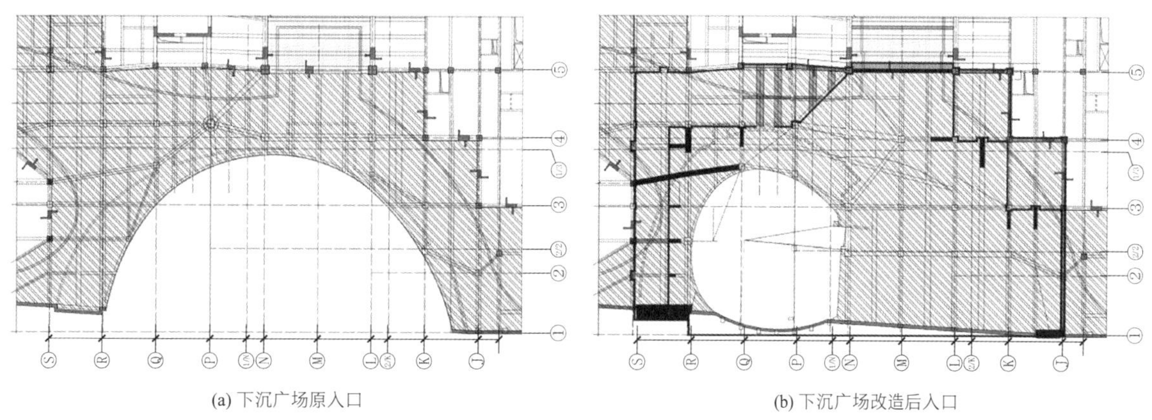

(a) 下沉广场原入口　　(b) 下沉广场改造后入口

图 14.4-8　下沉广场加固范围

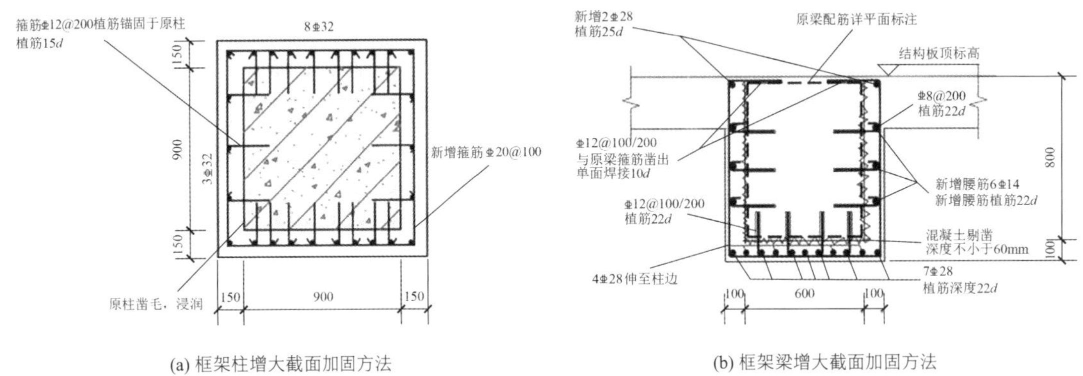

(a) 框架柱增大截面加固方法　　(b) 框架梁增大截面加固方法

图 14.4-9　梁柱增大截面加固方法

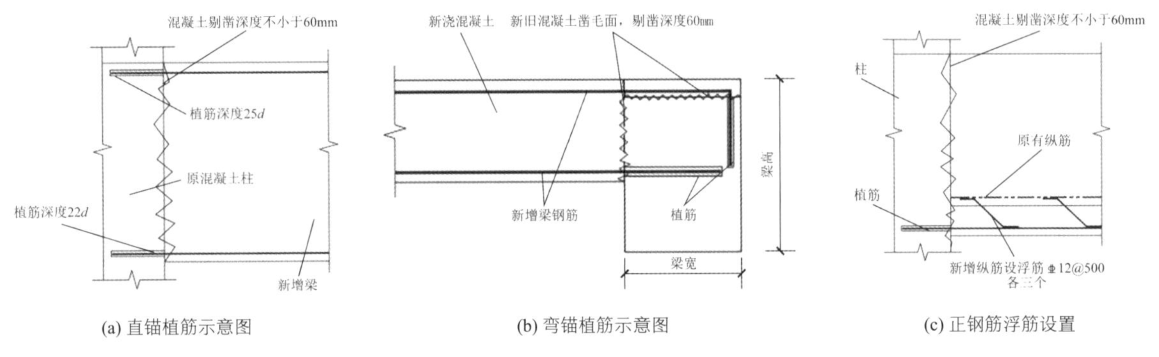

(a) 直锚植筋示意图　　(b) 弯锚植筋示意图　　(c) 正钢筋浮筋设置

图 14.4-10　新增梁与原混凝土柱搭接示意图

2．三层增加游泳池

在三层东北角增加三个儿童泳池，三层新增泳池平面位置如图 14.4-11 所示。泳池以混凝土盒子的形式放置于楼面，楼面与混凝土水池的连接节点如图 14.4-12 所示。增设游泳水池本质上类似于在楼板泳池区域增加一个大的面荷载，因此部分框架梁、框架柱和次梁需要重新加固，并且在板下部增设了一定数量的钢次梁，以此来进一步减小楼板跨度，框架梁和次梁采用增大截面的方法进行加固，加固方法与前述增大截面法类似，不再赘述。钢次梁通过锚栓铰接于原混凝土梁的侧面，混凝土框架柱采用外包型钢的加固方法，详见图 14.4-13。

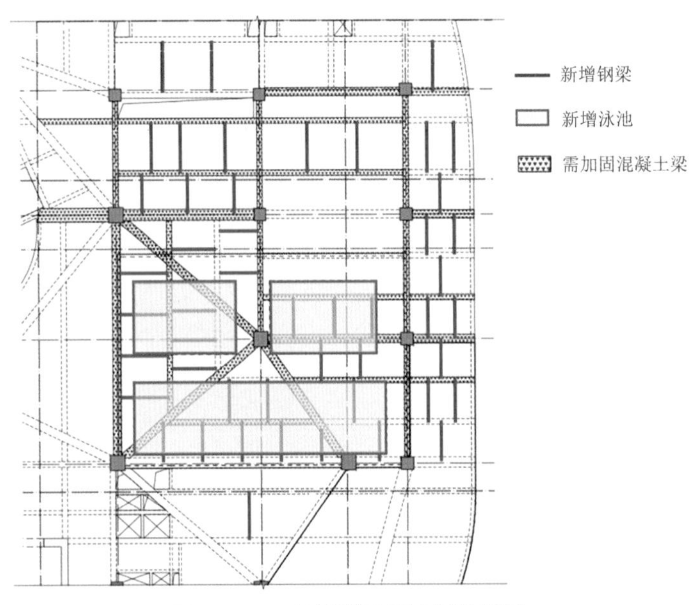

图 14.4-11　三层新增泳池平面位置示意图

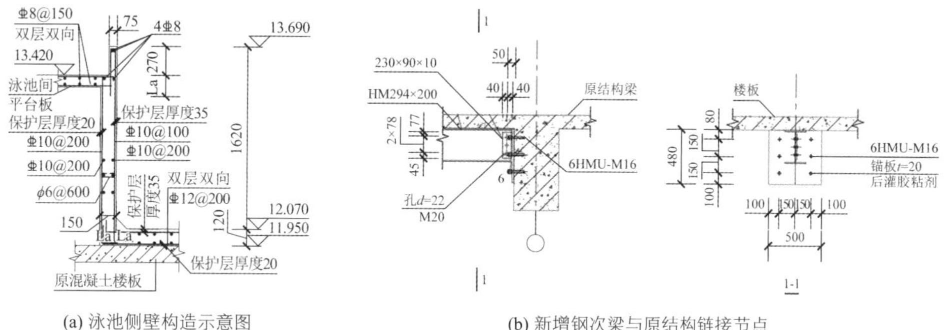

(a) 泳池侧壁构造示意图　　(b) 新增钢次梁与原结构链接节点

图 14.4-12　新增泳池与原结构连接节点

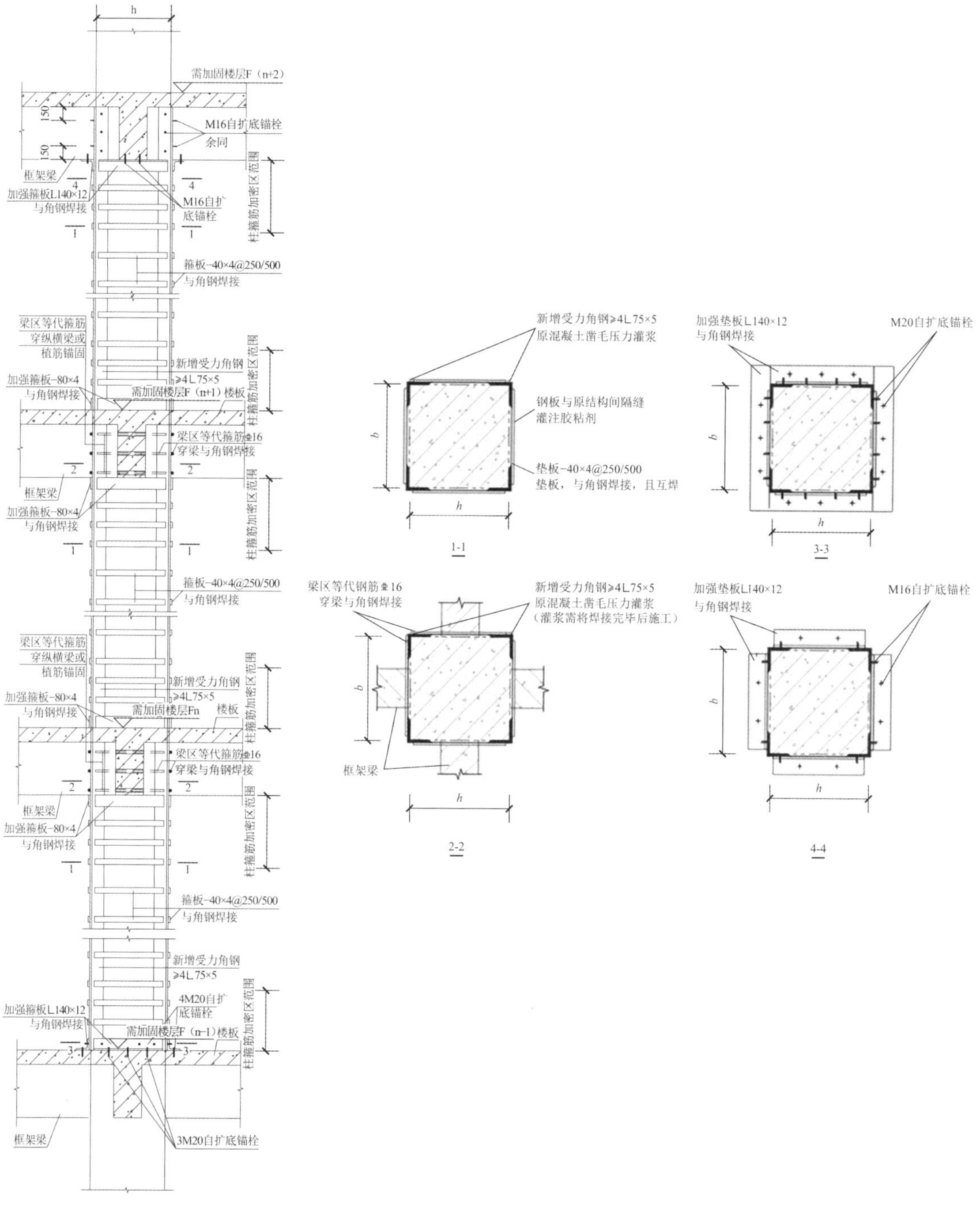

图 14.4-13　混凝土柱外包型钢

3．六层天窗洞口变成走廊

图 14.4-14 为原状和拆改后的六层天窗，由图可知，天窗洞口形状发生变化，图中黑色填充区域为需要拆改或加固的结构，导致原有结构悬挑梁切断，并需要增设大跨度钢梁，大跨度钢梁与混凝土柱的连接节点如何有效形成铰接节点为该改造方案的难点。

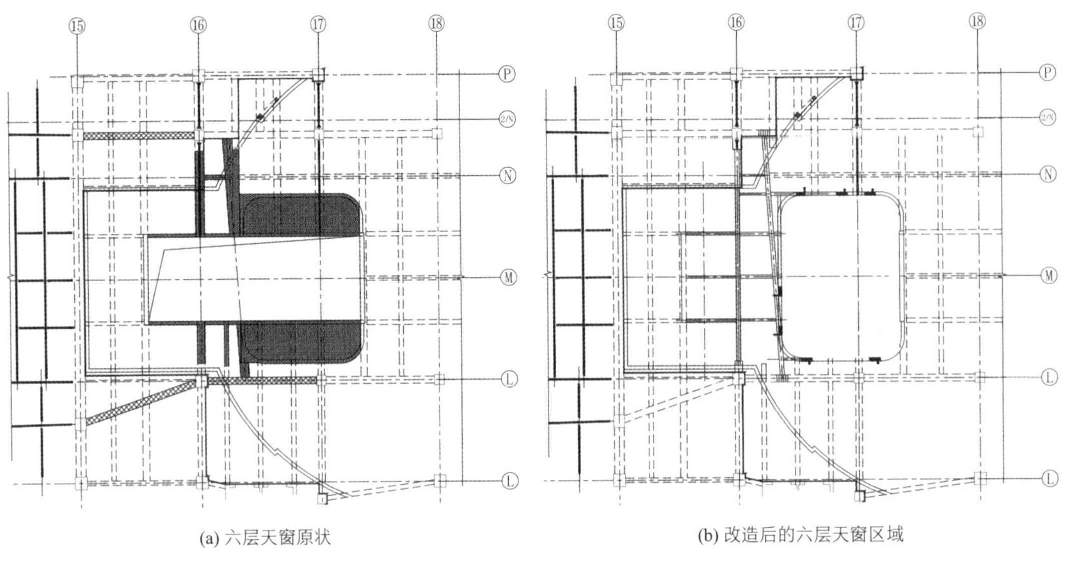

(a) 六层天窗原状　　(b) 改造后的六层天窗区域

图 14.4-14　六层天窗

大跨度钢梁与混凝土柱的连接节点加固方案：大跨度钢梁两侧的连接条件不同，其中左侧节点利用原钢骨混凝土梁中的钢骨与新增大跨钢梁进行铰接处理；右侧在纯混凝土悬挑梁的四周和梁柱节点处进行外包钢板处理，节点外包钢板遇梁开洞，从而实现与新增大跨钢梁的铰接连接，具体节点构造措施如图 14.4-15 所示。

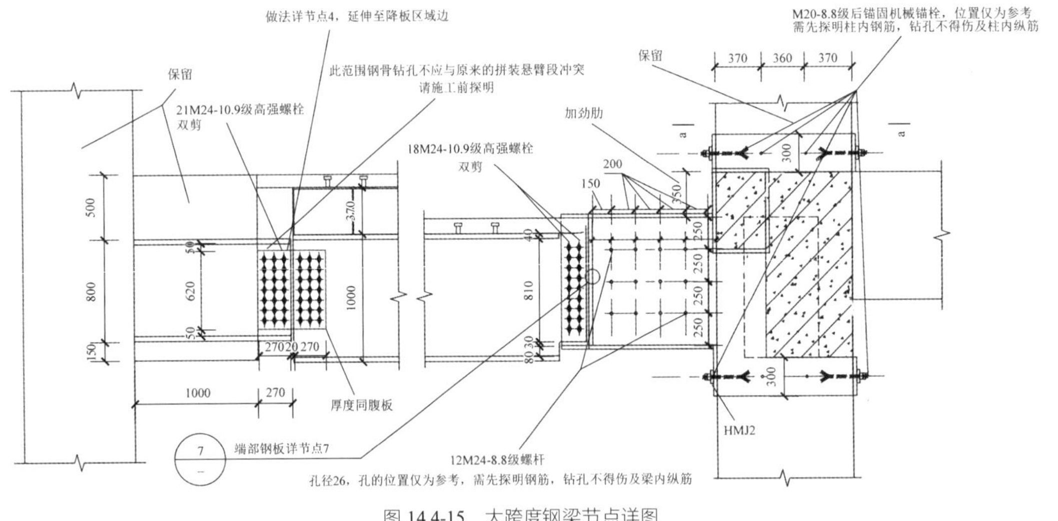

图 14.4-15　大跨度钢梁节点详图

14.5　结语

大型公共建筑的方案设计不同于一般建筑，它不可能仅限于建筑师的构思，在很大程度上取决于结构方案是否可行。对于大型公建项目建筑设计而言，结构工程师在建筑方案设计阶段就与建筑师密切配合，可以达到建筑与结构的完美统一。

太原万象城建筑形体独特丰富，体量庞大，功能众多，流线复杂。总建筑面积约 34 万 m^2，建筑高度约为 40m，建筑功能包含购物、冰场、停车和影院，地下分为两层，地上部分六层。根据建筑特点，结合考虑建筑立面造型要求及经济性，最终主体结构体系采用钢筋混凝土框架-剪力墙体系，部分大跨度梁及屋顶造型采用钢结构。

该工程利用电梯井道、楼梯间的墙体以及在可设置混凝土墙体处设置现浇钢筋混凝土剪力墙来增大整体刚度，减小结构侧移及层间位移比。针对该工程中的较多大悬挑、大跨度结构，将采用预应力混凝土梁、钢骨混凝土梁、钢梁、箱形混凝土梁等结构形式控制对应悬挑、大跨度位置的挠度，并解决舒适度等问题。由于结构平面尺寸地上部分达到 190m × 235m，地下部分达到 200m × 240m，属于超长结构，因此楼盖结构可采取相关措施予以加强，以保证楼板有较好的刚度，能可靠地传递水平力；地下室底板采用对称布置后浇带等形式减小温度应力的影响，改善结构受力性能。

在实际设计过程中，从概念设计入手，对钢结构屋面、超长悬挑进行了不同设计方案的分析对比，选取满足建筑功能的需求下的、最为合理、经济的结构方案。针对不设缝的设计条件，对整体结构进行了超长结构温度作用分析，确定不利温度条件下不同结构构件的最不利内力，并依据分析结果提出了针对温度作用的设计方案和施工方案。根据本项目特点，冰场等区域大跨度梁的自振频率有可能靠近人行激励荷载的频率，因此对楼板的舒适度进行计算分析，确保大跨度区域楼板的舒适度满足规范要求。

根据后期招商需求的改造加固是大型商业项目在设计阶段后期面临的重要工作，本项目涉及加固改造面积达到 7 万 m^2。加固改造时不仅需要满足常规小震设计计算，对于超限工程，还应满足抗震性能化设计目标，对加固构件及结构整体进行复核，此外，加固改造的同时也应与建筑师密切配合，需要充分考虑现有结构的条件，选取合理有效的加固措施。

设计团队

结构设计单位：中国建筑设计研究院有限公司

结构设计团队：任庆英、刘文斑、李　正、李　森、杨松霖、王　磊、张晓萌

本 文 执 笔：王　磊、刘　帅、王勇鑫

获奖信息

2019—2020 中国建筑学会建筑设计奖 结构专业一等奖。

第15章

天津于家堡洲际酒店

15.1 工程概况

15.1.1 建筑概况

天津于家堡洲际酒店（设计时项目名称：天津国际金融会议酒店）位于天津滨海新区于家堡金融区起步区一期 03-04 地块。本项目地下 2 层，地上 12 层，建筑总高度约 60m，地下室基础底板顶标高 −16.500m。

本工程建筑平面呈“∞”形，造型独特，建筑功能多样。位于首层中间通高的四季厅将建筑分为南北两个塔楼。酒店客房和公寓沿环向分别布置在塔楼的外侧，会议室、汇报厅、宴会厅和博物馆布置在建筑中央，内部形成大跨度空间。建筑顶部为大跨度钢结构屋盖，周边悬挑长度达 20m，形成独特的建筑造型。

由于在不同标高楼层均需要较大空间，建筑中产生多处跃层大空间。围绕四季厅的超大面积玻璃幕墙，形成东西通透的建筑效果。本工程总建筑面积约为 19.3 万 m^2，其中地下部分约 6.5 万 m^2，地上部分约 12.8 万 m^2。建筑建成照片和剖面图如图 15.1-1 所示，建筑典型平面如图 15.1-2 所示。

(a) 天津国际金融会议酒店

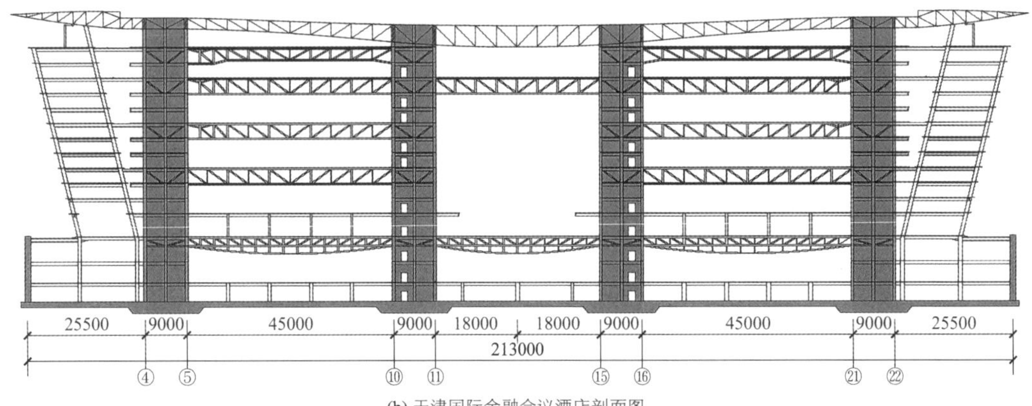

(b) 天津国际金融会议酒店剖面图

图 15.1-1 天津国际金融会议酒店建成照片和剖面图

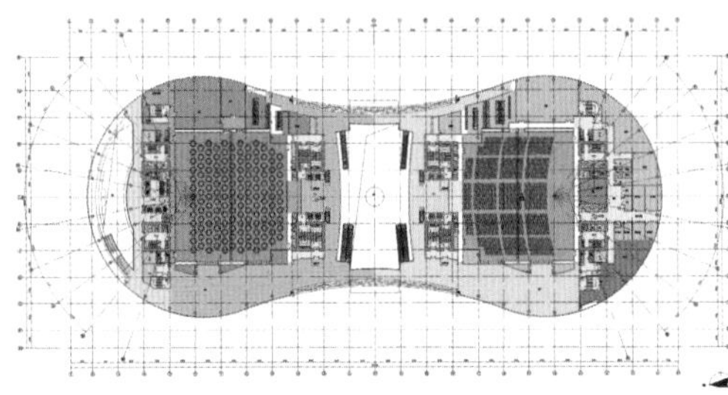

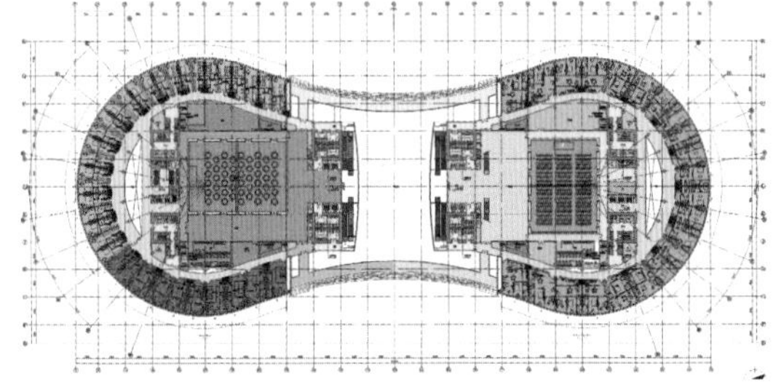

图 15.1-2 建筑典型平面图

15.1.2 设计条件

1. 主体控制参数（表 15.1-1）

控制参数表 表 15.1-1

项目		标准
结构设计基准期		50 年
建筑结构安全等级		一级
结构重要性系数		1.1
建筑抗震设防类别		重点设防类（乙类）
地基基础设计等级		甲级
设计地震动参数	抗震设防烈度	7 度（0.15g）
	设计地震分组	第一组
	场地类别	Ⅳ类
	小震特征周期*	0.57s
	大震特征周期*	0.57s
	基本地震加速度	0.15g
建筑结构阻尼比	多遇地震	0.035
	罕遇地震	0.05
水平地震影响系数最大值*	多遇地震	0.12
	设防烈度	0.33
	罕遇地震	0.72
地震峰值加速度*	多遇地震	55cm/s^2
	设防烈度	150cm/s^2
	罕遇地震	310cm/s^2

*：特征周期及地震影响系数、地震峰值加速度综合考虑《建筑抗震设计规范》GB 50011-2010 和《天津市响螺湾中心商务区——于堡金融区场地地震安全性评价报告》中的地震动参数，并根据 2010 年 6 月 22 日召开的天津国际金融会议酒店结构方案研讨会专家的建议选取。

2. 风荷载

结构验算时选取的风荷载参数如表 15.1-2 所示，结构体型系数统一取$\mu_s = 1.3$，幕墙设计风压取值根据风洞试验确定。

风荷载参数 表 15.1-2

重现期R	10 年	50 年	100 年
基本风压/（kN/m^2）	0.40	0.55	0.60
验算类型	舒适度	层间位移	构件承载力
控制指标	0.15m/s^2	1/400	—

15.2 结构体系与分析

15.2.1 结构选型

根据建筑造型及使用功能，本工程建筑内部存在大会议厅、宴会厅等多处高大空间，首层通高的四季厅将结构分为两个塔楼，并在 10 层与屋顶层连接为一个整体。设计时采用多层大跨度结构体系，主体结构由 8 个筒体 + 大跨度桁架梁与周边的钢管混凝土柱 + H 型钢梁构成。

结构筒体内部可以作为楼、电梯使用空间，是本工程主要竖向承重与抗侧力构件。结构筒体之间的最大距离为45m，采用两层通高的桁架形成大跨度楼盖结构。

结构的竖向构件均直接延伸至地下室底板，避免结构转换，结构传力直接，大大降低结构造价。由于钢结构构件在工厂加工制作，有效避免了混凝土斜柱支模困难的问题。

屋顶大跨度结构平面呈∞形，采用双向交叉桁架体系，利用八个筒体和内环框架柱作为竖向支承，将两个塔楼连接为一个整体。

在建筑的东、西立面设有大面积弧形整体玻璃幕墙，高度达56m，采用竖向抗风柱支承，幕墙抗风柱下端支承在首层楼面标高，上端与屋盖悬挑端相连。

楼板采用钢筋桁架楼承板。在±0.000标高和地下一层嵌固部位、10层连体等部位，对楼板厚度与配筋进行加强。

本工程采用ETABS软件计算，采用MIDAS软件复核，计算模型如图15.2-1所示。

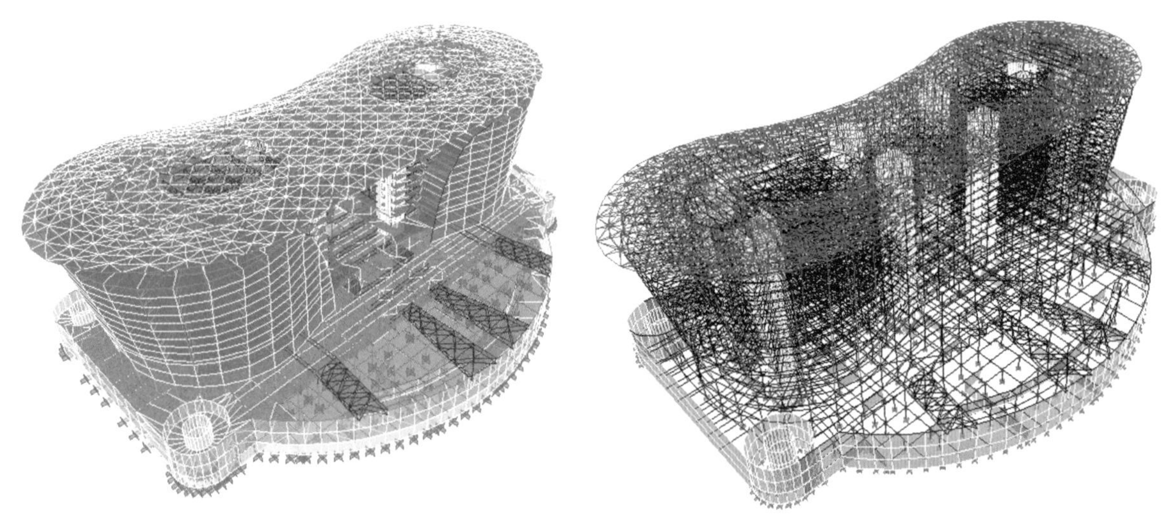

图15.2-1 天津国际金融会议酒店计算模型

15.2.2 结构布置

南、北两个塔楼的主要建筑功能分别为酒店和公寓。±0.000m标高外环圆弧半径为40.0m，内环半径为26.5m，径向柱距为13.5m；端部外环柱±0.000m标高开始，每增高3.9m，柱向外倾斜0.9m，最大倾斜角度为13°。本工程基本轴网尺寸为9m。

筒体角柱采用矩形钢管混凝土柱，矩形钢管截面尺寸为□800×800～□1500×900，中柱截面尺寸为□900×900，混凝土强度等级为C60。钢板剪力墙镶嵌于钢管混凝土柱与水平H型钢梁形成的边框之中，在地下室部分，筒体改为型钢混凝土构件。大跨度桁架的上、下弦杆与腹杆均采用焊接箱形截面。

内环和外环的框架柱均为圆钢管混凝土柱，钢管截面尺寸为ϕ1000～ϕ800，混凝土强度等级为C60。框架梁均为焊接H型钢。次梁采用焊接H型钢，按钢-混凝土组合梁进行设计。屋顶大跨度屋盖结构的上、下弦与腹杆均采用热轧圆钢管。

15.2.3 超限内容检查

本工程为地上总高60m的金融会议酒店，属于超限高层建筑，根据《超限高层建筑工程抗震设防专项审查技术要点》的规定进行超限审查。结构超限内容检查详见表15.2-1。

超限内容检查表　　表 15.2-1

分类		结构特点	规范规定	结论
结构体系		钢管混凝土框架＋钢板剪力墙		
结构高度	地上高度	60.0m	≤176m（220m×0.8＝176m）（《高层民用建筑钢结构技术规程》JGJ 99-1998：Ⅳ类场地高度限值降低 20%）	满足要求
	地下室埋深	17.0m	≥H/18（《高层民用建筑钢结构技术规程》JGJ 99-1998：Ⅳ类场地高度限值降低 20%）	
平面规则性	扭转规则性	考虑偶然偏心的最大位移比 1.143，最大层间位移角为 1/569	最大层间位移或水平位移小于结构两端层间位移的平均值的 1.2。［《建筑抗震设计规范》GB 50011-2001（2008 年版）］	满足要求
	扭转刚度	扭转周期与平动周期之比为 0.779	扭转周期与平动周期之比小于 0.85［《建筑抗震设计规范》GB 50011-2001（2008 年版）］	满足要求
	楼板连续性	地上 3、5、6、8、9、11 层开洞面积超过该层楼面面积的 30%	开口或开洞尺寸小出该层楼板典型宽度的 50%或开洞面积小于该层楼面面积约 30%［《建筑抗震设计规范》GB 50011-2001（2008 年版）］	不满足要求
竖向规则性	侧向刚度规则性	地上 1、2 层刚度小于其上三层刚度平均值的 80%	本楼层刚度大于上一楼层刚度的 70%或其上三层平均值的 80%［《建筑抗震设计规范》GB 50011-2001（2008 年版）］	不满足要求
钢结构屋盖	最大悬挑长度	最大悬挑长度为 20m	最大悬挑长度大于 40m（《网壳结构技术规程》JGJ 61-2003）	满足要求

15.2.4 结构分析

1. 小震弹性计算分析

整体结构计算主要采用 ETABS 软件，考虑到本工程的复杂性，采用 MIDAS 软件进行补充计算，两个软件前 6 阶自振周期对比如表 15.2-2 所示。

结构前 6 阶自振周期　　表 15.2-2

软件名称	ETABS	MIDAS	ETABS/MIDAS
振型	周期/s		
1	1.436	1.413	1.016
2	1.140	1.113	1.024
3	1.118	1.070	1.045
4	0.857	0.862	0.994
5	0.578	0.589	0.981
6	0.572	0.515	1.111

MIDAS 计算结果与 ETABS 计算结果比较吻合，整体结构前三阶振型如图 15.2-2 所示。

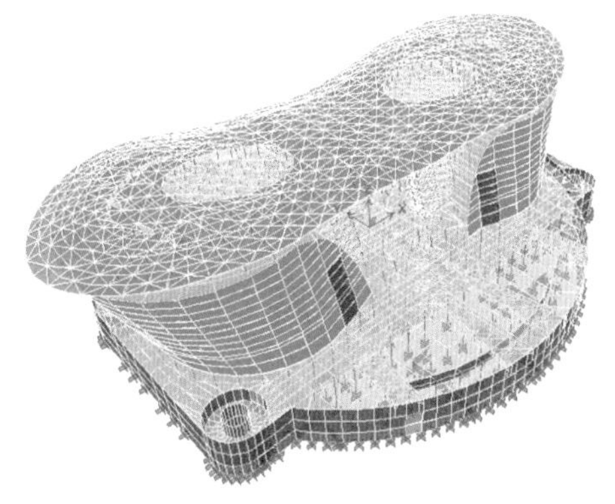

(a) 第一阶振型（X方向平动）

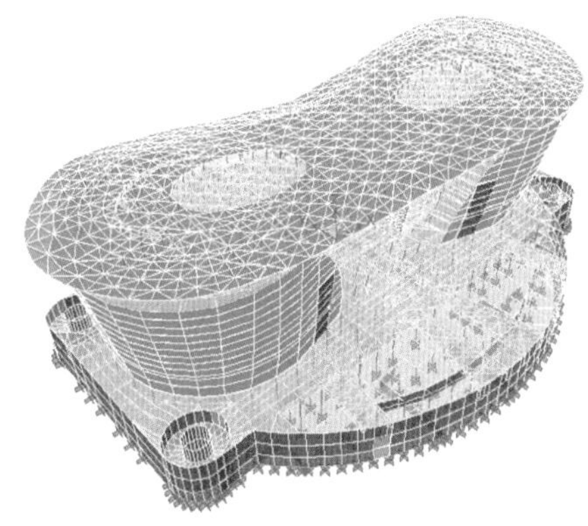

(b) 第二阶振型（Y方向平动）

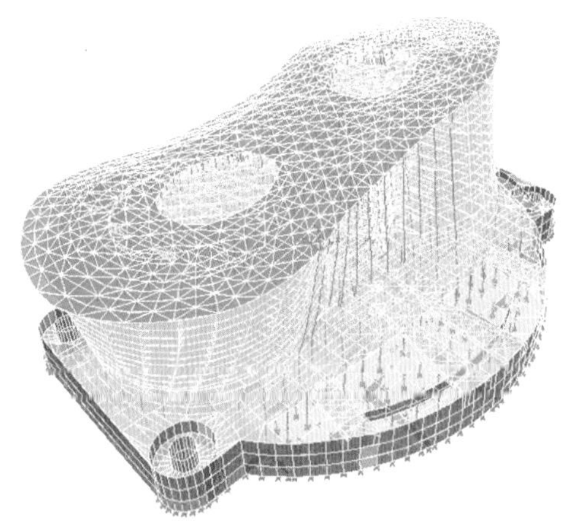

(c) 第三阶振型（绕Z轴扭转）

图 15.2-2　整体结构前三阶振型

MIDAS 与 ETABS 计算得到的最大层间位移角如表 15.2-3 所示。

结构最大层间位移角　表 15.2-3

计算模型	ETABS		MIDAS	
作用方向	地震作用	风荷载	地震作用	风荷载
X方向	1/596	1/2896	1/713	1/2898
Y方向	1/791	1/2661	1/836	1/3223

2. 大震弹塑性分析

本工程采用 ABAQUS 大型通用有限元程序进行大震作用下的非线性时程分析。计算时，考虑了几何非线性与材料非线性的影响，弹塑性与弹性分析模型如图 15.2-3 所示。

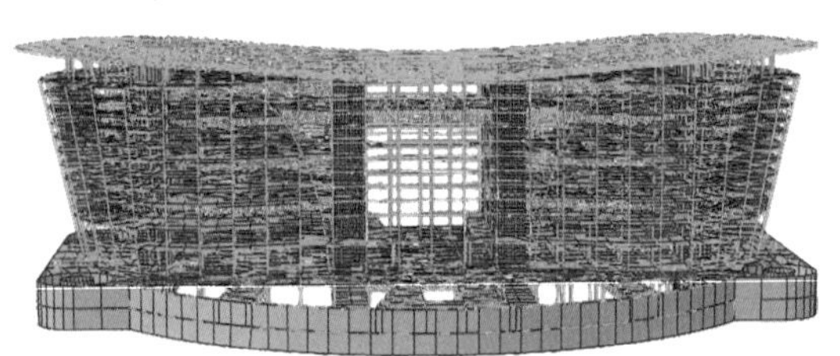

(a) ABAQUS 计算模型

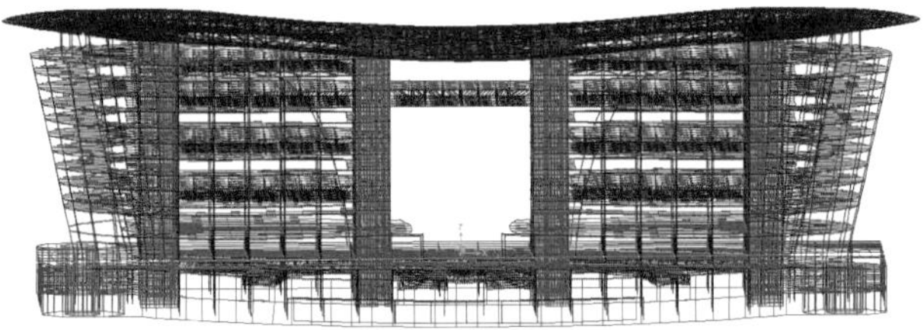

(b) ETABS 计算模型

图 15.2-3　弹塑性分析与弹性分析模型

分析得到各主要构件塑性应变、损伤云图如图 15.2-4 所示：

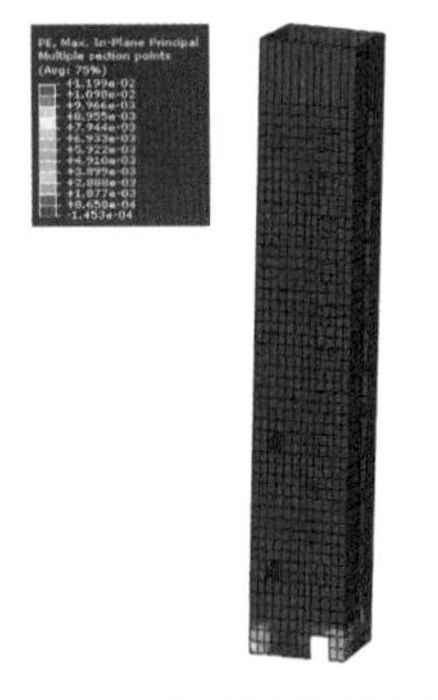

(a) 钢板剪力墙塑性应变

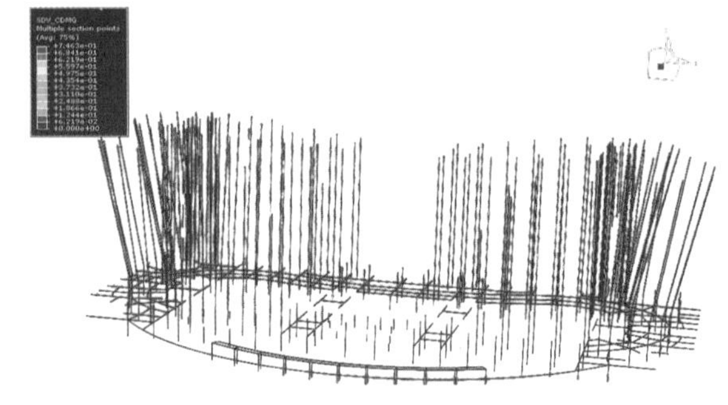

(b) 钢管混凝土柱内混凝土受压损伤

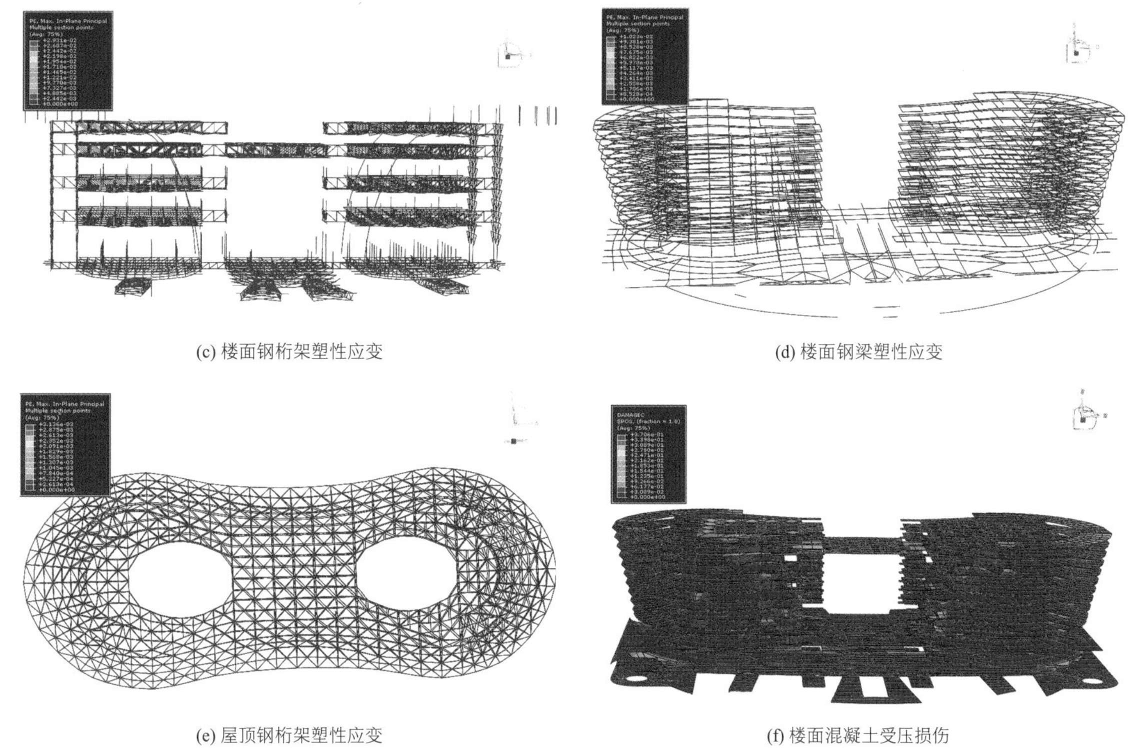

(c) 楼面钢桁架塑性应变

(d) 楼面钢梁塑性应变

(e) 屋顶钢桁架塑性应变

(f) 楼面混凝土受压损伤

图 15.2-4　各主要构件塑性应变、损伤云图

动力弹塑性分析结果表明：

（1）罕遇地震作用下，天津国际金融会议酒店的层间位移角小于其抗震设防性能目标的位移限值，可以满足大震不倒的设计要求。

（2）罕遇地震作用下，地下混凝土墙、钢板剪力墙、钢管混凝土柱、楼面钢梁、屋盖钢结构和楼板的破坏程度均比较轻，楼面钢桁架在顶层 12 层荷载较大的部位破坏略严重，已经进行相应的加强。

15.3 钢板剪力墙设计研究

15.3.1 筒体结构构造

天津金融会议酒店建筑方案特殊，根据建筑造型及使用功能，本工程建筑内部存在大会议厅、宴会厅等多处高大空间，最大跨度达 45m，首层通高的四季厅将结构分为两个塔楼，并在 10 层与屋顶层连接为一个整体。

为了在本工程中实现大跨度结构的建筑理念，在结构中设置了 8 个筒体，筒体边长 9m × 9m，作为大跨度结构的支承构件。在结构筒体之间，采用两层通高的桁架形成大跨度楼盖结构。筒体周边采用框架结构体系。

周边框架梁柱距较大，径向框架梁跨度达 13.5m，采用钢管混凝土柱 + H 型钢梁框架。

地面以上主体结构总长度达 220m，属于超长结构。大跨度屋盖总长度为 231.6m，钢结构受温度变化影响显著。

结构筒体内部作为楼、电梯使用空间，是本工程主要竖向承重与抗侧力构件。由于筒体布置了门洞，若用斜撑形成支撑-框架筒体，影响门洞布置。因此，在设计时采用了满足门洞位置的钢板剪力墙代替柱间支撑。

在进行筒体设计时，首先由钢管混凝土柱、H 型钢梁形成边框，然后在其中镶嵌钢板剪力墙形成筒体。

本工程结构筒体具有如下特点：

（1）结构的整体性、刚度与延性显著提高；

（2）钢管混凝土柱主要承担竖向力，充分发挥其组合构件承载力高、性能优越的特点；

（3）钢板剪力墙仅用于承担水平剪力，在钢板表面设置槽形加劲肋，可以避免过早发生局部屈曲；

（4）便于与楼层 H 型钢梁、桁架杆件梁相连接。

根据《矩形钢管混凝土结构技术规程》CECS159．2004 的规定，以钢构件为主要抗侧力构件的结构，其层间位移限值要求与《高层民用建筑钢结构技术规程》JGJ 99-1998 中的规定相同，在风荷载作用下，其层间位移角不小于 1/400，在多遇地震作用下层间位移不小于 1/300。

由于筒体采用钢板剪力墙后，结构对变形的抵抗能力大大增强，因此，在 10 层连体与顶部屋盖设计时，两个塔楼之间采用强连接的结构形式，节点构造简单，建筑使用性能得到改善。

15.3.2 钢板剪力墙筒体与钢筋混凝土筒体方案比较

在初步设计阶段，对钢板剪力墙筒体与钢筋混凝土筒体的特点进行了比较。

（1）钢板剪力墙筒体

①抗震性能优越，具有大变形能力，耗能能力强；

②与各类钢构件连接方便；

③对结构超长、屋盖温度影响适应能力强；

④施工工期较短。

（2）钢筋（型钢）混凝土筒体

①结构刚度大，对变形限值要求高；

②与各类钢构件连接节点比较复杂；

③对于屋盖等连体结构需要采用滑动支座等释放水平地震作用、温度作用的措施；

④幕墙结构安装难度加大；

⑤施工工期较长。

综上分析，在本设计中采用了钢板剪力墙筒体。

15.3.3 多层钢板剪力墙的力学性能

1．试验研究与有限元分析

本工程所采用的钢板剪力墙为多层钢板剪力墙结构，现有的设计规范对于多层钢板剪力墙边框梁柱设计方法无相关规定。本工程通过试验研究与有限元分析相结合的方式得到多层钢板剪力墙的力学性能，进而提出边框梁柱的设计方法及构造。

为了使数值模拟结果与试验结果具有可比性，采用 ABAQUS 进行与试验模型完全一致的建模和加载过程。试验模型如图 15.3-1 所示，该试验主要研究 3 层剪力墙，但在底层剪力墙增加了半层、在顶层剪力墙增加了 0.7 层以模拟实际边界条件。

引入初始缺陷得到的数值模拟构件滞回曲线和试验结果对比如图 15.3-2 所示。

从图中可以看出，有限元解与试验的滞回曲线比较一致。侧向位移达到最大值 57mm 时，构件的应力和面外变形如图 15.3-3 所示。

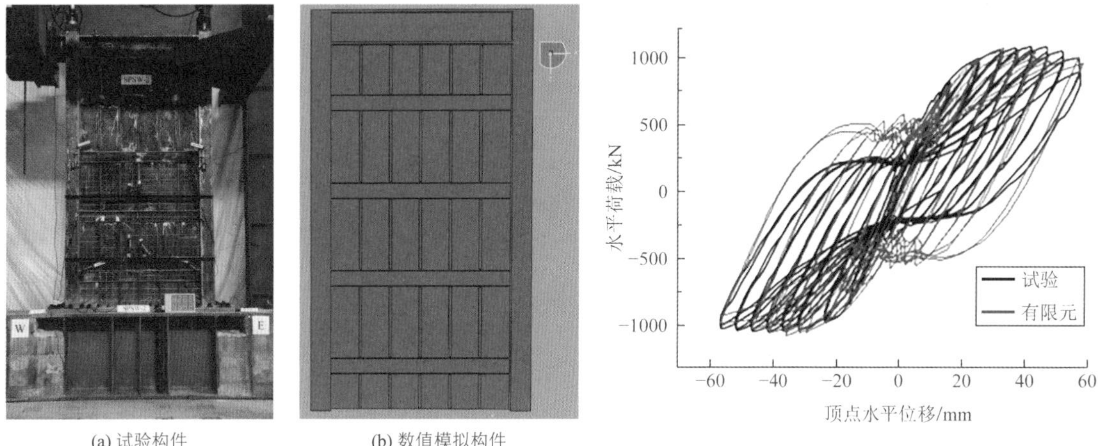

(a) 试验构件

(b) 数值模拟构件

图 15.3-1 多层钢板剪力墙

图 15.3-2 多层钢板剪力墙加载顶点荷载-位移曲线有限元计算与试验结果对比

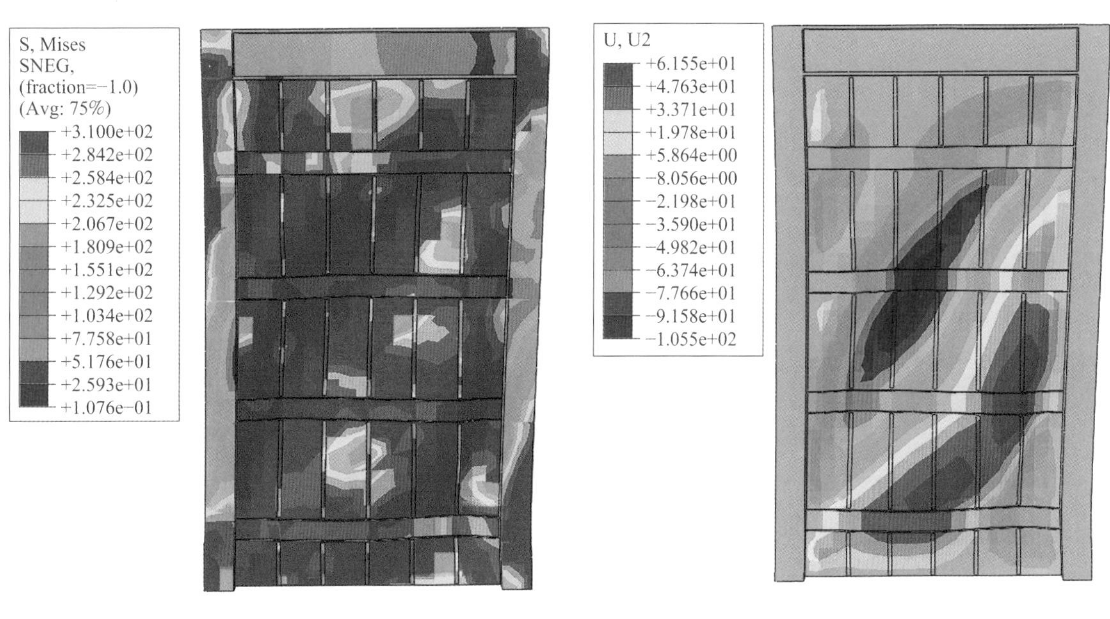

(a) 最大 Mises 应力

(b) 最大面外变形

图 15.3-3 构件整体应力和面外变形

取出中间三层墙板，其应力和面外变形如图 15.3-4 所示。

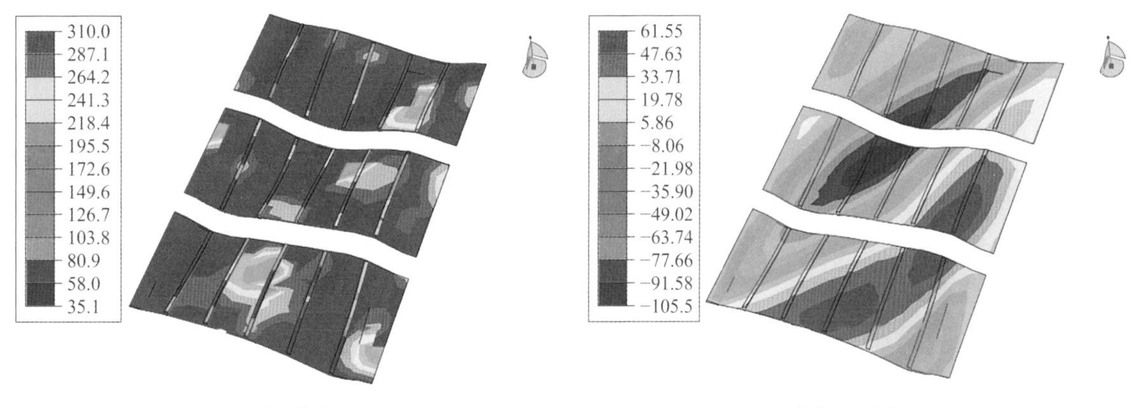

(a) Mises 应力（单位：MPa）

(b) 面外变形（单位：mm）

图 15.3-4 侧向位移最大时的墙板应力和面外变形

取出钢管混凝土边框柱和边框梁，其应力和面外变形如图 15.3-5 所示。

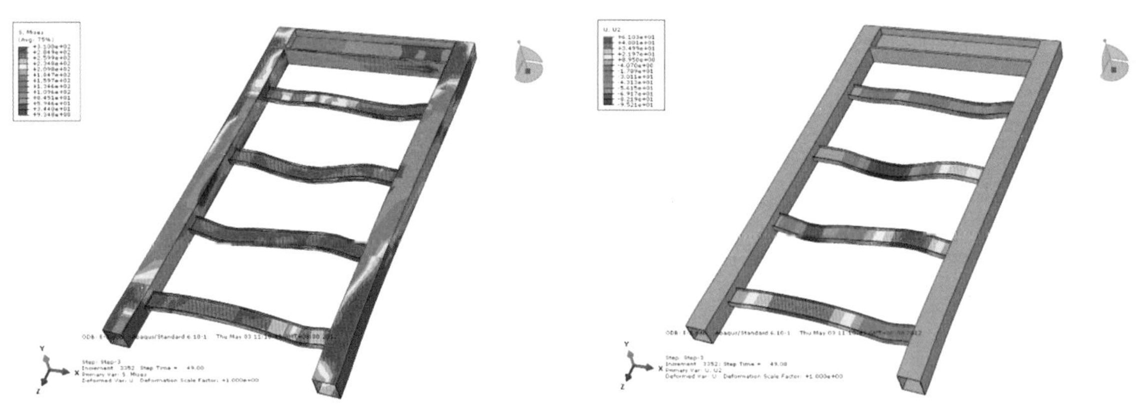

(a) Mises 应力　　(b) 面外变形

图 15.3-5　侧向位移最大时的边框应力和面外变形

2. 边框梁的设计方法

（1）边框梁的面内刚度

根据《钢结构建筑抗震规定》AISC 341-05 和《美国抗震规范条文》FEMA 450，边框梁作为钢板剪力墙的水平向边界单元，提供竖向边界单元的强度应大于腹板拉力场效应，并考虑剪力墙钢板超强的影响。假设钢板不参与承受重力荷载。与竖向边界单元类似，边框梁截面尺寸应满足$I_b \geqslant 0.00307\Delta t_w h^4/L$，其中，$\Delta t_w$为水平向边界单元上方与下方钢板厚度的差值。屋顶和底部水平向边界单元应为屈服的钢板提供可靠的锚固连接。

（2）边框梁的面外刚度

边框梁应具有足够的面外刚度，特别对于筒体楼电梯附近楼板较少的部位。根据 AISC 341-05 与 FEMA450，水平向边界单元与竖向边界单元的所有交点均应有抗侧力支撑，且跨度不超过$L_{cf}0.086r_y E/F_{yw}$。其中，r_y为水平边界单元绕Y轴旋转的回转半径。

（3）构造要求

边框梁材质为 Q345。参照《建筑抗震设计规范》GB 500011-2010 中对框架梁的规定，边框梁抗震等级为二级，框架梁腹板厚度与钢板剪力墙相同。

边框梁翼缘宽厚比$b_f/t_f \leqslant 9\sqrt{\frac{235}{f_y}}$。

边框梁腹板$h_w/t_w \leqslant 64\sqrt{\frac{235}{f_y}}$。

3. 边框柱的设计方法

国内现行各钢管混凝土相关技术规程编制年代、计算公式等存在较大差异，通过对各主要规程进行全面的比较分析，制定适合本工程设计的技术条件与计算方法。

1）约束效应系数与混凝土的工作承担系数

钢管混凝土受压构件中混凝土的工作承担系数α_c

$$\alpha_c = \frac{f_c A_c}{f_c A_c + f A_s}$$

对于矩形钢管混凝土柱，α_c应控制在 0.1～0.7 之间。

2）径厚比/宽厚比

钢管管壁板件的宽厚比$b/t \leqslant 60\varepsilon$，其中$\varepsilon = \sqrt{235/f_y}$。

当矩形钢管构件最大截面尺寸不小于 800mm 时，宜采用在柱子内壁上焊接栓钉、纵向加劲肋等措施。矩形钢管混凝土柱截面高宽比不宜大于 2。

3）长细比

绕强轴弯曲：$\lambda = 2\sqrt{3}l_o/D$（D为长边边长）；

绕弱轴弯曲：$\lambda = 2\sqrt{3}l_o/B$（B为短边边长）。

4）轴压比

根据行业标准《矩形钢管混凝土结构技术规程》CECS 159：2004 第 6.3.2 条规定，当轴压比大于 0.6 时，对混凝土工作承担系数有更严格的要求，通过综合考虑构件延性、经济效益等因素，矩形钢管混凝土柱轴压比不应大于 0.6，轴压比按下式计算：

$$\mu = \frac{N}{f_c A_c + f A_s}$$

5）构件刚度

轴向刚度：$EA = E_c A_c + E_s A_s$；

弯曲刚度：$EI = E_c I_c + 0.8 E_s I_s$。

6）抗震设计

（1）在进行钢管混凝土柱框架弹性分析时，中梁刚度放大系数 1.5，边梁刚度放大系数 1.2。

（2）结构阻尼比：0.035。

（3）周期折减系数：0.8。

（4）钢管混凝土柱框架与抗侧力构件组成的双重抗侧力体系，其框架部分计算所得的地震剪力应乘以调整系数，使其达到不小于结构底部总剪力的 25%和框架部分地震剪力最大值 1.8 倍二者中的较小值。

（5）抗震设计时，框架角柱的组合弯矩设计值、剪力设计值应乘以不小于 1.1 的增大系数。

（6）在多遇地震作用组合时，钢管混凝土柱与钢梁节点应满足下列要求（强柱弱梁验算）：

$$\sum\left(1-\frac{N}{N_{uk}}\right)M_{uk} \geqslant \eta_c \sum M_{uk_s}^{b}$$

4．钢管混凝土柱与钢板墙的相对刚度

钢管混凝土柱作为钢板剪力墙的竖向边缘构件，为了提供充分的强度与刚度抵抗墙板拉力场效应，边框柱的刚度I_c不应太小，应满足$I_c \geqslant 0.00307 t_w h_{cf}^4 / L_{cf}$的要求，防止柱子发生“内拉”现象。在钢管内设置与钢板墙相应的加劲肋，防止钢板发生面外变形。

15.3.4 开洞钢板剪力墙结构设计方法

1．试验研究与有限元分析

为了研究钢板剪力墙开洞后对结构力学性能的影响，考察洞口对不同高宽比钢板墙的影响，共完成 3 个钢板剪力墙模型的试验：带边框柱开洞的钢板剪力墙（SPSW-1），带边框柱不开洞的钢板剪力墙（SPSW-2），带边框柱及中柱开洞的钢板剪力墙（SPSW-3），其中带边框柱不开洞的钢板剪力墙（SPSW-2）即为上一小节所述的多层钢板剪力墙。钢板剪力墙试件采用 1∶5 缩尺比，钢板剪力墙的边框柱采用矩形钢管混凝土柱，边框梁采用 H 型钢梁，构件采用全焊接连接方式，为了模拟实际的边界条件，试验研究模型在钢板剪力墙底层增加半层，顶层增加 0.7 层。各试验模型及主要构件尺寸如图 15.3-6 所示，开洞钢板剪力墙模型如图 15.3-7 所示，带边框柱不开洞的钢板剪力墙如图 15.3-8 所示。

(a) SPSW-1（无中柱开洞）

(b) SPSW-2（无中柱不开洞）

(c) SPSW-3（有中柱开洞）

图 15.3-6 试验模型

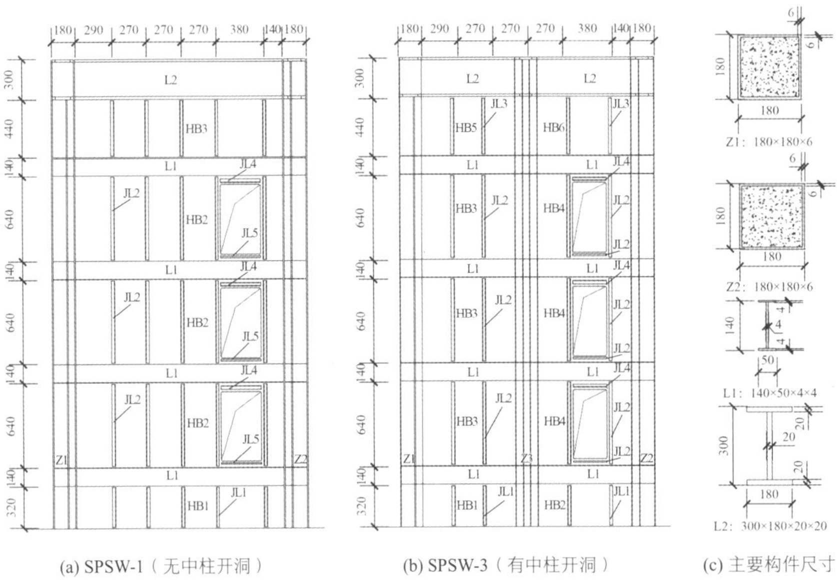

(a) SPSW-1（无中柱开洞） (b) SPSW-3（有中柱开洞） (c) 主要构件尺寸

图 15.3-7 开洞钢板剪力墙模型

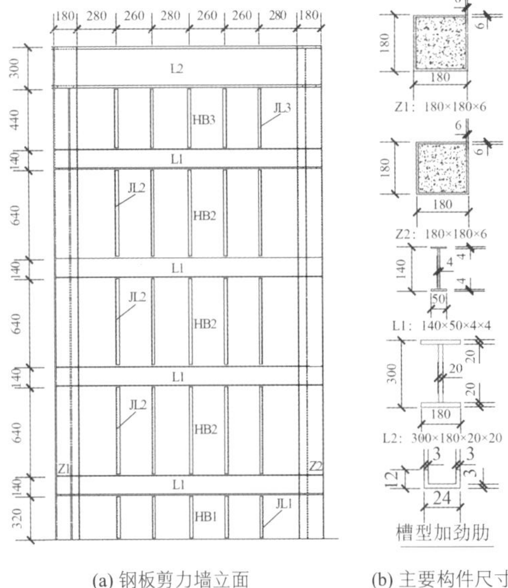

(a) 钢板剪力墙立面 (b) 主要构件尺寸

图 15.3-8 带边框柱不开洞的钢板剪力墙（SPSW-2）

各试件的特征荷载，相应的位移角和延性系数如表 15.3-1 所示。屈服荷载有多种确定方式，本章取骨架线上刚度开始变化的点，其对应的水平位移为屈服位移；峰值位移为最大水平承载力对应的水平位移。其中，SPSW-1 的极限位移为水平力下降到最大水平承载力 85%时的水平位移；由于 SPSW-2 的延性很好，加载到试验中的最大位移时，承载力下降很少，取 SPSW-2 的极限位移为加载的最大位移。SPSW-2 实际的延性系数会高于表中所列数值；SPSWW-3 正向加载的极限位移为加载的最大位移，负向加载的极限位移为水平力下降到最大水平承载力 85%时的水平位移。

各试件的位移角和延性系数　　表 15.3-1

构件编号	SPSW-1		SPSW-2		SPSW-3	
	正向	负向	正向	负向	正向	负向
屈服荷载/kN	519	523	818	837	834	837
屈服位移/mm	12.3	12.5	15.6	16.4	16.7	16.4
屈服位移角	1/280	1/275	1/221	1/210	1/206	1/210
最大水平承载力/kN	753	744	1076	1045	1064	1140
峰值位移/mm	33.4	24.4	41	42	41.9	42.2
峰值位移角	1/103	1/141	1/84	1/82	1/82	1/82
极限位移/mm	53	40	56	56.8	62	49.4
极限位移角	1/65	1/86	1/61	1/61	1/55	1/70
试验最大位移角	1/62	1/64	1/61	1/61	1/55	1/66
延性系数	4.31	3.2	3.59	3.46	3.71	3.01

试验中钢板墙 SPSW-2 和 SPSW-3 的最大层间位移角分别达到 1/60 和 1/55 时，钢板墙的承载能力几乎没有下降，可见开洞钢板剪力墙在高宽比较大时，与不开洞钢板墙的延性相当，能够满足“大震不倒”的要求。由于试验中钢板墙 SPSW-1 的最大层间位移角达到 1/60，并且此时远离洞口一侧受压时钢板墙的承载能力仍未出现明显下降，可见只要解决好洞口周边边框柱和边框梁的设计，开洞钢板剪力墙在大震下具有较好的延性。

引入初始缺陷，得到的数值模拟构件 SPSW-1 和 SPSW-3 的滞回曲线如图 15.3-9 所示。

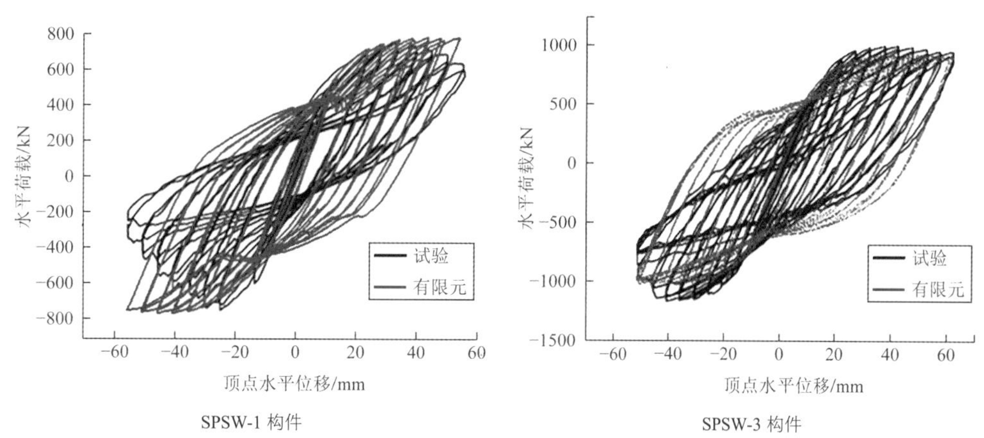

图 15.3-9　加载顶点水平荷载-水平位移曲线数值模拟与试验结果对比

2. 开洞钢板剪力墙设计理念

当钢板剪力墙开洞时，钢板的边界条件与受力状态发生显著变化。根据 AISC 341-05 和 FEMA 450，钢板中的洞口四边均应有与钢板长、高相等的通长水平向边界单元和竖向边界单元围合。对于钢板墙开洞部位，上下层洞口之间的边框梁形成洞口连梁，其变形量集中，构件较早进入屈服状态。为了确保结构的侧向稳定性，在洞边有楼板一侧应设置水平侧向支撑梁。在首层与顶层，应尽量不设洞口连梁，或对其进行显著加强。

3. 洞边柱设计

根据 AISC 341-05 和 FEMA 450 的设计理念，补强边框柱（非贯通小柱）的刚度应满足$I_c \geqslant 0.00307 t_w h_{hol}^4/L$的要求，防止柱子发生“内拉”现象。其中，$h_{hol}$为洞口的高度。在洞边设置边框钢柱，参加整体计算，通过调整施工安装工艺，可以考虑其在施工过程中承受或不承受竖向重力荷载两种情况。

当钢板剪力墙设置洞口后，洞口边框柱分为两种基本类型，如图 15.3-10 所示。类型 1 洞口边框柱与原边框柱距离较远，在洞口边框柱与原边框柱之间内嵌钢板墙。此时洞口边框柱采用延迟安装工艺，不改变筒体角部钢管混凝土柱传递重力荷载的基本机制。类型 2 为洞口边框柱与原边框柱距离较近，在洞口边框柱与原边框柱之间的钢板后装比较困难。此时可将洞口边框柱视为边框柱的一部分，与边框柱同时安装。此时边框柱的宽厚比应满足《建筑抗震设计规范》GB 50011-2010 对框架柱板件宽厚比的要求。

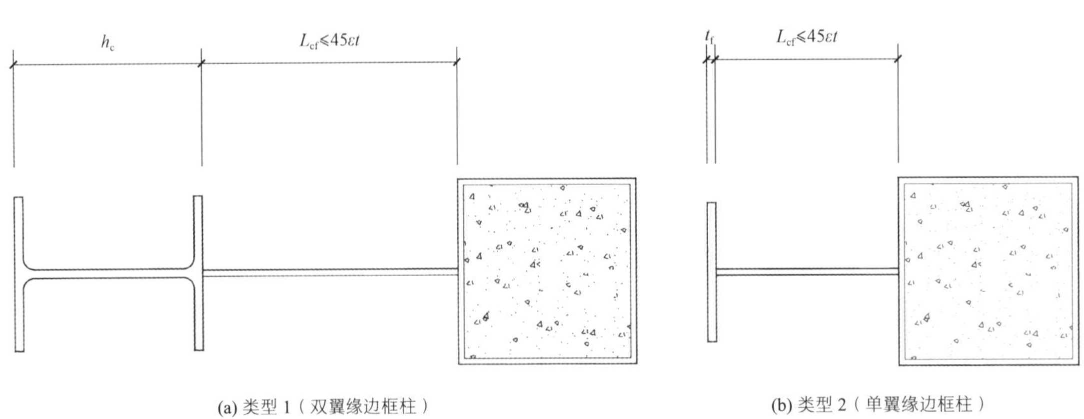

(a) 类型 1（双翼缘边框柱）　　(b) 类型 2（单翼缘边框柱）

图 15.3-10　洞口边框柱的分类

4. 洞口连梁设计

开洞钢板剪力墙洞口连梁的受力形态与钢筋混凝土结构中的连梁具有一定的相似性，受力非常集中，变形量大，是结构抗震的第一道防线，对于保证结构延性、提高耗能性能具有重大作用。洞口连梁的设计方法和构造要求与偏心支撑钢框架的耗能梁段比较接近。通过计算分析可知，对于钢板剪力墙洞口连梁，轴力一般较小。

洞口连梁与同跨钢板剪力墙的边框梁为同一个构件，但其构造要求存在很大差异。为了使洞口连梁抗弯刚度不致过大，在设计时考虑将其截面人为减窄，避免洞口边框柱截面尺寸过大。计算洞口连梁承载力时，洞口连梁宜为剪切屈服型，避免与边框柱直接相连。洞口连梁翼缘的自由外伸长度b_1与其厚度t_f之比符合$b_1/t_f \leqslant 8\sqrt{235/f_y}$。为了避免与其他钢板剪力墙边框梁宽度的协调性差，将洞口部位翼缘局部减窄。洞口连梁腹板计算高度h_0与其厚度t_w之比应符合下式要求：

当$N/(Af) \leqslant 0.14$时，$\frac{h_0}{t_w} \leqslant 90\left(1-1.65\frac{N}{Af}\right)\sqrt{\frac{235}{f_y}}$；

当$N/(Af) > 0.14$时，$\frac{h_0}{t_w} \leqslant 33\left(2.3-\frac{N}{Af}\right)\sqrt{\frac{235}{f_y}}$。

洞口连梁在边框柱的位置设置加劲肋。加劲肋总宽度为$b_f - 2t_w$，其厚度不小于$0.75t_w$或 10mm。当$a > 2.6M_p/V_p$时，在距两端$1.5b_f$的位置设置加劲肋，且中间加劲肋间距不大于$52t_w - h_0/5$。当洞口连梁净跨$a \leqslant 1.6M_p/V_p$，中间加劲肋间距不大于$30t_w - h_0/5$；当洞口连梁净跨满足$1.6M_p/V_p < a \leqslant 2.6M_p/V_p$

时，中间加劲肋间距应在上述两者之间插值。

根据国家标准《钢结构设计规范》GB 50017-2003 的要求，在构件出现塑性铰的截面处，必须设置侧向支撑。在洞口连梁两端上下翼缘，应设置水平侧向支撑，其轴力设计值应至少为$0.06fb_f \cdot t_f$，其中b_f、t_f分别为翼缘的宽度与厚度。与洞口连梁同跨的边框梁上下翼缘也应设置水平侧向支撑，其轴力设计值应至少为$0.02fb_f \cdot t_f$，其间距不大于$13b_f\sqrt{235/f_y}$。

15.3.5 钢板剪力墙施工过程控制与模拟分析

天津国际金融会议酒店工程为大跨度、连体复杂结构体系，须进行施工安装过程模拟，以确定钢管混凝土柱浇筑混凝土时间和钢板墙安装的合理工序，分析出不同施工顺序情况下各构件的最大应力和变形。

基于对主体结构受力和施工工期的两方面考虑后，确定了以下 3 种钢管混凝土柱的混凝土浇筑和钢板墙施工安装方案：方案 A，钢管混凝土柱的混凝土浇筑与钢板剪力墙焊接逐层同时施工；方案 B，钢管混凝土柱的混凝土浇筑不与主体结构同时施工，待主体结构施工完毕后浇筑混凝土，钢板剪力墙焊接与主体结构逐层同步施工；方案 C，钢管混凝土柱的混凝土浇筑及钢板剪力墙安装不与主体结构同步施工，最后安装钢板剪力墙和浇筑钢管混凝土柱内的混凝土。

施工模拟分析计算采用 MIDAS Gen 软件的施工阶段计算功能，应用单元的“生死技术”，并考虑不同施工工况的内力和变形累积影响。为了便于分析计算，施工模拟工况分 7 个加载步完成，计算模型如图 15.3-11 所示。

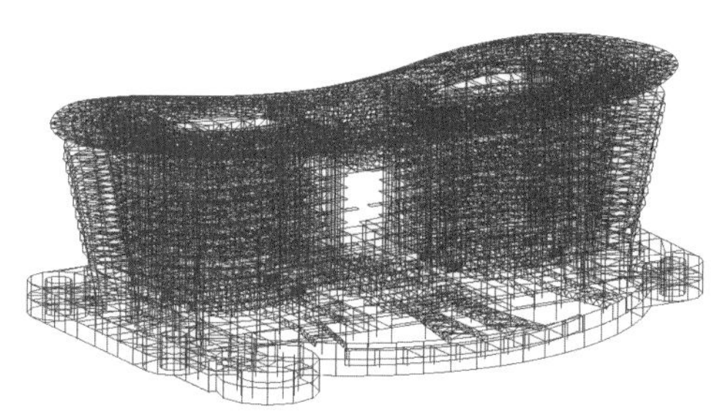

图 15.3-11　施工模拟分析计算模型

不同施工工况的计算模型如图 15.3-12 所示。

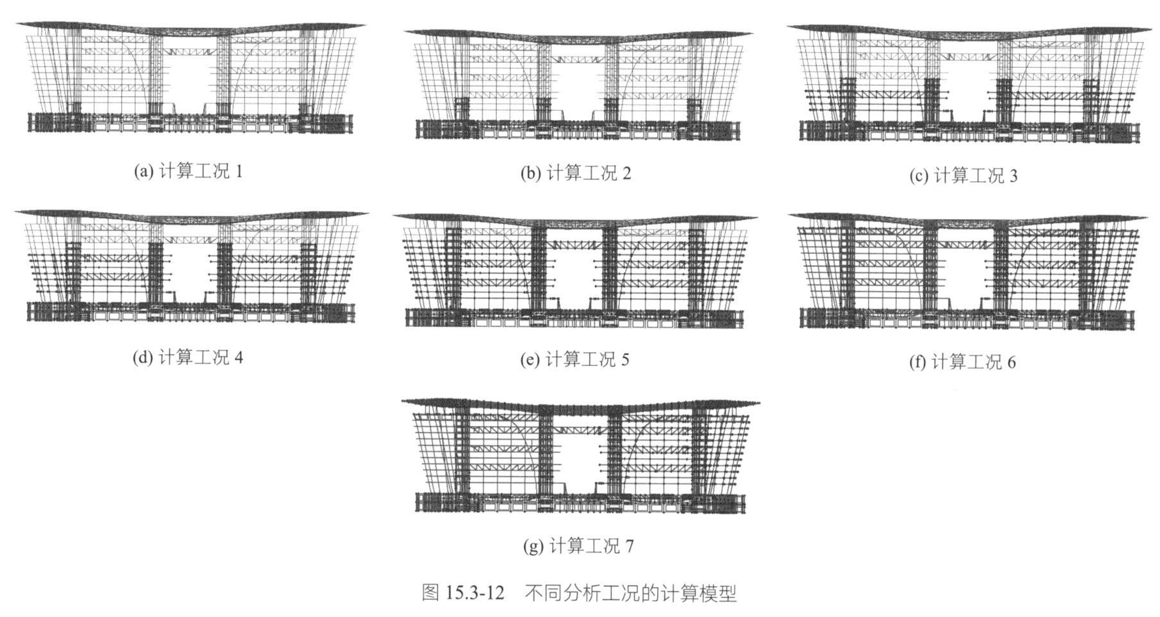

(a) 计算工况 1　(b) 计算工况 2　(c) 计算工况 3

(d) 计算工况 4　(e) 计算工况 5　(f) 计算工况 6

(g) 计算工况 7

图 15.3-12　不同分析工况的计算模型

3 种施工方案得到的各工况下钢板剪力墙应力值和变形值、核心筒组合柱应力值和变形值如表 15.3-2 所示。

三种施工方案的计算结果　　表 15.3-2

计算工况		工况 1	工况 2	工况 3	工况 4	工况 5	工况 6	工况 7
钢板剪力墙应力/MPa	方案 A	17.8	20.9	22.2	27.3	38.4	44.4	46.8
	方案 B	5.5	9.3	22.8	27.9	37	44.2	45.9
	方案 C	—	—	—	—	—	—	26.5
钢板剪力墙 z 向变形/mm	方案 A	1.7	2.5	2.7	2.7	2.8	3.2	3.3
	方案 B	2.1	3	3.2	3.3	3.3	3.8	3.9
	方案 C	—	—	—	—	—	—	13.4
核心筒组合柱应力/MPa	方案 A	13.9	66	94.4	96.3	98.6	99.8	100.1
	方案 B	17.8	85.3	124.6	127.6	130.3	131.8	132.1
	方案 C	30.5	85.6	126.9	130.9	134.6	136.8	137.7
核心筒组合柱 z 向变形/mm	方案 A	0.3	0.4	1	1.6	2.3	2.7	2.8
	方案 B	0.2	0.4	1	2	2.9	3.4	3.5
	方案 C	0.2	0.3	1.9	2.9	4.9	6.2	6.7
核心筒组合柱 x 向变形/mm	方案 A	0.7	0.9	1.7	3	3.3	3.7	3.7
	方案 B	0.7	0.9	1.9	3.3	3.6	3.9	3.9
	方案 C	3.6	4.3	5.9	10.3	11.2	11.6	11.6

注：“—”表示此工况中未得到计算结果。

从上述图表中可以看出，采用方案 A 或方案 B 施工时，整体结构的受力和变形相差较小，结构各构件的应力和变形均能控制在《钢结构工程施工质量验收规范》GB 50205-2001 规定的限值之内；采用方案 C 施工时，核心筒组合柱的水平变形较大，对整体结构不利，不宜采用；从以上 3 种施工方案的比选分析可以看出，钢管混凝土柱的混凝土浇筑时间对整体结构的影响较大，钢管混凝土柱的混凝土浇筑应与主体结构分段同步浇筑。

15.4 专项设计

15.4.1 超大弧形玻璃幕墙结构

1. 幕墙体系

本工程建筑造型独特，为了保证四季中厅的通透性，塔楼之间东西两侧均采用了通高的超大弧形玻璃幕墙，如图 15.4-1 所示。中庭幕墙总高度为 48.5～51.5m，最大长度超过 90m，总面积约 8000m^2，立面呈上大下小的倒梯形，幕墙表面为圆弧形，幕墙相应的圆弧半径为 134m。在 17.7m 和 29.4m 标高（4 层、7 层）设置连接南北两个塔楼的连桥，连桥宽度 2.5m。

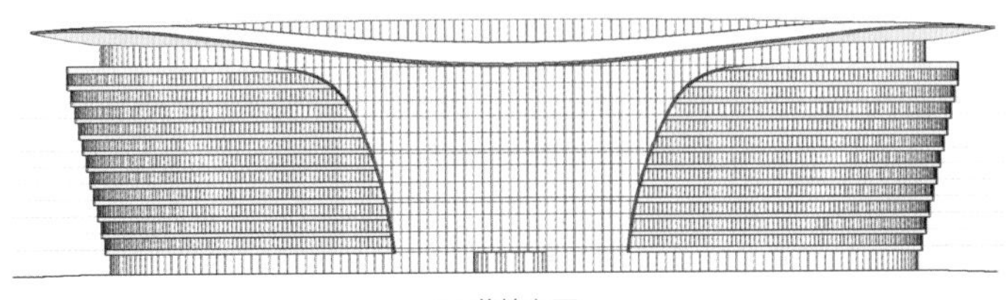

(a) 幕墙立面

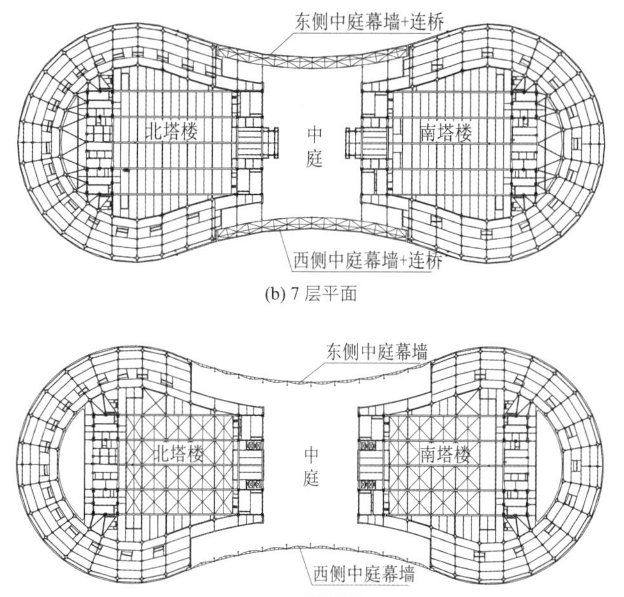

(b) 7 层平面

(c) 11 层平面

图 15.4-1　超大弧形幕墙

根据本工程的建筑创意以及主体结构特点，中庭幕墙采用了钢桁架-钢索结构的混合体系。中庭幕墙结构体系由抗风桁架（柱）、4 层和 7 层水平桁架、抗风桁架柱间水平设置鱼腹桁架及其背索（稳定索）和竖向玻璃承重索组成。结合平面桁架及索网结构的优点，将抗风桁架柱、水平桁架、钢索相结合，充分发挥桁架柱适用高度大、钢索抗拉能力强等优点，结构形式简明，传力路径清晰，对视线的遮挡少，建筑效果优美。中庭幕墙结构如图 15.4-2 所示。

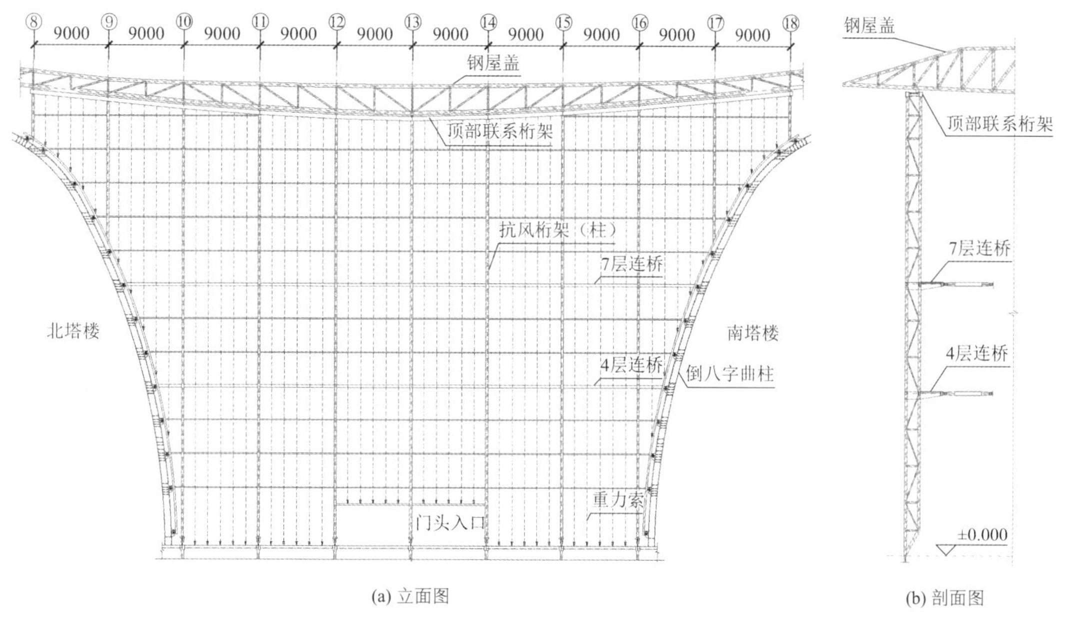

(a) 立面图　　　　(b) 剖面图

图 15.4-2　四季中庭幕墙结构

2．计算分析

采用 SAP2000 和 ANSYS 有限元分析软件，建立中庭幕墙钢结构的计算模型，如图 15.4-3 所示。

荷载施加时主要考虑恒荷载、活荷载、风荷载、温度及地震作用，其中，恒荷载包括钢索、钢桁架及玻璃幕墙自重。其中，玻璃幕墙的自重取值 $0.75kN/m^2$，连桥恒荷载为 $2.0kN/m^2$，活荷载为 $3.0kN/m^2$。

由于天津国际金融会议酒店体型复杂，西侧面临海河，周边超高层建筑群影响显著，中庭幕墙风压分布复杂。抗风设计时，根据风洞试验提供的测试结果，考虑周围建筑影响，分别按照正风压及负风压两种工况进行计算，正风压工况风荷载标准值为 2.3kN/m²，负风压工况风荷载标准值为 2.6kN/m²。

幕墙结构的合龙温度为 16℃ ± 5℃，计算温差分别按照 0℃、+30℃与−30℃考虑。钢索初始预应力通过施加低温的方式进行模拟。

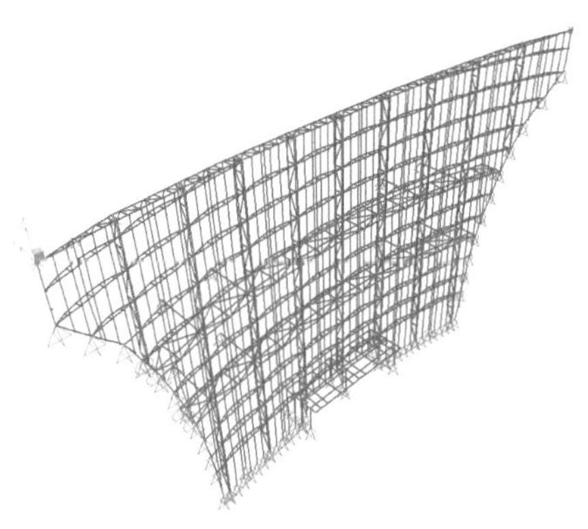

图 15.4-3 四季中庭幕墙结构计算模型

考虑X、Y向水平地震作用，按《建筑抗震设计规范》GB 50011-2010 规定的反应谱分析法计算。抗震设防烈度 7 度（0.15g），小震地震作用下$\alpha_{max} = 0.12$，特征周期$T_g = 0.55$s。在进行结构分析时，考虑了幕墙安装过程的影响。在进行施工模拟分析时，主要考虑钢索索力与变形随幕墙面板安装过程的变化。第 1 步假定抗风桁架、鱼腹桁架等刚性杆件全部安装完成，第 2～13 步模拟玻璃面板从上至下的安装过程，图 15.4-4 为玻璃面板安装过程中钢索竖向位移的变化情况。

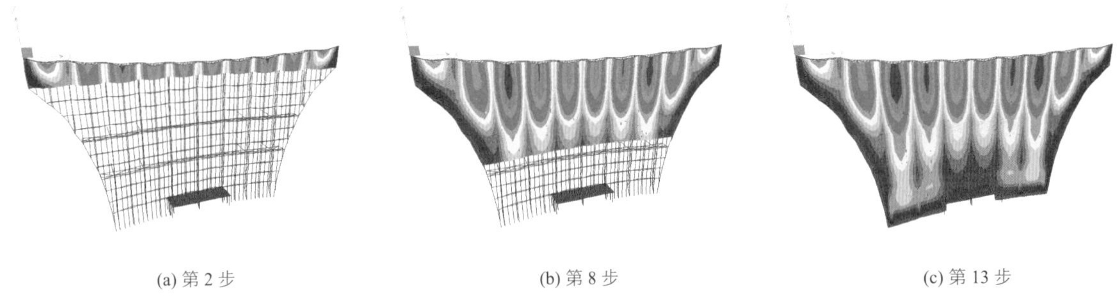

(a) 第 2 步　　(b) 第 8 步　　(c) 第 13 步

图 15.4-4 玻璃面板安装过程钢索竖向位移的变化情况

抗风桁架柱在各荷载组合工况下的挠度见表 15.4-1，满足规范限值要求。

抗风桁架柱在各工况下的最大水平位移　　表 15.4-1

工况	跨中最大水平位移w_{max}/mm	层间位移角
DL + PRE	5.09	
L + PRE	3.93	
DL + PRE +W_0（压）	27.92	1/1797
DL + PRE +W_{180}（吸）	−25.57	1/1877
DL + T（升温）+ PRE	4.67	
DL-T（降温）+ PRE	5.51	

注：DL 为恒荷载；PRE 为预应力；W 为风荷载，其下角 0、180 表示风向角；T 表示温度作用；L 为活荷载。

3．幕墙边框节点

东、西塔楼的倒八字形曲柱是主体结构与中庭弧形幕墙的分界，几何构型复杂，也是中庭幕墙结构的重要支承构件。为了确保曲柱能够满足与中庭幕墙结构的连接要求，在幕墙结构的支座部位，通过局部加大板厚、设置加劲肋等措施，对扭曲箱形构件进行加强。

由于中庭幕墙的特殊性，幕墙结构与主体结构的连接节点需要充分适应主体结构的变形特点。幕墙边框与主体结构的倒八字形曲柱的连接构造如图 15.4-5 所示。幕墙边框与倒八字形曲柱的间距为 600mm，牛腿为箱形构件，一端采用固定铰支座，另一端采用滑动铰支座，如图 15.4-6 所示。

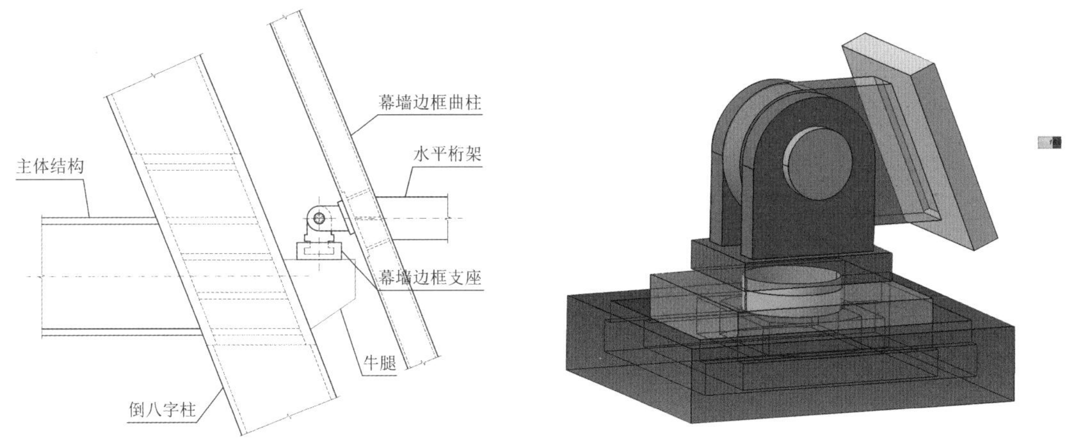

图 15.4-5　幕墙边框与倒八字曲柱的连接构造

图 15.4-6　可多向转动与滑动销轴支座

天津国际金融会议酒店中庭幕墙采用了钢桁架-钢索混合结构体系，完美实现了四季中庭的建筑效果。通过幕墙结构与主体结构之间新型节点，能够充分适应主体结构的变形特点。通过有限元法对中庭幕墙结构在各种荷载与预应力工况作用下进行分析，保证在不利工况时钢索不松弛。通过合理控制幕墙施工顺序，调整钢索预应力，满足超大型弧形幕墙结构在施工与使用期间的安全性。

15.4.2　复杂大跨度屋盖

1. 屋盖体系

本工程屋盖的整体造型呈∞形，屋盖形状非常复杂，最大高度达 58.1m，跨中最大厚度达 5.8m，端部结构的高度逐渐变为零。为了满足建筑造型与受力合理性的要求，采用双向桁架体系，将两个塔楼连接为一个整体。利用 8 个筒体和内环框架柱作为大跨度屋盖的竖向支承构件。在屋盖两侧与露天游泳池及网球场相应的位置设置椭圆形洞口，并在其周边局部下沉。在屋盖桁架高度范围内设置人行通道，保证两个塔楼之间人员通行的需求。

本工程屋盖建筑造型复杂，曲面正立面轮廓呈鞍形，结构最大高度 58.1m，最小高度 48.7m，水平投影最大长度为 231.6m，最大宽度为 89.1m，四季厅顶部的最小宽度为 75.9m。屋盖两侧的椭圆形洞口尺寸，长轴为 45m，短轴为 32m。屋盖结构布置图如图 15.4-7 所示。

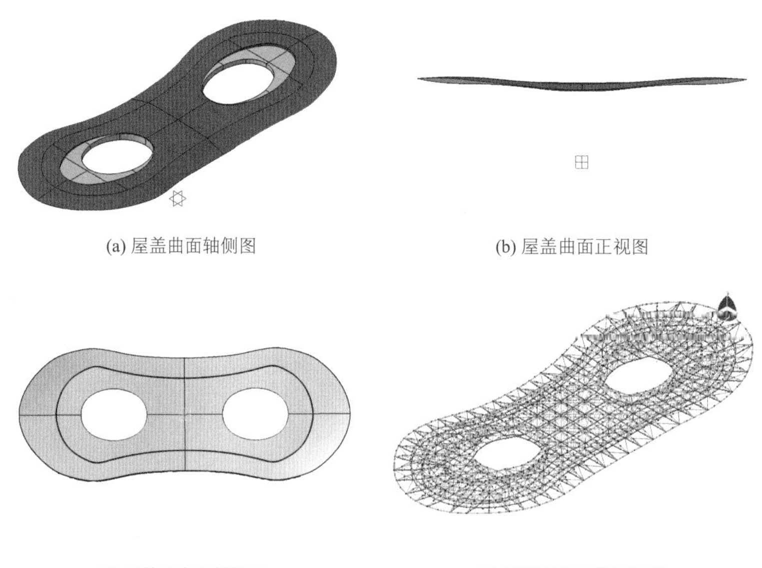

(a) 屋盖曲面轴侧图　　(b) 屋盖曲面正视图

(c) 屋盖下表面仰视图　　(d) 屋盖结构三维透视图

图 15.4-7　屋盖结构布置图

屋盖采用双向桁架受力体系，屋盖的重量经 8 个筒体及内环框架柱传给基础。屋盖结构布置原则如下：

（1）在两个塔楼之间利用筒体沿长轴方向布置主桁架，在与主桁架垂直的方向以 9.000m 为间距布置径向桁架。利用筒体及内框架柱沿径向布置主桁架，并结合屋盖曲面造型及屋面天窗、幕墙抗风柱位置在屋盖周边布置环向桁架，满足建筑的空间造型效果，增加屋盖结构的整体刚度，保证屋盖悬挑部分的安全性。

（2）在整个屋盖下弦层和上弦层面内分别布置交叉支撑体系，以增大屋盖结构的面内刚度。

（3）屋面围护结构采用轻型金属板 + 保温材料屋面系统。

（4）主桁架采用平面管桁架，网格尺寸约为 4.5m，截面高度最大为 5.7m，随建筑空间曲面造型高度发生相应变化，到悬挑端部屋面收缩高度逐渐变为零，并满足在桁架内部设置人行通道的需求。

主桁架采用圆钢管相贯焊接节点，在主桁架与主体结构的连接节点，主桁架与次桁架的连接节点等部位，考虑局部进行加强。

环向桁架布置与结构受力相结合，并考虑与主桁架的结构布置相协调，可以取得较好的建筑视觉效果。环向桁架可以有效增强屋盖的整体性，保证悬挑部分的安全性。环向桁架与主桁架同高，最大高度为 5.084m，腹杆与弦杆之间采用圆钢管相贯焊接。

2. 主要计算结果

整体计算模型计算分析采用通用结构分析与设计软件 SAP2000 版。屋盖结构构件的应力比一般控制在 0.85 左右，在与主体结构连接节点等关键部位，对构件的应力比适当降低。整体结构计算模型从第 17 阶振型开始出现以屋盖结构振动为主的振型，屋盖结构的前四阶振型与自振周期如图 15.4-8 所示，各工况下最大竖向位移见表 15.4-2。

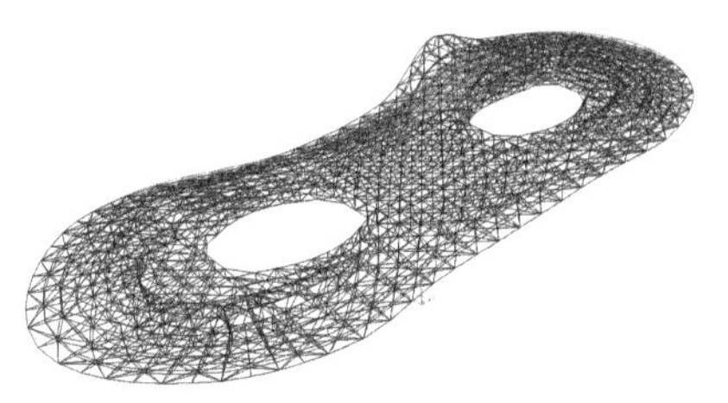

$T_{17}=0.569\text{s}$

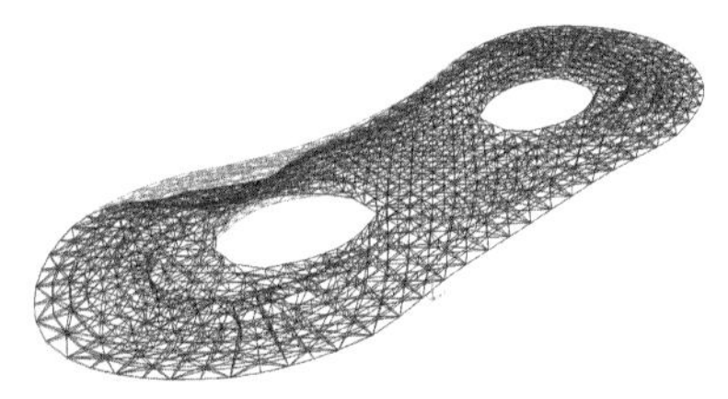

$T_{18}=0.567\text{s}$

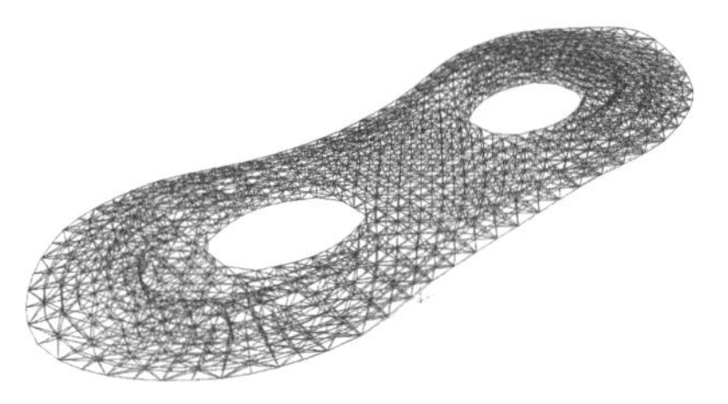

$T_{19} = 0.541s$

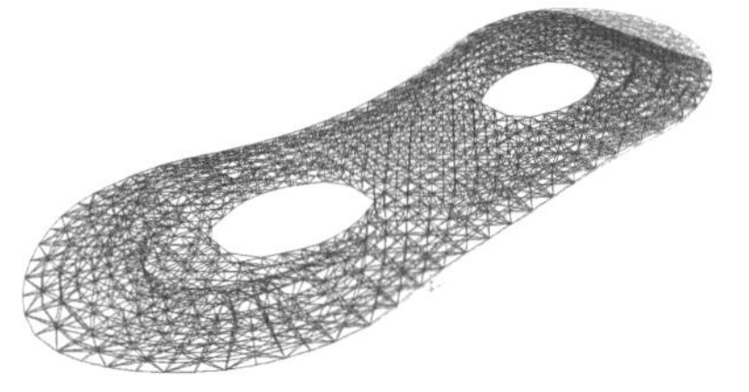

$T_{20} = 0.540s$

图 15.4-8　屋盖结构振型

屋盖结构在各工况下的最大竖向位移　　表 15.4-2

荷载与作用	跨中（建筑中心点）		悬挑端	
	最大竖向位移w_{max}/mm	w_{max}/L	最大竖向位移w_{max}/mm	w_{max}/L
恒荷载	−11	1/3273	−103	1/194
活荷载	−3	1/12000	−34	1/588
风荷载	9	1/4000	39	1/513
最大正温度作用	−3	1/12000	4	1/5000
最大负温度作用	3	1/12000	−4	1/5000

屋盖在四季厅上方跨度为 36.0m，最大悬挑长度为 20.0m，最大位移均满足规范限值要求。

15.4.3　十二层网球场、游泳馆开合屋盖设计

1. 开合屋盖体系

2015 年 3 月 3 日由天津金鸿房地产投资有限责任公司组织召开了关于 03-04 地块项目开启屋面钢结构技术启动会，委托我院将该工程 12 层网球馆、游泳馆屋盖改为可开启屋面结构。

本次修改在原来完成施工图纸的基础上，将 12 层高尔夫球场改为室内网球馆，并设置可开启屋面；对 12 层室内游泳池进行了调整，并增加屋面可开启部分。为了使网球馆和游泳馆可开启屋面在造型与主体结构的大跨度屋盖在视觉上保持一致，开合屋盖需要采用不对称空间曲面，活动屋盖两个移动单元及固定屋盖几何构型均不相同。开合屋盖结构如图 15.4-9 所示。

图 15.4-9　开合屋盖结构鸟瞰图

开合屋盖结构采用预应力桁架结构体系，如图 15.4-10 所示。由于活动屋盖桁架高度受到限制，跨高比较大，竖向变形控制难度较大。活动屋盖端部的水平推力不宜太大，以减小台车设计难度。下弦为□80 方钢管，内置 2 根ϕ15.2 预应力钢绞线。钢绞线两端锚固采用 2 孔楔片式群锚。

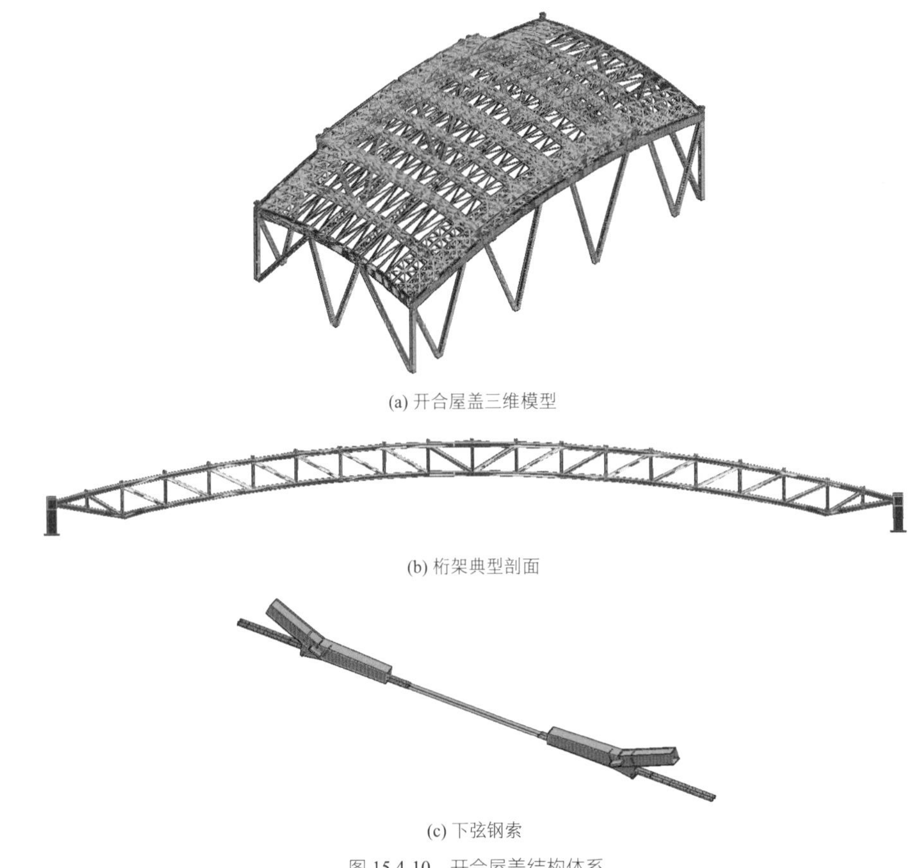

(a) 开合屋盖三维模型

(b) 桁架典型剖面

(c) 下弦钢索

图 15.4-10　开合屋盖结构体系

2. 主要计算结果

结构内力如图 15.4-11 所示。

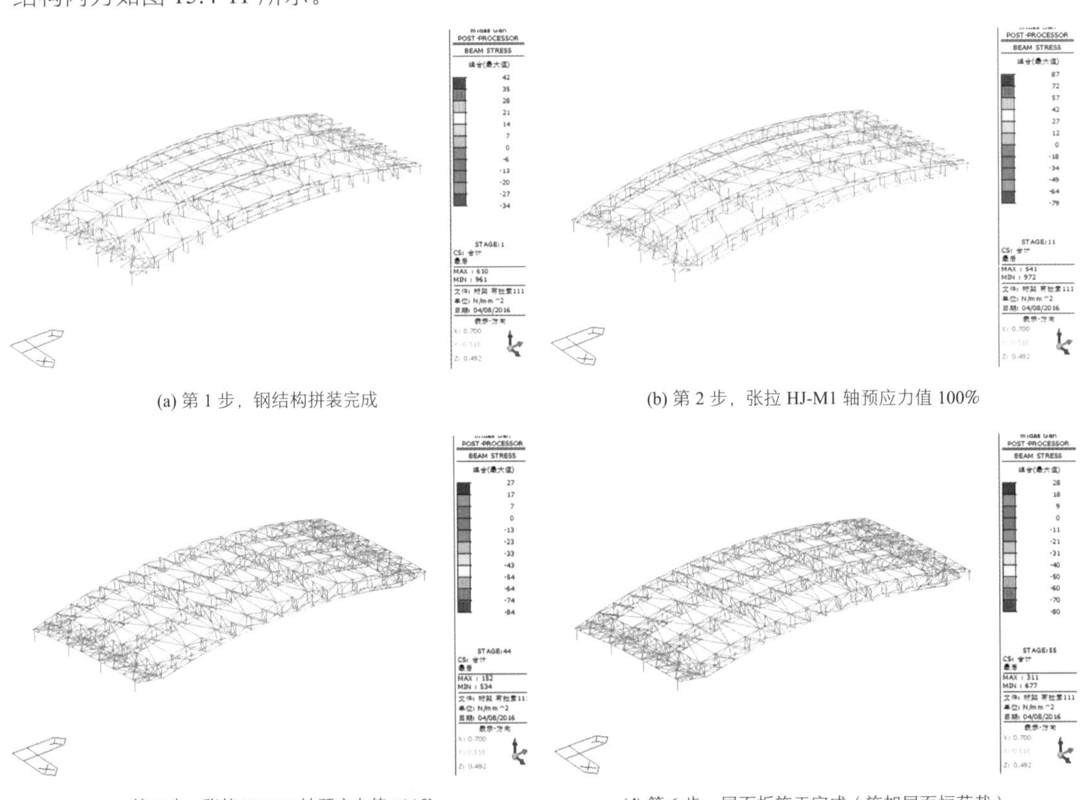

(a) 第 1 步，钢结构拼装完成

(b) 第 2 步，张拉 HJ-M1 轴预应力值 100%

(c) 第 5 步，张拉 HJ-M4 轴预应力值 100%

(d) 第 6 步，屋面板施工完成（施加屋面恒荷载）

图 15.4-11　结构内力云图

预应力施工完成后，结构最大竖向位移小于2mm，变形非常小，通过预应力张拉平衡屋面附加恒荷载及钢结构自重引起的竖向变形；安装和张拉过程中，钢结构最大应力为84MPa，应力比较小，施工方案满足安全要求；张拉过程中，钢绞线最大张拉力为130kN，平均每根钢绞线承受张拉力65kN。张拉完成后支座处沿跨度方向最大水平位移为2.5mm，满足台车设计要求。

15.5 结语

天津国际金融会议酒店位于天津滨海新区于家堡金融区核心位置，建筑平面呈“∞”形，造型独特，集会展、大型会议、五星级酒店与豪华公寓为一体，建筑功能多样，是于家堡金融区最富于公共性的场所。

在结构设计过程中，主要完成了以下几方面的创新性工作：

（1）本工程双塔仅在第10层和屋盖相连，为了适应双塔之间温度和地震作用下差异变形的不利影响，经反复综合技术论证，最终采用钢板剪力墙筒体代替钢筋混凝土筒体。带竖肋钢板墙、特别是开洞钢板墙，在该工程设计时国内外尚无相关设计规范，本工程在对钢板剪力墙进行试验研究与理论分析的基础上，提出了带竖向加劲肋钢板墙成套设计方法。

（2）本工程幕墙高度为52m，宽度从58m渐变为108m，平面呈弧形，并在4层、7层设有通道。提出利用4层、7层的水平通道桁架及顶部桁架、竖向抗风桁架柱、鱼腹式水平抗风桁架、桁架稳定索及竖向玻璃吊重索组成的幕墙结构体系，在满足建筑美观、通透效果的同时，确保幕墙结构对主体结构变形的适应能力。为了适应幕墙两侧塔楼相对变形的不利影响，研发了可多向转动与滑动销轴支座。此类支座可实现双方向大角度转动，且能允许大位移水平滑动；受力明确，传力直接。

（3）本工程屋盖的整体造型呈∞形，采用双向异形桁架体系，将两个塔楼连接为一个整体。利用8个筒体和内环框架柱作为大跨度屋盖的竖向支承构件。

（4）12层网球馆和游泳馆采用了开合屋盖结构体系，在开合屋盖设计中提出活动屋盖体系的预期性能特征和设计标准，包括机械装置和控制系统的性能标准，明确该活动屋盖体系系统所能接受的最低性能，配合驱动控制元件的设计和开发，并确保屋盖在整个使用年限中使用的可靠性，确保风荷载和地震作用等可以从活动屋盖顺利、安全的传递到固定屋盖上，并使活动屋盖与固定屋盖界面的预期位移均能满足设计要求。

参考资料

[1] 范重，刘学林，黄彦军. 超高层建筑剪力墙设计与研究的最新进展[J]. 建筑结构, 2011, 4: 33-43.

[2] 范重，孔相立，刘学林，等. 超高层建筑结构施工模拟技术最新进展与实践[J]. 施工技术, 2012, 7: 1-12.

[3] 范重，刘学林，黄彦军，等. 钢板剪力墙结构设计与施工模拟技术. 施工技术, 2012, 18: 1-8.

[4] 聂建国，朱力，樊健生，等. 钢板剪力墙抗震性能试验研究. 建筑结构学报, 2013, 8: 61-69.

[5] 聂建国, 朱力, 樊健生, 等. 开洞加劲钢板剪力墙的抗侧承载力分析. 建筑结构学报, 2013, 10: 79-88.

[6] 刘学林, 范重, 黄彦军. 带大矩形洞口钢板剪力墙力学性能研究与设计方法初探. 建筑钢结构进展, 2014: 35-43.

设计团队

结构设计单位：中国建筑设计研究院有限公司

结构设计团队：范　重、刘学林、李　丽、胡纯炀、王义华、尤天直、杨　苏、朱　丹

执　笔　人：朱　丹、刘学林、范　重

获奖信息

2018 年中国建筑学会全国优秀建筑结构二等奖；

2019 年北京市优秀建筑结构设计一等奖；

2019 年中国勘察设计协会优秀建筑结构设计一等奖。

第16章

金融街 B7 大厦

16.1 工程概况

16.1.1 建筑概况

B7 大厦位于北京西城区金融街核心区，是金融街最高的标志性建筑，总建筑面积 22 万 m^2。地下共 4 层，基础最大埋深 23m。地上由南北两个区域组成，区域间通过四季花厅相连。每个区域各有一座塔楼及裙房（塔楼 A + 裙房 C、塔楼 B + 裙房 D），塔楼屋顶楼冠标高 109.3m，地上 24 层、结构高度为 99.8m、标准层层高 3.9m。裙房地上 4 层、结构高度 20.6m。项目于 2004 年建成，塔楼业主分别为中国人寿和北京银行，裙房目前作为北京证券交易所和北京金融资产交易所，是包括办公、会议、银行交易和配套的大型综合体项目。

建筑建成照片如图 16.1-1 所示，建筑平面和剖面如图 16.1-2、图 16.1-3 所示。

图 16.1-1 金融街 B7 建成照片

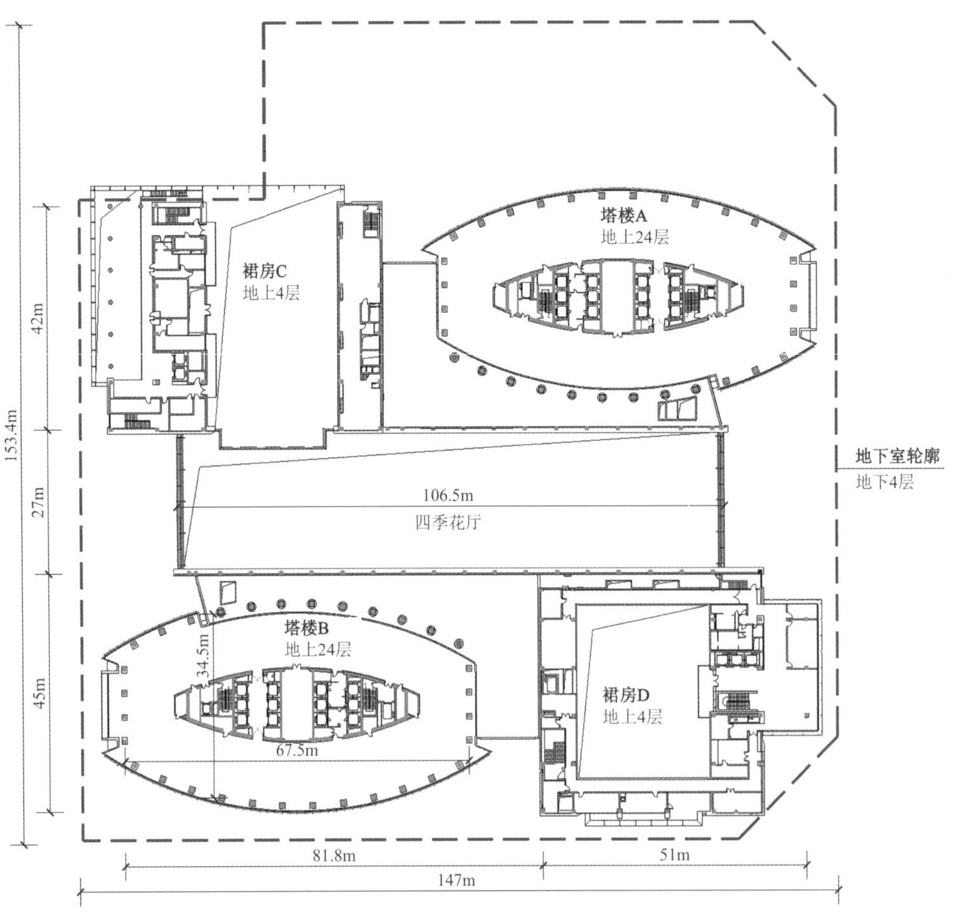

图 16.1-2 四层建筑平面图

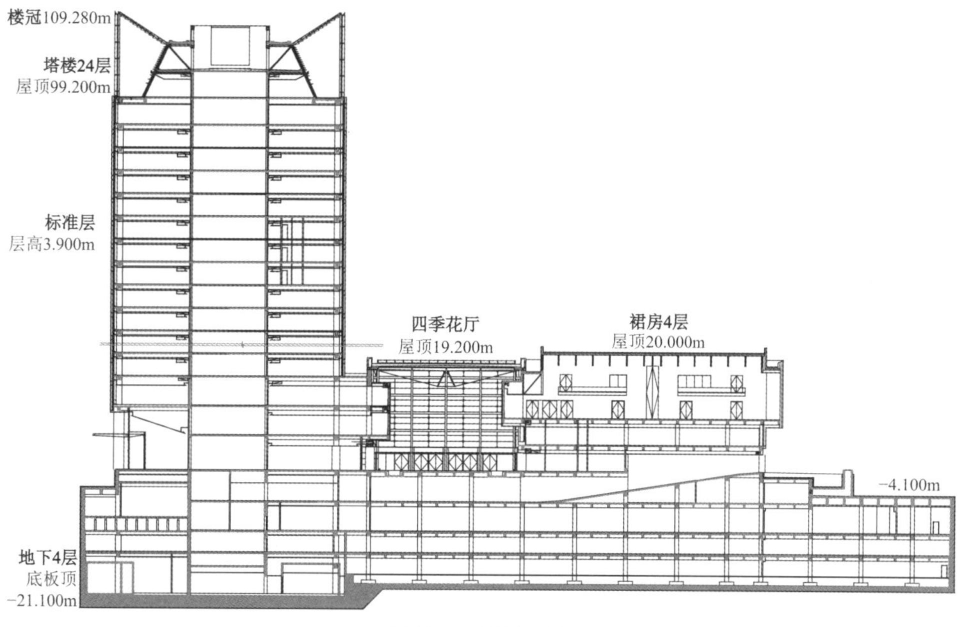

图 16.1-3 建筑剖面图

16.1.2 设计条件

1. 主体控制参数（表 16.1-1）

控制参数表 表 16.1-1

结构设计基准期	50 年	建筑抗震设防类别	标准设防类（丙类）
建筑结构安全等级	二级	抗震设防烈度	8 度
结构重要性系数	1.0	设计地震分组	第一组
地基基础设计等级	甲级	场地类别	Ⅱ类
建筑耐火等级	一级	建筑结构阻尼比	0.05

2. 风荷载

基本风压 0.45kN/m^2（50 年重现期），场地粗糙度类别 C 类。

塔楼立面均为竖线条玻璃幕墙，南、北立面与东、西立面相交处有尖角及向里的凹槽。塔楼高度均超过 100m，装饰性楼冠外形新颖。四季花厅屋面为轻采光顶，会受到塔楼形成的风干扰。邻近的高层建筑群对本项目风效应亦具有明显影响。单纯依靠国家规范推荐的数据会有较大的不确定性，所以通过风洞试验获得了相关的建筑物风荷载数据，将其用于楼冠、幕墙及四季花厅结构设计。风洞试验在北京大学环境学院的 2 号环境风洞完成，如图 16.1-4。

图 16.1-4 风洞试验

16.2 建筑特点

16.2.1 商业利益与使用品质的双重高需求

本项目为商业开发，从利益最大化角度，需要尽可能地提高容积率。金融街定位为国家级金融管理中心，具有世界级影响力。该区域汇聚全国商业银行、保险公司、基金及证券公司总部，同时获得国家级金融监管机构、全国金融结算中心及要素市场和外资金融机构入驻。B7 大厦作为金融街核心区的标志性建筑，商业价值不言而喻，对于体现品质的高净空和高使用率有极高要求。如何在规划控制高度 100m 的约束条件下，获取商业收益最大化的同时实现较高的品质，是这个项目成功的关键。

16.2.2 四季花厅弱连接体

将全部楼座联系在一起的四季花厅是建筑方案点睛之笔，近 3000m^2、18m 高的玻璃大厅，通过竹林、喷泉、景观厅的设计，为办公人员提供了一个高品质的室内庭院，用以休息和交流，如图 16.2-1 所示。对于四季花厅结构设计，业主和建筑师希望通过轻巧、通透的结构布置，减少使用者在室内环境中的封闭感，进而营造出轻松、舒压的环境氛围。另外，从使用感受和后期维护角度考虑，应减少大厅缝的数量。

图 16.2-1 四季花厅

16.2.3 地下结构的多重约束

地下共 4 层，最底部设置银行金库，是金融街区域埋深最大的地下室；工程紧邻西二环且在筹备前期周边多个高楼已竣工投入使用。为降低施工难度和成本、减小对周边楼宇和市政设施的不利影响，需要尽可能减小地下埋置深度。在此前提下，地下各层的使用高度仍需保持较高标准，且地面设置 1.5～3.0m 的绿化覆土层。

16.3 体系与分析

地下连成一体形成大底盘，地上设防震缝分成 4 个结构单元。塔楼采用混凝土框架-核心筒体系，裙房采用混凝土框架体系。四季花厅屋面设 27m 跨张弦梁，张弦梁支承在两端的塔楼与裙房的四层楼面，形成弱连接体结构。基础采用设反柱帽的平板筏基。

结构平面如图 16.3-1、图 16.3-2 所示。

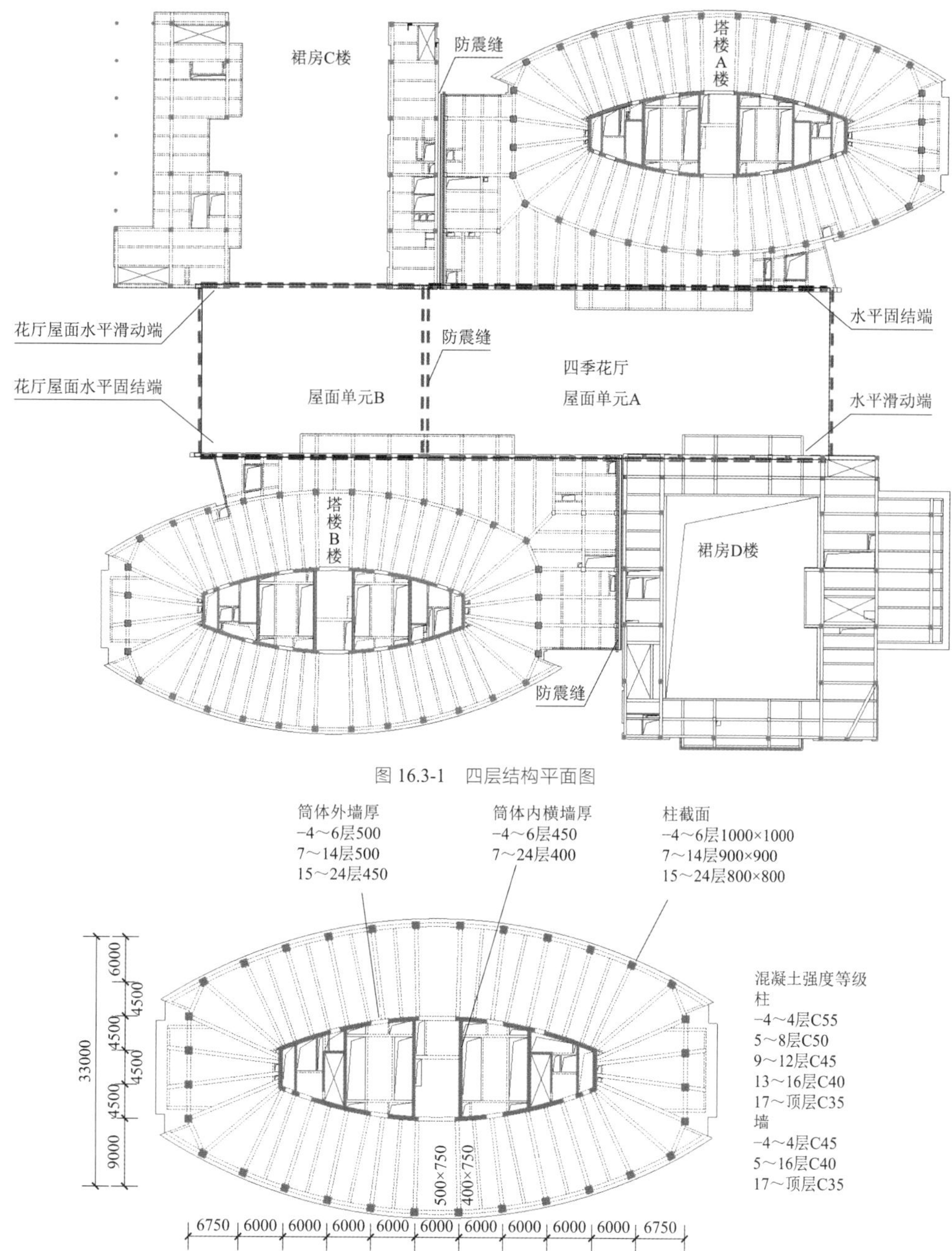

图 16.3-1　四层结构平面图

图 16.3-2　塔楼标准层结构平面图

16.3.1　塔楼选型

1．塔楼抗侧力体系

框架-核心筒体系第一扭转周期与第一平动周期比值的要求经常不易满足。本项目塔楼平面为中间宽两端窄的弧形，使得愈靠近端部剪力墙愈短，对抗扭更为不利。在抗侧力体系优化过程中，将有效提高第 2 道防线外框架的抗扭能力作为主要评价指标。虽然加密外框柱、减小柱网可以起到一定作用，但会降低室内使用效率和办公分割的灵活性，对视野也有影响。通过与建筑师研讨，仅沿建筑物长轴，在每端设置 1 榀 3 × 4.5m 跨的壁式框架，可有效增大抗扭刚度。在方案阶段，对于壁式框架的不同设置也开展了一系列的对比分析。如果将该榀框架调整为 2 × 6.75m，扭转周期和扭转位移比均会有明显的增加。塔楼Y向刚度明显弱于X向也是平面形状所致，X向筒体整体作用较强，而Y向更接近于框架-剪力墙，故两侧设置壁式框架一定程度上补充了Y向刚度。计算结果如表 16.3-1。

A 楼计算结果 表 16.3-1

<table>
<tr><td colspan="2">振型号</td><td colspan="2">周期/s</td><td colspan="2">平动系数（$X+Y$）</td><td>扭转系数</td></tr>
<tr><td colspan="2">1</td><td colspan="2">2.4598</td><td colspan="2">1.00（0.00 + 1.00）</td><td>0.00</td></tr>
<tr><td colspan="2">2</td><td colspan="2">2.0355</td><td colspan="2">0.71（0.71 + 0.00）</td><td>0.00</td></tr>
<tr><td colspan="2">3</td><td colspan="2">1.8300</td><td colspan="2">0.20（0.20 + 0.00）</td><td>0.80</td></tr>
<tr><td colspan="2">4</td><td colspan="2">1.2983</td><td colspan="2">0.97（0.96 + 0.01）</td><td>0.03</td></tr>
<tr><td colspan="2">最大层间位移角</td><td colspan="2">最大水平位移和该楼层平均水平位移的比值</td><td colspan="2">最大层间位移和该楼层平均水平位移的比值</td><td>第一扭转周期和第一平动周期的比值</td></tr>
<tr><td>X方向</td><td>Y方向</td><td>X方向</td><td>Y方向</td><td>X方向</td><td>Y方向</td><td rowspan="2">0.744</td></tr>
<tr><td>1/1365</td><td>1/850</td><td>1.28</td><td>1.28</td><td>1.26</td><td>1.23</td></tr>
</table>

2. **塔楼楼面体系**

高品质写字楼为获取更高的商业价值，需要尽可能最大化净高、同时充分利用面积指标。最初方案塔楼标准层层高为当时采用较多的 4.2m，层数为 22 层，但面积指标没有用足、缺口较大。为实现高品质和高收益的双重目标，塔楼楼面体系对比了空心厚板、预应力矮梁及 3m 加密梁方案。经过技术和经济综合比选，楼面梁采用了 3m 间距加密布置方式，既减小了楼面梁负载面积降低梁高，同时也更好地适应了空调及消防设备的点位布置及路由，大部分管线通过梁间翻越及梁腹穿行，仅少量管线置于梁下。楼面体系经结构优化及各专业精细化的管线综合，在满足净空 2.7m 标准的同时，层高下调为 3.9m，总层数增加了两层，为业主取得了很好的经济效益。楼面梁与跨度比为 1/16.5，竣工后经过实际测试楼面刚度完全满足舒适度要求。

16.3.2 地基基础

本工程为典型的大底盘基础，基础设计的关键问题：（1）高、低层荷载差异大，塔楼部分荷载标准值为 450kN/m^2，而裙房部分荷载标准值仅为 150kN/m^2；（2）基础平面尺度达 153m × 147m，最厚为 2500mm，需要有效控制施工期间混凝土收缩应力及跨季施工时温度作用；（3）抗浮设计水位高，最轻的四季花园部分底板承受的水头约 12.2m。进行多方案分析比较后做如下解决：

1）高、低层间差异沉降控制

由于工程所处场区地质条件好，基础补偿性大，持力层选择在较厚的卵石层，且下卧层均为低压缩性土，持力层承载力标准值$f_{ka}=350$kPa，压缩模量$E_s=70$MPa。经程序分析并与简化计算结果对比后，塔楼沉降计算取值为 47mm。裙房部分为超补偿，仅回弹再压缩引起的极小变形可忽略不计，根据以上分析在高、低层间设置了沉降后浇带。图 16.3-3 为由开始施工直至主体竣工的沉降观测曲线，可以看出整个建筑的沉降发展与设计预期是一致的。竣工时最大沉降 30mm，出现在 B 楼核心筒处（B-14 点）；外框柱处（B-7 点）沉降略小，为 22.5mm。多层部分（B-17 点）与塔楼基础由沉降后浇带分开，沉降很小，为 13.3mm；C、D 楼其余各点沉降均小于 9mm，可见多层部分再压缩沉降除由自身荷载引起外，也受塔楼基底应力扩散影响，离塔楼愈远，沉降愈小。主体结构竣工 9 个月后沉降值：B-14 点为 42.6mm、B-7 点为 31.5mm，从沉降曲线分析此时沉降已趋于稳定。需要说明的是，在塔楼施工到 14 层时，通过沉降分析并结合观测，提前合龙了沉降后浇带，机电安装进场时间提前了近 3 个月，工期得以缩短。

2）塔楼基础底板受力特征分析

塔楼外围柱距 6m，核心筒与外柱间跨度 12.4m，由二者的尺度定性分析基础受力特征近乎单向，这一点从塔楼基础有限元分析结果可以明显看出，只是大约在柱宽范围内弯矩略大一些，但与无梁楼盖的受力特点是显然不同的，底板典型部分配筋也是按单向考虑。塔楼底板外扩一方面是为了减小基底反力和沉降，同时也能调整底板内力、便于配筋。

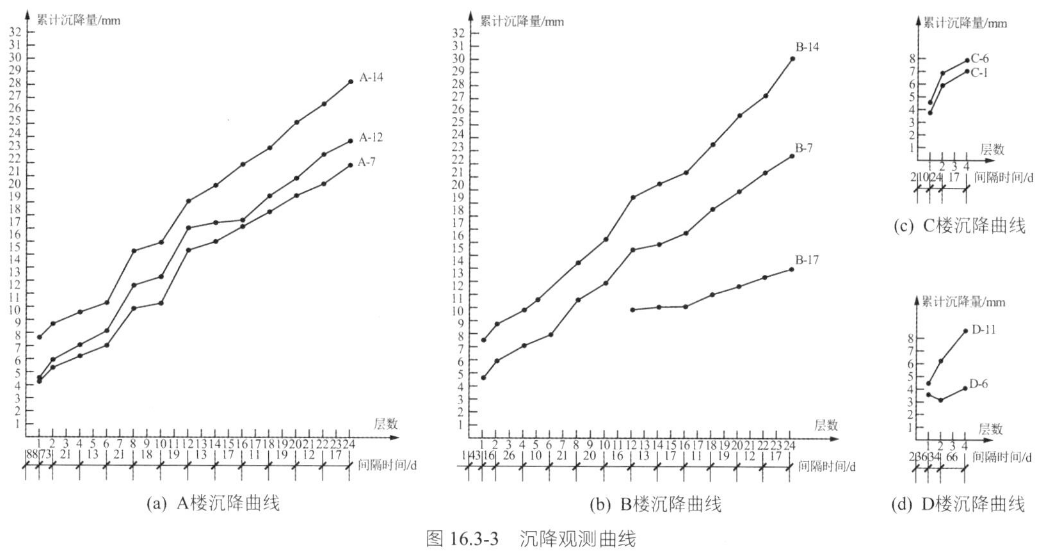

图 16.3-3 沉降观测曲线

3）大外挑基础处理方法

两个塔楼都有部分基础外挑较大也无法设后浇带分开，B 楼最大外挑长度约 14m。处理的办法是在底板下间隔设 150mm 厚褥垫，按外挑部分竖向荷载确定与持力层相接触的基底面积。相比于不设褥垫外挑产生的弯矩大为减小，而截面的承载能力仅在设褥垫处略有降低，容易满足要求。

基础模板如图 16.3-4 所示。

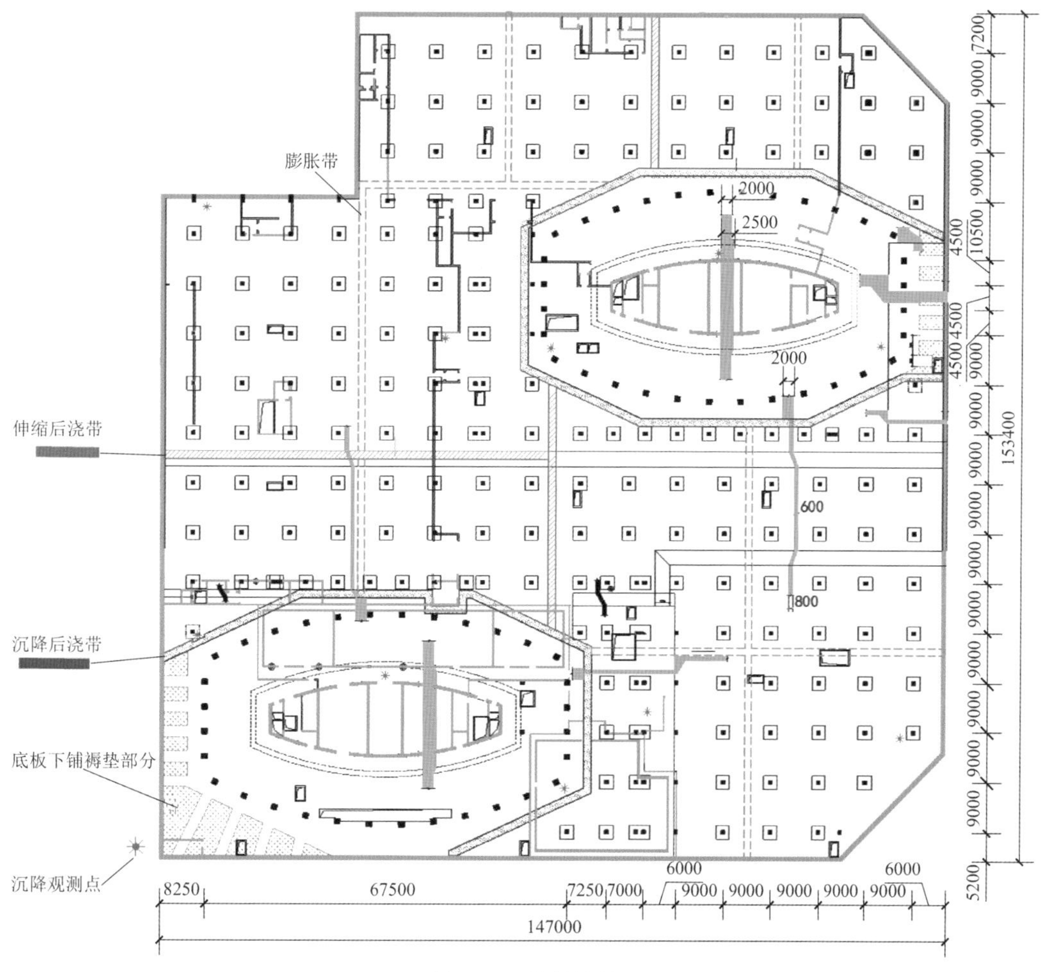

图 16.3-4 基础模板图

16.3.3 地下室结构

地下室各层楼面基本采用井式梁、板体系，提高结构经济性的同时也可以控制梁高。图 16.3-5 为地下一层结构模板，北侧部分楼面上有 3.0m 厚的绿化覆土，将此部分楼面适当抬高，梁截面窄而高。地下部分的超长问题处理与基础思路一致。

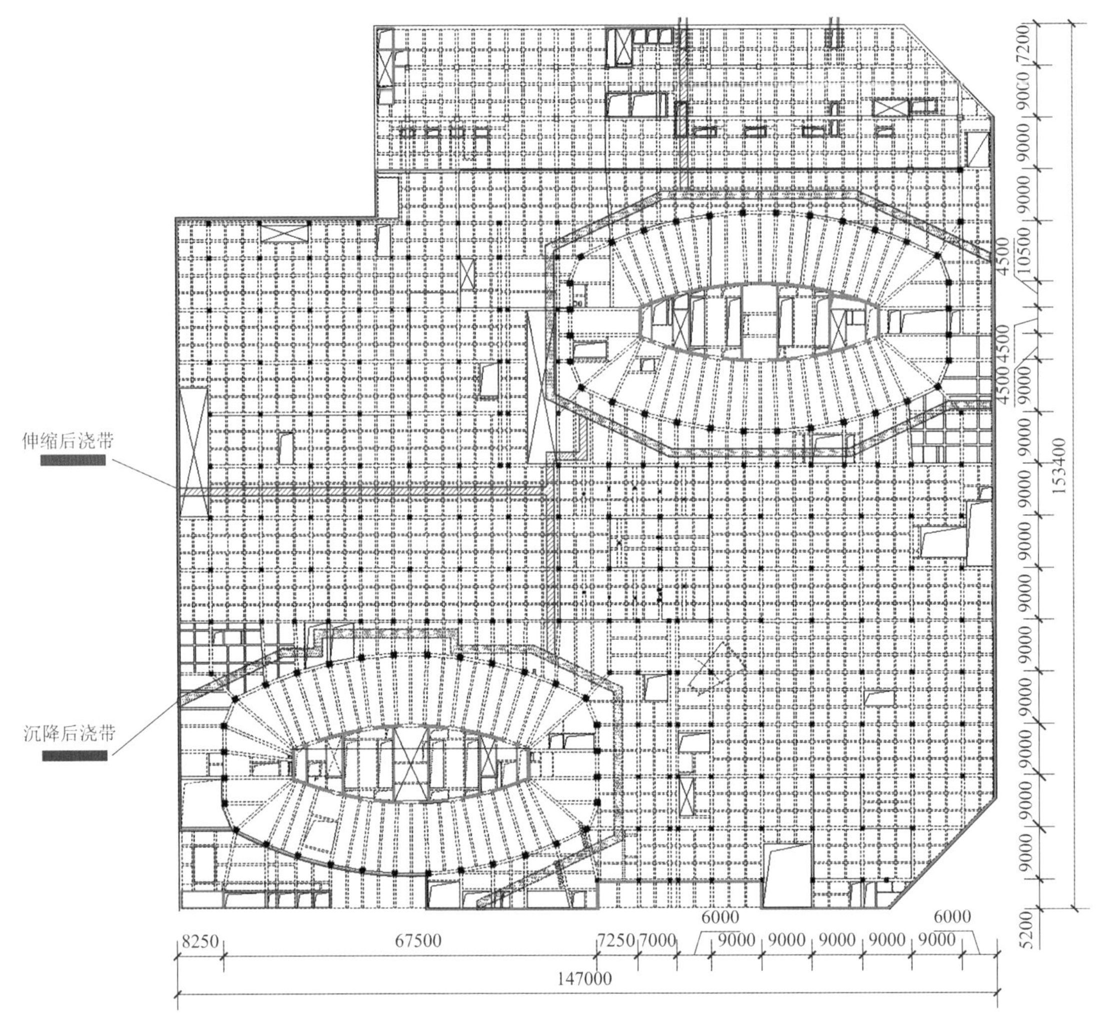

图 16.3-5　地下一层结构模板图

16.4 四季花厅连接体设计

16.4.1 体系构成

四季花厅屋面由每 6m 一榀的张弦梁组成，各榀梁通过水平张紧的交叉拉索形成的水平支撑体系连为一体，屋面在中部设缝分开（与塔楼 A 相连的屋面称单元 A，与塔楼 B 相连的屋面称单元 B）。屋面结构与裙房为水平滑动连接，与塔楼为水平固接。东、西两侧幕墙立柱下端支承在嵌固端 ± 0.000，立柱上端支承在四季花园屋面结构，幕墙横梁与裙房一侧为自由端，与塔楼一侧为固接端。屋面结构竖向荷载直接传递给两端支座，在风荷载及水平地震作用下，四季花园传力路线如下：屋面、幕墙承受的水平作用→屋面水平支撑体系→固定端支座→塔楼结构，整个结构体系受力清楚、传力直接、构造易于实现。

如图 16.4-1、图 16.4-2 所示。

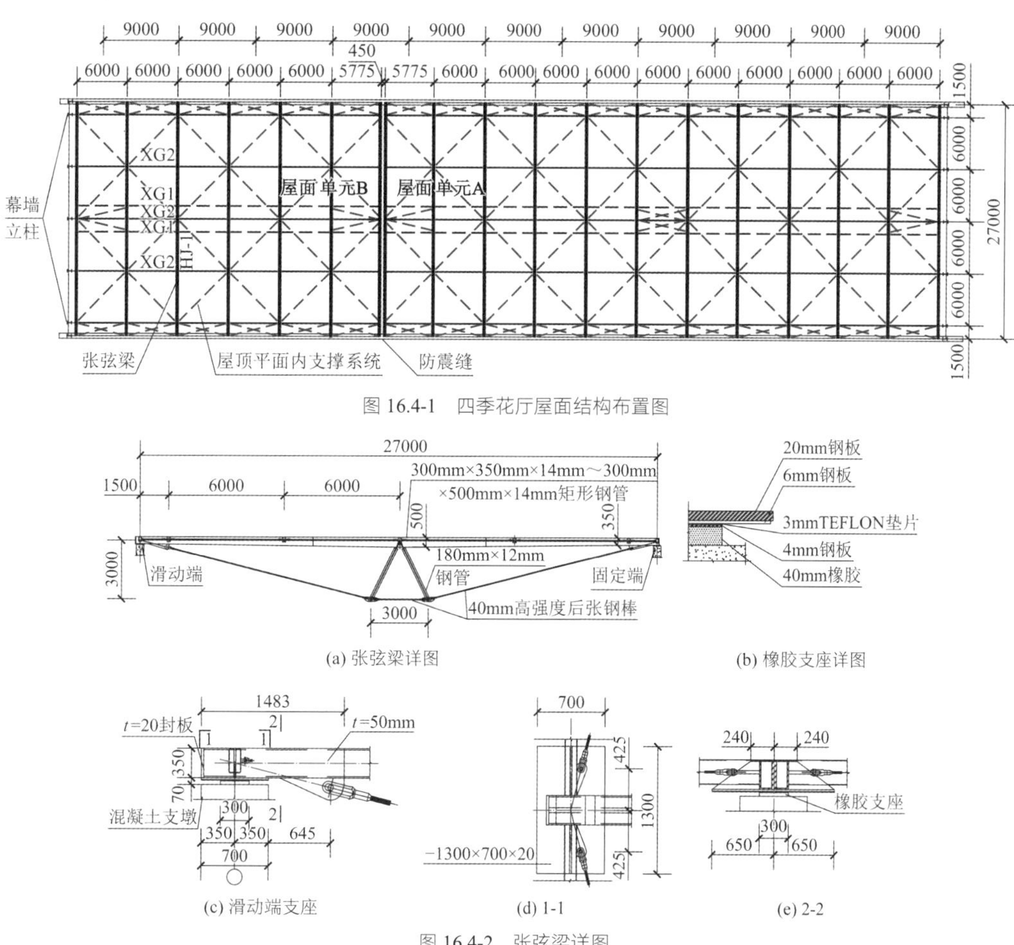

图 16.4-1 四季花厅屋面结构布置图

(a) 张弦梁详图 (b) 橡胶支座详图

(c) 滑动端支座 (d) 1-1 (e) 2-2

图 16.4-2 张弦梁详图

16.4.2 水平地震作用下的计算

连接体除需在风荷载及小震作用下具备足够的强度和刚度外，还需计算大震作用下滑动端支座处两个方向位移量，以保证其不跌落、不破坏。两个单元前三个振型周期见表 16.4-1。

大震及小震作用下滑动端X、Y向位移计算如下：由于塔楼平动带来的位移为f_1，由于塔楼转动带来的位移为f_2，由于屋面变形带来的位移为f_3，由于裙房平动带来的位移为f_4，滑动端位移 = $\sqrt{(f_1^2+f_2^2+f_3^2)+f_4^2}$。大震作用下$X$向计算结果为 510mm，$Y$向计算结果为 260mm，设计时偏安全地分别按 550mm 和 300mm 预留支座位移量。

结构自振周期/s 表 16.4-1

	T_1	T_2	T_3
单元 A	0.339	0.243	0.231
单元 B	0.352	0.241	0.230

16.4.3 张弦梁在竖向荷载作用下的计算及分析

屋面竖向作用包括自重、风荷载、雪荷载、活荷载、竖向地震作用，其控制组合为 1.2 自重 + 1.4 活荷。图 16.4-2 为一标准跨张弦梁，其上弦采用 300mm × 350mm × 14mm～300mm × 500mm × 14mm 变高度矩形钢管，下弦采用 40mm 高强钢棒（屈服强度 550MPa），分别用 STS（不能考虑几何非线性）和 ANSYS（考虑几何非线性）程序进行了计算，结果见表 16.4-2，计算时取实际荷载的 1～4 倍以分析非线性程度随荷载的变化情况。可以看出本工程张弦梁非线性程度很低，在实际工程中不考虑其影响也完全可以满足设计精度要求，我们对其他几个工程中采用的中、小跨度（20～40m）张弦结构分析也表明了这一特点。张弦梁滑动端支座采用橡胶支座，橡胶支座与梁底设 3mmTFFLON 垫片以保证其能充分滑移。

张弦梁非线性分析　　表 16.4-2

荷载/（kN/m）	线性位移	非线性位移	位移相差比例	线性撑杆应力	非线性撑杆应力	撑杆应力相差比例	线性拉杆应力	非线性拉杆应力	拉杆应力相差比例
6.42	47.375	47.336	0.082%	15.6425	15.7721	−0.829%	157.575	157.478	0.061%
12.84	94.75	94.596	0.163%	31.2849	31.8025	−1.654%	315.15	314.765	0.122%
19.26	142.124	141.78	0.242%	46.9274	48.0894	−2.476%	472.7249	471.861	0.183%
25.68	189.499	188.888	0.322%	62.5698	64.6312	−3.295%	630.2999	628.767	0.243%

本工程对张弦梁施加了较低的预应力，因为过大的预应力对提高结构刚度贡献不大，却加大了结构使用中应力水平。施加较低预应力的目的是方便结构成形、避免梁体吊装时下弦松弛及振颤，地面拼装时将张弦梁上弦预起拱以控制变形。

16.5 结语

B7 大厦项目位于北京金融街核心区，规模大、商业价值高、标志性强。通过系统性多层次方案比选和精细化设计，满足了业主对商业价值的期望，实现了建筑创意和全专业合理性。设计中重视结构的优化，适时推动高强钢筋、高强混凝土，空心楼盖等新材料、新技术的推广和应用，经济指标为钢筋及钢材总折算用量 94kg/m^2，混凝土折算厚度 0.42m^3/m^2。

设计中也充分考虑了施工的合理、快捷，在施工过程中与施工单位密切配合、提供技术支持，本工程获 2007 年度中国建筑工程鲁班奖。该项目虽已建成近 20 年，但其优雅经典的建筑设计仍是北京二环边的风景地标。

参考资料

[1] 北京大学环境学院环境模拟与污染控制国家联合重点实验室. 北京金融街 B7 项目模型风荷载风洞试验报告[R]. 2003-11.

[2] SOM 建筑设计事务所. 北京金融街 B7 初步设计报告[R]. 2002.

设计团队

结构设计单位：中国建筑设计研究院有限公司（初步设计 + 施工图设计），SOM 建筑设计事务所（方案 + 初步设计）

结构设计团队：王　载、任庆英、邵　筠、张瑞龙、张晓宇、李　鸣、范玉辰

执　笔　人：王　载

获奖信息

北京市第十三届优秀工程设计一等奖；

2008 年度全国优秀工程勘察设计行业建筑工程一等奖；

2008 年度全国优秀工程勘察设计行业奖建筑结构专业二等奖；

第五届全国优秀建筑结构设计二等奖。

第17章

江苏园博园未来花园

17.1 工程概况

17.1.1 建筑概况

2021 年开幕的江苏园艺博览会选址在南京汤山，这里矿产资源丰富，百余年的开山采石活动，遗留下许多矿坑宕口。园区位于阳山碑材至孔山矿片区 3.45km^2 的山谷，建设方希望通过生态修复的方式恢复曾被过度开发的矿区环境，为南京建造一座“永远盛开的花园”。

未来花园建设场地是园区内最大的矿坑，属于有百年历史的中国水泥厂，20 世纪 60 年代投产的石灰石矿，开采了 50 年，曾经是南京地区最大的采石宕口。矿坑东西长约 1100m、南北宽约 120m、坑深 10～20m（局部最深处 30m），南侧裸露的黄龙山崖壁陡峭，高度达 130m。

通过国际竞标，本土设计研究中心的建筑方案以“云池”概念胜出，借用中国传统山水画中巨石、云池、湖泊的意境，将建筑面积 10 万 m^2 的未来花园置入矿坑。

建筑布局以最大限度保留崖壁和矿坑自然状态为前提：东面的悦榕庄酒店 6 万 m^2、如“巨石”架空于矿坑之上；中间的崖壁剧院•云池舞台 1.8 万 m^2，背靠北崖、以南侧崖壁为演出投屏；西面的植物花园及配套商业 2.8 万 m^2，其中 1.6 万 m^2 的花园设置透明水池屋面，水深 10cm、为近 1/3 长度的矿坑覆盖一片漂浮的“湖泊”。原始矿坑如图 17.1-1 所示，建成实景如图 17.1-2 所示。

图 17.1-1 未来花园原始矿坑

图 17.1-2 未来花园建成实景

17.1.2 设计条件

1. 主体控制参数（表 17.1-1）

控制参数表　　表 17.1-1

结构设计基准期	50 年	建筑抗震设防类别	标准设防类（丙类）
建筑结构安全等级	二级	抗震设防烈度	7 度（0.1g）
结构重要性系数	1.0	设计地震分组	第一组
地基基础设计等级	酒店甲级、其他乙级	场地类别	Ⅱ类
建筑耐火等级	一级	建筑结构阻尼比	0.04

2. 荷载

风荷载：基本风压为 0.40kN/m^2（50 年重现期）、地面粗糙度类别为 B 类。

雪荷载：0.65kN/m^2（50 年重现期）。

温度作用：基本气温−6℃，最高气温 37℃。

3. 地质条件

（1）场地条件：根据岩土勘察报告，场地属于低山丘陵地貌单元，地势起伏较大。矿坑四周岩壁近似直立，内部地形较平坦，邻近坑边缘起伏较大。场地基岩为灰岩，局部溶洞。场地高程：酒店 80.3～110.3m（最大相对高差 30.0m）；植物花园 63.1～80.1m（最大相对高差 17.0m）；剧院·舞台 76.8～93.4m（最大相对高差 16.6m）。

（2）地质环境评估：根据地质风险评估报告，南、北、东侧山崖、坑内变台阶区域为危险性中等区，其余为危险性小区；南崖部分区域有滑坡、潜在崩塌的可能。坑内部分区域有潜在崩塌可能。评估区如图 17.1-3、图 17.1-4 所示。

（3）地质环境治理：从建筑布局、结构选型，景观修复、岩土消险支护等多个维度综合考虑治理方案，尽量保留崖壁和坑底自然状态，减小对环境的干扰。消险专项设计如图 17.1-5 所示，边坡支护专项设计如图 17.1-6 所示。

南崖高达 130m，地质评估为危险性中等区，崖壁有崩塌、滑坡的可能，对其消险以确保建筑和人员的安全，同时主体建筑退让崖壁 30m 以上防护距离，有效控制消险成本。采石遗留下的人工石景是历史记忆，针对部分有观赏需求的崖壁，采用不影响其历史风貌的消险、支护措施。

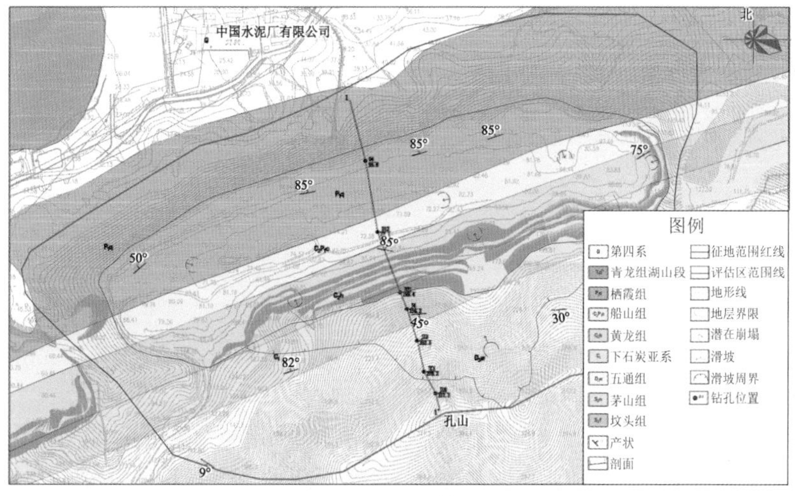

图 17.1-3　孔山矿园艺博览会博览园建设工程评估区环境地质图

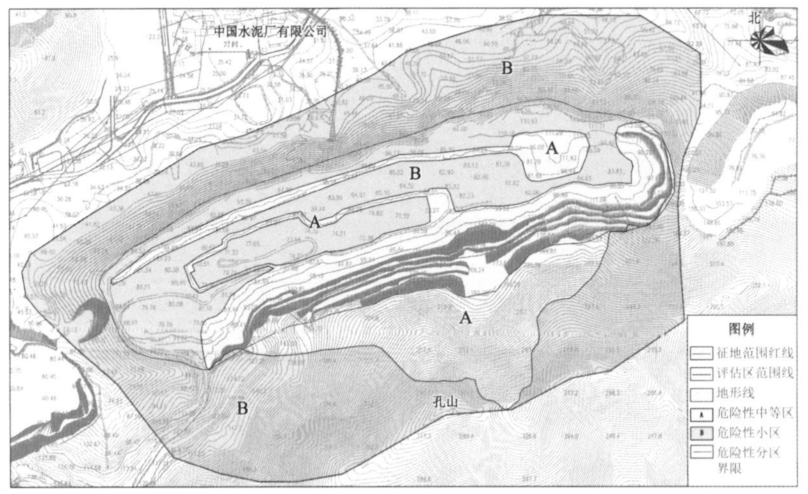

图 17.1-4　孔山矿园艺博览会博览园建设工程评估区综合分区图

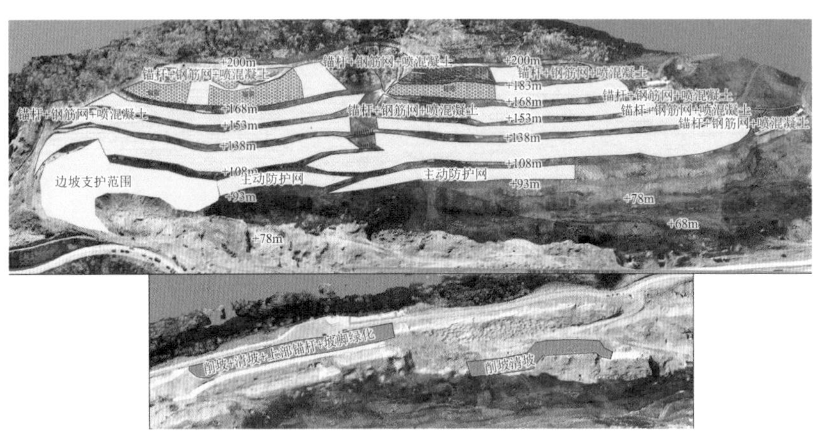

图 17.1-5　孔山矿山地质环境治理项目设计图

图 17.1-6　孔山矿片区（未来花园）工程边坡支护范围平面布置图

17.2　植物花园

17.2.1　建筑概况

植物花园是未来花园的设计核心，单层伞状棚架、室外开敞，采用不锈钢结构。东西长 348.4m，南北进深 42～63m。42 把不锈钢伞壳相切拼接、撑起 1.6 万 m^2 的水池屋面，水深 10cm，水面映射出崖壁和天空的壮阔景色，如“天空之镜”，水池采用透明材料，荡漾的水波下矿坑内的植物若隐若现。建成实景如图 17.2-1 所示。

植物花园位于二级矿坑，伞状棚架覆盖下的矿坑高低不平，基本保留其岩体原貌，取伞顶标高平齐，伞总高度从 8～25m 不等，将伞柱布置在边坡影响范围以外，以减小对边坡的影响并确保人员安全。

建筑平面如图 17.2-2、图 17.2-3 所示，建筑剖面如图 17.2-4 所示。

图 17.2-1　植物花园建成实景

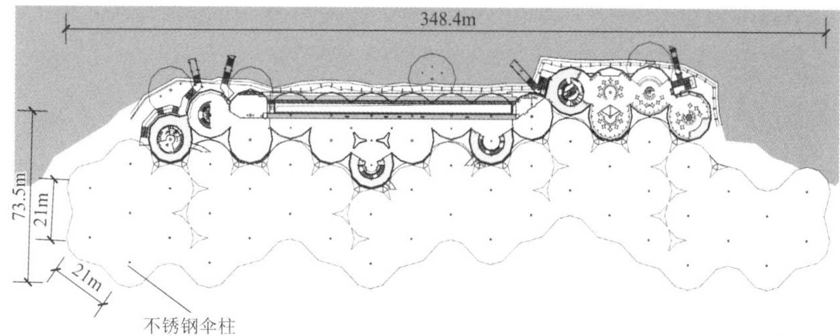

图 17.2-2　植物花园一层建筑平面

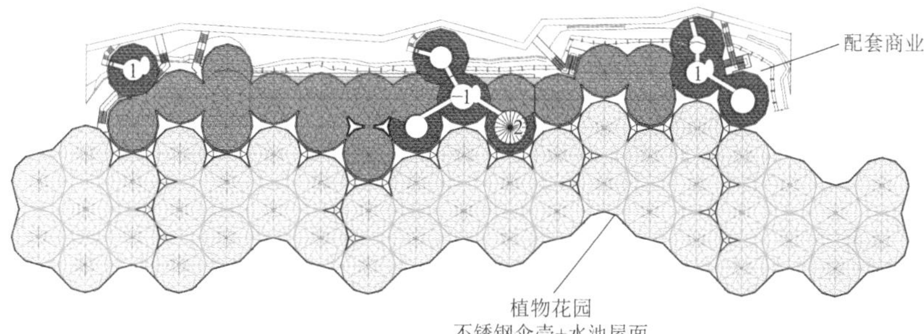

图 17.2-3　植物花园屋顶建筑平面

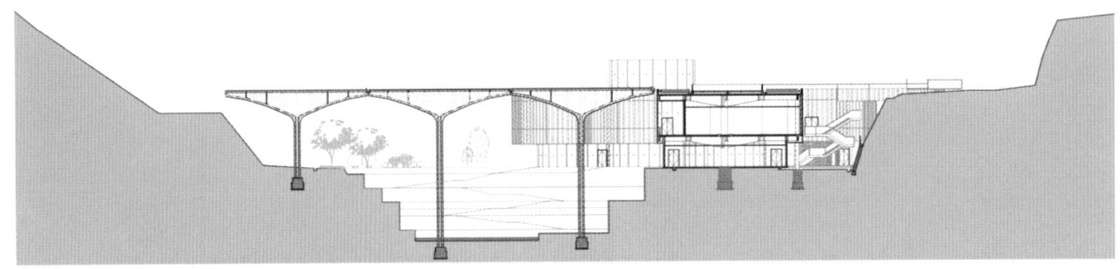

图 17.2-4　植物花园建筑剖面

17.2.2　不锈钢伞壳体系研究

1. 结构体系

未来花园从设计中标到交付使用仅 19 个月，设计施工需要平行开展，选用工业化、标准化的结构形式也将有助于快速建造。综合考虑矿坑尺度、植物展示、构件截面，植物花园采用直径 21m 的不锈钢伞壳作为基本单元，42 把伞拼接成 348.4m 长不设缝的相切圆系统，这也是国内首次将不锈钢规模化应用于民用建筑结构领域。伞壳支承的亚克力水池池底厚 35mm、水深 10cm。结构平面如图 17.2-5 所示。

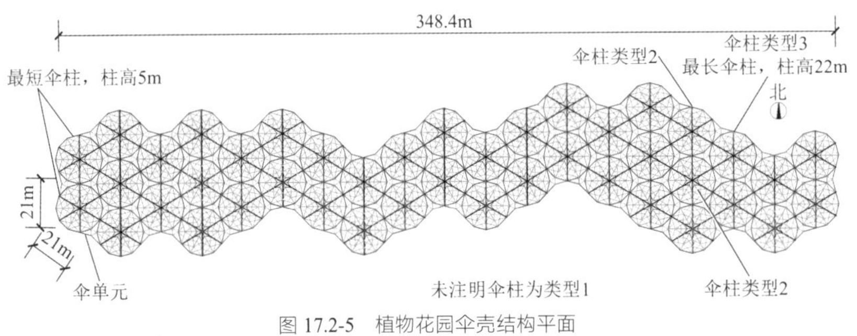

图 17.2-5　植物花园伞壳结构平面

结构选型分析如下：

（1）方案 1 梁柱系统

结构基本单元是连接柱中心的三向框架，如图 17.2-6 所示。结合树状形态，将柱顶设计成分叉柱，可以减小梁跨度。但梁式受力特点决定了构件尺度偏大，建筑效果不理想。同时，作为室外超长结构，梁式结构水平面刚度大，温度不利作用明显。

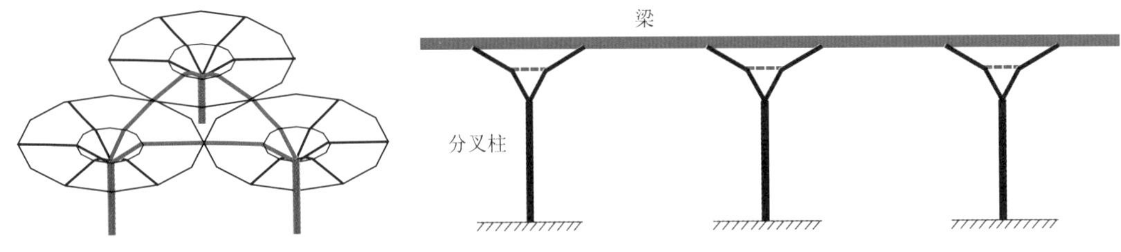

图 17.2-6　方案 1 梁柱体系

（2）方案 2 拱壳结构

为解决方案 1 的缺点，转而探讨了拱壳形式。拱壳生成如图 17.2-7 所示：采用三角形棱柱切割球壳，得到水平投影为等边三角形的拱壳作为基本单元；相邻三角形拱壳组合阵列，形成了规律凸起的整体曲面拱壳方案。壳体以面内薄膜力为主，构件尺寸轻巧，建筑形态美观。同时因拱壳水平面刚度低，温度作用显著降低。但这种形式也存在不足：一是边跨拱壳的水平推力无法自平衡，需要在边跨采用设拉杆等措施抵抗水平力，但因建筑平面狭长、边跨多，设置拉杆对使用中的游人通行和植物展示会产生一定影响；二是边单元外悬部分为悬挑受力，构件尺度仍然偏大。

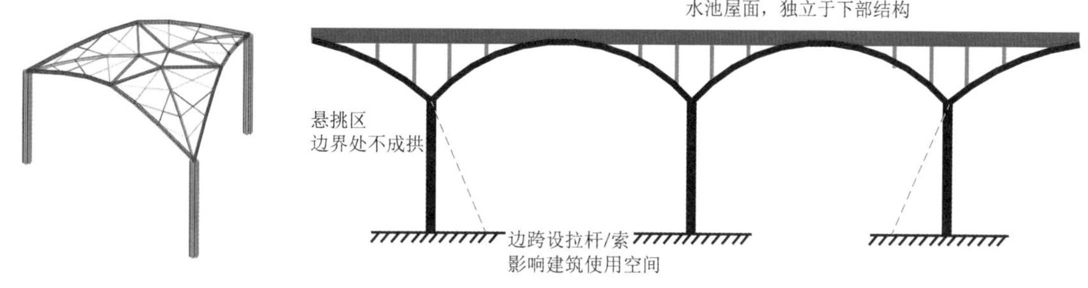

图 17.2-7　方案 2 拱壳结构

（3）方案 3 伞壳结构

对方案 2 进一步优化，得到可以自平衡的伞壳作为实施方案。伞壳生成如图 17.2-8 所示：将一个平面拉杆拱切分成两个半拱，再将两个半拱位置对调，成为柱子在中央、拉杆在上部的自平衡平面伞状单元；将单元绕中轴旋转，就形成了一个空间自平衡伞壳；采用顶部外圈环肋代替拉杆，成为自平衡伞壳。单个伞壳形态通过逆吊找形方式获得。

伞壳体系的优势还体现在最大程度服从并避让原始地貌的同时，降低了结构整体性能因同步实施的崖壁支护所引起的动态调整的敏感程度，满足了建筑设计与崖壁支护工作并行的需求。

伞壳形态不仅结构合理，也寓意 42 根参天树伞，荫蔽着其下植物及观赏者，建筑和结构设计语言一致，体现了建筑形态学的特点。

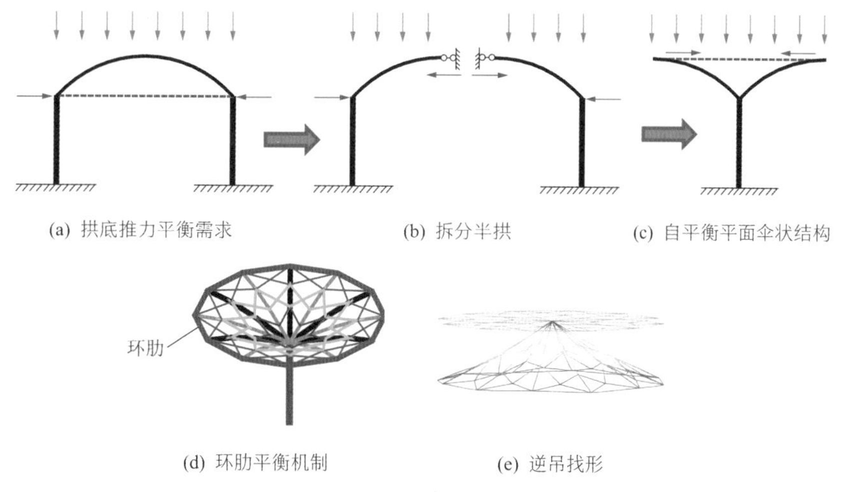

图 17.2-8　方案 3 伞状结构

2. 结构材料

植物花园处于室外潮湿环境，所以全生命周期内免维护成为材料选择的首要关注项。同时，对构件尺度、节点形式、镜面效果、建造成本及难度等因素也进行了综合评估。

（1）方案 1 铝合金结构

未被采纳原因：根据本项目荷载条件，铝合金的构件尺寸相对较大；另外，杆件形状、节点形式、镜面效果也与建筑意图存在偏差。

（2）方案 2 普通钢结构 + 镜面不锈钢板装饰面

未被采纳原因：装饰板包裹的钢结构仍需进行防腐和防锈处理，且后期维护不便；结构 + 装饰层，构件整体外观尺寸较大。

（3）方案 3 不锈钢结构

被采纳原因：此方案可以充分发挥不锈钢材料的力学性能、耐久性能和装饰性能，实现了建、构、饰一体。相较于前两种方案，优势包括构件轻巧、表面抛光处理后镜面效果佳、耐久性优良以及后期免维护。不锈钢采用奥氏体 S31603。

3. 结构单元

伞壳拼合方式提升了结构标准化程度。植物花园伞壳构件共计 6000 余件，仅 7 种规格。伞柱由 6 个矩形成品管组合为束柱，如图 17.2-9 所示。壳面杆件除矩形管和椭圆管外，交叉枝杆采用端部为圆形、周长不变向中间渐变为椭圆形（高度为长轴）的异形杆，如图 17.2-10 所示。异形杆的设计首先是出于建筑“消隐”目的，不锈钢反射光线形成的高光使得杆件中部在视觉上几乎消失。其次从受力角度考虑，由于枝杆是压弯或拉弯构件，跨中是椭圆长轴，受弯承载力最大，交叉杆的相互支撑则增强了面外稳定性能。相邻伞壳相切拼接，主肋连通，环肋间区域设椭圆管连接次肋，外边界处伞壳相连区域设张弦支承。结构构成如图 17.2-11 所示。

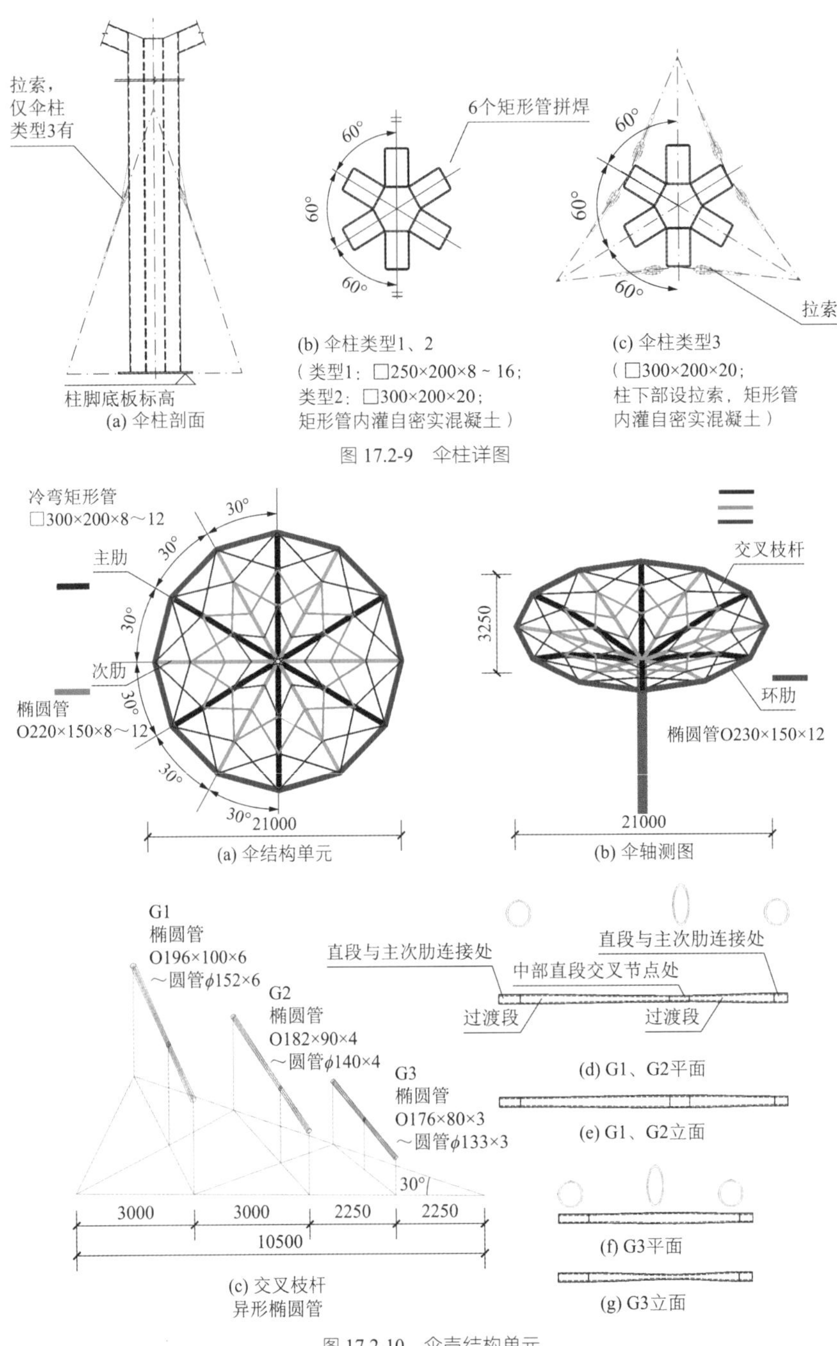

图 17.2-9 伞柱详图

图 17.2-10 伞壳结构单元

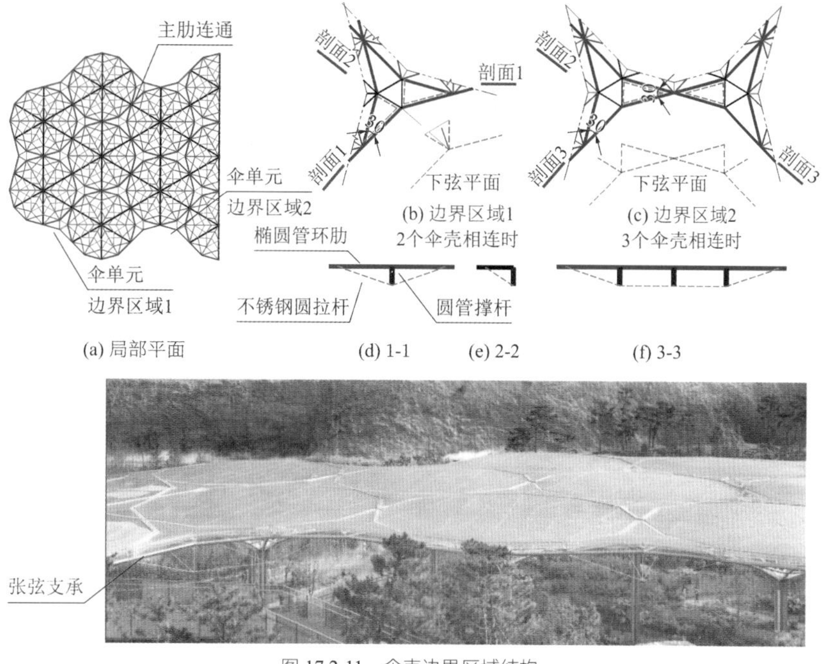

图 17.2-11　伞壳边界区域结构

17.2.3　结构关键技术研究

与普通钢相比，不锈钢材料非线性程度高、无明显屈服点、热膨胀系数大、焊接应力大，部分设计内容规范未能涵盖，且无以往工程可供借鉴。故通过有限元分析与试验验证相结合的方法，进行以下研究：

（1）分析单伞及多伞组合的稳定性能及特点，并与单伞 1：3 缩尺模型进行试验对比；

（2）分析异形交叉杆件的承载能力，并通过足尺试验进行验证；

（3）分析伞壳主要节点的承载力，并选取关键节点进行足尺试验验证；

（4）以前述（1）～（3）研究为基础，进行室外超长结构的性能研究。

1. 伞壳稳定性研究

采用 ABAQUS 有限元程序，对单伞、三伞及多伞在不同荷载布置下的双非线性稳定性进行分析（图 17.2-12）。

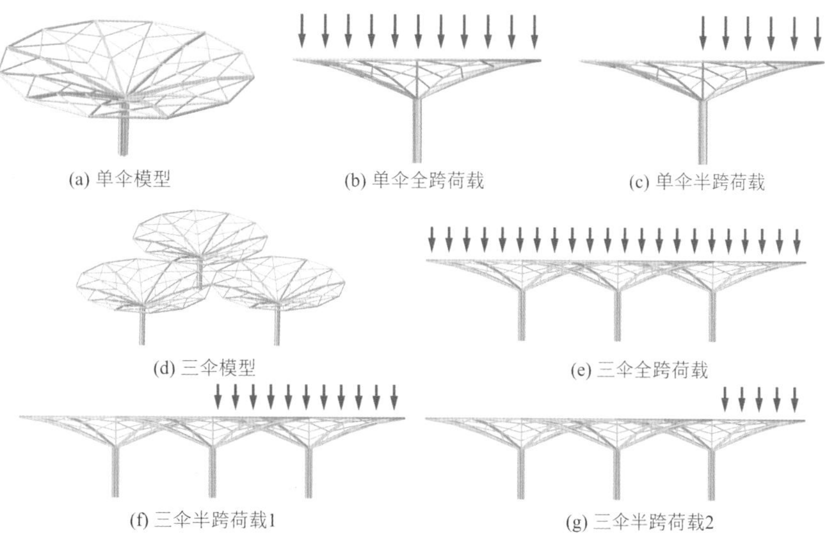

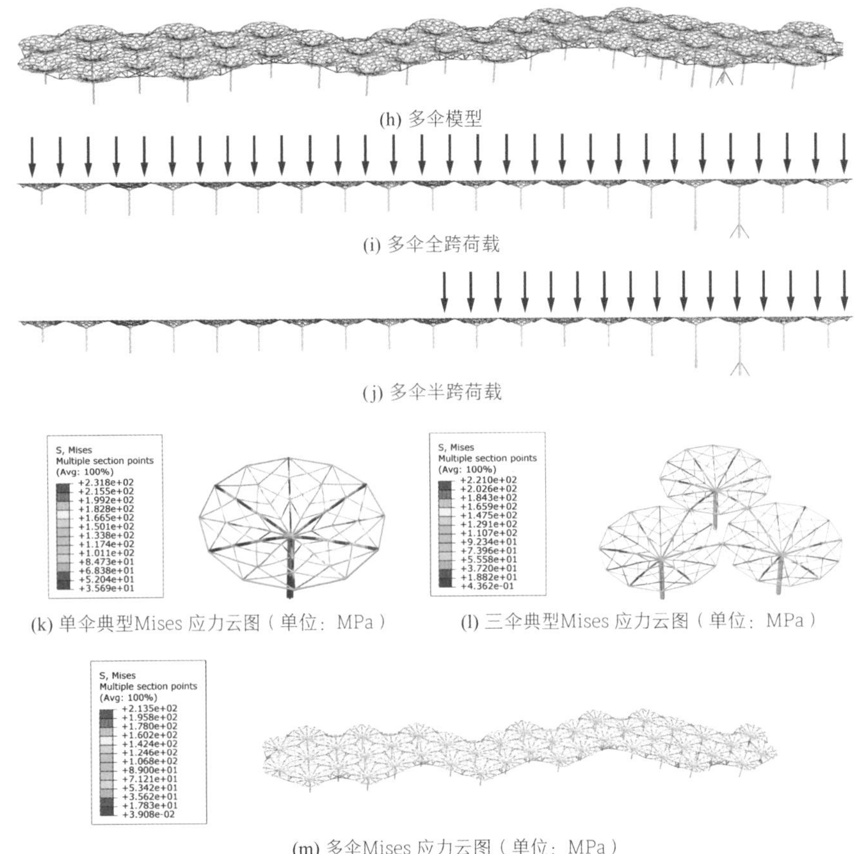

(h) 多伞模型

(i) 多伞全跨荷载

(j) 多伞半跨荷载

(k) 单伞典型Mises 应力云图（单位：MPa）

(l) 三伞典型Mises 应力云图（单位：MPa）

(m) 多伞Mises 应力云图（单位：MPa）

图 17.2-12　单伞、多伞组合的稳定性分析

分析表明：单伞在满跨荷载下，具有较好的稳定承载力，对荷载的不均匀分布敏感，半跨荷载是最不利工况；三伞组合可有效提高半跨荷载作用下的稳定承载力；更多伞组合相比于三伞组合提高幅度有限。同时还发现，无论是单伞、三伞、多伞乃至于整体结构，杆件进入塑性、屈服破坏都是从伞壳的外围构件开始发生。

委托哈尔滨工业大学空间结构研究中心进行了单伞 1∶3 缩尺模型试验图 17.2-13，分为验证试验和破坏试验。验证试验包括全跨加载工况（荷载为 1.3 倍设计荷载）及半跨加载工况（荷载为设计要求的最大半跨荷载），破坏试验是在半跨加载的基础上将模型加至破坏。如图 17.2-14、图 17.2-15 所示，由验证试验可知：在全跨及半跨设计工况下，单伞模型组成构件的应力水平较低，整体变形较小，具备较好的安全性和适宜的安全储备；由破坏性试验可知：单伞模型对活荷载不均匀分布较为敏感，半跨加载工况下单伞模型的极限承载力约为设计荷载的 2.6 倍，满足安全性要求。

图 17.2-13　缩尺模型试验

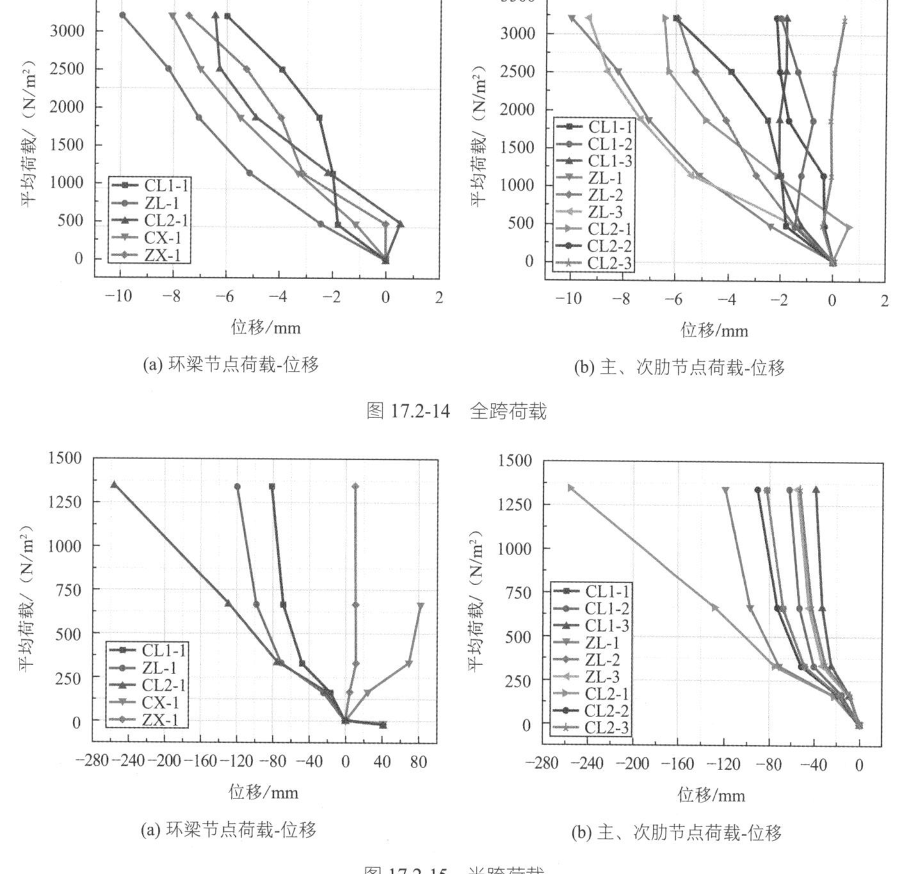

(a) 环梁节点荷载-位移　　(b) 主、次肋节点荷载-位移

图 17.2-14　全跨荷载

(a) 环梁节点荷载-位移　　(b) 主、次肋节点荷载-位移

图 17.2-15　半跨荷载

2. 异形交叉杆件承载力研究

异形杆是对等截面圆管杆件冷挤压，挤压后杆件端部为圆形截面，中部为椭圆管形截面，中间渐变。这种异形杆的承载力，规范中无相应的计算方法，故采用有限元分析与试验相结合的方式确定设计承载力。交叉杆整体的足尺模型试验由东南大学土木工程学院完成（图 17.2-16），对三种不同截面形式的交叉杆件进行试验，获取在固定竖向荷载作用下各交叉杆件的破坏模式、屈服机制、轴向受压和受拉承载力，以选取适合截面，满足设计需求。

分析和试验发现，杆件承载力受控于交叉节点；未采取措施的节点能力较弱，节点设肋、局部加厚均可明显提高节点承载力；节点区域局部加厚可同时提高杆件承载力。考虑到杆件截面小、数量多以及节点设肋施工工作量大且质量不易保证等因素，设计采用局部加厚方法，加厚区域为贯通主管节点区域 200mm 长范围。

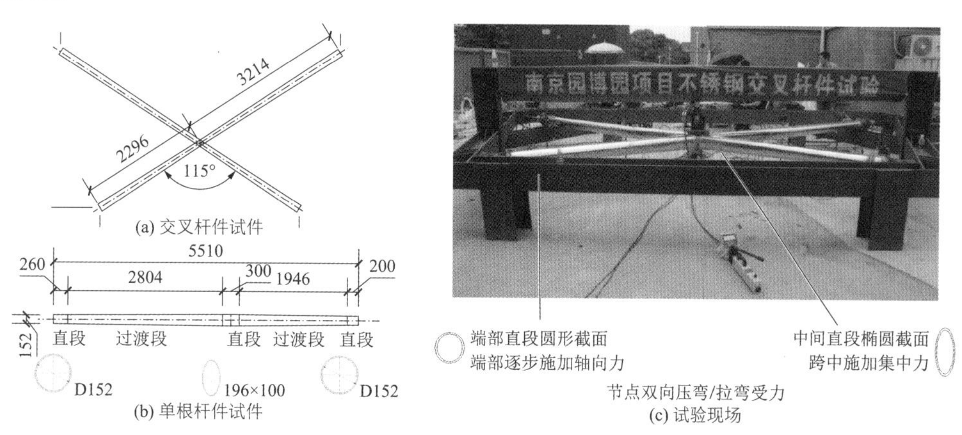

(a) 交叉杆件试件

(b) 单根杆件试件

(c) 试验现场

图 17.2-16　变截面异形交叉杆试验

3. 伞壳节点承载力研究

伞壳结构包含多种形式的不锈钢椭圆管相贯节点，但目前国内外对于不锈钢椭圆管节点的力学性能未见相关研究，规范也均未涉及。在有限元分析基础上，对项目中 DY 型、KK 型和 KT 型三种典型空间节点基于不利设计荷载组合下的内力进行足尺试验研究，如图 17.2-17。

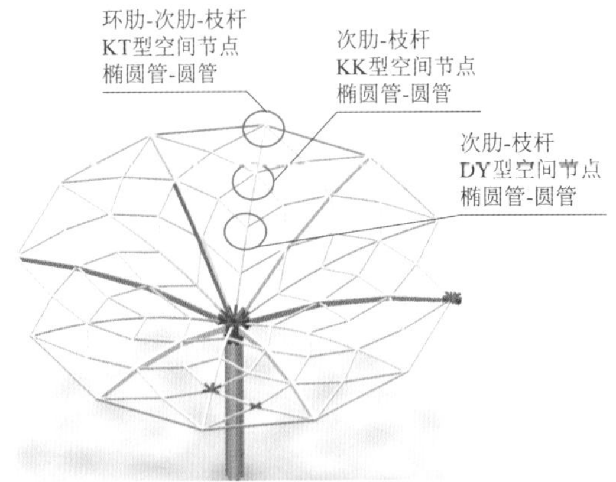

图 17.2-17　伞壳节点试验

试验结果表明：所有节点管壁变形极小，在设计工况下测点应变处于弹性状态；DY 型和 KK 型节点分别达到 2.8 倍和 4.2 倍设计荷载时，支管进入屈服，节点承载力由支管屈服控制；KT 型节点加载至 5.8 倍设计荷载时，作动器达到最大荷载行程，此时节点尚未进入屈服；所有节点的承载力相比设计荷载均具有较大富余。

研究表明：节点在设计荷载下管壁变形很小，承载力满足工程要求，且具有较大富余；节点不设置加劲肋时，刚度较低，按刚性节点设计会有较大误差。设置节点加劲肋可以明显提高节点承载力和刚度；普通钢管节点的计算公式不能完全适用于不锈钢椭圆管节点。基于上述研究成果，设计对于关键、受力大的节点均采用了设肋方式。

4. 室外超长结构性能研究及设计策略

植物花园为 348.4m 的室外超长结构，温度组合效应为最不利工况。以前述“1～3”中单伞、杆件、节点的研究为基础，对结构在施工及使用阶段的整体性能进行了分析，温度作用应力如图 17.2-18 所示。根据分析，采用以“放”为主的设计策略降低温度作用。一是结合施工组织将 42 把伞划分为 4 个施工单元、并控制合龙温度在 20～25℃；二是在端部短柱柱底，设置单向滑动支座；三是将支承上部水池的支托与伞壳间采用水平滑动连接方式。同时，在温度变化时，伞壳可以通过整体竖向变形释放部分温度作用。如图 17.2-18、图 17.2-19 所示。

处于不同坑深的长、短柱间的相互支持作用提高了整体的稳定性及冗余度，即便高度相差很大也可以采用同样外形的“束柱”，这对于实现建筑效果至关重要。

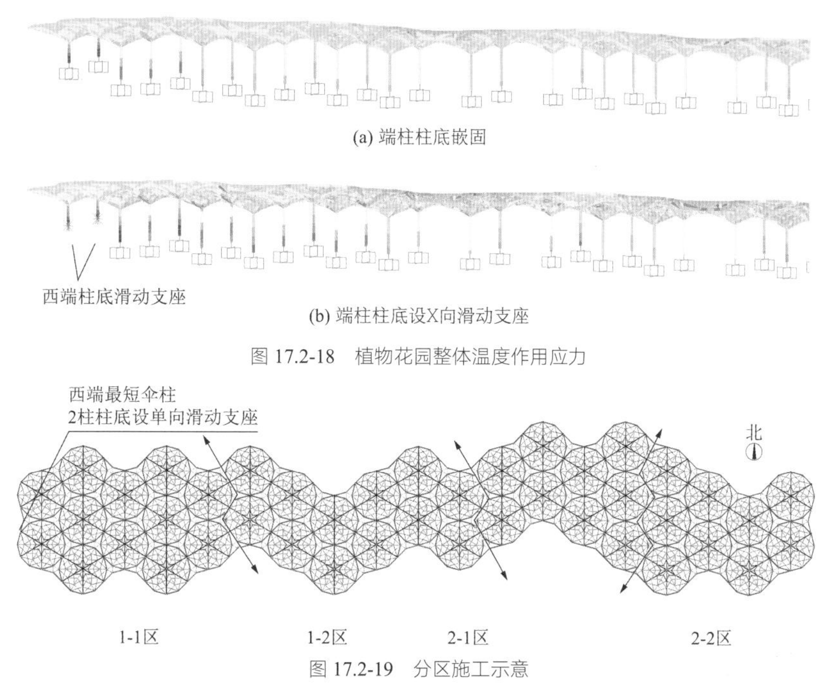

(a) 端柱柱底嵌固

(b) 端柱柱底设X向滑动支座

图 17.2-18 植物花园整体温度作用应力

图 17.2-19 分区施工示意

监测单位对施工期间主体结构关键构件的应力和变形进行了监测，包括：（1）监控施工过程中结构受力、变形等参数和掌握钢结构的施工状态；（2）提供工程竣工后钢结构主要受力构件与关键部位的初始状态。如图 17.2-20。

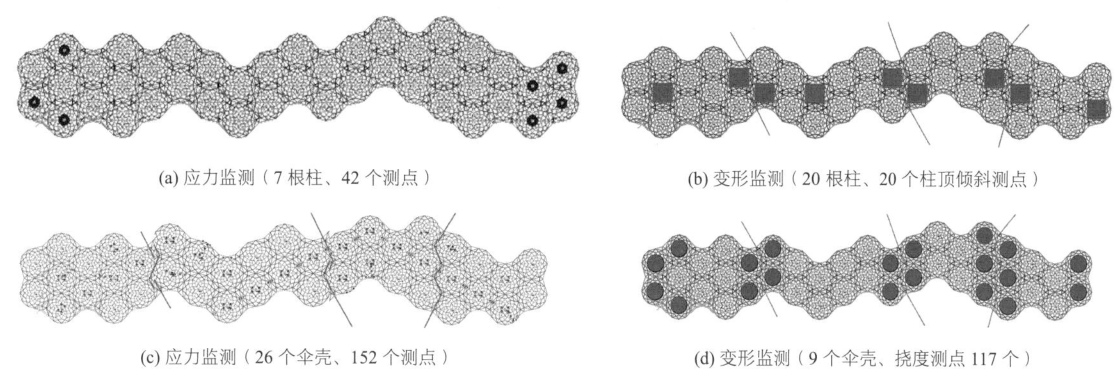

(a) 应力监测（7 根柱、42 个测点）

(b) 变形监测（20 根柱、20 个柱顶倾斜测点）

(c) 应力监测（26 个伞壳、152 个测点）

(d) 变形监测（9 个伞壳、挠度测点 117 个）

图 17.2-20 施工监测点布置图

伞壳结构于 2020 年 10 月竣工，2021 年 1 月经历了南京超越 50 年的极低气温，持续监测数据结果表明：超长控制符合设计预期，通过技术集成应用，实现了室外近 350m 长连续未设缝结构，满足了建筑设计对于水面完整性的期望。

17.3 悦榕庄酒店

17.3.1 建筑概况

酒店建筑面积约 6 万 m^2，由公共区和客房区组成，两者设防震缝分开。客房 B 区为独立结构单元，客房 C 区和 D 区标高 6.0m 以下局部连为一体，合为一个结构单元。酒店造型取意阳山碑材，公共区如一整块大石，客房区如 3 道折线形条带石材。建成实景如图 17.3-1 所示，典型建筑平面如图 17.3-2 所示。

公共区背靠北壁、依山就势，为典型的多阶台地建筑。结构高度 36m，坑底标高−0.5m，3 阶台地标高自下而上依次为 9.3m、14.6m 和 18.0m，北崖顶标高 25.0m。高出北崖的大厅向西南挑出，最大悬挑距离 21m，空间通透，是酒店最好的夕阳观赏点。建筑剖面如图 17.3-3 所示、悬挑大厅实景如图 17.3-4 所示。

客房区 3 道条带平面相互错动，立面分层次架空，保证客房具备开阔的景观视野、适宜的空间私密性和通风采光条件。条带均脱离崖壁，通过大跨度的桥式托换将建筑与坑底脱开，最大跨度 40m，减少落地点以便更多地保留原有坑底环境、营造景观空间。B 区结构高度 15.2m、转换层顶标高 6.6m，上托两层客房；C 区结构高度 23.7m、转换层顶标高 15.1m，上托两层客房；D 区结构高度 36m，转换层顶标高 23.6m，上托 3 层客房。3 道条带均局部设 1 层地下室。

客房区建筑剖面如图 17.3-5 所示、架空底部实景如图 17.3-6 所示。

图 17.3-1 酒店建成实景

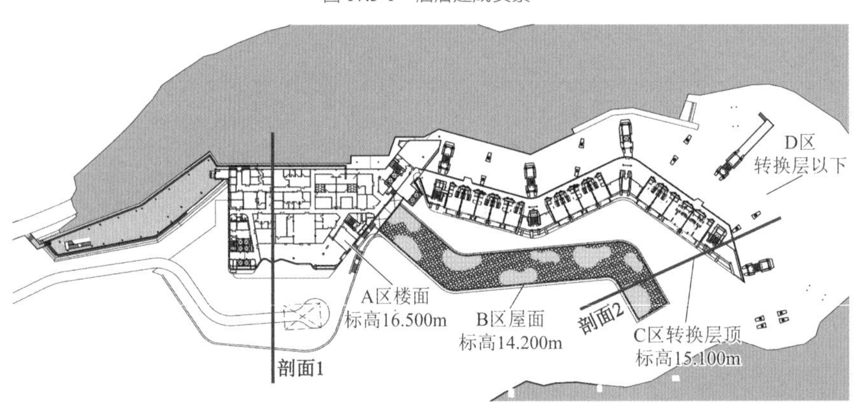

图 17.3-2 酒店 5 层建筑平面

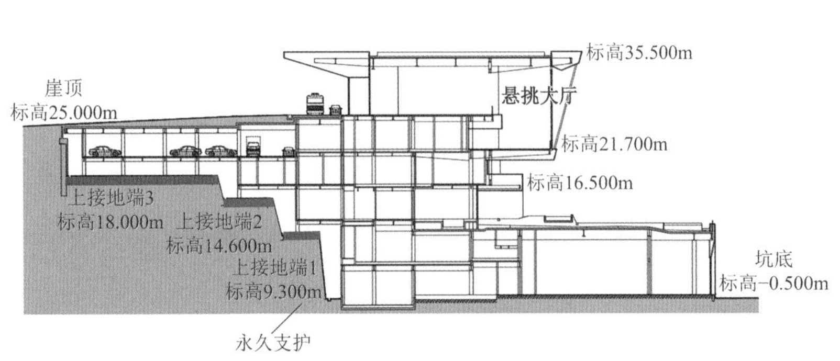

图 17.3-3 公共区建筑剖面

图 17.3-4 悬挑大厅实景

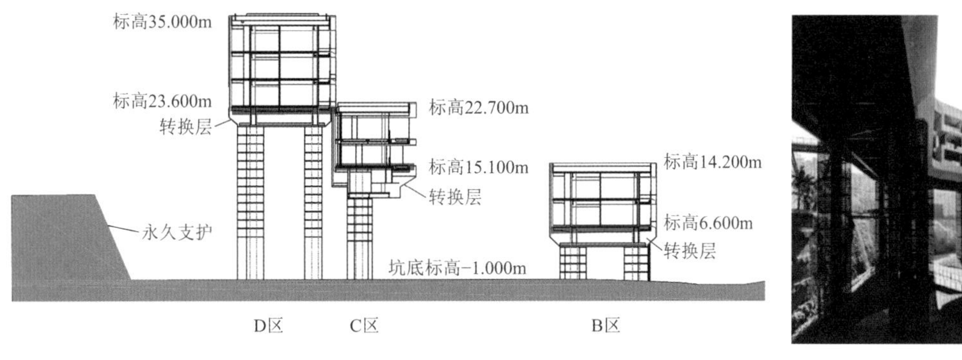

图 17.3-5 客房区建筑剖面

图 17.3-6 架空底部实景

17.3.2 公共区多阶台地结构

1. 结构体系

公共区附崖而建，建筑与边坡间为空腔，完全脱开，岩土推力由永久性边坡支护承担。

结构采用钢框架-支撑体系，支撑主要布置在东西两个交通井筒的周边并通高连续。悬挑大厅采用钢桁架，如图 17.3-7 所示，公共区结构剖面如图 17.3-8 所示。

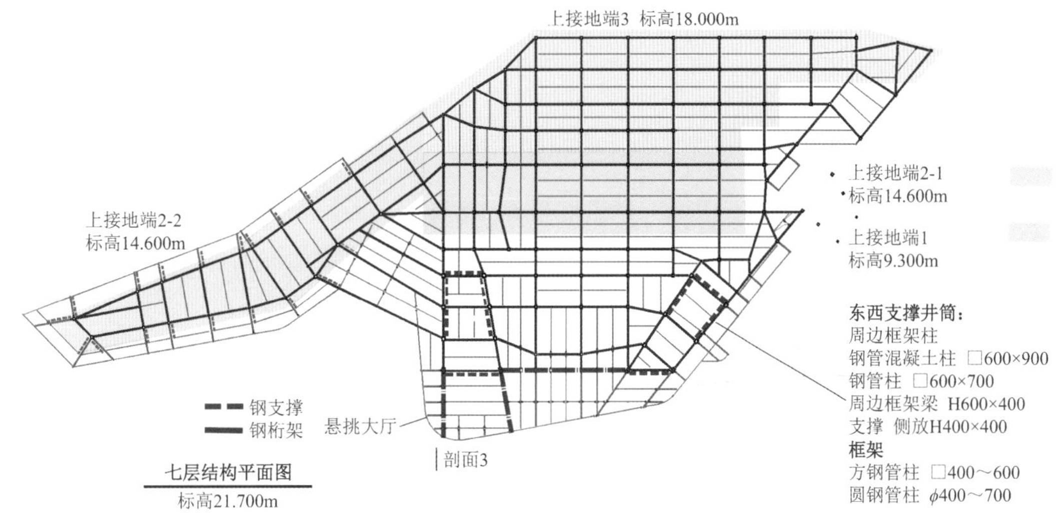

图 17.3-7 公共区结构布置

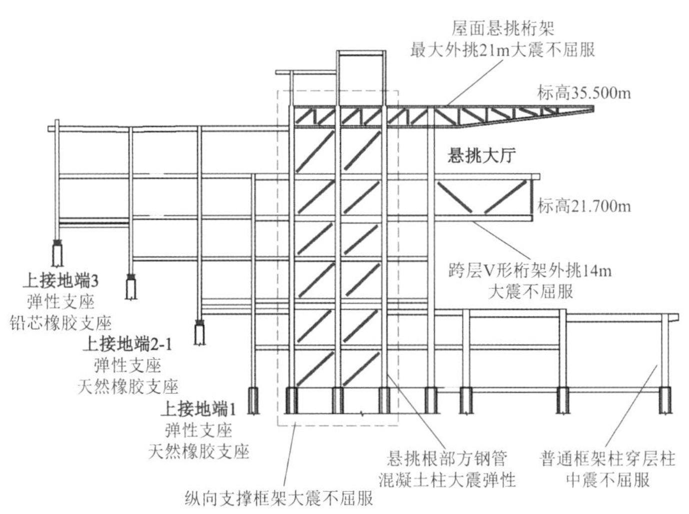

图 17.3-8 公共区结构剖面

解决多阶台地的建筑抗震问题，是公共区结构设计的核心。如果各接地端按常规方式嵌固于基础，大部分地震作用将集中在这些部位，不仅主体易破坏,而且柱底对边坡支护也会产生较大的不利作用。为整体提升建筑和边坡的抗震性能，本工程提出了“水平变刚度调平”的创新技术，即在3个上接地端的柱底设置弹性橡胶支座。一是降低了整体刚度，地震作用相应减小；二是通过调整橡胶支座与其上承柱的串联刚度，控制结构刚度布局，减小扭转效应；三是减小了接地端柱底内力，利于保护地震下边坡的稳定。经计算分析验证，“水平变刚度调平技术”明显改善了多阶台地建筑抗震性能，地震作用下3个上接地端剪力之和与基底总剪力之比，在X和Y方向都小于30%，建筑和边坡都得到了有效保护。

2. 性能目标

公共区具有扭转不规则、偏心布置、凹凸不规则、楼板不连续（错层）及穿层柱、夹层、斜柱和局部转换等多项不规则。性能化设计目标如图17.3-8所示，主要采取以下措施：

（1）设置独立永久边坡支护体系，满足大震稳定要求，避免建筑主体结构承受边坡的水平作用；

（2）采用“水平变刚度调平技术”改善多阶台地建筑的抗震性能；

（3）提高Y向支撑框架与大悬挑桁架根部柱的抗震性能目标与抗震等级，按关键构件进行分析、设计，保证悬挑桁架根部的可靠性；

（4）穿层柱剪力取同层普通柱剪力，并根据剪力放大系数进行相应弯矩调整，按计算长度为实际通高长度进行承载力设计验算。

3. 水平变刚度调平设计

如图17.3-9所示，上接地端1和上接地端2-1的柱紧邻崖壁布置。为尽可能减小地震下水平力对崖壁的影响，采用了刚度较小的天然橡胶支座；上接地端3柱子数量较多，属于主要的接地端，对支座的刚度需求较大，同时为了增加耗能能力，采用了铅芯橡胶支座。上接地端2-2的台地标高同2-1，但由于其与主结构相连宽度较小,不设弹性支座。本项目选用三种直径天然橡胶支座（700mm、800mm和900mm）和一种直径铅芯橡胶支座（900mm），支座的力学参数见表17.3-1、表17.3-2。

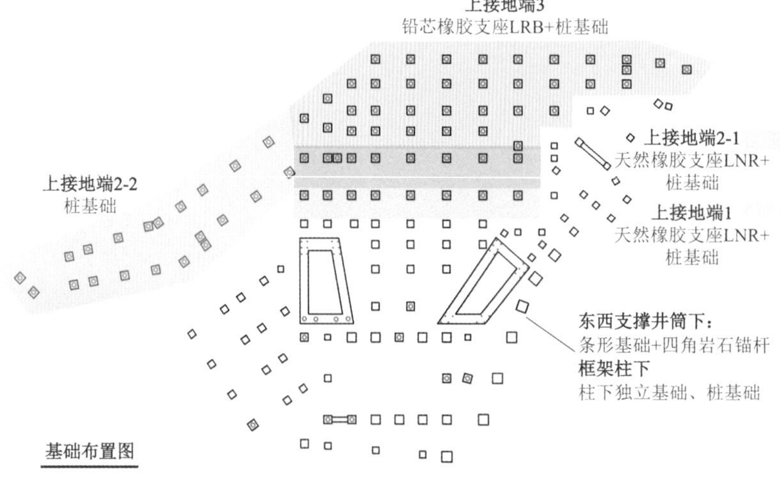

图17.3-9　弹性支座及基础布置图

天然橡胶支座力学性能参数　　表17.3-1

符号	使用数量（套）	直径D/mm	竖向刚度K_v/（kN/mm）	水平刚度K_h/（kN/mm）
LNR700	8	700	5130	3.85
LNR800	5	800	6000	5.00
LNR900	5	900	7250	6.35

铅芯橡胶支座力学性能参数 表 17.3-2

符号	使用数量（套）	橡胶直径D/mm	铅芯直径d/mm	竖向刚度K_v/（kN/mm）	初期水平刚度K_h/（kN/mm）	屈服后水平刚度K_h/（kN/mm）	屈服力/kN
LRB900	35	900	100	7800	25.5	8.5	66

由于结构弹性支座刚度需求较大，为了提高整体结构震后自复位性能，橡胶支座的水平刚度取用较常规隔震支座偏大。通过采用较大直径的支座并使用剪切模量较大的橡胶（G6 和 G8 型橡胶）来满足水平刚度需求，将结构位移比控制在 1.5 以内。

需要说明的是，本工程虽设置了部分橡胶支座，但不属于隔震建筑，结构的整体位移满足非隔震建筑要求，大震下支座位移量远小于隔震建筑，对支座橡胶层总厚度的需求较低。较小的橡胶支座厚度可使支座刚度进一步提高。减少橡胶用量的同时，支座的费用也可降低。

橡胶支座控制指标参照隔震橡胶支座相关要求见表 17.3-3、表 17.3-4。

隔震支座面压结果 表 17.3-3

支座编号	长期面压/MPa	短期面压/MPa	备注
LNR700	9.6	10.5	1. 各层橡胶隔震支座的竖向压应力宜均匀，竖向平均应力不应超过丙类建筑的限值 15MPa。 2. 在罕遇地震作用下，隔震支座不宜出现拉应力，当少数隔震支座出现拉应力时，其拉应力不应大于 1MPa。 满足要求
LNR800	10.2	11.0	
LNR900	12.8	13.4	
LRB900	8.7	9.4	

隔震支座的罕遇地震位移 表 17.3-4

支座编号	橡胶层总厚度/mm	剪切位移限值/mm	罕遇地震剪切位移/mm	备注
LNR700	75	225	74	在罕遇地震作用下，隔震支座的水平位移限值应小于其有效直径的 0.55 倍和各橡胶层总厚度 3 倍二者的较大值。 满足要求
LNR800	75	225	67	
LNR900	75	225	67	
LRB900	75	225	126	

说明：罕遇地震剪切位移采用罕遇地震弹塑性时程分析 3 条地震波的包络值。

4. 支撑井筒设计

公共区的两个支撑井筒为结构的主要抗侧力构件。由于 3 个上接地端弹性支座的设置，降低了各接地端的嵌固刚度，增加了两个井筒的抗侧需求，支撑井筒承担了大部分地震剪力。同时，承担了从井筒延伸外挑的大跨度桁架（或梁）传递来的荷载。综上，井筒是关键结构构件，对其设置了性能目标。

如图 17.3-9 所示，框架柱下为独立柱基或桩基础，支撑井筒下为条基 + 岩石锚杆，锚杆提供抗倾覆能力，井筒基础满足大震下的抗倾覆需求。西侧核心筒下部因存在岩溶，局部采用兼具抗拔、抗压能力的桩基。

17.3.3 客房区桥式转换结构

1. 结构体系

客房区采用钢框架-中心支撑体系，交通井筒沿折线条带布置，基本间距 40m，防屈曲支撑（BRB）布置在每个交通井筒四边并通高连续，形成 BRB 支撑筒。支撑筒角柱为ϕ800～ϕ1000 的圆钢管混凝土柱。BRB 屈服承载力为 500～4500kN，少量为 10000kN。转换层及以下采用承载型 BRB 以保证大震目标、减小高位转换的P-Δ效应，客房层则采用耗能型 BRB 承担起保护单跨框架的作用。

客房层基本柱网 6.3m × 9m，为保留原有坑底环境、营造景观空间，采用大跨度桥式转换将客房层高架。除 C 区端跨外，其余井筒之间增设独立转换柱，转换梁跨度 15.6～25.2m、转换柱为ϕ900～ϕ1200

的圆钢管混凝土柱。

B 区和 C 区转换层上托两层客房，D 区上托 3 层客房。利用设备层设置转换梁、转换桁架，下弦平面为设备检修和管线通道，设楼面梁 + 钢格栅；上弦平面为客房楼面，采用 120mm 厚钢筋桁架楼承板；上下弦平面均设水平支撑（图 17.3-10）。转换层以上楼面采用钢筋桁架楼承板、钢框架梁柱为 H 形截面。

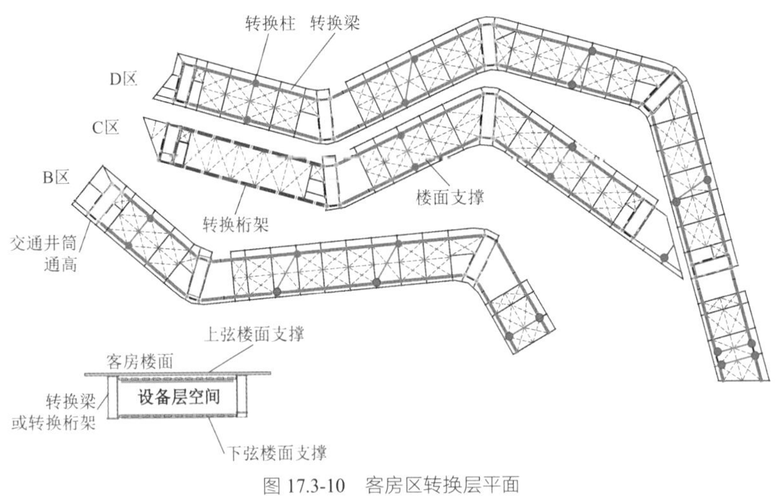

图 17.3-10　客房区转换层平面

2. 性能目标

客房区结构具有扭转不规则、凹凸不规则、尺寸突变（多塔）、构件间断（高位转换和连体）等多项不规则，性能化设计目标见图 17.3-11，采取以下措施：

（1）转换柱、转换梁抗震等级提高至二级，并满足大震弹性的性能目标，提高转换结构整体抗震性能；

（2）转换层及以下采用承载型 BRB，大震不屈服，提高转换层及以下结构侧向刚度，保证高位转换结构的整体稳定性；

（3）客房层交通筒采用耗能型 BRB，中震不屈服，大震可屈服耗能，保护地震作用下同层的单跨框架；同时提高客房层单跨框架抗震等级至三级，并满足大震不屈服的性能目标；

（4）加强中高条带（C 区和 D 区）底部连接区域楼板，达到中震不屈服目标；

（5）转换梁上下翼缘对应楼面均设置水平支撑，增强楼面的刚度和强度，保证条带的整体抗侧能力。

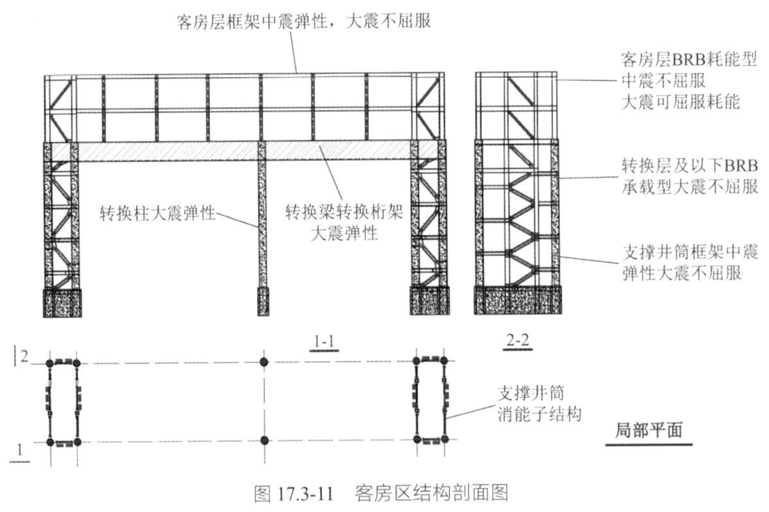

图 17.3-11　客房区结构剖面图

3. 波纹腹板转换梁

C 区端跨跨度 40m，设总高度 4.35m 的转换桁架。其余区域转换梁跨度在 15.6～25.2m 之间，梁高为 2.2m、总长约 700m，借鉴桥梁技术采用了波纹腹板钢箱梁，波形为 1000 型。波纹腹板相比于直腹板可明显减薄，总节材约200t；同时由于波纹腹板的“褶皱”效应，使得转换梁的轴向刚度相较于直腹板减小约1/3，相应消解了温度作用。在转换梁端、上托柱节点这些受力大、重要传力区域采用了局部直腹板。

以B区中间一跨转换梁为例，采用ABAQUS进行模拟分析，截面2200mm×700mm，波形段与直腹板段的分布及板件厚度见图17.3-12。采用S4R（4节点三维线性减缩积分壳单元）建立精细化转换梁分析模型如图17.3-13所示。波纹腹板及加劲肋采用Q355钢材，其余Q390GJC，钢材弹性模型206GPa，泊松比0.31，其本构曲线采用双折线模型，如图17.3-14所示。

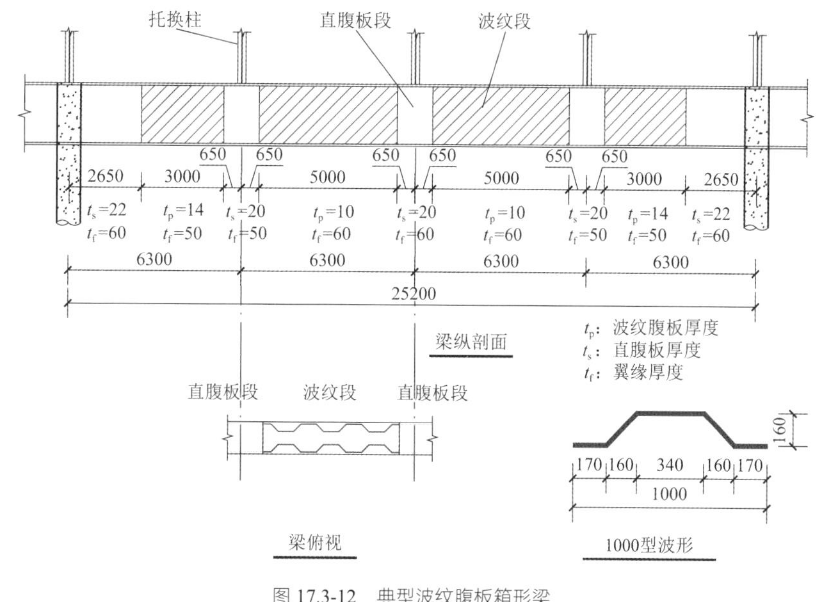

图 17.3-12　典型波纹腹板箱形梁

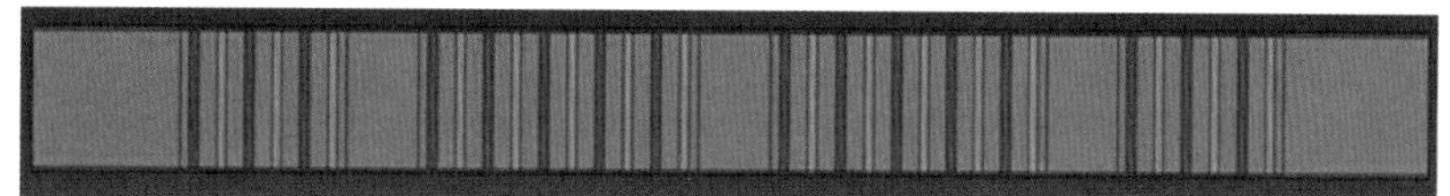

图 17.3-13　转换梁ABAQUS模型示意

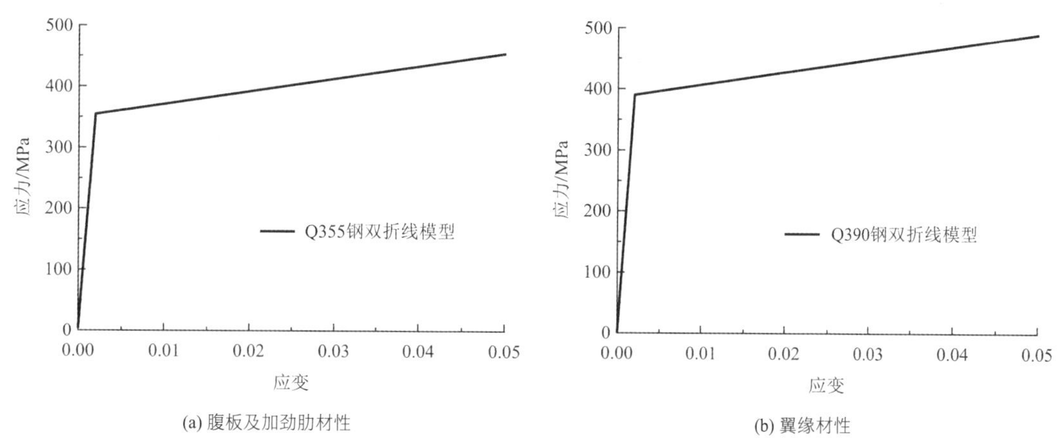

图 17.3-14　钢材双折线模型

为简化分析，对梁端部落地柱的模型进行简化，在转换梁模型的两端部分别建立刚域，并对刚域参考点施加固定约束，以模拟转换梁的两端固接。此外，实际转换梁在转换柱处及每小段跨中存在次梁，起到限制转换梁面外变形的作用，在建模过程中，将次梁对转换梁的面外限制简化为线位移约束。

（1）模型荷载

模拟过程中涉及复杂几何变形，故通过显示求解器进行拟静力分析，为消除惯性效应，计算时长选为 1.0s。为简化分析，仅考虑上托柱传至转换梁的竖向荷载作用，且各荷载作用值相同，为防止应力集中，在转换梁上翼缘荷载作用处划分出一块区域（200mm × 300mm）以施加竖向荷载，三个转换梁处竖向荷载上限均设置为 10000kN［通过结构整体分析可知，罕遇地震作用下，上托柱传至转换梁的最大竖向荷载约为 2200kN，控制荷载组合为 1.2（恒荷载 + 0.5 活荷载）− 1.3x向地震作用 + 0.5 竖向地震作用］，以观察结构可能的破坏形式。荷载作用位置及方向示意如图 17.3-15 所示。

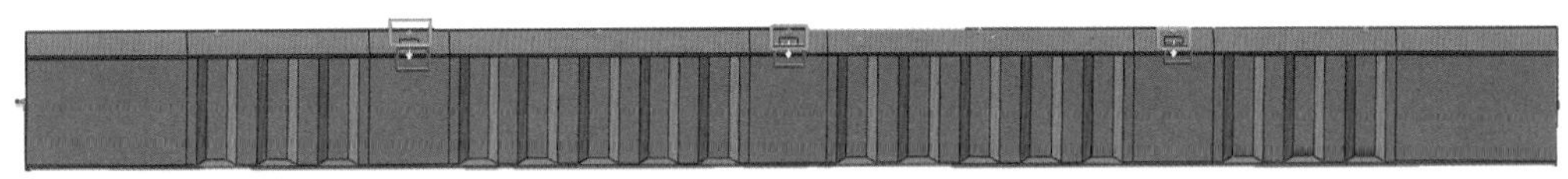

图 17.3-15　转换梁模型荷载示意

（2）模拟结果

如图 17.3-16 所示，荷载为 3460kN 时，翼缘开始进入塑性状态，首先进入塑性的位置为下翼缘两端支座位置。腹板（不包括加劲肋）在荷载为 4480kN 时开始进入塑性，进入塑性位置为转换柱支座处直腹板及相邻波纹腹板，如图 17.3-17 所示。

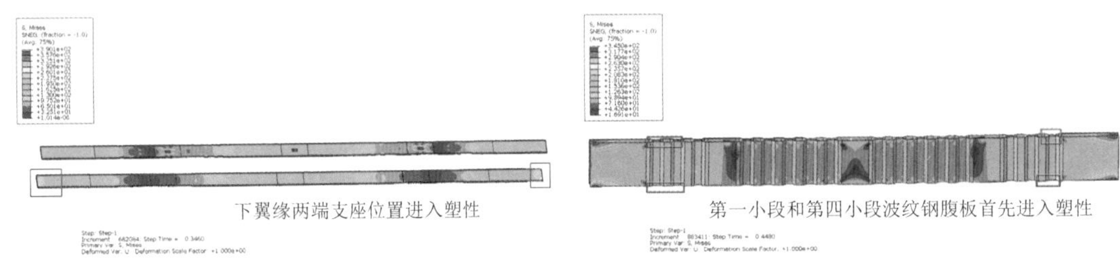

图 17.3-16　荷载为 3460kN 时刻翼缘开始进入塑性　　图 17.3-17　荷载为 4480kN 时刻腹板开始进入塑性

转换梁两端刚域参考点反力时程曲线如图 17.3-18 所示，当荷载为 7880kN 时，反力时程曲线下降，此时整体转换梁模型产生典型半波型变形，局部来看在两端部过渡段及跨中过渡段的腹板处出现明显塑性变形（图 17.3-19）。综上所述，该转换梁模型能够承担的最大荷载为 7880kN（此处最大荷载为每个加载位置施加的荷载），为标准荷载的 4.9 倍。

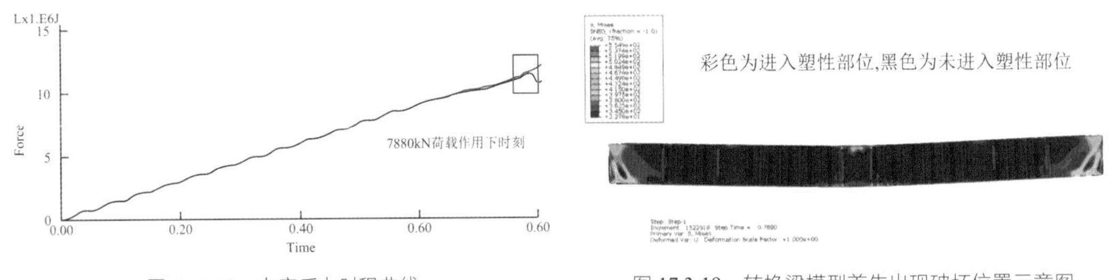

图 17.3-18　支座反力时程曲线　　图 17.3-19　转换梁模型首先出现破坏位置示意图

17.4 崖壁剧院·云池舞台

崖壁剧院建筑面积为 1.26 万 m^2，可供 2400 位观众观看云池舞台表演。临近北崖曲折布置，结构与崖壁脱离。地上 1～3 层，结构高度 13.7m，平面总长 254m，设一道结构缝分为 110m、144m 两个结构单元。建筑实景、建筑剖面，结构布置如图 17.4-1～图 17.4-3 所示。

剧院采用钢框架-支撑结构体系。钢支撑布置沿垂直崖壁方向并结合建筑井筒位置。井筒间由 17～23m 跨度的钢梁连接，形成若干无柱大空间，为展览、观演提供有利条件。看台区域悬挑，最大挑出跨度 11.5m、负荷宽度 22.0m。大跨悬挑处设跨层三角钢桁架，与背跨的框架、单斜杆支撑形成简洁的传力机制（图 17.4-4、图 17.4-5）。剧院与崖壁间的连桥一端与主体结构固定连接，另一端与崖顶滑动连接，此设置规避了崖壁与主体结构的交互影响，简化了设计的边界条件。

剧院北侧邻近崖壁，观众在看台上可近距离观看岩石。为不影响自然风貌，北崖支护主要采用锚杆结合主动防护网，并隐藏锚头。场地消险产生的石料装入不锈钢石笼后制作成为剧院的石笼墙体。建筑场地狭长、坑底起伏不均，采用独立柱基、条基、桩基，舞台剪力墙下防水板抗拉侧设抗拔锚杆。

云池舞台建筑面积 5390m^2，位于剧院南侧二级矿坑内，结构与崖壁脱离。地上两层，结构高度 10m，平面总长 157m。屋面南侧悬挑 4.4～12.7m、北侧与崖壁搭接。

舞台采用钢框架-混凝土剪力墙结构。平面中央结合舞台机械空间设剪力墙，形成抗侧力体系，剪力墙方便舞台机械预留埋件的同时，还为南侧长悬挑区域提供背跨抗拔能力。舞台平台一端与主体结构固定连接，另一端与崖顶滑动连接，滑动支座的设置可以有效释放舞台结构的温度作用应力，并有利于屋面混凝土水池侧壁的裂缝控制。

图 17.4-1 剧院•舞台建成实景

图 17.4-2 剧院•舞台建筑剖面

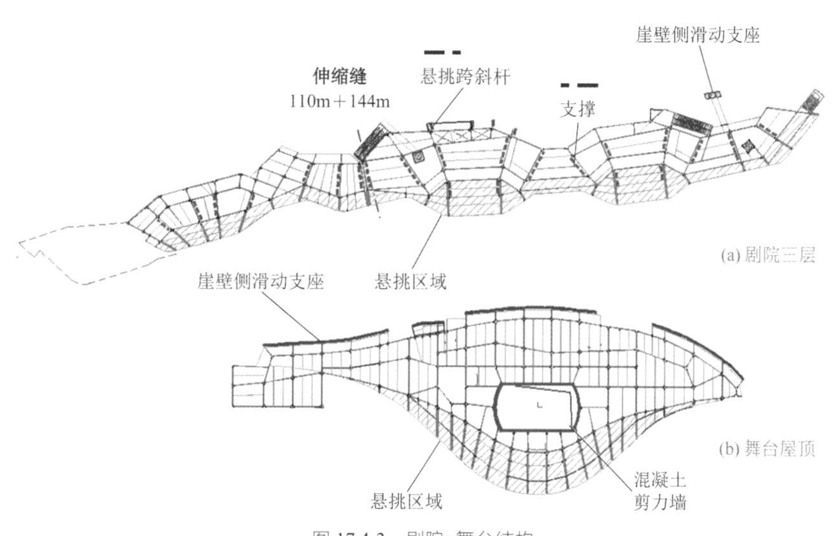

图 17.4-3 剧院•舞台结构

图 17.4-4 剧院悬挑看台

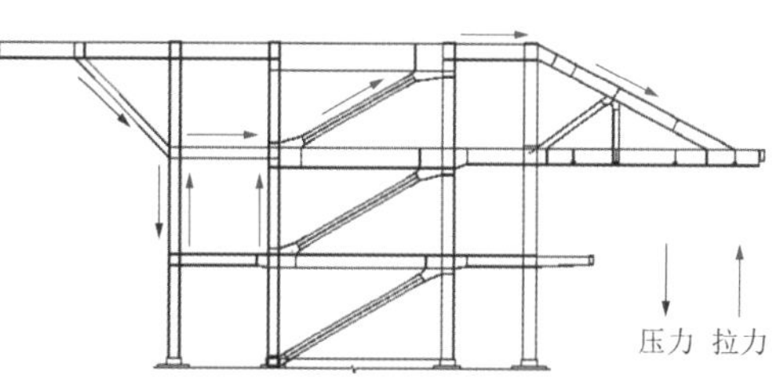

图 17.4-5 悬挑跨层桁架

17.5 结语

未来花园工程涵盖了建筑、景观、道桥岩隧等多个专业和领域，先后共有几十家单位参与其中，多个高校研究团队提供了有力的技术支撑。在建设者共同努力下，多项创新技术得以成功应用，包括：（1）在国内首次将不锈钢规模化应用于民用建筑结构领域，实现了建、构、饰一体化设计；（2）提出并采用的“水平变刚度调平技术”有效地解决了多阶台地山地建筑的抗震难题，实现了建筑和岩土的一体性保护；（3）将波纹腹板钢箱梁成规模地应用于建筑结构转换梁，节材效果显著。这些技术不仅服务于未来花园项目，其相关研究成果对于该领域的技术发展和工程推广也起到了促进作用。

参考资料

[1] 东南大学土木工程学院. 南京园博园项目伞状结构中不锈钢交叉杆件数值分析与试验研究研究报告[R]. 2020-7.

[2] 哈尔滨工业大学空间结构研究中心. 南京未来花园植物园不锈钢伞壳缩尺模型实验报告[R].2020-12.

[3] 清华大学土木工程系. 江苏园博园孔山矿片区未来花园项目不锈钢节点试验报告[R]. 2021-1.

设计团队

结构设计单位：中国建筑设计研究院有限公司

结构设计团队：王　载、叶　垚、王文宇、尤天直、陈婷婷、许松健、王建哲、曹立之、刘　盈、万思宇、武启剑

执　笔　人：王　载、王文宇

本文部分图片由中国建筑设计研究院有限公司本土设计研究中心提供。

第18章

海南国际会展中心

18.1 工程概况

18.1.1 建筑概况

海南国际会展中心位于海南省海口市西部，是海南省标志性建筑。会展中心一期由展览中心和会议中心两部分组成，地上以防震缝分为两个独立主结构单元，最大长、宽尺寸分别375m和253m，建筑效果如图18.1-1所示，建筑典型平面如图18.1-2所示，本章内容仅介绍展览中心部分。项目于2009年7月建筑方案投标，2011年6月竣工验收。从建筑设计方案投标到竣工仅仅两年时间，对于建筑面积12万m^2的会展建筑而言堪称奇迹。海口是我国的高地震烈度省会城市，本项目抗震设防烈度8度，设计基本地震加速度0.3g，设计地震分组为第一组，建筑场地类别Ⅱ类，设计特征周期0.35s，抗震设防类别为乙类。海口也是台风出现比较频繁的海岛城市，基本风压为0.75kN/m^2（50年重现期）、0.90kN/m^2（100年重现期），地面粗糙度为A类。此外海口市北朝琼州海峡，盐雾腐蚀性高，对钢结构有较不利影响。

图18.1-1　海南国际会展中心鸟瞰图

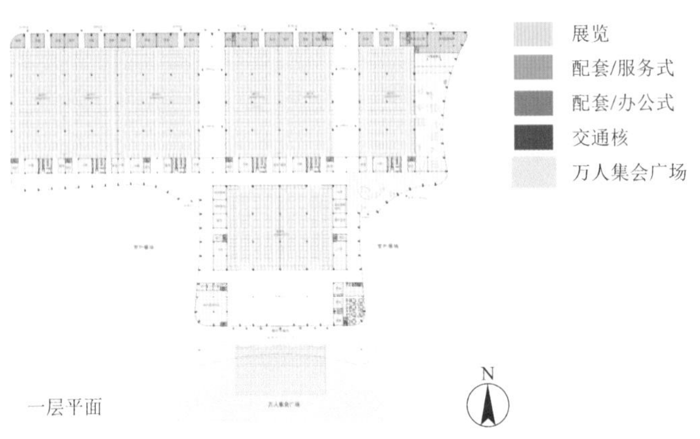

图18.1-2　建筑典型平面

18.1.2 设计条件

主体控制参数（表18.1-1）

控制参数表　　表18.1-1

项目	标准
结构设计基准期	50年
建筑结构安全等级	一级
结构重要性系数	1.1
建筑抗震设防类别	重点设防类（乙类）

地基基础设计等级		甲级
设计地震动参数	抗震设防烈度	8 度
	设计地震分组	第一组
	场地类别	Ⅱ类
	小震特征周期	0.35s
	大震特征周期	0.40s
	基本地震加速度	0.3g
基本风压	50 年重现期	0.75kN/m^2
	100 年重现期	0.90kN/m^2
建筑结构阻尼比	多遇地震	0.04
	罕遇地震	0.05
水平地震影响系数最大值	多遇地震	0.24
	设防烈度	0.68
	罕遇地震	1.20
地震峰值加速度	多遇地震	110cm/s^2

18.2 建筑特点

18.2.1 双向波浪形屋盖结构

建筑师希望室内屋面效果为清水混凝土壳体，美观、纯粹又耐久。针对建筑师的要求，屋面结构设计为混凝土预制叠合板，预制曲面板厚 40mm，上叠合厚 60mm 的现浇层，预制曲面板尺寸和曲率与网壳分格对应，可以完美实现室内清水混凝土效果。但是预制曲面板数量多，精度与观感要求高，施工单位认为在有限的工期内难以完成。后经过专家论证，将预制混凝土曲面板改为钢模板，成形精度高、速度快、安装方便，只是用钢量偏大。此曲面钢板并非一般钢模板，经计算，钢板厚度根据部位不同取 6～10mm，再加上其上 100mm 厚现浇混凝土，其屋面造价非常可观，使投资方难以决断。针对这一情况，经过大量分析和试验研究，最后确定取消了钢模板上的现浇混凝土，仅以钢板作为屋面结构，上铺可塑型保温隔热材料和柔性防水层，外饰面为配有钢丝网的现浇 GRC（玻璃纤维增强混凝土）面层。GRC 面层分仓浇筑，同时解决了超长屋面裂缝问题。叠合板屋面及钢板屋面示意见图 18.2-1。

柱网尺寸为 22m × 22m，柱位于相邻反壳谷底，使两柱间形成拱形结构。经与建筑师配合，标准单元的正壳与反壳均设计为正交网格，其间距为 11m 的 6 等分，构成等直径圆钢管单层钢网壳，根据各种工况分析，采用直径为 325mm、管壁厚为 8～16mm 的圆钢管，网壳节点均为相贯焊接节点。受力最大部位为柱顶波谷，为减小柱顶处内力集中，在柱顶布置伞状支撑，同时强化了柱顶与网壳的固接作用，使网壳的受力更加均匀合理，见图 18.2-1。

图 18.2-1　柱顶及屋面施工完成现场照片

18.2.2 柱网及屋面结构体系

屋盖结构是展览中心主体结构的重要组成部分，也是建筑造型的主要表现部位。关于壳面，方案初期构思时，正反壳面为标准的球面，即按照其波高和投影长度，从相应的球面上直接切割出来。但这种情况下，正反壳面交错布置时，其相交处仅为一个点，在这个点之外无交界，使得这个区域难以处理。为此，对壳面进行了优化，不再使用球面曲线而采用正弦曲线进行拟合。壳体投影长度为 11m，将 11m 长度平分为 6 个单元，最中间处采用波高 2m、波长 11m 的正弦曲线，从中间向两边正弦波高逐渐变小，到 11m 边缘变为一条直线。在这种情况下，正壳与相邻的反壳组合时，交接处为一条平直线段，且正好在剖视方向的中间高度。结构选型恰恰利用了建筑屋面形式的特点，将展厅周边屋面设计为具有较大面内刚度的单向波浪形网架结构，以形成对屋面中间部位的有效约束，使中部采用单层钢网壳结构成为可能。屋面结构内部及屋面结构上表面效果见图 18.2-2、图 18.2-3。

图 18.2-2　屋面结构内部

图 18.2-3　屋面结构上表面效果

考虑工期、地质条件、结构自重、盐雾腐蚀等几个因素，结构方案经历了从 55m 跨预应力混凝土箱形梁 + 波浪形混凝土叠合壳、55m 跨波浪形钢网架、22m 跨钢网壳 + 展厅周边网架 + 预制叠合板、22m 跨钢网壳 + 展厅周边网架 + 屋面钢板的演变，柱网根据波浪形屋面优化过程见图 18.2-4。单层网壳部位柱顶端与网壳以伞状支撑连接，实现柱与网壳的刚性连接，柱采用 1050mm 直径圆钢管混凝土柱，柱内埋置排水管，同时实现承重、抗侧力和排水三重功能，得到建筑师、给水排水工程师的肯定。

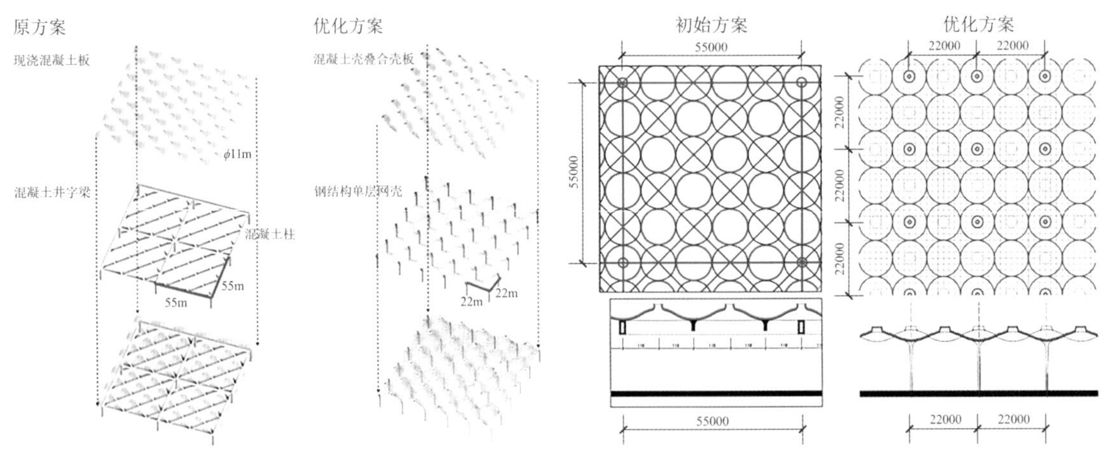

图 18.2-4　柱网根据波浪形屋面优化过程

18.2.3 抗侧力体系

展览中心为单层较规则柱网大空间结构，层高 15m（谷底），柱网尺寸 22m × 22m，局部抽柱形成 44m × 88m 大空间。在温度作用下，由于屋面为双向波浪形，变形能力较强。因此，尽管屋面东西向长度 375m，仅在屋盖周边平面内刚度较大的网架部位柱顶设置了限位滑动支座，以释放由于屋盖温度变形对柱子产生的推力。如图 18.2-5 所示。

柱底与基础承台采用插入式固定连接，增强竖向构件的抗侧刚度。展厅内服务用房为 2～3 层，分布在展厅边缘，根据使用功能设计为钢筋混凝土框架-剪力墙结构，与展厅结构完全脱开，自成体系，这样一方面使结构简洁合理，另一方面服务用房为展厅内的室内建筑，可灵活安排施工，对总施工进度无制约作用。

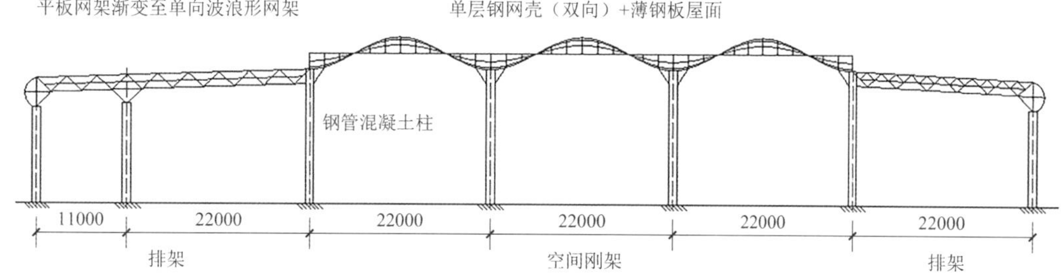

图 18.2-5　22m 跨钢网壳 + 周边网架 + 屋面钢板方案

采用钢结构的网壳和网架有以下优点：①网壳曲面与建筑屋面造型完美结合。②大大降低了结构自重，柱荷载由原来混凝土结构方案时的 130000kN（55m 跨度）降低到约 4000kN，大大减小了基础的设计与施工难度。③网壳结构所占高度小，只是杆件截面的尺寸，网壳管径为 325mm。空间高度降低以后，可以节省常年的能耗。④网壳和网架均可由地面进行加工成单元，然后吊装就位再进行拼装，施工速度快，降低工程造价。

18.3 体系与分析

18.3.1 分析模型

主体部分整体计算主要采用美国 CSI 公司开发的通用结构分析与设计软件 SAP2000 进行结构整体分析（图 18.3-1），同时利用美国 ANSYS 公司开发的大型有限元结构分析软件 ANSYS 进行校核（图 18.3-2）。网架计算采用浙江大学空间网格结构分析设计软件 MSTCAD。

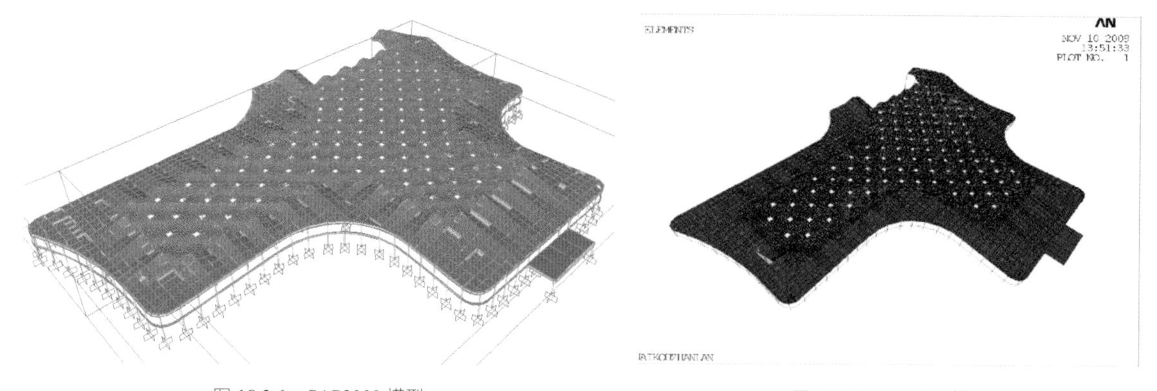

图 18.3-1　SAP2000 模型　　　　图 18.3-2　ANSYS 模型

18.3.2 整体计算

1. 振型周期

分别利用 SAP2000 和 ANSYS 对展厅主体结构进行了模态分析，结果如表 18.3-1～表 18.3-3 所示，结构振型如图 18.3-3 所示。计算时，取 20 个振型，振型质量参与系数为 X 方向 98.19%，Y 方向 98.26%，满足规范要求。

振型质量参与系数（SAP2000） 表 18.3-1

振型号	周期/s	X向		Y向	
		质量/%	合计/%	质量/%	合计/%
1	1.528	6.69	6.69	83	83
2	1.504	83	89.69	6.6	89.64
3	1.321	1.1	90.79	0.25	90.25
4	1.048	0.06	90.84	0.008	90.26
……	……	……	……	……	……
19	0.125	2.74	97.34	1.08	95.88
20	0.115	0.85	98.19	2.37	98.26

SAP2000 模型结构振型 表 18.3-2

振型号	周期/s	振型	扭转周期比
1	1.528	Y方向平动	0.86 < 0.9
2	1.504	X方向平动	
3	1.321	扭转	

ANSYS 模型结构振型 表 18.3-3

振型号	周期/s	振型	扭转周期比
1	1.585	水平平动	0.87 < 0.9
2	1.568	水平平动	
3	1.383	扭转	

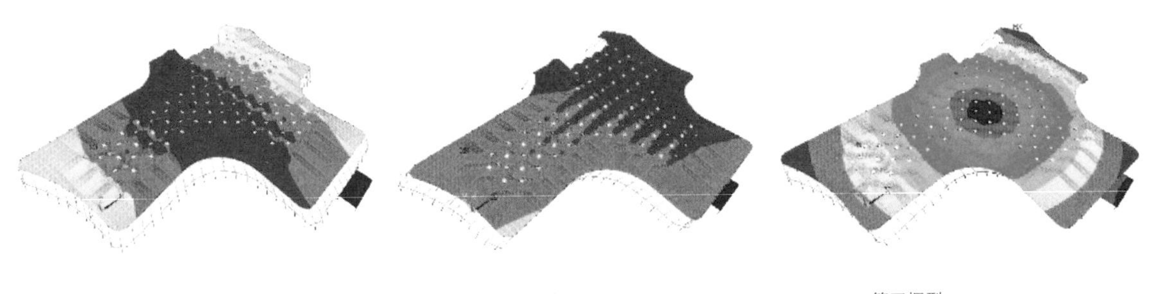

第一振型，$T_1 = 1.585$s
(a) Y向平动

第二振型，$T_2 = 1.568$s
(b) X向平动

第三振型，$T_3 = 1.383$s
(c) 扭转

图 18.3-3 结构振型图

2. 多遇地震反应谱法计算

图 18.3-4 表明，在各种荷载工况组合下，网壳构件构件应力均较小，结构安全。这是因为钢板壳体起到了一定的支承作用，分担了部分的荷载和地震作用，而使网壳杆件受力较小。但在地震作用下，屋面的混凝土壳体有可能受拉失效，从而刚度将受到很大的折减，将地震作用转移至网壳杆件，使杆件受力增加。因此，对地震作用下钢板壳体退出工作的情况进行了分析，以考察网壳的内力，确保结构安全。图 18.3-5 给出了完全不考虑钢板壳体作用的网壳内力分布。此时，杆件内力有较大提高，SAP2000 模型中最大应力比为 0.9，而在 ANSYS 模型中最大应力比达到了 1.03，杆件基本保持弹性。因为完全没有考虑钢板壳体的作用，此结果偏于保守。

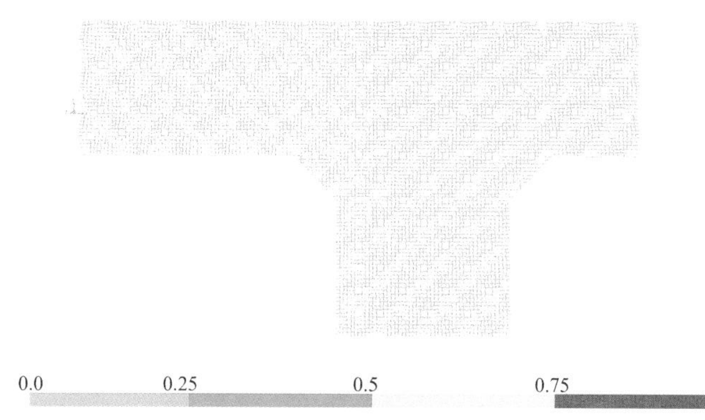

(a) 网壳应力比分布（SAP2000）（单位：kPa）

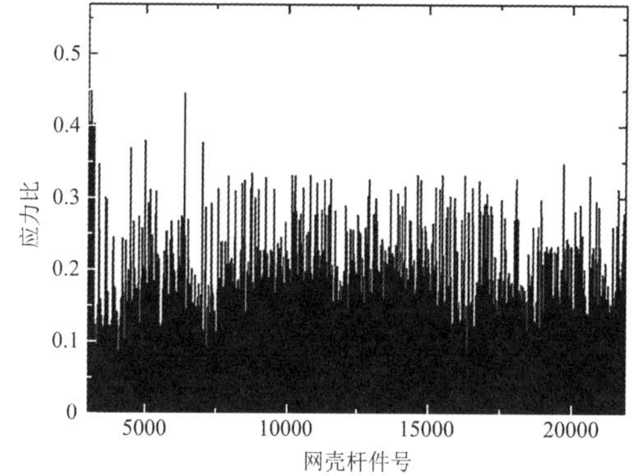

(b) 网壳应力柱状图（SAP2000）

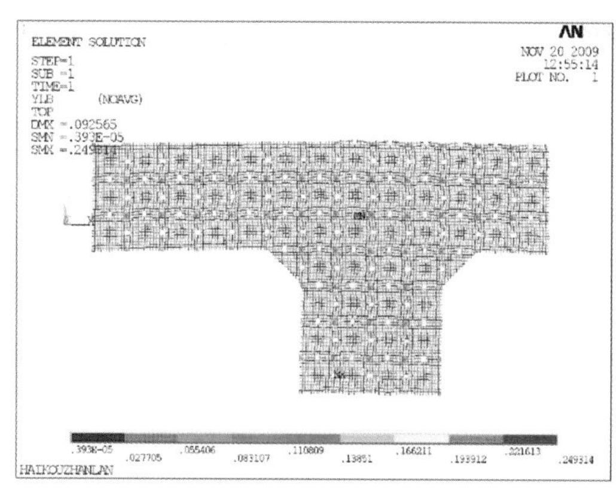

(c) 网壳应力比分布（ANSYS）

图 18.3-4　考虑钢板壳体作用的网壳内力

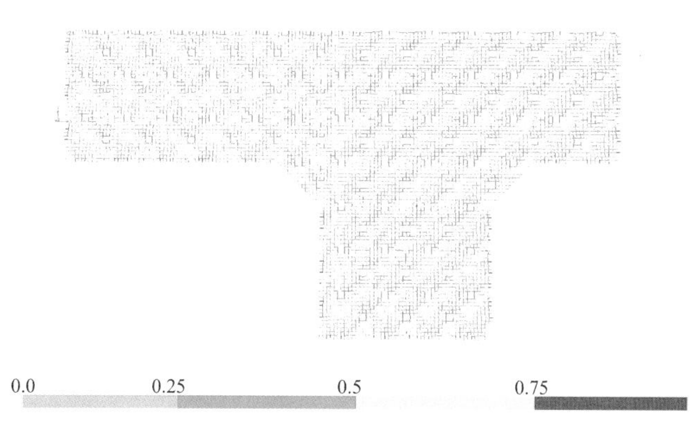

(a) 网壳应力比分布（SAP200）

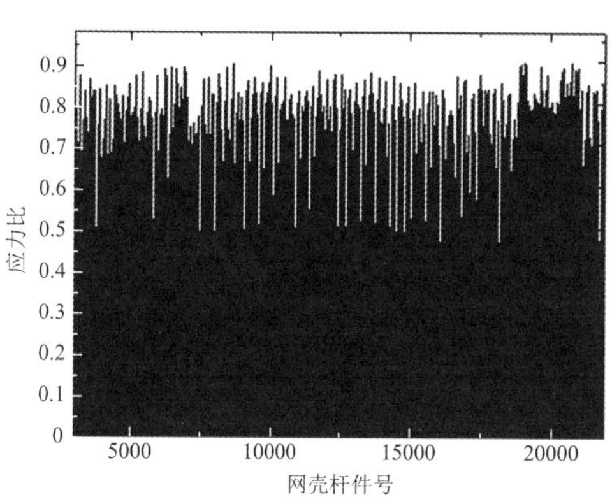

(b) 网壳应力比柱状图（SAP2000）

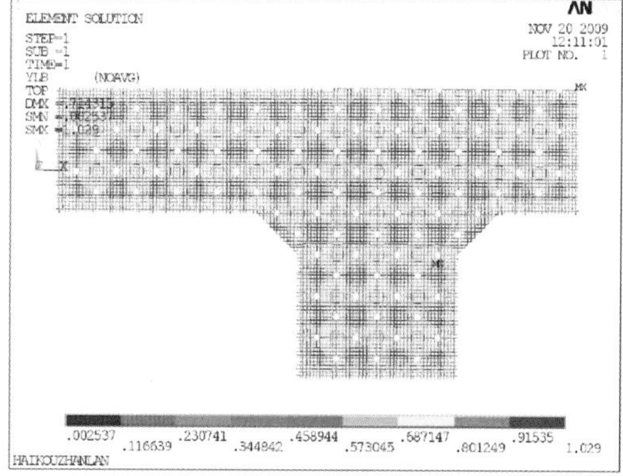

(c) 网壳应力比分布（ANSYS）

图 18.3-5　不考虑钢板壳体作用的网壳内力

标准荷载组合下，网壳部分最大竖向位移比约为 1/1000 < [1/400]，网架部分最大竖向位移比为可见后文。结构变形满足规范要求，见图 18.3-6。

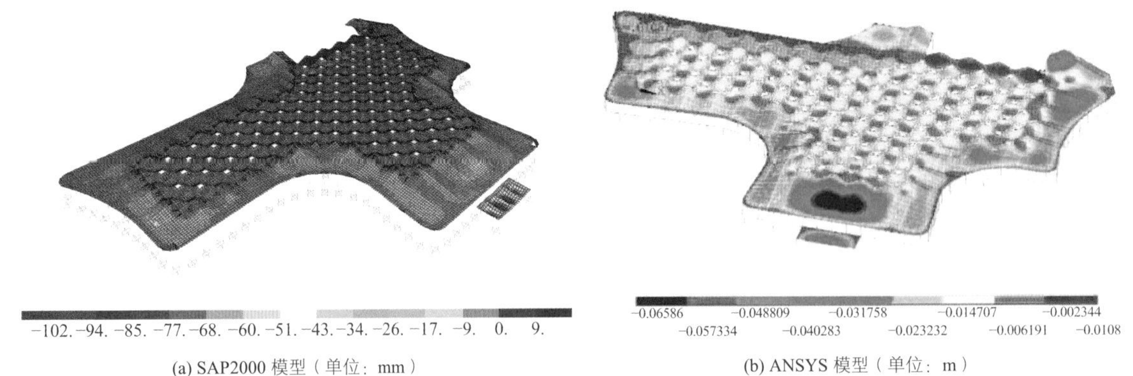

(a) SAP2000 模型（单位：mm）

(b) ANSYS 模型（单位：m）

图 18.3-6 标准荷载组合下结构竖向变形云图

地震作用下结构位移见表 18.3-4、表 18.3-5。

SAP2000 模型水平地震作用下的位移比和位移角 表 18.3-4

方向	最大位移比		最大层间位移角
	最大层间位移与平均层间位移之比	最大水平位移与层平均位移之比	
*X*向	1.13	1.13	1/399
*Y*向	1.06	1.06	1/425

ANSYS 模型水平地震作用下的位移比和位移角 表 18.3-5

方向	最大位移比		最大层间位移角
	最大层间位移与平均层间位移之比	最大水平位移与层平均位移之比	
*X*向	1.14	1.14	1/321
*Y*向	1.12	1.12	1/366

3．风荷载作用计算结果

海口地区风荷载较大，不容忽视。经过计算，在风荷载作用下，展厅主体屋面*X*向最大位移 9.6mm，*Y*向最大位移 10.7mm，对应的层间位移角为 1/1510 和 1/1355，满足规范不大于 1/400 的要求。

18.3.3 局部计算

1．网壳静力计算

本工程中的网壳结构是由跨度为 11m、矢高为 2m 的正壳单元和反壳单元交错组合而成。11m 跨度被 6 等分，即网壳杆件的基本网格为 1.833m（投影至水平地面间距），对网壳进行计算时，不考虑钢板壳体的承载作用，而是将其自重及其上部屋面做法的恒荷载和屋面活荷载折算成线荷载施加到网壳上。为满足建筑效果要求，钢管管径不变，通过改变壁厚来适应杆件不同大小的内力。钢管截面取为 325 × 16（图中蓝色杆件所示）和 325 × 8（图中黄色杆件所示）。分析模型如图 18.3-7 所示。结构的内力及变形见图 18.3-8、图 18.3-9。

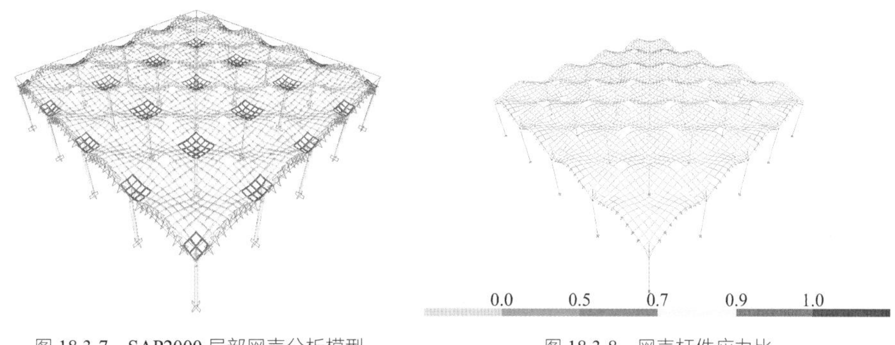

图 18.3-7 SAP2000 局部网壳分析模型

图 18.3-8 网壳杆件应力比

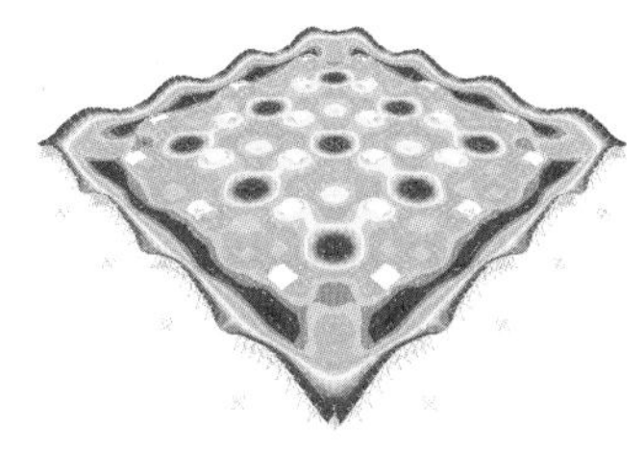

图 18.3-9 网壳变形（标准组合）（单位：mm）

考察标准网格部分的网壳，杆件最大内力发生在柱顶支座处，杆件最大应力比达到 0.72。其次，由于在柱上板带的正壳顶部中心十字形杆件被抽空，造成两侧的杆件内力也较大。结构最大变形发生于正壳和反壳交接处的平直段，在标准组合（1.0 恒荷载 + 1.0 活荷载）下，最大为 21.8mm/22000mm = 1/1009 < [1/400]，满足要求。

2. 网壳积水工况分析

海口为热带滨海地区，经常受到台风和暴雨的袭击。暴雨短时的降雨量往往较大，所以，在网壳位于柱顶支座的反壳面内，存在因为雨量过大过猛或者柱内雨水管堵塞而无法及时排至地面从而在反壳面内积水这种偶然情况发生的可能性。如果在 11m × 11m、2m 矢高的整个反壳面内积满水，其重量将达到约 100t，这种不利情况必须在设计中给予考虑，如图 18.3-10 所示。因此，对网壳在积水的情况下进行了内力及变形分析。假设某一个柱顶反壳面内 100t 的积水量，考虑竖向恒荷载和活荷载的作用。

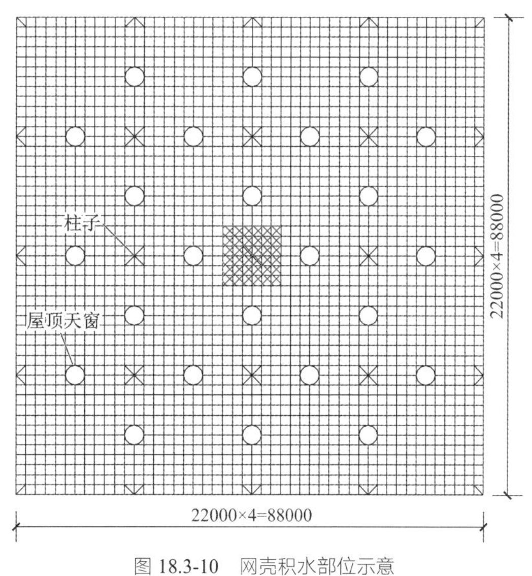

图 18.3-10 网壳积水部位示意

如图 18.3-11 所示，在积水情况下，杆件应力比由不积水时的 0.72 增大到了约 0.90，竖向变形由 21.8mm 增加到了 24.7mm，对应挠跨比为 1/891 < [1/400]。可见，积水的影响不容忽视。但结构仍在安全范围之内。

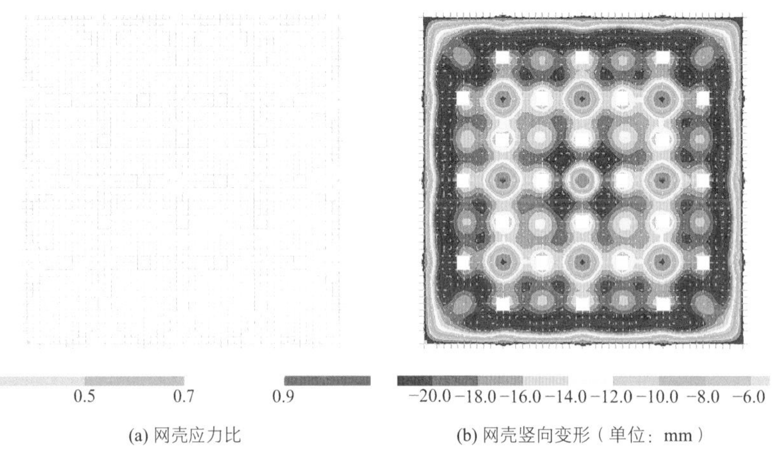

(a) 网壳应力比　　(b) 网壳竖向变形（单位：mm）

图 18.3-11　积水情况下网壳应力比及变形

3. 网壳稳定性分析

网壳结构的稳定性是网壳分析设计中的一个关键问题，特别是单层网壳和厚度较小的双层网壳，都存在失稳的可能性。为此，采用牛顿-拉普森法利用 ANSYS 对单层网壳进行了稳定分析。考虑 1/300 的初始缺陷，分别针对几何非线性以及几何非线性和材料非线性双非线性两种情况进行了稳定性分析。如图 18.3-12 所示，网壳失稳首先发生在正壳和反壳交接处的平直段，这与静力分析的结果是吻合的。可见，平直段为网壳的薄弱部位。在几何非线性情况下，网壳的屈曲因子为 28.1；在几何非线性和材料非线性双非线性的情况下，网壳的屈曲因子为 5.77，满足《网壳结构技术规程》JGJ 61-2003 中 $K \geqslant 5$ 的要求。

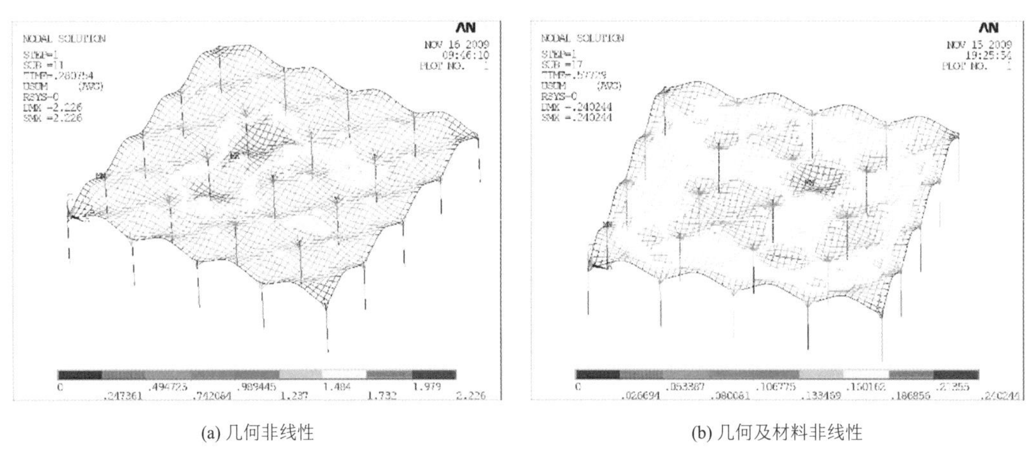

(a) 几何非线性　　(b) 几何及材料非线性

图 18.3-12　网壳失稳模态

18.4 专项设计

18.4.1 钢结构防火设计

海南国际会展中心为展厅类建筑，建筑内部展厅区域为高大空间，发生火灾时较难产生轰燃，因而室内温度上升不是十分迅速，烟气的最高温度较低，海南国际会展中心项目的耐火等级为一级，耐火极限要求见表 18.4-1。

构件的耐火极限要求　　表 18.4-1

构件类别	柱	柱间支撑	楼面梁	楼板	屋盖结构承重构件
耐火极限要求/h	3.0	3.0	2.0	1.5	1.5

1. 展厅钢管混凝土柱防火分析

展厅钢管混凝土柱，结构尺寸为钢管$\phi920\times14$，钢材为 Q345B，混凝土强度等级为 C40，无防火保护时火灾下材料升温变化曲线和柱截面温度分布分别如图 18.4-1、图 18.4-2 所示，在受火 30min 时，钢管温度为 651.7℃，需进行防火保护。

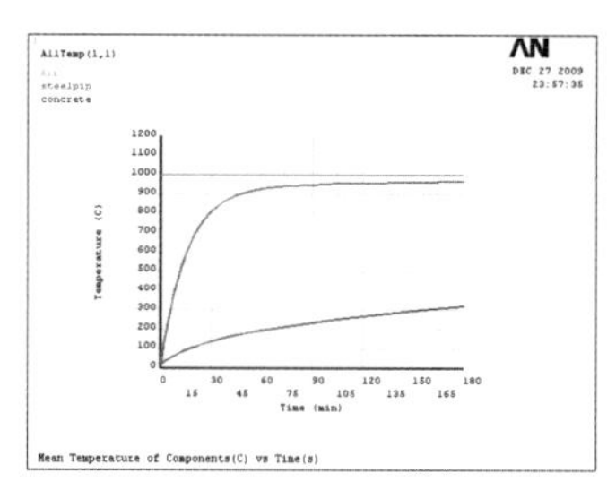

图 18.4-1　GKZ2 无防火保护时的平均温度

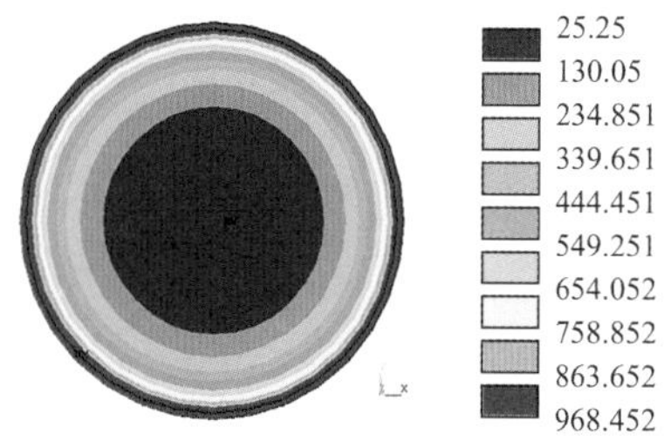

图 18.4-2　GKZ2 受火 3h 无防火保护时截面温度分布（单位：℃）

在钢管混凝土外围加 50mm 混凝土保护层后，进行防火分析，在受火 180min 时，钢管温度 508.1℃，内部混凝土的平均温度为 168℃，满足防火安全要求。

2. 展厅中部单层钢管网壳防火分析

展厅中部单层钢管网壳的耐火极限要求 1.5h，中部采用单层钢管网壳，周边采用曲面的双层网架。危险火灾场景下，图 18.4-3～图 18.4-5 所有钢构件的最大应力比均小于 1，最大组合应力比 0.86，满足抗火安全要求。

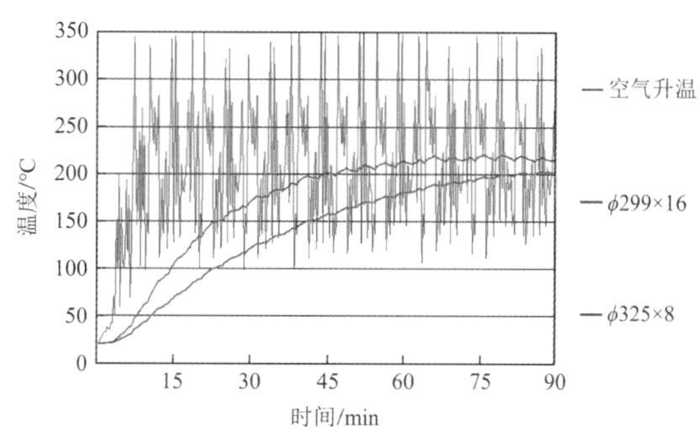

图 18.4-3　展厅中部钢网壳构件的升温曲线

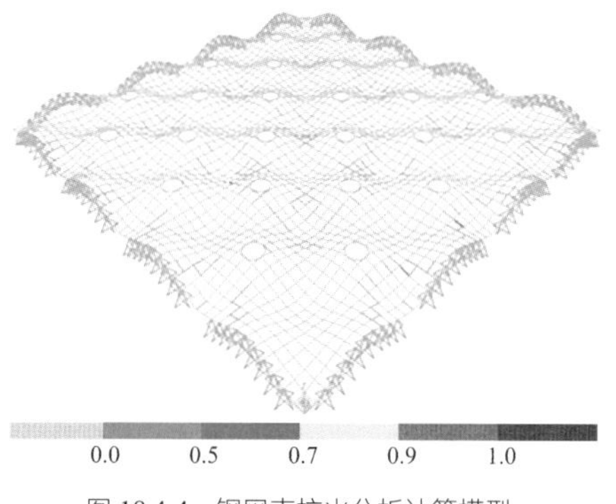

图 18.4-4　钢网壳抗火分析计算模型

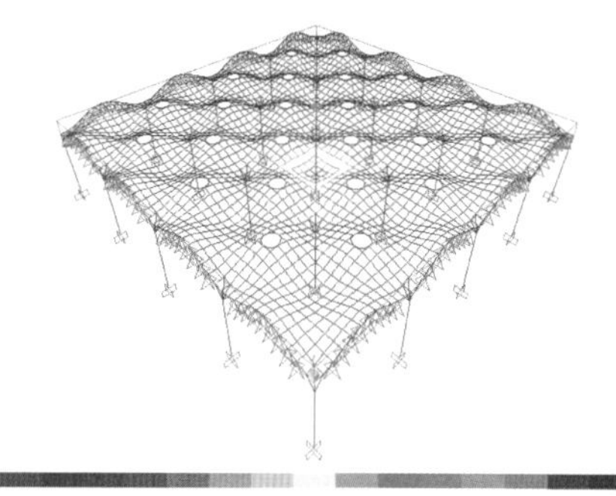

图 18.4-5　钢网壳在危险火灾场景下的应力比

3. 展厅周边的双层网架与屋面板防火分析

展厅周边双层网架抗火分析取离地面 15m 高度处的烟气温度计算构件升温（不需要考虑火焰直接辐射的影响）。在无防火保护情况下，双层网架各构件的升温曲线如图 18.4-6 所示，温度均不超过 325℃，满足抗火安全要求。

展览中心屋面板以 6mm（局部 8mm 或 10mm）厚钢板作为屋面板的主要受力构件，屋面板抗火分析采取离地面 18m 高度处的烟气温度验算其抗火安全性。由图 18.4-7 可知，烟气平均温度不超过 250℃，因此即使不进行防火保护，屋面钢板在火灾安全，耐火时间可达到 1.5h。

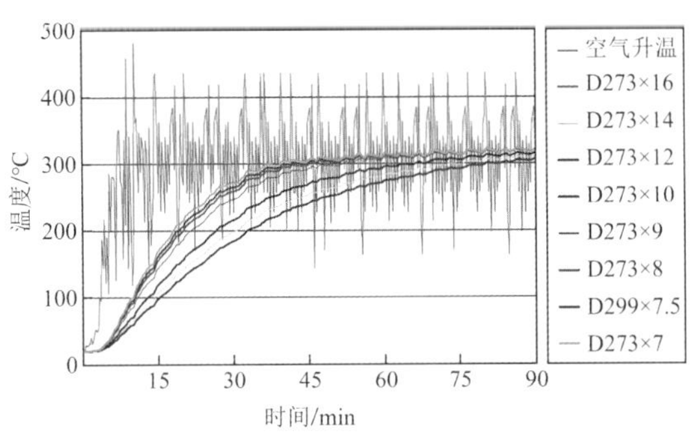

图 18.4-6 展厅周边的双层网架的升温曲线

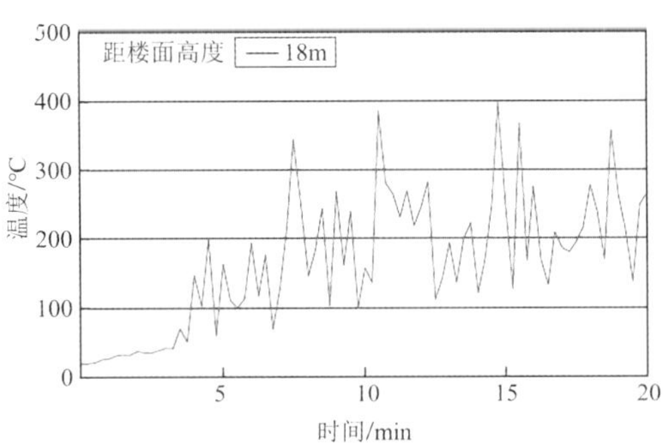

图 18.4-7 离地面 18m 高处的烟气温度

18.4.2 钢结构防腐设计

海南国际会展中心是国内首座靠海建设的会展中心，靠海仅约 100m，光照强烈。项目采用大量钢铁作为建筑结构材料，面临的腐蚀考验、耐候老化等问题较为严峻。

海口市平均相对湿度 85%，年平均气温 23.9℃，降雨量较多，年均降水量 1785mm，会展中心处于海边，海上为盐雾环境，空气中盐分含量高，全年日照时间长，辐射能量大，年平均日照时数 2225h，太阳总辐射量达 4500～5800MJ/m^2。

根据上述对海口腐蚀环境的分析和《钢结构涂层防腐技术规范 第 2 部分：环境分类》ISO 12944-2 的有关定义，海南国际会展中心室外钢结构可定义为处于 C5-M 腐蚀性环境，室内钢结构可定义为处于 C5-I 腐蚀性环境。

根据抑制不同腐蚀要素的方法，共有三种机制，或者是单独存在或者是同时作用来提供缓蚀所需要的保护。第一种是电化学牺牲保护，金属层或合金层、富锌底漆等属于这种保护类别。第二种是化学钝化保护，磷酸锌底漆属于这类保护类型。第三种是物理屏蔽保护，漆层的中间漆、面漆，还有某些合金层属于这个类型。

经过对比分析，本项目采用“富锌底漆 + 中间漆 + 面漆”防护方案。整个涂层体系的使用寿命及相应的干膜厚度均可参考《钢结构涂层防腐技术规范 第 5 部分：防护漆体系》ISO 12944-5，具体防腐干膜厚度如表 18.4-2 所示。

海南国际会展中心钢结构防腐配套　　表 18.4-2

室外钢结构防腐配套			室内钢结构防腐配套		
涂层	产品名称	干膜厚度/μm	涂层	产品名称	干膜厚度/μm
底漆	环氧富锌底漆	60	底漆	环氧富锌底漆	60
中间漆	环氧云铁中间漆	180	中间漆	环氧云铁中间漆	200
面漆 1	丙烯酸聚硅氧烷面漆	50	面漆	丙烯酸聚氨酯面漆	60
面漆 2	丙烯酸聚硅氧烷面漆	50			
合计		340	合计		320

项目所处环境光照强烈，年日照时数 1780～2600h，太阳总辐射量 4500～5800MJ/m^2。太阳光中的

紫外光是一种破坏性很强的射线，它的有害射线的波长约为 290～400nm，对树脂、颜料、染料等的颜色和光泽具有破坏性，使面漆色彩淡化、泛黄、表面失去光泽等。它通过加速氧化作用，导致高分子树脂的连续固化或分解，使这些聚合物的颜色发生变化并导致结构破坏。

目前暂时还没有面漆材料可以达到 20 年以上的保光保色性能，但只要漆膜没有脱落、开裂等，面漆的变色、失光基本不影响防腐蚀性能。若追求长效的新颖外观效果，可在防腐设计年限内重涂一次面漆，但通常无须重涂底漆、中间漆、防火涂料等。根据分析对比，最终会展中心室外面漆采用丙烯酸聚硅氧烷，室内面漆采用丙烯酸聚氨酯。

18.4.3 特殊节点构造

1. 网壳与屋面板连接节点

本工程设计中，屋盖原计划采用 22m 跨钢网壳 + 展厅周边网架 + 预制叠合板体系，其中网壳采用相贯节点，节点处只有十字正交方向的杆件，难以做到刚接。为保证结构的安全，同时也为了降低波浪形屋面防水保温等做法的难度，拟在网壳及网架上部加设一层混凝土预制叠合板。预制板厚度为 40mm，现浇层厚度为 60mm，并在柱顶支座处加厚至 160mm。节点做法如图 18.4-8 所示。其中，用于网壳的正、反向壳板为周边简支，四角四点焊接；用于网架的平板为四点支承，四角三点焊接。

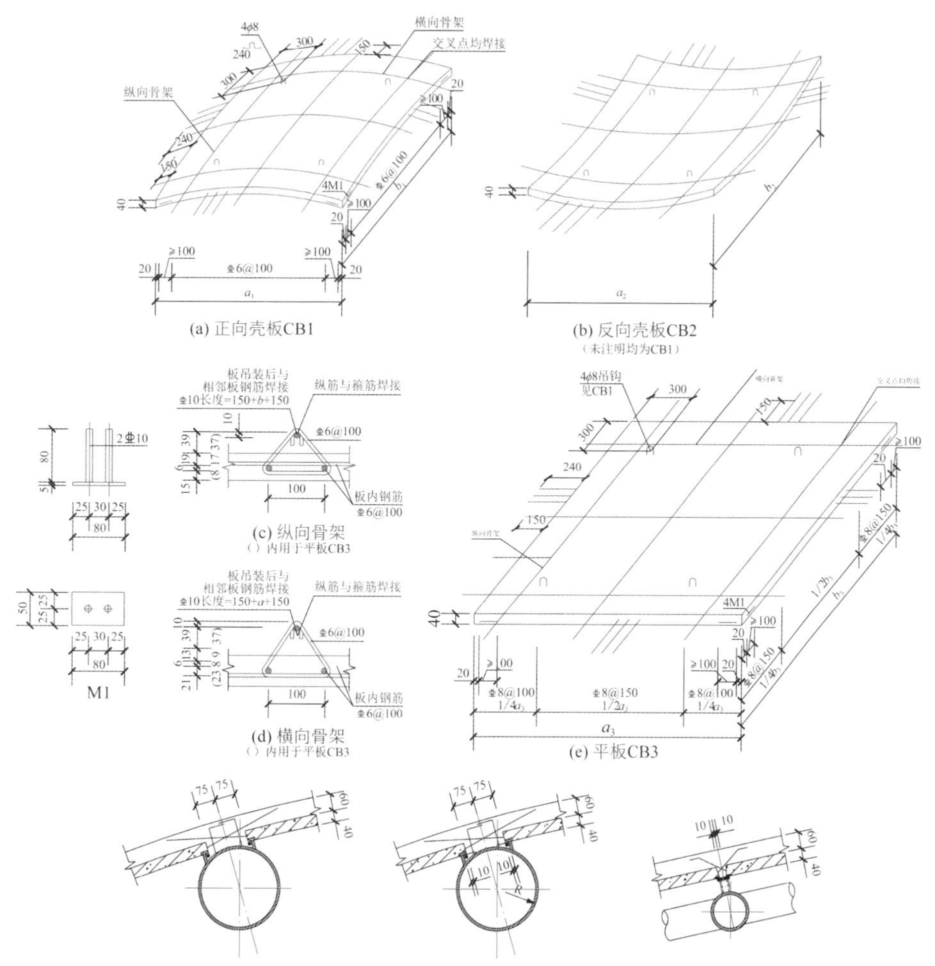

(a) 正向壳板CB1　(b) 反向壳板CB2　(c) 纵向骨架　(d) 横向骨架　(e) 平板CB3

(f) 正向壳板支承在钢网壳上　(g) 反向壳板支承在钢网壳上　(h) 平板支承在双层网壳上

图 18.4-8　混凝土壳板节点

因工程工期尤为紧张，加上施工单位对曲面形预制叠合板不甚熟悉，最后经甲方同意，将混凝土预制叠合板改成 6～10mm 厚钢板。更改方案后网壳与屋面钢板的连接节点如图 18.4-9 所示。

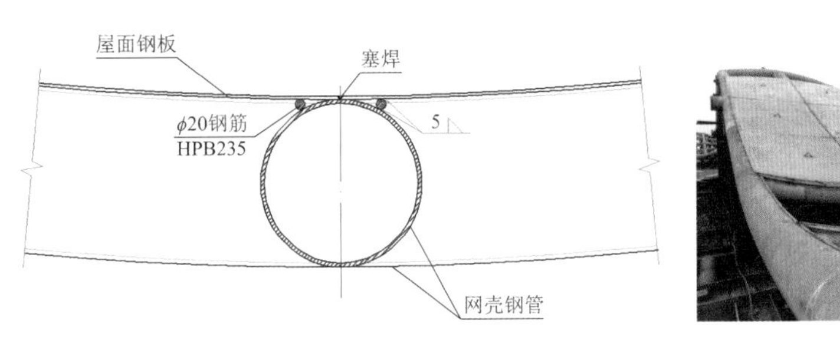

图 18.4-9　网壳与屋面钢板连接节点

屋面钢板为曲面钢板，实际施工时根据建筑模型进行精确加工，使钢板与网壳贴合处曲率一致，从而保证了钢板与网壳的可靠连接。

2. 网壳及网架与柱连接

由于网壳在柱顶支座处的杆件内力较大，单纯依靠增大杆件截面不经济也不合理，所以，拟在柱顶设置支撑，将网壳荷载分散传至柱顶，降低杆件内力集中程度。网架支座采用可滑移的平板式橡胶支座，以释放网架由于温度变化和地震作用而产生的内力，分别如图 18.4-10、图 18.4-11 所示。

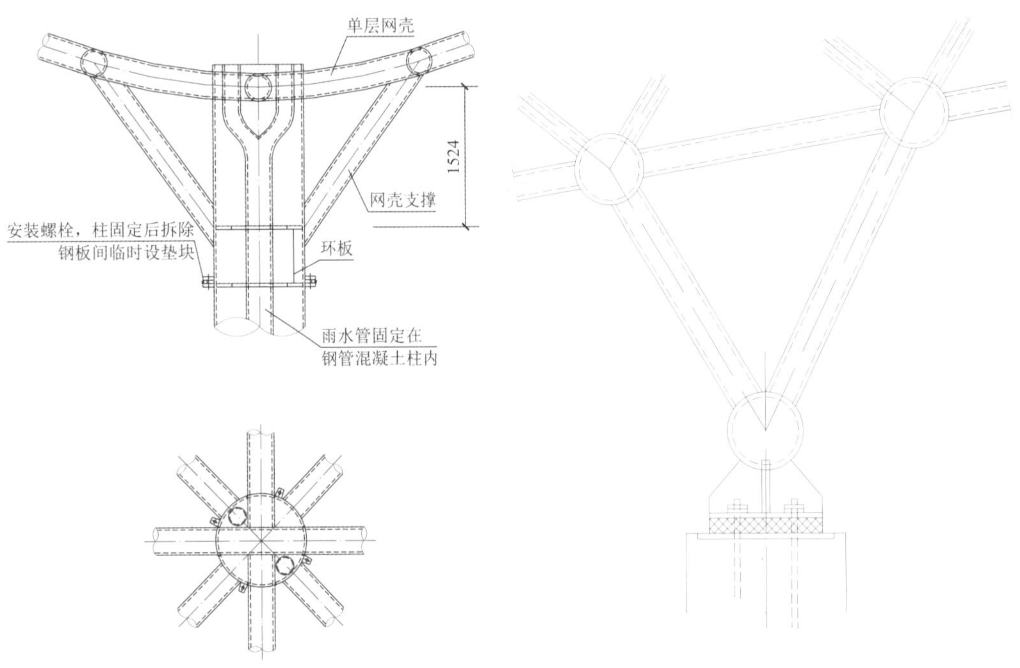

图 18.4-10　单层网壳与柱连接　　图 18.4-11　网架与柱连接

3. 网壳与网架交接处

单层网壳与网架交接处，网壳与网架上弦相连接，同时，沿交接面纵向设置一道边桁架，以保证边网壳和网架形成有利的边界约束条件。做法如图 18.4-12 所示。

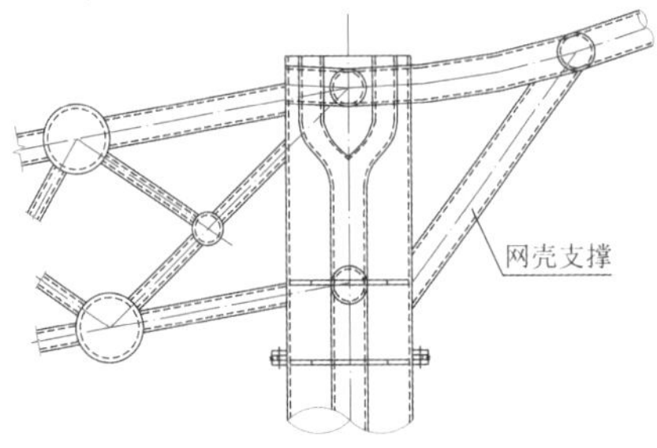

图 18.4-12　单层网壳与网架交接处

18.5 试验研究

海南国际会展中心屋盖采用的双向波浪形单层钢网壳杆件节点为十字正交相贯焊，这种形式在国内的运用尚属首次。为验证节点构造的合理性，保证结构的安全性和合理性，委托同济大学结构工程与防灾减灾研究所结构试验中心对该网壳节点进行了足尺试验，以便更深入地了解该节点的强度和刚度等力学性能。

18.5.1 试验设计及结果

节点试验在同济大学结构工程与防灾减灾研究所结构试验中心进行。试件共两组，每组制作 3 个试件，第 1 组不带屋面钢板，第 2 组带屋面钢板，以便考察屋面钢板对网壳承载力和刚度的贡献，采用杆端加载方法，对节点施加弯矩和剪力。将十字试件竖直安装，试件底端按铰支座固定，顶端用一根水平拉杆支撑，在两个水平杆端用液压千斤顶施加两个大小相同、方向相反的作用力P。两个杆端力P形成一个力偶，另外两个支座反力R形成一个方向相反的力偶。实验试件、照片及加载方式如图 18.5-1、图 18.5-2 图 18.5-3 所示。

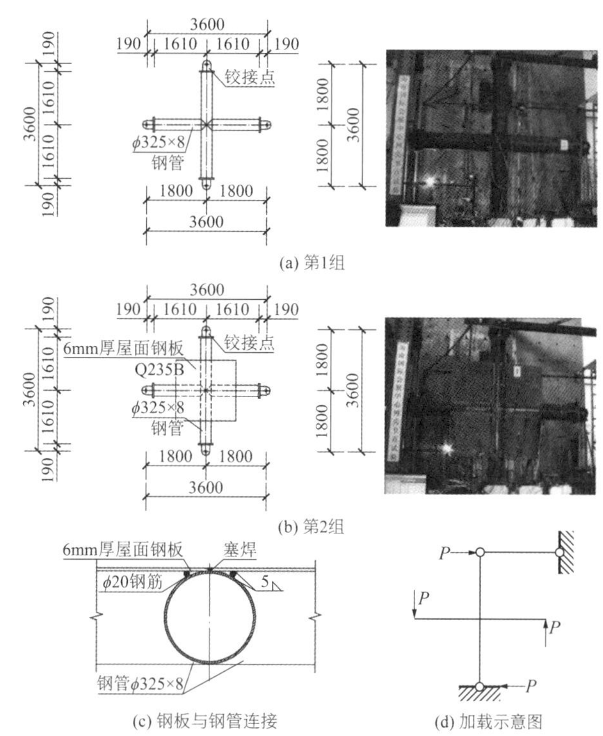

图 18.5-1　试验试件简图、照片及加载方式

图 18.5-2　钢管节点实验加载示意

图 18.5-3　钢管相贯节点局部示意

试件竖向肢管和水平肢管各个截面的荷载-应变关系曲线见图 18.5-4、图 18.5-5。

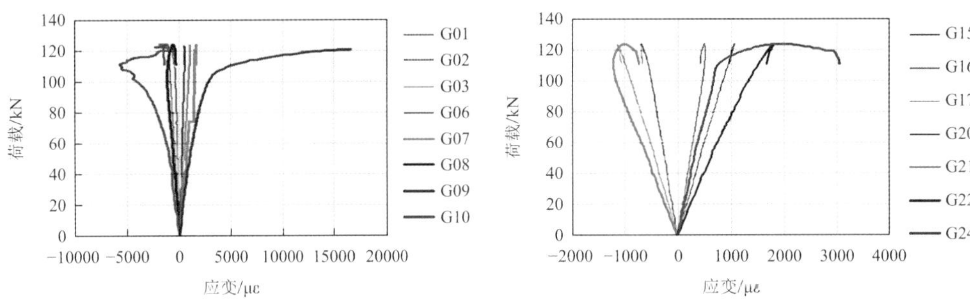

图 18.5-4　试件竖向肢管荷载-应变曲线　　图 18.5-5　试件水平肢管荷载-应变曲线

试件的节点区域中间部位测点的荷载位移曲线和试件的荷载和角位移曲线如图 18.5-6、图 18.5-7 所示。

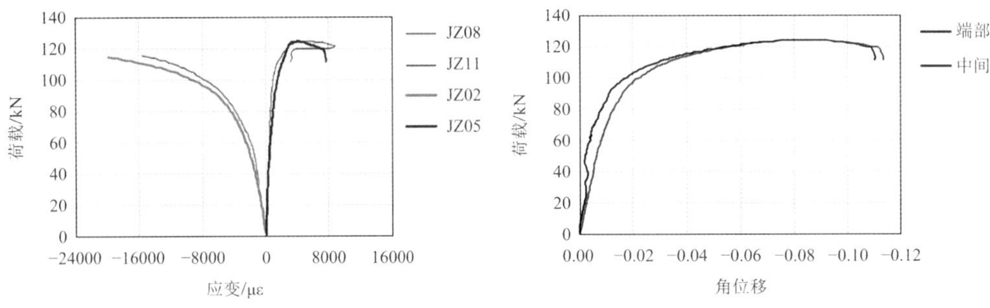

图 18.5-6　试件节点区域荷载-应变曲线　　图 18.5-7　试件荷载-角位移曲线

通过对以上试验结果的比较分析可以得到：

（1）由于加强钢板的作用，使得直通管（竖向肢管）与短管（水平肢管）在靠近节点附近的应变都较小，使两者的受力状态相近。

（2）因为直通管（竖向肢管）与短管（水平肢管）在节点处连接方式不同，造成在节点中间部位、直通管上与短管上的主应变也有很大的差别。

（3）加强钢板的边缘部分起着很大的作用，受拉区的边缘有很大的拉应变，受压区的边缘有很大的压应变，其他部分受力较小。

（4）由于加强钢板的作用，在加强钢板边缘处肢管的变形也很大，使得端部角位移与中间角位移相差较大。

18.5.2　节点有限元分析

采用通用有限元分析软件 ANSYS，对两组试件进行有限元计算。按照加载试验情况进行建模，将直通管安置为垂直方向，两根短管安置为水平方向；节点区域的两根短管与直通管的相贯线为理论相贯线，与试件实际相贯线稍有不同；四根肢管杆端未按试件实际形状模拟，而是按实际受力情况模拟。

第一组试件的有限元分析结果如图 18.5-8～图 18.5-13 所示。

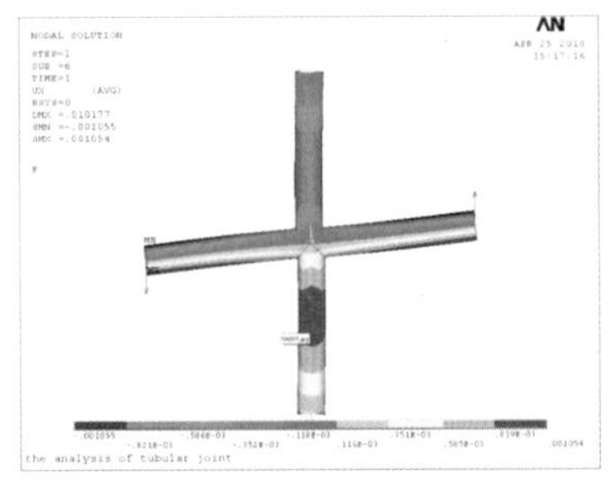

图 18.5-8　第一组试件 X 方向位移

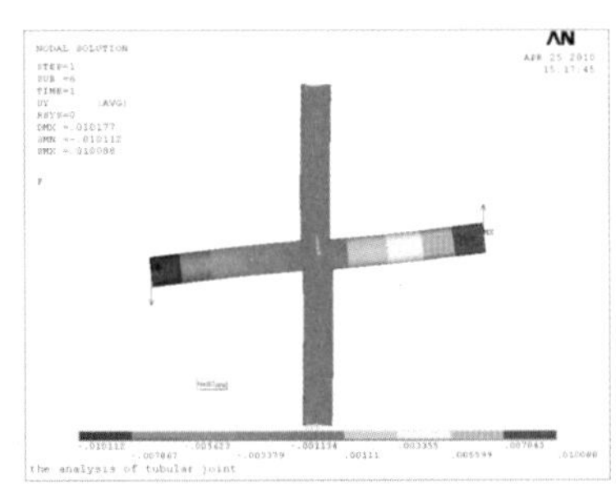

图 18.5-9　第一组试件 Y 方向位移

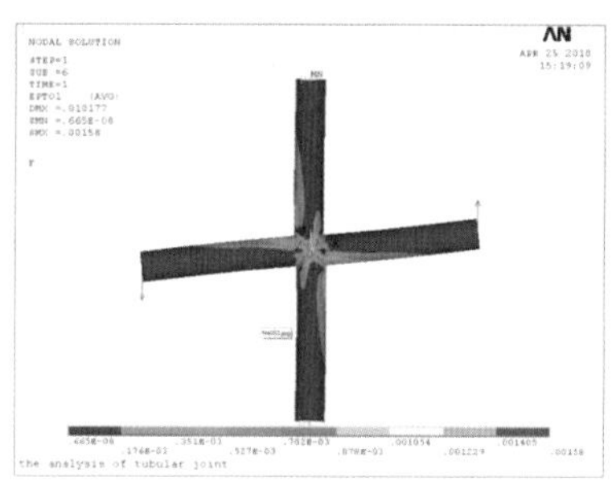

图 18.5-10　第一组试件第一主应变

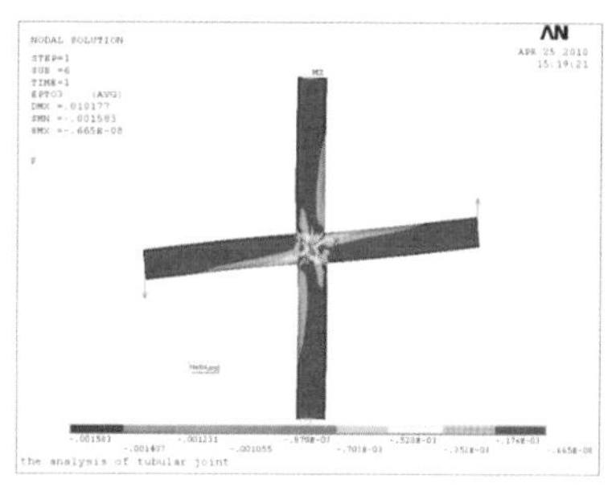

图 18.5-11　第一组试件第三主应变

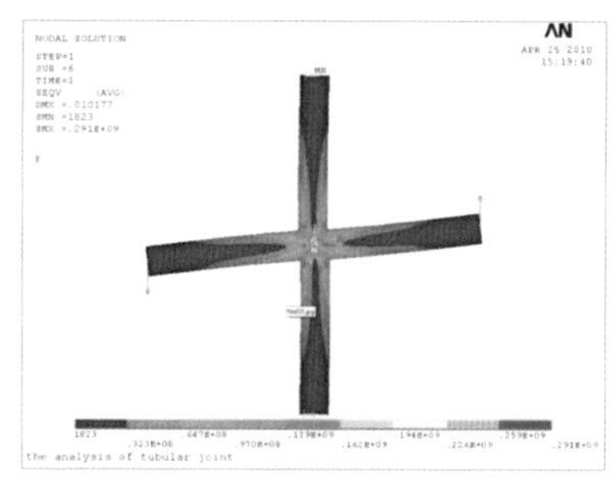

图 18.5-12　第一组试件 Mises 等效应力

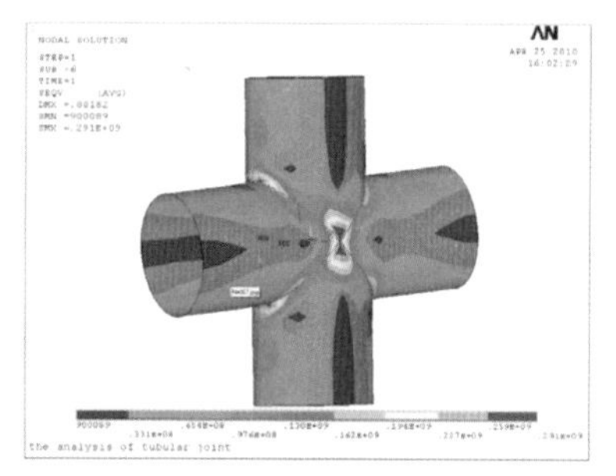

图 18.5-13　第一组试件局部 Mises 等效应力

第二组试件的有限元分析结果如图 18.5-14～图 18.5-19 所示。

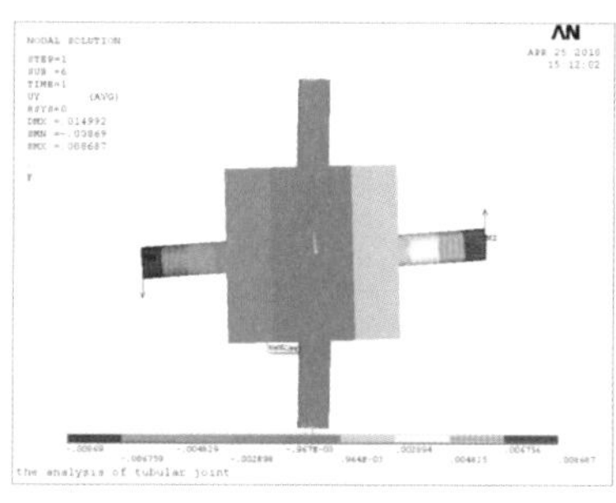

图 18.5-14　第二组试件Y方向位移

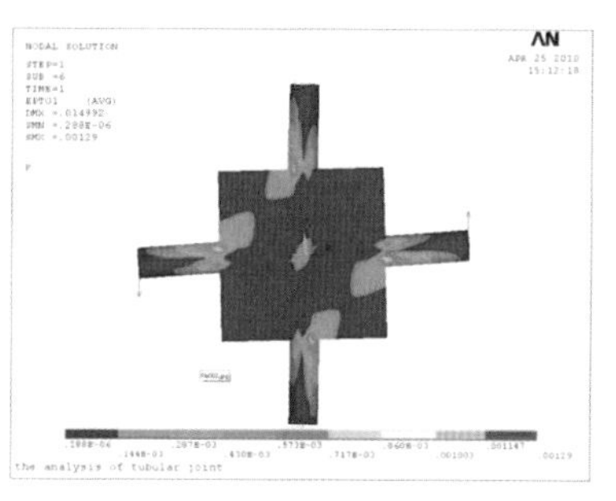

图 18.5-15　第二组试件第一主应变

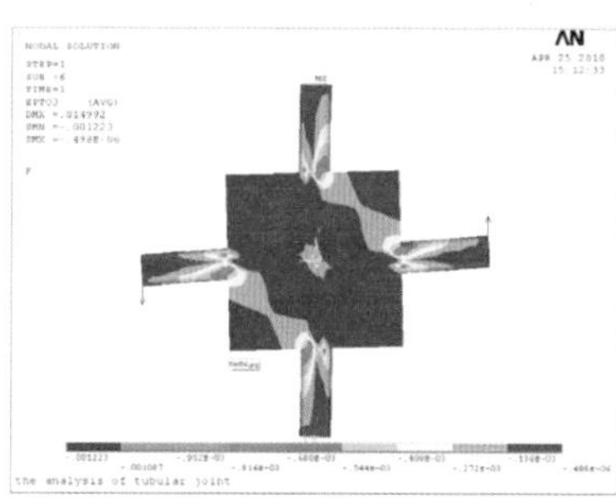

图 18.5-16　第二组试件第三主应变

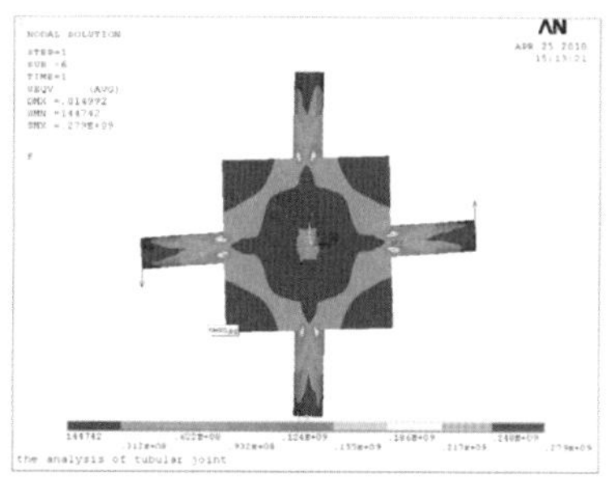

图 18.5-17　第二组试件 Mises 等效应力

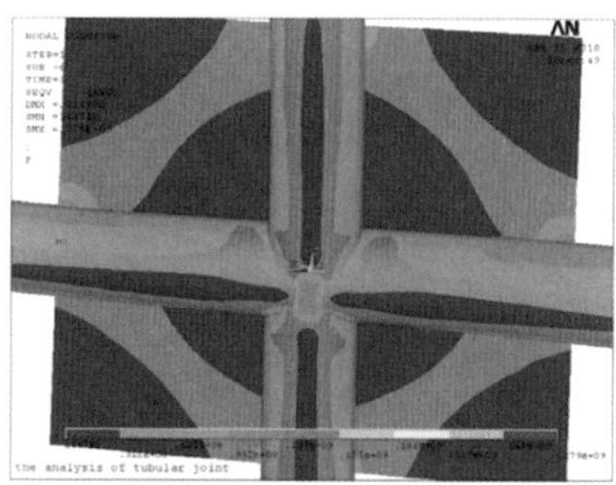

图 18.5-18　第二组试件局部 Mises 等效应力一

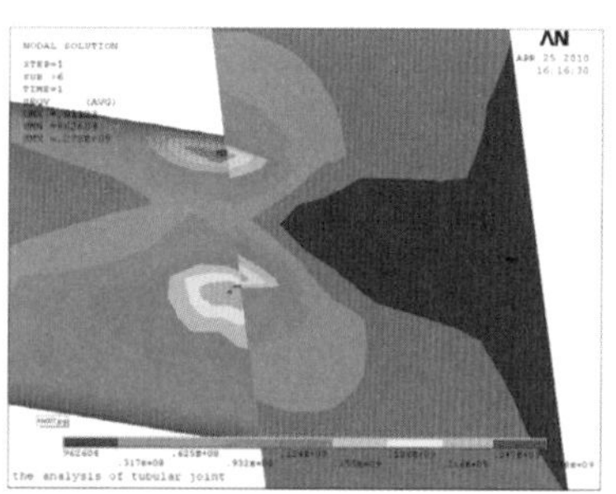

图 18.5-19　第二组试件局部 Mises 等效应力二

部分测点应力有限元结果与试验结果对比见表 18.5-1，其中 G02、G05、G23 为钢管应变测点；JZ01、JZ04 为节点区应变测点；B03、B06 为加强钢板应变测点。

部分测点应力有限元结果与试验结果对比（单位：MPa）　　表 18.5-1

测点		G02	G05	G23	JZ01	JZ04	B03	B06
第 1 组	有限元	33.3	49	57.5	93.1	118.6	—	—
	试验均值	36.5	53.1	51.6	89.9	120.4	—	—
第 2 组	有限元	71.2	209.6	61.9	64.7	87.3	129.4	151.7
	试验均值	81.6	221.9	55.7	57.8	97.4	132	140.6

通过节点试验和有限元分析的对比分析得出：

（1）没有设置屋面钢板的构件破坏形式为节点破坏，设置屋面钢板之后加强了节点的承载力，破坏形式变为肢管破坏；

（2）屋面钢板使构件的承载力提高了 147.3%；

（3）屋面钢板使构件的转角刚度提高了两倍以上；

（4）屋面钢板改变了肢管和节点的受力方式，使受力最大但最弱的节点区域得到加强和保护，使短管软弱的根部支承得到保护，从而提高了节点的承载力和刚度。

可见屋面钢板改变了十字钢管节点的受力方式和破坏形式，有效提高了十字钢管节点在平面内的承载力和刚度。弹性阶段有限元分析结果与试验结果吻合较好，此结构安全可靠。

18.6 结语

本工程的结构设计有较多的不利条件。抗震设防烈度高（8 度，0.30g）；风荷载较大（100 年一遇风荷载标准值为 $0.90kN/m^2$）；且钢结构腐蚀严重；场地的地质情况也比较复杂，持力层局部过薄甚至缺失；会展中心整体平面尺寸也比较大，两个方向均长约 370m。针对这些设计不利条件，经过综合分析和反复比较，形成了最终的结构方案。

展览中心充分利用建筑的波浪形屋面造型，创新性地提出了“双向波浪形单层网壳＋单向波浪形网架”的结构形式，为国内独有。屋面中心部分采用网壳，周边部分采用网架。整片波浪形网壳由 11m 跨的正壳和反壳交错拼接而成。网壳节点均为十字相贯节点。杆件直径统一为 325mm，通过改变壁厚来适应不同部位的构件内力。此结构形式有以下几方面优点：（1）与建筑造型完美结合；（2）大大减轻了结构自重，很大程度上克服了不利地质条件造成的困难；（3）钢结构容变形能力较强，比较适用于超长结构；（4）周边网架的存在减小了网壳对边柱的推力；（5）网壳和网架均可在地面加工成单元，吊装就位后再进行拼装，施工速度快，适应本工程工期紧张的特点；（6）网壳结构所占高度只是杆件截面的尺寸，在保证建筑空间高度前提下大大降低了屋面高度，节省材料且降低常年能耗。另外，在柱顶网壳支座处，杆件受力较大，采用伞式支撑，将网壳荷载分散传递至柱，减小支座处杆件内力，同时也可与建筑效果结合起来，形成曲面柱帽。柱网布置在波浪形屋面的谷底，雨水排水管埋于柱内避免外露。

作为一种新型的结构形式，为充分掌握此结构形式的静力、稳定性和抗震等各方面性能，同时为了保证结构安全，在充分计算分析的基础上，又进行了会展中心整体模型的风洞试验和网壳十字节点的极限承载力试验，并将试验成果应用于结构设计，取得了较好的安全性和经济性。

设计团队

结构设计单位：中国建筑设计研究院有限公司

结构设计团队：任庆英、谷　昊、张雄迪、杨松霖

执　笔　人：杨松霖、刘　翔、李勇鑫

获奖信息

2012 年获得“WA 中国建筑奖入围奖”；

2019 年获得“中国建筑学会建筑创作大奖（2009—2019）”；

2014 年获得“第十二届中国土木工程詹天佑奖”；

2013 年获得“全国优秀工程勘察设计行业奖”建筑工程公建一等奖；

2013 年获得“中国建筑设计奖”建筑创作金奖；

2013 年获得“北京市第十七届优秀工程设计”一等奖。

第19章

中铁青岛世界博览城

19.1 工程概况

19.1.1 建筑概况

中铁青岛世界博览城位于青岛市区西南部，距离市中心 35km，距离黄岛区中心 20km，距离西海岸核心区约 3km，是西海岸新区集会展功能、滨海生态商旅度假综合社区功能于一体的综合新区。项目总建筑面积约 26.2 万 m^2，其中地上建筑面积 24.77 万 m^2，地下建筑面积 1.4 万 m^2。建成后如图 19.1-1 和图 19.1-2 所示。建筑通过中央十字展廊，将 12 个独立展厅联系起来，同时展廊空间向周边道路、环境打开，形成开放式布局，让博览建筑成为独具魅力的新型城市景观。建筑内在的空间结构形成了外部形态的美学韵律和视觉冲击力，使建筑形象真实而动人。博览城包括展廊与展厅两部分，以中央十字展廊为功能组织核心，南北各布置 6 个、共 12 个独立展厅单元（尺寸 74.4m × 136.4m，采用变标高的空间钢桁架结构），建筑高度为 23.85m。展廊平面呈十字形布置，东西向长 507m，南北向宽 287m，主拱和次拱方向分别设置两道温度缝，最高点标高为 35.0m。下部主体结构为混凝土框架体系，地上一层，局部设置 1 层地下室。十字展廊屋盖结构体系为预应力索拱结构，索拱平面外顺柱面网壳沿纵向利用高强钢拉杆通长设置交叉支撑，以保障索拱面外的稳定。

图 19.1-1 青岛世界博览城

图 19.1-2 青岛世界博览城内部

东西向主展廊跨度为 47.46m，矢高为 28.75m，矢跨比为 1∶1.6。南北向次展廊跨度为 31.56m，矢高为 19.15m，矢跨比为 1∶1.6，均属高矢跨比拱形。对于拱而言，随着其矢高的逐步增大，水平向抗侧刚度明显减弱，风荷载引起的跨中弯矩剧增，横向风荷载逐渐成为其主要控制荷载工况。高矢跨比拱形可营造出开阔的内部空间，更加充分地满足内部使用功能的需求。但由于其矢高过大，致使其抗侧刚度明显减弱。加之建筑师期望结构本身可营造出通透美观的室内效果，工程造价也应控制在一定合理范围以内，因此需寻求新颖合理的结构方案以满足各方的需求。主次拱沿其纵向，每隔 4.5m 布置一榀，典型榀主拱如图 19.1-3 所示，主展廊内部见图 19.1-4。

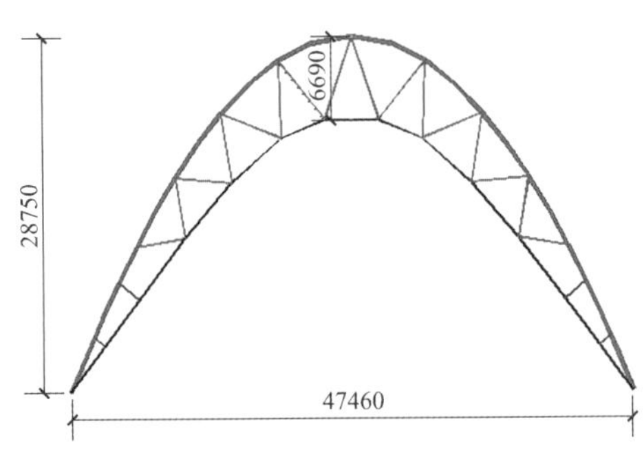

图 19.1-3 典型剖面

图 19.1-4 主展廊内部

19.1.2 设计条件

结构设计使用年限为50年，建筑安全等级为一级，抗震设防类别为乙类。抗震设防烈度为7度(0.1g)，Ⅱ类场地，设计地震分组为第三组。50年重现期基本风压0.6kN/m²（用于变形计算），100年重现期基本风压0.7kN/m²（用于承载力计算），地面粗糙度类别A类。结构抗震等级：混凝土剪力墙二级，柜架二级，钢结构三级。

1. 屋顶恒、活荷载

屋盖钢结构自重由程序自动计算生成，为了考虑节点、加劲肋等引起自重的增加，钢材密度放大1.1倍。

屋面建筑恒荷载（PC板或金属板）：1.0kN/m²；

屋面活荷载：0.5kN/m²；

屋面吊挂活荷载：0.5kN/m²。

2. 风荷载

十字展廊属于半开敞式建筑，展廊端头和中部某些位置结合消防的要求，建筑物处于开敞状态。按现行的《建筑荷载荷载规范》GB 50009-2012无法准确确定风荷载体型系数。由于本工程临近海边，对风荷载较为敏感，而且屋面造型复杂多样、平面尺寸较大，使得风荷载分布较为复杂且无资料可供借鉴，故委托建研科技股份有限公司进行刚性模型风洞动态测压试验。结构设计中采用了风洞试验结果和荷载规范的包络值。

3. 雪荷载

基本雪压：0.20kN/m²（50年重现期），0.25kN/m²（100年重现期）。屋面积雪分布系数按《建筑结构荷载规范》GB 50009-2012取值，如图19.1-5所示。

（1）主拱：均匀分布$\mu_{\mathrm{r}} = 0.21$，不均匀分布$\mu_{\mathrm{r,m}} = 2.0$

（2）次拱：均匀分布$\mu_{\mathrm{r}} = 0.21$，不均匀分布$\mu_{\mathrm{r,m}} = 2.0$

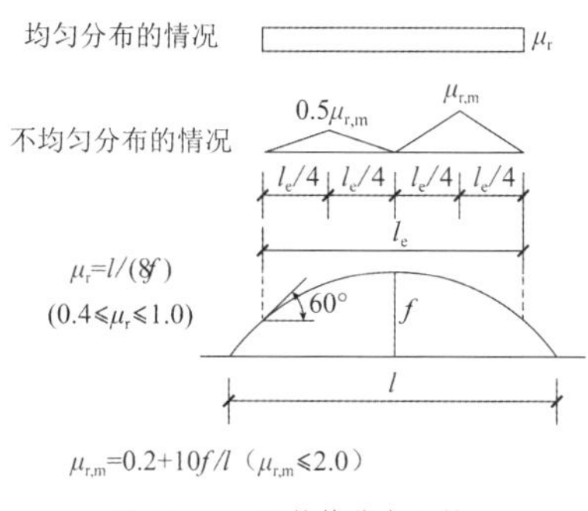

图19.1-5 雪荷载分布系数

4. 温度作用

青岛市基本气温，最低−9℃，最高33℃；极端高气温38.9℃，极端低气温−16.9℃；合龙温度为18℃±5℃，并考虑辐射温度等。十字展廊暴露在外面，计算按升温40℃、降温−40℃考虑；展馆按升温30℃、降温−30℃考虑。

19.2 建筑特点

19.2.1 十字展廊结构体系

本项目展廊屋顶拱形矢高过大，致使其抗侧刚度明显不足。为改善结构的力学性能，将钢拱、拉索与撑杆合理组合，从而形成索拱结构体系（图 19.2-1）。利用钢索或撑杆提供的支承作用以调整结构内力分布并限制其变形的发展，进而有效提高结构的刚度和稳定性。传统采用三角形刚性撑杆的索拱结构张拉构造措施较为复杂，且存在预应力损失，于是本项目创新性地提出了柔性撑杆的弦撑式索拱结构。利用柔性的钢索代替传统的刚性撑杆，便于施工张拉的同时，杆件截面更为纤细轻盈，从而营造出通透美观的室内观感，充分展现结构的自身之美。

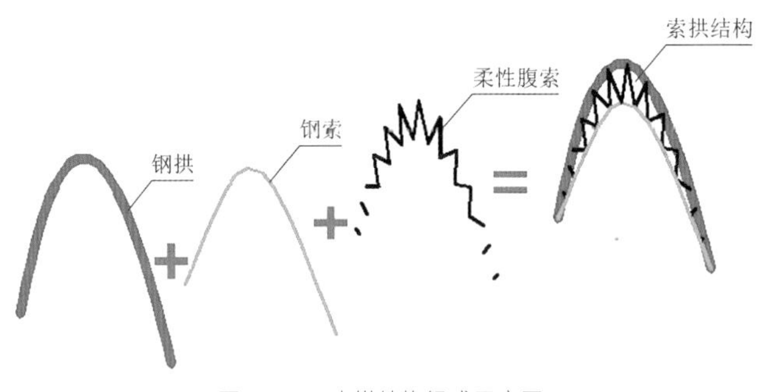

图 19.2-1　索拱结构组成示意图

中央十字形展廊东西向长 507m，南北向长 287m，属于超长建筑。为减小温度作用的不利影响，结合建筑功能及通风带布置设置 4 道结构缝，将展廊屋顶连同下部混凝土主体支承结构分成 5 个独立的单体，结构缝布置如图 19.2-2 所示。

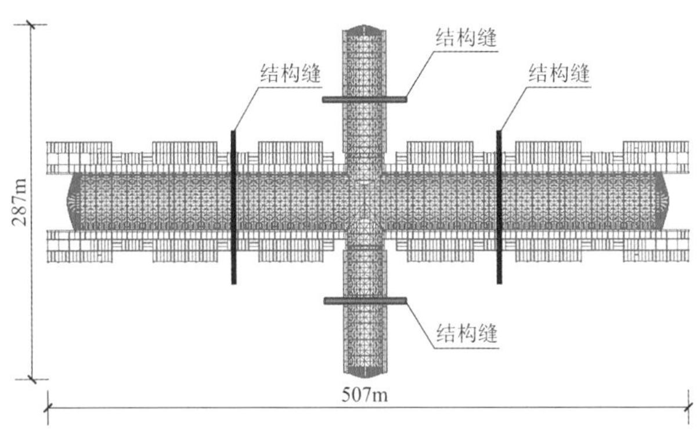

图 19.2-2　展廊结构分缝示意图

主次展廊沿其纵向，每隔 4.5m 布置一榀索拱桁架。主展廊索拱桁架上弦梁主要截面为□500 × 300 × 20 × 25，次展廊索拱桁架上弦主要截面为□400 × 250 × 20 × 25。主次展廊方向索拱桁架下弦均采用高钒索，直径分别为 68mm 和 56mm。上弦梁与下弦索之间的腹索根据受力需求采用直径 30～50mm 不锈钢高强钢拉杆。进一步的分析结果表明，拱脚根部的斜腹索对索拱结构力学性能改善微弱，在风荷载作用下，索力易松弛。因此本项目索拱结构取消了靠近拱脚区域的斜腹索并替换成刚性撑杆（图 19.2-3、图 19.2-4）。根部刚性撑杆采用较小的截面尺寸即可满足长细比的要求，且可有效地改善索拱结构在风荷载作用下的整体稳定性能。索拱平面外顺柱面网壳沿纵向利用高强钢拉杆通长设置交叉支撑，以保障索拱面外的稳定。典型榀主拱、典型榀次拱和整体结构侧视图分别如图 19.2-3～图 19.2-5 所示。

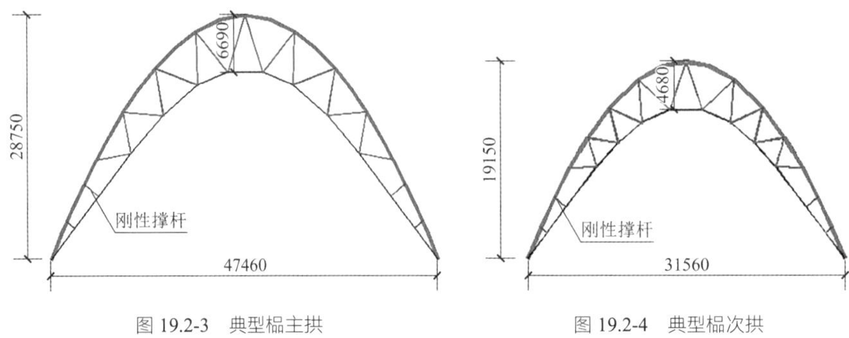

图 19.2-3　典型榀主拱　　图 19.2-4　典型榀次拱

图 19.2-5　整体结构侧视图

主次展廊重合位置两个方向的柱面筒体相贯交汇在一起，利用柱面筒体形成的相贯线设置截面为 D700 × 25 的曲面斜拱作为该区域的主要承重构件。为进一步减少交汇区域构件跨度，顺中庭对角线方向设置一对相互交叉的索拱桁架，桁架上弦截面为 D700 × 25。曲面斜拱和索拱桁架组成该区域的主骨架支撑系统，其余次要构件支撑在主骨架之上。

曲面斜拱与索拱桁架在柱脚位置相互交汇，为便于柱脚节点施工安装，将索拱桁架落地拱脚向外适当偏移。同时支撑两组拱脚的混凝土柱内对应设置两根 D700 × 25 钢骨，拱脚与下部主体结构刚接连接。十字展廊交汇区域设计巧妙，完成效果简洁优雅，结构在视觉上呈现出良好的一致性，是整个项目最为出彩的部位。展廊交汇区域结构示意图及建成后实景照片如图 19.2-6 和图 19.2-7 所示。

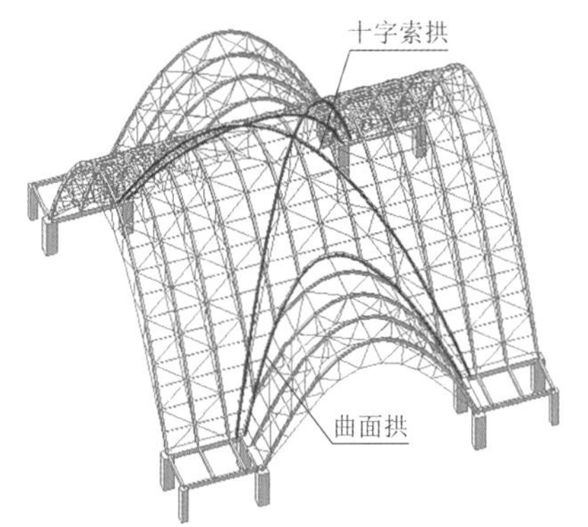

图 19.2-6　交汇区域结构示意图

图 19.2-7　展廊交汇区域实景照片

展廊端部帽檐利用两根拱组合而成，其中外侧拱向外倾斜 12°。拱之间通过承放射状的圆管连系在一起，并通过设置在帽檐内侧的格栅圆管与主体屋盖拉结成整体，利用主体屋盖约束外侧拱向外倾斜转动。出于造型的考虑，格栅圆管间距 1.2m 左右布置一根。格栅圆管布置较为密集，且帽檐范围不设维护屋面板，因此格栅圆管按长细比 150 控制其截面。为实现更好的建筑效果，格栅圆管统一采用 D180 × 8 截面。两根拱均采用□800～500 × 400 × 30 × 30 变截面箱形梁，拱脚埋入混凝土柱内形成刚接。端部帽檐结构示意图如图 19.2-8 所示。

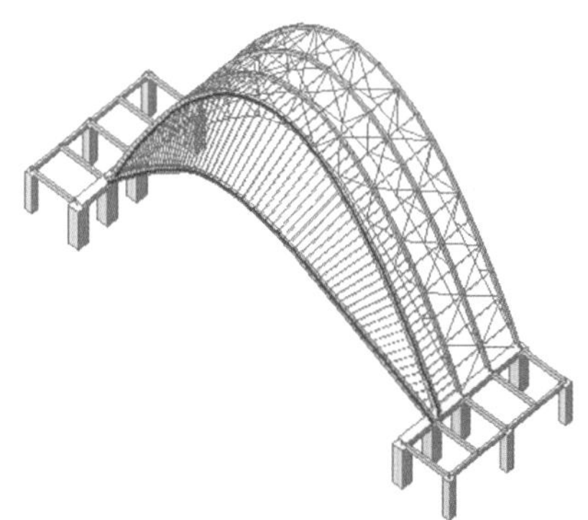

图 19.2-8　端部帽檐结构示意图

19.2.2　展馆结构布置

独立展馆平面形状为矩形，长方向尺寸为 135m，短方向尺寸为 72m，建筑最大高度 23.85m，展馆室内净高可达 12～18m。每个展馆建筑平面布局表现为 6 个相互独立的剪力墙核心筒，核心筒为边长 9m 的正方形，各核心筒中心间距沿展馆长度方向和宽度方向均为 63m。图 19.2-9 为核心筒典型平面布置图。展馆结构为上部钢结构屋盖和下部剪力墙核心筒共同受力形成的连体结构，对竖向构件配筋考虑多塔包络并以中震弹性为目标进行控制。核心筒顶部钢桁架支座距离并不均匀，外侧支座在设计组合下均存在不同程度的拉力作用，每个筒体的角部位置均采用钢骨混凝土边框柱作为屋顶结构的竖向支承构件，柱内工字钢用于承担屋盖支座拉力。

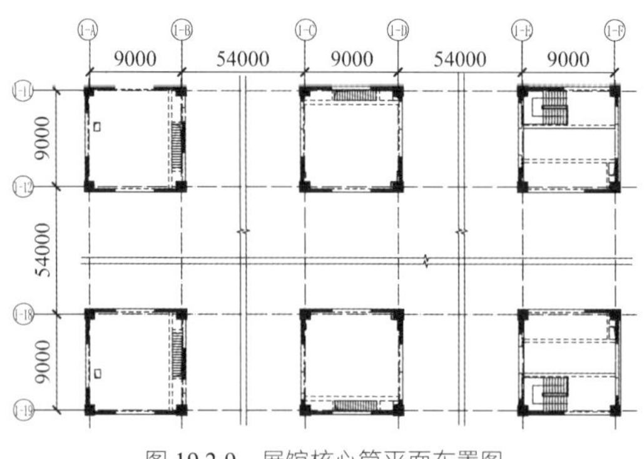

图 19.2-9　展馆核心筒平面布置图

展馆屋面表皮呈现为对称布置的两个四棱台造型，每个棱台均由前后左右四片对称布置的上扬曲面组成。展馆通过棱台顶端侧面位置进行通风采光。屋面棱台表皮最底部标高约为 16m，平面尺寸为 72m × 72m；棱台表皮顶面标高为 23.850m，平面尺寸缩减为 27m × 27m。根据工程经验，曲面造型屋盖通常采用网架结构体系。由于建筑师希望展馆上空屋顶尽量通透且不采用吊顶，网架结构的螺栓球、焊接球及网架四角锥斜向腹杆会对室内视觉效果产生负面影响，故采用了空间拱形交叉桁架结构体系，杆件相交位置采用相贯节点。图 19.2-10 为屋盖钢桁架结构的组成，其中屋盖在核心筒顶部之间形成的日字形平面内布置了钢桁架，并在上下弦平面内布置了单向水平斜撑；在日字形平面形成的两个内部 54m × 54m 跨度的四面体棱台造型位置布置了径向钢桁架，在棱台相邻曲面交线位置为脊线桁架。每个棱台双方向中部均有 5 榀桁架可以连通设置，其余无法连通设置的桁架交汇在脊线桁架上。屋盖结构是通过径向桁架与脊线桁架将荷载传给周边日字形桁架，然后传给核心筒。展馆屋顶各榀钢桁架平面间距为 4.5m，桁架节间尺寸为 4.5m。日字形桁架立面形状为直线且桁架高度为 4.0～4.2m，径向桁架立面为曲线形状且沿桁架高度为变截面，在靠近日字形桁架位置为 4.2m 并向展馆大厅中部逐渐缩减到 2.5m。

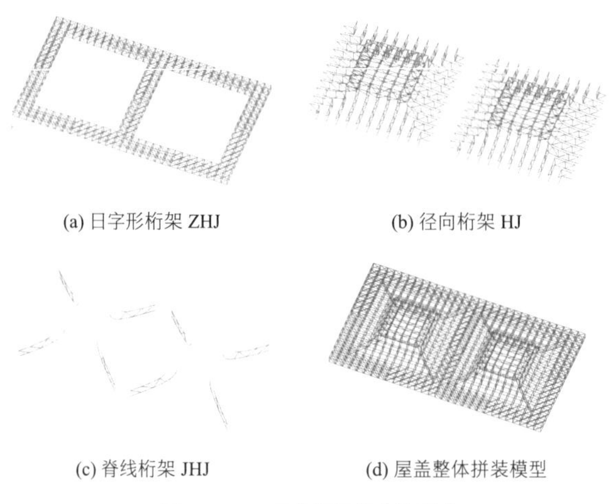

(a) 日字形桁架 ZHJ　(b) 径向桁架 HJ

(c) 脊线桁架 JHJ　(d) 屋盖整体拼装模型

图 19.2-10　屋盖钢桁架结构组成

由于竖向荷载作用下屋顶钢结构会对下部结构产生很大推力作用，如果采用固定铰支座，不但支座设计困难，还会对下部结构设计造成浪费，因此屋盖采用了弹性球铰支座以释放部分水平剪力，并对比了支座在常用水平刚度下的结构变形和支座剪力等结果，根据支座造价和屋盖变形控制要求选择了经济合理的支座弹性刚度，并根据大震反应谱分析和大震弹性时程分析提出了支座水平变形限值要求。通过对比分析，屋盖采用了成品弹性抗震球铰支座以释放部分水平剪力，根据风荷载作用下屋盖变形要求，最终选择了双方向水平侧移刚度$K = 12\text{kN/mm}$的弹性球铰支座。

19.2.3 十字展廊结构方案比选

1. 高矢跨比拱结构力学性能分析

在竖向均布恒荷载作用下，拱的弯矩分布规律与大小仅与拱形偏离合理拱轴线的程度相关，与矢高并无必然联系。拱脚推力与矢高直接相关，接近线性比例关系，矢跨比越大，水平推力越小。中铁青岛世界博览城十字展廊工程典型榀主拱矢跨比为 1∶1.6，属于高矢跨比拱形，支座水平力较小。47.5m 跨的拱，间隔 4.5m 布置时，均布恒荷载作用下其水平反力最大值为 63.3kN。高矢跨比拱对其边界水平向刚度的要求较低，有效的拱脚约束易于满足。高矢跨比拱随着其矢高的逐步增大，水平向抗侧刚度明显减弱，横向风荷载逐渐成为其主要控制荷载工况。在基本风压不变的情况下，不同矢跨比拱水平向最大位移和跨中最大弯矩如表 19.2-1 所示。

不同矢跨比拱力学性能对比表　　表 19.2-1

矢跨比	水平向位移/mm	跨中弯矩/（kN·m）
1∶6	29.3	286.5
1∶3	115.6	417.1
1∶1.6	391.5	718.2

2. 索拱结构体系

纯拱结构空间杆件较少，能表现建筑轻盈的视觉效果。但纯拱是一种整体稳定敏感的结构，尤其是高矢跨比拱形，随着其矢高的逐步增大，水平向抗侧刚度明显减弱，风荷载引起的跨中弯矩剧增。为改善高矢跨比拱形力学性能，将纯拱、拉索与撑杆合理组合，形成索拱结构体系。利用索的拉力或撑杆提供的支承作用以调整结构内力分布并限制其变形的发展，有效提高结构的刚度和稳定性。相比于传统的桁架杆件，拉索与撑杆截面更为纤细轻盈，营造出通透美观的室内观感，展现结构的自身美。

针对中铁青岛世界博览城十字展廊工程典型榀主拱，对比了纯拱、拱桁架（图 19.2-11）和索拱结构（图 19.2-12）的力学性能和经济性。索拱和拱桁架矢高相同，索拱结构采用刚性撑杆。整体稳定分析采用了弧长法，假定材料为线弹性，考虑几何非线性影响和$L/300$（L为拱跨度）的初始缺陷，对比分析结果如表 19.2-2 所示。

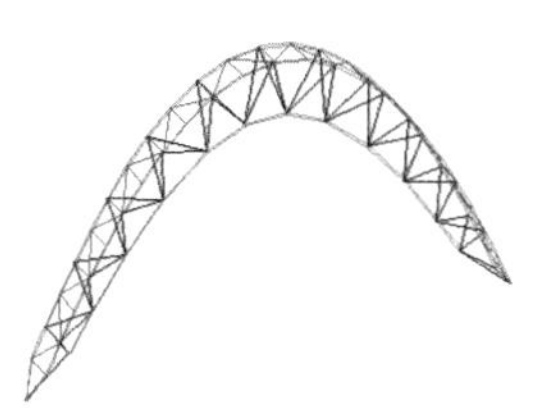

图 19.2-11　拱桁架

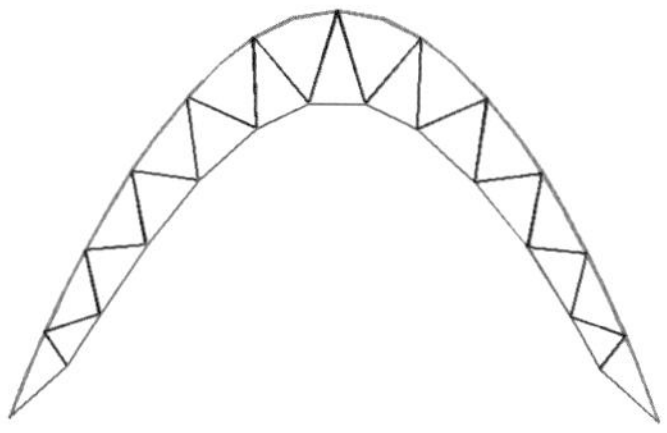

图 19.2-12　索拱结构

3 种结构形式的比较　　表 19.2-2

性能	纯拱	拱桁架	索拱
恒荷载下水平支座反力/kN	63.3	63.3	6.1

续表

性能	纯拱	拱桁架	索拱
风荷载水平位移/m	0.165	0.060	0.061
非线性稳定系数K	4.8	—	5.3
用钢量/（kg/m^2）	105.1	43.2	49.8

当用钢量均为49.8kg/m^2时，纯拱截面与索拱基本相同时，风荷载位移及非线性稳定系数见表19.2-3。

3种结构形式的比较　　表19.2-3

性能	纯拱	拱桁架	索拱
风荷载水平位移/m	1.425	0.058	0.061
非线性稳定系数K	2.1	—	5.3

由以上分析可知：纯拱结构稳定性安全系数与索拱结构相当时，用钢量约为后者的2.1倍，风荷载作用下的水平位移为后者的2.7倍，恒荷载作用下水平向支座反力为后者的10倍（索拱结构的支座反力与施加的预应力大小相关）。当纯拱结构与索拱结构具有相同的用钢量时，索拱结构的整体稳定安全系数相当于纯拱结构的2.5倍，风荷载作用下的水平位移纯拱结构相当于索拱结构的20倍。由此可见，索拱结构在高矢跨比拱形时依然具有明显的力学优势，尤其是风荷载作用下水平向抗侧刚度得以显著提高。

3. 索拱结构典型形式力学性能对比

索拱结构体系轻巧美观，具有很好的建筑效果。典型的索拱体系有弦张式索拱结构、弦撑式索拱结构和车辐式索拱结构。弦撑式索拱结构根据撑杆形式的不同又可以分为三角形刚性撑杆、三角形柔性撑杆和竖向刚（柔）性撑杆。对于矢跨比为1：1.6的高矢跨比拱形，索拱结构可按图19.2-13所示的几种典型形式布置。

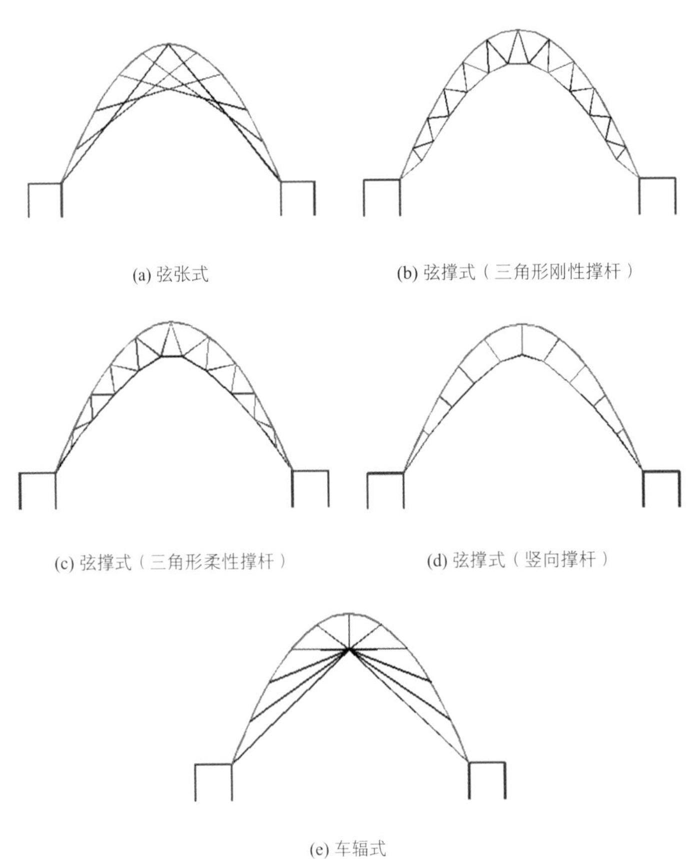

(a) 弦张式　(b) 弦撑式（三角形刚性撑杆）

(c) 弦撑式（三角形柔性撑杆）　(d) 弦撑式（竖向撑杆）

(e) 车辐式

图19.2-13　索拱结构形式

表 19.2-4 列出了上述典型结构及纯拱结构在外部荷载、上弦主梁截面及支撑边界相同的条件下，恒荷载作用下的支座反力、风荷载作用下水平位移及上弦梁跨中最大弯矩、非线性稳定安全系数。恒荷载作用下支座水平向反力主要与拉索施加的预拉力相关。为保证风荷载作用下，钢索的索力不出现松弛，车辐式索拱结构和弦撑式索拱结构采用三角形柔性撑杆时，拉索需施加较大的预拉力，因此支座位置出现了较大的反向支座反力。通过对上弦梁构件应力比组成分析，弯矩引起的应力比占绝大多数组成。由此可知，风荷载引起的跨中弯矩最小的索拱结构形式是力学性能最好的形式。

典型索拱结构力学性能对比 表 19.2-4

性能		恒荷载下水平支座反力/kN	风荷载水平位移/m	风荷载跨中弯矩/（kN·m）	非线性稳定系数K
（a）弦张式索拱		−21	0.201	470	4.2
弦撑式索拱	（b）三角形刚性撑杆	12.5	0.052	151	6.9
	（c）三角形柔性撑杆	−96.8	0.12	238	5.2
	（d）竖向刚（柔）性撑杆	−23	0.957	1023	2.9
（e）车辐式索拱		−71	0.214	420	5.1
纯拱结构		68.3	1.232	1395	2.6

由表 19.2-4 可知，采用三角形刚性撑杆的索拱结构力学性能改善最为显著，其次是采用三角形柔性撑杆的索拱结构。采用竖向撑杆的弦撑式索拱结构，风荷载引起的水平向位移和跨中弯矩较纯拱结构并无明显的改善。这主要是因为风荷载更接近反对称荷载，撑杆和拉索发挥的作用有限。弦撑式索拱结构采用三角形刚性撑杆形式时，需在索夹内设置一定的构造措施，以保证拉索张拉的过程中，索体可在索夹内自由滑动。该构造措施较为复杂，且存在一定的预应力损失。设置在索夹内部的四氟乙烯板施工完毕后，难以取出。要确保张拉完毕，索夹能卡住索体，便需更大的索夹尺寸。考虑到刚性撑杆尚需满足最小长细比的需要，中铁青岛世界博览城十字展廊工程采用了三角形柔性撑杆的弦撑式索拱结构。进一步的分析结果表明，拱脚根部的斜腹索对索拱结构力学性能改善微弱，且风荷载作用下索力易松弛，这是由于为保证腹索均承受拉力，索拱结构越靠近拱脚部位桁架高度越低，接近拱脚根部区域时，桁架高度已过低。因此本项目索拱结构取消了靠近拱脚的区域的斜腹索并替换成刚性撑杆。根部刚性撑杆采用较小的截面尺寸即可满足长细比的要求，且可有效地改善索拱结构在风荷载作用下的整体稳定性能。

19.2.4 展廊关键影响因素分析

1. 索桁架顶部高度

采用柔性撑杆的弦撑式索拱结构，索桁架顶部结构最高，拱脚位置桁架逐步退化成实腹钢梁。索桁架顶部结构高度的变化不仅对结构力学性能产生影响，建筑视觉效果也将随之改变。表 19.2-5 为顶部索桁架结构高度h从 4.5～8.5m 变化时索拱结构力学性能的分析结果。增加索桁架顶部结构高度虽然可增大竖向荷载作用下结构的刚度，但风荷载作用下索拱结构跨中水平向位移和杆件最大应力比与索桁架顶部结构高度却无必然联系。这主要是由于风荷载作用下水平向位移最大部位和上弦杆件应力比最大区域均位于索拱结构一侧跨中偏下位置。基于建筑视觉效果的需要，该位置桁架结构高度变化有限，且顶部桁架结构高度变化对腹索索力的分布也将产生一定的影响。由以上对高矢跨比纯拱结构力学性能的分析可知，随着其矢高的逐步增大，纯拱结构水平向抗侧刚度明显减弱，横向风荷载逐渐成为其主要控制荷载工况。因此采用柔性撑杆的高矢跨比索拱结构，索桁架顶部结构高度在一定区间变化时，对起控制作用的性能目标并无显著影响。

索桁架顶部结构高度对力学性能影响 表 19.2-5

索桁架顶部高度/m	恒荷载下竖向位移/m	风荷载下水平向位移/m	杆件最大应力比	非线性稳定系数K
4.5	0.012	0.131	0.87	4.8
5.5	0.008	0.125	0.81	5.1
6.5	0.005	0.123	0.8	5.2
7.5	0.003	0.128	0.84	4.9
8.5	0.001	0.135	0.89	4.7

2．分格数量和尺寸

上弦梁分格大小与建筑效果、结构力学性能和经济性密切相关。以本项目所采用的弦撑式索拱结构为例，对 5 种不同的模型进行分析。5 种分析模型的索拱跨度、矢高、索桁架的高度均相同，上弦梁截面及上弦梁拱脚根部区域杆件布置也完全相同。仅拱脚根部以上区域分格的数量和尺寸不同，n表示拱脚根部以上的区域上弦梁分格的数量，分析结果如图 19.2-14 所示。

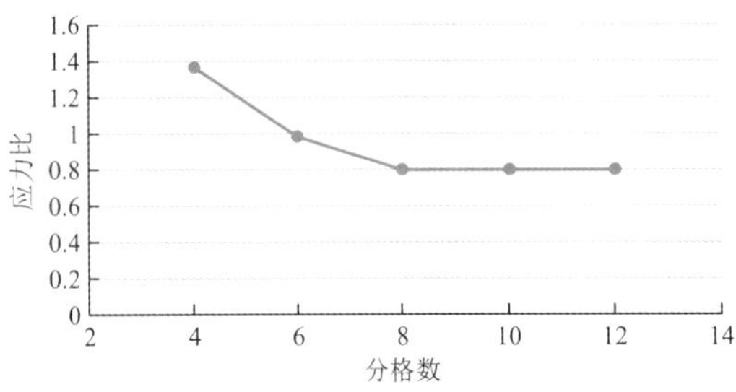

图 19.2-14 上弦梁分格与应力比相关曲线

由以上分析可知：结构的力学性能与上弦梁分格大小和尺度密切相关，随着网格数量不断增加，上弦梁构件应力比逐渐降低。当上弦梁拱脚根部以上区域分格数量超过 8 时，构件应力比趋于稳定，维持在 0.8 范围附近。

3．下部支承刚度影响

索拱结构往往支承于下部柱子、墙体或者框架结构之上，而下部支承的刚度对上部索拱结构的力学性能势必会造成一定的影响。下部支承的竖向刚度通常很大，对上部索拱结构的影响较小，这里仅考虑下部支承水平刚度的影响。以中铁青岛世界博览城十字展廊工程典型榀主拱为例，恒荷载作用下支座水平向反力随支座刚度变化的曲线如图 19.2-15 所示。

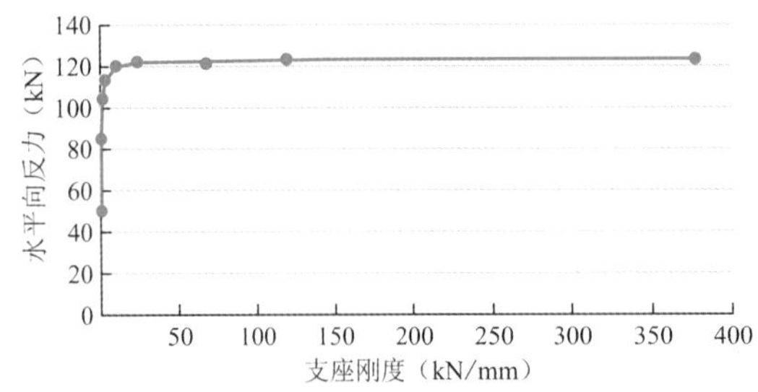

图 19.2-15 支座刚度与水平向反力相关曲线

由图 19.2-15 可知：支座水平向刚度的变化对索拱结构的力学性能存在一定的影响。随着支座水平向刚度的增大，恒荷载作用下的支座反力逐渐增大。当支座水平向刚度大于 25kN/mm 时，恒荷载作用下拱脚水平向反力趋于稳定。高矢跨比索拱对其边界水平向刚度的要求较低，虽然支座水平向刚度的变化理论上对索拱结构的力学性能存在一定的影响，但实际工程中该影响可以忽略。

4．拱脚支座是否滑动

索拱结构与张弦结构形式接近，力学性能相似。张弦结构通常允许一侧支座自由滑动，进而形成自平衡体系。索拱结构按支座是否允许滑动和滑动时机可分为 4 种情况：不可滑动，一侧支座始终滑动，自重工况一侧支座可滑动，拉索张拉完成后屋面板安装前滑动支座固定及自重和屋面板安装状态下可滑动、拉索张拉完毕后固定。对如上 4 种情况进行了施工过程分析并对成型后索拱结构的力学性能进行对比，分析结果如表 19.2-6 所示。

不同支座形式力学性能对比　　表 19.2-6

	水平支座反力/kN		水平支座位移/m		恒荷载态下弦索索力/kN	风荷载最小腹索索力/kN	杆件最大应力比
	自重	恒荷载	自重	风荷载			
支座不滑	−122.9	−56.5	0	0	658.5	29.2	0.8
一侧支座始终可滑动	0	0	−0.673	0.316	416.5	0	1.1
仅自重态可滑	0	66.4	−0.673	−0.673	161.7	0	0.93
仅自重及屋面板安装即可滑	0	0	−0.673	−0.295	416.5	0	0.98

由以上分析可知：索拱结构支座滑动可有效降低上部屋顶结构传至下部支承体系的水平推（拉）力，但施工阶段和成型后，外部荷载作用下支座滑动幅度较大，导致支座节点难以处理。显然支座滑动幅度大与本项目索拱结构高矢跨比拱形和下弦索上反幅度大有直接的联系。矢跨比较大也导致了一侧支座滑动时，下弦索可施加的索力有限，无法满足风荷载作用下，腹索索力不松弛的性能目标。允许一侧支座滑动时，上弦梁杆件最大部位应力比较支座不滑动状态下也有一定程度的增大。考虑到支座不滑动时，永久荷载工况下施加到支承结构的水平推（拉）力较小，只有 56.5kN，本项目索拱结构两侧均采用不可滑动的铰接支座。值得注意的是，传至下部支承结构的水平推（拉）力自重状态下较成型态更大，因此下部支承结构需进行施工阶段承载力验算。

5．索预应力取值确定

理论分析及工程实践表明，拉索预拉力取值对预应力钢结构的力学性能有很大影响。确定索拱结构拉索预拉力应综合考虑以下几个因素：（1）结构自重作用时，拉索预拉力不应产生过大的变形。（2）竖向荷载作用时，索拱结构对混凝土支座产生较小的水平推力。（3）最不利荷载工况组合下，上弦梁杆件应力比较低。（4）风荷载作用时，拉索索力应满足最小拉力控制值的要求。表 19.2-7 列出了下弦钢索不同预拉力时，上弦梁由预拉力引起的竖向变形、竖向荷载作用下的水平向支座反力、上弦梁在最不利荷载组合下杆件应力比及风荷载作用下拉索最小索力。

钢索预拉力对索拱结构的影响　　表 19.2-7

下弦索预拉力/kN	上弦梁最大竖向变形/m	支座反力/kN	上弦梁最大应力比	拉索最小索力/kN
300	0.004	23.5	0.95	0
400	0.006	3.7	0.89	0
500	0.008	−16.3	0.85	0
600	0.01	−36.4	0.82	12
700	0.012	−56.5	0.8	29
800	0.014	−76.6	0.82	45

由表 19.2-7 可知：恒荷载作用下的水平向支座反力随着下弦索预拉力的增大而减小，当预拉力超过 400kN 时，支座反力变号，并随着预拉力的增加而逐渐增大。当下弦索预拉力超过 600kN 时，可保证风荷载作用下全部拉索均不出现松弛。下弦索预拉力为 700kN 时，上弦梁杆件应力比最低。综合以上分析，本项目典型榀主拱下弦索预拉力取 700kN。

19.3 专项设计

19.3.1 计算模型

设计分析采用有限元程序 MIDAS，并采用通用有限元程序 ANSYS 进行稳定性分析和索力校核。

19.3.2 静力计算结果

在恒荷载作用下，屋顶最大竖向位移为 0.008m，挠度与跨度的比值为 1/3946。在风荷载作用下，主拱水平向最大位移为 0.104m，水平向位移与跨度的比值为 1/466。次拱水平向最大位移为 0.084m，水平向位移与跨度的比值为 1/376，均满足规范要求。

展廊为单层建筑，平面呈十字形布置。在最不利荷载组合下，主拱下弦索力设计值最大为 1639.2kN，主拱腹索索力设计值最大为 421.2kN，次拱下弦索力设计值最大为 1132.3kN，次拱腹索索力设计值最大为 371.1kN。主拱下弦索、次拱下弦索、主拱腹索和次拱腹索破断力分别为 3960kN、2700kN、1276kN 和 1033kN，均满足规范要求。

展廊主体结构采用钢筋混凝土框架体系，屋盖为预应力索拱结构，屋顶钢结构在最不利工况组合下，典型主拱上弦梁杆件应力比最大为 0.64，典型次拱上弦梁杆件应力比最大为 0.58，主拱端部帽檐构件根部应力比最大，应力比为 0.8，杆件应力比小于 1.0，承载力满足规范要求。

19.3.3 展廊整体稳定验算结果

展廊为单层建筑，局部地下一层，地上二层。主体结构采用钢筋混凝土框架结构，屋盖自身采用预应力索拱结构。屋盖整体稳定分析采用有限元程序 ANSYS 验算，分别考虑活荷载满跨均匀布置、活荷载半跨载布置和风荷载 3 种工况。

整体稳定性验算首先需对该结构做特征值屈曲分析，得到该结构的特征屈曲值和屈曲模态，然后以第一阶屈曲模态为基础，根据《空间网格结构技术规程》JGJ 7-2010 的要求，将屋顶跨度的 1/300 作为初始缺陷施加到屋盖上，并考虑几何大变形、材料弹塑性双重非线性效应，以得到屋盖的极限承载力。整体稳定分析按全模型和局部模型两种情况分别考虑，其中局部模型分别取单榀主拱、单榀次拱、中部十字交叉拱、主拱帽檐和次拱帽檐 5 个典型部位，分析结果如表 19.3-1 所示。

整体稳定安全系数表　　表 19.3-1

荷载类型		全模型	中部十字拱模型	主拱端部帽檐模型	单榀主拱模型	次拱端部帽檐模型	单榀次拱模型
满跨活荷载	弹性稳定	21	38	46	21	46	26
	弹塑性稳定	9.6	20	32	9.6	32	14
半跨活荷载	弹性稳定	18	32	38	18	37	22
	弹塑性稳定	7.6	14	27	7.6	26	12

续表

荷载类型		全模型	中部十字拱模型	主拱端部帽檐模型	单榀主拱模型	次拱端部帽檐模型	单榀次拱模型
风荷载	弹性稳定	9	17	31	9	30	16
	弹塑性稳定	3.6	8	18	3.6	20	6

由以上分析可知：屋顶钢结构全模型及局部模型在活荷载满跨布置、半跨布置及风荷载工况下，整体稳定弹性安全系数均大于 4.2，弹塑性安全系数均大于 2，屋顶整体稳定、性能可靠。

19.3.4 温度对结构力学性能影响分析

中央十字形展廊东西向长 507m，南北向长 287m，属于超长建筑。为减小温度荷载的不利影响，结合建筑功能及通风带布置设置 4 道结构缝，将展廊屋顶连同下部混凝土主体支承结构分成 5 个独立的单体。考虑 40℃的降温影响，展廊结构整体变形如图 19.3-1 所示：

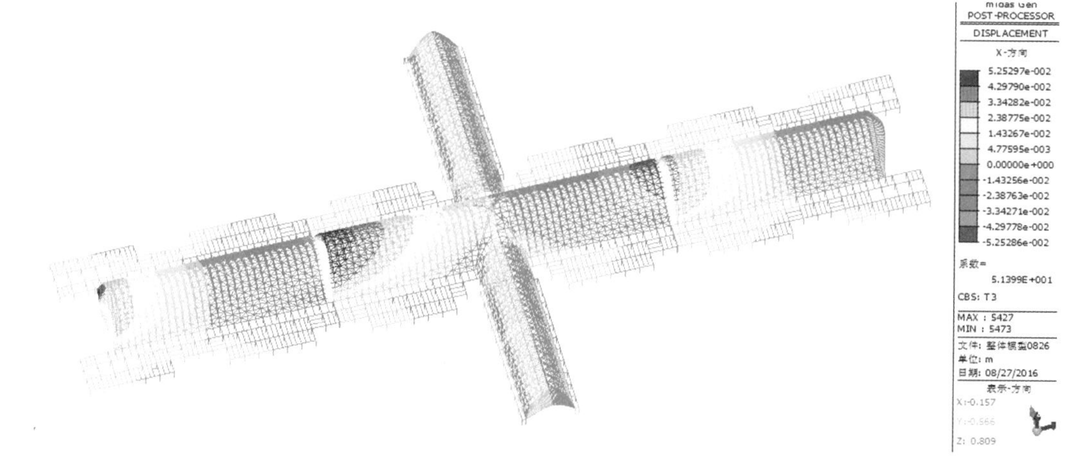

图 19.3-1　展廊结构整体变形（单位：mm）

由展廊结构整体变形图可知：在 40℃的降温作用下，展廊以结构缝为分界，同一结构单元两个端头同时向内收缩。变形内收量接近 53mm，该变形值与自由变形量相当，下部支承混凝土框架结构对上部屋盖结构变形约束能力有限，进而可定性地判断温度变化对展廊的结构安全不起控制作用。

19.3.5 拱脚两侧支承结构变形不协调影响分析

十字展廊下部主体结构为混凝土框架体系，索拱结构屋盖两侧拱脚分别支承在不同的混凝土单体之上，索拱屋盖结构与下部支承混凝土框架之间的关系如图 19.3-2 所示。

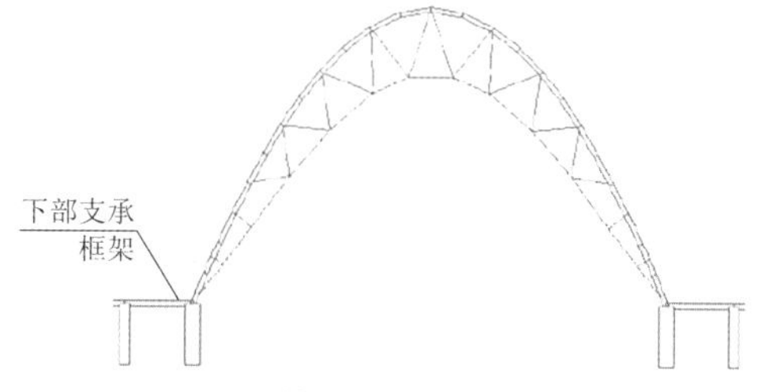

图 19.3-2　屋盖与下部支承框架关系示意图

考虑两侧混凝土支承框架在偶然情况下存在变形不同步的可能，强制两侧拱脚发生不同步的支座位移，对典型榀屋盖构件影响如表 19.3-2 所示。支座相对变形对屋盖构件力学性能影响有限，这主要是由于屋面拱形矢高大，屋面结构较小的变形便可协调支座出现的位移偏差。

支座位移对屋盖力学性能影响　　表 19.3-2

支座相对变形/m	恒荷载下弦索索力/kN	恒荷载上弦梁最大轴力/kN	恒荷载上弦梁最大弯矩/（kN · m）	应力比
0.0	706.2	1016.3	176.3	0.61
0.06	739.2	1043.8	179.8	0.61
0.1	772.9	1072.3	184.3	0.62
0.16	806.7	1101.3	188.8	0.63
0.20	840.6	1129.6	193.3	0.64

19.3.6　拉索施工误差影响分析

下弦拉索按 20%的索力偏差考虑，典型榀索拱结构在横向风荷载作用下，不考虑施工误差的理论状态和考虑张拉施工误差时结构的弯矩图分别如图 19.3-3 和图 19.3-4 所示。风荷载作用下，理论状态时上弦梁面内弯矩为 238kN · m，考虑索力误差后，面内弯矩为 274kN · m。对应于□500 × 300 × 20 × 25 的拱梁，索力误差引起的应力比仅增大 0.03。与拉索施工单位沟通协商后，拉索施工误差的标准确定为：腹索控制在 10%以内，主索控制在 5%以内。

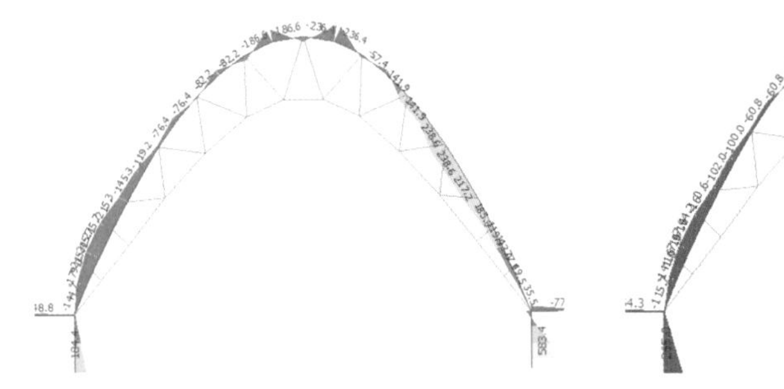

图 19.3-3　理论结构弯矩图（单位：kN · m）

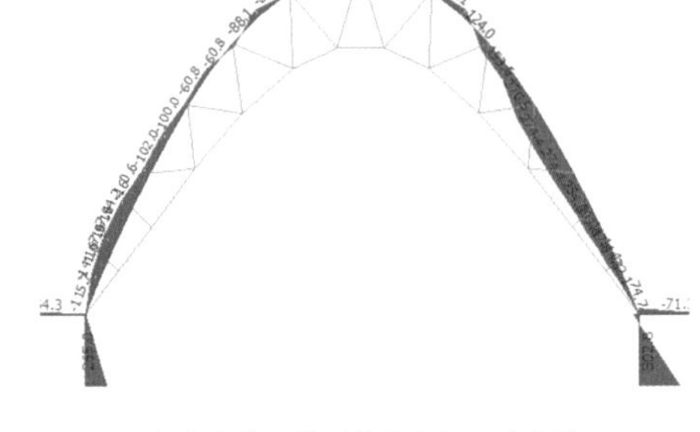

图 19.3-4　考虑张拉误差时结构弯矩图（单位：kN · m）

19.3.7　钢连桥舒适度分析

十字展廊内部二层混凝土平台之间在中央交汇区设有两座连桥，桥面宽 3.1m，跨度均为 29.5m。出于连桥下部通行及展廊的需要，桥面钢梁仅允许做到 0.7m 高，桥面梁跨度与高度的比值接近 42 ∶ 1，为了满足舒适度要求，采用组合梁，并采用 TMD（调谐质量阻尼器）控制舒适度，如图 19.3-5 所示。

图 19.3-5　连桥现场

根据桥面结构振型分析结果可知：连桥第一阶自振频率为 1.55Hz，与人的一般步行频率较为接近。密集人群在连桥上的运动可能会引起结构的共振，廊桥的竖向振动可能超出行人能够接受的程度。为改善连桥的舒适度，在连桥结构的跨中部位和四分位置设置 TMD 减振装置，具体布置如图 19.3-6 所示。

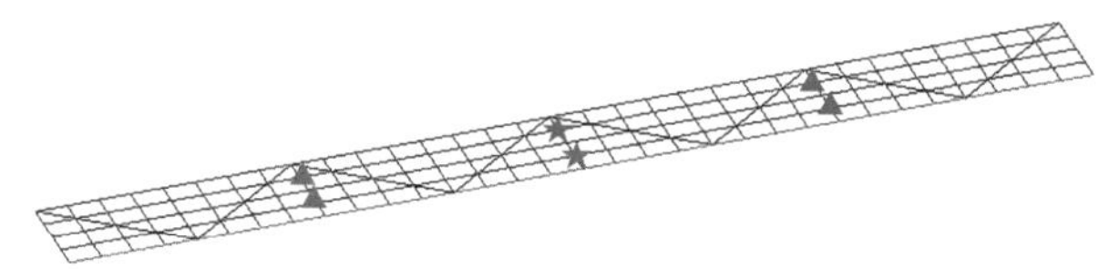

图 19.3-6　TMD 布置位置示意

参考 ISO 标准，考虑 1.0 人/m^2 的人群密度施加均布荷载在桥面上，步行频率取连桥结构前两阶自振频率。最不利位置跨中截面节点处的加速度峰值减振前后对比分析如表 19.3-3 所示。

各工况作用下减振前后跨中节点加速度峰值对比　　表 19.3-3

荷载工况	频率/Hz	原结构/（mm/s^2）	减振结构/（mm/s^2）	减振率/%
1	1.56	717.8	470.2	34.5
2	2.0	494.8	325.9	34.1

由以上分析可知：对于所定义的人行荷载工况，原结构最不利位置跨中节点的加速度峰值为 717.8mm/s^2，超出人体能承受的加速度限值 500mm/s^2。连桥结构减振后，跨中节点的加速度峰值减至 470.2mm/s^2，减振率为 34.5%，满足结构振动舒适度设计规范对于人体舒适性的要求。

19.3.8　展馆屋顶施工阶段过程分析

施工模拟分析是一个状态非线性的分析过程，分析过程中将各段结构单元逐步激活，使结构的刚度、质量、荷载等不断变化，每一阶段分析都是在上一阶段分析的结果基础上进行的。通过阶段施工模拟分析可以真实地反映实际结构阶段施工状态，避免了一次性加载带来的杆件内力偏差，验算得到的杆件应力比更加真实可靠。通过与施工单位技术负责人与相关专家的反复论证，展馆钢结构屋顶施工顺序总体上分为以下几个阶段：

（1）核心筒顶部桁架安装（图 19.3-7）；

（2）除核心筒顶部桁架外的其他桁架地面拼装和提升（图 19.3-8）；

（3）桁架提升到位后与核心筒顶部桁架焊接与局部补杆；

（4）提升器卸载，拆除提升器。吊装作业地点均选在展馆外部，补杆和焊接以对称施工为指导原则，顺序为先中间两个核心筒然后周边四个核心筒，先主弦杆后腹杆，最后水平支撑杆。

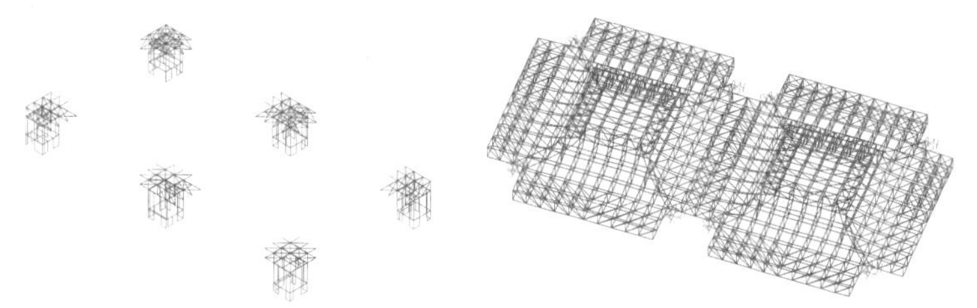

图 19.3-7　剪力墙核心筒顶部钢桁架安装　　图 19.3-8　其余钢桁架提升

采用非线性阶段施工方法对桁架提升及卸载进行验算，在钢屋盖结构设计时通常采用一次性加载方法得到杆件的内力并进行应力比验算，但是越来越多的研究表明考虑施工过程对杆件内力和应力比的影响是非常重要的，且对于考虑不同施工方法得到的设计验算结果可能完全不同。事实上，施工模拟分析主要影响恒荷载作用下的结构内力。通过分析考虑施工过程与不考虑施工过程下的应力比结果可以清楚地看到，对于同样的杆件截面，当考虑了施工过程的影响后，局部杆件应力比有一定程度的增加甚至不满足应力比限值要求。设计时对一次性加载和施工模拟进行了包络设计，保证各情况下的结构安全。

19.3.9 关键节点设计

十字展廊拱脚采用铰接节点与下部主体结构连接。连接节点不仅需要满足力学的需求，也是建筑效果的重要组成元素，是设计精细化程度的重要体现。柱脚节点创新性地采用结构工程师与建筑师共同探讨，共同设计的模式。先由结构工程师提出节点的基本样式，建筑师在此基础上做进一步的优化。拱脚具体构造作法、应力云图和现场照片如图 19.3-9～图 19.3-11 所示。

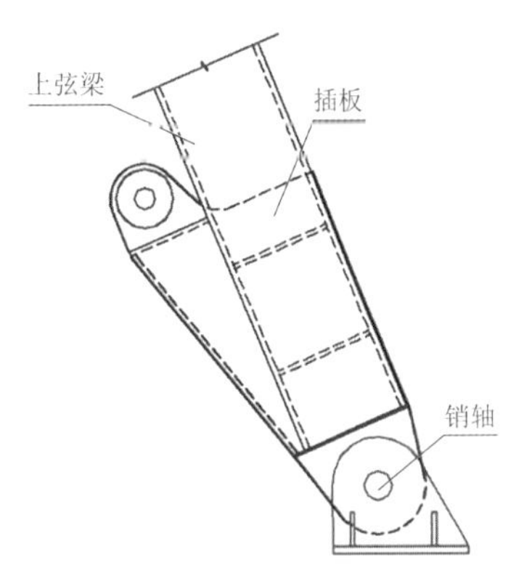

图 19.3-9　拱脚节点示意图

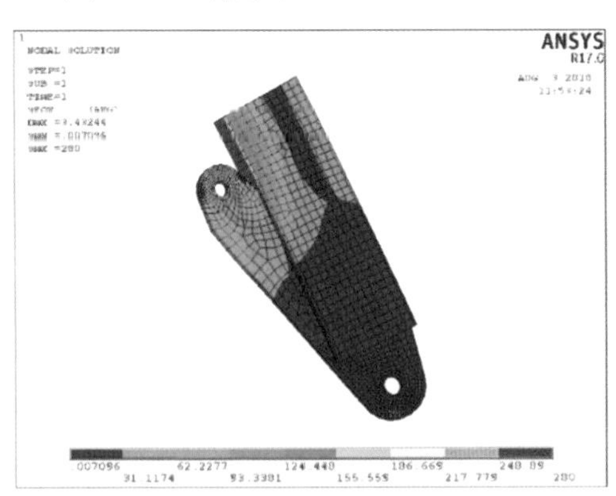

图 19.3-10　拱脚节点应力云图（单位：MPa）

图 19.3-11　拱脚节点实景

青岛世界博览城展馆钢结构屋盖节点复杂多样，针对核心筒顶部支座杆件和相贯节点、日字形桁架和径向桁架相交位置相贯节点、脊线桁架多杆件汇交节点等重要钢结构节点进行了实体有限元应力分析。本工程通过大量有限元分析对节点构造的可靠性与安全性进行了深入的分析，从整体上确保节点的受力性能和可靠性。

19.4 试验研究

19.4.1 索夹节点

索夹是下弦索与斜腹索连接的关键节点，索夹节点的抗滑性能将直接影响结构承载能力。通过索夹抗滑移试验确定索夹能承受的最大不平衡力，以评测其是否能满足工程实际的需要，确保结构受力状态和结构形态与设计假定相吻合。索夹节点示意图和索夹节点现场照片分别如图 19.4-1、图 19.4-2 所示。

图 19.4-3 为最不利工况组合下典型榀索拱结构钢索索力，图 19.4-4 为索夹滑移试验照片。

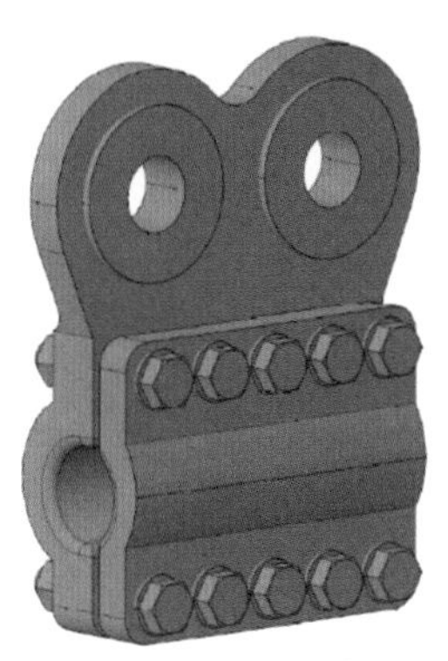
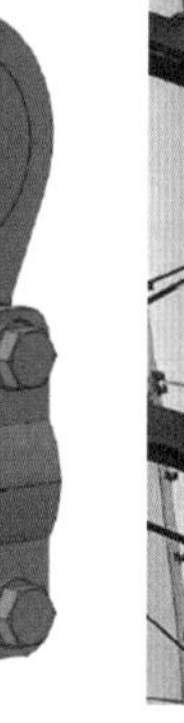

图 19.4-1　索夹节点示意图

图 19.4-2　索夹节点

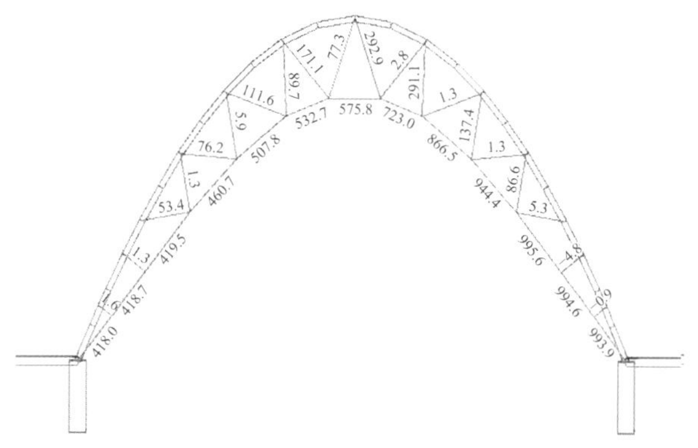

图 19.4-3　最不利工况组合下钢索索力（单位：kN）

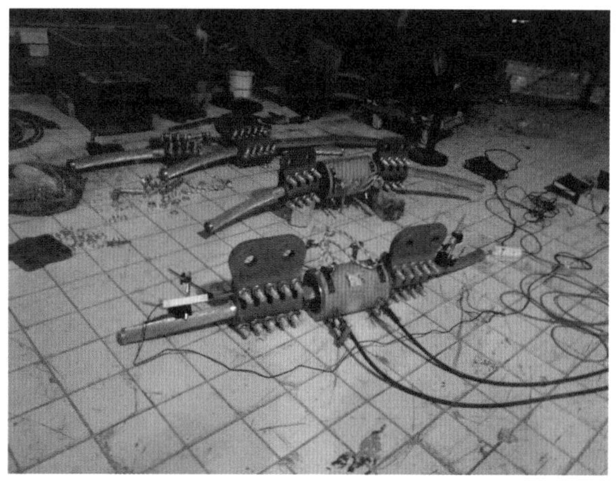

图 19.4-4　滑移试验

索拱结构在最不利工况组合下，顶部位置索夹节点两侧拉索的不平衡力较大，最大值为 160kN。索夹抗滑移试验结果表明：索夹可承受 240kN 的不平衡力，索夹抗滑移能力满足要求。

19.4.2　拉索安装张拉分析

本项目索拱结构采用三角形柔性撑杆的弦撑式体系，与传统的弦撑式索拱结构不同，撑杆采用了柔性的不锈钢拉杆。传统的弦撑式索拱结构由于撑杆在索拱平面内形成稳定的三角形体系，下弦索张拉施工时，撑杆无法在索拱平面内自由摆动，因此索夹内需采取一定的构造措施，以保证拉索安装张拉的过程中索体可在索夹内自由滑动。施工过程繁琐，且存在一定的预应力损失。本项目创新性地使用了柔性钢拉杆代替传统的刚性撑杆。钢拉杆承受压力时将退出工作，因此索夹在拉索施工时，可根据需要在索拱平面内适当移动。此时腹索可根据上弦梁施工误差调整索长后一次性安装就位，仅主动张拉下弦索，腹索被动受力，便可保证全部拉索均达到设计索力。图 19.4-5 为下弦索张拉前索力的分布情况，腹索索力最大值为 43.5kN，腹索可轻松调整至设计索长。

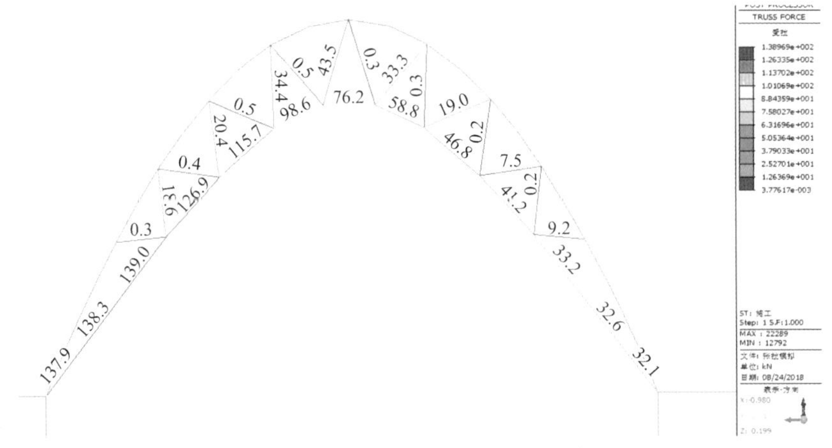

图 19.4-5　张拉前索力分布（单位：kN）

本项目屋盖安装及拉索张拉施工顺序如下：（1）在胎架上安装上弦屋盖，张紧面外交叉斜索；（2）拆除胎架；（3）根据标记点位安装斜腹索和主索；（4）实测施工误差后调整斜腹索至相应索长；（5）一端张拉下弦主索至设计索力；（6）逐根微调腹索至设计索力；（7）安装屋面预应力混凝土板。

为验证施工方案的可行性，在施工前选取三榀拱进行试验张拉。腹杆拉索内力测试点如图 19.4-6 所示，第一榀拱测试结果分别如表 19.4-1 所示。

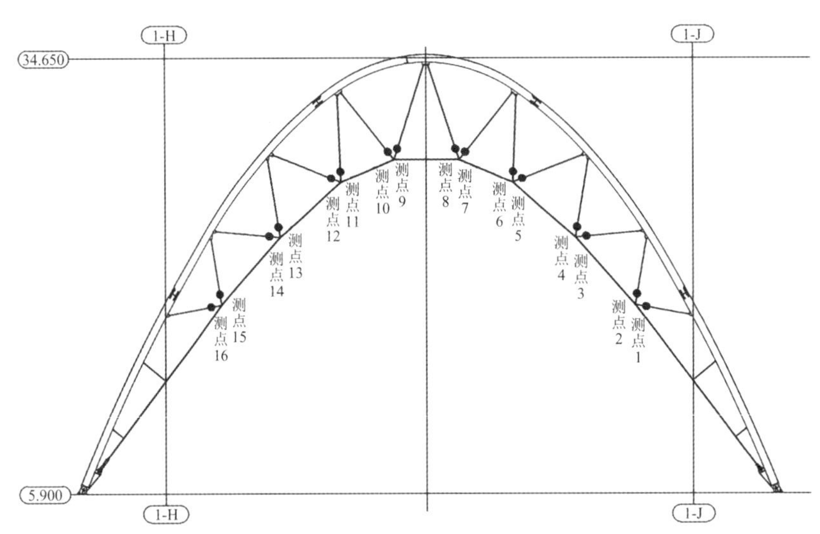

图 19.4-6　第一榀腹索内力测试点

第一榀索拱腹索索力测试表　　表 19.4-1

测点号	初始值/Hz	测量值/Hz	应变/ε	应力/MPa	换算拉力/kN	设计初张力/kN	误差/%
测点 1	719.9	780.5	369	76	73.1	79.5	−8.1
测点 2	742	793	317.8	65.5	63	69.3	−9.1
测点 3	808.9	917.7	762.8	157.1	151.1	138.6	9
测点 4	779.5	835.9	369.7	76.2	73.2	77.4	−5.4
测点 5	851.2	914.4	453.3	93.4	183.3	174.3	5.1
测点 6	747	868.5	797.1	164.2	322.2	328.5	−1.9
测点 7	769.6	854.1	557.4	114.8	225.3	222.7	1.2

续表

测点号	初始值/Hz	测量值/Hz	应变/ε	应力/MPa	换算拉力/kN	设计初张力/kN	误差/%
测点 8	701.3	841.7	879.5	181.2	355.6	348.4	2.1
测点 9	767.1	897.4	880.6	181.4	356	348.4	2.2
测点 10	806.1	888.8	569.3	117.3	230.2	222.7	3.4
测点 11	841	943.5	742.6	153	300.2	328.5	−8.6
测点 12	1013.5	1060.5	395.7	81.5	160	174.3	−8.2
测点 13	846.7	906.8	427.9	88.1	84.8	77.4	9.5
测点 14	644.9	775.6	754	155.3	149.4	138.6	7.8
测点 15	788	835.9	316.1	65.1	62.6	69.3	−9.6
测点 16	688.4	752.5	375	77.2	74.3	79.5	−6.6

19.5 结语

本项目由十字展廊和周边 12 个展馆两部分组成，十字展廊屋盖采用预应力索拱结构，展馆屋面采用空间钢桁架结构。通过合理设计，按投影面积计算，展馆屋盖用钢量为 85kg/m^2，十字展廊屋盖用钢量为 68kg/m^2，实现了结构安全、技术先进、用材量少、美观简洁的目标，结构设计具有以下特点和创新点：

（1）由于展廊屋顶拱形矢高过大，致使其抗侧刚度明显不足。为改善结构的力学性能，将纯拱、拉索与撑杆合理组合，从而形成索拱结构体系。利用钢索或撑杆提供的支承作用调整结构内力分布并限制其变形的发展，进而有效提高结构的刚度和稳定性。传统的弦撑式索拱结构由于撑杆在索拱平面内形成稳定的三角形体系，下弦索张拉施工时，撑杆无法在索拱平面内自由摆动，因此索夹内需采取一定的构造措施，以保证拉索安装张拉的过程中索体可在索夹内自由滑动。施工过程繁琐，且存在一定的预应力损失。本项目创新性地采用了柔性钢拉索代替传统的刚性撑杆。钢拉索受压时将退出工作，三角形体系被消解，因此在拉索施工时，索夹可根据需要在索拱平面内左右摆动。此时腹索可根据上弦梁施工误差调整索长后一次性安装就位，仅主动张拉下弦索，腹索被动受力，便可保证全部拉索均达到设计索力。钢拉索截面纤细轻盈，从而更能营造出通透美观的室内观感，展现结构的自身之美，使得建筑内部环境与结构体系融为一体。

（2）对比了纯拱结构、拱桁架和索拱结构的力学性能和建筑效果，分析了影响索拱结构受力的多个关键因素：索桁架顶部结构高度、上弦梁分格数量和尺寸、拱脚支座水平刚度、支座是否允许滑动等。利用 ANSYS 和 MIDAS Gen 等多个软件对比分析，进行了索拱稳定分析、钢索预应力取值分析、施工张拉过程分析、温度分析和关键节点有限元分析等多项专项分析。对展馆屋顶造型进行了对比研究，最终采用杂交的空间拱形交叉桁架结构体系，为了减轻对下部结构的推力，支座采用弹性球铰支座以释放部分水平剪力，综合考虑选择经济合理的支座弹性刚度。

（3）考虑施工成型方法对结构成型态的影响。基于结构性能要求，综合考虑施工便捷性、经济性等因素，最终选用主动张拉下弦索、腹索被动受力的方案。展馆屋盖施工采用了整体提升方法，建模分析时通过施工模拟分析，每一阶段分析都是在上一阶段分析的结果基础上进行的，结构刚度、质量、荷载等不断发生变化，避免了一次性加载带来的杆件内力偏差，验算得到的杆件应力比更加真实可靠。

（4）建筑化的构件指表现建筑美学和建筑艺术的结构构件。建筑化的构件通过艺术化的结构构件表现建筑艺术和建筑美学，充分地将建筑和结构融合在一起，达到了结构成就建筑之美的效果。本项目在工程实践时注重建筑结构一体化，将结构构件作为建筑构件来设计。十字展廊拱脚采用铰接节点与下部主体结构连接。连接节点不仅需要满足力学的需求，也是建筑效果的重要组成元素，是设计精细化程度的重要体现。柱脚节点创新性的采用结构工程师与建筑师共同探讨共同设计的模式。先由结构工程师提出节点的基本样式，建筑师在此基础上做进一步的优化。

参考资料

[1] 董越，霍文营，孙海林．中铁青岛世界博览城展廊屋盖索拱结构设计[J]．建筑结构，2022, 52(01): 12-16.

[2] 董越，徐杉，孙海林，等．高矢跨比索拱结构体系设计与研究[J]．建筑结构，2021, 51(03): 40-46.

设计团队

结构设计单位：中国建筑设计研究院有限公司

结构设计团队：梁　伟、孙海林、董　越、刘会军、孙庆唐、陆　颖、尤天直、陈文渊、霍文营、岳　琪、张世雄、罗敏杰

执　笔　人：孙海林、董　越

获奖信息

2019 年英国结构工程师学会 建筑类结构艺术大奖 The Award for Structural Artistry (building structures)；

2019 年英国结构工程师学会 大跨结构提名奖；

2019—2020 中国建筑学会建筑设计奖 结构专业一等奖；

2021 年北京市优秀结构一等奖；

2021 年北京市公共建筑综合二等奖。

第20章

世界园艺博览会中国馆

20.1 工程概况

20.1.1 建筑概况

2019 年北京世界园艺博览会已于 2019 年 4 月 28 日至 2019 年 10 月 9 日在北京延庆成功召开。中国馆是 2019 北京世界园艺博览会的标志性建筑，位于核心景观区山水园艺轴的终点，南侧为山水园艺轴起点的园区 1 号门，北侧为妫汭湖，西侧为永宁阁，东侧为中华园艺展示区。

从外观看，一个连续完整的巨型屋架从花木扶疏的梯田升腾而起，恢宏舒展，用现代的手法表达出中国传统哲学与园艺思想的精髓。梯田是中国农耕文明的重要代表，是中国山区农民智慧的体现，以梯田为底的构思十分契合园艺主题；大屋架这一传统形式结合现代材料［如光伏玻璃、ETFE（乙烯-四氧乙烯共聚物）膜、纳米钛瓷喷涂铝单板］的运用，实现了建筑的绿色节能设计。如图 20.1-1、图 20.1-2 所示。

图 20.1-1　中国馆

图 20.1-2　中国馆雪景

20.1.2 设计条件

主体控制参数见表 20.1-1。

主体控制参数　　表 20.1-1

项目		标准
结构设计基准期		50 年
建筑结构安全等级		一级
结构重要性系数		1.1
建筑抗震设防类别		重点设防类（乙类）
地基基础设计等级		乙级
设计地震动参数	抗震设防烈度	8 度
	设计地震分组	第二组
	场地类别	Ⅲ类
	特征周期	0.55s
	基本地震加速度	0.20g
水平地震影响系数最大值	多遇地震	0.16
	设防地震	0.45
	罕遇地震	0.9
地震峰值加速度	多遇地震	70cm/s^2

1. 结构抗震等级

下部混凝土主体：剪力墙一级，框架二级；上部屋盖钢结构二级。上部结构嵌固端为基础顶。

2. 风荷载

结构变形验算，按 50 年一遇取基本风压为 0.45kN/m^2；承载力验算时，采用 100 年一遇基本风压和 50 年一遇基本风压的 1.1 倍包络值。地面粗糙度类别为 B 类。项目开展了风洞试验。结构设计中采用了风洞试验结果和荷载规范的包络值。

20.2 建筑特点

20.2.1 主受力构件

如图 20.2-1 所示，建筑屋架采用钢结构，根据空间形式的需要以及结构受力的要求，整个屋架的主受力构件在空间上呈三角形布置，两端落于 10m 标高处的混凝土短柱之上，主受力构件特点如下：

（1）鱼腹式空腹桁架

如图 20.2-2（a）所示，两侧区域内采用鱼腹式空腹桁架，桁架上弦杆采用矩形方钢管、下弦杆采用倒置的 T 型钢，桁架腹杆采用变截面梭形圆管，腹杆两端分别与上弦杆和下弦杆铰接，且腹杆方向与上弦杆和下弦杆呈垂直关系。由于上弦杆相对于桁架的两个端点处于平直状态，桁架处于临界稳定状态，在荷载作用下会产生向下的变形，向下微小的变形都会导致桁架在面外成为不稳定的状态。当无外部附加约束时，桁架会绕两端支点连成的轴线旋转，从而丧失结构承载力。为保证桁架的面外稳定，在桁架下弦设置侧向支撑钢拉杆，钢拉杆采用 D50 实心钢拉杆，上端交接于横向杆件，下端交接于桁架下弦。侧向支撑在结构计算中按只拉杆件考虑，因此可以充分发挥钢拉杆的材料强度，减小钢拉杆直径，使其融入建筑造型之中。

（2）实腹式钢梁

如图 20.2-2（b）所示，除两侧外的中部区域采用实腹式钢梁，构件采用钢结构矩形管，平面布置逻辑同鱼腹式空腹桁架。有别于两侧区域，中部区域在建筑功能上属于室外区域，其中屋脊线北侧区域完全敞开，即屋顶只有结构梁，无任何建筑屋面，此区域除结构自重外无其他荷载。屋脊线南侧区域建筑功能虽然属于室外，但是其上面同两侧区域一样，设置有光伏玻璃屋面，如图 20.2-3（a）所示。在中部区域存在一个钢筋混凝土的核心筒，从核心筒周圈伸出一系列的钢结构斜撑，即树形柱。树形柱采用分叉式变截面圆管，树形柱的顶部对实腹式钢梁形成不规则的支点。树形柱既对室腹式钢梁起到竖向支撑作用，又可以对钢梁的面外稳定起到一定的约束作用，同时树形柱构件也作为建筑效果的一部分而存在，如图 20.2-3（b）所示。

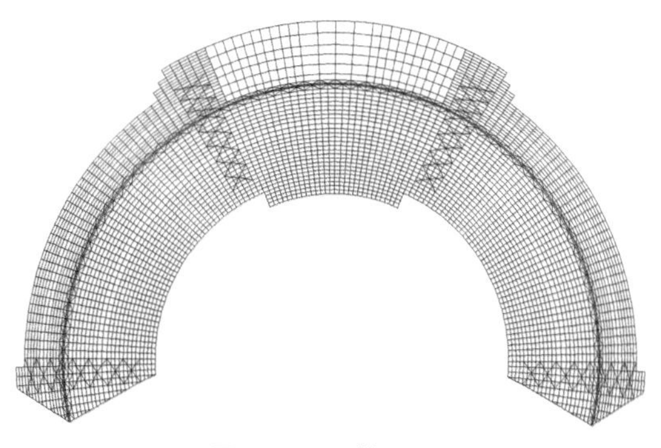

图 20.2-1　屋盖平面图

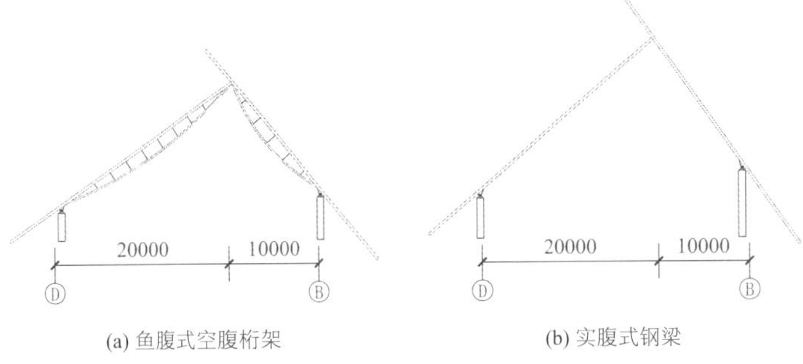

(a) 鱼腹式空腹桁架　　(b) 实腹式钢梁

图 20.2-2　单榀屋架示意图

(a) 屋顶

(b) 树形柱

图 20.2-3　室内实景照片

（3）支承短柱

屋面径向桁架（鱼腹式空腹桁架、实腹式钢梁）均落在钢筋混凝土支承短柱上，横向受力构件与短柱铰接连接，铰接形式为销轴。横向主受力构件可以沿受力方向转动。由于屋面的屋脊线在空间上的竖向标高是变化的，进而导致混凝土短柱顶标高也随屋架标高变动。短柱标高在两侧位置最小，最小值为 1.65m，中部对称轴位置最大，最大值为 7.25m。短柱截面为 400mm × 800mm，沿受力最大的方向（即径向）截面高为 800mm，沿受力较小方向（即环向）截面宽为 400mm。沿着短柱顶部的环向设置 400mm × 300mm 的钢筋混凝土环梁，环梁顶标高随短柱顶标高变动。进一步提高短柱在环向的刚度，结合建筑造型，在外环短柱弧线、内环短柱弧线上各设置了 4 组钢筋混凝土剪力墙。通过以上措施可以大大提高钢筋混凝土短柱的环向刚度。环向刚度可以形成较强的抱箍效应，间接提高短柱在径向上的刚度。减小短柱的悬臂效应，改善短柱的受力。

短柱柱底落于 10m 标高钢筋混凝土楼面梁之上，为平衡屋盖水平受力构件引起的短柱弯矩，在短柱底 10m 标高位置设置与短柱受力方向一致的钢筋混凝土梁，用以平衡短柱柱底弯矩，将短柱柱底弯矩转换为楼面梁弯矩。

20.2.2　屋面设计逻辑

1. 屋脊控制线、檐口控制线

屋面在空间上属于异形曲面，在平面和立面上均不断变化。虽然空间形态比较复杂，但将屋面投影到二维平面后可以看出，整个屋面在平面范围内有着较强的生成逻辑。屋脊线、外侧檐口线和内侧檐口线所在曲线的平面投影为三个不同半径同心圆弧线；每榀结构主受力构件（鱼腹式空腹桁架、实腹式钢梁）平面投影线均由圆心放射得出，其底部均落在 B 轴（半径 80m）和 D 轴（半径 50m）相应位置的混凝土短柱上。

2．纵向主构件

因屋架玻璃幕墙的主龙骨即为屋架的主体钢结构杆件，本工程玻璃的划分方式会直接影响钢结构的杆件布置方式。整个屋架平面呈扇形，屋架最外侧玻璃的尺寸为每一组玻璃（相邻两榀桁架之间的玻璃）尺寸的最大值，考虑到玻璃加工的经济合理性，屋架最外侧玻璃宽度宜控制在 2m 左右的范围内。根据最外侧玻璃宽度为 2m 左右的原则，最终确定：根据一层框架柱相邻轴线之间 10°夹角，二层屋架的轴线需与柱网轴线对齐，将 10°平均分为 6 组，每组角度为 10°/6 = 1.67°，由此得出的玻璃最大宽度在 2.1m 左右，能够满足预先设定的要求。根据这个角度，所有桁架的角度定位以及位于 B 轴和 D 轴上的所有混凝土短柱的定位问题都可以顺利解决了。桁架定位轴线如图 20.2-4 所示。

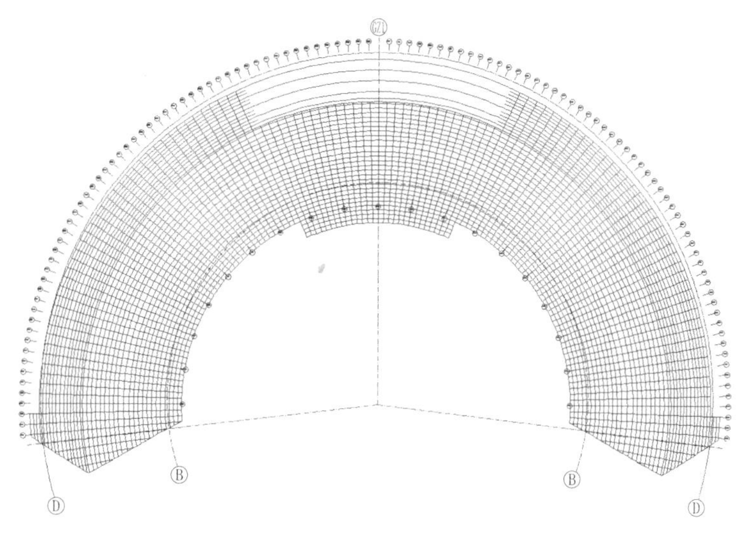

图 20.2-4　桁架定位轴线

3．环向水平横杆

屋架弦杆的定位角度需考虑玻璃宽度的合理性，而屋架水平横杆的布置则要配合玻璃的高度来确定，这需要考虑内侧屋架光伏玻璃的尺寸。场上的光伏玻璃最大尺寸可做到 1300mm × 1100mm，如实际玻璃尺寸超过该尺寸大小，可进行拼接处理，拼接处会有大约 2mm 宽的拼缝。

20.2.3　屋面杆件生成方式

根据屋面设计逻辑，在 Rhino 中利用 Grasshopper 完成整个屋面杆件的生成，如图 20.2-5 所示。

第 1 步：确定 3 条基准曲线，分别为屋脊曲线、外侧檐口曲线和内侧檐口曲线。这 3 条基准曲线是决定屋面形态的决定性因素，通过调整这 3 条曲线改变建筑外立面的形态，3 条曲线呈现出较强的一致性走势，即均为中间最高，然后向东西两侧标高逐渐降低，到端部标高再次升高。

第 2 步：经过圆心生成放射线，按照屋面设计的逻辑要求，控制每相邻两条放射线的角度为 1.67°。每条放射线在每条基准曲线的投影为一个点，屋脊投影点分别与外侧檐口投影点、内侧檐口投影点相连后形成上弦杆中心线。

第 3 步：生成环向横杆，综合幕墙尺寸规格按照间距不大于 1100mm 的原则，对每根上弦杆进行等分，等分后的上弦杆件等分点沿着相邻两榀上弦杆依次连接生成环向横杆。

第 4 步：室内区域通过结构专业提出的矢高要求，确定下弦杆的走势，并与结构专业一起确定腹杆、斜拉杆、斜撑等杆件的定位。

第 5 步：屋脊悬挑杆件，将外侧上弦杆向上延伸挑出并连线，形成了整个构架的最高点。

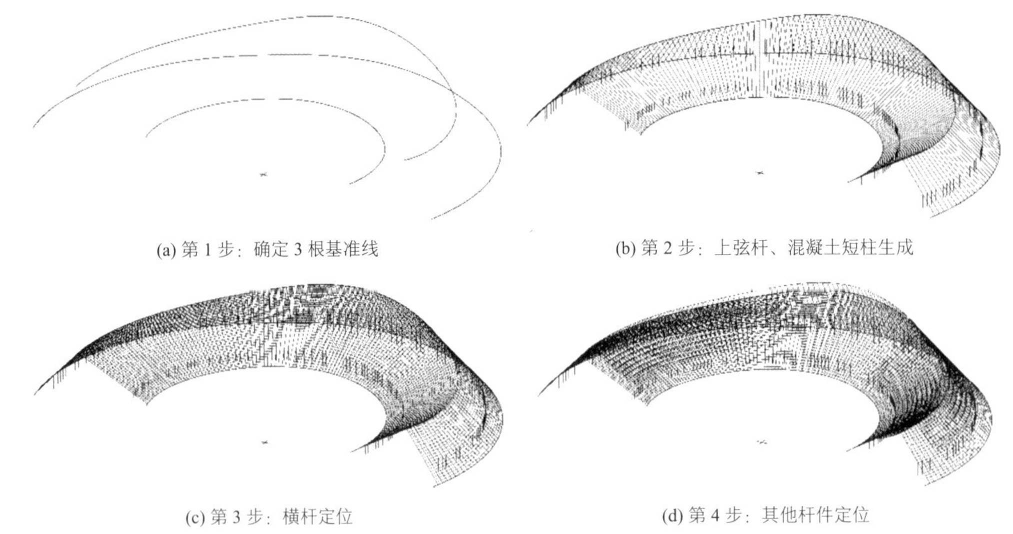

(a) 第 1 步：确定 3 根基准线

(b) 第 2 步：上弦杆、混凝土短柱生成

(c) 第 3 步：横杆定位

(d) 第 4 步：其他杆件定位

图 20.2-5　屋面杆件生成过程

20.3　结构体系与分析

20.3.1　方案对比

结合建筑造型，结构专业初步选定了 3 种方案，经结构计算，并与建筑专业、室内专业、幕墙专业统一考虑后，最终选择方案 3 作为实施方案。各方案优缺点介绍如下：

方案 1 单榀基本形式为折形的等截面空腹桁架，该方案具有较大的结构刚度和面内承载力，受力形式简单明确。

方案 2 单榀形式与方案 1 类似，但是在支点位置采用变截面桁架，受力形式类似门式刚架，结构承载力相比方案 1 有所降低，但变截面柱脚为铰接受力模式，对 10m 标高混凝土结构负担较小。

方案 3 单榀形式为鱼腹式空腹桁架，桁架支撑于混凝土短柱之上。相比方案 1 和方案 2，方案 3 更具有流动的线条美，与建筑的整体造型比较吻合，但其承载力有一定的降低，考虑到每榀之间间距不大，经计算方案 3 完全可以满足承载力要求。

20.3.2　结构布置

1．混凝土部分

混凝土展厅地上 2 层，地下 1 层，地上总高 10m，地下层高 6m。为达到建筑效果，中国馆混凝土展厅大部分埋在回填土内，结构四周存在大量的挡土墙。挡土墙与内部沿环向布置的框架柱构成了框架-剪力墙结构。展厅活荷载较大，展陈方要求达到 10kN/m^2。部分屋面要承担较厚的回填土重量，局部覆土厚度可达 5m，此外二层屋面还要负担屋面混凝土短柱传来的钢屋盖荷载。

结构呈半环形，且左右两侧几乎完全对称，如图 20.3-1、图 20.3-2 所示。为了营造大空间的展厅效果，柱网排布较疏，柱距一般为 12～18m，主要框架梁截面尺寸为 500mm × 1000mm，框架方柱截面尺寸主要为 900mm × 900mm，框架圆柱直径为 900mm 和 1100mm。场馆的主要出入口位于结构中部，仅靠两个混凝土电梯筒支承二层（10.000m 标高）的扇形大平台，此处受荷面积很大，且还承担混凝土短柱传来的钢屋盖荷载，与建筑师讨论后确定了树形钢骨支承体系。二层大平台南北两侧支承钢屋面短柱的转换弧梁截面为 800mm × 2000mm，并内附钢骨 H1300 × 250 × 18 × 30。此外对称的两个入口大厅内部不设框架柱，所以此处二层为大跨框架结构（南北跨度 30m 左右），框架梁截面尺寸为 600mm × 2000mm，内附钢骨 H1300 × 250 × 18 × 30，框架柱截面为 900mm × 1500mm，内附钢骨 H1150 × 300 × 20 × 38。

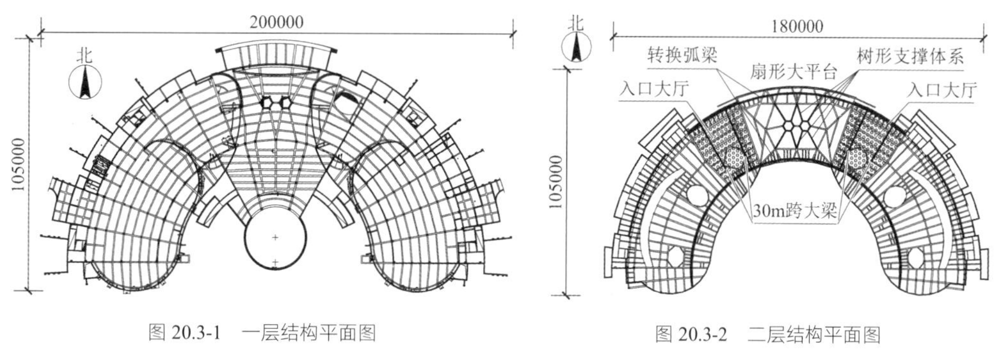

图 20.3-1 一层结构平面图　　图 20.3-2 二层结构平面图

2. 钢结构屋盖部分

中国馆结构分下部混凝土主体和上部钢屋盖两部分。扇形平面的钢屋盖沿圆周方向切分 119 榀径向受力体系，119 榀径向受力构件按受力和建筑造型要求不同分为两类：鱼腹式空腹桁架和实腹式钢梁。按照不同的屋面做法和结构形式屋面分成 3 个区域（图 20.3-3）。其中Ⅰ区、Ⅱ区为玻璃屋面，Ⅲ区是全露天环境，仅保留钢屋盖构件但没有玻璃屋面。

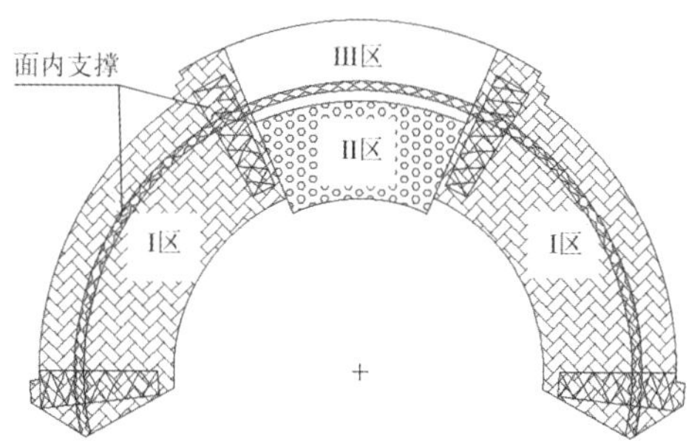

图 20.3-3 典型钢屋盖屋面体系与做法分区

Ⅰ区为玻璃屋面，结构径向受力体系为鱼腹式空腹桁架（图 20.3-4），由两榀桁架通过最高点相连，最高点位于靠近外圈混凝土短柱 1/3 处。桁架总跨度 30m，连接点两侧桁架高度相同，矢高均为 1500mm，桁架上弦采用 300mm 方钢管，下弦为方便与膜材连接，采用 200mm × 200mm 倒 T 型钢，上下弦之间设置直径 80mm 的铰接圆管作为直腹杆，直腹杆间距 1300mm，为确保空间效果桁架中不设斜腹杆。

Ⅱ区和Ⅲ区均为室外环境，Ⅱ区范围虽有玻璃屋面，但是玻璃屋面下方不设膜材，而Ⅲ区则仅有屋面钢构件。考虑建筑效果此处无法同Ⅰ区一样设置鱼腹式空腹桁架，改用实腹式钢梁，钢梁为 700mm × 300mm 矩形管，典型榀立面见图 20.3-5。

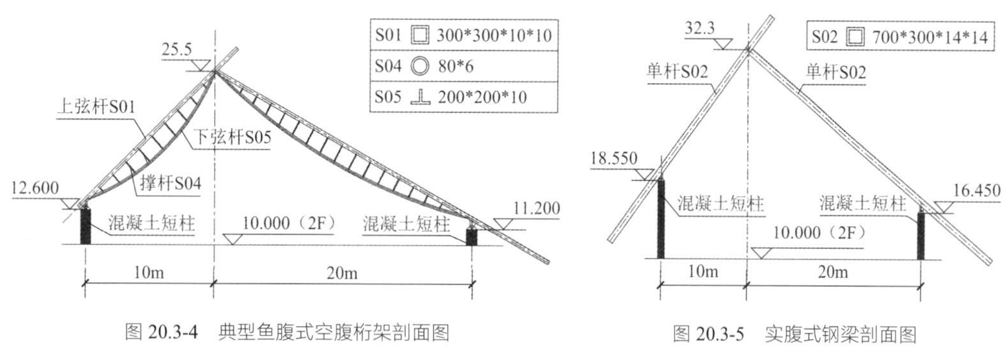

图 20.3-4 典型鱼腹式空腹桁架剖面图　　图 20.3-5 实腹式钢梁剖面图

在屋脊两侧沿着屋脊全长设置面内水平支撑；在接近端部区域沿径向分别设置面内支撑，通过纵向和横向面内支撑的设置提高了钢屋盖面内稳定性能（图 20.3-3）。

Ⅱ区和Ⅲ区钢梁依靠环向的横杆保证钢梁构件的面外稳定。Ⅰ区鱼腹式空腹桁架因为上弦为直线段而没有上凸的弧度，下弦处于临界平衡状态，微小的扰动会导致受拉下弦绕上弦支点连线转动而发生面外失稳。结合建筑造型，在下弦杆与水平横杆之间设置刚拉杆确保下弦杆件面外稳定（图 20.3-6）。

钢屋架杆件均通过销轴与混凝土短柱相连（图 20.3-7），混凝土短柱下部与主体结构刚接，短柱截面尺寸为 400mm × 800mm，屋架在竖向荷载作用下会产生较大的水平推力，水平推力通过混凝土短柱传递给主体结构，主体结构在短柱根部设置沿弯矩方向的平衡梁，柱底弯矩完全由平衡梁承担。

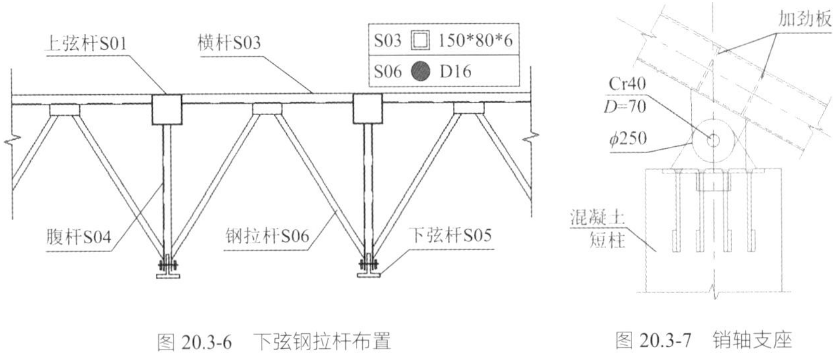

图 20.3-6　下弦钢拉杆布置

图 20.3-7　销轴支座

20.3.3　性能设计

1. 抗震性能目标

根据本工程的重要性和结构体系特点，抗震性能目标设定为 C。结合本工程的实际情况，依据各部分结构构件的重要性程度，综合考虑结构合理性及结构安全性的需求适当调整，达到重点加强、全面提升的设计目标。多遇地震、设防地震和罕遇地震下的性能水准分别是 1、3、4。

2. 抗震性能水准

为实现性能目标 C，结构须满足如下性能水准（表 20.3-1）：

（1）多遇地震作用下，结构满足弹性设计要求，全部构件的抗震承载力和位移满足现行规范要求；计算时应采用作用分项系数、材料分项系数和抗震承载力调整系数。

（2）设防地震作用下，关键构件的抗震承载力应满足不屈服要求，部分竖向构件以及大部分耗能构件进入屈服阶段，钢筋混凝土竖向构件应满足受剪截面剪压比限制要求（《高层建筑混凝土结构技术规程》JGJ 3-2010）。

（3）罕遇地震作用下，对结构进行动力弹塑性分析，允许少部分次要构件达到屈服阶段，但关键构件满足不屈服的要求。计算时，作用分项系数、材料分项系数和抗震承载力调整系数取为 1.0。

抗震性能水准　　表 20.3-1

设防水准		多遇地震	设防地震	罕遇地震
关键构件	混凝土短柱	弹性、满足规范	承载力满足弹性	承载力满足不屈服
	转换梁	弹性、满足规范	承载力满足弹性	承载力满足不屈服
普通竖向构件	混凝土柱	弹性、满足规范	承载力满足不屈服	满足规范
屋面桁架		弹性、满足规范	承载力满足不屈服	满足规范
普通混凝土梁		弹性、满足规范	满足规范	满足规范

3．大震弹塑性分析计算模型

使用 ABAQUS 软件，整体模型进行大震弹塑性时程分析，罕遇地震波峰值加速度取 400cm/s²，地震波卓越周期与场地土特征周期接近，地震波持续时间不小于 5 倍特征周期，并考虑三向地震作用；为考虑周围填土的不利影响，地震作用下填土对主体结构的不利作用通过附加质量考虑，将全楼质量的 8% 作为附加质量施加在结构外围挡土墙之上，附加质量采用 ABAQUS 中的质量单元 Mass21 模拟。将钢结构屋盖与混凝土结构组合以后整体导入 ABAQUS 中，计算模型见图 20.3-8。

对钢屋盖采用 ABAQUS 软件进行罕遇地震弹塑性时程计算，以此获取钢屋盖的抗震性能。将 SAP2000 弹性计算模型导入 ABAQUS 生成 ABAQUS 计算模型（图 20.3-9、图 20.3-10）。通过 SAP2000 和 ABAQUS 两种模型计算的质量、振型的对比，两个模型的动力特性一致。

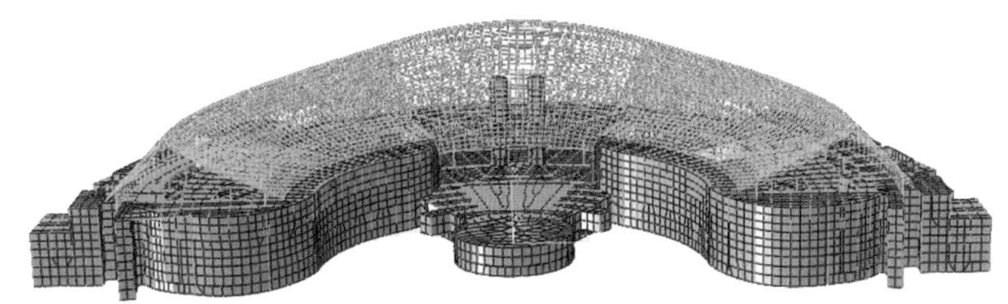

图 20.3-8　ABAQUS 整体计算模型

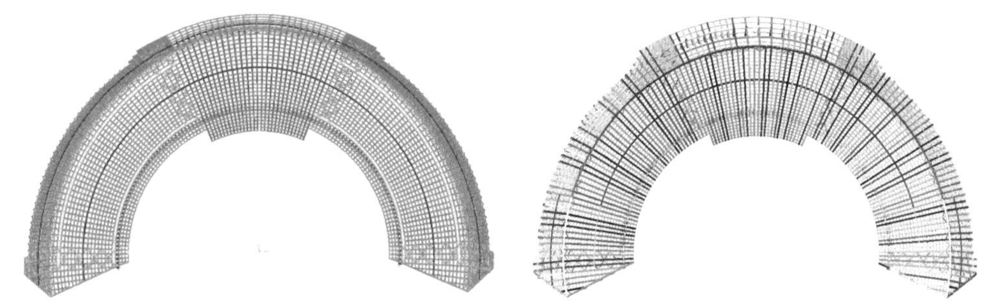

图 20.3-9　SAP2000 屋盖模型

图 20.3-10　ABAQUS 屋盖模型

在 ABAQUS 中进行罕遇地震弹塑性时程计算时，钢材本构采用双线性动力硬化模型，在循环过程中无刚度退化，但包含包辛格效应；计算中考虑几何非线性、材料非线性；阻尼体系采用瑞雷阻尼；重力荷载代表值按规范取 1.0D（恒荷载）+ 0.5L（活荷载）；地震波按抗震规范要求选取，地震波最大峰值加速度为 400Gal；地震波同时考虑三向加载，主方向：次方向：竖直方向峰值加速度比值为 1：0.85：0.65。三条地震波（W1、W2、W3）依次按 X 方向、Y 方向为主方向进行罕遇地震弹塑性时程计算，计算时长均为 15s。

4．屋盖杆件应力

3 条地震波 6 个计算工况所得钢屋盖杆件峰值 Mises 应力及对应时刻见表 20.3-2。由表 20.3-2 可以看出：在罕遇地震作用下所有杆件均处于弹性状态。6 个计算工况下 Mises 峰值应力最大值是 223MPa，对应 W2 波的 Y 主方向工况，Mises 峰值应力的平均值为 149MPa。钢屋盖在罕遇地震作用下具有较好的抗震性能，可满足大震弹性。

下杆件 Mises 峰值应力及对应时刻　　表 20.3-2

	$W1_X$	$W1_Y$	$W2_X$	$W2_Y$	$W3_X$	$W3_Y$
时间/s	9.75	5.25	9.50	10.0	4.75	10.50
Mises 应力/MPa	134	78	211	223	104	141

注：$W1_X$ 表示 W1 波作用于 X 主方向，余同。

5. 屋盖顶点位移

图 20.3-11 和图 20.3-12 分别是 6 个计算工况下X主方向和Y主方向作用下的顶点位移时程曲线，由顶点位移时程曲线可以看出：顶点位移始终围绕原点呈上下振动形式，表明结构一直处于弹性状态，并未出现不可恢复的塑性变形，这与杆件在全过程中的应力状态相吻合。

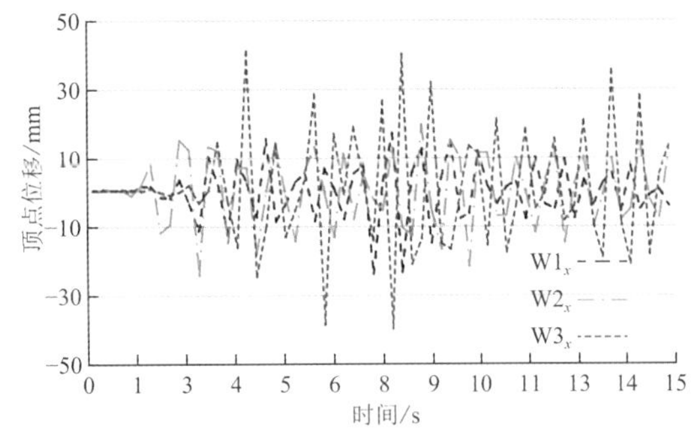

图 20.3-11　X方向顶点位移时程曲线

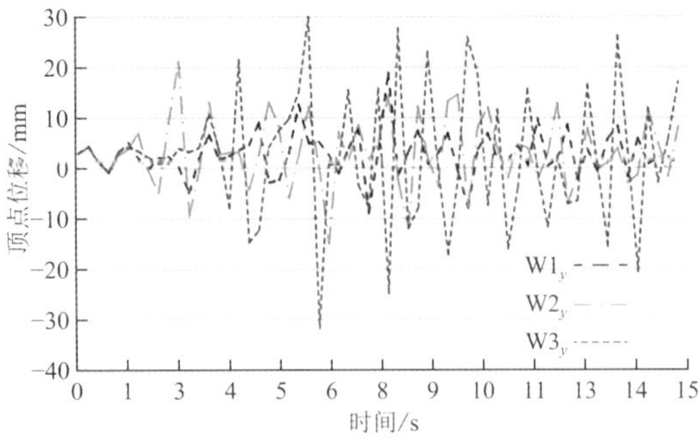

图 20.3-12　Y方向顶点位移时程曲线

6. 混凝土塑性损伤

（1）核心筒混凝土最大受压损伤因子为 0.29，属于轻微—中度损坏。局部地下室墙体混凝土受压损伤因子在 0.25～0.38 范围，位置主要分布在北主入口两侧及南主入口两侧；其余位置墙体混凝土受压损伤因子均小于 0.1，墙体损伤情况见图 20.3-13。

（2）二层（10.000m 标高）大部分楼板混凝土区域受压损伤因子小于 0.1，属于轻微损坏范围；局部区域，南、北主入口两侧与钢骨梁连接部位损伤因子在 0.3～0.5 范围，属于中度损坏；极个别区域大跨钢骨梁相连的钢骨柱位置为损伤因子在 0.7 左右，但是范围较小，属于中度损坏—比较严重损坏范围。一层（0.000m 标高）绝大部分楼板混凝土损伤因子小于 0.1，属于轻微损坏。极个别区域楼板混凝土损伤因子在 0.1～0.2 之间，属于轻微损坏—轻度损坏之间，楼板损伤情况见图 20.3-14。

（3）屋盖短柱混凝土最大受压损伤因子 0.078 < 0.1，属于轻微损伤，见图 20.3-15。混凝土纵筋、混凝土内最大型钢应力见图 20.3-16。

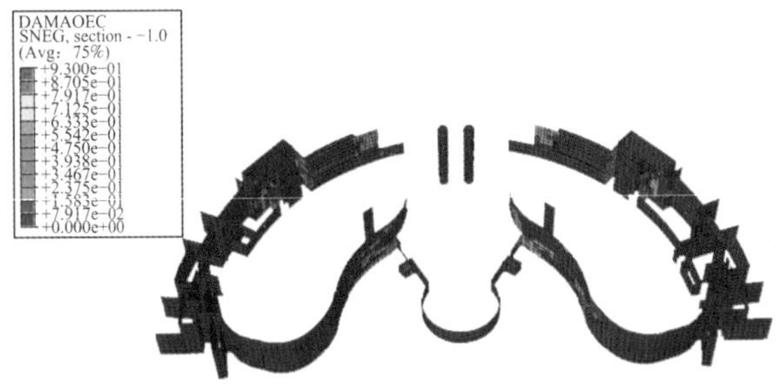

图 20.3-13　墙体混凝土受压损伤

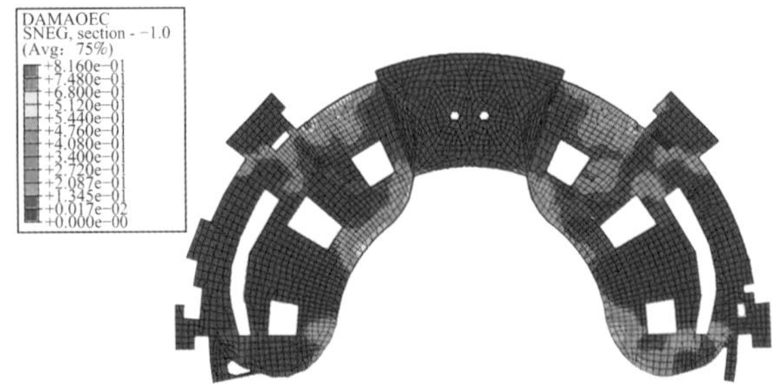

图 20.3-14　二层楼板混凝土受压损伤

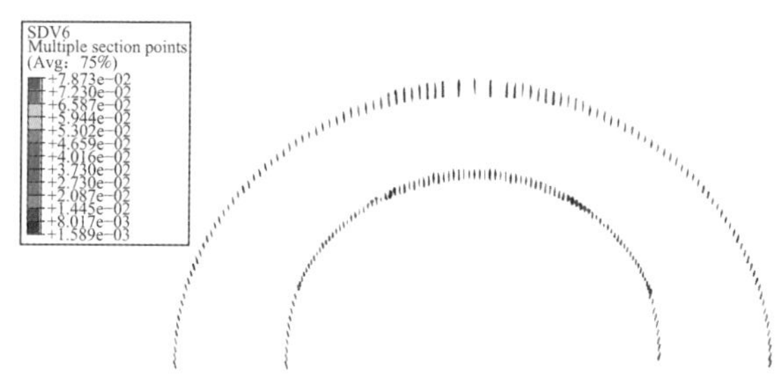

图 20.3-15　屋盖短柱混凝土受压损伤

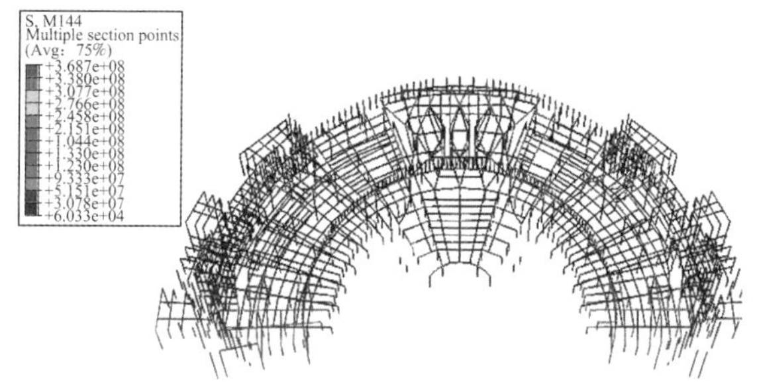

图 20.3-16　混凝土纵筋、混凝土内型钢最大应力

通过以上分析数据可知：

（1）支承屋盖的短柱在大震作用下基本处于弹性范围。

（2）下部墙体混凝土大部分属于轻微损坏，局部在轻微—中度损坏之间，混凝土墙体满足在大震下不屈服的要求。

（3）下部混凝土楼板损伤情况同墙体混凝土相似，满足在大震作用下不屈服的要求，能够有效传递水平剪力。

（4）下部混凝土构件中纵筋，混凝土构件中型钢构件在大震下基本在弹性范围内。

（5）短柱受水平力较大，为平衡短柱底弯矩，在所有短柱根部均设置与受力方向相同的楼层梁用以平衡柱底弯矩。

综上所述，由于本结构剪力墙较多，结构刚度较大，强度有富余，混凝土部分在大震下可以达到不屈服。

20.3.4　结构分析

1. 荷载取值

结构自重由程序自动考虑，考虑加劲肋等引起的自重增加，钢材密度取 1.1 倍放大系数，即86.4kN/m^3；玻璃屋面、檩条、装饰等综合考虑后取附加恒荷载标准值为1.3kN/m^2；屋面活荷载取0.5kN/m^2；基本雪压取0.4kN/m^2；基本风压取0.50kN/m^2（$n = 100$），风荷载体型系数、风振系数根据数值风洞仿真（CFD）计算确定；风荷载作用方向角每隔 10°取一个风向角，共计 36 个风向角；钢结构合龙温度 10～15℃，钢结构最大正温差为 26℃，钢结构最大负温差为−29℃；钢屋盖温度荷载取值：升温工况$T_u = 26$℃，降温工况$T_d = -29$℃；地震作用按《建筑抗震设计规范》GB 50011-2010（2016 年版）规定取值。

2. 混凝土部分计算

本工程采用盈建科软件 YJK 进行整体建模计算，并将钢屋盖的荷载作为点荷载施加于结构上。剪力墙的抗震等级为一级，框架抗震等级为二级。由于考虑回填土的嵌固作用有限，最终确定结构嵌固于基础顶。当以基础顶为嵌固层时，周围填土均高于室外地面，在地震作用下填土对主体结构的嵌固作用有限，且地震作用下填土的侧向运动会对主体结构产生一定的侧压力。故将填土质量的 8%作为附加质量施加在结构外墙之上。主要计算指标见表 20.3-3。

小震弹性主要计算指标　　表 20.3-3

指标	周期/s			周期比	层间位移角		扭转位移比		有效质量系数/%	
	T_1	T_2	T_3		X向	Y向	X向	Y向	X向	Y向
结果	0.1342	0.1278	0.114	0.85	1/7397	1/6225	1.09	1.23	90.88	92.23

可以看出，由于剪力墙分布几乎左右完全对称且较均匀连续，结构刚度良好，多遇地震下结构位移指标可以满足规范要求。

3．屋盖挠度验算

Ⅰ区结构体系为鱼腹式空腹桁架，结构刚度大，最大挠度为−20mm；Ⅱ区荷载与Ⅰ区一致，但Ⅱ区结构体系应建筑师要求采用 700mm 高实腹钢梁代替鱼腹式空腹桁架而引起刚度削弱，从而使得Ⅱ区挠度较大，最大挠度值为−50mm，挠跨比 50/30000 = 1/600，满足规范限值要求。Ⅱ区内环侧区域杆件悬挑 4m，悬挑长度较大，悬挑杆件受内侧构件向下变形的影响端部出现正向变形，最大竖向挠度为+14mm；Ⅲ区镂空无屋面板，仅有钢结构自重，竖向挠度较小，最大挠度值仅为−2mm。综上，在 D + L 工况下，屋盖挠度满足规范要求。

4．屋盖杆件应力比

限于篇幅所限，本文仅选取两种不同的受力榀介绍应力比计算结果。为便于数据对比，本文中的应力比数据除 DV 外均为单工况下的标准值。表 20.3-4 中各符号含义如下：D-恒荷载、L-活荷载、W-风荷载、S-雪荷载、TD-降温、TU-升温、E_X方向小震、E_Y方向小震、DV-各荷载工况组合设计值的包络值，即用于构件应力比验算的最终包络值。

杆件应力比　　表 20.3-4

	S01	S02	S03	S04	S05
D	0.049	0.042	0.073	0.029	0.199
L	0.010	0.011	0.016	0.010	0.042
W	0.015	0.030	0.030	0.014	0.094
S	0.012	0.010	0.012	0.008	0.049
TD	0.017	0.024	0.138	0.001	0.013
TU	0.017	0.012	0.126	0.002	0.011
E_X	0.005	0.008	0.020	0.007	0.062
E_Y	0.006	0.009	0.019	0.008	0.070
DV	0.091	0.094	0.295	0.062	0.412

由表 20.3-4 可以看出：（1）由于建筑造型需要，钢结构杆件较密，应力比均处于较低水平，杆件截面尺寸并非由承载力控制。（2）恒荷载是影响杆件应力比的主要因素，而风荷载作用大于活荷载作用，

温度作用对应力比有一定的影响，地震工况下杆件应力比均较小，地震不起控制作用。

20.4 专项设计

20.4.1 抗连续性倒塌设计

钢屋盖抗连续性倒塌计算采用 ABAQUS，抗连续性倒塌计算采用拆除构件法，综合本工程钢屋盖的受力特点，选择两处典型受力区域拆除关键构件。工况 1：拆除Ⅰ区空腹桁架上弦杆；工况 2：拆除Ⅱ区实腹钢梁。计算方法采用《建筑结构抗倒塌设计规范》CECS 392-2014 中的非线性动力计算方法。

拆除构件后，与被拆除构件相邻的构件应力均有所增大，但增大后的最终应力均小于 100MPa，表明构件仍处于弹性范围。图 20.4-1 是不同工况下拆除构件后特征点的竖向变形曲线，由变形曲线可以看出，构件被拆除后，特征点竖向变形均出现不同程度的增大，但增大后的最终变形依旧能满足规范要求。这表明关键构件拆除后不会引起结构连续性倒塌。

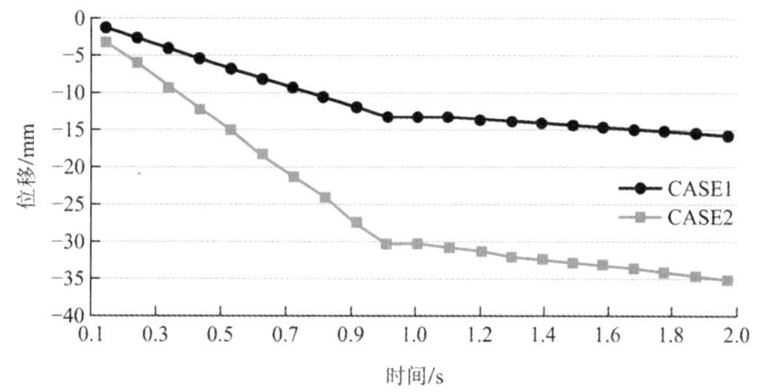

图 20.4-1 构件拆除后特征点的竖向位移曲线

20.4.2 钢筋混凝土大拱

北侧地下一层入口与妫汭湖相连，为获得一个开阔的视野，经方案比选后，结构体系选择钢筋混凝土大拱。大拱跨度 50m，拱高 6.5m，面外偏移距离 4.5m，拱厚度 1500mm。

由图 20.4-2、图 20.4-3 可以看出，该钢筋混凝土大拱平面为弧形，在竖向荷载作用下存在面外受力。采用 ABAQUS 对拱进行有限元计算，主要计算结果如下：（1）拱脚水平推力 8515kN，通过在拱脚设置预应力拉梁平衡该水平推力；（2）拱脚面外反力 793kN，一方面通过在拱两侧设置垂直于拱方向的钢筋混凝土墙体对拱脚面外变形进行约束，另一方面通过提高与拱相连楼板的配筋率来提高拱的抗面外变形能力；（3）拱脚竖向反力 6300kN，通过在拱脚设置钢筋混凝土灌注桩来抵抗竖向反力。

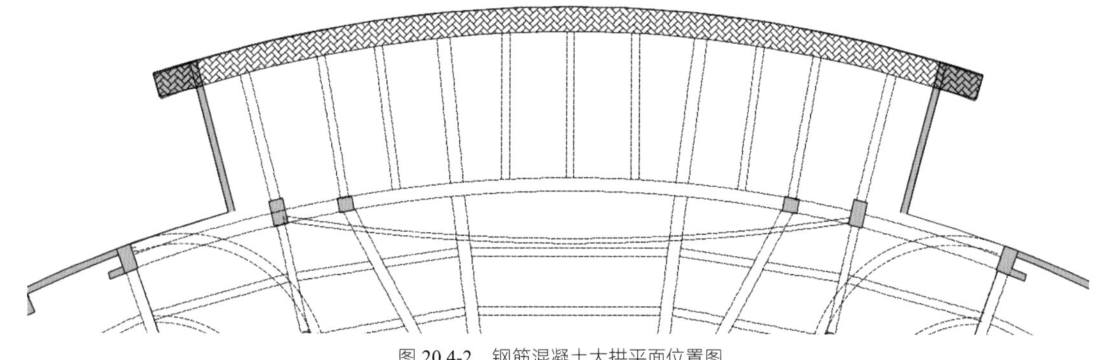

图 20.4-2 钢筋混凝土大拱平面位置图

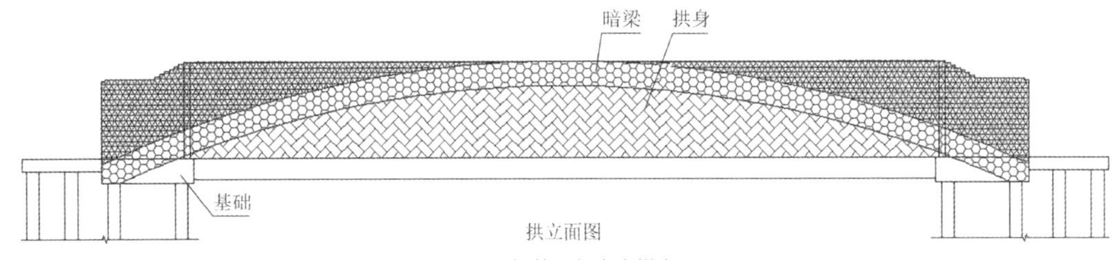

图 20.4-3　钢筋混凝土大拱立面图

20.4.3　环形人行坡道

左、右展厅内均布置了一个环形的步行坡道，游客可绕坡道从首层上至顶层，这个环绕展厅的坡道可以给游客提供全方位的观展体验。

应建筑要求，坡道结构应尽量保持轻盈。通过和建筑师以及与钢结构厂家的密切配合，因地制宜地利用周围的框架柱和挡土墙设计了坡道的支承结构，见图 20.4-4、图 20.4-5。

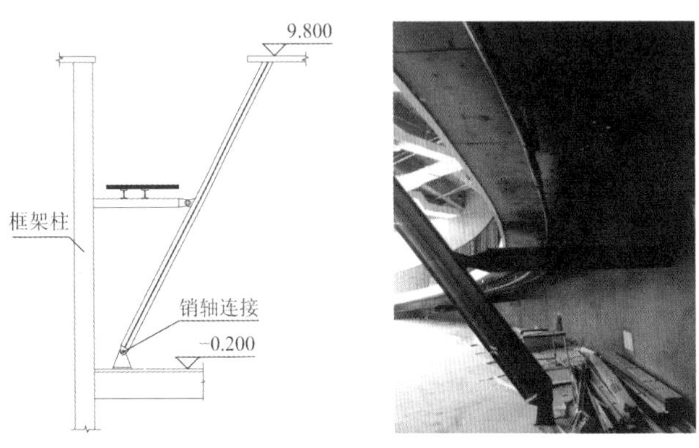

图 20.4-4　两种点位的室内坡道支承形式　　图 20.4-5　室内坡道现场施工

20.4.4　核心筒及树形钢骨支撑

结构二层中部大约 55m × 35m 扇形范围内由于南、北两侧均为大开敞出入口，除了在中间布置了两个六边形的混凝土核心筒作为电梯井外，建筑师不允许布置其他竖向构件。为了支承此区域，依托核心筒设置了树形钢骨支撑体系（图 20.4-6），钢骨斜撑从六边形核心筒角点半腰处向上支承二层钢骨梁和楼板，核心筒与钢骨斜撑相交处在墙内加入钢骨，核心筒钢骨与钢骨梁、钢骨斜撑组成牢固的三角形结构。核心筒墙厚为 600mm，钢骨斜撑截面尺寸从下到上为 500mm × 1600mm～500mm × 1000mm，受拉的钢骨梁截面尺寸为 600mm × 2000mm。

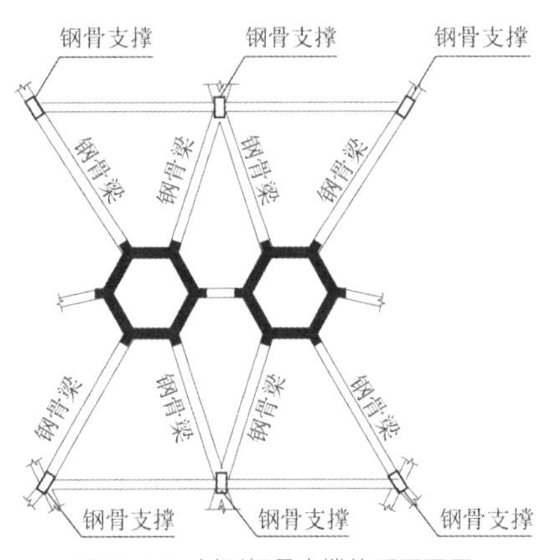

图 20.4-6　树形钢骨支撑体系平面图

在这个三角形结构中，斜撑是压弯构件，加入钢骨可以减小其轴压比，增大其延性。钢骨梁承受拉力，此拉力经过钢骨传到核心筒之后，造成核心筒墙体水平受拉，如图 20.4-7 所示。经过计算，须在墙内补充水平钢板来抵消此拉力，见图 20.4-8。

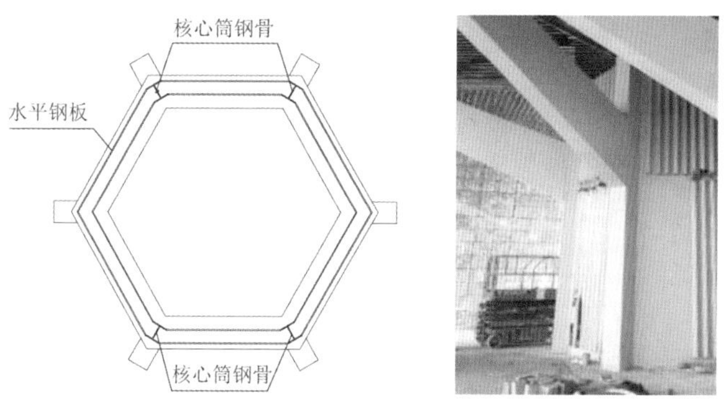

图 20.4-7　核心筒内水平钢板示意图　　图 20.4-8　树形钢骨支撑体系现场

20.4.5　大跨钢骨梁及钢骨转换梁

因建筑功能需要，本工程存在多处大跨梁（跨度 20m、30m）及大跨度转换梁（跨度 15m、35m、55m），转换梁主要是支承钢结构屋盖的混凝土短柱且均为弧梁。为了解决大跨梁和大跨转换梁承载力不足的问题，在大跨梁和转换梁中设置了钢骨。图 20.4-9 粗线为二层钢骨梁，两根侧向贯通的环形转换梁截面为 800mm × 2000mm（钢骨截面 I1300 × 250 × 18 × 30），其上托混凝土短柱截面为 400mm × 800mm，见图 20.4-9、图 20.4-10。

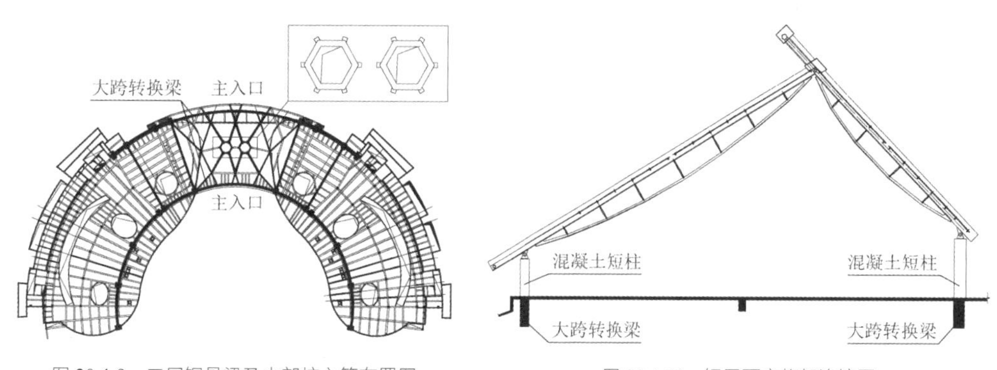

图 20.4-9　二层钢骨梁及中部核心筒布置图　　图 20.4-10　钢屋面主桁架连接图

20.5　结语

2019 年北京世园会中国馆作为本届世园会最重要的核心建筑，建筑以“锦绣如意”为主题，将中国传统文化与两山理论有机结合，既彰显了中华民族悠久的精神沉淀也显现了中华民族对绿色发展、美好生活的向往。建筑与结构专业紧密配合，采用多种创新手段，确保这一标志性建筑建成，世园会圆满成功。

（1）本工程针对荷载大、填土多的特点，设计使用了桩基，并对回填土及结构周边场地进行了加固处理，既满足了承载力要求，也协调了整体沉降。

（2）结构体系为钢筋混凝土框架-剪力墙。剪力墙分布均匀对称，能为结构提供足够的水平刚度。中部主入口区域的较大范围内只有两个核心筒作为竖向构件，依托核心筒设计了树形支撑体系承担此范围内的荷载，并通过大震弹塑性计算证明了核心筒剪力墙可以满足大震的结构安全需求。

（3）本工程为了营造大空间的展厅效果，局部框架柱布置较少，存在许多大跨度构件。通过与建筑专业密切配合，在结构中设置了大量钢骨，并通过使用钢斜撑、混凝土大拱等结构构件，既满足了承载力要求，也达到了很好的建筑效果。

设计团队

结构设计单位：中国建筑设计研究院有限公司（方案 + 初步设计 + 施工图）

结构设计团队：施　泓、曹永超、张淮湧、李艺然、何相宇、朱炳寅

执　笔　人：曹永超

获奖信息

2019—2020 年中国建筑学会 公共建筑一等奖；

2021 北京市优秀工程勘察设计奖 综合一等奖；

2021 北京市优秀工程勘察设计奖 结构二等奖；

2021 北京市优秀工程勘察设计奖 绿色建筑一等奖。

第21章

天府农业博览园主展馆

21.1 工程概况

21.1.1 建筑概况

四川农业博览会是经国务院批准由省政府主办的三大展会之一。2017 年，四川省委、省政府提出要通过创新办展方式，将四川农业博览会打造成“在田间地头永不落幕的农博会”。

在此背景下，天府农博园项目应运而生。天府农博园选址位于新津区兴义镇和崇州市三江镇，紧邻成新蒲快速和成都第二绕城高速，景观及交通条件良好。主场馆位于农博岛片区，成新蒲快速路以北，羊马河西侧，包含农博展厅、会议中心、天府农耕文明博物馆、文创孵化、特色街坊、室外展场等功能。

建筑形体取义于成都平原远望层峦叠嶂的远山意向，并提取丰收时节风吹稻浪的场景，转换为建筑屋面的优美形态和丰富色彩，形成五个别具特色的曲面形体，与大地轻盈相接，成为大田景观的一部分。

项目采用前展后街的布局方式，将多种功能穿插融合。设计充分发掘场地的自然景观优势，将室内展馆、室外展区、林盘展区、大田展区相结合，加入会议中心、演艺中心、文化博览、餐饮购物等多种功能，提供全天候多种体验型空间。如图 21.1-1、图 21.1-2 所示。

图 21.1-1　竣工照片

图 21.1-2　特色街区方向鸟瞰

21.1.2 设计条件

1. 主体控制参数（表 21.1-1）

主要设计参数　　表 21.1-1

项目		标准
结构设计基准期		50 年（G4 博物馆为 100 年）
建筑结构安全等级		G1 会议中心和 G4 博物馆：一级 其他：二级
结构重要性系数		1.0（博物馆为 1.1）
建筑抗震设防类别		G1 会议中心和 G4 博物馆为乙类； 其他为丙类
地基基础设计等级		乙级
设计地震动参数	抗震设防烈度	7 度
	设计地震分组	第三组
	场地类别	Ⅱ类
	小震特征周期	0.45s
	大震特征周期	0.50s
	基本地震加速度	0.10g

续表

建筑结构阻尼比	多遇地震	地上（钢结构）：0.04；地上（木结构）：0.05
	罕遇地震	0.05
水平地震影响系数最大值	多遇地震	0.08
	设防地震	0.23
	罕遇地震	0.50
地震峰值加速度	多遇地震	$35cm/s^2$

2．屋顶恒、活荷载

（1）恒荷载

屋面 ETFE（乙烯-四氧乙烯共聚物）膜及自身边框自重约 = $0.6kN/m^2$；灯光设备及吊挂风扇等荷载取 $0.3kN/m^2$。恒荷载计算结果约为 $0.9kN/m^2$，取 $1.0kN/m^2$。

（2）活荷载

取 $0.5kN/m^2$，考虑半跨活荷载的不利作用。

3．风荷载

基本风压：$0.35kN/m^2$（$n = 100$）；地面粗糙度类别：B 类。

本项目造型独特，且各单体之间距离较近，根据《建筑结构荷载规范》GB 50009-2012 的建议开展风洞试验。

为探究棚架在不同角度风荷载作用情况及各单体之间的相互影响，本项目在建研科技股份有限公司进行了风洞试验，试验方案如表 21.1-2 所示，试验模型如图 21.1-3 所示，并根据风洞测压试验结果，分析风致振动情况，得到结构等效静风荷载，与按荷载规范取值的风荷载进行包络设计。

风洞试验方案　　表 21.1-2

模型比例	1∶200
测点数量	743（361 个双面测点）511（234 个双面测点）
风向角	10 度为间隔，共 36 个
风压	50 年重现期 $0.30kN/m^2$

图 21.1-3　风洞试验模型

4．雪荷载

基本雪压：$0.10kN/m^2$（50 年重现期）；$0.15kN/m^2$（100 年重现期）

5．温度作用

根据《建筑结构荷载规范》GB 50009-2012，成都基本气温为−1～34℃。考虑钢结构升温、降温，合龙温度为 15℃ ± 5℃，则：升温作用取：34℃ − 10℃ = 24℃；降温作用取：−1℃ − 20℃ = −21℃。

21.2 建筑特点

21.2.1 屋面结构主材料选用胶合木材料

根据农博展览需求，主展馆为大跨度建筑。结合位于农田之中的位置因素，主展馆设计抛弃施工过程中对农田破坏较大、不可再生的钢筋混凝土结构形式。传统的钢结构形式虽然能解决大空间的问题，但同样会产生大量的现场焊接、外包封装等问题。

胶合木结构则是一种可以固碳的负碳材料，更能体现生态与农业特色，且全部为工厂预加工，现场拼装，可减少误差，保证质量。同时，木结构源于自然、色彩质朴，符合农业博览特色，是中国传统建筑精髓，在四川地区被广泛采用。木构体系优势明显，结构性能良好，无需二次外立面装修。其节能环保、污染小、能耗低、施工周期短、精度高、可现场组装等的优势，均体现出农博的绿色生态特性。

21.2.2 屋面棚架选用钢-木组合异形拱桁架结构

结构设计的目标是在合理化的基础上实现建筑对空透轻巧的追求，并期待结构本身的美学表达。棚架采用钢-木组合异形拱桁架结构体系，各榀拱形桁架之间用木次梁连接，以形成共同受力的整体。结构单榀拱桁架最大跨度超过 110m，最大高度 44m，拱线采用悬链线曲线，利用几何构型来最大程度地减小弯矩作用，充分发挥木结构材料的受力性能，提高截面承载效率。每个单体的相邻各榀桁架间跨度、高度均不相同，相比筒壳有更好的整体稳定性。

拱桁架横截面从拱底到拱顶采用渐变的正三角形截面。上弦采用双拼矩形胶合木，下弦采用单根矩形胶合木。上下弦间根据受剪需求设置了变间距的实腹式四角锥形钢腹杆，形成了整体空腹桁架的建筑效果，既满足了结构受力需求，又使分段吊装施工成为可能，且纤细的实腹式钢构件与厚重的木结构弦杆相得益彰。钢-木组合异形拱桁架结构如图 21.2-1 所示，网屏如图 21.2-2 所示。

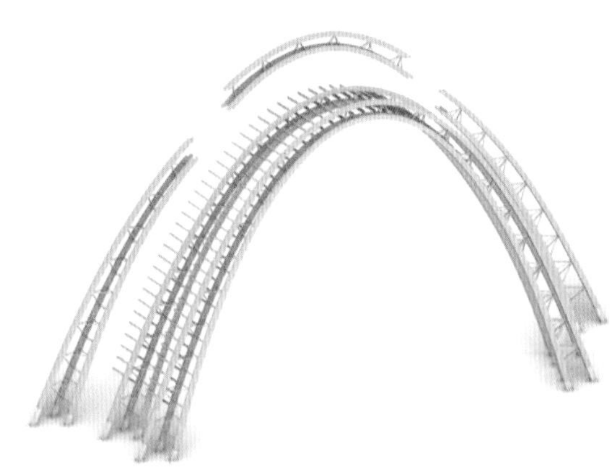

图 21.2-1 钢-木组合异形拱桁架结构示意图

图 21.2-2 网屏示意图

为加强结构整体性，在屋面上设置了“X”形整体拉索，相比传统水平交叉支撑，整体拉索显得更加轻盈和通透。同时设计中运用了参数化设计的手段来辅助几何定位设计。设计与加工实现了参数化的无缝对接，保证了高效的加工和现场安装，最大限度地减少了浪费。

21.2.3 40m 通高单层网屏

建筑方案设计中，在 5 个棚架的第二榀桁架的下方均设置了由单层索网组成的网屏，竖向拉索的间距为 2m，高度最高约 40m，在竖向索中施加预应力，由单层索网的中施加的预应力来承担水平风荷载作用。竖向索上部与钢-木组合桁架的上弦相连，下部固定在独立的钢框架结构上。

钢-木组合桁架的上弦侧向刚度较弱，在水平荷载作用下容易性能侧向失稳。为避免竖向拉索在风荷载作用下向桁架上弦传递水平荷载，在下弦位置设计钢拉杆和索扣节点，保证拉索竖向力有效传递至上弦的同时，将拉索的水平分力通过设置在下弦的拉杆传递到结构整体性较好的下弦构件上去。

21.2.4 特殊的钢-木连接节点

屋面桁架的上下弦均采用胶合木材料，腹杆采用实心矩形钢杆，钢杆的厚度为 60～140mm，主要由杆件长细比控制。钢杆与上下弦木构件的连接节点需要进行特殊考虑，既能保证剪力的传递，又能方便现场的三维定位和安装，如图 21.2-3 所示。

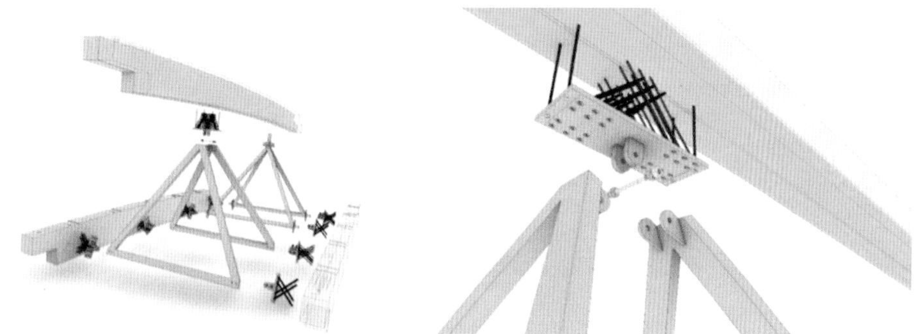

图 21.2-3 钢-木连接节点示意

21.3 体系与分析

21.3.1 方案对比

（1）腹杆方案

初步设计阶段考虑两种拱桁架形式，分别为三角形腹杆 + 交叉拉索方案及四角锥形腹杆方案，如图 21.3-1、图 21.3-2 所示。方案 1-1 中桁架间等距布置斜腹杆，并在相邻两组斜腹杆间设置交叉拉索，形成整体。由于下弦水平腹杆间距较大，在下弦及相邻水平腹杆组成的矩形平面内对角布置水平斜撑。此方案相邻两组腹杆间需设置 4 根拉索及水平斜撑，体系复杂，且索单元较多，造价较高。在此基础上，探索更合理的腹杆布置方式，形成方案 1-2，上下弦之间布置四角锥形腹杆，其间距在跨中较远，支座较近，符合真实受力状态。

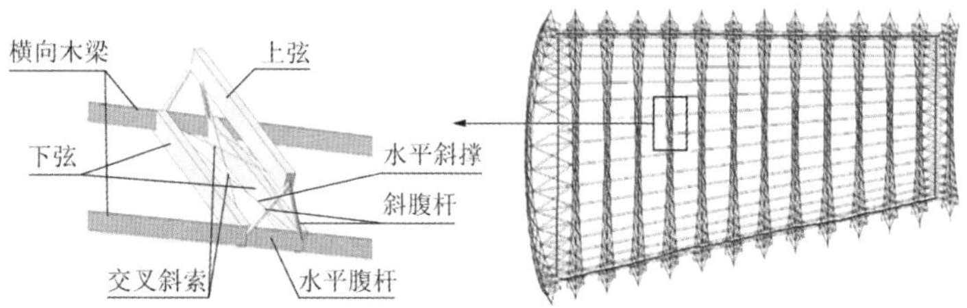

图 21.3-1 方案 1-1：三角形腹杆 + 交叉拉索方案

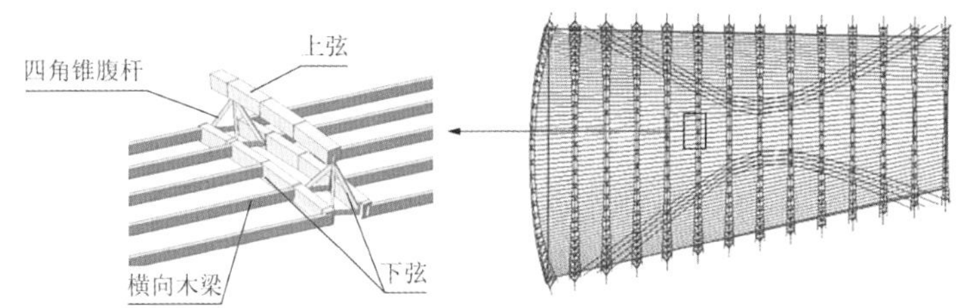

图 21.3-2　方案 1-2：四角锥形腹杆方案

（2）整体稳定索布置方案

稳定索是桁架整体稳定性的影响因素之一，对于空间结构，稳定索的设置对建筑效果有较大的影响。为探索美观且实用的稳定索布置，对比拱桁架无整体稳定索（方案 2-1）、布置传统口形剪刀稳定索（方案 2-2）和 X 形稳定索（方案 2-3）三种情况下，判断拉索布置形式对整体稳定的影响。布置形式如图 21.3-3 所示，结果见图 21.3-4、表 21.3-1。

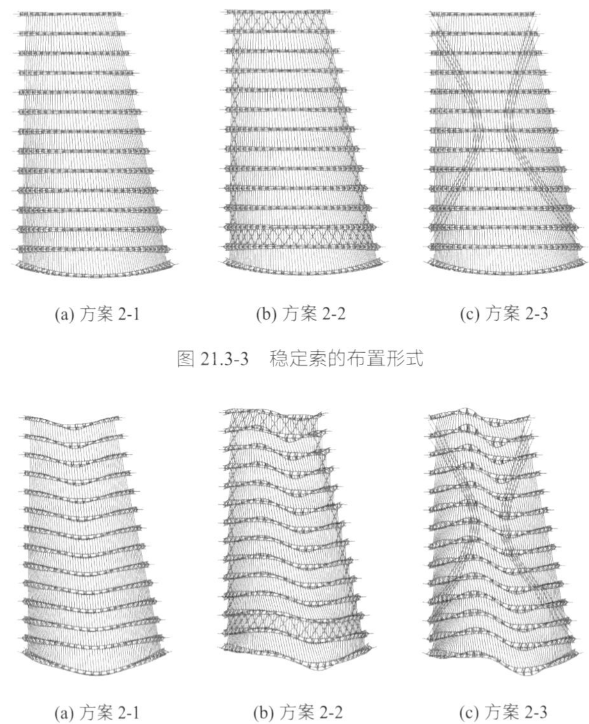

(a) 方案 2-1　(b) 方案 2-2　(c) 方案 2-3

图 21.3-3　稳定索的布置形式

(a) 方案 2-1　(b) 方案 2-2　(c) 方案 2-3

图 21.3-4　稳定索的屈曲模态

拱桁架对屈曲特征值的影响　表 21.3-1

方案编号	MODE 1	MODE 2	MODE 3
方案 2-1	3.7	12.2	21.5
方案 2-2	32.6	34.6	37.4
方案 2-3	28.1	33.9	42.0

对三种方案进行线性屈曲分析可知，其屈曲模态基本一致。无稳定索情况下，结构屈曲特征值远小于有稳定索情况，因此稳定索的设置是必要的。两种有稳定索布置形式的屈曲特征值比较接近，虽然 X 形布置的拉索没有形成完整的闭环，但桁架、横向木梁和对角斜索将整个屋面划分为若干三角形，形成了较为稳定的结构体系，在建筑效果简洁美观的基础上，起到了提升屋面整体水平刚度的作用。

21.3.2　结构布置

农博园项目共有 5 个长度、跨度均不相同的木结构棚架，屋面桁架的上下弦采用悬链线，更好地发挥了木结构材料的受压性能；腹杆采用实心的矩形钢杆，沿桁架纵向采用抽空的四角锥形布置，如图 21.3-5 和图 21.3-6 所示，平面尺寸见表 21.3-2，主要构件截面见表 21.3-3。

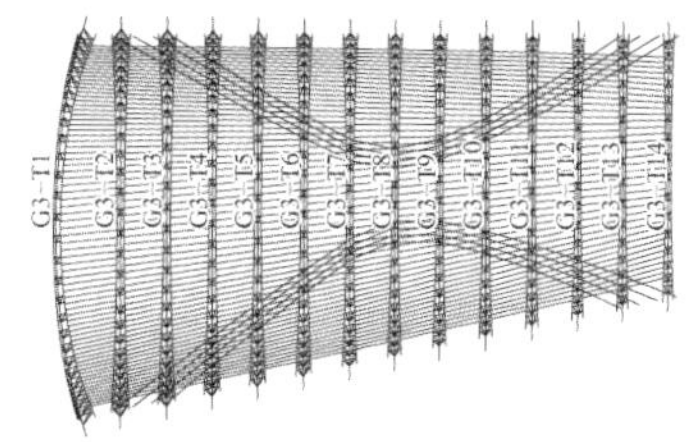

图 21.3-5 桁架平面布置图

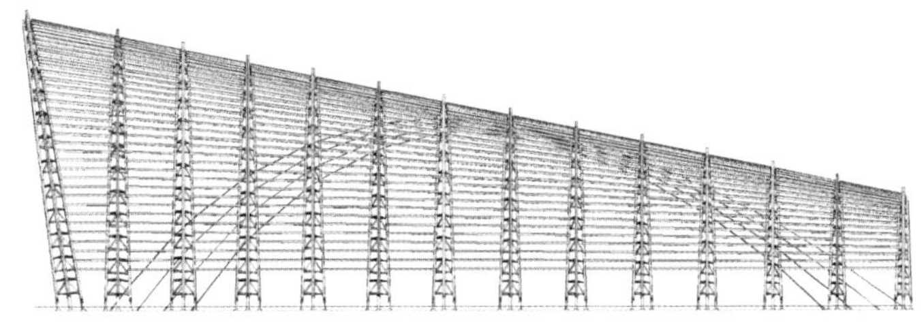

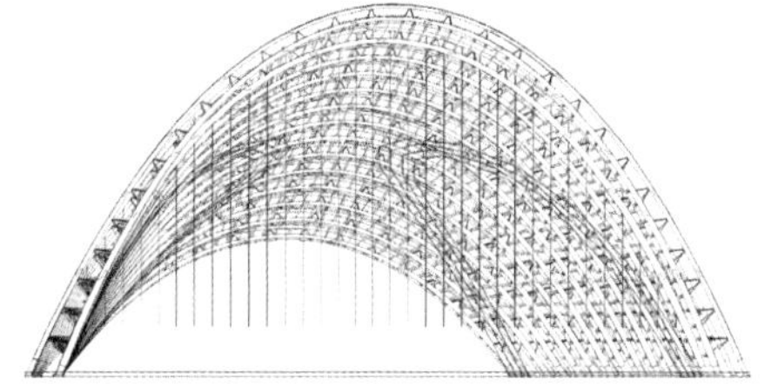

图 21.3-6 桁架立面图

平面尺寸 表 21.3-2

单体	最大跨度	最大高度	长度
G1 区 会议中心	约 118m	约 38m	约 168m
G2 区 农博展场及附属配套	约 100m	约 29m	约 114m
G3 区 农博展场及附属配套	约 81m	约 40m	约 123m
G4 区 天府农耕文明博物馆	约 111m	约 29m	约 123m
G5 区 文创孵化	约 98m	约 44m	约 149m

主要构件截面 表 21.3-3

构件类型	构件截面	材质
胶合木上弦	双拼矩形 220mm ×（931～448～931）mm 双拼矩形 200mm ×（680～611～680）mm 双拼矩形 180mm ×（520～429～520）mm 等	GL24h（欧洲落叶松）
胶合木下弦	矩形 280mm ×（1120～680～1120）mm 矩形 280mm ×（720～560～720）mm 矩形 280mm ×（640～480～640）mm 等	GL24h（欧洲云杉）
胶合木次梁	矩形 160mm × 280mm 矩形 160mm × 380mm 矩形 180mm × 400mm	GL24c（欧洲云杉）
钢腹杆	矩形 30mm × 90mm 矩形 50mm × 125mm 矩形 80mm × 200mm 等	Q355
整体稳定索	直径 30mm	高矾索
网屏钢拉索	直径 24mm	高矾索

21.3.3 结构分析

1. 静力分析

采用 MIDAS Gen 有限元设计软件建立 G1～G5 各馆计算模型，如图 21.3-7 所示。

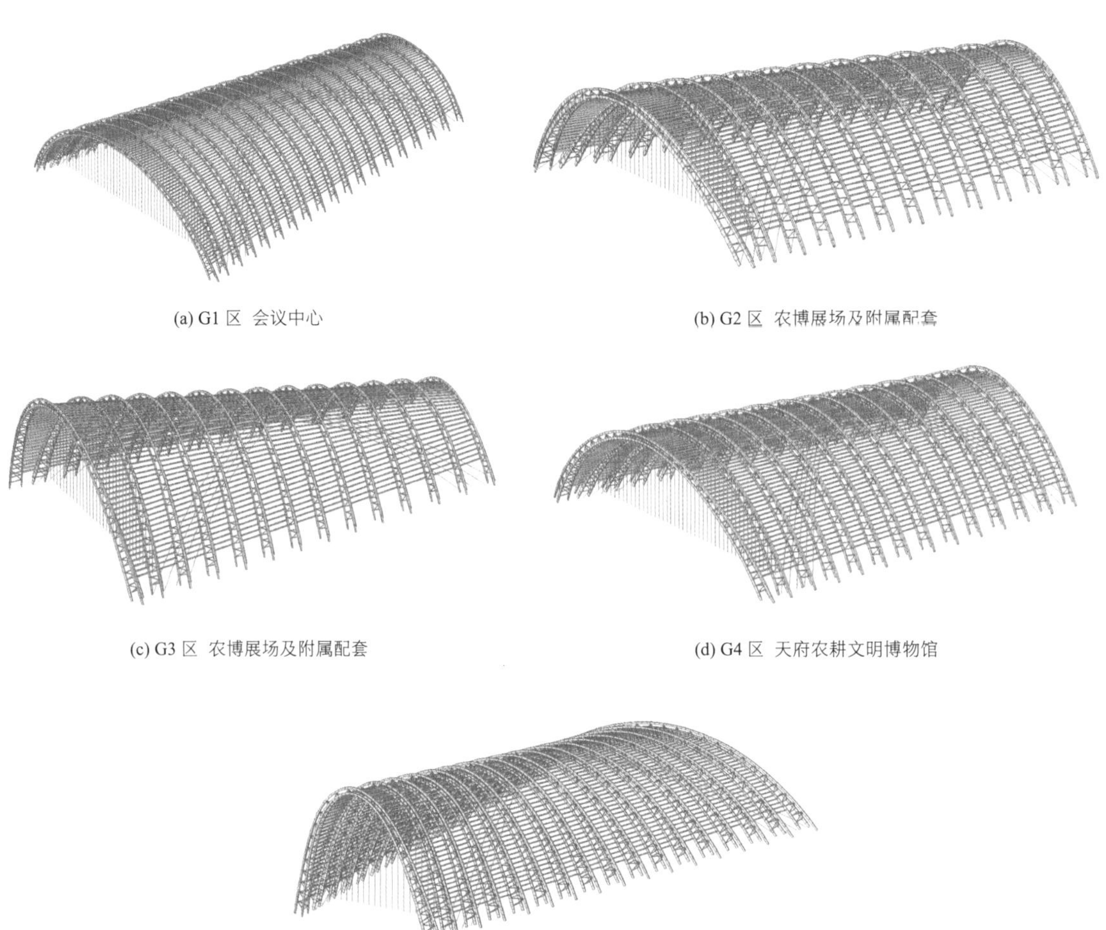

(a) G1 区 会议中心　(b) G2 区 农博展场及附属配套

(c) G3 区 农博展场及附属配套　(d) G4 区 天府农耕文明博物馆

(e) G5 区 文创孵化

图 21.3-7　结构计算模型

2．稳定分析

1）线性特征值分析

采用 MIDAS 线性特征值分析，计算在 1.0 恒荷载 + 1.0 活荷载下的临界荷载特征值，并考虑初始缺陷。取棚架第一阶屈曲模态作为其初始缺陷的分布形态，取棚架跨度的 1/300 作为其初始缺陷的最大值。

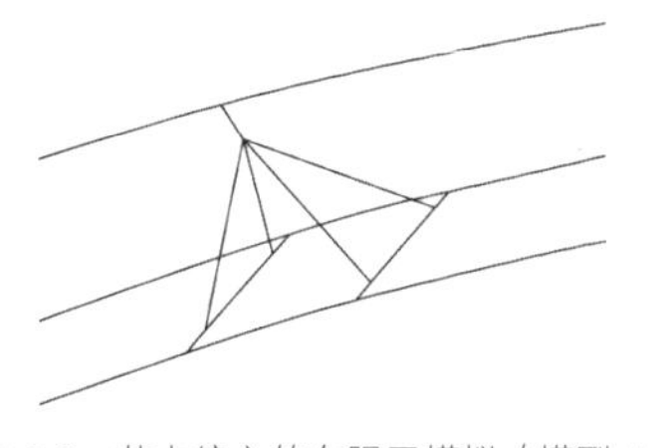

图 21.3-8　节点偏心的有限元模拟（模型 A-1）

（1）节点偏心的影响分析

桁架钢腹杆与下弦胶合木截面的侧面铰接连接，上弦通过倒置的 T 形插板与上弦的双拼截面铰接。由于铰接节点的销轴位置相对上下弦构件截面的形心偏移较多，故模型整体分析需要考虑节点偏心的不利影响，在整体计算模型中的模拟如图 21.3-8 所示，记为模型 A-1，相对应不考虑节点偏心的模型记为模型 A-2。

取线性屈曲分析特征值K = 极限承载力/稳定容许承载力。稳定容许承载力为恒荷载标准值 + 活荷载标准值。两个模型的前 3 阶模态完全一致，但模型 A-1 的特征值仅为模型 A-2 的 90%左右。因此，整体模型的计算中应考虑节点偏心的影响。整体稳定特征值见表 21.3-4。

整体稳定特征值　　**表 21.3-4**

模型编号	1 阶模态	2 阶模态	3 阶模态
A-1	9.36	13.57	14.54
A-2	10.90	15.01	15.85

（2）双拼截面刚度的影响分析

层板胶合木受层板材料的限制，单根不满足上弦截面所需宽度，因此上弦采用双拼胶合木截面，双拼截面中间设置的拼接板如图 21.3-9 所示，拼接板将两个矩形胶合木截面连成整体从而提高上弦截面的面外刚度。

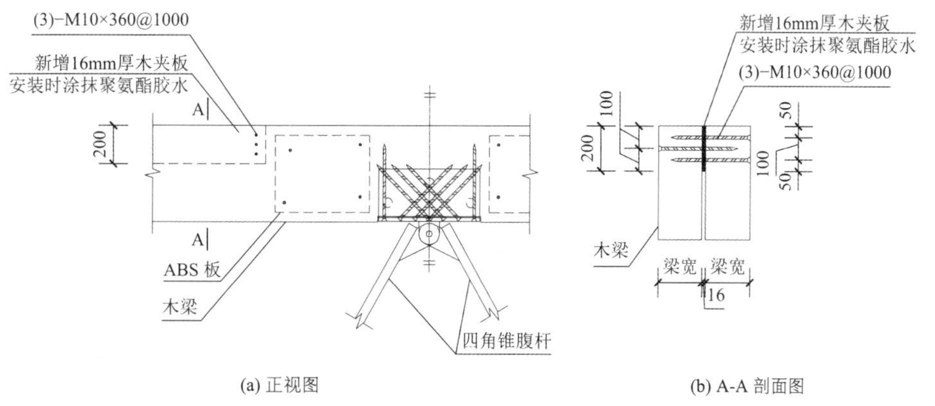

图 21.3-9　双拼胶合木间的连接

设组合截面面外惯性矩为I_0，在线性屈曲分析中，按其面外刚度为 1.0、0.5 和 0.25 倍I_0分别计算，分析不同面外刚度对上弦整体稳定的影响。其中，模型 B-1 为 $1.0I_0$，等效为完整矩形截面；模型 B-2 按 $0.5I_0$模拟具有一定刚度的双拼截面间的连接；模型 B-3 为 $0.25I_0$，等效完全独立的双拼截面。双拼截面刚度对屈曲特征值的影响见表 21.3-5。

双拼截面刚度对屈曲特征值的影响　　表 21.3-5

模型编号	MODE 1	MODE 2	MODE 3
B-1	10.09	15.19	16.70
B-2	9.36	13.57	14.54
B-3	8.60	9.08	10.10

结果表明，前三阶模态也基本一致，但双拼截面刚度对屈曲特征值有一定削弱作用。而双拼截面间的构造措施会提供一定的刚度，因此结构设计中应充分考虑其影响，避免双拼截面的失稳造成的结构破坏。

2）非线性分析

根据设计经验，胶合木构件只进行弹性设计，在大震及其他所有不利工况组合下的构件应力均不超过其应力设计值，非线性分析考虑几何非线性，不考虑材料非线性。因此棚架的非线性分析以线性特征值屈曲分析的结果为基础，最大值的初始缺陷为 1/300，采用考虑节点偏心和双拼截面刚度的计算模型进行非线性分析，得到结构极限承载力，分析结果如图 21.3-10、图 21.3-11 所示。

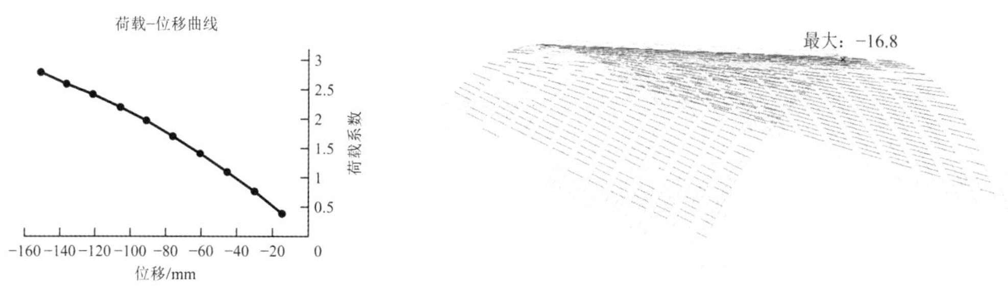

图 21.3-10　非线性分析结果（荷载-位移曲线）　　图 21.3-11　非线性分析结果（胶合木构件应力）

非线性分析结果表明，荷载系数达到 2.0 时，荷载-位移曲线未出现下降段，且构件仍处在弹性阶段，满足设计要求。

3．抗震分析

（1）模态分析

模态分析是结构动力分析的基础，用以确定结构的自振周期和振型。分析中重力荷载代表值取 1.0 恒荷载（包括自重）+ 0.5 活荷载，得到各单体前 3 阶自振模态和自振周期，以 G3 馆为例，详见表 21.3-6。结果表明，本项目自振模态比较符合大跨度空间结构模态特性，整体性也较好，结构方案合理可行。

前三阶自振周期及模态　　表 21.3-6

振型	模态		周期/s
	轴测图	俯视图	
第 1 阶			1.403
第 2 阶			1.115
第 3 阶			1.060

（2）多遇地震反应谱分析

棚架结构在多遇地震作用下应满足弹性设计的要求，水平地震影响系数按规范取值为 0.08，反应谱分析时阻尼比取 5%，同时考虑竖向地震工况。以 G3 馆为例，胶合木构件的应力结果如图 21.3-12 所示，结果表明，地震作用不对结构起控制作用。

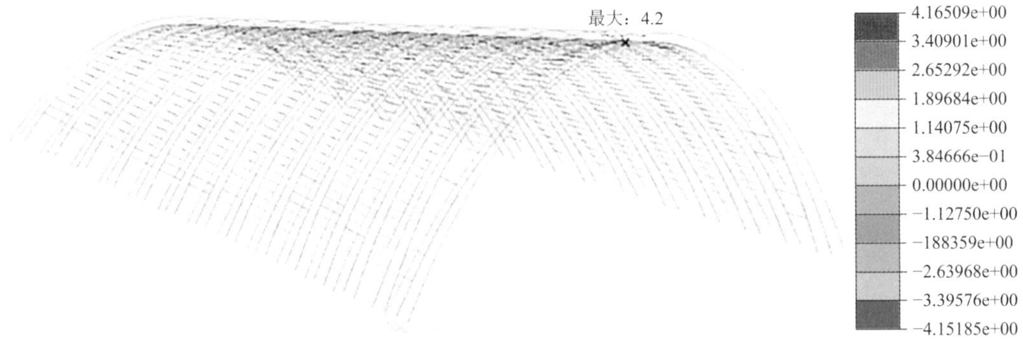

图 21.3-12　多遇地震作用组合包络下胶合木构件应力计算结果（单位：Mpa）

（3）弹性时程分析

取两条天然波和一条人工波进行弹性时程分析，主方向、次方向和竖向系数分别为 1、0.85 和 0.65，并进行构件的包络设计。以 G3 馆为例，弹性时程的剪力计算结果均符合单条地震波底部剪力不小于反应谱法的 65%，平均底部剪力不小于反应谱法的 80%的要求。荷载包络组合下胶合木构件均处在弹性范围内，满足设计要求。时程分析与反应谱法结果对比见表 21.3-7，弹性时程组合包络下胶合木构件应力计算结果见图 21.3-13。

时程分析与反应谱法结果对比　　表 21.3-7

地震波	时程法X向剪力/kN	反应谱法X向剪力/kN	时程与反应谱法结果比值/kN
TH003TG045	164.6	169.1	0.97
TH021TG045	165.2		0.98
RH2TG045	190.9		1.13
平均	173.6		1.03
地震波	时程法Y向剪力/kN	反应谱法Y向剪力/kN	时程与反应谱法结果比值/kN
TH002TG045	227.7	293.5	0.78
RH3TG045	320.5		1.09
人工波-1	263.2		0.90
平均	270.5		0.92

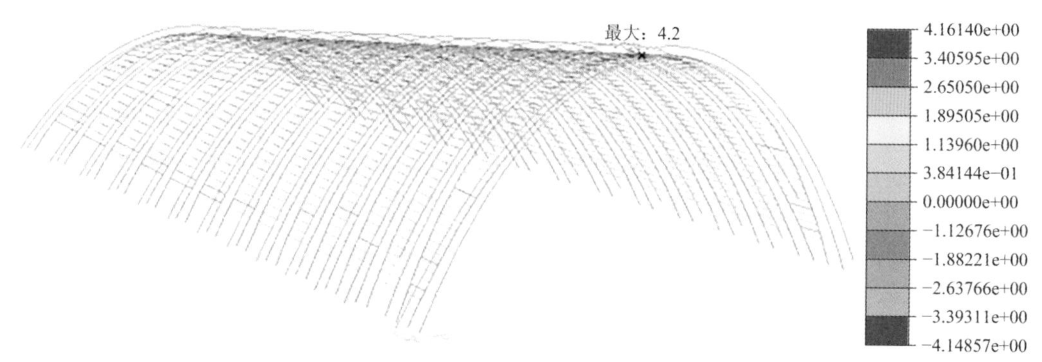

图 21.3-13　弹性时程组合包络下胶合木构件应力计算结果（单位：MPa）

（4）罕遇地震分析

棚架结构在罕遇地震作用下水平地震影响系数按规范取为 0.50，反应谱分析时阻尼比取 0.035。胶合木构件应力计算结果如图 21.3-14 所示，均处在弹性范围内，满足设计要求。

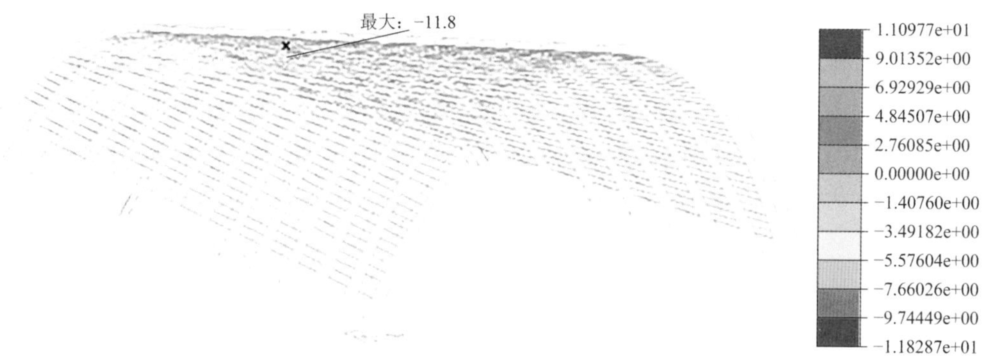

图 21.3-14　罕遇地震作用组合包络下胶合木构件应力计算结果（单位：MPa）

21.4 专项设计

21.4.1 屋面桁架几何构型

G1～G5 区的棚架跨度、高度和平面尺寸均不同，设计中对拱桁架曲线形式进行了相关研究，分别考虑了圆弧线、悬链线和三点抛物线，如表 21.4-1 所示。当跨度和矢高相同时，上部为圆弧线，中间为悬链线，下部为抛物线。跨度和矢高分别按表 21.4-1 进行取值，对三种曲线形式下不同跨度和矢高的拱构件进行内力对比分析。

不同跨度和矢高曲线　　表 21.4-1

模型序号	跨度/m	矢高/m
C-1	100	20
C-2	100	30
C-3	100	40
C-4	75	40
C-5	50	40

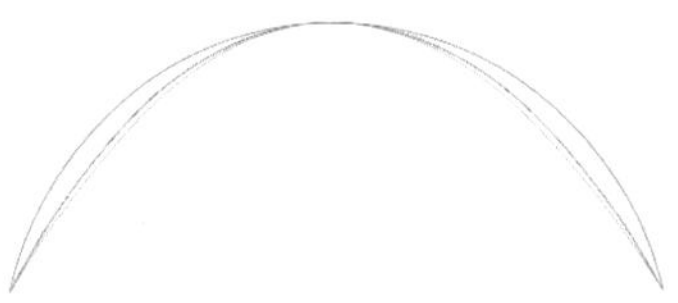

图 21.4-1　三种曲线几何示意图

（1）支座铰接

跨度 100m、矢高 40m 时，曲线在 1kN/m 的均布竖向荷载作用下的轴力和弯矩，如图 21.4-2、图 21.4-3 所示。三种曲线的轴力图形状和轴力值差别不大，但弯矩图形状以及最大弯矩值相差较大，如表 21.4-2 所示。

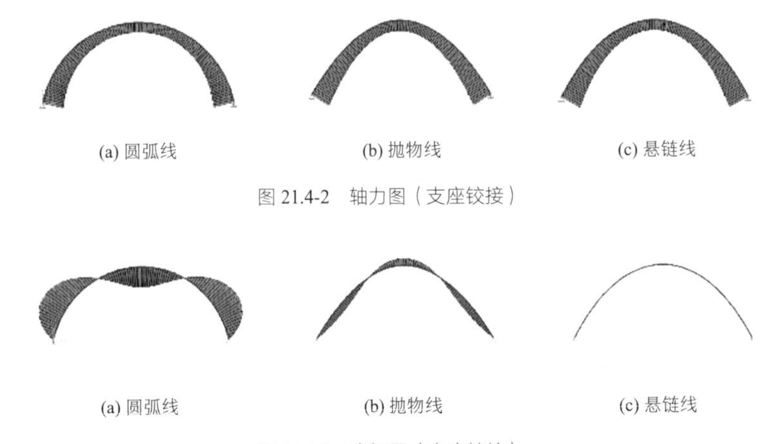

(a) 圆弧线　(b) 抛物线　(c) 悬链线

图 21.4-2　轴力图（支座铰接）

(a) 圆弧线　(b) 抛物线　(c) 悬链线

图 21.4-3　弯矩图（支座铰接）

最大弯矩值统计表（支座铰接）　　表 21.4-2

模型序号	圆弧/（kN · m）	抛物线/（kN · m）	悬链线/（kN · m）
C-1	−23.4/21.4	−5.4/11.7	0/2.8
C-2	−53.8/43.3	−15.7/18.9	0/1.22
C-3	−94.8/74.0	−25.6/26.4	0/0.98
C-4	−92.8/71.4	−21.3/19.2	−0.2/0.2
C-5	−86.6/66.0	−14.6/11.4	−0.1/0.1

（2）支座刚接

支座调整为刚接后，仍以 100m、矢高 40m 为例，在 1kN/m 时的轴力和弯矩如图 21.4-4、图 21.4-5 所示。支座刚接后，三种曲线下的轴力图形状和轴力值相差不大，而弯矩图的差异较明显，最大弯矩出现在支座位置，如表 21.4-3 所示。

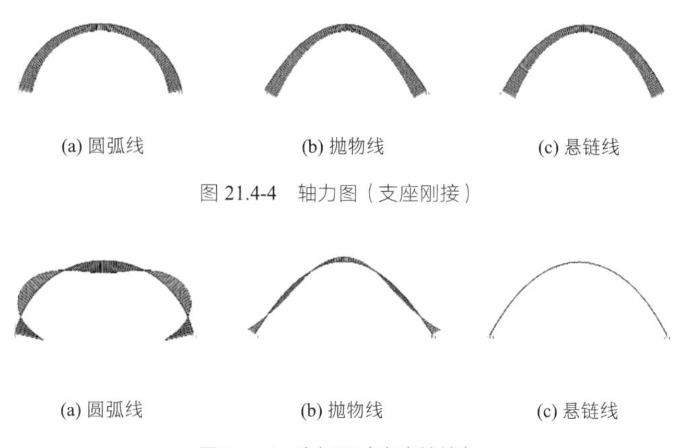

(a) 圆弧线　(b) 抛物线　(c) 悬链线

图 21.4-4　轴力图（支座刚接）

(a) 圆弧线　(b) 抛物线　(c) 悬链线

图 21.4-5　弯矩图（支座铰接）

最大弯矩值统计表（支座刚接）　　表 21.4-3

模型序号	圆弧/（kN · m）	抛物线/（kN · m）	悬链线/（kN · m）
C-1	−14.9/19.7	−21.7/4.9	−9.8/5.3
C-2	−29.2/61.6	−25.7/10.3	−4.0/2.3
C-3	−49.7/111.2	−32.6/15.3	−2.1/1.6
C-4	−47.1/110.1	−22.9/11.8	−0.2/0.3
C-5	−43.1/98.0	−13.4/6.9	−0.4/0.4

结果表明，无论采用刚接还是铰接，圆弧曲线构件的弯矩值最大，悬链线曲线构件的弯矩值最小。故本工程的棚架曲线形态选用取悬链线，从而最大限度地减少构件弯矩，更好发挥木结构材料的材料性能。

21.4.2　节点设计

拱桁架的节点主要包括支座节点、钢-木连接节点和木结构接长节点。其中，支座节点处存在转换，木梁通过插板转换为矩形钢管，矩形钢管与预埋在混凝土 T 形墙上的埋件焊接。钢-木节点，钢腹杆通过螺栓与耳板连接，耳板与节点板焊接，节点板通过螺钉固定在木结构弦杆上。木结构接长节点为 Z 形连接，打入不同方向的螺钉以使其在约束位移的基础上提供一定的刚度以传递弯矩。如图 21.4-6 所示。

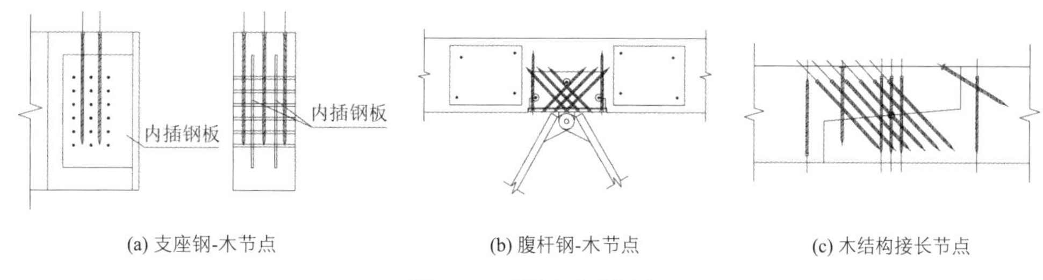

(a) 支座钢-木节点　(b) 腹杆钢-木节点　(c) 木结构接长节点

图 21.4-6　拱桁架节点类型

为探究节点受力性能，取天府农业博览园项目上、下弦典型钢-木节点各一个，进行 ABAQUS 有限元分析，以获得其承载力。

（1）上弦钢-木节点

上弦钢木节点计算采用双拼 180mm × 600mm 尺寸的木桁架，由节点板、加劲钢板和耳板组成，通过 10.9 级 M30 螺栓穿过耳板中间 33mm 直径孔洞，将构件与三角形腹杆连接。节点板通过 12 根倾斜 45°的螺钉与 6 根垂直打入的螺钉和双拼梁连接，如图 21.4-7 所示。

(a) 节点下部视图　　(b) 节点侧视图

图 21.4-7　上弦钢-木节点计算模型

模型左右两端取固接，在跨中耳板处施加竖向荷载。模型边界条件及网格划分如图 21.4-8 所示。

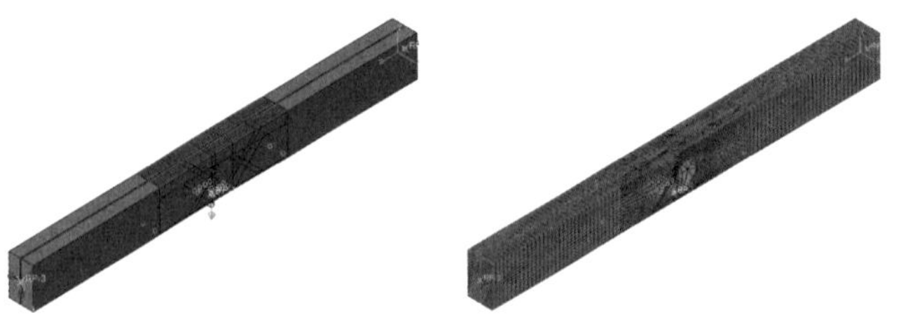

图 21.4-8　上弦钢-木节点边界条件和网格划分

图 21.4-9 为上弦钢-木节点受跨中竖向荷载作用承载力达到峰值时的应力云图。双拼胶合木桁架承载力达到峰值时，应力最大处为上部螺钉孔处，其值为 23.5N/mm^2；螺钉的应力较大，下部应力最大，其最大值为 948.8N/mm^2，向上逐渐减小，通过螺钉群的应力可知，螺钉群均在下部与钢板连接的地方应力最大，螺钉群中，两侧螺钉应力最大，中间螺钉应力小一些；而钢板处应力最大的地方是耳板孔洞处和螺钉孔处，局部应力集中，其值为 382.2N/mm^2。

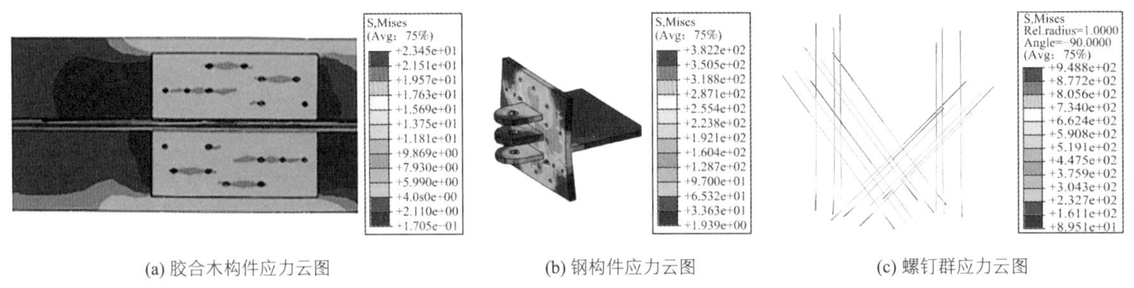

(a) 胶合木构件应力云图　　(b) 钢构件应力云图　　(c) 螺钉群应力云图

图 21.4-9　上弦钢-木节点应力云图（单位：MPa）

上弦钢-木节点在跨中竖向荷载作用下的荷载-位移曲线如图 21.4-10、图 21.4-11 所示。加载初期，跨中挠度与竖向荷载呈线性关系，随后塑性逐渐发展，在跨中挠度达到 17.7mm 时，螺钉屈服，此后螺钉塑性继续发展，但竖向承载力基本不再增加，跨中挠度却显著发展，因此取跨中挠度 17.7mm 时的荷载为最大竖向承载力，其值为 263.6kN。按节点螺栓数计算的节点承载力为 134kN，因此节点设计安全可行，安全系数约为 1.57。同理，得到轴向剪力作用下的荷载位移曲线。随着荷载逐渐增加，钢板附近木材出现压溃，不适宜继续承载，取此时轴向剪力为其受剪承载力 182.1kN。按螺钉数计算，受剪承载力为 108kN，因此节点设计是安全可行的，安全系数约为 1.69。

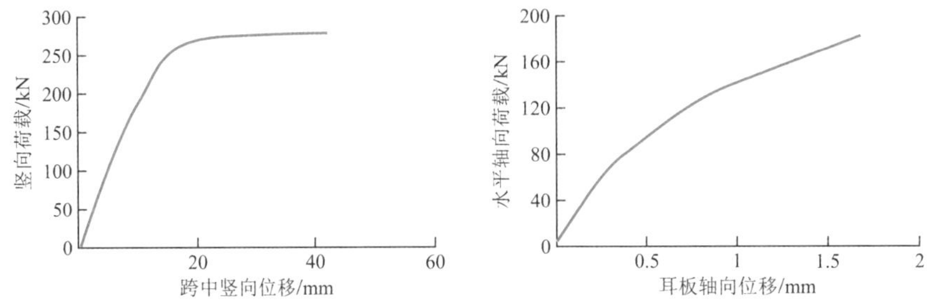

图 21.4-10　上弦钢-木节点竖向荷载-位移曲线　　图 21.4-11　上弦钢-木节点轴向剪力荷载-位移曲线

（2）下弦钢-木节点

下弦钢木节点计算采用 300mm × 600mm 尺寸的木桁架，由节点板和耳板组成，通过 10.9 级 M30 螺栓穿过耳板中间 33mm 直径空洞，将节点与三角形腹杆连接。连接底板通过 12 根倾斜 45 度的螺钉与 6 根垂直打入的螺钉和双拼梁连接，其边界条件和网格划分与上弦节点相同。如图 21.4-12 所示。

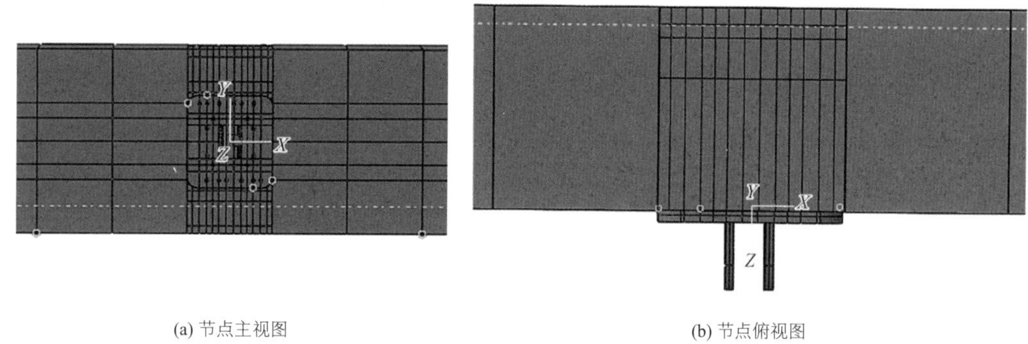

(a) 节点主视图　　(b) 节点俯视图

图 21.4-12　下弦钢-木节点模型

竖向荷载（节点抗剪）作用，荷载位移曲线出现非弹性段时，各构件的应力云如图 21.4-13 所示。此时，胶合木构件在螺钉周围出现较大的应力，钢构件出现局部应力集中，最大应力 296N/mm^2，螺钉最大应力 367N/mm^2。

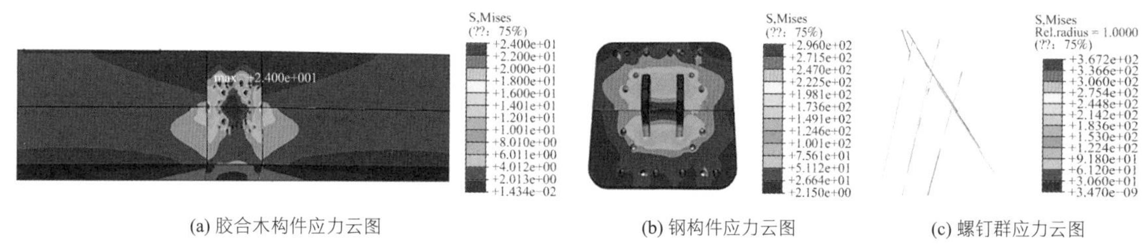

(a) 胶合木构件应力云图　　(b) 钢构件应力云图　　(c) 螺钉群应力云图

图 21.4-13　下弦钢-木节点应力云图（单位：MPa）

根据分析，在加载初期，跨中挠度与竖向荷载近乎呈线性关系，随后节点塑性逐渐发展，在跨中挠度达到 27.1mm 时，荷载-位移曲线开始发展塑性，竖向承载力增加速度放缓。此时，对应承载力 175.8kN，按螺栓数计算，设计承载力 124kN，因此节点设计是安全可行的，安全系数约为 1.42。下弦钢-木节点水平荷载即节点受拔时的荷载-位移曲线，按上述原理得到承载力为 251.8kN，按螺栓数计算，设计承载力 173.5kN，因此节点设计是安全可行的，安全系数约为 1.45。

21.4.3　单层网屏设计

为实现更好的布展效果，方便在室内外举办大型活动，各馆在第二榀桁架处设置了 LED 网屏，网屏通过预应力拉索上部与主体桁架连接，下部设置钢梁作为支座，如图 21.4-14、图 21.4-15 所示。

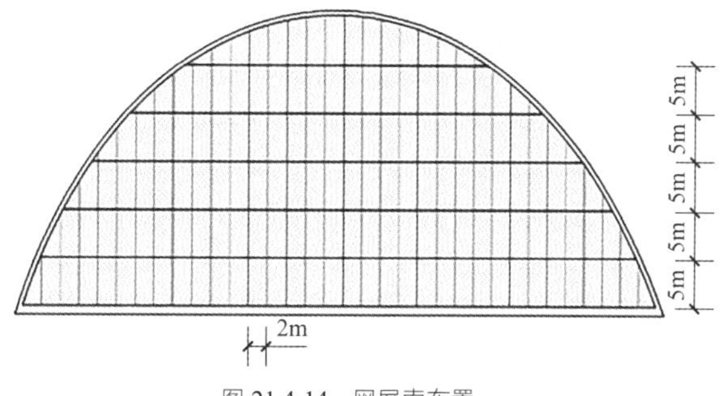

图 21.4-14　网屏索布置

(a) 网屏效果图

(b) 网屏安装效果

图 21.4-15　网屏布置

网屏透风率约 80%，通过间隔 2m 的钢索悬挂在桁架上，单索对主桁架施加的荷载作用如下：

（1）网屏和索结构自重：15kN/根，方向竖直向下；

（2）预拉力：30kN～40kN；

（3）风荷载：按 0.35kN/m^2 计算水平风作用。

网屏建模计算有两种设计方法：（1）按两端简支支座进行计算，得到支座反力输入整体计算模型；（2）将网屏带入桁架模型进行整体计算，计算结果如图 21.4-16、图 21.4-17 所示。结果表明，按两端简支进行计算，横向风荷载作用下最大索力出现在跨中；而将其代入整体计算，最大索力出现在索长较小处。分析原因，两端简支模型中未考虑拉索上部支座的变形，因此索长越大，相应水平变形越大，张力也越大。整体计算模型中，木桁架在自重及横向风荷载引起的索力的竖向分量作用下，跨中产生了较大的竖向变形，从而释放了部分索力，但依据拱形桁架的变形曲线，越靠近支座桁架的竖向变形越小，局部甚至产生向上的变形，使索力较大。

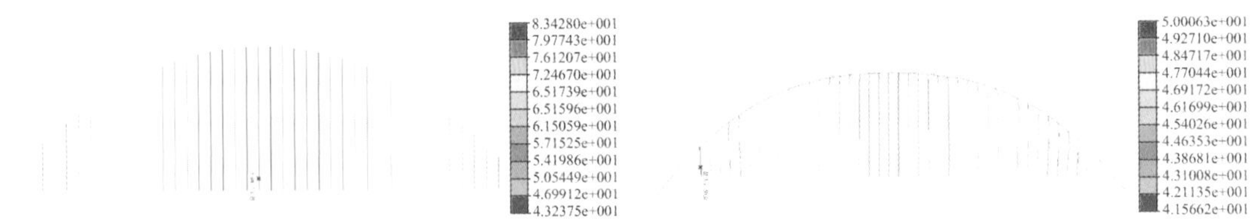

图 21.4-16　分离模型应力计算结果

图 21.4-17　整体模型应力计算结果

网屏索上部悬挂在拱桁架上弦，由于上弦采用双拼截面，且上弦间没有横向连接，因此上弦面外刚度较小。为实现竖向荷载传递至上弦、水平荷载传递至下弦，在桁架下弦增加钢杆，网屏索与钢杆相交的处设置交叉固定索夹，使网屏索在索夹处水平方向固定，竖向滑动，水平力传递至下弦，竖向力传递至上弦，实现设计目的。网屏索上部节点如图 21.4-18 所示。

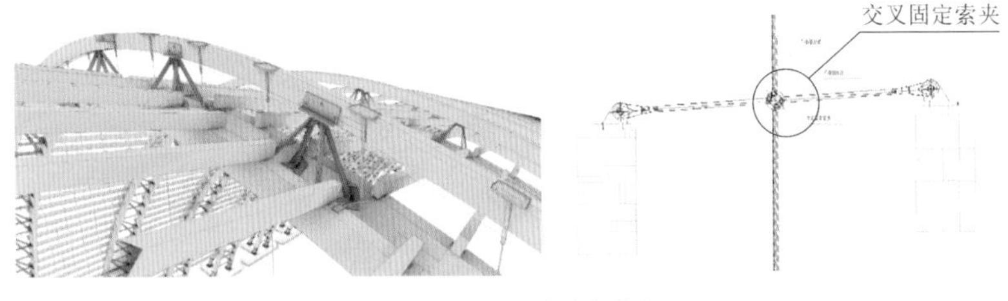

图 21.4-18　网屏索上部节点

21.4.4　木结构防火防腐设计

1. 防火设计

1）园区消防性能化设计

在园区整体设计上，实行大区域有限制管理和小区域封闭管理的方式。小区域内各馆封闭管理，对进入场馆的人员进行安检，排查火灾隐患。建筑内全面禁烟，在主体建筑 20m 外区域设置吸烟区。同时按以下原则进行消防性能化设计：（1）G1-G5 区消防车道转弯半径 ≥ 12m；（2）设计两处取水码头，通过道路与场地内消防车道相连；（3）室外消防用水由市政直供，满足不同市政路 2 路 DN200 的市政给水引入管，在消防泵房内贮存全部室外消防水量，并在室外设置消防车吸水口。棚架内部，在各榀桁架最高处设置排烟口，使蓄烟空间内的烟气及时排出。如图 21.4-19 所示。

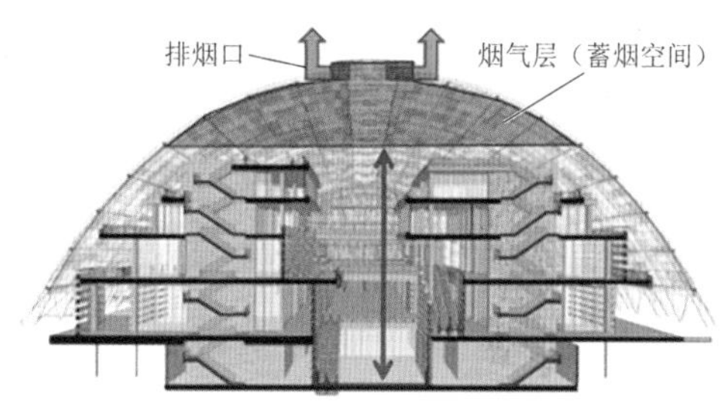

图 21.4-19　顶部设置排烟口

2）结构消防性能化设计

本项目委托应急管理部四川消防研究所进行了防火相关的数值模拟和试验，以验证防火设计的安全性。

（1）数值模拟

根据主体建筑及棚架的具体造型和开口情况建立仿真模型，选取距离棚架最近的功能区作为起火点，开展棚架下火灾数值模拟工作。在距离棚架最近的位置设置火灾场景，模拟火灾发生时上部棚架的温度，考虑灭火系统失效的情况下，计算在火灾发展过程中棚架下部烟气温度所能达到的最高水平。

（2）胶合木结构实体火灾试验

考虑最不利火灾荷载工况，火源距胶合木构件最近距离为 3m，采用截面尺寸 220mm × 280mm 胶合木构件搭建试验模型；试验点火 15min，胶合木开始燃烧；点火 26min，木材最高温度 724℃；点火 41min，木垛垮塌，胶合木无明火，结构完整。表明胶合木构件的耐火性能良好。试验设计如图 21.4-20 所示，试验过程监控画面如图 21.4-21 所示。

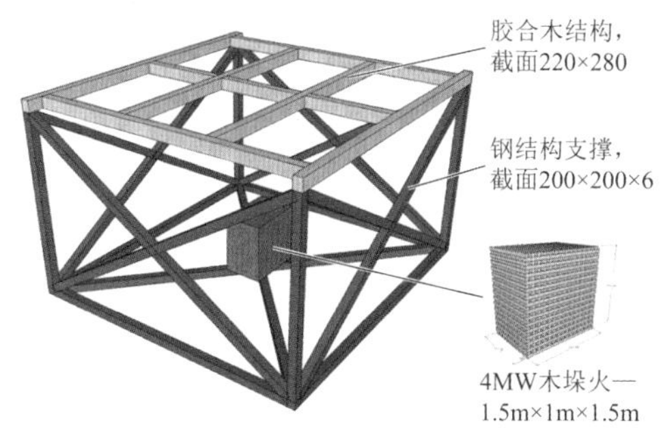

图 21.4-20　火灾试验设计

图 21.4-21　试验监控画面

（3）胶合木构件耐火性能试验

如图 21.4-22 所示，采用截面尺寸 220mm × 280mm 胶合木梁耐火性测试，结果表明其耐火极限大于 75min，碳化深度约 40mm，耐火极限计算值可达到 92min。

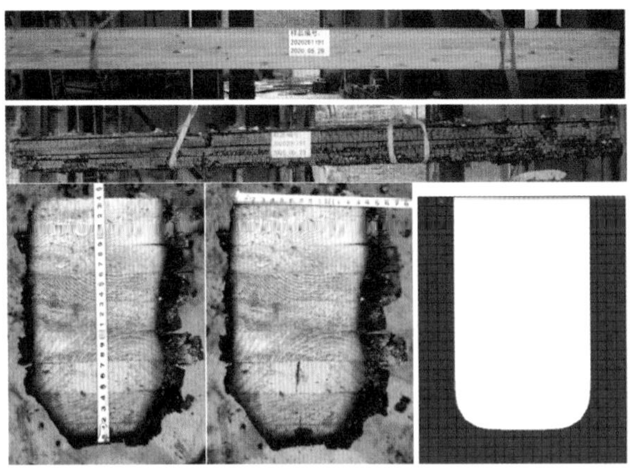

图 21.4-22　构件耐火试验

（4）胶合木构件耐火性能分析

根据胶合木构件实际尺寸及受力情况，选择分别选择轴力、弯矩最大处的构件内力进行分析，考虑四面受火，以受弯构件计算，50%荷载比下耐火极限 115min，100%荷载比下耐火极限 54min；以压弯构件计算，选取典型荷载组合工况下的几种不利弯矩-轴力组合，构件耐火极限接近 2h，满足设计要求，如图 21.4-23 所示。

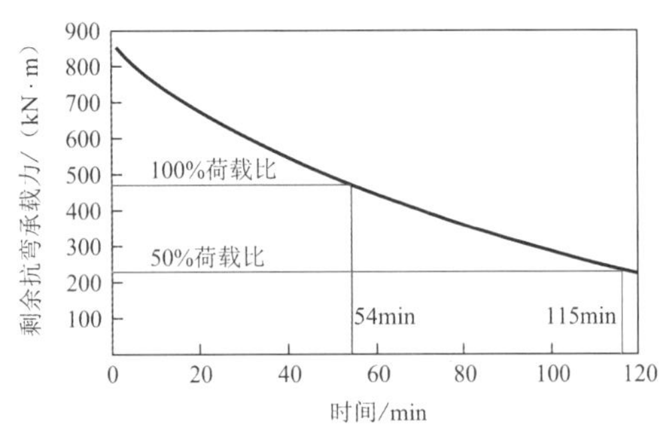

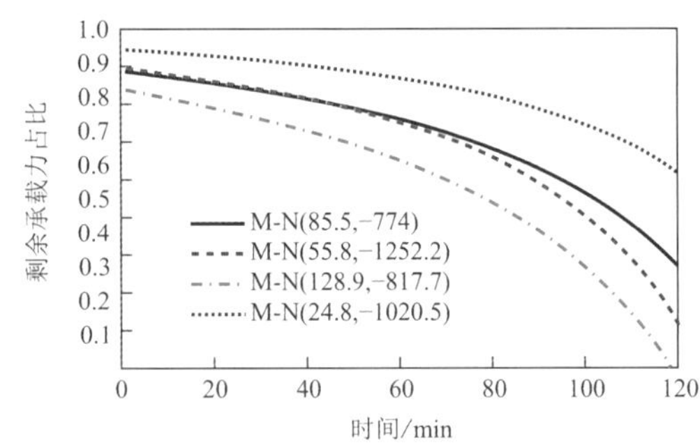

图 21.4-23　胶合木构件耐火性能分析

3）胶合木构件防火验算

我国规范的耐火设计是基于火灾后残余木构件的承载力计算的，主要包括木构件的燃烧性能和耐火极限、碳化层厚度、防火设计等重要内容。根据《木结构设计标准》GB 50005-2017 和《建筑构件耐火试验方法》GB/T 9978 的规定，木结构建筑中主要承重构件的耐火性能和耐火极限如表 21.4-4 所示。

主要承重构件的燃烧性能和耐火极限　　表 21.4-4

构件名称	燃烧性能和耐火极限
承重墙	难燃性；1h
承重柱	可燃性；1h
梁	可燃性；1h
楼板	难燃性；1h
屋顶承重构件	可燃性；0.5h

本项目对拱桁架木构件的耐火极限均取为 1h，按规范要求防火验算。

2．防腐设计

根据《防腐木材的使用分类和要求》LY/T 1636-2005，本项目木结构构件属于 C3 类（户外但不接触土壤的环境，可能发生淋湿，但不应长期浸泡在水中，主要生物败坏因子为蛀虫、白蚁和木腐菌）。根据《防腐木材工程应用技术规范》GB 50828-2012 之规定，四川地区空气相对湿度 81%，木材平衡含水率 16.0%，易腐朽程度为严重。根据《中国陆地木材腐朽与白蚁危害等级区域划分》GB/T 33041-2016 之规定，成都地区属于 D3 区域，即 Scheffer 气象指数高于 70 的木材腐朽高危害区域。根据棚架木结构应采取有效的防腐措施，防止腐蚀危害的发生。

胶合木结构防腐措施如下：

（1）构件须经防腐处理，防腐处理的透入度和载药量满足现行国家规范《木结构工程施工质量验收规范》GB 50206-2012 的有关规定；

（2）经防腐处理的构件应有显著的防腐处理标识，标明处理厂家或商标、使用分类等级、所使用的防腐剂、载药量和透入度；

（3）胶合木构件支撑在混凝土柱墩上，柱墩顶标高高于室外地面标高 ≥ 450mm，胶合木构件与混凝土柱墩之间通过钢结构转换，防水防潮；

（4）胶合后进行防腐处理的构件，处理前应加工到设计的最后尺寸，处理后不得随意切割，当必须做局部修整时，应对修正后的木材表面涂抹足够的同品牌药剂；

（5）定期检查木构件，重点检查拱脚、拼接节点等部位是否有潮湿、开裂和腐朽，当构件出现腐朽时，及时找出腐朽原因，隔绝潮湿源。

此外，棚架上弦和下弦根据所处环境的不同采用不同的树种。上弦在室外，下弦基本被膜结构覆盖。上弦采用耐腐蚀性好的落叶松，下弦采用云杉。上弦的上表面加金属铝板，以避免上弦被雨水直淋和太阳直晒。上弦胶合木防腐金属铝板节点如图 21.4-24 所示。

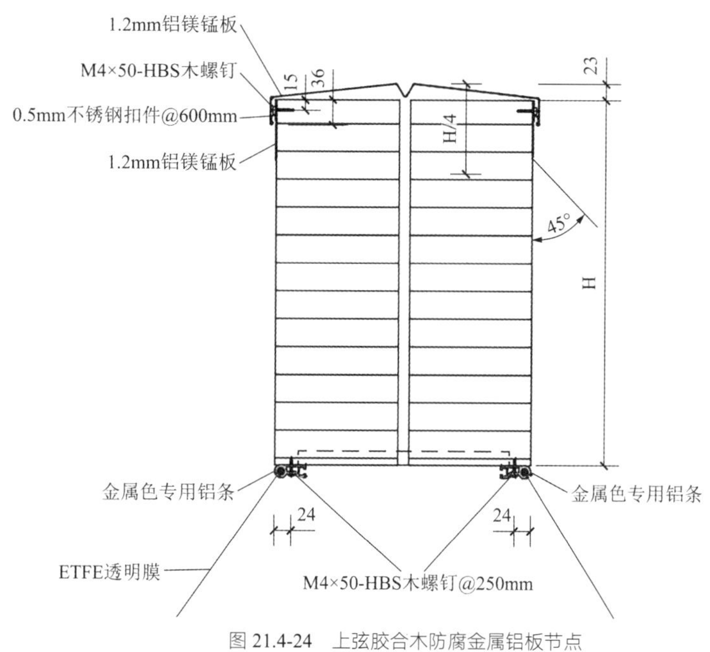

图 21.4-24　上弦胶合木防腐金属铝板节点

21.5 节点试验研究

21.5.1 试验目的

木结构连接节点是木结构设计的要点之一，直接影响结构安全。尤其是木结构接长节点，是大尺寸弦杆拼接部位，其刚度直接影响构件内力和结构整体变形情况。因此在本项目多种类型的木结构节点中，选取木结构接长节点进行试验，获得其承载力和刚度，以保证结构的安全性。

（1）通过加载试验得到木结构接长节点的弯矩-转角曲线，计算该节点刚度；

（2）对比有限元分析结果，判断该节点是否满足设计要求。

21.5.2 试验设计

试验采用TCT24花旗松同等组合胶合木，连接件选用全螺纹自攻螺钉，考虑自攻螺钉布置角度和梁截面尺寸影响，选用两种长度的自攻螺钉，其规格分别为ϕ8 × 250 和ϕ8 × 300。试验采用的拼接节点梁的尺寸为130mm × 300mm × 3400mm，拼接区域长度设置为450mm，搭接面设置5%的坡度。

试件如图21.5-1所示，试验装置如图21.5-2所示。

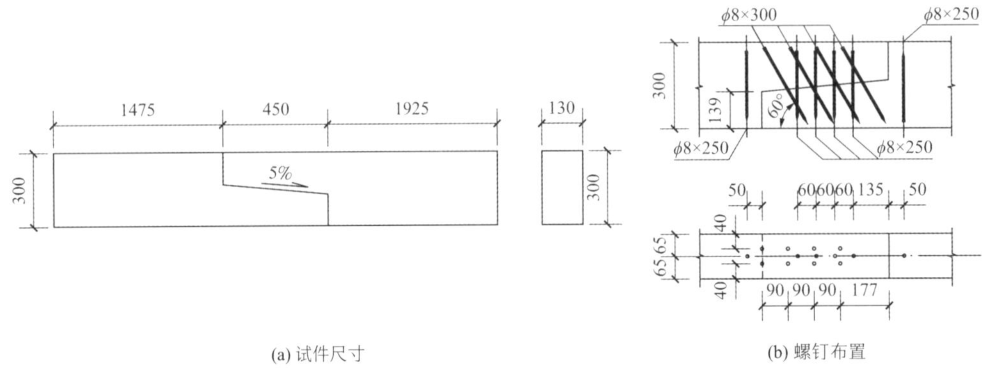

(a) 试件尺寸　　(b) 螺钉布置

图 21.5-1　试验试件

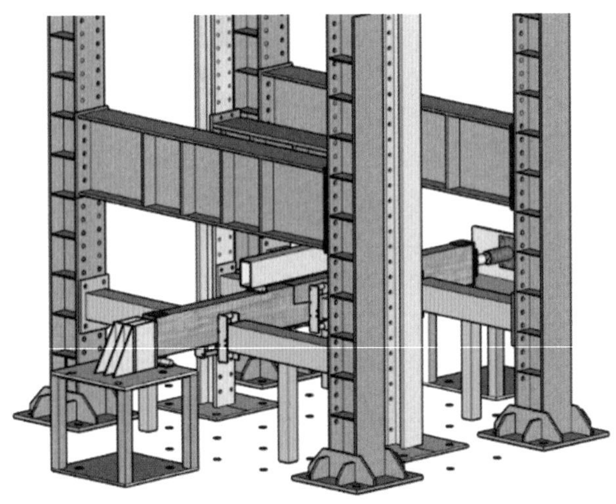

图 21.5-2　试验装置

试验加载过程分为预加载、轴向加载、竖向加载三个阶段。预加载检查试验器材工作是否正常、构件和装置接触是否良好。卸载后进行正式加载，首先轴向千斤顶匀速加载至预设轴力（50kN），在整个试验过程中保持轴向位移不变，随后施加竖向荷载，此阶段采用分级加载方式，至试件失效时停止加载，即试件出现明显破坏现象或承载力下降到极限承载力的80%。

21.5.3 试验现象与结果

如图21.5-3所示，木结构拼接节点的破坏模式为搭接部分处发生弯曲破坏，其特征是上搭接部分底部和肩角处木材横纹受拉和顺纹受剪共同作用导致的斜纹劈裂。弯矩-转角曲线见图21.5-4。

图 21.5-3　破坏模式

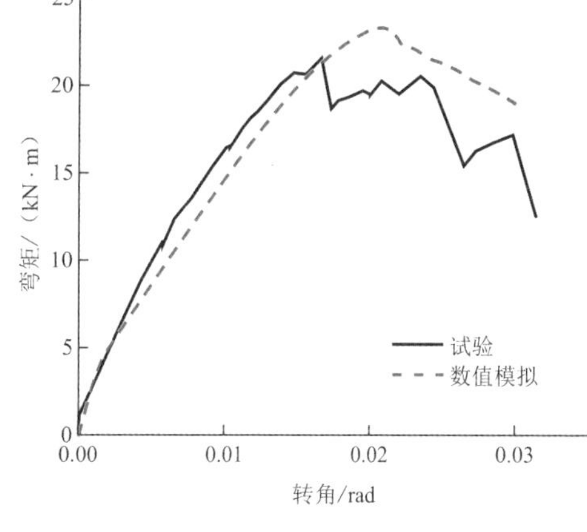

图 21.5-4　弯矩-转角曲线

将弯矩-转角曲线上峰值点对应的弯矩值定义为极限弯矩M_{u}，对应转角记为θ_{u}。将出现贯通裂缝时刻或承载力下降到极限承载力的 80%时对应的弯矩值定义为破坏弯矩M_{f}，相应转角记为θ_{f}。采用 Y&K 方法，定义节点的弹性刚度k_{e}为弯矩-转角曲线上荷载为 10%和 40%峰值弯矩的连线的斜率；定义与荷载值为 40%和 90%峰值弯矩的两点连线相平行且与弯矩-转角曲线相切的直线斜率为塑性刚度k_{p}。过弹性刚度与塑性刚度直线的交点作水平线，其与弯矩-转角曲线的交点即为屈服点，屈服点对应的弯矩为屈服弯矩M_{y}，相应转角记为θ_{y}。弹性刚度k_{e}、塑性刚度k_{p}和有效刚度k_{f}计算公式如下。

$$k_{\mathrm{e}}=\frac{M_{40\%}-M_{10\%}}{\theta_{40\%}-\theta_{10\%}}；\ k_{\mathrm{p}}=\frac{M_{90\%}-M_{40\%}}{\theta_{90\%}-\theta_{40\%}}；\ k_{\mathrm{f}}=\frac{M_{\mathrm{u}}}{\theta_{\mathrm{u}}}$$

弹性刚度、塑性刚度和有效刚度计算结果分别为 1813kN · m/rad、1201kN · m/rad 和 1264kN · m/rad。

21.5.4　分析验证

如图 21.5-5、图 21.5-6 所示，采用通用有限元分析软件 ABAQUS 建立节点三维模型，采用 C3D8R 单元，局部不规则区域采用四面体单元。模型中采用摩擦算法定义拼接臂之间的接触，采用 TIE 约束模拟自攻螺钉与木材之间的相互作用。试验与有限元节点刚度对比见表 21.5-1。

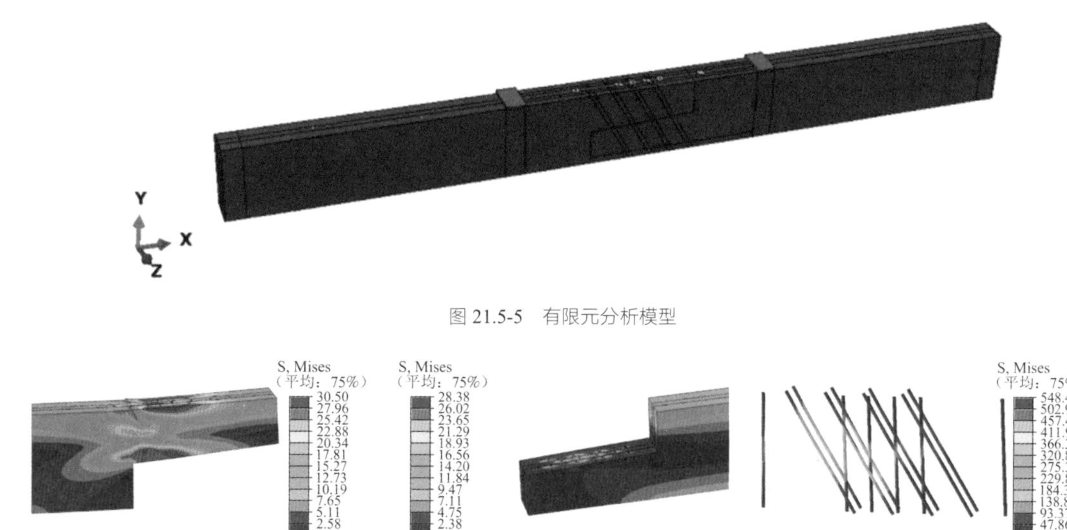

图 21.5-5　有限元分析模型

(a) 木构件应力云图

(b) 螺钉应力云图

图 21.5-6　有限元应力分析结果（单位：MPa）

试验与有限元节点刚度对比　　表 21.5-1

刚度类型	弹性刚度k_e/（kN · m/rad）	塑性刚度k_p/（kN · m/rad）	有效刚度k_f/（kN · m/rad）
试验结果	1813	1201	1264
数值模拟结果	1457	1105	1111

结果表明，试验与数值模拟结果对比较为接近，能够较好地相互验证。因此，设计中可根据不同木构件尺寸和螺钉布置进行有限元模拟，并以此作为半刚接节点的刚度取值依据，进行整体结构的设计。

21.5.5　试验结论

针对木结构接长节点进行节点试验即有限元分析研究，得到以下结论：（1）节点破坏模式为搭接部分处发生弯曲破坏；（2）节点具有一定的刚度，设计中可按半刚接进行整体计算；（3）有限元分析与试验的弯矩-转角曲线基本一致，可互为验证。

21.6 结语

天府农业博览园主展馆建设项目作为一年一届四川农业博览会的永久会址，项目摒弃传统封闭型行列式的会展模式，采用"指状"与田园景观互相渗透的布局方式，将室外展场分散布置在建筑周边的林盘特色空间中，形成"田-馆相融"的展会空间模式，实现"田间地头办农博"的基本理念。

主展馆在采用指状布局，与田园景观形成渗透的同时，为体现农博展览的特色同时兼顾遮风挡雨的基本需求，主要采用了有顶室外展场的形式。展览部分更是做到了近似零能耗的目标，真正实现了与农博相契合的绿色生态理念。

根据农博展览需求，主展馆形式为大跨度建筑。结构设计过程中，主要完成以下几方面的创新性工作：

1．屋面棚架选用钢-木组合异形拱桁架结构体系

屋面棚架采用了钢-木组合异形拱桁架结构体系，各榀拱形桁架之间用木次梁连接，以形成共同受力的整体。结构单榀拱桁架最大跨度约 118m，最大高度 44m，拱线采用悬链线曲线，利用几何构型来最大程度地减小弯矩作用，充分发挥木结构材料的受力性能，提高截面承载效率。每个单体的相邻各榀桁架间跨度、高度均不相同，相比筒壳有更好的整体稳定性。

拱桁架横截面从拱底到拱顶采用渐变的正三角形截面。上弦采用双拼矩形胶合木，下弦采用矩形胶合木。上下弦间根据受剪需求设置了变间距的实腹式四角锥形钢腹杆，形成了整体空腹桁架的建筑效果，既满足了结构受力需求，又使分段吊装施工成为可能，且纤细的实腹式钢构件与厚重的木结构弦杆相得益彰。

2．40m 通高单层索网网屏与桁架的整体设计

在 5 个棚架的第 2 榀桁架的下方设置了由单层索网组成的网屏，竖向拉索的间距为 2m，高度最高约 40m。需要在竖向索中施加预应力形成结构抗侧刚度，承担水平风荷载作用。同时钢-木桁架作为单层索网的边界，需要考虑桁架结构在外边作用下的变形对拉索内力的影响，结构分析时需要进行桁架和单层索网的整体建模计算。

3．钢-木连接节点以及胶合木连接节点的设计与试验研究

本项目中，钢结构腹杆与木结构上下弦的连接需要特别设计和考虑。上弦同时有 4 根钢构件同时与双拼木梁的下截面连接，下弦与胶合木截面的侧面连接，且每个连接点的角度均不相同。设计时采用了特殊的铰接连接节点，下弦节点的定位采用了计算机数控技术，在木结构构件加工中提前进行了节点的开槽，保证了施工现场的精确连接就位。

对大跨度胶合木结构的连接采用了 Z 形企口 + 螺钉的连接方式，并对连接节点采用有限元分析和试验研究相结合的设计方法。经验证，有限元分析结果与试验结果吻合较好，节点的设计方法可行，构造简单合理，方便现场的施工安装。

另外，设计过程中也着重关注了钢木组合桁架的整体稳定性能，进行了线性和非线性的整体稳定性分析，结果表明其在设计荷载作用下结构的整体稳定系数满足规范要求。

同时对于木结构构件进行了防火和防腐设计，尤其在防火设计中，本项目进行了专项的消防性能化设计，构件按照 1h 耐火极限进行了防火验算，屋顶设置开放的顶窗满足排烟需求，屋面采用了彩色 ETFE 膜材，ETFE 膜材自重轻、透光性好，易着色，可以通过自身彩色的肌理与彩色的大田相映衬，更好地体现农博理念。

天府农业博览园主展馆项目大跨度屋面采用了钢-木组合异形拱桁架结构体系，各榀桁架的跨度和高度均不相同，但每榀桁架均采用悬链线的几何构型。桁架横截面采用正三角形，支座顶部横截面小，腹杆采用抽空的正四角锥体，腹杆截面创新性地采用了实心钢构件。在建筑效果上，纤细的实腹钢构件与厚重的胶合木构件相互映衬，相得益彰。目前，118m 的跨度也是国内最大跨度的木结构建筑。2022 年该项目已经竣工并投入使用，2022 年 11 月世界结构大奖 Structural Awards2022 在伦敦揭晓，天府农业博览园主展馆在世界范围内的 40 余个参评项目中脱颖而出，荣获最佳项目奖。

参考资料

[1] 何敏娟, 倪春. 多层木结构及木混合结构设计原理与工程案例[M]. 北京: 中国建筑工业出版社, 2018.

[2] 史杰, 李博, 郑红卫, 等. 海口市民游客中心结构设计[J]. 建筑结构, 2018, 48(S1): 211-214.

[3] 何敬天, 史杰, 郑红卫, 等. 海口市民游客中心屋盖结构风荷载设计研究[J]. 建筑结构, 2018, 48(S2): 1003-1006.

[4] 欧加加, 杨学兵. 中美木结构设计标准技术内容对比研究[J]. 建筑技术, 2019, 50(4): 395-398.

[5] 冯远, 龙卫国, 欧加加, 等. 大跨度胶合木结构设计探索[J]. 建筑结构, 2021, 51(17): 43-49.

[6] 何桂荣. 某胶合木网壳结构及其植筋连接节点设计[J]. 特种结构, 2016, 33(3): 114-120.

[7] 何敏娟, 陶铎, 李征. 多高层木及木混合结构研究进展[J]. 建筑结构学报, 2016, 37(10): 1-9.

[8] 胡小锋. 胶合木结构构件火灾性能试验研究[D]. 南京: 东南大学, 2013.

设计团队

结构设计单位：中国建筑设计研究院有限公司

结构设计团队：史　杰、郭俊杰、张优优、刘浩男、李明娟、鲍晨泳、杨　飞、胡洁婷、施　泓、霍文营

木结构设计顾问：加拿大 StructureCraft Builder，上海思卡福建筑科技有限公司

执　　笔　　人：史　杰、刘浩男

本章部分图片由加拿大 StructureCraft Builder，应急管理部四川消防研究所和天津大学建筑工程学院提供

获奖信息

IStructE Structural Awards 2022。